BKI OBJEKTDATEN

Kosten abgerechneter Bauwerke
Mauerwerk, Stahl und Stahlbeton

N21
Neubau

BKI Objektdaten:
Kosten abgerechneter Bauwerke - Mauerwerk, Stahl und Stahlbeton
N21 Neubau

BKI Baukosteninformationszentrum (Hrsg.)
Stuttgart: BKI, 2025

Mitarbeit:
Hannes Spielbauer (Geschäftsführer)
Brigitte Lechler (Prokuristin)
Dokumentation: Catrin Baumeister, Julia Bellmann, Anna Bertling, Annette Dyckmans,
Heike Elsäßer, Sabine Egenberger, Irmgard Schauer, Sibylle Vogelmann
Produktmanagement: Michael Blank, Tabea Wessel
Jeannette Sturm

Layout, Satz:
Marvin Bisceglie
Hans-Peter Freund
Thomas Fütterer

Fachliche Begleitung:
Beirat Baukosteninformationszentrum
Stephan Weber (Vorsitzender)
Markus Lehrmann (stellv. Vorsitzender)
Prof. Dr. Bert Bielefeld
Markus Fehrs
Andrea Geister-Herbolzheimer
Prof. Dr. Wolfdietrich Kalusche
David Meuer
Martin Müller
Markus Weise

Seelbergstraße 4
70372 Stuttgart
Kundenbetreuung: 0711 954 854-0
Telefax: 0711 954 854-54
Baukosten-Hotline: 0711 954 854-41
info@bki.de
www.bki.de

Titelabbildungen:
Bürogebäude, TG (1300-0327) Arch.: ruby3 architekten BDA; Darmstadt; Fotograf: Matthias Wittig
Kindertagesstätte (4400-0420) Arch.: gruppe omp Architektengesellschaft mbH; Rastede; Fotograf: Caspar Sessler
Verwaltungsgebäude (6500-0063) Arch.: atelier05 Architektur + Innenarchitektur; Jürgenshagen

Vorwort

Die Planung der Baukosten ist ein wesentlicher Bestandteil der Architekt*innenleistung und genauso wichtig wie räumliche, gestalterische oder konstruktive Planungen. Den Kostenermittlungen in den verschiedenen Planungsphasen kommt dabei eine besondere Bedeutung zu. Sie bilden die Grundlage weiterer Leistungen wie Kostenvergleiche, Kostenkontrolle und Kostensteuerung.

Kostenermittlungen sind meist nur so gut wie die angewendeten Daten und Methoden. Das Baukosteninformationszentrum BKI wurde 1996 von den Architektenkammern aller Bundesländer gegründet. Ziel des BKI ist die Bereitstellung aktueller Daten sowie die Entwicklung und Vermittlung zielführender Methoden.

Wertvolle Erfahrungswerte liegen in Form von abgerechneten Bauleistungen oder Kostenfeststellungen in den Architekturbüros vor. Oft fehlt im Büro-Alltag die Zeit, diese qualifiziert zu dokumentieren. Diese Dienstleistung erbringt BKI und unterstützt damit sowohl die Datenliefernden als auch die Nutzer*innen der BKI Datenbanken.

Die neu erhobenen Objekte veröffentlicht BKI kontinuierlich in der Fachbuch-/eBook-Reihe BKI Objektdaten und aktualisiert auf diese Weise die BKI-Baukostendatenbanken.

Mit dieser Ausgabe „Mauerwerk, Stahl und Stahlbeton" wurde erstmalig für die Neubau-Reihe eine Trennung nach konstruktiven Schwerpunkten vorgenommen. Dieser Band enthält 153 Objektdokumentationen mit Tragwerken in Massivbauweise, aus Mauerwerk, Stahl oder Stahlbeton. Die Objekte reichen vom Wohnungsbau über Verwaltungsgebäude bis hin zu Schulen, Kindergärten und weiteren Gebäudearten.

Enthalten sind wie gewohnt vollständige Baukostendaten nach aktueller DIN276 – eine verlässliche Grundlage für praxisnahe Kostenvergleiche und Planungen.

In der folgenden Neubau-Ausgabe N22 werden ausschließlich Objekte in Holzbauweise enthalten sein.

In den BKI-Objekt-Datenbanken stehen nun mehrere tausend Objekte zur Verfügung.

Die energetische Qualität der Gebäude wird insbesondere durch die Angabe der energetischen Kennwerte transparent. Zusätzlich wird auch die unterschiedliche regionale Baupreis-Entwicklung berücksichtigt. Mit den integrierten BKI Regionalfaktoren 2025 können die Bundesdurchschnittswerte an den jeweiligen Stadt- bzw. Landkreis angepasst werden.

Der Dank des BKI gilt allen Architektinnen und Architekten, die Daten und Unterlagen zur Verfügung stellen. Sie profitieren von der Dokumentationsarbeit des BKI und unterstützen zusätzlich den eigenen Berufsstand. Die in Buch-/eBook-Form veröffentlichten Architekt*innen-Projekte bilden eine fundierte und anschauliche Dokumentation gebauter Architektur. Zudem ermöglichen sie eine kompetente Kostenermittlung von Folgeobjekten und eignen sich hervorragend zur Akquisition neuer Planungsaufgaben.

Zur Pflege der Baukostendatenbanken sucht BKI weitere Objekte aus allen Bundesländern. Weitere Informationen dazu werden im Internet unter „Daten an BKI liefern" zur Verfügung gestellt. BKI berät gerne über alle Möglichkeiten, realisierte Projekte zu veröffentlichen. Datenliefernden erhalten eine Vergütung und können weitere Vorteile nutzen.

Besonderer Dank gilt abschließend auch dem BKI-Beirat, der mit seinem Expert*innenwissen aus der Architektenpraxis, den Architekten- und Ingenieurkammern, Normausschüssen und Universitäten zum Gelingen der BKI-Fachinformationen beiträgt.

Wir wünschen allen Anwender*innen des Fachbuchs/eBooks viel Erfolg in allen Phasen der Kostenplanung und vor allem eine große Übereinstimmung zwischen geplanten und realisierten Baukosten im Sinne zufriedener Bauherr*innen. Anregungen und Kritik zur Verbesserung der BKI-Fachbücher/-eBooks sind uns jederzeit willkommen.

Hannes Spielbauer - Geschäftsführer
Brigitte Lechler - Prokuristin

Baukosteninformationszentrum
Deutscher Architektenkammern GmbH
Stuttgart, im September 2025

Inhalt

Benutzerhinweise

Kosten abgerechneter Objekte

Kostenkennwerte für Kostengruppen der 3. Ebene nach DIN 276

Aufgrund der großen Datenmenge werden die Daten der 2. und 3. Ebene DIN 276 nur online zur Verfügung gestellt. Erläuterungen dazu siehe Seite 58-59.

Anhang

Obj.-Nr.	Objektbezeichnung	Spez. Jahresprimärenergiebedarf kWh/(m²*a)	Spez. Jahresendenergiebedarf kWh/(m²*a)	Spez. Transmissionswärmeverlust W/(m²*K)	Mittlerer U-Wert (opake Bauteile) W/(m²*K)	Mittlerer U-Wert (transparente Bauteile) W/(m²*K)	CO_2-Emissionen kg/(m²*a)	Schichtaufbauten (als Download verfügbar, s.S. 48-49)	Seite
1300-0313	Verwaltungsgebäude (134 AP)	33	–	0,44	0,23	1,30	–	•	74
1300-0315	Bürogebäude (45 AP)	101	–	0,52	0,17	0,92	–		86
1300-0316	Verwaltungsgebäude (191 AP)	49	67	–	0,16	0,98	–	•	92
1300-0317	Bürogebäude (29 AP)	38	–	–	–	–	20		98
1300-0319	Amtsverwaltung (36 AP)	82	–	0,33	–	–	–	•	104
1300-0332	Bürogebäude (10 AP), Doppelgarage	94	–	–	0,21	0,94	–	•	136
1300-0338	Bürogebäude (89 AP)	24	–	–	0,12	0,80	7	•	150
2200-0066	Fakultätsgebäude (580 Studierende)	78	–	–	0,28	1,50	23		168
3100-0037	Ärztehaus, Wohnung	32	–	–	–	–	10		186
3300-0020	Fachkrankenhaus für Psychiatrie	118	–	–	–	–	–		198
4100-0239	Grundschule (10 Klassen)	53	35	–	0,16	0,85	17	•	210
4100-0241	Schule (235 Schüler)	154	134	–	0,14	1,30	–	•	216
4100-0242	Schule (650 Schüler)	52	–	–	0,16	1,02	–	•	222
4100-0245	Gymnasium	82	–	0,29	0,15	0,91	–	•	228
4100-0251	Grundschule (18 Klassen)	86	–	0,38	0,17	1,00	20		234
4100-0252	Grundschule (16 Klassen)	33	–	0,30	0,16	1,00	–		240
4100-0253	Grundschule (448 Schüler)	65	–	0,41	–	–	–		246
4100-0255	Gemeinschaftsschule (150 Schüler)	56	–	0,46	0,18	1,20	17		252
4200-0043	Pflegeschule (285 Schüler)	144	–	0,47	0,23	1,30	–		258
4300-0027	Schule (6 Klassen, 38 Schüler)	107	–	–	–	–	24		264
4400-0385	Kindertagesstätte (2 Gruppen)	–	–	–	–	–	–	•	270
4400-0393	Kindertagesstätte (7 Gruppen)	45	–	0,24	0,12	0,78	17	•	276
4400-0394	Kindertagesstätte (6 Gruppen)	50	–	0,36	0,14	1,14	11	•	282
4400-0397	Kindertagesstätte (6 Gruppen)	61	–	–	0,18	1,20	38	•	288
4400-0399	Kindertagesstätte (4 Gruppen)	104	58	0,35	0,15	1,10	38	•	294
4400-0402	Kindertagesstätte (90 Kinder)	107	–	–	0,15	1,30	40	•	306
4400-0410	Kindergarten (8 Gruppen)	100	–	–	0,20	1,30	–		312
4400-0411	Kinderhaus (3 Gruppen)	90	–	–	0,17	0,90	–		318
4400-0412	Kindergarten (3 Gruppen)	107	–	–	0,15	0,90	33		324
4400-0413	Kindertagesstätte (130 Kinder)	70	–	–	0,16	0,93	–		330
4400-0414	Kindertagesstätte (77 Kinder)	127	–	–	–	–	48		336
4400-0415	Kindergarten (2 Gruppen)	112	–	–	0,16	0,90	–		342
4400-0416	Kindertagesstätte (74 Kinder)	52	–	–	0,17	0,92	27		348
4400-0420	Kindertagesstätte (4 Gruppen)	48	–	–	0,11	0,85	15		354
4400-0422	Kindertagesstätte (6 Gruppen)	58	–	–	–	–	18		360
4500-0022	Seminarhaus	85	–	–	0,14	1,00	–		366
5100-0143	Sporthalle (Dreifeldhalle)	60	–	–	–	–	–		372
5200-0019	Sport- und Freizeitbad	130	–	–	–	–	–		378
5200-0022	Hallenbad, Sauna, Kegelbahn	640	–	–	–	–	186		386

Obj.-Nr.	Objektbezeichnung	Spez. Jahresprimärenergie-bedarf kWh/(m²*a)	Spez. Jahresendenergiebedarf kWh/(m²*a)	Spez. Transmissionswärme-verlust W/(m²*K)	Mittlerer U-Wert (opake Bauteile) W/(m²*K)	Mittlerer U-Wert (transparente Bauteile) W/(m²*K)	CO_2-Emissionen kg/(m²*a)	Schichtaufbauten (als Download verfügbar, s.S. 48-49)	Seite
6100-1463	Zweifamilienhaus	68	60	0,40	–	–	13		398
6100-1511	Einfamilienhaus	33	27	0,27	–	–	8		406
6100-1538	Mehrfamilienhaus (30 WE)	27	50	0,33	–	–	15		414
6100-1668	Wohnanlage (3 Gebäude, 24 WE)	50	–	0,47	–	–	–	•	420
6100-1681	Mehrfamilienhäuser (56 WE, 42 STP)	44	23	0,30	–	–	9	•	426
6100-1683	Ferienhaus	42	–	0,31	–	–	–	•	432
6100-1684	Mehrfamilienhäuser (34 WE), TG	16	79	0,32	–	–	–		438
6100-1687	Wohnheim (27 WE, 31 Betten)	16	–	0,38	–	–	–	•	444
6100-1688	Mehrgenerationenhaus	53	–	0,28	–	–	–	•	450
6100-1689	Wohn- und Geschäftshaus (9 WE, GE)	32	–	0,32	–	–	–	•	456
6100-1690	Einfamilienhaus	34	–	0,29	–	–	–	•	462
6100-1691	Mehrfamilienhaus (17 WE, 2 GE)	2	–	0,31	–	–	–	•	470
6100-1692	Mehrfamilienhaus (10 WE), TG	24	–	0,30	–	–	–	•	476
6100-1695	Mehrfamilienhaus (21 WE)	38	–	0,32	–	–	–	•	482
6100-1699	Mehrfamilienhaus (13 WE)	20	–	0,31	–	–	–		498
6100-1701	Mehrfamilienhaus (18 WE)	52	29	0,45	–	–	14	•	504
6100-1703	Mehrfamilienhaus (6 WE)	25	14	0,25	–	–	8		510
6100-1705	Wohnanlage (40 WE), Kita, TG	27	77	0,44	–	–	21		516
6100-1706	Wohnanlage (148 WE), TG (86 STP)	16	–	0,24	–	–	–	•	522
6100-1707	Mehrfamilienhäuser (96 WE), TG	21	–	0,33	–	–	6		528
6100-1708	Einfamilienhaus	43	–	0,26	–	–	–		534
6100-1709	Einfamilienhaus, Doppelgarage	37	–	0,30	–	–	–	•	540
6100-1711	Mehrfamilienhaus (7 WE), Garage	34	–	0,35	–	–	–		546
6100-1712	Mehrfamilienhaus (6 WE)	27	22	0,28	–	–	8		554
6100-1714	Einfamilienhaus, Sportraum	45	25	0,37	–	–	21	•	560
6100-1717	Einfamilienhaus, Einliegerwohnung	33	30	0,26	–	–	10		566
6100-1719	Doppelhaus	35	20	0,30	–	–	11		572
6100-1722	Mehrfamilienhaus (12 WE)	2	–	0,32	–	–	15		578
6100-1723	Mehrfamilienhaus (5 WE)	34	–	0,26	–	–	–		584
6100-1724	Wohn- und Geschäftshaus (19 WE)	10	44	0,31	–	–	11		590
6100-1725	Mehrfamilienhaus (31 W), TG	44	–	0,36	–	–	14		596
6100-1726	Mehrfamilienhaus (11 WE)	30	19	0,29	–	–	–	•	602
6100-1728	Einfamilienhaus	20	78	0,27	–	–	6		610
6100-1729	Mehrfamilienhaus (29 WE)	22	–	0,34	–	–	–		616
6100-1735	Wohnanlage (104 WE), Kita, TG	25	57	0,31	–	–	11		622
6100-1736	Mehrfamilienhaus (10 WE)	46	34	0,33	–	–	12		628
6100-1737	Mehrfamilienhäuser (14 WE), TG	35	23	0,32	–	–	–		634
6100-1738	Wohn-, Geschäftshaus	23	44	0,36	–	–	9		640
6100-1745	Einfamilienhaus	38	–	0,31	–	–	–		658
6100-1749	Mehrfamilienhäuser (131 WE), Kita	13	23	0,26	–	–	4		664
6100-1751	Mehrfamilienhäuser (98 WE)	–	–	–	–	–	9		670

Fotopräsentation der Objekte

Fotopräsentation der Objekte

1300-0262 Verwaltungsgebäude (48 AP) Seite 66

Planungsring Mumm + Partner GbR
Treia

1300-0313 Verwaltungsgebäude (134 AP) Seite 74

hks I architekten GmbH und JSP ARCHITEKTEN Gesell. für Gesamtplanung mbH, Dresden

1300-0314 Bürogebäude (31 AP) Seite 80

Björnsen Beratende Ingenieure GmbH
Koblenz

1300-0315 Bürogebäude (45 AP) Seite 86

STUDIO SOZIA Calavetta Häberle Architekten BDA PartGmbB

1300-0316 Verwaltungsgebäude (191 AP) Seite 92

RSE+ Architekten Ingenieure GmbH
Kassel

1300-0317 Bürogebäude (29 AP) Seite 98

Architektur & Planung Plum & Schlemmer
Mainz

1300-0319 Amtsverwaltung (36 AP) Seite 104

Planungsring Mumm + Partner GbR
Treia

1300-0321 Bürogebäude (30 AP) Seite 112

Architekturbüro Christoph Habbig
Neuss

1300-0325 Verwaltungsgebäude (90 AP) Seite 118

NEXT Bielefeld GmbH
Bielefeld

1300-0326 Bürogebäude (43 AP) Seite 124

Schmidt Thüner Architekten PartG mbB
Schnallenberg

1300-0327 Bürogebäude (260 AP), TG Seite 130

ruby^3 architekten BDA
Darmstadt

1300-0332 Bürogebäude (10 AP), Doppelgarage Seite 136

A | CB Architektur
Ratzeburg

4100-0242 Schule (650 Schüler) Seite 222

weicken architekten partmbB
Unna

4100-0245 Gymnasium (150 Schüler) Seite 228

jup.arc weinert jegenhorst juraschek architekten partmbb, Winsen (Luhe)

4100-0251 Grundschule (450 Schüler) Seite 234

Heidacker Architekten PartG mbB, Bischofsheim und Sinopoli Architekten Alzey

4100-0252 Grundschule (260 Schüler) Seite 240

AG5 Architekten + Stadtplaner PartGmbB
Darmstadt

4100-0253 Grundschule (448 Schüler) Seite 246

Numrich Albrecht Klumpp Gesellschaft von Architekten mbH, Berlin

4100-0255 Gemeinschaftsschule (150 Schüler) Seite 252

kleyer.koblitz.letzel.freivogel ges. v. architekten mbh
Berlin

4200-0043 Pflegeschule (285 Schüler) Seite 258

Naujack.Rind.Hof GmbH, Koblenz und brüchner-hüttemann pasch bhp Architekten GmbH, Bielefeld

4300-0027 Schule (6 Klassen, 38 Schüler) Seite 264

Georg Scheel Wetzel Architekten GmbH, Berlin und Seitz Architektur, Aschaffenburg

4400-0385 Kindertagesstätte (2 Gruppen) Seite 270

Plan.Concept Architekten GmbH
Osnabrück

4400-0393 Kindertagesstätte (7 Gruppen) Seite 276

Schmitt Vogels Architekten GmbH
Bamberg

4400-0394 Kindertagesstätte (6 Gruppen) Seite 282

Planungsring Mumm + Partner GbR
Treia

4400-0397 Kindertagesstätte (6 Gruppen) Seite 288

lucas architekten GmbH
Hainburg

4400-0399 Kindertagesstätte (4 Gruppen) Seite 294

raum-z architekten gmbh
Frankfurt am Main

4400-0400 Kindertagesstätte, Wohnungen Seite 300

HY Architekten Birli Fritsch Part GmbB
Griesheim

4400-0402 Kindertagesstätte (90 Kinder) Seite 306

MICHAEL KOPPETSCH ARCHITEKT
Burscheid

4400-0410 Kindergarten (8 Gruppen) Seite 312

sittig-architekten
Jena

4400-0411 Kinderhaus (3 Gruppen) Seite 318

Schnabel und Partner Architekten GmbH
Bad Kötzting

4400-0412 Kindergarten (3 Gruppen) Seite 324

JANIAK + LIPPERT Architekten und Ingenieure GmbH
Fockbek

4400-0413 Kindertagesstätte (130 Kinder) Seite 330

Hüdepohl . Ferner Architektur- und Ingenieurgesell-schaft mbH, Osnabrück

4400-0414 Kindertagesstätte (77 Kinder) Seite 336

Böll Architekten GmbH
Essen

4400-0415 Kindergarten (2 Gruppen) Seite 342

Architekturbüro Silke Zanter, Heide und
FB-Architekten, Gettorf

4400-0416 Kindertagesstätte (74 Kinder) Seite 348

HAAS + HAAS Architekten I Stadtplaner I Beratender Ingenieur PartGmbB, Eibelstadt

4400-0420 Kindertagesstätte (4 Gruppen) Seite 354

gruppeomp Architektengesellschaft mbH BDA
Rastede

4400-0422 Kindertagesstätte (6 Gruppen) Seite 360

architektei mey gmbh
Frankfurt am Main

© KRAMPITZ Architekten

4500-0022 Seminarhaus Seite 366

KRAMPITZ Architekten GbR
Soltau

© Hartmann + Helm

5100-0143 Sporthalle (Dreifeldhalle) Seite 372

Hartmann + Helm Planungsgesellschaft mbH
Weimar

© David Matthiessen

5200-0019 Sport- und Freizeitbad Seite 378

4a Architekten GmbH
Stuttgart

© BAUCONZEPT ®

5200-0022 Hallenbad, Sauna, Kegelbahn Seite 386

BAUCONZEPT® PLANUNGSGESELLSCHAFT MBH
Lichtenstein

© ams architekten

5300-0024 Umkleide-, Personalgebäude Seite 392

ams architekten gbr
Hamburg

© Architekt Reichwald GmbH

6100-1463 Zweifamilienhaus Seite 398

Architekt Reichwald GmbH
Hamburg

© Hinrichs & Bracker Architekten GmbH

6100-1511 Einfamilienhaus Seite 406

Hinrichs und Bracker Architekten GmbH
Tönningen

© Jean-Luc Valentin

6100-1538 Mehrfamilienhaus (30 WE), TG Seite 414

grabowski.spork GmbH
Wiesbaden

© Marco Laske

6100-1668 Wohnanlage (3 Gebäude, 24 WE) Seite 420

mayerwittig Architektur und Stadtplanung
Cottbus

© Hermann Pentermann

6100-1681 Mehrfamilienhäuser (56 WE, 42 STP) Seite 426

Plan.Concept Architekten GmbH
Osnabrück

© sw | a sternberg werner

6100-1683 Ferienhaus Seite 432

sw I a sternberg werner architekten PartG mbB
Ahrensburg

© Julian Martitz

6100-1684 Mehrfamilienhäuser (34 WE), TG Seite 438

Architekturbüro pk nord Blencke und Knoll BDA
Hannover

7700-0097 Lagerhalle, Werkstattgebäude Seite 898

Acconci Architekten GmbH
Soest

7700-0098 Konfektionierungshalle, Büros Seite 904

KISSERARCHITEKTUR
Isernhagen

7800-0035 Fahrradparkhaus (1.032 STP) Seite 910

SCHOYERER ARCHITEKTEN_SYRA
Mainz

7800-0036 Fahrradabstellbox (11 STP) Seite 918

baubar urbanlaboratorium Diez und Torres GbR
Saarbrücken

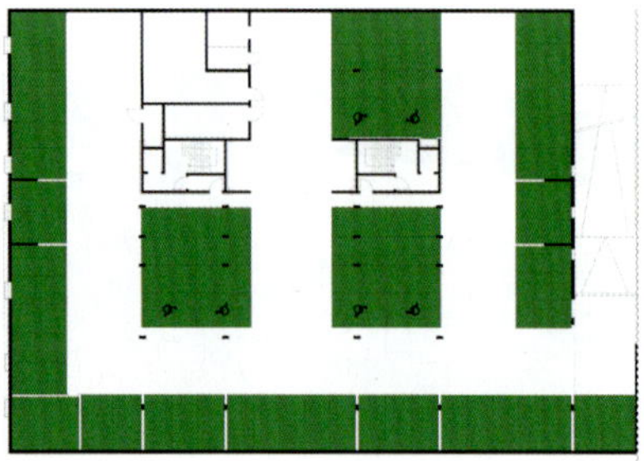

7800-0039 Tiefgarage (68 STP) Seite 924

Plan. Concept Architekten GmbH
Osnabrück

7800-0040 Tiefgarage (53 STP) Seite 932

BIWERMAU Architekten BDA
Hamburg

7800-0041 Tiefgarage (55 STP) Seite 940

BIWERMAU Architekten BDA
Hamburg

7800-0042 Tiefgarage (31 STP) Seite 948

NEUMEISTER & PARINGER ARCHITEKTEN BDA
Landshut

7800-0043 Tiefgarage (13 STP) Seite 956

Sommer + Sommer Architekten BDA
Berlin

7800-0044 Tiefgarage (19 STP) Seite 964

ArGe Gurland+Seher+Rapp Architekten
Biberach a. d. Riss

7800-0045 Parkscheune (21STP) Seite 972

Müller Architekten GmbH
Kronach

9100-0182 Geoinformationszentrum Seite 978

petermann.thiele.kochanek architekten und ingenieure, Bad Frankenhausen

1300-0319
Amtsverwaltung
(36 AP)

Energetische Angaben zu Außenbauteilen

Bodenplatte

U-Wert: 0,19 W/(m²·K)

Gesamtdicke: 50,40 cm	d[cm]	λ[W/(m·K)]
Estrich	6,00	1,400
Trittschalldämmung	3,00	0,040
Dämmung	4,00	0,035
Bitumenbahn	0,40	0,230
Stahlbeton	25,00	2,300
Perimeterdämmung	12,00	0,040

Außenwand

① **U-Wert: 0,18 W/(m²·K)**

Gesamtdicke: 54,50 cm	d[cm]	λ[W/(m·K)]
② Stahlbeton	24,00	2,300
Dämmung	18,00	0,035
Konstruktion mit Luftschicht	1,00	0,067
Klinker	11,50	1,200

Dach

U-Wert: 0,17 W/(m²·K)

Gesamtdicke: 46,00 cm	d[cm]	λ[W/(m·K)]
Stahlbeton	25,00	2,300
Bitumenanstrich	0,20	0,170
Dämmung	14,00	0,035
Gefälledämmung	6,00	0,035
Bitumenbahn	0,40	0,170
Bitumenbahn	0,40	0,170

Außenwand hinterlüftet

U-Wert: 0,22 W/(m²·K)

Gesamtdicke: 24,25 cm	d[cm]	λ[W/(m·K)]
GK-Platte	1,25	0,250
OSB-Platte	1,50	0,130
Holz	18,00	0,130
Dämmung	18,00	0,040
③ Holz	2,00	0,130
Luftschicht ruhend	2,00	0,139
Holzfaserplatte	1,50	0,070

Ergänzende Daten (online verfügbar)

Erläuterungen nebenstehender Tabellen und Abbildungen

Energetische Angaben zu Außenbauteilen

①
Angabe des U-Werts und der Gesamtdicke des Bauteils. Es werden meist nur die wärmetechnisch wirksamen Schichten dargestellt und berücksichtigt. Es werden nicht immer alle Außenbauteile aufgeführt, sondern die für eine Beurteilung der energetischen Qualität des Objekts wesentlichen.
Die Berechnung erfolgt auf der Grundlage der DIN EN ISO 6946. Die U-Werte können von Berechnungen der Datenlieferanten aus verschiedenen Gründen leicht abweichen:
- Die DIN 6946 wurde auch für die Objekte aus Österreich herangezogen, die originär abweichend berechnet wurden.
- Falls nur Angaben zu Schichten und Schichtdicken vorlagen, jedoch keine Lambda-Werte, wurden für die verwendeten Materialien übliche Lambda-Werte von BKI eingesetzt.
- Es gibt leichte Abweichungen bei der Berechnung des U-Werts im PHPP Verfahren und bei Berechnungen die auf Finiten Elementen beruhen.

②
Schichtenfolge der Materialien der Außenbauteile, mit Angabe der Schichtdicke und des Lambda-Werts

③
Kennzeichnung inhomogener Schichten

Hinweis:
Aufgrund der großen Datenmenge werden die Daten zu Energetische Angaben zu Außenbauteilen nur online zur Verfügung gestellt. Bitte rufen Sie den folgenden Download-Link auf, um das BKI Dokument herunterzuladen: www.bki.de/bki_n21_ergaenzung

Bitte beachten Sie, dass das BKI Dokument an den Kauf des Buches gebunden ist.

Hilfe und Support:
Bei technischen Fragen zum Download wenden Sie sich direkt an unsere IT-Hotline:
Telefon: 0711 954 854-43
hotline-it@bki.de

Planungskennwerte für Flächen und Rauminhalte nach DIN 277

①

Flächen des Grundstücks		Menge Einheit	% an GF
BF	Bebaute Fläche	–	–
UF	Unbebaute Fläche	–	–
GF	Grundstücksfläche	–	–

②

Grundflächen des Bauwerks		Menge Einheit	% an NUF	% an BGF
NUF	Nutzungsfläche	997,00 m²	100,0	55,7
TF	Technikfläche	32,15 m²	3,2	1,8
VF	Verkehrsfläche	380,23 m²	38,1	21,2
NRF	Netto-Raumfläche	1.409,38 m²	141,4	78,7
KGF	Konstruktions-Grundfläche	380,66 m²	38,2	21,3
BGF	Brutto-Grundfläche	1.790,04 m²	179,5	100,0

③

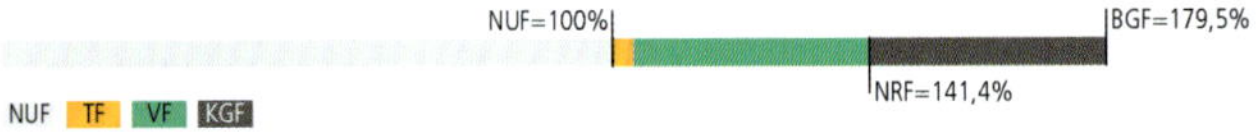

④

Brutto-Rauminhalt des Bauwerks		Menge Einheit	BRI/NUF (m)	BRI/BGF (m)
BRI	Brutto-Rauminhalt	6.479,20 m³	6,50	3,62

⑤

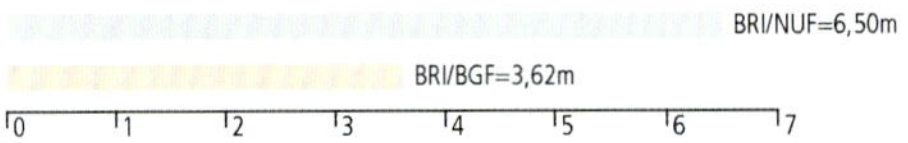

⑥

Lufttechnisch behandelte Flächen	Menge Einheit	% an NUF	% an BGF
Entlüftete Fläche	–	–	–
Be- und entlüftete Fläche	–	–	–
Teilklimatisierte Fläche	–	–	–
Klimatisierte Fläche	–	–	–

⑦

KG	Kostengruppen (2. Ebene)	Menge Einheit	Menge/NUF	Menge/BGF
310	Baugrube / Erdbau	166,64 m³BGI	0,17	0,09
320	Gründung, Unterbau	861,97 m²GRF	0,87	0,48
330	Außenwände/Vertikale Baukonstruktionen, außen	1.017,61 m²AWF	1,02	0,57
340	Innenwände/Vertikale Baukonstruktionen, innen	1.990,54 m²IWF	2,00	1,11
350	Decken/Horizontale Baukonstruktionen	827,15 m²DEF	0,83	0,46
360	Dächer	933,27 m²DAF	0,94	0,52

Kostenstand: 2. Quartal 2025, Bundesdurchschnitt, inkl. 19% MwSt.

Erläuterungen nebenstehender Planungskennwerte- und Baukostentabellen

Alle Kostenkennwerte enthalten die Mehrwertsteuer. Kostenstand 2. Quartal 2025.
Kosten und Kostenkennwerte umgerechnet auf den Bundesdurchschnitt.

Planungskennwerte für Flächen und Rauminhalte nach DIN 277

In Ergänzung der Kostenkennwerttabellen werden für jedes Objekt Planungskennwerte angegeben, die zur Überprüfung der Vergleichbarkeit des Objekts mit der geplanten Baumaßnahme dienen.
Ein Planungskennwert im Sinne dieser Veröffentlichung ist ein Wert, der das Verhältnis bestimmter Flächen und Rauminhalte zur Nutzungsfläche (NUF) und Brutto-Grundfläche (BGF) darstellt, angegeben als Prozentwert oder als Faktor (Mengenverhältnis).

①
Bebaute und unbebaute Flächen des Grundstücks sowie deren Verhältnis in Prozent zur Grundstücksfläche (GF).

②
Grundflächen im Verhältnis zur Nutzungsfläche (NUF = 100%) und Brutto-Grundfläche (BGF = 100%) in Prozent.

③
Grafische Darstellung der Grundflächen im Verhältnis zur Nutzungsfläche (NUF = 100%)

④
Verhältnis von Brutto-Rauminhalt (BRI) zur Nutzungsfläche (NUF) und Brutto-Grundfläche (BGF), (BRI / BGF = mittlere Geschosshöhe), angegeben als Faktor (in Meter).

⑤
Grafische Darstellung der Verhältnisse Brutto-Rauminhalt (BRI) zur Nutzungsfläche (NUF = 100%) und Brutto-Grundfläche (BGF); (BRI / BGF = mittlere Geschosshöhe), angegeben als Faktor (in Meter).

⑥
Verhältnis von lufttechnisch behandelten Flächen (nach BKI), Nutzungsfläche (NUF) und Brutto-Grundfläche (BGF) in Prozent.

⑦
Verhältnis der Mengen dieser Kostengruppen nach DIN 276 („Grobelemente") zur Nutzungsfläche (NUF) und Brutto-Grundfläche (BGF), angegeben als Faktor. Wenn aus der Grundlagenermittlung die Nutzungs- oder Brutto-Grundfläche für ein Projekt bekannt ist, ein Vorentwurf als Grundlage für Mengenermittlungen aber noch nicht vorliegt, so können mit diesen Faktoren die Grobelementmengen überschlägig ermittelt werden.

1300-0319
Amtsverwaltung
(36 AP)

Kostenkennwerte für Leistungsbereiche nach STLB (Kosten des Bauwerks nach DIN 276)

	LB	Leistungsbereiche	Kosten €	€/m² BGF	€/m³ BRI	% an 3+4
	000	Baustellen-, Verkehrssich.- u. Sicherh.einr. inkl. 001	290.157	162,10	44,80	5,0
	002	Erdarbeiten	20.425	11,40	3,20	0,4
	006	Spezialtiefbauarbeiten inkl. 005	–	–	–	–
	009	Entwässerungskanalarbeiten inkl. 011	45.607	25,50	7,00	0,8
	010	Drän- und Versickerarbeiten	–	–	–	–
1	012	Mauerarbeiten	569.635	318,20	87,90	9,8
	013	Betonarbeiten	1.034.412	577,90	159,70	17,9
	014	Natur-, Betonwerksteinarbeiten	27.157	15,20	4,20	0,5
	016	Zimmer- und Holzbauarbeiten	–	–	–	–
	017	Stahlbauarbeiten	–	–	–	–
	018	Abdichtungsarbeiten	21.037	11,80	3,20	0,4
	019	Kampfmittelräumarbeiten	–	–	–	–
	020	Dachdeckungsarbeiten	–	–	–	–
	021	Dachabdichtungsarbeiten	318.943	178,20	49,20	5,5
	022	Klempnerarbeiten	39.119	21,90	6,00	0,7
		Rohbau	**2.366.491**	**1.322,00**	**365,20**	**40,8**
	023	Putz- und Stuckarbeiten, Wärmedämmsysteme	91.631	51,20	14,10	1,6
	024	Fliesen- und Plattenarbeiten	66.341	37,10	10,20	1,1
2	025	Estricharbeiten	79.596	44,50	12,30	1,4
	026	Fenster, Außentüren inkl. 029, 032	295.741	165,20	45,60	5,1
	027	Tischlerarbeiten	199.107	111,20	30,70	3,4
	028	Parkett-, Holzpflasterarbeiten	–	–	–	–
	030	Rollladenarbeiten	113.691	63,50	17,50	2,0
	031	Metallbauarbeiten inkl. 035	248.822	139,00	38,40	4,3
	034	Maler- und Lackiererarb. – Beschicht. inkl. 037	193.442	108,10	29,90	3,3
	036	Bodenbelagarbeiten	117.791	65,80	18,20	2,0
	038	Vorgehängte hinterlüftete Fassaden	8.608	4,80	1,30	0,1
	039	Trockenbauarbeiten	226.492	126,50	35,00	3,9
		Ausbau	**1.641.262**	**916,90**	**253,30**	**28,3**
	040	Wärmeversorgungsanl. – Betriebseinr. inkl. 041	231.592	129,40	35,70	4,0
	042	Gas- u. Wasseranl. – Leitung., Armat. inkl. 043	30.329	16,90	4,70	0,5
	044	Abwasseranl. – Leitungen, Abläufe, Armaturen	12.047	6,70	1,90	0,2
	045	Gas, Wasser, Entwässerung – Ausstattung inkl. 046	36.804	20,60	5,70	0,6
	047	Dämm- und Brandschutzarb. an techn. Anlagen	63.286	35,40	9,80	1,1
	049	Feuerlöschanlagen, Feuerlöschgeräte	–	–	–	–
	050	Blitzschutz-/Erdungsanlagen, Überspannungssch.	15.582	8,70	2,40	0,3
	053	Niederspannungsanl. – Kabel inkl. 052, 054	779.855	435,70	120,40	13,5
	055	Sicherheits- u. Ersatzstromversorgungsanl.	–	–	–	–
	057	Gebäudesystemtechnik	21.792	12,20	3,40	0,4
	058	Leuchten und Lampen inkl. 059	110.044	61,50	17,00	1,9
	060	Such, Signal, Zeit, Anten., akust. Anl. inkl. 064	13.304	7,40	2,10	0,2
	061	Kommunikations- u. Übertragungsnetze inkl. 063	103.411	57,80	16,00	1,8
	069	Aufzüge	72.971	40,80	11,30	1,3
	070	Gebäudeautomation	–	–	–	–
	075	Raumlufttechnische Anlagen inkl. 078	281.260	157,10	43,40	4,9
		Gebäudetechnik	**1.772.279**	**990,10**	**273,50**	**30,6**
	084	Abbruch, Rückbau, Schadstoffsanierung	–	–	–	–
		Abbrucharbeiten	**–**	**–**	**–**	**–**
3		**Sonstige Leistungsbereiche**	**13.161**	**7,40**	**2,00**	**0,2**

Kostenstand: 2. Quartal 2025, Bundesdurchschnitt, **inkl. 19% MwSt.**

Erläuterung nebenstehender Baukostentabelle

Alle Kostenkennwerte enthalten die Mehrwertsteuer. Kostenstand 2. Quartal 2025.
Kosten und Kostenkennwerte umgerechnet auf den Bundesdurchschnitt.

Kostenkennwerte für Leistungsbereiche nach STLB

①
LB-Nummer nach Standardleistungsbuch (STLB).
Bezeichnung des Leistungsbereichs (zum Teil abgekürzt).

Kostenkennwerte für Bauwerkskosten (Kostengruppe 300+400 nach DIN 276) je Leistungsbereich in €/m² Brutto-Grundfläche (BGF nach DIN 277).
Anteil der jeweiligen Leistungsbereiche in Prozent an den Bauwerkskosten (100%).

②
Kostenkennwerte und Prozentanteile für „Leistungsbereichspakete" als Zusammenfassung bestimmter Leistungsbereiche. Leistungsbereiche mit relativ geringem Kostenanteil wurden in Einzelfällen mit anderen Leistungsbereichen zusammengefasst.
Beispiel:
LB 000 Baustelleneinrichtung zusammengefasst mit
LB 001 Gerüstarbeiten (Angabe: inkl. 001).

③
Ergänzende, den STLB-Leistungsbereichen nicht zuzuordnende Leistungsbereiche, zusammengefasst mit den LB-Nr. 008, 033, 051.

1300-0319
Amtsverwaltung
(36 AP)

①

Kostenkennwerte für die Kostengruppen der 3.Ebene DIN 276

KG	Kostengruppe	Menge Einheit	Kosten €	€/Einheit	%
310	**Baugrube / Erdbau**				**100,0**
311	**Herstellung**	166,64 m³BGI	20.425	**122,57**	100,0
	Erdaushub (34m³), Hinterfüllungen mit Lieferkies (85m³), Rohrgrabenaushub, t=60-90cm, lagern, verfüllen (57m³)				
320	**Gründung, Unterbau**				**100,0**
322	**Flachgründungen und Bodenplatten**	838,15 m²	242.408	**289,22**	55,4
	Stb-Streifenfundamente C20/25, 85x80cm, Schalung, Bewehrung (112m³), 90-120x50cm (73m³), Stb-Bodenplatte C25/30, d=18cm (827m²), Stb-Aufzugsunterfahrt C25/30, WU, d=25-40cm, Wandhöhe 120cm (11m²), Mehrspartenhauseinführung (1St), Rohrdurchführungen (16St)				
324	**Gründungsbeläge**	792,57 m²	148.073	**186,83**	33,8
	Bitumenabdichtung (827m²), EPS-Dämmung WLG 035, d=40mm, Zementestrich, d=80mm (782m²), Spachtelung, PVC-Bodenbelag (289m²), PVC-Sockel (165m), Teppich (267m²), Teppichsockel (249m), Bodenfliesen 60x30cm (196m²), 10x10cm (33m²), Fliesensockel (127m), Bodenbeschichtung (8m²)				
325	**Abdichtungen und Bekleidungen**	211,25 m²	47.122	**223,07**	10,8
	PE-Folie, XPS-Perimeterdämmung WLG 035, d=120mm (655m²), Bitumenbeschichtung, XPS-Perimeterdämmung WLG 035, d=140mm, senkrecht (24m²)				

② (marks the description of item 322)

330
Außenwände/
Vertikale
Baukonstruktionen,
außen

① ③

Kostenkennwerte für die Kostengruppen 300 der 3.Ebene DIN 276

KG	Kostengruppe	Menge Einheit	Kosten €	€/Einheit	€/m² BGF
331	**Tragende Außenwände**				
	1300-0262 Verwaltungsgebäude (48 AP)	744,61 m²	180.611	**242,56**	122,43
	Stb-Wände C30/37, d=20cm, Schalung, Bewehrung (567m²), d=25cm, WU (178m²), Hauseinführungen (7St), Doppeldichtpackungen (5St), Futterrohre (2St)				
	1300-0319 Amtsverwaltung (36 AP)	565,30 m²	237.290	**419,76**	132,56
	Stb-Wände C25/30, d=24cm, Schalung, Bewehrung (372m²), Stb-Über-/Unterzüge C25/30, d=24cm (194m²)				
	1300-0332 Bürogebäude (10 AP), Doppelgarage	192,19 m²	44.208	**230,02**	163,27
	Porenbeton-Mauerwerk, d=36,5cm (192m²)				
	1300-0338 Bürogebäude (89 AP)	653,39 m²	133.715	**204,65**	63,93
	Stb-Elementwände, d=24cm, Schalung, Bewehrung (653m²)				
	2200-0056 Laborgebäude	564,79 m²	170.708	**302,25**	121,54
	KS-Mauerwerk, d=20cm (232m²), d=24cm (97m²), Stb-Wände C25/30, Schalung, Bewehrung, d=24cm (71m²), d=20cm (115m²), d=15cm (51m²)				

Ergänzende Daten (online verfügbar)

Erläuterung nebenstehender Baukostentabelle

Alle Kostenkennwerte enthalten die Mehrwertsteuer. Kostenstand 2. Quartal 2025.
Kosten und Kostenkennwerte umgerechnet auf den Bundesdurchschnitt.

Kostenkennwerte für die Kostengruppen 200-500 der 2. und 3. Ebene nach DIN 276

①
Codierung und Bezeichnung der Ausführung zur Kostengruppe entsprechend der 2. und 3. Ebene nach DIN 276

Sortierung nach Objekten

②
Abgerechnete Leistungen zu den dokumentierten Objekten mit Beschreibung, Menge, Einheit, Kosten, Kostenkennwert bezogen auf die Kostengruppeneinheit oder alternativ bezogen auf die übergeordnete Einheit.

Sortierung nach Kostengruppen

③
Abgerechnete Leistungen zu dokumentierten Objekten mit BKI Objektnummer, Beschreibung, Menge, Einheit, Kosten, Kostenkennwert bezogen auf die Kostengruppeneinheit oder alternativ bezogen auf die übergeordnete Einheit.

Bei den Mengen handelt es sich um ausgeführte Mengen.

Hinweis:
Aufgrund der großen Datenmenge werden die Daten der 2. und 3. Ebene DIN 276 nur online zur Verfügung gestellt. Bitte rufen Sie den folgenden Download-Link auf, um das BKI Dokument herunterzuladen: www.bki.de/bki_n21_ergaenzung

Nach dem Download erhalten Sie die Datei BKI_N21_Ergaenzungslieferung mit zusätzlichen Inhalten:
- die Kostendaten der 2. und 3. Ebene aller neu dokumentierten Objekte - sortiert nach Objektnummern
- die Zusammenstellung der Kostenkennwerte der 3. Ebene nach DIN 276 - sortiert nach Kostengruppen.

Bitte beachten Sie, dass das BKI Dokument an den Kauf des Buches gebunden ist.

Hilfe und Support:
Bei technischen Fragen zum Download wenden Sie sich direkt an unsere IT-Hotline:
Telefon: 0711 954 854-43
hotline-it@bki.de

Vollständige Gliederung der Leistungsbereiche nach STLB-Bau

Als Beispiel für eine ausführungsorientierte Ergänzung der Kostengliederung werden im Folgenden die Leistungsbereiche des Standardleistungsbuches für das Bauwesen in einer Übersicht dargestellt.

000 Baustelleneinrichtungen; Verkehrssicherungs- und Sicherheitseinrichtungen
001 Gerüstarbeiten
002 Erdarbeiten
003 Landschaftsbauarbeiten
004 Landschaftsbauarbeiten, Pflanzen
005 Brunnenbauarbeiten und Aufschlussbohrungen
006 Spezialtiefbauarbeiten
007 Untertagebauarbeiten
008 Wasserhaltungsarbeiten
009 Entwässerungskanalarbeiten
010 Drän- und Versickerungsarbeiten
011 Abscheider- und Kleinkläranlagen
012 Mauerarbeiten
013 Betonarbeiten
014 Natur-, Betonwerksteinarbeiten
016 Zimmer- und Holzbauarbeiten
017 Stahlbauarbeiten
018 Abdichtungsarbeiten
019 Kampfmittelräumarbeiten
020 Dachdeckungsarbeiten
021 Dachabdichtungsarbeiten
022 Klempnerarbeiten
023 Putz- und Stuckarbeiten, Wärmedämmsysteme
024 Fliesen- und Plattenarbeiten
025 Estricharbeiten
026 Fenster, Außentüren
027 Tischlerarbeiten
028 Parkettarbeiten, Holzpflasterarbeiten
029 Beschlagarbeiten
030 Rollladenarbeiten
031 Metallbauarbeiten
032 Verglasungsarbeiten
033 Baureinigungsarbeiten
034 Maler- und Lackierarbeiten, Beschichtungen
035 Korrosionsschutzarbeiten an Stahlbauten
036 Bodenbelagsarbeiten
037 Tapezierarbeiten
038 Vorgehängte hinterlüftete Fassaden
039 Trockenbauarbeiten
040 Wärmeversorgungsanlagen - Betriebseinrichtungen
041 Wärmeversorgungsanlagen - Leitungen, Armaturen, Heizflächen
042 Gas- und Wasseranlagen - Leitungen und Armaturen
043 Druckrohrleitungen für Gas, Wasser und Abwasser
044 Abwasseranlagen - Leitung, Abläufe, Armaturen
045 Gas-, Wasser- und Entwässerungsanlagen - Ausstattung, Elemente, Fertigbäder
046 Gas-, Wasser- und Entwässerungsanlagen - Betriebseinrichtungen
047 Dämm- und Brandschutzarbeiten an technischen Anlagen
049 Feuerlöschanlagen, Feuerlöschgeräte
050 Blitzschutz- / Erdungsanlagen, Überspannungsschutz
051 Kabelleitungstiefbauarbeiten
052 Mittelspannungsanlagen
053 Niederspannungsanlagen - Kabel/Leitungen, Verlegesysteme, Installationsgeräte
054 Niederspannungsanlagen - Verteilersysteme und Einbaugeräte
055 Sicherheits- und Ersatzstromversorgungsanlagen
057 Gebäudesystemtechnik
058 Leuchten und Lampen
059 Sicherheitsbeleuchtungsanlagen
060 Such-, Signal-, Zeitdienst-, Antennen-, elektroakustische Anlagen, Medientechnik
061 Kommunikations- und Übertragungsnetze
062 Kommunikationsanlagen
063 Gefahrenmeldeanlagen
064 Zutrittskontroll-, Zeiterfassungssysteme
069 Aufzüge
070 Gebäudeautomation
075 Raumlufttechnische Anlagen
078 Kälteanlagen für raumlufttechnische Anlagen
080 Straßen, Wege, Plätze
081 Betonerhaltungsarbeiten
082 Bekämpfender Holzschutz
084 Abbruch-, Rückbau- und Schadstoffsanierungsarbeiten
085 Rohrvortriebsarbeiten
087 Abfallentsorgung, Verwertung und Beseitigung
090 Baulogistik
091 Stundenlohnarbeiten
096 Bauarbeiten an Bahnübergängen
097 Bauarbeiten an Gleisen und Weichen
098 Witterungsschutzmaßnahmen

Abkürzungsverzeichnis

Abkürzung	Bezeichnung
a	Jahr (lat. annus)
AF	Außenanlagenfläche
Alu	Aluminium
AP	Arbeitsplätze
APP	Appartement
AWF	Außenwandfläche
BGF	Brutto-Grundfläche (Summe der Regelfall (R)- und Sonderfall (S)-Flächen nach DIN 277)
BGI	Baugrubeninhalt
BHKW	Blockheizkraftwerk
bis	oberer Grenzwert des Streubereichs um einen Mittelwert
BK	Bodenklasse
BRI	Brutto-Rauminhalt (Summe der Regelfall (R)- und Sonderfall (S)-Rauminhalte nach DIN 277)
BRI/BGF (m)	Verhältnis von Brutto-Rauminhalt zur Brutto-Grundfläche angegeben in Meter
BRI/NUF (m)	Verhältnis von Brutto-Rauminhalt zur Nutzungsfläche angegeben in Meter
BSH	Brettschichtholz
CO_2	Kohlendioxid
d	Dicke
DN	Durchmesser Nennmaß
DAF	Dachfläche
DEF	Deckenfläche
DHH	Doppelhaushälfte
DIN 276	Kosten im Bauwesen (DIN 276:2018-12)
DIN 277	Grundflächen und Rauminhalte im Hochbau (DIN 277:2021-08)
EDV	elektronische Datenverarbeitung
EFH	Einfamilienhaus
EG	Erdgeschoss
ELW	Einliegerwohnung
EnEV	Energieeinsparverordnung
EPS	Expandierter Polystyrol-Hartschaum
ESG	Einscheiben-Sicherheitsglas
ETW	Etagenwohnung
EVA	Ethylenvinylacetatcopolymer
FBH	Fußbodenheizung
Fläche/BGF (%)	Anteil der angegebenen Fläche zur Brutto-Grundfläche in Prozent
Fläche/NUF (%)	Anteil der angegebenen Fläche zur Nutzungsfläche in Prozent
€/Einheit	Spaltenbezeichnung für Mittelwerte zu den Kosten bezogen auf eine Einheit der Bezugsgröße
€/m² BGF	Spaltenbezeichnung für Mittelwerte zu den Kosten bezogen auf Brutto-Grundfläche
GE	Gewerbeeinheit
GF	Grundstücksfläche
GK	Gipskarton
GRF	Gründungsfläche
HF	Holzfaser
HLz	Hochlochziegel
HPL	Laminatbeschichtung im Hochdruckpressverfahren (eng. High Pressure Laminate)
HT	Hochtemperatur-Abflussrohr
HW	Holzwolle
inkl.	einschließlich
IWF	Innenwandfläche
Kfz	Kraftfahrzeug
KG	Kanalgrund(rohr) / Kostengruppe
kg	Kilogramm

Abkürzungsverzeichnis (Fortsetzung)

Abkürzung	Bezeichnung
Kita	Kindertagesstätte
KGF	Konstruktions-Grundfläche (Summe der Regelfall (R)- und Sonderfall (S)-Flächen nach DIN 277)
KS	Kalksandstein
KVH	Konstruktionsvollholz
kW	Kilowatt
KWK	Kraftwärmekopplung
LB	Leistungsbereich
MDF	mitteldichte Faserplatte (Spanplatte)
Menge/BGF	Menge der genannten Kostengruppen-Bezugsgröße bezogen auf die Menge der Brutto-Grundfläche
Menge/NUF	Menge der genannten Kostengruppen-Bezugsgröße bezogen auf die Menge der Nutzungsfläche
MINT-Raum	Mathematik, Informatik, Naturwissenschaft und Technik-Raum
MSR-Technik	Messen, Steuern und Regeln (Teilbereich der Automatisierungstechnik)
MW	Mineralwolle
MwSt.	Mehrwertsteuer
NE	Nutzeinheit
NUF	Nutzungsfläche (Summe der Regelfall (R)- und Sonderfall (S)-Flächen nach DIN 277)
NRF	Netto-Raumfläche (Summe der Regelfall (R)- und Sonderfall (S)-Flächen nach DIN 277)
Obj.-Nr.	Nummer des Objekts in den BKI Baukostendatenbanken
OSB	Grobspanplatten (engl. oriented strand board)
OTS	Obertürschließer
PA	Polyamid
PE / PP / PS	Polyethylen / Polypropylen / Polystyrol
PHPP	Passivhaus-Projektierungspaket
PIR	Polyisocyanurate
PU/PUR	Polyurethan
PV	Photovoltaik
PVC	Polyvinylchlorid
restl.	restlich
RH	Reihenhaus
STLB	Standardleistungsbuch
St	Stück
STP	Stellplatz
TF	Technikfläche (Summe der Regelfall (R)- und Sonderfall (S)-Flächen nach DIN 277)
TG	Tiefgarage
UK	Unterkonstruktion
UP	Unterputz
Uw	U-Wert Fenster (engl. window)
VF	Verkehrsfläche (Summe der Regelfall (R)- und Sonderfall (S)-Flächen nach DIN 277)
VIP	Vakuumisolationspaneel
VSG	Verbund-Sicherheitsglas
von	unterer Grenzwert des Streubereichs um einen Mittelwert
WDVS	Wärmedämmverbundsystem
WE	Wohneinheit
WFL	Wohnfläche
WLG	Wärmeleitgruppe
WU	wasserundurchlässig (Betonqualität)
XPS	Extrudierter Polystyrol-Hartschaum
Ø	Mittelwert
300+400	Zusammenfassung der Kostengruppen Bauwerk-Baukonstruktionen und Bauwerk-Technische Anlagen
% an 300+400	Kostenanteil der jeweiligen Kostengruppe an den Kosten des Bauwerks
% an 300	Kostenanteil der jeweiligen Kostengruppe an der Kostengruppe Bauwerk-Baukonstruktion
% an 400	Kostenanteil der jeweiligen Kostengruppe an der Kostengruppe Bauwerk-Technische Anlagen

Kosten abgerechneter Objekte

Büro- und Verwaltungsgebäude

1

1100 Parlamentsgebäude
1200 Gerichtsgebäude
• 1300 Bürogebäude

1300-0262
Verwaltungsgebäude
(48 AP)

Kostenkennwerte für die Kosten des Bauwerks (Kostengruppen 300+400 nach DIN 276)

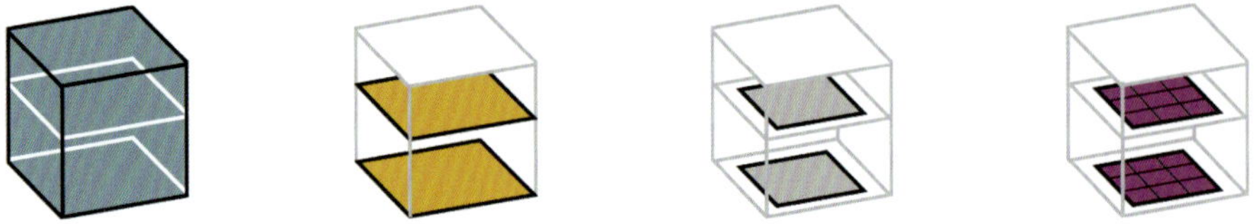

BRI 696 €/m³ | BGF 2.422 €/m² | NUF 4.198 €/m² | NE 74.437 €/NE

NE: Arbeitsplätze

Objekt:
Kennwerte: 3.Ebene DIN 276
BRI: 5.131 m³
BGF: 1.475 m²
NUF: 851 m²
Bauzeit: 52 Wochen
Bauende: 2019
Standard: mittel
Bundesland: Schleswig-Holstein
Kreis: Kiel, Stadt

Architekt*in:
Planungsring
Mumm + Partner GbR
Krim 2
24896 Treia

Bauherr*in:
Städtisches Krankenhaus
Kiel GmbH
Chemnitzstraße 33
24116 Kiel

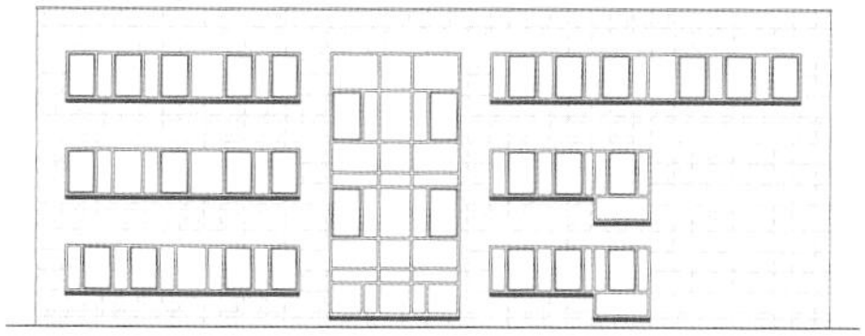

Ansicht Nord

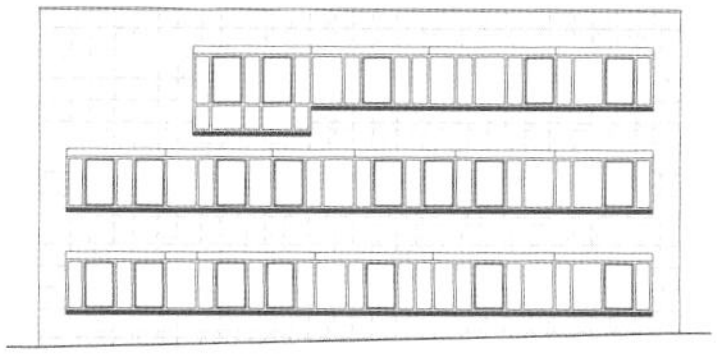

Ansicht West

Erdgeschoss

1. Obergeschoss

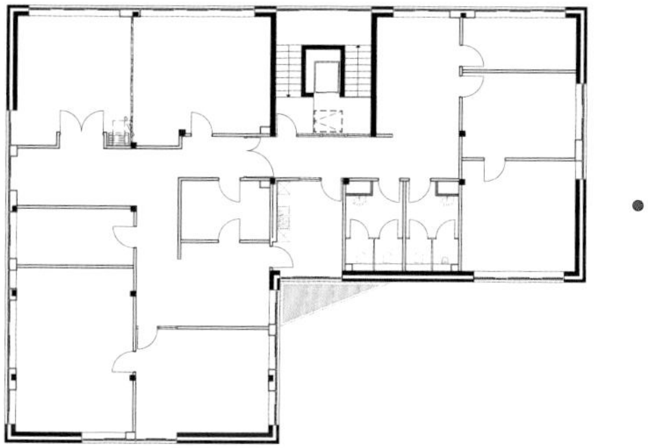

2. Obergeschoss

Schnitt A-A

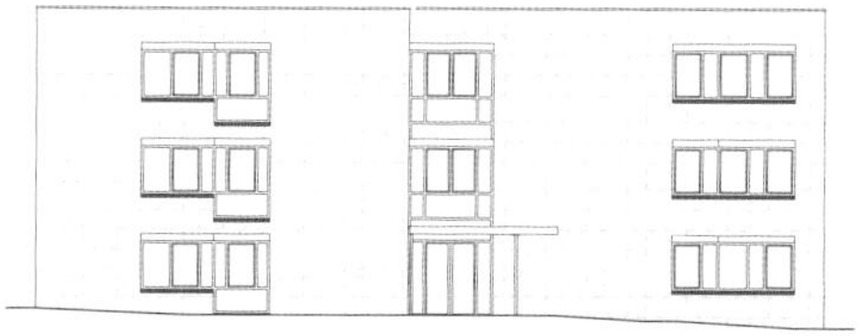

Ansicht Süd

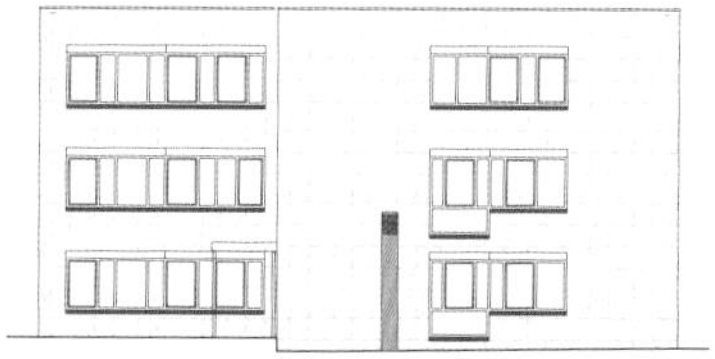

Ansicht Ost

Objektbeschreibung

Allgemeine Objektinformationen

Neubau eines teilunterkellerten Verwaltungsgebäudes auf dem Grundstück eines städtischen Krankenhauses, um die Verwaltung aus dem Hauptgebäude in ein separates Gebäude zu verlegen.

Nutzung

1 Untergeschoss
Technikräume, Archiv, Putzmittelraum, Flure

1 Erdgeschoss
Büroräume, Aktenräume, Teeküche, WCs, Flure

2 Obergeschosse
Büroräume, Sitzungsräume, Technikraum, Teeküche, Aufenthaltsraum, WCs, Flure

Nutzeinheiten

Arbeitsplätze: 48
Bürofläche: 544 m²

Grundstück

Bauraum: Freier Bauraum
Neigung: Ebenes Gelände
Bodenklasse: BK 3

Markt

Hauptvergabezeit: 2. Quartal 2018
Baubeginn: 2. Quartal 2018
Bauende: 2. Quartal 2019
Konjunkturelle Gesamtlage: Durchschnitt
Regionaler Baumarkt: Durchschnitt

Baukonstruktion

Der Neubau wurde in Massivbauweise errichtet. Die Gründung erfolgte als Stahlbeton-Flachgründung. Die Teilunterkellerung ist in WU-Beton ausgeführt, Außenwände und Stützen in Stahlbeton. Die eingebauten Kunststofffenster erhielten sowohl Außenraffstores als auch Innenjalousien. Im Bereich des Zugangs und des Treppenhauses kamen Pfosten-Riegelfassaden zum Einsatz. Die Fassade wurde mit Klinker-Verblendmauerwerk gestaltet. Innen wurden Leichtbau-, Kalksandstein- und Stahlbetonwände ausgeführt. Die Oberflächen sind verputzt, mit Glasvlies und Beschichtung versehen oder mit Fliesen bekleidet. Die Holzinnentüren haben Stahlzargen. Die Geschossdecken und die Treppen wurden in Stahlbeton ausgeführt. Eine mobile Trennwand sowie WC-Trennwände ergänzen den Innenausbau. Auf dem Heizestrich sind je nach Nutzung Nadelvlies, Bodenfliesen oder eine Bodenbeschichtung aufgebracht. Abgehängte Gipskartondecken und Metalldecken gestalten die Deckenunterseiten. Das Stahlbetonflachdach erhielt eine Gefälledämmung und eine Flachdachabdichtung. Entwässert wird das Dach nach außen über Speier und Fallrohre.

Technische Anlagen

Die Fernwärmeversorgung wird über das nebenstehende Haus sichergestellt. Es wurden Vor- und Rücklauf-Leitungen verlegt, welche an der Heizungsunterstation im Nebengebäude angeschlossen sind. Die Beheizung des Gebäude erfolgt über eine Fußbodenheizung. Zur Be- und Entlüftung der Räume sind entsprechende Anlagen mit Wärmerückgewinnung installiert. Die Erschließung zur Strom, Daten- und Telefonversorgung erfolgt über das Hauptgebäude. Der Neubau ist durch eine Brandmeldeanlage und eine Einbruchmeldeanlage gesichert sowie über einen Personenaufzug barrierefrei erschlossen.

Planungskennwerte für Flächen und Rauminhalte nach DIN 277

Flächen des Grundstücks		Menge Einheit	% an GF
BF	Bebaute Fläche	22.164,00 m²	38,0
UF	Unbebaute Fläche	36.236,00 m²	62,0
GF	Grundstücksfläche	58.400,00 m²	100,0

Grundflächen des Bauwerks		Menge Einheit	% an NUF	% an BGF
NUF	Nutzungsfläche	851,05 m²	100,0	57,7
TF	Technikfläche	45,84 m²	5,4	3,1
VF	Verkehrsfläche	352,83 m²	41,5	23,9
NRF	Netto-Raumfläche	1.249,72 m²	146,8	84,7
KGF	Konstruktions-Grundfläche	225,45 m²	26,5	15,3
BGF	Brutto-Grundfläche	1.475,17 m²	173,3	100,0

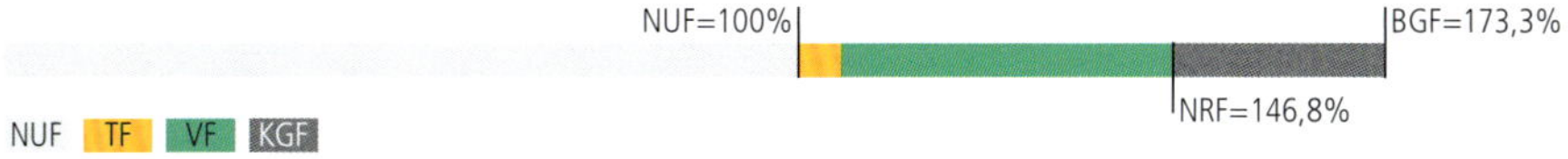

Brutto-Rauminhalt des Bauwerks		Menge Einheit	BRI/NUF (m)	BRI/BGF (m)
BRI	Brutto-Rauminhalt	5.130,91 m³	6,03	3,48

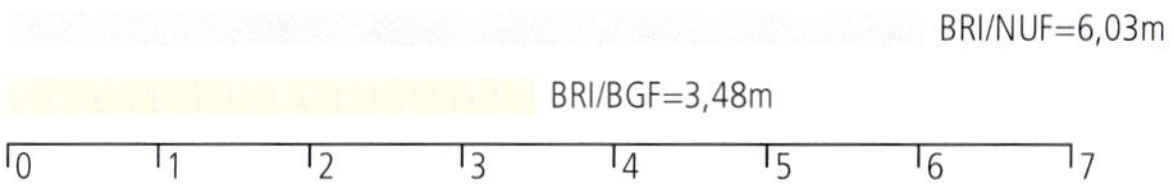

Lufttechnisch behandelte Flächen	Menge Einheit	% an NUF	% an BGF
Entlüftete Fläche	–	–	–
Be- und entlüftete Fläche	–	–	–
Teilklimatisierte Fläche	–	–	–
Klimatisierte Fläche	–	–	–

KG	Kostengruppen (2. Ebene)	Menge Einheit	Menge/NUF	Menge/BGF
310	Baugrube / Erdbau	1.990,18 m³ BGI	2,34	1,35
320	Gründung, Unterbau	438,58 m² GRF	0,52	0,30
330	Außenwände/Vertikale Baukonstruktionen, außen	1.177,91 m² AWF	1,38	0,80
340	Innenwände/Vertikale Baukonstruktionen, innen	1.456,50 m² IWF	1,71	0,99
350	Decken/Horizontale Baukonstruktionen	963,64 m² DEF	1,13	0,65
360	Dächer	433,64 m² DAF	0,51	0,29

Kostenkennwerte für die Kostengruppen der 1. Ebene DIN 276

KG	Kostengruppen (1. Ebene)	Einheit	Kosten €	€/Einheit	€/m² BGF	€/m³ BRI	% 300+400
100	Grundstück	m² GF	–	–	–	–	–
200	Vorbereitende Maßnahmen	m² GF	19.783	0,34	13,41	3,86	0,6
300	Bauwerk – Baukonstruktionen	m² BGF	2.760.675	1.871,43	1.871,43	538,05	77,3
400	Bauwerk – Technische Anlagen	m² BGF	812.281	550,64	550,64	158,31	22,7
	Bauwerk 300+400	**m² BGF**	**3.572.956**	**2.422,06**	**2.422,06**	**696,36**	**100,0**
500	Außenanlagen und Freiflächen	m² AF	33.818	64,42	22,92	6,59	0,9
600	Ausstattung und Kunstwerke	m² BGF	3.377	2,29	2,29	0,66	< 0,1
700	Baunebenkosten	m² BGF	–	–	–	–	–
800	Finanzierung	m² BGF	–	–	–	–	–

KG	Kostengruppe	Menge Einheit	Kosten €	€/Einheit	%
200	**Vorbereitende Maßnahmen**	58.400,00 m² GF	19.783	**0,34**	0,6

Suchschachtungen, Betonpflaster aufnehmen, reinigen, lagern, Abbruch von Pflastersteinen, Tragschichten, Schildern; Roden von Stubben, Wurzelwerk, Sträuchern, Büschen

KG	Kostengruppe	Menge Einheit	Kosten €	€/Einheit	%
3+4	**Bauwerk**				**100,0**
300	**Bauwerk – Baukonstruktionen**	1.475,17 m² BGF	2.760.675	**1.871,43**	77,3

Verbau; Stb-Flachgründung, Heizestrich, Nadelvlies, Bodenfliesen, Bodenbeschichtung; Stb-Wände, Stb-Stützen, Kunststofffenster, Verblendmauerwerk, Pfosten-Riegelfassaden, Außenraffstores, Innenjalousien; KS-Mauerwerk, GK-Wände, Holztüren, Innenputz, Glasvlies, Beschichtung, Wandfliesen; mobile Trennwand, WC-Trennwände; Stb-Decken, Stb-Treppen, GK-Decken, Metalldecken; Stb-Flachdach, Stahlvordach, Dachausstieg, Dämmung, Flachdachabdichtung, Dachentwässerung

KG	Kostengruppe	Menge Einheit	Kosten €	€/Einheit	%
400	**Bauwerk – Technische Anlagen**	1.475,17 m² BGF	812.281	**550,64**	22,7

Gebäudeentwässerung, Kalt- und Warmwasserleitungen, Sanitärobjekte; Wärmeplattentauscher, Vor- und Rücklaufleitungen, Heizungsrohre, Fußbodenheizung; Zu-/Abluftanlage, Aufzugsschacht-Entrauchung; Elektroinstallation, Beleuchtung, Erdung; Türsprechanlage, Brandschutzanlage, Einbruchmeldeanlage, Datenübertragungsnetz; Personenaufzug; Feuerlöscher; Gebäudeautomation

KG	Kostengruppe	Menge Einheit	Kosten €	€/Einheit	%
500	**Außenanlagen und Freiflächen**	525,00 m² AF	33.818	**64,42**	0,9

Rohrgrabenaushub; Fernwärmerohre, Lüftungsturm, bauseitige Elektroleitungen verlegen, Pollerleuchten

KG	Kostengruppe	Menge Einheit	Kosten €	€/Einheit	%
600	**Ausstattung und Kunstwerke**	1.475,17 m² BGF	3.377	**2,29**	< 0,1

Sanitärausstattungen, Hinweisschilder

Kostenkennwerte für die Kostengruppen 300 der 2. und 3.Ebene DIN 276 (Übersicht)

KG	Kostengruppe	Menge Einheit	Kosten €	€/Einheit	% an 3+4
300	**Bauwerk – Baukonstruktionen**	**1.475,17 m² BGF**	**2.760.675,39**	**1.871,43**	**77,3**
310	**Baugrube / Erdbau**	**1.990,18 m³ BGI**	**143.719,03**	**72,21**	**4,0**
311	Herstellung	1.990,18 m³ BGI	89.161,65	44,80	2,5
312	Umschließung	97,81 m²	53.763,42	549,67	1,5
313	Wasserhaltung	–	793,96	–	< 0,1
314	Vortrieb	–	–	–	–
319	Sonstiges zur KG 310	–	–	–	–
320	**Gründung, Unterbau**	**438,58 m² GRF**	**260.657,65**	**594,32**	**7,3**
321	Baugrundverbesserung	–	–	–	–
322	Flachgründungen und Bodenplatten	438,58 m²	149.104,96	339,97	4,2
323	Tiefgründungen	–	–	–	–
324	Gründungsbeläge	359,54 m²	56.367,82	156,78	1,6
325	Abdichtungen und Bekleidungen	597,42 m²	41.838,75	70,03	1,2
326	Dränagen	438,58 m² GRF	13.346,11	30,43	0,4
329	Sonstiges zur KG 320	–	–	–	–
330	**Außenwände/Vert. Baukonstrukt., außen**	**1.177,91 m² AWF**	**944.215,25**	**801,60**	**26,4**
331	Tragende Außenwände	744,61 m²	180.611,25	242,56	5,1
332	Nichttragende Außenwände	56,69 m²	6.495,66	114,58	0,2
333	Außenstützen	39,75 m	9.583,94	241,11	0,3
334	Außenwandöffnungen	310,64 m²	182.918,66	588,84	5,1
335	Außenwandbekleidungen, außen	909,02 m²	325.241,77	357,79	9,1
336	Außenwandbekleidungen, innen	719,62 m²	64.792,89	90,04	1,8
337	Element. Außenwandkonstruktionen	65,97 m²	98.233,72	1.489,07	2,7
338	Lichtschutz zur KG 330	219,81 m²	76.337,37	347,29	2,1
339	Sonstiges zur KG 330	–	–	–	–
340	**Innenwände/Vert. Baukonstrukt., innen**	**1.456,50 m² IWF**	**358.819,34**	**246,36**	**10,0**
341	Tragende Innenwände	237,71 m²	54.144,85	227,78	1,5
342	Nichttragende Innenwände	1.046,71 m²	92.043,68	87,94	2,6
343	Innenstützen	86,87 m	20.621,67	237,39	0,6
344	Innenwandöffnungen	113,88 m²	78.982,32	693,56	2,2
345	Innenwandbekleidungen	2.535,55 m²	82.070,87	32,37	2,3
346	Elementierte Innenwandkonstruktionen	58,20 m²	27.764,71	477,06	0,8
347	Lichtschutz zur KG 340	–	–	–	–
349	Sonstiges zur KG 340	1.456,50 m² IWF	3.191,22	2,19	< 0,1
350	**Decken/Horizontale Baukonstruktionen**	**963,64 m² DEF**	**430.145,20**	**446,38**	**12,0**
351	Deckenkonstruktionen	963,64 m²	231.275,70	240,00	6,5
352	Deckenöffnungen	–	–	–	–
353	Deckenbeläge	902,01 m²	136.301,35	151,11	3,8
354	Deckenbekleidungen	876,99 m²	60.717,52	69,23	1,7
355	Elementierte Deckenkonstruktionen	–	–	–	–
359	Sonstiges zur KG 350	963,64 m² DEF	1.850,63	1,92	< 0,1
360	**Dächer**	**433,64 m² DAF**	**258.077,81**	**595,14**	**7,2**
361	Dachkonstruktionen	411,64 m²	101.177,63	245,79	2,8
362	Dachöffnungen	1,30 m²	8.206,15	6.312,42	0,2
363	Dachbeläge	432,34 m²	101.330,56	234,38	2,8
364	Dachbekleidungen	384,57 m²	43.188,93	112,30	1,2
365	Elementierte Dachkonstruktionen	–	–	–	–
366	Lichtschutz zur KG 360	–	–	–	–
369	Sonstiges zur KG 360	433,64 m² DAF	4.174,54	9,63	0,1
370	**Infrastrukturanlagen**	**–**	**–**	**–**	**–**
380	**Baukonstruktive Einbauten**	**1.475,17 m² BGF**	**24.163,67**	**16,38**	**0,7**
390	**Sonst. Maßnahmen für Baukonstrukt.**	**1.475,17 m² BGF**	**340.877,45**	**231,08**	**9,5**

Kostenkennwerte für die Kostengruppen 400 der 2. und 3. Ebene DIN 276 (Übersicht)

KG	Kostengruppe	Menge Einheit	Kosten €	€/Einheit	% an 3+4
400	**Bauwerk – Technische Anlagen**	**1.475,17 m² BGF**	**812.280,75**	**550,64**	**22,7**
410	**Abwasser-, Wasser-, Gasanlagen**	**1.475,17 m² BGF**	**71.851,51**	**48,71**	**2,0**
411	Abwasseranlagen	1.475,17 m² BGF	21.223,96	14,39	0,6
412	Wasseranlagen	1.475,17 m² BGF	43.605,30	29,56	1,2
413	Gasanlagen	–	–	–	–
419	Sonstiges zur KG 410	1.475,17 m² BGF	7.022,24	4,76	0,2
420	**Wärmeversorgungsanlagen**	**1.475,17 m² BGF**	**126.282,80**	**85,61**	**3,5**
421	Wärmeerzeugungsanlagen	1.475,17 m² BGF	29.675,40	20,12	0,8
422	Wärmeverteilnetze	1.475,17 m² BGF	19.537,86	13,24	0,5
423	Raumheizflächen	1.475,17 m² BGF	77.069,54	52,24	2,2
424	Verkehrsheizflächen	–	–	–	–
429	Sonstiges zur KG 420	–	–	–	–
430	**Raumlufttechnische Anlagen**	**1.475,17 m² BGF**	**95.676,56**	**64,86**	**2,7**
431	Lüftungsanlagen	1.475,17 m² BGF	95.676,56	64,86	2,7
432	Teilklimaanlagen	–	–	–	–
433	Klimaanlagen	–	–	–	–
434	Kälteanlagen	–	–	–	–
439	Sonstiges zur KG 430	–	–	–	–
440	**Elektrische Anlagen**	**1.475,17 m² BGF**	**285.596,66**	**193,60**	**8,0**
441	Hoch- und Mittelspannungsanlagen	–	–	–	–
442	Eigenstromversorgungsanlagen	–	–	–	–
443	Niederspannungsschaltanlagen	–	–	–	–
444	Niederspannungsinstallationsanlagen	1.475,17 m² BGF	210.088,09	142,42	5,9
445	Beleuchtungsanlagen	1.475,17 m² BGF	63.525,43	43,06	1,8
446	Blitzschutz- und Erdungsanlagen	1.475,17 m² BGF	11.983,14	8,12	0,3
447	Fahrleitungssysteme	–	–	–	–
449	Sonstiges zur KG 440	–	–	–	–
450	**Kommunikationstechnische Anlagen**	**1.475,17 m² BGF**	**120.307,90**	**81,56**	**3,4**
451	Telekommunikationsanlagen	1.475,17 m² BGF	6.010,72	4,07	0,2
452	Such- und Signalanlagen	1.475,17 m² BGF	611,52	0,41	< 0,1
453	Zeitdienstanlagen	–	–	–	–
454	Elektroakustische Anlagen	–	–	–	–
455	Audiovisuelle Medien- u. Antennenanl.	–	–	–	–
456	Gefahrenmelde- und Alarmanlagen	1.475,17 m² BGF	39.387,04	26,70	1,1
457	Datenübertragungsnetze	1.475,17 m² BGF	74.298,62	50,37	2,1
458	Verkehrsbeeinflussungsanlagen	–	–	–	–
459	Sonstiges zur KG 450	–	–	–	–
460	**Förderanlagen**	**1.475,17 m² BGF**	**72.652,57**	**49,25**	**2,0**
461	Aufzugsanlagen	1.475,17 m² BGF	72.652,57	49,25	2,0
462	Fahrtreppen, Fahrsteige	–	–	–	–
463	Befahranlagen	–	–	–	–
464	Transportanlagen	–	–	–	–
465	Krananlagen	–	–	–	–
466	Hydraulikanlagen	–	–	–	–
469	Sonstiges zur KG 460	–	–	–	–
470	**Nutzungsspez. u. verfahrenstechn. Anl.**	**1.475,17 m² BGF**	**2.072,17**	**1,40**	**< 0,1**
480	**Gebäude- und Anlagenautomation**	**1.475,17 m² BGF**	**35.813,35**	**24,28**	**1,0**
490	**Sonst. Maßnahmen für techn. Anlagen**	**1.475,17 m² BGF**	**2.027,22**	**1,37**	**< 0,1**

Kostenkennwerte für Leistungsbereiche nach STLB (Kosten des Bauwerks nach DIN 276)

LB	Leistungsbereiche	Kosten €	€/m² BGF	€/m³ BRI	% an 3+4
000	Baustellen-, Verkehrssich.- u. Sicherh.einr. inkl. 001	315.666	214,00	61,50	8,8
002	Erdarbeiten	85.823	58,20	16,70	2,4
006	Spezialtiefbauarbeiten inkl. 005	53.763	36,40	10,50	1,5
009	Entwässerungskanalarbeiten inkl. 011	1.137	0,77	0,22	< 0,1
010	Drän- und Versickerarbeiten	11.534	7,80	2,20	0,3
012	Mauerarbeiten	308.242	209,00	60,10	8,6
013	Betonarbeiten	766.146	519,40	149,30	21,4
014	Natur-, Betonwerksteinarbeiten	–	–	–	–
016	Zimmer- und Holzbauarbeiten	–	–	–	–
017	Stahlbauarbeiten	–	–	–	–
018	Abdichtungsarbeiten	43.787	29,70	8,50	1,2
019	Kampfmittelräumarbeiten	–	–	–	–
020	Dachdeckungsarbeiten	–	–	–	–
021	Dachabdichtungsarbeiten	104.848	71,10	20,40	2,9
022	Klempnerarbeiten	14.074	9,50	2,70	0,4
	Rohbau	**1.705.022**	**1.155,80**	**332,30**	**47,7**
023	Putz- und Stuckarbeiten, Wärmedämmsysteme	46.919	31,80	9,10	1,3
024	Fliesen- und Plattenarbeiten	82.415	55,90	16,10	2,3
025	Estricharbeiten	63.631	43,10	12,40	1,8
026	Fenster, Außentüren inkl. 029, 032	179.478	121,70	35,00	5,0
027	Tischlerarbeiten	99.759	67,60	19,40	2,8
028	Parkett-, Holzpflasterarbeiten	–	–	–	–
030	Rollladenarbeiten	76.337	51,70	14,90	2,1
031	Metallbauarbeiten inkl. 035	122.057	82,70	23,80	3,4
034	Maler- und Lackiererarb. – Beschicht. inkl. 037	81.086	55,00	15,80	2,3
036	Bodenbelagarbeiten	46.715	31,70	9,10	1,3
038	Vorgehängte hinterlüftete Fassaden	–	–	–	–
039	Trockenbauarbeiten	219.880	149,10	42,90	6,2
	Ausbau	**1.018.277**	**690,30**	**198,50**	**28,5**
040	Wärmeversorgungsanl. – Betriebseinr. inkl. 041	122.170	82,80	23,80	3,4
042	Gas- u. Wasseranl. – Leitung., Armat. inkl. 043	24.342	16,50	4,70	0,7
044	Abwasseranl. – Leitungen, Abläufe, Armaturen	17.901	12,10	3,50	0,5
045	Gas, Wasser, Entwässerung – Ausstattung inkl. 046	25.441	17,20	5,00	0,7
047	Dämm- und Brandschutzarb. an techn. Anlagen	15.736	10,70	3,10	0,4
049	Feuerlöschanlagen, Feuerlöschgeräte	2.072	1,40	0,40	< 0,1
050	Blitzschutz-/Erdungsanlagen, Überspannungssch.	11.983	8,10	2,30	0,3
053	Niederspannungsanl. – Kabel inkl. 052, 054	215.911	146,40	42,10	6,0
055	Sicherheits- u. Ersatzstromversorgungsanl.	–	–	–	–
057	Gebäudesystemtechnik	–	–	–	–
058	Leuchten und Lampen inkl. 059	63.525	43,10	12,40	1,8
060	Such, Signal, Zeit, Anten., akust. Anl. inkl. 064	612	0,41	0,12	< 0,1
061	Kommunikations- u. Übertragungsnetze inkl. 063	119.696	81,10	23,30	3,4
069	Aufzüge	72.653	49,30	14,20	2,0
070	Gebäudeautomation	35.781	24,30	7,00	1,0
075	Raumlufttechnische Anlagen inkl. 078	95.677	64,90	18,60	2,7
	Gebäudetechnik	**823.501**	**558,20**	**160,50**	**23,0**
084	Abbruch, Rückbau, Schadstoffsanierung	90	0,06	0,02	< 0,1
	Abbrucharbeiten	**90**	**0,06**	**0,02**	**< 0,1**
	Sonstige Leistungsbereiche	**26.066**	**17,70**	**5,10**	**0,7**

Objektbeschreibung

Allgemeine Objektinformationen

Bei dem Ersatzneubau handelt es sich um einen langgestreckten viergeschossigen Baukörper ohne Unterkellerung mit rechtwinklig abgesetztem Kopfbau. Die Gebäudekubatur beschreibt ein Sockelgeschoss mit westlich direkt angeschlossenem viergeschossigen Kopfbau. Sockel und Kopf bilden gestalterisch eine Einheit mit gleicher Fassadenmaterialität. Der Kopfbau beherbergt große Archivräume für Karten, Pläne sowie eine Fachbibliothek. Im EG sind neben dem Haupteingang auch die Labore untergebracht. Im Längsbau darüber bilden drei Büroetagen eine Einheit über dem massiven Sockelgeschoss. Der Verwaltungsbereich beherbergt pro Geschoss jeweils eine der drei Abteilungen: Bergbau, Geologischer Dienst, Zentrale Aufgaben.

Nutzung

1 Erdgeschoss
Eingangsbereich, Poststelle, Archiv, Lager, Labore, Technikräume, Umkleideräume, Duschen, WCs, Erste-Hilfe-Raum, Flure, Treppenhäuser, Aufzug

3 Obergeschosse
Archive, Büroräume, Besprechungsräume, WCs, Lager, Teeküchen, Kopierräume, Fachbibliothek, Flure, Treppenhäuser, Aufzug

Nutzeinheiten

Arbeitsplätze: 134

Grundstück

Bauraum: Freier Bauraum
Neigung: Ebenes Gelände
Bodenklasse: BK 1 bis BK 3

Markt

Hauptvergabezeit: 1.Quartal 2019
Baubeginn: 3.Quartal 2019
Bauende: 3.Quartal 2022
Konjunkturelle Gesamtlage: Durchschnitt
Regionaler Baumarkt: über Durchschnitt

Baukonstruktion

Der Winkelbau gründet auf Stahlbetonfundamentplatten. Die Wände des Sockelgeschosses und des Archivbaukörpers wurden massiv in Stahlbeton errichtet und mit einer Klinkerfassade bekleidet. Der aufgesetzte Längsbau als Stahlbeton-Skelettbau erhielt eine Fassade aus Alu-Verbundplatten in einer Alu-Pfosten-Riegelfassade. Die Stb-Decken sind aus Spannbetonfertigteilen hergestellt. Als Bodenbeläge kamen Linoleum und Fliesen bzw. Betonwerkstein auf einem Zementestrich zum Einsatz. Die Innenwände wurden in Stahlbeton oder als GK-Wände ausgeführt. Die Decken sind meist nur gespachtelt und beschichtet. Teilweise kamen Akustikdecken zur Ausführung. Die Stb-Flachdächer sind bekiest, ein Teil wurde begrünt.

Technische Anlagen

Ein Fernwärmeanschluss versorgt das Bauwerk mit Heizwärme. Verteilt wird die Wärme über Plattenheizkörper, wobei auf eine möglichst verbindungsfreie Leitungsführung geachtet wurde, um die Archive vor Wasserschäden zu schützen. Vier raumlufttechnische Anlagen kamen zur Ausführung. In den Laboren wurden Klimaanlagen eingesetzt, wobei es in den Archiven hauptsächlich um die Feuchteregulierung ging. Eine Zentralbatterieanlage sichert den Notstrom, ebenso wurde eine USV-Anlage eingebaut. Auf dem Dach ist eine PV-Anlage installiert. EDV-, Telekommunikations-Verkabelung, und Zeiterfassungsanlagen gehört ebenso wie eine BMA- und EMA-Anlage zur Ausstattung. Die Labore sind mit spezieller Labortechnik sowie mit Reinstgasinstallationen bestückt.

Sonstiges

Das Gebäude verfügt über eine vertikale Erschließung mit drei Treppenhäusern und einem barrierefreien Personenaufzug. Zwischen den Gebäudeteilen wird der Niveauunterschied über Rampen ausgeglichen.

Energetische Kennwerte

Gesetzliche Grundlage: EnEV 2013
Gebäudenutzfläche: 4.971,00 m^2
Gebäudevolumen: 15.691,60 m^3
Hüllfläche des beheizten Volumens: 7.090,00 m^2
Spez. Transmissionswärmeverlust: 0,44 W/(m^2·K)
Mittlerer U-Wert (opake Bauteile): 0,23 W/(m^2·K)
Mittlerer U-Wert (transparente Bauteile): 1,30 W/(m^2·K)
Mittlerer U-Wert (Vorhangfassade): 1,00 W/(m^2·K)
Spez. Jahresprimärenergiebedarf: 32,76 kWh/(m^2·a)

Planungskennwerte für Flächen und Rauminhalte nach DIN 277

Flächen des Grundstücks		Menge Einheit	% an GF
BF	Bebaute Fläche	82.672,00 m²	79,0
UF	Unbebaute Fläche	21.946,00 m²	21,0
GF	Grundstücksfläche	104.618,00 m²	100,0

Grundflächen des Bauwerks		Menge Einheit	% an NUF	% an BGF
NUF	Nutzungsfläche	3.803,00 m²	100,0	65,2
TF	Technikfläche	214,00 m²	5,6	3,7
VF	Verkehrsfläche	1.037,00 m²	27,3	17,8
NRF	Netto-Raumfläche	5.054,00 m²	132,9	86,6
KGF	Konstruktions-Grundfläche	782,00 m²	20,6	13,4
BGF	Brutto-Grundfläche	5.836,00 m²	153,5	100,0

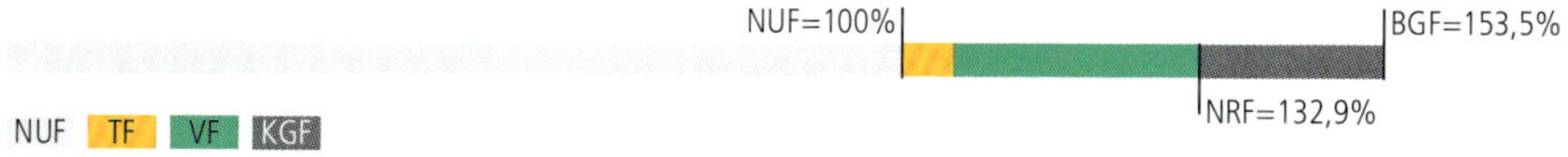

Brutto-Rauminhalt des Bauwerks		Menge Einheit	BRI/NUF (m)	BRI/BGF (m)
BRI	Brutto-Rauminhalt	20.945,00 m³	5,51	3,59

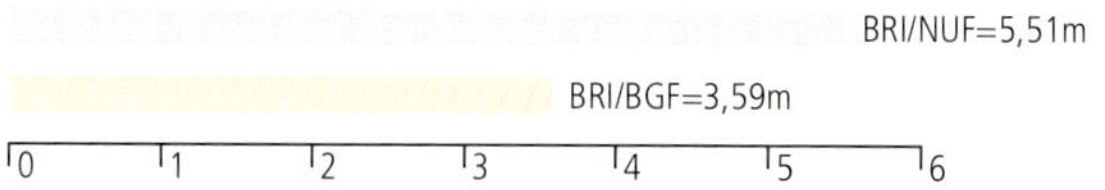

Kostenkennwerte für die Kostengruppen der 1. Ebene DIN 276

KG	Kostengruppen (1. Ebene)	Einheit	Kosten €	€/Einheit	€/m² BGF	€/m³ BRI	% 300+400
100	Grundstück	m² GF	–	–	–	–	–
200	Vorbereitende Maßnahmen	m² GF	–	–	–	–	–
300	Bauwerk – Baukonstruktionen	m² BGF	13.605.920	2.331,38	2.331,38	649,60	68,7
400	Bauwerk – Technische Anlagen	m² BGF	6.202.598	1.062,82	1.062,82	296,14	31,3
	Bauwerk 300+400	**m² BGF**	**19.808.519**	**3.394,19**	**3.394,19**	**945,74**	**100,0**
500	Außenanlagen und Freiflächen	m² AF	–	–	–	–	–
600	Ausstattung und Kunstwerke	m² BGF	–	–	–	–	–
700	Baunebenkosten	m² BGF	–	–	–	–	–
800	Finanzierung	m² BGF	–	–	–	–	–

KG	Kostengruppe	Menge Einheit	Kosten €	€/Einheit	%
3+4	**Bauwerk**				**100,0**
300	**Bauwerk – Baukonstruktionen**	5.836,00 m² BGF	13.605.920	**2.331,38**	68,7

Baugrubenaushub, Wasserhaltung; Schotterpolster, Stb-Streifenfundamente, Stb-Fundamentplatten, Abdichtung, Dämmung, Estrich, Linoleum, Betonwerkstein, Bodenfliesen, Perimeterdämmung, Sauberkeitsschicht; Stb-Wände, Stb-Stützen, Alufenster, Dreifachverglasung, Ausgangstüren, Kerndämmung, Klinkervorsatzschale, Putz, Beschichtung, Alu-Pfosten-Riegelfassaden, Raffstores; Stb-Wände, GK-Wände, Stb-Stützen, Holztüren, Stahlzargen, GK-Bekleidung, Beschichtung, WC-Trennwände; Spannbetondecken, Stb-Treppen, Dämmung, Estrich, Linoleum, Fliesen, Betonwerkstein, Stahlgeländer, Stahlabsturzsicherungen; Stb-Flachdach, Gefälledämmung, Abdichtung, Kies, Dachbegrünung, Sekuranten, Dachentwässerung

KG	Kostengruppe	Menge Einheit	Kosten €	€/Einheit	%
400	**Bauwerk – Technische Anlagen**	5.836,00 m² BGF	6.202.598	**1.062,82**	31,3

Gebäudeentwässerung, Kalt- und Warmwasserleitungen, Sanitärobjekte; Fernwärmeanschluss, Heizleitungen, Plattenheizkörper; Lüftungsanlagen mit WRG, Klimaanlagen, Kälteanlage; Photovoltaikanlage, Zentralbatterieanlage, Elektroinstallation, USV-Anlage, Beleuchtung, Blitzschutz; Telefonverkabelung, Türsprechanlage, Zutrittskontrolle, BMA, EMA, Lichtrufanlage, Datenverkabelung; Personenaufzug; Druckluftversorgung, Labortechnik, Gasinstallation, Feuerlöscher

1300-0314
Bürogebäude (31 AP)

Kostenkennwerte für die Kosten des Bauwerks (Kostengruppen 300+400 nach DIN 276)

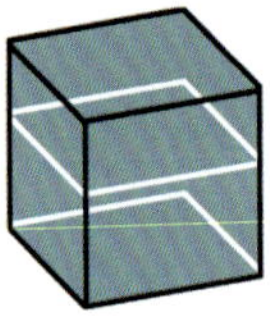

BRI 903 €/m³

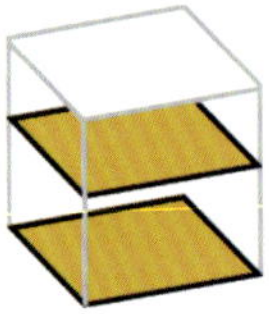

BGF 3.632 €/m²

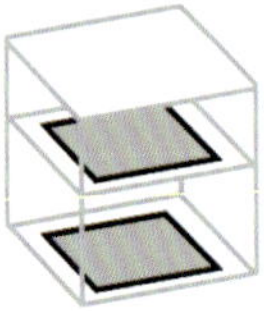

NUF 6.769 €/m²

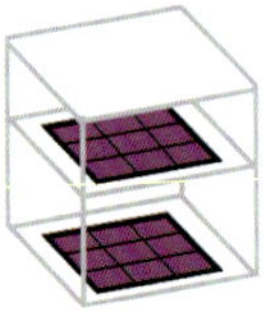

NE 96.886 €/NE

NE: Arbeitsplätze

Objekt:
Kennwerte: 1.Ebene DIN 276
BRI: 3.325 m³
BGF: 827 m²
NUF: 444 m²
Bauzeit: 57 Wochen
Bauende: 2020
Standard: mittel
Bundesland: Rheinland-Pfalz
Kreis: Mayen-Koblenz

Architekt*in:
Björnsen
Beratende Ingenieure GmbH
Maria Trost 3
56070 Koblenz

Bauherr*in:
Abfallzweckverband
Rhein-Mosel-Eifel
An der L 117
56299 Ochtendung

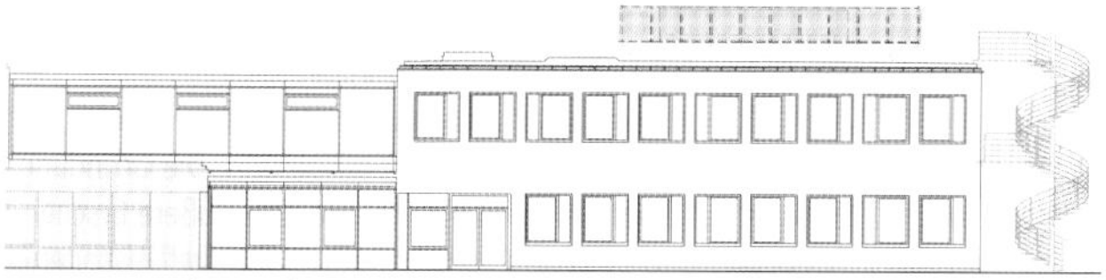

Ansicht Nord-West

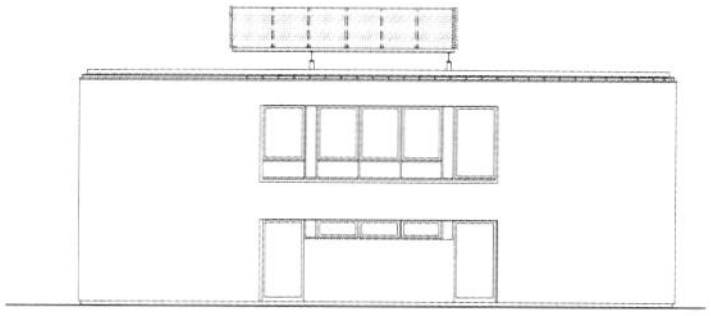

Ansicht Süd-West

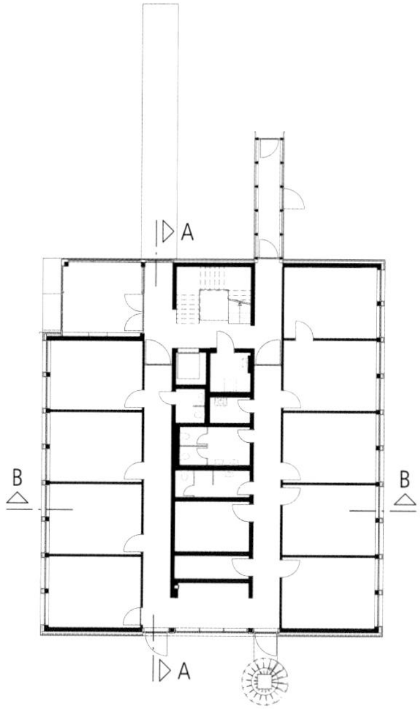

Erdgeschoss

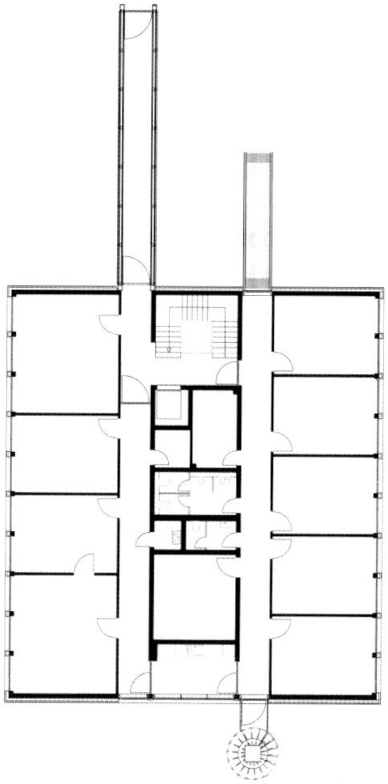

Obergeschoss

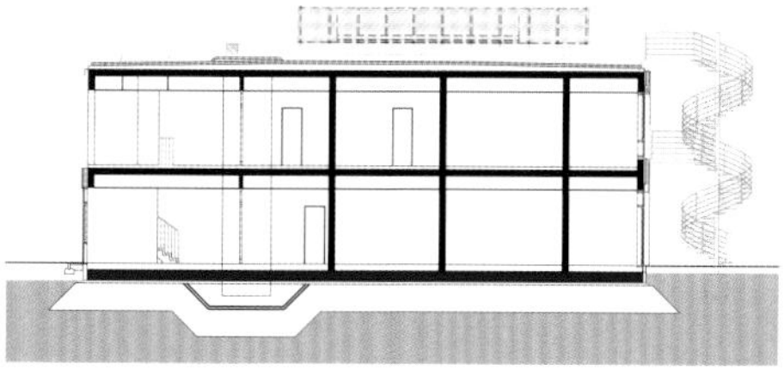

Schnitt A-A

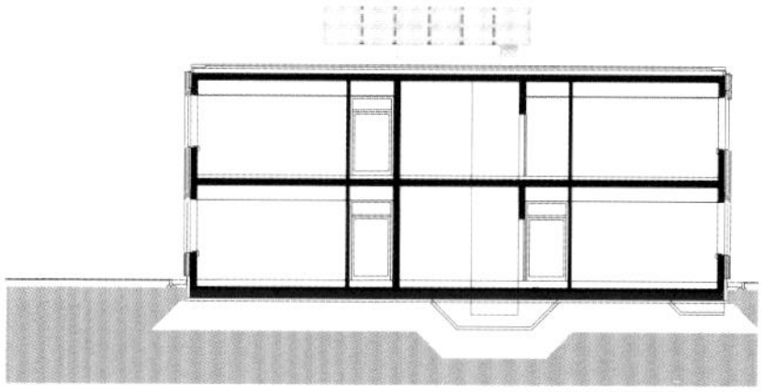

Schnitt B-B

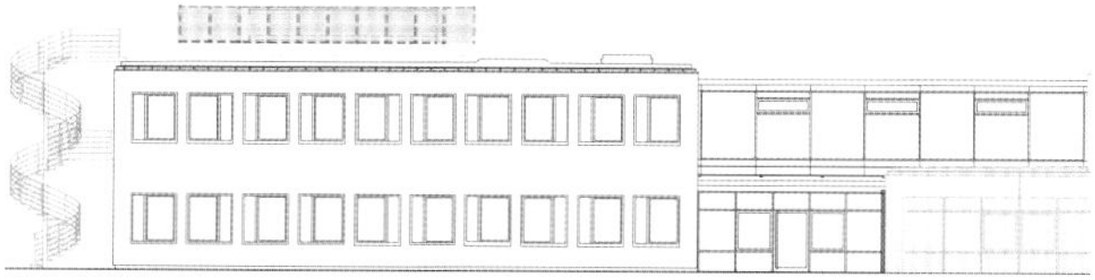

Ansicht Süd-Ost

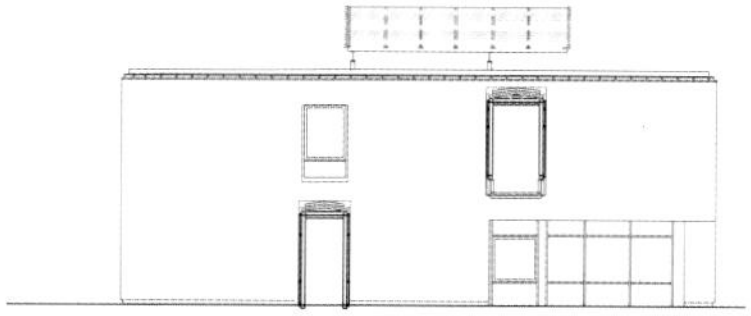

Ansicht Nord-Ost

Kostenkennwerte für die Kostengruppen der 1. Ebene DIN 276

KG	Kostengruppen (1. Ebene)	Einheit	Kosten €	€/Einheit	€/m² BGF	€/m³ BRI	% 300+400
100	Grundstück	m² GF	–	–	–	–	–
200	Vorbereitende Maßnahmen	m² GF	–	–	–	–	–
300	Bauwerk – Baukonstruktionen	m² BGF	2.224.150	2.689,61	2.689,61	668,86	74,1
400	Bauwerk – Technische Anlagen	m² BGF	779.309	942,40	942,40	234,36	25,9
	Bauwerk 300+400	**m² BGF**	**3.003.459**	**3.632,02**	**3.632,02**	**903,22**	**100,0**
500	Außenanlagen und Freiflächen	m² AF	–	–	–	–	–
600	Ausstattung und Kunstwerke	m² BGF	–	–	–	–	–
700	Baunebenkosten	m² BGF	–	–	–	–	–
800	Finanzierung	m² BGF	–	–	–	–	–

KG	Kostengruppe	Menge Einheit	Kosten €	€/Einheit	%
3+4	**Bauwerk**				**100,0**
300	**Bauwerk – Baukonstruktionen**	826,94 m² BGF	2.224.150	**2.689,61**	74,1

Stb-Fundamentplatte, Abdichtung, Dämmung, Heizestrich, Linoleum, Bodenfliesen; KS-Mauerwerk, Stb-Stützen, Alutüren, Alufenster, Dämmung, Alu-Unterkonstruktion, Tonziegel-Fassadenplatten, Gipsputz, Beschichtung, Alu-Pfosten-Riegelfassade, Raffstores; Stb-Wände, KS-Mauerwerk, GK-Wände, Stb-Stützen, Glas-Alutüren, Innenputz, Wandfliesen, Beschichtung; Stb-Decken, Stb-Treppen, Profilstahlkonstruktion Übergangsbrücke, Heizestrich, Linoleum, Bodenfliesen, abgeh. Rasterdecken, Stahlwendeltreppe; Stb-Flachdach, Gefälledämmung, Abdichtung, extensive Dachbegrünung, Dachentwässerung; Verbindungsgang: Stahl-Dachkonstruktion, Abdichtung; Teeküche

KG	Kostengruppe	Menge Einheit	Kosten €	€/Einheit	%
400	**Bauwerk – Technische Anlagen**	826,94 m² BGF	779.309	**942,40**	25,9

Gebäudeentwässerung, Kalt- und Warmwasserleitungen, Sanitärobjekte; Nahwärme von BHKW, Fußbodenheizung; zentrale Zu- und Abluftanlage; Ersatzstromversorgungsanlage, Elektroinstallation, Beleuchtung, Sicherheitsbeleuchtung, Blitzschutz; Telekommunikationsanlage, Brandmeldeanlage, Einbruchmeldeanlage, Zutrittskontrollanlage; Personenaufzug

1300-0315
Bürogebäude (45 AP)

Kostenkennwerte für die Kosten des Bauwerks (Kostengruppen 300+400 nach DIN 276)

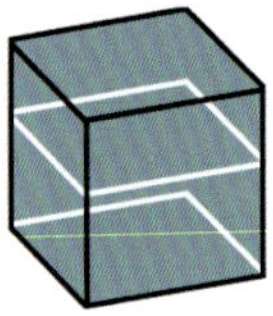

BRI 636 €/m^3

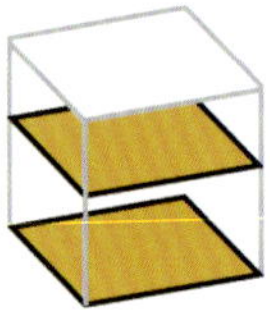

BGF 2.243 €/m^2

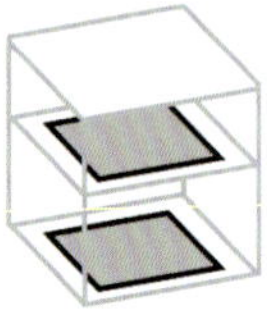

NUF 3.511 €/m^2

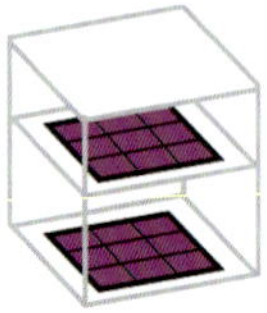

NE 41.696 €/NE

NE: Arbeitsplätze

Objekt:
Kennwerte: 1.Ebene DIN 276
BRI: 2.950 m^3
BGF: 836 m^2
NUF: 534 m^2
Bauzeit: 74 Wochen
Bauende: 2022
Standard: mittel
Bundesland: Baden-Württemberg
Kreis: Breisgau-Hochschwarzwald

Architekt*in:
STUDIO SOZIA
Calavetta Häberle
Architekten BDA PartGmbB
mail@studiosozia.com

© Kim Fohmann

© Kim Fohmann

© Kim Fohmann

© Kim Fohmann

Kostenstand: 2. Quartal 2025, Bundesdurchschnitt, **inkl. 19% MwSt.**

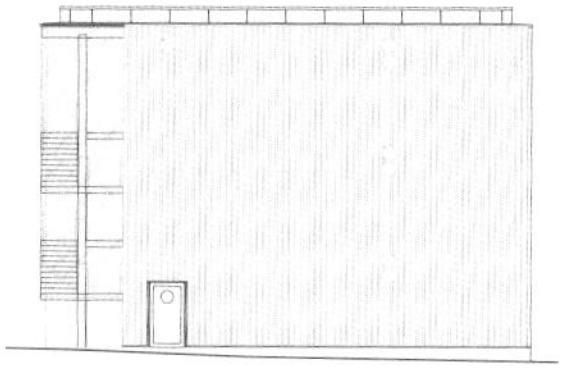

Ansicht Nord

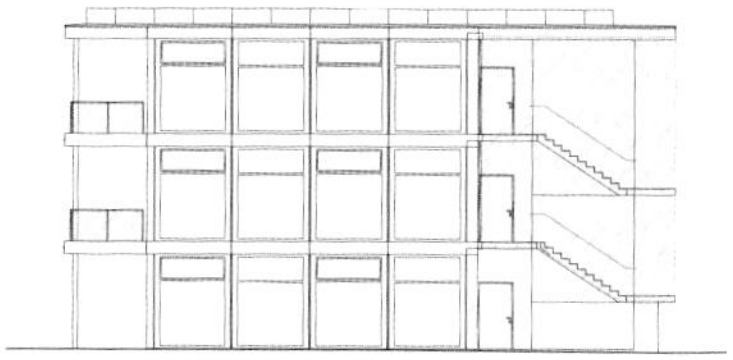

Ansicht Ost

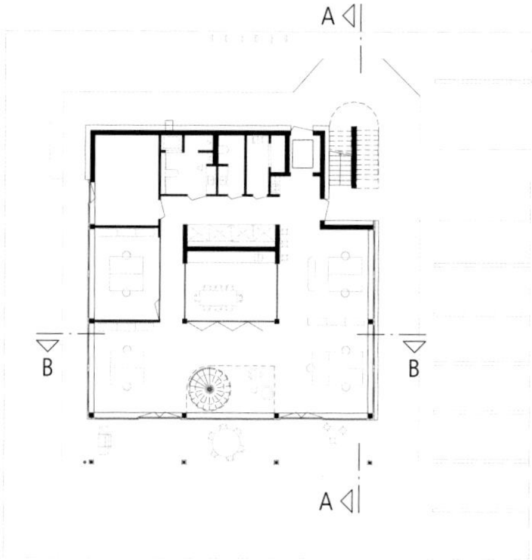

Erdgeschoss

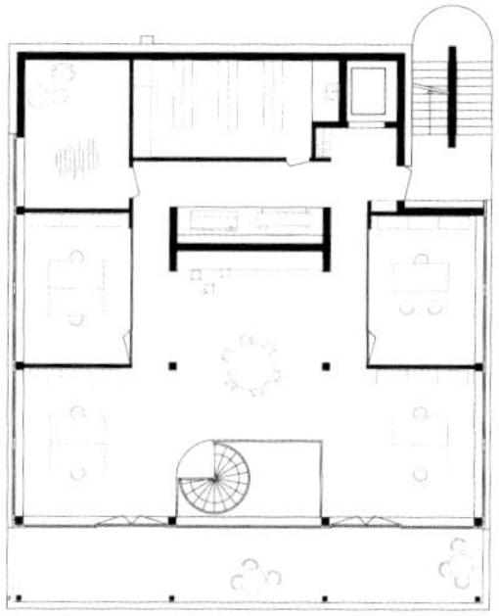

1. Obergeschoss

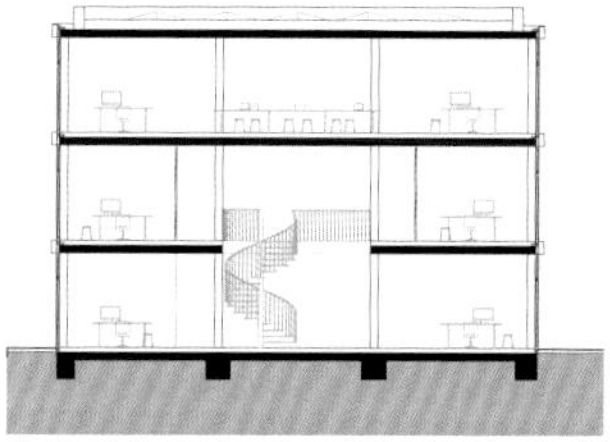

Schnitt A-A

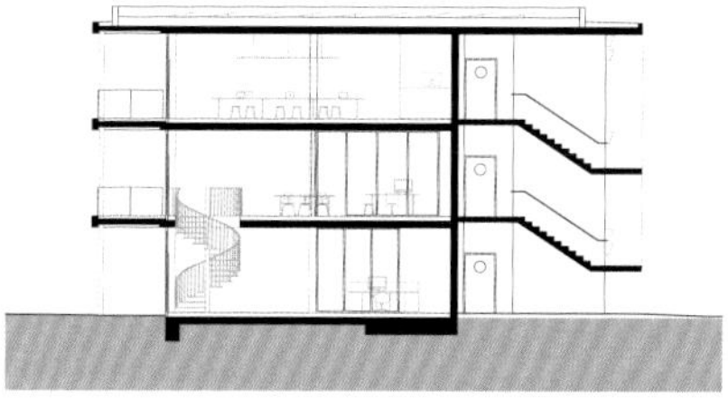

Schnitt B-B

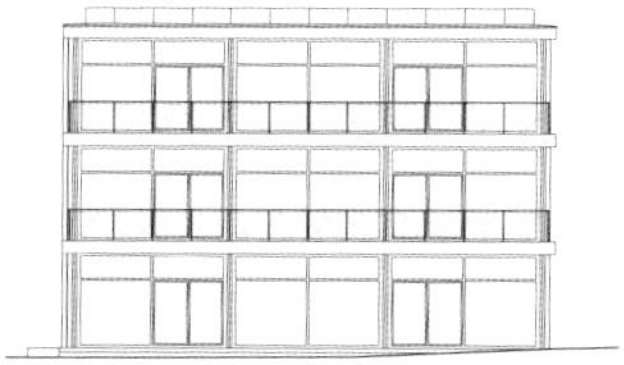

Ansicht Süd

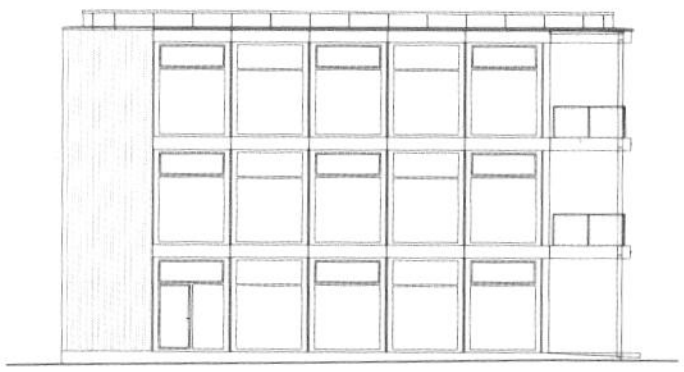

Ansicht West

Objektbeschreibung

Allgemeine Objektinformationen

Es wurde ein freistehender, dreigeschossiger Solitär in einem Gewerbegebiet realisiert. Langfristig soll auch eine Wohnnutzung des Gebäudes möglich sein. Ein späterer, einfacher Umbau wurde bereits in Planung und Bau berücksichtigt. Durch diese Transformation konnte, trotz hoher statischer Anforderungen durch die Lage des Grundstücks in der Erdbebenzone II, eine ressourceneffiziente, langlebige Tragstruktur geschaffen werden, welche eine maximale Flexibilität in der Nutzung ermöglicht.

Nutzung

1 Erdgeschoss
Empfangsbereich, Büroräume, Besprechung, Teeküche, WC, Duschbad, Abstellbereich, Lagerraum, Technik, Treppenhaus, Aufzug, Terrasse

2 Obergeschosse
Büroräume, Teeküchenbereiche, WCs, Abstellbereich, Lagerraum, Treppenhaus, Aufzug, Balkone

Nutzeinheiten

Arbeitsplätze: 45
Stellplätze: 9

Grundstück

Bauraum: Freier Bauraum
Neigung: Ebenes Gelände
Bodenklasse: BK 3 bis BK 5

Markt

Hauptvergabezeit: 1.Quartal 2021
Baubeginn: 2.Quartal 2021
Bauende: 3.Quartal 2022
Konjunkturelle Gesamtlage: über Durchschnitt
Regionaler Baumarkt: Durchschnitt

Baukonstruktion

Das Gebäude wurde in Stahlbetonbauweise errichtet. Mit einem 5x5m Tragraster wandelt sich das Gebäude von der geschlossenen Wandscheibe mit einer hinterlüfteten Trapezblechfassade im Norden hin zu einer offenen Stützenstruktur im Süden mit großflächigen Alu-Fensterelementen. An der Südseite wurden über die gesamte Gebäudebreite Balkone und Terrassen ausgebildet. Die horizontalen Fassadenbänder nehmen den textilen Sonnenschutz auf. Inspiriert durch den gewerblichen Kontext, sind alle Bauteile des Gebäudes in Industriequalität und der Innenraum als veredelter Rohbau ausgeführt. Die Böden sind mit Linoleum und in den WCs mit Bodenfliesen belegt.

Technische Anlagen

Mit Hilfe einer Wasser-Wasser-Wärmepumpe wird das Gebäude beheizt. Eine Fußbodenheizung verteilt die Wärme im Gebäude. Die Wärmepumpe nutzt das Grundwasser als Quelle auch für die passive Kühlung. Eine mechanische Be- und Entlüftungsanlage mit Wärmerückgewinnung wurde ausgeführt, ebenso eine Photovoltaikanlage mit 21kWp. Die barrierefreie Erschließung erfolgt von außen über einen Durchlade-Aufzug an der Nordfassade.

Sonstiges

Der konzeptionelle Leitgedanke der Transformation spiegelt sich in der Fassadengestaltung wider. Diese soll, kuratiert durch die Nutzung im Inneren, eine Kommunikation und eine Belebung des umgebenden Gewerbegebiets erzeugen. Das Gebäude ist als Plusenergiehaus konzipiert worden. Das Gebäude wurde mit dem Hugo Häring Preis 2023 ausgezeichnet.

Energetische Kennwerte

Gesetzliche Grundlage: EnEV 2013
Gebäudenutzfläche: 677,18 m^2
Gebäudevolumen: 2.557,50 m^3
Hüllfläche des beheizten Volumens: 1.117,07 m^2
Spez. Transmissionswärmeverlust: 0,52 $W/(m^2 \cdot K)$
Mittlerer U-Wert (opake Bauteile): 0,17 $W/(m^2 \cdot K)$
Mittlerer U-Wert (transparente Bauteile): 0,92 $W/(m^2 \cdot K)$
Spez. Jahresprimärenergiebedarf: 101,38 $kWh/(m^2 \cdot a)$

Planungskennwerte für Flächen und Rauminhalte nach DIN 277

Flächen des Grundstücks		Menge Einheit	% an GF
BF	Bebaute Fläche	282,20 m²	35,6
UF	Unbebaute Fläche	510,80 m²	64,4
GF	Grundstücksfläche	793,00 m²	100,0

Grundflächen des Bauwerks		Menge Einheit	% an NUF	% an BGF
NUF	Nutzungsfläche	534,36 m²	100,0	63,9
TF	Technikfläche	17,04 m²	3,2	2,0
VF	Verkehrsfläche	128,36 m²	24,0	15,3
NRF	Netto-Raumfläche	679,76 m²	127,2	81,3
KGF	Konstruktions-Grundfläche	156,71 m²	29,3	18,7
BGF	Brutto-Grundfläche	836,47 m²	156,5	100,0

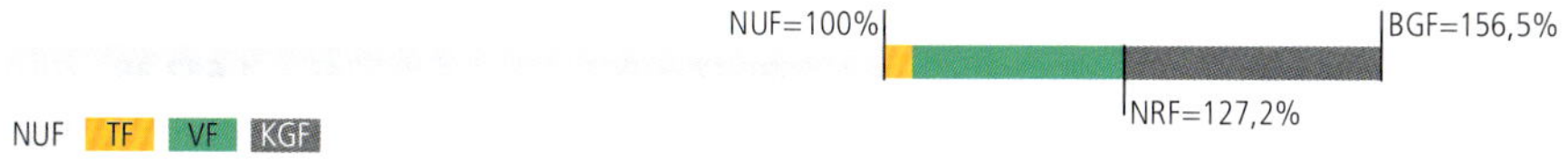

Brutto-Rauminhalt des Bauwerks		Menge Einheit	BRI/NUF (m)	BRI/BGF (m)
BRI	Brutto-Rauminhalt	2.949,53 m³	5,52	3,53

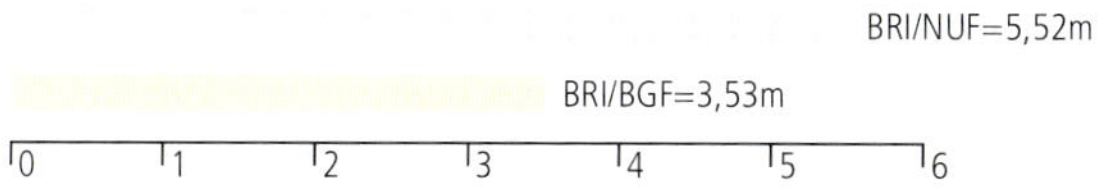

1300-0316
Verwaltungsgebäude
(191 AP)

Kostenkennwerte für die Kosten des Bauwerks (Kostengruppen 300+400 nach DIN 276)

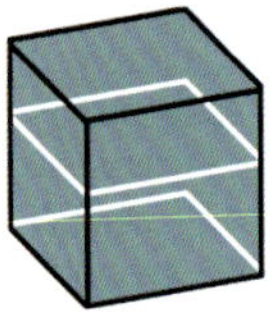

BRI 736 €/m³

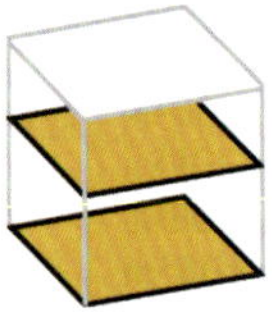

BGF 2.722 €/m²

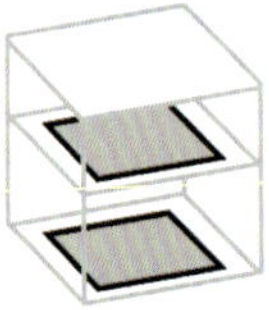

NUF 4.132 €/m²

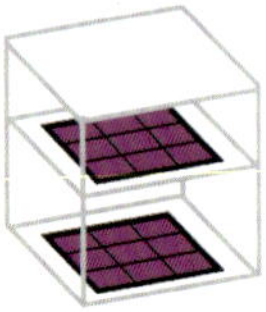

NE 85.924 €/NE

NE: Arbeitsplätze

Objekt:
Kennwerte: 1.Ebene DIN 276
BRI: 22.302 m³
BGF: 6.030 m²
NUF: 3.972 m²
Bauzeit: 104 Wochen
Bauende: 2023
Standard: hoch
Bundesland: Hessen
Kreis: Waldeck-Frankenberg

Architekt*in:
RSE+ Architekten
Ingenieure GmbH
Heinrich-Hertz-Straße 1
34123 Kassel

Bauherr*in:
Landkreis
Waldeck-Frankenberg
Südring 2
34497 Korbach

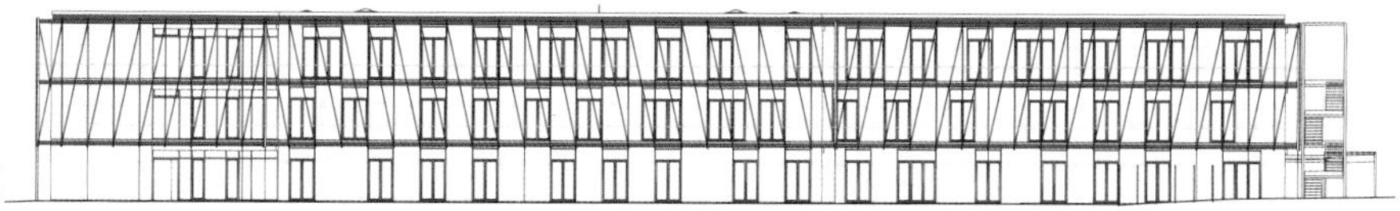

Ansicht Süd

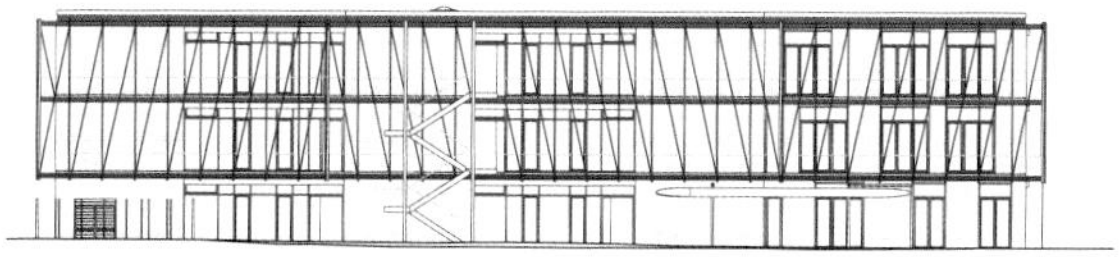

Ansicht Ost

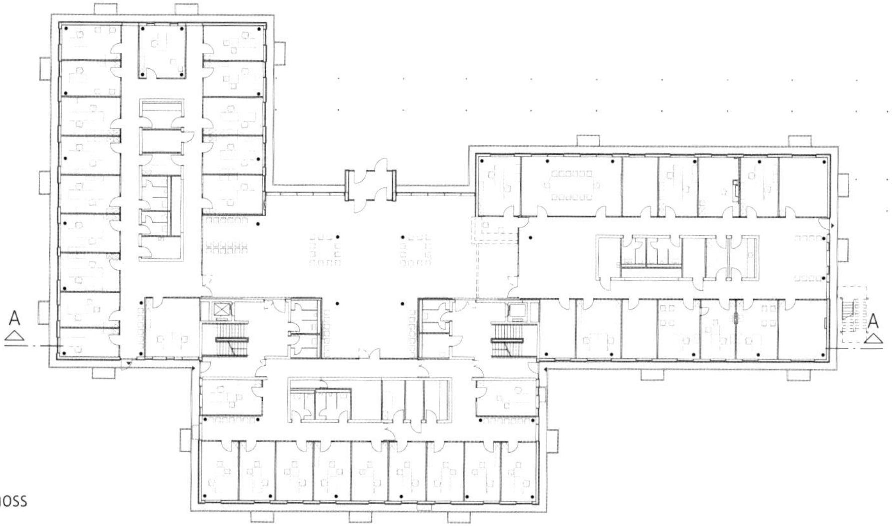

Erdgeschoss

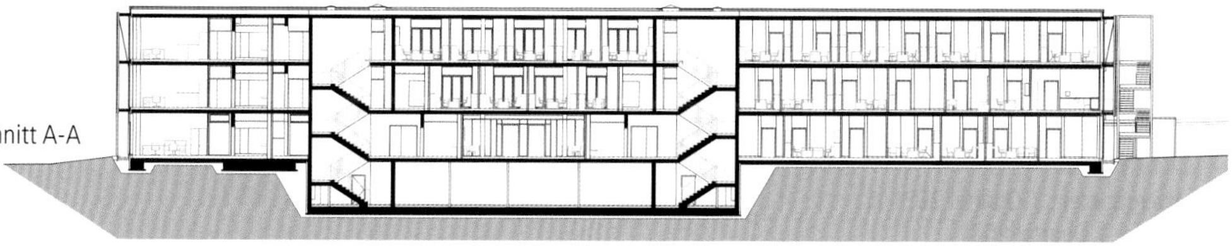

Schnitt A-A

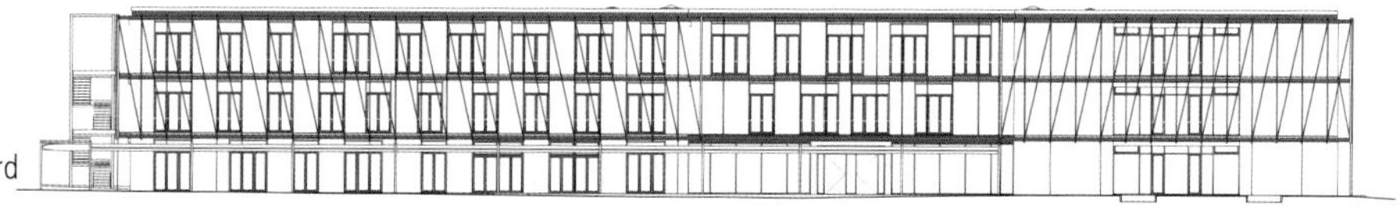

Ansicht Nord

Kostenkennwerte für die Kostengruppen der 1. Ebene DIN 276

KG	Kostengruppen (1. Ebene)	Einheit	Kosten €	€/Einheit	€/m² BGF	€/m³ BRI	% 300+400
100	Grundstück	m² GF	–	–	–	–	–
200	Vorbereitende Maßnahmen	m² GF	–	–	–	–	–
300	Bauwerk – Baukonstruktionen	m² BGF	12.428.001	2.061,03	2.061,03	557,26	75,7
400	Bauwerk – Technische Anlagen	m² BGF	3.983.441	660,60	660,60	178,61	24,3
	Bauwerk 300+400	**m² BGF**	**16.411.442**	**2.721,63**	**2.721,63**	**735,87**	**100,0**
500	Außenanlagen und Freiflächen	m² AF	1.725.669	311,16	286,18	77,38	10,5
600	Ausstattung und Kunstwerke	m² BGF	–	–	–	–	–
700	Baunebenkosten	m² BGF	–	–	–	–	–
800	Finanzierung	m² BGF	–	–	–	–	–

KG	Kostengruppe	Menge Einheit	Kosten €	€/Einheit	%
3+4	**Bauwerk**				**100,0**
300	**Bauwerk – Baukonstruktionen**	6.030,00 m² BGF	12.428.001	**2.061,03**	75,7

Baugrubenaushub; Bodenaustausch, Stb-Fundamentplatten, Stb-Fundamente, Stb-Bodenplatte, Estrich, Beschichtung, Bodenfliesen, Abdichtung, Sauberkeitsschicht, Dämmung, kapillarbrechende Schicht; Stb-Wände, Holzrahmenwände, Stb-Stützen, Sichtbeton, Holzfenster, Dreifachverglasung, Wärmedämmung, hinterlüftete Holzfassade, Rankhilfen, GK-Bekleidung, Holz-Alu-Pfosten-Riegelfassade, Alu-Sonnenschutzlamellen; Stb-Wände, teilw Sichtbeton, GK-Wände, Holztüren, Brandschutztüren, Alutüren, Holzakustikbekleidung, Wandfliesen, Beschichtung, WC-Trennwände, System-Glaswände, System-Holztrennwände; Stb-Decken, teilw. Sichtbeton, Stb-Fertigteilbalkone, Stb-Treppen, Stahl-Fluchttreppen, Dämmung, Heizestrich, Nadelvliesbeläge, PVC, Bodenfliesen, Gitterrost, GK-Deckensegel, Schallschutzdecken, Balkongeländer, Treppengeländer, Rankgerüste; Stb-Flachdach, Oberlichter, Dämmung, Abdichtung, extensive Dachbegrünung, Dachentwässerung, abgehängte GK-Decken, Teeküchen

KG	Kostengruppe	Menge Einheit	Kosten €	€/Einheit	%
400	**Bauwerk – Technische Anlagen**	6.030,00 m² BGF	3.983.441	**660,60**	24,3

Gebäudeentwässerung, Hebeanlage, Kalt- und Warmwasserleitungen, Sanitärobjekte; Luft-Wasser-Wärmepumpe, Fernwärmeversorgung zur Spitzenabdeckung, Kaltwasser-Klimakassetten, Heizungspufferspeicher, Kältepufferspeicher, Fußbodenheizung; teilw. kontrollierte Be- und Entlüftung mit Wärmerückgewinnung, RWA-Anlagen; Notstromversorgung, Elektroinstallation, Beleuchtung, Sicherheitsbeleuchtung, Blitzschutzanlage; Datenübertragungsanlage, WLAN Access Points, Medienanschlüsse, elektroakustische Anlagen, Türsprech- und Türöffneranlagen, interne Brandmeldeanlage mit Aufschaltung auf vorhandene BMA, Einbruchmeldeanlage, Außenhautüberwachung, Rauchmelder, Notruftelefone; Personenaufzüge (2St); Regelungstechnik für Wärme- und Kälteerzeugungsanlage, KNX-Bussystem, automatisierte Steuerung Verdunklung, Wetterstation, Wind- und Regensensoren

KG	Kostengruppe	Menge Einheit	Kosten €	€/Einheit	%
500	**Außenanlagen und Freiflächen**	5.546,00 m² AF	1.725.669	**311,16**	10,5

Oberbodenarbeiten, Bodenarbeiten; Pflasterarbeiten für Wege, Plätze, Stellplätze; Außenbeleuchtungsanlagen; Fahrradständer; Oberbodenauftrag, Rasenfläche als Wildblumenwiese, Bepflanzung

1300-0317
Bürogebäude (29 AP)

Kostenkennwerte für die Kosten des Bauwerks (Kostengruppen 300+400 nach DIN 276)

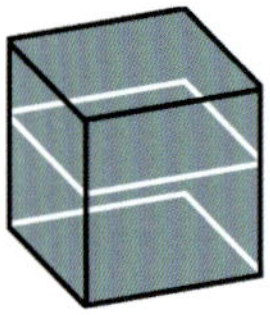

BRI 882 €/m³

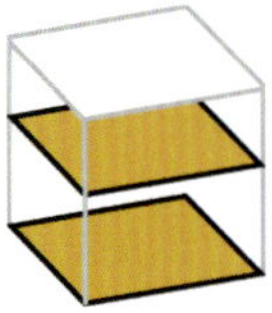

BGF 3.270 €/m²

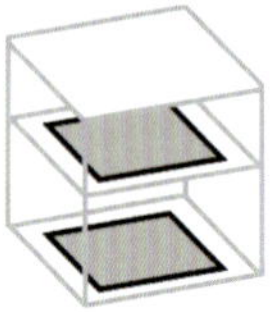

NUF 4.995 €/m²

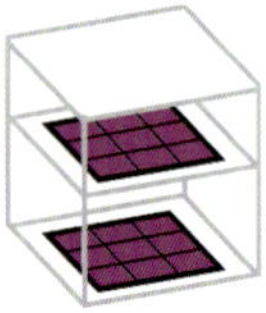

NE 222.584 €/NE

NE: Arbeitsplätze

Objekt:
Kennwerte: 1.Ebene DIN 276
BRI: 7.316 m³
BGF: 1.974 m²
NUF: 1.292 m²
Bauzeit: 130 Wochen
Bauende: 2021
Standard: mittel
Bundesland: Rheinland-Pfalz
Kreis: Mainz, Stadt

Architekt*in:
Architektur & Planung
Plum & Schlemmer
Wilhelmsstraße 22
55128 Mainz

Bauherr*in:
Entsorgungsbetrieb
Stadt Mainz
Zwerchallee 24
55120 Mainz

© Plum & Schlemmer

© Plum & Schlemmer

© Plum & Schlemmer

Kostenstand: 2.Quartal 2025, Bundesdurchschnitt, **inkl. 19% MwSt.**

Zeichnungen

Ansicht Nord-West

Ansicht Nord-Ost

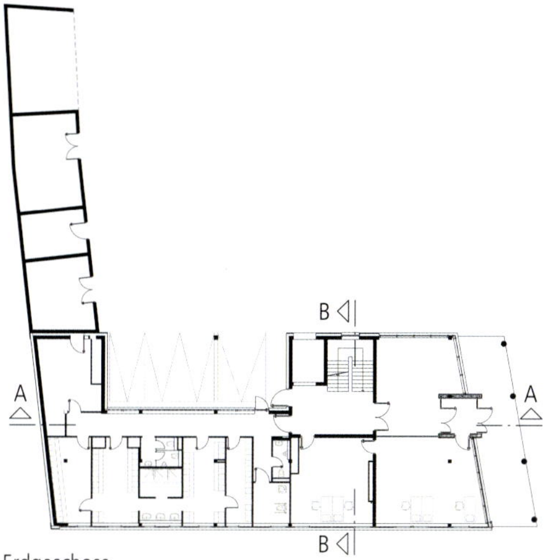

Erdgeschoss

1. Obergeschoss

Schnitt A-A

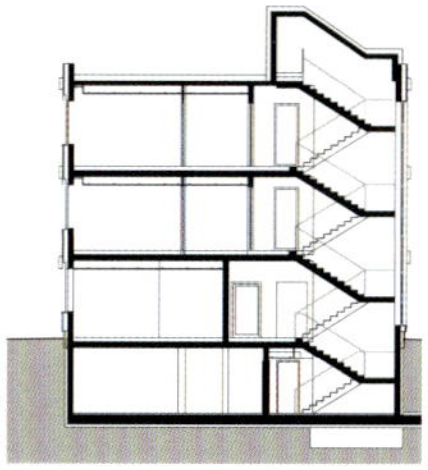
Schnitt B-B

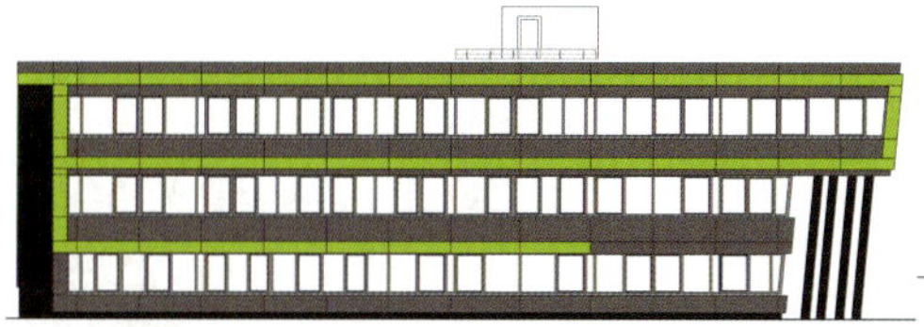
Ansicht Süd-Ost

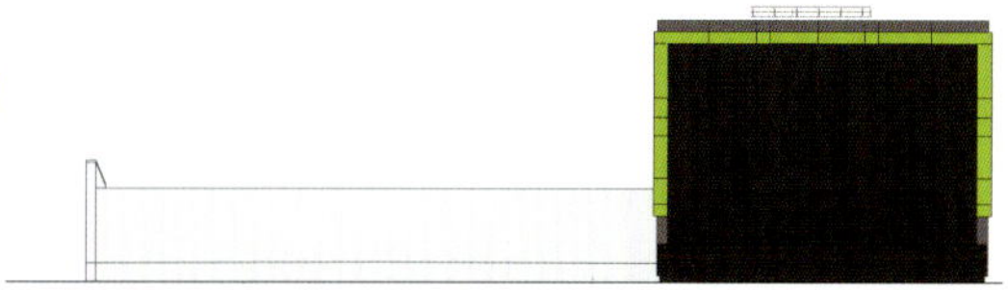
Ansicht Süd-West

Objektbeschreibung

Allgemeine Objektinformationen

Das Bürogebäude steht auf dem Betriebshof eines Entsorgungsbetriebs. Es ist unterkellert und hat drei Vollgeschosse. Im Erdgeschoss befindet sich der Betriebsdienst der Straßenreinigung und ein Sanitärbereich für die Saisonarbeiter*innen. In den Obergeschossen befinden sich Büro- und Besprechungsräume. Der eingeschossige Anbau dient als Lagerfläche und Fahrradgarage.

Nutzung

1 Untergeschoss
Lagerraum, Technikräume, Flure, Treppenhaus, Aufzug

1 Erdgeschoss
Foyer, Windfang, Büros, Umkleiden, WCs, Sanitärräume, Abstellräume, Waschraum, Stellplätze, Fahrradgarage, Flure, Treppenhaus, Aufzug

2 Obergeschosse
Kombi-Zone, Besprechungs-, Konferenzraum, Büros, Teeküche, Archiv, WCs, Personalräume, Flure, Treppenhaus, Aufzug

1 Dachgeschoss
Dachterrasse, Treppenhaus, Aufzug

Nutzeinheiten

Arbeitsplätze: 29

Grundstück

Bauraum: Beengter Bauraum
Neigung: Ebenes Gelände
Bodenklasse: BK 3 bis BK 5

Markt

Hauptvergabezeit: 4. Quartal 2018
Baubeginn: 4. Quartal 2018
Bauende: 2. Quartal 2021
Konjunkturelle Gesamtlage: Durchschnitt
Regionaler Baumarkt: Durchschnitt

Baukonstruktion

Das Gebäude ist in Massivbauweise zum größten Teil aus Recycling-Beton hergestellt. Die Gründung aus einer Stahlbetonbodenplatte wird im Bereich des kellerüberragenden Erdgeschosses durch Kleinbohrpfähle mit einer Tiefe von elf Metern unterstützt. Sowohl die Bodenplatte als auch die Umfassungswände gegen Erdreich sind aus WU-Beton. Alle sonstigen Außenwände, mit Ausnahme der Mauerwerkswand auf der Bahnseite im zweiten Obergeschoss, sind aus Recyclingbeton mit Wärmedämmung und einer vorgehängten Fassade aus HPL-Platten. Das zweite Obergeschoss überragt die darunter liegenden Geschosse und wird von vier Stahlbeton-Rundstützen getragen. Die Nord-Ostfassade ist um 5° geneigt, was dem Gebäude eine gewisse Dynamik verleiht. Für die Fenster kamen Alufenster mit dreifacher Isolierverglasung zum Einsatz, sie sind als Fensterbänder ausgebildet. Die Decken sowie das hochgedämmte Flachdach sind aus Recyclingbeton und die Innentreppen aus Stahlbeton-Fertigteilen hergestellt.

Technische Anlagen

Für die Beheizung des Gebäudes dient ein Fernwärmeanschluss. Die Verteilung der Wärme erfolgt über Fußbodenheizung. Der benötigte Luftwechsel wird durch eine zentrale Zu- und Abluftanlage mit Wärmerückgewinnung gewährleistet. Auf dem Dach befindet sich eine 504kWp Photovoltaikanlage, die das Gebäude mit Strom versorgt. Ein 38,4kWh Speicher kann die überschüssige Energie zwischenspeichern.

Sonstiges

Im Eingangsbereich fällt die Mooswand ins Auge, die das Logo des Entsorgungsbetriebs abbildet.

Energetische Kennwerte

Gesetzliche Grundlage: EnEV 2013
Gebäudenutzfläche: 1.379,00 m^2
Spez. Jahresprimärenergiebedarf: 38,00 kWh/(m^2·a)
CO_2-Emissionen: 20,00 kg/(m^2·a)

Planungskennwerte für Flächen und Rauminhalte nach DIN 277

Flächen des Grundstücks		Menge Einheit	% an GF
BF	Bebaute Fläche	3.105,00 m²	48,4
UF	Unbebaute Fläche	3.312,00 m²	51,6
GF	Grundstücksfläche	6.417,00 m²	100,0

Grundflächen des Bauwerks		Menge Einheit	% an NUF	% an BGF
NUF	Nutzungsfläche	1.292,23 m²	100,0	65,5
TF	Technikfläche	119,91 m²	9,3	6,1
VF	Verkehrsfläche	196,73 m²	15,2	10,0
NRF	Netto-Raumfläche	1.608,87 m²	124,5	81,5
KGF	Konstruktions-Grundfläche	365,29 m²	28,3	18,5
BGF	Brutto-Grundfläche	1.974,16 m²	152,8	100,0

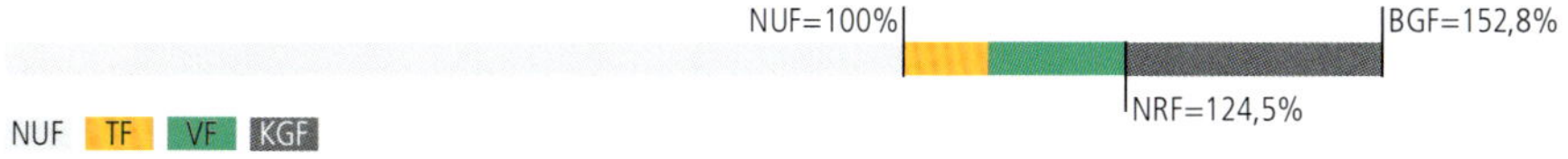

Brutto-Rauminhalt des Bauwerks		Menge Einheit	BRI/NUF (m)	BRI/BGF (m)
BRI	Brutto-Rauminhalt	7.316,21 m³	5,66	3,71

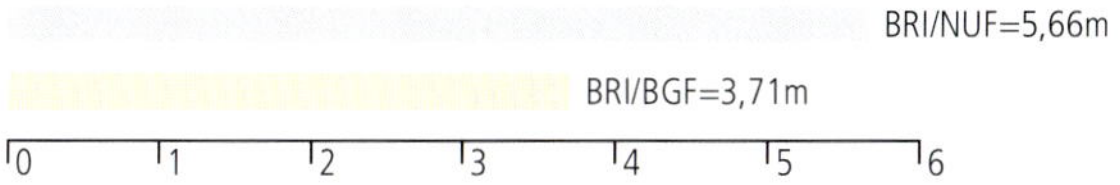

Kostenkennwerte für die Kostengruppen der 1. Ebene DIN 276

KG	Kostengruppen (1. Ebene)	Einheit	Kosten €	€/Einheit	€/m² BGF	€/m³ BRI	% 300+400
100	Grundstück	m² GF	–	–	–	–	–
200	Vorbereitende Maßnahmen	m² GF	487.568	75,98	246,98	66,64	7,6
300	Bauwerk – Baukonstruktionen	m² BGF	4.724.094	2.392,96	2.392,96	645,70	73,2
400	Bauwerk – Technische Anlagen	m² BGF	1.730.829	876,74	876,74	236,57	26,8
	Bauwerk 300+400	**m² BGF**	**6.454.923**	**3.269,71**	**3.269,71**	**882,28**	**100,0**
500	Außenanlagen und Freiflächen	m² AF	–	–	–	–	–
600	Ausstattung und Kunstwerke	m² BGF	201.469	102,05	102,05	27,54	3,1
700	Baunebenkosten	m² BGF	–	–	–	–	–
800	Finanzierung	m² BGF	–	–	–	–	–

KG	Kostengruppe	Menge Einheit	Kosten €	€/Einheit	%
200	**Vorbereitende Maßnahmen**	6.417,00 m² GF	487.568	**75,98**	7,6

Abbruch Bestandsgebäude, Baumfällarbeiten, Kampfmittelortung, Abwasseranschluss, Wasserversorgung, Fernwärmeversorgung, Stromversorgung, Übergangsmaßnahmen Container

KG	Kostengruppe	Menge Einheit	Kosten €	€/Einheit	%
3+4	**Bauwerk**				**100,0**
300	**Bauwerk – Baukonstruktionen**	1.974,16 m² BGF	4.724.094	**2.392,96**	73,2

Baugrubenverbau; Bodenaustausch, Stb-Fundamentplatten, Kleinbohrpfähle, Abdichtung, Estrich, Beschichtung, Bodenfliesen, Kiesfilterschicht, Perimeterdämmung; Stb-Wände, WU, Stb-Stützen, Alufenster, Dreifachverglasung, Alu-Eingangstür, Dämmung, HPL-Bekleidungen, WDVS, Putz, Dispersionsbeschichtung, Wandfliesen, Alu-Pfosten-Riegelfassaden, Sonnenschutz; Stb-Wände, KS-Mauerwerk, GK-Wände, Stb-Stützen, Holztüren, teilw. mit Oberlicht, Innenfenster, Putz, Dispersionsbeschichtung, Wandfliesen, mobile Trennwände; Stb-Decken, Stb-Treppen, Dämmung, Heizestrich, Hohlböden, Terrazzo, Industrieparkett, Betonwerksteinbelag, Bodenfliesen, Linoleum, Teppich, abgehängte GK-Decken, Akustik-Deckensegel, Stahl-Treppengeländer, Glasgeländer; Stb-Flachdach in Sichtbeton, Oberlichter, Dämmung, Abdichtung, extensive Dachbegrünung, Rasengittersteine, Kiesstreifen, Dachentwässerung, abgehängte GK-Decken, Akustik-Deckensegel, Sonnenschutz

KG	Kostengruppe	Menge Einheit	Kosten €	€/Einheit	%
400	**Bauwerk – Technische Anlagen**	1.974,16 m² BGF	1.730.829	**876,74**	26,8

Gebäudeentwässerung, Hebeanlage, Kalt- und Warmwasserleitungen, Sanitärobjekte; Fernwärmeversorgung, Fußbodenheizung, Kälteanlage; kontrollierte Zu- und Abluftanlage mit Wärmerückgewinnung; PV-Anlage mit Speicher, Elektroinstallation, Beleuchtung, Sicherheitsleuchten, Blitzschutzanlage; Gegensprechanlage, Brandmeldeanlage, Rauchmelder, Datenverkabelung; Personenaufzug; Feuerlöschanlage; Gebäudeautomation

KG	Kostengruppe	Menge Einheit	Kosten €	€/Einheit	%
600	**Ausstattung und Kunstwerke**	1.974,16 m² BGF	201.469	**102,05**	3,1

Ausstattung, Möblierung, Teeküche, Raumbeschilderung

1300-0319
Amtsverwaltung
(36 AP)

Kostenkennwerte für die Kosten des Bauwerks (Kostengruppen 300+400 nach DIN 276)

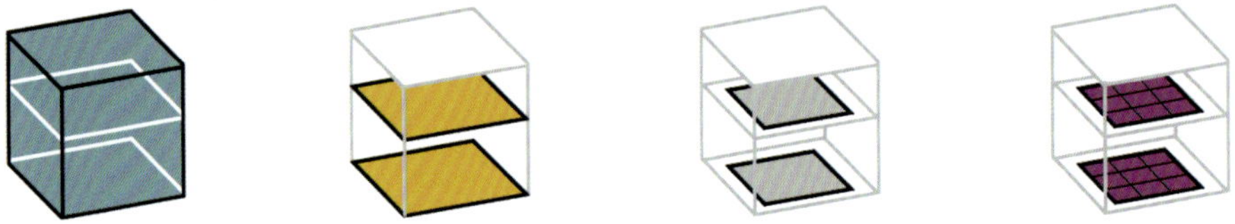

BRI 894 €/m³ | **BGF 3.236 €/m²** | **NUF 5.811 €/m²** | **NE 160.922 €/NE**

NE: Arbeitsplätze

Objekt:
Kennwerte: 3. Ebene DIN 276
BRI: 6.479 m³
BGF: 1.790 m²
NUF: 997 m²
Bauzeit: 78 Wochen
Bauende: 2023
Standard: mittel
Bundesland: Schleswig-Holstein
Kreis: Schleswig-Flensburg

Architekt*in:
Planungsring
Mumm + Partner GbR
Krim 2
24896 Treia

Bauherr*in:
Amtsverwaltung Haddeby
Rendsburger Straße 54c
24866 Busdorf

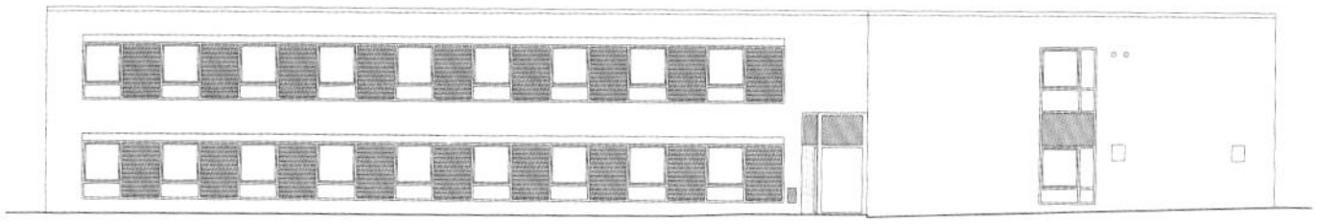

Ansicht Nord

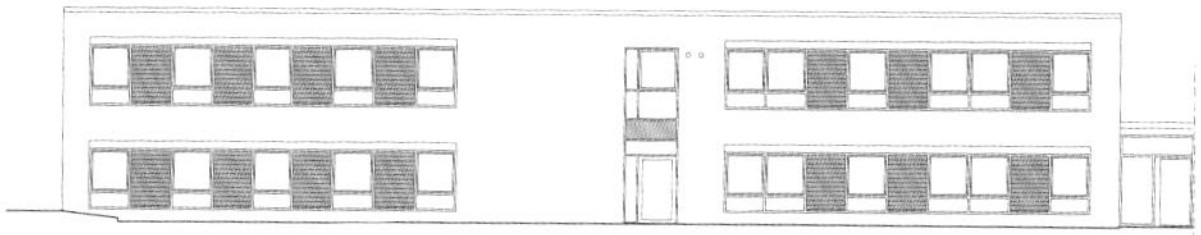

Ansicht West

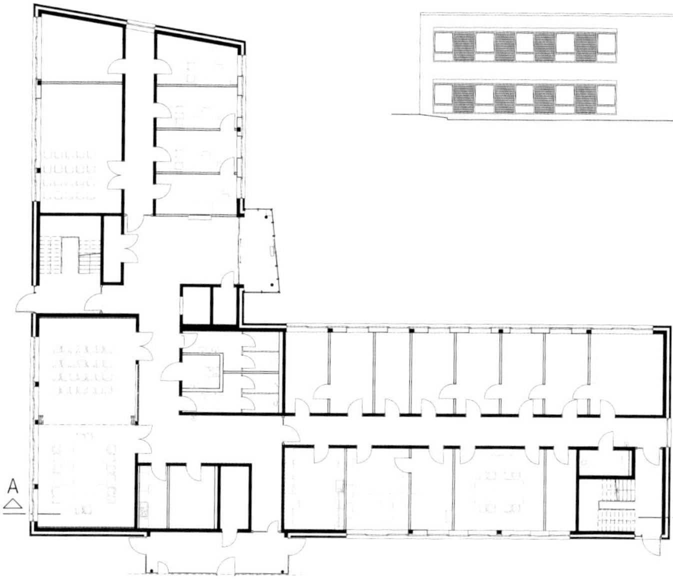

Erdgeschoss

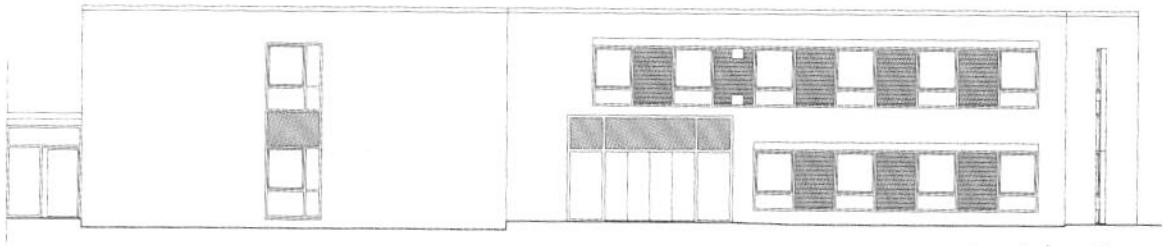

Ansicht Ost

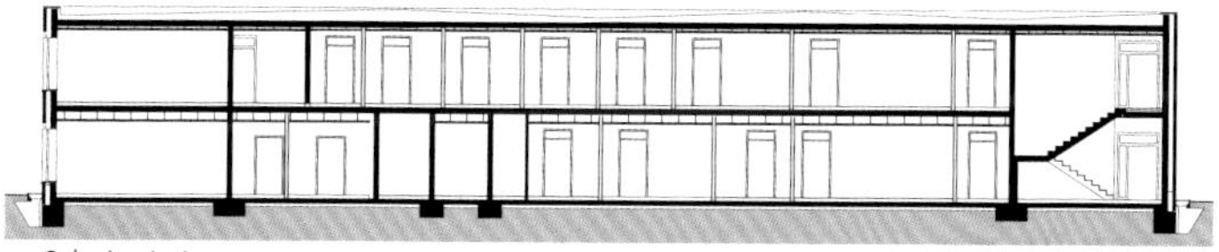

Schnitt A-A

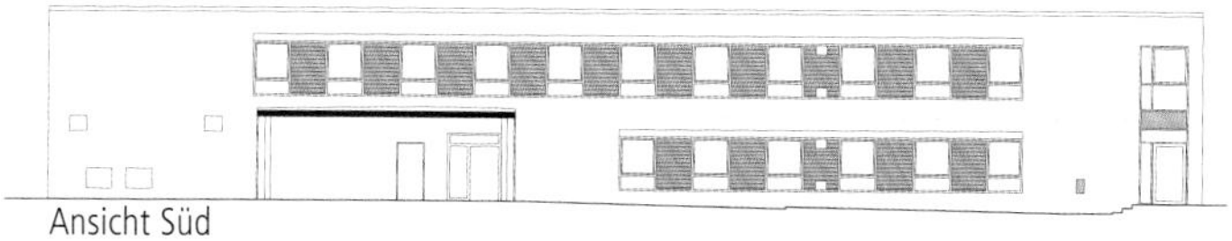

Ansicht Süd

Kostenkennwerte für die Kostengruppen 400 der 2. und 3.Ebene DIN 276 (Übersicht)

KG	Kostengruppe	Menge Einheit	Kosten €	€/Einheit	% an 3+4
400	**Bauwerk – Technische Anlagen**	**1.790,04 m²BGF**	**1.817.885,68**	**1.015,56**	**31,4**
410	**Abwasser-, Wasser-, Gasanlagen**	**1.790,04 m²BGF**	**89.379,66**	**49,93**	**1,5**
411	Abwasseranlagen	1.790,04 m²BGF	22.056,99	12,32	0,4
412	Wasseranlagen	1.790,04 m²BGF	61.116,89	34,14	1,1
413	Gasanlagen	–	–	–	–
419	Sonstiges zur KG 410	1.790,04 m²BGF	6.205,78	3,47	0,1
420	**Wärmeversorgungsanlagen**	**1.790,04 m²BGF**	**254.548,38**	**142,20**	**4,4**
421	Wärmeerzeugungsanlagen	1.790,04 m²BGF	109.377,82	61,10	1,9
422	Wärmeverteilnetze	1.790,04 m²BGF	65.801,81	36,76	1,1
423	Raumheizflächen	1.790,04 m²BGF	79.368,77	44,34	1,4
424	Verkehrsheizflächen	–	–	–	–
429	Sonstiges zur KG 420	–	–	–	–
430	**Raumlufttechnische Anlagen**	**1.790,04 m²BGF**	**291.877,35**	**163,06**	**5,0**
431	Lüftungsanlagen	1.790,04 m²BGF	245.628,96	137,22	4,2
432	Teilklimaanlagen	1.790,04 m²BGF	46.248,39	25,84	0,8
433	Klimaanlagen	–	–	–	–
434	Kälteanlagen	–	–	–	–
439	Sonstiges zur KG 430	–	–	–	–
440	**Elektrische Anlagen**	**1.790,04 m²BGF**	**927.606,50**	**518,20**	**16,0**
441	Hoch- und Mittelspannungsanlagen	–	–	–	–
442	Eigenstromversorgungsanlagen	1.790,04 m²BGF	488.713,33	273,02	8,4
443	Niederspannungsschaltanlagen	–	–	–	–
444	Niederspannungsinstallationsanlagen	1.790,04 m²BGF	313.267,11	175,01	5,4
445	Beleuchtungsanlagen	1.790,04 m²BGF	110.043,91	61,48	1,9
446	Blitzschutz- und Erdungsanlagen	1.790,04 m²BGF	15.582,15	8,70	0,3
447	Fahrleitungssysteme	–	–	–	–
449	Sonstiges zur KG 440	–	–	–	–
450	**Kommunikationstechnische Anlagen**	**1.790,04 m²BGF**	**116.038,43**	**64,82**	**2,0**
451	Telekommunikationsanlagen	–	–	–	–
452	Such- und Signalanlagen	1.790,04 m²BGF	13.212,02	7,38	0,2
453	Zeitdienstanlagen	–	–	–	–
454	Elektroakustische Anlagen	1.790,04 m²BGF	3.169,06	1,77	< 0,1
455	Audiovisuelle Medien- u. Antennenanl.	1.790,04 m²BGF	784,93	0,44	< 0,1
456	Gefahrenmelde- und Alarmanlagen	1.790,04 m²BGF	18.441,72	10,30	0,3
457	Datenübertragungsnetze	1.790,04 m²BGF	80.430,73	44,93	1,4
458	Verkehrsbeeinflussungsanlagen	–	–	–	–
459	Sonstiges zur KG 450	–	–	–	–
460	**Förderanlagen**	**1.790,04 m²BGF**	**72.971,21**	**40,77**	**1,3**
461	Aufzugsanlagen	1.790,04 m²BGF	72.971,21	40,77	1,3
462	Fahrtreppen, Fahrsteige	–	–	–	–
463	Befahranlagen	–	–	–	–
464	Transportanlagen	–	–	–	–
465	Krananlagen	–	–	–	–
466	Hydraulikanlagen	–	–	–	–
469	Sonstiges zur KG 460	–	–	–	–
470	**Nutzungsspez. u. verfahrenstechn. Anl.**	**–**	**–**	**–**	**–**
480	**Gebäude- und Anlagenautomation**	**1.790,04 m²BGF**	**21.792,06**	**12,17**	**0,4**
490	**Sonst. Maßnahmen für techn. Anlagen**	**1.790,04 m²BGF**	**43.672,07**	**24,40**	**0,8**

Kostenkennwerte für Leistungsbereiche nach STLB (Kosten des Bauwerks nach DIN 276)

LB	Leistungsbereiche	Kosten €	€/m² BGF	€/m³ BRI	% an 3+4
000	Baustellen-, Verkehrssich.- u. Sicherh.einr. inkl. 001	290.157	162,10	44,80	5,0
002	Erdarbeiten	20.425	11,40	3,20	0,4
006	Spezialtiefbauarbeiten inkl. 005	–	–	–	–
009	Entwässerungskanalarbeiten inkl. 011	45.607	25,50	7,00	0,8
010	Drän- und Versickerarbeiten	–	–	–	–
012	Mauerarbeiten	569.635	318,20	87,90	9,8
013	Betonarbeiten	1.034.412	577,90	159,70	17,9
014	Natur-, Betonwerksteinarbeiten	27.157	15,20	4,20	0,5
016	Zimmer- und Holzbauarbeiten	–	–	–	–
017	Stahlbauarbeiten	–	–	–	–
018	Abdichtungsarbeiten	21.037	11,80	3,20	0,4
019	Kampfmittelräumarbeiten	–	–	–	–
020	Dachdeckungsarbeiten	–	–	–	–
021	Dachabdichtungsarbeiten	318.943	178,20	49,20	5,5
022	Klempnerarbeiten	39.119	21,90	6,00	0,7
	Rohbau	**2.366.491**	**1.322,00**	**365,20**	**40,8**
023	Putz- und Stuckarbeiten, Wärmedämmsysteme	91.631	51,20	14,10	1,6
024	Fliesen- und Plattenarbeiten	66.341	37,10	10,20	1,1
025	Estricharbeiten	79.596	44,50	12,30	1,4
026	Fenster, Außentüren inkl. 029, 032	295.741	165,20	45,60	5,1
027	Tischlerarbeiten	199.107	111,20	30,70	3,4
028	Parkett-, Holzpflasterarbeiten	–	–	–	–
030	Rollladenarbeiten	113.691	63,50	17,50	2,0
031	Metallbauarbeiten inkl. 035	248.822	139,00	38,40	4,3
034	Maler- und Lackiererarb. – Beschicht. inkl. 037	193.442	108,10	29,90	3,3
036	Bodenbelagarbeiten	117.791	65,80	18,20	2,0
038	Vorgehängte hinterlüftete Fassaden	8.608	4,80	1,30	0,1
039	Trockenbauarbeiten	226.492	126,50	35,00	3,9
	Ausbau	**1.641.262**	**916,90**	**253,30**	**28,3**
040	Wärmeversorgungsanl. – Betriebseinr. inkl. 041	231.592	129,40	35,70	4,0
042	Gas- u. Wasseranl. – Leitung., Armat. inkl. 043	30.329	16,90	4,70	0,5
044	Abwasseranl. – Leitungen, Abläufe, Armaturen	12.047	6,70	1,90	0,2
045	Gas, Wasser, Entwässerung – Ausstattung inkl. 046	36.804	20,60	5,70	0,6
047	Dämm- und Brandschutzarb. an techn. Anlagen	63.286	35,40	9,80	1,1
049	Feuerlöschanlagen, Feuerlöschgeräte	–	–	–	–
050	Blitzschutz-/Erdungsanlagen, Überspannungssch.	15.582	8,70	2,40	0,3
053	Niederspannungsanl. – Kabel inkl. 052, 054	779.855	435,70	120,40	13,5
055	Sicherheits- u. Ersatzstromversorgungsanl.	–	–	–	–
057	Gebäudesystemtechnik	21.792	12,20	3,40	0,4
058	Leuchten und Lampen inkl. 059	110.044	61,50	17,00	1,9
060	Such, Signal, Zeit, Anten., akust. Anl. inkl. 064	13.304	7,40	2,10	0,2
061	Kommunikations- u. Übertragungsnetze inkl. 063	103.411	57,80	16,00	1,8
069	Aufzüge	72.971	40,80	11,30	1,3
070	Gebäudeautomation	–	–	–	–
075	Raumlufttechnische Anlagen inkl. 078	281.260	157,10	43,40	4,9
	Gebäudetechnik	**1.772.279**	**990,10**	**273,50**	**30,6**
084	Abbruch, Rückbau, Schadstoffsanierung	–	–	–	–
	Abbrucharbeiten	**–**	**–**	**–**	**–**
	Sonstige Leistungsbereiche	**13.161**	**7,40**	**2,00**	**0,2**

1300-0321
Bürogebäude (30 AP)

Kostenkennwerte für die Kosten des Bauwerks (Kostengruppen 300+400 nach DIN 276)

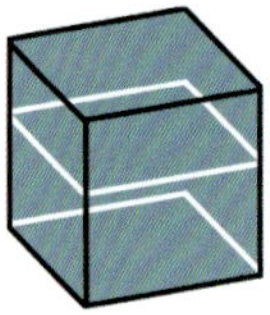

BRI 1.251 €/m^3

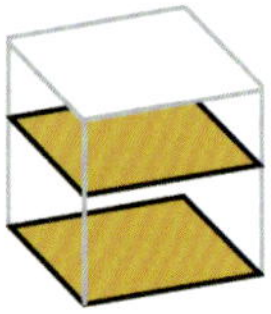

BGF 3.921 €/m^2

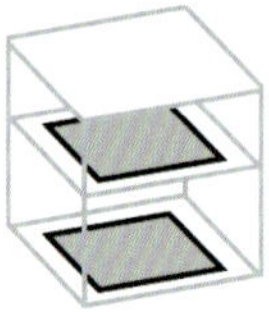

NUF 5.899 €/m^2

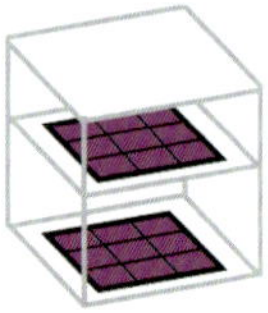

NE 102.842 €/NE

NE: Arbeitsplätze

Objekt:
Kennwerte: 1. Ebene DIN 276
BRI: 2.466 m^3
BGF: 787 m^2
NUF: 523 m^2
Bauzeit: 157 Wochen
Bauende: 2022
Standard: mittel
Bundesland: Nordrhein-Westfalen
Kreis: Rhein-Kreis Neuss

Architekt*in:
Architekturbüro
Christoph Habbig
Weckhovener Straße 46
41466 Neuss

Bauherr*in:
Maschinenfabrik
Reinartz GmbH & Co.KG
Industriestraße 14
41460 Neuss

© Architekturbüro Habbig

© Architekturbüro Habbig

© Architekturbüro Habbig

Kostenstand: 2. Quartal 2025, Bundesdurchschnitt, **inkl. 19% MwSt.**

Ansicht Nord

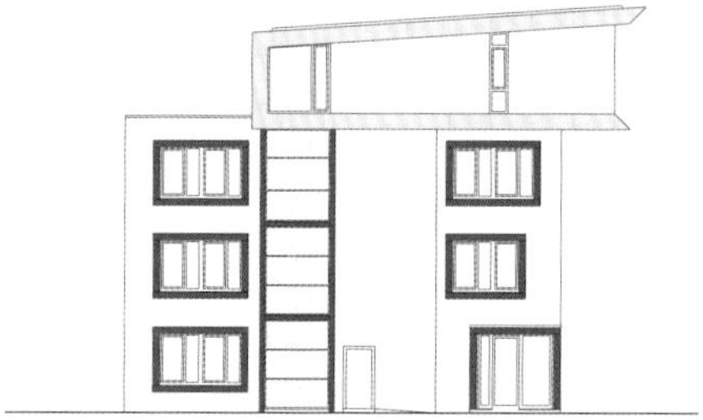

Ansicht Ost

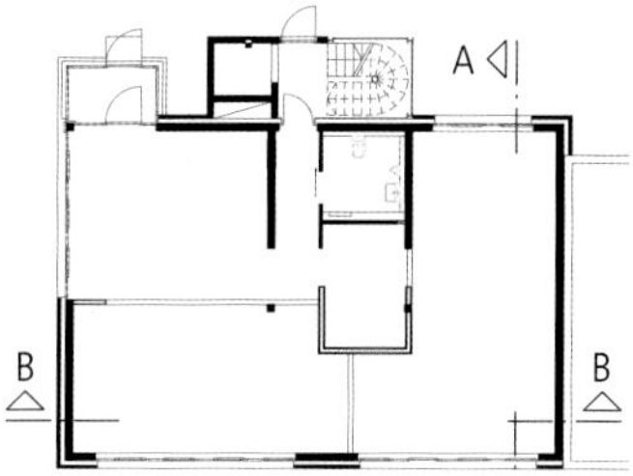

Erdgeschoss

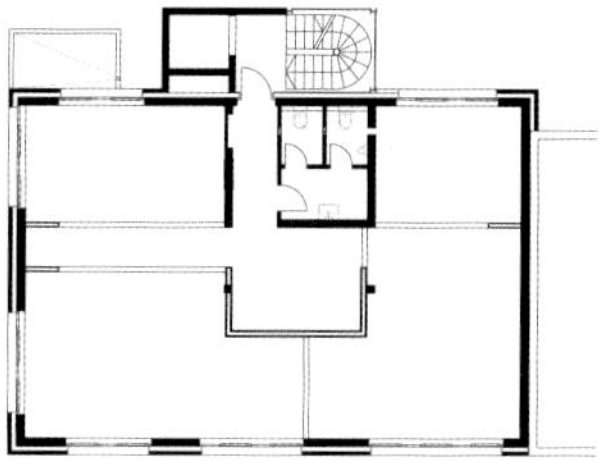

1. Obergeschoss

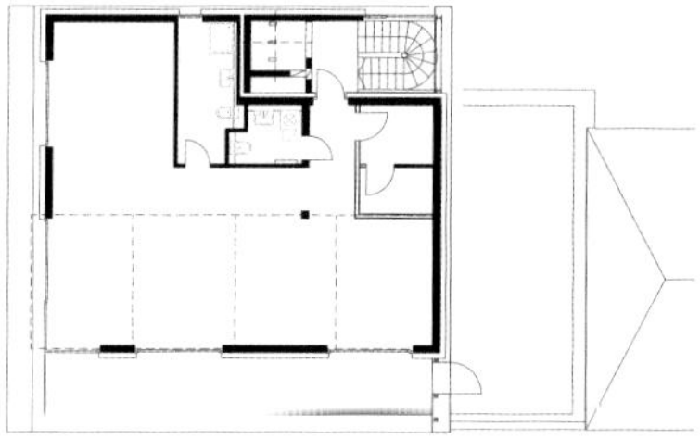

3. Obergeschoss

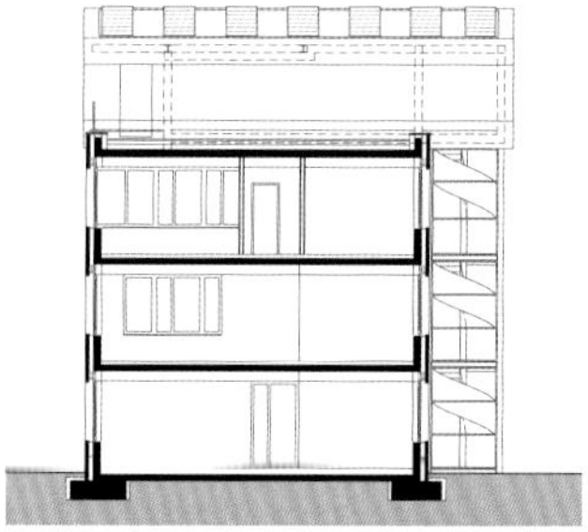

Schnitt A-A

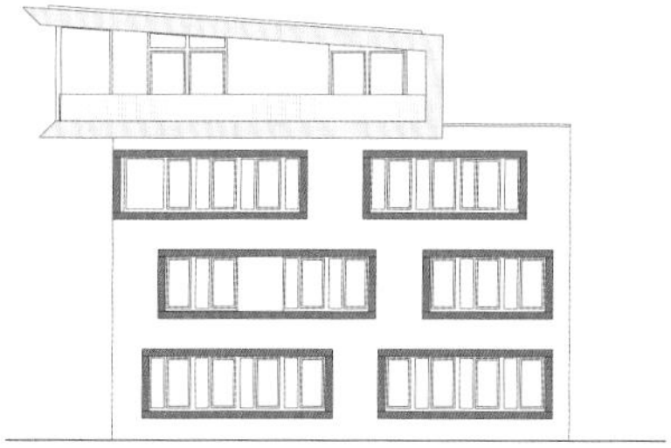

Ansicht West

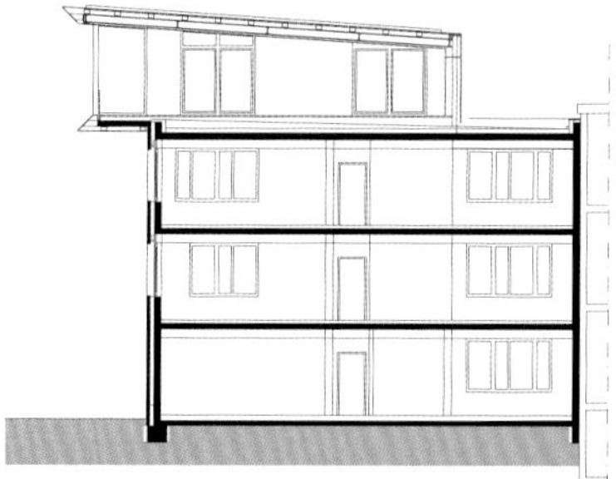

Schnitt B-B

Objektbeschreibung

Allgemeine Objektinformationen

Der repräsentative Verwaltungsbau greift mit seinem Erscheinungsbild sowohl die traditionelle Klinkerfassade als auch die Metallfassade der umgebenden Bebauung geschickt auf. Während die unteren drei Geschosse Büros mit flexiblen Grundrissen beinhalten, ist im 3.OG, welches durch das Verschieben des Grundrisses eine großzügige Terrasse mit Ausblick erhielt, ein vielseitig nutzbarer Versammlungsraum entstanden.

Nutzung

1 Erdgeschoss
Windfang, Büroräume, Teeküche, WC, Treppenhaus

2 Obergeschosse
Büroräume, Teeküche, Sanitärräume, Flure, Treppenhaus, Hausanschlussraum, Putzraum, Serverraum

1 Dachgeschoss
Büroräume, Versammlungsraum, Teeküche, WCs, Bad, Flur, Treppenhaus, Serverraum, Terrasse

Nutzeinheiten

Arbeitsplätze: 30

Grundstück

Bauraum: Beengter Bauraum
Neigung: Ebenes Gelände
Bodenklasse: BK 3 bis BK 4

Markt

Hauptvergabezeit: 3.Quartal 2020
Baubeginn: 4.Quartal 2019
Bauende: 4.Quartal 2022
Konjunkturelle Gesamtlage: Durchschnitt
Regionaler Baumarkt: über Durchschnitt

Baukonstruktion

Das überwiegend aus Stahlbeton und Kalksandstein errichtete Gebäude gründet auf einer Stahlbetonbodenplatte mit Stahlbetonfundamenten, welche über Rüttelstopfsäulen auf tragendem Grund stehen. Die Bürogeschosse verfügen über eine hinterlüftete Klinkerfassade mit Mineralwolle als Dämmung. Das Dachgeschoss ist mit Aluminium-Sandwichpaneelen und mit WDVS bekleidet und besitzt eine Holzkonstruktion als abschließende Decke. Im Inneren wurden bewusst offene Grundrisse geschaffen, die Abtrennung der Büros erfolgt über Glassystemtrennwände. Die Bürogeschosse verfügen jeweils über einen zentralen Meetingpoint der mit Holz verkleidet ist. Innenseitig sind die Wände verputzt oder in Sichtbeton belassen, die Decken wurden ebenfalls in sichtbarem Beton ausgeführt, die in den Büros mit einer abgehängten Akustikdecke bekleidet wurden. Es kamen Kunststofffenster mit Dreifachverglasung zum Einsatz, die Verschattung erfolgt über außenliegende Lamellenraffstores. Bei den Türen handelt es sich um Holz-, Glas, und Alu-Rauchschutztüren. Als Bodenbeläge wurde neben Fliesen für die WCs Vinylbeläge, Teppichboden, sowie Parkett gewählt. Das außen vorgesetzte Treppenhaus besteht aus Stahltreppen mit Stahlgeländern.

Technische Anlagen

Der Neubau verfügt über eine Fußbodenheizung gekoppelt mit einer Luft-Luft-Wärmepumpe. Die Klimaanlage funktioniert über in die Decken integrierte Klimakassetten. Die Belichtung der Arbeitsplätze wurde individuell gestaltet. Das Gebäude ist ans Glasfasernetz angeschlossen und verfügt über einen Personenaufzug.

Planungskennwerte für Flächen und Rauminhalte nach DIN 277

Flächen des Grundstücks		Menge Einheit	% an GF
BF	Bebaute Fläche	239,20 m²	–
UF	Unbebaute Fläche	–	–
GF	Grundstücksfläche	–	–

Grundflächen des Bauwerks		Menge Einheit	% an NUF	% an BGF
NUF	Nutzungsfläche	522,98 m²	100,0	66,5
TF	Technikfläche	10,29 m²	2,0	1,3
VF	Verkehrsfläche	99,43 m²	19,0	12,6
NRF	Netto-Raumfläche	632,70 m²	121,0	80,4
KGF	Konstruktions-Grundfläche	154,22 m²	29,5	19,6
BGF	Brutto-Grundfläche	786,92 m²	150,5	100,0

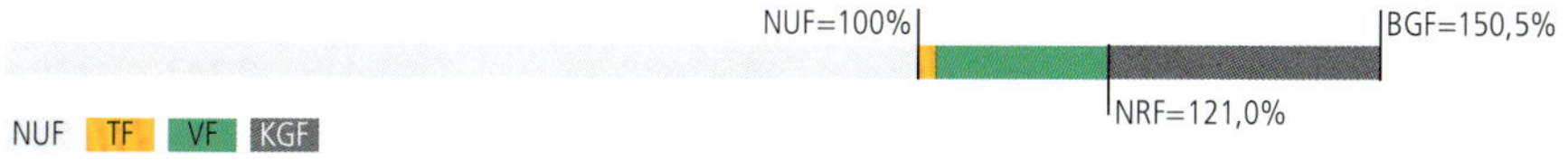

Brutto-Rauminhalt des Bauwerks		Menge Einheit	BRI/NUF (m)	BRI/BGF (m)
BRI	Brutto-Rauminhalt	2.466,36 m³	4,72	3,13

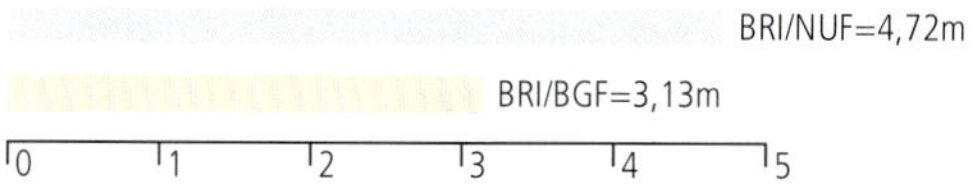

Kostenkennwerte für die Kostengruppen der 1. Ebene DIN 276

KG	Kostengruppen (1. Ebene)	Einheit	Kosten €	€/Einheit	€/m² BGF	€/m³ BRI	% 300+400
100	Grundstück	m² GF	–	–	–	–	–
200	Vorbereitende Maßnahmen	m² GF	–	–	–	–	–
300	Bauwerk – Baukonstruktionen	m² BGF	2.473.445	3.143,20	3.143,20	1.002,87	80,2
400	Bauwerk – Technische Anlagen	m² BGF	611.824	777,49	777,49	248,07	19,8
	Bauwerk 300+400	**m² BGF**	**3.085.270**	**3.920,69**	**3.920,69**	**1.250,94**	**100,0**
500	Außenanlagen und Freiflächen	m² AF	–	–	–	–	–
600	Ausstattung und Kunstwerke	m² BGF	–	–	–	–	–
700	Baunebenkosten	m² BGF	–	–	–	–	–
800	Finanzierung	m² BGF	–	–	–	–	–

KG	Kostengruppe	Menge Einheit	Kosten €	€/Einheit	%
3+4	**Bauwerk**				**100,0**
300	**Bauwerk – Baukonstruktionen**	786,92 m² BGF	2.473.445	**3.143,20**	80,2

Bodenarbeiten; Rüttelstopfsäulen, Stb-Fundamente, Stb-Bodenplatte, Abdichtung, Bodenbeschichtung, Perimeterdämmung; Stb-Wände, KS-Mauerwerk, Kunststofffenster, Dreifachverglasung, Wärmedämmung, Klinkerfassade, Alu-Sandwichpaneel-Fassade, WDVS, Innenputz, Beschichtung, Pfosten-Riegelfassade, Lamellenraffstores; Sichtbetonwände, GK-Wände, Holztüren, Ganzglastüren, Wandfliesen, Holzbekleidung, Malervlies, Beschichtung, Glassystemtrennwände; Stb-Decken, Dämmung, Heizestrich, Vinyl, Textilbeläge, Parkett, Bodenfliesen, abgehängte Schallschutzdecken, Stahl-Treppenhaus, Stahlgeländer, Terrassengeländer; Stb-Flachdach, Holz-Pultdach, Stahlträger, Sparren, Schalung, Dämmung, Abdichtung, Dachentwässerung, Beton-Terrassenplatten, Schallschutzdecken

KG	Kostengruppe	Menge Einheit	Kosten €	€/Einheit	%
400	**Bauwerk – Technische Anlagen**	786,92 m² BGF	611.824	**777,49**	19,8

Gebäudeentwässerung, Kalt- und Warmwasserleitungen, Sanitärobjekte; Luft-Luft-Wärmepumpe, Pufferspeicher, Fußbodenheizung; zentrale Klimaanlage; Photovoltaikanlage, Elektroinstallation, Kabelkanäle, Beleuchtung, direkt/indirekt, Blitzschutz; Gegensprechanlage, Datenverkabelung; Personenaufzug

1300-0325
Verwaltungsgebäude
(90 AP)

Kostenkennwerte für die Kosten des Bauwerks (Kostengruppen 300+400 nach DIN 276)

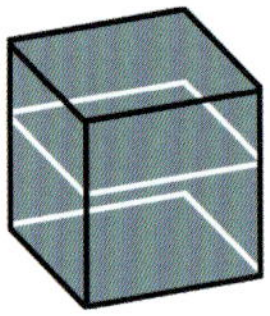

BRI 1.178 €/m³

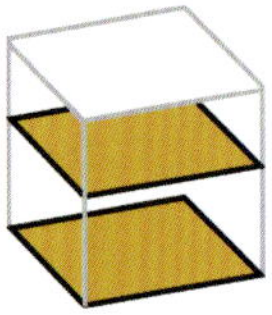

BGF 3.894 €/m²

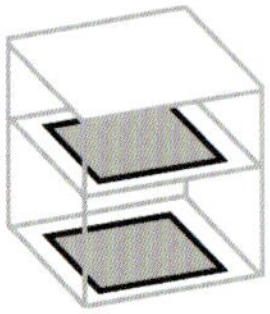

NUF 6.234 €/m²

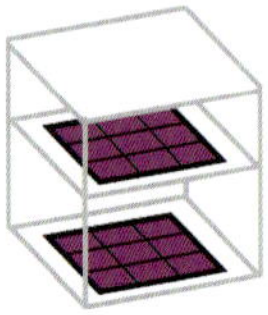

NE 159.113 €/NE
NE: Arbeitsplätze

Objekt:
Kennwerte: 1. Ebene DIN 276
BRI: 12.156 m³
BGF: 3.677 m²
NUF: 2.297 m²
Bauzeit: 65 Wochen
Bauende: 2022
Standard: mittel
Bundesland: Nordrhein-Westfalen
Kreis: Bielefeld, Stadt

Architekt*in:
NEXT Bielefeld GmbH
Hellfeld 59
33729 Bielefeld

Bauherr*in:
OTEC Park GmbH
33729 Bielefeld

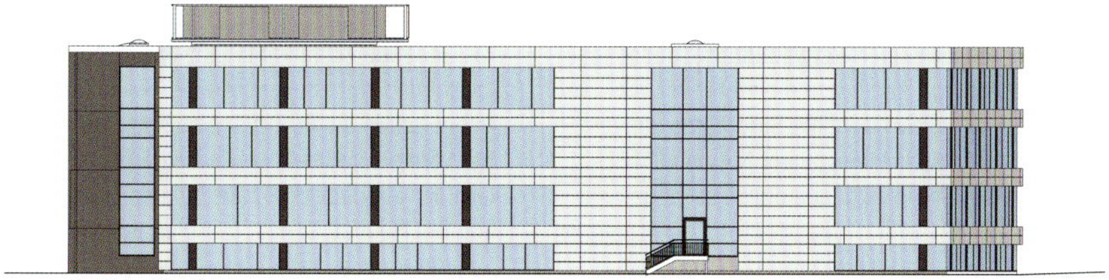

Ansicht Nord

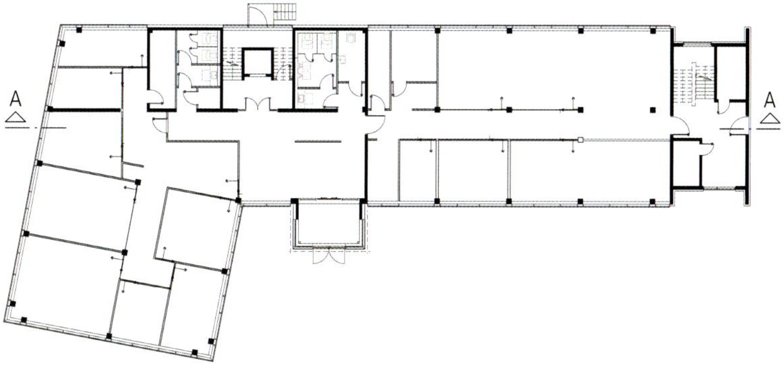

Erdgeschoss

Schnitt A-A

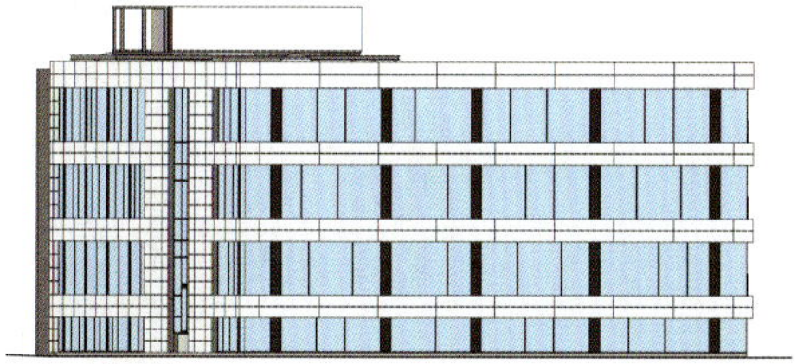

Ansicht West

Ansicht Ost

Objektbeschreibung

Allgemeine Objektinformationen

Der Neubau des viergeschossigen Verwaltungsgebäudes wurde im KfW-40-Standard geplant und bietet durch die Skelettbauweise alle Möglichkeiten, die Büroräume der verschiedenen Mieter individuell zu gestalten. Mit dem OTEC-Park entstand ein Verwaltungsgebäude über vier Etagen mit je 750m² Fläche.

Nutzung

1 Erdgeschoss
Büroräume, Besprechungsräume, Buchhaltung, Finanzen, Marketing, EDV, Personalraum, Empfang, Sanitärräume, Küche, Technikraum

3 Obergeschosse
Büroräume, Besprechungsräume, Empfang, Sanitärräume, Teeküche

Nutzeinheiten

Arbeitsplätze: 90

Grundstück

Bauraum: Freier Bauraum
Neigung: Ebenes Gelände
Bodenklasse: BK 1 bis BK 4

Markt

Hauptvergabezeit: 3.Quartal 2021
Baubeginn: 3.Quartal 2021
Bauende: 4.Quartal 2022
Konjunkturelle Gesamtlage: Durchschnitt
Regionaler Baumarkt: Durchschnitt

Baukonstruktion

Die Konstruktion wurde mit Stahlbetonstützen, -unterzügen und -wänden sowie Spannbeton-Hohldecken realisiert, was sowohl Stabilität als auch Flexibilität gewährleistet. Das Gebäude hat eine moderne Aluminium-Kassettenfassade, die durch große Glasfenster unterbrochen wird. Durch den bewussten Verzicht auf Bekleidungen haben die verbauten Betonfertigteile und Decken ihren authentischen Charme behalten. Im Innenbereich wurden Trockenbauwände und Systemwände aus Aluminiumprofilen eingesetzt.

Technische Anlagen

Das Gebäude ist mit einer Luft-Wärmepumpe und einem Speicherladesystem ausgestattet, wobei die technische Anlage sowie die PV-Anlage auf dem Dach installiert sind. Die Wärme wird über Heizdecken übertragen, die im Sommer auch als Kühldecken dienen. Eine Kälteanlage ist dafür installiert. Der Neubau ist mit Zu-/Abluftanlagen ausgestattet. Eine Zeiterfassung und eine Video-Überwachungsanlage regeln Zugang und Anwesenheiten. Barrierefreiheit ist durch den Personenaufzug gewährleistet.

Sonstiges

Die rechteckige Form und die klaren Linien der Fassade verleihen dem Gebäude ein elegantes, zeitgemäßes Erscheinungsbild.

Planungskennwerte für Flächen und Rauminhalte nach DIN 277

Flächen des Grundstücks		Menge Einheit	% an GF
BF	Bebaute Fläche	864,22 m²	13,3
UF	Unbebaute Fläche	5.635,78 m²	86,7
GF	Grundstücksfläche	6.500,00 m²	100,0

Grundflächen des Bauwerks		Menge Einheit	% an NUF	% an BGF
NUF	Nutzungsfläche	2.297,12 m²	100,0	62,5
TF	Technikfläche	89,74 m²	3,9	2,4
VF	Verkehrsfläche	751,68 m²	32,7	20,4
NRF	Netto-Raumfläche	3.138,54 m²	136,6	85,3
KGF	Konstruktions-Grundfläche	538,91 m²	23,5	14,7
BGF	Brutto-Grundfläche	3.677,45 m²	160,1	100,0

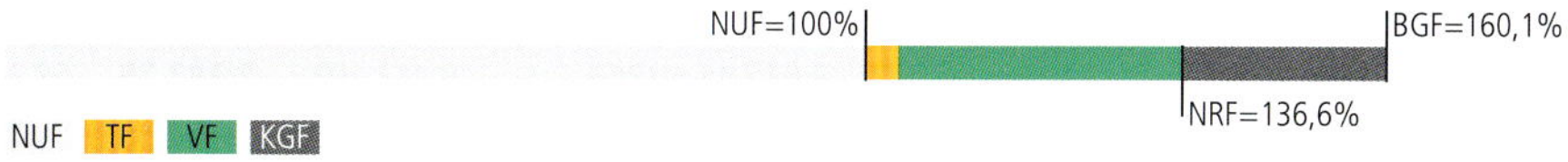

Brutto-Rauminhalt des Bauwerks		Menge Einheit	BRI/NUF (m)	BRI/BGF (m)
BRI	Brutto-Rauminhalt	12.155,53 m³	5,29	3,31

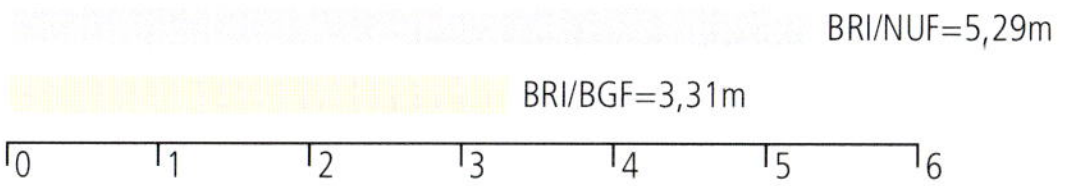

1300-0326
Bürogebäude (43 AP)

Kostenkennwerte für die Kosten des Bauwerks (Kostengruppen 300+400 nach DIN 276)

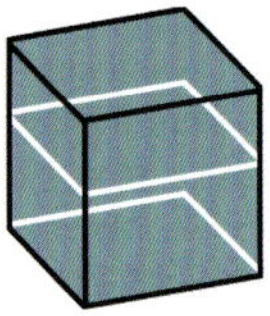

BRI **770 €/m³**

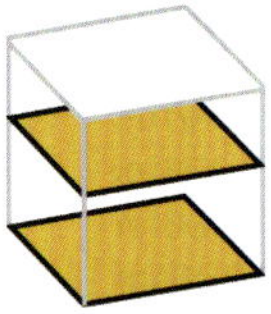

BGF **2.744 €/m²**

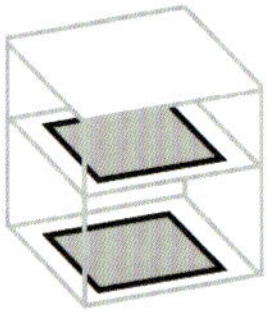

NUF **4.785 €/m²**

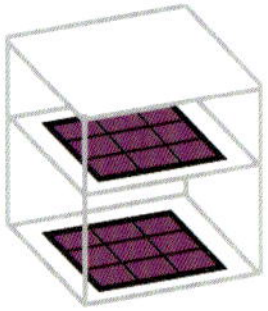

NE **108.591 €/NE**
NE: Arbeitsplätze

Objekt:
Kennwerte: 1.Ebene DIN 276
BRI: 6.067 m³
BGF: 1.702 m²
NUF: 976 m²
Bauzeit: 91 Wochen
Bauende: 2023
Standard: mittel
Bundesland: Nordrhein-Westfalen
Kreis: Hochsauerlandkreis

Architekt*in:
Schmidt Thüner
Architekten PartG mbB
Arpe 42
57392 Schnallenberg

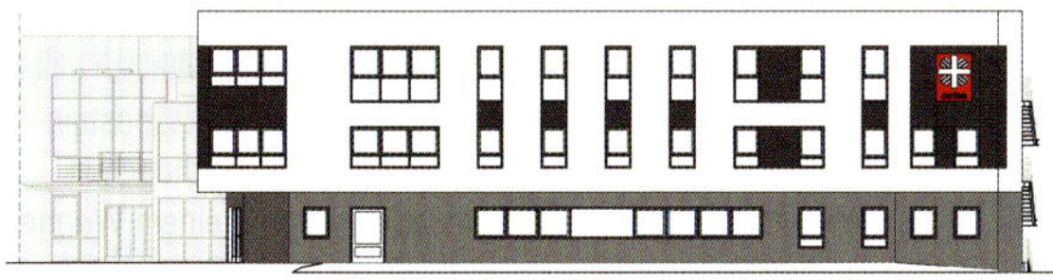

Ansicht West

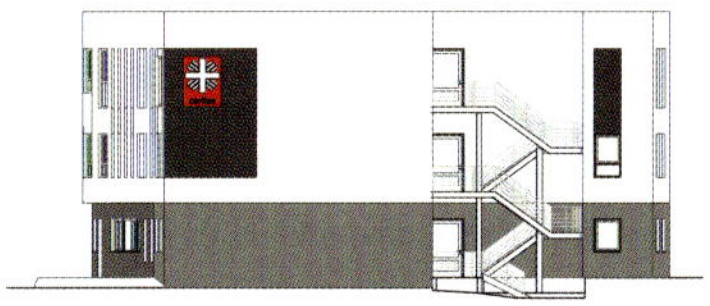

Ansicht Süd

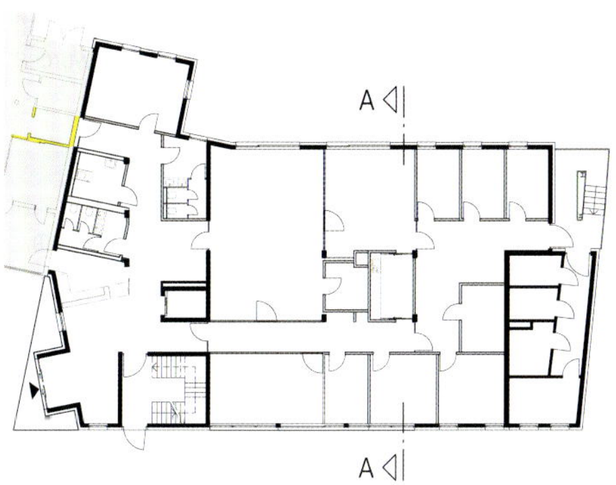

Erdgeschoss

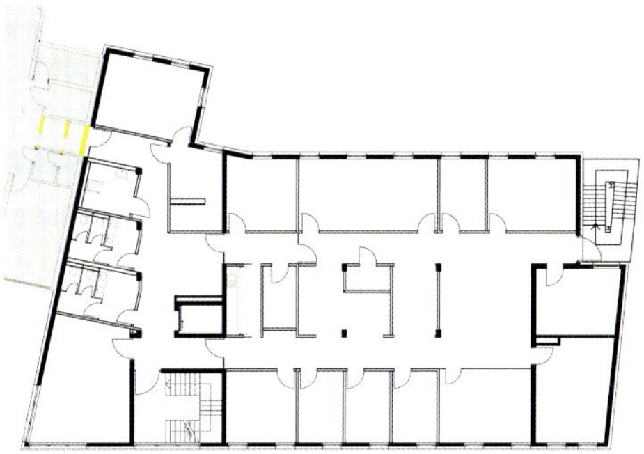

1. Obergeschoss

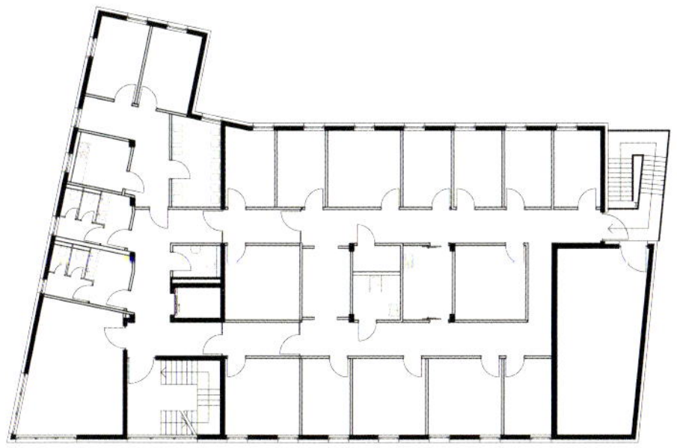

2. Obergeschoss

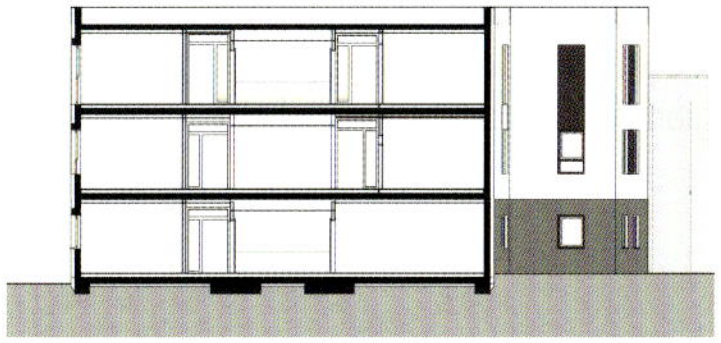

Schnitt A-A

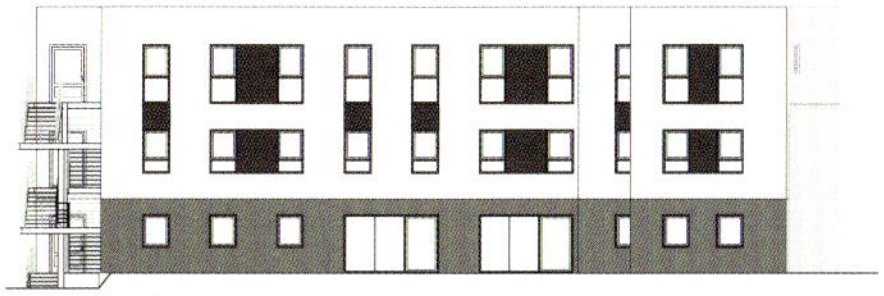

Ansicht Ost

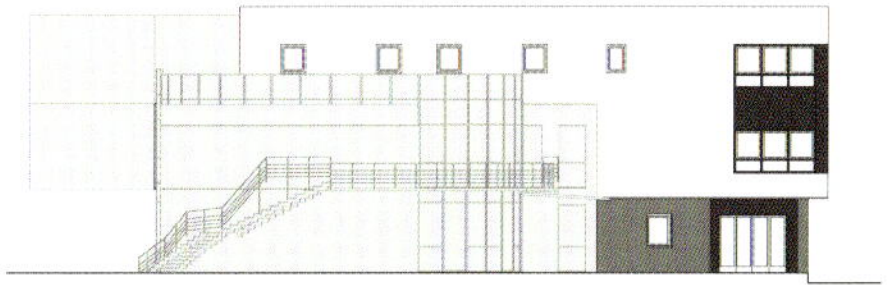

Ansicht Nord

Kostenkennwerte für die Kostengruppen der 1. Ebene DIN 276

KG	Kostengruppen (1. Ebene)	Einheit	Kosten €	€/Einheit	€/m² BGF	€/m³ BRI	% 300+400
100	Grundstück	m² GF	–	–	–	–	–
200	Vorbereitende Maßnahmen	m² GF	305.610	336,20	179,57	50,38	6,5
300	Bauwerk – Baukonstruktionen	m² BGF	3.117.619	1.831,81	1.831,81	513,90	66,8
400	Bauwerk – Technische Anlagen	m² BGF	1.551.773	911,77	911,77	255,79	33,2
	Bauwerk 300+400	**m² BGF**	**4.669.392**	**2.743,59**	**2.743,59**	**769,68**	**100,0**
500	Außenanlagen und Freiflächen	m² AF	–	–	–	–	–
600	Ausstattung und Kunstwerke	m² BGF	–	–	–	–	–
700	Baunebenkosten	m² BGF	–	–	–	–	–
800	Finanzierung	m² BGF	–	–	–	–	–

KG	Kostengruppe	Menge Einheit	Kosten €	€/Einheit	%
200	**Vorbereitende Maßnahmen**	909,00 m² GF	305.610	**336,20**	6,5

Sicherungsmaßnahmen Bestand, Abbruch von zwei Gebäuden; öffentliche Wasserversorgung, Gasversorgung, Stromversorgung

KG	Kostengruppe	Menge Einheit	Kosten €	€/Einheit	%
3+4	**Bauwerk**				**100,0**
300	**Bauwerk – Baukonstruktionen**	1.701,93 m² BGF	3.117.619	**1.831,81**	66,8

Baugrubenaushub; Stb-Fundamente, Stb-Fundamentplatte, Abdichtung, Dämmung, Estrich, Vinyl, Fliesen, Perimeterdämmung; Kalksandstein-Mauerwerk, Stb-Stützen, Alu-Außentüren, Kunststofffenster, Dreifachverglasung, WDVS, gedämmte Klinkerfassade, Gipsputz, Malervlies, Beschichtung, Wandfliesen; Stb-Wände, KS-Mauerwerk, GK-Wände, Schallschutz- und Brandschutztüren, Glastüren, Malervlies, Beschichtung, Wandfliesen; Stb-Decken, Stb-Treppen, Dämmung, Estrich, Teppichböden, Vinyl, Bodenfliesen, abgehängte Decken; Stb-Flachdach, Gefälledämmung, Folienabdichtung, abgehängte Decken

KG	Kostengruppe	Menge Einheit	Kosten €	€/Einheit	%
400	**Bauwerk – Technische Anlagen**	1.701,93 m² BGF	1.551.773	**911,77**	33,2

Gebäudeentwässerung, Kalt- und Warmwasserleitungen, Sanitärobjekte; Gastherme, Wärmepumpe, Heizkörper, Fußbodenheizung; PV-Anlage, Elektroinstallation, Brüstungskanäle, Bodentanks, Beleuchtung; EDV-Vernetzung; Personenaufzug

1300-0327
Bürogebäude
(260 AP)
TG (115 STP)

Kostenkennwerte für die Kosten des Bauwerks (Kostengruppen 300+400 nach DIN 276)

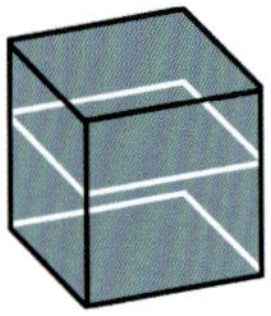

BRI 695 €/m³

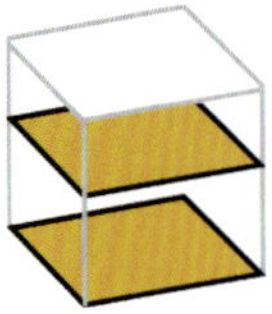

BGF 2.143 €/m²

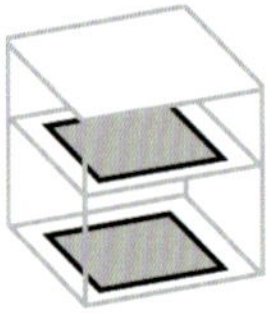

NUF 2.987 €/m²

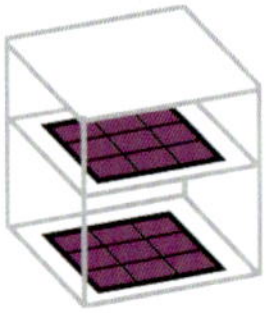

NE 73.309 €/NE

NE: Arbeitsplätze

Objekt:
Kennwerte: 1.Ebene DIN 276
BRI: 27.414 m³
BGF: 8.894 m²
NUF: 6.382 m²
Bauzeit: 83 Wochen
Bauende: 2022
Standard: mittel
Bundesland: Hessen
Kreis: Darmstadt, Stadt

Architekt*in:
ruby³ architekten BDA
Rheinstraße 95
64295 Darmstadt

Bauherr*in:
BKS Gewerbebau GmbH
Friedensplatz 12
64283 Darmstadt

© Matthias Wittig

© Matthias Wittig

© Matthias Wittig

© Matthias Wittig

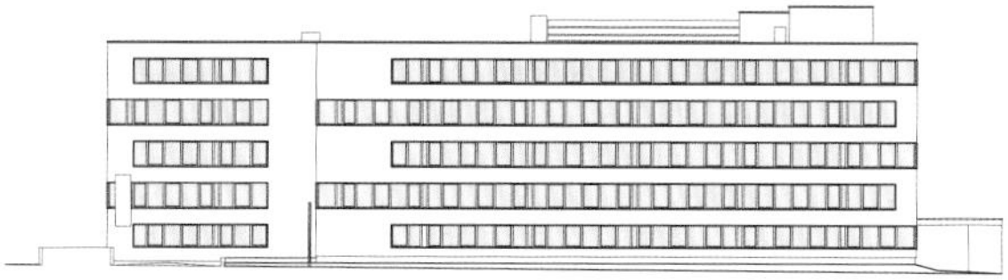

Ansicht Nord

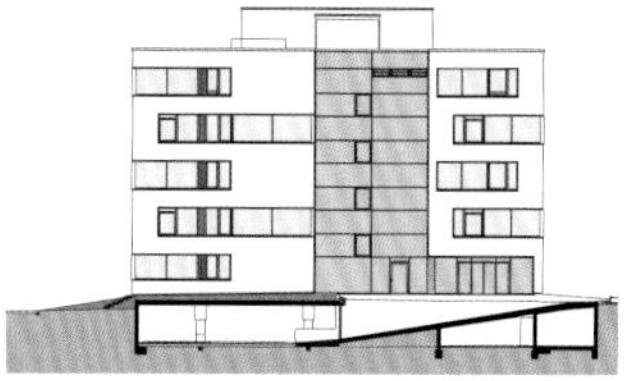

Ansicht Ost

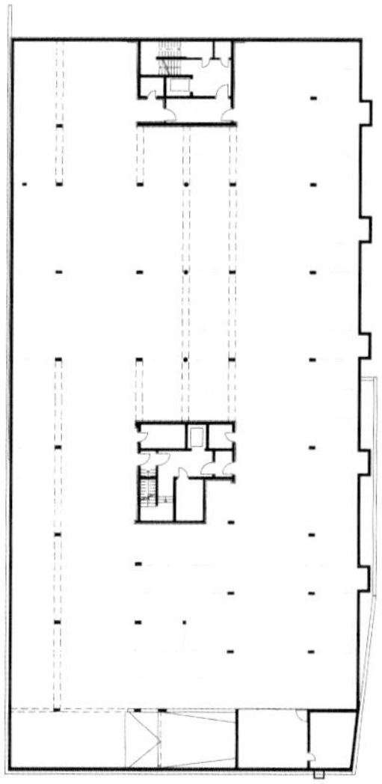

Untergeschoss

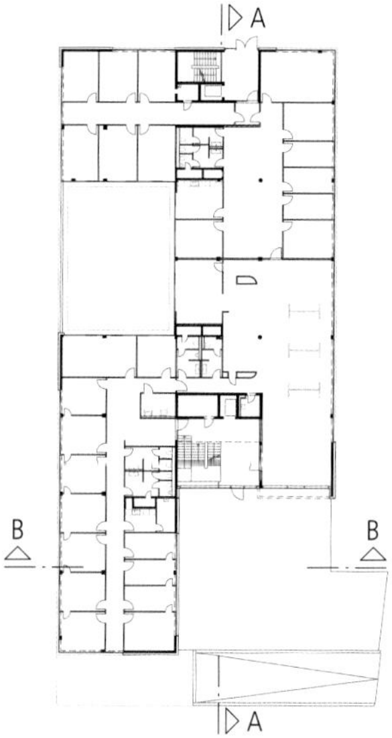

Erdgeschoss

1. + 3. Obergeschoss

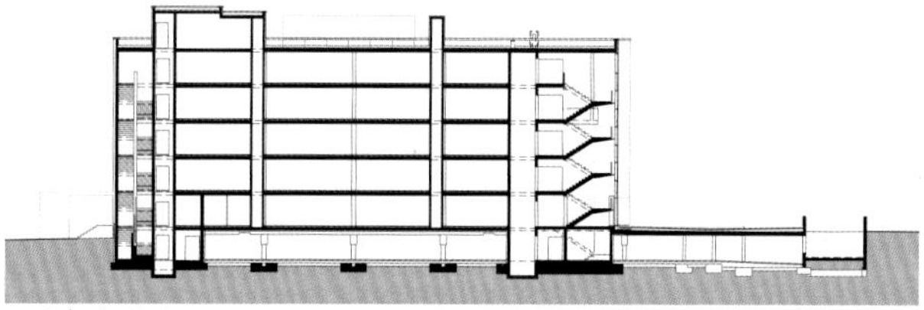

Schnitt A-A

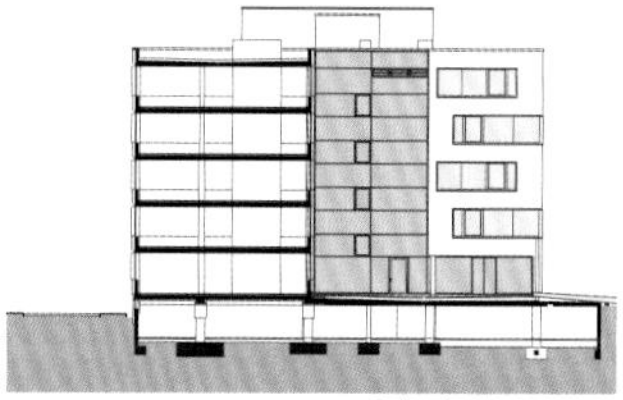

Schnitt B-B

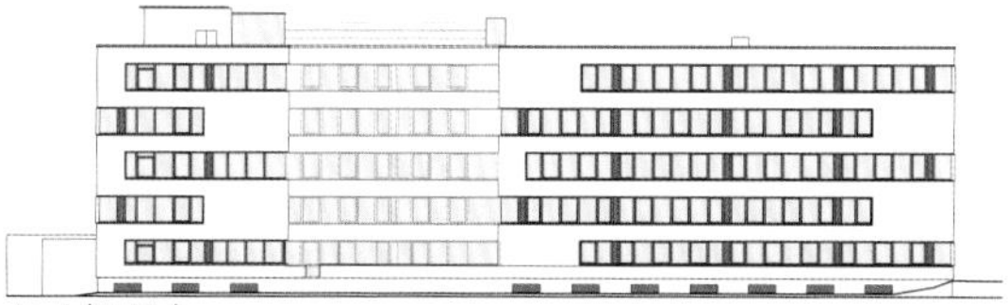

Ansicht Süd

Ansicht West

1300-0327
Bürogebäude
(260 AP)
TG (115 STP)

Objektbeschreibung

Allgemeine Objektinformationen

Das neue Job-Center ist auf dem Gelände eines ehemaligen Tiefdruckwerks entstanden. Das Grundstück ist mit zwei weiteren Büroimmobilien (Bestand) der Bauherrschaft bebaut und bildet durch die gemeinsame Außenanlage ein kleines Quartier.

Nutzung

1 Untergeschoss
Tiefgarage, Hausanschlussraum, Lager, Technikräume

1 Erdgeschoss
Anmeldung, Wartebereiche, Büroräume, Personalraum, Teeküchen, Lager, Putzraum, Besprechungsraum, Kopierräume, WCs, Serverraum

4 Obergeschosse
Wartebereiche, Büroräume, Schulungsraum, Personalräume, Teeküchen, Putzräume, Besprechungsräume, Kopierräume, WCs, Serverräume

Nutzeinheiten

Arbeitsplätze: 260
Stellplätze: 115

Grundstück

Bauraum: Freier Bauraum
Neigung: Ebenes Gelände
Bodenklasse: BK 3 bis BK 5

Markt

Hauptvergabezeit: 2.Quartal 2020
Baubeginn: 3.Quartal 2020
Bauende: 1.Quartal 2022
Konjunkturelle Gesamtlage: Durchschnitt
Regionaler Baumarkt: Durchschnitt

Baukonstruktion

Das Gebäude ist in Massivbauweise mit tragenden Wänden, Stützen und Decken aus Stahlbeton errichtet und nur zu einem geringen Teil aus Mauerwerk. Die Fassade erhielt ein Wärmedämmverbundsystem mit Aluminium-Bandfenstern und außenliegendem Sonnenschutz. Die Raumaufteilung ist flexibel und kann je nach Anforderungen durch GK-, Glas- oder Systemtrennwände unter Berücksichtigung der statischen, akustischen und brandschutztechnischen Anforderungen aus- und umgebaut werden. Die Dächer sind extensiv begrünt. Absturzsicherungen wurden als Stabstahl- und gekantetem Blechgeländer ausgeführt.

Technische Anlagen

Es wurde eine Gas-Wärmepumpe für die Grundlast und ein Brennwertkessel für die Spitzenlast eingebaut. Die Lüftungsgeräte verfügen über eine Wärmerückgewinnung. Die gesamten technischen Anlagen sind in oder neben der Technikzentrale auf dem Dach untergebracht. Die Innenräume werden mittels Heiz-Kühl-Deckensegeln klimatisiert. Die Warmwasseraufbereitung erfolgt mit Durchlauferhitzern.

Sonstiges

Durch das baukörperliche Konzept des Mäanders werden Höfe mit unterschiedlichen Qualitäten geschaffen: ein privater Innenhof bzw. Garten für Mitarbeiter sowie ein repräsentativer Platz, der in das Foyer leitet. Die innere Struktur ist eine Mischung aus Zwei- und Dreibund und rhythmisiert offene und geschlossene Flächen.

Planungskennwerte für Flächen und Rauminhalte nach DIN 277

Flächen des Grundstücks		Menge Einheit	% an GF
BF	Bebaute Fläche	3.948,00 m²	41,7
UF	Unbebaute Fläche	5.521,00 m²	58,3
GF	Grundstücksfläche	9.469,00 m²	100,0

Grundflächen des Bauwerks		Menge Einheit	% an NUF	% an BGF
NUF	Nutzungsfläche	6.381,72 m²	100,0	71,8
TF	Technikfläche	113,00 m²	1,8	1,3
VF	Verkehrsfläche	1.618,29 m²	25,4	18,2
NRF	Netto-Raumfläche	8.113,01 m²	127,1	91,2
KGF	Konstruktions-Grundfläche	780,57 m²	12,2	8,8
BGF	Brutto-Grundfläche	8.893,58 m²	139,4	100,0

Brutto-Rauminhalt des Bauwerks		Menge Einheit	BRI/NUF (m)	BRI/BGF (m)
BRI	Brutto-Rauminhalt	27.414,00 m³	4,30	3,08

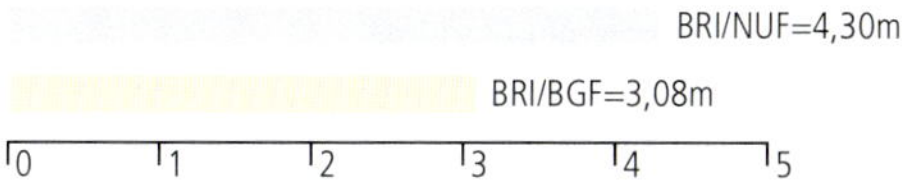

Kostenkennwerte für die Kostengruppen der 1. Ebene DIN 276

KG	Kostengruppen (1. Ebene)	Einheit	Kosten €	€/Einheit	€/m² BGF	€/m³ BRI	% 300+400
100	Grundstück	m² GF	–	–	–	–	–
200	Vorbereitende Maßnahmen	m² GF	38.272	4,04	4,30	1,40	0,2
300	Bauwerk – Baukonstruktionen	m² BGF	12.387.040	1.392,81	1.392,81	451,85	65,0
400	Bauwerk – Technische Anlagen	m² BGF	6.673.211	750,34	750,34	243,42	35,0
	Bauwerk 300+400	**m² BGF**	**19.060.250**	**2.143,15**	**2.143,15**	**695,27**	**100,0**
500	Außenanlagen und Freiflächen	m² AF	672.624	121,83	75,63	24,54	3,5
600	Ausstattung und Kunstwerke	m² BGF	–	–	–	–	–
700	Baunebenkosten	m² BGF	–	–	–	–	–
800	Finanzierung	m² BGF	–	–	–	–	–

KG	Kostengruppe	Menge Einheit	Kosten €	€/Einheit	%
200	**Vorbereitende Maßnahmen**	9.469,00 m² GF	38.272	**4,04**	0,2

Grundstück freimachen, Hausanschluss

KG	Kostengruppe	Menge Einheit	Kosten €	€/Einheit	%
3+4	**Bauwerk**				**100,0**
300	**Bauwerk – Baukonstruktionen**	8.893,58 m² BGF	12.387.040	**1.392,81**	65,0

Baugrubenaushub; Stb-Fundamente, Stb-Sohle mit Gussasphalt (TG-Rampe), Pflasterbelag, Schotter, Geotextil, OS 5b-Beschichtung auf Fundamenten; Stb-Wände, Stb-Stützen, Alu-Pfosten-Riegelfassade, Alufenster, Garagen-Rolltor, WDVS, Sonnenschutz; Stb-Wände, GK-Wände, Holztüren, Alu-Glastüren, Stb-Stützen, Wandfliesen; Stb-Decken, Stb-Treppen, Estrich, Hohlboden, Vinylbelag, Nadelvlies, Natursteinbelag, Bodenfliesen, Dämmung zur TG, Treppengeländer; Stb-Dach, Dämmung, Abdichtung, Attika, teilw. extensive Dachbegrünung, teilw. Kies, innenliegende Dachentwässerung, teilw. abgehängte GK-Decke, teilw. Schallschutzdecken; Teeküchen, Empfangstresen, Schließanlage

KG	Kostengruppe	Menge Einheit	Kosten €	€/Einheit	%
400	**Bauwerk – Technische Anlagen**	8.893,58 m² BGF	6.673.211	**750,34**	35,0

Gebäudeentwässerung, Hebeanlage, Kalt- und Warmwasserleitungen, Sanitärobjekte; Gas-Brennwerttherme, Gas-Wärmepumpe, Heiz-Kühl-Deckensegel, dezentrale elektrische Warmwasserbereitung; kontrollierte Be- und Entlüftung mit Wärmerückgewinnung, Klimaanlage, RWA-Anlage; Elektroinstallation, Beleuchtung, Sicherheitsleuchten; Datenübertragungsanlage, BOS-Gebäudefunkanlage, Hausalarmanlage, Rauchmelder, Einbruchmeldeanlage; Personenaufzug; KNX-Anlage

KG	Kostengruppe	Menge Einheit	Kosten €	€/Einheit	%
500	**Außenanlagen und Freiflächen**	5.521,00 m² AF	672.624	**121,83**	3,5

Oberbodenarbeiten, Bodenarbeiten; Fahrbahn, Wege, Plätze, Stellplätze; Rampen, Geländer; Außenbeleuchtungsanlagen; Oberbodenauftrag, Stauden, Rasen

1300-0332
Bürogebäude (10 AP)
Doppelgarage

Kostenkennwerte für die Kosten des Bauwerks (Kostengruppen 300+400 nach DIN 276)

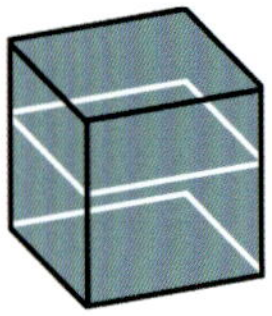
BRI 850 €/m³

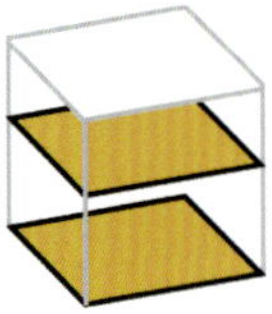
BGF 3.329 €/m²

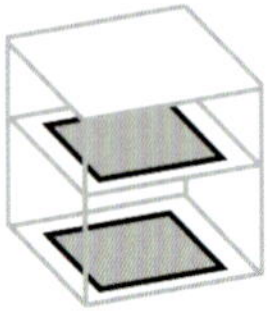
NUF 4.986 €/m²

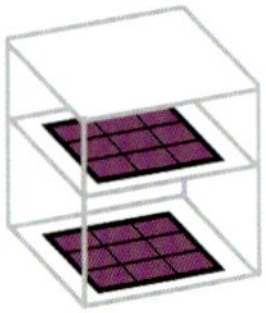
NE 90.128 €/NE
NE: Arbeitsplätze

Objekt:
Kennwerte: 3. Ebene DIN 276
BRI: 1.061 m³
BGF: 271 m²
NUF: 181 m²
Bauzeit: 78 Wochen
Bauende: 2023
Standard: mittel
Bundesland: Niedersachsen
Kreis: Hannover, Region

Architekt*in:
A | CB Architektur
Große Wallstraße 12
23909 Ratzeburg

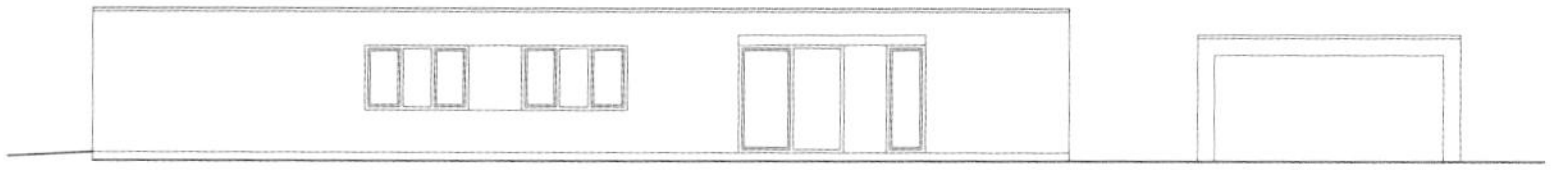

Ansicht Nord

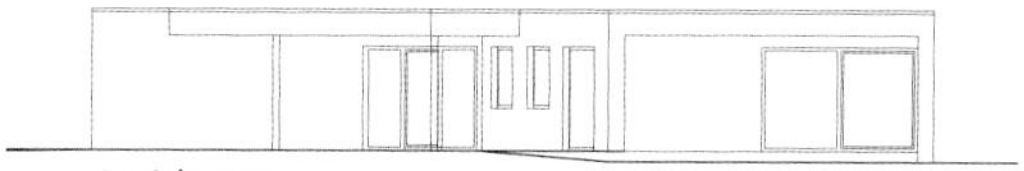

Ansicht Ost

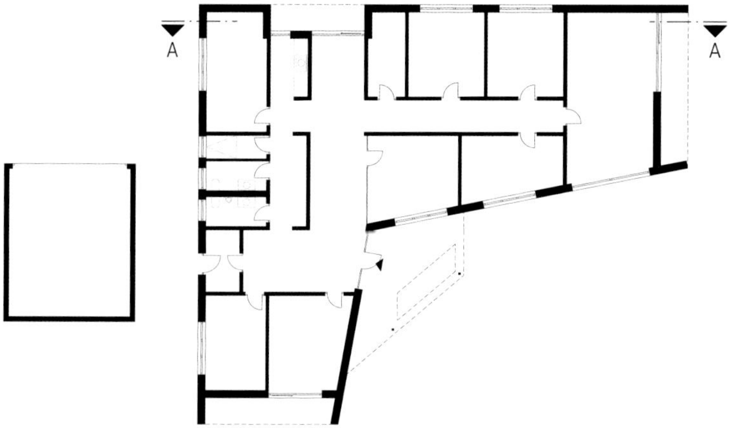

Erdgeschoss

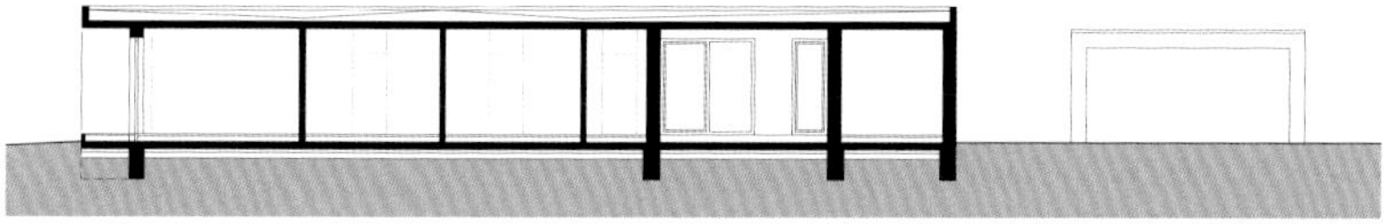

Schnitt A-A

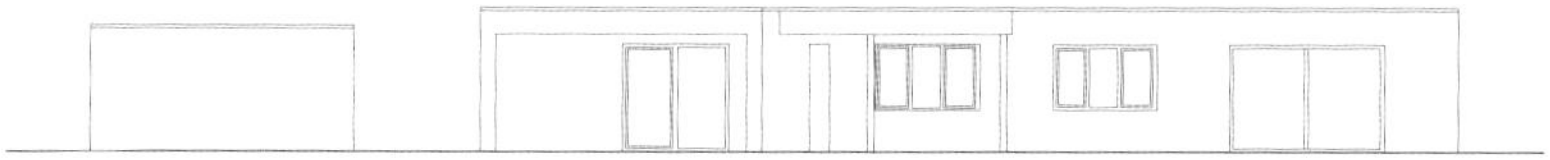

Ansicht Süd

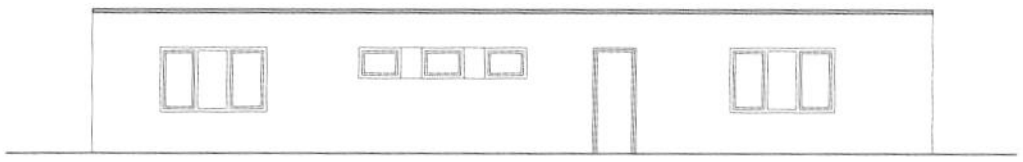

Ansicht West

Objektbeschreibung

Allgemeine Objektinformationen

Der Neubau des Bürogebäudes umfasst das Hauptgebäude und eine Garage. Der Baukörper präsentiert sich von außen in einer asymmetrischen Form, welche die Eingangssituation in den Vordergrund stellt. Im Inneren werden die Büros sowie die Nebenräume durch zwei orthogonal verlaufende Flure erschlossen.

Nutzung

1 Erdgeschoss
Büros, Besprechungsräume, Eingangsbereich, Meeting-Point, Garderobe, Teeküche, Aktenraum, Sanitärräume, Technik

Nutzeinheiten

Arbeitsplätze: 10

Grundstück

Bauraum: Freier Bauraum
Neigung: Ebenes Gelände
Bodenklasse: BK 1 bis BK 4

Markt

Hauptvergabezeit: 2.Quartal 2022
Baubeginn: 2.Quartal 2022
Bauende: 4.Quartal 2023
Konjunkturelle Gesamtlage: Durchschnitt
Regionaler Baumarkt: Durchschnitt

Baukonstruktion

Das nicht unterkellerte, eingeschossige Gebäude gründet auf Stahlbeton-Streifenfundamenten. Die Außenwände bestehen aus 36,5cm starken Porenbetonsteinen und sind mit einem weißen Außenputz versehen. Die Innenwände wurden als KS-Mauerwerk ausgeführt. Das Flachdach besteht aus einer Stahlbetonplatte, welche von innen sichtbar ist. Die natürliche Belichtung erfolgt durch großzügige Aluminium- und Kunststofffenster.

Technische Anlagen

Das Effizienzhaus 55-EE wird mit einer Luft-Wärmepumpe über eine Zentralheizung versorgt. Die Fußbodenheizung dient der Wärmeverteilung. Heizung, Beleuchtung und Jalousien können über KNX-Steuerung bedient werden.

Sonstiges

Wegen der Nutzung des Bürogebäudes als Steuerberatungskanzlei musste eine direkte Einsicht in das Gebäude eingedämmt werden. Für die datenschutzrelevante Nutzung sitzen die Fenster in Rücksprüngen, um vor äußeren Einblicken zu schützen.

Energetische Kennwerte

Gesetzliche Grundlage: GEG 2020
Gebäudevolumen: 947,70 m^3
Mittlerer U-Wert (opake Bauteile): 0,21 W/(m^2·K)
Mittlerer U-Wert (transparente Bauteile): 0,94 W/(m^2·K)
Spez. Jahresprimärenergiebedarf: 94,10 kWh/(m^2·a)

Planungskennwerte für Flächen und Rauminhalte nach DIN 277

Flächen des Grundstücks		Menge Einheit	% an GF
BF	Bebaute Fläche	363,38 m²	22,9
UF	Unbebaute Fläche	1.223,62 m²	77,1
GF	Grundstücksfläche	1.587,00 m²	100,0

Grundflächen des Bauwerks		Menge Einheit	% an NUF	% an BGF
NUF	Nutzungsfläche	180,77 m²	100,0	66,8
TF	Technikfläche	4,72 m²	2,6	1,7
VF	Verkehrsfläche	42,90 m²	23,7	15,8
NRF	Netto-Raumfläche	228,39 m²	126,3	84,3
KGF	Konstruktions-Grundfläche	42,38 m²	23,4	15,7
BGF	Brutto-Grundfläche	270,77 m²	149,8	100,0

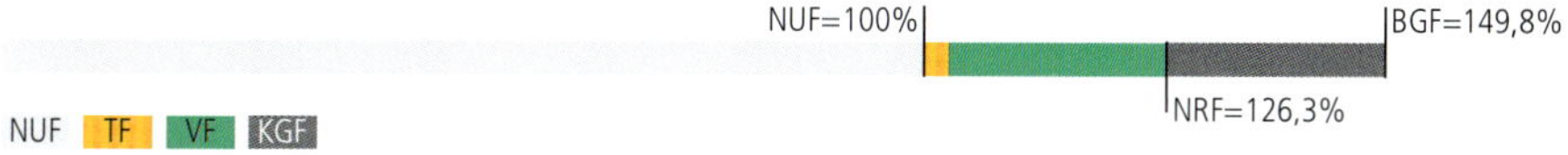

Brutto-Rauminhalt des Bauwerks		Menge Einheit	BRI/NUF (m)	BRI/BGF (m)
BRI	Brutto-Rauminhalt	1.060,67 m³	5,87	3,92

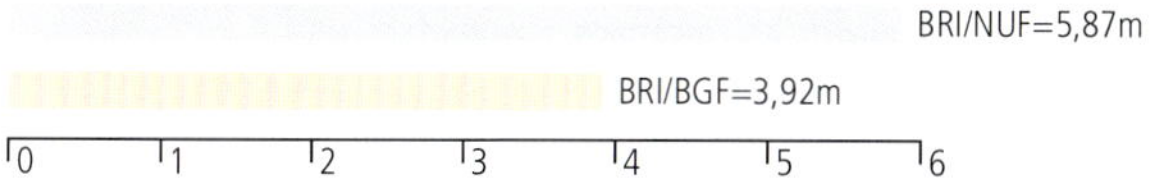

Lufttechnisch behandelte Flächen	Menge Einheit	% an NUF	% an BGF
Entlüftete Fläche	–	–	–
Be- und entlüftete Fläche	–	–	–
Teilklimatisierte Fläche	–	–	–
Klimatisierte Fläche	–	–	–

KG	Kostengruppen (2. Ebene)	Menge Einheit	Menge/NUF	Menge/BGF
310	Baugrube / Erdbau	332,72 m³ BGI	1,84	1,23
320	Gründung, Unterbau	270,00 m² GRF	1,49	1,00
330	Außenwände/Vertikale Baukonstruktionen, außen	293,93 m² AWF	1,63	1,09
340	Innenwände/Vertikale Baukonstruktionen, innen	283,18 m² IWF	1,57	1,05
350	Decken/Horizontale Baukonstruktionen	–	–	–
360	Dächer	305,00 m² DAF	1,69	1,13

Kostenkennwerte für die Kostengruppen der 1. Ebene DIN 276

KG	Kostengruppen (1. Ebene)	Einheit	Kosten €	€/Einheit	€/m² BGF	€/m³ BRI	% 300+400
100	Grundstück	m² GF	–	–	–	–	–
200	Vorbereitende Maßnahmen	m² GF	19.064	12,01	70,41	17,97	2,1
300	Bauwerk – Baukonstruktionen	m² BGF	719.971	2.658,98	2.658,98	678,79	79,9
400	Bauwerk – Technische Anlagen	m² BGF	181.312	669,62	669,62	170,94	20,1
	Bauwerk 300+400	**m² BGF**	**901.284**	**3.328,59**	**3.328,59**	**849,73**	**100,0**
500	Außenanlagen und Freiflächen	m² AF	285.614	848,75	1.054,82	269,28	31,7
600	Ausstattung und Kunstwerke	m² BGF	1.011	3,74	3,74	0,95	0,1
700	Baunebenkosten	m² BGF	–	–	–	–	–
800	Finanzierung	m² BGF	–	–	–	–	–

KG	Kostengruppe	Menge Einheit	Kosten €	€/Einheit	%
200	**Vorbereitende Maßnahmen**	1.587,00 m² GF	19.064	**12,01**	2,1
	Oberbodenabtrag, Grundstück mähen; Hausanschlüsse Wasser, Strom (psch)				
3+4	**Bauwerk**				**100,0**
300	**Bauwerk – Baukonstruktionen**	270,77 m² BGF	719.971	**2.658,98**	79,9
	Flachgründung, Estrich, Teppich, Bodenfliesen; Mauerwerk, Betonattika, Stahlstützen, Alufenster, Kunststofffenster, Silikonharzputz, -beschichtung, Raffstores, Senkrechtmarkisen; Mauerwerk, Holztüren, Gips-Kalkputz, Silikatbeschichtung, Wandfliesen, Glastrennwand; Stb-Flachdach, Stb-Vordach, Gefälledämmung, Dachentwässerung; Einbauküche, Einbauschrank				
400	**Bauwerk – Technische Anlagen**	270,77 m² BGF	181.312	**669,62**	20,1
	Gebäudeentwässerung, Kalt- und Warmwasserleitungen, Sanitärobjekte, Durchlauferhitzer; Luft-Wasser-Wärmepumpe, Heizungsrohre, Fußbodenheizung; Elektroinstallation, Beleuchtung, Erdung; Gegensprechanlage, Rauchmelder, Datennetzwerk; Gebäudeautomation				
500	**Außenanlagen und Freiflächen**	336,51 m² AF	285.614	**848,75**	31,7
	Bodenarbeiten; Flachgründungen, Zementestrich; Betonpflaster; Winkelstützmauer, Mauer, Garage: Mauerwerk, Sektionaltor, Alutür, Silikonharzputz, -beschichtung, Kalkzementputz, Stb-Decke, Gefälledämmung, Dachentwässerung; Oberflächenentwässerung, Elektroinstallation, Außenbeleuchtung; Briefkastenanlage; Oberbodenarbeiten, Rindenmulch				
600	**Ausstattung und Kunstwerke**	270,77 m² BGF	1.011	**3,74**	0,1
	Sanitärausstattung, Duschtrennwand				

Kostenkennwerte für die Kostengruppen 300 der 2. und 3. Ebene DIN 276 (Übersicht)

KG	Kostengruppe	Menge Einheit	Kosten €	€/Einheit	% an 3+4
300	**Bauwerk – Baukonstruktionen**	**270,77 m² BGF**	**719.971,50**	**2.658,98**	**79,9**
310	**Baugrube / Erdbau**	**332,72 m³ BGI**	**20.019,91**	**60,17**	**2,2**
311	Herstellung	332,72 m³ BGI	20.019,91	60,17	2,2
312	Umschließung	–	–	–	–
313	Wasserhaltung	–	–	–	–
314	Vortrieb	–	–	–	–
319	Sonstiges zur KG 310	–	–	–	–
320	**Gründung, Unterbau**	**270,00 m² GRF**	**159.847,15**	**592,03**	**17,7**
321	Baugrundverbesserung	–	–	–	–
322	Flachgründungen und Bodenplatten	270,00 m²	49.171,12	182,12	5,5
323	Tiefgründungen	–	–	–	–
324	Gründungsbeläge	228,39 m²	56.878,50	249,04	6,3
325	Abdichtungen und Bekleidungen	270,00 m²	53.797,52	199,25	6,0
326	Dränagen	–	–	–	–
329	Sonstiges zur KG 320	–	–	–	–
330	**Außenwände/Vert. Baukonstrukt., außen**	**293,93 m² AWF**	**224.780,92**	**764,74**	**24,9**
331	Tragende Außenwände	192,19 m²	44.207,87	230,02	4,9
332	Nichttragende Außenwände	32,80 m²	20.443,35	623,27	2,3
333	Außenstützen	6,00 m	715,18	119,20	< 0,1
334	Außenwandöffnungen	68,94 m²	87.577,09	1.270,34	9,7
335	Außenwandbekleidungen, außen	220,00 m²	40.708,49	185,04	4,5
336	Außenwandbekleidungen, innen	155,00 m²	9.238,02	59,60	1,0
337	Element. Außenwandkonstruktionen	–	–	–	–
338	Lichtschutz zur KG 330	–	21.890,93	–	2,4
339	Sonstiges zur KG 330	–	–	–	–
340	**Innenwände/Vert. Baukonstrukt., innen**	**283,18 m² IWF**	**102.697,22**	**362,66**	**11,4**
341	Tragende Innenwände	240,00 m²	23.429,28	97,62	2,6
342	Nichttragende Innenwände	–	–	–	–
343	Innenstützen	–	–	–	–
344	Innenwandöffnungen	30,65 m²	42.156,19	1.375,41	4,7
345	Innenwandbekleidungen	480,00 m²	27.808,93	57,94	3,1
346	Elementierte Innenwandkonstruktionen	12,53 m²	9.302,81	742,44	1,0
347	Lichtschutz zur KG 340	–	–	–	–
349	Sonstiges zur KG 340	–	–	–	–
350	**Decken/Horizontale Baukonstruktionen**	**–**	**–**	**–**	**–**
351	Deckenkonstruktionen	–	–	–	–
352	Deckenöffnungen	–	–	–	–
353	Deckenbeläge	–	–	–	–
354	Deckenbekleidungen	–	–	–	–
355	Elementierte Deckenkonstruktionen	–	–	–	–
359	Sonstiges zur KG 350	–	–	–	–
360	**Dächer**	**305,00 m² DAF**	**173.246,31**	**568,02**	**19,2**
361	Dachkonstruktionen	305,00 m²	74.896,26	245,56	8,3
362	Dachöffnungen	–	–	–	–
363	Dachbeläge	294,61 m²	93.800,29	318,39	10,4
364	Dachbekleidungen	234,44 m²	4.549,76	19,41	0,5
365	Elementierte Dachkonstruktionen	–	–	–	–
366	Lichtschutz zur KG 360	–	–	–	–
369	Sonstiges zur KG 360	–	–	–	–
370	**Infrastrukturanlagen**	**–**	**–**	**–**	**–**
380	**Baukonstruktive Einbauten**	**270,77 m² BGF**	**15.076,86**	**55,68**	**1,7**
390	**Sonst. Maßnahmen für Baukonstrukt.**	**270,77 m² BGF**	**24.303,14**	**89,76**	**2,7**

Kostenkennwerte für die Kostengruppen 400 der 2. und 3.Ebene DIN 276 (Übersicht)

KG	Kostengruppe	Menge Einheit	Kosten €	€/Einheit	% an 3+4
400	**Bauwerk – Technische Anlagen**	**270,77 m²BGF**	**181.312,09**	**669,62**	**20,1**
410	**Abwasser-, Wasser-, Gasanlagen**	**270,77 m²BGF**	**14.113,44**	**52,12**	**1,6**
411	Abwasseranlagen	270,77 m²BGF	3.116,70	11,51	0,3
412	Wasseranlagen	270,77 m²BGF	9.356,47	34,56	1,0
413	Gasanlagen	–	–	–	–
419	Sonstiges zur KG 410	270,77 m²BGF	1.640,27	6,06	0,2
420	**Wärmeversorgungsanlagen**	**270,77 m²BGF**	**55.063,83**	**203,36**	**6,1**
421	Wärmeerzeugungsanlagen	270,77 m²BGF	23.021,37	85,02	2,6
422	Wärmeverteilnetze	270,77 m²BGF	6.003,73	22,17	0,7
423	Raumheizflächen	270,77 m²BGF	26.038,72	96,17	2,9
424	Verkehrsheizflächen	–	–	–	–
429	Sonstiges zur KG 420	–	–	–	–
430	**Raumlufttechnische Anlagen**	**–**	**–**	**–**	**–**
431	Lüftungsanlagen	–	–	–	–
432	Teilklimaanlagen	–	–	–	–
433	Klimaanlagen	–	–	–	–
434	Kälteanlagen	–	–	–	–
439	Sonstiges zur KG 430	–	–	–	–
440	**Elektrische Anlagen**	**270,77 m²BGF**	**68.374,75**	**252,52**	**7,6**
441	Hoch- und Mittelspannungsanlagen	–	–	–	–
442	Eigenstromversorgungsanlagen	–	–	–	–
443	Niederspannungsschaltanlagen	–	–	–	–
444	Niederspannungsinstallationsanlagen	270,77 m²BGF	41.968,57	155,00	4,7
445	Beleuchtungsanlagen	270,77 m²BGF	22.993,07	84,92	2,6
446	Blitzschutz- und Erdungsanlagen	270,77 m²BGF	3.413,11	12,61	0,4
447	Fahrleitungssysteme	–	–	–	–
449	Sonstiges zur KG 440	–	–	–	–
450	**Kommunikationstechnische Anlagen**	**270,77 m²BGF**	**22.197,41**	**81,98**	**2,5**
451	Telekommunikationsanlagen	–	–	–	–
452	Such- und Signalanlagen	270,77 m²BGF	2.037,42	7,52	0,2
453	Zeitdienstanlagen	–	–	–	–
454	Elektroakustische Anlagen	–	–	–	–
455	Audiovisuelle Medien- u. Antennenanl.	–	–	–	–
456	Gefahrenmelde- und Alarmanlagen	270,77 m²BGF	143,15	0,53	< 0,1
457	Datenübertragungsnetze	270,77 m²BGF	20.016,85	73,93	2,2
458	Verkehrsbeeinflussungsanlagen	–	–	–	–
459	Sonstiges zur KG 450	–	–	–	–
460	**Förderanlagen**	**–**	**–**	**–**	**–**
461	Aufzugsanlagen	–	–	–	–
462	Fahrtreppen, Fahrsteige	–	–	–	–
463	Befahranlagen	–	–	–	–
464	Transportanlagen	–	–	–	–
465	Krananlagen	–	–	–	–
466	Hydraulikanlagen	–	–	–	–
469	Sonstiges zur KG 460	–	–	–	–
470	**Nutzungsspez. u. verfahrenstechn. Anl.**	**–**	**–**	**–**	**–**
480	**Gebäude- und Anlagenautomation**	**270,77 m²BGF**	**21.562,66**	**79,63**	**2,4**
490	**Sonst. Maßnahmen für techn. Anlagen**	**–**	**–**	**–**	**–**

Kostenkennwerte für Leistungsbereiche nach STLB (Kosten des Bauwerks nach DIN 276)

LB	Leistungsbereiche	Kosten €	€/m² BGF	€/m³ BRI	% an 3+4
000	Baustellen-, Verkehrssich.- u. Sicherh.einr. inkl. 001	16.991	62,80	16,00	1,9
002	Erdarbeiten	73.442	271,20	69,20	8,1
006	Spezialtiefbauarbeiten inkl. 005	–	–	–	–
009	Entwässerungskanalarbeiten inkl. 011	1.225	4,50	1,20	0,1
010	Drän- und Versickerarbeiten	–	–	–	–
012	Mauerarbeiten	67.637	249,80	63,80	7,5
013	Betonarbeiten	144.887	535,10	136,60	16,1
014	Natur-, Betonwerksteinarbeiten	–	–	–	–
016	Zimmer- und Holzbauarbeiten	–	–	–	–
017	Stahlbauarbeiten	715	2,60	0,67	< 0,1
018	Abdichtungsarbeiten	4.765	17,60	4,50	0,5
019	Kampfmittelräumarbeiten	–	–	–	–
020	Dachdeckungsarbeiten	–	–	–	–
021	Dachabdichtungsarbeiten	75.729	279,70	71,40	8,4
022	Klempnerarbeiten	18.071	66,70	17,00	2,0
	Rohbau	**403.462**	**1.490,10**	**380,40**	**44,8**
023	Putz- und Stuckarbeiten, Wärmedämmsysteme	48.487	179,10	45,70	5,4
024	Fliesen- und Plattenarbeiten	6.564	24,20	6,20	0,7
025	Estricharbeiten	6.611	24,40	6,20	0,7
026	Fenster, Außentüren inkl. 029, 032	97.189	358,90	91,60	10,8
027	Tischlerarbeiten	53.182	196,40	50,10	5,9
028	Parkett-, Holzpflasterarbeiten	–	–	–	–
030	Rollladenarbeiten	21.891	80,80	20,60	2,4
031	Metallbauarbeiten inkl. 035	–	–	–	–
034	Maler- und Lackiererarb. – Beschicht. inkl. 037	34.019	125,60	32,10	3,8
036	Bodenbelagarbeiten	43.164	159,40	40,70	4,8
038	Vorgehängte hinterlüftete Fassaden	–	–	–	–
039	Trockenbauarbeiten	–	–	–	–
	Ausbau	**311.108**	**1.149,00**	**293,30**	**34,5**
040	Wärmeversorgungsanl. – Betriebseinr. inkl. 041	54.267	200,40	51,20	6,0
042	Gas- u. Wasseranl. – Leitung., Armat. inkl. 043	5.919	21,90	5,60	0,7
044	Abwasseranl. – Leitungen, Abläufe, Armaturen	1.892	7,00	1,80	0,2
045	Gas, Wasser, Entwässerung – Ausstattung inkl. 046	4.982	18,40	4,70	0,6
047	Dämm- und Brandschutzarb. an techn. Anlagen	893	3,30	0,84	< 0,1
049	Feuerlöschanlagen, Feuerlöschgeräte	–	–	–	–
050	Blitzschutz-/Erdungsanlagen, Überspannungssch.	3.413	12,60	3,20	0,4
053	Niederspannungsanl. – Kabel inkl. 052, 054	41.969	155,00	39,60	4,7
055	Sicherheits- u. Ersatzstromversorgungsanl.	–	–	–	–
057	Gebäudesystemtechnik	–	–	–	–
058	Leuchten und Lampen inkl. 059	22.993	84,90	21,70	2,6
060	Such, Signal, Zeit, Anten., akust. Anl. inkl. 064	2.037	7,50	1,90	0,2
061	Kommunikations- u. Übertragungsnetze inkl. 063	20.160	74,50	19,00	2,2
069	Aufzüge	–	–	–	–
070	Gebäudeautomation	21.563	79,60	20,30	2,4
075	Raumlufttechnische Anlagen inkl. 078	–	–	–	–
	Gebäudetechnik	**180.087**	**665,10**	**169,80**	**20,0**
084	Abbruch, Rückbau, Schadstoffsanierung	–	–	–	–
	Abbrucharbeiten	**–**	**–**	**–**	**–**
	Sonstige Leistungsbereiche	**6.626**	**24,50**	**6,20**	**0,7**

1300-0333
Technologiezentrum
(540 AP)
TG (74 STP)

Kostenkennwerte für die Kosten des Bauwerks (Kostengruppen 300+400 nach DIN 276)

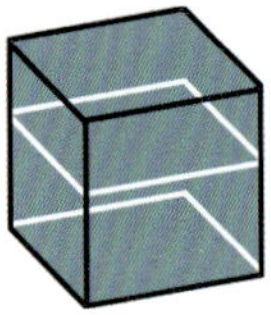
BRI 871 €/m³

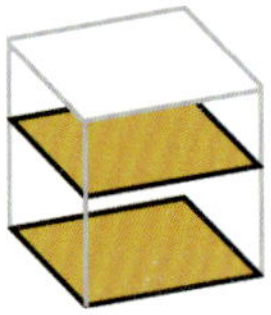
BGF 2.972 €/m²

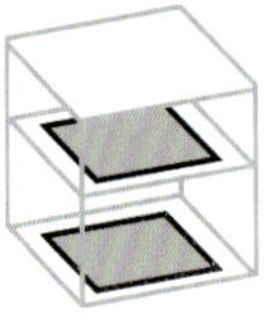
NUF 4.770 €/m²

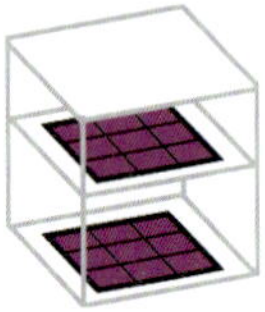
NE 87.388 €/NE

NE: Arbeitsplätze

Objekt:
Kennwerte: 1.Ebene DIN 276
BRI: 54.154 m³
BGF: 15.879 m²
NUF: 9.894 m²
Bauzeit: 117 Wochen
Bauende: 2023
Standard: mittel
Bundesland: Nordrhein-Westfalen
Kreis: Bochum, Stadt

Architekt*in:
SSP AG
Lise-Meitner-Allee 30
44801 Bochum

Bauherr*in:
Chip GmbH
Konrad-Zuse-Straße 18
44801 Bochum

© Podehl Fotodesign

Zeichnungen

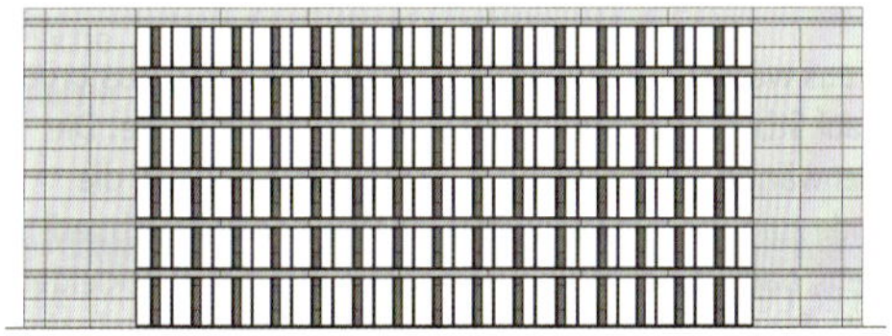

Ansicht Nord

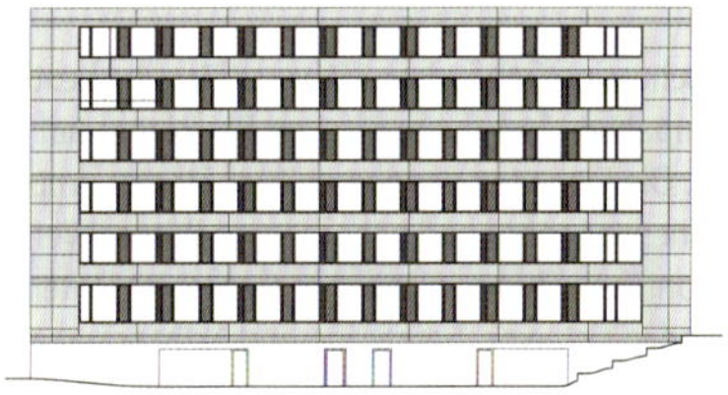

Ansicht Ost

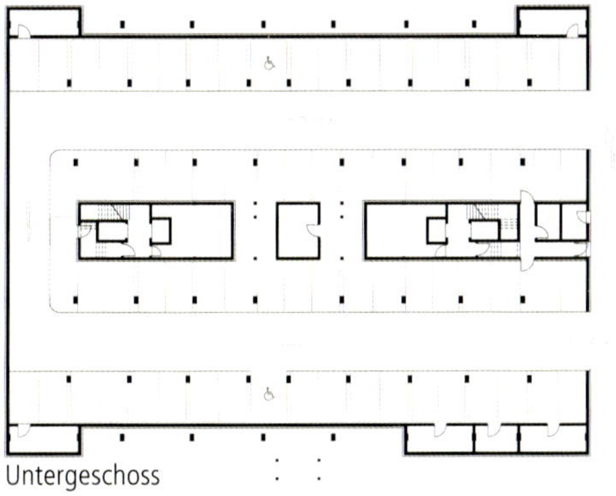

Untergeschoss

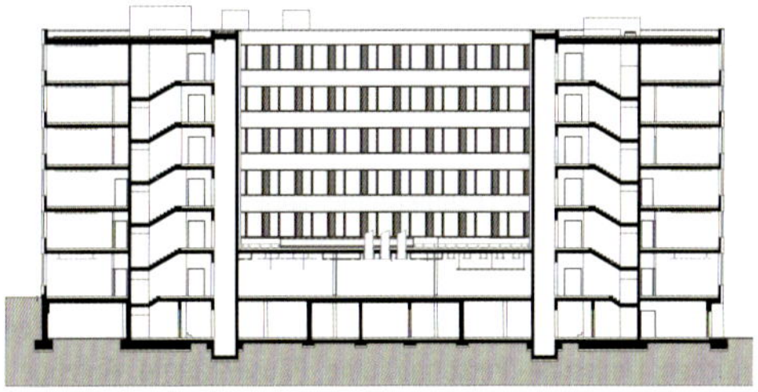

Schnitt A-A

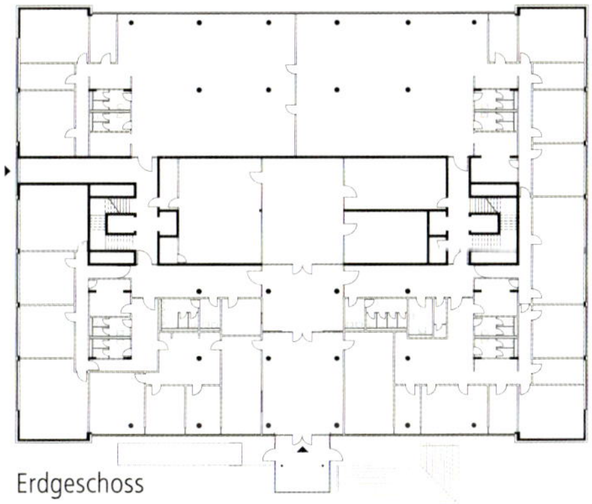

Erdgeschoss

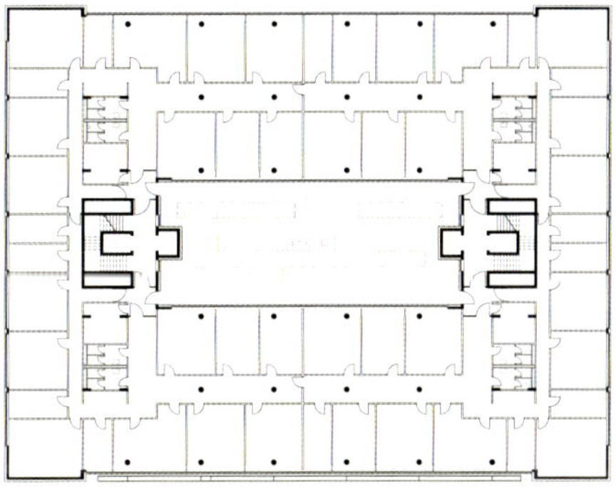

1.-4. Obergeschoss

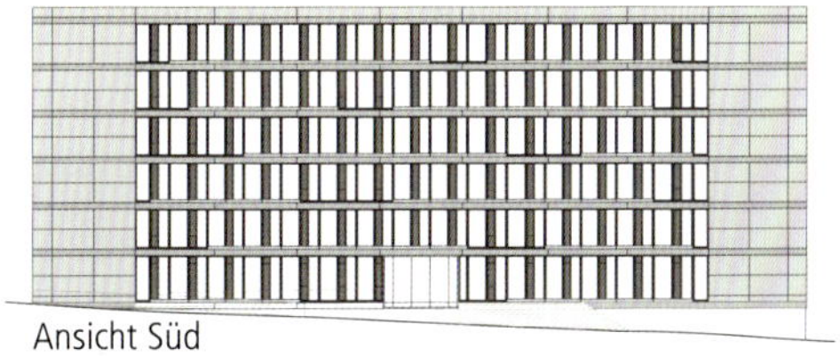

Ansicht Süd

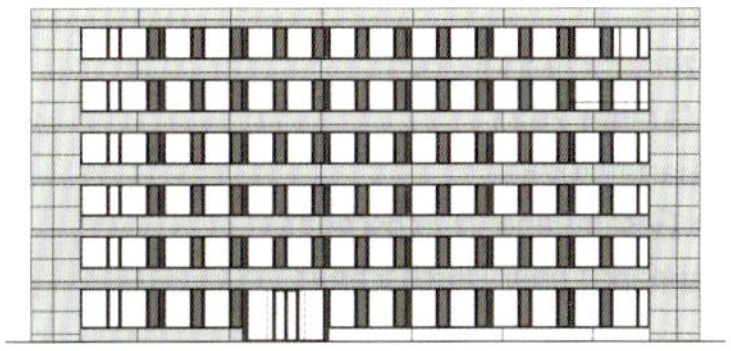

Ansicht West

1300-(
Techn(
(540 A
TG (74

2200-0066
Fakultätsgebäude
(45 AP)
(580 Studierende)

Kostenkennwerte für die Kosten des Bauwerks (Kostengruppen 300+400 nach DIN 276)

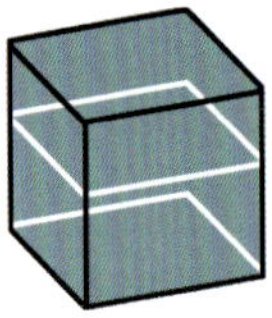

BRI 1.178 €/m³

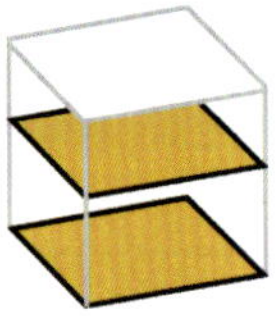

BGF 3.719 €/m²

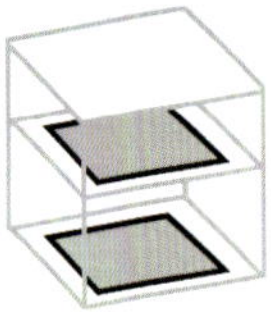

NUF 7.155 €/m²

Objekt:
Kennwerte: 1.Ebene DIN 276
BRI: 17.297 m³
BGF: 5.481 m²
NUF: 2.848 m²
Bauzeit: 131 Wochen
Bauende: 2022
Standard: mittel
Bundesland: Niedersachsen
Kreis: Wolfsburg, Stadt

Architekt*in:
springmeier
architekten gbr
Kastanienallee 40
38104 Braunschweig

Bauherr*in:
Staatliches Baumanagement
Braunschweig
An der Martinikirche 7
38100 Braunschweig

© STANTIEN Film + Fotostudio

© springmeier architekten gbr

© STANTIEN Film + Fotostudio

© STANTIEN Film + Fotostudio

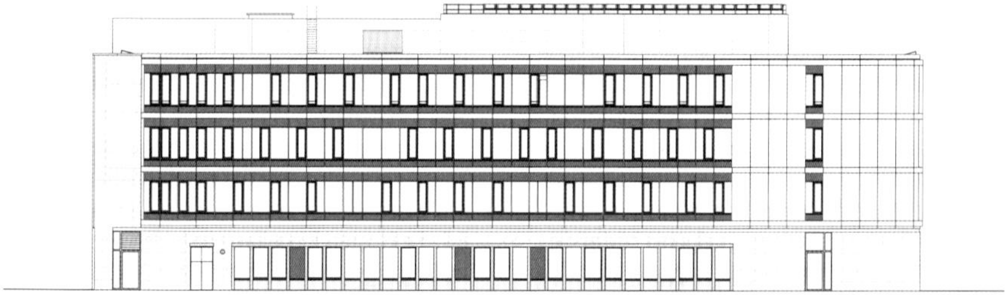
Ansicht Nord

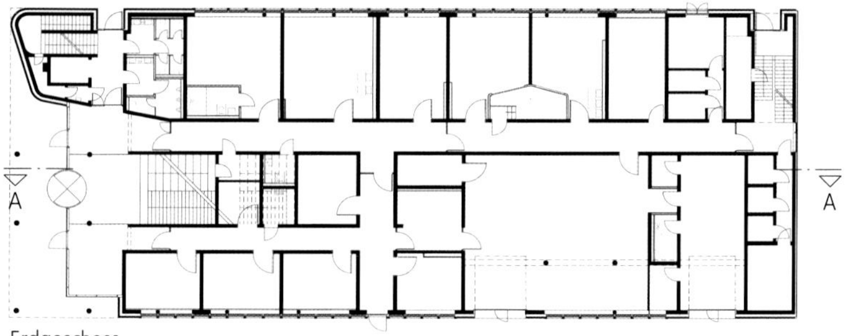

Erdgeschoss

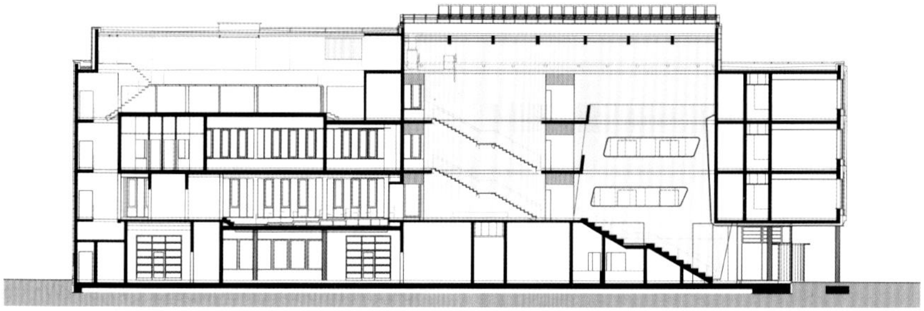
Schnitt A-A

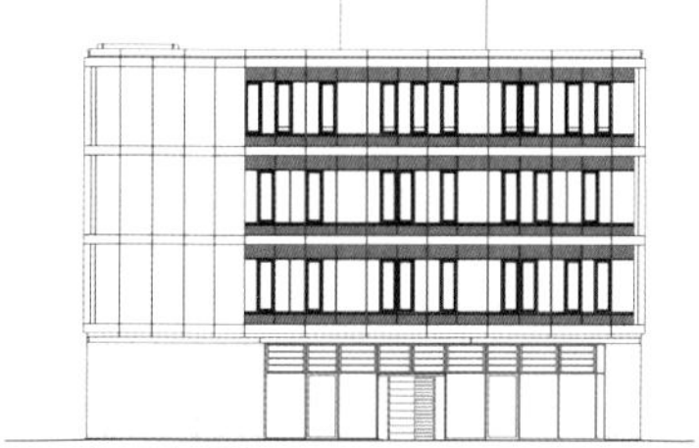
Ansicht West

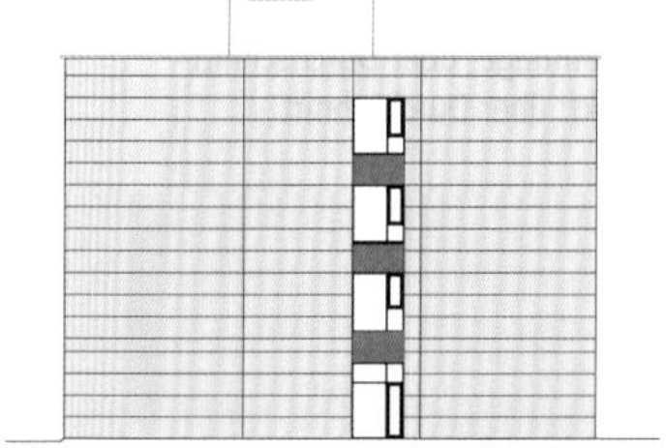
Ansicht Ost

3100-0038
Zahnarztpraxis
(1 GE, 3 WE)

Kostenkennwerte für die Kosten des Bauwerks (Kostengruppen 300+400 nach DIN 276)

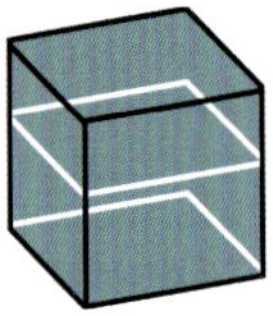

BRI 981 €/m^3

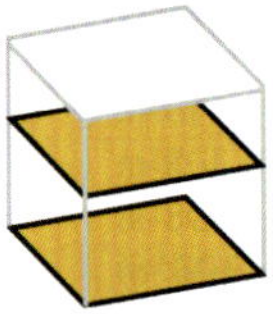

BGF 3.261 €/m^2

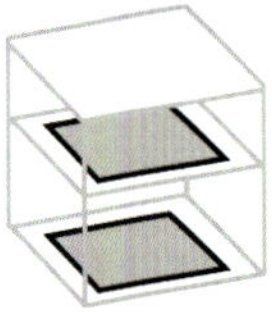

NUF 5.832 €/m^2

Objekt:
Kennwerte: 1.Ebene DIN 276
BRI: 4.674 m^3
BGF: 1.406 m^2
NUF: 786 m^2
Bauzeit: 100 Wochen
Bauende: 2023
Standard: hoch
Bundesland: Nordrhein-Westfalen
Kreis: Steinfurt

Architekt*in:
feldhaus architekten
partnerschaft mbb
Poststraße 12
49477 Ibbenbüren

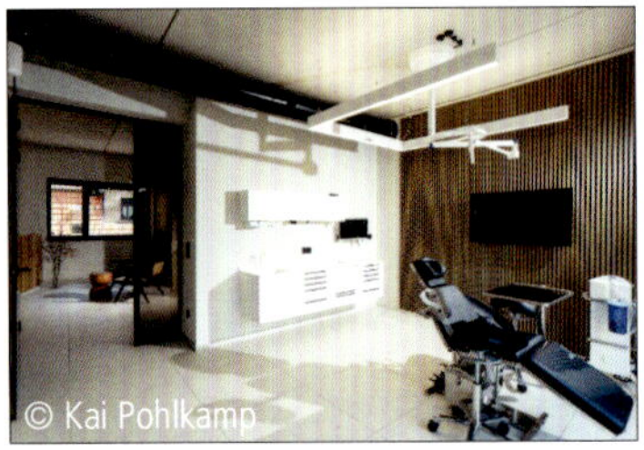

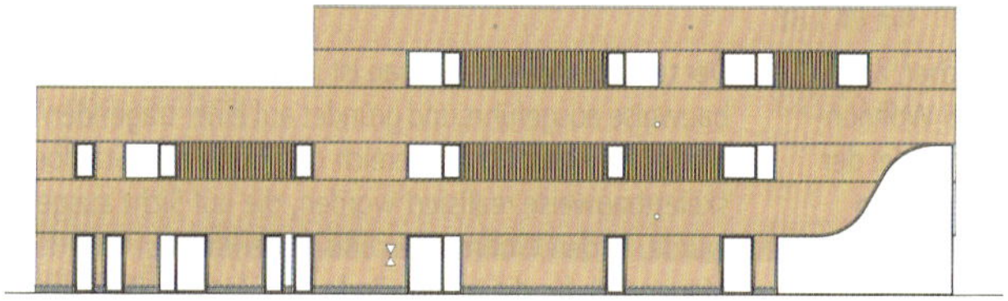
Ansicht Nord-Ost

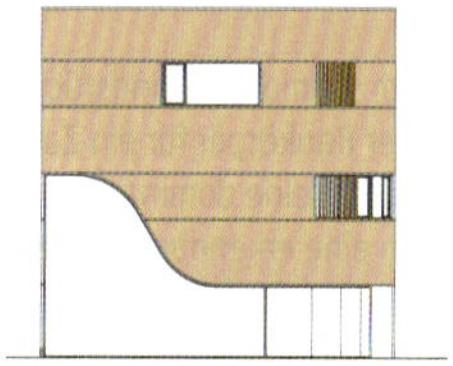
Ansicht Nord-West

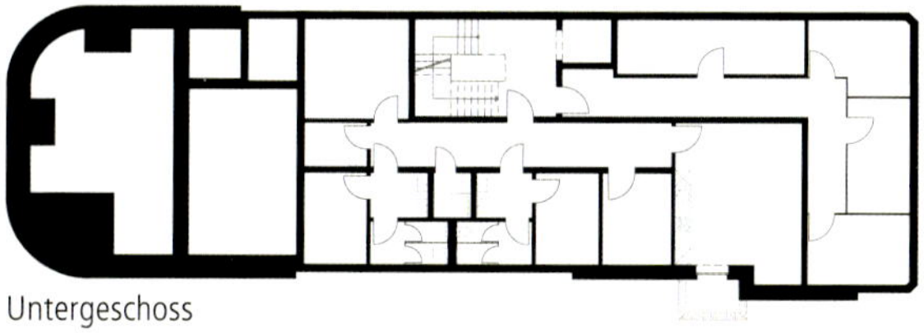
Untergeschoss

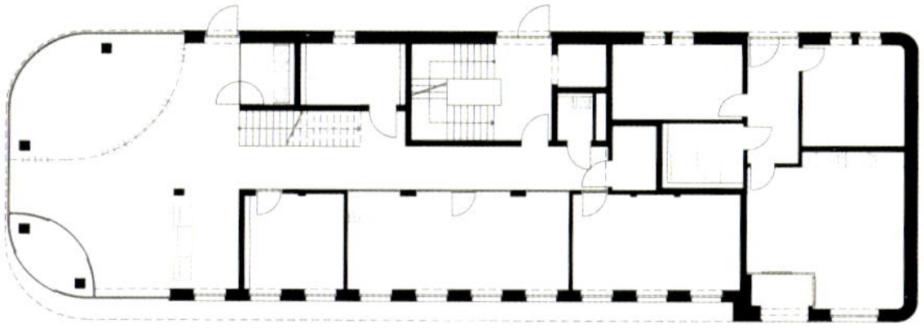
Erdgeschoss

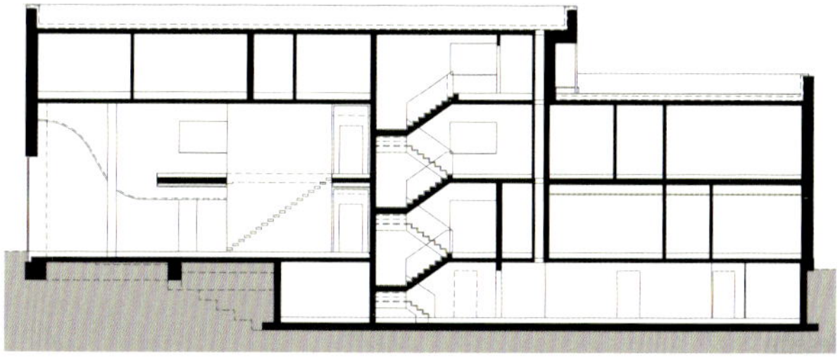
Schnitt A-A

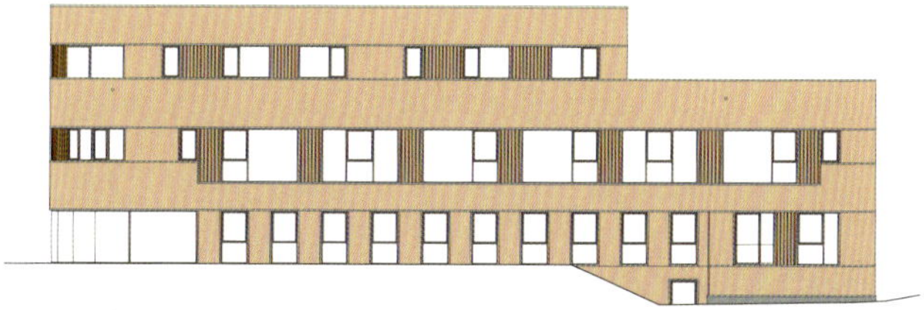
Ansicht Süd-Ost

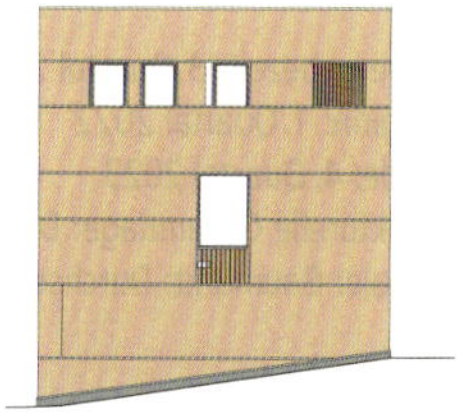
Ansicht Süd-West

3400-0026
Altenpflegeheim
(103 Betten)

Kostenkennwerte für die Kosten des Bauwerks (Kostengruppen 300+400 nach DIN 276)

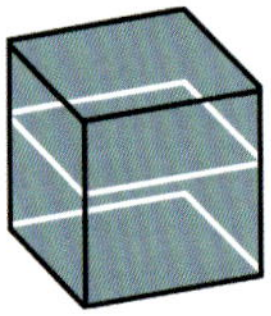

BRI 780 €/m³

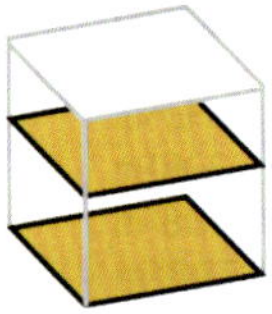

BGF 2.863 €/m²

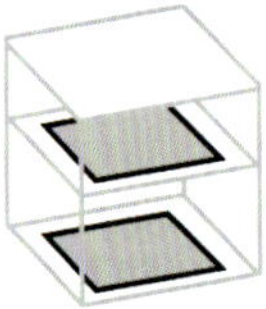

NUF 4.440 €/m²

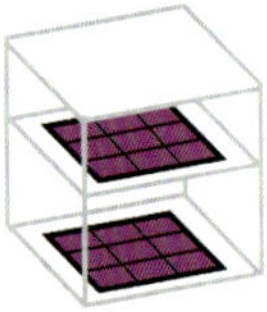

NE 165.638 €/NE
NE: Betten

Objekt:
Kennwerte: 1.Ebene DIN 276
BRI: 21.867 m³
BGF: 5.958 m²
NUF: 3.843 m²
Bauzeit: 65 Wochen
Bauende: 2023
Standard: mittel
Bundesland: Niedersachsen
Kreis: Osnabrück, Stadt

Architekt*in:
Plan.Concept
Architekten GmbH
Blumenmorgen 2
49090 Osnabrück

Bauherr*in:
Diakoniewerk
Osnabrück gGmbH
Turmstraße 10
49074 Osnabrück

© Plan.Concept Architekten

© Plan.Concept Architekten

© Plan.Concept Architekten

Kostenstand: 2. Quartal 2025, Bundesdurchschnitt, **inkl. 19% MwSt.**

Ansicht Süd-West

Ansicht Süd-Ost

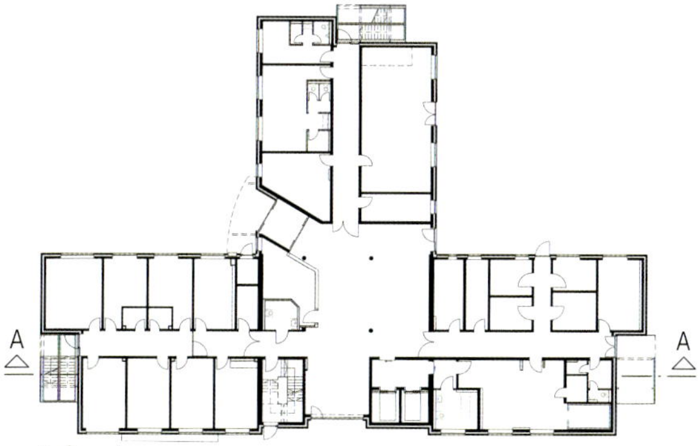

Erdgeschoss

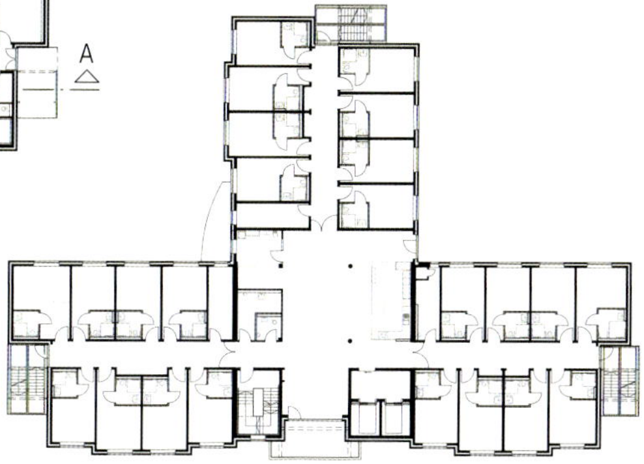

1.-2. Obergeschoss

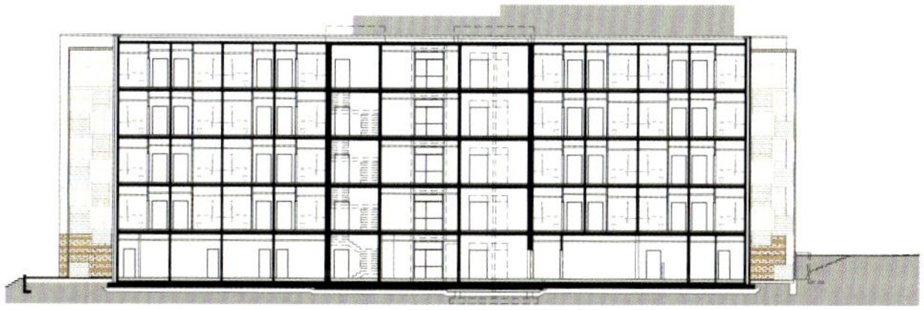

Schnitt A-A

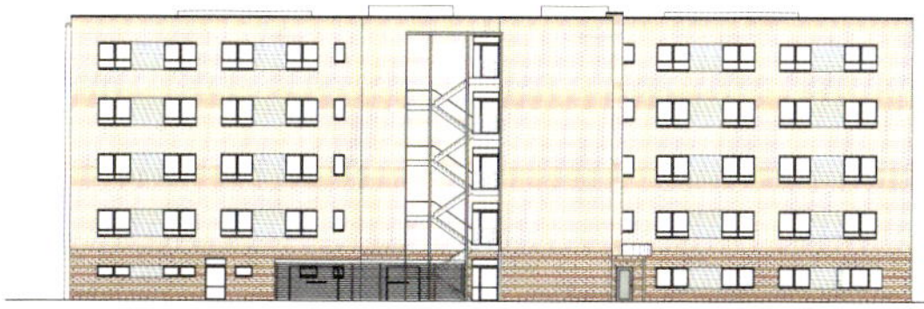

Ansicht Nord-Ost

Ansicht Nord-West

4100-0239
Grundschule
(10 Klassen)
(200 Schüler)

Kostenkennwerte für die Kosten des Bauwerks (Kostengruppen 300+400 nach DIN 276)

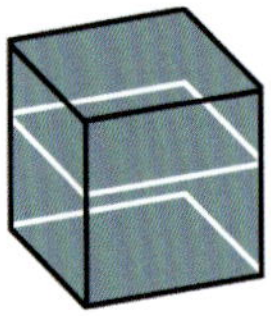

BRI 600 €/m³

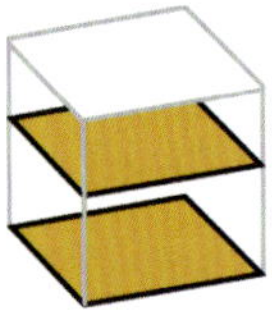

BGF 2.326 €/m²

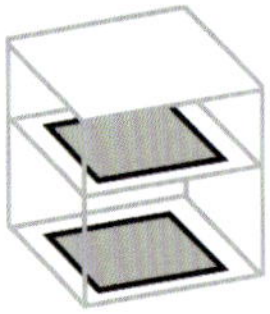

NUF 3.730 €/m²

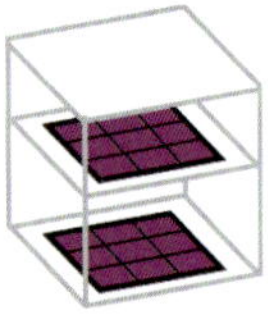

NE 41.829 €/NE
NE: Schüler

Objekt:
Kennwerte: 1.Ebene DIN 276
BRI: 13.943 m³
BGF: 3.596 m²
NUF: 2.243 m²
Bauzeit: 118 Wochen
Bauende: 2021
Standard: mittel
Bundesland: Hessen
Kreis: Waldeck-Frankenberg

Architekt*in:
Kleine + Potthoff Architekten
Hagenstraße 22
34497 Korbach

Bauherr*in:
Landkreis Waldeck
-Frankenberg
FD Gebäudewirtschaft
Südring 2
34497 Korbach

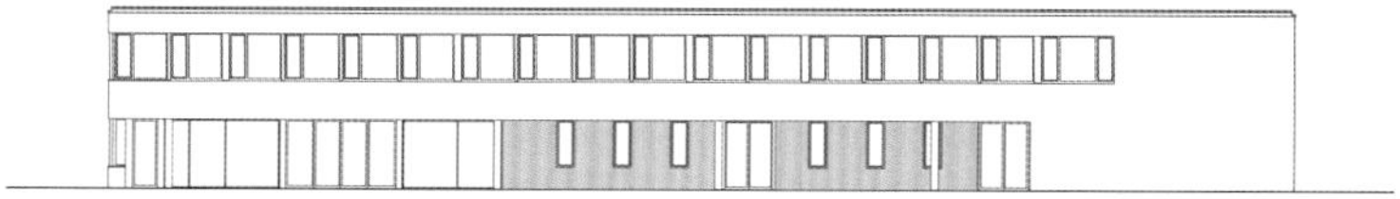

Ansicht Nord

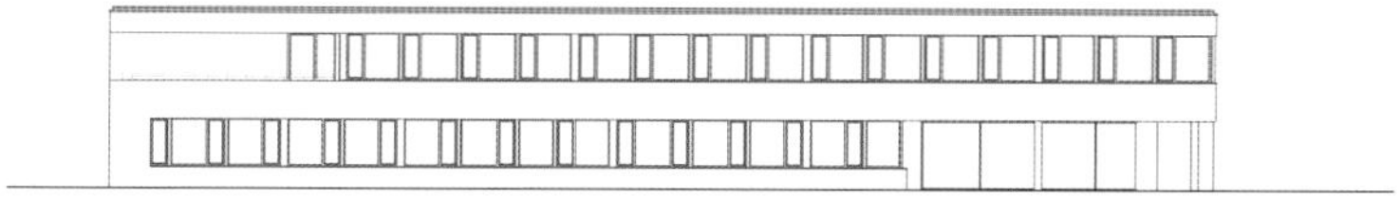

Ansicht Ost

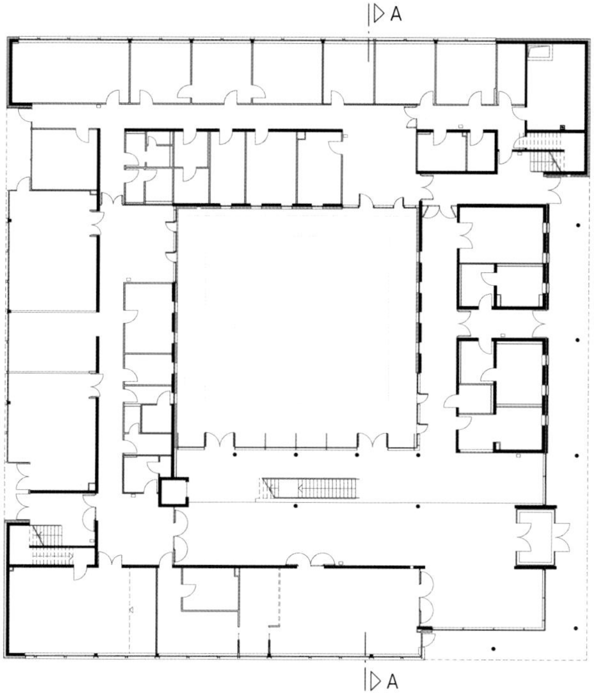

Erdgeschoss

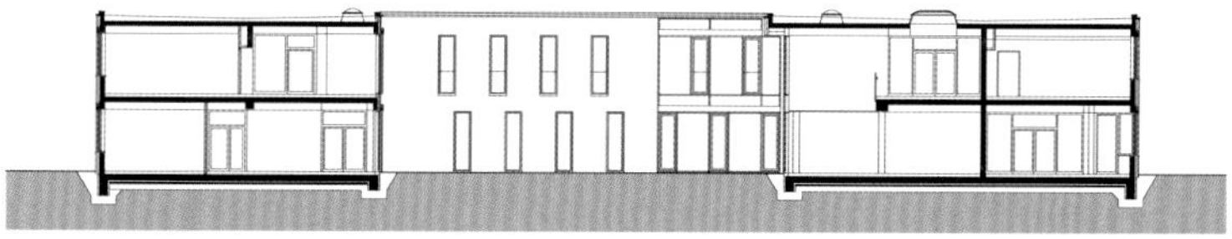

Schnitt A-A

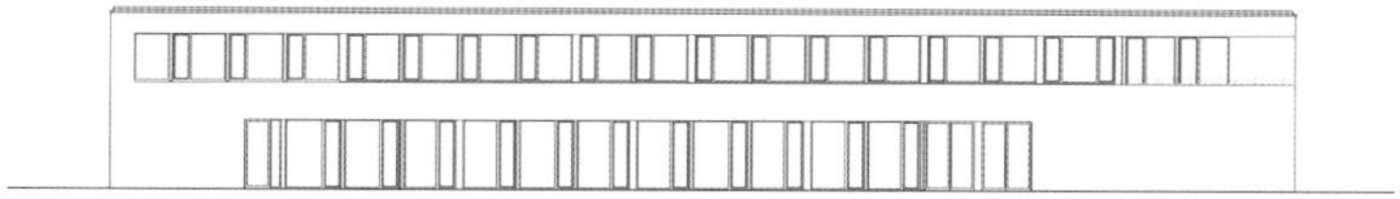

Ansicht Süd

4100-0239
Grundschule
(10 Klassen)
(200 Schüler)

Objektbeschreibung

Allgemeine Objektinformationen

Der zweigeschossige Neubau mit zentralem Atrium bildet eine kompakte und wirtschaftliche Gesamtfigur mit dem bestehenden Schulensemble. Der geometrische Baukörper wird durch Rücksprünge in der Fassade und den Arkaden im EG funktional und gestalterisch strukturiert. Raumprägend ist, neben optimaler Belichtung aller Aufenthaltsräume, ein spannungsvolles Erschließungssystem mit Aufweitungen zum Innenhof und großzügigen Kommunikationsbereichen.

Nutzung

1 Erdgeschoss
Windfang, Eingangshalle, Cafeteria, Ausgabebereich, Spülküche mit Vorbereitung, Betreuungs- und Lernraum, Musikraum, Teeküche, Büroräume, Lehrerzimmer, Nebenraum, Elternsprechzimmer, Personal, Kopierraum, Hausmeister, Werkstatt, WCs, Archiv, Stuhllager, Lager, Abstellräume, Batterieraum, BMZ-Raum, Technikräume, Treppen, Aufzug

1 Obergeschoss
Klassenräume, Gruppenräume, Bibliothek, Forscherraum, Nebenräume, Garderoben, WCs, Lehrmittelräume, Lager, Server, Lüftungstechnikräume, Galerie, Treppen, Aufzug, Dachterrasse

Nutzeinheiten

Klassen: 10
Schüler: 200

Grundstück

Bauraum: Freier Bauraum
Neigung: Ebenes Gelände
Bodenklasse: BK 4 bis BK 7

Markt

Hauptvergabezeit: 1.Quartal 2019
Baubeginn: 2.Quartal 2019
Bauende: 3.Quartal 2021
Konjunkturelle Gesamtlage: Durchschnitt
Regionaler Baumarkt: unter Durchschnitt

Baukonstruktion

Die Gründung erfolgte auf Stb-Fundamenten und einer Stb-Bodenplatte. Darauf wurde der Neubau als Stahlbeton- und Mauerwerksbau mit einem Wärmedämmverbundsystem errichtet. Aluminium-Fassadenbänder mit unregelmäßiger Teilung und zum Teil bodentiefe Verglasung sorgen für eine gute Belichtung und Belüftung. Außenliegende Raffstore-Sonnenschutzanlagen ermöglichen blendfreies Arbeiten und reduzieren Klimaschwankungen. Die Böden sind mit Kautschuk oder Fliesen belegt.

Technische Anlagen

Beheizt wird das Schulgebäude durch eine Luft-Wärmepumpe, die im Spitzenlastbereich von einem Brennwertkessel unterstützt wird. Eine Fußbodenheizung verteilt die Wärme. Alle Unterrichtsräume sind mit einer mechanischen Be- und Entlüftung ausgestattet. Auf dem Dach ist eine Photovoltaik-Anlage (1.806m²) installiert.

Sonstiges

Das großzügige Raumkonzept würde auch wesentlich mehr Schüler zulassen. Theoretisch ist Platz für 375 Schüler vorhanden. Da der Neubau aber für 10 Klassen mit insgesamt 200 Schülern vorgesehen ist, wurden die Kostenkennwerte auch mit der tatsächlichen Schülerzahl gebildet.

Energetische Kennwerte

Gesetzliche Grundlage: EnEV 2013
Gebäudenutzfläche: 3.885,00 m^2
Gebäudevolumen: 12.140,00 m^3
Hüllfläche des beheizten Volumens: 5.489,00 m^2
Mittlerer U-Wert (opake Bauteile): 0,16 W/(m^2·K)
Mittlerer U-Wert (transparente Bauteile): 0,85 W/(m^2·K)
Spez. Jahresprimärenergiebedarf: 52,90 kWh/(m^2·a)
Spez. Jahresendenergiebedarf: 34,82 kWh/(m^2·a)
CO_2-Emissionen: 17,00 kg/(m^2·a)

Planungskennwerte für Flächen und Rauminhalte nach DIN 277

Flächen des Grundstücks		Menge Einheit	% an GF
BF	Bebaute Fläche	1.544,50 m²	4,9
UF	Unbebaute Fläche	29.958,50 m²	95,1
GF	Grundstücksfläche	31.503,00 m²	100,0

Grundflächen des Bauwerks		Menge Einheit	% an NUF	% an BGF
NUF	Nutzungsfläche	2.242,60 m²	100,0	62,4
TF	Technikfläche	124,50 m²	5,6	3,5
VF	Verkehrsfläche	780,30 m²	34,8	21,7
NRF	Netto-Raumfläche	3.147,40 m²	140,3	87,5
KGF	Konstruktions-Grundfläche	448,59 m²	20,0	12,5
BGF	Brutto-Grundfläche	3.595,99 m²	160,3	100,0

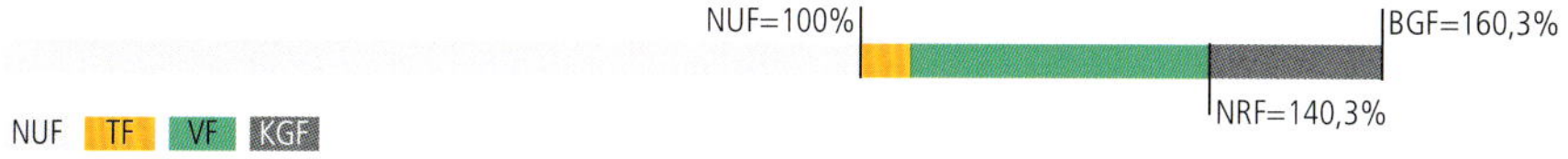

Brutto-Rauminhalt des Bauwerks		Menge Einheit	BRI/NUF (m)	BRI/BGF (m)
BRI	Brutto-Rauminhalt	13.943,00 m³	6,22	3,88

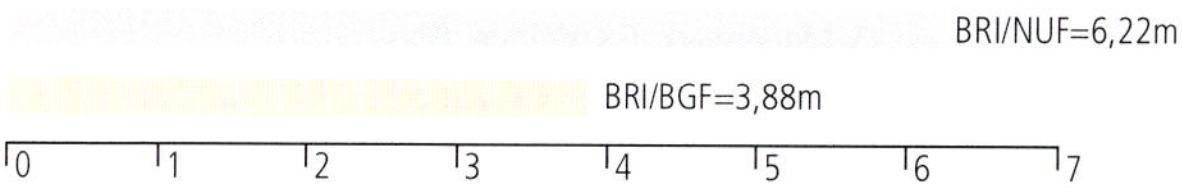

4100-0241
Schule
(9 Klassen)
(235 Schüler)

Kostenkennwerte für die Kosten des Bauwerks (Kostengruppen 300+400 nach DIN 276)

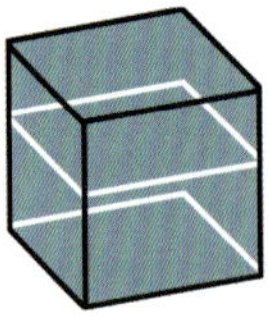

BRI 581 €/m³

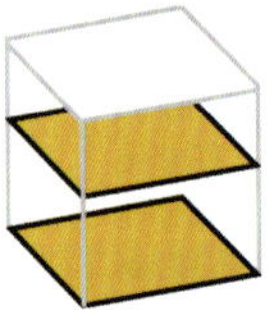

BGF 3.290 €/m²

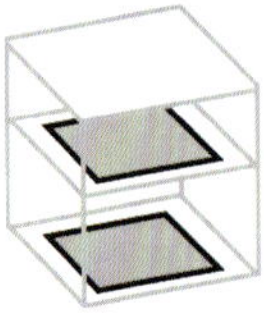

NUF 4.802 €/m²

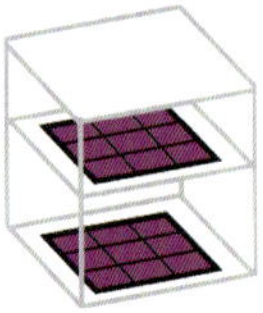

NE 22.391 €/NE
NE: Schüler

Objekt:
Kennwerte: 1.Ebene DIN 276
BRI: 9.054 m³
BGF: 1.599 m²
NUF: 1.096 m²
Bauzeit: 70 Wochen
Bauende: 2022
Standard: mittel
Bundesland: Niedersachsen
Kreis: Diepholz

Architekt*in:
NPC Naumann Petersen
Conrad Joesten Architekten
& beratende Ingenieure mbB
Konsul-Smidt-Straße 8F
28217 Bremen

Bauherr*in:
Landkreis Diepholz
Niedersachsenstraße 2
49356 Diepholz

© NPC Architekten

© NPC Architekten

© NPC Architekten

Planungskennwerte für Flächen und Rauminhalte nach DIN 277

Flächen des Grundstücks		Menge Einheit	% an GF
BF	Bebaute Fläche	1.544,50 m²	4,9
UF	Unbebaute Fläche	29.958,50 m²	95,1
GF	Grundstücksfläche	31.503,00 m²	100,0

Grundflächen des Bauwerks		Menge Einheit	% an NUF	% an BGF
NUF	Nutzungsfläche	2.242,60 m²	100,0	62,4
TF	Technikfläche	124,50 m²	5,6	3,5
VF	Verkehrsfläche	780,30 m²	34,8	21,7
NRF	Netto-Raumfläche	3.147,40 m²	140,3	87,5
KGF	Konstruktions-Grundfläche	448,59 m²	20,0	12,5
BGF	Brutto-Grundfläche	3.595,99 m²	160,3	100,0

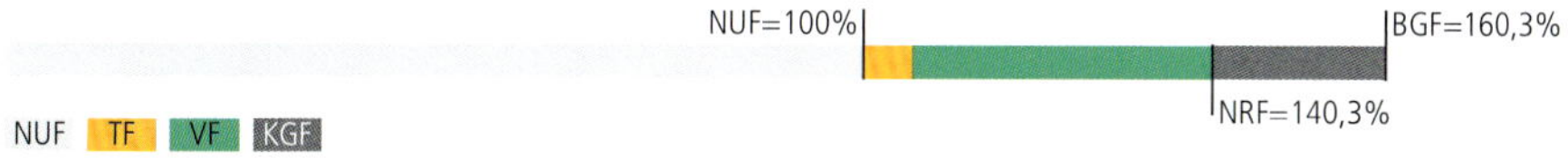

Brutto-Rauminhalt des Bauwerks		Menge Einheit	BRI/NUF (m)	BRI/BGF (m)
BRI	Brutto-Rauminhalt	13.943,00 m³	6,22	3,88

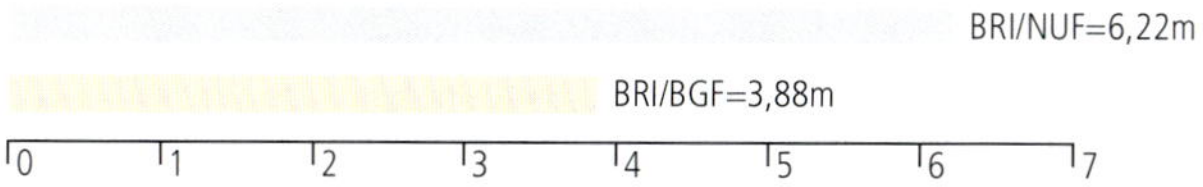

Kostenkennwerte für die Kostengruppen der 1. Ebene DIN 276

KG	Kostengruppen (1. Ebene)	Einheit	Kosten €	€/Einheit	€/m² BGF	€/m³ BRI	% 300+400
100	Grundstück	m² GF	–	–	–	–	–
200	Vorbereitende Maßnahmen	m² GF	769.152	24,42	213,89	55,16	9,2
300	Bauwerk – Baukonstruktionen	m² BGF	5.920.178	1.646,33	1.646,33	424,60	70,8
400	Bauwerk – Technische Anlagen	m² BGF	2.445.690	680,12	680,12	175,41	29,2
	Bauwerk 300+400	**m² BGF**	**8.365.867**	**2.326,44**	**2.326,44**	**600,00**	**100,0**
500	Außenanlagen und Freiflächen	m² AF	751.184	219,64	208,89	53,88	9,0
600	Ausstattung und Kunstwerke	m² BGF	–	–	–	–	–
700	Baunebenkosten	m² BGF	–	–	–	–	–
800	Finanzierung	m² BGF	–	–	–	–	–

KG	Kostengruppe	Menge Einheit	Kosten €	€/Einheit	%
200	**Vorbereitende Maßnahmen**	31.503,00 m² GF	769.152	**24,42**	9,2

Abbruch Pavillon, Asphaltrückbau; lange Erschließungsstraße

KG	Kostengruppe	Menge Einheit	Kosten €	€/Einheit	%
3+4	**Bauwerk**				**100,0**
300	**Bauwerk – Baukonstruktionen**	3.595,99 m² BGF	5.920.178	**1.646,33**	70,8

Baugrubenaushub; Stb-Fundamente, Stb-Bodenplatte, Heizestrich, Kautschukbeläge, Bodenfliesen, Abdichtung, Perimeterdämmung; Stb-Wände, Mauerwerkswände, Stb-Stützen, Alufenster, WDVS, Innenputz, Beschichtung, Alu-Pfosten-Riegel-Fassade, Raffstores; KS-Mauerwerk, GK-Wände, Glastüren, Beschichtung, Wandfliesen, WC-Trennwände; Stb-Elementdecken, Stb-Treppen, Heizestrich, Kautschukbeläge, Bodenfliesen, Akustikdecken, Beschichtung, Stahlgeländer, Treppengeländer; Stb-Flachdach, Oberlichter, Gefälledämmung, Abdichtung, Terrassenplatten, Attika, innenliegende Dachentwässerung, Akustikdecken

KG	Kostengruppe	Menge Einheit	Kosten €	€/Einheit	%
400	**Bauwerk – Technische Anlagen**	3.595,99 m² BGF	2.445.690	**680,12**	29,2

Gebäudeentwässerung, Kalt- und Warmwasserleitungen, Sanitärobjekte; Gas-Brennwerttherme, Luft-Luft-Wärmepumpe, Fußbodenheizung; Einzelraumlüfter, RWA-Anlagen; PV-Anlage (1.806 m²), Elektroinstallation, Beleuchtung, Sicherheitsleuchten; Datenübertragungsanlage, elektroakustische Anlagen, Rauchmelder; Personenaufzug

KG	Kostengruppe	Menge Einheit	Kosten €	€/Einheit	%
500	**Außenanlagen und Freiflächen**	3.420,00 m² AF	751.184	**219,64**	9,0

Bodenarbeiten; Wege, Terrassen, Spielplatzflächen; Winkelstützmauern; Sitzbänke, Spielgeräte; Oberbodenarbeiten, Bepflanzung, Rasen

4100-0241
Schule
(9 Klassen)
(235 Schüler)

Kostenkennwerte für die Kosten des Bauwerks (Kostengruppen 300+400 nach DIN 276)

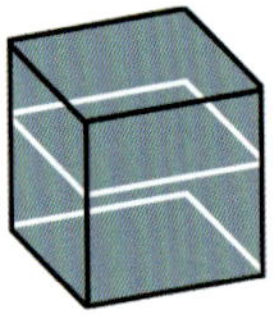

BRI 581 €/m³

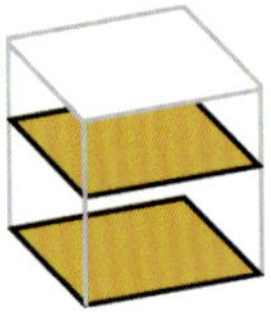

BGF 3.290 €/m²

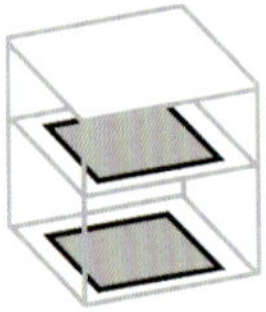

NUF 4.802 €/m²

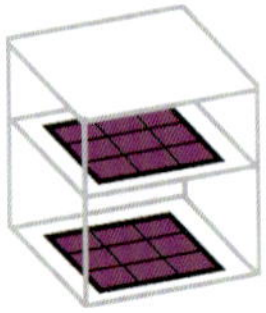

NE 22.391 €/NE
NE: Schüler

Objekt:
Kennwerte: 1.Ebene DIN 276
BRI: 9.054 m³
BGF: 1.599 m²
NUF: 1.096 m²
Bauzeit: 70 Wochen
Bauende: 2022
Standard: mittel
Bundesland: Niedersachsen
Kreis: Diepholz

Architekt*in:
NPC Naumann Petersen
Conrad Joesten Architekten
& beratende Ingenieure mbB
Konsul-Smidt-Straße 8F
28217 Bremen

Bauherr*in:
Landkreis Diepholz
Niedersachsenstraße 2
49356 Diepholz

© NPC Architekten

© NPC Architekten

© NPC Architekten

Kostenstand: 2.Quartal 2025, Bundesdurchschnitt, **inkl. 19% MwSt.**

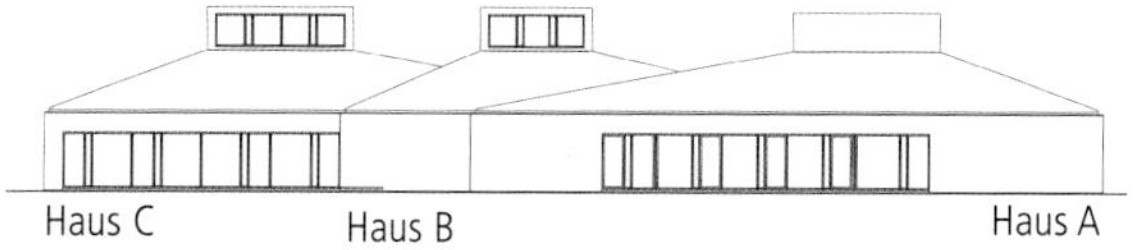

Ansicht Süd

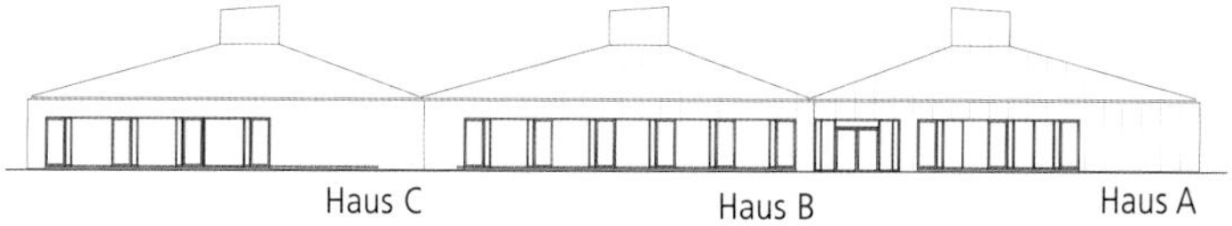

Ansicht West

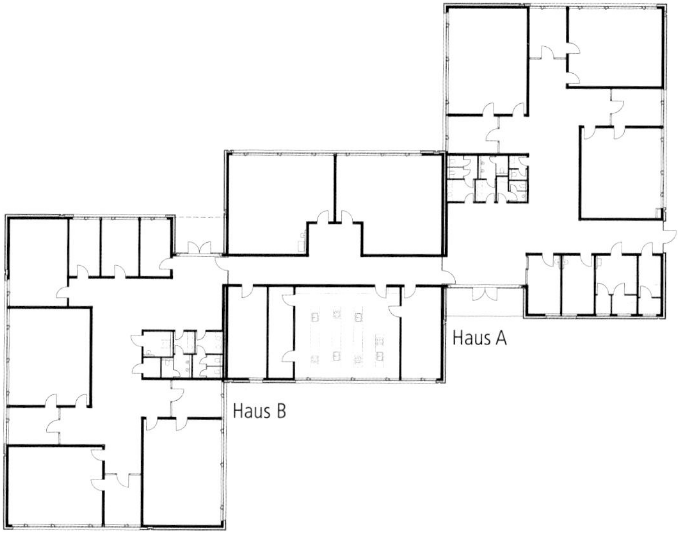

Erdgeschoss

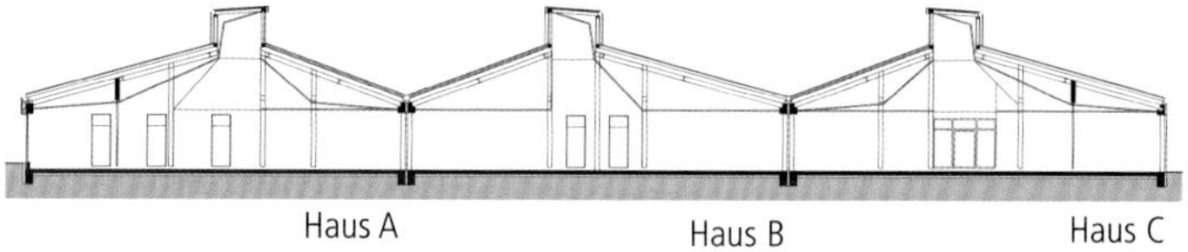

Schnitt A-A

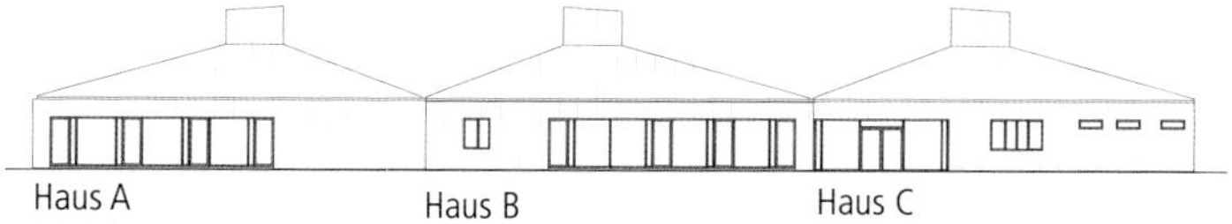

Ansicht Ost

Objektbeschreibung

Allgemeine Objektinformationen

Die Schulerweiterung ging aus einem Wettbewerbsgewinn hervor. Der kleinteilige Baukörper wurde als städtebauliches Bindeglied zwischen bestehendem Schulbau und umliegender ebenfalls kleinteiliger Wohnbebauung gewählt. Eine räumliche Qualität ergibt sich durch die von innen ablesbaren Zeltformen.

Nutzung

1 Erdgeschoss
Klassenräume, Gruppenräume, Fachunterrichtsräume, Besprechungsraum, Sammlung, Kiosk, Lern- und Spielflure, Speiseraum, Küche, Spülküche, Anlieferung, Personal, Sozialpädagogik, Beratungsraum, Hausmeister, WCs, Umkleide, Lager, Abstellräume, Hausanschlussraum, ELA-Raum, Technikraum

Nutzeinheiten

Klassen: 9
Schüler: 235

Grundstück

Bauraum: Freier Bauraum
Neigung: Ebenes Gelände
Bodenklasse: BK 1 bis BK 4

Markt

Hauptvergabezeit: 4. Quartal 2020
Baubeginn: 1. Quartal 2021
Bauende: 3. Quartal 2022
Konjunkturelle Gesamtlage: Durchschnitt
Regionaler Baumarkt: unter Durchschnitt

Baukonstruktion

Das Gebäude wurde als Massivbau mit Stahl-Holzdachkonstruktion erstellt. Die Gründung erfolgte auf Stb-Streifenfundamenten und Stb-Bodenplatten. Die Außenwände aus KS-Mauerwerk sind mit einer gedämmten Metallfassade bekleidet. Die Alufenster mit Dreifachverglasung können mit Raffstores verschattet werden. Die Zeltdächer aus Stahlträgern und Holzsparren sind mit Stahltrapezblech gedeckt und mit Einblasdämmung gedämmt. Über die Dachlaternen fällt viel Licht in die Aufenthaltsflure. Die Böden wurden mit Linoleum oder Kautschuk belegt. In den Sanitärräumen kamen Bodenfliesen zur Ausführung.

Technische Anlagen

Die Wärmeversorgung erfolgt über eine Nahwärmeleitung. Als einzige Lüftungsanlage wurden dezentrale Lüftungen der Sanitärräume ausgeführt. Ein Lowtec-Ansatz führte zu einer natürlichen Be- und Entlüftung über Thermik bzw. Fensterlüftung in den Klassenräumen.

Sonstiges

Die Flurflächen in den Kernzonen der Gebäudeteile können nicht nur als Aufenthaltsbereich in den Pausen sondern auch für Versammlungen genutzt werden.

Energetische Kennwerte

Gesetzliche Grundlage: EnEV 2013
Gebäudenutzfläche: 2.714,00 m^2
Gebäudevolumen: 8.482,00 m^3
Hüllfläche des beheizten Volumens: 5.141,00 m^2
Mittlerer U-Wert (opake Bauteile): 0,14 W/(m^2·K)
Mittlerer U-Wert (transparente Bauteile): 1,30 W/(m^2·K)
Spez. Jahresprimärenergiebedarf: 153,57 kWh/(m^2·a)
Spez. Jahresendenergiebedarf: 133,62 kWh/(m^2·a)

Planungskennwerte für Flächen und Rauminhalte nach DIN 277

Flächen des Grundstücks		Menge Einheit	% an GF
BF	Bebaute Fläche	7.059,64 m²	20,6
UF	Unbebaute Fläche	27.133,24 m²	79,4
GF	Grundstücksfläche	34.192,88 m²	100,0

Grundflächen des Bauwerks		Menge Einheit	% an NUF	% an BGF
NUF	Nutzungsfläche	1.095,68 m²	100,0	68,5
TF	Technikfläche	29,32 m²	2,7	1,8
VF	Verkehrsfläche	263,74 m²	24,1	16,5
NRF	Netto-Raumfläche	1.388,74 m²	126,7	86,8
KGF	Konstruktions-Grundfläche	210,43 m²	19,2	13,2
BGF	Brutto-Grundfläche	1.599,17 m²	146,0	100,0

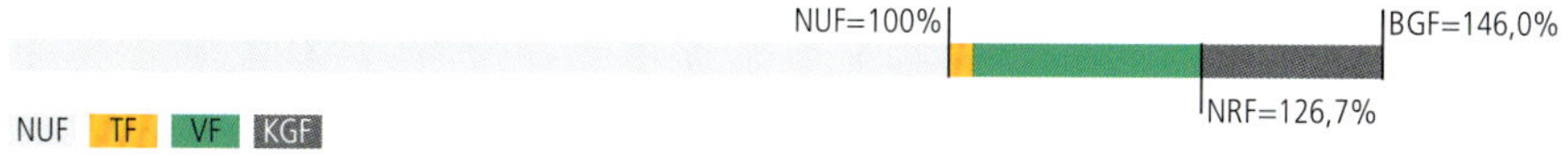

Brutto-Rauminhalt des Bauwerks		Menge Einheit	BRI/NUF (m)	BRI/BGF (m)
BRI	Brutto-Rauminhalt	9.054,24 m³	8,26	5,66

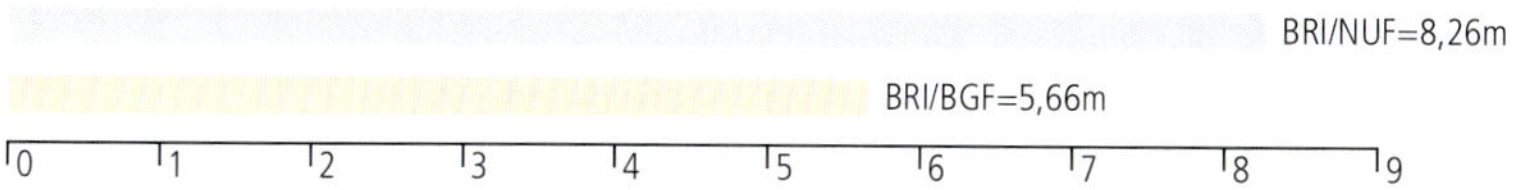

Kostenkennwerte für die Kostengruppen der 1. Ebene DIN 276

KG	Kostengruppen (1. Ebene)	Einheit	Kosten €	€/Einheit	€/m² BGF	€/m³ BRI	% 300+400
100	Grundstück	m² GF	–	–	–	–	–
200	Vorbereitende Maßnahmen	m² GF	1.048.383	30,66	655,58	115,79	19,9
300	Bauwerk – Baukonstruktionen	m² BGF	4.079.095	2.550,76	2.550,76	450,52	77,5
400	Bauwerk – Technische Anlagen	m² BGF	1.182.831	739,65	739,65	130,64	22,5
	Bauwerk 300+400	**m² BGF**	**5.261.926**	**3.290,41**	**3.290,41**	**581,16**	**100,0**
500	Außenanlagen und Freiflächen	m² AF	623.236	81,40	389,72	68,83	11,8
600	Ausstattung und Kunstwerke	m² BGF	175.028	109,45	109,45	19,33	3,3
700	Baunebenkosten	m² BGF	–	–	–	–	–
800	Finanzierung	m² BGF	–	–	–	–	–

KG	Kostengruppe	Menge Einheit	Kosten €	€/Einheit	%
200	**Vorbereitende Maßnahmen**	34.192,88 m² GF	1.048.383	**30,66**	19,9
	Abbruch von altem Schulgebäude, Schadstoffbeseitigung; öffentliche Erschließungen				
3+4	**Bauwerk**				**100,0**
300	**Bauwerk – Baukonstruktionen**	1.599,17 m² BGF	4.079.095	**2.550,76**	77,5
	Baugrubenaushub; Stb-Fundamente, Stb-Bodenplatte, Estrich, Linoleum, Kautschuk, Bodenfliesen, Abdichtung, Perimeterdämmung; KS-Mauerwerk, Alufenster, Dreifachverglasung, Wärmedämmung, hinterlüftete Trapezblechfassade, Alu-Pfosten-Riegelfassade, Raffstores; KS-Mauerwerk, Glastüren, Alutüren, Kalkzementputz, Beschichtung, Wandfliesen, Sanitärtrennwände, Glastrennwände; Stahldach mit Holzbalken, Alu-Oberlichter, Einblasdämmung, Stahl-Trapezblech, Dachentwässerung, Mineralfaser-Rasterdecken, abgehängte Akustikdecken, Beschichtung; Lehrküche, Kochzeilen (3St)				
400	**Bauwerk – Technische Anlagen**	1.599,17 m² BGF	1.182.831	**739,65**	22,5
	Gebäudeentwässerung, Kaltwasserleitungen, Durchlauferhitzer, Sanitärobjekte; Nahwärmeversorgung, Plattenheizkörper; kontrollierte Be- und Entlüftung; Elektroinstallation, Beleuchtung, Sicherheitsleuchten mit Batterieanlage, Blitzschutzanlage; KNX-Bussystem, elektroakustische Anlagen, Brandmeldeanlage				
500	**Außenanlagen und Freiflächen**	7.656,00 m² AF	623.236	**81,40**	11,8
	Oberbodenarbeiten, Bodenarbeiten; Wege, Stellplätze; Außenbeleuchtung; Sitzbänke; Oberbodenauftrag, Bepflanzung, Rasen				
600	**Ausstattung und Kunstwerke**	1.599,17 m² BGF	175.028	**109,45**	3,3
	Ausstattung Klassen- und Fachräume, Smartboards				

4100-0242
Schule
(31 Klassen)
(650 Schüler)

Kostenkennwerte für die Kosten des Bauwerks (Kostengruppen 300+400 nach DIN 276)

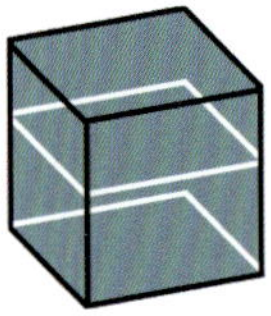

BRI 1.006 €/m³

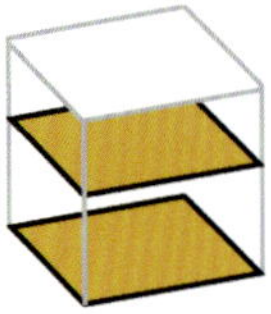

BGF 4.132 €/m²

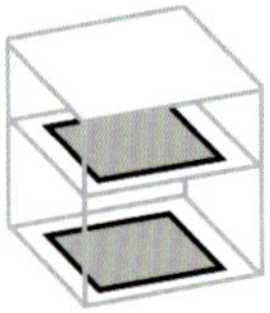

NUF 6.883 €/m²

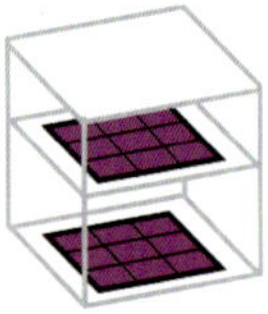

NE 48.851 €/NE
NE: Schüler

Objekt:
Kennwerte: 1.Ebene DIN 276
BRI: 31.575 m³
BGF: 7.685 m²
NUF: 4.613 m²
Bauzeit: 156 Wochen
Bauende: 2022
Standard: hoch
Bundesland: Nordrhein-Westfalen
Kreis: Unna

Architekt*in:
weicken architekten partmbB
Platanenallee 15
59425 Unna

Bauherr*in:
Kreis Unna
Der Landrat
FB 40 Schulen und Bildung
Parkstraße 40b
59425 Unna

© Marvin Schwienheer

© Marvin Schwienheer

© Marvin Schwienheer

© Marvin Schwienheer

© Marvin Schwienheer

Kostenstand: 2.Quartal 2025, Bundesdurchschnitt, **inkl. 19% MwSt.**

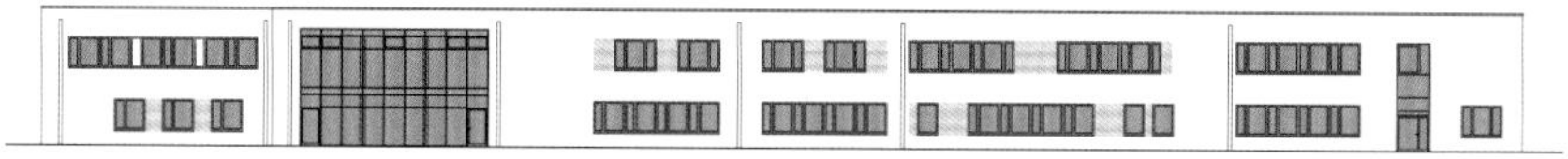

Ansicht West

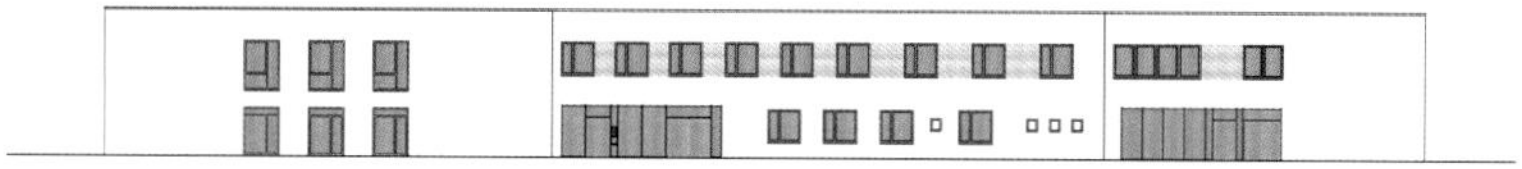

Ansicht Nord

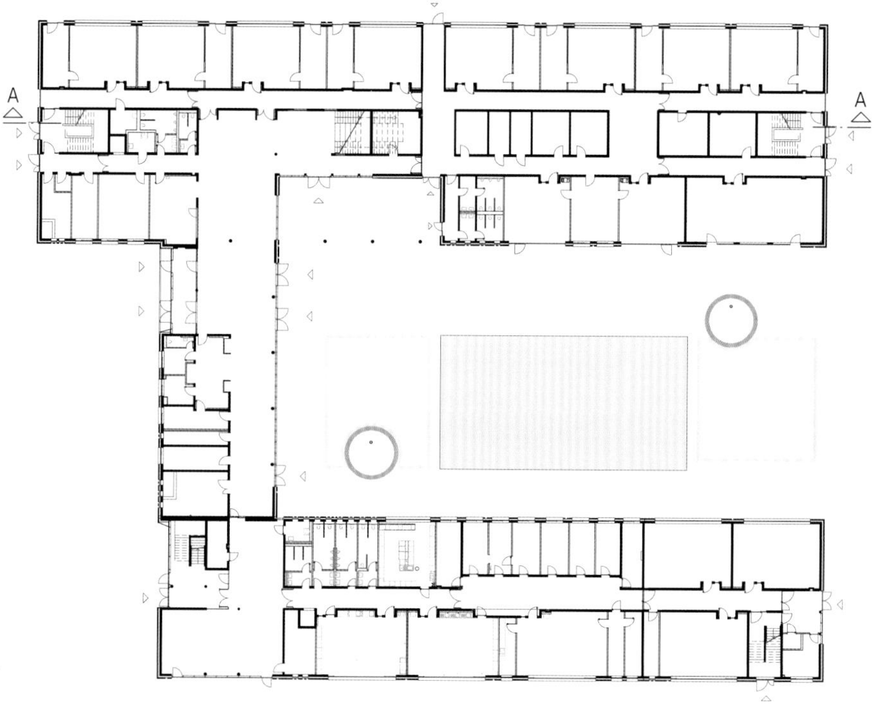

Erdgeschoss

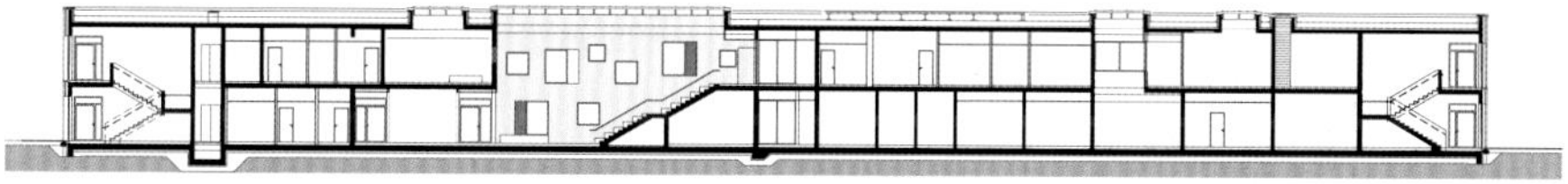

Schnitt A-A

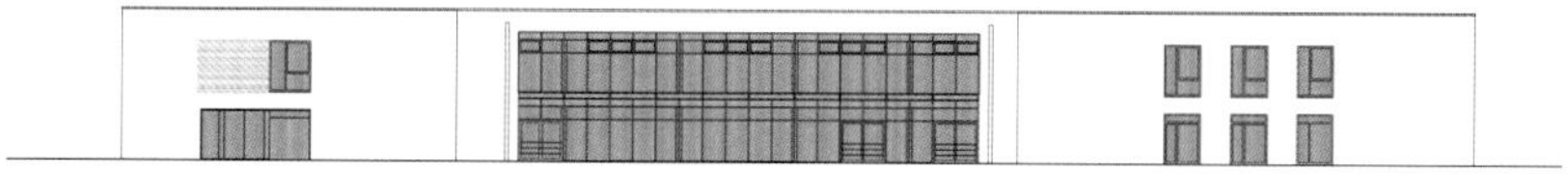

Ansicht Süd

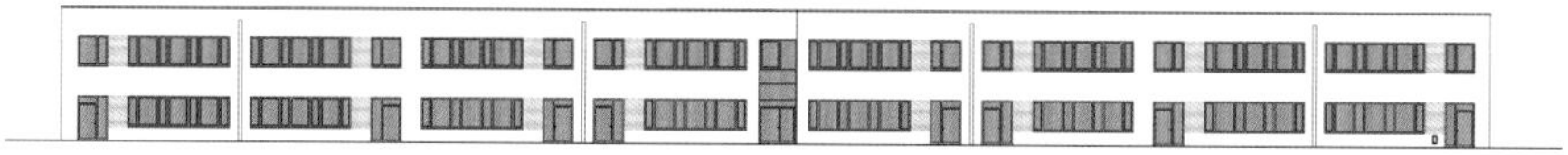

Ansicht Ost

Objektbeschreibung

Allgemeine Objektinformationen

Als zukünftiges Zentrum des Bildungscampus wurde ein durchgängiger U-förmigen Baukörper erstellt, indem die unterschiedlichen Schulformen in den jeweiligen Flügeln untergebracht wurden. Der dreiseitig umschlossene Innenhof begrenzt den Schulhof der Förderschule, wogegen die Räumlichkeiten des Berufskollegs nach außen positioniert wurden. Beide Schulformen werden über den gemeinsamen Vorplatz erschlossen und bieten Platz für rund 600 Schüler*innen.

Nutzung

1 Erdgeschoss
Windfang, Foyer, Aula, Klassenräume, Fachräume, Mehrzweckraum, Werkräume, MINT-Raum, Verwaltung, Nebenräume, Technik, WCs,

1 Obergeschoss
Galerie, Klassenräume, Fachräume, Musikraum, Kunstraum, MINT-Raum, Verwaltung, Lehrerzimmer, Nebenräume, Technik, WCs, Flure, Treppenhäuser, Aufzug

Nutzeinheiten

Klassen: 31
Schüler: 650

Grundstück

Bauraum: Freier Bauraum
Neigung: Ebenes Gelände
Bodenklasse: BK 1 bis BK 6

Markt

Hauptvergabezeit: 4. Quartal 2019
Baubeginn: 1. Quartal 2020
Bauende: 4. Quartal 2022
Konjunkturelle Gesamtlage: über Durchschnitt
Regionaler Baumarkt: Durchschnitt

Baukonstruktion

Die Gründung der Stahlbetonsohle ruht auf einer Tiefergründung aus 5m tiefen Schotter- bzw. Betonsäulen. Die gewählte Massivbauweise besteht zum Großteil aus tragenden Stahlbetonbauteilen, teilweise in Sichtbeton, ansonsten verputzt. Nichttragende Flurwände sind in KS-Mauerwerk erstellt und ebenfalls verputzt. Sonstige Trennwände wurden in Trockenbauweise erstellt. Die Fassade besteht aus Vollklinkersteinen, ergänzt durch akzentuierte Betonrahmen und Betonfassadenteile. Die Alufenster sind mit einer Dreifachverglasung ausgestattet. Die großflächigen Pfosten-Riegel-Fassaden und die Dachverglasungen sorgen für lichtdurchflutete Aufenthaltsbereiche. Die Böden sind mit Linoleum oder Bodenfliesen belegt. Die Decken wurden teilweise mit Akustikabsorbern versehen und mit Akustikdecken abgehängt.

Technische Anlagen

Die Wärmeversorgung wird mit Hilfe eines Eis-Energiespeichersystems, Wärmepumpen und Nahwärmeanschluss realisiert. Die Verteilung der Wärme erfolgt über Heizkörper und Fußbodenheizung. Sämtliche Räume erhalten eine Lüftungsanlage mit Wärmerückgewinnung. Die Zu- und Abluft wird über ein Betonkerntemperierungssystem in den Decken geführt. Photovoltaik- und Solaranlagen dienen der Versorgung der technischen Einheiten.

Sonstiges

Um die besondere Haustechnik, durch welche das Gebäude annähernd CO_2-neutral betrieben werden kann, unterzubringen, war es erforderlich einen Massivbau zu errichten, um Speichermassen aktivieren zu können. Eine Betonkernaktivierung der Decken wird durch ein Lüftungssystem in der Decke realisiert, sodass vorkonditionierte Außenluft zum Heizen und Kühlen des Gebäudes genutzt werden kann.

Energetische Kennwerte

Gesetzliche Grundlage: EnEV 2013
Gebäudenutzfläche: 6.979,80 m^2
Gebäudevolumen: 29.940,90 m^3
Mittlerer U-Wert (opake Bauteile): 0,16 W/(m^2·K)
Mittlerer U-Wert (transparente Bauteile): 1,02 W/(m^2·K)
Mittlerer U-Wert (Glasdächer, etc.): 1,80 W/(m^2·K)
Spez. Jahresprimärenergiebedarf: 52,00 kWh/(m^2·a)

Planungskennwerte für Flächen und Rauminhalte nach DIN 277

Flächen des Grundstücks		Menge Einheit	% an GF
BF	Bebaute Fläche	3.972,76 m²	33,4
UF	Unbebaute Fläche	7.927,24 m²	66,6
GF	Grundstücksfläche	11.900,00 m²	100,0

Grundflächen des Bauwerks		Menge Einheit	% an NUF	% an BGF
NUF	Nutzungsfläche	4.613,01 m²	100,0	60,0
TF	Technikfläche	211,98 m²	4,6	2,8
VF	Verkehrsfläche	1.640,70 m²	35,6	21,3
NRF	Netto-Raumfläche	6.465,69 m²	140,2	84,1
KGF	Konstruktions-Grundfläche	1.219,31 m²	26,4	15,9
BGF	Brutto-Grundfläche	7.685,00 m²	166,6	100,0

Brutto-Rauminhalt des Bauwerks		Menge Einheit	BRI/NUF (m)	BRI/BGF (m)
BRI	Brutto-Rauminhalt	31.575,00 m³	6,85	4,11

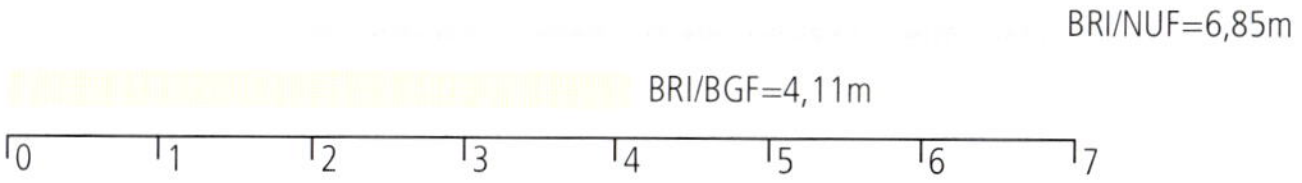

4100-0245
Gymnasium
Lernzentrum
(150 Schüler)

Kostenkennwerte für die Kosten des Bauwerks (Kostengruppen 300+400 nach DIN 276)

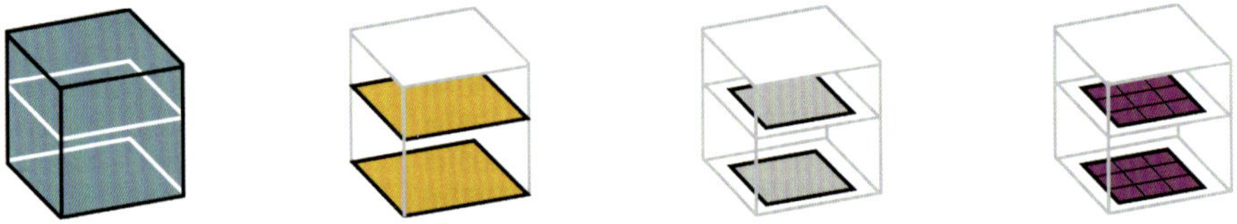

BRI 697 €/m³ | **BGF** 2.995 €/m² | **NUF** 4.521 €/m² | **NE** 48.769 €/NE

NE: Schüler

Objekt:
Kennwerte: 1. Ebene DIN 276
BRI: 10.500 m³
BGF: 2.443 m²
NUF: 1.618 m²
Bauzeit: 70 Wochen
Bauende: 2021
Standard: mittel
Bundesland: Niedersachsen
Kreis: Harburg

Architekt*in:
jup.arc
weinert jegenhorst
juraschek architekten
partmbb
Bahnhofstraße 37
21423 Winsen (Luhe)

Bauherr*in:
Landkreis Harburg
Schloßplatz 6
21423 Winsen (Luhe)

Kostenstand: 2. Quartal 2025, Bundesdurchschnitt, **inkl. 19% MwSt.**

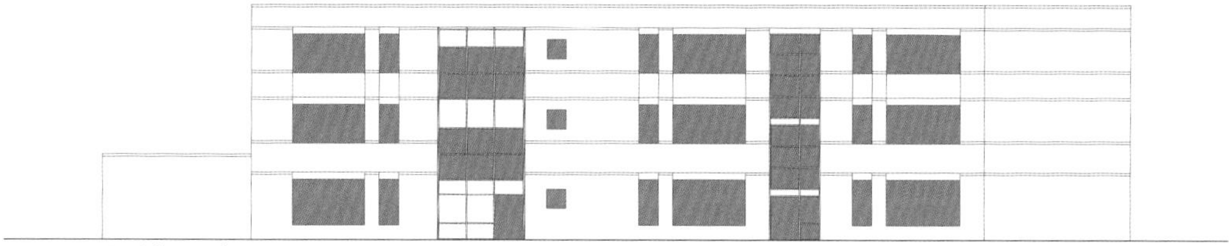
Ansicht Nord

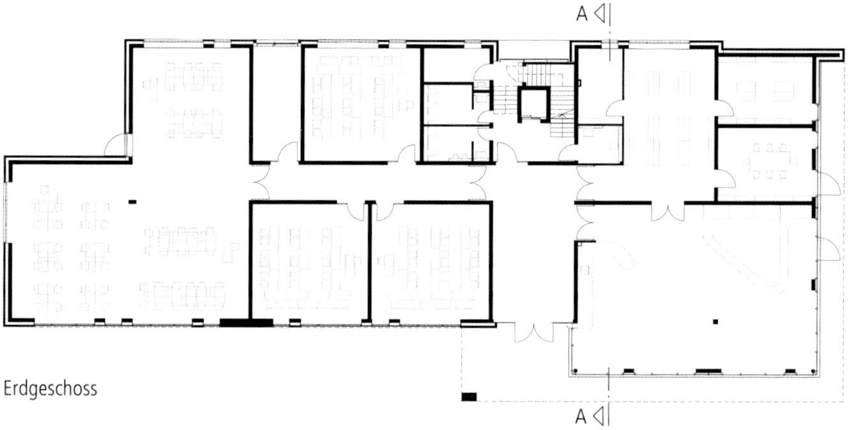

Erdgeschoss

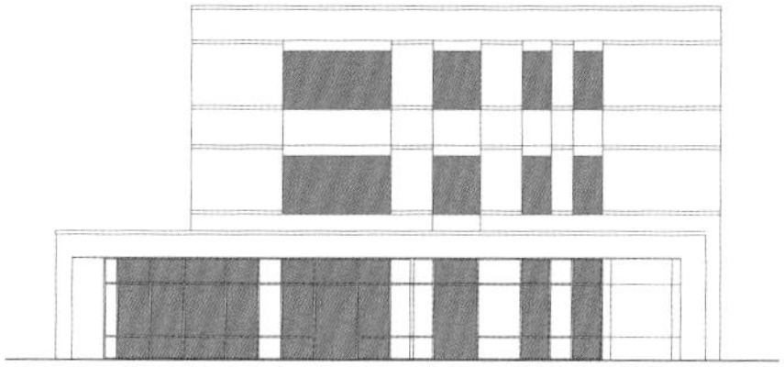
Ansicht Ost

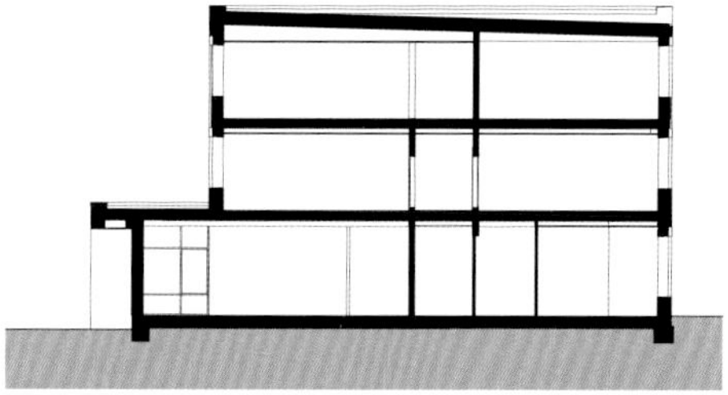
Schnitt A-A

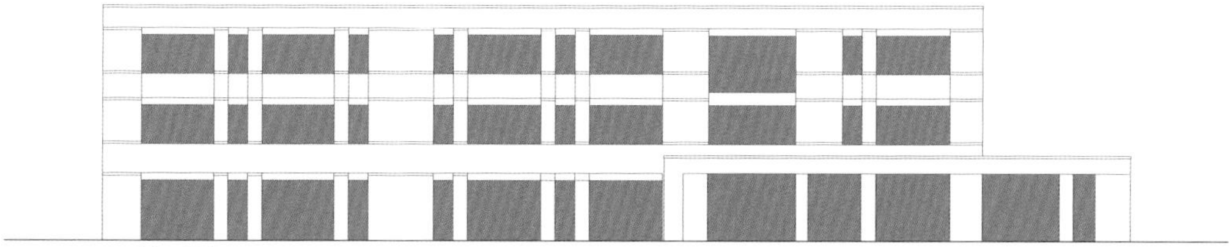
Ansicht Süd

Objektbeschreibung

Allgemeine Objektinformationen

Im Rahmen der Neuorganisation der Oberstufe wurde auf dem Gelände des Schulzentrums ein Neubau für die Klassen 11-13 errichtet. Das Gebäude beherbergt im Erdgeschoss als ergänzende Nutzung ein Selbstlernzentrum für die Schüler*innen der Oberstufe sowie einen zugeordneten Bibliotheksbereich.

Nutzung

1 Erdgeschoss
Foyer, Besprechungsraum, Lerncluster, Unterrichtsräume, Selbstlernraum, Bibliothek, Sammlung, Kopierraum, WCs, Technik, Treppenhäuser, Aufzug

2 Obergeschosse
Unterrichtsräume, Differenzierungsraum, Gruppenraum, Lehrmittelraum, WCs, Abstellraum, Technikräume, Treppenhäuser, Aufzug

Nutzeinheiten

Schüler: 150

Grundstück

Bauraum: Freier Bauraum
Neigung: Ebenes Gelände
Bodenklasse: BK 1 bis BK 3

Markt

Hauptvergabezeit: 4. Quartal 2019
Baubeginn: 2. Quartal 2020
Bauende: 3. Quartal 2021
Konjunkturelle Gesamtlage: über Durchschnitt
Regionaler Baumarkt: Durchschnitt

Baukonstruktion

Es handelt sich um einen konventionellen Massivbau mit Stahlbeton-Bodenplatte, Stahlbeton-Decken, einzelnen aussteifenden Stahlbetonstützen, einem Pultdach aus Stahlbeton sowie tragenden Außen- und Innenwänden aus Kalksandstein-Mauerwerk. Die Fassade besteht vorwiegend aus Verblendsteinen mit partieller Vorhangfassade aus Schichtstoffplatten. Unterhalb des Dachüberstands des Selbstlernzentrums ist die Fassade mit einem Wärmedämmverbundsystem bekleidet. Die Fenster des Gebäudes sind überwiegend aus Aluelementen, teilweise wurden Pfosten-Riegelkonstruktionen im Selbstlernzentrum und in den großen Flurfenstern verwendet. Die Böden wurden mit Linoleum und Nadelfilz belegt. In den Sanitärräumen und den Treppenhäusern kam Feinsteinzeug zur Ausführung.

Technische Anlagen

Für die Beheizung des Gebäudes dient ein Nahwärmeanschluss durch das in der Nähe liegende Schwimmbad. Für die Verteilung der Wärme dienen einzelne Heizkörper. Der benötigte Luftwechsel erfolgt durch natürliche Belüftung.

Sonstiges

Das Objekt wurde zum Tag der Architektur 2022 in Niedersachsen als Referenzobjekt ausgewählt.

Energetische Kennwerte

Gesetzliche Grundlage: EnEV 2013
Gebäudenutzfläche: 2.149,00 m^2
Gebäudevolumen: 10.380,00 m^3
Hüllfläche des beheizten Volumens: 3.643,00 m^2
Spez. Transmissionswärmeverlust: 0,29 $W/(m^2 \cdot K)$
Mittlerer U-Wert (opake Bauteile): 0,15 $W/(m^2 \cdot K)$
Mittlerer U-Wert (transparente Bauteile): 0,91 $W/(m^2 \cdot K)$
Spez. Jahresprimärenergiebedarf: 81,62 $kWh/(m^2 \cdot a)$

Planungskennwerte für Flächen und Rauminhalte nach DIN 277

Flächen des Grundstücks		Menge Einheit	% an GF
BF	Bebaute Fläche	11.240,17 m²	35,5
UF	Unbebaute Fläche	20.439,62 m²	64,5
GF	Grundstücksfläche	31.679,79 m²	100,0

Grundflächen des Bauwerks		Menge Einheit	% an NUF	% an BGF
NUF	Nutzungsfläche	1.618,15 m²	100,0	66,2
TF	Technikfläche	38,40 m²	2,4	1,6
VF	Verkehrsfläche	463,75 m²	28,7	19,0
NRF	Netto-Raumfläche	2.120,30 m²	131,0	86,8
KGF	Konstruktions-Grundfläche	322,35 m²	19,9	13,2
BGF	Brutto-Grundfläche	2.442,65 m²	151,0	100,0

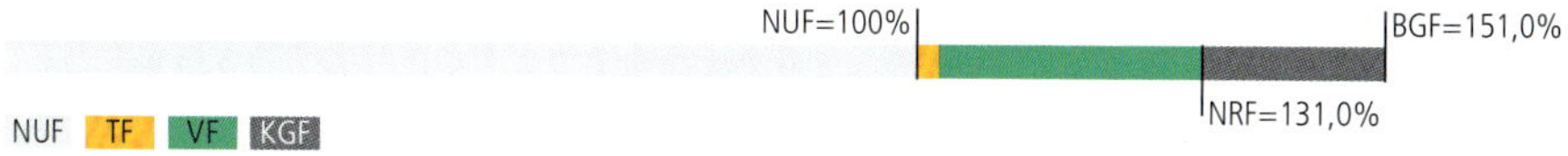

Brutto-Rauminhalt des Bauwerks		Menge Einheit	BRI/NUF (m)	BRI/BGF (m)
BRI	Brutto-Rauminhalt	10.499,92 m³	6,49	4,30

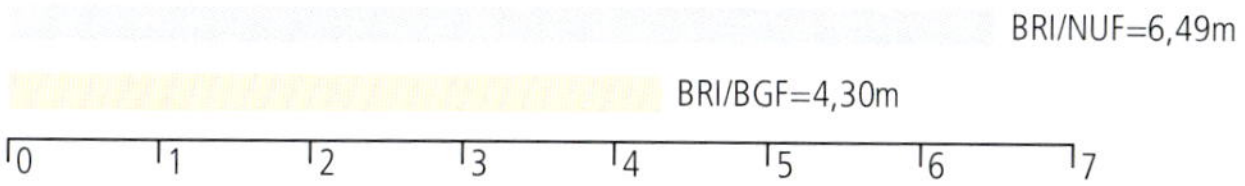

Kostenkennwerte für die Kostengruppen der 1. Ebene DIN 276

KG	Kostengruppen (1. Ebene)	Einheit	Kosten €	€/Einheit	€/m² BGF	€/m³ BRI	% 300+400
100	Grundstück	m² GF	–	–	–	–	–
200	Vorbereitende Maßnahmen	m² GF	–	–	–	–	–
300	Bauwerk – Baukonstruktionen	m² BGF	5.478.818	2.242,98	2.242,98	521,80	74,9
400	Bauwerk – Technische Anlagen	m² BGF	1.836.523	751,86	751,86	174,91	25,1
	Bauwerk 300+400	**m² BGF**	**7.315.341**	**2.994,84**	**2.994,84**	**696,70**	**100,0**
500	Außenanlagen und Freiflächen	m² AF	–	–	–	–	–
600	Ausstattung und Kunstwerke	m² BGF	–	–	–	–	–
700	Baunebenkosten	m² BGF	–	–	–	–	–
800	Finanzierung	m² BGF	–	–	–	–	–

KG	Kostengruppe	Menge Einheit	Kosten €	€/Einheit	%
3+4	**Bauwerk**				**100,0**
300	**Bauwerk – Baukonstruktionen**	2.442,65 m² BGF	5.478.818	**2.242,98**	74,9

Baugrubenaushub; Stb-Fundamente, Stb-Bodenplatte, Estrich, Nadelfilz, Linoleum, Bodenfliesen, Abdichtung, Dämmung; KS-Mauerwerk, Stb-Stützen, Alu-Pfosten-Riegelfassade, Alufenster, Wärmedämmung, Ziegelfassade, HPL-Fassade, Raffstores; Innenmauerwerk, GK-Wände, Stb-Stützen, Innenfenster, Wandfliesen; Stb-Decken, Stb-Treppen, Estrich, Linoleum, Bodenfliesen, abgehängte GK-Decken, Schallschutzdecken, Stahlgeländer, Treppengeländer; Stb-Dach, Dämmung, Abdichtung, Attika, Dachentwässerung, abgehängte GK-Decken, Schallschutzdecken

KG	Kostengruppe	Menge Einheit	Kosten €	€/Einheit	%
400	**Bauwerk – Technische Anlagen**	2.442,65 m² BGF	1.836.523	**751,86**	25,1

Gebäudeentwässerung, Kalt- und Warmwasserleitungen, Sanitärobjekte; Nahwärmeversorgung, Plattenheizkörper; dezentrale Entlüftung; Elektroinstallation, Beleuchtung, Sicherheitsleuchten; Telekommunikationsanlage, Uhrenanlage, Elektroakustische Anlagen, Hausalarmanlage, Notrufanlage WC, Cat6-Datenanlage; Personenaufzug; Gebäudeautomation

Objektbeschreibung

Allgemeine Objektinformationen

Die neu gebaute Grundschule ist Teil eines campusartig aufgebauten Schulzentrums, das aus den Bereichen Gesamtschule mit Mensa und Sporthallen sowie Lehrschwimmbad besteht. Das teilunterkellerte dreigeschossige Gebäude besteht aus einem winkelförmigen Baukörper mit Verwaltung, Mehrzweck- und Betreuungsbereich, der sich zum Schulhof öffnet. Der darüberliegende atriumartig aufgebaute zweigeschossige Gebäudeteil nimmt die Unterrichtsräume auf und erzeugt einen Innenhof und eine überdachte Pausenfläche. Die dreigeschossige Halle liegt im Gelenkpunkt des Baukörpers, bildet den eingerückten Haupteingang und verbindet alle Geschosse über eine offene Treppenanlage. In der Halle wurde eine Split-Level-Situation geschaffen, es entstand eine Sitzstufenanlage, die als Erweiterung des öffenbaren Mehrzweckraums dienen kann.

Nutzung

1 Untergeschoss
Abstell- und Archivraum, Datentechnikraum, Sicherheitsbeleuchtungsraum, E-Verteilungsraum, Hausanschlussraum

1 Erdgeschoss
Halle, Betreuungsräume, Mehrzweckraum, Bibliothek, Büro, Lehrerstützpunkt, Lehrerzimmer, Schulleiter, Schulsozialarbeiter, Arzt-, Elternraum, Hausmeister, WCs, Lehrmittelraum, Archiv, Abstellraum, Technikraum/Elektrik

2 Obergeschosse
Halle, Klassenräume, Musikraum, EDV-Raum, WCs, Abstellräume, Räume für Informations- und Kommunikationstechnik, Elektro-Unterverteilung, Lüftungstechnik

Nutzeinheiten

Klassen: 18
Schüler: 450

Grundstück

Bauraum: Freier Bauraum
Neigung: Ebenes Gelände
Bodenklasse: BK 1 bis BK 4

Markt

Hauptvergabezeit: 2. Quartal 2020
Baubeginn: 3. Quartal 2020
Bauende: 3. Quartal 2023
Konjunkturelle Gesamtlage: über Durchschnitt
Regionaler Baumarkt: über Durchschnitt

Baukonstruktion

Für das Tragwerk wurde eine konventionelle Konstruktion aus Stb-Wänden und -Decken gewählt. Damit konnten die Gebäude-Auskragungen in den OGs realisiert werden. Im EG wurde umlaufend eine vorgehängte, hinterlüftete Fassade aus HPL-Platten eingebaut, während die Obergeschosse mit einem WDVS aus Mineralwolle bekleidet sind. Die teilweise zweigeschossigen Fassadenöffnungen sind mit einer Alu-Pfosten-Riegelfassade verschlossen. Die Fenster sind mit Dreifachverglasungen ausgeführt. Das Flachdach wurde begrünt und für eine Photovoltaikanlage vorbereitet. Sämtliche Aufenthaltsbereiche sowie Flure, Treppenhäuser und WCs verfügen über abgehängte Akustikdecken.

Technische Anlagen

Die Wärmeversorgung des Gebäudes erfolgt durch den Anschluss an die vorhandene Heizzentrale mit BHKW und Brennwert-Gaskesseln per Fernwärmeleitung. Diese versorgt das gesamte Schulzentrum mit Heizwärme. Es wurde eine zentrale Lüftungsanlage mit Wärmerückgewinnung eingebaut.
Die Beleuchtungsanlage ist mit einer Präsenzsteuerung ausgestattet. Außerdem verfügt der Neubau über eine umfangreiche MSR-Anlage und Datenverkabelung.

Energetische Kennwerte

Gesetzliche Grundlage: EnEV 2013
Gebäudenutzfläche: 3.701,00 m^2
Gebäudevolumen: 15.383,00 m^3
A/V_e-Verhältnis (Kompaktheit): 0,42 m^{-1}
Hüllfläche des beheizten Volumens: 6.410,00 m^2
Spez. Transmissionswärmeverlust: 0,38 $W/(m^2 \cdot K)$
Mittlerer U-Wert (opake Bauteile): 0,17 $W/(m^2 \cdot K)$
Mittlerer U-Wert (transparente Bauteile): 1,00 $W/(m^2 \cdot K)$
Spez. Jahresprimärenergiebedarf: 86,10 $kWh/(m^2 \cdot a)$
CO_2-Emissionen: 19,80 $kg/(m^2 \cdot a)$

Planungskennwerte für Flächen und Rauminhalte nach DIN 277

Flächen des Grundstücks		Menge Einheit	% an GF
BF	Bebaute Fläche	1.828,00 m²	22,4
UF	Unbebaute Fläche	6.332,00 m²	77,6
GF	Grundstücksfläche	8.160,00 m²	100,0

Grundflächen des Bauwerks		Menge Einheit	% an NUF	% an BGF
NUF	Nutzungsfläche	2.492,10 m²	100,0	58,8
TF	Technikfläche	233,34 m²	9,4	5,5
VF	Verkehrsfläche	740,80 m²	29,7	17,5
NRF	Netto-Raumfläche	3.466,24 m²	139,1	81,8
KGF	Konstruktions-Grundfläche	773,64 m²	31,0	18,2
BGF	Brutto-Grundfläche	4.239,88 m²	170,1	100,0

Brutto-Rauminhalt des Bauwerks		Menge Einheit	BRI/NUF (m)	BRI/BGF (m)
BRI	Brutto-Rauminhalt	16.696,93 m³	6,70	3,94

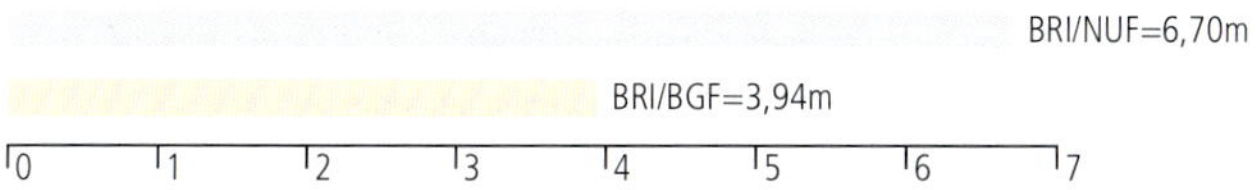

Kostenkennwerte für die Kostengruppen der 1.Ebene DIN 276

KG	Kostengruppen (1.Ebene)	Einheit	Kosten €	€/Einheit	€/m² BGF	€/m³ BRI	% 300+400
100	Grundstück	m² GF	–	–	–	–	–
200	Vorbereitende Maßnahmen	m² GF	–	–	–	–	–
300	Bauwerk – Baukonstruktionen	m² BGF	10.324.482	2.435,09	2.435,09	618,35	74,6
400	Bauwerk – Technische Anlagen	m² BGF	3.511.740	828,26	828,26	210,32	25,4
	Bauwerk 300+400	**m² BGF**	**13.836.222**	**3.263,35**	**3.263,35**	**828,67**	**100,0**
500	Außenanlagen und Freiflächen	m² AF	–	–	–	–	–
600	Ausstattung und Kunstwerke	m² BGF	–	–	–	–	–
700	Baunebenkosten	m² BGF	–	–	–	–	–
800	Finanzierung	m² BGF	–	–	–	–	–

KG	Kostengruppe	Menge Einheit	Kosten €	€/Einheit	%
3+4	**Bauwerk**				**100,0**
300	**Bauwerk – Baukonstruktionen**	4.239,88 m² BGF	10.324.482	**2.435,09**	74,6

Baugrubenaushub, Baugrubenverbau; Stb-Fundamentplatte, Abdichtung, Dämmung, Estrich, Kautschuk, Bodenfliesen, Massivholzparkett, Perimeterdämmung, Sauberkeitsschicht; Stb-Außenwände, WU, Stb-Stützen, Alufenster, Dreifachverglasung, Wärmedämmung, WDVS, HPL-Fassade, Alu-Pfosten-Riegelfassade, Außen-Raffstores; Stb-Innenwände, KS-Mauerwerk, Holzwerkstoff-Türen, Beschichtung, Wandfliesen, WC-Trennwände, mobile Trennwand; Stb-Decken, Stb-Treppen, Dämmung, Estrich, Kautschuk, Bodenfliesen, abgehängte Akustikdecken, Stahlgeländer, Treppengeländer; Stb-Flachdach, Oberlichter, Dämmung, Abdichtung, Attika, extensive Dachbegrünung, innenliegende Dachentwässerung, abgehängte Akustikdecken; Einbaumöbel

KG	Kostengruppe	Menge Einheit	Kosten €	€/Einheit	%
400	**Bauwerk – Technische Anlagen**	4.239,88 m² BGF	3.511.740	**828,26**	25,4

Gebäudeentwässerung, Kalt- und Warmwasserleitungen, Sanitärobjekte; Untertischboiler; Fernwärmeversorgung, Heizleitungen, Plattenheizkörper; kontrollierte Lüftungsanlage mit Wärmerückgewinnung, Teilklimaanlage (Serverraum), RWA-Anlagen; Zentralbatterieanlage für Notbeleuchtung, Vorbereitung für PV-Anlage, Elektroinstallation, LED-Beleuchtung mit Präsenzsteuerung, Sicherheitsleuchten, Blitzschutzanlage; Sprechanlage, Uhrenanlage, Alarmierungsanlage, Brandmeldeanlage, Datenübertragungsanlage, elektronische Schließanlage; Personenaufzug; Feuerlöscher; umfangreiche MSR-Anlage

4100-0252
Grundschule
(16 Klassen)
(260 Schüler)

Kostenkennwerte für die Kosten des Bauwerks (Kostengruppen 300+400 nach DIN 276)

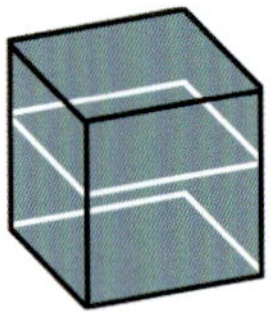

BRI 722 €/m³

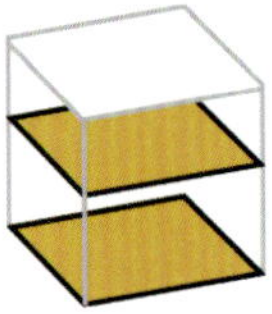

BGF 2.817 €/m²

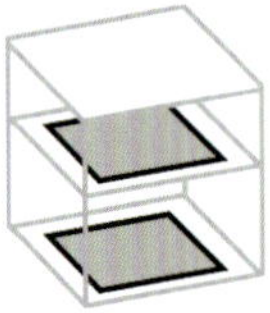

NUF 4.288 €/m²

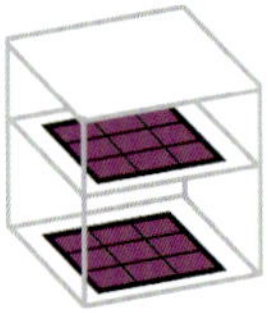

NE 28.809 €/NE

NE: Schüler

Objekt:
Kennwerte: 1.Ebene DIN 276
BRI: 10.368 m³
BGF: 2.659 m²
NUF: 1.747 m²
Bauzeit: 117 Wochen
Bauende: 2023
Standard: mittel
Bundesland: Hessen
Kreis: Marburg-Biedenkopf

Architekt*in:
AG5 Architekten +
Stadtplaner PartGmbB
Arheilger Straße 52
64289 Darmstadt

Ansicht Nord

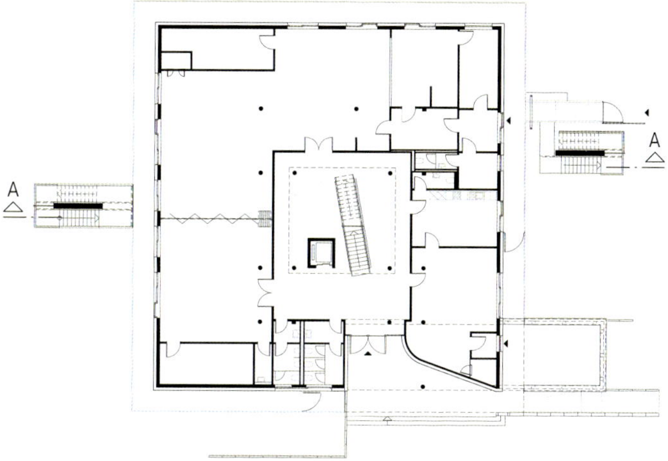

Erdgeschoss

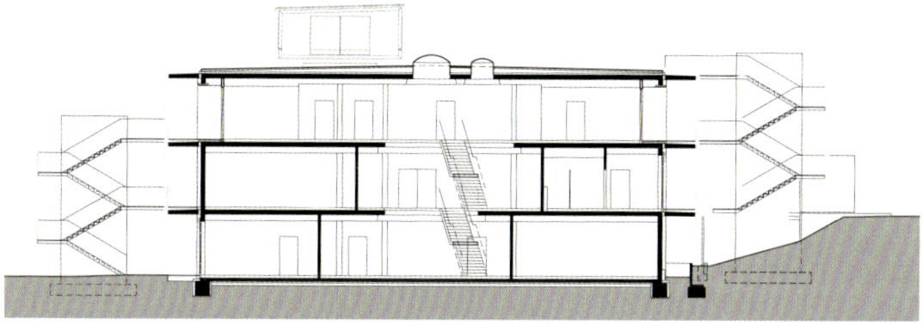

Schnitt A-A

Ansicht West

4100-0252
Grundschule
(16 Klassen)
(260 Schüler)

Objektbeschreibung

Allgemeine Objektinformationen

Der Neubau ging aus einem Wettbewerb hervor. Der dreigeschossige Baukörper nutzt die Topografie des Geländes. Das mittlere Geschoss mit der Mensa liegt auf dem Niveau der Straße mit barrierefreiem Zugang zu den Nachbargebäuden. Das Geschoss im Souterrain beherbergt die Räume der Ganztagsbetreuung mit ebenerdigem Zugang zu den Außenspielflächen. Das Obergeschoss beherbergt die Verwaltung der Schule.

Nutzung

1 Untergeschoss
Halle, Gruppenräume, Differenzierungsraum, Spielraum, Schülerarbeitsraum, Medienraum, Schülerbibliothek, Büros, WCs, Abstellraum, Technikräume

1 Erdgeschoss
Halle, Speise- und Mehrzweckraum, Küche mit Ausgabe, Spülraum, Anlieferung, Sozialraum, Eltern-Besprechungsraum, Eltern-Café, Musikraum, WCs, Lagerräume, Abstellraum

1 Obergeschoss
Halle, Besprechungsraum, Lehrerbibliothek, PC-Raum, Büros, Lehrerzimmer, Sekretariat, Schulleitung, Archiv, Kopierraum, Eltern, Arztzimmer, Lager, Server

Nutzeinheiten

Fahrzeugstellplätze: 3
Klassen: 16
Schüler: 260

Grundstück

Bauraum: Freier Bauraum
Neigung: Geneigtes Gelände
Bodenklasse: BK 3 bis BK 6

Markt

Hauptvergabezeit: 2. Quartal 2021
Baubeginn: 2. Quartal 2021
Bauende: 3. Quartal 2023
Konjunkturelle Gesamtlage: Durchschnitt
Regionaler Baumarkt: Durchschnitt

Baukonstruktion

Das Gebäude wurde als Massivbau errichtet und gründet auf einer Stahlbetonfundamentplatte. Die Decken sind als Stahlbeton-Flachdecken hergestellt, welche auf Stahlbeton-Stützen sowie auf Mauerwerkswänden aus Kalksandstein aufliegen. Die nichttragenden Wände sind in Trockenbau hergestellt. Die vorgehängte, hinterlüftete Fassade ist mit farbigen Schichtstoffplatten ausgeführt, die Holz-Alufenster sind mit einer Dreifachverglasung ausgestattet. Umlaufend um die Geschosse wurden Fluchtbalkone aus Stahlbeton vorgehängt. Die zwei außenliegenden Treppentürme fungieren als Fluchttreppen und sind in Stahl errichtet. Das weit überstehende Flachdach ist extensive begrünt. Große Oberlichter bringen viel natürliches Licht über das große innenliegende Treppenhaus bis ins Untergeschoss.

Technische Anlagen

Die Wärmeerzeugung des Gebäudes erfolgt über eine Luft-Wasser-Wärmepumpe. Zur emissionsfreien Erzeugung von Strom für die Wärmepumpe dient auf dem Dach eine Photovoltaikanlage. Die Warmwasserversorgung der wenigen Entnahmestellen erfolgt dezentral, da das hygienischer und stagnationsfrei erfolgen kann.

Sonstiges

Sämtliche Rettungswege führen unmittelbar über die Fluchtbalkone nach außen. Die gesetzliche Grundlage war die EnEV 2013, jedoch musste als Energiestandard der KfW55-Standard eingehalten werden, da das Projekt durch das Land gefördert wurde (KIP-Förderprogramm).

Energetische Kennwerte

Gesetzliche Grundlage: EnEV 2013
Gebäudenutzfläche: 1.806,00 m^2
Gebäudevolumen: 6.287,00 m^3
A/V_e-Verhältnis (Kompaktheit): 0,86 m^{-1}
Hüllfläche des beheizten Volumens: 5.406,82 m^2
Spez. Transmissionswärmeverlust: 0,30 $W/(m^2 \cdot K)$
Mittlerer U-Wert (opake Bauteile): 0,16 $W/(m^2 \cdot K)$
Mittlerer U-Wert (transparente Bauteile): 1,00 $W/(m^2 \cdot K)$
Mittlerer U-Wert (Glasdächer, etc.): 1,80 $W/(m^2 \cdot K)$
Spez. Jahresprimärenergiebedarf: 33,30 $kWh/(m^2 \cdot a)$

Planungskennwerte für Flächen und Rauminhalte nach DIN 277

Flächen des Grundstücks		Menge Einheit	% an GF
BF	Bebaute Fläche	875,40 m²	13,0
UF	Unbebaute Fläche	5.854,60 m²	87,0
GF	Grundstücksfläche	6.730,00 m²	100,0

Grundflächen des Bauwerks		Menge Einheit	% an NUF	% an BGF
NUF	Nutzungsfläche	1.746,98 m²	100,0	65,7
TF	Technikfläche	47,24 m²	2,7	1,8
VF	Verkehrsfläche	586,94 m²	33,6	22,1
NRF	Netto-Raumfläche	2.381,16 m²	136,3	89,6
KGF	Konstruktions-Grundfläche	277,64 m²	15,9	10,4
BGF	Brutto-Grundfläche	2.658,80 m²	152,2	100,0

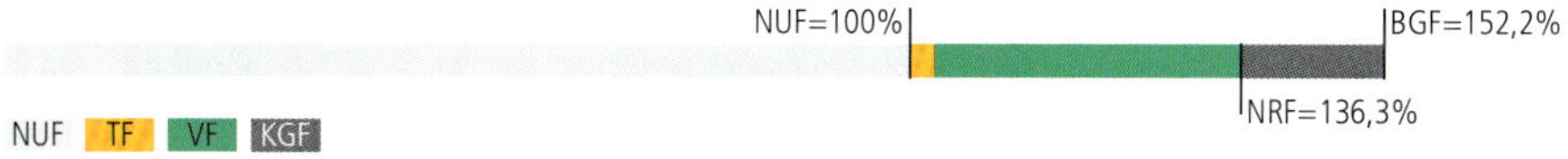

Brutto-Rauminhalt des Bauwerks		Menge Einheit	BRI/NUF (m)	BRI/BGF (m)
BRI	Brutto-Rauminhalt	10.368,20 m³	5,94	3,90

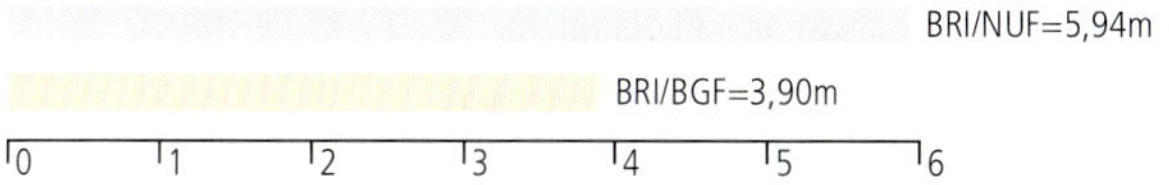

Kostenkennwerte für die Kostengruppen der 1. Ebene DIN 276

KG	Kostengruppen (1. Ebene)	Einheit	Kosten €	€/Einheit	€/m² BGF	€/m³ BRI	% 300+400
100	Grundstück	m² GF	–	–	–	–	–
200	Vorbereitende Maßnahmen	m² GF	–	–	–	–	–
300	Bauwerk – Baukonstruktionen	m² BGF	5.732.607	2.156,09	2.156,09	552,90	76,5
400	Bauwerk – Technische Anlagen	m² BGF	1.757.645	661,07	661,07	169,52	23,5
	Bauwerk 300+400	**m² BGF**	**7.490.252**	**2.817,16**	**2.817,16**	**722,43**	**100,0**
500	Außenanlagen und Freiflächen	m² AF	693.267	248,84	260,74	66,86	9,3
600	Ausstattung und Kunstwerke	m² BGF	–	–	–	–	–
700	Baunebenkosten	m² BGF	–	–	–	–	–
800	Finanzierung	m² BGF	–	–	–	–	–

KG	Kostengruppe	Menge Einheit	Kosten €	€/Einheit	%
3+4	**Bauwerk**				**100,0**
300	**Bauwerk – Baukonstruktionen**	2.658,80 m² BGF	5.732.607	**2.156,09**	76,5

Baugrubenaushub; Stb-Fundamente, Stb-Bodenplatte, Heizestrich, Kautschuk, Bodenfliesen, Abdichtung, Kiesfilterschicht, Perimeterdämmung; Stb-Wände, Mauerwerkswände, Stahlstützen, Holz-Alufenster, Wärmedämmung, hinterlüftete Schichtstoffplattenfassade, Beschichtung, Wandfliesen, Alu-Holz-Pfosten-Riegelfassade; GK-Wände, Stb-Stützen, Wandfliesen, Beschichtung, WC-Trennwände, mobile Trennwand; Stb-Decken, Stb-Fertigteilbalkone, Stb-Treppen, Heizestrich, Kautschuk, Bodenfliesen, abgehängte Rasterdecken, Schallschutzdecken, Stahl-Fluchttreppen, Stahlgeländer, Treppengeländer; Stb-Flachdach, Oberlichter, Dämmung, Abdichtung, extensive Dachbegrünung, außenliegende Dachentwässerung, abgehängte Rasterdecken, Schallschutzdecken, Eingangsüberdachung

KG	Kostengruppe	Menge Einheit	Kosten €	€/Einheit	%
400	**Bauwerk – Technische Anlagen**	2.658,80 m² BGF	1.757.645	**661,07**	23,5

Gebäudeentwässerung, Hebeanlage, Kalt- und Warmwasserleitungen, Sanitärobjekte; Luft-Wasser-Wärmepumpe, dezentrale Warmwasserbereiter, Fußbodenheizung; kontrollierte Be- und Entlüftung mit Wärmerückgewinnung, RWA-Anlage; Elektroinstallation, PV-Anlage, Beleuchtung; Elektroakustische Anlagen/Aufschaltung zur Feuerwehr, Rauchmelder; Personenaufzug

KG	Kostengruppe	Menge Einheit	Kosten €	€/Einheit	%
500	**Außenanlagen und Freiflächen**	2.786,00 m² AF	693.267	**248,84**	9,3

Oberbodenarbeiten, Bodenarbeiten; Betonpflaster auf Wegen, Terrassen, Vorplatz, wassergebundene Wegedecken, Stellplätze, Spielplatzflächen; Stabgitterzäune, Tore, Winkelstützmauern, Stufen, Treppen, Rampen; Sitzblöcke, Sitzbänke, Sitzpodest, Fahrradständer; Oberbodenauftrag, Gehölze, Stauden, Baum, Rasen; Regenwasserbecken

Objektbeschreibung

Allgemeine Objektinformationen

Der Neubau der Grundschule wurde als sechsgeschossiger Solitär in der historischen Bauflucht entlang der Straßenabwicklung positioniert. Die Sporthalle ist als oberste Etage über den Unterrichtsräumen gestapelt. Das führt nicht nur zu einer Vergrößerung der Pausen- und Spielflächen, sondern formuliert städtebaulich auch die Wichtigkeit des Gebäudes. Die Klassenräume sind im 2. und 3.Obergeschoss als Cluster um jeweils ein Forum angeordnet. Die zentrale vertikale Erschließung verbindet die vier schulischen Geschosse zu einer räumlichen Einheit.

Nutzung

1 Erdgeschoss
Foyer, Fachräume, Sanitärräume, Mensa/Aula, Ausgabeküche, Spülküche, Personalräume, Abstellräume, Technikräume, Büro, Lernwerkstatt, Treppenhäuser, Flure, Aufzug

5 Obergeschosse
1-3.Geschoss: Klassenzimmer, Büros Verwaltung, Fachräume, Archive, Sanitärräume, Treppenhäuser, Flure, Aufzug
4-5.Geschoss: Sporthalle, Geräteräume, Umkleideräume, Technik, Treppenhäuser, Flure, Aufzug

1 Dachgeschoss
Technikgraben, Lüftungszentrale

Nutzeinheiten

Klassen: 16
Schüler: 448

Grundstück

Bauraum: Baulücke
Neigung: Ebenes Gelände
Bodenklasse: BK 3 bis BK 5

Besonderer Kosteneinfluss Grundstück
Die Flachgründung erfolgte auf historischen Kellerresten.

Markt

Hauptvergabezeit: 1.Quartal 2019
Baubeginn: 3.Quartal 2019
Bauende: 4.Quartal 2021
Konjunkturelle Gesamtlage: über Durchschnitt
Regionaler Baumarkt: über Durchschnitt

Baukonstruktion

Der Massivbau gründet auf einer Stahlbeton-Flachgründung. Die Wände und Decken sind größtenteils mit Stb-Fertigteilen ausgeführt, die Fassaden in Stb-Sandwichbauweise mit Sichtbetonflächen. Die Holz-Alufenster sind mit einer Dreifachverglasung ausgestattet, die im Bereich der Sporthalle und des Erdgeschosses als Pfosten-Riegelkonstruktion zur Ausführung kamen. Bunte Senkrechtlamellen vor der Fassade strukturieren diese und dienen als Sonnenschutz. Die Halle wird über Lamellenfenster von oben belichtet. Die Innenwände sind in Stahlbeton, KS-Mauerwerk oder Trockenbau errichtet. Das Stb-Flachdach wird von 2m hohen Stahlfachwerkträgern getragen, über der Gefälledämmung abgedichtet und mit einer Photovoltaikanlage bestückt. Die Decke der Sporthalle ist mit einer ballwurfsicheren Akustikdecke bekleidet. Die meisten Böden wurden mit Linoleum und Bodenfliesen belegt. Im Eingangsbereich kam ein beschichteter Sichtestrich und Betonwerkstein zum Einsatz.

Technische Anlagen

Beheizt werden die Räume über Heizkörper die von Gasbrennwertthermen versorgt werden. In der Sporthalle sind Deckenstrahlheizkörper installiert. Maschinelle Lüftungsanlagen sorgen für die Belüftung sowohl der Klassenräume, als auch der Aula und Sporthalle. Die Lüftungszentrale und ein Kältegerät befinden sich auf dem Dach des 6.OGs. Auf dem Hallendach sind eine PV-Anlage und Solarthermie installiert.

Sonstiges

Der kompakte Baukörper generiert durch die Stapelung der Funktionen viel mehr Platz zum Spielen und Bewegen, der üblicherweise auf den innerstädtischen Schulgrundstücken zu eng bemessen ist. Im Zusammenspiel mit dem modularen Ergänzungsbau und dem Parkhaus schirmt der Neubau das Schulgebäude von der Straße ab und bildet einen eingefassten Schulhof.

Energetische Kennwerte

Gesetzliche Grundlage: EnEV 2013
Hüllfläche des beheizten Volumens: 7.235,00 m^2
Spez. Transmissionswärmeverlust: 0,41 W/(m^2·K)
Spez. Jahresprimärenergiebedarf: 64,80 kWh/(m^2·a)

Planungskennwerte für Flächen und Rauminhalte nach DIN 277

Flächen des Grundstücks		Menge Einheit	% an GF
BF	Bebaute Fläche	2.370,00 m²	15,4
UF	Unbebaute Fläche	13.040,00 m²	84,6
GF	Grundstücksfläche	15.410,00 m²	100,0

Grundflächen des Bauwerks		Menge Einheit	% an NUF	% an BGF
NUF	Nutzungsfläche	4.518,13 m²	100,0	58,6
TF	Technikfläche	129,41 m²	2,9	1,7
VF	Verkehrsfläche	1.976,76 m²	43,8	25,6
NRF	Netto-Raumfläche	6.624,30 m²	146,6	85,9
KGF	Konstruktions-Grundfläche	1.083,20 m²	24,0	14,1
BGF	Brutto-Grundfläche	7.707,50 m²	170,6	100,0

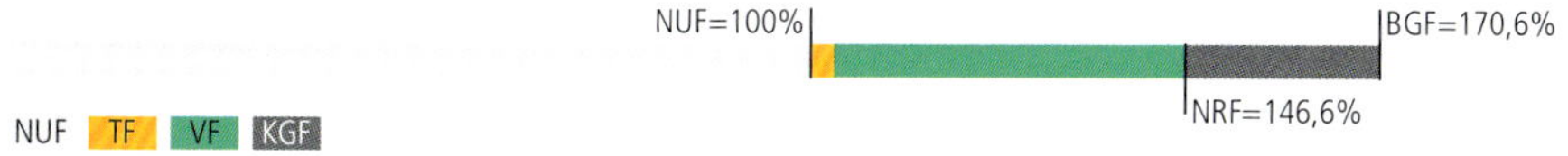

Brutto-Rauminhalt des Bauwerks		Menge Einheit	BRI/NUF (m)	BRI/BGF (m)
BRI	Brutto-Rauminhalt	28.442,90 m³	6,30	3,69

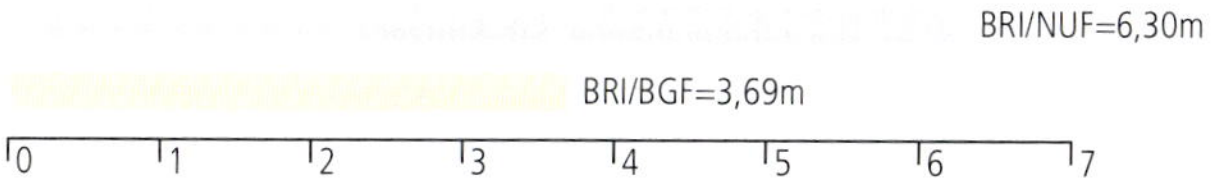

4100-0255
Gemeinschaftsschule
(6 Klassen)
(150 Schüler)
Bibliothek

Kostenkennwerte für die Kosten des Bauwerks (Kostengruppen 300+400 nach DIN 276)

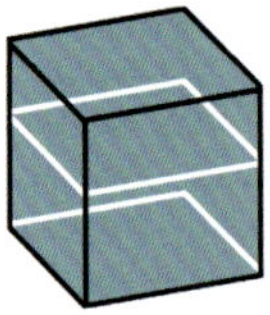

BRI 774 €/m^3

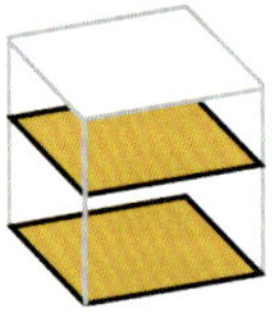

BGF 3.315 €/m^2

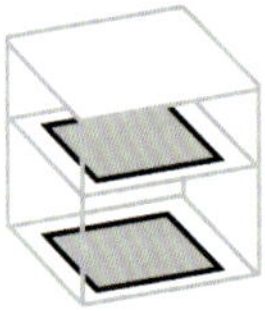

NUF 5.875 €/m^2

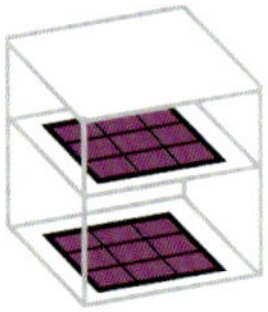

NE 39.847 €/NE
NE: Schüler

Objekt:
Kennwerte: 1. Ebene DIN 276
BRI: 7.720 m^3
BGF: 1.803 m^2
NUF: 1.017 m^2
Bauzeit: 178 Wochen
Bauende: 2021
Standard: hoch
Bundesland: Berlin
Kreis: Berlin, Stadt

Architekt*in:
kleyer.koblitz.letzel.freivogel
ges. v. architekten mbh
Naunynstraße 38
10999 Berlin

Bauherr*in:
Bezirksamt Neukölln
Karl-Marx-Straße 83
12040 Berlin

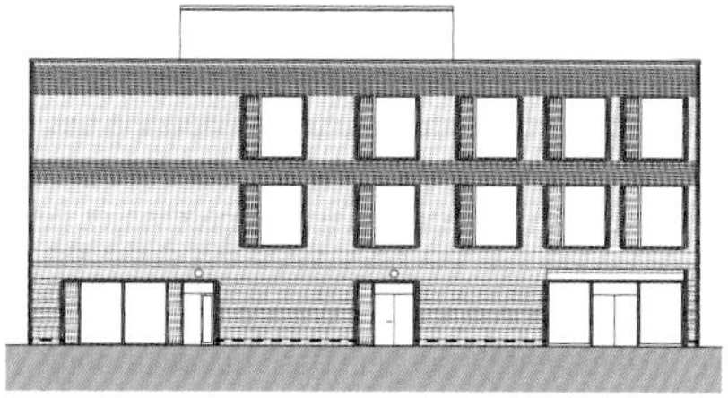
Ansicht Nord

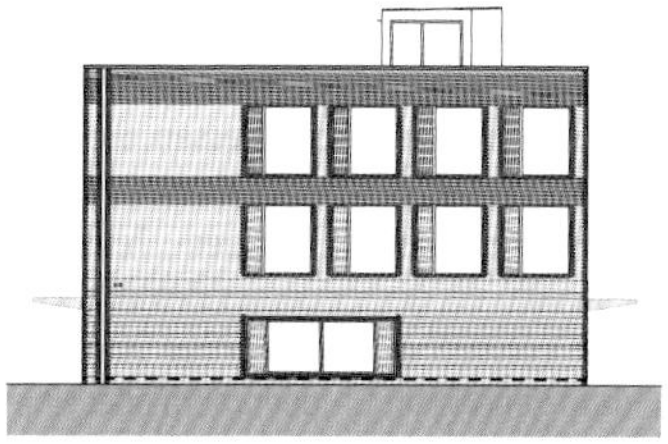
Ansicht Ost

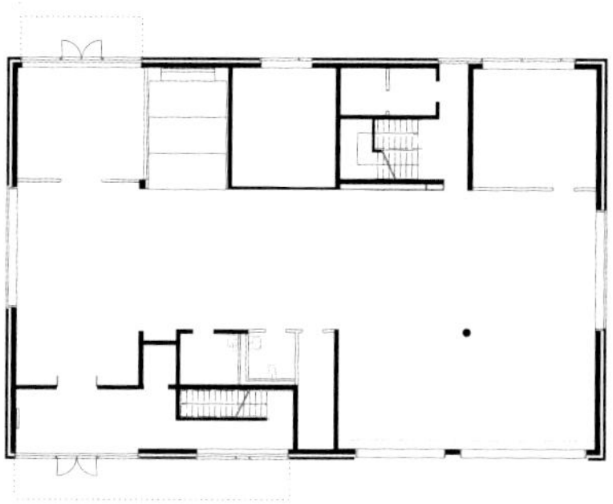
Erdgeschoss

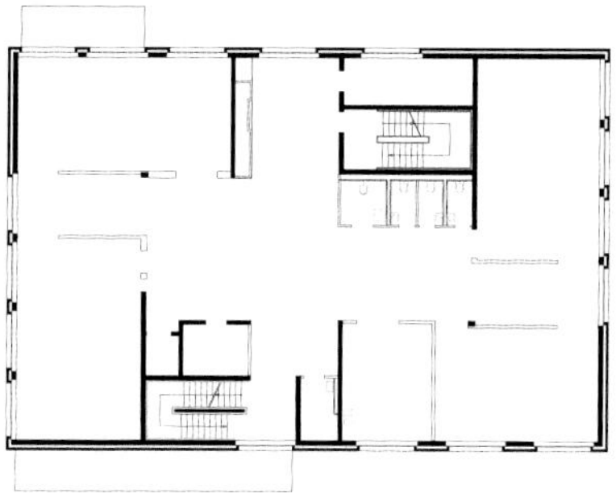
1. Obergeschoss

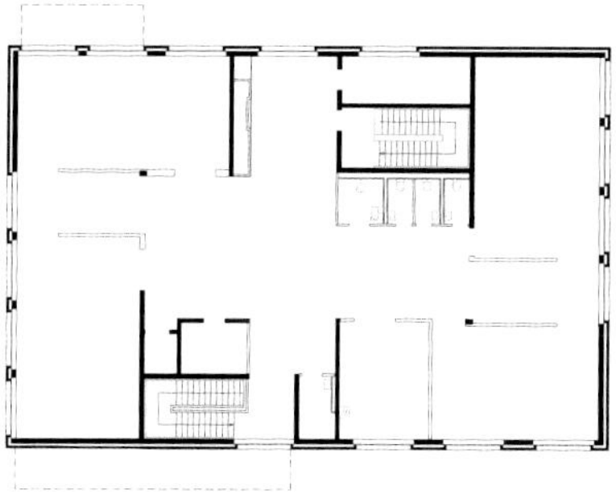
2. Obergeschoss

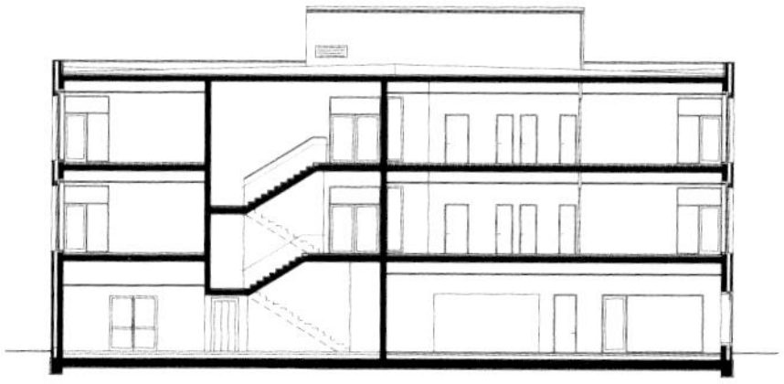
Schnitt A-A

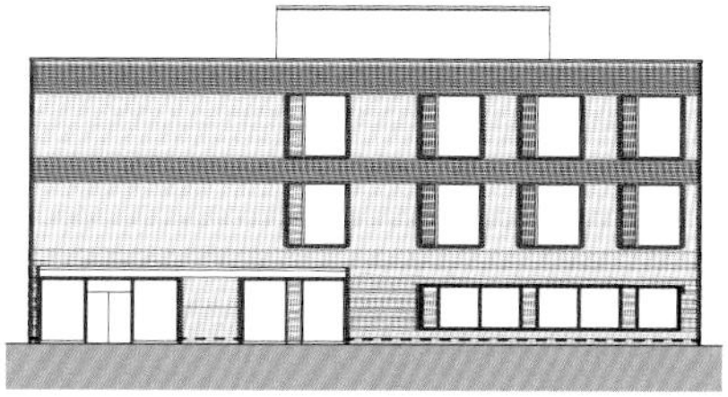
Ansicht Süd

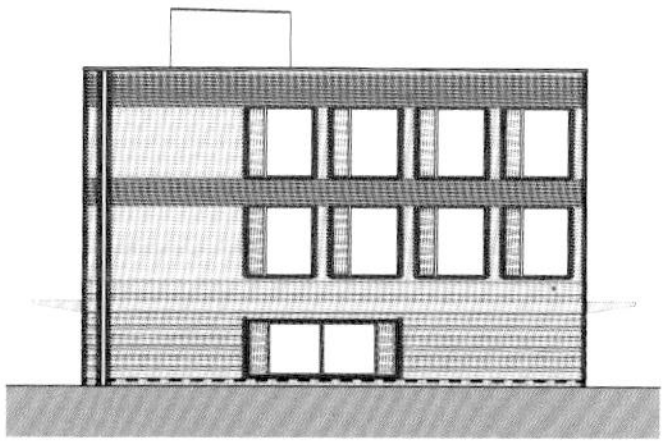
Ansicht West

Kostenkennwerte für die Kostengruppen der 1. Ebene DIN 276

KG	Kostengruppen (1. Ebene)	Einheit	Kosten €	€/Einheit	€/m² BGF	€/m³ BRI	% 300+400
100	Grundstück	m² GF	–	–	–	–	–
200	Vorbereitende Maßnahmen	m² GF	316.663	0,95	175,63	41,02	5,3
300	Bauwerk – Baukonstruktionen	m² BGF	4.629.937	2.567,91	2.567,91	599,73	77,5
400	Bauwerk – Technische Anlagen	m² BGF	1.347.172	747,18	747,18	174,50	22,5
	Bauwerk 300+400	**m² BGF**	**5.977.109**	**3.315,09**	**3.315,09**	**774,24**	**100,0**
500	Außenanlagen und Freiflächen	m² AF	–	–	–	–	–
600	Ausstattung und Kunstwerke	m² BGF	–	–	–	–	–
700	Baunebenkosten	m² BGF	–	–	–	–	–
800	Finanzierung	m² BGF	–	–	–	–	–

KG	Kostengruppe	Menge Einheit	Kosten €	€/Einheit	%
200	**Vorbereitende Maßnahmen**	333.400,00 m² GF	316.663	**0,95**	5,3
	Abbruch Modulgebäude, schadstoffbelastet, Tiefgründung, Außenbeläge; Baumfällungen				
3+4	**Bauwerk**				**100,0**
300	**Bauwerk – Baukonstruktionen**	1.803,00 m² BGF	4.629.937	**2.567,91**	77,5
	Baugrubenaushub; Bodenaustausch, Stb-Frostschürzen, Stb-Fundamentplatte, Dämmung, Heizestrich, Bodenfliesen, Vinyl, Sauberkeitsschicht; Stb-Wände, KS-Mauerwerk, Holzrahmenwände im DG, Holz-Alufenster, Dreifachverglasung, Alu-Eingangelemente, Dämmung, Verblendmauerwerk im wilden Verband, Innenputz, Beschichtung, Wandfliesen, Innenrollos, Absturzsicherung; Stb-Wände, Sichtbeton, KS-Mauerwerk, Stb-Stützen, Holztüren, RS-Türen, Innenputz, Beschichtung, Sanitärtrennwände; Stb-Decken, Stb-Treppen, Dämmung, Heizestrich, Bodenfliesen, Vinyl, abgehängte Akustikdecken, Treppengeländer; Stb-Flachdach, Holzbalkendach im DG, Oberlichter, Gefälledämmung, Abdichtung, Dachentwässerung; Sicherungsmaßnahmen				
400	**Bauwerk – Technische Anlagen**	1.803,00 m² BGF	1.347.172	**747,18**	22,5
	Gebäudeentwässerung, Kalt- und Warmwasserleitungen, Sanitärobjekte; Fernwärmeanschluss, Fußbodenheizung; dezentrale Be- und Entlüftung; Elektroinstallation, Beleuchtung, Blitzschutzanlage; Rauchmelder, elektroakustische Alarmanlage, Datenübertragungsanlage; Personenaufzug; Teeküchenanlagen; Gebäudeautomation				

4200-0043
Pflegeschule
(14 Klassen)
(285 Schüler)

Kostenkennwerte für die Kosten des Bauwerks (Kostengruppen 300+400 nach DIN 276)

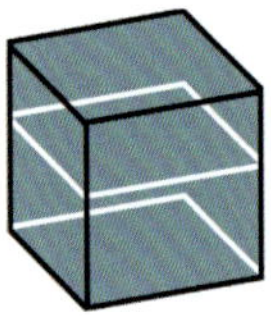

BRI 590 €/m³

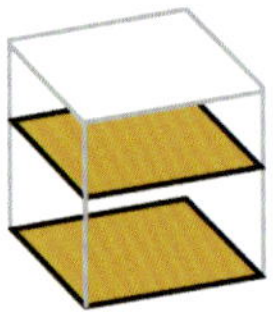

BGF 2.518 €/m²

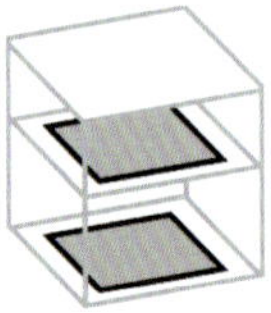

NUF 4.481 €/m²

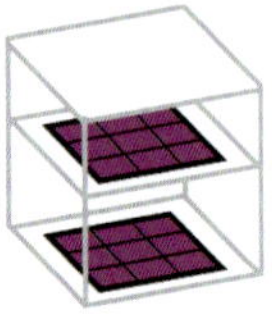

NE 24.753 €/NE
NE: Schüler

Objekt:
Kennwerte: 1.Ebene DIN 276
BRI: 11.962 m³
BGF: 2.801 m²
NUF: 1.575 m²
Bauzeit: 82 Wochen
Bauende: 2023
Standard: mittel
Bundesland: Nordrhein-Westfalen
Kreis: Paderborn

Architekt*in:
LPH 1-4
Architekten BDA
Naujack.Rind.Hof GmbH
Bahnhofplatz 7
56068 Koblenz

LPH 5-9
brüchner-hüttemann pasch
bhp Architekten +
Generalplaner GmbH
Niederwall 10
33602 Bielefeld

Bauherr*in:
Brüderkrankenhaus
St. Josef
Husener Straße 46
33098 Paderborn

© Jörg Hempel, Aachen

© Jörg Hempel, Aachen

© Jörg Hempel, Aachen

Kostenstand: 2. Quartal 2025, Bundesdurchschnitt, **inkl. 19% MwSt.**

4200-0043
Pflegeschule
(14 Klassen)
(285 Schüler)

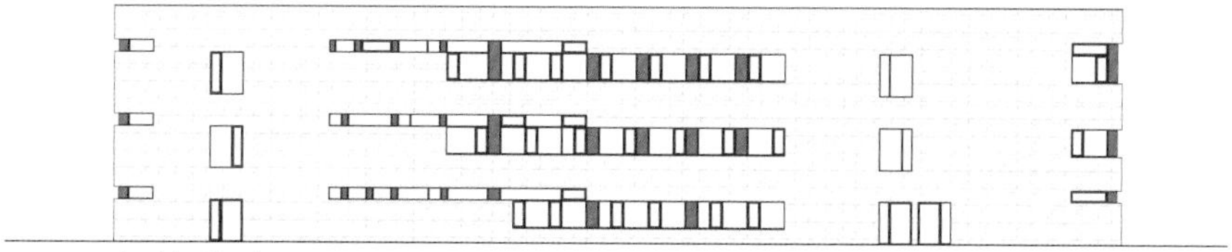

Ansicht Nord

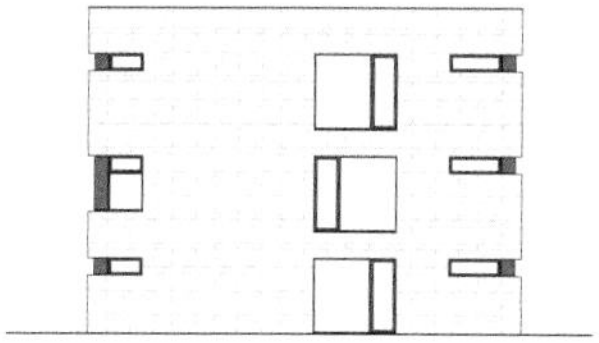

Ansicht Ost

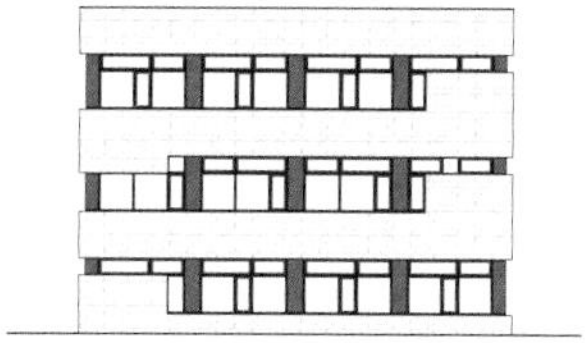

Ansicht West

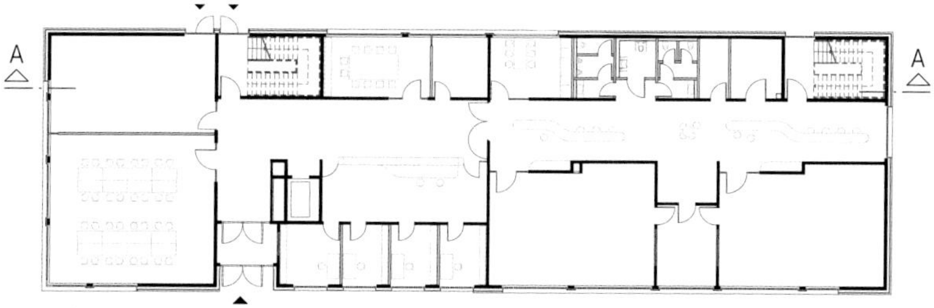

Erdgeschoss

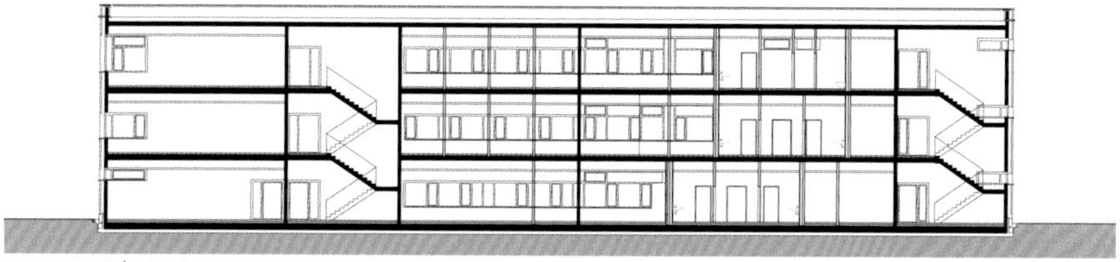

Schnitt A-A

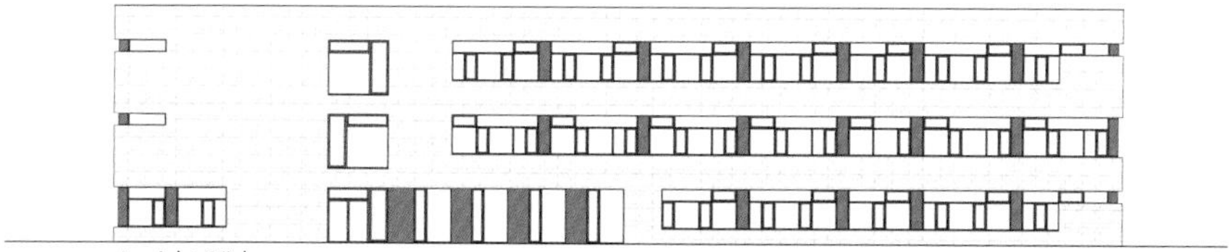

Ansicht Süd

4200-0043
Pflegeschule
(14 Klassen)
(285 Schüler)

Objektbeschreibung

Allgemeine Objektinformationen

Der Neubau der Schule für Pflege und Gesundheit wurde als kompakter dreigeschossiger Baukörper realisiert. Die Fassadengestaltung wird geprägt durch großzügige Fensteröffnungen, die spielerisch über die Klinkerfassade verlaufen. Die Klinkerfassade gibt der Kubatur eine markante Optik und zeigt den Wunsch des Bauherrn nach energieeffizientem und nachhaltigem Bauen. Die Unterrichtsräume befinden sich im 1. und 2.OG, im EG sind Empfang, Verwaltung und Lehrerzimmer verortet. Lerninseln innerhalb der großzügigen Flure dienen als Kommunikations- und Begegnungszonen.

Nutzung

1 Erdgeschoss
Windfang, Empfang, Sekretariat, Verwaltungsbüros, Fachräume, Besprechungszimmer, Mehrzweckraum, Lehrerzimmer, Lehrerküche, Sanitärräume, Archiv, Technikräume, Treppenhäuser, Aufzüge, Flure

2 Obergeschosse
Klassenräume, Teeküchen, Gruppenräume, Bibliothek, Sanitärräume, Einzelbüros, Lager, Treppenhäuser, Aufzüge, Flure

Nutzeinheiten

Klassen: 14
Schüler: 285

Grundstück

Bauraum: Freier Bauraum
Neigung: Ebenes Gelände
Bodenklasse: BK 1 bis BK 5

Markt

Hauptvergabezeit: 4.Quartal 2021
Baubeginn: 4.Quartal 2021
Bauende: 2.Quartal 2023
Konjunkturelle Gesamtlage: über Durchschnitt
Regionaler Baumarkt: Durchschnitt

Baukonstruktion

Das Gebäude wurde in Massivbauweise aus Stahlbeton im Konstruktionsraster (1,35 x 1,35m, bzw. 5,40m) errichtet. Es verfügt über eine Stahlbetonsohle und Außenwände mit Ziegelverblendung sowie mineralischer Wärmedämmung. Ein außenliegender Sonnenschutz mit motorisch gesteuerten Raffstorelamellen und Führungsschienen ist installiert. Die Innenwände sind glatt gespachtelt und beschichtet. Eine abgehängte Decke verbessert die Akustik im Raum. Die Fußböden sind mit Fliesen auf Estrich oder mit Linoleum oder Teppichfliesen ausgelegt. Das Stahlbetonflachdach verfügt über Gefälledämmung und Abdichtung.

Technische Anlagen

Die Beheizung erfolgt durch eine reversible Luft-Wasser-Wärmepumpe auf dem Dach, kombiniert mit einem Gasbrennwertkessel im Heizungsraum. Eine Fußbodenheizung mit Einzelraumregelung sorgt für Heiz- und Kühlfunktion. Die Trinkwasserversorgung erfolgt mit Kaltwasser und dezentralen Durchlauferhitzern. Zur Trinkwasserhygiene werden die Leitungen durchgeschliffen. Für die Sanitärbereiche und Aufenthaltszonen ist eine mechanische Be- und Entlüftung mit einem kombinierten Zu- und Abluftgerät auf dem Dach installiert, das Luft umwälzt, filtert, erhitzt, kühlt und Wärmerückgewinnung ermöglicht. Die Zuluft wird konstant auf die gewünschte Innentemperatur geregelt.

Sonstiges

Das Gebäude zeichnet sich durch eine vielseitige Nutzung aus. Die großzügig gestalteten Flure dienen als Begegnungsort und bieten gleichzeitig Raum für Arbeitsbereiche in Form von Lerninseln. Die Signaletik betont diese Bereiche mit farblichen Akzenten, die sich in kontinuierlichen Intarsien widerspiegeln.

Energetische Kennwerte

Gesetzliche Grundlage: GEG 2020
Gebäudenutzfläche: 2.541,00 m²
Hüllfläche des beheizten Volumens: 3.609,90 m²
Spez. Transmissionswärmeverlust: 0,47 W/(m²·K)
Mittlerer U-Wert (opake Bauteile): 0,23 W/(m²·K)
Mittlerer U-Wert (transparente Bauteile): 1,30 W/(m²·K)
Spez. Jahresprimärenergiebedarf: 143,90 kWh/(m²·a)

Planungskennwerte für Flächen und Rauminhalte nach DIN 277

Flächen des Grundstücks		Menge Einheit	% an GF
BF	Bebaute Fläche	933,75 m²	11,7
UF	Unbebaute Fläche	7.068,25 m²	88,3
GF	Grundstücksfläche	8.002,00 m²	100,0

Grundflächen des Bauwerks		Menge Einheit	% an NUF	% an BGF
NUF	Nutzungsfläche	1.574,50 m²	100,0	56,2
TF	Technikfläche	13,63 m²	0,9	0,5
VF	Verkehrsfläche	755,12 m²	48,0	27,0
NRF	Netto-Raumfläche	2.343,25 m²	148,8	83,7
KGF	Konstruktions-Grundfläche	458,00 m²	29,1	16,3
BGF	Brutto-Grundfläche	2.801,25 m²	177,9	100,0

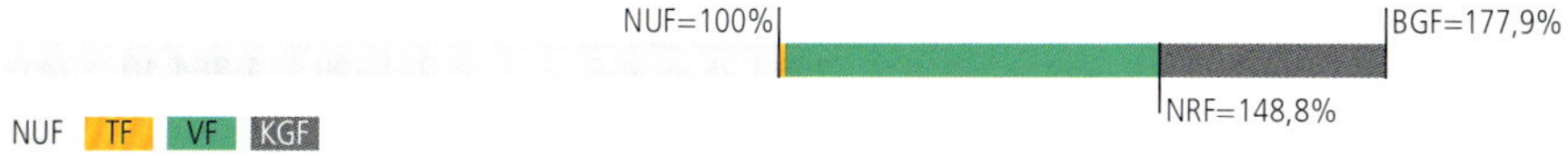

Brutto-Rauminhalt des Bauwerks		Menge Einheit	BRI/NUF (m)	BRI/BGF (m)
BRI	Brutto-Rauminhalt	11.961,84 m³	7,60	4,27

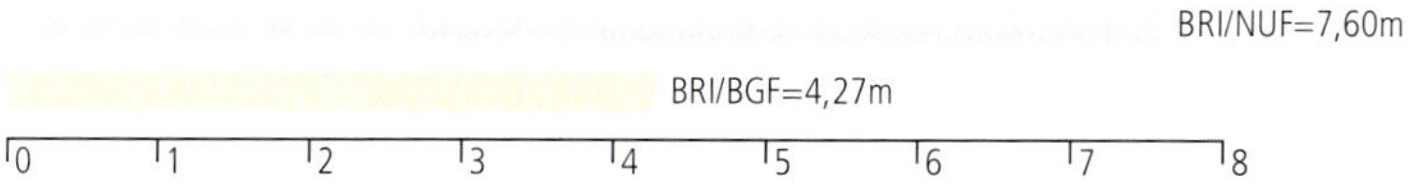

4300-0027
Schule für Kinder mit Sehbeeinträchtigung (6 Klassen, 38 Schüler)

Kostenkennwerte für die Kosten des Bauwerks (Kostengruppen 300+400 nach DIN 276)

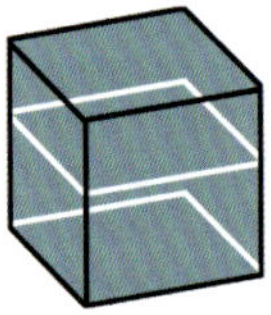

BRI 993 €/m^3

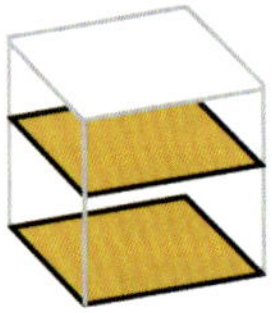

BGF 3.930 €/m^2

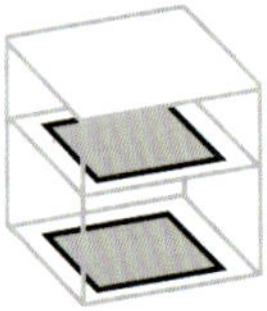

NUF 7.269 €/m^2

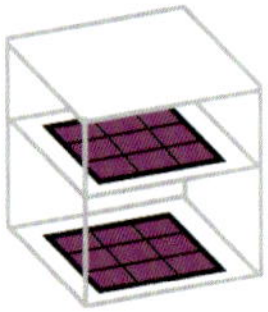

NE 398.633 €/NE
NE: Schüler

Objekt:
Kennwerte: 1.Ebene DIN 276
BRI: 15.250 m^3
BGF: 3.854 m^2
NUF: 2.084 m^2
Bauzeit: 148 Wochen
Bauende: 2022
Standard: hoch
Bundesland: Bayern
Kreis: Aschaffenburg, Stadt

Architekt*in:
LPH 2-8
Georg Scheel Wetzel
Architekten GmbH
Marienstraße 10
10117 Berlin

LPH 6-9
Seitz Architektur
Rossmarkt 33
63739 Aschaffenburg

© Stefan Müller, Berlin

© Stefan Müller, Berlin

© Stefan Müller, Berlin

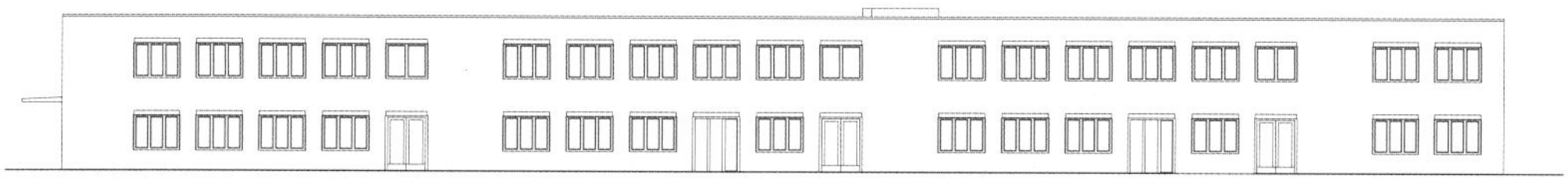

Ansicht Ost

Erdgeschoss

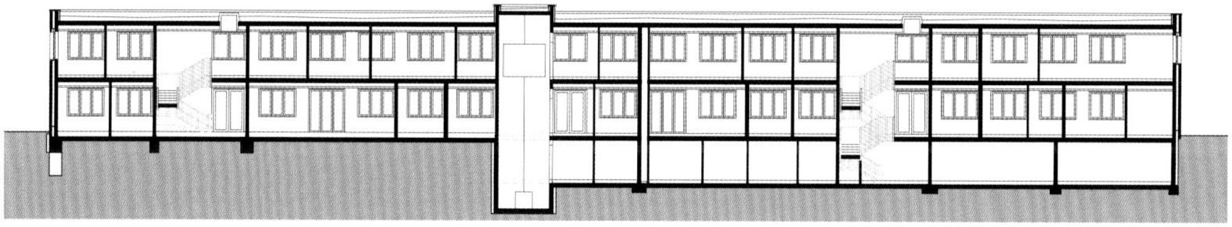

Schnitt A-A

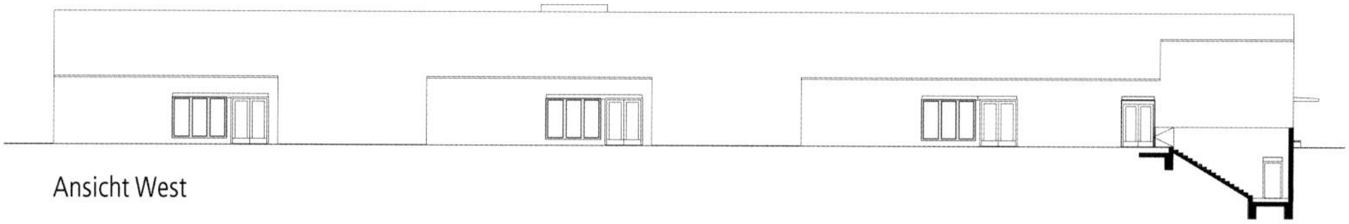

Ansicht West

Objektbeschreibung

Allgemeine Objektinformationen

In dem L-förmigen Gebäuderiegel der Förderschule sind die übergeordneten Verwaltungs-, Versorgungs-, Therapie,- und Veranstaltungsräume untergebracht. Die Klassenräume schließen sich orthogonal in Ost-West-Richtung in eingeschossigen Fingerbauteilen an den Gebäudekomplex an. Sie befinden sich geschützt um begrünte Innenhöfe. An der südlichen Gebäudeflanke befindet sich der großzügig geöffnete Haupteingang. Dem Eingangsbereich vorgelagert ist ein großzügig dimensionierter Vorplatz angelegt, welcher dazu dient, das tägliche Bringen und Abholen der Kinder in Kleinbussen vor dem Haus möglichst reibungslos zu organisieren.

Nutzung

1 Untergeschoss
Lager, Archiv, Technik, Personalumkleide, Flure, Treppenhäuser, Aufzüge

1 Erdgeschoss
Garderobe, Gruppenräume, Klassenräume, Ruheräume, Sanitärbereiche, Abstellräume, Personalräume, Flure, Treppenhäuser, Aufzüge

1 Obergeschoss
Therapieräume, Mehrzweckraum, Werkräume, Musikraum, Pausenraum, Lehrerzimmer, Sekretariat, Büros, WCs, Abstellräume, Therapiebad, Duschräume, Umkleideräume, Flure, Treppenhäuser, Aufzüge

Nutzeinheiten

Klassen: 6
Schüler: 38

Grundstück

Bauraum: Freier Bauraum
Neigung: Ebenes Gelände
Bodenklasse: BK 3 bis BK 4

Markt

Hauptvergabezeit: 1. Quartal 2020
Baubeginn: 1. Quartal 2020
Bauende: 4. Quartal 2022
Konjunkturelle Gesamtlage: über Durchschnitt
Regionaler Baumarkt: Durchschnitt

Baukonstruktion

Das Gebäude gründet auf Stahlbeton-Streifenfundamenten und Stahlbeton-Bodenplatten aus wasserundurchlässigem Beton. Die teils betonierten, teils gemauerten massiven Außenwände sind mit gedämmten Verblendklinkern bekleidet. Die eingefärbten Stahlbetonfertigstürze und -stützen sind kerngedämmt. Die Holzfenster mit Aluminiumdeckschalen wurden mit einer Dreifachverglasung ausgestattet. Als Sonnenschutz sind Lamellenraffstores in die Fassade eingelassen. Die Decken und Flachdächer sind ebenfalls aus Stahlbeton. Auf der bituminösen Abdichtung wurden die Dächer begrünt.

Technische Anlagen

Die Wärmeerzeugung erfolgt über eine Gasbrennwertkaskade. Die Wärmeverteilung wird durch eine Fußbodenheizung erzielt. Eine zentrale Lüftungsanlage wurde nur im zentralen Foyer und im Therapiebad eingebaut. Die übrigen Räume werden über dezentrale Fensterlüftungen mit Wärmerückgewinnung raumweise mit Frischluft versorgt. Auf dem dreigeschossigen Gebäudeteil wurde eine PV-Anlage installiert.

Sonstiges

Die Förderschule für mehrfach sehbehinderte Kinder wurde wegen der Nutzungsanforderung weitestgehend in eingeschossiger Bauweise ausgeführt. Es wurden erhöhte Anforderungen an die Barrierefreiheit gestellt. Die Räume in den oberen Etagen können über Aufzüge erreicht werden.

Energetische Kennwerte

Gesetzliche Grundlage: EnEV 2013
Gebäudenutzfläche: 3.280,00 m^2
Spez. Jahresprimärenergiebedarf: 107,10 kWh/($m^2 \cdot a$)
CO_2-Emissionen: 23,70 kg/($m^2 \cdot a$)

Planungskennwerte für Flächen und Rauminhalte nach DIN 277

Flächen des Grundstücks		Menge Einheit	% an GF
BF	Bebaute Fläche	2.449,00 m²	36,2
UF	Unbebaute Fläche	4.311,00 m²	63,8
GF	Grundstücksfläche	6.760,00 m²	100,0

Grundflächen des Bauwerks		Menge Einheit	% an NUF	% an BGF
NUF	Nutzungsfläche	2.083,96 m²	100,0	54,1
TF	Technikfläche	150,48 m²	7,2	3,9
VF	Verkehrsfläche	882,33 m²	42,3	22,9
NRF	Netto-Raumfläche	3.116,77 m²	149,6	80,9
KGF	Konstruktions-Grundfläche	737,63 m²	35,4	19,1
BGF	Brutto-Grundfläche	3.854,40 m²	185,0	100,0

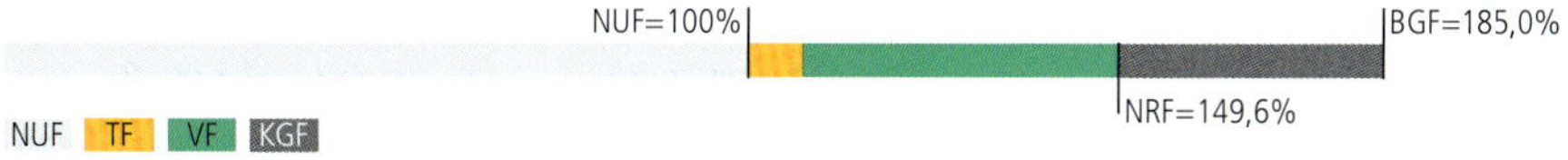

Brutto-Rauminhalt des Bauwerks		Menge Einheit	BRI/NUF (m)	BRI/BGF (m)
BRI	Brutto-Rauminhalt	15.250,00 m³	7,32	3,96

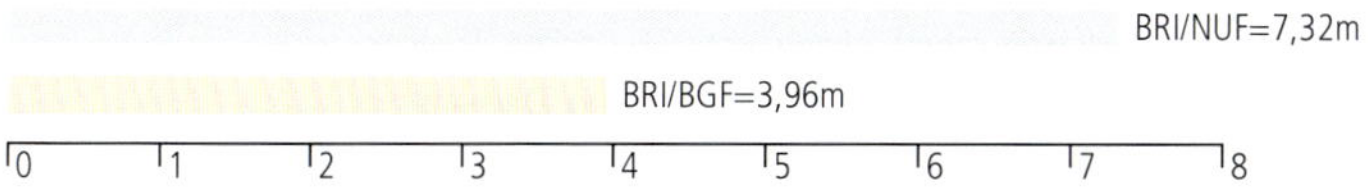

4300-0027
Schule für Kinder mit Sehbeeinträchtigung (6 Klassen, 38 Schüler)

Kostenkennwerte für die Kostengruppen der 1. Ebene DIN 276

KG	Kostengruppen (1. Ebene)	Einheit	Kosten €	€/Einheit	€/m² BGF	€/m³ BRI	% 300+400
100	Grundstück	m² GF	–	–	–	–	–
200	Vorbereitende Maßnahmen	m² GF	–	–	–	–	–
300	Bauwerk – Baukonstruktionen	m² BGF	10.708.257	2.778,19	2.778,19	702,18	70,7
400	Bauwerk – Technische Anlagen	m² BGF	4.439.805	1.151,88	1.151,88	291,13	29,3
	Bauwerk 300+400	**m² BGF**	**15.148.063**	**3.930,07**	**3.930,07**	**993,32**	**100,0**
500	Außenanlagen und Freiflächen	m² AF	1.381.196	320,39	358,34	90,57	9,1
600	Ausstattung und Kunstwerke	m² BGF	–	–	–	–	–
700	Baunebenkosten	m² BGF	–	–	–	–	–
800	Finanzierung	m² BGF	–	–	–	–	–

KG	Kostengruppe	Menge Einheit	Kosten €	€/Einheit	%
3+4	**Bauwerk**				**100,0**
300	**Bauwerk – Baukonstruktionen**	3.854,40 m² BGF	10.708.257	**2.778,19**	70,7

Baugrubenaushub; Stb-Streifenfundamente, Stb-Bodenplatte, WU, Dämmung, Estrich, Betonwerkstein, Beschichtung, Perimeterdämmung; Stb-Wände, kerngedämmte Betonstützen, Holz-Alufenster, Dreifachverglasung, Dämmung, Verblendklinker, Innenputz, Wandfliesen, Beschichtung, Lamellen-Raffstores; Stb-Wände, KS-Mauerwerk, GK-Wände, Stb-Stützen, Holztüren, RS-Türen, Stahltüren F90, Innenputz, Wandfliesen, Beschichtung, WC-Trennwände, Glaswände; Stb-Decken, Stb-Treppen, Dämmung, Heizestrich, Betonwerkstein, Linoleum, Industrieparkett, abgehängte GK-Decken, Treppengeländer; Stb-Flachdächer, Oberlichter, Gefälledämmung, Abdichtung, Dachbegrünung, Dachentwässerung, abgehängte GK-Decken; Teeküchen, Einbauten

KG	Kostengruppe	Menge Einheit	Kosten €	€/Einheit	%
400	**Bauwerk – Technische Anlagen**	3.854,40 m² BGF	4.439.805	**1.151,88**	29,3

Gebäudeentwässerung, Kalt- und Warmwasserleitungen, Sanitärobjekte; Gas-Brennwertkaskade, Heizungsrohre, Fußbodenheizung, Heizkörper; Lüftungsanlage, Fensterlüftung mit Wärmerückgewinnung; PV-Anlage, Elektroinstallationen, Beleuchtung, Sicherheitsleuchten; Telekommunikationsanlage, Rauchmeldeanlage; Personenaufzüge; Therapiebad

KG	Kostengruppe	Menge Einheit	Kosten €	€/Einheit	%
500	**Außenanlagen und Freiflächen**	4.311,00 m² AF	1.381.196	**320,39**	9,1

Außenanlagen barrierefrei, ausgelegt auf Kinder mit Sehbehinderung

4400-0385
Kindertagesstätte
(2 Gruppen)
(50 Kinder)

Kostenkennwerte für die Kosten des Bauwerks (Kostengruppen 300+400 nach DIN 276)

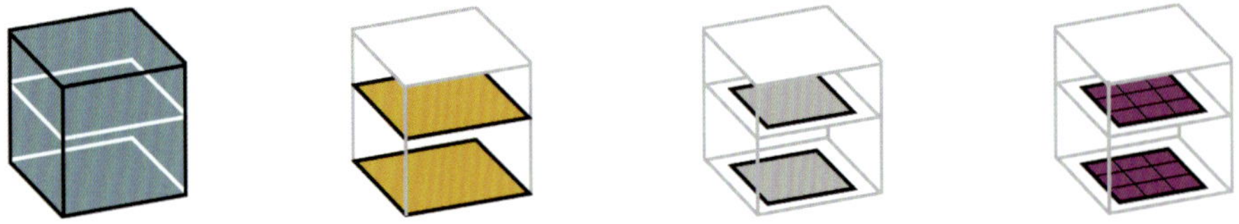

BRI 1.131 €/m³ | BGF 3.541 €/m² | NUF 4.629 €/m² | NE 24.622 €/NE

NE: Kinder

Objekt:
Kennwerte: 1.Ebene DIN 276
BRI: 1.089 m³
BGF: 348 m²
NUF: 266 m²
Bauzeit: 30 Wochen
Bauende: 2022
Standard: mittel
Bundesland: Niedersachsen
Kreis: Osnabrück, Stadt

Architekt*in:
Plan.Concept
Architekten GmbH
Blumenmorgen 2
49090 Osnabrück

Bauherr*in:
Stadt Osnabrück
Bierstraße 33-36
49074 Osnabrück

© Plan.Concept Architekten

© Plan.Concept Architekten

© Plan.Concept Architekten

Kostenstand: 2.Quartal 2025, Bundesdurchschnitt, **inkl. 19% MwSt.**

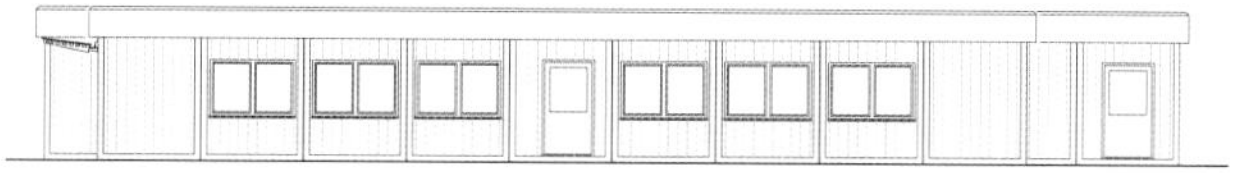

Ansicht Nord-West

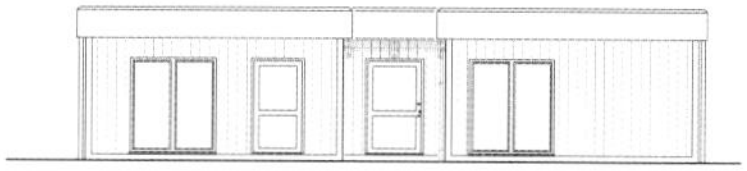

Ansicht Süd-West

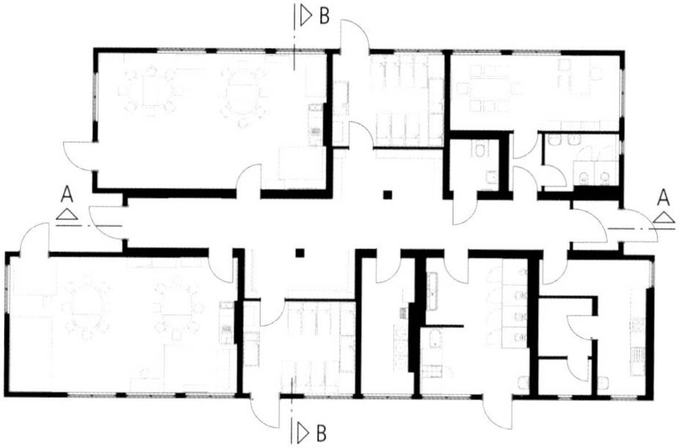

Erdgeschoss

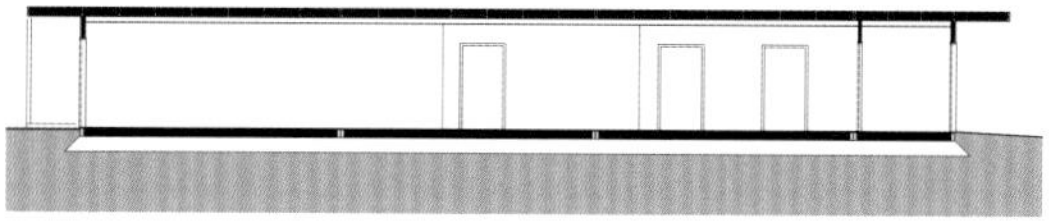

Schnitt A-A

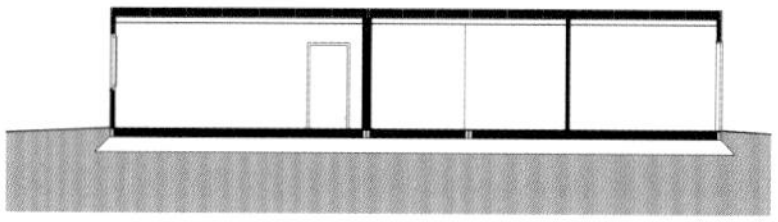

Schnitt B-B

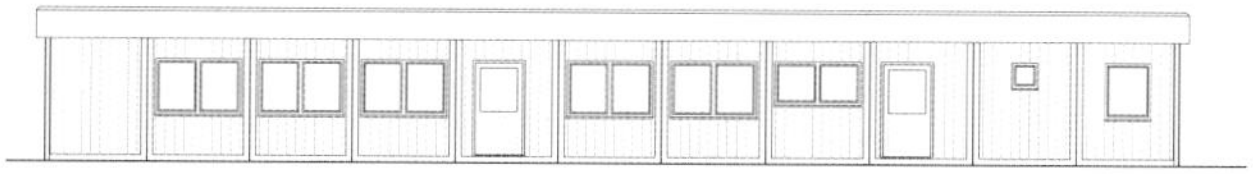

Ansicht Nord-Ost

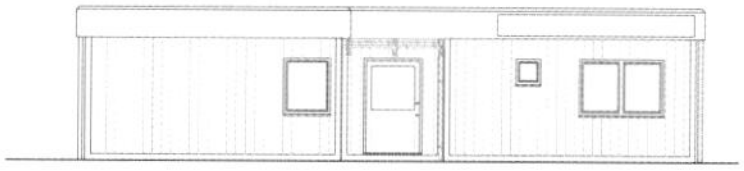

Ansicht Süd-Ost

4400-0385
Kindertagesstätte
(2 Gruppen)
(50 Kinder)

Objektbeschreibung

Allgemeine Objektinformationen

Die Kindertagesstätte ist in Modulbauweise errichtet und ist als Ausweichfläche für Kitas gedacht, deren Bestandsgebäude saniert wird. Bis zu zwei Kindergartengruppen mit insgesamt 50 Kindern finden hier ihren Platz.

Nutzung

1 Erdgeschoss
Gruppenräume, Spielflur, Ruheräume, Ausgabeküche, Personal, Garderoben, WC- und Waschraum, Lager, Hausanschlussraum

Nutzeinheiten

Gruppen: 2
Kinder: 50

Grundstück

Bauraum: Freier Bauraum
Neigung: Ebenes Gelände
Bodenklasse: BK 3 bis BK 4

Markt

Hauptvergabezeit: 3.Quartal 2021
Baubeginn: 4.Quartal 2021
Bauende: 2.Quartal 2022
Konjunkturelle Gesamtlage: über Durchschnitt
Regionaler Baumarkt: Durchschnitt

Baukonstruktion

Aufgrund der kurzen Planungs- und Bauzeit wurde ein Modulbau gewählt. Die Kita besteht aus 23 Kaufcontainern mit Einzelmaßen von 2,50 x 6,00m. Sie gründen auf Betonplatten zur Lastverteilung auf einer verdichteten Schotterschicht. Die Außenwand- und Dachkonstruktionen bestehen aus einer Stehfalz-Außenschicht vor einer Mineralfaserdämmplatte und einer Spanplatte auf der Innenseite. Die Böden wurden auf zementgebundenen Spanplatten mit Linoleum belegt. Es wurden Kunststofffenster mit einer Dreifachverglasung eingebaut.

Technische Anlagen

Eine Luft-Wärmepumpe mit Deckeneinbaugeräten beheizt und kühlt das Gebäude. Für die Warmwasserversorgung sind dezentrale Elektroboiler mit Verbrühschutz eingebaut. In den Gruppenräumen wurden dimmbare LED-Leuchten eingebaut. Die Container sind flächendeckend mit Rauchmeldern ausgestattet.

Sonstiges

Der Flur- und Garderobenbereich dient auch als Spielfläche für die Kinder. Die Kita wurde nach den Vorgaben des Gebäudeenergiegesetzes 2020 erstellt. Um die Anforderungen einzuhalten, sind die Module zusätzlich wärmegedämmt. Für die Regenwasserableitung erhielt das Gebäude ein Zusatzdach als Kaltdach.

Planungskennwerte für Flächen und Rauminhalte nach DIN 277

Flächen des Grundstücks		Menge Einheit	% an GF
BF	Bebaute Fläche	347,67 m²	15,5
UF	Unbebaute Fläche	1.900,33 m²	84,5
GF	Grundstücksfläche	2.248,00 m²	100,0

Grundflächen des Bauwerks		Menge Einheit	% an NUF	% an BGF
NUF	Nutzungsfläche	265,93 m²	100,0	76,5
TF	Technikfläche	3,23 m²	1,2	0,9
VF	Verkehrsfläche	25,78 m²	9,7	7,4
NRF	Netto-Raumfläche	294,94 m²	110,9	84,8
KGF	Konstruktions-Grundfläche	52,73 m²	19,8	15,2
BGF	Brutto-Grundfläche	347,67 m²	130,7	100,0

Brutto-Rauminhalt des Bauwerks		Menge Einheit	BRI/NUF (m)	BRI/BGF (m)
BRI	Brutto-Rauminhalt	1.088,91 m³	4,10	3,13

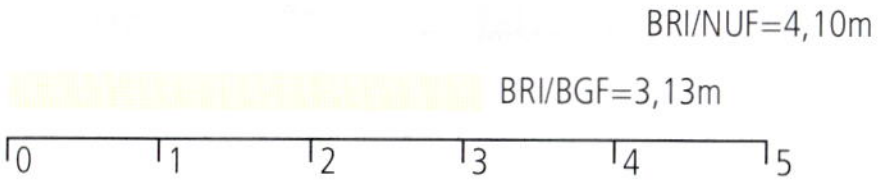

4400-0393
Kindertagesstätte
(7 Gruppen)
(136 Kinder)

Kostenkennwerte für die Kosten des Bauwerks (Kostengruppen 300+400 nach DIN 276)

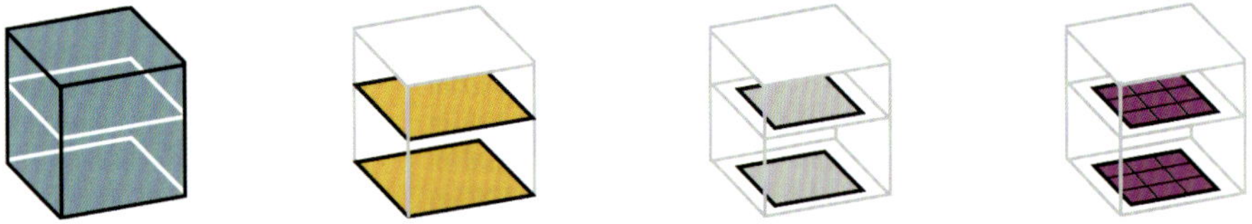

BRI 738 €/m³ | BGF 3.105 €/m² | NUF 5.194 €/m² | NE 44.898 €/NE

NE: Kinder

Objekt:
Kennwerte: 1.Ebene DIN 276
BRI: 8.272 m³
BGF: 1.967 m²
NUF: 1.176 m²
Bauzeit: 78 Wochen
Bauende: 2020
Standard: hoch
Bundesland: Bayern
Kreis: Bamberg

Architekt*in:
Schmitt Vogels
Architekten GmbH
Luitpoldstraße 25
96052 Bamberg

Bauherr*in:
Gemeinde Memmelsdorf
Rathausplatz 1
96117 Memmelsdorf

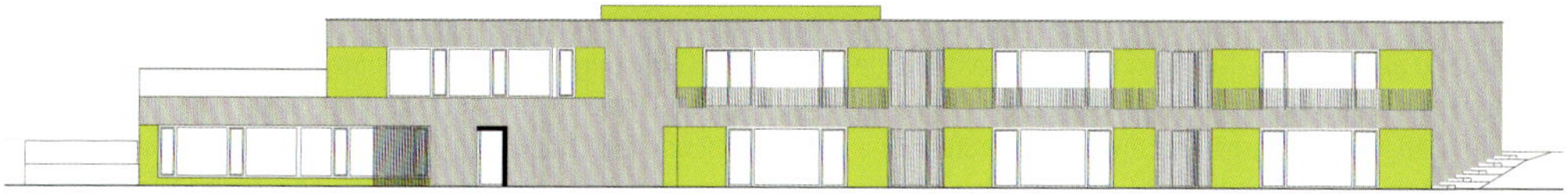

Ansicht West

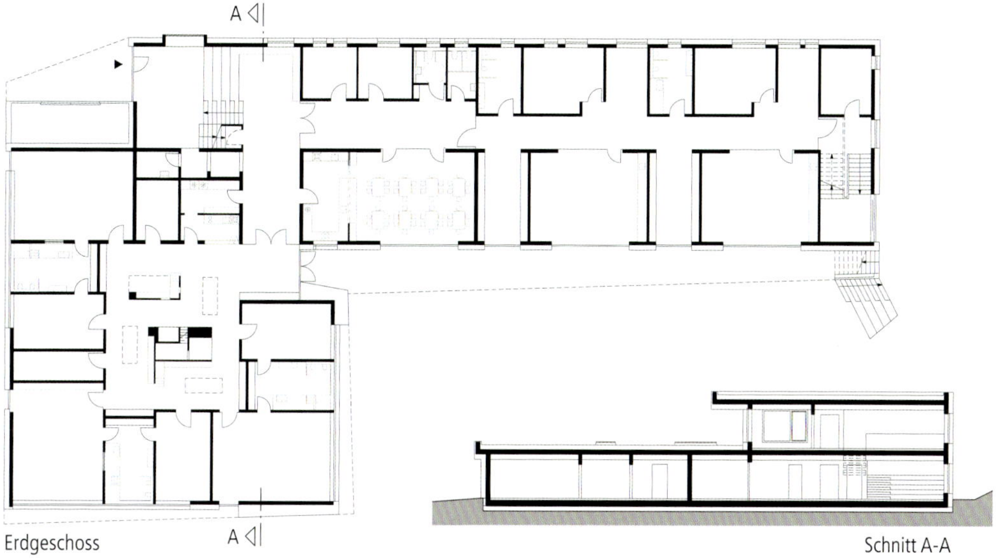

Erdgeschoss

Schnitt A-A

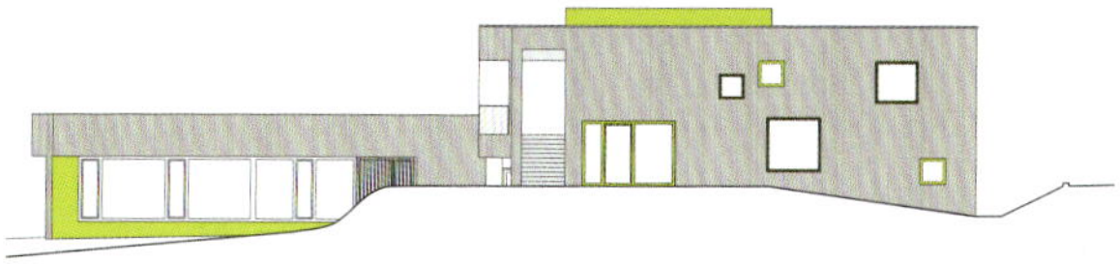

Ansicht Süd

Ansicht Nord

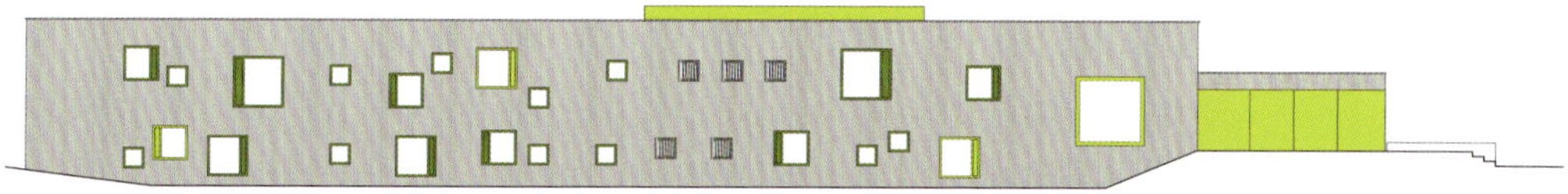

Ansicht Ost

4400-0393
Kindertagesstätte
(7 Gruppen)
(136 Kinder)

Objektbeschreibung

Allgemeine Objektinformationen

Der Neubau bildet einen L-förmigen Baukörper mit zweigeschossigem Kiga-Bereich und eingeschossigem Krippenbereich. Im Gebäude sind insgesamt drei Krippen- und vier Kindergartengruppen untergebracht. Die natürliche Topographie des Geländes wird für die Erschließung des Gebäudes genutzt. Man gelangt über einen vorgelagerten Platz zum Foyer, das als Zwischengeschoss zwischen Garten- und Obergeschoss liegt. Die Nebenräume orientieren sich zur Straße, die Gruppenräume zum Garten. Die Mensa und der Mehrzweckraum wurden als Gelenk im Eckbereich angeordnet, Personal- und Leitungsbereich befinden sich im OG.

Nutzung

1 Untergeschoss
Technik, Abstellräume, Flur, Treppenhaus, Aufzug

1 Erdgeschoss
Gruppenräume, Kinderkrippe, Gruppenräume Kindergarten, Sanitärräume, Mensa, Flur, Treppenhaus, Aufzug

1 Obergeschoss
Kindergartenräume, Verwaltung, Mehrzweckraum, Sanitärräume, Personal, Flur, Treppenhaus, Aufzug

Nutzeinheiten

Gruppen: 7
Kinder: 136

Grundstück

Bauraum: Freier Bauraum
Neigung: Geneigtes Gelände
Bodenklasse: BK 2 bis BK 4

Markt

Hauptvergabezeit: 1. Quartal 2019
Baubeginn: 2. Quartal 2019
Bauende: 4. Quartal 2020
Konjunkturelle Gesamtlage: Durchschnitt
Regionaler Baumarkt: unter Durchschnitt

Baukonstruktion

Die Gründung erfolgt auf einer Stahlbetonbodenplatte, die auf einer Lage Schaumglasschotter gebettet ist. Die tragenden und nichttragenden Wände wurden vorwiegend in KS-Mauerwerk, die Geschossdecken und einzelne Wandflächen in Stahlbeton hergestellt. Das Dach ist als Stb-Flachdach mit Gefälledämmung und Bitumenabdichtung ausgeführt und wurde begrünt. Die Fassade besteht aus einer kreuzweise verlegten Holzunterkonstruktion, Mineralwolldämmung und hinterlüfteter Holzlattenfassade. Alle Decken sind mit zementgebundenen Holzwolle-Akustikplatten abgehängt. Die Fußböden sind in allen Aufenthaltsräumen und Fluren mit Linoleum belegt, die Sanitärräume wurden gefliest.

Technische Anlagen

Das Gebäude wird mit einer Luft-Wasser-Wärmepumpe beheizt. Die Wärmeverteilung erfolgt über eine Fußbodenheizung, die im Sommer auch zur Kühlung verwendet werden kann. Die Warmwasserbereitung erfolgt dezentral über Kleindurchlauferhitzer. Zentrale Lüftungsgeräte mit Wärmerückgewinnung stellen die Raumluftqualität sicher. Auf dem Dach ist zur Deckung des Eigenstromverbrauchs eine PV-Anlage installiert. Für das Abwasser der Küchen wurde ein Fettabscheider eingebaut. Für Frischwasser ist eine Enthärtungsanlage installiert. Der effiziente Betrieb der technischen Anlagen wird über eine MSR-Technik gesteuert.

Energetische Kennwerte

Gesetzliche Grundlage: EnEV 2013
Gebäudenutzfläche: 1.604,31 m^2
Gebäudevolumen: 5.671,80 m^3
A/V_e-Verhältnis (Kompaktheit): 3.089,80 m^{-1}
Spez. Transmissionswärmeverlust: 0,24 W/(m^2·K)
Mittlerer U-Wert (opake Bauteile): 0,12 W/(m^2·K)
Mittlerer U-Wert (transparente Bauteile): 0,78 W/(m^2·K)
Mittlerer U-Wert (Glasdächer, etc.): 1,29 W/(m^2·K)
Spez. Jahresprimärenergiebedarf: 45,19 kWh/(m^2·a)
CO_2-Emissionen: 17,00 kg/(m^2·a)

Planungskennwerte für Flächen und Rauminhalte nach DIN 277

Flächen des Grundstücks		Menge Einheit	% an GF
BF	Bebaute Fläche	1.184,00 m²	28,0
UF	Unbebaute Fläche	3.042,50 m²	72,0
GF	Grundstücksfläche	4.226,50 m²	100,0

Grundflächen des Bauwerks		Menge Einheit	% an NUF	% an BGF
NUF	Nutzungsfläche	1.175,63 m²	100,0	59,8
TF	Technikfläche	28,35 m²	2,4	1,4
VF	Verkehrsfläche	475,21 m²	40,4	24,2
NRF	Netto-Raumfläche	1.679,19 m²	142,8	85,4
KGF	Konstruktions-Grundfläche	287,49 m²	24,5	14,6
BGF	Brutto-Grundfläche	1.966,68 m²	167,3	100,0

Brutto-Rauminhalt des Bauwerks		Menge Einheit	BRI/NUF (m)	BRI/BGF (m)
BRI	Brutto-Rauminhalt	8.272,43 m³	7,04	4,21

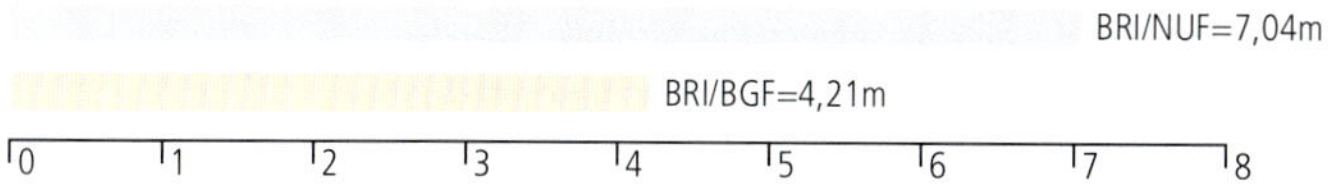

Kostenkennwerte für die Kostengruppen der 1. Ebene DIN 276

KG	Kostengruppen (1. Ebene)	Einheit	Kosten €	€/Einheit	€/m² BGF	€/m³ BRI	% 300+400
100	Grundstück	m² GF	–	–	–	–	–
200	Vorbereitende Maßnahmen	m² GF	141.117	33,39	71,75	17,06	2,3
300	Bauwerk – Baukonstruktionen	m² BGF	4.744.633	2.412,51	2.412,51	573,55	77,7
400	Bauwerk – Technische Anlagen	m² BGF	1.361.531	692,30	692,30	164,59	22,3
	Bauwerk 300+400	**m² BGF**	**6.106.163**	**3.104,81**	**3.104,81**	**738,13**	**100,0**
500	Außenanlagen und Freiflächen	m² AF	735.113	241,61	373,78	88,86	12,0
600	Ausstattung und Kunstwerke	m² BGF	214.209	108,92	108,92	25,89	3,5
700	Baunebenkosten	m² BGF	–	–	–	–	–
800	Finanzierung	m² BGF	–	–	–	–	–

KG	Kostengruppe	Menge Einheit	Kosten €	€/Einheit	%
200	**Vorbereitende Maßnahmen**	4.226,50 m² GF	141.117	**33,39**	2,3
	Abbruch von Parkplätzen; Erschließungskosten für Wasser, Strom, Abwasser				
3+4	**Bauwerk**				**100,0**
300	**Bauwerk – Baukonstruktionen**	1.966,68 m² BGF	4.744.633	**2.412,51**	77,7
	Baugrubenaushub; Baugrundverbesserung, Stb-Fundamentplatte, Abdichtung, Dämmung, Heizestrich, Linoleum, Bodenfliesen, Glasschaumschotter; Stb-Außenwände, KS-Mauerwerk, Holz-Alufenster, Dreifachverglasung, Dämmung, hinterlüftete Holzlattenfassade, Innenputz, Beschichtung, Wandfliesen, Alu-Raffstores; Stb-Wände, GK-Wände, Holztüren, Innenfenster, F30/F90 Brandschutz-Türelemente; Stb-Decke, Holztreppe mit Massivholzstufen, Dämmung, Heizestrich, Linoleum, Bodenfliesen, Akustikdecken, Holzfaserplatten, Außentreppe; Stb-Flachdach, Oberlichter, Gefälledämmung, Abdichtung, Gründach, Akustikdecken aus zementgebundenen Holzwolleplatten; Einbaumöbel, Garderoben, Spielmöbel, Wickelkommoden, Regale, Schränke				
400	**Bauwerk – Technische Anlagen**	1.966,68 m² BGF	1.361.531	**692,30**	22,3
	Gebäudeentwässerung, Hebeanlage, Fettabscheideanlage, Kalt- und Warmwasserleitungen, Enthärtungsanlage, Durchlauferhitzer, Sanitärobjekte; Luft-Wasser-Wärmepumpe, Heizleitungen, Fußbodenheizung; zentrales Lüftungsgerät mit Wärmerückgewinnung; PV-Anlage, Elektroinstallation, Bus-System; MSR-Technik				
500	**Außenanlagen und Freiflächen**	3.042,50 m² AF	735.113	**241,61**	12,0
	Bodenarbeiten; Wege; Winkelstützelemente, Sitzstufen; Bepflanzung				
600	**Ausstattung und Kunstwerke**	1.966,68 m² BGF	214.209	**108,92**	3,5
	Kindergartenausstattung, Möblierung, Raumhäuser				

4400-0394
Kindertagesstätte
(6 Gruppen)
(77 Kinder)

Kostenkennwerte für die Kosten des Bauwerks (Kostengruppen 300+400 nach DIN 276)

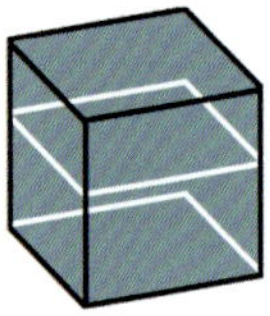

BRI 1.195 €/m³

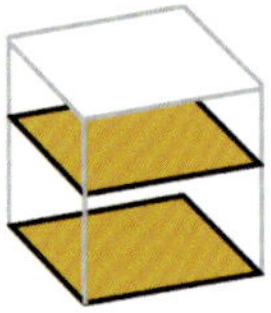

BGF 3.363 €/m²

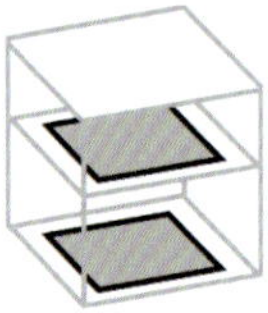

NUF 5.010 €/m²

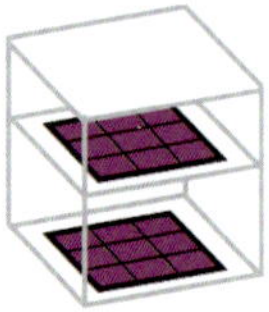

NE 60.618 €/NE

NE: Kinder

Objekt:
Kennwerte: 1.Ebene DIN 276
BRI: 3.906 m³
BGF: 1.388 m²
NUF: 932 m²
Bauzeit: 82 Wochen
Bauende: 2023
Standard: mittel
Bundesland: Schleswig-Holstein
Kreis: Kiel, Stadt

Architekt*in:
Planungsring
Mumm + Partner GbR
Krim 2
24896 Treia

Bauherr*in:
Städtisches Krankenhaus
Kiel GmbH
Chemnitzstraße 33
24116 Kiel

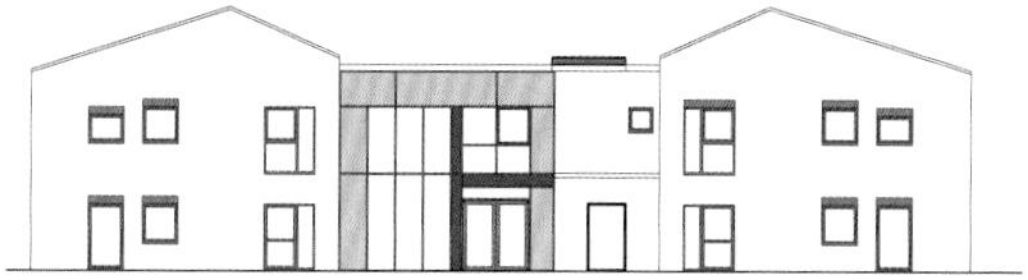

Ansicht Ost

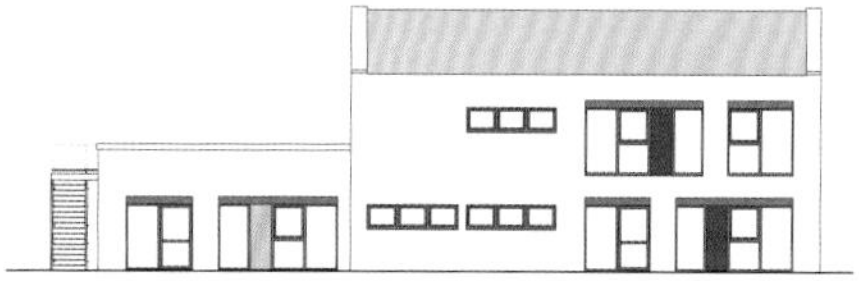

Ansicht Nord

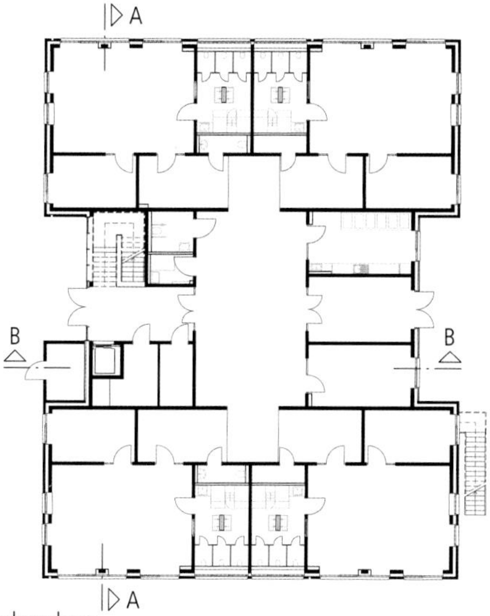

Erdgeschoss

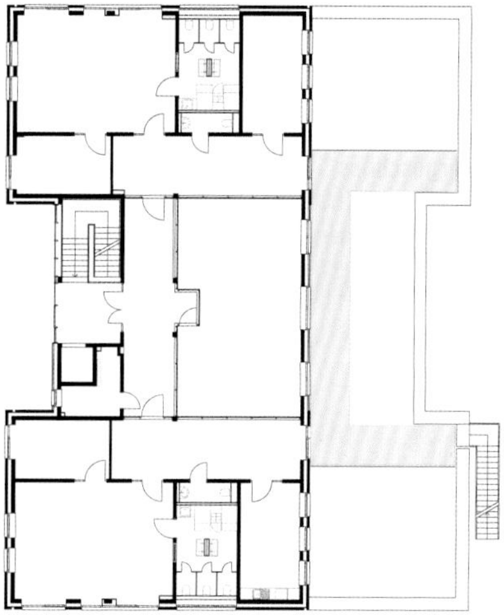

Obergeschoss

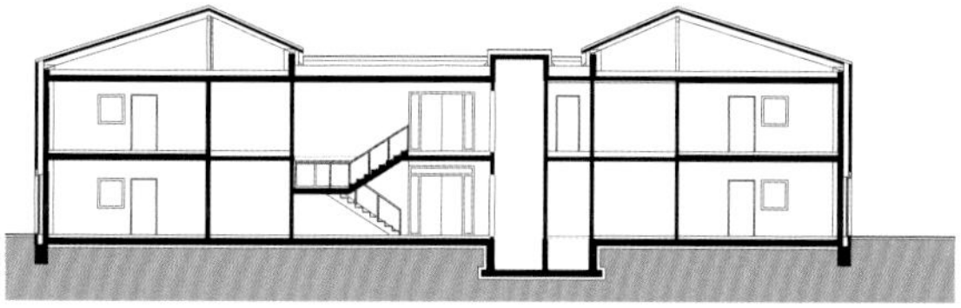

Schnitt A-A

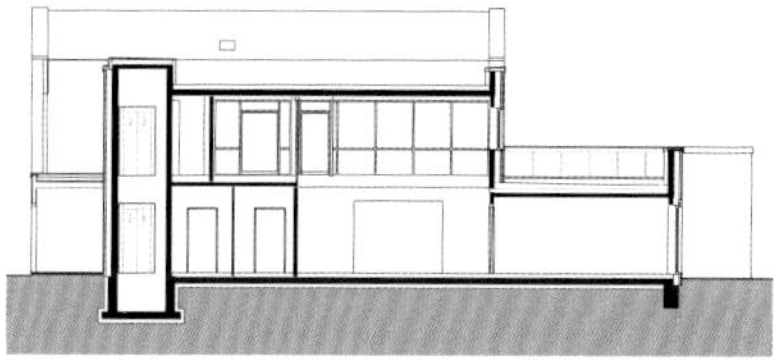

Schnitt B-B

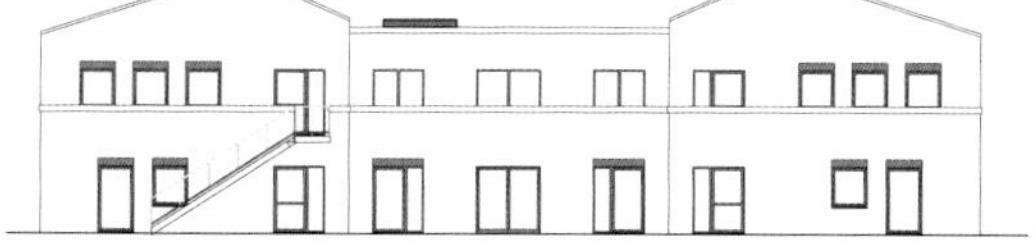

Ansicht West

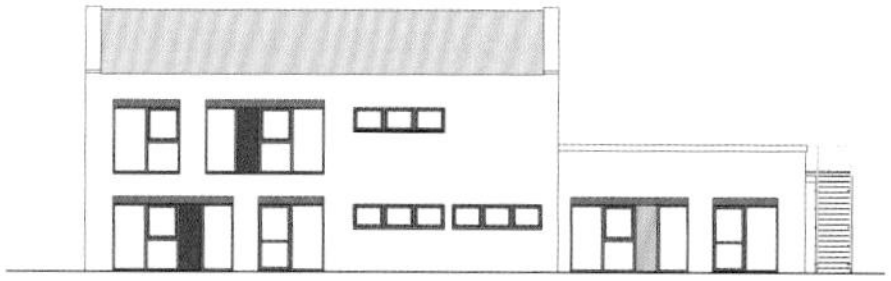

Ansicht Süd

4400-0394
Kindertagesstätte
(6 Gruppen)
(77 Kinder)

Objektbeschreibung

Allgemeine Objektinformationen

Die Gestaltung sieht im Besonderen ein zweites Geschoss vor, das als Staffelgeschoss mit Dachterrasse ausgeführt wurde. Insgesamt beherbergt das Gebäude vier Krippen-, eine altersgemischte sowie eine Elementargruppe.

Nutzung

1 Erdgeschoss
Foyer als Multifunktionsraum, Gruppenräume, Ruheräume, Küche, Büro, Garderoben, WCs, Waschräume, Kinderwagenraum, Lager, Abstellräume, Hausanschlussraum, Technik, Treppenhaus, Aufzug

1 Obergeschoss
Gruppenräume, Therapieraum, Ruheraum, Personal, WCs, Waschräume, Lager, Abstellraum, Dachterrasse, Treppenhaus, Aufzug

Nutzeinheiten

Gruppen: 6
Kinder: 77

Grundstück

Bauraum: Beengter Bauraum
Neigung: Ebenes Gelände
Bodenklasse: BK 1 bis BK 4

Markt

Hauptvergabezeit: 4.Quartal 2021
Baubeginn: 4.Quartal 2021
Bauende: 2.Quartal 2023
Konjunkturelle Gesamtlage: Durchschnitt
Regionaler Baumarkt: über Durchschnitt

Baukonstruktion

Das Gebäude wurde in Massivbauweise mit KS-Mauerwerkswänden, Stb-Decken sowie Stb- und Holzbalkendächern errichtet. Die äußeren beiden Gebäudeteile wurden mit Klinker verblendet, das Dach jeweils als Satteldach ausgebildet. Der in der Mitte liegende Gebäudeteil wurde ebenfalls in KS-Mauerwerk erstellt, die Fassade ist hier mit einer Faserzement-Vorhangfassade verkleidet worden. Zur vertikalen Erschließung dienen eine Stb-Treppe und ein Aufzug.

Technische Anlagen

Die Gebäudebeheizung und Warmwasserbereitung erfolgt zentral über die Fernwärmeversorgung des angeschlossenen Krankenhauses. Eine Übergabestation wurde in der Kita installiert. Eine Fußbodenheizung erwärmt die Räume. In den Waschräumen wurden Kinder- bzw. Baby-WCs und Bambini-Waschtischanlagen installiert. Zusätzlich ist ein behindertengerechtes WC mit Dusche vorhanden. Die Abluft innenliegender Räume wird durch Einzelraumlüfter gewährleistet. Ein Aufzug ermöglicht die barrierefreie Zugänglichkeit.

Sonstiges

Das Gebäude zeichnet sich durch einen großzügigen Multifunktionsraum aus, der sich zentral im Gebäude befindet. Ein besonderes Highlight stellt die integrierte Rutsche dar, welche vom OG in den Multifunktionsraum im EG führt und somit ein spielerisches Element für die Kinder bietet. Der Außenbereich der Kita besticht durch seine großen Bäume. Dort wurden zusätzliche Parkplätze für die Kita geschaffen.

Energetische Kennwerte

Gesetzliche Grundlage: GEG 2020
Gebäudenutzfläche: 933,10 m^2
Gebäudevolumen: 2.689,00 m^3
Hüllfläche des beheizten Volumens: 2.074,70 m^2
Spez. Transmissionswärmeverlust: 0,36 W/(m^2·K)
Mittlerer U-Wert (opake Bauteile): 0,14 W/(m^2·K)
Mittlerer U-Wert (transparente Bauteile): 1,14 W/(m^2·K)
Spez. Jahresprimärenergiebedarf: 49,70 kWh/(m^2·a)
CO_2-Emissionen: 10,70 kg/(m^2·a)

Planungskennwerte für Flächen und Rauminhalte nach DIN 277

Flächen des Grundstücks		Menge Einheit	% an GF
BF	Bebaute Fläche	688,35 m²	32,8
UF	Unbebaute Fläche	1.411,52 m²	67,2
GF	Grundstücksfläche	2.099,87 m²	100,0

Grundflächen des Bauwerks		Menge Einheit	% an NUF	% an BGF
NUF	Nutzungsfläche	931,66 m²	100,0	67,1
TF	Technikfläche	24,34 m²	2,6	1,8
VF	Verkehrsfläche	174,98 m²	18,8	12,6
NRF	Netto-Raumfläche	1.130,98 m²	121,4	81,5
KGF	Konstruktions-Grundfläche	257,00 m²	27,6	18,5
BGF	Brutto-Grundfläche	1.387,98 m²	149,0	100,0

Brutto-Rauminhalt des Bauwerks		Menge Einheit	BRI/NUF (m)	BRI/BGF (m)
BRI	Brutto-Rauminhalt	3.906,00 m³	4,19	2,81

4400-0397
Kindertagesstätte
(6 Gruppen)
(111 Kinder)

Kostenkennwerte für die Kosten des Bauwerks (Kostengruppen 300+400 nach DIN 276)

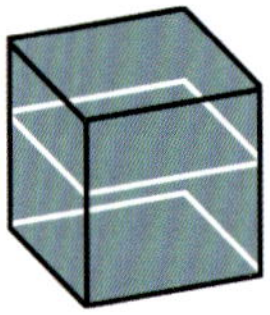

BRI 969 €/m³

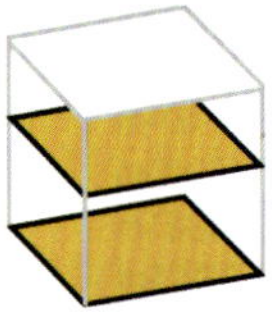

BGF 3.503 €/m²

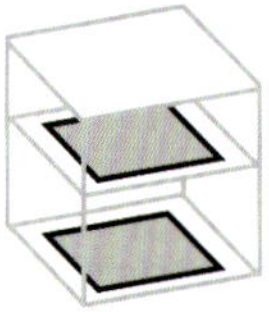

NUF 5.760 €/m²

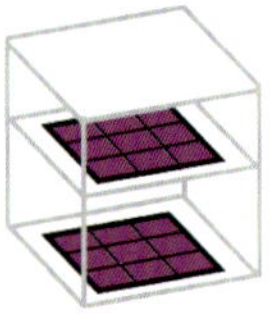

NE 49.895 €/NE

NE: Kinder

Objekt:
Kennwerte: 1.Ebene DIN 276
BRI: 5.718 m³
BGF: 1.581 m²
NUF: 961 m²
Bauzeit: 87 Wochen
Bauende: 2022
Standard: mittel
Bundesland: Hessen
Kreis: Main-Kinzig-Kreis

Architekt*in:
lucas architekten GmbH
Hainstädter Straße 29
63512 Hainburg

Bauherr*in:
Kath. Kirchengemeinde
St. Klara und Franziskus
Im Bangert 8
63450 Hanau

© Klaus Friedel

© lucas architekten GmbH

© Klaus Friedel

© lucas architekten GmbH

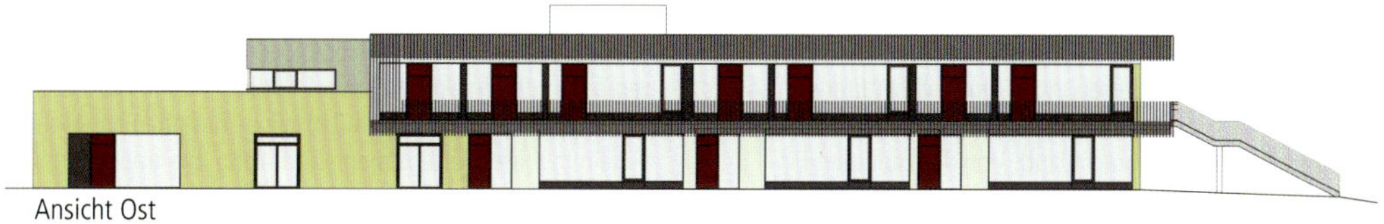

Ansicht Ost

Ansicht Süd

Ansicht Nord

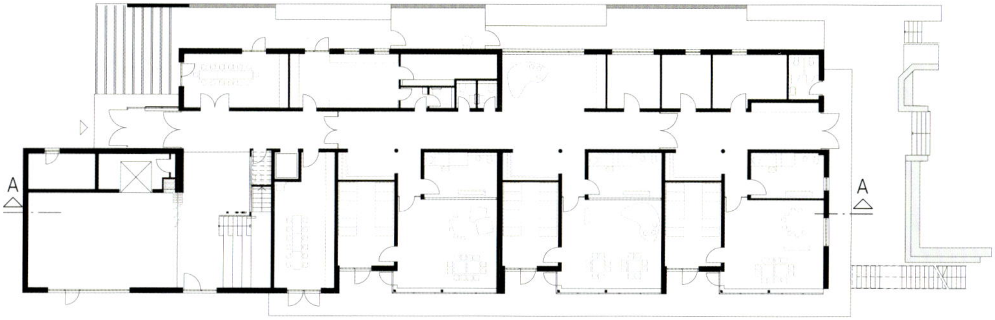

Erdgeschoss

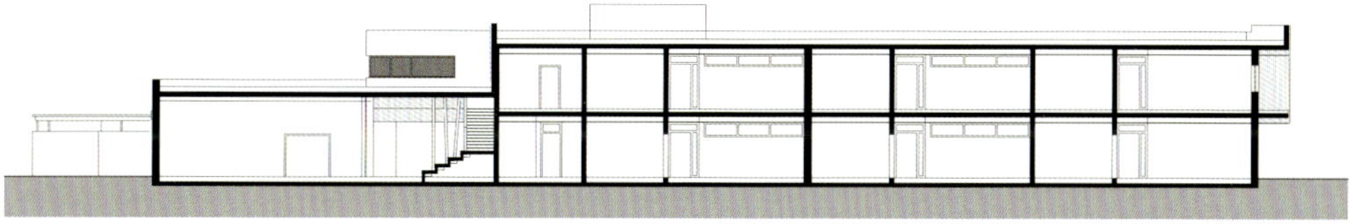

Schnitt A-A

Ansicht West

4400-0397
Kindertagesstätte
(6 Gruppen)
(111 Kinder)

Objektbeschreibung

Allgemeine Objektinformationen

Die Kindertagesstätte besteht aus drei Gruppen für unter dreijährige Kinder, deren Betreuungsräume sich im Erdgeschoss befinden, und drei Gruppen für Kindergartenkinder, die im Obergeschoss untergebracht sind. Von der zentralen Eingangshalle aus werden gemeinschaftlich genutzte Räume wie Turnraum, Kreativräume, Küche, Leitung und Kinderküche erschlossen. Die in der Eingangshalle befindliche Treppe ins OG geht in Sitzstufen über, die als Tribüne genutzt werden können. Nach Öffnung der Schiebetrennwand kann die Halle mit dem Turnraum verbunden werden.

Nutzung

1 Erdgeschoss
Foyer, Windfang, Gruppenräume, Tobe-Ecke, Kreativraum, Halle, Turnraum, Schlafräume, Küche, Kinderküche, Hauswirtschaftsraum, Elternraum, Materialraum, Garderoben, WCs, Sanitärbereiche, Umkleide, Lager, Hausanschlussraum, Aufzug

1 Obergeschoss
Galerie, Lesebereich, Gruppenräume, Intensivräume, Kreativraum, Materialraum, Büros, Personal, Garderoben, WCs, Sanitärbereiche, Abstellräume

Nutzeinheiten

Gruppen: 6
Kinder: 111

Grundstück

Bauraum: Freier Bauraum
Neigung: Ebenes Gelände
Bodenklasse: BK 2 bis BK 4

Markt

Hauptvergabezeit: 1.Quartal 2021
Baubeginn: 1.Quartal 2021
Bauende: 4.Quartal 2022
Konjunkturelle Gesamtlage: Durchschnitt
Regionaler Baumarkt: unter Durchschnitt

Baukonstruktion

Das Gebäude ist als zweigeschossiger Massivbau mit extensiv begrüntem Flachdach errichtet. Es gründet auf einer Stahlbeton-Fundamentplatte. Die Außenwände bestehen aus Mauerziegeln mit integrierter Dämmstofffüllung, die tragenden Innenwände sind ebenfalls gemauert. Die nicht tragenden Innenwände wurden als Trockenbauwänden ausgeführt. Die Fassadenflächen sind teilweise verputzt, teilweise mit Holz bekleidet. Die dreifachverglasten Holz-Alufenster können mit außenliegenden Jalousien verschattet werden. Die Böden sind mit Linoleum, in den Sanitärbereichen mit Fliesen belegt.

Technische Anlagen

Das Gebäude ist an das Fernwärmesystem angeschlossen. Die Räume werden mittels einer Warmwasser-Fußbodenheizung beheizt. Das Gebäude ist mit einer zentralen Lüftungsanlage ausgestattet. Auf dem Dach befindet sich eine Photovoltaikanlage.

Sonstiges

Alle Räume können barrierefrei erreicht werden. Neben einem barrierefreien Ü3-Kinderbad gibt es auch ein barrierefreies WC für Erwachsene.

Energetische Kennwerte

Gesetzliche Grundlage: EnEV 2013
Gebäudenutzfläche: 1.323,00 m^2
Mittlerer U-Wert (opake Bauteile): 0,18 W/(m^2·K)
Mittlerer U-Wert (transparente Bauteile): 1,20 W/(m^2·K)
Spez. Jahresprimärenergiebedarf: 61,30 kWh/(m^2·a)
CO_2-Emissionen: 38,00 kg/(m^2·a)

Planungskennwerte für Flächen und Rauminhalte nach DIN 277

Flächen des Grundstücks		Menge Einheit	% an GF
BF	Bebaute Fläche	813,00 m^2	25,6
UF	Unbebaute Fläche	2.360,00 m^2	74,4
GF	Grundstücksfläche	3.173,00 m^2	100,0

Grundflächen des Bauwerks		Menge Einheit	% an NUF	% an BGF
NUF	Nutzungsfläche	961,48 m^2	100,0	60,8
TF	Technikfläche	10,76 m^2	1,1	0,7
VF	Verkehrsfläche	407,20 m^2	42,4	25,8
NRF	Netto-Raumfläche	1.379,44 m^2	143,5	87,3
KGF	Konstruktions-Grundfläche	201,56 m^2	21,0	12,7
BGF	Brutto-Grundfläche	1.581,00 m^2	164,4	100,0

Brutto-Rauminhalt des Bauwerks		Menge Einheit	BRI/NUF (m)	BRI/BGF (m)
BRI	Brutto-Rauminhalt	5.718,21 m^3	5,95	3,62

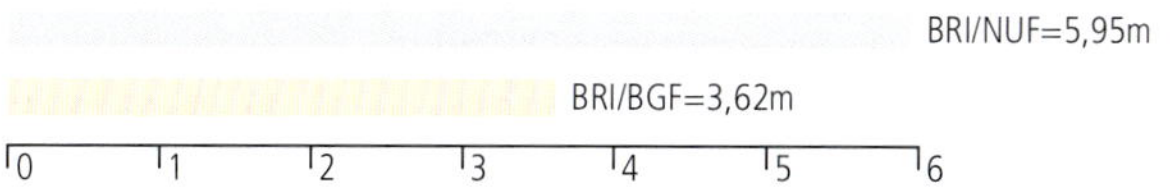

Kostenkennwerte für die Kostengruppen der 1. Ebene DIN 276

KG	Kostengruppen (1. Ebene)	Einheit	Kosten €	€/Einheit	€/m² BGF	€/m³ BRI	% 300+400
100	Grundstück	m² GF	–	–	–	–	–
200	Vorbereitende Maßnahmen	m² GF	–	–	–	–	–
300	Bauwerk – Baukonstruktionen	m² BGF	4.167.514	2.636,00	2.636,00	728,81	75,2
400	Bauwerk – Technische Anlagen	m² BGF	1.370.778	867,03	867,03	239,72	24,8
	Bauwerk 300+400	**m² BGF**	**5.538.292**	**3.503,03**	**3.503,03**	**968,54**	**100,0**
500	Außenanlagen und Freiflächen	m² AF	863.942	366,08	546,45	151,09	15,6
600	Ausstattung und Kunstwerke	m² BGF	–	–	–	–	–
700	Baunebenkosten	m² BGF	–	–	–	–	–
800	Finanzierung	m² BGF	–	–	–	–	–

KG	Kostengruppe	Menge Einheit	Kosten €	€/Einheit	%
3+4	**Bauwerk**				**100,0**
300	**Bauwerk – Baukonstruktionen**	1.581,00 m² BGF	4.167.514	**2.636,00**	75,2

Baugrubenaushub; Bodenaustausch, Stb-Fundamentplatte, teilw. Pfahlgründung, Heizestrich, Linoleum, Bodenfliesen, Abdichtung, Perimeterdämmung; Mauerwerkswände mit integrierter Dämmstofffüllung, Pfosten-Riegelfassade, Alu-Holzfenster, Dreifachverglasung, teilw. Holzfassade, Putz, außenliegende Jalousien; Innenmauerwerk, Stb-Wände, GK-Wände, Stb-Stützen, Holztüren, Innenfenster, Beschichtung, Wandfliesen, WC-Trennwände, mobile Trennwand; Stb-Decken, Stb-Treppe, Stahl-Holztreppe mit Sitzstufen, Dämmung, Heizestrich, Linoleum, Bodenfliesen, abgehängte GK-Decken, Schallschutzdecken, Stb-Fluchtbalkone, Stahl-Außentreppe, Holzgeländer, Handläufe, Treppengeländer; Stb-Flachdach, Oberlicht, Dämmung, Abdichtung, extensive Dachbegrünung, innenliegende Dachentwässerung, abgehängte GK-Decken, Schallschutzdecken, Eingangsüberdachung

KG	Kostengruppe	Menge Einheit	Kosten €	€/Einheit	%
400	**Bauwerk – Technische Anlagen**	1.581,00 m² BGF	1.370.778	**867,03**	24,8

Gebäudeentwässerung, Kalt- und Warmwasserleitungen, Sanitärobjekte; Fernwärmeanschluss, Fußbodenheizung; zentrale Lüftungsanlage; PV-Anlage (77m²), Elektroinstallation, Beleuchtung; Brandmeldeanlage, Datenverkabelung; Personenaufzug; Zubereitungsküche, Feuerlöscher

KG	Kostengruppe	Menge Einheit	Kosten €	€/Einheit	%
500	**Außenanlagen und Freiflächen**	2.360,00 m² AF	863.942	**366,08**	15,6

Oberbodenarbeiten, Bodenarbeiten; Gründungsmaßnahmen; Betonpflaster für Wege, Plätze, Terrassen, Stellplätze mit Sickerpflaster, Spielplatzflächen, Sandflächen; Sichtschutzmauer, Stabgitterzäune, Tore, Sonnenschirme, Sonnensegel, Gerätehütte; Spielgeräte, Matschanlage, Rutschenhügel, Spielturm; Oberbodenarbeiten, Gehölze, Bäume, Rasen

4400-0399
Kindertagesstätte
(4 Gruppen)
(100 Kinder)

Kostenkennwerte für die Kosten des Bauwerks (Kostengruppen 300+400 nach DIN 276)

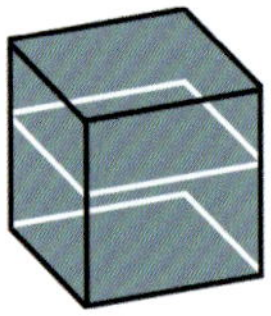

BRI 1.020 €/m³

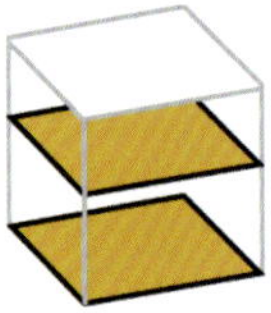

BGF 3.920 €/m²

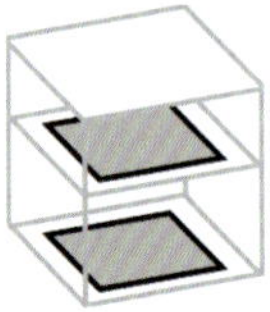

NUF 6.829 €/m²

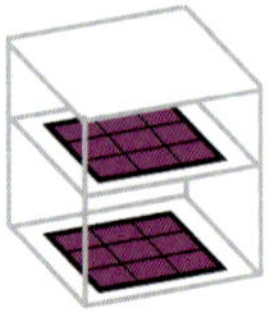

NE 41.702 €/NE
NE: Kinder

Objekt:
Kennwerte: 1.Ebene DIN 276
BRI: 4.089 m³
BGF: 1.064 m²
NUF: 611 m²
Bauzeit: 22 Wochen
Bauende: 2021
Standard: mittel
Bundesland: Hessen
Kreis: Groß-Gerau

Architekt*in:
raum-z architekten gmbh
Hanauer Landstraße 189
60314 Frankfurt am Main

Bauherr*in:
gewobau Gesellschaft
für Wohnen und Bauen
Rüsselsheim mbH
Marktstraße 40
65428 Rüsselsheim

Ausführung:
ALHO
Systembau GmbH
Hammer 1
51598 Friesenhagen

© Thomas Ott, www.o2t.de

Ansicht Nord

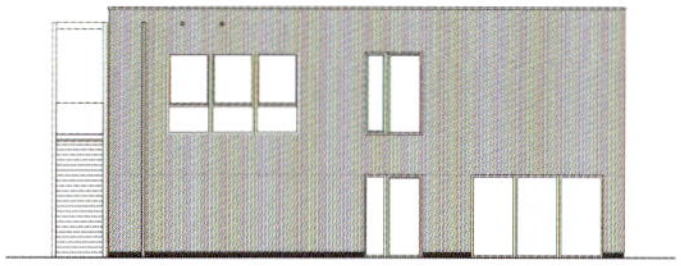

Ansicht West

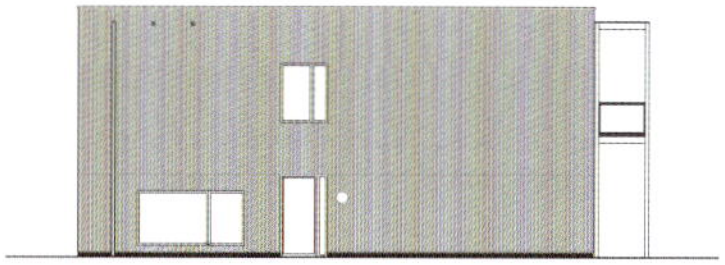

Ansicht Ost

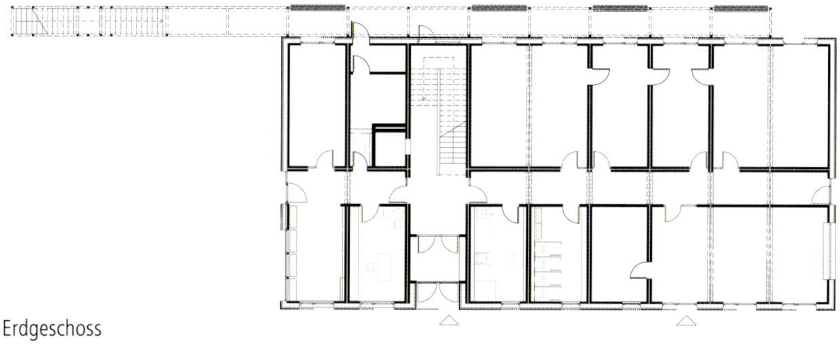

Erdgeschoss

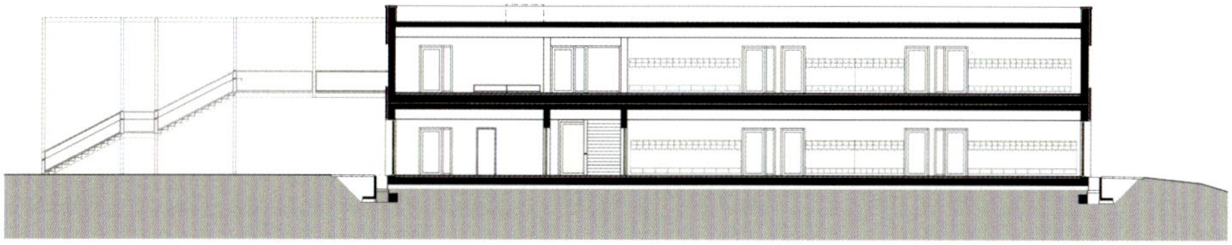

Längsschnitt

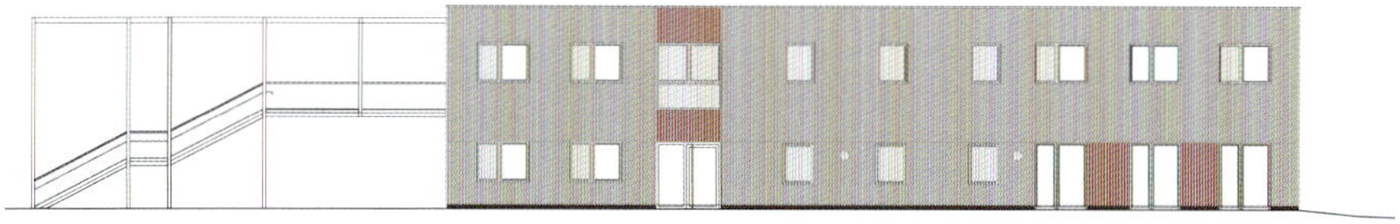

Ansicht Süd

Objektbeschreibung

Allgemeine Objektinformationen

Der zweigeschossige Neubau wurde als länglicher, rechteckiger Baukörper in Stahlmodulbauweise erstellt. Er bietet einer viergruppigen Kindertagesstätte Platz für 100 Kinder. Auf der gesamten Längsseite erstreckt sich ein Fluchtbalkon, der über eine einläufige Treppe die Verbindung zum Garten herstellt.

Nutzung

1 Erdgeschoss
Windfang, Matschschleuse, Gruppenräume, Nebenräume, Multifunktionsräume, Büro, Garderoben, WCs, Wickelraum/ Dusche, Lager, Hausanschlussraum, Technik

1 Obergeschoss
Gruppenräume, Nebenräume, Multifunktionsräume, Küche, Hauswirtschaftsraum, Umkleide, Lager, Personalraum, WCs, Abstellräume, Technik

Nutzeinheiten

Gruppen: 4
Kinder: 100

Grundstück

Bauraum: Freier Bauraum
Neigung: Ebenes Gelände
Bodenklasse: BK 3 bis BK 4

Markt

Hauptvergabezeit: 1.Quartal 2021
Baubeginn: 2.Quartal 2021
Bauende: 4.Quartal 2021
Konjunkturelle Gesamtlage: über Durchschnitt
Regionaler Baumarkt: Durchschnitt

Baukonstruktion

Auf betonierten Streifenfundamenten wurden 18 Raummodule in Stahlmodulbauweise montiert. Die einzelnen Module bestehen aus Boden- und Dachstahlrahmen, welche durch biegesteif angeschlossene Stützen miteinander verbunden sind. Die Fassade ist als vorgehängte, hinterlüftete Fassade mit vertikaler Holzschalung bekleidet. Die Kunststofffenster sind mit Dreifachverglasung ausgestattet. Das Flachdach wurde als Gründach ausgeführt. Der Fluchtbalkon und die Brüstungen sind in einer leichten Stahlbauweise mit einem Gitterrost als Laufbelag ausgeführt und vor das Gebäude gestellt.

Technische Anlagen

Eine Luft-Wasser-Wärmepumpe versorgt das Gebäude mit Heizwärme und Warmwasser. Eine Fußbodenheizung verteilt die Wärme in den Räumen. Auf dem Flachdach sind 24 P hotovoltaik-Module mit einer Leistung von je 320 Watt Peak und einer Gesamtleistung von ca. 7,7kW Peak aufgestellt. Zusätzlich ist ein Lüftungsgeräte zur ganzheitlichen, kontrollierten Raumlüftung mit Wärmerückgewinnung auf dem Dach platziert. Für die Küche wurde ein separates Lüftungsgerät installiert.

Sonstiges

Die vorgehängte hinterlüftete Fassade mit vertikaler Holzschalung ist so ausgeführt, dass in wenigen Sonderbereichen jede zweite Latte der sichtbaren Fassadenkonstruktion entfällt, wie z.B. vor Fenstern in untergeordneten Räumen.

Energetische Kennwerte

Gesetzliche Grundlage: EnEV 2013
Gebäudenutzfläche: 808,90 m^2
Gebäudevolumen: 2.097,60 m^3
Hüllfläche des beheizten Volumens: 1.575,40 m^2
Spez. Transmissionswärmeverlust: 0,35 W/(m^2·K)
Mittlerer U-Wert (opake Bauteile): 0,15 W/(m^2·K)
Mittlerer U-Wert (transparente Bauteile): 1,10 W/(m^2·K)
Mittlerer U-Wert (Glasdächer, etc.): 1,80 W/(m^2·K)
Jahresprimärenergie: 83.741,57 kWh/a
Spez. Jahresprimärenergiebedarf: 103,52 kWh/(m^2·a)
Jahresendenergiebedarf: 46.523,09 kWh/a
Spez. Jahresendenergiebedarf: 57,51 kWh/(m^2·a)
CO_2-Emissionen: 38,00 kg/(m^2·a)

Planungskennwerte für Flächen und Rauminhalte nach DIN 277

Flächen des Grundstücks		Menge Einheit	% an GF
BF	Bebaute Fläche	1.354,45 m²	15,9
UF	Unbebaute Fläche	7.151,55 m²	84,1
GF	Grundstücksfläche	8.506,00 m²	100,0

Grundflächen des Bauwerks		Menge Einheit	% an NUF	% an BGF
NUF	Nutzungsfläche	610,67 m²	100,0	57,4
TF	Technikfläche	28,49 m²	4,7	2,7
VF	Verkehrsfläche	228,13 m²	37,4	21,4
NRF	Netto-Raumfläche	867,29 m²	142,0	81,5
KGF	Konstruktions-Grundfläche	196,47 m²	32,2	18,5
BGF	Brutto-Grundfläche	1.063,76 m²	174,2	100,0

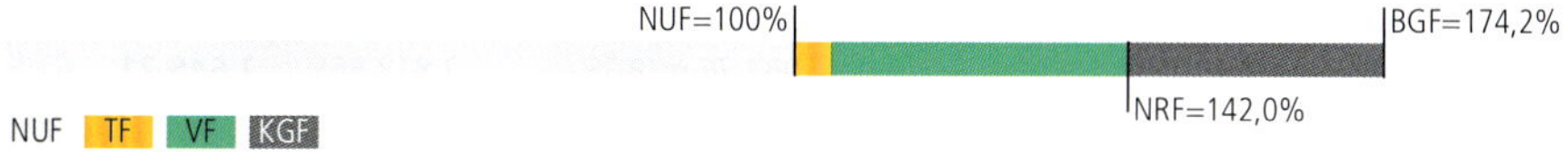

Brutto-Rauminhalt des Bauwerks		Menge Einheit	BRI/NUF (m)	BRI/BGF (m)
BRI	Brutto-Rauminhalt	4.088,86 m³	6,70	3,84

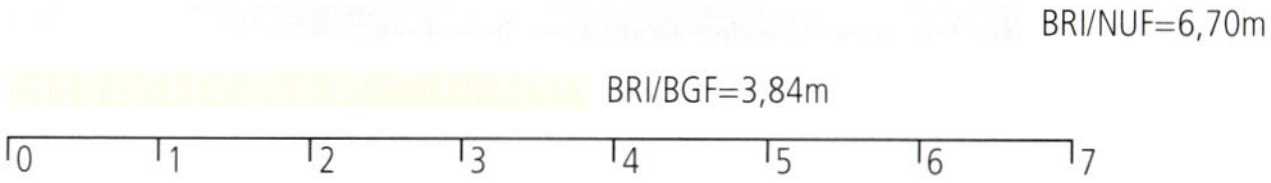

4400-0400
Kindertagesstätte
(4 Gruppen)
(74 Kinder)
Wohnungen (10 WE)

Kostenkennwerte für die Kosten des Bauwerks (Kostengruppen 300+400 nach DIN 276)

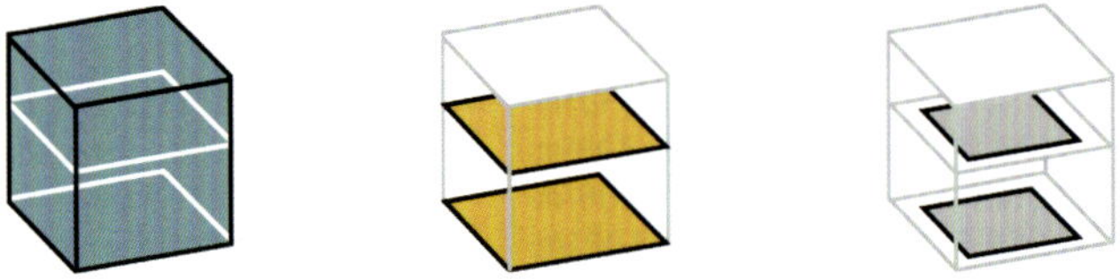

BRI 1.018 €/m³   BGF 3.458 €/m²   NUF 5.237 €/m²

Objekt:
Kennwerte: 1.Ebene DIN 276
BRI: 7.907 m³
BGF: 2.327 m²
NUF: 1.536 m²
Bauzeit: 178 Wochen
Bauende: 2023
Standard: mittel
Bundesland: Hessen
Kreis: Offenbach

Architekt*in:
HY Architekten Birli
Fritsch Part GmbB
Wilhelm-Leuschner-Straße 54
64347 Griesheim

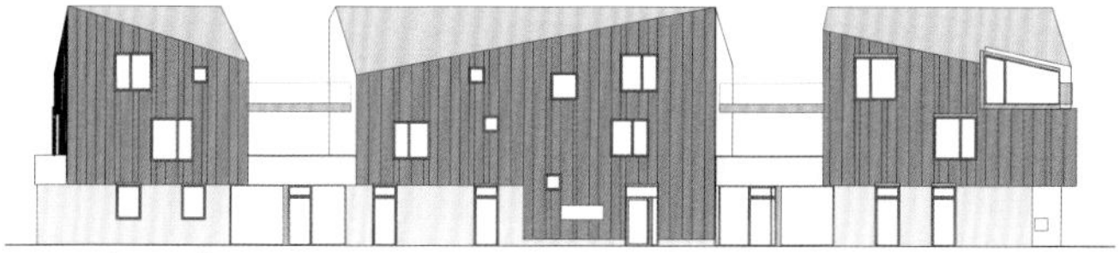

Ansicht Nord

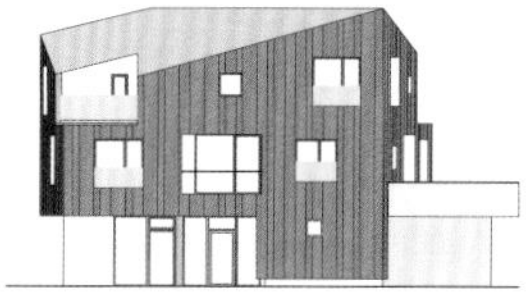

Ansicht West

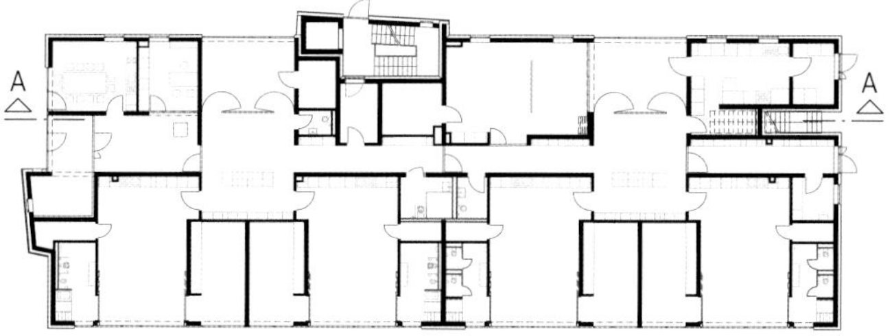

Erdgeschoss

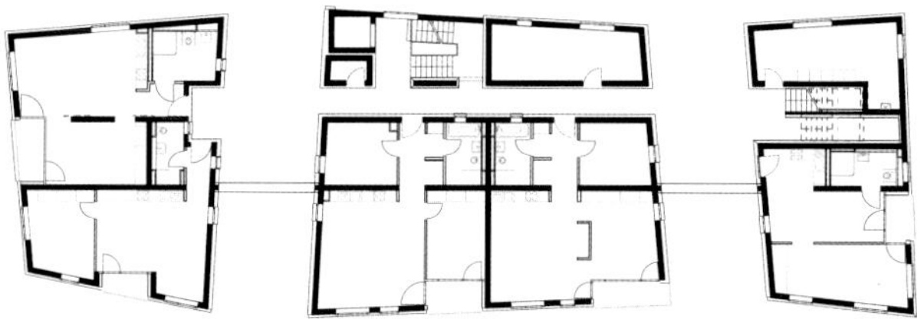

1. Obergeschoss

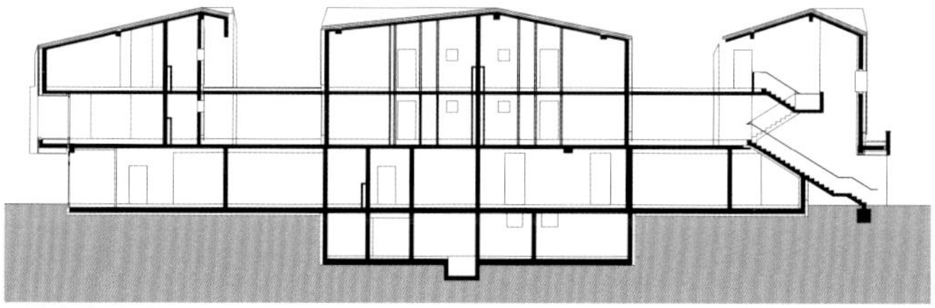

Schnitt A-A

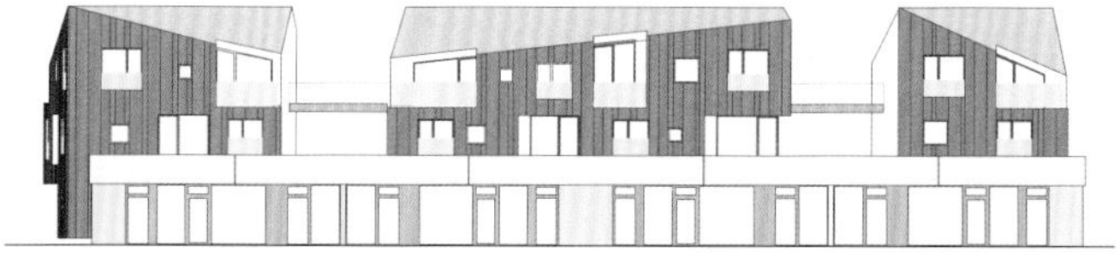

Ansicht Süd

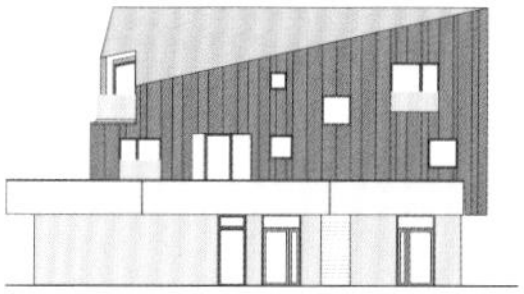

Ansicht Ost

4400-0400
Kindertagesstätte
(4 Gruppen)
(74 Kinder)
Wohnungen (10 WE)

Objektbeschreibung

Allgemeine Objektinformationen

Das Gebäude gliedert sich in einen Sockelbereich mit der Kindertagesstätte und drei darüberliegenden Baukörpern mit je zwei weiteren Geschossen, in welchen insgesamt zehn Wohnungen untergebracht sind. Durch die Einschnitte der Obergeschosse erhält jede Wohnung eine dreiseitige Belichtung und Belüftung. Die Wohngeschosse werden im Außenraum über zwei Treppenräume erschlossen, welche sich zwischen den Volumen als Erschließungs- und Aufenthaltsräume fortsetzen. Brücken schaffen Erschließungsmöglichkeiten und Sichtbeziehungen zwischen den Bauteilen. Da das Außengelände neben den Kita-Flächen nur geringe Flächen für die Wohnungen bietet, dient das intensiv begrünte Flachdach des Sockelbaus als zusätzlicher Außenraum und Treffpunkt für die Bewohner*innen.

Nutzung

1 Untergeschoss
Abstellräume, Fahrradkeller, Hausmeisterraum, Hausanschlussraum, Technikräume

1 Erdgeschoss
Foyer, Gruppenräume, Nebenräume, Mehrzweckraum, Atelier, Bistro, Spielflure, Küche, Hauswirtschaftsraum, Büro, Personal, Garderoben, WCs, Bäder, Lager, Abstellräume, Hausanschlussraum, Technik

1 Obergeschoss
Wohnküchen, Schlafräume, Bäder, Technik, Wäsche, Loggien

1 Dachgeschoss
Wohnküchen, Schlafräume, Bäder, Technik, Wäsche, Loggien

Nutzeinheiten

Gruppen: 4
Kinder: 74
Wohneinheiten: 10
Wohnfläche: 601 m²

Grundstück

Bauraum: Freier Bauraum
Neigung: Ebenes Gelände
Bodenklasse: BK 1 bis BK 4

Markt

Hauptvergabezeit: 3. Quartal 2019
Baubeginn: 4. Quartal 2019
Bauende: 2. Quartal 2023
Konjunkturelle Gesamtlage: über Durchschnitt
Regionaler Baumarkt: Durchschnitt

Baukonstruktion

Das Gebäude ist als Massivbau in Stahlbeton und KS-Mauerwerk erstellt und gründet auf einer Stahlbeton-Fundamentplatte. Die Teilunterkellerung ist in WU-Beton errichtet. Es erhielt eine Sparrendachkonstruktion mit Stehfalzdeckung sowie eine Metallfassade. Die Alufenster sind mit Dreifachverglasungen ausgestattet und können mit außenliegenden Textilscreens verschattet werden. Die Dachfläche über dem EG ist intensiv begrünt.

Technische Anlagen

Der Neubau wird mit einer Wärmepumpe beheizt, die Wärme wird über eine Fußbodenheizung verteilt. Innenliegende Räume sind mit Einzelraumlüftern ausgestattet. Das geneigte Dach ist für eine PV-Anlage vorbereitet. Im Außenbereich wurden Rigolen eingebaut.

Sonstiges

Das gesamte Objekt wurde an zwei Standorten nahezu zeitgleich errichtet. Daher ergab sich die relativ lange Bauzeit von 178 Wochen für beide Standorte. Pandemiebedingt wurden die Bauvorhaben zeitlich parallel erbaut. Bezogen auf ein Bauvorhaben kann von ca. 104 Wochen Bauzeit ausgegangen werden.

Planungskennwerte für Flächen und Rauminhalte nach DIN 277

Flächen des Grundstücks		Menge Einheit	% an GF
BF	Bebaute Fläche	787,75 m²	42,3
UF	Unbebaute Fläche	1.075,25 m²	57,7
GF	Grundstücksfläche	1.863,00 m²	100,0

Grundflächen des Bauwerks		Menge Einheit	% an NUF	% an BGF
NUF	Nutzungsfläche	1.536,46 m²	100,0	66,0
TF	Technikfläche	68,82 m²	4,5	3,0
VF	Verkehrsfläche	344,72 m²	22,4	14,8
NRF	Netto-Raumfläche	1.950,00 m²	126,9	83,8
KGF	Konstruktions-Grundfläche	377,40 m²	24,6	16,2
BGF	Brutto-Grundfläche	2.327,40 m²	151,5	100,0

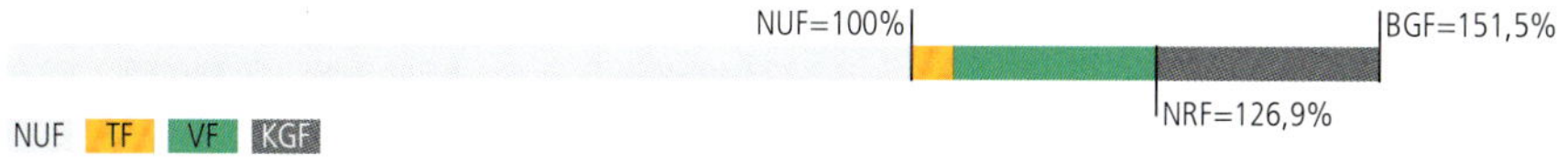

Brutto-Rauminhalt des Bauwerks		Menge Einheit	BRI/NUF (m)	BRI/BGF (m)
BRI	Brutto-Rauminhalt	7.907,00 m³	5,15	3,40

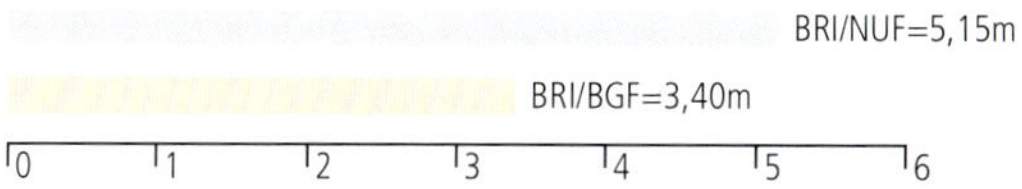

Kostenkennwerte für die Kostengruppen der 1. Ebene DIN 276

KG	Kostengruppen (1. Ebene)	Einheit	Kosten €	€/Einheit	€/m² BGF	€/m³ BRI	% 300+400
100	Grundstück	m² GF	–	–	–	–	–
200	Vorbereitende Maßnahmen	m² GF	–	–	–	–	–
300	Bauwerk – Baukonstruktionen	m² BGF	5.541.186	2.380,85	2.380,85	700,79	68,9
400	Bauwerk – Technische Anlagen	m² BGF	2.506.014	1.076,74	1.076,74	316,94	31,1
	Bauwerk 300+400	**m² BGF**	**8.047.199**	**3.457,59**	**3.457,59**	**1.017,73**	**100,0**
500	Außenanlagen und Freiflächen	m² AF	–	–	–	–	–
600	Ausstattung und Kunstwerke	m² BGF	–	–	–	–	–
700	Baunebenkosten	m² BGF	–	–	–	–	–
800	Finanzierung	m² BGF	–	–	–	–	–

KG	Kostengruppe	Menge Einheit	Kosten €	€/Einheit	%
3+4	**Bauwerk**				**100,0**
300	**Bauwerk – Baukonstruktionen**	2.327,40 m² BGF	5.541.186	**2.380,85**	68,9

Baugrubenaushub; Stb-Bodenplatte, WU, Estrich, Heizestrich, Bodenbeschichtung, Linoleum, Bodenfliesen, Abdichtung, Kiesfilterschicht, Perimeterdämmung; Stb-Wände, WU, KS-Mauerwerk, Alufenster, Dreifachverglasung, Sonnenschutzverglasung, Stehfalzfassade, Wärmedämmung, außenliegenden Textilscreens; KS-Mauerwerk, Stb-Wände, GK-Wände, Glaswände, Innenfenster, Holztüren, Schiebetüren, Wandfliesen, Beschichtung, WC-Trennwände; Stb-Decken, Stb-Treppen, Heizestrich, Beschichtung, Vinyl, Bodenfliesen, abgehängte GK-Decken, Schallschutzdecken, Glas-Stahlgeländer, Treppengeländer; Stb-Flachdach, Holzbalkendach, Dämmung, Stehfalzdeckung, WPC-Terrassenbeläge, Abdichtung, Attika, intensive Dachbegrünung, Dachentwässerung, abgehängte GK-Decken, Schallschutzdecken; Kita-Einbaumöbel, Garderoben

KG	Kostengruppe	Menge Einheit	Kosten €	€/Einheit	%
400	**Bauwerk – Technische Anlagen**	2.327,40 m² BGF	2.506.014	**1.076,74**	31,1

Gebäudeentwässerung, Kalt- und Warmwasserleitungen, Sanitärobjekte; Wärmepumpe, Fußbodenheizung; Einzelraumlüfter, Abluftanlage, RWA-Anlage; Elektroinstallation, Beleuchtung, Blitzschutzanlage; Datenübertragungsanlage, Rauchmelder; Personenaufzug; küchentechnische Anlage

4400-0402
Kindertagesstätte
(5 Gruppen)
(90 Kinder)

Kostenkennwerte für die Kosten des Bauwerks (Kostengruppen 300+400 nach DIN 276)

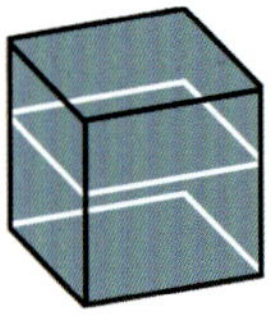

BRI 689 €/m³

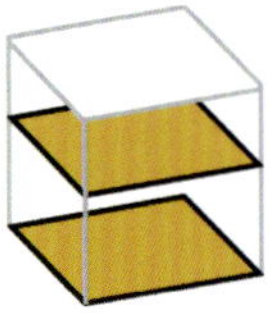

BGF 2.634 €/m²

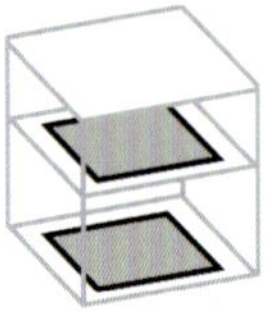

NUF 3.522 €/m²

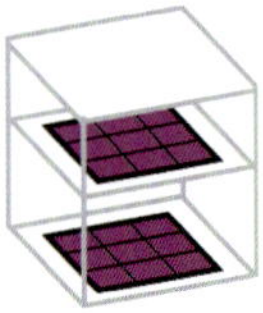

NE 33.579 €/NE

NE: Kinder

Objekt:
Kennwerte: 1.Ebene DIN 276
BRI: 4.384 m³
BGF: 1.147 m²
NUF: 858 m²
Bauzeit: 61 Wochen
Bauende: 2022
Standard: mittel
Bundesland: Nordrhein-Westfalen
Kreis: Rhein-Erft-Kreis

Architekt*in:
MICHAEL KOPPETSCH ARCHITEKT
Pastor-Löh-Straße 78
51399 Burscheid

Bauherr*in:
Arbeiterwohlfahrt
Bezirksverband
Mittelrhein e.V.
Rhonestraße 2A
50765 Köln

© Tobias Göbel

© Tobias Göbel

© Tobias Göbel

© Tobias Göbel

4400-0402
Kindertagesstätte
(5 Gruppen)
(90 Kinder)

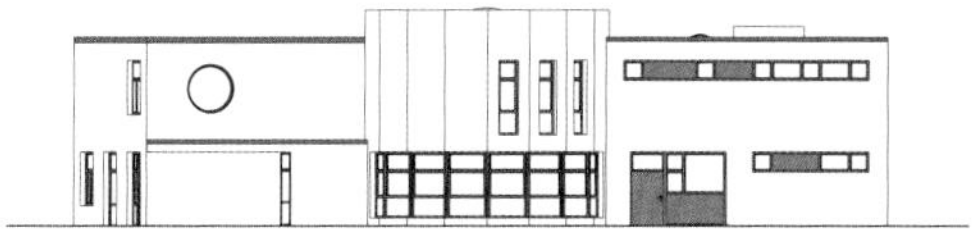
Ansicht Nord

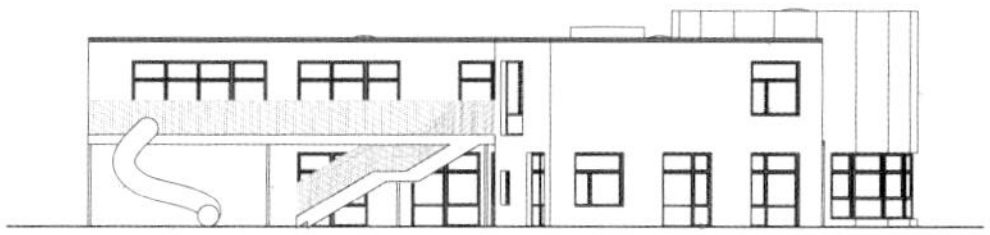
Ansicht Ost

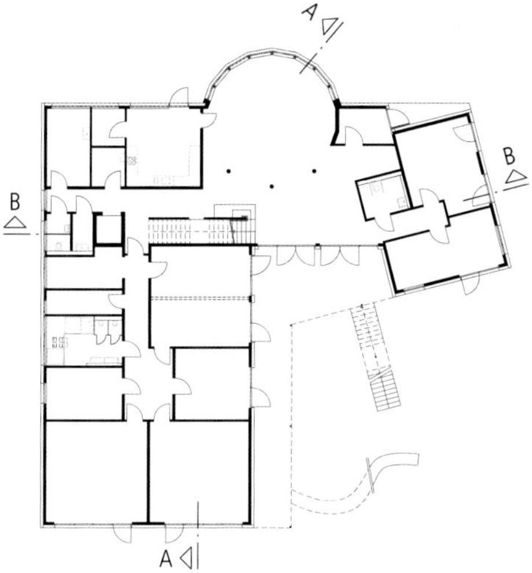

Erdgeschoss

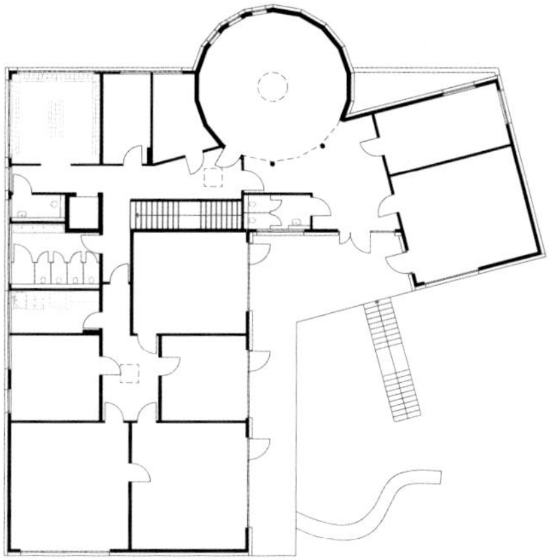
Obergeschoss

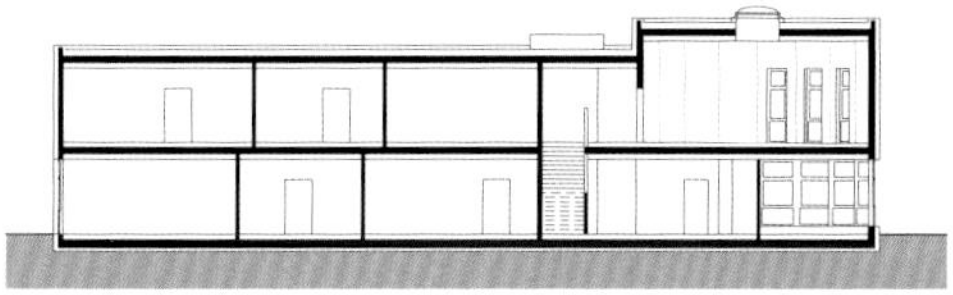
Schnitt A-A

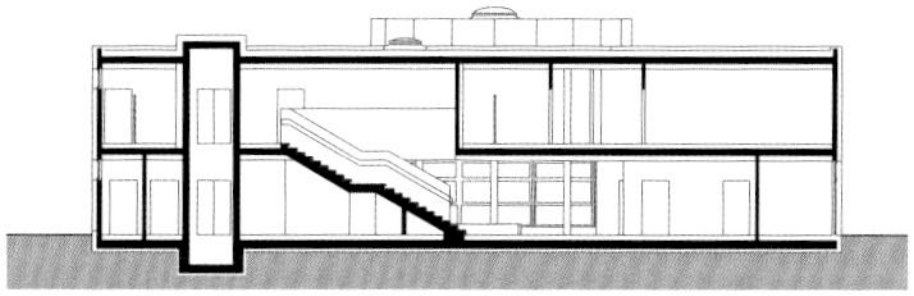
Schnitt B-B

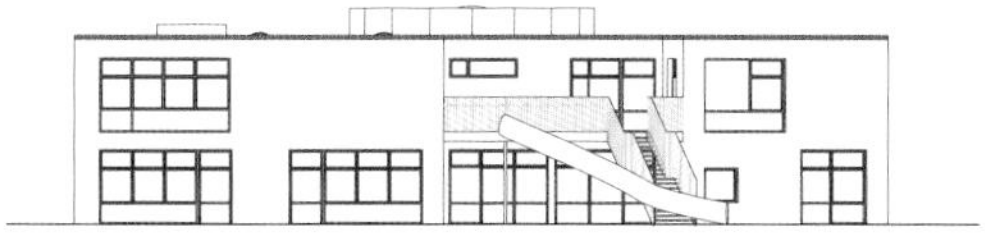
Ansicht Süd

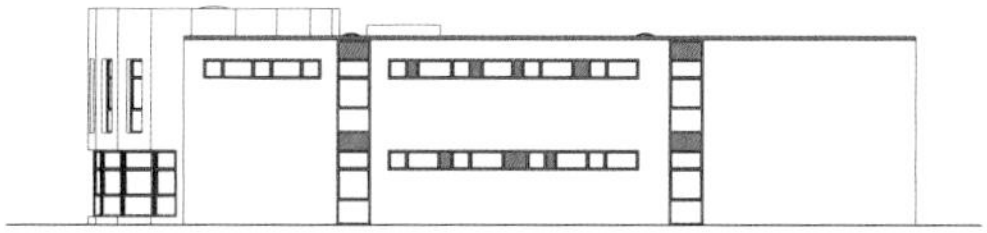
Ansicht West

Objektbeschreibung

Allgemeine Objektinformationen

Nach 45 Jahren hatte die alte viergruppige Kita ausgedient und wurde durch einen farbenfrohen fünfgruppigen Neubau für 90 Kinder ersetzt. Mittelpunkt des lichtdurchfluteten, hellen Gebäudes ist der runde Turm, in dem sich der Begegnungsbereich im Erdgeschoss und darüber liegend der Bewegungsraum befindet.

Nutzung

1 Erdgeschoss
Windfang, Garderobe, Gruppenräume, Bistro, Küche, Ruheraum, Sanitärräume, Nebenräume, Personalräume, Technik, Vorrats-/Abstellraum

1 Obergeschoss
Garderobe, Gruppenräume, Sanitärräume, Nebenräume, Wickelraum, Balkon

Nutzeinheiten

Gruppen: 5
Kinder: 90

Grundstück

Bauraum: Freier Bauraum
Neigung: Ebenes Gelände
Bodenklasse: BK 1 bis BK 4

Markt

Hauptvergabezeit: 4. Quartal 2020
Baubeginn: 1. Quartal 2021
Bauende: 2. Quartal 2022
Konjunkturelle Gesamtlage: Durchschnitt
Regionaler Baumarkt: Durchschnitt

Baukonstruktion

Gegründet ist das Gebäude auf einer Stb-Fundamentplatte. Die tragende Konstruktion des zweigeschossigen Gebäudes ist in Stahlbeton-Massivbauweise mit teilweise Mauerwerkswänden erstellt. Nichttragende Trennwände sind als Trockenbauwände ausgeführt. Der zweigeschossige Turmbau für Bistro und Mehrzweckraum wurde mit einer besonderen Besenstrichoptik geputzt. Die Fassade ist mit einem Wärmedämmverbundsystem bekleidet, Kunststofffenster sind mit Dreifachverglasungen ausgestattet. Auf den Böden sind Parkett und Fliesen verlegt.

Technische Anlagen

Die Wärmeversorgung des Gebäudes erfolgt über das Fernwärmenetz der Stadtwerke. Die Beheizung der einzelnen Räume erfolgt über eine Fußbodenheizung. Über einen Personenaufzug kann das obere Geschoss barrierefrei erreicht werden. Es wurde eine Brandmeldeanlage eingebaut.

Sonstiges

Es wurde großer Wert auf den Erhalt des alten Baumbestands gelegt, der für die Kinder ein wahrer Sonnenschutz-Schatz ist.

Energetische Kennwerte

Gesetzliche Grundlage: EnEV 2013
Gebäudenutzfläche: 917,87 m^2
Gebäudevolumen: 3.817,50 m^3
Hüllfläche des beheizten Volumens: 3.817,50 m^2
Mittlerer U-Wert (opake Bauteile): 0,15 W/(m^2·K)
Mittlerer U-Wert (transparente Bauteile): 1,30 W/(m^2·K)
Mittlerer U-Wert (Glasdächer, etc.): 1,80 W/(m^2·K)
Spez. Jahresprimärenergiebedarf: 106,86 kWh/(m^2·a)
CO_2-Emissionen: 40,00 kg/(m^2·a)

Planungskennwerte für Flächen und Rauminhalte nach DIN 277

Flächen des Grundstücks		Menge Einheit	% an GF
BF	Bebaute Fläche	622,00 m²	26,4
UF	Unbebaute Fläche	1.735,98 m²	73,6
GF	Grundstücksfläche	2.357,98 m²	100,0

Grundflächen des Bauwerks		Menge Einheit	% an NUF	% an BGF
NUF	Nutzungsfläche	858,08 m²	100,0	74,8
TF	Technikfläche	13,65 m²	1,6	1,2
VF	Verkehrsfläche	124,45 m²	14,5	10,8
NRF	Netto-Raumfläche	996,18 m²	116,1	86,8
KGF	Konstruktions-Grundfläche	151,29 m²	17,6	13,2
BGF	Brutto-Grundfläche	1.147,47 m²	133,7	100,0

Brutto-Rauminhalt des Bauwerks		Menge Einheit	BRI/NUF (m)	BRI/BGF (m)
BRI	Brutto-Rauminhalt	4.384,03 m³	5,11	3,82

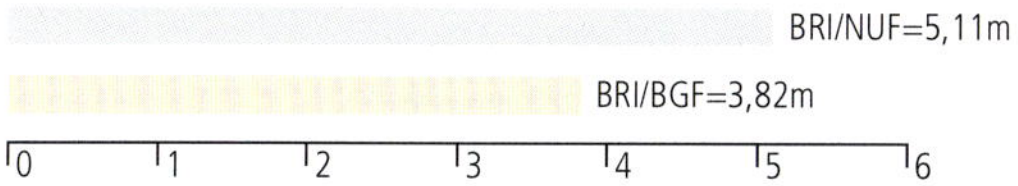

Kostenkennwerte für die Kostengruppen der 1. Ebene DIN 276

KG	Kostengruppen (1. Ebene)	Einheit	Kosten €	€/Einheit	€/m² BGF	€/m³ BRI	% 300+400
100	Grundstück	m² GF	–	–	–	–	–
200	Vorbereitende Maßnahmen	m² GF	–	–	–	–	–
300	Bauwerk – Baukonstruktionen	m² BGF	2.198.178	1.915,67	1.915,67	501,41	72,7
400	Bauwerk – Technische Anlagen	m² BGF	823.969	718,07	718,07	187,95	27,3
	Bauwerk 300+400	**m² BGF**	**3.022.147**	**2.633,75**	**2.633,75**	**689,35**	**100,0**
500	Außenanlagen und Freiflächen	m² AF	–	–	–	–	–
600	Ausstattung und Kunstwerke	m² BGF	–	–	–	–	–
700	Baunebenkosten	m² BGF	–	–	–	–	–
800	Finanzierung	m² BGF	–	–	–	–	–

KG	Kostengruppe	Menge Einheit	Kosten €	€/Einheit	%
3+4	**Bauwerk**				**100,0**
300	**Bauwerk – Baukonstruktionen**	1.147,47 m² BGF	2.198.178	**1.915,67**	72,7

Bodenarbeiten; Bodenaustausch, Stb-Fundamentplatte, WU, Abdichtung, Dämmung, Heizestrich, Parkett, Bodenfliesen, Sauberlaufzone, Perimeterdämmung; Stb-Wände, KS-Mauerwerk, Alu-Haustüren, Kunststofffenster, Dreifachverglasung, Sonnenschutzglas, WDVS, Besenstrichoptik, Beschichtung, Innenputz, Wandfliesen, Außenmarkisen; KS-Mauerwerk, GK-Wände, Holztüren, Faserzementbekleidung, Vliestapeten, Beschichtung, Abdichtung, Wandfliesen; Stb-Decken, Stb-Treppen, Stb-Balkone, Stahlstützen, Dämmung, Heizestrich, Parkett, Bodenfliesen, GK-Akustikdecken, Mineralfaser-Rasterdecken, Stahltreppe, Handlauf, Stahlgeländer; Stb-Flachdach, Lichtkuppeln, Gefälledämmung, Abdichtung, Dachentwässerung, Terrassenplatten; Einbauküche, Spielpodeste, Garderoben, Sitz-Fensterbänke

KG	Kostengruppe	Menge Einheit	Kosten €	€/Einheit	%
400	**Bauwerk – Technische Anlagen**	1.147,47 m² BGF	823.969	**718,07**	27,3

Gebäudeentwässerung, Kalt- und Warmwasserleitungen, Sanitärobjekte, dezentrale Warmwasserbereitung; Fernwärme, Fußbodenheizung; Elektroinstallation, Sicherheitsbeleuchtung mit Batterie; Personenaufzug; Brandmeldeanlage

4400-0410
Kindergarten
(8 Gruppen)
(115 Kinder)

Kostenkennwerte für die Kosten des Bauwerks (Kostengruppen 300+400 nach DIN 276)

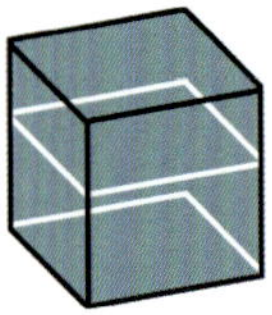

BRI 910 €/m³

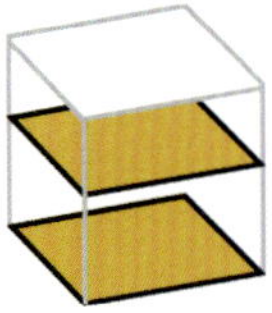

BGF 3.437 €/m²

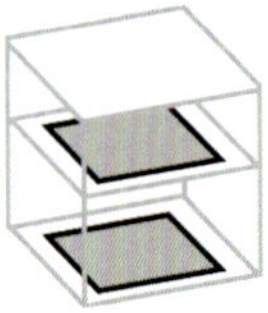

NUF 4.455 €/m²

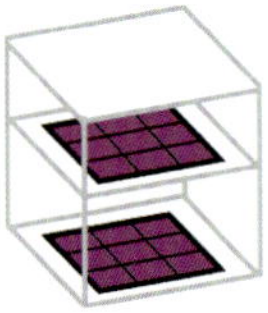

NE 40.289 €/NE

NE: Kinder

Objekt:
Kennwerte: 1.Ebene DIN 276
BRI: 5.091 m³
BGF: 1.348 m²
NUF: 1.040 m²
Bauzeit: 65 Wochen
Bauende: 2024
Standard: mittel
Bundesland: Thüringen
Kreis: Saale-Holzland-Kreis

Architekt*in:
sittig-architekten
Mühlenstraße 14b
07745 Jena

Bauherr*in:
Gemeinde Zöllnitz
Im Unterdorf 5
07751 Zöllnitz

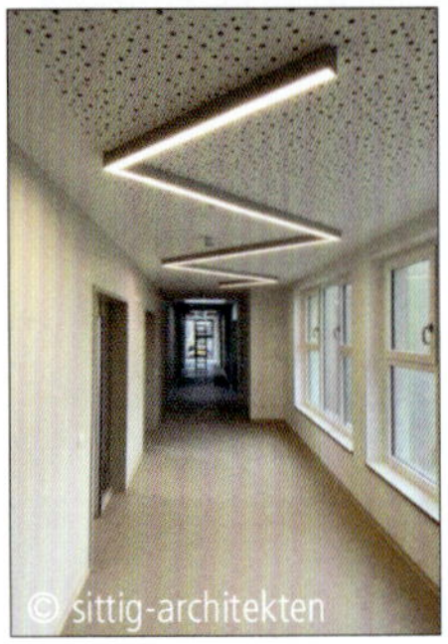

Zeichnungen

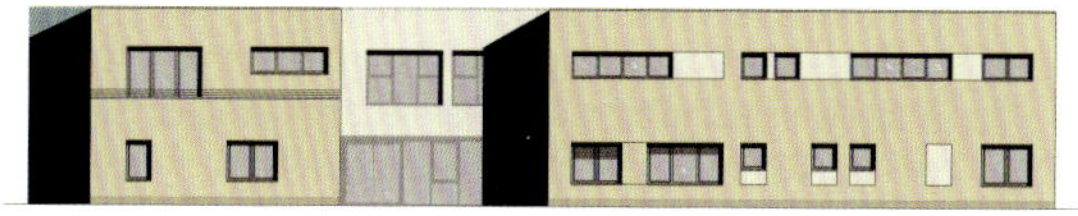

Ansicht Nord

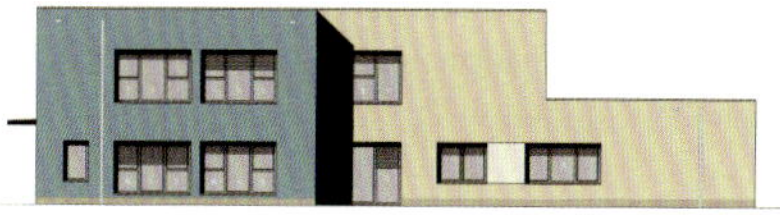

Ansicht Ost

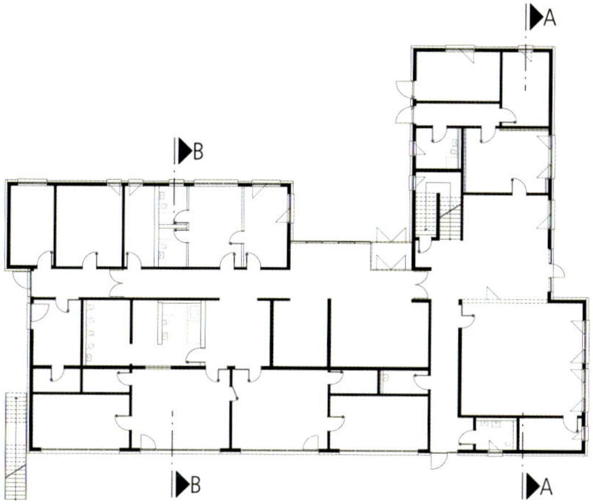

Erdgeschoss

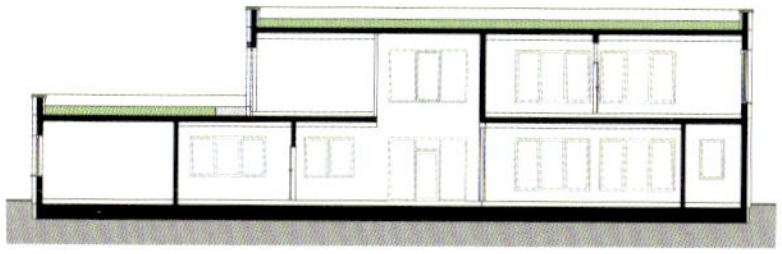

Schnitt A-A

Obergeschoss

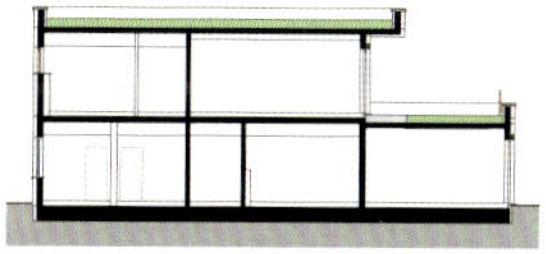

Schnitt B-B

Ansicht Süd

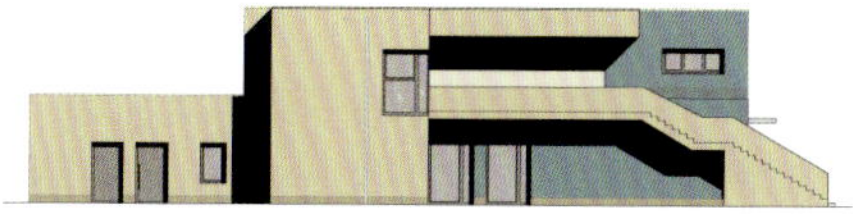

Ansicht West

Objektbeschreibung

Allgemeine Objektinformationen

Die expandierende Gemeinde benötigte dringend auf Grund neuer Bedarfe einen Ersatzneubau für den viel zu kleinen vorhandenen Kindergarten.

Nutzung

1 Erdgeschoss
Foyer, Garderobe, Gruppenräume, Ruheräume, Verwaltung, Mehrzweckraum, Sanitärräume, Technik, Abstellraum, Flure, Treppenhaus

1 Obergeschoss
Spielflur, Gruppenräume, Personalräume, Sanitärräume, Dachterrassen mit Spielbereich

Nutzeinheiten

Gruppen: 8
Kinder: 115

Grundstück

Bauraum: Freier Bauraum
Neigung: Ebenes Gelände
Bodenklasse: BK 2 bis BK 3

Markt

Hauptvergabezeit: 4. Quartal 2022
Baubeginn: 4. Quartal 2022
Bauende: 1. Quartal 2024
Konjunkturelle Gesamtlage: über Durchschnitt
Regionaler Baumarkt: unter Durchschnitt

Baukonstruktion

Die Gründung erfolgt auf einer 60cm starken Stahlbeton-Bodenplatte. Das Gebäude ist nicht unterkellert. Die KS-Außenwände sind mit einem Wärmedämmverbundsystem gedämmt. Die Decke über dem Erdgeschoss ist betoniert, ebenso das Flachdach über dem Obergeschoss. Die großen Fensterelemente sind als Alu-Glasfassaden ausgeführt, teilweise wurden in den Nebenräumen Kunststofffenster eingebaut. Alle Fenster sind mit einer Dreifachverglasung ausgestattet, die mit außenliegenden Raffstores verschattet werden können. Die Innenwände sind in Kalksandstein gemauert und in Trockenbauweise ausgeführt. Über dem Erdgeschoss befindet sich eine große Dachterrasse, die bituminös abgedichtet und begrünt ist. Die Böden des Kindergartens sind mit PVC und Bodenfliesen belegt.

Technische Anlagen

Die Heizwärme wird über eine bivalente Energieerzeugung mittels Luft-Luft-Wärmepumpe und einer Gastherme erzeugt. Fußbodenheizungen verteilen die Wärme im Gebäude. Eine zentrale Lüftungsanlage mit Wärmerückgewinnung versorgt alle Räume mit Frischluft. Auf dem Dach über dem Obergeschoss ist zur Eigenstromversorgung eine Photovoltaikanlage installiert.

Sonstiges

Im Erdgeschoss ist eine gewerbliche Küche für den Kindergartenbetrieb eingebaut.

Energetische Kennwerte

Gesetzliche Grundlage: GEG 2020
Gebäudenutzfläche: 1.128,00 m^2
Hüllfläche des beheizten Volumens: 2.702,20 m^2
Mittlerer U-Wert (opake Bauteile): 0,20 W/(m^2·K)
Mittlerer U-Wert (transparente Bauteile): 1,30 W/(m^2·K)
Mittlerer U-Wert (Glasdächer, etc.): 1,30 W/(m^2·K)
Spez. Jahresprimärenergiebedarf: 99,63 kWh/(m^2·a)

Planungskennwerte für Flächen und Rauminhalte nach DIN 277

Flächen des Grundstücks		Menge Einheit	% an GF
BF	Bebaute Fläche	791,00 m²	26,7
UF	Unbebaute Fläche	2.175,00 m²	73,3
GF	Grundstücksfläche	2.966,00 m²	100,0

Grundflächen des Bauwerks		Menge Einheit	% an NUF	% an BGF
NUF	Nutzungsfläche	1.040,10 m²	100,0	77,2
TF	Technikfläche	26,00 m²	2,5	1,9
VF	Verkehrsfläche	72,00 m²	6,9	5,3
NRF	Netto-Raumfläche	1.138,10 m²	109,4	84,4
KGF	Konstruktions-Grundfläche	209,90 m²	20,2	15,6
BGF	Brutto-Grundfläche	1.348,00 m²	129,6	100,0

Brutto-Rauminhalt des Bauwerks		Menge Einheit	BRI/NUF (m)	BRI/BGF (m)
BRI	Brutto-Rauminhalt	5.091,00 m³	4,90	3,78

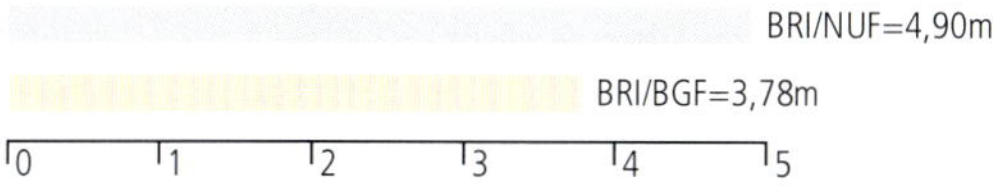

4400-0410
Kindergarten
(8 Gruppen)
(115 Kinder)

Kostenkennwerte für die Kostengruppen der 1. Ebene DIN 276

KG	Kostengruppen (1. Ebene)	Einheit	Kosten €	€/Einheit	€/m² BGF	€/m³ BRI	% 300+400
100	Grundstück	m² GF	–	–	–	–	–
200	Vorbereitende Maßnahmen	m² GF	–	–	–	–	–
300	Bauwerk – Baukonstruktionen	m² BGF	3.500.259	2.596,63	2.596,63	687,54	75,5
400	Bauwerk – Technische Anlagen	m² BGF	1.132.975	840,49	840,49	222,54	24,5
	Bauwerk 300+400	**m² BGF**	**4.633.234**	**3.437,12**	**3.437,12**	**910,08**	**100,0**
500	Außenanlagen und Freiflächen	m² AF	415.527	300,02	308,25	81,62	9,0
600	Ausstattung und Kunstwerke	m² BGF	–	–	–	–	–
700	Baunebenkosten	m² BGF	–	–	–	–	–
800	Finanzierung	m² BGF	–	–	–	–	–

KG	Kostengruppe	Menge Einheit	Kosten €	€/Einheit	%
3+4	**Bauwerk**				**100,0**
300	**Bauwerk – Baukonstruktionen**	1.348,00 m² BGF	3.500.259	**2.596,63**	75,5

Baugrundverbesserung, Bodenaustausch, Stahlbetonbodenplatte, Dämmung, Heizestrich, PVC-Beläge, Bodenfliesen; KS-Mauerwerk, Kunststofffenster, Alu-Glaselemente, Eingangstüren, WDVS, Innenputz, Beschichtung, Wandfliesen; KS-Mauerwerk, GK-Wände, Holztüren, Putz, Beschichtung, Wandfliesen, Sanitärtrennwände, Raffstores; Stb-Decke, Stb-Treppe, Dämmung, Heizestrich, PVC-Beläge, Bodenfliesen, abgehängte GK-Decken, Stahltreppe, Treppengeländer, Glasgeländer; Stb-Flachdach, Gefälledämmung, Abdichtung, Dachbegrünung, Dachterrassenplatten, Dachentwässerung, Terrassengeländer

KG	Kostengruppe	Menge Einheit	Kosten €	€/Einheit	%
400	**Bauwerk – Technische Anlagen**	1.348,00 m² BGF	1.132.975	**840,49**	24,5

Gebäudeentwässerung, Fettabscheider, Kalt- und Warmwasserleitungen, Sanitärobjekte; Luft-Luft-Wärmepumpe, Gas-Brennwerttherme, Fußbodenheizung; kontrollierte Be- und Entlüftung mit Wärmerückgewinnung; PV-Anlage, Elektroinstallation, Beleuchtung, Sicherheitsleuchten, Blitzschutzanlage; Kücheneinrichtung

KG	Kostengruppe	Menge Einheit	Kosten €	€/Einheit	%
500	**Außenanlagen und Freiflächen**	1.385,00 m² AF	415.527	**300,02**	9,0

Wege, Stellplätze, Spielplatz; Einfriedung; Oberbodenarbeiten, Bepflanzung

Objektbeschreibung

Allgemeine Objektinformationen

Der Neubau ist als zweigeschossiger kompakter Baukörper mit einem zentralen Foyer errichtet. Über das Foyer sind beide Ebenen mit einer großzügigen Treppenanlage und einem Personenaufzug verbunden. Ein Zugang zu den Freianlagen ist in direkter Anbindung über das Foyer möglich. Das Kinderhaus bietet Platz für drei Gruppen, eine Kinderkrippe, eine altersgemischte Gruppe und eine Kindergartengruppe.

Nutzung

1 Erdgeschoss
zwei Krippen-Gruppenräume mit Lager, Intensivraum, Ruheraum, Wickelraum, Speiseraum mit Küche und Vorrat, Sanitäranlagen

1 Obergeschoss
Kindergarten-Gruppenraum mit Intensivraum, Therapieraum, Mehrzweckraum mit Gerätelager, Sanitäranlagen, Spielelager, Technikraum

Nutzeinheiten

Gruppen: 3

Grundstück

Bauraum: Freier Bauraum
Neigung: Ebenes Gelände
Bodenklasse: BK 1 bis BK 5

Markt

Hauptvergabezeit: 2. Quartal 2020
Baubeginn: 3. Quartal 2020
Bauende: 3. Quartal 2021
Konjunkturelle Gesamtlage: über Durchschnitt
Regionaler Baumarkt: unter Durchschnitt

Baukonstruktion

Das Gebäude ist in Massivbauweise errichtet und mit einer vorgehängten Holzfassade aus Lärche versehen. Der Laubengang dient als Fluchtweg und Zugang zu den Freianlagen. Prägendes Gestaltungselement des Laubengangs sind farblich abgestimmte Alulamellen, welche auch als Absturzsicherung dienen. Das Foyer ist mit hochwertigen Materialien, wie einem Holzlamellenparkett, einer Holzvertäfelung mit integrierten Garderoben und einer Holzakustikdecke ausgebaut. In den Gruppenräumen wurden ein Kautschukboden und Akustikdecken aus Gipskarton verbaut.

Technische Anlagen

Die Beheizung erfolgt über eine Luft-Wasser Wärmepumpe und Fußbodenheizung. Alle Aufenthaltsräume werden über eine dezentrale Lüftungsanlage reguliert. Das Gebäude ist mit einen Photovoltaikanlage ausgestattet. Ein Personenaufzug dient der barrierefreien Erschließung.

Energetische Kennwerte

Gesetzliche Grundlage: EnEV 2013
Gebäudenutzfläche: 755,50 m^2
Gebäudevolumen: 3.699,40 m^3
A/V_e-Verhältnis (Kompaktheit): 0,44 m^{-1}
Hüllfläche des beheizten Volumens: 160,95 m^2
Mittlerer U-Wert (opake Bauteile): 0,17 $W/(m^2 \cdot K)$
Mittlerer U-Wert (transparente Bauteile): 0,90 $W/(m^2 \cdot K)$
Mittlerer U-Wert (Glasdächer, etc.): 0,90 $W/(m^2 \cdot K)$
Spez. Jahresprimärenergiebedarf: 89,80 $kWh/(m^2 \cdot a)$

Planungskennwerte für Flächen und Rauminhalte nach DIN 277

Flächen des Grundstücks		Menge Einheit	% an GF
BF	Bebaute Fläche	473,20 m²	10,5
UF	Unbebaute Fläche	4.045,80 m²	89,5
GF	Grundstücksfläche	4.519,00 m²	100,0

Grundflächen des Bauwerks		Menge Einheit	% an NUF	% an BGF
NUF	Nutzungsfläche	742,41 m²	100,0	73,2
TF	Technikfläche	18,01 m²	2,4	1,8
VF	Verkehrsfläche	118,54 m²	16,0	11,7
NRF	Netto-Raumfläche	878,96 m²	118,4	86,7
KGF	Konstruktions-Grundfläche	134,66 m²	18,1	13,3
BGF	Brutto-Grundfläche	1.013,62 m²	136,5	100,0

Brutto-Rauminhalt des Bauwerks		Menge Einheit	BRI/NUF (m)	BRI/BGF (m)
BRI	Brutto-Rauminhalt	3.671,17 m³	4,95	3,62

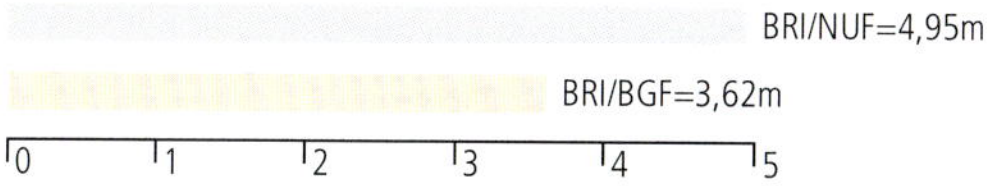

Kostenkennwerte für die Kostengruppen der 1. Ebene DIN 276

KG	Kostengruppen (1. Ebene)	Einheit	Kosten €	€/Einheit	€/m² BGF	€/m³ BRI	% 300+400
100	Grundstück	m² GF	–	–	–	–	–
200	Vorbereitende Maßnahmen	m² GF	–	–	–	–	–
300	Bauwerk – Baukonstruktionen	m² BGF	2.493.999	2.460,49	2.460,49	679,35	75,5
400	Bauwerk – Technische Anlagen	m² BGF	811.196	800,30	800,30	220,96	24,5
	Bauwerk 300+400	**m² BGF**	**3.305.195**	**3.260,78**	**3.260,78**	**900,31**	**100,0**
500	Außenanlagen und Freiflächen	m² AF	522.917	129,25	515,89	142,44	15,8
600	Ausstattung und Kunstwerke	m² BGF	–	–	–	–	–
700	Baunebenkosten	m² BGF	–	–	–	–	–
800	Finanzierung	m² BGF	–	–	–	–	–

KG	Kostengruppe	Menge Einheit	Kosten €	€/Einheit	%
3+4	**Bauwerk**				**100,0**
300	**Bauwerk – Baukonstruktionen**	1.013,62 m² BGF	2.493.999	**2.460,49**	75,5

Stahlbeton-Fundamentplatte, Zement-Heizestrich, Wärme-/Trittschalldämmung, Industrieparkett, Bodenfliesen, Kautschukbelag, Kiesfilterschicht, Perimeterdämmung, Abdichtung, Dränage; Ziegelmauerwerk, Stb-Unterzüge, Stürze und Ringanker, Stahl-Außenstützen, Holz-Alufenster mit Dreifach-Wärmedämmverglasung, Mineralwolldämmung, hinterlüftete Lärchenholzfassade, Kalkinnenputz, Dispersionsbeschichtung, Wandfliesen, Alu-Lamellen-Raffstores mit Motorantrieb, Alu-Lamellen als Absturzsicherung; Ziegelmauerwerk, Vollspan-Türblätter mit Klemmschutz-Zargen und Schichtstoffoberfläche, teilweise Glasausschnitte und Schallschutzausrüstung, Flurtrenntüren als Holzrahmenkonstruktion mit Verglasung, Kalkinnenputz, Dispersionsbeschichtung, Holzvertäfelungen (Weißtanne), Wandfliesen, WC-Trennwände HPL; Stahlbetondecke, Stahlbetontreppe, Gipskartondecken, Akustik-Holzdecken, Holzgeländer; Holzdachstuhl als Walmdach, Zwischensparrendämmung, Dachoberlicht im Firstbereich als Glas-Systemdach, Sonnenschutzverglasung, Alu-Stehfalzdeckung, Dachentwässerung; Einbaugarderoben, Einbauschränke, Gruppenraumausstattung, Wickeltische, Kücheneinrichtung

KG	Kostengruppe	Menge Einheit	Kosten €	€/Einheit	%
400	**Bauwerk – Technische Anlagen**	1.013,62 m² BGF	811.196	**800,30**	24,5

Gebäudeentwässerung, Kalt- und Warmwasserleitungen, Sanitärobjekte; Luft-Wasser-Wärmepumpe, Fußbodenheizung; dezentrale Lüftungsanlage mit Wärmerückgewinnung; Photovoltaikanlage, Elektroinstallation, Beleuchtung, Einbaustrahler; Telekommunikationsanlage, Türsprechanlage, Rauchmeldeanlage; Personenaufzug

KG	Kostengruppe	Menge Einheit	Kosten €	€/Einheit	%
500	**Außenanlagen und Freiflächen**	4.045,80 m² AF	522.917	**129,25**	15,8

Terrassen mit Betonpflaster und Entwässerungseinrichtungen am Gebäude, Einfassung mit verdeckt liegenden Randleistensteinen; Spielgeräte-Ausstattung

4400-0412
Kindergarten
(3 Gruppen)
(40 Kinder)

Kostenkennwerte für die Kosten des Bauwerks (Kostengruppen 300+400 nach DIN 276)

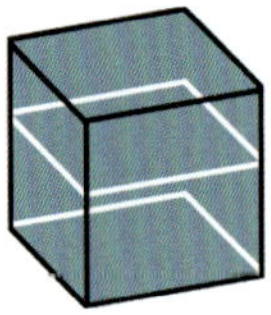

BRI 651 €/m³

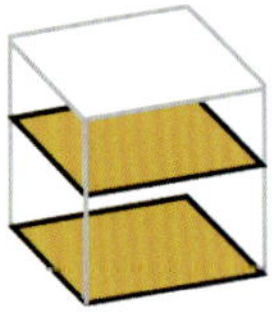

BGF 2.633 €/m²

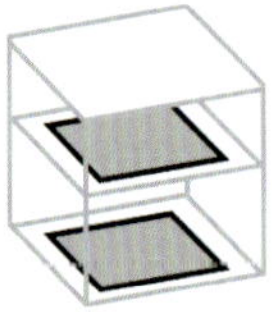

NUF 4.019 €/m²

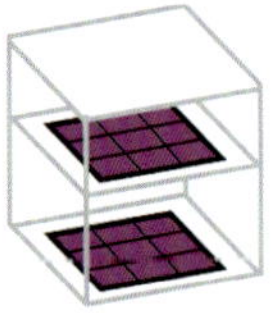

NE 54.275 €/NE

NE: Kinder

Objekt:
Kennwerte: 1.Ebene DIN 276
BRI: 3.336 m³
BGF: 825 m²
NUF: 540 m²
Bauzeit: 56 Wochen
Bauende: 2023
Standard: mittel
Bundesland: Schleswig-Holstein
Kreis: Rendsburg-Eckernförde

Architekt*in:
JANIAK + LIPPERT Architekten
und Ingenieure GmbH
Am Karpfenteich 7
24787 Fockbek

Bauherr*in:
Stadt Rendsburg
Am Gymnasium 4
24768 Rendsburg

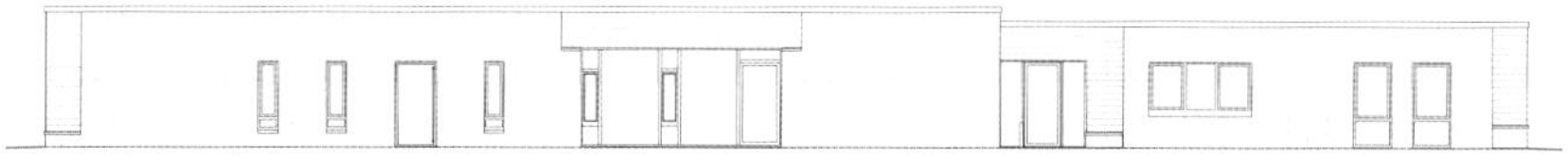

Ansicht Nord

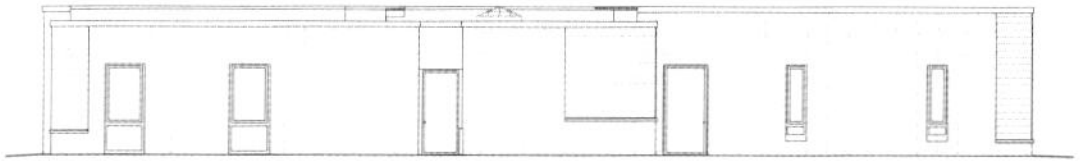

Ansicht West

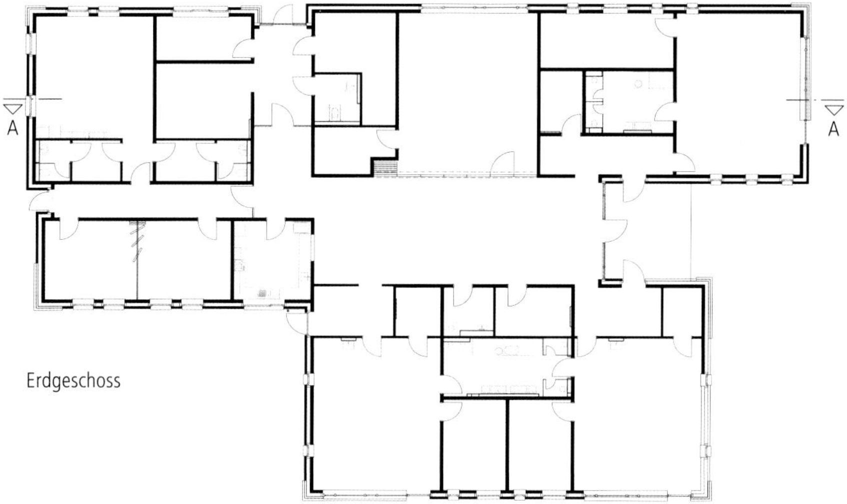

Erdgeschoss

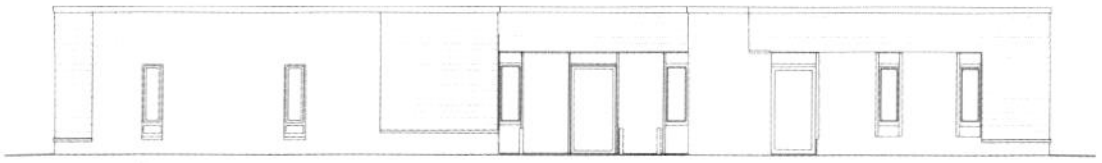

Ansicht Ost

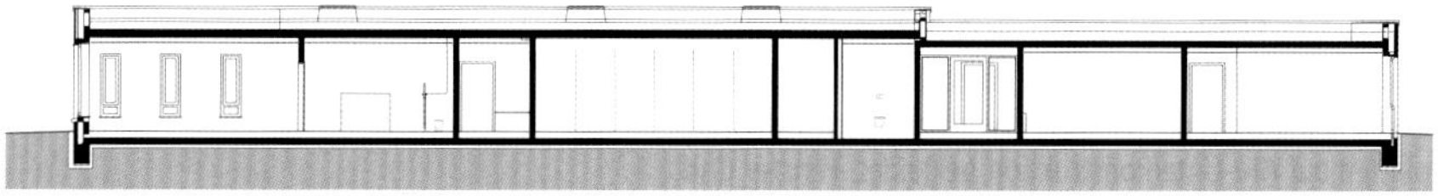

Schnitt A-A

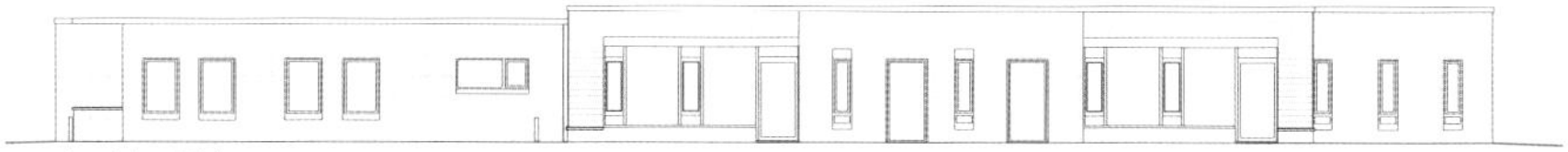

Ansicht Süd

4400-0413
Kindertagesstätte
(6 Gruppen)
(130 Kinder)

Kostenkennwerte für die Kosten des Bauwerks (Kostengruppen 300+400 nach DIN 276)

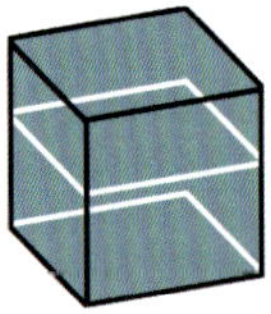

BRI 825€/m³

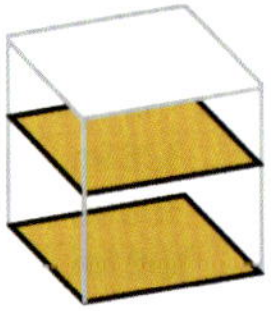

BGF 3.019€/m²

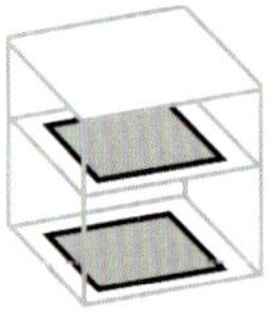

NUF 4.893€/m²

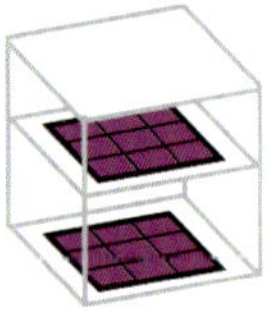

NE 57.412€/NE
NE: Kinder

Objekt:
Kennwerte: 1. Ebene DIN 276
BRI: 9.046 m³
BGF: 2.472 m²
NUF: 1.525 m²
Bauzeit: 113 Wochen
Bauende: 2023
Standard: hoch
Bundesland: Niedersachsen
Kreis: Osnabrück

Architekt*in:
Hüdepohl . Ferner
Architektur- und
Ingenieurgesellschaft mbH
Wasastraße 8
49082 Osnabrück

Bauherr*in:
Stadt Bramsche
Hasestraße 11
49565 Bramsche

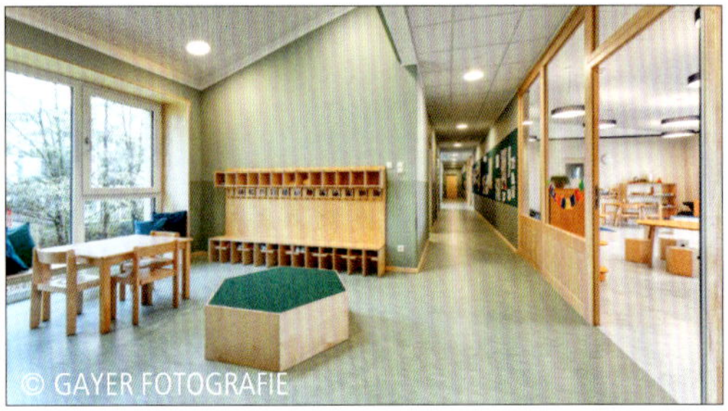

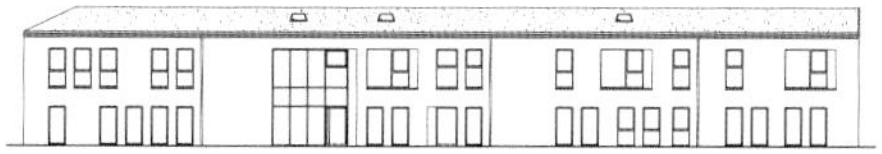

Ansicht Nord

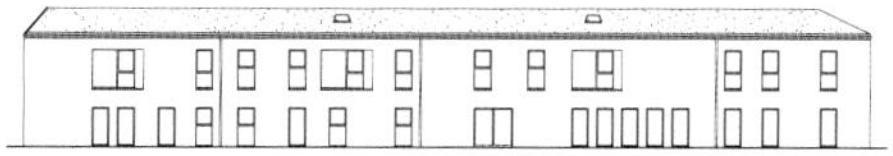

Ansicht Ost

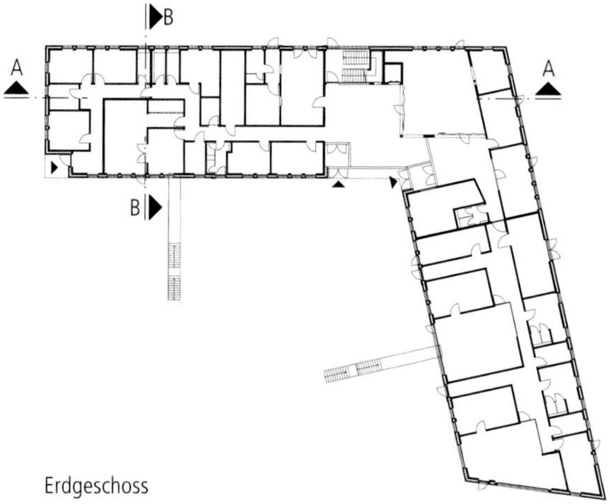

Erdgeschoss

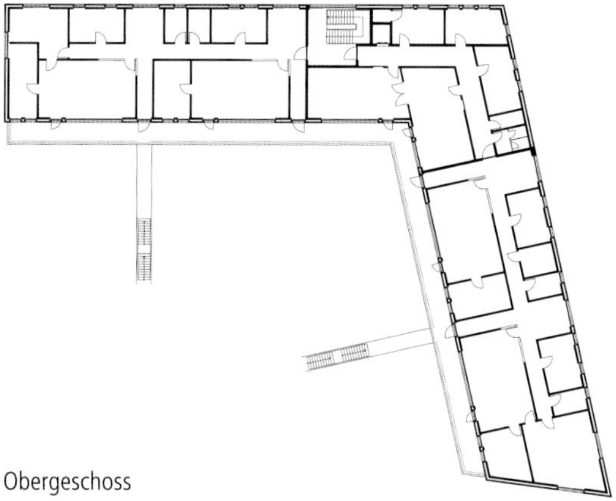

Obergeschoss

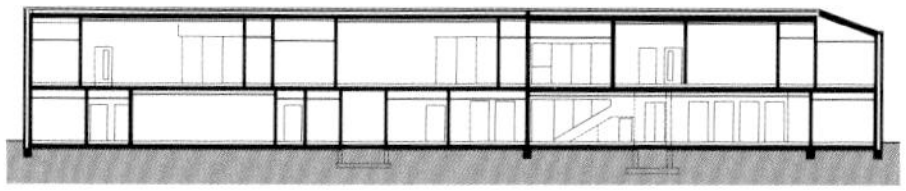

Schnitt A-A

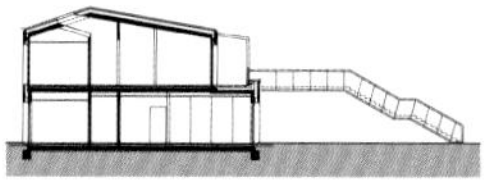

Schnitt B-B

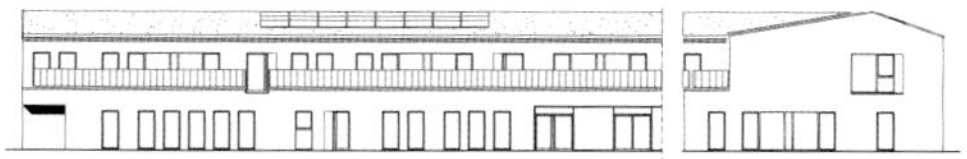

Ansicht Süd

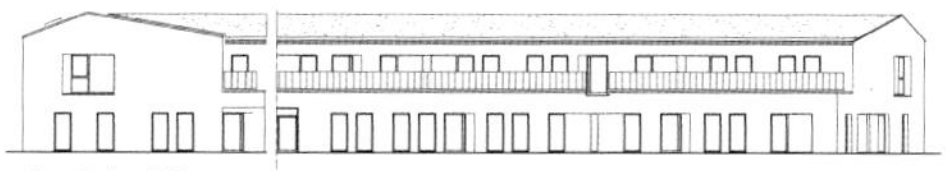

Ansicht West

Objektbeschreibung

Allgemeine Objektinformationen

Der Neubau wurde als gewinkelte Gebäudezeile entlang einer stark befahrenen Straße als Schallbarriere positioniert. Die Hauptzugänge der Kita befinden sich im Schnittpunkt der Gebäudeschenkel und dienen als Verteiler. Die beiden Gebäudeteile öffnen sich mit einem Winkel von rund 100° Richtung Südwest – so ist der Blick frei in Richtung der naturnahen Spiellandschaft.

Nutzung

1 Erdgeschoss
Foyer, Gruppenräume, Intensivräume, Ruheräume, Bewegungsraum, Geräteraum, Küche, Teeküche, Vorratsraum, Speiseraum, Hauswirtschaftsraum, Sekretariat, Büro, Besprechungsraum, Personal, Sozialraum, Kopierraum, Garderoben, WCs, Bäder, Kinderwagenraum, Abstellräume, Technikraum

1 Obergeschoss
Gruppenräume, Intensivräume, Ruheräume, Werkraum, Materialraum, Speiseräume, Hauswirtschaftsraum, Garderoben, Bäder, Abstellräume, Technikraum, Lüftungsraum, Dachterrasse, Treppen in den Garten

Nutzeinheiten

Gruppen: 6
Kinder: 130

Grundstück

Bauraum: Freier Bauraum
Neigung: Ebenes Gelände
Bodenklasse: BK 1 bis BK 3

Besonderer Kosteneinfluss Grundstück
Es wurden 1.050m³ Oberboden abgetragen und auf einem angrenzenden Grundstück zwischengelagert. Weitere 415m³ Oberboden wurden fachgerecht entsorgt. Anschließend erfolgte der Einbau von 5.000 Tonnen Sand.

Markt

Hauptvergabezeit: 3.Quartal 2021
Baubeginn: 4.Quartal 2021
Bauende: 4.Quartal 2023
Konjunkturelle Gesamtlage: Durchschnitt
Regionaler Baumarkt: Durchschnitt

Baukonstruktion

Die Gründung erfolgte auf Streifenfundamenten und einer 25cm starken Stahlbeton-Bodenplatte, die von unten gedämmt ist. Das Gebäude ist nicht unterkellert. Die KS-Außenwände sind mit 18cm Mineralwolle gedämmt und mit Klinker bekleidet. Die Decke über dem Erdgeschoss ist betoniert. Das Satteldach ist als Pfettendach mit zwei unterschiedlichen Dachneigungen ausgeführt. Es ist bituminös abgedichtet und mit extensiver Dachbegrünung belegt. Die Kunststofffenster sind mit Dreifachverglasungen ausgestattet und können mit Alu-Raffstores verschattet werden. Die Innenwände sind gemauert oder als verglaste Holzwände ausgeführt. Der Bewegungsraum bietet mittels mobiler Trennwände die Möglichkeiten unterschiedlichster Nutzung. Besonders aufwändig wurde die Dachterrasse mit Pergola und Stahltreppen ausgeführt.

Technische Anlagen

Die Wärme wird zentral für das gesamte Quartier über Erdsonden erzeugt (Bohrungen und Anlagen sind nicht in den Kosten enthalten). Der Wärmetransport erfolgt über eine Fernwärmeleitung mit einer Länge von ca.120m. Im gesamten Gebäude ist eine Fußbodenheizung installiert. Eine kontrollierte Be- und Entlüftungsanlage mit Wärmerückgewinnung regelt die Belüftung der Räume. Auf dem Dach ist eine Photovoltaikanlage installiert. Ein Personenaufzug erschließt das Obergeschoss barrierefrei.

Energetische Kennwerte

Gesetzliche Grundlage: GEG 2020
Gebäudenutzfläche: 1.735,60 m^2
Hüllfläche des beheizten Volumens: 4.195,70 m^2
Mittlerer U-Wert (opake Bauteile): 0,16 W/(m^2·K)
Mittlerer U-Wert (transparente Bauteile): 0,93 W/(m^2·K)
Mittlerer U-Wert (Glasdächer, etc.): 2,00 W/(m^2·K)
Spez. Jahresprimärenergiebedarf: 69,77 kWh/(m^2·a)

Planungskennwerte für Flächen und Rauminhalte nach DIN 277

Flächen des Grundstücks		Menge Einheit	% an GF
BF	Bebaute Fläche	1.224,00 m²	29,3
UF	Unbebaute Fläche	2.955,00 m²	70,7
GF	Grundstücksfläche	4.179,00 m²	100,0

Grundflächen des Bauwerks		Menge Einheit	% an NUF	% an BGF
NUF	Nutzungsfläche	1.525,31 m²	100,0	61,7
TF	Technikfläche	60,07 m²	3,9	2,4
VF	Verkehrsfläche	428,60 m²	28,1	17,3
NRF	Netto-Raumfläche	2.013,98 m²	132,0	81,5
KGF	Konstruktions-Grundfläche	458,00 m²	30,0	18,5
BGF	Brutto-Grundfläche	2.471,98 m²	162,1	100,0

Brutto-Rauminhalt des Bauwerks		Menge Einheit	BRI/NUF (m)	BRI/BGF (m)
BRI	Brutto-Rauminhalt	9.045,57 m³	5,93	3,66

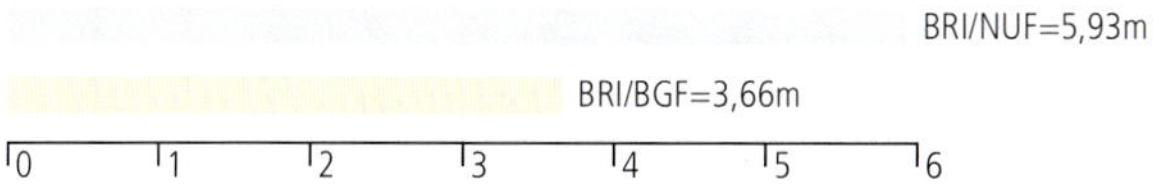

Kostenkennwerte für die Kostengruppen der 1. Ebene DIN 276

KG	Kostengruppen (1. Ebene)	Einheit	Kosten €	€/Einheit	€/m² BGF	€/m³ BRI	% 300+400
100	Grundstück	m² GF	–	–	–	–	–
200	Vorbereitende Maßnahmen	m² GF	–	–	–	–	–
300	Bauwerk – Baukonstruktionen	m² BGF	5.506.906	2.227,73	2.227,73	608,80	73,8
400	Bauwerk – Technische Anlagen	m² BGF	1.956.604	791,51	791,51	216,31	26,2
	Bauwerk 300+400	**m² BGF**	**7.463.509**	**3.019,24**	**3.019,24**	**825,10**	**100,0**
500	Außenanlagen und Freiflächen	m² AF	899.636	304,45	363,93	99,46	12,1
600	Ausstattung und Kunstwerke	m² BGF	–	–	–	–	–
700	Baunebenkosten	m² BGF	–	–	–	–	–
800	Finanzierung	m² BGF	–	–	–	–	–

KG	Kostengruppe	Menge Einheit	Kosten €	€/Einheit	%
3+4	**Bauwerk**				**100,0**
300	**Bauwerk – Baukonstruktionen**	2.471,98 m² BGF	5.506.906	**2.227,73**	73,8

Baugrubenaushub; Bodenauffüllung, Stb-Streifenfundamente, Stb-Bodenplatte, WU, Heizestrich, Linoleum, Bodenfliesen, Abdichtung, Perimeterdämmung; KS-Mauerwerkswände, Kunststofffenster, Dreifachverglasung, Schallschutzverglasung, Sonnenschutzverglasung, Wärmedämmung, Ziegelfassade, Alu-Sonnenschutzlamellen; Innenmauerwerk, Stb-Stützen, Stahlstützen, Innenfenster, Wandfliesen, WC-Trennwände, mobile Trennwand; Stb-Decken, Stb-Treppen, Heizestrich, Linoleum, Bodenfliesen, abgehängte GK-Decken, Schallschutzdecken, Stahlgeländer, Treppengeländer, Stahl-Außentreppen; Holzbalkendach, Oberlichter, Dämmung, Abdichtung, Attika, extensive Dachbegrünung, Dachentwässerung, abgehängte GK-Decke, Schallschutzdecke, Eingangsüberdachung; Teeküche, Einbauschränke, Garderoben, Einbauregale

KG	Kostengruppe	Menge Einheit	Kosten €	€/Einheit	%
400	**Bauwerk – Technische Anlagen**	2.471,98 m² BGF	1.956.604	**791,51**	26,2

Gebäudeentwässerung, Hebeanlage, Kalt- und Warmwasserleitungen, Sanitärobjekte; Fernwärmeversorgung, Fußbodenheizung; kontrollierte Be- und Entlüftung mit Wärmerückgewinnung; PV-Anlage, Elektroinstallation, Beleuchtung, Sicherheitsleuchten, Blitzschutzanlage; Datenübertragungsanlage, Rauchmelder; Personenaufzug; küchentechnische Anlage

KG	Kostengruppe	Menge Einheit	Kosten €	€/Einheit	%
500	**Außenanlagen und Freiflächen**	2.955,00 m² AF	899.636	**304,45**	12,1

Oberbodenarbeiten, Bodenarbeiten, Erdbaumaßnahmen; Gründungsmaßnahmen; Wege, Plätze, Terrassen, Stellplätze, Spielplatzflächen; Zäune, Tore; Außenbeleuchtung; Sitzbänke, Findlinge, Fahrradständer, Pflanzbehälter, Abfallbehälter, Absperrpoller, Müllplatzeinhausung, Klettereinrichtungen; Oberbodenauftrag, Flechtwerk, Gehölze, Stauden, Bäume, Rasen

4400-0414
Kindertagesstätte
(4 Gruppen)
(77 Kinder)

Kostenkennwerte für die Kosten des Bauwerks (Kostengruppen 300+400 nach DIN 276)

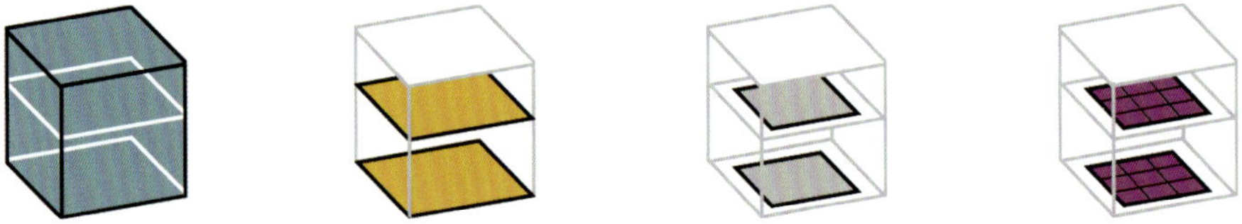

BRI 740 €/m³ | **BGF** 3.007 €/m² | **NUF** 4.690 €/m² | **NE** 36.550 €/NE

NE: Kinder

Objekt:
Kennwerte: 1.Ebene DIN 276
BRI: 3.804 m³
BGF: 936 m²
NUF: 600 m²
Bauzeit: 82 Wochen
Bauende: 2022
Standard: einfach
Bundesland: Nordrhein-Westfalen
Kreis: Essen, Stadt

Architekt*in:
Böll Architekten GmbH
Max-Fiedler-Straße 6
45128 Essen

Bauherr*in:
Ev. Thomasgemeinde
Verwaltungsamt Essen
Dritter Hagen 39
45127 Essen

© Thomas Mayer Archive

© Böll Architekten GmbH

© Böll Architekten GmbH

Kostenstand: 2. Quartal 2025, Bundesdurchschnitt, **inkl. 19% MwSt.**

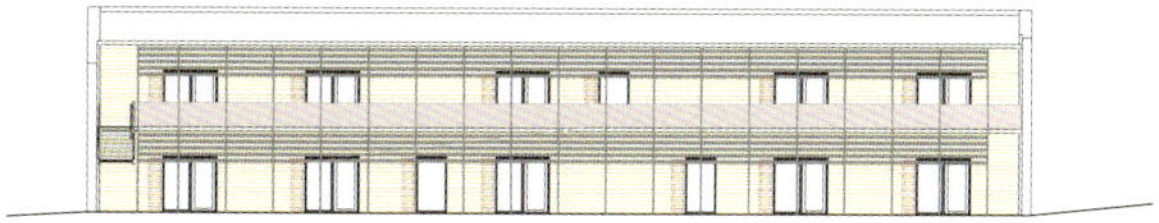

Ansicht Ost

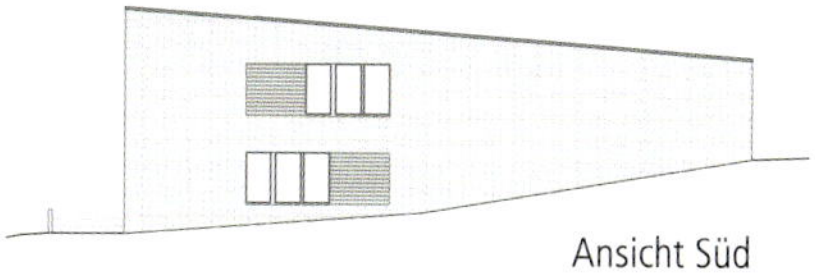

Ansicht Süd

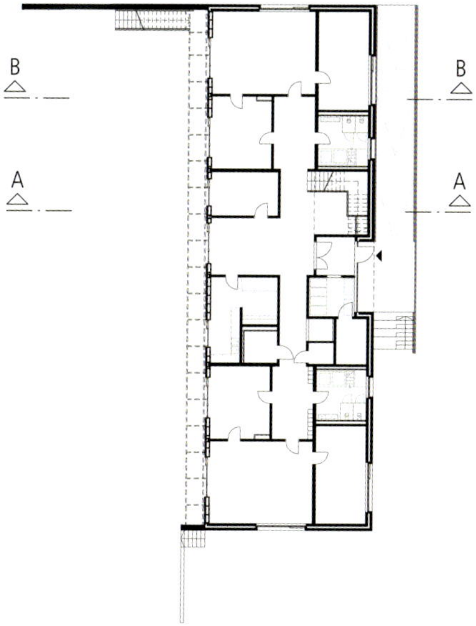

Erdgeschoss

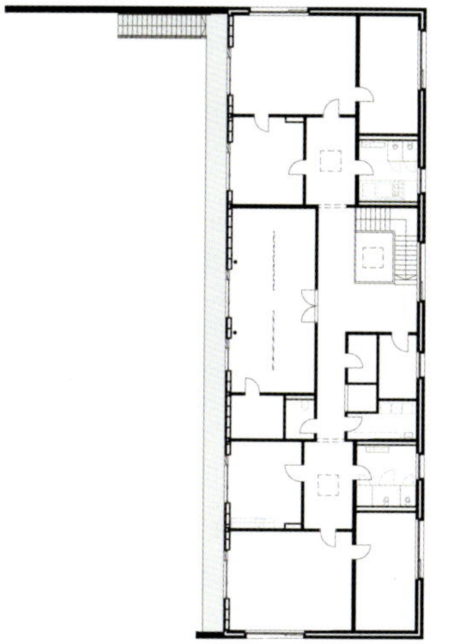

Obergeschoss

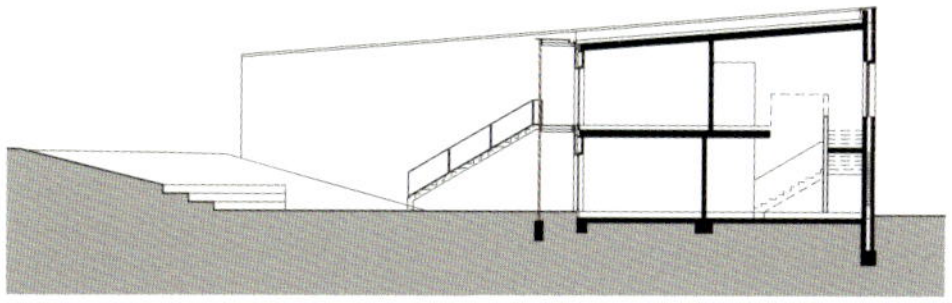

Schnitt A-A

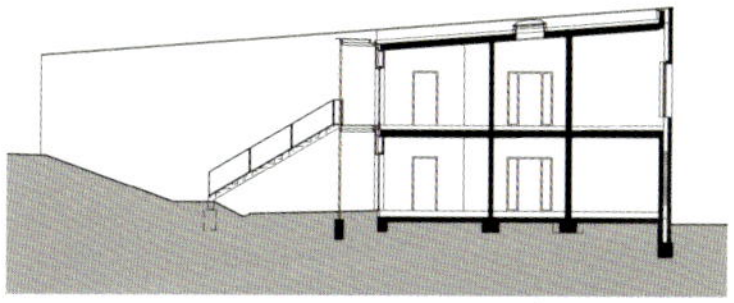

Schnitt B-B

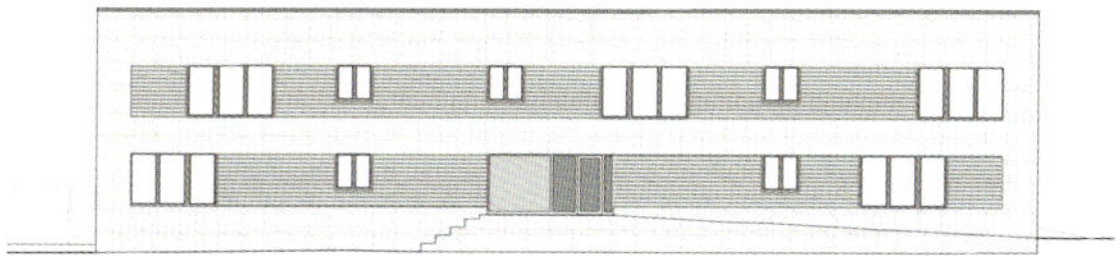

Ansicht West

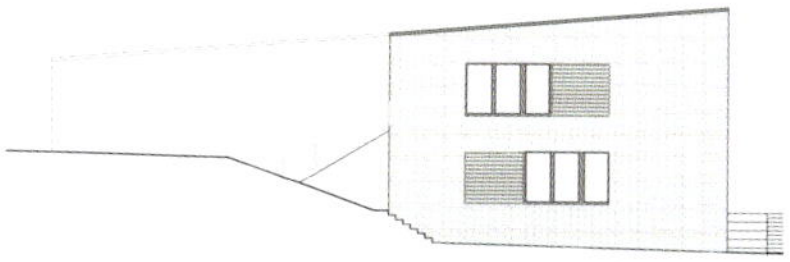

Ansicht Nord

Objektbeschreibung

Allgemeine Objektinformationen

Der zweigeschossige Kita-Neubau ist nicht unterkellert. Der Standort an einer stark befahrenen Straße prägt das grundlegende Konzept einer schützenden Hand, die sich um die Kita legt. Die Außenwand aus Ziegelmauerwerk wird entlang der großen Straße als Lärmschutz weitergeführt, so dass ein geschützter Außenspielbereich entsteht. Die gartenseitige Fassade der Kita ist als leichte Holzkonstruktion ausgeführt. Das Obergeschoss ist durch einen Laubengang und der Außentreppe direkt mit dem Spielhof verbunden.

Nutzung

1 Erdgeschoss
Windfang, Foyer, Garderoben, Gruppenräume, Nebenräume, Differenzierungsräume, Büro, Sanitärräume, Flure, Technik, Abstellen, Treppenhaus, Aufzug

1 Obergeschoss
Laubengang, Garderoben, Gruppenräume, Nebenräume, Differenzierungsräume, Mehrzweckraum, Sanitärräume, Besprechungsraum, Wirtschaftsraum, Flure, Treppenhaus, Aufzug

Nutzeinheiten

Gruppen: 4
Kinder: 77

Grundstück

Bauraum: Freier Bauraum
Neigung: Geneigtes Gelände
Bodenklasse: BK 1 bis BK 5

Markt

Hauptvergabezeit: 4. Quartal 2020
Baubeginn: 4. Quartal 2020
Bauende: 2. Quartal 2022
Konjunkturelle Gesamtlage: Durchschnitt
Regionaler Baumarkt: Durchschnitt

Baukonstruktion

Die Gründung erfolgt auf einer Stb-Bodenplatte. Die Außenwände sind aus Schallschutzgründen dreiseitig mit Kalksandstein gemauert und mit Mineralwolldämmung und Klinker verblendet. Die Außenwand zum Garten ist in Holzrahmenbauweise mit Holzfaserdämmung und horizontaler Stülpschalung realisiert. Die Kunststofffenster, bzw. Holzfenster sind mit einer Dreifachverglasung ausgestattet. Die Decke über dem Erdgeschoss sowie das Pultdach sind in Stahlbeton ausgeführt. Der Laubengang mit Gartentreppe hängt als leichte Stahlkonstruktion vor der Fassade, feststehende Sonnenschutzelemente sorgen für Verschattung der Innenräume. Die Böden wurden mit Linoleum und Bodenfliesen belegt. Die abgehängten Akustikdecken aus gelochtem Gipskarton und Holzfaserplatten ergeben eine angenehme Raumakustik.

Technische Anlagen

Beheizt wird der Neubau mit Hilfe einer Luft-Wärmepumpe, eine Fußbodenheizung verteilt die Wärme in den Räumen. Das benötigte Warmwasser wird dezentral über Kleindurchlauferhitzer erzeugt. Über dezentrale mechanische Lüfter können innenliegende Räume belüftet werden. Es wurde eine Brandmeldeanlage mit internem Hausalarm, ein Rauchabzug im Treppenhaus sowie eine Aufzugsanlage als Plattformlift eingebaut.

Energetische Kennwerte

Gesetzliche Grundlage: EnEV 2013
Gebäudenutzfläche: 774,00 m²
Spez. Jahresprimärenergiebedarf: 127,00 kWh/(m²·a)
CO_2-Emissionen: 48,00 kg/(m²·a)

Planungskennwerte für Flächen und Rauminhalte nach DIN 277

Flächen des Grundstücks		Menge Einheit	% an GF
BF	Bebaute Fläche	450,00 m²	24,3
UF	Unbebaute Fläche	1.400,00 m²	75,7
GF	Grundstücksfläche	1.850,00 m²	100,0

Grundflächen des Bauwerks		Menge Einheit	% an NUF	% an BGF
NUF	Nutzungsfläche	600,09 m²	100,0	64,1
TF	Technikfläche	6,83 m²	1,1	0,7
VF	Verkehrsfläche	158,53 m²	26,4	16,9
NRF	Netto-Raumfläche	765,45 m²	127,6	81,8
KGF	Konstruktions-Grundfläche	170,55 m²	28,4	18,2
BGF	Brutto-Grundfläche	936,00 m²	156,0	100,0

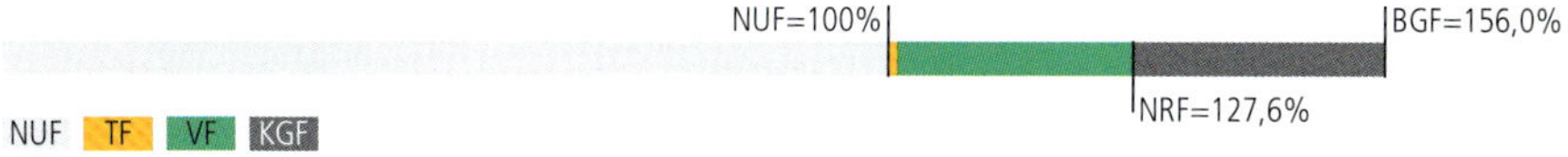

Brutto-Rauminhalt des Bauwerks		Menge Einheit	BRI/NUF (m)	BRI/BGF (m)
BRI	Brutto-Rauminhalt	3.804,00 m³	6,34	4,06

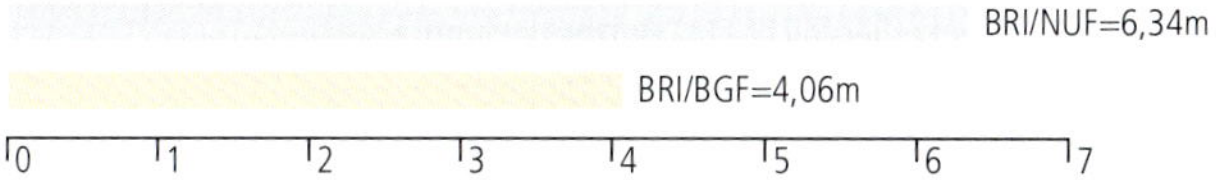

4400-0414
Kindertagesstätte
(4 Gruppen)
(77 Kinder)

Kostenkennwerte für die Kostengruppen der 1. Ebene DIN 276

KG	Kostengruppen (1. Ebene)	Einheit	Kosten €	€/Einheit	€/m² BGF	€/m³ BRI	% 300+400
100	Grundstück	m² GF	–	–	–	–	–
200	Vorbereitende Maßnahmen	m² GF	263.178	142,26	281,17	69,18	9,4
300	Bauwerk – Baukonstruktionen	m² BGF	2.107.710	2.251,83	2.251,83	554,08	74,9
400	Bauwerk – Technische Anlagen	m² BGF	706.623	754,94	754,94	185,76	25,1
	Bauwerk 300+400	**m² BGF**	**2.814.333**	**3.006,77**	**3.006,77**	**739,84**	**100,0**
500	Außenanlagen und Freiflächen	m² AF	545.550	–	582,85	143,41	19,4
600	Ausstattung und Kunstwerke	m² BGF	–	–	–	–	–
700	Baunebenkosten	m² BGF	–	–	–	–	–
800	Finanzierung	m² BGF	–	–	–	–	–

KG	Kostengruppe	Menge Einheit	Kosten €	€/Einheit	%
200	**Vorbereitende Maßnahmen**	1.850,00 m² GF	263.178	**142,26**	9,4
	Abbruch von Pfarrhaus, Kirche				
3+4	**Bauwerk**				**100,0**
300	**Bauwerk – Baukonstruktionen**	936,00 m² BGF	2.107.710	**2.251,83**	74,9
	Baugrubenaushub; Stb-Bodenplatte, Abdichtung, Dämmung, Estrich, Linoleum, Bodenfliesen; KS-Mauerwerk, Holzrahmenwände, Kunststofffenster, Holzfenster, Dreifachverglasung, Dämmung, Klinkerverblender, Holzfaserdämmung, Stülpschalung, Innenputz, Beschichtung, Holzbekleidung, Wandfliesen; KS-Mauerwerk, GK-Wände, Holztüren, Beschichtung, Wandfliesen; Stb-Decke, Stb-Treppe, Dämmung, Estrich, Linoleum, Bodenfliesen, Holzwolle-Akustikdecken, abgehängte GK-Akustikdecke, gelocht, Stahllaubengang, Stahltreppe, Geländer; Stb-Pultdach, Dämmung, Abdichtung, Dachentwässerung, Holzwolle-Akustikdecken, abgehängte GK-Akustikdecken, gelocht, Stahlvordach				
400	**Bauwerk – Technische Anlagen**	936,00 m² BGF	706.623	**754,94**	25,1
	Gebäudeentwässerung, Kaltwasserleitungen, dezentrale Kleindurchlauferhitzer, Sanitärobjekte; Luft-Wärmepumpe, Fußbodenheizung; dezentrale mechanische Lüfter; Elektroinstallation, Beleuchtung, Notbeleuchtung; Brandmeldeanlage mit internem Hausalarm, Rauchabzug; Aufzugsanlage				
500	**Außenanlagen und Freiflächen**	–	545.550	**–**	19,4
	Oberbodenarbeiten, Geländemodellage; Pkw-Stellplätze; Spielgeräte				

4400-0416
Kindertagesstätte
(4 Gruppen)
(74 Kinder)

Kostenkennwerte für die Kosten des Bauwerks (Kostengruppen 300+400 nach DIN 276)

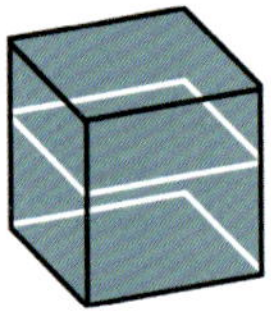

BRI 499 €/m³

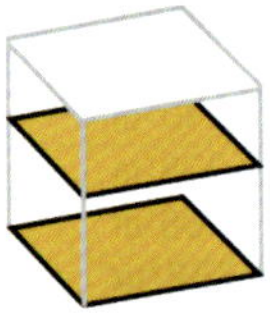

BGF 2.731 €/m²

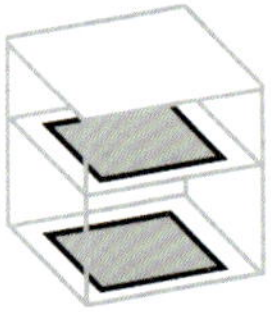

NUF 3.845 €/m²

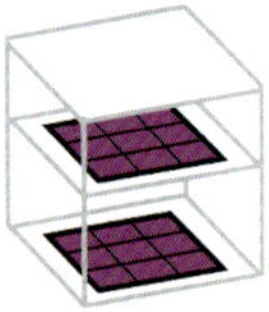

NE 42.683 €/NE

NE: Kinder

Objekt:
Kennwerte: 1.Ebene DIN 276
BRI: 6.328 m³
BGF: 1.157 m²
NUF: 822 m²
Bauzeit: 82 Wochen
Bauende: 2023
Standard: mittel
Bundesland: Bayern
Kreis: Würzburg

Architekt*in:
HAAS + HAAS Architekten
I Stadtplaner I Beratender
Ingenieur PartGmbB
Hauptstraße 37
97246 Eibelstadt

Bauherr*in:
Markt Rimpar
Schlossberg 1
97222 Rimpar

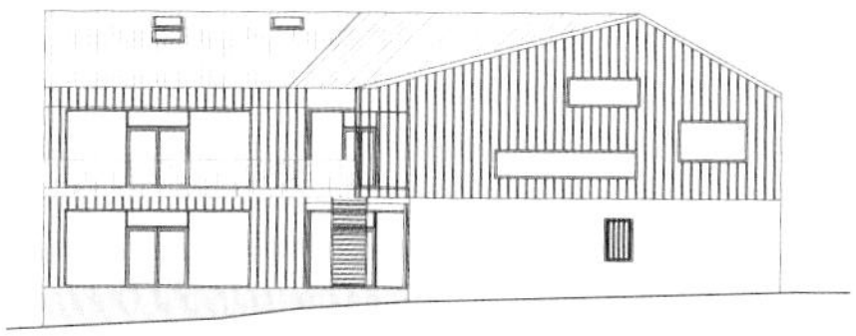

Ansicht Süd-Ost

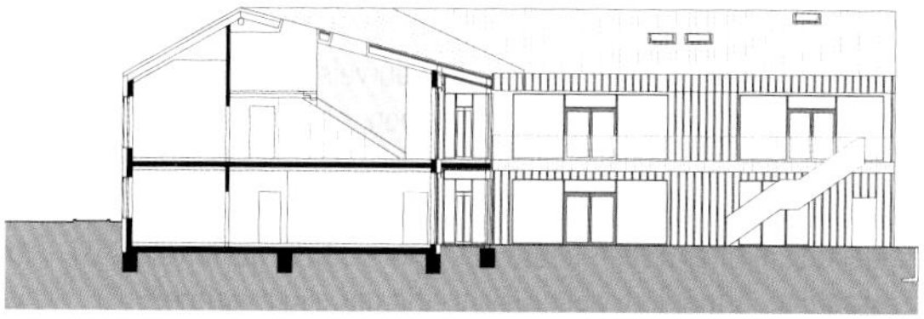

Ansicht Süd-West & Schnitt A-A

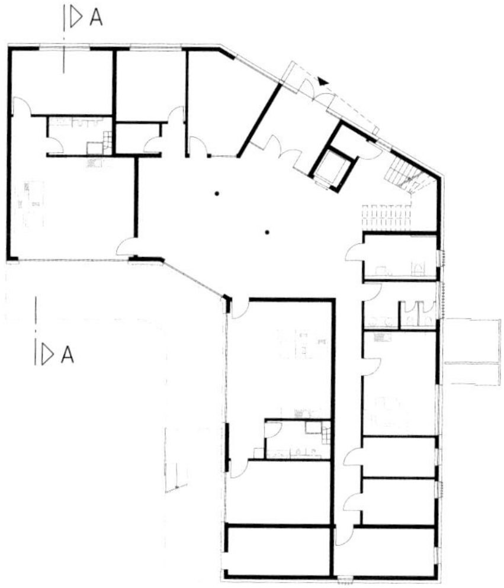

Erdgeschoss

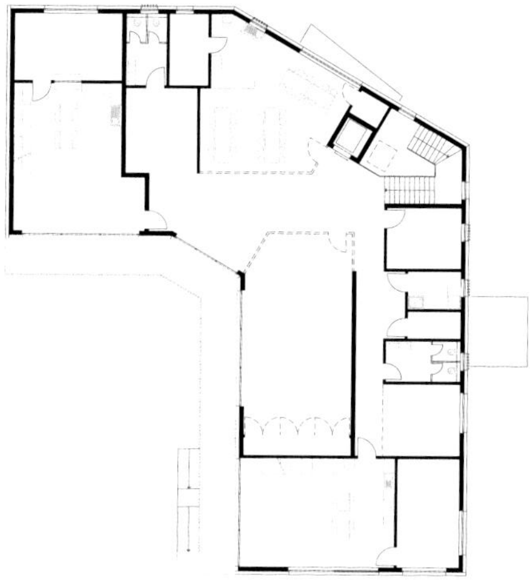

Obergeschoss

Ansicht Nord-West

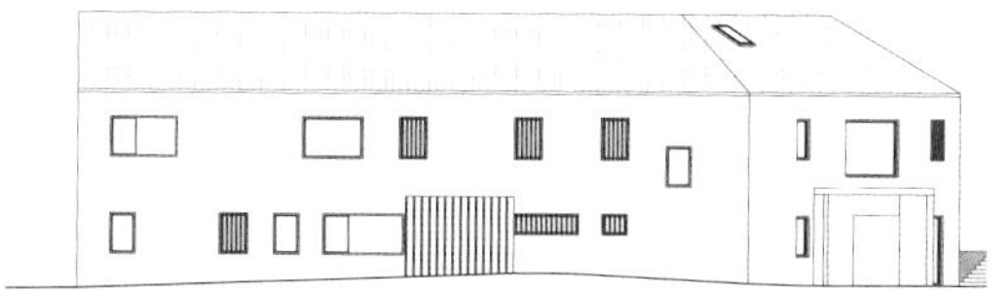

Ansicht Nord-Ost

Kostenkennwerte für die Kostengruppen der 1.Ebene DIN 276

KG	Kostengruppen (1.Ebene)	Einheit	Kosten €	€/Einheit	€/m² BGF	€/m³ BRI	% 300+400
100	Grundstück	m² GF	–	–	–	–	–
200	Vorbereitende Maßnahmen	m² GF	–	–	–	–	–
300	Bauwerk – Baukonstruktionen	m² BGF	2.503.462	2.164,50	2.164,50	395,60	79,3
400	Bauwerk – Technische Anlagen	m² BGF	655.061	566,37	566,37	103,51	20,7
	Bauwerk 300+400	**m² BGF**	**3.158.523**	**2.730,87**	**2.730,87**	**499,11**	**100,0**
500	Außenanlagen und Freiflächen	m² AF	–	–	–	–	–
600	Ausstattung und Kunstwerke	m² BGF	–	–	–	–	–
700	Baunebenkosten	m² BGF	–	–	–	–	–
800	Finanzierung	m² BGF	–	–	–	–	–

KG	Kostengruppe	Menge Einheit	Kosten €	€/Einheit	%
3+4	**Bauwerk**				**100,0**
300	**Bauwerk – Baukonstruktionen**	1.156,60 m² BGF	2.503.462	**2.164,50**	79,3

Baugrundverbesserung, Stb-Streifenfundamente, Stb-Bodenplatte, Abdichtung, Dämmung, Heizestrich, Vinyl, Bodenfliesen; KS-Mauerwerk, Holz-Alufenster, Dreifachverglasung, WDVS, hinterlüftete Holzschalung, Innenputz, Beschichtung, Wandfliesen, Raffstores; KS-Mauerwerk, GK-Wände, Holztüren, Putz, Beschichtung, Wandfliesen; Stb-Decke, Stb-Treppe, Stb-Laubengang, Dämmung, Heizestrich, Vinyl, Bodenfliesen, Geländer, Außenstahltreppe mit Holzverkleidung; Sparrendach, Dachflächenfenster, Dämmung, Ziegeldeckung, Dachentwässerung, Akustiklochdecken; Schreinereinbauten

KG	Kostengruppe	Menge Einheit	Kosten €	€/Einheit	%
400	**Bauwerk – Technische Anlagen**	1.156,60 m² BGF	655.061	**566,37**	20,7

Gebäudeentwässerung, Kalt- und Warmwasserleitungen, Sanitärobjekte; Luft-Wasser-Wärmepumpe, Fußbodenheizung; dezentral kontrollierte Be- und Entlüftung mit Wärmerückgewinnung; Elektroinstallation, Beleuchtung, Blitzschutz

Objektbeschreibung

Allgemeine Objektinformationen

Die neue Kindertagesstätte bietet insgesamt 80 Betreuungsplätze für Kinder im Krippen- und Kindergartenalter. Die Lage des Grundstücks ist durch den Übergang vom städtischen Innen- zu einem dörflichen Außenbereich geprägt. Der längliche Gebäudekörper mit asymmetrischem Satteldach ist eine moderne Übersetzung der landwirtschaftlich geprägten Gebäude in der Umgebung und folgt der Konzeptidee einer "Spielscheune".

Nutzung

1 Erdgeschoss
Gruppenräume, Differenzierungsraum, Ruheräume, Küche mit Essraum, Büro, WCs, Sanitärräume, Lager, Abstellräume, Hausmeisterraum, Technik

1 Obergeschoss
Gruppenräume, Bewegungsraum, Multifunktions- und Werkraum, Mitarbeiterraum, Hauswirtschaftsraum, Küche mit Essraum, WCs, Sanitärräume, Abstellräume, Technikräume

1 Dachgeschoss
Spielemporen, Dachraum

Nutzeinheiten

Gruppen: 4
Kinder: 80

Grundstück

Bauraum: Freier Bauraum
Neigung: Ebenes Gelände
Bodenklasse: BK 1 bis BK 4

Markt

Hauptvergabezeit: 1.Quartal 2021
Baubeginn: 2.Quartal 2021
Bauende: 4.Quartal 2022
Konjunkturelle Gesamtlage: Durchschnitt
Regionaler Baumarkt: unter Durchschnitt

Baukonstruktion

Das Gebäude wurde in Massivbauweise errichtet. Bodenplatten und Decken sind aus Stahlbeton hergestellt. Die Außenwände bestehen aus einem zweischaligen KS-Mauerwerk und Klinkern mit dazwischenliegender Wärmedämmschicht. Das asymmetrische Satteldach mit klassischer Sparrenkonstruktion erhielt eine Eindeckung mit gedämpften Ton-Glattziegeln in verschiedenen Grautönen. Die Alufenster sind mit einer Dreifachverglasung ausgestattet. Die Fußböden sind mit Kautschuk und Fliesen belegt und die Decken mit Holzwolle-Leichtbauplatten abgehängt.

Technische Anlagen

Die Wärmeerzeugung erfolgt durch eine Luft-Wärmepumpe und wird zum Teil mit Fußbodenheizung in den Räumen verteilt. Auf der Dachfläche Richtung Südwesten befindet sich eine Photovoltaikanlage. Das Gebäude wird über eine zentrale Lüftungsanlage mit Wärmerückgewinnung be- und entlüftet. Die Luftdichtheit wurde mit einem Blower-Door-Test geprüft.

Sonstiges

Durch die verspielte Fassade und die unterschiedlichen Gauben-Typen wird der kindliche Charakter der Kita übersetzt und es werden interessante Ein- und Ausblicke ermöglicht. Im Eingangsbereich lässt sich ein großer Torbogen, in Anlehnung an die ländlich geprägte Bebauung in der Umgebung, wiederfinden. Das energetische Konzept des Gebäudes entspricht dem Passivhaus-Standard.

Energetische Kennwerte

Gesetzliche Grundlage: GEG 2020
Gebäudenutzfläche: 1.190,00 m^2
Gebäudevolumen: 3.718,00 m^3
A/V_e-Verhältnis (Kompaktheit): 0,45 m^{-1}
Hüllfläche des beheizten Volumens: 1.681,00 m^2
Mittlerer U-Wert (opake Bauteile): 0,11 $W/(m^2 \cdot K)$
Mittlerer U-Wert (transparente Bauteile): 0,85 $W/(m^2 \cdot K)$
Mittlerer U-Wert (Glasdächer, etc.): 1,00 $W/(m^2 \cdot K)$
Spez. Jahresprimärenergiebedarf: 48,00 $kWh/(m^2 \cdot a)$
CO_2-Emissionen: 14,90 $kg/(m^2 \cdot a)$

Planungskennwerte für Flächen und Rauminhalte nach DIN 277

Flächen des Grundstücks		Menge Einheit	% an GF
BF	Bebaute Fläche	615,77 m²	16,3
UF	Unbebaute Fläche	3.160,69 m²	83,7
GF	Grundstücksfläche	3.776,46 m²	100,0

Grundflächen des Bauwerks		Menge Einheit	% an NUF	% an BGF
NUF	Nutzungsfläche	916,49 m²	100,0	57,8
TF	Technikfläche	53,89 m²	5,9	3,4
VF	Verkehrsfläche	248,09 m²	27,1	15,7
NRF	Netto-Raumfläche	1.218,47 m²	132,9	76,9
KGF	Konstruktions-Grundfläche	366,43 m²	40,0	23,1
BGF	Brutto-Grundfläche	1.584,90 m²	172,9	100,0

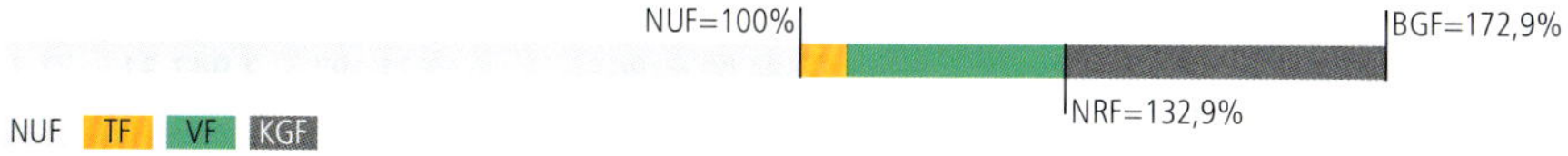

Brutto-Rauminhalt des Bauwerks		Menge Einheit	BRI/NUF (m)	BRI/BGF (m)
BRI	Brutto-Rauminhalt	6.512,63 m³	7,11	4,11

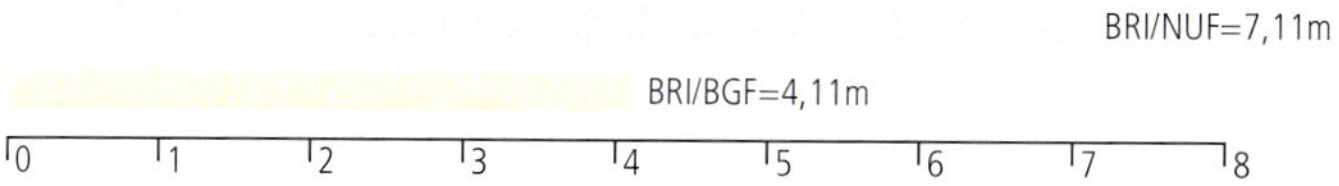

4400-0422
Kindertagesstätte
(6 Gruppen)
(104 Kinder)

Kostenkennwerte für die Kosten des Bauwerks (Kostengruppen 300+400 nach DIN 276)

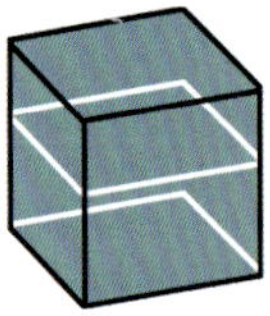

BRI 882 €/m³

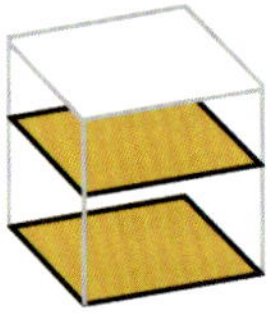

BGF 3.725 €/m²

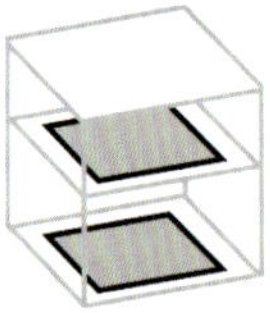

NUF 5.053 €/m²

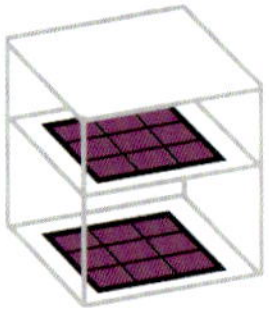

NE 56.524 €/NE

NE: Kinder

Objekt:
Kennwerte: 1.Ebene DIN 276
BRI: 6.665 m³
BGF: 1.578 m²
NUF: 1.163 m²
Bauzeit: 91 Wochen
Bauende: 2023
Standard: mittel
Bundesland: Hessen
Kreis: Groß-Gerau

Architekt*in:
architektei mey gmbh
Ferdinand-Porsche-Straße 11
60386 Frankfurt am Main

Bauherr*in:
Magistrat der Stadt Rüsselsheim am Main
Fachbereich Gebäudewirtschaft
Am Treff 3
65428 Rüsselsheim am Main

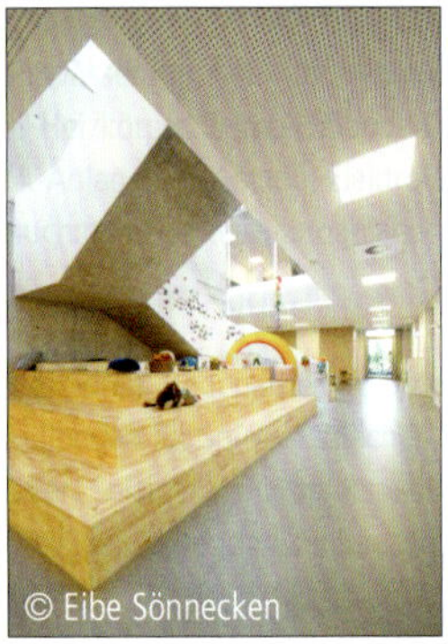

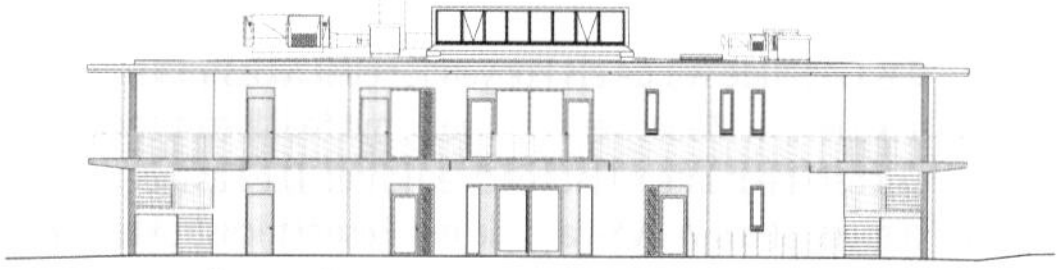

Ansicht Nord

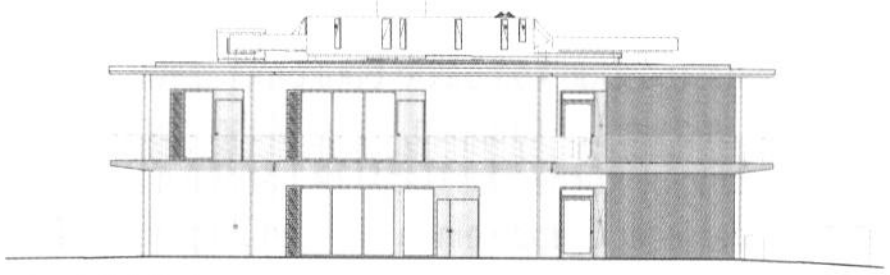

Ansicht Ost

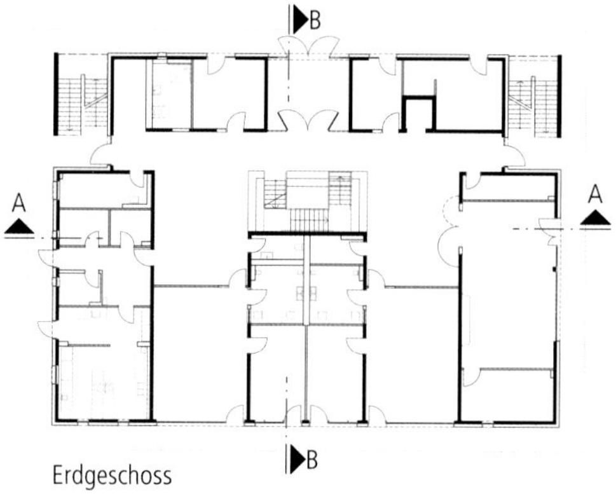

Erdgeschoss

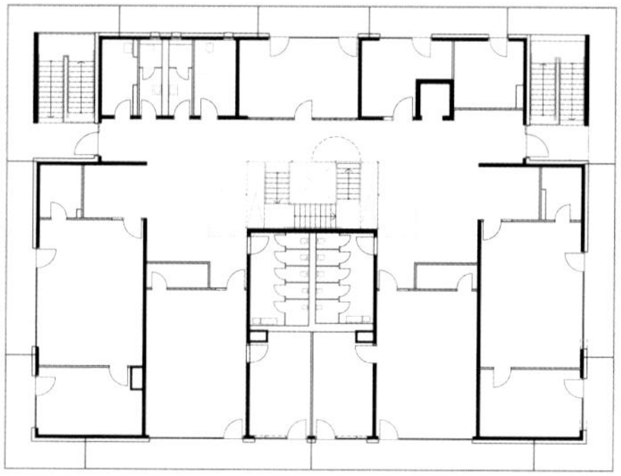

Obergeschoss

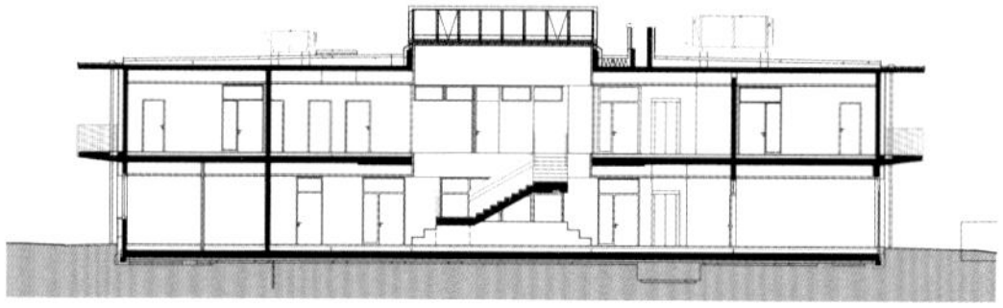

Schnitt A-A

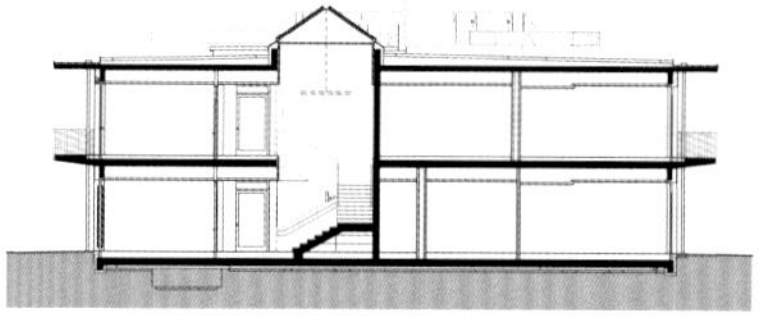

Schnitt B-B

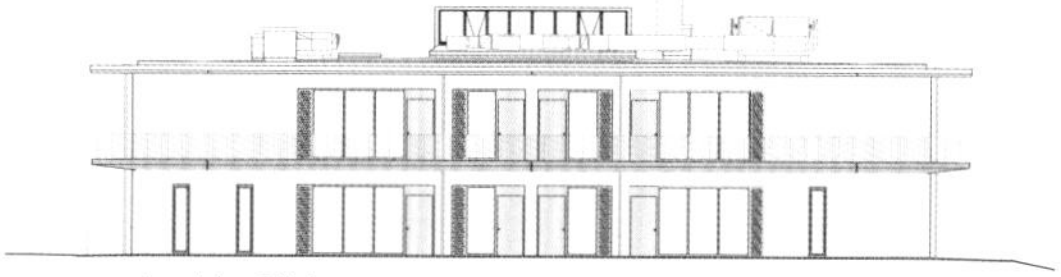

Ansicht Süd

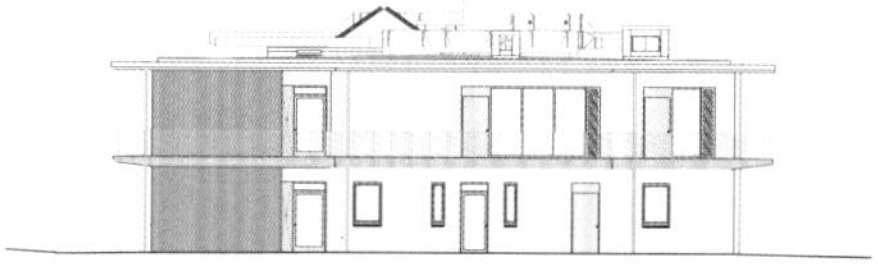

Ansicht West

5100-0143
Sporthalle
(Dreifeldhalle)

Kostenkennwerte für die Kosten des Bauwerks (Kostengruppen 300+400 nach DIN 276)

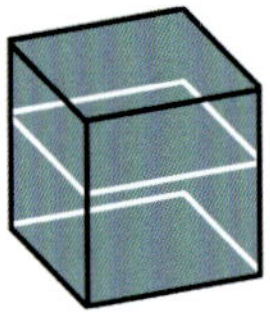

BRI 761 €/m³

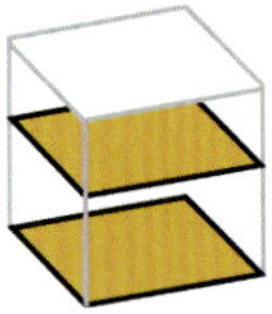

BGF 4.857 €/m²

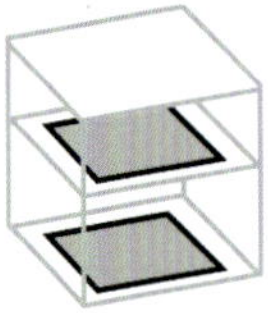

NUF 6.808 €/m²

Objekt:
Kennwerte: 1.Ebene DIN 276
BRI: 26.638 m³
BGF: 4.174 m²
NUF: 2.978 m²
Bauzeit: 183 Wochen
Bauende: 2024
Standard: mittel
Bundesland: Sachsen-Anhalt
Kreis: Magdeburg, Stadt

Architekt*in:
Hartmann + Helm
Planungsgesellschaft mbH
Schillerstraße 9a
99423 Weimar

Bauherr*in:
Landeshauptstadt Magdeburg
Eigenbetrieb Kommunales
Gebäudemanagement
Gerhart-Hauptmann-Straße
24-26
39108 Magdeburg

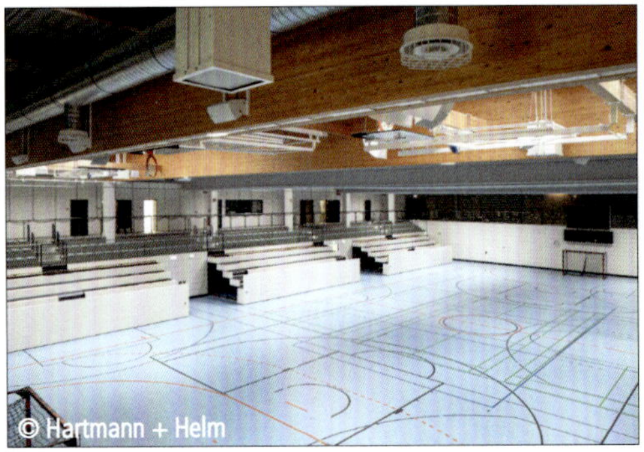

Ansicht West

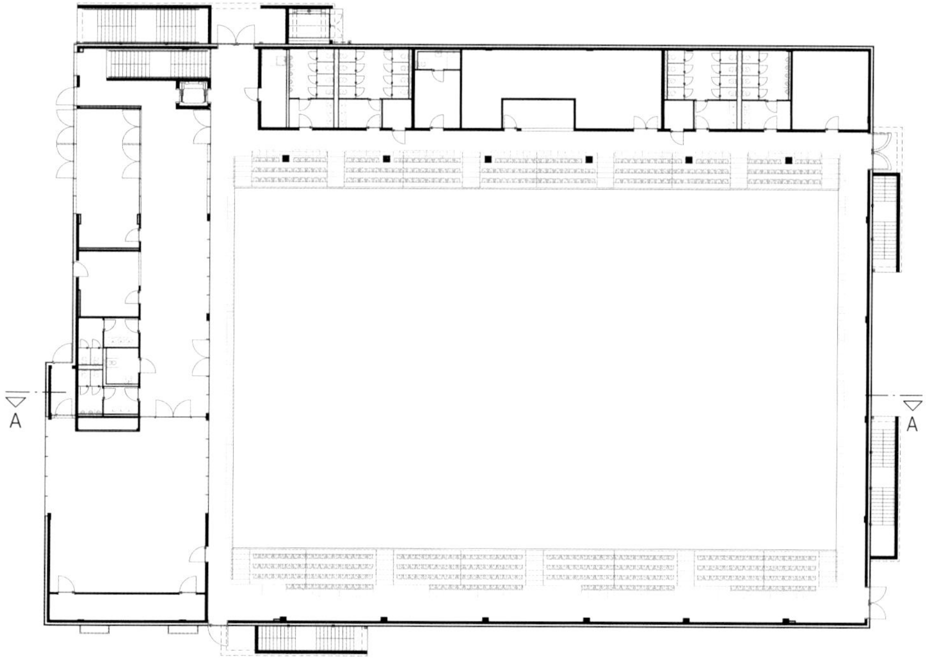

Erdgeschoss

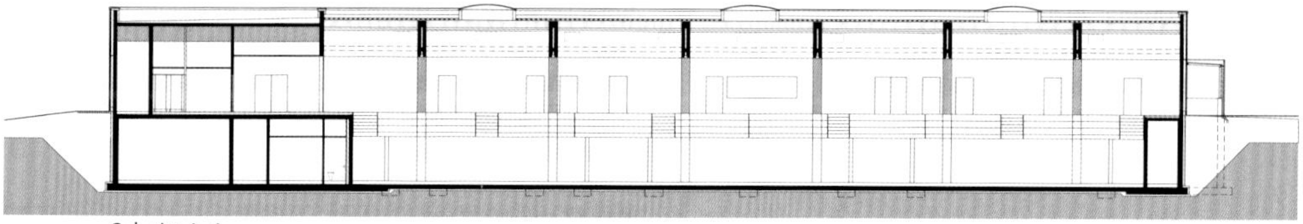

Schnitt A-A

Ansicht Süd

Kostenkennwerte für die Kostengruppen 400 der 2. und 3. Ebene DIN 276 (Übersicht)

KG	Kostengruppe	Menge Einheit	Kosten €	€/Einheit	% an 3+4
400	**Bauwerk – Technische Anlagen**	**8.720,00 m²BGF**	**15.463.437,1**	**1.773,33**	**38,2**
410	**Abwasser-, Wasser-, Gasanlagen**	**8.720,00 m²BGF**	**1.854.716,94**	**212,70**	**4,6**
411	Abwasseranlagen	8.720,00 m²BGF	917.408,22	105,21	2,3
412	Wasseranlagen	8.720,00 m²BGF	805.981,51	92,43	2,0
413	Gasanlagen	8.720,00 m²BGF	86.422,00	9,91	0,2
419	Sonstiges zur KG 410	8.720,00 m²BGF	44.905,23	5,15	0,1
420	**Wärmeversorgungsanlagen**	**8.720,00 m²BGF**	**1.626.046,44**	**186,47**	**4,0**
421	Wärmeerzeugungsanlagen	8.720,00 m²BGF	970.856,46	111,34	2,4
422	Wärmeverteilnetze	8.720,00 m²BGF	548.714,84	62,93	1,4
423	Raumheizflächen	8.720,00 m²BGF	21.910,16	2,51	< 0,1
424	Verkehrsheizflächen	–	–	–	–
429	Sonstiges zur KG 420	8.720,00 m²BGF	84.564,98	9,70	0,2
430	**Raumlufttechnische Anlagen**	**8.720,00 m²BGF**	**1.902.559,37**	**218,18**	**4,7**
431	Lüftungsanlagen	8.720,00 m²BGF	1.833.466,06	210,26	4,5
432	Teilklimaanlagen	–	–	–	–
433	Klimaanlagen	–	–	–	–
434	Kälteanlagen	8.720,00 m²BGF	69.093,32	7,92	0,2
439	Sonstiges zur KG 430	–	–	–	–
440	**Elektrische Anlagen**	**8.720,00 m²BGF**	**2.647.483,33**	**303,61**	**6,5**
441	Hoch- und Mittelspannungsanlagen	8.720,00 m²BGF	132.129,45	15,15	0,3
442	Eigenstromversorgungsanlagen	8.720,00 m²BGF	84.029,89	9,64	0,2
443	Niederspannungsschaltanlagen	8.720,00 m²BGF	278.507,48	31,94	0,7
444	Niederspannungsinstallationsanlagen	8.720,00 m²BGF	1.139.993,32	130,73	2,8
445	Beleuchtungsanlagen	8.720,00 m²BGF	837.043,09	95,99	2,1
446	Blitzschutz- und Erdungsanlagen	8.720,00 m²BGF	175.780,11	20,16	0,4
447	Fahrleitungssysteme	–	–	–	–
449	Sonstiges zur KG 440	–	–	–	–
450	**Kommunikationstechnische Anlagen**	**8.720,00 m²BGF**	**1.273.858,50**	**146,08**	**3,1**
451	Telekommunikationsanlagen	8.720,00 m²BGF	1.081,05	0,12	< 0,1
452	Such- und Signalanlagen	8.720,00 m²BGF	23.392,05	2,68	< 0,1
453	Zeitdienstanlagen	8.720,00 m²BGF	12.570,67	1,44	< 0,1
454	Elektroakustische Anlagen	8.720,00 m²BGF	187.282,86	21,48	0,5
455	Audiovisuelle Medien- u. Antennenanl.	8.720,00 m²BGF	187.896,73	21,55	0,5
456	Gefahrenmelde- und Alarmanlagen	8.720,00 m²BGF	682.114,58	78,22	1,7
457	Datenübertragungsnetze	8.720,00 m²BGF	179.520,56	20,59	0,4
458	Verkehrsbeeinflussungsanlagen	–	–	–	–
459	Sonstiges zur KG 450	–	–	–	–
460	**Förderanlagen**	**8.720,00 m²BGF**	**153.612,10**	**17,62**	**0,4**
461	Aufzugsanlagen	8.720,00 m²BGF	153.612,10	17,62	0,4
462	Fahrtreppen, Fahrsteige	–	–	–	–
463	Befahranlagen	–	–	–	–
464	Transportanlagen	–	–	–	–
465	Krananlagen	–	–	–	–
466	Hydraulikanlagen	–	–	–	–
469	Sonstiges zur KG 460	–	–	–	–
470	**Nutzungsspez. u. verfahrenstechn. Anl.**	**8.720,00 m²BGF**	**4.969.140,87**	**569,86**	**12,3**
480	**Gebäude- und Anlagenautomation**	**8.720,00 m²BGF**	**972.978,35**	**111,58**	**2,4**
490	**Sonst. Maßnahmen für techn. Anlagen**	**8.720,00 m²BGF**	**63.041,29**	**7,23**	**0,2**

Ansicht Nord

Ansicht Ost

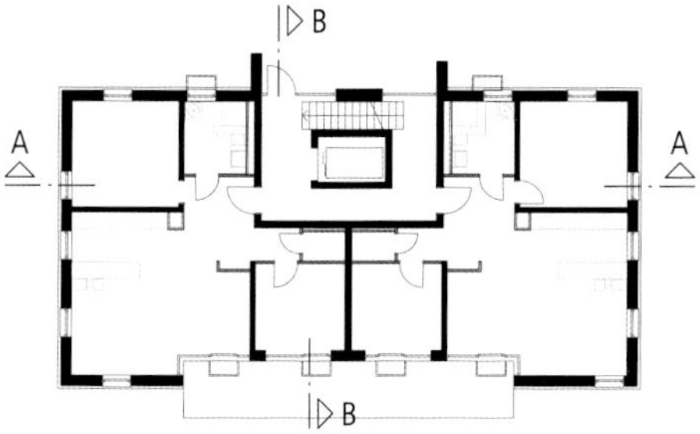

Erdgeschoss Haus A, B, C

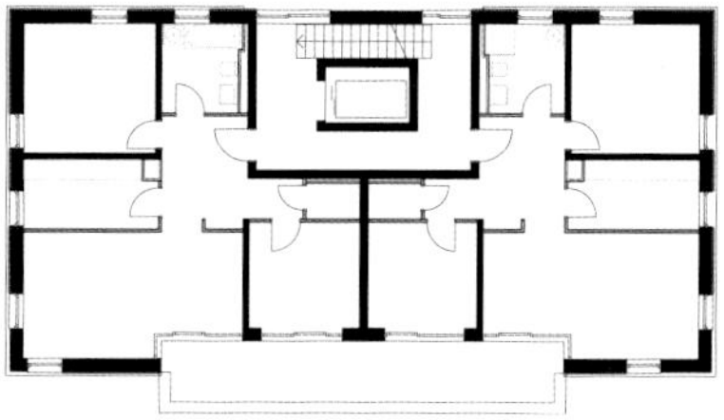

1-3. Obergeschoss Haus A, B, C

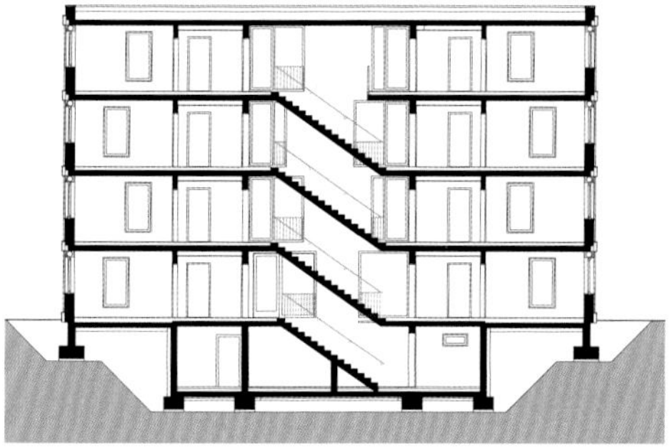

Schnitt A-A

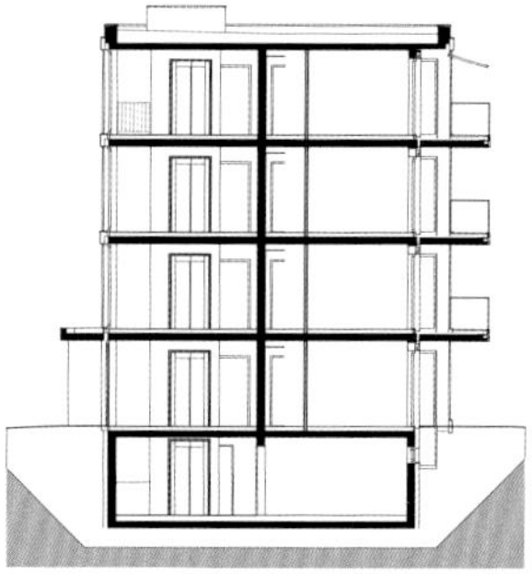

Schnitt B-B

Ansicht Süd

Ansicht West

Objektbeschreibung

Allgemeine Objektinformationen

Das Baugrundstück liegt in einem Stadtteil, der geprägt ist vom Siedlungsbau der 20er und 70er Jahre. Die drei Gebäude sind teilunterkellert. In den vier Geschossen befinden sich jeweils zwei in der Treppenhausachse gespiegelte Dreizimmerwohnungen.

Nutzung

1 Untergeschoss
Fahrradkeller, Abstellräume, Hausanschlussraum/Technik, Flur, Treppe, Aufzug

1 Erdgeschoss
2 WE: Wohn-/Esszimmer, Küche, Schlafzimmer, Kinderzimmer, Bad, Abstellraum, Flur, Terrasse, Treppenhaus, Aufzug

3 Obergeschosse
je 2 WE: Wohn-Esszimmer, Küche, Schlafzimmer, Kinderzimmer, Bad, Abstellraum, Flur, Balkon, Treppenhaus, Aufzug

Nutzeinheiten

Gebäude: 3
Wohneinheiten: 24
Wohnfläche: 1.901 m²

Grundstück

Bauraum: Freier Bauraum
Neigung: Ebenes Gelände
Bodenklasse: BK 1 bis BK 3

Markt

Hauptvergabezeit: 1. Quartal 2019
Baubeginn: 1. Quartal 2019
Bauende: 2. Quartal 2020
Konjunkturelle Gesamtlage: Durchschnitt
Regionaler Baumarkt: Durchschnitt

Baukonstruktion

Die Gebäude sind auf Stahlbetonfundamenten mit Frostschürzen und Bodenplatten gegründet. Die Außenwände im Untergeschoss sind betoniert, in den oberen Geschossen in Porenbeton gemauert und verputzt. Witterungsbeständige Holzelemente wurden auf großen Fassadenbereichen angebracht und lockern das Fassadenbild auf. In den Wohnungen wurden zweifachverglaste Kunststofffenster eingebaut, für die Treppenhausverglasungen und Eingänge wurden Aluprofile gewählt. Für die Balkongeländer fiel die Wahl auf matte Glasbrüstungen. Die tragenden Innenwände sowie die Wohnungstrennwände sind in Kalksandstein erstellt. Die Decken sowie das Flachdach wurden in Stahlbeton als Elementdecken hergestellt. Die Flachdächer wurden überwiegend begrünt. Die Böden der Wohnungen sind mit Vinyl und Fliesen belegt.

Technische Anlagen

Die Gebäude sind ans Fernwärmenetz angeschlossen. Eine Fußbodenheizung verteilt die Wärme in den Wohnungen.
In den Bädern sorgt eine zentrale Abluftanlage mit feuchtegesteuerter Nachströmung für den Luftaustausch. Die Wohnungen werden durch einen Aufzug barrierefrei erschlossen.
Der Freiraum zwischen den Häusern wird als Regenwasserversickerung in Form einer Rigolenversickerung genutzt. Zur Aufnahme großer Mengen Regenwasser werden Füllkörperrigolen verwendet. Das Oberflächenwasser der befestigten Flächen wird in einer Mulde entwässert.

Sonstiges

Die notwendigen Stellplätze befinden sich zentral und in einer Gemeinschaftsanlage an der westlichen Grundstücksgrenze untergebracht.

Energetische Kennwerte

Gesetzliche Grundlage: EnEV 2013
Gebäudenutzfläche: 978,00 m²
Gebäudevolumen: 3.055,00 m³
A/V_e-Verhältnis (Kompaktheit): 0,45 m^{-1}
Hüllfläche des beheizten Volumens: 1.385,00 m²
Spez. Transmissionswärmeverlust: 0,47 W/(m²·K)
Spez. Jahresprimärenergiebedarf: 50,08 kWh/(m²·a)
Spez. Jahresheizwärmebedarf: 42,48 kWh/(m²·a)

Planungskennwerte für Flächen und Rauminhalte nach DIN 277

Flächen des Grundstücks		Menge Einheit	% an GF
BF	Bebaute Fläche	645,00 m²	13,5
UF	Unbebaute Fläche	4.131,00 m²	86,5
GF	Grundstücksfläche	4.776,00 m²	100,0

Grundflächen des Bauwerks		Menge Einheit	% an NUF	% an BGF
NUF	Nutzungsfläche	1.861,20 m²	100,0	57,3
TF	Technikfläche	43,02 m²	2,3	1,3
VF	Verkehrsfläche	650,39 m²	34,9	20,0
NRF	Netto-Raumfläche	2.554,61 m²	137,3	78,7
KGF	Konstruktions-Grundfläche	693,46 m²	37,3	21,3
BGF	Brutto-Grundfläche	3.248,07 m²	174,5	100,0

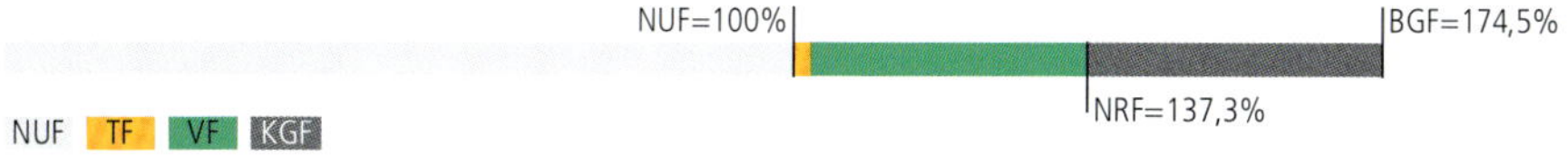

Brutto-Rauminhalt des Bauwerks		Menge Einheit	BRI/NUF (m)	BRI/BGF (m)
BRI	Brutto-Rauminhalt	9.849,00 m³	5,29	3,03

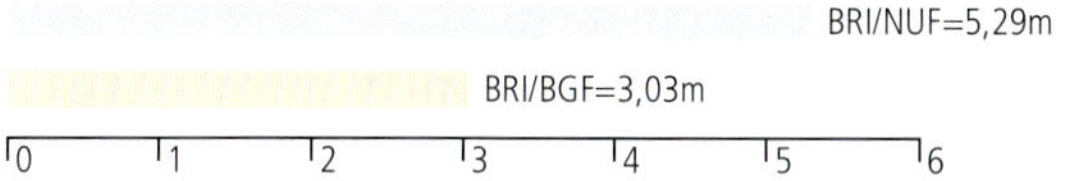

Kostenkennwerte für die Kostengruppen der 1. Ebene DIN 276

KG	Kostengruppen (1. Ebene)	Einheit	Kosten €	€/Einheit	€/m² BGF	€/m³ BRI	% 300+400
100	Grundstück	m² GF	–	–	–	–	–
200	Vorbereitende Maßnahmen	m² GF	78.478	16,43	24,16	7,97	1,2
300	Bauwerk – Baukonstruktionen	m² BGF	5.385.896	1.658,18	1.658,18	546,85	82,5
400	Bauwerk – Technische Anlagen	m² BGF	1.139.801	350,92	350,92	115,73	17,5
	Bauwerk 300+400	**m² BGF**	**6.525.696**	**2.009,10**	**2.009,10**	**662,57**	**100,0**
500	Außenanlagen und Freiflächen	m² AF	524.795	127,04	161,57	53,28	8,0
600	Ausstattung und Kunstwerke	m² BGF	–	–	–	–	–
700	Baunebenkosten	m² BGF	–	–	–	–	–
800	Finanzierung	m² BGF	–	–	–	–	–

KG	Kostengruppe	Menge Einheit	Kosten €	€/Einheit	%
200	**Vorbereitende Maßnahmen**	4.776,00 m² GF	78.478	**16,43**	1,2
	Erschließung von Wasser, Abwasser, Elektro, Telekommunikation				
3+4	**Bauwerk**				**100,0**
300	**Bauwerk – Baukonstruktionen**	3.248,07 m² BGF	5.385.896	**1.658,18**	82,5
	Erdaushub; Streifenfundamente, Frostschürzen, Stb-Bodenplatten, Dämmung, Estrich, Beschichtung, Bodenfliesen, Perimeterdämmung; Stb-Wände, Porenbetonwände, Kunststofffenster, Zweifach-Isolierverglasung, Alufenster, Alu-Eingangstüren, Außenputz, Holz-Fassadenbekleidung, Innenputz, Beschichtung, Wandfliesen, Rollläden, Raffstores; KS-Wände, GK-Wände, Holztüren, GK-Vorsatzschalen, Beschichtung, Wandfliesen; Stb-Elementdecken, Stb-Fertigteiltreppen, Stb-Balkone, Dämmung, Estrich, Vinylböden, Bodenfliesen, Balkonplatten, Treppengeländer, Balkongeländer; Stb-Filigranflachdach, Gefälledämmung, Abdichtung, Bekiesung, Begrünung, Dachentwässerung, GK-Decken, Beschichtung				
400	**Bauwerk – Technische Anlagen**	3.248,07 m² BGF	1.139.801	**350,92**	17,5
	Gebäudeentwässerung, Kalt- und Warmwasserleitungen, Sanitärobjekte; Fernwärmeanschluss, Fußbodenheizung; Einzelraumlüfter; Elektroinstallation, Beleuchtung; Datenübertragungsanlagen; Personenaufzug je Haus				
500	**Außenanlagen und Freiflächen**	4.131,00 m² AF	524.795	**127,04**	8,0
	Stellplätze Betonpflaster; Regenwassermulden, Spielplatz mit Spielgeräten, Kunstfelsen; Geländemodellierung, Bepflanzung, Rasen				

6100-1681
Mehrfamilienhäuser
(3 Gebäude, 56 WE)
Parkebene (42 STP)

Kostenkennwerte für die Kosten des Bauwerks (Kostengruppen 300+400 nach DIN 276)

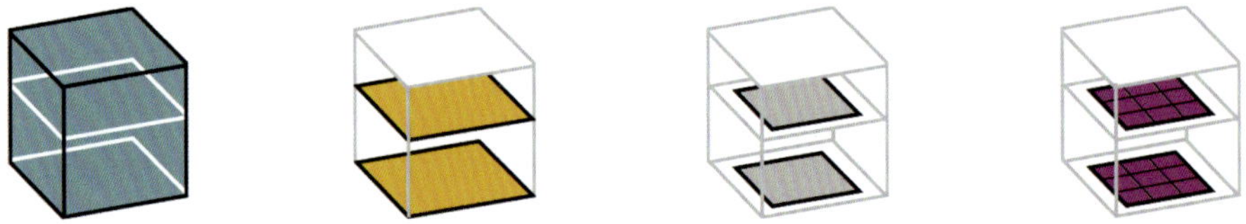

BRI 580 €/m³ **BGF** 1.624 €/m² **NUF** 2.836 €/m² **NE** 3.836 €/NE

NE: Wohnfläche

Objekt:
Kennwerte: 1.Ebene DIN 276
BRI: 18.210 m³
BGF: 6.506 m²
NUF: 3.726 m²
Bauzeit: 117 Wochen
Bauende: 2022
Standard: mittel
Bundesland: Niedersachsen
Kreis: Osnabrück, Stadt

Architekt*in:
Plan.Concept
Architekten GmbH
Blumenmorgen 2
49090 Osnabrück

Bauherr*in:
WGO
Wohnungsbaugenossen-
schaft Osnabrück e.G.
Katharinenstraße 10
49074 Osnabrück

© Hermann Pentermann

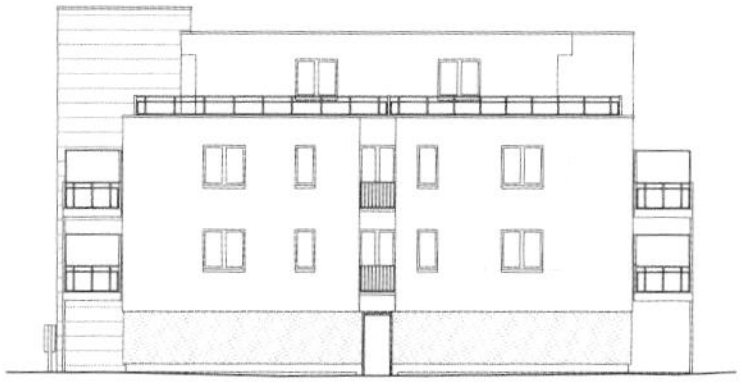

Ansicht Nord-West Haus B

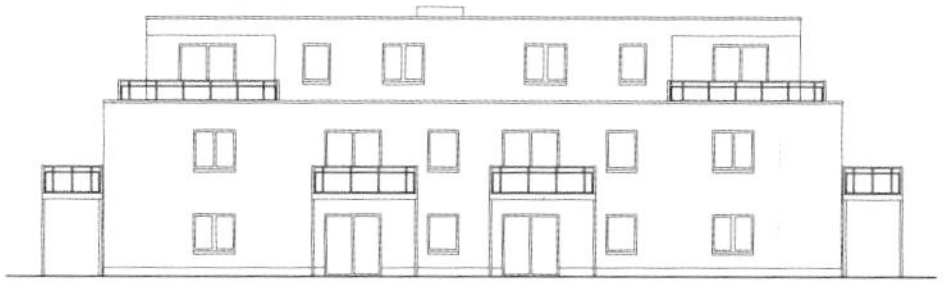

Ansicht Nord-West Haus A

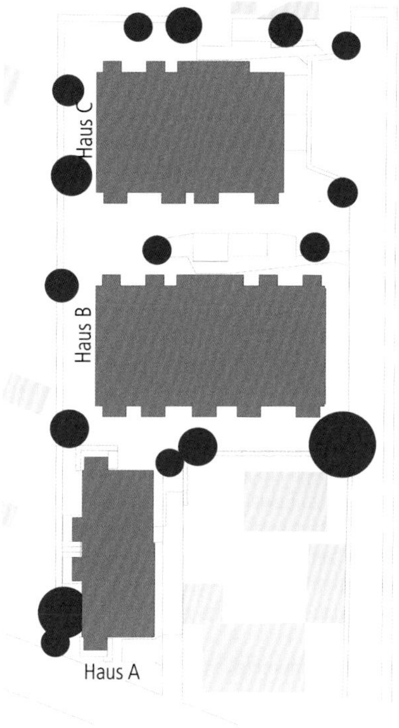

Lageplan

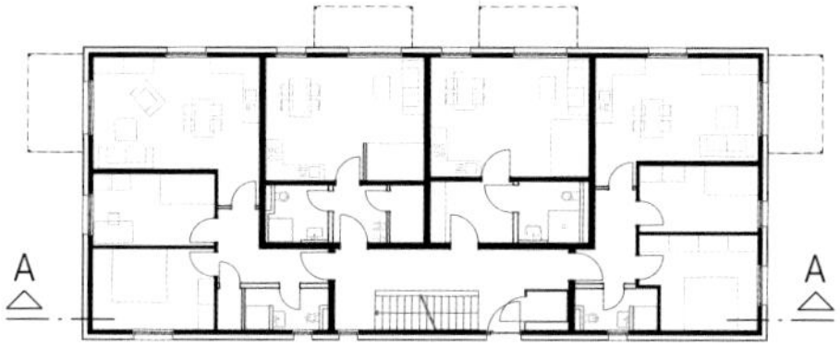

Erdgeschoss Haus A

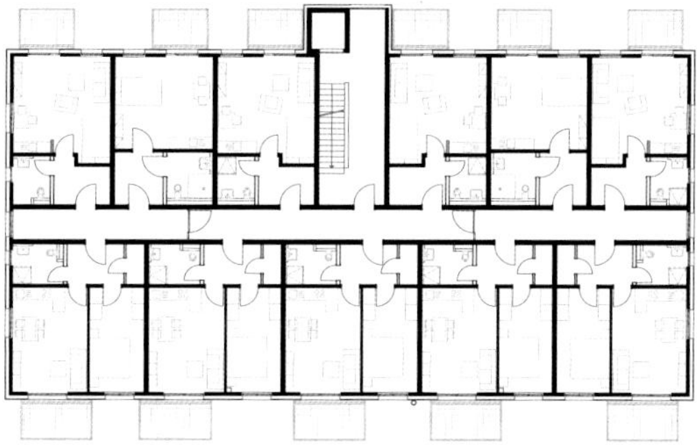

1. Obergeschoss Haus B

Ansicht Nord-Ost Haus C

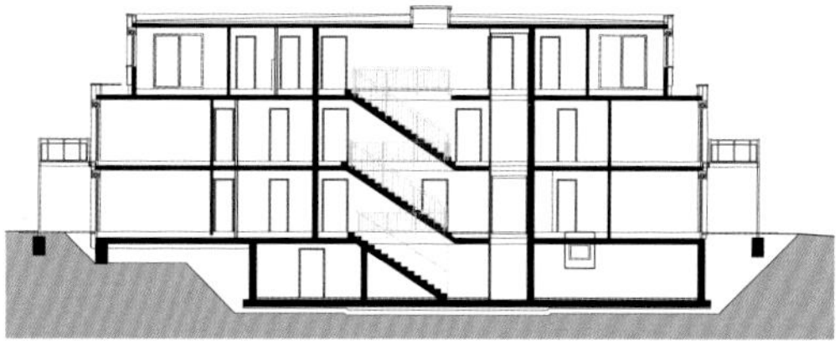

Schnitt A-A

Objektbeschreibung

Allgemeine Objektinformationen

Die drei Mehrfamilienhäuser bieten Platz für insgesamt 56 Wohneinheiten zwischen 35 bis 90m² Wohnfläche. Der bezahlbare Wohnraum mit hellen Räumen, bodentiefen Fensterelementen und geräumigen Balkonen eignet sich sowohl für Singles als auch für Familien.

Nutzung

1 Untergeschoss
Abstellräume, Wasch- und Trockenräume, Kinderwagenräume, Hausanschlussräume, Technikräume, Treppenhäuser, Aufzüge

1 Erdgeschoss
Haus A: Wohnen/Essen/Kochen, Schlafräume, Kinderzimmer, Bäder, Abstellräume, Terrassen, Treppenhäuser, Aufzüge
Haus B, C: Garagenstellplätze, Treppenhäuser, Aufzüge

2 Obergeschosse
Wohnen/Essen/Kochen, Schlafräume, Kinderzimmer, Bäder, WCs, Abstellräume, Balkone, Treppenhäuser, Aufzüge

1 Dachgeschoss
Wohnen/Essen/Kochen, Schlafräume, Kinderzimmer, Bäder, WCs, Abstellräume, Dachterrassen

Nutzeinheiten

Gebäude: 3
Stellplätze: 42
Wohneinheiten: 56
Wohnfläche: 2.755m²

Grundstück

Bauraum: Freier Bauraum
Neigung: Ebenes Gelände
Bodenklasse: BK 3 bis BK 5

Markt

Hauptvergabezeit: 2.Quartal 2020
Baubeginn: 3.Quartal 2020
Bauende: 4.Quartal 2022
Konjunkturelle Gesamtlage: Durchschnitt
Regionaler Baumarkt: Durchschnitt

Baukonstruktion

Alle drei Gebäude sind in Massivbauweise errichtet und teilunterkellert. Die tragenden Wände und Stützen wurden aus Stahlbeton erstellt oder in Kalksandstein gemauert. Sowohl die Decken als auch die Treppen und Flachdächer sind aus Stahlbeton hergestellt. Die Außenwände erhielten ein Wärmedämmverbundsystem, die Kunststofffenster sind mit einer Zweifachverglasung ausgestattet. Durch die zurückgesetzten Außenwände entstanden im Dachgeschoss große Dachterrassen. In den Obergeschossen wurden Alu-Anbaubalkone vor den Fassaden angebracht. Das Dach ist als flach geneigtes Warmdach ausgeführt und bekiest.

Technische Anlagen

Für die Beheizung der Gebäude dienen zwei zentral gelegene Luftwärmepumpen, welche in Kaltperioden durch einen Brennwertkessel unterstützt werden. Die Wärmeverteilung erfolgt über eine Fußbodenheizung. Auf allen Dächern wurde eine PV-Anlage mit einer Leistung von insgesamt 75kWp installiert, mit der möglichst viel Eigenstrom produziert werden soll. Die Häuser sind mit einem Aufzug ausgestattet und somit alle Wohnungen barrierefrei erreichbar.

Sonstiges

Haus B und C sind fünfgeschossig und haben zusätzlich zu den Wohnebenen ein Erdgeschoss, das als Parkebene dient. Dadurch stehen den Bewohnern ausreichend Parkplätze zur Verfügung. Das Haus A ist nur viergeschossig ausgeführt. An den Eingängen befinden sich jeweils großzügige, abschließbare Fahrradabstellhäuschen. Für die energetischen Werte wurden die Angaben des Hauses A zugrunde gelegt.

Energetische Kennwerte

Gesetzliche Grundlage: EnEV 2013
Gebäudenutzfläche: 750,00m²
Gebäudevolumen: 2.346,10m³
A/V_e-Verhältnis (Kompaktheit): 0,53m^{-1}
Hüllfläche des beheizten Volumens: 1.233,20m²
Spez. Transmissionswärmeverlust: 0,30W/(m²·K)
Spez. Jahresprimärenergiebedarf: 44,00kWh/(m²·a)
Spez. Jahresendenergiebedarf: 23,00kWh/(m²·a)
CO_2-Emissionen: 9,00kg/(m²·a)

Planungskennwerte für Flächen und Rauminhalte nach DIN 277

Flächen des Grundstücks		Menge Einheit	% an GF
BF	Bebaute Fläche	1.308,21 m²	37,7
UF	Unbebaute Fläche	2.160,79 m²	62,3
GF	Grundstücksfläche	3.469,00 m²	100,0

Grundflächen des Bauwerks		Menge Einheit	% an NUF	% an BGF
NUF	Nutzungsfläche	3.726,00 m²	100,0	57,3
TF	Technikfläche	93,70 m²	2,5	1,4
VF	Verkehrsfläche	1.540,00 m²	41,3	23,7
NRF	Netto-Raumfläche	5.359,70 m²	143,8	82,4
KGF	Konstruktions-Grundfläche	1.146,52 m²	30,8	17,6
BGF	Brutto-Grundfläche	6.506,22 m²	174,6	100,0

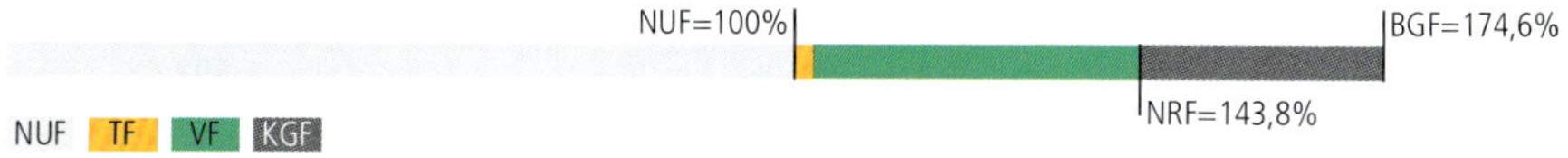

Brutto-Rauminhalt des Bauwerks		Menge Einheit	BRI/NUF (m)	BRI/BGF (m)
BRI	Brutto-Rauminhalt	18.209,99 m³	4,89	2,80

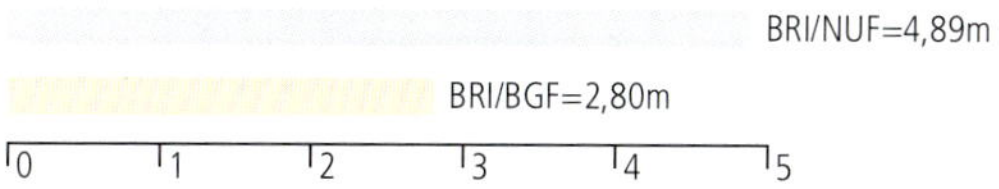

Kostenkennwerte für die Kostengruppen der 1.Ebene DIN 276

KG	Kostengruppen (1.Ebene)	Einheit	Kosten €	€/Einheit	€/m² BGF	€/m³ BRI	% 300+400
100	Grundstück	m² GF	–	–	–	–	–
200	Vorbereitende Maßnahmen	m² GF	–	–	–	–	–
300	Bauwerk – Baukonstruktionen	m² BGF	7.758.509	1.192,48	1.192,48	426,06	73,4
400	Bauwerk – Technische Anlagen	m² BGF	2.809.213	431,77	431,77	154,27	26,6
	Bauwerk 300+400	**m² BGF**	**10.567.722**	**1.624,25**	**1.624,25**	**580,33**	**100,0**
500	Außenanlagen und Freiflächen	m² AF	668.189	346,57	102,70	36,69	6,3
600	Ausstattung und Kunstwerke	m² BGF	–	–	–	–	–
700	Baunebenkosten	m² BGF	–	–	–	–	–
800	Finanzierung	m² BGF	–	–	–	–	–

KG	Kostengruppe	Menge Einheit	Kosten €	€/Einheit	%
3+4	**Bauwerk**				**100,0**
300	**Bauwerk – Baukonstruktionen**	6.506,22 m² BGF	7.758.509	**1.192,48**	73,4

Baugrubenaushub, Wasserhaltung; Stb-Fundamente, Stb-Bodenplatte, WU-Beton, Gussasphalt, Estrich, Bodenfliesen, Abdichtung, Sauberkeitsschicht, Schotterschicht; Stb-Wände, KS-Mauerwerk, Kunststofffenster, Eingangstüren, WDVS, Beschichtung; KS-Mauerwerk, Stb-Wände, GK-Wände, Holztüren, Wandfliesen, Innenputz, Beschichtung, elementierte Kellertrennwände, Rollläden; Stb-Decken, Stb-Treppen, Aluminium-Anbaubalkone, Heizestrich, PVC-Beläge, Bodenfliesen, Treppengeländer, Balkongeländer; Stb-Flachdach, Gefälledämmung, Abdichtung, Attika, Kies, außenliegende Dachentwässerung

KG	Kostengruppe	Menge Einheit	Kosten €	€/Einheit	%
400	**Bauwerk – Technische Anlagen**	6.506,22 m² BGF	2.809.213	**431,77**	26,6

Gebäudeentwässerung, Hebeanlage, Kalt- und Warmwasserleitungen, Sanitärobjekte; Gas-Brennwertthermen, Luft-Wasser-Wärmepumpen, Fußbodenheizung; Einzelraumlüfter; PV-Anlagen, Elektroinstallation, Beleuchtung, Sicherheitsleuchten, Blitzschutzanlagen; Datenübertragungsanlage, Fernseh- und Antennenanlagen, Rauchmelder; Personenaufzüge; Feuerlöscher

KG	Kostengruppe	Menge Einheit	Kosten €	€/Einheit	%
500	**Außenanlagen und Freiflächen**	1.928,00 m² AF	668.189	**346,57**	6,3

Bodenarbeiten; Wege, Feuerwehraufstellflächen; Fahrradabstellhäuschen, Müllplatzeinhausungen; Regenwasserversickerung über Rigolen; Oberbodenauftrag, Gehölze, Bäume, Rasen

Kostenkennwerte für die Kosten des Bauwerks (Kostengruppen 300+400 nach DIN 276)

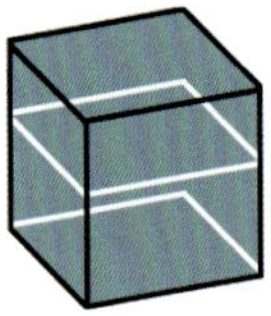

BRI 1.491 €/m³

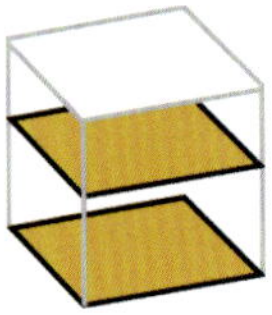

BGF 4.141 €/m²

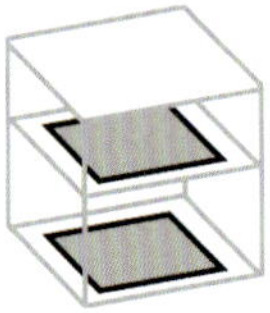

NUF 6.943 €/m²

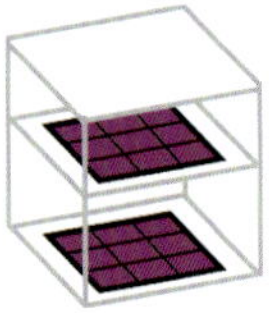

NE 6.710 €/NE

NE: Wohnfläche

Objekt:
Kennwerte: 1. Ebene DIN 276
BRI: 472 m³
BGF: 170 m²
NUF: 101 m²
Bauzeit: 52 Wochen
Bauende: 2023
Standard: hoch
Bundesland: Mecklenburg-Vorpommern
Kreis: Vorpommern-Rügen

Architekt*in:
sw I a sternberg werner architekten PartG mbB
Rondeel 2
22926 Ahrensburg

Bauherr*in:
An der Düne 2a GbR
Am Rehm 1c
22926 Ahrensburg

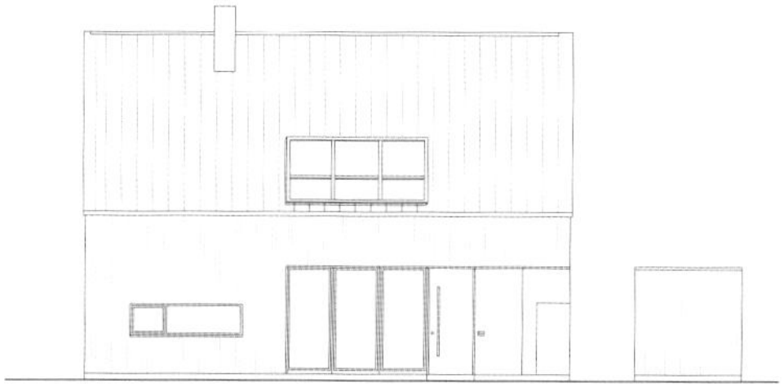

Ansicht Ost

Ansicht Nord

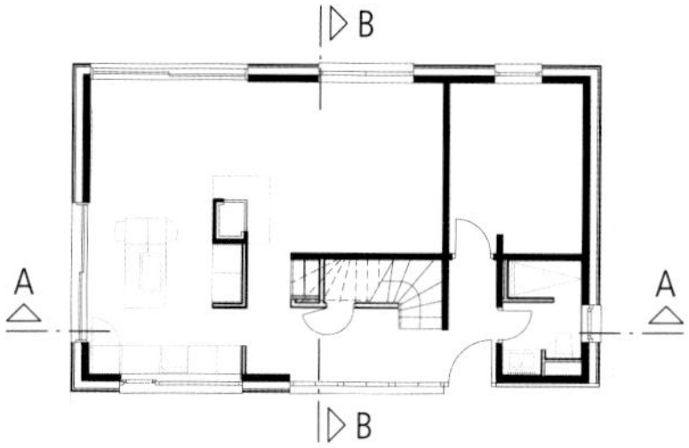

Erdgeschoss

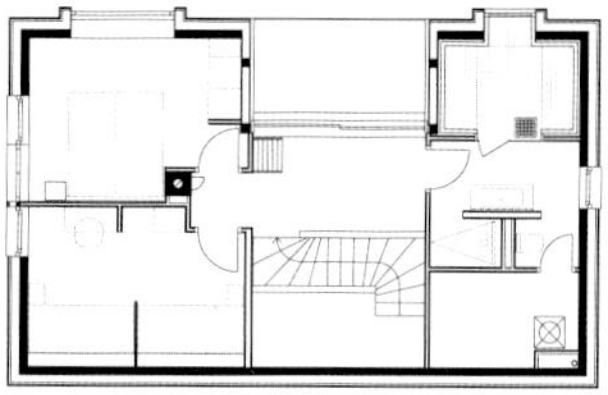

Obergeschoss

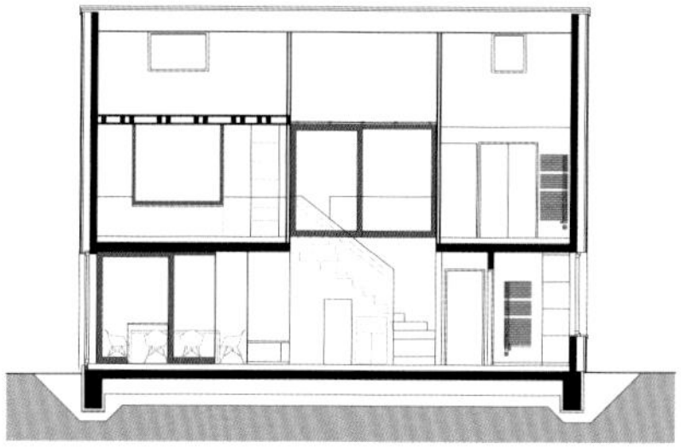

Schnitt A-A

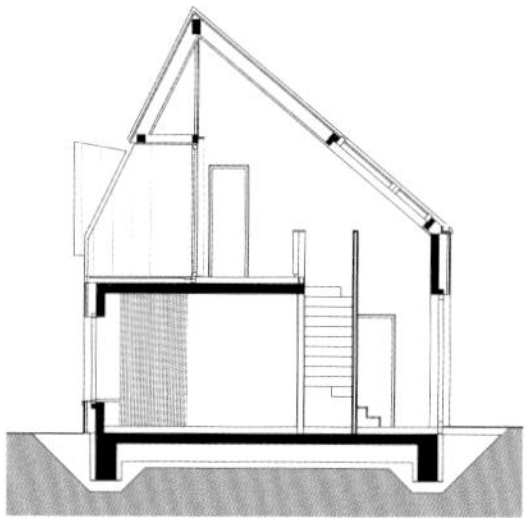

Schnitt B-B

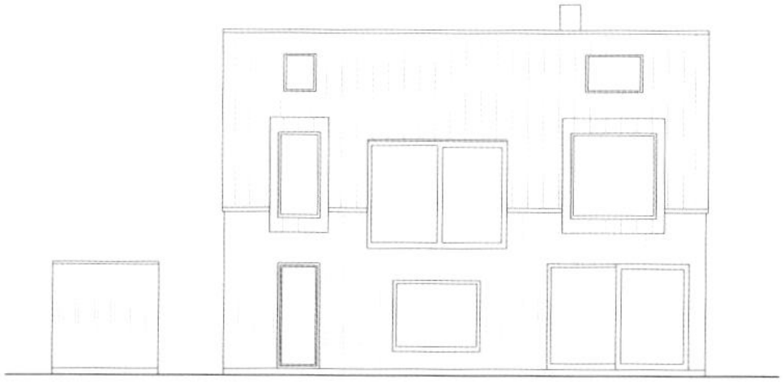

Ansicht West

Ansicht Süd

Objektbeschreibung

Allgemeine Objektinformationen

Schwarz und klar hebt sich das Dünenhaus von der Küstenlandschaft ab. Im Inneren warten helle Räume, offene Strukturen, Rückzugsorte mit weiten Ausblicken und eine warme Atmosphäre auf die Gäste. Mit seiner weitgehend geschlossenen Front und dem asymmetrischen Giebel trotzt es dem Westwind, während es sich zum Meer und den Dünen hin mit zahlreichen Panoramafenstern in unterschiedlichen Größen öffnet.

Nutzung

1 Erdgeschoss
Diele, Wohn-Essraum mit Küche, Schlafraum, Bad, Abstellraum

1 Obergeschoss
Galerie, Schlafräume, Hausanschlussraum, Bad mit Sauna, Loggia

1 Dachgeschoss
Abstellraum

Nutzeinheiten

Wohneinheiten: 1
Wohnfläche: 105 m^2

Grundstück

Bauraum: Freier Bauraum
Neigung: Geneigtes Gelände
Bodenklasse: BK 1 bis BK 3

Markt

Hauptvergabezeit: 2. Quartal 2022
Baubeginn: 3. Quartal 2022
Bauende: 3. Quartal 2023
Konjunkturelle Gesamtlage: über Durchschnitt
Regionaler Baumarkt: unter Durchschnitt

Baukonstruktion

Das Gebäude gründet auf Streifenfundamenten und Betonbodenplatte. Die Wände wurden in Kalksandstein gemauert und erhielten eine hinterlüftete Holzfassade. Das Sparrendach und die Dachgauben wurden mit einer Zinkblechdeckung eingedeckt. Die Holzfenster und Terrassenschiebetüren sind mit einer Dreifachverglasung ausgestattet. Im Innenraum sind die Böden mit Dielen belegt, im Bad und um den offenen Kamin wurden Fliesen in Terrazzo-Optik verlegt.

Technische Anlagen

Die Wärmeversorgung erfolgt über eine Luft-Wasser-Wärmepumpe und Fußbodenheizung. Im EG wurde ein Kaminofen eingebaut. Im OG befindet sich eine Sauna mit Meerblick. Für das Aufladen eines Elektroautos wurde eine Wallbox installiert.

Sonstiges

Das Gebäude steht in direkter Nähe zur Ostsee mit angrenzendem Dünenbereich in Windlastzone 4.

Energetische Kennwerte

Gesetzliche Grundlage: GEG 2020
Gebäudenutzfläche: 150,20 m^2
Gebäudevolumen: 469,40 m^3
A/V_e-Verhältnis (Kompaktheit): 0,89 m^{-1}
Hüllfläche des beheizten Volumens: 416,50 m^2
Spez. Transmissionswärmeverlust: 0,31 $W/(m^2 \cdot K)$
Spez. Jahresprimärenergiebedarf: 42,04 $kWh/(m^2 \cdot a)$
Anlagenaufwandszahl: 0,76

Planungskennwerte für Flächen und Rauminhalte nach DIN 277

Flächen des Grundstücks		Menge Einheit	% an GF
BF	Bebaute Fläche	80,00 m²	21,6
UF	Unbebaute Fläche	291,00 m²	78,4
GF	Grundstücksfläche	371,00 m²	100,0

Grundflächen des Bauwerks		Menge Einheit	% an NUF	% an BGF
NUF	Nutzungsfläche	101,41 m²	100,0	59,6
TF	Technikfläche	4,68 m²	4,6	2,8
VF	Verkehrsfläche	18,19 m²	17,9	10,7
NRF	Netto-Raumfläche	124,28 m²	122,6	73,1
KGF	Konstruktions-Grundfläche	45,74 m²	45,1	26,9
BGF	Brutto-Grundfläche	170,02 m²	167,7	100,0

Brutto-Rauminhalt des Bauwerks		Menge Einheit	BRI/NUF (m)	BRI/BGF (m)
BRI	Brutto-Rauminhalt	472,10 m³	4,66	2,78

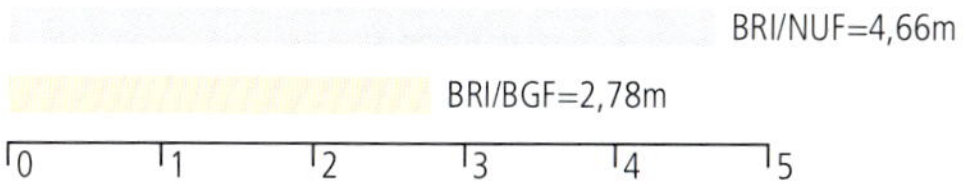

Kostenkennwerte für die Kostengruppen der 1. Ebene DIN 276

KG	Kostengruppen (1. Ebene)	Einheit	Kosten €	€/Einheit	€/m² BGF	€/m³ BRI	% 300+400
100	Grundstück	m² GF	–	–	–	–	–
200	Vorbereitende Maßnahmen	m² GF	–	–	–	–	–
300	Bauwerk – Baukonstruktionen	m² BGF	556.439	3.272,78	3.272,78	1.178,65	79,0
400	Bauwerk – Technische Anlagen	m² BGF	147.605	868,16	868,16	312,66	21,0
	Bauwerk 300+400	**m² BGF**	**704.044**	**4.140,95**	**4.140,95**	**1.491,30**	**100,0**
500	Außenanlagen und Freiflächen	m² AF	41.660	–	245,03	88,25	5,9
600	Ausstattung und Kunstwerke	m² BGF	–	–	–	–	–
700	Baunebenkosten	m² BGF	–	–	–	–	–
800	Finanzierung	m² BGF	–	–	–	–	–

KG	Kostengruppe	Menge Einheit	Kosten €	€/Einheit	%
3+4	**Bauwerk**				**100,0**
300	**Bauwerk – Baukonstruktionen**	170,02 m² BGF	556.439	**3.272,78**	79,0

Baugrubenaushub; Stb-Fundamente, Stb-Bodenplatte, Heizestrich, Parkett, Abdichtung, Kiesschicht, Perimeterdämmung; KS-Mauerwerkswände, Holzfenster, Terrassenschiebetüren, Dreifachverglasung, Wärmedämmung, hinterlüftete Holzfassade, außenliegender Sonnenschutz; Innenmauerwerk, GK-Wände, Putz, Wandfliesen, Beschichtung; Stb-Decken, massive Eichenholztreppe, Eichenholzstufen ins DG, Parkett, Bodenfliesen, Glasgeländer, Treppengeländer; Holzbalkendach, Dachfenster, Dachgauben, Dämmung, Zinkblech-Stehfalzdeckung, Dachentwässerung, abgehängte GK-Decke; Einbauschränke, Garderobe, Brüstungsabdeckungen als Sitzgelegenheit

KG	Kostengruppe	Menge Einheit	Kosten €	€/Einheit	%
400	**Bauwerk – Technische Anlagen**	170,02 m² BGF	147.605	**868,16**	21,0

Gebäudeentwässerung, Kalt- und Warmwasserleitungen, Sanitärobjekte; Luft-Wasser-Wärmepumpe, Fußbodenheizung, Kaminofen, Sauna; Einzelraumlüfter; Elektroinstallation, Beleuchtung, Wallbox; Fernseh- und Antennenanlagen, Rauchmelder, Windwächteranlage für Sonnenschutz

KG	Kostengruppe	Menge Einheit	Kosten €	€/Einheit	%
500	**Außenanlagen und Freiflächen**	–	41.660	**–**	5,9

Oberbodenarbeiten; Pflasterung Zufahrt, Holzterrassen, Stellplatz; Zaun; Oberbodenauftrag, Gehölze, Stauden, Rasen

6100-1684
Mehrfamilienhäuser
(3 Gebäude, 34 WE)
TG (33 STP)

Kostenkennwerte für die Kosten des Bauwerks (Kostengruppen 300+400 nach DIN 276)

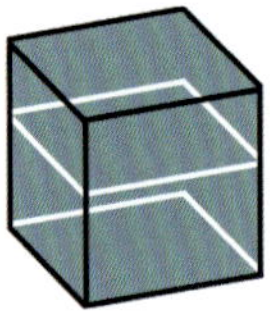

BRI 1.072 €/m³

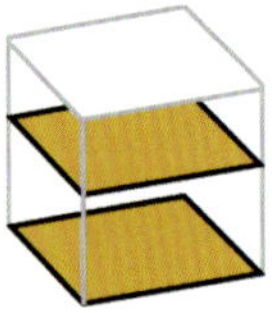

BGF 3.496 €/m²

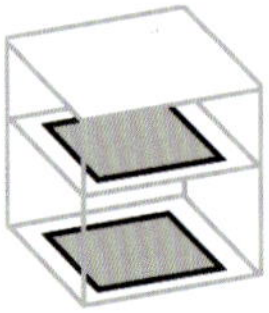

NUF 5.626 €/m²

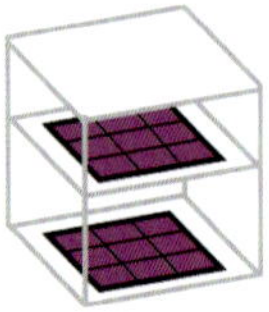

NE 6.939 €/NE

NE: Wohnfläche

Objekt:
Kennwerte: 1.Ebene DIN 276
BRI: 19.700 m³
BGF: 6.040 m²
NUF: 3.753 m²
Bauzeit: 78 Wochen
Bauende: 2021
Standard: mittel
Bundesland: Niedersachsen
Kreis: Hannover, Region

Architekt*in:
Architekturbüro pk nord
Blencke und Knoll BDA
Postkamp 14a
30159 Hannover

© Julian Martitz

© Julian Martitz

© Julian Martitz

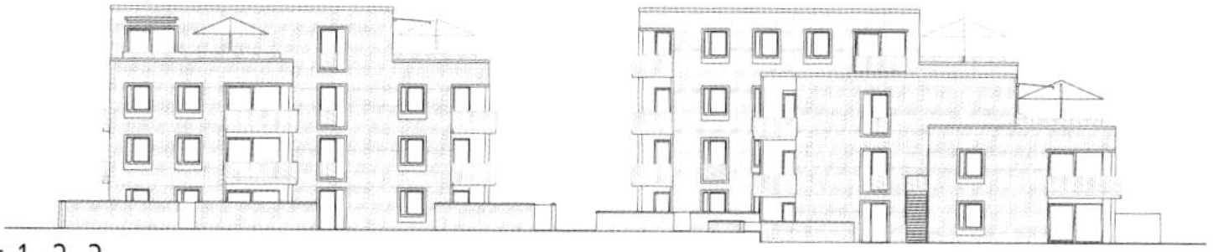

Ansicht West Haus 1, 2, 3

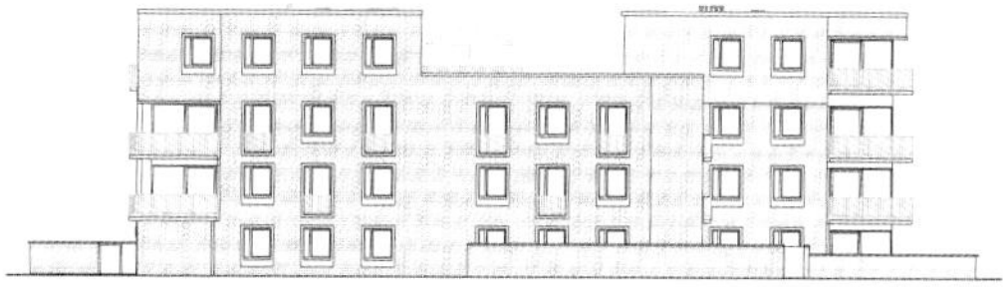

Ansicht Nord Haus 1, 2

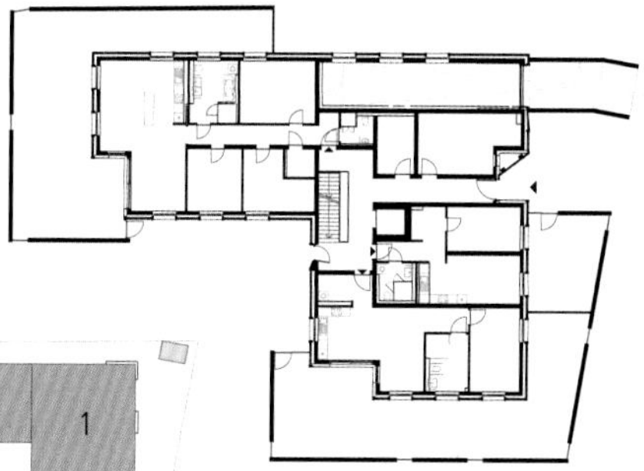

Erdgeschoss Haus 1

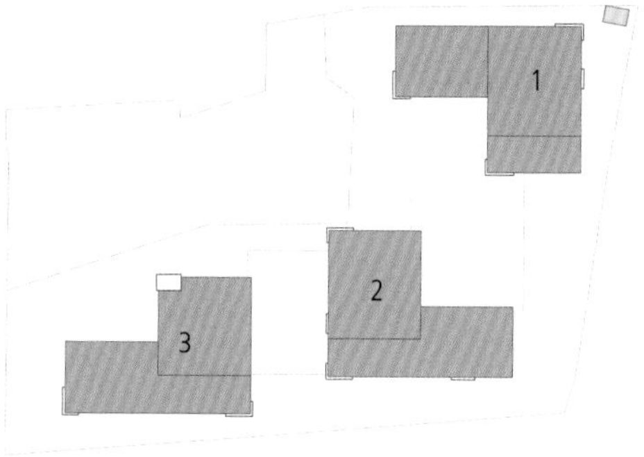

Lageplan

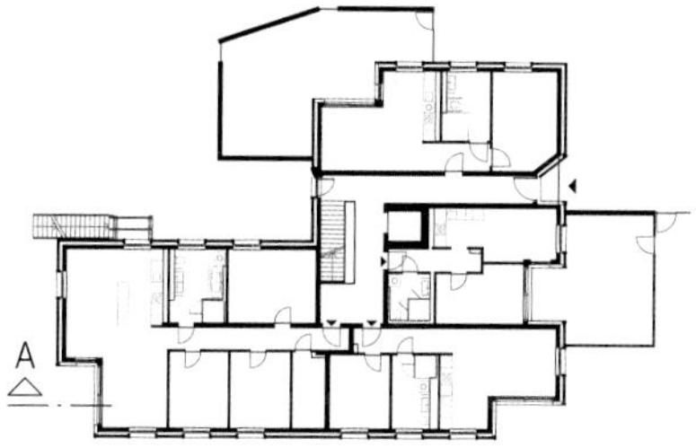

Erdgeschoss Haus 3

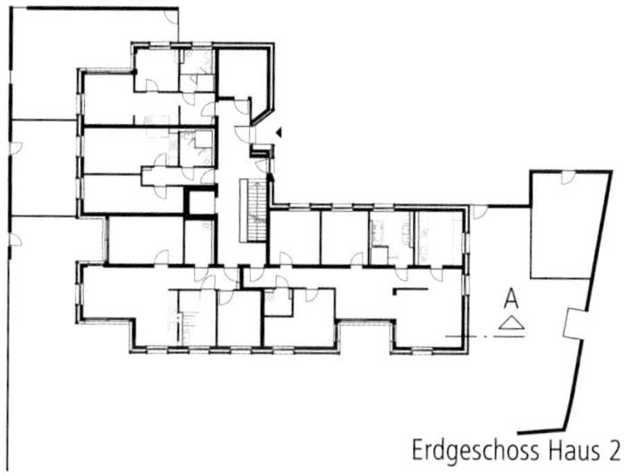

Erdgeschoss Haus 2

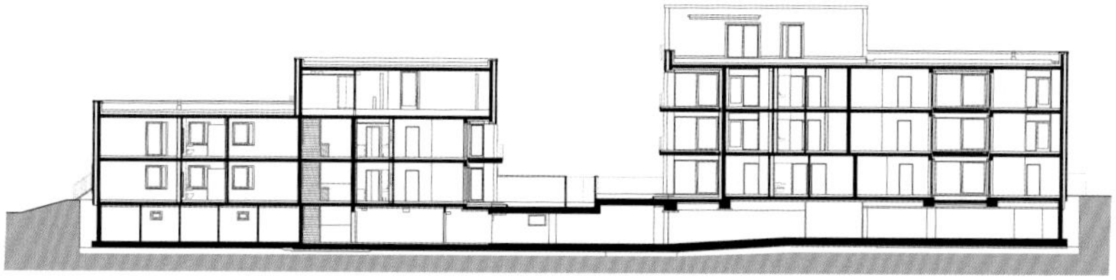

Schnitt A-A

Objektbeschreibung

Allgemeine Objektinformationen

Das Vorhaben umfasst drei zueinander versetzt angeordnete L-förmige Wohngebäude mit zwei bis vier Wohngeschossen. Die Häuser sind in der Kellerebene über eine Tiefgarage miteinander verbunden.

Nutzung

1 Untergeschoss
Tiefgarage, Abstellräume, Trockenräume, Fahrradkeller, Hausanschlussräume, Technikräume, Flure, Treppenhäuser, Aufzüge

1 Erdgeschoss
Wohn-Essräume mit Küchen, Schlafräume, Bäder, Abstellräume, Fahrradräume, Flure, Treppenhäuser, Aufzüge

2 Obergeschosse
Wohn-Essräume mit Küchen, Schlafräume, Bäder, Abstellräume, Flure, Treppenhäuser, Aufzüge, Balkone, Dachterrassen

1 Dachgeschoss
Wohn-Essräume mit Küchen, Schlafräume, Bäder, Abstellräume, Flure, Treppenhäuser, Aufzüge, Balkone, Dachterrassen

Nutzeinheiten

Gebäude: 3
Stellplätze: 33
Wohneinheiten: 34
Wohnfläche: 3.043 m²

Grundstück

Bauraum: Beengter Bauraum
Neigung: Geneigtes Gelände
Bodenklasse: BK 1 bis BK 5

Markt

Hauptvergabezeit: 4. Quartal 2019
Baubeginn: 1. Quartal 2020
Bauende: 3. Quartal 2021
Konjunkturelle Gesamtlage: über Durchschnitt
Regionaler Baumarkt: über Durchschnitt

Baukonstruktion

Die Gebäude wurden als Massivbauten mit zweischaligen Außenwänden mit Sichtmauerwerk aus hellem Vollziegel ausgeführt. Sie gründen auf Stahlbeton-Fundamentplatten aus wasserundurchlässigem Beton. Die Kellerwände sind ebenfalls in Stahlbeton errichtet. Alle Innenwände sind in Kalksandstein, je nach statischen Anforderungen gemauert. Die Dächer wurden in Stahlbeton hergestellt und erhielten teilweise eine extensiven Begrünung. Die Alufenster sind mit einer Dreifachverglasung ausgestattet. Auf ein gutes Verhältnis von Fensterflächen zu Fassaden und Raumflächen sowie auf eine Sonnenschutzverglasung in Abhängigkeit zur Ausrichtung der Fassade wurde großen Wert gelegt.

Technische Anlagen

Die Gebäude wurden an die Fernwärme angeschlossen. Die Dachgeschoss-Wohnungen erhielten eine Fußbodenheizung, die restlichen Wohnungen Plattenheizkörper. Die Dächer wurden teilweise mit einer Photovoltaikanlage versehen.

Sonstiges

Die Wohnbebauung folgt den Zielen des nachhaltigen Bauens, der ökologischen, sozialen und ökonomischen Qualität. Mittels eines durchmischten Wohnungsschlüssels eignet sich das Quartier für das Wohnen in allen Lebensphasen. Das Gebäude entspricht dem Effizienzhaus 55. Die energetischen Kennwerte beziehen sich auf Haus 1.

Energetische Kennwerte

Gesetzliche Grundlage: EnEV 2013
Gebäudenutzfläche: 1.319,00 m²
Spez. Transmissionswärmeverlust: 0,32 W/(m²·K)
Spez. Jahresprimärenergiebedarf: 16,00 kWh/(m²·a)
Spez. Jahresendenergiebedarf: 79,00 kWh/(m²·a)

Planungskennwerte für Flächen und Rauminhalte nach DIN 277

Flächen des Grundstücks		Menge Einheit	% an GF
BF	Bebaute Fläche	1.381,80 m²	35,0
UF	Unbebaute Fläche	2.569,20 m²	65,0
GF	Grundstücksfläche	3.951,00 m²	100,0

Grundflächen des Bauwerks		Menge Einheit	% an NUF	% an BGF
NUF	Nutzungsfläche	3.753,10 m²	100,0	62,1
TF	Technikfläche	94,00 m²	2,5	1,6
VF	Verkehrsfläche	1.126,49 m²	30,0	18,7
NRF	Netto-Raumfläche	4.973,59 m²	132,5	82,4
KGF	Konstruktions-Grundfläche	1.065,91 m²	28,4	17,6
BGF	Brutto-Grundfläche	6.039,50 m²	160,9	100,0

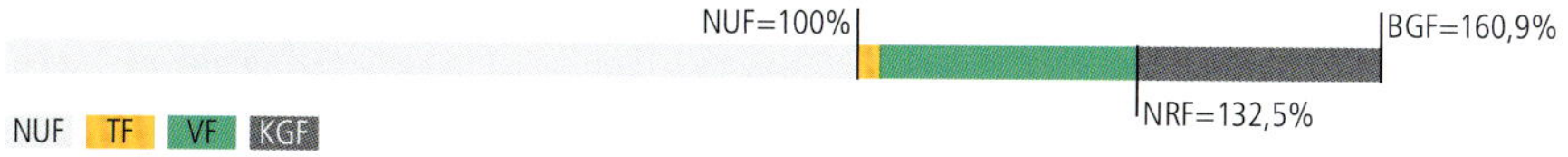

Brutto-Rauminhalt des Bauwerks		Menge Einheit	BRI/NUF (m)	BRI/BGF (m)
BRI	Brutto-Rauminhalt	19.700,15 m³	5,25	3,26

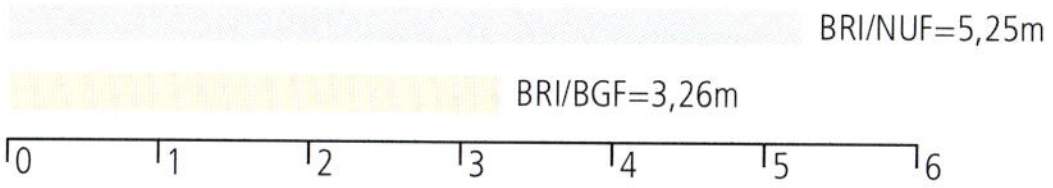

Kostenkennwerte für die Kostengruppen der 1. Ebene DIN 276

KG	Kostengruppen (1. Ebene)	Einheit	Kosten €	€/Einheit	€/m² BGF	€/m³ BRI	% 300+400
100	Grundstück	m² GF	–	–	–	–	–
200	Vorbereitende Maßnahmen	m² GF	–	–	–	–	–
300	Bauwerk – Baukonstruktionen	m² BGF	16.882.857	2.795,41	2.795,41	856,99	80,0
400	Bauwerk – Technische Anlagen	m² BGF	4.232.204	700,75	700,75	214,83	20,0
	Bauwerk 300+400	**m² BGF**	**21.115.061**	**3.496,16**	**3.496,16**	**1.071,82**	**100,0**
500	Außenanlagen und Freiflächen	m² AF	–	–	–	–	–
600	Ausstattung und Kunstwerke	m² BGF	–	–	–	–	–
700	Baunebenkosten	m² BGF	–	–	–	–	–
800	Finanzierung	m² BGF	–	–	–	–	–

KG	Kostengruppe	Menge Einheit	Kosten €	€/Einheit	%
3+4	**Bauwerk**				**100,0**
300	**Bauwerk – Baukonstruktionen**	6.039,50 m² BGF	16.882.857	**2.795,41**	80,0

Baugrubenaushub, Baugrubenverbau (Zufahrtsrampe TG), Wasserhaltung; Baugrundverbesserung, Stb-Fundamentplatten, WU, Estrich, Bodenbeschichtungen, Betonwerkstein, Abdichtung, Kiesschicht, Perimeterdämmung; Stb-Wände, WU, Mauerwerkswände, Holz-Alufenster, Hebe-Schiebeelemente, Dreifachverglasung, Sonnenschutzverglasung, Sektionaltor, Wärmedämmung, Ziegel-Verblendfassaden, WDVS, Aufbaurollläden, Kassetten-Markisen; Stb-Wände, KS-Mauerwerk, Holztüren, Wohnungseingangstüren, Stahltüren T30, Putz, Beschichtung, Wandfliesen; Stb-Decken, Stb-Balkone, Stb-Treppen, Stahlaußentreppen, Dämmung, Estrich, Heizestrich (DG), Betonwerkstein, Parkett, Bodenfliesen, Plattenbeläge (Balkone), Stahl-Glasgeländer, Treppengeländer; Stb-Flachdächer, Gefälledämmung, Abdichtung, Attika, extensive Dachbegrünung, Plattenbeläge, innenliegende Dachentwässerung

KG	Kostengruppe	Menge Einheit	Kosten €	€/Einheit	%
400	**Bauwerk – Technische Anlagen**	6.039,50 m² BGF	4.232.204	**700,75**	20,0

Gebäudeentwässerung, Kalt- und Warmwasserleitungen, Sanitärobjekte; Fernwärmeversorgung, Plattenheizkörper, Fußbodenheizung; Einzelraumlüfter, RWA-Anlagen; PV-Anlage (210m²), Elektroinstallation, Blitzschutzanlagen; elektronische Schließanlagen, Rauchmelder, Datenübertragungsnetze; Personenaufzüge (3St); Feuerlöscher

6100-1687
Wohnheim
(27 WE, 31 Betten)

Kostenkennwerte für die Kosten des Bauwerks (Kostengruppen 300+400 nach DIN 276)

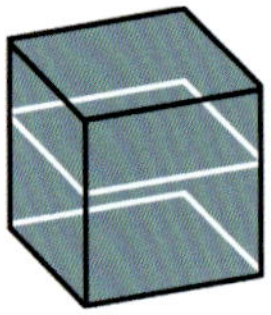

BRI 352 €/m³

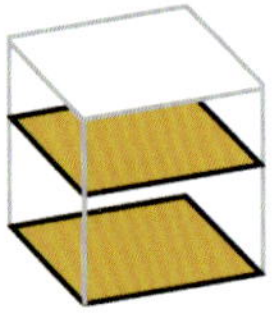

BGF 2.162 €/m²

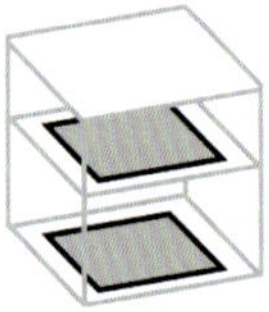

NUF 3.338 €/m²

Objekt:
Kennwerte: 1.Ebene DIN 276
BRI: 13.942 m³
BGF: 2.268 m²
NUF: 1.469 m²
Bauzeit: 96 Wochen
Bauende: 2022
Standard: mittel
Bundesland: Brandenburg
Kreis: Dahme-Spreewald

Architekt*in:
Fountis Jeschonnek
Gesellschaft von
Architekten mbH
Görzallee 299
14167 Berlin

Bauherr*in:
Hoffnungstaler Stiftung
Lobetal
Bodelschwingstraße 27
16321 Bernau

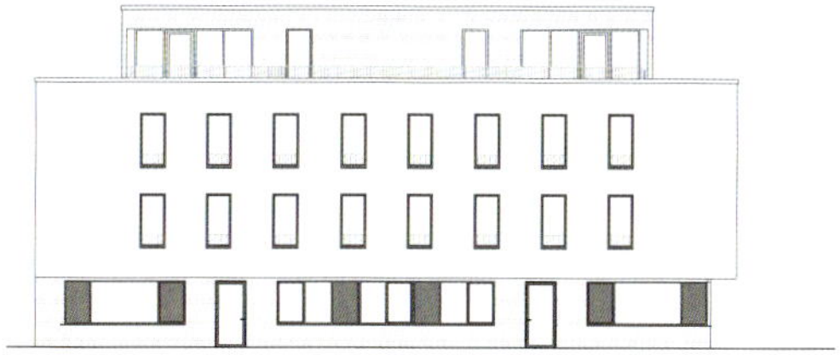

Ansicht Nord

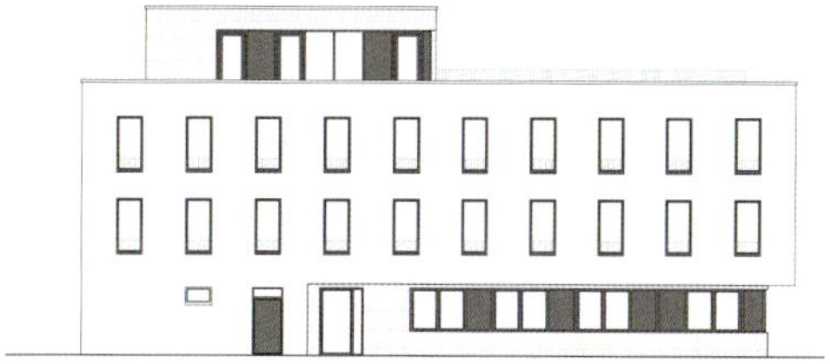

Ansicht Ost

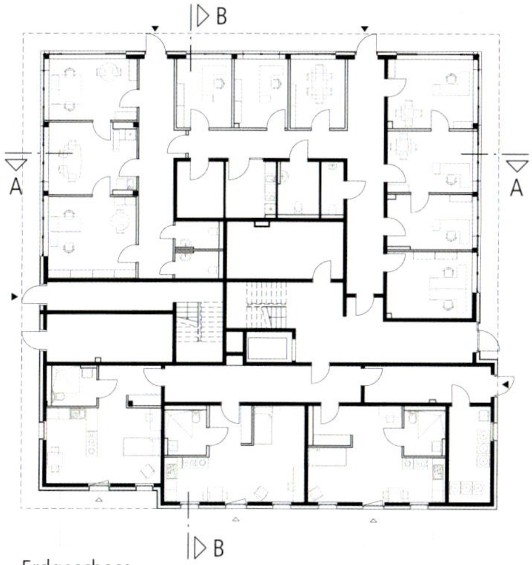

Erdgeschoss

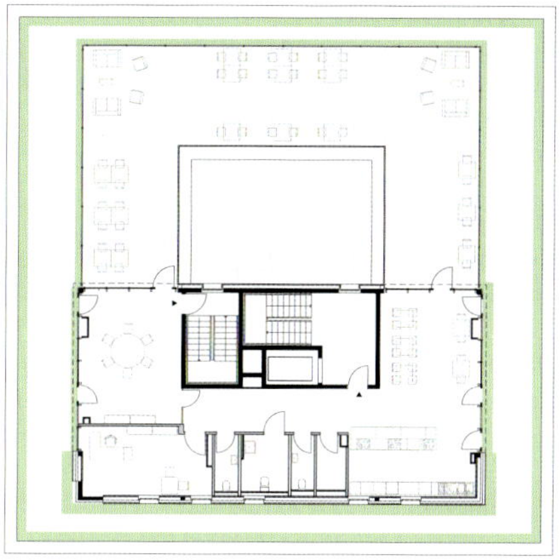

Dachgeschoss

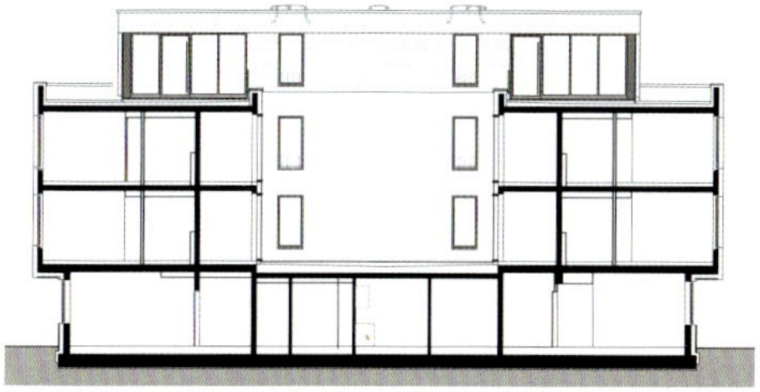

Schnitt A-A

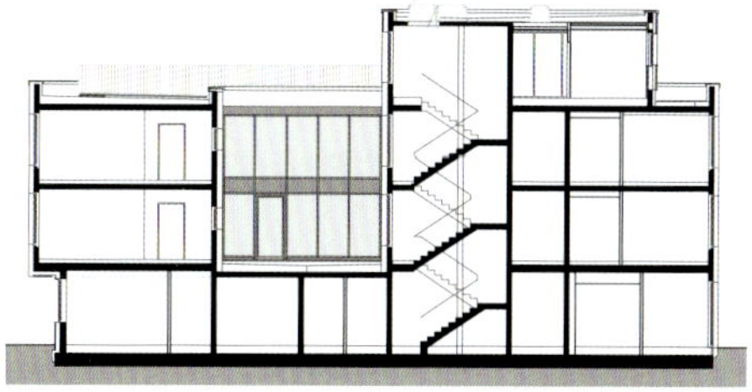

Schnitt B-B

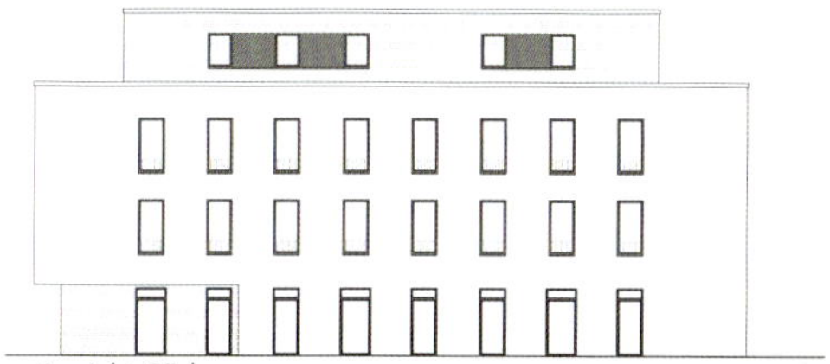

Ansicht Süd

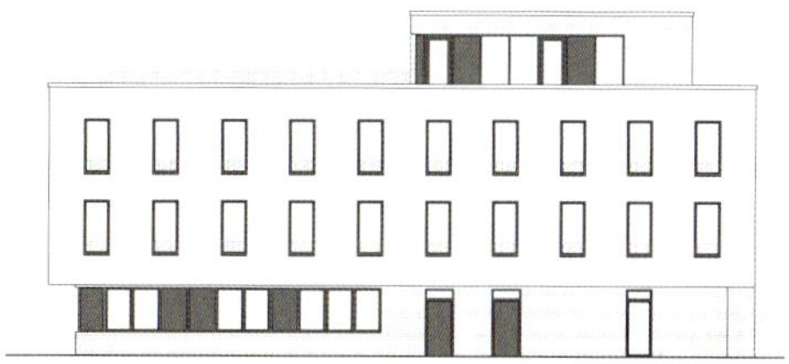

Ansicht West

Objektbeschreibung

Allgemeine Objektinformationen

In dem viergeschossigen Gebäude entstanden 27 Wohnungen für 31 Menschen mit seelischer Behinderung, davon sind drei Wohnungen rollstuhlgerecht ausgestattet. Um ein Atrium im Zentrum des Gebäudes sind die Appartements der Bewohner angeordnet. Im EG befinden sich Verwaltungsräume für die ambulante und psychologische Betreuung der Bewohner.

Nutzung

1 Erdgeschoss
Foyer, Appartements mit Bädern, Pantryküchen (3St), Verwaltungsräume, Besprechungsräume, Sanitärräume, Teeküche, Archiv, Abstellräume, Waschmaschinenraum, Technik, Flure, Treppenhäuser, Aufzug

2 Obergeschosse
Appartements mit Bädern, Pantryküchen (14St), Personalräume, Flure, Treppenhäuser, Aufzug, Innenhof

1 Dachgeschoss
Gemeinschaftsraum mit Küche, WCs, Büro, Besprechung, Lagerraum, Treppenhäuser, Aufzug, Dachterrasse

Nutzeinheiten

Betten: 31
Wohneinheiten: 27
Wohnfläche: 1.088 m^2

Grundstück

Bauraum: Freier Bauraum
Neigung: Geneigtes Gelände
Bodenklasse: BK 3

Markt

Hauptvergabezeit: 1. Quartal 2020
Baubeginn: 2. Quartal 2020
Bauende: 1. Quartal 2022
Konjunkturelle Gesamtlage: Durchschnitt
Regionaler Baumarkt: Durchschnitt

Baukonstruktion

Der nicht unterkellerte Neubau gründet auf einer Stahlbetonfundamentplatte. Die Außenwände sind im EG massiv in Stahlbeton errichtet, ebenfalls alle Geschossdecken. Die Wände der Obergeschosse sind in Kalksandstein gemauert und mit einem Wärmedämmverbundsystem bekleidet. Die Alufenster erhielten eine Dreifachverglasung und können mit Raffstores verschattet werden. Das Staffelgeschoss in Holzrahmenbauweise ist mit Holzfassade und einem Flachdach aus Leimholzbindern ausgeführt. Die Böden sind mit Vinyl und Bodenfliesen belegt. Auf der Dachterrasse und im Innenhof wurden auf den begehbaren Bereichen Terrassenplatten verlegt. Die Dachflächen sind als Gründach ausgeführt.

Technische Anlagen

Die Wärmeversorgung des Gebäudes erfolgt über ein Fernwärmenetz. Eine Fußbodenheizung verteilt die Wärme im ganzen Haus. Ein Aufzug gewährleistet die vertikale Erschließung. Außerdem verfügt das Wohnhaus über Türsprechanlagen in allen Appartements.

Energetische Kennwerte

Gesetzliche Grundlage: EnEV 2013
Gebäudenutzfläche: 1.836,00 m^2
Gebäudevolumen: 6.498,00 m^3
Hüllfläche des beheizten Volumens: 2.694,00 m^2
Spez. Transmissionswärmeverlust: 0,38 W/(m^2·K)
Spez. Jahresprimärenergiebedarf: 15,70 kWh/(m^2·a)

Planungskennwerte für Flächen und Rauminhalte nach DIN 277

Flächen des Grundstücks		Menge Einheit	% an GF
BF	Bebaute Fläche	601,73 m²	26,8
UF	Unbebaute Fläche	1.646,27 m²	73,2
GF	Grundstücksfläche	2.248,00 m²	100,0

Grundflächen des Bauwerks		Menge Einheit	% an NUF	% an BGF
NUF	Nutzungsfläche	1.468,72 m²	100,0	64,8
TF	Technikfläche	20,23 m²	1,4	0,9
VF	Verkehrsfläche	443,87 m²	30,2	19,6
NRF	Netto-Raumfläche	1.932,82 m²	131,6	85,2
KGF	Konstruktions-Grundfläche	334,75 m²	22,8	14,8
BGF	Brutto-Grundfläche	2.267,57 m²	154,4	100,0

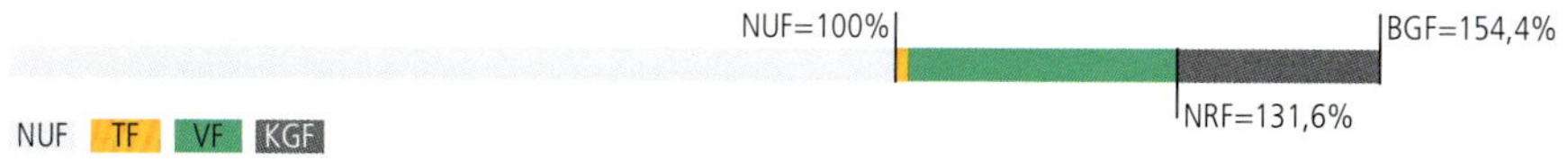

Brutto-Rauminhalt des Bauwerks		Menge Einheit	BRI/NUF (m)	BRI/BGF (m)
BRI	Brutto-Rauminhalt	13.941,93 m³	9,49	6,15

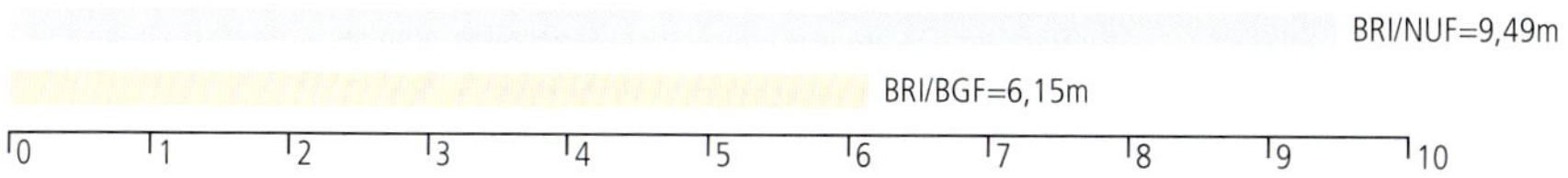

Kostenkennwerte für die Kostengruppen der 1. Ebene DIN 276

KG	Kostengruppen (1. Ebene)	Einheit	Kosten €	€/Einheit	€/m² BGF	€/m³ BRI	% 300+400
100	Grundstück	m² GF	–	–	–	–	–
200	Vorbereitende Maßnahmen	m² GF	–	–	–	–	–
300	Bauwerk – Baukonstruktionen	m² BGF	3.600.526	1.587,83	1.587,83	258,25	73,4
400	Bauwerk – Technische Anlagen	m² BGF	1.301.505	573,96	573,96	93,35	26,6
	Bauwerk 300+400	**m² BGF**	**4.902.031**	**2.161,80**	**2.161,80**	**351,60**	**100,0**
500	Außenanlagen und Freiflächen	m² AF	–	–	–	–	–
600	Ausstattung und Kunstwerke	m² BGF	–	–	–	–	–
700	Baunebenkosten	m² BGF	–	–	–	–	–
800	Finanzierung	m² BGF	–	–	–	–	–

KG	Kostengruppe	Menge Einheit	Kosten €	€/Einheit	%
3+4	**Bauwerk**				**100,0**
300	**Bauwerk – Baukonstruktionen**	2.267,57 m² BGF	3.600.526	**1.587,83**	73,4

Baugrubenaushub; Stb-Fundamentplatte, Abdichtung, Wärmedämmung, Zementestrich, Vinylbelag, Perimeterdämmung; Stb-Wände, KS-Wände, Holzrahmenwände, OSB-Beplankung, Alufenster, Dreifachverglasung, Alu-Eingangselemente, WDVS, Beschichtung, Holzfaserdämmplatten, Holzschalung, GK-Beplankung, Beschichtung, Wandfliesen, Lamellenraffstores; Stb-Wände, KS-Mauerwerk, GK-Wände, Stb-Attika, Holztüren, Brandschutztüren, Glas-Automatiktüren, Putz, Wandfliesen, GK-Beplankung, Beschichtung; Stb-Decken, Stb-Treppen, Dämmung, Heizestrich, Vinylbelag, Bodenfliesen, abgehängte Decken, Beschichtung, Treppengeländer; Stb-Flachdach, Leimholzbinder, Holzdachkonstruktion, Oberlichter, Dämmung, Aufsparrendämmung, Schalung, Abdichtung, Terrassenplatten, Gründach, Dachentwässerung, Geländer

KG	Kostengruppe	Menge Einheit	Kosten €	€/Einheit	%
400	**Bauwerk – Technische Anlagen**	2.267,57 m² BGF	1.301.505	**573,96**	26,6

Gebäudeentwässerung, Kalt- und Warmwasserleitungen, Sanitärobjekte; Fernwärme, Fußbodenheizung, Heizkörper; Elektroinstallation, Beleuchtung; Telekommunikationsanlagen, Türsprechanlagen, Sat-Anlagen, Daten-Übertragungsnetze; Personenaufzug; Küchenausstattung

6100-1688
Mehrgenerationenhaus
(2 WE, 1 GE)

Objektbeschreibung

Allgemeine Objektinformationen

Das Mehrgenerationenhaus enthält eine Hauptwohnung, eine Einliegerwohnung und eine Gewerbeeinheit. Der Ersatzneubau umfasst ein eingeschossiges Vorderhaus mit Satteldach, einen mittleren Gebäudeteil mit Dachterrasse und Gründach und ein dreigeschossiges Flachdachgebäude mit zurückspringendem Staffelgeschoss, von dem ein Gartenhof erschlossen wird.

Nutzung

1 Erdgeschoss
Hauptwohnung: Eingang, Treppe, Entree mit Aufzug, Zimmer, Bad, WC, Abstellräume, Technik, Doppelgarage
Einliegerwohnung: Wohn-/Esszimmer, Schlafzimmer, Küche, Bad, Flur, Terrasse
Gewerbe: Verkaufsraum, WC, Küche, Lager

2 Obergeschosse
Hauptwohnung: Wohn-/Essküche, Schlafräume, Ankleide, Atelier, Bäder, WC, Vorraum Aufzug, Terrassen

Nutzeinheiten

Stellplätze: 3
Verkaufsfläche: 69 m^2
Wohneinheiten: 2
Wohnfläche: 450 m^2

Grundstück

Bauraum: Beengter Bauraum
Neigung: Ebenes Gelände
Bodenklasse: BK 2 bis BK 6

Markt

Hauptvergabezeit: 1.Quartal 2021
Baubeginn: 3.Quartal 2021
Bauende: 4.Quartal 2022
Konjunkturelle Gesamtlage: Durchschnitt
Regionaler Baumarkt: Durchschnitt

Baukonstruktion

Die Gründung erfolgte auf Stb-Streifenfundamenten und Stb-Bodenplatten. Die Außenwände bestehen aus Kalksandstein mit WDVS und hinterlüfteter Holzbekleidung. Das Staffelgeschoss wurde in Holzrahmenbauweise erstellt. Die Geschossdecken und eine Treppe sind in Stahlbeton ausgeführt, die Treppe im OG ist aus Holz. Die Steildächer und das Flachdach des Hinterhauses wurden als Holzbalkendächer erstellt. Der Laubengang dient der Privatsphäre und besteht aus vertikalen Lärchenholzlamellen. Die Böden sind mit Parkett und Bodenfliesen belegt.

Technische Anlagen

Die Wärmeversorgung erfolgt durch eine Luft-Wärmepumpe. Die Wärme wird im EG über eine Fußbodenheizung verteilt. In den OGs sind Deckenheizungen zum Heizen und Kühlen eingebaut. Auf dem Flachdach ist eine Photovoltaikanlage installiert. Es wurde eine Alarmanlage eingebaut. Ein Aufzug verbindet die Etagen barrierefrei. Das Niveau für das KfW-Effizienzhaus 55 wurde erreicht.

Sonstiges

Zusätzlich zur Dachterrasse befindet sich über dem ersten Geschoss ein ca. 70 m^2 großes Gründach, welches neben den optischen Vorteilen auch Regenwasser zurückhält, verschmutzte Luft filtert, Strahlung absorbiert und somit zur Verbesserung des Stadtklimas beiträgt.

Energetische Kennwerte

Gesetzliche Grundlage: EnEV 2013
Gebäudenutzfläche: 541,00 m^2
Gebäudevolumen: 1.948,00 m^3
Hüllfläche des beheizten Volumens: 1.138,00 m^2
Spez. Transmissionswärmeverlust: 0,28 $W/(m^2 \cdot K)$
Spez. Jahresprimärenergiebedarf: 53,10 $kWh/(m^2 \cdot a)$

Planungskennwerte für Flächen und Rauminhalte nach DIN 277

Flächen des Grundstücks		Menge Einheit	% an GF
BF	Bebaute Fläche	365,30 m²	79,6
UF	Unbebaute Fläche	93,35 m²	20,4
GF	Grundstücksfläche	458,65 m²	100,0

Grundflächen des Bauwerks		Menge Einheit	% an NUF	% an BGF
NUF	Nutzungsfläche	607,63 m²	100,0	74,6
TF	Technikfläche	12,28 m²	2,0	1,5
VF	Verkehrsfläche	71,61 m²	11,8	8,8
NRF	Netto-Raumfläche	691,52 m²	113,8	84,9
KGF	Konstruktions-Grundfläche	122,83 m²	20,2	15,1
BGF	Brutto-Grundfläche	814,35 m²	134,0	100,0

Brutto-Rauminhalt des Bauwerks		Menge Einheit	BRI/NUF (m)	BRI/BGF (m)
BRI	Brutto-Rauminhalt	2.620,00 m³	4,31	3,22

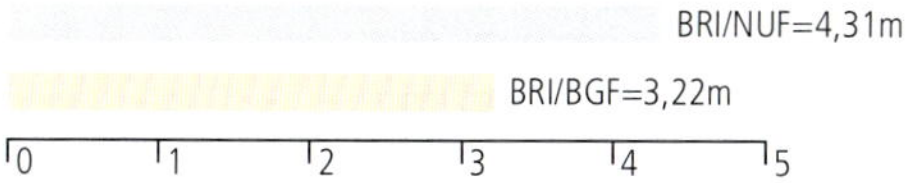

Kostenkennwerte für die Kostengruppen der 1. Ebene DIN 276

KG	Kostengruppen (1. Ebene)	Einheit	Kosten €	€/Einheit	€/m² BGF	€/m³ BRI	% 300+400
100	Grundstück	m² GF	–	–	–	–	–
200	Vorbereitende Maßnahmen	m² GF	–	–	–	–	–
300	Bauwerk – Baukonstruktionen	m² BGF	1.892.797	2.324,30	2.324,30	722,44	75,0
400	Bauwerk – Technische Anlagen	m² BGF	631.489	775,45	775,45	241,03	25,0
	Bauwerk 300+400	**m² BGF**	**2.524.286**	**3.099,76**	**3.099,76**	**963,47**	**100,0**
500	Außenanlagen und Freiflächen	m² AF	–	–	–	–	–
600	Ausstattung und Kunstwerke	m² BGF	–	–	–	–	–
700	Baunebenkosten	m² BGF	–	–	–	–	–
800	Finanzierung	m² BGF	–	–	–	–	–

KG	Kostengruppe	Menge Einheit	Kosten €	€/Einheit	%
3+4	**Bauwerk**				**100,0**
300	**Bauwerk – Baukonstruktionen**	814,35 m² BGF	1.892.797	**2.324,30**	75,0

Baugrubenaushub; Stb-Streifenfundamente; Stb-Bodenplatten, Abdichtung, Dämmung, Heizestrich, Parkett, Bodenfliesen, Perimeterdämmung, Sauberkeitsschicht; Mauerwerkswände, Holzrahmenwände im OG, Kunststofffenster, Dreifachverglasung, Eingangstüren, Garagentor, WDVS, hinterlüftete Holzfassade, Eternitbekleidung, Innenputz, GK-Bekleidung, Wandfliesen, Beschichtung; KS-Mauerwerk, GK-Wände, Holztüren, Innenputz, Beschichtung, Wandfliesen; Stb-Decken, Stb-Treppen, Dämmung, Heizestrich, Parkett, Bodenfliesen, abgehängte GK-Decken, Beschichtung, Treppengeländer, Terrassengeländer; Stb-Flachdach, Holzbalken-Flachdach, Holzsparrendach, OSB-Platten, Dämmung, Gefälledämmung, Abdichtung, Dachbegrünung, Terrassendielen, Dachentwässerung, abgehängte GK-Decke

KG	Kostengruppe	Menge Einheit	Kosten €	€/Einheit	%
400	**Bauwerk – Technische Anlagen**	814,35 m² BGF	631.489	**775,45**	25,0

Gebäudeentwässerung, Kalt- und Warmwasserleitungen, Durchlauferhitzer, Sanitärobjekte; Luft-Wasser-Wärmepumpen, Pufferspeicher, Fußbodenheizung; Einzelraumlüfter; PV-Anlagen, Elektroinstallation, Beleuchtung, Blitzschutzanlagen; Datenübertragungsanlage, Fernseh- und Antennenanlagen, Rauchmelder; Personenaufzug

6100-1689
Wohn- und
Geschäftshaus
(9 WE, 1 GE)

Kostenkennwerte für die Kosten des Bauwerks (Kostengruppen 300+400 nach DIN 276)

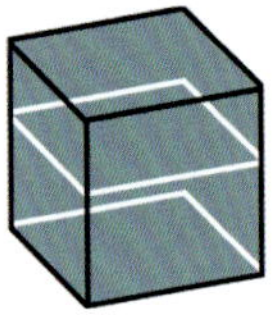

BRI 952 €/m³

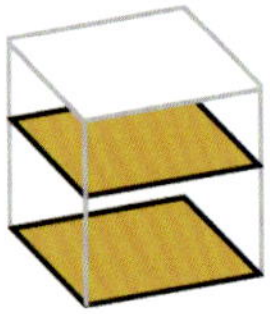

BGF 3.132 €/m²

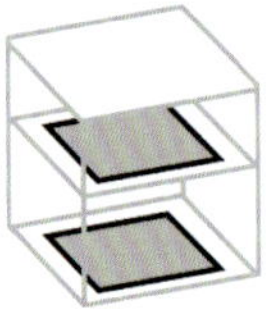

NUF 4.750 €/m²

Objekt:
Kennwerte: 1.Ebene DIN 276
BRI: 6.685 m³
BGF: 2.031 m²
NUF: 1.340 m²
Bauzeit: 96 Wochen
Bauende: 2023
Standard: hoch
Bundesland: Sachsen-Anhalt
Kreis: Wittenberg

Architekt*in:
kmg Architekten und
Ingenieure Kablitz-Meinel
-Guderian PartG mbB
Berliner Straße 1
06886 Wittenberg

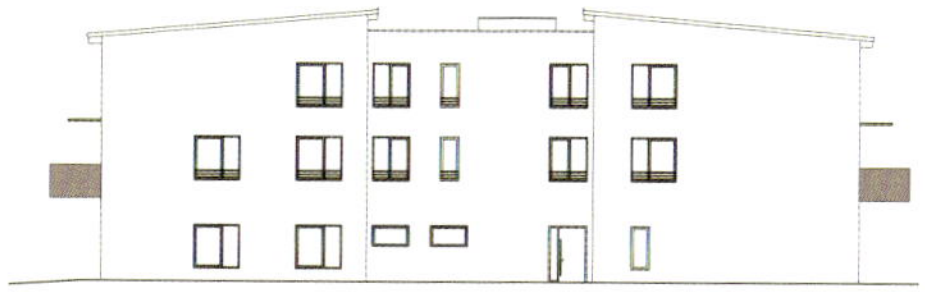
Ansicht West

Ansicht Nord

Erdgeschoss

1. Obergeschoss

Schnitt A-A

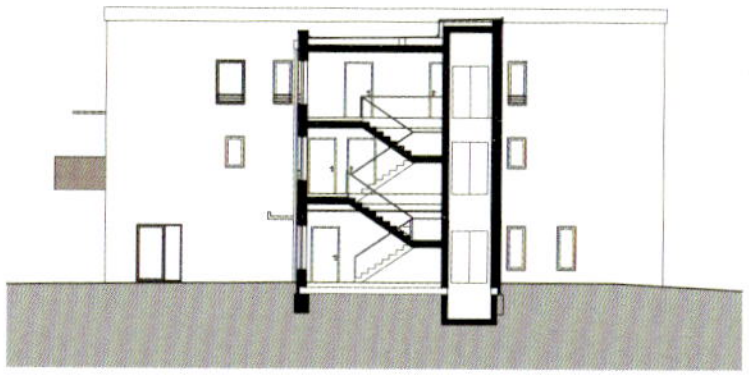
Schnitt B-B

Ansicht Ost

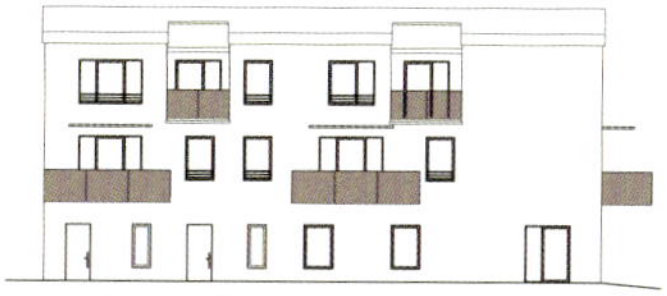
Ansicht Süd

Objektbeschreibung

Allgemeine Objektinformationen

Der Neubau besteht aus zwei dreigeschossigen Gebäudeteilen die durch einen zentralen Erschließungstrakt miteinander verbunden sind. Im östlichen Gebäudeteil befindet sind im Erdgeschoss eine Gewerbeeinheit mit Büroräumen. Im westlichen Flügel wurden Gemeinschaftsräume wie Abstellräume, Technik aber auch ein großer Raum für die Mieter mit einer Küche und WCs zur gemeinsamen Nutzung und Begegnung bereitgestellt. Auf einem tiefer gelegenen Grundstücksteil wurde ein eingeschossiges Gebäude für den Regiebetrieb erstellt. Im Anschluss daran ist Platz für einen Carport sowie für sieben Fertiggaragen, in denen Werkzeuge und Material gelagert werden.

Nutzung

1 Erdgeschoss
Gewerbeeinheit: Empfang, Büros, Archiv, WCs, Flur, Technik
Allgemeinflächen: Mehrzweckraum, WCs, Küche, Lager, Garderobe, Abstellräume, Fahrradraum, Technik, Flure, Treppenhaus, Aufzug
Nebengebäude: Pausenraum, Umkleideräume, WCs, Duschen, Technik, Fertiggaragen als Werkzeug-, Materiallager (7St), Carport

2 Obergeschosse
Wohnräume, Schlafräume, Küchen, Bäder, Abstellräume, Flure, Balkone, Treppenhaus, Aufzug

Nutzeinheiten

Arbeitsplätze: 11
Bürofläche: 151 m²
Fahrzeugstellplätze: 6
Gebäude: 2
Stellplätze: 17
Wohneinheiten: 9
Wohnfläche: 760 m²

Grundstück

Bauraum: Freier Bauraum
Neigung: Geneigtes Gelände
Bodenklasse: BK 3 bis BK 6

Markt

Hauptvergabezeit: 1. Quartal 2021
Baubeginn: 1. Quartal 2021
Bauende: 1. Quartal 2023
Konjunkturelle Gesamtlage: Durchschnitt
Regionaler Baumarkt: Durchschnitt

Baukonstruktion

Die Gebäude gründen auf Stb-Streifenfundamenten und einer Stb-Bodenplatte. Die Außenwände sind aus 36cm starken Wärmedämmziegeln erstellt. Die Geschossdecken wurden massiv in Stahlbeton errichtet. Die Dächer der zwei Gebäudeteile erhielten ein Holz-Sparrendach mit Aufsparrendämmung und einer Kunststoffabdichtung. Das Dach des Zwischenbaus wurde betoniert. Es wurden Kunststofffenster mit Dreifachverglasung in die verputzten Fassaden eingebaut. Alle Balkone erhielten ein Glasdach, die Geländer sind mit Faserzementplatten bekleidet. Die Fahrzeugunterstände wurden mit einer Stahlkonstruktion und Trapezblecheindeckung errichtet.

Technische Anlagen

Das Objekt wird mit einer Sole-Wasser-Wärmepumpe beheizt. Auf den Dächern ist eine Photovoltaikanlage mit 266 Modulen und einer Gesamtleistung von 99,75kVA installiert. Sie speist einen Batteriespeicher mit einer Kapazität von 75kVA. Das Gebäude besitzt eine Blitzschutzanlage sowie eine Einbruchmeldeanlage. An den Eingängen wurden Videosprechstellen eingebaut. Im Fahrradabstellraum stehen Ladestellen für E-Bikes zur Verfügung. Ein Personenaufzug erschließt die Wohnungen barrierefrei.

Sonstiges

Die Außenanlage ist mit drei Elektroladestation für sechs Pkw-Stellplätze ausgestattet.

Energetische Kennwerte

Gesetzliche Grundlage: EnEV 2013
Gebäudenutzfläche: 1.550,50 m²
Gebäudevolumen: 4.845,00 m³
A/V_e-Verhältnis (Kompaktheit): 0,47 m^{-1}
Hüllfläche des beheizten Volumens: 2.260,00 m²
Spez. Transmissionswärmeverlust: 0,32 W/(m²·K)
Spez. Jahresprimärenergiebedarf: 32,30 kWh/(m²·a)

Planungskennwerte für Flächen und Rauminhalte nach DIN 277

Flächen des Grundstücks		Menge Einheit	% an GF
BF	Bebaute Fläche	957,51 m²	23,7
UF	Unbebaute Fläche	3.089,49 m²	76,3
GF	Grundstücksfläche	4.047,00 m²	100,0

Grundflächen des Bauwerks		Menge Einheit	% an NUF	% an BGF
NUF	Nutzungsfläche	1.339,55 m²	100,0	65,9
TF	Technikfläche	45,01 m²	3,4	2,2
VF	Verkehrsfläche	339,60 m²	25,4	16,7
NRF	Netto-Raumfläche	1.724,16 m²	128,7	84,9
KGF	Konstruktions-Grundfläche	307,28 m²	22,9	15,1
BGF	Brutto-Grundfläche	2.031,44 m²	151,7	100,0

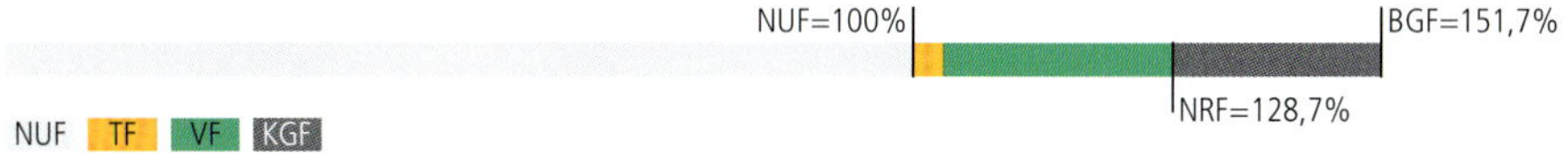

Brutto-Rauminhalt des Bauwerks		Menge Einheit	BRI/NUF (m)	BRI/BGF (m)
BRI	Brutto-Rauminhalt	6.685,45 m³	4,99	3,29

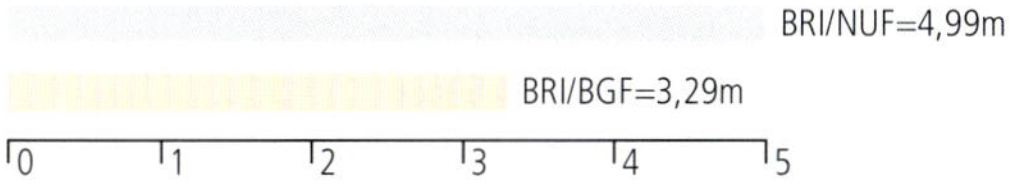

Kostenkennwerte für die Kostengruppen der 1. Ebene DIN 276

KG	Kostengruppen (1. Ebene)	Einheit	Kosten €	€/Einheit	€/m² BGF	€/m³ BRI	% 300+400
100	Grundstück	m² GF	–	–	–	–	–
200	Vorbereitende Maßnahmen	m² GF	98.246	24,28	48,36	14,70	1,5
300	Bauwerk – Baukonstruktionen	m² BGF	4.257.015	2.095,57	2.095,57	636,76	66,9
400	Bauwerk – Technische Anlagen	m² BGF	2.105.520	1.036,47	1.036,47	314,94	33,1
	Bauwerk 300+400	**m² BGF**	**6.362.535**	**3.132,03**	**3.132,03**	**951,70**	**100,0**
500	Außenanlagen und Freiflächen	m² AF	793.307	237,23	390,51	118,66	12,5
600	Ausstattung und Kunstwerke	m² BGF	43.755	21,54	21,54	6,54	0,7
700	Baunebenkosten	m² BGF	–	–	–	–	–
800	Finanzierung	m² BGF	–	–	–	–	–

KG	Kostengruppe	Menge Einheit	Kosten €	€/Einheit	%
200	**Vorbereitende Maßnahmen**	4.047,00 m² GF	98.246	**24,28**	1,5

Geländeoberfläche abräumen; Hausanschluss Abwasser, Wasser

KG	Kostengruppe	Menge Einheit	Kosten €	€/Einheit	%
3+4	**Bauwerk**				**100,0**
300	**Bauwerk – Baukonstruktionen**	2.031,44 m² BGF	4.257.015	**2.095,57**	66,9

Baugrubenaushub; Stb-Streifenfundamente, Stb-Bodenplatten, Abdichtung, Dämmung, Estrich, Bodenfliesen, Vinylbeläge; Porotonmauerwerk, Kunststofffenster, Dreifachverglasung, Automatiktüren, Putz, Beschichtung, Wandfliesen, Rollläden; KS-Wände, Stahltüren, rauchdicht, Holztüren, Putz, Beschichtung, Wandfliesen; Stb-Decken, Stb-Treppen, Stb-Balkone, Dämmung, Estrich, Vinylböden, Bodenfliesen, Treppengeländer, Balkongeländer; Fachwerkbinder-Dachkonstruktion, Stb-Flachdach, Holzbalken-Flachdach, Balkonüberdachungen, Glas, Aufsparrendämmung, Gefälledämmung, Kunststoffabdichtung, Dachentwässerung, Fahrzeugunterstand: Stahlüberdachung, Trapezblech, Dachentwässerung

KG	Kostengruppe	Menge Einheit	Kosten €	€/Einheit	%
400	**Bauwerk – Technische Anlagen**	2.031,44 m² BGF	2.105.520	**1.036,47**	33,1

Gebäudeentwässerung, Kalt- und Warmwasserleitungen, Sanitärobjekte; Sole-Wasser-Wärmepumpe 50kW, 17 Erdsonden; PV-Anlage, Batteriespeicher, Elektroinstallation, Ladestationen, Beleuchtung, Blitzschutz; Video-Türsprechanlage, Rauchmelder, Einbruchmeldeanlage; Personenaufzug

KG	Kostengruppe	Menge Einheit	Kosten €	€/Einheit	%
500	**Außenanlagen und Freiflächen**	3.344,00 m² AF	793.307	**237,23**	12,5

Gepflasterte Zufahrten, Pkw-Stellplätze, Spielplatzfläche; Winkelstützmauern, Betonblockstufen; Hebeanlage; Vegetationsflächen, Bepflanzung, Rasen

KG	Kostengruppe	Menge Einheit	Kosten €	€/Einheit	%
600	**Ausstattung und Kunstwerke**	2.031,44 m² BGF	43.755	**21,54**	0,7

Büromöbel

6100-1690
Einfamilienhaus

Kostenkennwerte für die Kosten des Bauwerks (Kostengruppen 300+400 nach DIN 276)

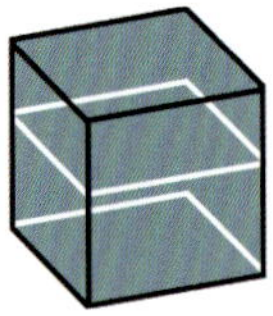

BRI 966 €/m³

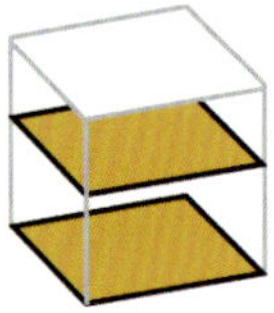

BGF 2.657 €/m²

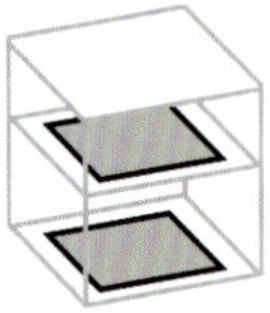

NUF 4.037 €/m²

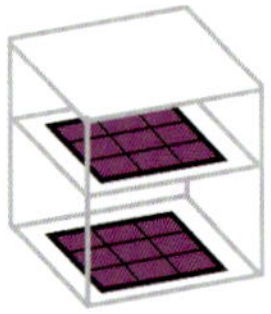

NE 6.929 €/NE

NE: Wohnfläche

Objekt:
Kennwerte: 3.Ebene DIN 276
BRI: 1.059 m³
BGF: 385 m²
NUF: 253 m²
Bauzeit: 74 Wochen
Bauende: 2022
Standard: hoch
Bundesland: Brandenburg
Kreis: Potsdam, Stadt

Architekt*in:
wening.architekten
Christophorusweg 5
14476 Groß Glienicke

Bauherr*in:
Stephan Madel
Falkensteinweg 17
87459 Pfronten

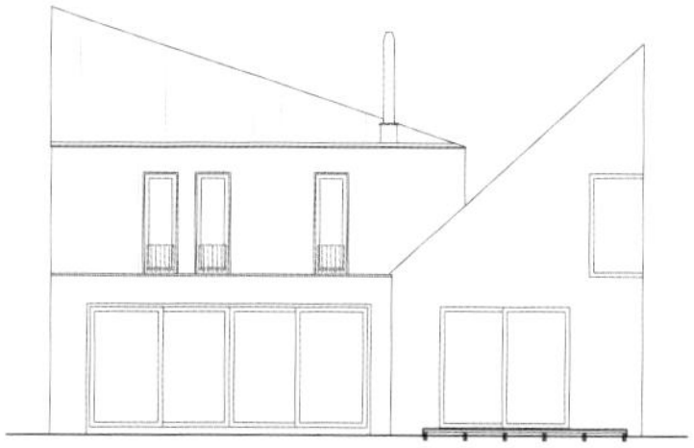
Ansicht Süd

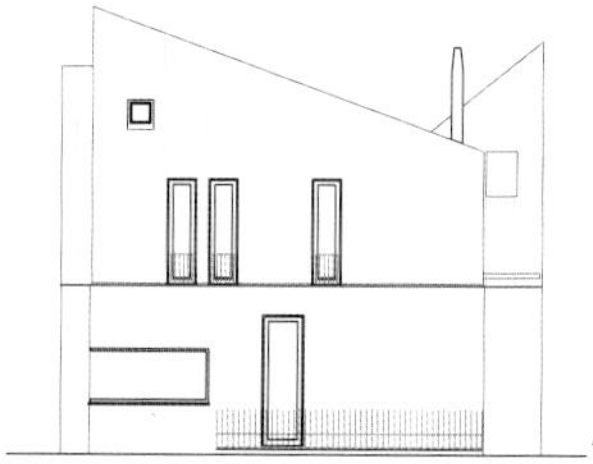
Ansicht West

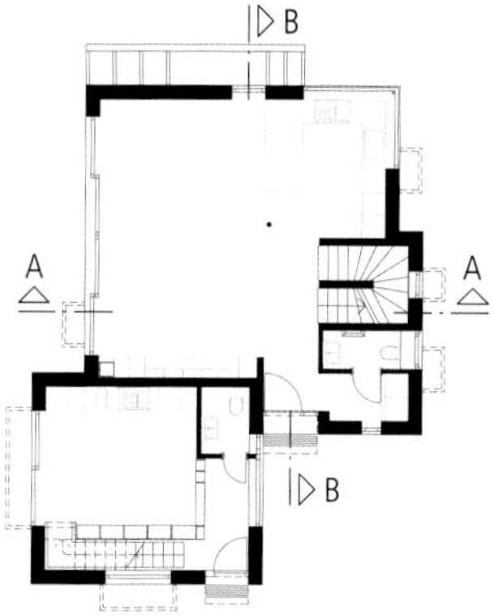

Erdgeschoss

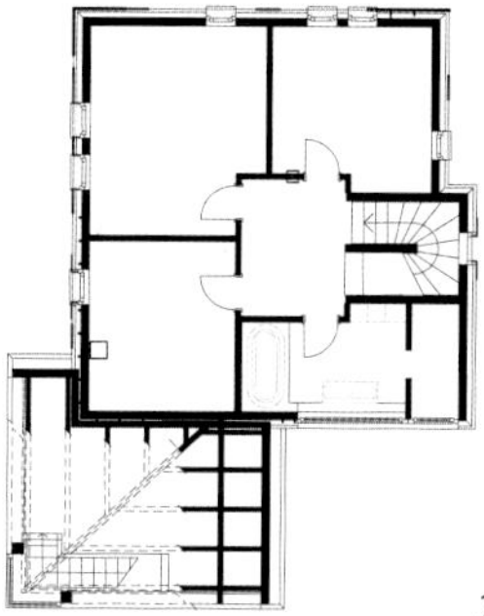
2. Obergeschoss

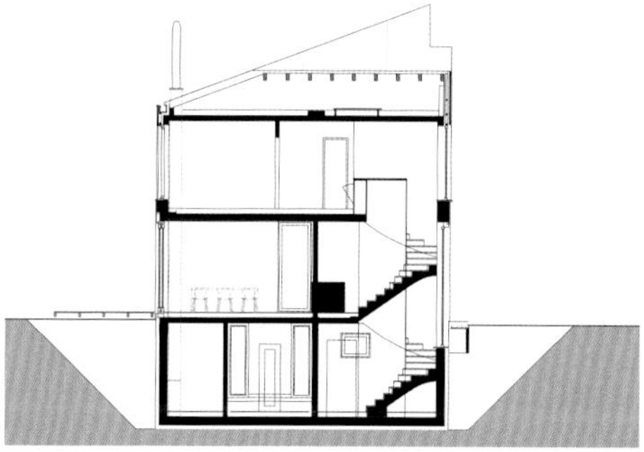
Schnitt A-A

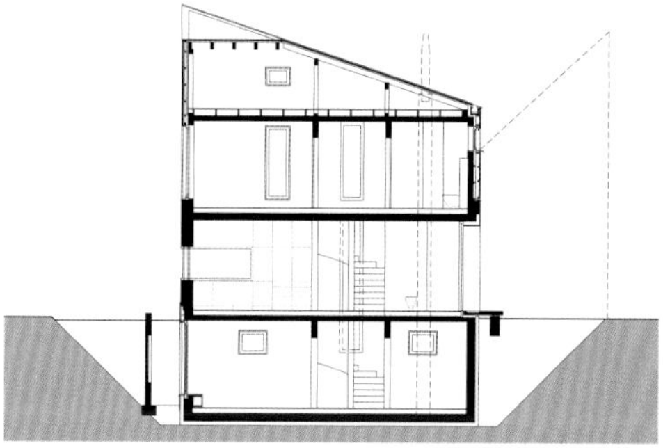
Schnitt B-B

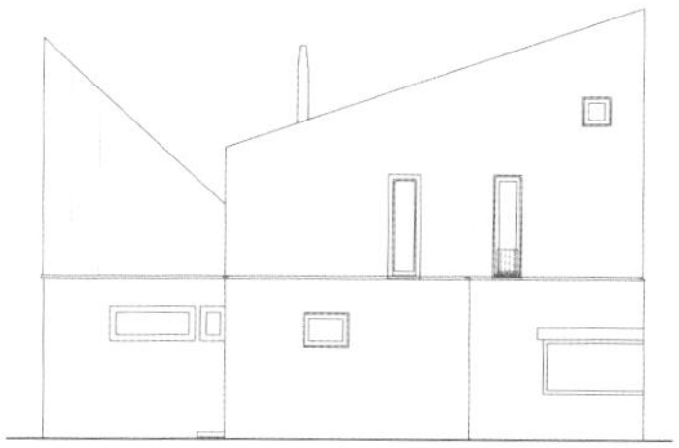
Ansicht Nord

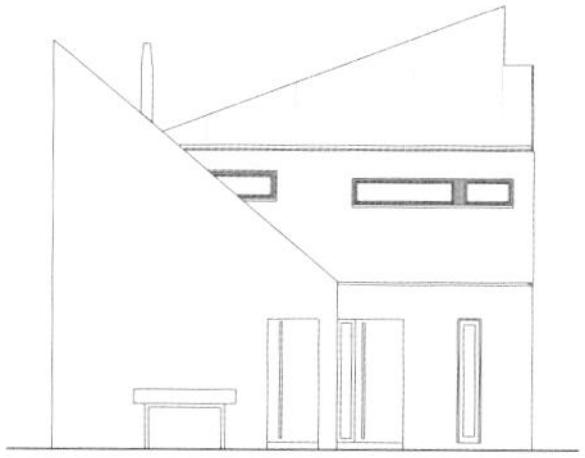
Ansicht Ost

Objektbeschreibung

Allgemeine Objektinformationen

Das aus zwei Volumen zusammengesetzte Haus spiegelt die Verknüpfung der Haupt- und der Einliegerwohnung wider. Die versetzten Spitz-Pultdächer verdeutlichen die Eigenständigkeit der beiden Wohneinheiten.

Nutzung

1 Untergeschoss
Schlafzimmer, Bad, Spa-Bereich, Abstellraum, Vorratsraum, Haustechnik

1 Erdgeschoss
Wohnen, Essen, Kochen, Diele, WC

1 Obergeschoss
Schlafzimmer, Kinderzimmer, Bad, Flur, Dachboden

1 Dachgeschoss
Abstellfläche

Nutzeinheiten

Wohneinheiten: 2
Wohnfläche: 148 m^2

Grundstück

Bauraum: Freier Bauraum
Neigung: Ebenes Gelände
Bodenklasse: BK 1 bis BK 3

Markt

Hauptvergabezeit: 2. Quartal 2021
Baubeginn: 3. Quartal 2021
Bauende: 4. Quartal 2022
Konjunkturelle Gesamtlage: über Durchschnitt
Regionaler Baumarkt: unter Durchschnitt

Baukonstruktion

Der Neubau gründet auf einer Fundamentplatte und ist mit einer Weißen Wanne mit speziell abgedichteten und mit Injektionsharz verpressten Sollrissfugen und einem Minimum an Bewehrungsstahl ausgeführt. Die verputzten Erdgeschossfassaden des Massivbaus binden die Baukörper zusammen, während das Obergeschoss des Haupthauses mit einer vertikalen Lattung aus Lärchenholz bekleidet ist. Die raumhohen Holzfenster schaffen einen maximalen Bezug zum Außenraum und fluten die Räume mit Licht. Auf dem Heizestrich sind Parkett oder Bodenfliesen verlegt. Die beiden Spitz-Pultdächer in Holzkonstruktion sind mit Stehfalzdeckung gedeckt. Dachrinnen und Fallrohre sind flächenbündig integriert, sodass die skulpturale Hülle aus Putz, Holz und Titanzink möglichst klar zutage tritt. Im Untergeschoss des Haupthauses steht ein Spa-Bereich mit Sauna zur Verfügung.

Technische Anlagen

Das Haus entspricht den Anforderungen eines Effizienzhauses 55 und erfüllt durch den Betrieb einer Sole-Wasser-Wärmepumpe die Anforderungen der EE-Klasse zu fast 72% für die Wärmenutzung aus erneuerbaren Energien. Die Wärme wird mittels einer Fußbodenheizung in die Räume abgegeben. In den Sanitärräumen sorgen Einzelraumlüfter für Frischluft. Für eine spätere Photovoltaiknutzung wurden Leerrohre bis unter die Dachfläche verlegt.

Sonstiges

Die Möblierung der Bäder, des Spa-Bereichs, Garderoben als Raumteiler und Küche, sowie Regale als Brüstungselemente ergeben einen hohen Standard für die Ausstattung des Hauses als Mietobjekt.

Energetische Kennwerte

Gesetzliche Grundlage: GEG 2020
Gebäudenutzfläche: 316,90 m^2
Gebäudevolumen: 990,40 m^3
A/V_e-Verhältnis (Kompaktheit): 0,66 m^{-1}
Hüllfläche des beheizten Volumens: 648,90 m^2
Spez. Transmissionswärmeverlust: 0,29 $W/(m^2 \cdot K)$
Spez. Jahresprimärenergiebedarf: 34,11 $kWh/(m^2 \cdot a)$
Anlagenaufwandszahl: 0,72

Planungskennwerte für Flächen und Rauminhalte nach DIN 277

Flächen des Grundstücks		Menge Einheit	% an GF
BF	Bebaute Fläche	118,05 m²	19,7
UF	Unbebaute Fläche	480,95 m²	80,3
GF	Grundstücksfläche	599,00 m²	100,0

Grundflächen des Bauwerks		Menge Einheit	% an NUF	% an BGF
NUF	Nutzungsfläche	253,32 m²	100,0	65,8
TF	Technikfläche	8,49 m²	3,4	2,2
VF	Verkehrsfläche	40,96 m²	16,2	10,6
NRF	Netto-Raumfläche	302,77 m²	119,5	78,7
KGF	Konstruktions-Grundfläche	82,03 m²	32,4	21,3
BGF	Brutto-Grundfläche	384,80 m²	151,9	100,0

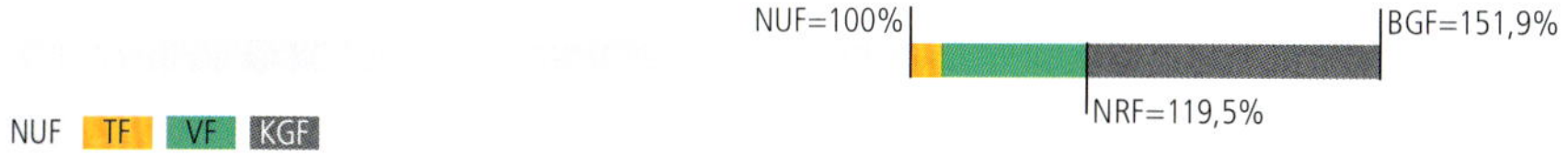

Brutto-Rauminhalt des Bauwerks		Menge Einheit	BRI/NUF (m)	BRI/BGF (m)
BRI	Brutto-Rauminhalt	1.058,94 m³	4,18	2,75

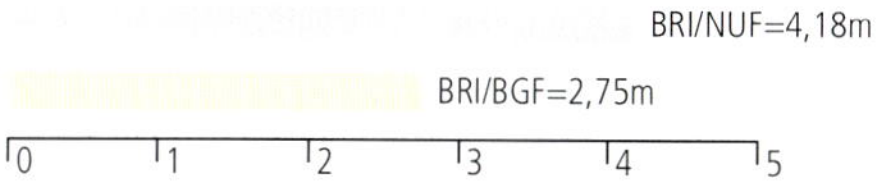

Lufttechnisch behandelte Flächen	Menge Einheit	% an NUF	% an BGF
Entlüftete Fläche	–	–	–
Be- und entlüftete Fläche	–	–	–
Teilklimatisierte Fläche	–	–	–
Klimatisierte Fläche	–	–	–

KG	Kostengruppen (2. Ebene)	Menge Einheit	Menge/NUF	Menge/BGF
310	Baugrube / Erdbau	480,00 m³ BGI	1,90	1,25
320	Gründung, Unterbau	97,24 m² GRF	0,38	0,25
330	Außenwände/Vertikale Baukonstruktionen, außen	455,18 m² AWF	1,80	1,18
340	Innenwände/Vertikale Baukonstruktionen, innen	251,74 m² IWF	0,99	0,65
350	Decken/Horizontale Baukonstruktionen	287,56 m² DEF	1,14	0,75
360	Dächer	105,55 m² DAF	0,42	0,27

6100-1691
Mehrfamilienhaus
(17 WE, 2 GE)

Kostenkennwerte für die Kosten des Bauwerks (Kostengruppen 300+400 nach DIN 276)

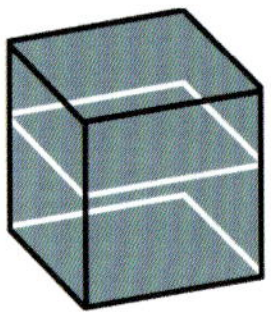

BRI 704 €/m³

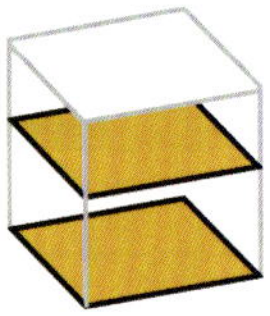

BGF 2.165 €/m²

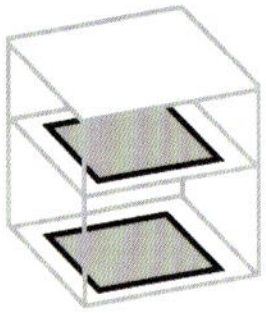

NUF 3.047 €/m²

Objekt:
Kennwerte: 1.Ebene DIN 276
BRI: 8.309 m³
BGF: 2.703 m²
NUF: 1.921 m²
Bauzeit: 126 Wochen
Bauende: 2022
Standard: mittel
Bundesland: Berlin
Kreis: Berlin, Stadt

Architekt*in:
Praeger Richter
Architekten BDA
Florastraße 86 A
13187 Berlin

© Andreas Friedel

© Andreas Friedel

© Andreas Friedel

© Andreas Friedel

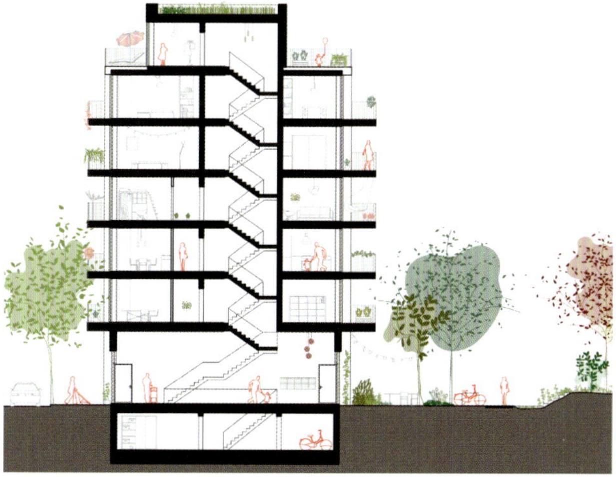

Schnitt A-A

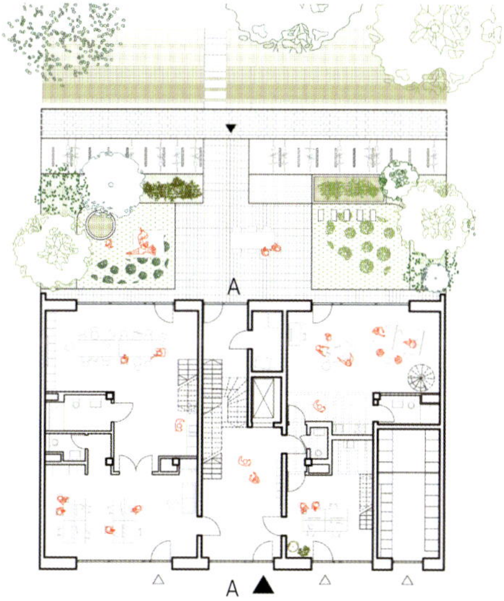

Erdgeschoss

Regelgrundrisse

Objektbeschreibung

Allgemeine Objektinformationen

Auf sieben Geschossen befinden sich 13 Eigentumswohnungen und drei förderfähige Wohnungen. Dazu sind im Erdgeschoss zwei kiezgebundene Gewerbeeinheiten und im Dachgeschoss eine Gästewohnung untergebracht.

Nutzung

1 Erdgeschoss
2 GE: Büros/Verkaufsräume, WCs, Müllraum, Treppenhaus, Aufzug

5 Obergeschosse
16 WE: Wohn-/Esszimmer, Küchen, Schlafzimmer, Flure, Bäder, Kinderzimmer, Balkone, Treppenhaus, Aufzug

1 Dachgeschoss
Gemeinschafts-Dachterrasse, Gästewohnung

Nutzeinheiten

Bürofläche: 188 m²
Wohneinheiten: 17
Wohnfläche: 1.465 m²

Grundstück

Bauraum: Baulücke
Neigung: Ebenes Gelände
Bodenklasse: BK 3 bis BK 6

Markt

Hauptvergabezeit: 1. Quartal 2020
Baubeginn: 1. Quartal 2020
Bauende: 3. Quartal 2022
Konjunkturelle Gesamtlage: über Durchschnitt
Regionaler Baumarkt: über Durchschnitt

Baukonstruktion

Die dauerhafte Tragstruktur, wie Bodenplatte, Stützen und Decken sind in Stahlbeton errichtet. Sie ermöglicht auf Dauer eine hohe Nutzungsflexibilität. Die Fassade ist komplett als rückbaubare Holzkonstruktion ausgeführt und mit vorgegrauter Lärchenschalung vor einer Hinterlüftungsebene bekleidet. Es wurden Holzfenster mit einer Dreifachverglasung eingebaut. Sonnenschutzvorhänge sorgen für eine Verschattung der Glasflächen. Der Innenausbau der Wohnungen als kurzlebigster Teil des Hauses wurde weitestgehend verbundstofffrei und mit nachwachsenden Baustoffen umgesetzt. Für die Zimmerwände in den Wohnungen wurde nach diesen Prinzipien eigens eine trocken montierbare Holzständerwand entwickelt. Die Materialien werden sicht- und lösbar verschraubt, gelegt, gesteckt und können wieder abmontiert und an anderer Stelle wieder eingesetzt werden. Oberflächen bleiben teilweise unbehandelt oder werden wohngesund lasiert. Die Böden mit einer Schüttung und Trockenestrichplatten sind mit Fertigparkett belegt.

Technische Anlagen

Beheizt wird das Gebäude mit einer Biogas gespeisten Kraft-Wärme-Kopplungsanlage. Die Verteilung der Wärme erfolgt über Fußbodenheizung.

Sonstiges

Die für die Fassade und den Innenausbau verwendeten Baumaterialien sind demontierbar und sortenrein trennbar. Sie können somit leicht wiederverwendet werden. Dies ermöglicht den einfachen und nachhaltigen Umbau oder Nutzungsänderungen bei Bedarf. Es kommt zu einem Re-Use-Effekt. BIM-Modelle halten die Deklarierung der Bauteile fest und Produktdaten machen die Zeiten des Einbaus abrufbar, sodass auch Jahrzehnte später der beste Umgang mit Demontage und Wiederverwendung für jeden Baustoff gefunden werden kann.

Energetische Kennwerte

Gesetzliche Grundlage: EnEV 2013
Gebäudenutzfläche: 2.444,40 m²
Gebäudevolumen: 7.638,70 m³
A/V_e-Verhältnis (Kompaktheit): 0,24 m^{-1}
Hüllfläche des beheizten Volumens: 1.849,80 m²
Spez. Transmissionswärmeverlust: 0,31 W/(m²·K)
Spez. Jahresprimärenergiebedarf: 1,95 kWh/(m²·a)
Anlagenaufwandszahl: 0,05

Planungskennwerte für Flächen und Rauminhalte nach DIN 277

Flächen des Grundstücks		Menge Einheit	% an GF
BF	Bebaute Fläche	230,00 m²	41,8
UF	Unbebaute Fläche	320,00 m²	58,2
GF	Grundstücksfläche	550,00 m²	100,0

Grundflächen des Bauwerks		Menge Einheit	% an NUF	% an BGF
NUF	Nutzungsfläche	1.920,62 m²	100,0	71,0
TF	Technikfläche	61,63 m²	3,2	2,3
VF	Verkehrsfläche	311,66 m²	16,2	11,5
NRF	Netto-Raumfläche	2.293,91 m²	119,4	84,9
KGF	Konstruktions-Grundfläche	409,37 m²	21,3	15,1
BGF	Brutto-Grundfläche	2.703,28 m²	140,8	100,0

Brutto-Rauminhalt des Bauwerks		Menge Einheit	BRI/NUF (m)	BRI/BGF (m)
BRI	Brutto-Rauminhalt	8.309,00 m³	4,33	3,07

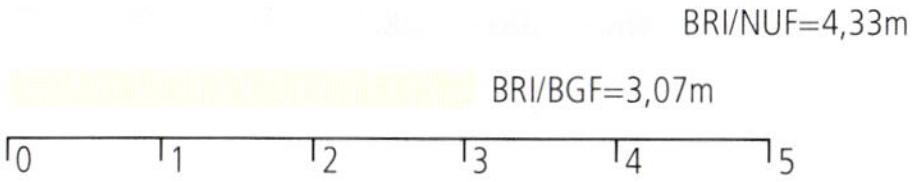

6100-1692
Mehrfamilienhaus
(10 WE)
TG (10 STP)

Kostenkennwerte für die Kosten des Bauwerks (Kostengruppen 300+400 nach DIN 276)

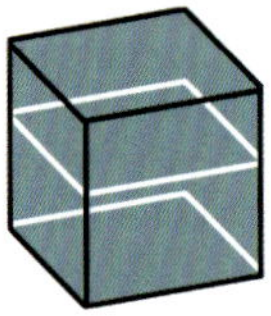

BRI 696 €/m³

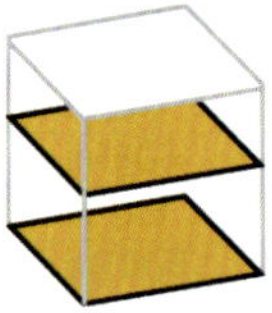

BGF 1.952 €/m²

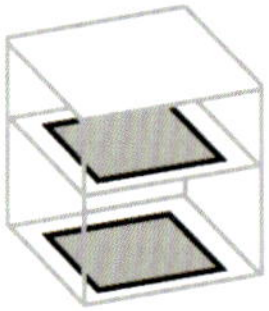

NUF 2.993 €/m²

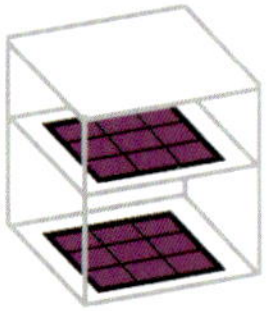

NE 3.799 €/NE

NE: Wohnfläche

Objekt:
Kennwerte: 1. Ebene DIN 276
BRI: 5.104 m³
BGF: 1.820 m²
NUF: 1.187 m²
Bauzeit: 52 Wochen
Bauende: 2022
Standard: mittel
Bundesland: Nordrhein-Westfalen
Kreis: Hamm, Stadt

Architekt*in:
BERGHAUS ARCHITEKTEN
Martin-Luther-Straße 34-38
59065 Hamm

Bauherr*in:
Klaus Niehörster
Oberster Kamp 13b
59069 Hamm

6100-1692
Mehrfamilienhaus
(10 WE)
TG (10 STP)

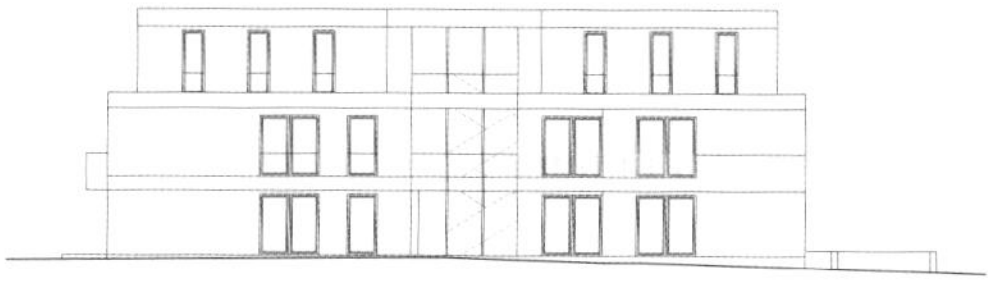

Ansicht Nord-Ost

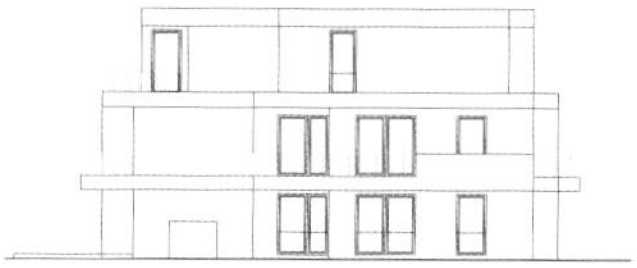

Ansicht Süd-Ost

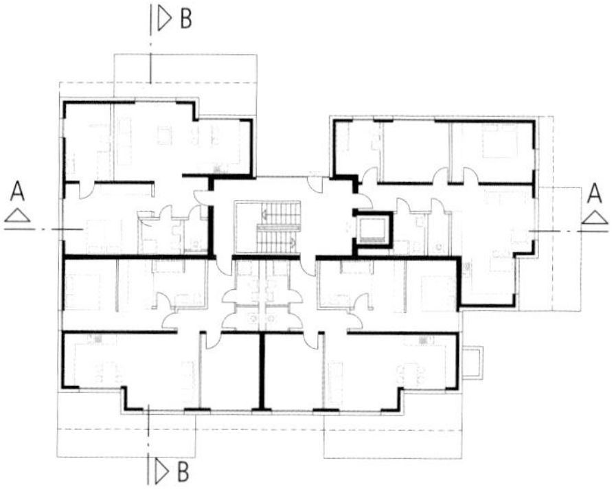

Erdgeschoss

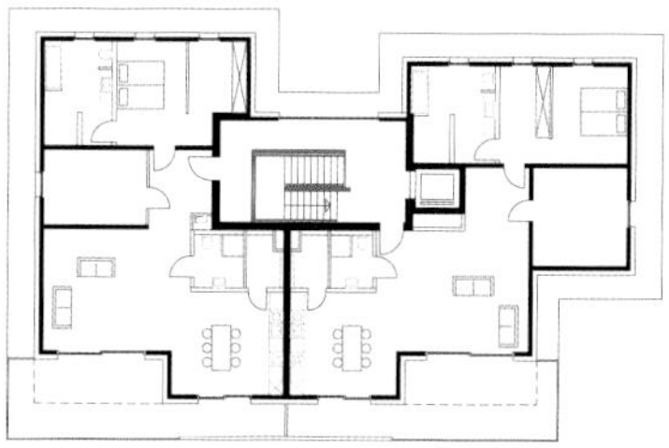

2. Obergeschoss

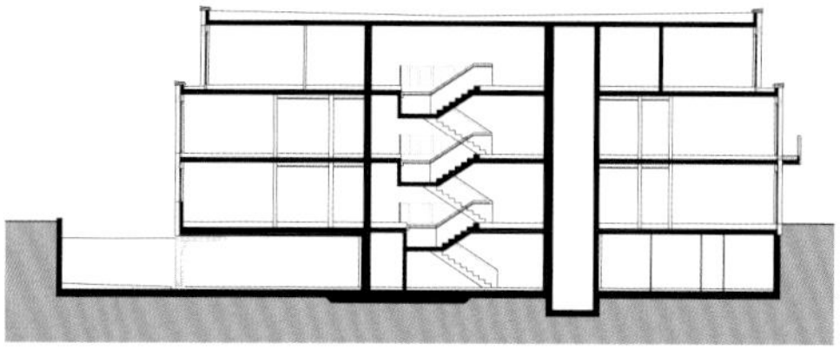

Schnitt A-A

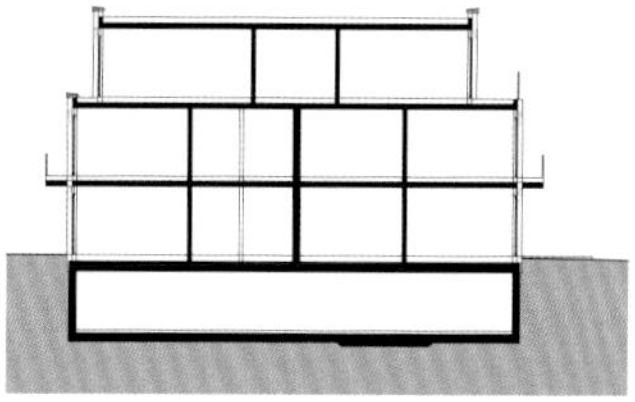

Schnitt B-B

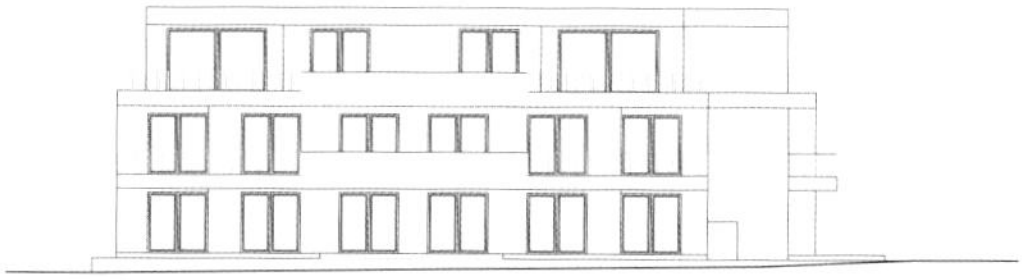

Ansicht Süd-West

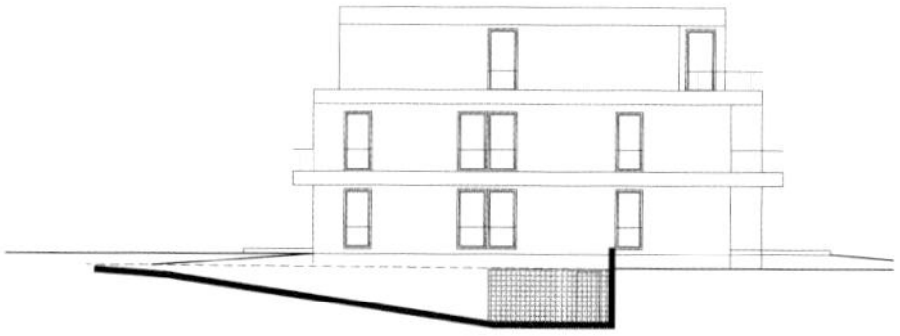

Ansicht Nord-West

6100-1692
Mehrfamilienhaus
(10 WE)
TG (10 STP)

Objektbeschreibung

Allgemeine Objektinformationen

Der kubische Flachdachbau gliedert sich in zwei Vollgeschosse und ein zurückgesetztes Staffelgeschoss. Auf der Eingangsseite dominiert die geschossübergreifende Glasfassade des Treppenhauses und bildet einen repräsentativen Hauseingang. Auch die Terrassenbereiche der Wohnungen lassen sich in der Kubatur der Fassade ablesen, sie ziehen sich wie ein Band um das Gebäude.

Nutzung

1 Untergeschoss
Tiefgarage, Abstellräume, Technik, Hausanschlussraum, Treppenhaus, Aufzug

1 Erdgeschoss
Wohnzimmer, Schlafzimmer, Küchen, Bäder, Kinderzimmer, Flure, Terrassen, Treppenhaus, Aufzug

1 Obergeschoss
Wohnzimmer, Schlafzimmer, Küchen, Bäder, Kinderzimmer, Flure, Balkone, Treppenhaus, Aufzug

1 Dachgeschoss
Wohnzimmer, Schlafzimmer, Küchen, Bäder, Kinderzimmer, Flure, Dachterrassen, Treppenhaus, Aufzug

Nutzeinheiten

Stellplätze: 10
Wohneinheiten: 10
Wohnfläche: 935 m^2

Grundstück

Bauraum: Freier Bauraum
Neigung: Ebenes Gelände
Bodenklasse: BK 5 bis BK 7

Markt

Hauptvergabezeit: 4. Quartal 2020
Baubeginn: 1. Quartal 2021
Bauende: 1. Quartal 2022
Konjunkturelle Gesamtlage: Durchschnitt
Regionaler Baumarkt: Durchschnitt

Baukonstruktion

Der Neubau gründet auf einer Stahlbetonbodenplatte. Die Wände der Tiefgarage wurden aus WU-Fertigteilelementen hergestellt. Die tragenden Wände sind in Massivbauweise aus Kalksandstein und Stahlbeton errichtet. Die nicht tragenden Wände wurden aus Gipskarton in Leichtbauweise ausgeführt. Alle Geschossdecken und das Flachdach sind aus Stahlbeton. Die Fassaden wurden gedämmt und verputzt, es kamen Kunststofffenster mit Dreifachverglasung zum Einsatz. Das Dach wurde extensiv begrünt. Die Böden sind mit hochwertigen Vinylbelägen oder großformatigen Fliesen belegt.

Technische Anlagen

Beheizt wird das Gebäude über eine Wärmepumpe, die Verteilung erfolgt über Fußbodenheizung und zusätzlich über Handtuchtrockner in den Bädern. Für eine kontinuierliche Wohnraumlüftung wurde eine Lüftungsanlage mit Wärmerückgewinnung eingebaut. Ein Personenaufzug erschließt die Wohnungen barrierefrei.

Energetische Kennwerte

Gesetzliche Grundlage: EnEV 2013
Gebäudenutzfläche: 1.400,10 m^2
Gebäudevolumen: 4.375,20 m^3
A/V_e-Verhältnis (Kompaktheit): 0,45 m^{-1}
Hüllfläche des beheizten Volumens: 1.987,20 m^2
Spez. Transmissionswärmeverlust: 0,30 $W/(m^2 \cdot K)$
Spez. Jahresprimärenergiebedarf: 24,08 $kWh/(m^2 \cdot a)$
Anlagenaufwandszahl: 0,58

Planungskennwerte für Flächen und Rauminhalte nach DIN 277

Flächen des Grundstücks		Menge Einheit	% an GF
BF	Bebaute Fläche	487,82 m²	–
UF	Unbebaute Fläche	–	–
GF	Grundstücksfläche	–	–

Grundflächen des Bauwerks		Menge Einheit	% an NUF	% an BGF
NUF	Nutzungsfläche	1.186,91 m²	100,0	65,2
TF	Technikfläche	30,30 m²	2,6	1,7
VF	Verkehrsfläche	341,40 m²	28,8	18,8
NRF	Netto-Raumfläche	1.558,61 m²	131,3	85,6
KGF	Konstruktions-Grundfläche	261,65 m²	22,0	14,4
BGF	Brutto-Grundfläche	1.820,26 m²	153,4	100,0

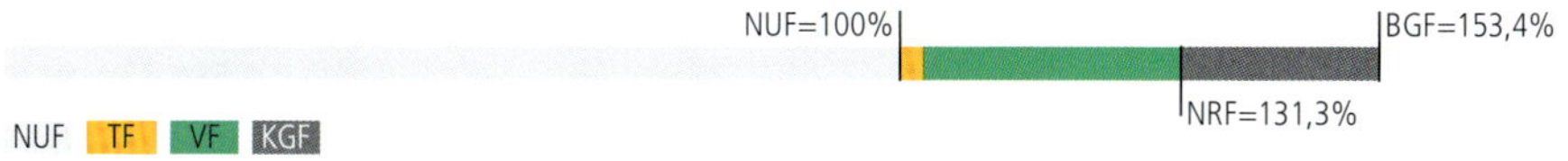

Brutto-Rauminhalt des Bauwerks		Menge Einheit	BRI/NUF (m)	BRI/BGF (m)
BRI	Brutto-Rauminhalt	5.104,06 m³	4,30	2,80

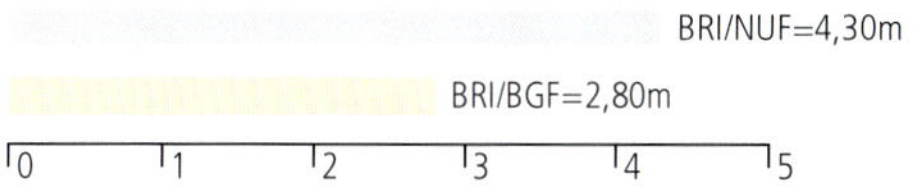

Kostenkennwerte für die Kostengruppen der 1. Ebene DIN 276

KG	Kostengruppen (1. Ebene)	Einheit	Kosten €	€/Einheit	€/m² BGF	€/m³ BRI	% 300+400
100	Grundstück	m² GF	–	–	–	–	–
200	Vorbereitende Maßnahmen	m² GF	–	–	–	–	–
300	Bauwerk – Baukonstruktionen	m² BGF	2.910.260	1.598,82	1.598,82	570,19	81,9
400	Bauwerk – Technische Anlagen	m² BGF	642.457	352,95	352,95	125,87	18,1
	Bauwerk 300+400	**m² BGF**	**3.552.716**	**1.951,76**	**1.951,76**	**696,06**	**100,0**
500	Außenanlagen und Freiflächen	m² AF	–	–	–	–	–
600	Ausstattung und Kunstwerke	m² BGF	–	–	–	–	–
700	Baunebenkosten	m² BGF	–	–	–	–	–
800	Finanzierung	m² BGF	–	–	–	–	–

KG	Kostengruppe	Menge Einheit	Kosten €	€/Einheit	%
3+4	**Bauwerk**				**100,0**
300	**Bauwerk – Baukonstruktionen**	1.820,26 m² BGF	2.910.260	**1.598,82**	81,9

Baugrubenverbau, Baugrubenaushub; Stb-Fundamentplatten, WU, Beschichtung, Perimeterdämmung; Stb-Fertigteilwände, WU, KS-Mauerwerk, Kunststofffenster, Dreifachverglasung, TG-Rolltor, Eingangstüren, WDVS, Putz, Beschichtung, Wandfliesen, Raffstores; Stb-Wände, KS-Mauerwerk, GK-Wände, Holztüren, Gipsputz, Fliesen, Beschichtung; Stb-Decken, Stb-Treppen, Dämmung, Heizestrich, Vinylböden, Bodenfliesen, Terrassendielen, Treppengeländer, Balkongeländer, abgehängte GK-Decken; Stb-Flachdach, Gefälledämmung, Abdichtung, extensive Dachbegrünung, Dachentwässerung

KG	Kostengruppe	Menge Einheit	Kosten €	€/Einheit	%
400	**Bauwerk – Technische Anlagen**	1.820,26 m² BGF	642.457	**352,95**	18,1

Gebäudeentwässerung, Kalt- und Warmwasserleitungen, Sanitärobjekte; Luft-Wärmepumpe, Heizleitungen, Fußbodenheizung, Handtuchheizkörper; dezentrale Lüftungsanlage; Elektroinstallation, Beleuchtung; Telekommunikationsanlage, TG-Ampelanlage, Fernseh- und Antennenanlage, Rauchmelder, Gegensprechanlage mit Videobild; Personenaufzug

Objektbeschreibung

Allgemeine Objektinformationen

Das nicht unterkellerte Mehrfamilienhaus umfasst 21 Wohneinheiten mit 45 bis 60m² Wohnfläche auf drei Ebenen. Alle Wohnungen sind barrierefrei gestaltet, zwei Wohnungen im Erdgeschoss sind rollstuhlgerecht ausgeführt. Jede Wohnung verfügt über eine Terrasse oder einen Balkon. Der Neubau wurde im Rahmen eines Sonderprogramms zur Förderung der Schaffung von Wohnraum in Gebieten mit erhöhtem Wohnungsbedarf der sozialen Wohnraumförderung gefördert.

Nutzung

1 Erdgeschoss
fünf 2-Zimmer-Wohnungen, zwei 3-Zimmer-Wohnungen, Waschraum, Technik, Flur

1 Obergeschoss
fünf 2-Zimmer-Wohnungen, zwei 3-Zimmer-Wohnungen, Waschraum, Technik, Flur

1 Dachgeschoss
fünf 2-Zimmer-Wohnungen, zwei 3-Zimmer-Wohnungen, Waschraum, Technik, Flur

Nutzeinheiten

Wohneinheiten: 21
Wohnfläche: 991 m²

Grundstück

Bauraum: Freier Bauraum
Neigung: Ebenes Gelände
Bodenklasse: BK 3 bis BK 5

Markt

Hauptvergabezeit: 2. Quartal 2021
Baubeginn: 3. Quartal 2021
Bauende: 3. Quartal 2023
Konjunkturelle Gesamtlage: Durchschnitt
Regionaler Baumarkt: Durchschnitt

Baukonstruktion

Der in Massivbauweise errichtete Neubau gründet auf einer Stahlbetonfundamentplatte. Die Außenwände aus Kalksandstein wurden mit einem Wärmedämmverbundsystem bekleidet. Die Kunststofffenster sind mit Wärmeschutzverglasung und Mini-Aufsatzrollläden ausgeführt. Innen kamen sowohl Leichtbauwände als auch Kalksandsteinwände zum Einsatz, die Oberflächen sind beschichtet oder mit Fliesen bekleidet. Die Holzinnentüren haben Stahlzargen. Die Geschossdecken, die Treppen und die Balkone wurden in Stahlbeton ausgeführt. Die Böden sind mit PVC und Fliesen belegt. Das Satteldach ist mit Ziegeln gedeckt.

Technische Anlagen

Das Gebäude wird durch eine Luft-Wasser-Wärmepumpe und ein Gas-Brennwertgerät beheizt. Die Temperierung erfolgt über eine Fußbodenheizung. Das Trinkwasser wird mit einer Frischwasserstation erwärmt. Die Wohnräume sind mit dezentralen Lüftungsgeräten mit Wärmerückgewinnung ausgestattet, die Bäder mit Einzelraumlüftern. Eine zentrale Zu- und Abluftanlage mit Heizregister belüftet die gemeinschaftlichen Räume.

Sonstiges

Die zum Gebäude gehörende Außenanlage ist unter der BKI-Objektnummer 6100-1704 dokumentiert.

Energetische Kennwerte

Gesetzliche Grundlage: EnEV 2013
Gebäudenutzfläche: 1.360,20 m²
Gebäudevolumen: 4.250,50 m³
A/V_e-Verhältnis (Kompaktheit): 0,46 m^{-1}
Hüllfläche des beheizten Volumens: 1.946,50 m²
Spez. Transmissionswärmeverlust: 0,32 W/(m²·K)
Spez. Jahresprimärenergiebedarf: 37,83 kWh/(m²·a)
Anlagenaufwandszahl: 0,87

Planungskennwerte für Flächen und Rauminhalte nach DIN 277

Flächen des Grundstücks		Menge Einheit	% an GF
BF	Bebaute Fläche	559,42 m²	39,1
UF	Unbebaute Fläche	871,58 m²	60,9
GF	Grundstücksfläche	1.431,00 m²	100,0

Grundflächen des Bauwerks		Menge Einheit	% an NUF	% an BGF
NUF	Nutzungsfläche	997,30 m²	100,0	66,2
TF	Technikfläche	29,16 m²	2,9	1,9
VF	Verkehrsfläche	247,16 m²	24,8	16,4
NRF	Netto-Raumfläche	1.273,62 m²	127,7	84,5
KGF	Konstruktions-Grundfläche	233,10 m²	23,4	15,5
BGF	Brutto-Grundfläche	1.506,72 m²	151,1	100,0

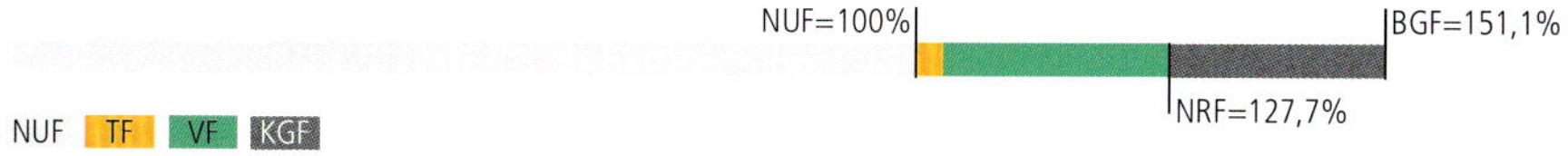

Brutto-Rauminhalt des Bauwerks		Menge Einheit	BRI/NUF (m)	BRI/BGF (m)
BRI	Brutto-Rauminhalt	5.170,70 m³	5,19	3,43

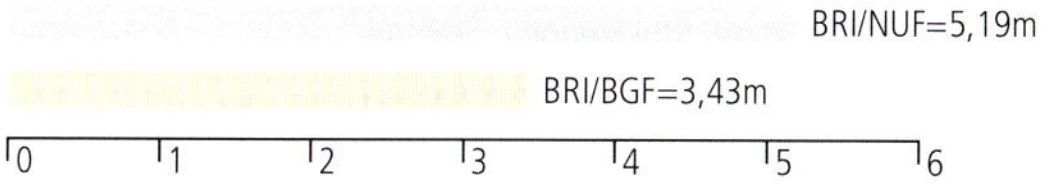

Lufttechnisch behandelte Flächen	Menge Einheit	% an NUF	% an BGF
Entlüftete Fläche	–	–	–
Be- und entlüftete Fläche	–	–	–
Teilklimatisierte Fläche	–	–	–
Klimatisierte Fläche	–	–	–

KG	Kostengruppen (2. Ebene)	Menge Einheit	Menge/NUF	Menge/BGF
310	Baugrube / Erdbau	562,71 m³ BGI	0,56	0,37
320	Gründung, Unterbau	468,12 m² GRF	0,47	0,31
330	Außenwände/Vertikale Baukonstruktionen, außen	887,81 m² AWF	0,89	0,59
340	Innenwände/Vertikale Baukonstruktionen, innen	1.993,59 m² IWF	2,00	1,32
350	Decken/Horizontale Baukonstruktionen	994,96 m² DEF	1,00	0,66
360	Dächer	608,27 m² DAF	0,61	0,40

Kostenkennwerte für die Kostengruppen 400 der 2. und 3. Ebene DIN 276 (Übersicht)

KG	Kostengruppe	Menge Einheit	Kosten €	€/Einheit	% an 3+4
400	**Bauwerk – Technische Anlagen**	**1.506,72 m²BGF**	**800.928,48**	**531,57**	**26,6**
410	**Abwasser-, Wasser-, Gasanlagen**	**1.506,72 m²BGF**	**209.164,51**	**138,82**	**7,0**
411	Abwasseranlagen	1.506,72 m²BGF	66.209,21	43,94	2,2
412	Wasseranlagen	1.506,72 m²BGF	121.026,23	80,32	4,0
413	Gasanlagen	–	–	–	–
419	Sonstiges zur KG 410	1.506,72 m²BGF	21.929,07	14,55	0,7
420	**Wärmeversorgungsanlagen**	**1.506,72 m²BGF**	**200.123,02**	**132,82**	**6,7**
421	Wärmeerzeugungsanlagen	1.506,72 m²BGF	66.813,49	44,34	2,2
422	Wärmeverteilnetze	1.506,72 m²BGF	47.536,57	31,55	1,6
423	Raumheizflächen	1.506,72 m²BGF	78.475,38	52,08	2,6
424	Verkehrsheizflächen	–	–	–	–
429	Sonstiges zur KG 420	1.506,72 m²BGF	7.297,56	4,84	0,2
430	**Raumlufttechnische Anlagen**	**1.506,72 m²BGF**	**84.546,22**	**56,11**	**2,8**
431	Lüftungsanlagen	1.506,72 m²BGF	84.546,22	56,11	2,8
432	Teilklimaanlagen	–	–	–	–
433	Klimaanlagen	–	–	–	–
434	Kälteanlagen	–	–	–	–
439	Sonstiges zur KG 430	–	–	–	–
440	**Elektrische Anlagen**	**1.506,72 m²BGF**	**257.678,72**	**171,02**	**8,6**
441	Hoch- und Mittelspannungsanlagen	–	–	–	–
442	Eigenstromversorgungsanlagen	–	–	–	–
443	Niederspannungsschaltanlagen	–	–	–	–
444	Niederspannungsinstallationsanlagen	1.506,72 m²BGF	235.084,62	156,02	7,8
445	Beleuchtungsanlagen	1.506,72 m²BGF	17.579,50	11,67	0,6
446	Blitzschutz- und Erdungsanlagen	1.506,72 m²BGF	5.014,60	3,33	0,2
447	Fahrleitungssysteme	–	–	–	–
449	Sonstiges zur KG 440	–	–	–	–
450	**Kommunikationstechnische Anlagen**	**1.506,72 m²BGF**	**35.956,35**	**23,86**	**1,2**
451	Telekommunikationsanlagen	1.506,72 m²BGF	12.057,79	8,00	0,4
452	Such- und Signalanlagen	1.506,72 m²BGF	11.757,46	7,80	0,4
453	Zeitdienstanlagen	–	–	–	–
454	Elektroakustische Anlagen	–	–	–	–
455	Audiovisuelle Medien- u. Antennenanl.	1.506,72 m²BGF	12.141,09	8,06	0,4
456	Gefahrenmelde- und Alarmanlagen	–	–	–	–
457	Datenübertragungsnetze	–	–	–	–
458	Verkehrsbeeinflussungsanlagen	–	–	–	–
459	Sonstiges zur KG 450	–	–	–	–
460	**Förderanlagen**	**–**	**–**	**–**	**–**
461	Aufzugsanlagen	–	–	–	–
462	Fahrtreppen, Fahrsteige	–	–	–	–
463	Befahranlagen	–	–	–	–
464	Transportanlagen	–	–	–	–
465	Krananlagen	–	–	–	–
466	Hydraulikanlagen	–	–	–	–
469	Sonstiges zur KG 460	–	–	–	–
470	**Nutzungsspez. u. verfahrenstechn. Anl.**	**–**	**–**	**–**	**–**
480	**Gebäude- und Anlagenautomation**	**–**	**–**	**–**	**–**
490	**Sonst. Maßnahmen für techn. Anlagen**	**1.506,72 m²BGF**	**13.459,67**	**8,93**	**0,4**

Kostenkennwerte für Leistungsbereiche nach STLB (Kosten des Bauwerks nach DIN 276)

LB	Leistungsbereiche	Kosten €	€/m² BGF	€/m³ BRI	% an 3+4
000	Baustellen-, Verkehrssich.- u. Sicherh.einr. inkl. 001	117.980	78,30	22,80	3,9
002	Erdarbeiten	71.373	47,40	13,80	2,4
006	Spezialtiefbauarbeiten inkl. 005	–	–	–	–
009	Entwässerungskanalarbeiten inkl. 011	9.428	6,30	1,80	0,3
010	Drän- und Versickerarbeiten	9.435	6,30	1,80	0,3
012	Mauerarbeiten	207.903	138,00	40,20	6,9
013	Betonarbeiten	335.793	222,90	64,90	11,2
014	Natur-, Betonwerksteinarbeiten	–	–	–	–
016	Zimmer- und Holzbauarbeiten	145.478	96,60	28,10	4,8
017	Stahlbauarbeiten	1.456	0,97	0,28	< 0,1
018	Abdichtungsarbeiten	6.105	4,10	1,20	0,2
019	Kampfmittelräumarbeiten	–	–	–	–
020	Dachdeckungsarbeiten	126.292	83,80	24,40	4,2
021	Dachabdichtungsarbeiten	12.483	8,30	2,40	0,4
022	Klempnerarbeiten	32.743	21,70	6,30	1,1
	Rohbau	**1.076.468**	**714,40**	**208,20**	**35,8**
023	Putz- und Stuckarbeiten, Wärmedämmsysteme	233.859	155,20	45,20	7,8
024	Fliesen- und Plattenarbeiten	138.189	91,70	26,70	4,6
025	Estricharbeiten	88.707	58,90	17,20	3,0
026	Fenster, Außentüren inkl. 029, 032	146.919	97,50	28,40	4,9
027	Tischlerarbeiten	103.814	68,90	20,10	3,5
028	Parkett-, Holzpflasterarbeiten	–	–	–	–
030	Rollladenarbeiten	–	–	–	–
031	Metallbauarbeiten inkl. 035	91.889	61,00	17,80	3,1
034	Maler- und Lackiererarb. – Beschicht. inkl. 037	74.987	49,80	14,50	2,5
036	Bodenbelagarbeiten	66.178	43,90	12,80	2,2
038	Vorgehängte hinterlüftete Fassaden	–	–	–	–
039	Trockenbauarbeiten	198.557	131,80	38,40	6,6
	Ausbau	**1.143.098**	**758,70**	**221,10**	**38,0**
040	Wärmeversorgungsanl. – Betriebseinr. inkl. 041	181.194	120,30	35,00	6,0
042	Gas- u. Wasseranl. – Leitung., Armat. inkl. 043	86.960	57,70	16,80	2,9
044	Abwasseranl. – Leitungen, Abläufe, Armaturen	45.285	30,10	8,80	1,5
045	Gas, Wasser, Entwässerung – Ausstattung inkl. 046	47.480	31,50	9,20	1,6
047	Dämm- und Brandschutzarb. an techn. Anlagen	36.799	24,40	7,10	1,2
049	Feuerlöschanlagen, Feuerlöschgeräte	–	–	–	–
050	Blitzschutz-/Erdungsanlagen, Überspannungssch.	5.015	3,30	0,97	0,2
053	Niederspannungsanl. – Kabel inkl. 052, 054	235.085	156,00	45,50	7,8
055	Sicherheits- u. Ersatzstromversorgungsanl.	–	–	–	–
057	Gebäudesystemtechnik	–	–	–	–
058	Leuchten und Lampen inkl. 059	17.580	11,70	3,40	0,6
060	Such, Signal, Zeit, Anten., akust. Anl. inkl. 064	23.899	15,90	4,60	0,8
061	Kommunikations- u. Übertragungsnetze inkl. 063	12.058	8,00	2,30	0,4
069	Aufzüge	–	–	–	–
070	Gebäudeautomation	–	–	–	–
075	Raumlufttechnische Anlagen inkl. 078	84.042	55,80	16,30	2,8
	Gebäudetechnik	**775.396**	**514,60**	**150,00**	**25,8**
084	Abbruch, Rückbau, Schadstoffsanierung	–	–	–	–
	Abbrucharbeiten	**–**	**–**	**–**	**–**
	Sonstige Leistungsbereiche	**11.242**	**7,50**	**2,20**	**0,4**

6100-1697
Wohnung
Innenausbau

Kostenkennwerte für die Kosten des Bauwerks (Kostengruppen 300+400 nach DIN 276)

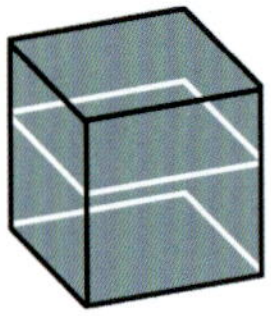

BRI 766 €/m³

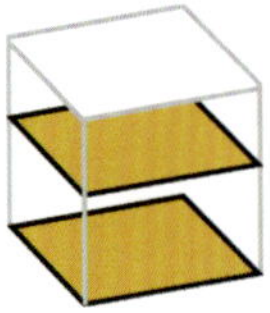

BGF 2.151 €/m²

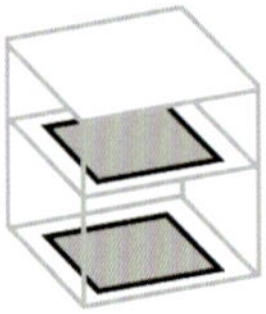

NUF 2.338 €/m²

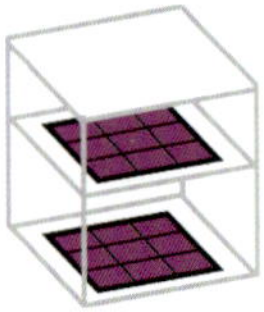

NE 2.338 €/NE

NE: Wohnfläche

Objekt:
Kennwerte: 3.Ebene DIN 276
BRI: 243 m³
BGF: 86 m²
NUF: 80 m²
Bauzeit: 13 Wochen
Bauende: 2020
Standard: hoch
Bundesland: Hamburg
Kreis: Hamburg, Stadt

Datenlieferant*in:
Formwaende GmbH & Co. KG
Stresemannstraße 4
21335 Lüneburg

Bauherr*in:
CT Immobilien GmbH
Christian Thenhausen
Hambergsfeld 3B
21394 Westergellersen

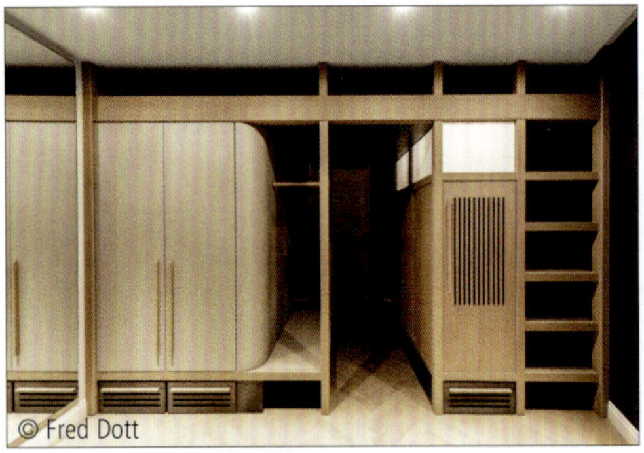

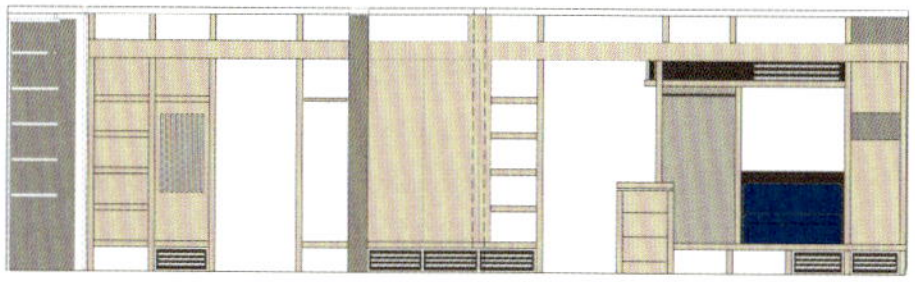

Ansicht A

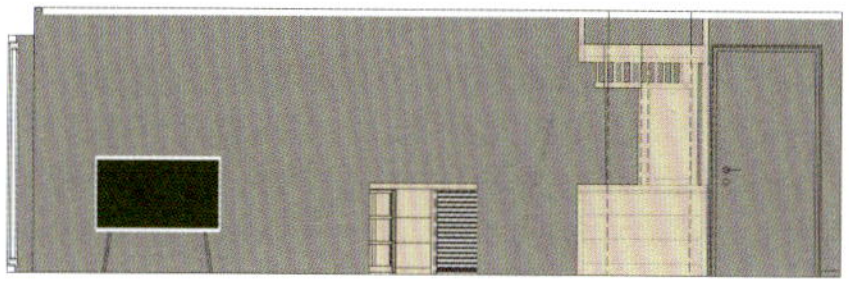

Ansicht B

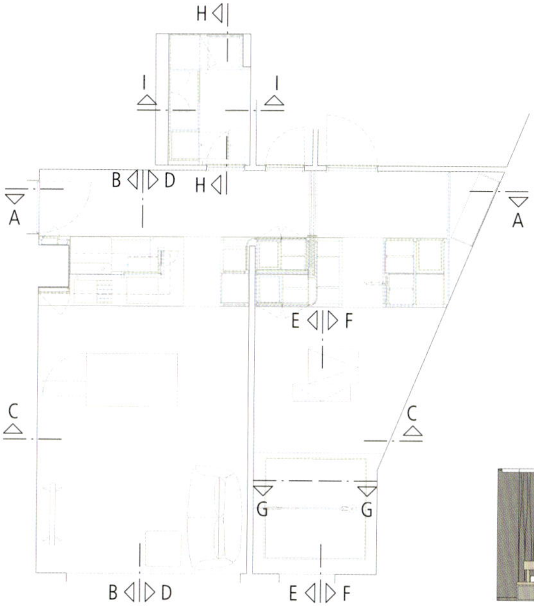

Erdgeschoss

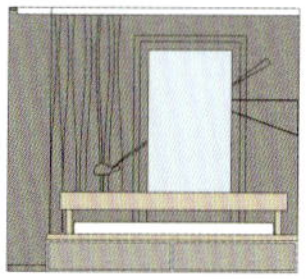

Ansicht G

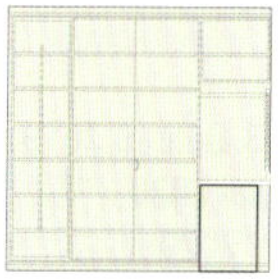

Ansicht H

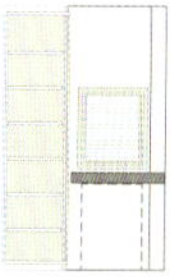

Ansicht I

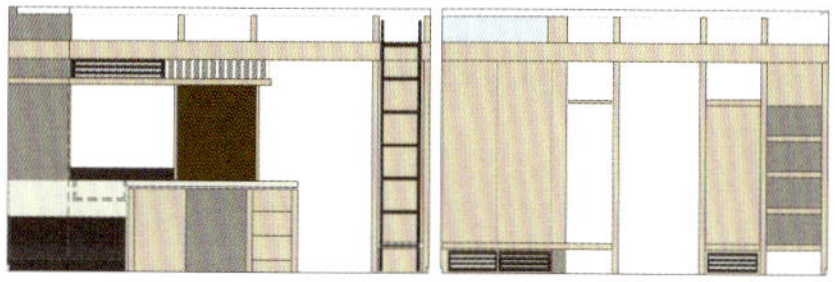

Ansicht C

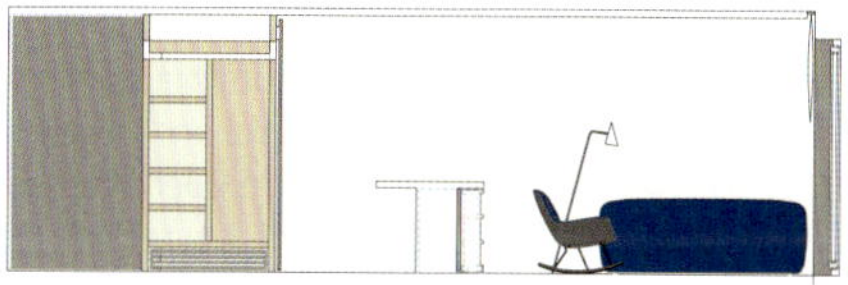

Ansicht D

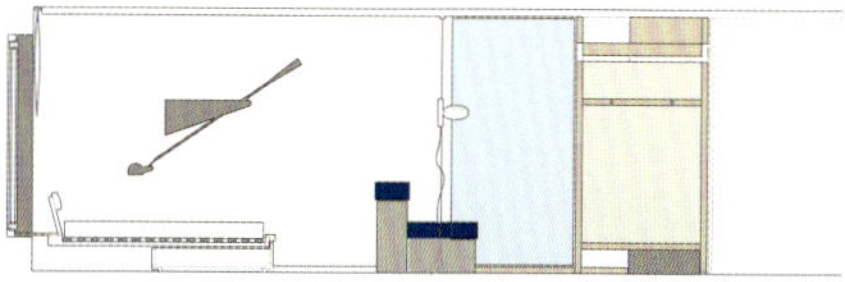

Ansicht E

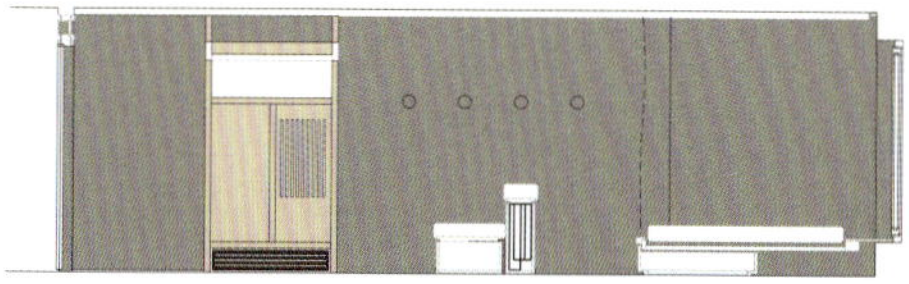

Ansicht F

Objektbeschreibung

Allgemeine Objektinformationen

Die Wohnung liegt im dritten Obergeschoss eines Wohnungsneubaus. Durch die spezielle Bauform bedingt, war die Wohnung verschachtelt angelegt und nur einseitig belichtet. Aus diesem Grund ergab sich der Bauherrenwunsch nach einer Öffnung der gesamten Fläche. Es wurden lediglich die nicht tragenden Wände abgebrochen und durch ein Regalsystem ergänzt, das die Wohnung in zwei Hälften teilt. Auf der einen Seite liegen Eingang, Garderobe, Bad, WC und Hauswirtschaftsraum, auf der anderen Seite öffnen sich Wohn-, Ess-, Schlafzimmer und Küche Richtung Licht. Dabei bleiben immer wieder Blick- und Lichtöffnungen frei, so dass man aus jedem Winkel die gesamte Größe der Wohnung wahrnimmt und das Tageslicht bis in die hintersten Ecken fällt.

Nutzung

1 Obergeschoss
Wohn- und Esszimmer, Küche, Schlafzimmer, Bad, WC, Hauswirtschaftsraum

Nutzeinheiten

Wohnfläche: 80 m²

Markt

Hauptvergabezeit: 3. Quartal 2019
Baubeginn: 3. Quartal 2020
Bauende: 4. Quartal 2020
Konjunkturelle Gesamtlage: Durchschnitt
Regionaler Baumarkt: über Durchschnitt

Baukonstruktion

Die bestehenden GK-Wände mit Türen wurden abgebrochen. An diese Stellen kamen die Einbauschränke und -regale. Im Bad, WC und Hauswirtschaftsraum kamen Oberlichter über den vorhandenen Türen dazu. Die Wände wurden beschichtet. Nach dem Abbruch der Innenwand wurde der Estrich aufgefüllt und der Parkettboden partiell ausgetauscht bzw. ergänzt. Abgehängte Gipskartondecken wurden mit seitlichen Vouten für die Vorhangschienen, eingebaut.

Technische Anlagen

Ab- und Wasserinstallation ist innerhalb der Einbauelemente neu gemacht und an den Bestand angepasst. Das Regalsystem beherbergt einen Großteil der ELT- und die gesamte Küchentechnik. Die Beleuchtung ist teilweise im Regalsystem, teilweise in einer zusätzlich eingebrachten Abhangdecke integriert.

Sonstiges

Wohnung und Bewohner sollen über die Jahre hinweg gemeinsam älter werden und sich je nach Lebensphase und Zeitgeist verändern können. Jeder Zentimeter wird entweder als Stauraum genutzt oder dient als Durchblick und Belichtung. Dabei kann das System wie ein Setzkasten verändert werden. Der Küchenblock, der im Alltag Platz für zwei Personen bietet, lässt sich durch das Entfernen der rollbaren Glas- und Geschirrschränke zu einem bequemen Esstisch für sechs Personen erweitern. Die hierfür notwendigen zusätzlichen Stühle befinden sich direkt im Unterbau des Tisches. In der Flurseite des Regals, genau zwischen Wohn- und Schlafbereich, ist eine bündig und grifflos in der Fläche liegende Schiebetür integriert, die bei Bedarf den Schlafbereich abtrennt. Im Eingang befindet sich eine Garderobe mit kleiner Sitzbank, die über die Spüle hinweg einen Blick in den Wohnbereich freigibt. Gleichermaßen sind große Staufächer im Bettkasten und Sitzhocker sowie hinter der Schiebetür vorhanden. Eine maßgefertigte Leiter bietet Zugang zur Ablage oberhalb des Regals, wo auch sperrige Gegenstände gelagert werden können. Um ein Regal aufzulockern und ein verspieltes Element zu integrieren, wurde ein Fach mittels Leuchte und japanischem Papier in einen Lampion umgewandelt. Die Arbeitsfläche mit integrierter Spüle ist in weißem Terrazzo aus einem Stück gefertigt. Um eine möglichst gute Akustik zu erreichen, sind die Schrankflächen mit Leinenstoff bezogen. Die gesamte Materialpalette wird durch das überall präsente Eichenholz ruhig eingefasst.

Planungskennwerte für Flächen und Rauminhalte nach DIN 277

Flächen des Grundstücks		Menge Einheit	% an GF
BF	Bebaute Fläche	–	–
UF	Unbebaute Fläche	–	–
GF	Grundstücksfläche	–	–

Grundflächen des Bauwerks		Menge Einheit	% an NUF	% an BGF
NUF	Nutzungsfläche	79,50 m²	100,0	92,0
TF	Technikfläche	–	–	–
VF	Verkehrsfläche	–	–	–
NRF	Netto-Raumfläche	79,50 m²	100,0	92,0
KGF	Konstruktions-Grundfläche	6,90 m²	8,7	8,0
BGF	Brutto-Grundfläche	86,40 m²	108,7	100,0

Brutto-Rauminhalt des Bauwerks		Menge Einheit	BRI/NUF (m)	BRI/BGF (m)
BRI	Brutto-Rauminhalt	242,78 m³	3,05	2,81

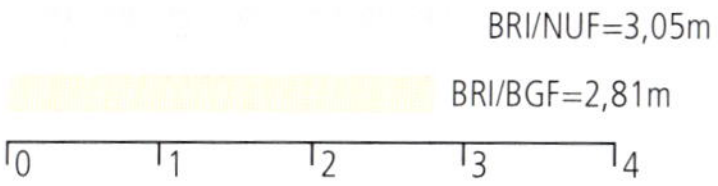

Lufttechnisch behandelte Flächen	Menge Einheit	% an NUF	% an BGF
Entlüftete Fläche	–	–	–
Be- und entlüftete Fläche	–	–	–
Teilklimatisierte Fläche	–	–	–
Klimatisierte Fläche	–	–	–

KG	Kostengruppen (2. Ebene)	Menge Einheit	Menge/NUF	Menge/BGF
310	Baugrube / Erdbau	–	–	–
320	Gründung, Unterbau	–	–	–
330	Außenwände/Vertikale Baukonstruktionen, außen	7,00 m² AWF	0,09	0,08
340	Innenwände/Vertikale Baukonstruktionen, innen	91,76 m² IWF	1,15	1,06
350	Decken/Horizontale Baukonstruktionen	64,00 m² DEF	0,81	0,74
360	Dächer	–	–	–

Kostenkennwerte für die Kostengruppen 400 der 2. und 3.Ebene DIN 276 (Übersicht)

KG	Kostengruppe	Menge Einheit	Kosten €	€/Einheit	% an 3+4
400	**Bauwerk – Technische Anlagen**	**86,40 m² BGF**	**16.643,74**	**192,64**	**9,0**
410	**Abwasser-, Wasser-, Gasanlagen**	**86,40 m² BGF**	**3.884,41**	**44,96**	**2,1**
411	Abwasseranlagen	86,40 m² BGF	1.417,78	16,41	0,8
412	Wasseranlagen	86,40 m² BGF	2.466,63	28,55	1,3
413	Gasanlagen	–	–	–	–
419	Sonstiges zur KG 410	–	–	–	–
420	**Wärmeversorgungsanlagen**	**–**	**–**	**–**	**–**
421	Wärmeerzeugungsanlagen	–	–	–	–
422	Wärmeverteilnetze	–	–	–	–
423	Raumheizflächen	–	–	–	–
424	Verkehrsheizflächen	–	–	–	–
429	Sonstiges zur KG 420	–	–	–	–
430	**Raumlufttechnische Anlagen**	**–**	**–**	**–**	**–**
431	Lüftungsanlagen	–	–	–	–
432	Teilklimaanlagen	–	–	–	–
433	Klimaanlagen	–	–	–	–
434	Kälteanlagen	–	–	–	–
439	Sonstiges zur KG 430	–	–	–	–
440	**Elektrische Anlagen**	**86,40 m² BGF**	**12.759,33**	**147,68**	**6,9**
441	Hoch- und Mittelspannungsanlagen	–	–	–	–
442	Eigenstromversorgungsanlagen	–	–	–	–
443	Niederspannungsschaltanlagen	–	–	–	–
444	Niederspannungsinstallationsanlagen	86,40 m² BGF	8.434,75	97,62	4,5
445	Beleuchtungsanlagen	86,40 m² BGF	4.324,58	50,05	2,3
446	Blitzschutz- und Erdungsanlagen	–	–	–	–
447	Fahrleitungssysteme	–	–	–	–
449	Sonstiges zur KG 440	–	–	–	–
450	**Kommunikationstechnische Anlagen**	**–**	**–**	**–**	**–**
451	Telekommunikationsanlagen	–	–	–	–
452	Such- und Signalanlagen	–	–	–	–
453	Zeitdienstanlagen	–	–	–	–
454	Elektroakustische Anlagen	–	–	–	–
455	Audiovisuelle Medien- u. Antennenanl.	–	–	–	–
456	Gefahrenmelde- und Alarmanlagen	–	–	–	–
457	Datenübertragungsnetze	–	–	–	–
458	Verkehrsbeeinflussungsanlagen	–	–	–	–
459	Sonstiges zur KG 450	–	–	–	–
460	**Förderanlagen**	**–**	**–**	**–**	**–**
461	Aufzugsanlagen	–	–	–	–
462	Fahrtreppen, Fahrsteige	–	–	–	–
463	Befahranlagen	–	–	–	–
464	Transportanlagen	–	–	–	–
465	Krananlagen	–	–	–	–
466	Hydraulikanlagen	–	–	–	–
469	Sonstiges zur KG 460	–	–	–	–
470	**Nutzungsspez. u. verfahrenstechn. Anl.**	**–**	**–**	**–**	**–**
480	**Gebäude- und Anlagenautomation**	**–**	**–**	**–**	**–**
490	**Sonst. Maßnahmen für techn. Anlagen**	**–**	**–**	**–**	**–**

Kostenstand: 2. Quartal 2025, Bundesdurchschnitt, **inkl. 19% MwSt.**

Kostenkennwerte für Leistungsbereiche nach STLB (Kosten des Bauwerks nach DIN 276)

LB	Leistungsbereiche	Kosten €	€/m² BGF	€/m³ BRI	% an 3+4
000	Baustellen-, Verkehrssich.- u. Sicherh.einr. inkl. 001	1.085	12,60	4,50	0,6
002	Erdarbeiten	–	–	–	–
006	Spezialtiefbauarbeiten inkl. 005	–	–	–	–
009	Entwässerungskanalarbeiten inkl. 011	–	–	–	–
010	Drän- und Versickerarbeiten	–	–	–	–
012	Mauerarbeiten	–	–	–	–
013	Betonarbeiten	–	–	–	–
014	Natur-, Betonwerksteinarbeiten	–	–	–	–
016	Zimmer- und Holzbauarbeiten	–	–	–	–
017	Stahlbauarbeiten	–	–	–	–
018	Abdichtungsarbeiten	–	–	–	–
020	Dachdeckungsarbeiten	–	–	–	–
021	Dachabdichtungsarbeiten	–	–	–	–
022	Klempnerarbeiten	–	–	–	–
	Rohbau	**1.085**	**12,60**	**4,50**	**0,6**
023	Putz- und Stuckarbeiten, Wärmedämmsysteme	–	–	–	–
024	Fliesen- und Plattenarbeiten	–	–	–	–
025	Estricharbeiten	–	–	–	–
026	Fenster, Außentüren inkl. 029, 032	–	–	–	–
027	Tischlerarbeiten	146.136	1.691,40	601,90	78,6
028	Parkett-, Holzpflasterarbeiten	2.439	28,20	10,00	1,3
030	Rollladenarbeiten	–	–	–	–
031	Metallbauarbeiten inkl. 035	–	–	–	–
034	Maler- und Lackiererarb. – Beschicht. inkl. 037	11.890	137,60	49,00	6,4
036	Bodenbelagarbeiten	–	–	–	–
038	Vorgehängte hinterlüftete Fassaden	–	–	–	–
039	Trockenbauarbeiten	5.724	66,30	23,60	3,1
	Ausbau	**166.189**	**1.923,50**	**684,50**	**89,4**
040	Wärmeversorgungsanl. – Betriebseinr. inkl. 041	–	–	–	–
042	Gas- u. Wasseranl. – Leitung., Armat. inkl. 043	2.467	28,50	10,20	1,3
044	Abwasseranl. – Leitungen, Abläufe, Armaturen	1.418	16,40	5,80	0,8
045	Gas, Wasser, Entwässerung – Ausstattung inkl. 046	–	–	–	–
047	Dämm- und Brandschutzarb. an techn. Anlagen	–	–	–	–
049	Feuerlöschanlagen, Feuerlöschgeräte	–	–	–	–
050	Blitzschutz-/Erdungsanlagen, Überspannungssch.	–	–	–	–
053	Niederspannungsanl. – Kabel inkl. 052, 054	8.435	97,60	34,70	4,5
055	Sicherheits- u. Ersatzstromversorgungsanl.	–	–	–	–
057	Gebäudesystemtechnik	–	–	–	–
058	Leuchten und Lampen inkl. 059	4.325	50,10	17,80	2,3
060	Such, Signal, Zeit, Anten., akust. Anl. inkl. 064	–	–	–	–
061	Kommunikations- u. Übertragungsnetze inkl. 063	–	–	–	–
069	Aufzüge	–	–	–	–
070	Gebäudeautomation	–	–	–	–
075	Raumlufttechnische Anlagen inkl. 078	–	–	–	–
	Gebäudetechnik	**16.644**	**192,60**	**68,60**	**9,0**
084	Abbruch, Rückbau, Schadstoffsanierung	1.935	22,40	8,00	1,0
	Abbrucharbeiten	**1.935**	**22,40**	**8,00**	**1,0**
	Sonstige Leistungsbereiche	**–**	**–**	**–**	**–**

6100-1699
Mehrfamilienhaus
(13 WE)

Kostenkennwerte für die Kosten des Bauwerks (Kostengruppen 300+400 nach DIN 276)

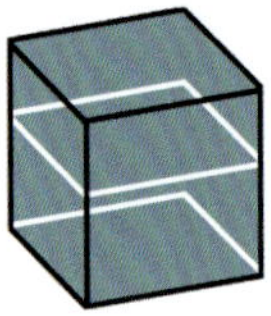

BRI 972 €/m³

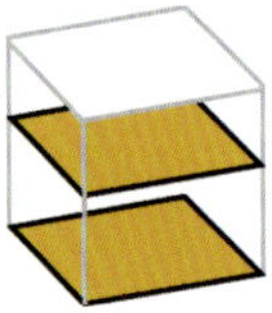

BGF 2.899 €/m²

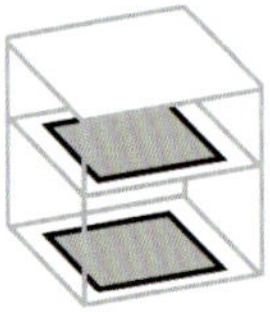

NUF 4.312 €/m²

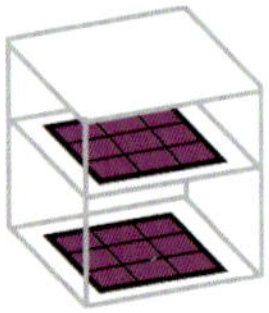

NE 4.690 €/NE

NE: Wohnfläche

Objekt:
Kennwerte: 1.Ebene DIN 276
BRI: 3.160 m³
BGF: 1.060 m²
NUF: 712 m²
Bauzeit: 109 Wochen
Bauende: 2023
Standard: mittel
Bundesland: Hamburg
Kreis: Hamburg, Stadt

Architekt*in:
nentwig.notbohm
ARCHITEKTEN
Harkortstraße 81
22765 Hamburg

Bauherr*in:
Stephan Bezzenberger
Hegestraße 80
20249 Hamburg

© Heribert Schindler

© Heribert Schindler

© H. Schindler

© Heribert Schindler

Ansicht Ost

Ansicht Nord

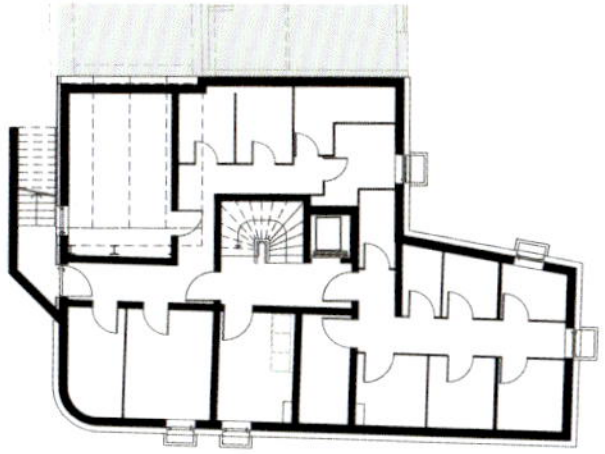

Untergeschoss

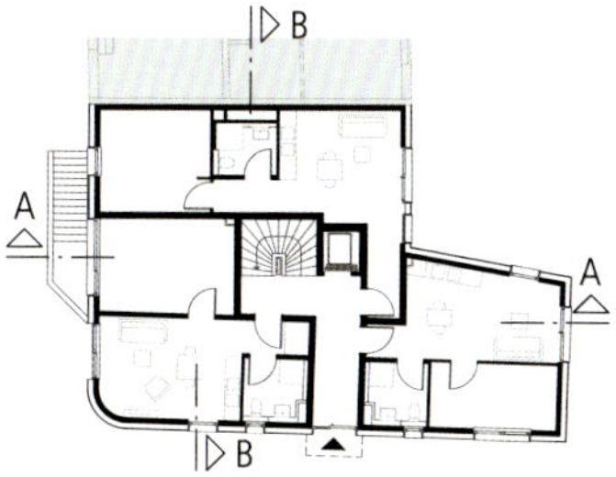

Erdgeschoss

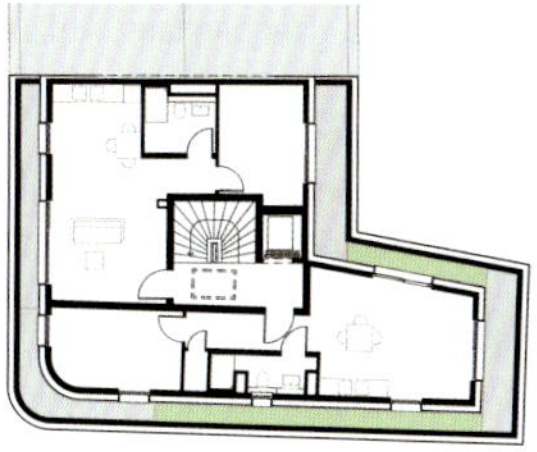

Staffelgeschoss

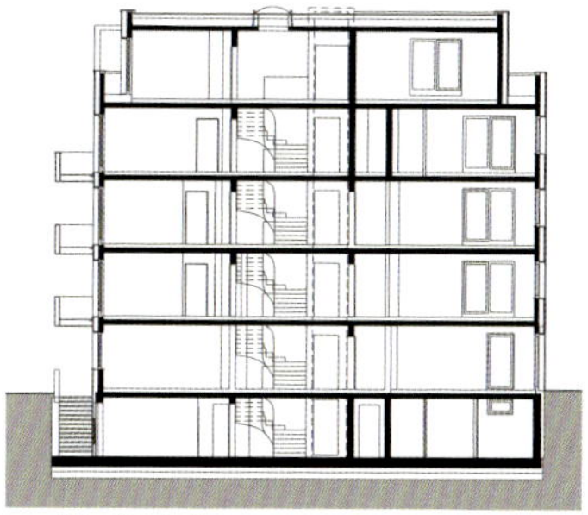

Schnitt A-A

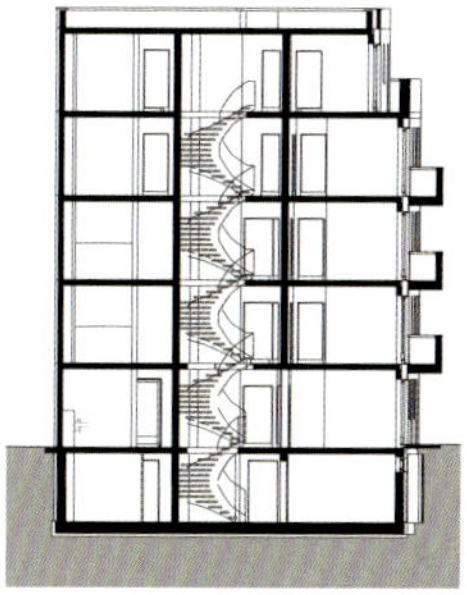

Schnitt B-B

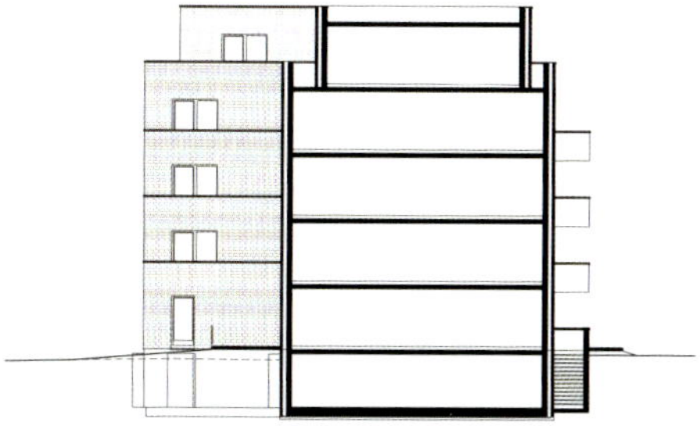

Ansicht West

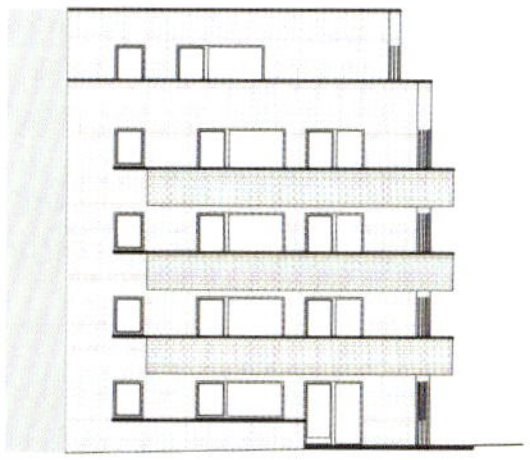

Ansicht Süd

Objektbeschreibung

Allgemeine Objektinformationen

Bei dem Gebäude handelt es sich um das Endgebäude einer innerstädtischen Häuserzeile. Zur städtebaulichen Integration erhielt das Gebäude ein Staffelgeschoss. Um das Grundstück bestmöglich auszunutzen wurde der Grundriss in einer L-Form ausgeführt. Der umlaufende Balkon wertet die Wohnungen durch einen attraktiven Außenbereich auf.

Nutzung

1 Untergeschoss
Abstellräume, Wäscheraum, Hausmeister- und Lagerraum, Technikraum, Treppenhaus, Aufzug

1 Erdgeschoss
Wohn-Essräume mit Küchen, Schlafräume, Bäder, Abstellräume, Treppenhaus, Aufzug, Terrassen

3 Obergeschosse
Wohn-Essräume mit Küchen, Schlafräume, Bäder, Abstellräume, Treppenhaus, Aufzug, Balkone

1 Dachgeschoss
Wohn-Essräume mit Küchen, Schlafräume, Bäder, Treppenhaus, Aufzug, Dachterrassen

Nutzeinheiten

Wohneinheiten: 13
Wohnfläche: 655 m^2

Grundstück

Bauraum: Beengter Bauraum
Neigung: Ebenes Gelände
Bodenklasse: BK 1 bis BK 3

Markt

Hauptvergabezeit: 1.Quartal 2021
Baubeginn: 2.Quartal 2021
Bauende: 2.Quartal 2023
Konjunkturelle Gesamtlage: über Durchschnitt
Regionaler Baumarkt: über Durchschnitt

Baukonstruktion

Das Gebäude gründet auf einer Stahlbetonfundamentplatte. Die Außenwände sind aus Stahlbeton und Kalksandstein errichtet. Die Decken und das Flachdach sind ebenfalls betoniert. Als Fassaden kamen Klinkerriemchen auf Dämmung zur Ausführung. Die Kunststofffenster sind mit Dreifachverglasungen ausgestattet. Teilweise kamen Schallschutzfenster zur Ausführung. Mit Rollläden können diese verdunkelt werden. Das Flachdach wurde als Umkehrdach mit einer extensiven Begrünung ausgeführt.

Technische Anlagen

Das Gebäude wird mit Fernwärme beheizt. Es wurden Laibungslüfter und Abluft über die Bäder realisiert. Die Wärmerückgewinnungsanlage ist auf dem Dach installiert. Die Regenentwässerung erfolgt über eine Rigole im Garten. Ein Personenaufzug erschließt die Geschosse barrierefrei.

Energetische Kennwerte

Gebäudenutzfläche: 973,40 m^2
Gebäudevolumen: 3.041,90 m^3
A/V_e-Verhältnis (Kompaktheit): 0,40 m^{-1}
Hüllfläche des beheizten Volumens: 1.208,79 m^2
Spez. Transmissionswärmeverlust: 0,31 $W/(m^2 \cdot K)$
Spez. Jahresprimärenergiebedarf: 20,35 $kWh/(m^2 \cdot a)$
Anlagenaufwandszahl: 0,51

Planungskennwerte für Flächen und Rauminhalte nach DIN 277

Flächen des Grundstücks		Menge Einheit	% an GF
BF	Bebaute Fläche	185,30 m²	18,7
UF	Unbebaute Fläche	806,70 m²	81,3
GF	Grundstücksfläche	992,00 m²	100,0

Grundflächen des Bauwerks		Menge Einheit	% an NUF	% an BGF
NUF	Nutzungsfläche	712,40 m²	100,0	67,2
TF	Technikfläche	26,04 m²	3,7	2,5
VF	Verkehrsfläche	118,38 m²	16,6	11,2
NRF	Netto-Raumfläche	856,82 m²	120,3	80,9
KGF	Konstruktions-Grundfläche	202,78 m²	28,5	19,1
BGF	Brutto-Grundfläche	1.059,60 m²	148,7	100,0

Brutto-Rauminhalt des Bauwerks		Menge Einheit	BRI/NUF (m)	BRI/BGF (m)
BRI	Brutto-Rauminhalt	3.160,00 m³	4,44	2,98

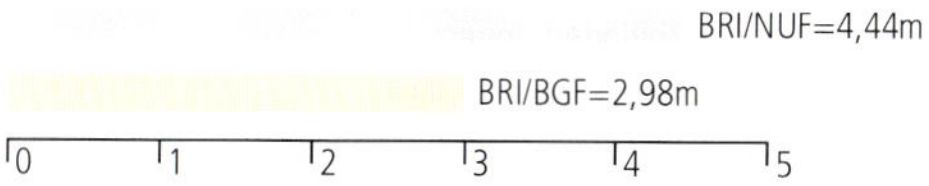

6100-1701
Mehrfamilienhaus
(18 WE)
TG (22 STP)

Kostenkennwerte für die Kosten des Bauwerks (Kostengruppen 300+400 nach DIN 276)

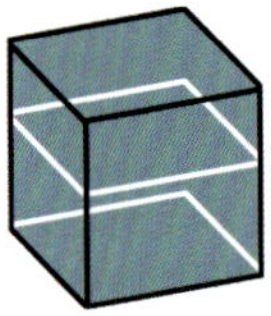
BRI 750 €/m³

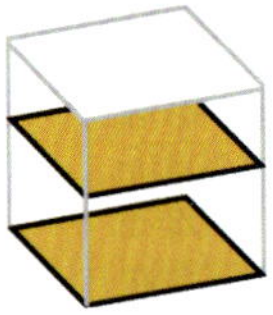
BGF 2.088 €/m²

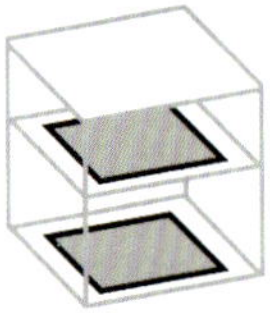
NUF 3.180 €/m²

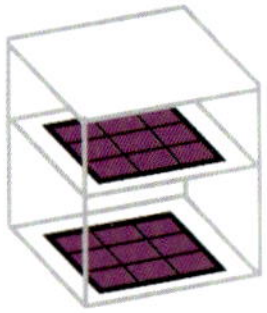
NE 3.858 €/NE
NE: Wohnfläche

Objekt:
Kennwerte: 1. Ebene DIN 276
BRI: 8.238 m³
BGF: 2.961 m²
NUF: 1.944 m²
Bauzeit: 70 Wochen
Bauende: 2020
Standard: mittel
Bundesland: Rheinland-Pfalz
Kreis: Frankenthal (Pfalz), Stadt

Architekt*in:
P4_ARCHITEKTEN BDA
Zöllerring 123
67227 Frankenthal

Bauherr*in:
Primus Bauträger GmbH
Nachtweideweg 8
67227 Frankenthal

Kostenstand: 2. Quartal 2025, Bundesdurchschnitt, **inkl. 19% MwSt.**

Ansicht West

Ansicht Nord

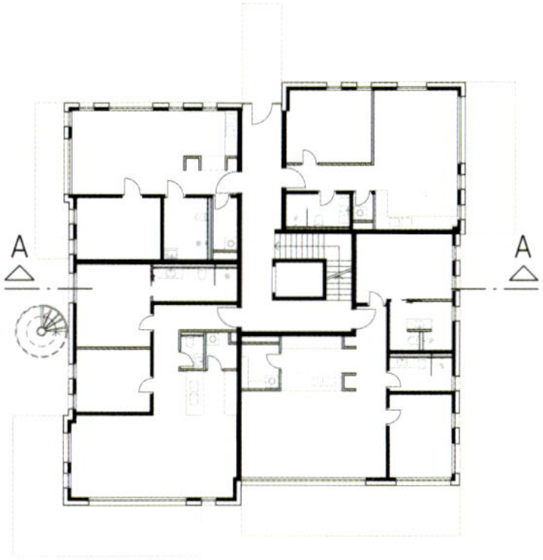

Erdgeschoss

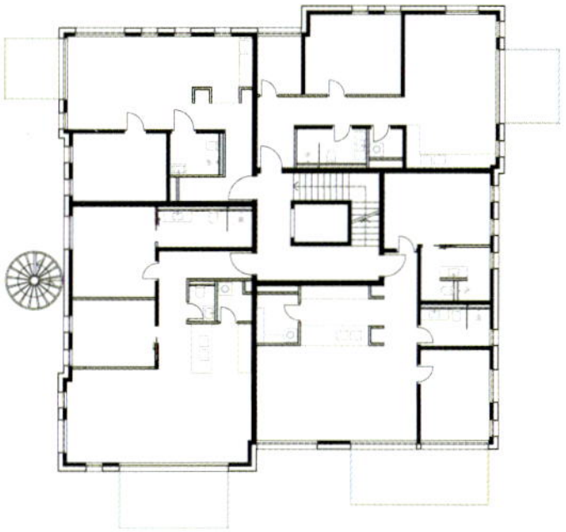

1. Obergeschoss

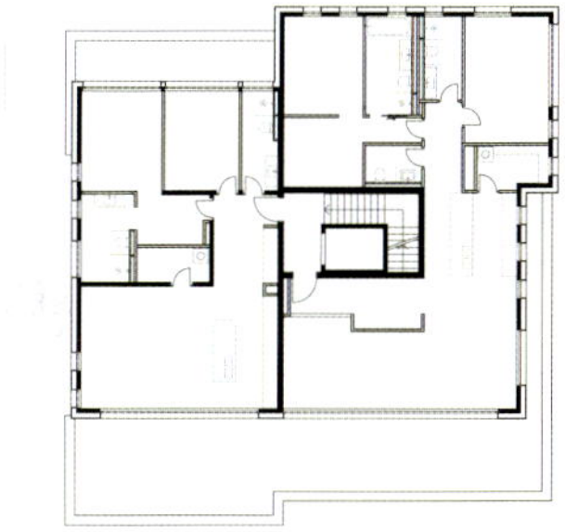

Dachgeschoss

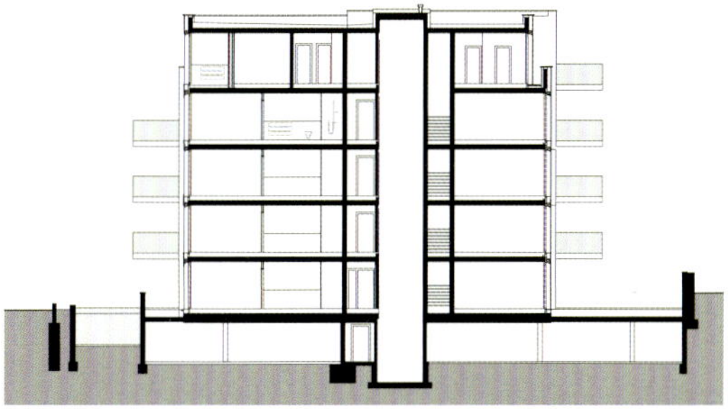

Schnitt A-A

Ansicht Ost

Ansicht Süd

Objektbeschreibung

Allgemeine Objektinformationen

Das städtebaulich markante Mehrfamilienhaus mit 18 Wohneinheiten entstand am Stadttor einer Kleinstadt und markiert den Beginn der Innenstadt. Damit der Baukörper zur Umgebungsbebauung passt, wurden die Fassaden mit Klinkern bekleidet, im Stil der früher gebauten Villen der Umgebung.

Nutzung

1 Untergeschoss
TG-Rampe, Tiefgarage, Fahrradabstellplätze, Abstellräume, Hausanschlussraum, Technik, Flur, Aufzug

1 Erdgeschoss
vier Wohnungen mit Wohn-/Schlafräumen, Küchen, Bäder, Terrassen, Treppenhaus, Flur, Aufzug

3 Obergeschosse
vier Wohnungen mit Wohn-/Schlafräumen, Küchen, Bäder, Balkonen, Treppenhaus, Flur, Aufzug

1 Dachgeschoss
zwei Wohnungen mit Wohn-/Schlafräumen, Küchen, Bäder, Balkonen, Treppenhaus, Flur, Aufzug

Nutzeinheiten

Stellplätze: 22
Wohneinheiten: 18
Wohnfläche: 1.602 m^2

Grundstück

Bauraum: Freier Bauraum
Neigung: Ebenes Gelände
Bodenklasse: BK 3 bis BK 4

Markt

Hauptvergabezeit: 2. Quartal 2019
Baubeginn: 3. Quartal 2019
Bauende: 4. Quartal 2020
Konjunkturelle Gesamtlage: Durchschnitt
Regionaler Baumarkt: Durchschnitt

Baukonstruktion

Das Massivgebäude gründet auf Streifenfundamenten und Stb-Bodenplatte. Im Untergeschoss befindet sich eine Tiefgarage aus Stahlbeton mit Rampeneinfahrt. Die Wände sind mit Kalksandstein gemauert, nichttragende Innenwände sind in Trockenbau erstellt. Die Fassaden sind mit Riemchen-Verklinkerung bekleidet, die Kunststofffenster mit Dreifachverglasung können mit Rollläden und Jalousien abgedunkelt werden. Auf dem flach geneigten Stahlbetondach ist eine extensive Dachbegrünung ausgeführt. Die Böden sind mit Natursteinfliesen und Parkett belegt. Alle großen Balkone sind mit Ganzglas-Geländern ausgestattet.

Technische Anlagen

Die Heizwärmeversorgung findet über eine Luft-Wärmepumpe und Fußbodenheizung statt. Die Warmwasserversorgung erfolgt über dezentrale Kleinspeicher in den Wohnungen. Alle Wohnungen haben eine dezentrale kontrollierte Lüftungsanlage mit Wärmerückgewinnung. Ein Personenaufzug erschließt alle Geschosse barrierefrei.

Energetische Kennwerte

Gesetzliche Grundlage: EnEV 2013
Gebäudenutzfläche: 836,60 m^2
Gebäudevolumen: 2.614,40 m^3
A/V_e-Verhältnis (Kompaktheit): 0,80 m^{-1}
Hüllfläche des beheizten Volumens: 2.091,60 m^2
Spez. Transmissionswärmeverlust: 0,45 $W/(m^2 \cdot K)$
Spez. Jahresprimärenergiebedarf: 51,90 $kWh/(m^2 \cdot a)$
Spez. Jahresendenergiebedarf: 28,80 $kWh/(m^2 \cdot a)$
Spez. Jahresheizwärmebedarf: 51,00 $kWh/(m^2 \cdot a)$
CO_2-Emissionen: 13,63 $kg/(m^2 \cdot a)$
Anlagenaufwandszahl: 0,82

Planungskennwerte für Flächen und Rauminhalte nach DIN 277

Flächen des Grundstücks		Menge Einheit	% an GF
BF	Bebaute Fläche	397,50 m²	36,3
UF	Unbebaute Fläche	697,50 m²	63,7
GF	Grundstücksfläche	1.095,00 m²	100,0

Grundflächen des Bauwerks		Menge Einheit	% an NUF	% an BGF
NUF	Nutzungsfläche	1.944,05 m²	100,0	65,7
TF	Technikfläche	14,44 m²	0,7	0,5
VF	Verkehrsfläche	576,44 m²	29,7	19,5
NRF	Netto-Raumfläche	2.534,93 m²	130,4	85,6
KGF	Konstruktions-Grundfläche	426,08 m²	21,9	14,4
BGF	Brutto-Grundfläche	2.961,01 m²	152,3	100,0

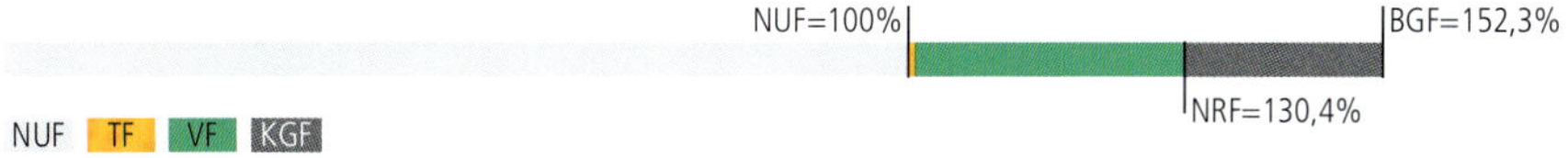

Brutto-Rauminhalt des Bauwerks		Menge Einheit	BRI/NUF (m)	BRI/BGF (m)
BRI	Brutto-Rauminhalt	8.237,99 m³	4,24	2,78

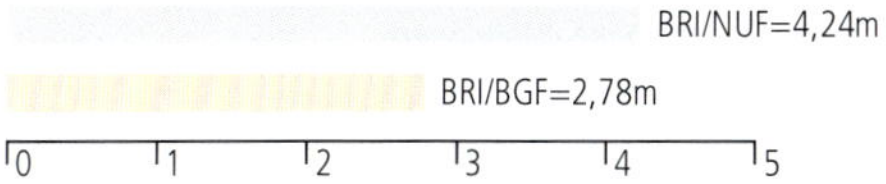

Kostenkennwerte für die Kostengruppen der 1. Ebene DIN 276

KG	Kostengruppen (1. Ebene)	Einheit	Kosten €	€/Einheit	€/m² BGF	€/m³ BRI	% 300+400
100	Grundstück	m² GF	–	–	–	–	–
200	Vorbereitende Maßnahmen	m² GF	170.358	155,58	57,53	20,68	2,8
300	Bauwerk – Baukonstruktionen	m² BGF	4.660.950	1.574,11	1.574,11	565,79	75,4
400	Bauwerk – Technische Anlagen	m² BGF	1.520.375	513,47	513,47	184,56	24,6
	Bauwerk 300+400	**m² BGF**	**6.181.326**	**2.087,57**	**2.087,57**	**750,34**	**100,0**
500	Außenanlagen und Freiflächen	m² AF	219.572	–	74,15	26,65	3,6
600	Ausstattung und Kunstwerke	m² BGF	–	–	–	–	–
700	Baunebenkosten	m² BGF	–	–	–	–	–
800	Finanzierung	m² BGF	–	–	–	–	–

KG	Kostengruppe	Menge Einheit	Kosten €	€/Einheit	%
200	**Vorbereitende Maßnahmen**	1.095,00 m² GF	170.358	**155,58**	2,8
	Abbruch Bestandsgebäude; Entsorgung, Deponiegebühren				
3+4	**Bauwerk**				**100,0**
300	**Bauwerk – Baukonstruktionen**	2.961,01 m² BGF	4.660.950	**1.574,11**	75,4
	Baugrubenaushub; Stb-Fundamente, Stb-Bodenplatte, TG: Pflasterbelag, Sichtestrich, Natursteinfliesen; Stb-Wände, KS-Mauerwerk, Kunststofffenster, Dreifachverglasung, Sektionaltor, Holz-Eingangstür, Dämmung, Klinkerriemchen, Putz, Beschichtung, Wandfliesen, Rollläden, Jalousien; KS-Mauerwerk, Stb-Wände, GK-Wände, Holztüren, Wohnungseingangstüren, Putz, Beschichtung, Wandfliesen; Stb-Decken, Stb-Treppen, Stb-Balkone, Dämmung, Heizestrich, Parkett, Natursteinfliesen, Malervlies, Beschichtung, Wendel-Fluchttreppe, Treppengeländer, Ganzglas-Balkongeländer; Stb-Flachdach, Gefälledämmung, Bitumenabdichtung, extensive Dachbegrünung, Dachentwässerung				
400	**Bauwerk – Technische Anlagen**	2.961,01 m² BGF	1.520.375	**513,47**	24,6
	Gebäudeentwässerung, Regenwassersystem, Kalt- und Warmwasserleitungen, Sanitärobjekte; Luft-Wärmepumpe, Fußbodenheizung, dezentrale, elektrische Kleinspeicher; Dezentrale kontrollierte Be- und Entlüftung mit WRG; Elektroinstallation, Beleuchtung; Telekommunikationsanlage, Video-Türsprechanlage; Personenaufzug				
500	**Außenanlagen und Freiflächen**	–	219.572	**–**	3,6
	Pflasterung Wege, Stellplätze; Umfriedung, Oberbodenarbeiten, Pflanzflächen, Bepflanzung, Bäume, Rasenflächen auf TG				

Objektbeschreibung

Allgemeine Objektinformationen

Trotz der ungünstigen Hanglage konnte ein Wohnhaus mit sechs Wohnungen und 422m^2 vermietbarer Wohnfläche realisiert werden. Obgleich dieses größer ist als die umliegenden Einfamilienhäuser im Wohngebiet, fügt es sich optimal in das umliegende Neubaugebiet ein. Es entstanden sechs Wohnungen die Individuell, energieeffizient aber dennoch preiswert realisiert werden konnten.

Nutzung

1 Untergeschoss
Wohnräume, Schlafzimmer, Bäder, Abstellräume, Flure, Technik, Treppenhaus

1 Erdgeschoss
Wohnräume, Schlafzimmer, Kinderzimmer, Bäder, Abstellräume, Flure, Hauseingang, Treppenhaus

1 Obergeschoss
Wohnräume, Schlafzimmer, Kinderzimmer, Bäder, Abstellräume, Flure, Hauseingang, Treppenhaus

1 Dachgeschoss
Galerien, Lufträume, Technik

Nutzeinheiten

Wohneinheiten: 6
Wohnfläche: 422m^2

Grundstück

Bauraum: Beengter Bauraum
Neigung: Hanglage
Bodenklasse: BK 4 bis BK 6

Markt

Hauptvergabezeit: 3.Quartal 2020
Baubeginn: 4.Quartal 2020
Bauende: 3.Quartal 2022
Konjunkturelle Gesamtlage: Durchschnitt
Regionaler Baumarkt: unter Durchschnitt

Baukonstruktion

Der Neubau gründet auf einer gedämmten Stahlbetonbodenplatte. Für die Außenwände wurde ein 42,5cm starker monolithischer Planziegel gewählt. Die Fassade wurde verputzt. Alle Decken, Wände und die Treppe im Treppenhaus sind in Stahlbeton sichtig hergestellt worden. Die Fenster sind zweifarbig als Kunststofffenster mit einer Dreifachverglasung ausgeführt. Sie werden über elektrische betriebene Raffstores in den Wohn- und Esszimmern und in den restlichen Räumen mit Alurollläden beschattet. Die Satteldächer mit Unter- und Zwischensparrendämmung sind mit flachen Betondachsteinen gedeckt. Die Innenwände sind in Trockenbauweise erstellt. Die Innentüren sind als Holztüren ausgeführt. In den Wohnräumen kamen Vinylbeläge zum Einbau, auf den Treppen sowie in den Bädern wurden Bodenfliesen verlegt.

Technische Anlagen

Das Gebäude verfügt über eine Wärmepumpe als Außeneinheit mit einem Pufferspeicher im Technikraum. Die Wärmeverteilung erfolgt über eine Fußbodenheizung. Das Brauchwasser wird je Wohnung durch einen Wärmetauscher über einen Booster auf die gewünschte Temperatur erhitzt. Zusätzlich wurden Handtuchheizkörper in den Bädern installiert. Es wurde eine feuchte gesteuerte Lüftungsanlage eingebaut.

Sonstiges

Bewusst wurde in das Projekt Beton nicht nur als Baustoff, sondern auch als Stilelement eingesetzt. Im Treppenhaus dient er als aussteifender Kern sowie gleichzeitig als Wärme und Kältespeicher im Sommer. Die Betonwände wurden nicht überstrichen, sondern bewusst sichtbar gelassen. Die Handwerkskunst der Betonbauer sollte in allen Bereichen zu sehen sein. In Kombination mit den Betonwänden bieten sie einen modernen und zeitlosen Charakter. Die Fläche unter der Dachhaut wird komplett als Wohnraum und Galerie ausgenutzt.

Energetische Kennwerte

Gesetzliche Grundlage: GEG 2020
Gebäudenutzfläche: 526,20m^2
Spez. Transmissionswärmeverlust: 0,25W/(m^2·K)
Spez. Jahresprimärenergiebedarf: 25,30kWh/(m^2·a)
Spez. Jahresendenergiebedarf: 14,00kWh/(m^2·a)
CO_2-Emissionen: 7,90kg/(m^2·a)

Planungskennwerte für Flächen und Rauminhalte nach DIN 277

Flächen des Grundstücks		Menge Einheit	% an GF
BF	Bebaute Fläche	236,00 m²	37,6
UF	Unbebaute Fläche	392,00 m²	62,4
GF	Grundstücksfläche	628,00 m²	100,0

Grundflächen des Bauwerks		Menge Einheit	% an NUF	% an BGF
NUF	Nutzungsfläche	779,08 m²	100,0	62,1
TF	Technikfläche	20,52 m²	2,6	1,6
VF	Verkehrsfläche	171,68 m²	22,0	13,7
NRF	Netto-Raumfläche	971,28 m²	124,7	77,4
KGF	Konstruktions-Grundfläche	283,57 m²	36,4	22,6
BGF	Brutto-Grundfläche	1.254,85 m²	161,1	100,0

Brutto-Rauminhalt des Bauwerks		Menge Einheit	BRI/NUF (m)	BRI/BGF (m)
BRI	Brutto-Rauminhalt	3.862,88 m³	4,96	3,08

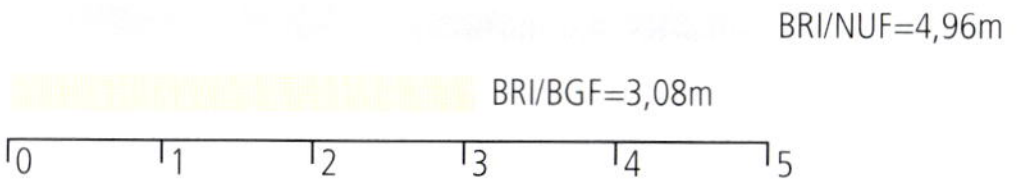

6100-1705
Wohnanlage (40 WE)
Kindertagesstätte
(4 Gruppen, 77 Kinder)
TG (20 STP)

Kostenkennwerte für die Kosten des Bauwerks (Kostengruppen 300+400 nach DIN 276)

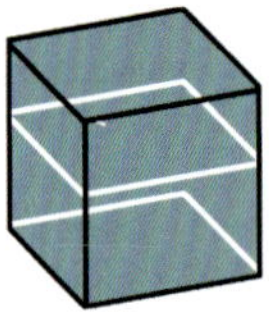

BRI 545 €/m³

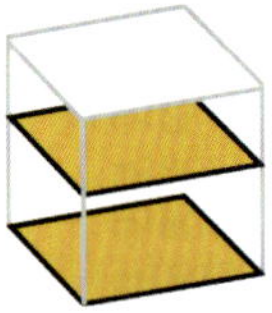

BGF 1.689 €/m²

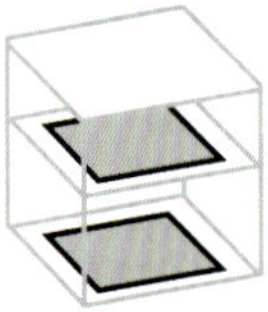

NUF 2.733 €/m²

Objekt:
Kennwerte: 1.Ebene DIN 276
BRI: 20.224 m³
BGF: 6.522 m²
NUF: 4.031 m²
Bauzeit: 91 Wochen
Bauende: 2020
Standard: mittel
Bundesland: Rheinland-Pfalz
Kreis: Mainz, Stadt

Architekt*in:
Dipl.Ing. Tilman Weyel
M.Sc. Pierre Pregizer
Wohnbau Mainz GmbH
Projektleitung:
Dipl.Ing. (FH) Harry Fuchs
Wohnbau Mainz GmbH
Dr.-M.-Luther-King-Weg 20
55122 Mainz

Bauherr*in:
Wohnbau Mainz GmbH
Dr.-M.-Luther-King-Weg 20
55122 Mainz

Ansicht Nord

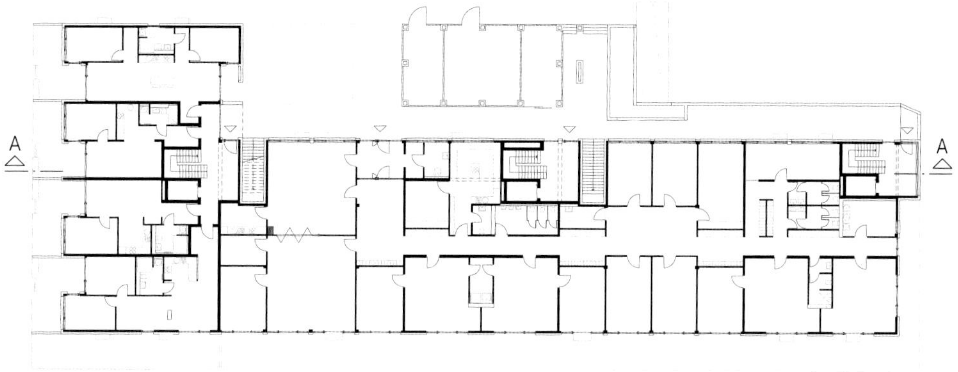

Erdgeschoss

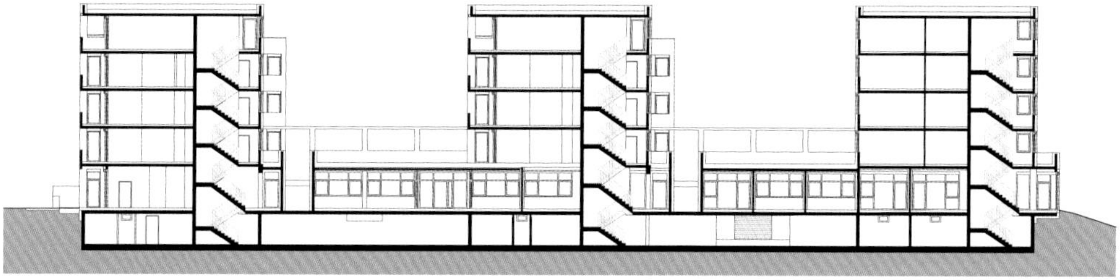

Schnitt A-A

Ansicht Ost

Ansicht West

6100-1705
Wohnanlage (40 WE)
Kindertagesstätte
(4 Gruppen, 77 Kinder)
TG (20 STP)

Objektbeschreibung

Allgemeine Objektinformationen

Das Gebäude besteht aus 40 Wohneinheiten, einer Kindertagesstätte mit Familienzentrum und einer Tiefgarage mit 20 Pkw-Stellplätzen und rund 40 Fahrrad-Stellplätzen. Die Kitanutzung des Erdgeschosses orientiert sich als kompakter Riegel in Nord-Süd Richtung. Die vierzügige Kindertagesstätte mit Familienzentrum ist für zwei Kitagruppen und zwei Hortgruppen ausgelegt. Die Wohnbebauung dagegen teilt sich in drei kleinere Gebäude - ähnlicher Geometrie - auf. Die dazwischenliegenden Freiflächen können von den Bewohnern genutzt werden. Sowohl die Eingangssituation der Kita als auch die dazugehörige Freifläche ist konsequent von der Wohnnutzung getrennt.

Nutzung

1 Untergeschoss
Tiefgarage, Abstellräume, Fahrradräume, Technik, Treppenhäuser, Aufzüge

1 Erdgeschoss
Gruppenräume, Nebenräume, Schlafräume, Personalräume, Büros, WCs, Sanitärbereiche, Flure, 3-Zimmer-Wohnungen (2St), 2-Zimmer-Wohnungen (2St), Treppenhäuser, Aufzüge

3 Obergeschosse
3-Zimmer-Wohnungen (18St), 2-Zimmer-Wohnungen (12St), Treppenhäuser, Aufzüge

1 Dachgeschoss
3-Zimmer-Wohnungen (6St), Treppenhäuser, Aufzüge

Nutzeinheiten

Gruppen: 4
Kinder: 77
Stellplätze: 28
Wohneinheiten: 40
Wohnfläche: 2.922 m²

Grundstück

Bauraum: Freier Bauraum
Neigung: Hanglage
Bodenklasse: BK 1 bis BK 4

Markt

Hauptvergabezeit: 4. Quartal 2018
Baubeginn: 1. Quartal 2019
Bauende: 4. Quartal 2020
Konjunkturelle Gesamtlage: Durchschnitt
Regionaler Baumarkt: Durchschnitt

Baukonstruktion

Der Massivbau gründet auf einer Stahlbeton-Fundamentplatte. Das Untergeschoss ist in Stahlbeton ausgeführt, die darüberliegenden Etagen sind gemauert und mit einem Wärmedämmverbundsystem bekleidet. Die Kunststofffenster sind mit einer Dreifachverglasung ausgestattet und können mit Raffstores verschattet werden. Das Flachdach ist extensiv begrünt. Eine Streckmetallkonstruktion an der Fassade dient der Erfüllung der Schallschutzauflagen. Die Böden sind mit PVC belegt, die Bäder und Treppenhäuser sind gefliest.

Technische Anlagen

Der Anschluss an das Fernwärmenetz der Stadt Mainz versorgt das Gebäude mit Wärme. Eine kontrollierte Wohnraumlüftung sorgt für die nötige Frischluft. Das anfallende Regenwasser wird in einer Rigole gesammelt und kontrolliert in die städtische Entwässerung geleitet.

Sonstiges

Das Gebäude entspricht dem KfW-Effizienzhaus 55-Standard. Die energetischen Werte beziehen sich auf das Haus B.

Energetische Kennwerte

Gesetzliche Grundlage: EnEV 2013
Gebäudenutzfläche: 1.121,00 m²
Spez. Transmissionswärmeverlust: 0,44 W/(m²·K)
Spez. Jahresprimärenergiebedarf: 27,00 kWh/(m²·a)
Spez. Jahresendenergiebedarf: 77,00 kWh/(m²·a)
CO_2-Emissionen: 21,00 kg/(m²·a)

Planungskennwerte für Flächen und Rauminhalte nach DIN 277

Flächen des Grundstücks		Menge Einheit	% an GF
BF	Bebaute Fläche	1.472,39 m²	37,8
UF	Unbebaute Fläche	2.425,61 m²	62,2
GF	Grundstücksfläche	3.898,00 m²	100,0

Grundflächen des Bauwerks		Menge Einheit	% an NUF	% an BGF
NUF	Nutzungsfläche	4.031,24 m²	100,0	61,8
TF	Technikfläche	77,47 m²	1,9	1,2
VF	Verkehrsfläche	1.228,81 m²	30,5	18,8
NRF	Netto-Raumfläche	5.337,52 m²	132,4	81,8
KGF	Konstruktions-Grundfläche	1.184,48 m²	29,4	18,2
BGF	Brutto-Grundfläche	6.522,00 m²	161,8	100,0

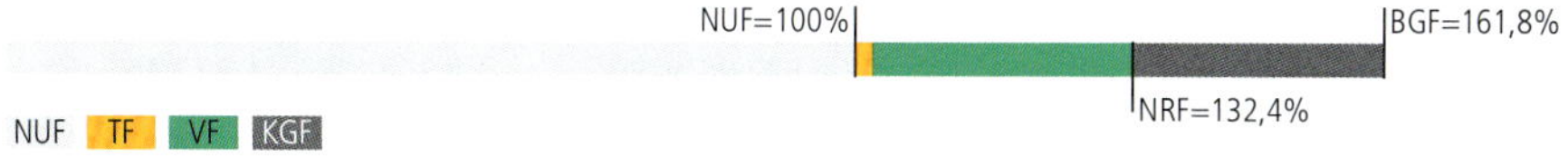

Brutto-Rauminhalt des Bauwerks		Menge Einheit	BRI/NUF (m)	BRI/BGF (m)
BRI	Brutto-Rauminhalt	20.224,00 m³	5,02	3,10

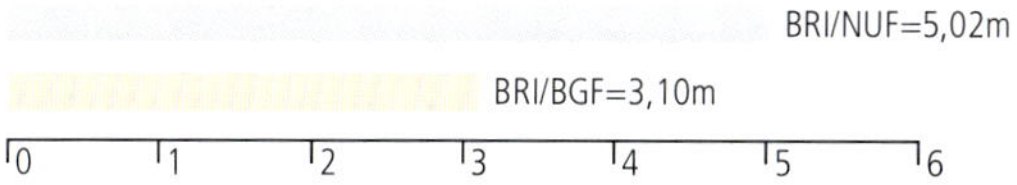

6100-1705
Wohnanlage (40 WE)
Kindertagesstätte
(4 Gruppen, 77 Kinder)
TG (20 STP)

Kostenkennwerte für die Kostengruppen der 1. Ebene DIN 276

KG	Kostengruppen (1. Ebene)	Einheit	Kosten €	€/Einheit	€/m² BGF	€/m³ BRI	% 300+400
100	Grundstück	m² GF	–	–	–	–	–
200	Vorbereitende Maßnahmen	m² GF	–	–	–	–	–
300	Bauwerk – Baukonstruktionen	m² BGF	8.949.149	1.372,15	1.372,15	442,50	81,2
400	Bauwerk – Technische Anlagen	m² BGF	2.066.383	316,83	316,83	102,17	18,8
	Bauwerk 300+400	**m² BGF**	**11.015.533**	**1.688,98**	**1.688,98**	**544,68**	**100,0**
500	Außenanlagen und Freiflächen	m² AF	1.351.694	557,26	207,25	66,84	12,3
600	Ausstattung und Kunstwerke	m² BGF	–	–	–	–	–
700	Baunebenkosten	m² BGF	–	–	–	–	–
800	Finanzierung	m² BGF	–	–	–	–	–

KG	Kostengruppe	Menge Einheit	Kosten €	€/Einheit	%
3+4	**Bauwerk**				**100,0**
300	**Bauwerk – Baukonstruktionen**	6.522,00 m² BGF	8.949.149	**1.372,15**	81,2

Erdarbeiten, Stb-Fundamentplatte, Stb-Rampe, Abdichtung, Glattstrich, Bodenbeschichtung, Dämmung, Estrich, Bodenfliesen, Sauberkeitsschicht; Stb-Wände, KS-Mauerwerk, Balkonbrüstungen, Kunststofffenster, Dreifachverglasung, Alu-Eingangelemente, WDVS, Schallschutz/Streckmetall, Innenputz, Tapeten, Beschichtung, Raffstores; Stb-Wände, KS-Mauerwerk, GK-Wände, Wohnungseingangstüren, Holztüren, Putz, Wandfliesen, Beschichtung, WC-Trennwände; Stb-Decken, Stb-Treppen, Stb-Balkone, Dämmung, Estrich, PVC-Beläge, Bodenfliesen, WPC-Beläge, Treppengeländer; Stb-Flachdächer, Gefälledämmung, Abdichtung, extensive Dachbegrünung, Dachentwässerung, Müllbehausungen

KG	Kostengruppe	Menge Einheit	Kosten €	€/Einheit	%
400	**Bauwerk – Technische Anlagen**	6.522,00 m² BGF	2.066.383	**316,83**	18,8

Gebäudeentwässerung, Regenwasserrigolen, Kalt- und Warmwasserleitungen, Sanitärobjekte; Fernwärmeversorgung, Heizkörper; kontrollierte Wohnraumlüftung; Elektroinstallation, Beleuchtung, Sicherheitsleuchten, Blitzschutz; Telekommunikation; Personenaufzüge

KG	Kostengruppe	Menge Einheit	Kosten €	€/Einheit	%
500	**Außenanlagen und Freiflächen**	2.425,61 m² AF	1.351.694	**557,26**	12,3

Außenbereich Kita mit Wegen, Terrassen, Stellplätzen, Spielplatzflächen; Treppen, Müllbehausungen; Außenmöblierung; Pflanzflächen, Bepflanzung, Rasen

Objektbeschreibung

Allgemeine Objektinformationen

Je zwei L-förmige Baukörper bilden einen nördlichen und einen südlichen Wohnblock. Die Wohnblöcke sind in jeweils fünf Häuser mit einem gemeinsamen Innenhof und einer Tiefgarage unterteilt. Die Baukörper definieren sich durch höhere Gebäudeteile an den Blockecken und niedrigere zu den Hofzugängen. Es entwickelt sich so eine spannungsvolle Silhouette zum öffentlichen Raum. Die Fassaden mit ihrer einheitlichen Materialität des rötlichen Klinkers unterstreichen die Gleichwertigkeit aller Fassadenseiten. Hochformatige, bodentiefe Fenster prägen die Lochfassade und entwickeln ein beruhigtes übergeordnetes Fassadenraster, in dem sich Balkone und Loggien harmonisch integrieren.

Nutzung

1 Untergeschoss
Tiefgarage, Abstellräume, Hausmeisterräume, WCs, Kinderwagenräume, Fahrradkeller, Traforaum, Hausanschlussräume, Heizungsraum, Technikräume, Treppenhäuser

1 Erdgeschoss
Wohn-Essräume mit Küchen, Schlafräume, Kinderzimmer, Büroräume, Bäder, Abstellräume, Treppenhäuser, Terrassen

3 Obergeschosse
Wohn-Essräume mit Küchen, Schlafräume, Kinderzimmer, Büroräume, Bäder, Abstellräume, Treppenhäuser, Balkone, Dachterrassen

1 Dachgeschoss
Wohn-Essräume mit Küchen, Schlafräume, Kinderzimmer, Büroräume, Bäder, Abstellräume, Treppenhäuser, Balkone, Dachterrassen

Nutzeinheiten

Gebäude: 10
Stellplätze: 86
Wohneinheiten: 148
Wohnfläche: 11.167 m²

Grundstück

Bauraum: Freier Bauraum
Neigung: Ebenes Gelände
Bodenklasse: BK 3 bis BK 4

Markt

Hauptvergabezeit: 3. Quartal 2020
Baubeginn: 4. Quartal 2020
Bauende: 1. Quartal 2023
Konjunkturelle Gesamtlage: über Durchschnitt
Regionaler Baumarkt: über Durchschnitt

Baukonstruktion

Die Gründung erfolgt auf einer WU-Sohle. Die tragende Struktur ist als Massivbau ausgebildet, mit Stb-Wänden, -Stützen und -Decken. Die tragenden Wände in den Obergeschossen sind vornehmlich aus Mauerwerk erstellt. Die Außenwände im KG sind aus WU-Beton. In den oberen Geschossen bestehen sie aus zweischaligem Mauerwerk mit Kerndämmung. Das Flachdach ist als Warmdach mit extensiver Dachbegrünung ausgeführt. Die hochwärmedämmenden Fenster bestehen aus Kunststoff und sind mit einer Dreifachverglasung ausgestattet.

Technische Anlagen

Die Wohnanlage wird über ein projekteigenes Nahwärmenetz mittels BHKW versorgt. In den Wohnungen wird die Wärme über Fußbodenheizung verteilt. Die Warmwasserversorgung erfolgt über dezentrale Trinkwasserstationen. Die Entwässerung erfolgt im Trennsystem mit Anschluss an das öffentliche Siel. Das Regenwasser wird in einer Muldenrigolen-Versickerungsanlage gesammelt. Auf den Dächern ist eine PV-Anlage installiert.

Sonstiges

Die Erschließung der gemeinschaftlich genutzten Kinderspielfläche erfolgt über die zwei Baukörperfugen. Die Freiräume zwischen öffentlichen und privaten Außenbereichen generieren die Verbindungen zu den umliegenden Quartieren. Die energetischen Werte betreffen das Haus Dieselstraße 59-63.

Energetische Kennwerte

Gesetzliche Grundlage: EnEV 2013
Gebäudenutzfläche: 4.340,90 m²
Gebäudevolumen: 13.565,20 m³
A/V_e-Verhältnis (Kompaktheit): 0,33 m^{-1}
Hüllfläche des beheizten Volumens: 4.526,20 m²
Spez. Transmissionswärmeverlust: 0,24 W/(m²·K)
Spez. Jahresprimärenergiebedarf: 15,75 kWh/(m²·a)
Anlagenaufwandszahl: 0,59

Planungskennwerte für Flächen und Rauminhalte nach DIN 277

Flächen des Grundstücks		Menge Einheit	% an GF
BF	Bebaute Fläche	3.168,00 m²	33,3
UF	Unbebaute Fläche	6.342,00 m²	66,7
GF	Grundstücksfläche	9.510,00 m²	100,0

Grundflächen des Bauwerks		Menge Einheit	% an NUF	% an BGF
NUF	Nutzungsfläche	13.714,21 m²	100,0	65,0
TF	Technikfläche	303,83 m²	2,2	1,4
VF	Verkehrsfläche	3.992,53 m²	29,1	18,9
NRF	Netto-Raumfläche	18.010,57 m²	131,3	85,4
KGF	Konstruktions-Grundfläche	3.090,83 m²	22,5	14,6
BGF	Brutto-Grundfläche	21.101,40 m²	153,9	100,0

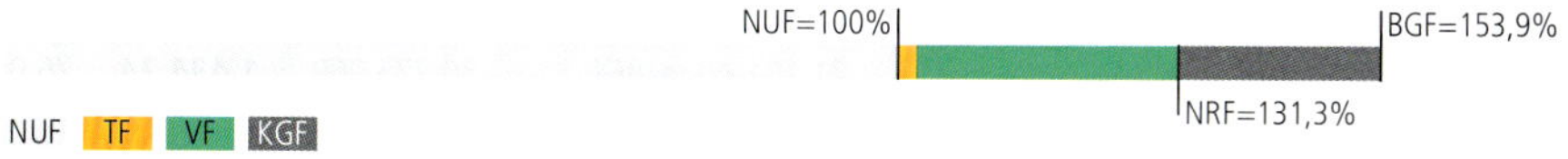

Brutto-Rauminhalt des Bauwerks		Menge Einheit	BRI/NUF (m)	BRI/BGF (m)
BRI	Brutto-Rauminhalt	65.296,00 m³	4,76	3,09

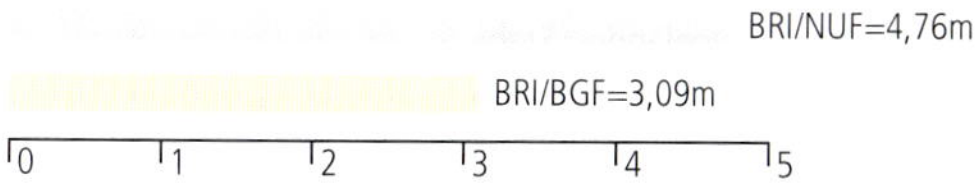

6100-1707
Mehrfamilienhäuser
(7 Gebäude, 96 WE)
TG (70 STP)

Kostenkennwerte für die Kosten des Bauwerks (Kostengruppen 300+400 nach DIN 276)

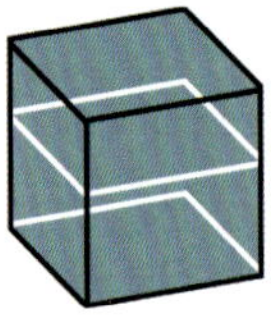

BRI 608 €/m³

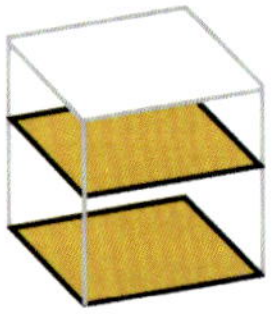

BGF 2.083 €/m²

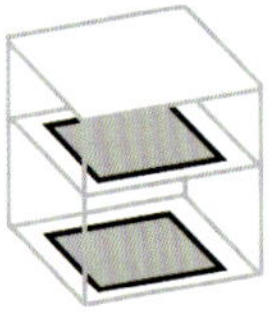

NUF 3.297 €/m²

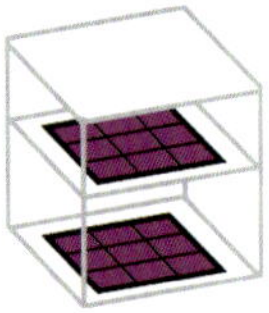

NE 4.082 €/NE
NE: Wohnfläche

Objekt:
Kennwerte: 1.Ebene DIN 276
BRI: 49.960 m³
BGF: 14.584 m²
NUF: 9.211 m²
Bauzeit: 100 Wochen
Bauende: 2023
Standard: mittel
Bundesland: Rheinland-Pfalz
Kreis: Mainz, Stadt

Architekt*in:
happarchitecture JJh
Architektengesellschaft mbH
Im Sachsenlager 13
60322 Frankfurt am Main

Bauherr*in:
GWH Wohnungsgesellschaft
mbH Hessen
c/o GWH Bauprojekte GmbH
Westerbachstraße 33
60489 Frankfurt am Main

© Moritz Bernoully

Ansicht Nord

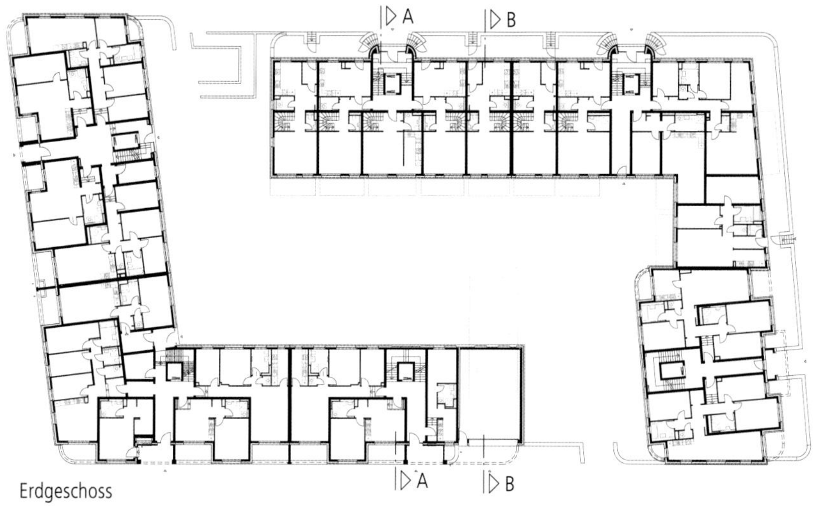

Erdgeschoss

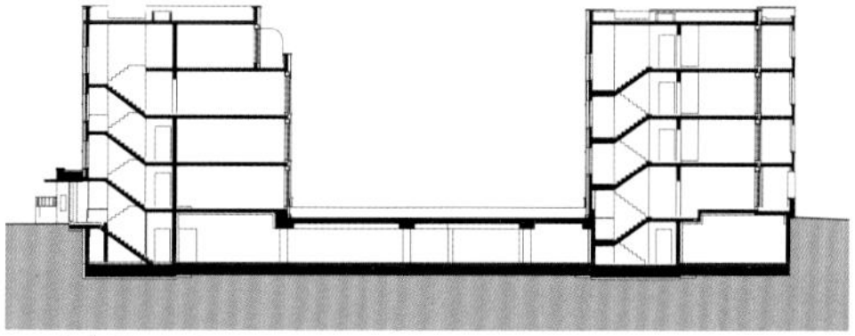

Schnitt A-A

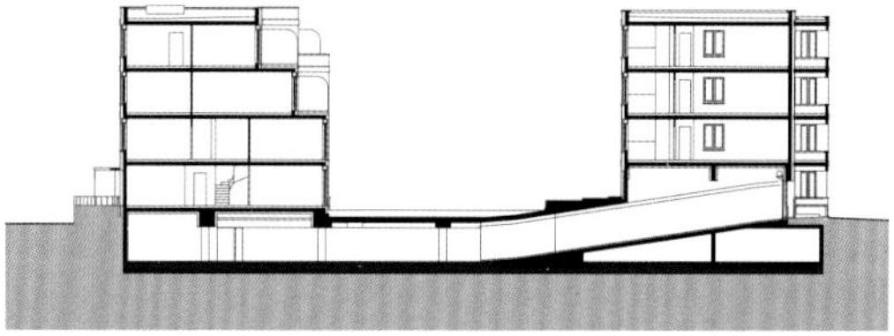

Schnitt B-B

Ansicht Ost-Innenhof

Ansicht Ost

Objektbeschreibung

Allgemeine Objektinformationen

Das Objekt befindet sich am Rande der Innenstadt in einem neu entwickelten Quartier. Es besteht aus zwei L-förmigen, ein- bis fünfgeschossigen Gebäuderiegeln (sieben Häuser) mit einem gärtnerisch gestalteten Innenhof. Hier befinden sich neben einem Kleinkinderspielplatz gemeinschaftlich genutzte sowie private Grünflächen. Alle Wohnungen besitzen eine Terrasse, Balkon oder Loggia.

Nutzung

1 Untergeschoss
Tiefgarage, Abstellräume, Heizungsräume, Trockenräume, Fahrradkeller, Müllräume, Technikräume, Treppenhäuser

1 Erdgeschoss
Wohnen, Büro, Treppenhäuser, Loggien, Terrassen

3 Obergeschosse
Wohnen, Treppenhäuser, Balkone, Loggien

1 Dachgeschoss
Wohnen, Treppenhäuser, Balkone, Loggien

Nutzeinheiten

Bürofläche: 34 m²
Gebäude: 7
Stellplätze: 70
Wohneinheiten: 96
Wohnfläche: 7.441 m²

Grundstück

Bauraum: Freier Bauraum
Neigung: Geneigtes Gelände
Bodenklasse: BK 3 bis BK 7

Besonderer Kosteneinfluss Grundstück
Bodenklassen 6 und 7: Innerhalb der Auffüllungen waren Blockschutt sowie Fundament- und Mauerwerksreste ehemaliger Bebauung vorhanden.

Markt

Hauptvergabezeit: 2. Quartal 2021
Baubeginn: 2. Quartal 2021
Bauende: 2. Quartal 2023
Konjunkturelle Gesamtlage: über Durchschnitt
Regionaler Baumarkt: über Durchschnitt

Baukonstruktion

Die Erstellung des Objekts erfolgte in Massivbauweise. Die Geschossdecken sind als Elementdecken ausgeführt. Die Decke über der Tiefgarage sowie die Balkone und Loggien sind wie die Außenwände der TG wasserundurchlässig ausgeführt. Die tragenden Innenwände sind vorrangig mit Kalksandstein gemauert, teilweise war aus statischen Gründen eine Ausführung in Stahlbeton nötig. Nichttragende Innenwände wurden als Ständerwände erstellt. Die Fassaden sind mit einem Wärmedämmverbundsystem oder Klinkerriemchen bekleidet. Die Kunststofffenster mit Dreifachverglasungen können mit elektrischen und manuell bedienbaren Rollläden verdunkelt werden. Um helle, freundliche Innenräume zu erhalten, sind die meisten Fenster bodentief ausgeführt und mit Absturzgeländern ausgestattet. Zusätzlich wurden an Fassadenflächen größer 20m² Fassadenbegrünungen vorgesehen.

Technische Anlagen

Die Wärmeversorgung erfolgt über das örtliche Fernwärmenetz. Warmwasser wird in der Technikzentrale über eine Frischwasserstation mit Pufferspeicher bereitgestellt. Die Wohnungen werden mittels Fußbodenheizung temperiert. Außerdem ist eine Wasserenthärtungsanlage eingebaut. Die Be- und Entlüftung der Wohnungen erfolgt nutzerunabhängig über eine bedarfsgeführte, mechanische Abluftanlage. Die Luftdichtheit wurde mit Blower-Door-Tests geprüft. Alle Gebäude verfügen über einen Aufzug.

Sonstiges

Die Gestaltung der Fassaden folgt dem Gestaltungskanon einer innerstädtischen Architektur: klare Lochfassaden mit horizontaler Dreiteilung in Sockel, Mittelbau und Dach, klar ablesbare und großzügig gestaltete Hauseingänge, sorgfältig detaillierte Fensterlaibungen. Die Gebäude wurde als KfW-Effizienzhaus 55 nach EnEV 2016 realisiert.

Energetische Kennwerte

Gesetzliche Grundlage: GEG 2020
Gebäudenutzfläche: 2.626,00 m²
Spez. Transmissionswärmeverlust: 0,33 W/(m²·K)
Spez. Jahresprimärenergiebedarf: 20,80 kWh/(m²·a)
CO_2-Emissionen: 6,10 kg/(m²·a)

Planungskennwerte für Flächen und Rauminhalte nach DIN 277

Flächen des Grundstücks		Menge Einheit	% an GF
BF	Bebaute Fläche	3.882,90 m²	84,5
UF	Unbebaute Fläche	714,10 m²	15,5
GF	Grundstücksfläche	4.597,00 m²	100,0

Grundflächen des Bauwerks		Menge Einheit	% an NUF	% an BGF
NUF	Nutzungsfläche	9.210,83 m²	100,0	63,2
TF	Technikfläche	202,88 m²	2,2	1,4
VF	Verkehrsfläche	3.161,72 m²	34,3	21,7
NRF	Netto-Raumfläche	12.575,43 m²	136,5	86,2
KGF	Konstruktions-Grundfläche	2.008,84 m²	21,8	13,8
BGF	Brutto-Grundfläche	14.584,27 m²	158,3	100,0

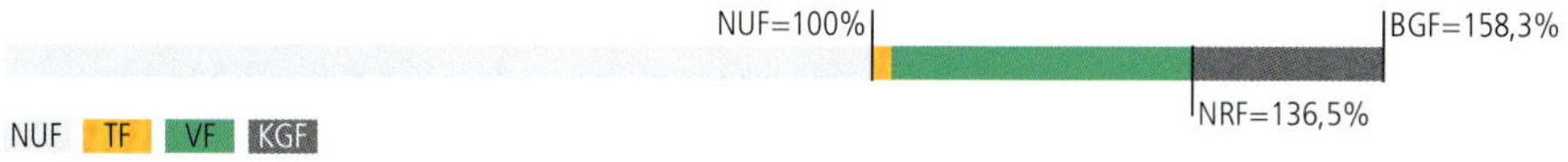

Brutto-Rauminhalt des Bauwerks		Menge Einheit	BRI/NUF (m)	BRI/BGF (m)
BRI	Brutto-Rauminhalt	49.960,00 m³	5,42	3,43

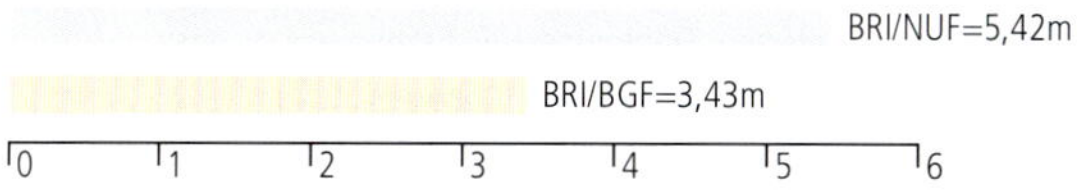

Kostenkennwerte für die Kostengruppen der 1. Ebene DIN 276

KG	Kostengruppen (1. Ebene)	Einheit	Kosten €	€/Einheit	€/m² BGF	€/m³ BRI	% 300+400
100	Grundstück	m² GF	–	–	–	–	–
200	Vorbereitende Maßnahmen	m² GF	–	–	–	–	–
300	Bauwerk – Baukonstruktionen	m² BGF	23.978.369	1.644,13	1.644,13	479,95	78,9
400	Bauwerk – Technische Anlagen	m² BGF	6.394.232	438,43	438,43	127,99	21,1
	Bauwerk 300+400	**m² BGF**	**30.372.601**	**2.082,56**	**2.082,56**	**607,94**	**100,0**
500	Außenanlagen und Freiflächen	m² AF	1.598.558	761,44	109,61	32,00	5,3
600	Ausstattung und Kunstwerke	m² BGF	–	–	–	–	–
700	Baunebenkosten	m² BGF	–	–	–	–	–
800	Finanzierung	m² BGF	–	–	–	–	–

KG	Kostengruppe	Menge Einheit	Kosten €	€/Einheit	%
3+4	**Bauwerk**				**100,0**
300	**Bauwerk – Baukonstruktionen**	14.584,27 m² BGF	23.978.369	**1.644,13**	78,9

Baugrubenaushub; Stb-Fundamentplatten, WU, Bodenbeschichtung; Stb-Wände, WU, Mauerwerkswände, Kunststofffenster, Dreifachverglasung, Alu-Glastüranlagen, Garagenrolltore, Wärmedämmung, Klinkerfassaden, WDVS, Putz, Besenstrich-Oberfläche, Rollläden, teilw. elektrisch, Terrassentrennwände; Innenmauerwerk, Stb-Wände, GK-Wände, Wohnungseingangstüren, Holztüren, Stahltüren, Beschichtung, Wandfliesen, elementierte Kellertrennwände; Stb-Decken, Stb-Fertigteilbalkone, Stb-Treppen, Heizestrich, Vinyl, Natursteinbeläge, Bodenfliesen, Betonplatten, Dämmung UG, Stahlgeländer, Treppengeländer; Stb-Flachdächer, Oberlichter, Dämmung, Abdichtung, Attiken, Dachentwässerung; Briefkastenanlagen, Fahrradständer

KG	Kostengruppe	Menge Einheit	Kosten €	€/Einheit	%
400	**Bauwerk – Technische Anlagen**	14.584,27 m² BGF	6.394.232	**438,43**	21,1

Gebäudeentwässerung, Hebeanlage, Kalt- und Warmwasserleitungen, zentrale Warmwasserbereitung über Frischwasserstation mit Pufferspeicher, Sanitärobjekte, zentrale Druckerhöhungs- und Enthärtungsanlage; Fernwärmeversorgung, Heizungsverteilstationen, Fußbodenheizung; bedarfsgeführte, mechanische Abluftanlage, Abluftelemente innenliegender Räume, Fensterfalzlüfter, RWA-Anlagen; Elektroinstallation, Beleuchtung; Multimediaverkabelung, Zutrittskontrollanlagen; sechs Personenaufzüge; Löschwasserleitung

KG	Kostengruppe	Menge Einheit	Kosten €	€/Einheit	%
500	**Außenanlagen und Freiflächen**	2.099,40 m² AF	1.598.558	**761,44**	5,3

Oberbodenarbeiten, Bodenarbeiten; Beläge für Wege, Plätze, Terrassen, Spielplatzflächen; Zäune, Schutzgitter, Schrankenanlagen; Winkelstützmauern, Stufen, Treppen, Rampen, Geländer; Abwasser, Außenbeleuchtungsanlagen; Fahrradständer, Spielgeräte; Oberbodenauftrag, Gehölze, Stauden, Bäume, Hecken, Gräser, Rasen

Objektbeschreibung

Allgemeine Objektinformationen

Das dreigeschossige Einfamilienhaus zeigt zur Straße hin eine geschlossene Bebauung. Neben dem Haupthaus mit Doppelgarage wurde direkt an der Gartenmauer ein Nebengebäude erstellt, das eine kleine, zusätzliche Wohneinheit enthält. So wird der Straßenraum durch die Bebauung abgeschirmt. Es entstand ein privater Gartenbereich.

Nutzung

2 Erdgeschosse
Foyer, Wohn-/Essräume mit Küchen, Hausanschlussraum, Bad, WC, Abstellräume, Treppe, Doppelgarage, Terrassen

1 Obergeschoss
Aufenthaltsraum, Arbeits- und Gästeraum, Bad, Abstellraum, Treppe

1 Dachgeschoss
Aufenthaltsraum, Ankleide, Bad, Dachterrasse

Nutzeinheiten

Stellplätze: 3
Wohneinheiten: 2
Wohnfläche: 196 m^2

Grundstück

Bauraum: Freier Bauraum
Neigung: Ebenes Gelände
Bodenklasse: BK 1 bis BK 4

Markt

Hauptvergabezeit: 2. Quartal 2018
Baubeginn: 4. Quartal 2018
Bauende: 1. Quartal 2020
Konjunkturelle Gesamtlage: Durchschnitt
Regionaler Baumarkt: Durchschnitt

Baukonstruktion

Das Gebäude ist in Massivbauweise aus Porenbetonstein errichtet. Es ist nicht unterkellert und gründet auf Streifenfundamenten aus Stahlbeton. Das Haus ist auf allen vier Fassadenseiten verputzt, die dunklen Kunststofffenster sind mit einer Dreifachverglasung ausgestattet und können mit Rollläden oder Jalousien verdunkelt werden. Die Flachdächer sind mit einer 20cm starken EPS-Dämmung isoliert und mit Edelstahlattiken und Kiesschüttung belegt.

Technische Anlagen

Das Haus besitzt eine zentrale mechanische Be- und Entlüftungsanlage und wird durch eine Luft-Wasser-Wärmepumpe mit Fußbodenheizung beheizt. Auf dem Dach wurde eine PV-Anlage installiert.

Energetische Kennwerte

Gesetzliche Grundlage: EnEV 2013
Gebäudenutzfläche: 212,00 m^2
Gebäudevolumen: 662,50 m^3
A/V_e-Verhältnis (Kompaktheit): 0,94 m^{-1}
Hüllfläche des beheizten Volumens: 620,50 m^2
Spez. Transmissionswärmeverlust: 0,26 $W/(m^2 \cdot K)$
Spez. Jahresprimärenergiebedarf: 43,29 $kWh/(m^2 \cdot a)$
Anlagenaufwandszahl: 1,13

Planungskennwerte für Flächen und Rauminhalte nach DIN 277

Flächen des Grundstücks		Menge Einheit	% an GF
BF	Bebaute Fläche	222,60 m²	43,8
UF	Unbebaute Fläche	285,70 m²	56,2
GF	Grundstücksfläche	508,30 m²	100,0

Grundflächen des Bauwerks		Menge Einheit	% an NUF	% an BGF
NUF	Nutzungsfläche	253,40 m²	100,0	75,5
TF	Technikfläche	2,00 m²	0,8	0,6
VF	Verkehrsfläche	19,50 m²	7,7	5,8
NRF	Netto-Raumfläche	274,90 m²	108,5	81,9
KGF	Konstruktions-Grundfläche	60,82 m²	24,0	18,1
BGF	Brutto-Grundfläche	335,72 m²	132,5	100,0

Brutto-Rauminhalt des Bauwerks		Menge Einheit	BRI/NUF (m)	BRI/BGF (m)
BRI	Brutto-Rauminhalt	960,07 m³	3,79	2,86

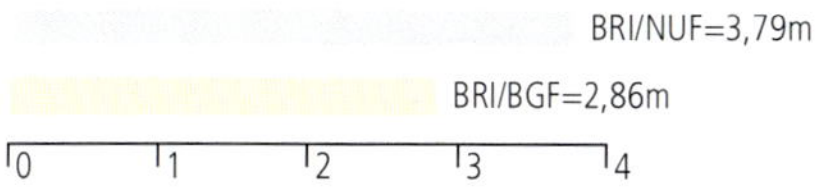

Kostenkennwerte für die Kostengruppen der 1. Ebene DIN 276

KG	Kostengruppen (1. Ebene)	Einheit	Kosten €	€/Einheit	€/m² BGF	€/m³ BRI	% 300+400
100	Grundstück	m² GF	–	–	–	–	–
200	Vorbereitende Maßnahmen	m² GF	–	–	–	–	–
300	Bauwerk – Baukonstruktionen	m² BGF	649.184	1.933,71	1.933,71	676,18	75,2
400	Bauwerk – Technische Anlagen	m² BGF	213.738	636,66	636,66	222,63	24,8
	Bauwerk 300+400	**m² BGF**	**862.922**	**2.570,36**	**2.570,36**	**898,81**	**100,0**
500	Außenanlagen und Freiflächen	m² AF	–	–	–	–	–
600	Ausstattung und Kunstwerke	m² BGF	–	–	–	–	–
700	Baunebenkosten	m² BGF	–	–	–	–	–
800	Finanzierung	m² BGF	–	–	–	–	–

KG	Kostengruppe	Menge Einheit	Kosten €	€/Einheit	%
3+4	**Bauwerk**				**100,0**
300	**Bauwerk – Baukonstruktionen**	335,72 m² BGF	649.184	**1.933,71**	75,2

Baugrubenaushub; Stb-Fundamentplatte, WU, Heizestrich, Bodenfliesen, Abdichtung, Kiesfilterschicht, Perimeterdämmung, Dränage; Stb-Wände, Mauerwerkswände, Kunststofffenster, Dreifachverglasung, Garagenrolltor, Putz, Beschichtung, Alu-Sonnenschutzlamellen; Innenmauerwerk, Stb-Wände, teilw. Sichtbeton, Holztüren, Putz, Beschichtung, Wandfliesen; Stb-Decken, Stb-Treppen, Heizestrich, Parkett, Teppichboden, Bodenfliesen; Stb-Flachdach, Dämmung, Abdichtung, Attika, Kies, außenliegende Dachentwässerung, abgehängte GK-Decke, Eingangsüberdachung; Einbauküchen, Einbauschränke, Garderoben

KG	Kostengruppe	Menge Einheit	Kosten €	€/Einheit	%
400	**Bauwerk – Technische Anlagen**	335,72 m² BGF	213.738	**636,66**	24,8

Gebäudeentwässerung, Kalt- und Warmwasserleitungen, Sanitärobjekte; Luft-Wasser-Wärmepumpe, Fußbodenheizung, Schornstein; dezentrale kontrollierte Be- und Entlüftung mit Wärmerückgewinnung; PV-Anlage (30m²), Elektroinstallation, Beleuchtung, Blitzschutzanlage; Datenübertragungsanlage, Fernseh- und Antennenanlagen, Rauchmelder

6100-1709
Einfamilienhaus
Doppelgarage

Kostenkennwerte für die Kosten des Bauwerks (Kostengruppen 300+400 nach DIN 276)

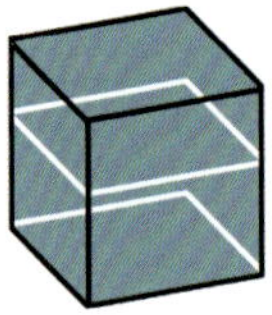

BRI 680 €/m³

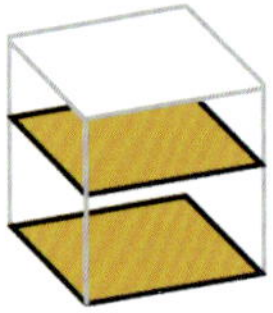

BGF 2.190 €/m²

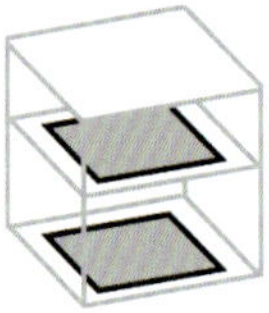

NUF 2.948 €/m²

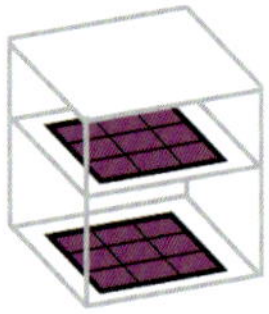

NE 3.718 €/NE

NE: Wohnfläche

Objekt:
Kennwerte: 1.Ebene DIN 276
BRI: 1.246 m³
BGF: 387 m²
NUF: 287 m²
Bauzeit: 39 Wochen
Bauende: 2019
Standard: mittel
Bundesland: Hessen
Kreis: Wiesbaden, Stadt

Architekt*in:
+studio moeve Planungsbüro
bda GmbH & Co. KG
Liebfrauenstraße 80
64289 Darmstadt

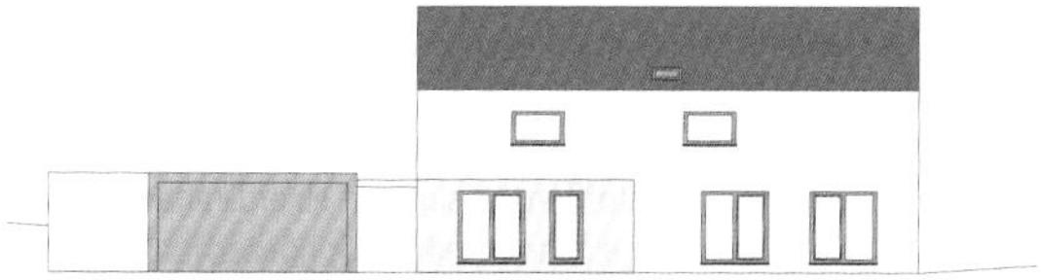

Ansicht Nord

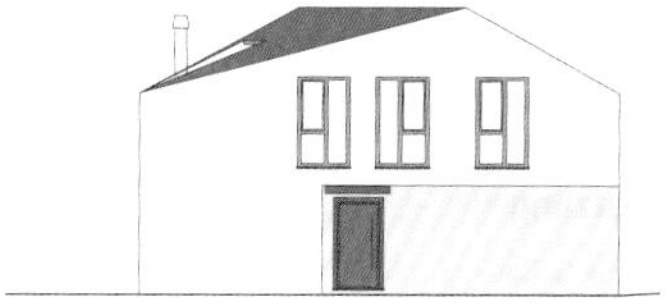

Ansicht Ost

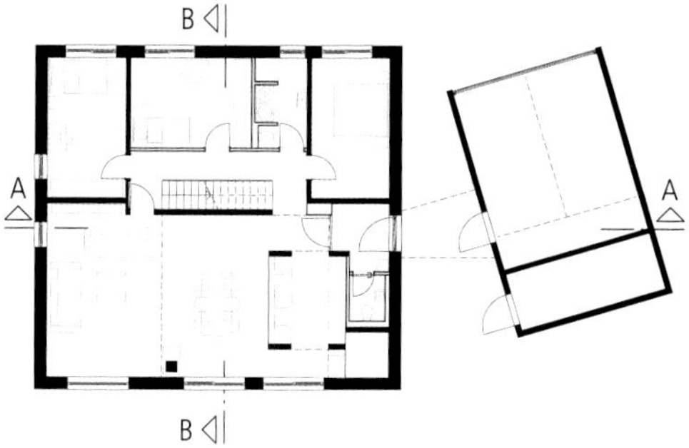

Erdgeschoss

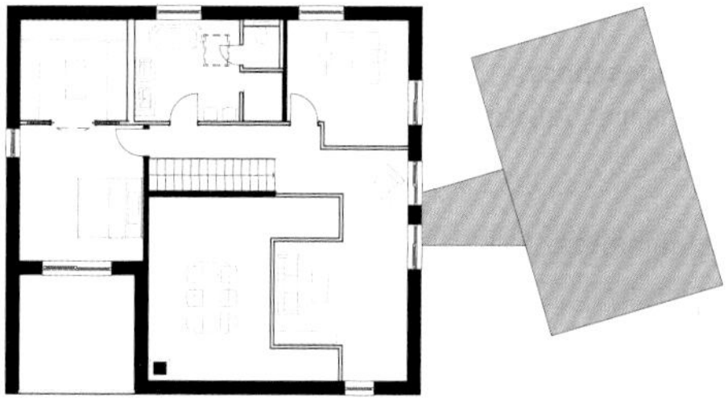

Dachgeschoss

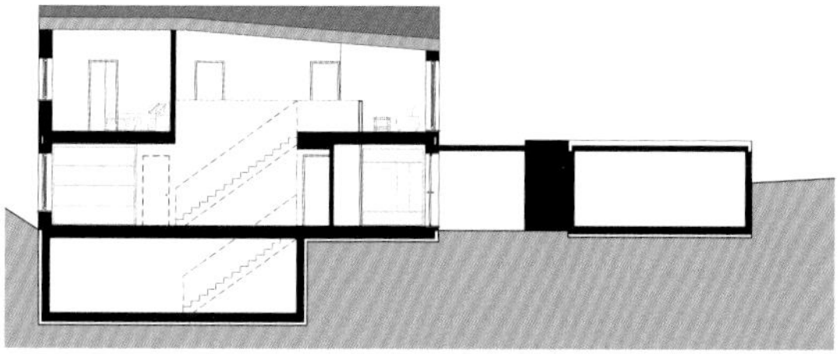

Schnitt A-A

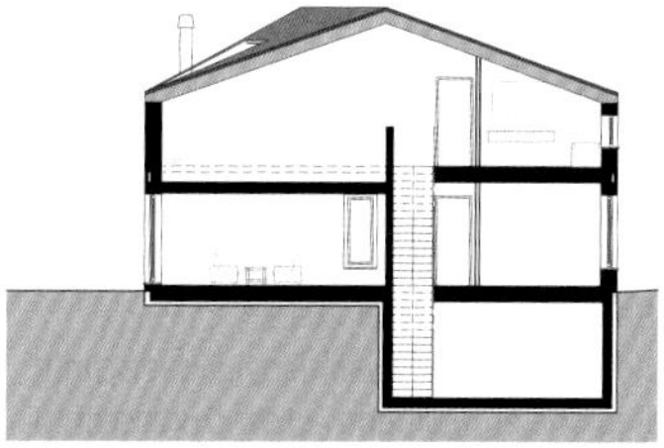

Schnitt B-B

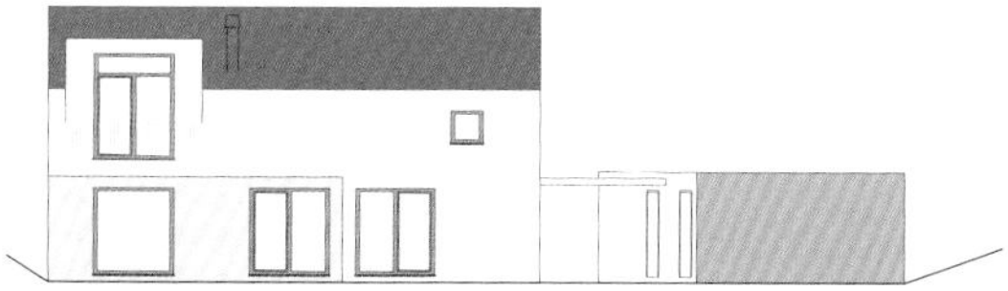

Ansicht Süd

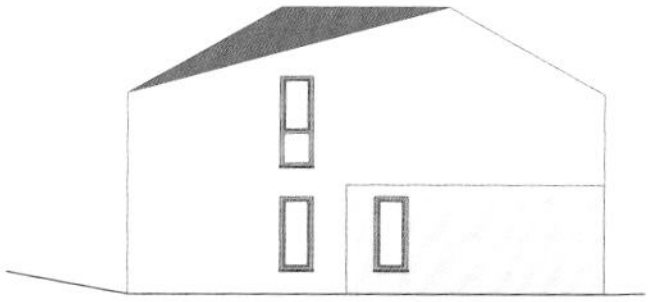

Ansicht West

Kostenkennwerte für die Kostengruppen der 1. Ebene DIN 276

KG	Kostengruppen (1. Ebene)	Einheit	Kosten €	€/Einheit	€/m² BGF	€/m³ BRI	% 300+400
100	Grundstück	m² GF	–	–	–	–	–
200	Vorbereitende Maßnahmen	m² GF	–	–	–	–	–
300	Bauwerk – Baukonstruktionen	m² BGF	617.554	1.596,61	1.596,61	495,78	72,9
400	Bauwerk – Technische Anlagen	m² BGF	229.699	593,86	593,86	184,41	27,1
	Bauwerk 300+400	**m² BGF**	**847.253**	**2.190,47**	**2.190,47**	**680,19**	**100,0**
500	Außenanlagen und Freiflächen	m² AF	–	–	–	–	–
600	Ausstattung und Kunstwerke	m² BGF	–	–	–	–	–
700	Baunebenkosten	m² BGF	–	–	–	–	–
800	Finanzierung	m² BGF	–	–	–	–	–

KG	Kostengruppe	Menge Einheit	Kosten €	€/Einheit	%
3+4	**Bauwerk**				**100,0**
300	**Bauwerk – Baukonstruktionen**	386,79 m² BGF	617.554	**1.596,61**	72,9

Baugrubenaushub; Stb-Frostschürzen, Stb-Fundamentplatten, WU, Estrich, Heizestrich, Bodenfliesen, Abdichtung, Kiesfilterschicht, Perimeterdämmung; Stb-Wände, WU, Porenbeton-Planstein MW, KS-Mauerwerk, Kunststofffenster, Dreifachverglasung, Garagentor, Außenputz, Alu-Sonnenschutzlamellen, Rollläden; KS-Innenmauerwerk, GK-Wände, Holztüren, Putz, Wandfliesen, Beschichtung; Stb-Decken, Stb-Treppen, Dämmung, Heizestrich, Parkett, Bodenfliesen, Terrassenfliesen, Beschichtung; Holzsparrendach, Dämmung, Dachziegel, Dachentwässerung, GK-Decke, Beschichtung; Einbauküchen, Einbauschränke

KG	Kostengruppe	Menge Einheit	Kosten €	€/Einheit	%
400	**Bauwerk – Technische Anlagen**	386,79 m² BGF	229.699	**593,86**	27,1

Gebäudeentwässerung, Hebeanlage, Kalt- und Warmwasserleitungen, Sanitärobjekte; Luft-Wasser-Wärmepumpe, Fußbodenheizung, Kaminofen; kontrollierte Be- und Entlüftung mit WRG; PV-Anlage (27m²), Elektroinstallation, Beleuchtung, Blitzschutzanlage; Datenverkabelung, Fernseh-/Antennenanlagen, Rauchmelder

Objektbeschreibung

Allgemeine Objektinformationen

Das Mehrfamilienwohnhaus steht auf einem ebenen Grundstück direkt am Waldrand. Überbaute Grundfläche, Gebäudehöhe und Wohnungsanzahl sind durch den Bebauungsplan klar begrenzt. Zur besseren wirtschaftlichen Ausnutzung entstanden Souterrain- und Maisonette-Wohnungen.

Nutzung

1 Untergeschoss
zwei Wohnungen, Technik, Treppenhaus, Aufzug, Terrassen

1 Erdgeschoss
zwei Wohnungen, Treppenhaus, Aufzug, Balkone

1 Obergeschoss
zwei Maisonette-Wohnungen, Treppenhaus, Aufzug, Balkone

1 Dachgeschoss
zwei Maisonette-Wohnungen, Treppenhaus, Balkone

Nutzeinheiten

Wohneinheiten: 6
Wohnfläche: 549 m²

Grundstück

Bauraum: Freier Bauraum
Neigung: Ebenes Gelände
Bodenklasse: BK 1 bis BK 4

Markt

Hauptvergabezeit: 1. Quartal 2022
Baubeginn: 1. Quartal 2022
Bauende: 3. Quartal 2023
Konjunkturelle Gesamtlage: Durchschnitt
Regionaler Baumarkt: unter Durchschnitt

Baukonstruktion

Die Gründung und das Untergeschoss sind in Stahlbeton als Schwarze Wanne hergestellt. Die Außenwände wurden mit Kalksandstein gemauert und mit einem Wärmedämmverbundsystem bekleidet. Die Fassade des Eingangstreppenhauses ist eine Pfosten-Riegel-Konstruktion aus Aluprofilen. In der massiven Lochfassade wurden Kunststofffenster mit Dreifachverglasung eingebaut. Für die Geschossdecken fiel die Wahl auf Elementdecken aus Stahlbeton. Das Holzsparrendach ist mit Naturschiefer auf den Hauptdachflächen und bewittertem Zinkblech auf den Dachgauben eingedeckt. Die Böden sind mit Parkett und Feinsteinzeug belegt.

Technische Anlagen

Die Beheizung des Gebäudes erfolgt hybrid. Die Grundversorgung erfolgt durch eine Luft-Wasser-Wärmepumpe, in den Spitzenlasten unterstützt eine Gastherme die Wärmeversorgung. Eine Fußbodenheizung verteilt die Wärme in den Wohnungen. Die Be- und Entlüftung erfolgt dezentral mit Wärmerückgewinnung. Auf dem Dach ist eine Photovoltaikanlage installiert, die einen Speicher speist. Ein rollstuhlgerechter Personenaufzug erschließt die Wohnungen barrierefrei.

Sonstiges

Das Gebäude wurde im KfW 55-Standard errichtet und besitzt auf den nach Süden gerichteten Dachflächen eine PV-Anlage.

Energetische Kennwerte

Gesetzliche Grundlage: GEG 2020
Gebäudenutzfläche: 685,00 m²
Spez. Transmissionswärmeverlust: 0,28 W/(m²·K)
Spez. Jahresprimärenergiebedarf: 27,10 kWh/(m²·a)
Spez. Jahresendenergiebedarf: 22,30 kWh/(m²·a)
CO_2-Emissionen: 7,50 kg/(m²·a)

Planungskennwerte für Flächen und Rauminhalte nach DIN 277

Flächen des Grundstücks		Menge Einheit	% an GF
BF	Bebaute Fläche	333,00 m²	18,5
UF	Unbebaute Fläche	1.464,00 m²	81,5
GF	Grundstücksfläche	1.797,00 m²	100,0

Grundflächen des Bauwerks		Menge Einheit	% an NUF	% an BGF
NUF	Nutzungsfläche	566,70 m²	100,0	70,0
TF	Technikfläche	10,42 m²	1,8	1,3
VF	Verkehrsfläche	109,33 m²	19,3	13,5
NRF	Netto-Raumfläche	686,45 m²	121,1	84,8
KGF	Konstruktions-Grundfläche	123,02 m²	21,7	15,2
BGF	Brutto-Grundfläche	809,47 m²	142,8	100,0

Brutto-Rauminhalt des Bauwerks		Menge Einheit	BRI/NUF (m)	BRI/BGF (m)
BRI	Brutto-Rauminhalt	2.066,89 m³	3,65	2,55

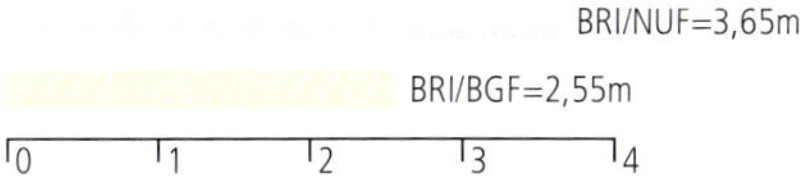

6100-1714
Einfamilienhaus
Sportraum
Doppelgarage

Kostenkennwerte für die Kosten des Bauwerks (Kostengruppen 300+400 nach DIN 276)

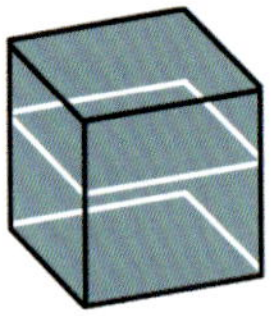

BRI 999 €/m³

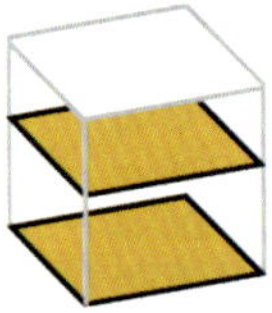

BGF 3.355 €/m²

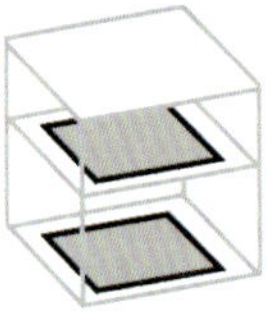

NUF 4.976 €/m²

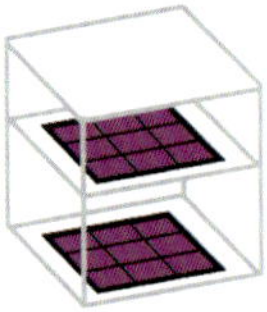

NE 6.826 €/NE

NE: Wohnfläche

Objekt:
Kennwerte: 1. Ebene DIN 276
BRI: 2.161 m³
BGF: 644 m²
NUF: 434 m²
Bauzeit: 87 Wochen
Bauende: 2021
Standard: mittel
Bundesland: Bayern
Kreis: Passau

Architekt*in:
Studio Hofmann
Architektur und Umgebung
Firmianstraße 10
94032 Passau

© Studion 095-Manuel Theodor Kreuzer

© Studion 095-Manuel Theodor Kreuzer

© Studion 095

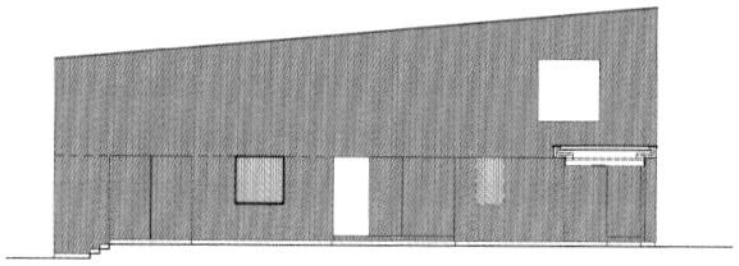

Ansicht Nord

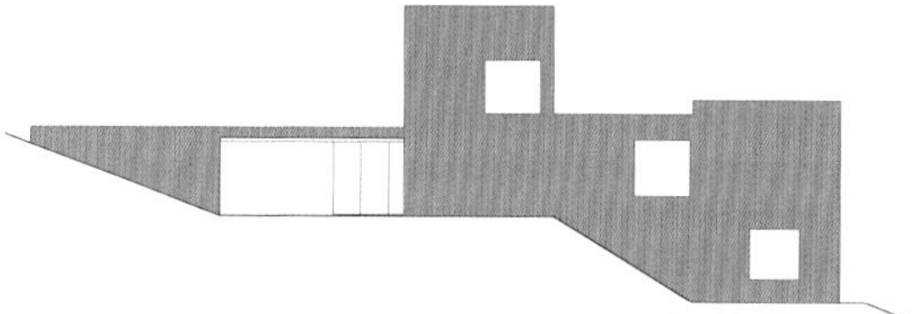

Ansicht West

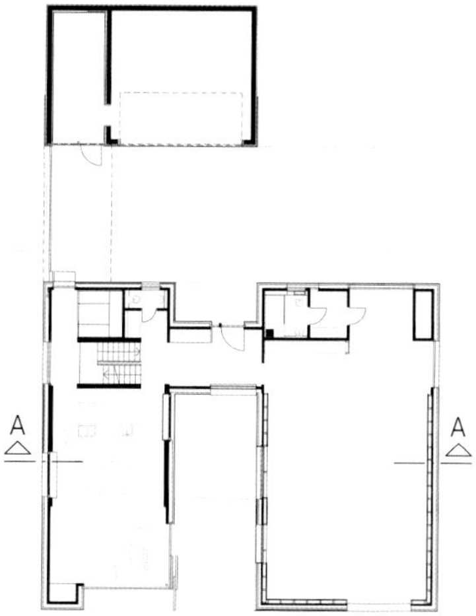

Erdgeschoss

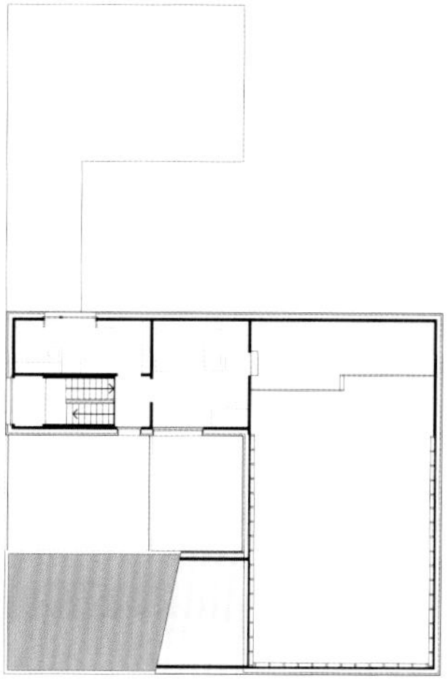

Dachgeschoss

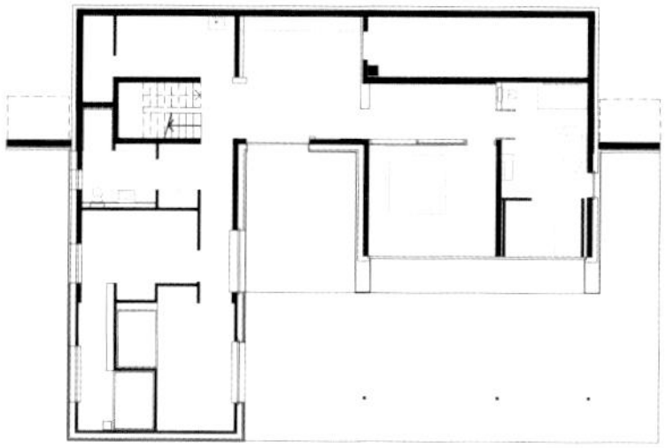

Untergeschoss

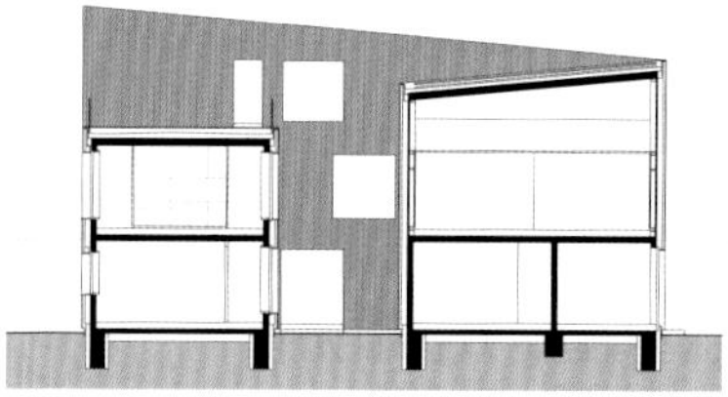

Schnitt A-A

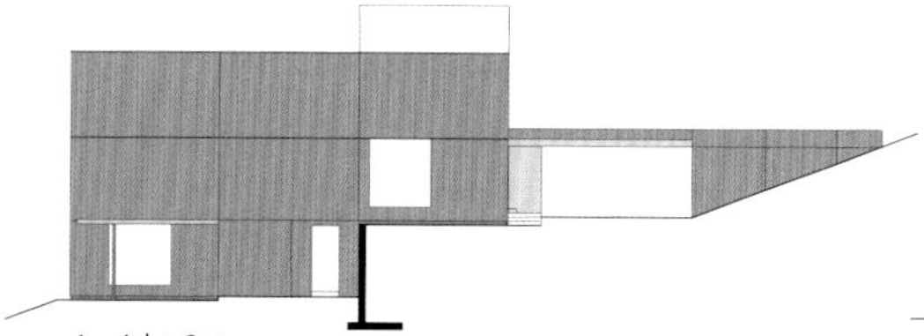

Ansicht Ost

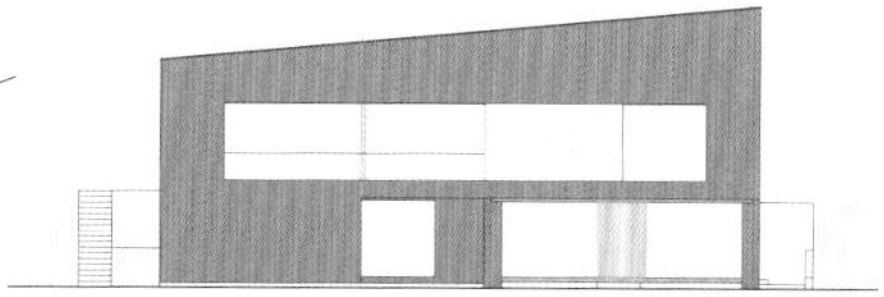

Ansicht Süd

Objektbeschreibung

Allgemeine Objektinformationen

Auf einem schmalen, tiefen Grundstück wurde dieses Wohnhaus mit separater Einliegerwohnung als langer schmaler Baukörper errichtet. Das steile Satteldach nimmt die ortstypische Bauweise auf. Seine moderne Gestaltung nimmt Bezug auf die traditionelle Bauweise der Region.

Nutzung

1 Erdgeschoss
Wohn-, Essküche, Garderoben, WCs, HWR, Technik, Abstellraum, Treppen

1 Obergeschoss
Schlafzimmer, Bäder, Kinderzimmer, Arbeiten, Flure, Schlafgalerie

Nutzeinheiten

Wohneinheiten: 2
Wohnfläche: 244 m²

Grundstück

Bauraum: Beengter Bauraum
Neigung: Ebenes Gelände
Bodenklasse: BK 1 bis BK 5

Markt

Hauptvergabezeit: 3. Quartal 2021
Baubeginn: 4. Quartal 2021
Bauende: 4. Quartal 2022
Konjunkturelle Gesamtlage: über Durchschnitt
Regionaler Baumarkt: unter Durchschnitt

Baukonstruktion

Das Haus ist in Massivbauweise aus einschaligem Ziegelmauerwerk auf einer tragenden Stahlbetonbodenplatte errichtet. Die Zwischendecke ist ebenfalls in Stahlbeton ausgeführt, das steile Dach ist traditionell als Zimmermanns-Dachstuhl in Holzbauweise aufgesetzt. Innen wie außen sind die Oberflächen verputzt, die Fassade charakterisiert sich durch einen dunklen, rotbraunen Strukturputz in Besenstrichtechnik. Fassadendetails wie Fensterbänke und Klappläden interpretieren modern die ursprüngliche Bautradition der dörflichen Wohnhäuser. Die Fenster sind Verbundelemente aus Holz und Aluminium mit einer Dreifachverglasung. Im Innern sind die Bodenbeläge aus massiven Eichendielen ausgeführt, die Bäder und Nebenräume sind mit keramischen Fliesen belegt.

Technische Anlagen

Das Gebäude wird mit einer Luft-Wasser-Wärmepumpe beheizt. Die Verteilung der Heizwärme erfolgt über eine Fußbodenheizung. Für die Eigenstromversorgung ist eine in die Dachfläche integrierte Photovoltaikanlage installiert.

Energetische Kennwerte

Gesetzliche Grundlage: GEG 2020
Gebäudenutzfläche: 334,70 m²
Spez. Transmissionswärmeverlust: 0,26 W/(m²·K)
Spez. Jahresprimärenergiebedarf: 33,00 kWh/(m²·a)
Spez. Jahresendenergiebedarf: 29,80 kWh/(m²·a)
CO_2-Emissionen: 10,30 kg/(m²·a)

Planungskennwerte für Flächen und Rauminhalte nach DIN 277

Flächen des Grundstücks		Menge Einheit	% an GF
BF	Bebaute Fläche	192,00 m²	28,1
UF	Unbebaute Fläche	491,00 m²	71,9
GF	Grundstücksfläche	683,00 m²	100,0

Grundflächen des Bauwerks		Menge Einheit	% an NUF	% an BGF
NUF	Nutzungsfläche	255,81 m²	100,0	68,0
TF	Technikfläche	7,00 m²	2,7	1,9
VF	Verkehrsfläche	53,37 m²	20,9	14,2
NRF	Netto-Raumfläche	316,18 m²	123,6	84,1
KGF	Konstruktions-Grundfläche	59,92 m²	23,4	15,9
BGF	Brutto-Grundfläche	376,10 m²	147,0	100,0

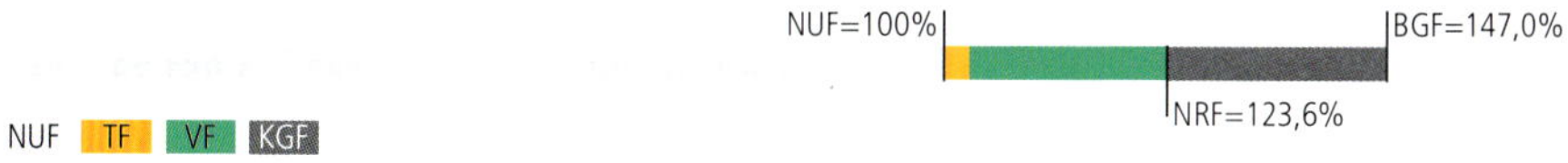

Brutto-Rauminhalt des Bauwerks		Menge Einheit	BRI/NUF (m)	BRI/BGF (m)
BRI	Brutto-Rauminhalt	1.125,94 m³	4,40	2,99

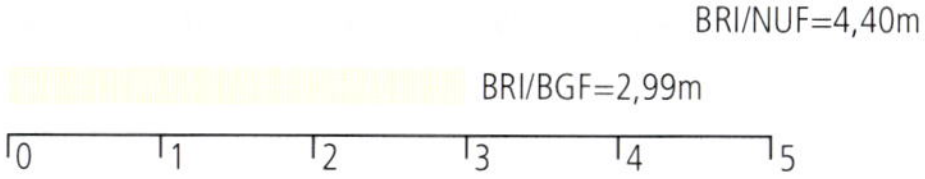

Kostenkennwerte für die Kostengruppen der 1. Ebene DIN 276

KG	Kostengruppen (1. Ebene)	Einheit	Kosten €	€/Einheit	€/m² BGF	€/m³ BRI	% 300+400
100	Grundstück	m² GF	–	–	–	–	–
200	Vorbereitende Maßnahmen	m² GF	–	–	–	–	–
300	Bauwerk – Baukonstruktionen	m² BGF	803.795	1.342,75	1.342,75	469,90	78,8
400	Bauwerk – Technische Anlagen	m² BGF	216.168	361,11	361,11	126,37	21,2
	Bauwerk 300+400	**m² BGF**	**1.019.964**	**1.703,86**	**1.703,86**	**596,27**	**100,0**
500	Außenanlagen und Freiflächen	m² AF	–	–	–	–	–
600	Ausstattung und Kunstwerke	m² BGF	–	–	–	–	–
700	Baunebenkosten	m² BGF	–	–	–	–	–
800	Finanzierung	m² BGF	–	–	–	–	–

KG	Kostengruppe	Menge Einheit	Kosten €	€/Einheit	%
3+4	**Bauwerk**				**100,0**
300	**Bauwerk – Baukonstruktionen**	598,62 m² BGF	803.795	**1.342,75**	78,8

Baugrubenaushub; Stb-Bodenplatte, WU, Dämmung, Heizestrich, Eichenparkett, Bodenfliesen, Linoleum; Stb-Wände, Ziegelmauerwerk, Holzfenster, Dreifachverglasung, Kunststofffenster, Holzhaustüren, Putz, Beschichtung, Wandfliesen, Raffstores; Stb-Wände, Mauerwerk, GK-Wände, Holztüren; Stb-Decken, Stahltreppen, Holzstufen, Dämmung, Heizestrich, Eichenparkett, Bodenfliesen, Stahl-Treppengeländer, Beschichtung; Holz-Dachstuhl, Dachflächenfenster, Zwischensparrendämmung, Schalung, Abdichtung, Ziegeldeckung, Dachentwässerung, abgehängte GK-Decken

KG	Kostengruppe	Menge Einheit	Kosten €	€/Einheit	%
400	**Bauwerk – Technische Anlagen**	598,62 m² BGF	216.168	**361,11**	21,2

Gebäudeentwässerung, Kalt- und Warmwasserleitungen, Sanitärobjekte; Luft-Wärmepumpe, Fußbodenheizung; Abluftventilatoren; Elektroinstallation, Beleuchtung

6100-1722
Mehrfamilienhaus
(12 WE)

Kostenkennwerte für die Kosten des Bauwerks (Kostengruppen 300+400 nach DIN 276)

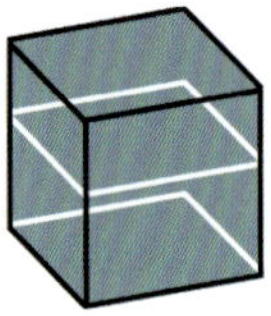

BRI 1.317 €/m³

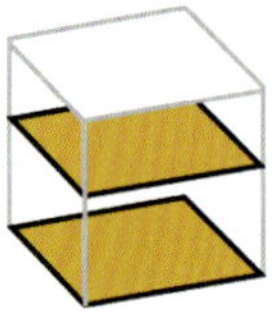

BGF 4.182 €/m²

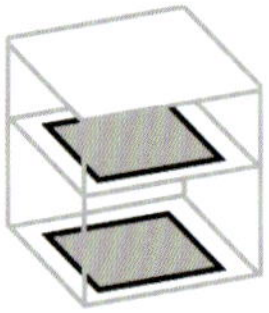

NUF 6.015 €/m²

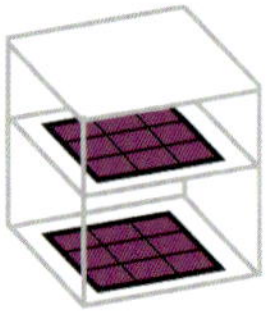

NE 6.543 €/NE

NE: Wohnfläche

Objekt:
Kennwerte: 1. Ebene DIN 276
BRI: 2.285 m³
BGF: 719 m²
NUF: 500 m²
Bauzeit: 139 Wochen
Bauende: 2023
Standard: hoch
Bundesland: Bremen
Kreis: Bremen, Stadt

Architekt*in:
as2architektur
schomers.schürmann
Tanzwerder 92
28199 Bremen

Bauherr*in:
GbR Sorgenfrei 1
Carola und Johann von Cossel
Richard-Dehmel-Straße 92
28211 Bremen

© Stefan Müller

© Stefan Müller

© Stefan Müller

© Stefan Müller

Ansicht Ost

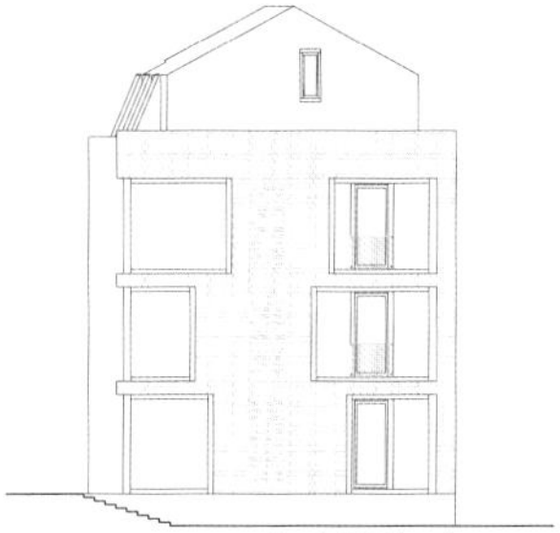

Ansicht Nord

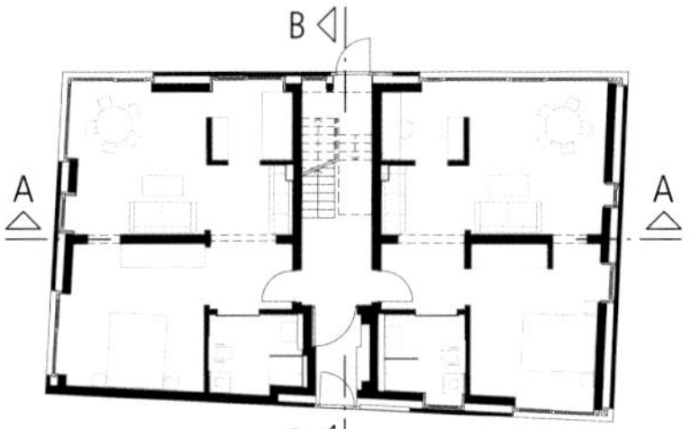

Erdgeschoss

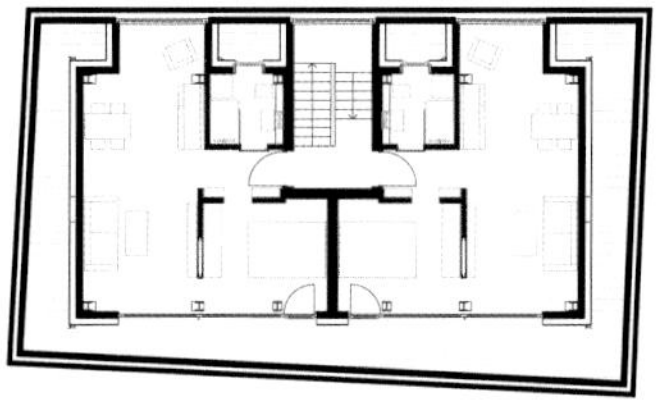

Dachgeschoss

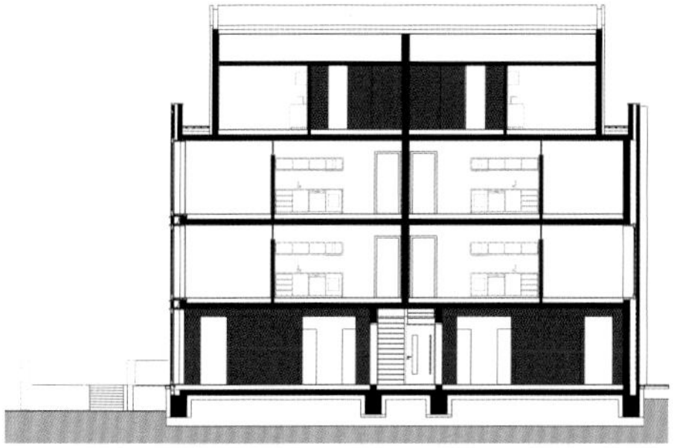

Schnitt A-A

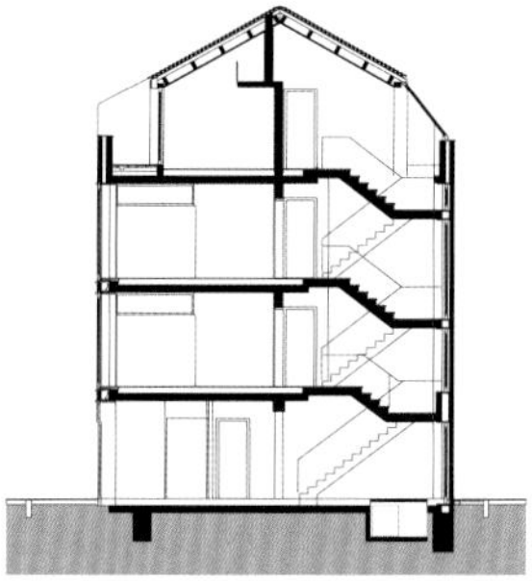

Schnitt B-B

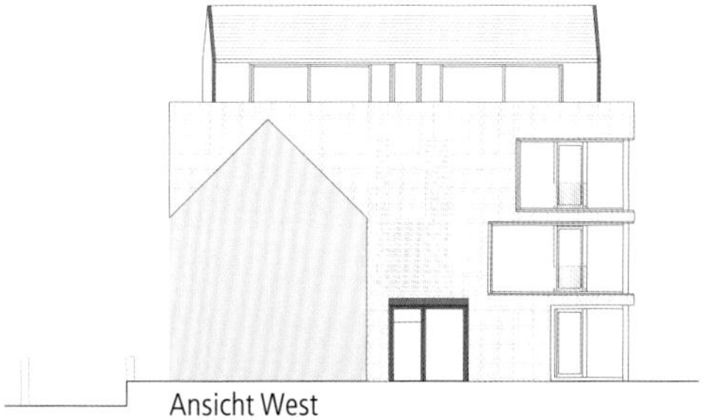

Ansicht West

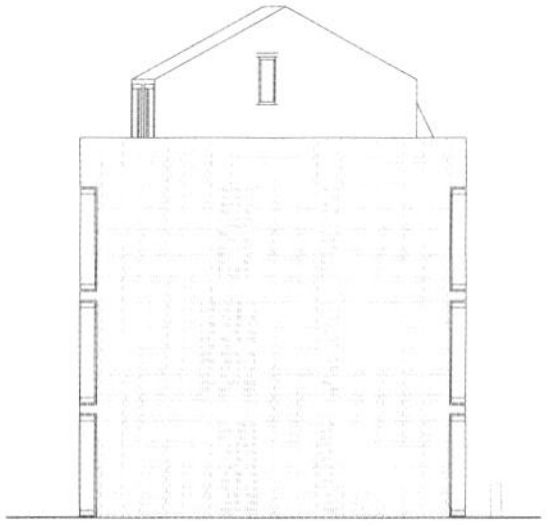

Ansicht Süd

Objektbeschreibung

Allgemeine Objektinformationen

Bei dem Mehrfamilienwohnhaus handelt es sich um einen viergeschossigen Neubau mit zwölf Appartements zwischen 28 und 60m² Wohnfläche. Die Wohnungen im Erdgeschoss wurden barrierefrei ausgebaut.

Nutzung

1 Erdgeschoss
Wohn-, Essräume mit Küchen, Schlafräume, Bäder, Hausanschlussraum

2 Obergeschosse
Wohn-, Essräume mit Küchen, Schlafräume, Bäder

1 Dachgeschoss
Wohn-, Essräume mit Küchen, Schlafräume, Bäder, Dachterrassen, Galerien, Loggien

Nutzeinheiten

Wohneinheiten: 12
Wohnfläche: 460m²

Grundstück

Bauraum: Baulücke
Neigung: Ebenes Gelände
Bodenklasse: BK 3

Markt

Hauptvergabezeit: 4.Quartal 2020
Baubeginn: 1.Quartal 2021
Bauende: 3.Quartal 2023
Konjunkturelle Gesamtlage: Durchschnitt
Regionaler Baumarkt: über Durchschnitt

Baukonstruktion

Das Gebäude gründet auf einer Stahlbetonbodenplatte und Streifenfundamenten. Die Außenwände sind aus hochdämmendem Porenbetonsteinen gemauert. Hinter der vorgesetzte Klinkerfassade tragen 20cm Mineralwolle zum Wärmeschutz bei. Die Innenwände sind aus Kalksandstein errichtet. Die Decken in Stahlbeton tragen auch das zurückgesetzte Dachgeschoss; dieses ist konstruktiv aus einer Stahlkonstruktion erstellt und mit hochdämmenden Ziegeln ausgefacht und mit einem Wärmedämmverbundsystem bekleidet. Das darüberliegende Satteldach ist zimmermannsmäßig aus Holz erstellt und mit Ziegel eingedeckt. Die Holzfenster sind mit einer Dreifachverglasung ausgestattet und schalldämmend ausgeführt.

Technische Anlagen

Das Gebäude ist an das Fernwärmenetz angeschlossen. Jede Wohnung verfügt über Fußbodenheizung. Die Luftdichtigkeit des Gebäudes wurde mit einem Blower-Door-Test geprüft.

Sonstiges

Um die Baukosten zu minimieren wurde auf einen Keller und einen Fahrstuhl verzichtet. In die verfügbaren Flächen wurden minimale Verkehrsflächen eingeplant und so konnten maximale Flächen zur Vermietung genutzt werden.

Energetische Kennwerte

Gesetzliche Grundlage: GEG 2020
Gebäudenutzfläche: 637,50m²
Gebäudevolumen: 1.992,25m³
A/V_e-Verhältnis (Kompaktheit): 0,46m^{-1}
Hüllfläche des beheizten Volumens: 922,50m²
Spez. Transmissionswärmeverlust: 0,32W/(m²·K)
Spez. Jahresprimärenergiebedarf: 1,70kWh/(m²·a)
CO_2-Emissionen: 14,96kg/(m²·a)

Planungskennwerte für Flächen und Rauminhalte nach DIN 277

Flächen des Grundstücks		Menge Einheit	% an GF
BF	Bebaute Fläche	170,88 m²	70,3
UF	Unbebaute Fläche	72,03 m²	29,7
GF	Grundstücksfläche	242,91 m²	100,0

Grundflächen des Bauwerks		Menge Einheit	% an NUF	% an BGF
NUF	Nutzungsfläche	500,27 m²	100,0	69,5
TF	Technikfläche	4,64 m²	0,9	0,6
VF	Verkehrsfläche	70,10 m²	14,0	9,7
NRF	Netto-Raumfläche	575,01 m²	114,9	79,9
KGF	Konstruktions-Grundfläche	144,46 m²	28,9	20,1
BGF	Brutto-Grundfläche	719,47 m²	143,8	100,0

Brutto-Rauminhalt des Bauwerks		Menge Einheit	BRI/NUF (m)	BRI/BGF (m)
BRI	Brutto-Rauminhalt	2.285,00 m³	4,57	3,18

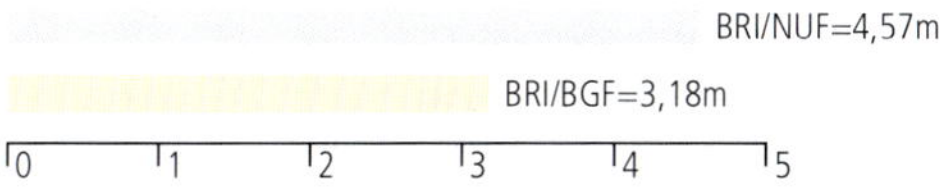

Kostenkennwerte für die Kostengruppen der 1. Ebene DIN 276

KG	Kostengruppen (1. Ebene)	Einheit	Kosten €	€/Einheit	€/m² BGF	€/m³ BRI	% 300+400
100	Grundstück	m² GF	–	–	–	–	–
200	Vorbereitende Maßnahmen	m² GF	128.309	528,21	178,34	56,15	4,3
300	Bauwerk – Baukonstruktionen	m² BGF	2.449.923	3.405,18	3.405,18	1.072,18	81,4
400	Bauwerk – Technische Anlagen	m² BGF	559.006	776,97	776,97	244,64	18,6
	Bauwerk 300+400	**m² BGF**	**3.008.929**	**4.182,15**	**4.182,15**	**1.316,82**	**100,0**
500	Außenanlagen und Freiflächen	m² AF	22.759	315,96	31,63	9,96	0,8
600	Ausstattung und Kunstwerke	m² BGF	–	–	–	–	–
700	Baunebenkosten	m² BGF	–	–	–	–	–
800	Finanzierung	m² BGF	–	–	–	–	–

KG	Kostengruppe	Menge Einheit	Kosten €	€/Einheit	%
200	**Vorbereitende Maßnahmen**	242,91 m² GF	128.309	**528,21**	4,3
	Abbruchmaßnahmen; Strom-, Fernwärme- und Wassererschließung				
3+4	**Bauwerk**				**100,0**
300	**Bauwerk – Baukonstruktionen**	719,47 m² BGF	2.449.923	**3.405,18**	81,4
	Baugrubenaushub; Bodenaustausch, Baugrundverbesserung; Stb-Fundamente, Stb-Bodenplatte, WU, Heizestrich, PVC, Naturstein, Betonwerkstein, Abdichtung, Perimeterdämmung, Dränage; Mauerwerkswände, Holzfenster, Dreifachverglasung, Schallschutzverglasung, Sonnenschutzverglasung, Wärmedämmung, Ziegelfassade, WDVS; KS-Mauerwerk, Schiebetüren, Holztüren, Beschichtung, Wandfliesen; Stb-Decken, Stb-Treppen, Dämmung, Heizestrich, Bodenbeschichtung, PVC, Naturstein, Betonwerkstein, Stahlgeländer, Treppengeländer; Holzbalkendach, Dämmung, Dachziegel, Abdichtung, Attika, Dachentwässerung; Pantry-Küchen, Einbauschränke				
400	**Bauwerk – Technische Anlagen**	719,47 m² BGF	559.006	**776,97**	18,6
	Gebäudeentwässerung, Kalt- und Warmwasserleitungen, Sanitärobjekte; Fernwärmeversorgung, Fußbodenheizung; Einzelraumlüfter; Elektroinstallation, Beleuchtung, Blitzschutzanlage; Rauchmelder; Datenübertragungsnetz				
500	**Außenanlagen und Freiflächen**	72,03 m² AF	22.759	**315,96**	0,8
	Oberbodenarbeiten, Bodenarbeiten; Fundamente; Pflasterbeläge für Wege, Terrasse; Treppen, Rampe; Außenbeleuchtung; Fahrradhaus, Müllplatzeinhausung; Abfallbehälter; Heckenbepflanzung, Rollrasen; Sicherungsmaßnahmen Nachbargebäude, Abbruchmaßnahmen				

6100-1723
Mehrfamilienhaus
(5 WE)

Kostenkennwerte für die Kosten des Bauwerks (Kostengruppen 300+400 nach DIN 276)

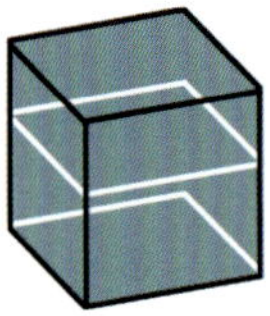

BRI 1.031 €/m^3

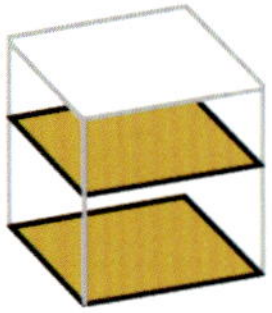

BGF 2.696 €/m^2

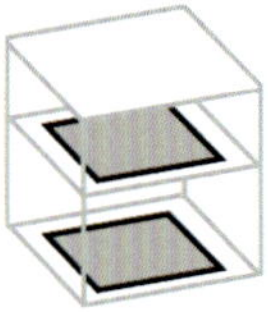

NUF 4.108 €/m^2

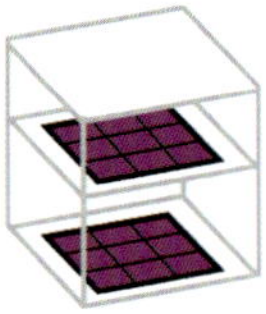

NE 4.240 €/NE

NE: Wohnfläche

Objekt:
Kennwerte: 1.Ebene DIN 276
BRI: 1.866 m^3
BGF: 714 m^2
NUF: 468 m^2
Bauzeit: 96 Wochen
Bauende: 2023
Standard: hoch
Bundesland: Niedersachsen
Kreis: Delmenhorst, Stadt

Architekt*in:
Architekturbüro
Ullrich Runge
Lange Straße 131
27749 Delmenhorst

© Architekturbüro Ullrich Runge

© Architekturbüro Ullrich Runge

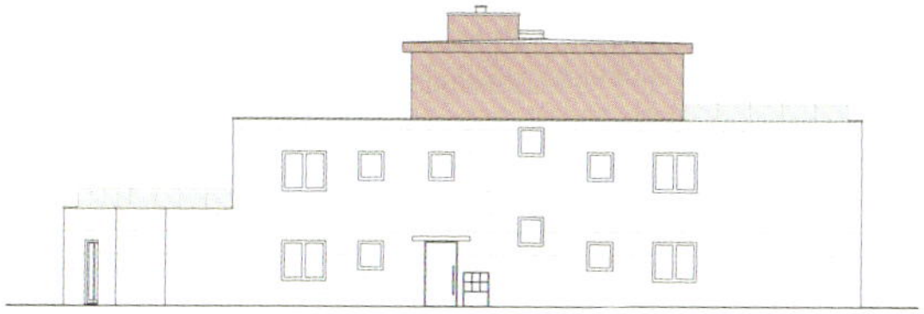

Ansicht Nord

Ansicht West

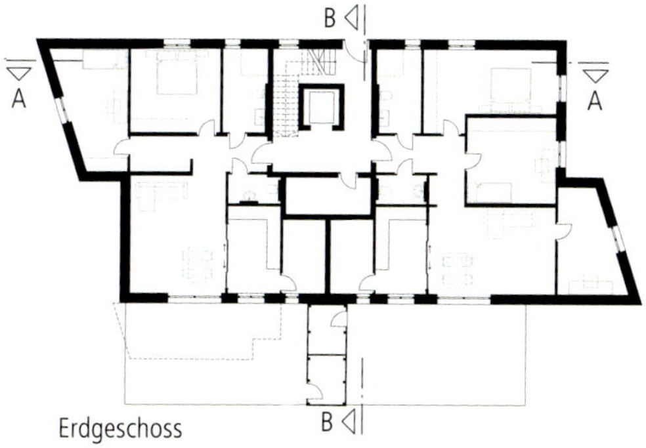

Erdgeschoss

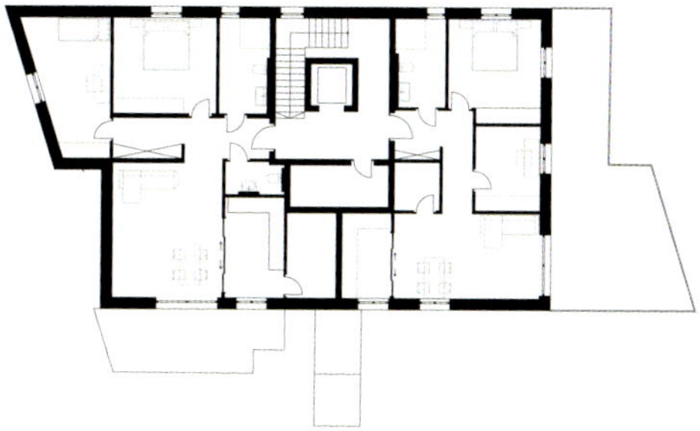

Obergeschoss

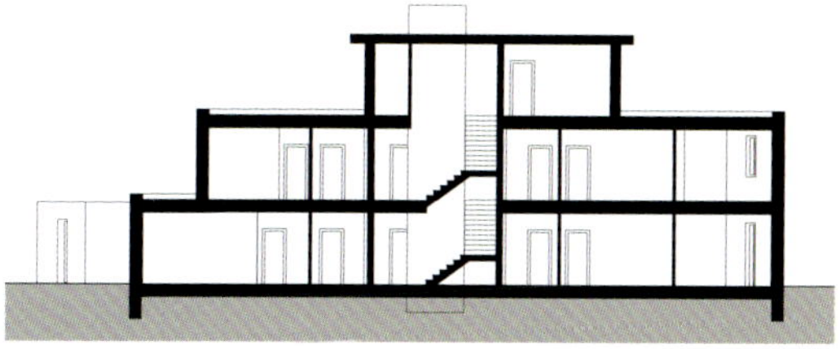

Schnitt A-A

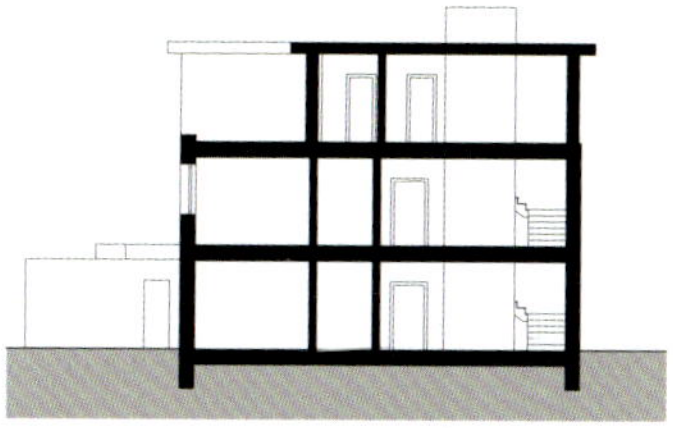

Schnitt B-B

Ansicht Süd

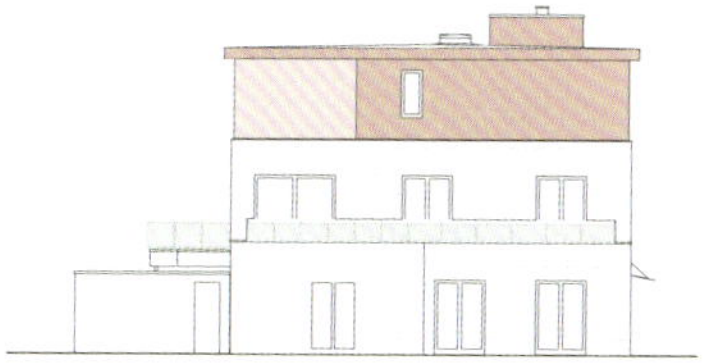

Ansicht Ost

Objektbeschreibung

Allgemeine Objektinformationen

Die markante Gebäudeform des Mehrfamilienwohnhauses orientiert sich an der westlichen Gebäudeseite an der Grundstückslinie und spiegelt sich auf östlicher Gebäudeseite wieder. Das zurückgesetzte Dachgeschoss sitzt wie ein Penthouse auf dem Flachdach des ersten Obergeschosses.

Nutzung

1 Erdgeschoss
Wohn-, Essräume mit Küchen, Schlafräume, Hauswirtschaftsräume, Arbeitsraum, Hausanschlussraum, Bäder, WCs

1 Obergeschoss
Wohn-, Essräume mit Küchen, Schlafräume, Hauswirtschaftsräume, Arbeitsraum, Hausanschlussraum, Bäder, WCs, Balkon, Dachterrassen

1 Dachgeschoss
Wohn-Essraum mit Küche, Schlafraum, Bad, Arbeitsraum, Abstellraum, Dachterrassen

Nutzeinheiten

Wohneinheiten: 5
Wohnfläche: 454 m^2

Grundstück

Bauraum: Beengter Bauraum
Neigung: Ebenes Gelände
Bodenklasse: BK 3 bis BK 4

Markt

Hauptvergabezeit: 2. Quartal 2021
Baubeginn: 2. Quartal 2021
Bauende: 1. Quartal 2023
Konjunkturelle Gesamtlage: Durchschnitt
Regionaler Baumarkt: Durchschnitt

Baukonstruktion

Das Gebäude wurde als Stahlbeton- und Mauerwerksbau errichtet und mit einer Stb-Bodenplatte auf Streifenfundamenten gegründet. Die Decken und Balkone bestehen aus Stahlbeton, das Dach über dem oberen Staffelgeschoß wurde als Holzkonstruktion mit aufliegender Gefälledämmung realisiert. Die Dachterrassen sind als Warmdächer mit Gefälledämmung erstellt. Alle Dächer wurden mit Folien abgedichtet. Die Außenwände im Erd- und Obergeschoss wurden zweischalig als Kalksandsteinmauerwerk mit Dämmung und Verblendmauerwerk ausgeführt. Im Dachgeschoss wurde die Außenbekleidung des Mauerwerks als hinterlüftete Fassade mit HPL-Platten bekleidet. Die Innenwände bestehen aus Kalksandstein. Die goldfarbenen Fenster wurden mit ebenfalls goldfarbenen Raffstoreanlagen ausgestattet. Das Dachgeschoss wurde mit Fassadenplatten und die Balkone mit Cortenstahl bekleidet.

Technische Anlagen

Die Anlage zur Heizwärme- und Warmwasserversorgung besteht aus einem Gas-Brennwertgerät mit solarer Unterstützung. Die Wohnungen sind mit einer dezentralen Wohnraumlüftung mit Wärmerückgewinnung ausgestattet.

Energetische Kennwerte

Gesetzliche Grundlage: GEG 2020
Gebäudenutzfläche: 632,00 m^2
Gebäudevolumen: 1.975,00 m^3
A/V_e-Verhältnis (Kompaktheit): 0,58 m^{-1}
Hüllfläche des beheizten Volumens: 1.137,00 m^2
Spez. Transmissionswärmeverlust: 0,26 $W/(m^2 \cdot K)$
Spez. Jahresprimärenergiebedarf: 33,90 $kWh/(m^2 \cdot a)$
Anlagenaufwandszahl: 0,78

Planungskennwerte für Flächen und Rauminhalte nach DIN 277

Flächen des Grundstücks		Menge Einheit	% an GF
BF	Bebaute Fläche	273,65 m²	29,2
UF	Unbebaute Fläche	661,91 m²	70,8
GF	Grundstücksfläche	935,56 m²	100,0

Grundflächen des Bauwerks		Menge Einheit	% an NUF	% an BGF
NUF	Nutzungsfläche	468,31 m²	100,0	65,6
TF	Technikfläche	12,82 m²	2,7	1,8
VF	Verkehrsfläche	109,73 m²	23,4	15,4
NRF	Netto-Raumfläche	590,86 m²	126,2	82,8
KGF	Konstruktions-Grundfläche	122,79 m²	26,2	17,2
BGF	Brutto-Grundfläche	713,65 m²	152,4	100,0

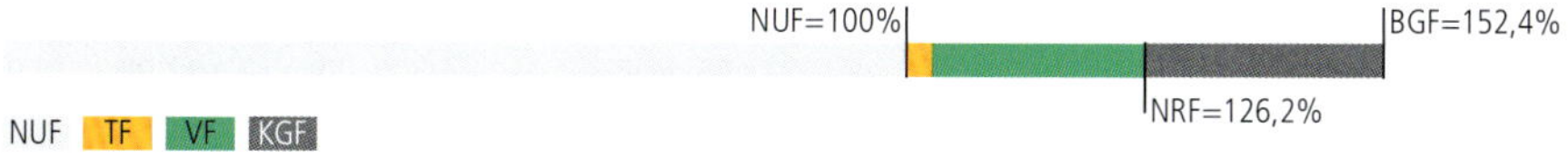

Brutto-Rauminhalt des Bauwerks		Menge Einheit	BRI/NUF (m)	BRI/BGF (m)
BRI	Brutto-Rauminhalt	1.866,17 m³	3,99	2,62

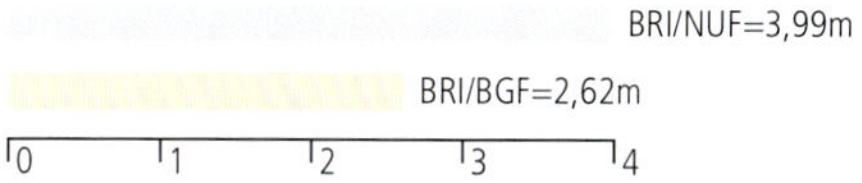

Kostenkennwerte für die Kostengruppen der 1. Ebene DIN 276

KG	Kostengruppen (1. Ebene)	Einheit	Kosten €	€/Einheit	€/m² BGF	€/m³ BRI	% 300+400
100	Grundstück	m² GF	–	–	–	–	–
200	Vorbereitende Maßnahmen	m² GF	–	–	–	–	–
300	Bauwerk – Baukonstruktionen	m² BGF	1.500.789	2.102,98	2.102,98	804,21	78,0
400	Bauwerk – Technische Anlagen	m² BGF	423.041	592,79	592,79	226,69	22,0
	Bauwerk 300+400	**m² BGF**	**1.923.831**	**2.695,76**	**2.695,76**	**1.030,90**	**100,0**
500	Außenanlagen und Freiflächen	m² AF	–	–	–	–	–
600	Ausstattung und Kunstwerke	m² BGF	–	–	–	–	–
700	Baunebenkosten	m² BGF	–	–	–	–	–
800	Finanzierung	m² BGF	–	–	–	–	–

KG	Kostengruppe	Menge Einheit	Kosten €	€/Einheit	%
3+4	**Bauwerk**				**100,0**
300	**Bauwerk – Baukonstruktionen**	713,65 m² BGF	1.500.789	**2.102,98**	78,0

Baugrubenaushub; Stb-Fundamente, Stb-Bodenplatte, Heizestrich, Parkett, Bodenfliesen, Abdichtung, Perimeterdämmung; Mauerwerkswände, Kunststofffenster, Dreifachverglasung, Wärmedämmung, Ziegelfassaden, HPL-Fassaden, Raffstores; Innenmauerwerk, Wandfliesen; Stb-Decken, Stb-Treppen, Heizestrich, Bodenbeschichtung, Estrich, Parkett, Bodenfliesen, Betonwerksteinplatten auf Stelzlager, Cortenstahl-Balkongeländer, Treppengeländer; Stb-Flachdach, Holzbalkendach, Dachausstieg, Dämmung, Abdichtung, Attika, Dachentwässerung

KG	Kostengruppe	Menge Einheit	Kosten €	€/Einheit	%
400	**Bauwerk – Technische Anlagen**	713,65 m² BGF	423.041	**592,79**	22,0

Gebäudeentwässerung, Kalt- und Warmwasserleitungen, Sanitärobjekte; Gas-Brennwerttherme, Solaranlage (15m²), Fußbodenheizung; dezentrale Be- und Entlüftung mit Wärmerückgewinnung, RWA-Anlage; Elektroinstallation, Beleuchtung; Fernseh- und Antennenanlagen, Rauchmelder; Personenaufzug

6100-1724
Wohn- und
Geschäftshaus
(19 WE, 3 GE)

Kostenkennwerte für die Kosten des Bauwerks (Kostengruppen 300+400 nach DIN 276)

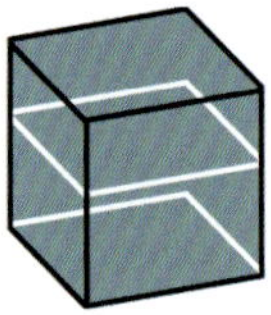

BRI 875 €/m^3

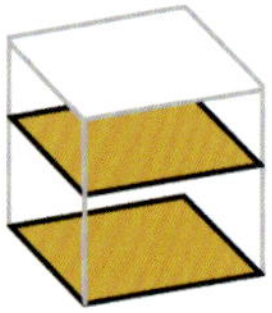

BGF 2.856 €/m^2

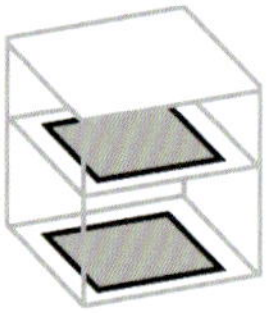

NUF 4.472 €/m^2

Objekt:
Kennwerte: 1.Ebene DIN 276
BRI: 10.617 m^3
BGF: 3.252 m^2
NUF: 2.077 m^2
Bauzeit: 109 Wochen
Bauende: 2021
Standard: hoch
Bundesland: Niedersachsen
Kreis: Hannover, Region

Architekt*in:
k+a architekten
partg mbb bda
Hanomagstraße 9
30449 Hannover

Bauherr*in:
WEG TEG Oheim
Gustav-Bratke-Allee 13
30159 Hannover

© k+a architekten

© k+a architekten

© k+a architekten

Ansicht Nord

Ansicht West

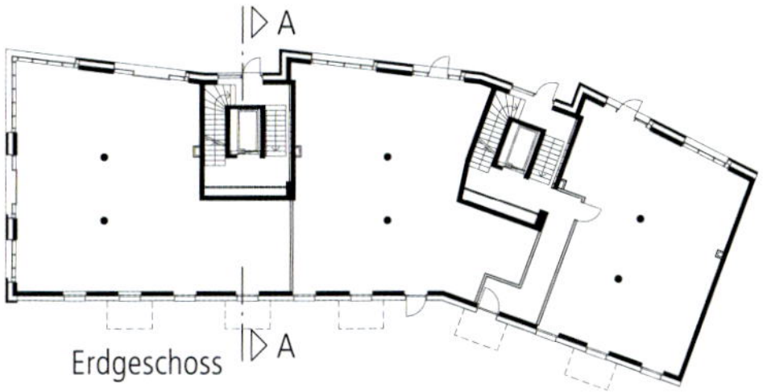

Erdgeschoss

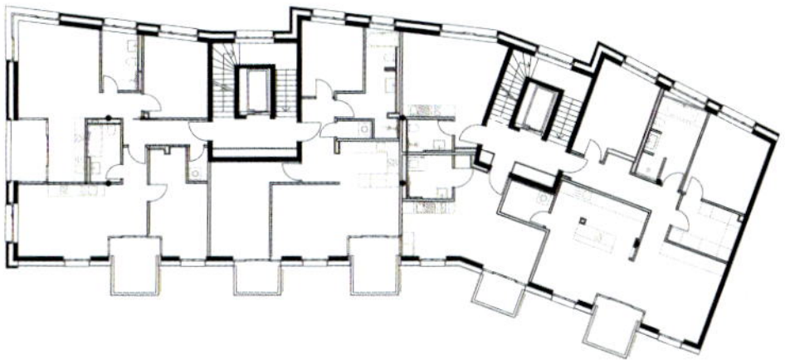

1. Obergeschoss

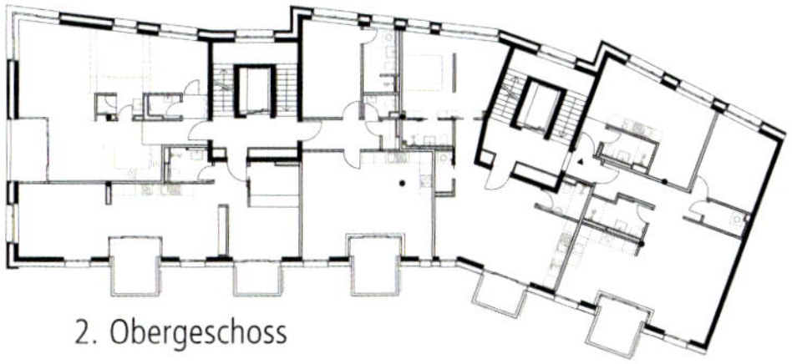

2. Obergeschoss

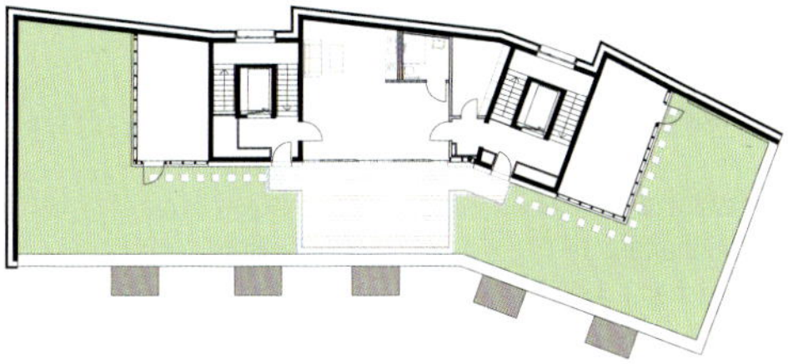

5. Obergeschoss

Ansicht Süd

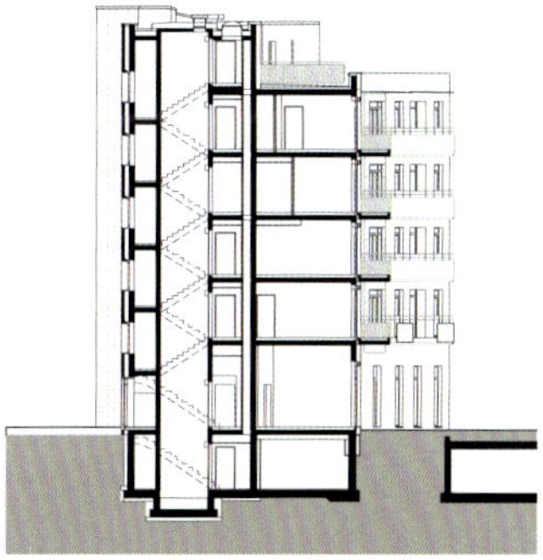

Schnitt A-A

6100-1724
Wohn- und Geschäftshaus
(19 WE, 3 GE)

Objektbeschreibung

Allgemeine Objektinformationen

Das Wohnprojekt in Passivhausbauweise zeichnet sich durch die Besonderheit aus, dass der Bau in Kooperation und enger Abstimmung mit sechs weiteren Wohnprojekten im Quartier geplant wurde. Parallel wurde eine quartiersübergreifende Tiefgarage und die Außenanlagen gemeinschaftlich geplant und ausgeführt. Die Grundrisse unterscheiden sich in jedem Geschoss.

Nutzung

1 Untergeschoss
Abstellräume, Rollstuhlabstellplatz, Waschraum, Fahrradkeller, Fettabscheideraum, Lagerräume Gewerbe, Hausanschlussraum, Fernwärmeraum, Flure, Treppenhäuser, Aufzüge

1 Erdgeschoss
zwei Gewerbeeinheiten, Flure, Treppenhäuser, Aufzüge

4 Obergeschosse
18 WE: Wohn-/Essküchen, Schlafräume, Bäder, WCs, Flure, Abstellräume, Treppenhäuser, Aufzüge, Balkone, Loggien

1 Dachgeschoss
1 WE: Gemeinschaftsraum, Abstellraum, Dachterrasse, Haustechnik Lüftungszentrale

Nutzeinheiten

Arbeitsplätze: 5
Wohneinheiten: 19
Wohnfläche: 1.433 m²

Grundstück

Bauraum: Beengter Bauraum
Neigung: Ebenes Gelände
Bodenklasse: BK 2 bis BK 3

Markt

Hauptvergabezeit: 2. Quartal 2019
Baubeginn: 4. Quartal 2019
Bauende: 4. Quartal 2021
Konjunkturelle Gesamtlage: über Durchschnitt
Regionaler Baumarkt: über Durchschnitt

Baukonstruktion

Das Gebäude gründet auf Bohrpfählen. Es wurde in Massivbauweise in Stahlbeton und KS-Mauerwerk errichtet. Die Balkone und Treppen sind als Fertigteile eingebaut. Die Nordseite ist mit einer Ziegelvorhangfassade verblendet. Die Kunststofffenster sind in Schallschutzklasse V ausgeführt und können mit Vorsatzrollläden verschattet werden. Im Erdgeschoss kam eine Pfosten-Riegelfassade mit Alufenstern zur Ausführung. Das Dach ist intensive begrünt. Im Inneren der Wohnungen ist durch Verzicht auf tragende Wände eine freie Grundrissgestaltung möglich. Die Böden sind mit Parkett und Bodenfliesen belegt.

Technische Anlagen

Das Gebäude wird mit Fernwärme beheizt, wobei wohnungsweise Fernwärmeübergabestationen ausgeführt sind. Zentrale Lüftungsanlagen mit Wärmerückgewinnung sorgen für den Luftwechsel. Es wurden zwei Aufzugsanlagen sowie eine Photovoltaik-Anlage auf dem Dach realisiert.

Sonstiges

Gewinner des Fassadenwettbewerbs war das Büro roedig. schop architekten PartG mbB aus Berlin

Energetische Kennwerte

Gesetzliche Grundlage: EnEV 2013
Gebäudenutzfläche: 1.891,10 m²
Gebäudevolumen: 6.815,80 m³
A/V_e-Verhältnis (Kompaktheit): 0,30 m^{-1}
Hüllfläche des beheizten Volumens: 2.066,00 m²
Spez. Transmissionswärmeverlust: 0,31 W/(m²·K)
Spez. Jahresprimärenergiebedarf: 10,00 kWh/(m²·a)
Spez. Jahresendenergiebedarf: 44,10 kWh/(m²·a)
Spez. Jahresheizwärmebedarf: 14,30 kWh/(m²·a)
CO_2-Emissionen: 11,40 kg/(m²·a)
Anlagenaufwandszahl: 0,25
Differenzdruck-Messverfahren: 0,50 h^{-1}

Planungskennwerte für Flächen und Rauminhalte nach DIN 277

Flächen des Grundstücks		Menge Einheit	% an GF
BF	Bebaute Fläche	508,00 m^2	79,4
UF	Unbebaute Fläche	132,00 m^2	20,6
GF	Grundstücksfläche	640,00 m^2	100,0

Grundflächen des Bauwerks		Menge Einheit	% an NUF	% an BGF
NUF	Nutzungsfläche	2.076,65 m^2	100,0	63,9
TF	Technikfläche	92,00 m^2	4,4	2,8
VF	Verkehrsfläche	477,93 m^2	23,0	14,7
NRF	Netto-Raumfläche	2.646,58 m^2	127,4	81,4
KGF	Konstruktions-Grundfläche	605,41 m^2	29,2	18,6
BGF	Brutto-Grundfläche	3.251,99 m^2	156,6	100,0

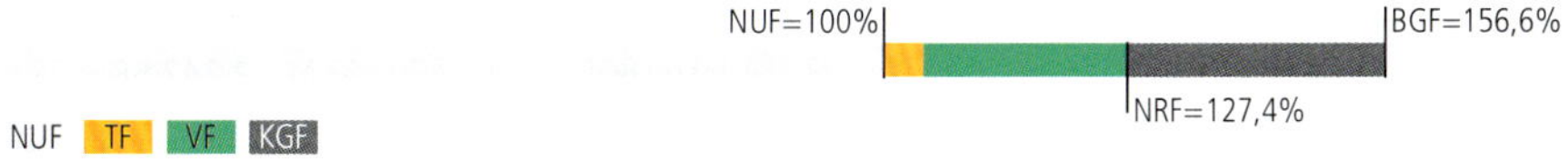

Brutto-Rauminhalt des Bauwerks		Menge Einheit	BRI/NUF (m)	BRI/BGF (m)
BRI	Brutto-Rauminhalt	10.617,00 m^3	5,11	3,27

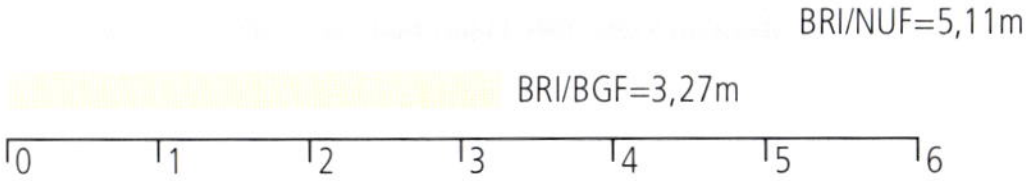

6100-1725
Mehrfamilienhaus
(31 WE)
TG (26 STP)

Kostenkennwerte für die Kosten des Bauwerks (Kostengruppen 300+400 nach DIN 276)

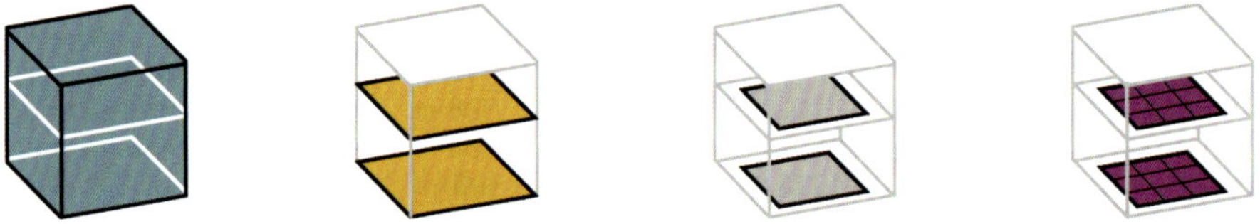

BRI **961 €/m³** | **BGF** **2.835 €/m²** | **NUF** **4.158 €/m²** | **NE** **6.921 €/NE**

NE: Wohnfläche

Objekt:
Kennwerte: 1.Ebene DIN 276
BRI: 7.978 m³
BGF: 2.704 m²
NUF: 1.844 m²
Bauzeit: 83 Wochen
Bauende: 2021
Standard: hoch
Bundesland: Niedersachsen
Kreis: Stade

Architekt*in:
schüch & cassau architekten
bda + beratender Ingenieur
PartGmbB
Cosmaekirchhof 2
21682 Stade

Bauherr*in:
Wohnstätte Stade eG
Teichstraße 51
21680 Stade

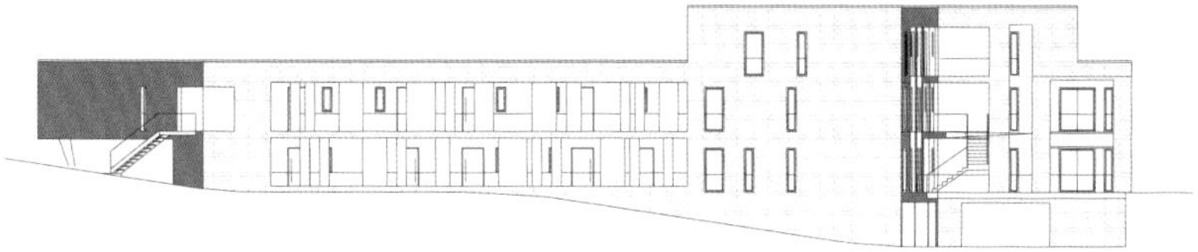

Ansicht Ost

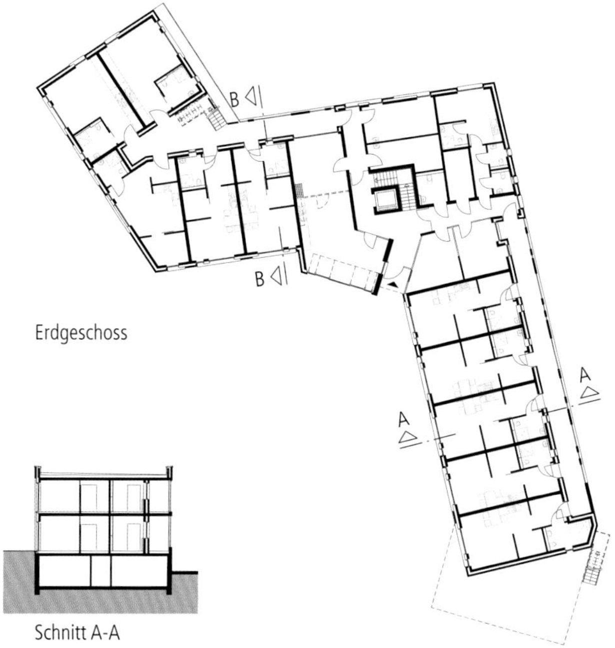

Erdgeschoss

Schnitt A-A

Schnitt B-B

Ansicht Süd

Ansicht West

Objektbeschreibung

Allgemeine Objektinformationen

Das neue Gebäude ist für Menschen mit psychischen Beeinträchtigungen. Flächen und Räume zur integrativen Nutzung sind dabei von besonderer Bedeutung.

Nutzung

1 Untergeschoss
Tiefgarage, Abstellräume, Wasch- und Trockenraum, Wäscheräume, Hausmeister, Fahrradkeller, Rollstühle, Hausanschlussraum, Technikräume

1 Erdgeschoss
Wohn-Essräume mit Schlafbereich, Küchenzeile, Bäder, Multifunktionsräume, Büro, Besprechungsraum, WCs, Lager, Lebensmittelraum, Archiv, Personal

1 Obergeschoss
Wohn-Essräume mit Schlafbereich und Küchenzeile, Bäder, Backoffice-Raum, Pflegebad, Arzneiraum

1 Dachgeschoss
Wohn-Essräume mit Schlafbereich und Küchenzeile, Bäder, Laubengang

Nutzeinheiten

Stellplätze: 26
Wohneinheiten: 31
Wohnfläche: 1.107 m²

Grundstück

Bauraum: Beengter Bauraum
Neigung: Hanglage
Bodenklasse: BK 1 bis BK 4

Markt

Hauptvergabezeit: 1. Quartal 2019
Baubeginn: 3. Quartal 2019
Bauende: 2. Quartal 2021
Konjunkturelle Gesamtlage: Durchschnitt
Regionaler Baumarkt: Durchschnitt

Baukonstruktion

Das Gebäude gründet auf einer Stahlbetonbodenplatte auf Streifenfundamenten. Das massive Tragwerk ist mit zweischaligem Mauerwerk mit zwei unterschiedlichen Verblendsteinen errichtet. Teilweise ist eine HPL-Fassade vorgehängt. Das UG, in dem sich die Tiefgarage befindet, wurde unter Verwendung von Spundwänden an der östlichen und südlichen Gebäudeseite in Sperrbeton ausgeführt. Eine offene Grundwasserhaltung der Baugrube war aufgrund des hohen Wasserstands erforderlich. Die Kunststofffenster sind dreifachverglast und zum Teil mit einer Sonnenschutzverglasung ausgestattet. Die bodentiefen Fensterelemente sind mit Glasgeländern gesichert. Es kamen Innenfenster, Glaswände und eine mobile Trennwand zur Ausführung. Die Stb-Decken wurden mit PVC und Bodenfliesen belegt. Das Stahlbetonflachdach ist auf der Abdichtung bekiest.

Technische Anlagen

Das Gebäude wird über Fernwärme beheizt und erhielt eine Fußbodenheizung. Es ist mit Sicherheitsleuchten einer elektroakustischen Anlage, einer Brandmeldeanlage sowie Notruftelefonen ausgeführt. 31 Einbauküchen sind ebenfalls enthalten. Ein Personenaufzug erschließt die oberen Geschosse barrierefrei.

Energetische Kennwerte

Gesetzliche Grundlage: EnEV 2013
Gebäudenutzfläche: 1.775,00 m²
Gebäudevolumen: 5.546,97 m³
A/V_e-Verhältnis (Kompaktheit): 0,56 m^{-1}
Hüllfläche des beheizten Volumens: 3.088,00 m²
Spez. Transmissionswärmeverlust: 0,36 W/(m²·K)
Spez. Jahresprimärenergiebedarf: 43,76 kWh/(m²·a)
CO_2-Emissionen: 13,80 kg/(m²·a)
Anlagenaufwandszahl: 0,78
Differenzdruck-Messverfahren: 0,60 h^{-1}

Planungskennwerte für Flächen und Rauminhalte nach DIN 277

Flächen des Grundstücks		Menge Einheit	% an GF
BF	Bebaute Fläche	1.877,65 m²	55,5
UF	Unbebaute Fläche	1.503,35 m²	44,5
GF	Grundstücksfläche	3.381,00 m²	100,0

Grundflächen des Bauwerks		Menge Einheit	% an NUF	% an BGF
NUF	Nutzungsfläche	1.843,52 m²	100,0	68,2
TF	Technikfläche	16,69 m²	0,9	0,6
VF	Verkehrsfläche	442,37 m²	24,0	16,4
NRF	Netto-Raumfläche	2.302,58 m²	124,9	85,2
KGF	Konstruktions-Grundfläche	401,10 m²	21,8	14,8
BGF	Brutto-Grundfläche	2.703,68 m²	146,7	100,0

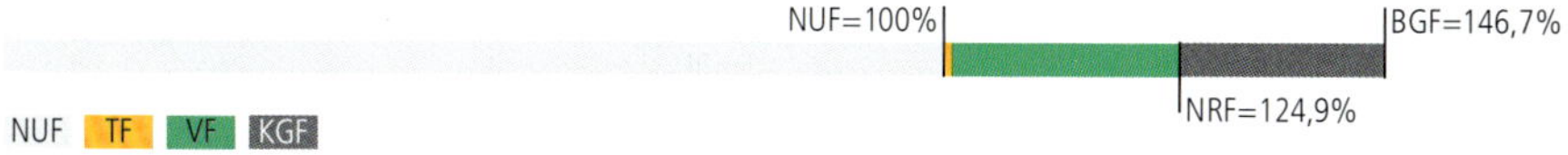

Brutto-Rauminhalt des Bauwerks		Menge Einheit	BRI/NUF (m)	BRI/BGF (m)
BRI	Brutto-Rauminhalt	7.978,09 m³	4,33	2,95

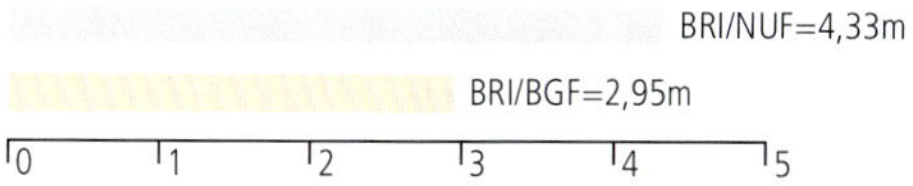

Kostenkennwerte für die Kostengruppen der 1. Ebene DIN 276

KG	Kostengruppen (1. Ebene)	Einheit	Kosten €	€/Einheit	€/m² BGF	€/m³ BRI	% 300+400
100	Grundstück	m² GF	–	–	–	–	–
200	Vorbereitende Maßnahmen	m² GF	509.250	150,62	188,35	63,83	6,6
300	Bauwerk – Baukonstruktionen	m² BGF	5.910.532	2.186,11	2.186,11	740,85	77,1
400	Bauwerk – Technische Anlagen	m² BGF	1.754.293	648,85	648,85	219,89	22,9
	Bauwerk 300+400	**m² BGF**	**7.664.825**	**2.834,96**	**2.834,96**	**960,73**	**100,0**
500	Außenanlagen und Freiflächen	m² AF	519.672	227,39	192,21	65,14	6,8
600	Ausstattung und Kunstwerke	m² BGF	–	–	–	–	–
700	Baunebenkosten	m² BGF	–	–	–	–	–
800	Finanzierung	m² BGF	–	–	–	–	–

KG	Kostengruppe	Menge Einheit	Kosten €	€/Einheit	%
200	**Vorbereitende Maßnahmen**	3.381,00 m² GF	509.250	**150,62**	6,6
3+4	**Bauwerk**				**100,0**
300	**Bauwerk – Baukonstruktionen**	2.703,68 m² BGF	5.910.532	**2.186,11**	77,1

Baugrubenaushub, Spundwände, Wasserhaltung; Stb-Fundamente, Stb-Bodenplatte, Sperrbeton, Heizestrich, Bodenbeschichtung, PVC, Bodenfliesen, Abdichtung, Perimeterdämmung; Stb-Wände, Sperrbeton, Mauerwerkswände, Stb-Stützen, Kunststofffenster, Dreifachverglasung, Sonnenschutzverglasung, Rolltor, Wärmedämmung, Ziegelfassade, HPL-Fassade; Innenmauerwerk, Stb-Wände, GK-Wände, Glaswände, Stb-Stützen, Innenfenster, Wandfliesen, Beschichtung, mobile Trennwand, elementierte Kellertrennwände; Stb-Decken, Stb-Treppen, Stahlaußentreppen, Heizestrich, PVC, Bodenfliesen, abgehängte GK-Decken, Glasgeländer, Treppengeländer; Stb-Flachdach, Oberlichter, Dämmung, Abdichtung, Attika, Kies, Entwässerung, abgehängte GK-Decken, Eingangsüberdachung

KG	Kostengruppe	Menge Einheit	Kosten €	€/Einheit	%
400	**Bauwerk – Technische Anlagen**	2.703,68 m² BGF	1.754.293	**648,85**	22,9

Gebäudeentwässerung, Kalt- und Warmwasserleitungen, Sanitärobjekte; Fernwärmeversorgung, Fußbodenheizung; Einzelraumlüfter, RWA-Anlage; Elektroinstallation, Beleuchtung, Sicherheitsleuchten; elektroakustische Anlagen, Brandmeldeanlage, Rauchmelder, Notruftelefone; Personenaufzug; Feuerlöscher

KG	Kostengruppe	Menge Einheit	Kosten €	€/Einheit	%
500	**Außenanlagen und Freiflächen**	2.285,40 m² AF	519.672	**227,39**	6,8

Oberbodenarbeiten, Bodenarbeiten, Hangsicherungen; Stützmaßnahmen; Wege, Plätze, Terrassen, Stellplätze; Mauern, Zäune, Winkelstützmauern, Treppen, Rampen, Geländer; Oberflächenentwässerung, Wärmeversorgungsleitungen, Außenbeleuchtung; Sitzbänke, Fahrradständer, Pflanzbehälter, Abfallbehälter, Müllplatzeinhausung; Oberbodenauftrag, Böschungssicherungen, Gehölze, Stauden, Bäume, Rasen, Fertigstellungspflege; Abbruchmaßnahmen, Materialentsorgung

6100-1726
Mehrfamilienhaus
(11 WE)

Kostenkennwerte für die Kosten des Bauwerks (Kostengruppen 300+400 nach DIN 276)

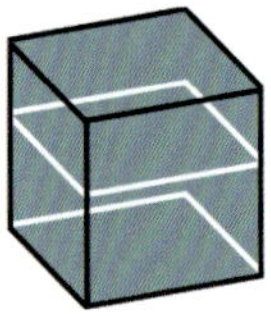

BRI 873 €/m³

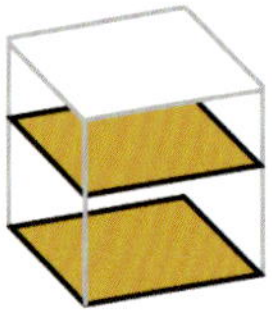

BGF 2.520 €/m²

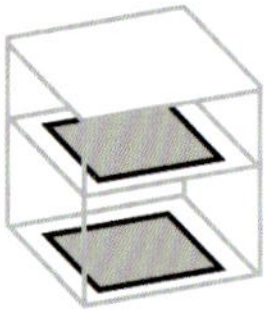

NUF 3.685 €/m²

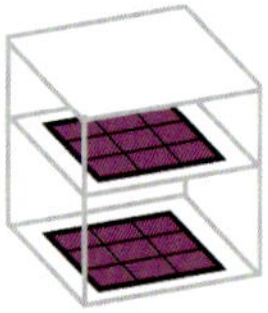

NE 4.353 €/NE

NE: Wohnfläche

Objekt:
Kennwerte: 3.Ebene DIN 276
BRI: 4.284 m³
BGF: 1.484 m²
NUF: 1.015 m²
Bauzeit: 87 Wochen
Bauende: 2023
Standard: hoch
Bundesland: Schleswig-Holstein
Kreis: Ostholstein

Architekt*in:
Architekturbüro Griebel
Eutiner Straße 4a
23738 Lensahn

Bauherr*in:
Gunnar, Sven Schröder
Elisabethstraße 35
23701 Eutin

© Architekturbüro Griebel

© Architekturbüro Griebel

© Architekturbüro Griebel

© Architekturbüro Griebel

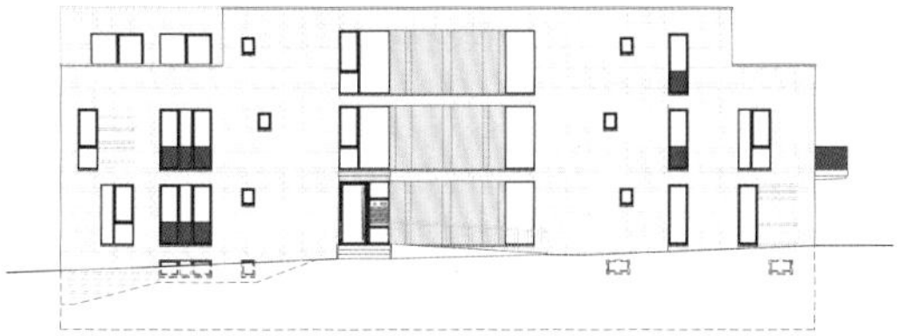

Ansicht Nord-West

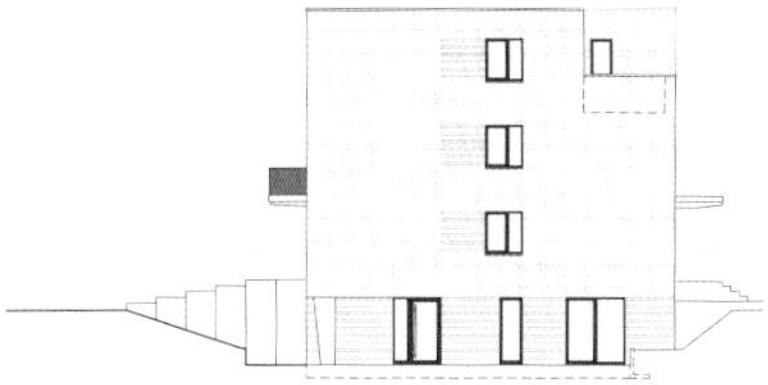

Ansicht Nord-Ost

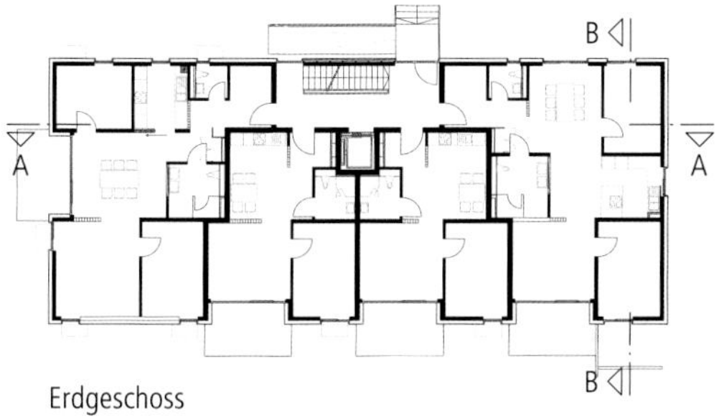

Erdgeschoss

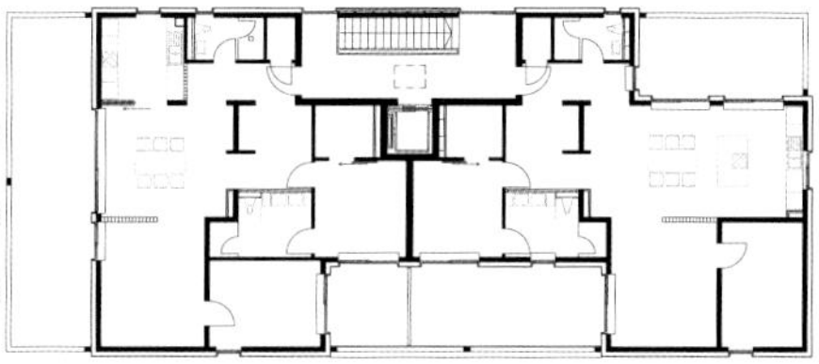

Staffelgeschoss

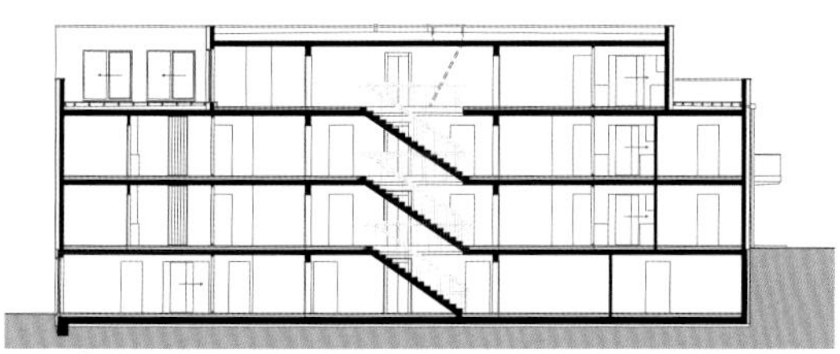

Schnitt A-A

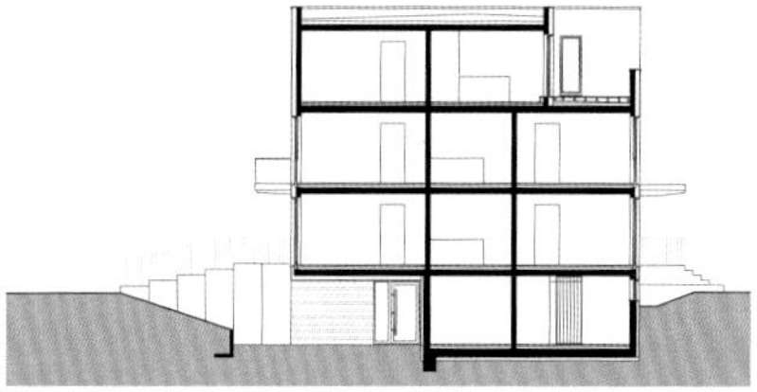

Schnitt B-B

Ansicht Süd-Ost

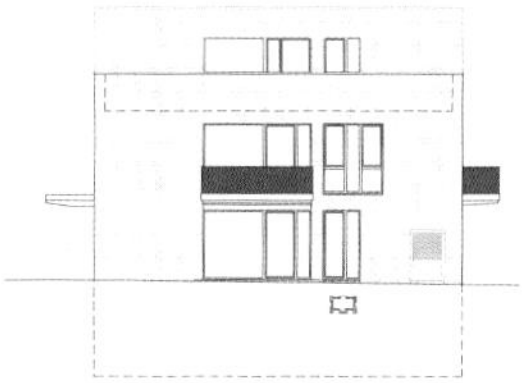

Ansicht Süd-West

Objektbeschreibung

Allgemeine Objektinformationen

Das Mehrfamilienhaus verfügt über insgesamt elf Komfortwohnungen mit Terrassen oder Balkonen und eine Aufzugsanlage. Die zwei Penthousewohnungen haben jeweils zwei großzügige Dachterrassen. Das Gebäude ist vollflächig unterkellert und auf der Hangseite um eine Souterrainwohnung im Untergeschoss ergänzt.

Nutzung

1 Untergeschoss
1 WE: Wohnen, Schlafen, Küche, Bad, Terrassen, Abstellräume, Waschküche, Haustechnik

1 Erdgeschoss
4 WE: Wohn- Essräume, Küchen, Schlafräume, Bäder, WCs, Terrassen

1 Obergeschoss
4 WE: Wohn- Essräume, Küchen, Schlafräume, Bäder, WCs, Balkone

1 Dachgeschoss
2 WE: Wohn- Essräume, Küchen, Schlafräume, Bäder, WCs, Dachterrassen

Nutzeinheiten

Stellplätze: 11
Wohneinheiten: 11
Wohnfläche: 859 m²

Grundstück

Bauraum: Beengter Bauraum
Neigung: Geneigtes Gelände
Bodenklasse: BK 1 bis BK 4

Markt

Hauptvergabezeit: 4. Quartal 2021
Baubeginn: 1. Quartal 2022
Bauende: 4. Quartal 2023
Konjunkturelle Gesamtlage: über Durchschnitt
Regionaler Baumarkt: unter Durchschnitt

Baukonstruktion

Das Objekt ist als konventioneller Massivbau in Kalksandsteinbauweise mit außenliegendem Wärmedämmverbundsystem und Flachverblendern errichtet. Gegründet ist das Gebäude auf einer Stahlbetonfundamentplatte. Die Kellerwände bestehen aus Stahlbeton-Fertigteilen. Sowohl die Geschossdecken als auch das Flachdach sind als Elementdecken mit Aufbeton ausgeführt. Die farbigen, bodentiefen Kunststofffenster sind mit einer Dreifachverglasung ausgestattet und können mit Raffstores verschattet werden. Die Böden sind mit hochwertigem Parkett und Fliesen belegt.

Technische Anlagen

Das Gebäude wird mittels einer Gas-Hybrid-Wärmepumpe mit Wärme versorgt. Eine Fußbodenheizung verteilt die Heizwärme in den Räumen. Die Be- und Entlüftung erfolgt über dezentrale Abluftgeräte ohne Wärmerückgewinnung und Nachströmungsöffnungen über Fenster-Falzlüfter. Ein Personenaufzug erschließt die Geschosse barrierefrei.

Sonstiges

Im Außenbereich sind elf Stellplätze angelegt, der Eingangsbereich ist mit einer Rampe ausgestattet, die eine barrierefreie Erschließung ermöglicht.

Energetische Kennwerte

Gesetzliche Grundlage: GEG 2020
Gebäudenutzfläche: 1.049,40 m²
Gebäudevolumen: 3.279,35 m³
A/V_e-Verhältnis (Kompaktheit): 0,50 m^{-1}
Hüllfläche des beheizten Volumens: 1.656,04 m²
Spez. Transmissionswärmeverlust: 0,29 W/(m²·K)
Spez. Jahresprimärenergiebedarf: 29,57 kWh/(m²·a)
Spez. Jahresendenergiebedarf: 19,00 kWh/(m²·a)

Planungskennwerte für Flächen und Rauminhalte nach DIN 277

Flächen des Grundstücks		Menge Einheit	% an GF
BF	Bebaute Fläche	395,00 m²	38,2
UF	Unbebaute Fläche	639,00 m²	61,8
GF	Grundstücksfläche	1.034,00 m²	100,0

Grundflächen des Bauwerks		Menge Einheit	% an NUF	% an BGF
NUF	Nutzungsfläche	1.014,92 m²	100,0	68,4
TF	Technikfläche	25,58 m²	2,5	1,7
VF	Verkehrsfläche	199,92 m²	19,7	13,5
NRF	Netto-Raumfläche	1.240,42 m²	122,2	83,6
KGF	Konstruktions-Grundfläche	243,58 m²	24,0	16,4
BGF	Brutto-Grundfläche	1.484,00 m²	146,2	100,0

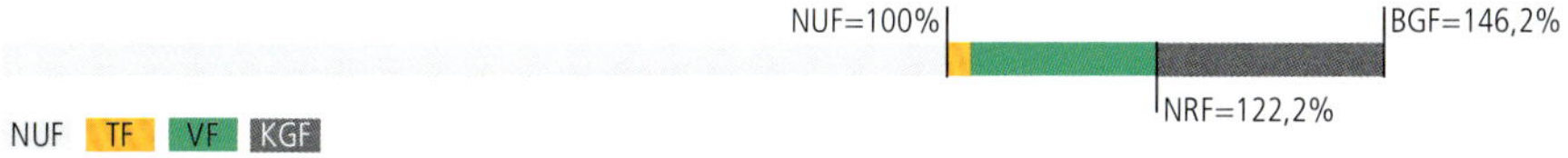

Brutto-Rauminhalt des Bauwerks		Menge Einheit	BRI/NUF (m)	BRI/BGF (m)
BRI	Brutto-Rauminhalt	4.284,00 m³	4,22	2,89

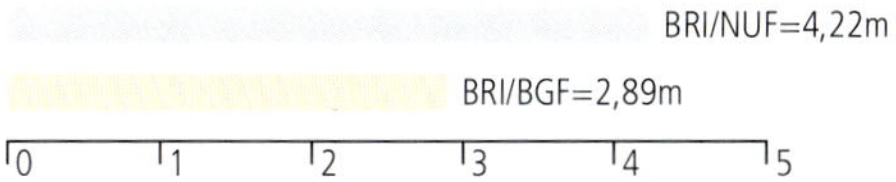

Lufttechnisch behandelte Flächen	Menge Einheit	% an NUF	% an BGF
Entlüftete Fläche	–	–	–
Be- und entlüftete Fläche	–	–	–
Teilklimatisierte Fläche	–	–	–
Klimatisierte Fläche	–	–	–

KG	Kostengruppen (2. Ebene)	Menge Einheit	Menge/NUF	Menge/BGF
310	Baugrube / Erdbau	1.742,20 m³ BGI	1,72	1,17
320	Gründung, Unterbau	347,00 m² GRF	0,34	0,23
330	Außenwände/Vertikale Baukonstruktionen, außen	949,22 m² AWF	0,94	0,64
340	Innenwände/Vertikale Baukonstruktionen, innen	1.622,72 m² IWF	1,60	1,09
350	Decken/Horizontale Baukonstruktionen	974,40 m² DEF	0,96	0,66
360	Dächer	377,36 m² DAF	0,37	0,25

Kostenkennwerte für die Kostengruppen der 1. Ebene DIN 276

KG	Kostengruppen (1. Ebene)	Einheit	Kosten €	€/Einheit	€/m² BGF	€/m³ BRI	% 300+400
100	Grundstück	m² GF	–	–	–	–	–
200	Vorbereitende Maßnahmen	m² GF	70.435	68,12	47,46	16,44	1,9
300	Bauwerk – Baukonstruktionen	m² BGF	2.824.151	1.903,07	1.903,07	659,23	75,5
400	Bauwerk – Technische Anlagen	m² BGF	915.363	616,82	616,82	213,67	24,5
	Bauwerk 300+400	**m² BGF**	**3.739.515**	**2.519,89**	**2.519,89**	**872,90**	**100,0**
500	Außenanlagen und Freiflächen	m² AF	261.064	408,55	175,92	60,94	7,0
600	Ausstattung und Kunstwerke	m² BGF	43.320	29,19	29,19	10,11	1,2
700	Baunebenkosten	m² BGF	–	–	–	–	–
800	Finanzierung	m² BGF	–	–	–	–	–

KG	Kostengruppe	Menge Einheit	Kosten €	€/Einheit	%
200	**Vorbereitende Maßnahmen**	1.034,00 m² GF	70.435	**68,12**	1,9

Abbruch von Wohnhaus, Garage, Pflasterflächen, Inventar; Oberbodenabtrag, Wurzelstöcke, Bäume, Gehölz roden; Hausanschlüsse Wasser, Gas, Strom

KG	Kostengruppe	Menge Einheit	Kosten €	€/Einheit	%
3+4	**Bauwerk**				**100,0**
300	**Bauwerk – Baukonstruktionen**	1.484,00 m² BGF	2.824.151	**1.903,07**	75,5

Bodenaustausch, Kiessand, Stb-Flachgründung, Zementestrich, Bodenbeschichtung, Perimeterdämmung, Dränage; Stb-Wände, KS-Mauerwerk, Stb-Stützen, Kunststofffenster, Alutüren, Dämmung, Klinkerriemchen-, Faserzementbekleidung, Raffstores; Porenbeton-Mauerwerk, Holztrennwände, Innentüren, Innenputz, Beschichtung, Wandfliesen, Dämmung, Holzverschläge; Stb-Elementdecken, Stb-Balkone, Stb-Treppen, Heizestrich, Parkett, Bodenfliesen, Deckendämmung, Silikonharzputz, Beschichtung, Geländer; Elementflachdächer, Flachdachausstieg, Tageslichtspots, Gefälledämmung, Dachabdichtung, Terrassenbeläge, Dachentwässerung; Einbauküchen

KG	Kostengruppe	Menge Einheit	Kosten €	€/Einheit	%
400	**Bauwerk – Technische Anlagen**	1.484,00 m² BGF	915.363	**616,82**	24,5

Gebäudeentwässerung, Hebeanlage, Kalt- und Warmwasserleitungen, Sanitärobjekte; Luft-Wasser-Wärmepumpe, Gas-Brennwertgerät, Fußbodenheizung, Heizkörper, Abgasanlage; RWA-Anlage, Einzelraumlüfter, Lüftungsrohre; Elektroinstallation, Datennetzwerk, Beleuchtung; Video-Gegensprechanlage, Multimediaverteiler; Personenaufzug

KG	Kostengruppe	Menge Einheit	Kosten €	€/Einheit	%
500	**Außenanlagen und Freiflächen**	639,00 m² AF	261.064	**408,55**	7,0

Bodenarbeiten; Pflaster, Terrassenplatten, Traufstreifen; Doppelstabmattenzaun, Winkelstützwände, L-Winkelsteine, Außentreppen; Oberflächenentwässerung, Elektroverkabelung; Verkehrsschild; Bepflanzungen; Abbruch von Bestandsmauer, Gehweg

KG	Kostengruppe	Menge Einheit	Kosten €	€/Einheit	%
600	**Ausstattung und Kunstwerke**	1.484,00 m² BGF	43.320	**29,19**	1,2

Duschabtrennungen, Spiegel

Kostenkennwerte für die Kostengruppen 300 der 2. und 3. Ebene DIN 276 (Übersicht)

KG	Kostengruppe	Menge Einheit	Kosten €	€/Einheit	% an 3+4
300	**Bauwerk – Baukonstruktionen**	**1.484,00 m² BGF**	**2.824.151,12**	**1.903,07**	**75,5**
310	**Baugrube / Erdbau**	**1.742,20 m³ BGI**	**93.697,53**	**53,78**	**2,5**
311	Herstellung	1.742,20 m³ BGI	84.631,21	48,58	2,3
312	Umschließung	–	–	–	–
313	Wasserhaltung	1.742,20 m³	9.066,30	5,20	0,2
314	Vortrieb	–	–	–	–
319	Sonstiges zur KG 310	–	–	–	–
320	**Gründung, Unterbau**	**347,00 m² GRF**	**176.765,65**	**509,41**	**4,7**
321	Baugrundverbesserung	347,00 m²	17.084,39	49,23	0,5
322	Flachgründungen und Bodenplatten	347,00 m²	75.491,69	217,56	2,0
323	Tiefgründungen	–	–	–	–
324	Gründungsbeläge	295,75 m²	67.268,29	227,45	1,8
325	Abdichtungen und Bekleidungen	374,00 m²	11.130,89	29,76	0,3
326	Dränagen	347,00 m² GRF	5.790,41	16,69	0,2
329	Sonstiges zur KG 320	–	–	–	–
330	**Außenwände/Vert. Baukonstrukt., außen**	**949,22 m² AWF**	**720.705,62**	**759,26**	**19,3**
331	Tragende Außenwände	655,70 m²	131.148,12	200,01	3,5
332	Nichttragende Außenwände	78,54 m²	17.972,14	228,83	0,5
333	Außenstützen	10,65 m	3.180,40	298,63	< 0,1
334	Außenwandöffnungen	214,98 m²	163.914,34	762,46	4,4
335	Außenwandbekleidungen, außen	894,12 m²	333.700,47	373,22	8,9
336	Außenwandbekleidungen, innen	576,39 m²	41.492,13	71,99	1,1
337	Element. Außenwandkonstruktionen	–	–	–	–
338	Lichtschutz zur KG 330	27,64 m²	13.478,08	487,63	0,4
339	Sonstiges zur KG 330	949,22 m² AWF	15.819,93	16,67	0,4
340	**Innenwände/Vert. Baukonstrukt., innen**	**1.622,72 m² IWF**	**496.804,69**	**306,16**	**13,3**
341	Tragende Innenwände	908,71 m²	146.807,33	161,56	3,9
342	Nichttragende Innenwände	501,81 m²	77.236,18	153,92	2,1
343	Innenstützen	2,60 m	2.215,32	852,05	< 0,1
344	Innenwandöffnungen	128,64 m²	82.127,40	638,43	2,2
345	Innenwandbekleidungen	2.479,84 m²	180.693,59	72,87	4,8
346	Elementierte Innenwandkonstruktionen	83,56 m²	7.724,89	92,45	0,2
347	Lichtschutz zur KG 340	–	–	–	–
349	Sonstiges zur KG 340	–	–	–	–
350	**Decken/Horizontale Baukonstruktionen**	**974,40 m² DEF**	**683.388,73**	**701,34**	**18,3**
351	Deckenkonstruktionen	974,40 m²	312.796,31	321,01	8,4
352	Deckenöffnungen	–	–	–	–
353	Deckenbeläge	826,84 m²	223.927,13	270,82	6,0
354	Deckenbekleidungen	795,91 m²	61.766,22	77,60	1,7
355	Elementierte Deckenkonstruktionen	–	–	–	–
359	Sonstiges zur KG 350	974,40 m² DEF	84.899,08	87,13	2,3
360	**Dächer**	**377,36 m² DAF**	**337.115,15**	**893,35**	**9,0**
361	Dachkonstruktionen	357,00 m²	90.884,66	254,58	2,4
362	Dachöffnungen	1,66 m²	17.500,49	10.542,46	0,5
363	Dachbeläge	377,36 m²	216.650,67	574,12	5,8
364	Dachbekleidungen	296,97 m²	10.833,94	36,48	0,3
365	Elementierte Dachkonstruktionen	–	–	–	–
366	Lichtschutz zur KG 360	–	–	–	–
369	Sonstiges zur KG 360	377,36 m² DAF	1.245,37	3,30	< 0,1
370	**Infrastrukturanlagen**	**–**	**–**	**–**	**–**
380	**Baukonstruktive Einbauten**	**1.484,00 m² BGF**	**125.810,17**	**84,78**	**3,4**
390	**Sonst. Maßnahmen für Baukonstrukt.**	**1.484,00 m² BGF**	**189.863,58**	**127,94**	**5,1**

Kostenstand: 2. Quartal 2025, Bundesdurchschnitt, **inkl. 19% MwSt.**

Kostenkennwerte für die Kostengruppen 400 der 2. und 3. Ebene DIN 276 (Übersicht)

KG	Kostengruppe	Menge Einheit	Kosten €	€/Einheit	% an 3+4
400	**Bauwerk – Technische Anlagen**	**1.484,00 m²BGF**	**915.363,45**	**616,82**	**24,5**
410	**Abwasser-, Wasser-, Gasanlagen**	**1.484,00 m²BGF**	**274.520,81**	**184,99**	**7,3**
411	Abwasseranlagen	1.484,00 m²BGF	56.913,44	38,35	1,5
412	Wasseranlagen	1.484,00 m²BGF	215.325,77	145,10	5,8
413	Gasanlagen	–	–	–	–
419	Sonstiges zur KG 410	1.484,00 m²BGF	2.281,61	1,54	< 0,1
420	**Wärmeversorgungsanlagen**	**1.484,00 m²BGF**	**254.011,11**	**171,17**	**6,8**
421	Wärmeerzeugungsanlagen	1.484,00 m²BGF	76.543,81	51,58	2,0
422	Wärmeverteilnetze	1.484,00 m²BGF	46.290,96	31,19	1,2
423	Raumheizflächen	1.484,00 m²BGF	127.837,92	86,14	3,4
424	Verkehrsheizflächen	–	–	–	–
429	Sonstiges zur KG 420	1.484,00 m²BGF	3.338,42	2,25	< 0,1
430	**Raumlufttechnische Anlagen**	**1.484,00 m²BGF**	**39.076,06**	**26,33**	**1,0**
431	Lüftungsanlagen	1.484,00 m²BGF	39.076,06	26,33	1,0
432	Teilklimaanlagen	–	–	–	–
433	Klimaanlagen	–	–	–	–
434	Kälteanlagen	–	–	–	–
439	Sonstiges zur KG 430	–	–	–	–
440	**Elektrische Anlagen**	**1.484,00 m²BGF**	**250.414,37**	**168,74**	**6,7**
441	Hoch- und Mittelspannungsanlagen	–	–	–	–
442	Eigenstromversorgungsanlagen	–	–	–	–
443	Niederspannungsschaltanlagen	–	–	–	–
444	Niederspannungsinstallationsanlagen	1.484,00 m²BGF	220.955,70	148,89	5,9
445	Beleuchtungsanlagen	1.484,00 m²BGF	29.458,67	19,85	0,8
446	Blitzschutz- und Erdungsanlagen	–	–	–	–
447	Fahrleitungssysteme	–	–	–	–
449	Sonstiges zur KG 440	–	–	–	–
450	**Kommunikationstechnische Anlagen**	**1.484,00 m²BGF**	**31.303,77**	**21,09**	**0,8**
451	Telekommunikationsanlagen	–	–	–	–
452	Such- und Signalanlagen	1.484,00 m²BGF	23.269,39	15,68	0,6
453	Zeitdienstanlagen	–	–	–	–
454	Elektroakustische Anlagen	–	–	–	–
455	Audiovisuelle Medien- u. Antennenanl.	1.484,00 m²BGF	8.034,37	5,41	0,2
456	Gefahrenmelde- und Alarmanlagen	–	–	–	–
457	Datenübertragungsnetze	–	–	–	–
458	Verkehrsbeeinflussungsanlagen	–	–	–	–
459	Sonstiges zur KG 450	–	–	–	–
460	**Förderanlagen**	**1.484,00 m²BGF**	**48.740,09**	**32,84**	**1,3**
461	Aufzugsanlagen	1.484,00 m²BGF	48.740,09	32,84	1,3
462	Fahrtreppen, Fahrsteige	–	–	–	–
463	Befahranlagen	–	–	–	–
464	Transportanlagen	–	–	–	–
465	Krananlagen	–	–	–	–
466	Hydraulikanlagen	–	–	–	–
469	Sonstiges zur KG 460	–	–	–	–
470	**Nutzungsspez. u. verfahrenstechn. Anl.**	**–**	**–**	**–**	**–**
480	**Gebäude- und Anlagenautomation**	**–**	**–**	**–**	**–**
490	**Sonst. Maßnahmen für techn. Anlagen**	**1.484,00 m²BGF**	**17.297,24**	**11,66**	**0,5**

Kostenkennwerte für Leistungsbereiche nach STLB (Kosten des Bauwerks nach DIN 276)

LB	Leistungsbereiche	Kosten €	€/m² BGF	€/m³ BRI	% an 3+4
000	Baustellen-, Verkehrssich.- u. Sicherh.einr. inkl. 001	183.823	123,90	42,90	4,9
002	Erdarbeiten	102.550	69,10	23,90	2,7
006	Spezialtiefbauarbeiten inkl. 005	–	–	–	–
009	Entwässerungskanalarbeiten inkl. 011	–	–	–	–
010	Drän- und Versickerarbeiten	14.857	10,00	3,50	0,4
012	Mauerarbeiten	380.364	256,30	88,80	10,2
013	Betonarbeiten	658.335	443,60	153,70	17,6
014	Natur-, Betonwerksteinarbeiten	–	–	–	–
016	Zimmer- und Holzbauarbeiten	–	–	–	–
017	Stahlbauarbeiten	–	–	–	–
018	Abdichtungsarbeiten	46.989	31,70	11,00	1,3
019	Kampfmittelräumarbeiten	–	–	–	–
020	Dachdeckungsarbeiten	–	–	–	–
021	Dachabdichtungsarbeiten	181.455	122,30	42,40	4,9
022	Klempnerarbeiten	54.546	36,80	12,70	1,5
	Rohbau	**1.622.919**	**1.093,60**	**378,80**	**43,4**
023	Putz- und Stuckarbeiten, Wärmedämmsysteme	207.275	139,70	48,40	5,5
024	Fliesen- und Plattenarbeiten	126.816	85,50	29,60	3,4
025	Estricharbeiten	54.596	36,80	12,70	1,5
026	Fenster, Außentüren inkl. 029, 032	211.921	142,80	49,50	5,7
027	Tischlerarbeiten	249.063	167,80	58,10	6,7
028	Parkett-, Holzpflasterarbeiten	–	–	–	–
030	Rollladenarbeiten	13.478	9,10	3,10	0,4
031	Metallbauarbeiten inkl. 035	49.924	33,60	11,70	1,3
034	Maler- und Lackiererarb. – Beschicht. inkl. 037	119.285	80,40	27,80	3,2
036	Bodenbelagarbeiten	108.666	73,20	25,40	2,9
038	Vorgehängte hinterlüftete Fassaden	22.045	14,90	5,10	0,6
039	Trockenbauarbeiten	32.222	21,70	7,50	0,9
	Ausbau	**1.195.291**	**805,50**	**279,00**	**32,0**
040	Wärmeversorgungsanl. – Betriebseinr. inkl. 041	240.946	162,40	56,20	6,4
042	Gas- u. Wasseranl. – Leitung., Armat. inkl. 043	94.783	63,90	22,10	2,5
044	Abwasseranl. – Leitungen, Abläufe, Armaturen	32.806	22,10	7,70	0,9
045	Gas, Wasser, Entwässerung – Ausstattung inkl. 046	133.975	90,30	31,30	3,6
047	Dämm- und Brandschutzarb. an techn. Anlagen	40.065	27,00	9,40	1,1
049	Feuerlöschanlagen, Feuerlöschgeräte	–	–	–	–
050	Blitzschutz-/Erdungsanlagen, Überspannungssch.	–	–	–	–
053	Niederspannungsanl. – Kabel inkl. 052, 054	219.121	147,70	51,10	5,9
055	Sicherheits- u. Ersatzstromversorgungsanl.	–	–	–	–
057	Gebäudesystemtechnik	–	–	–	–
058	Leuchten und Lampen inkl. 059	29.459	19,90	6,90	0,8
060	Such, Signal, Zeit, Anten., akust. Anl. inkl. 064	31.304	21,10	7,30	0,8
061	Kommunikations- u. Übertragungsnetze inkl. 063	–	–	–	–
069	Aufzüge	48.740	32,80	11,40	1,3
070	Gebäudeautomation	–	–	–	–
075	Raumlufttechnische Anlagen inkl. 078	39.076	26,30	9,10	1,0
	Gebäudetechnik	**910.275**	**613,40**	**212,50**	**24,3**
084	Abbruch, Rückbau, Schadstoffsanierung	–	–	–	–
	Abbrucharbeiten	**–**	**–**	**–**	**–**
	Sonstige Leistungsbereiche	**11.029**	**7,40**	**2,60**	**0,3**

6100-1728
Einfamilienhaus
Büro

Kostenkennwerte für die Kosten des Bauwerks (Kostengruppen 300+400 nach DIN 276)

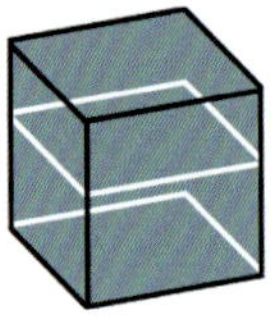

BRI 482 €/m³

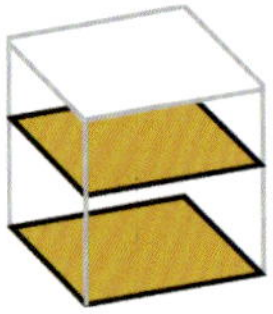

BGF 1.644 €/m²

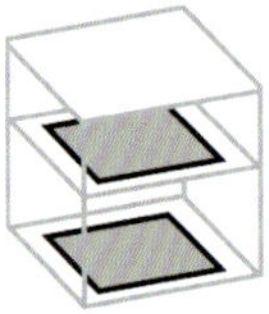

NUF 2.187 €/m²

Objekt:
Kennwerte: 1.Ebene DIN 276
BRI: 1.585 m³
BGF: 465 m²
NUF: 350 m²
Bauzeit: 74 Wochen
Bauende: 2022
Standard: hoch
Bundesland: Bayern
Kreis: Dingolfing-Landau

Architekt*in:
Eichenseher Architektur
+ Stadtplanung
Kirchenweg 4
84183 Niederviehbach

© Eichenseher Architektur + Stadtplanung

© Eichenseher Architektur + Stadtplanung

© Eichenseher

© Eichenseher Architektur + Stadtplanung

© Eichenseher

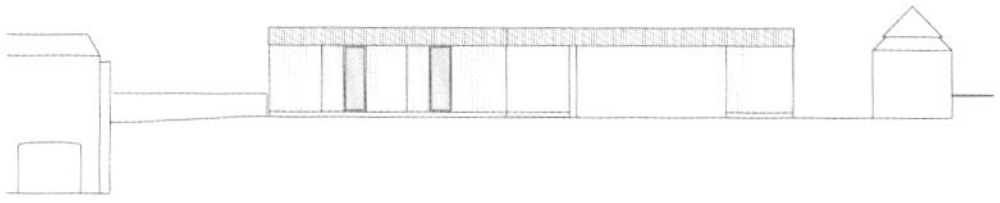

Ansicht Nord

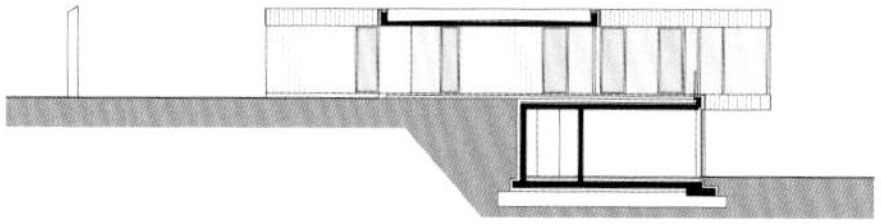

Ansicht Ost

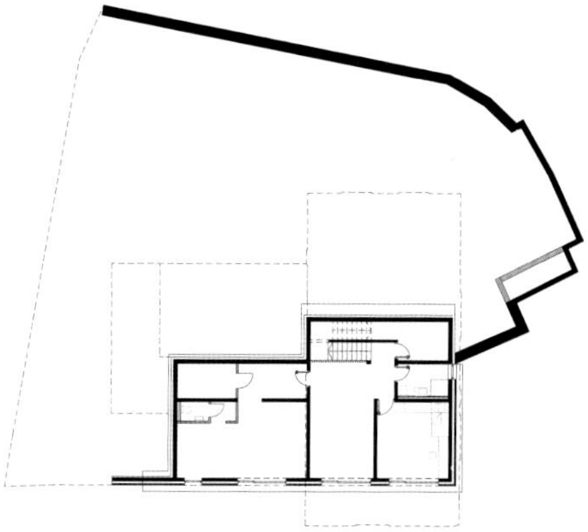

Untergeschoss

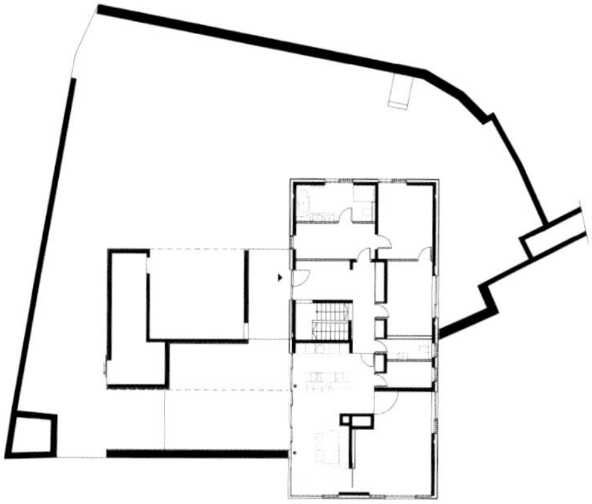

Erdgeschoss

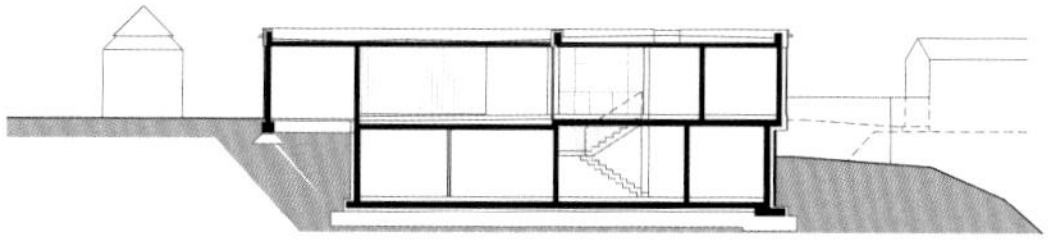

Schnitt A-A

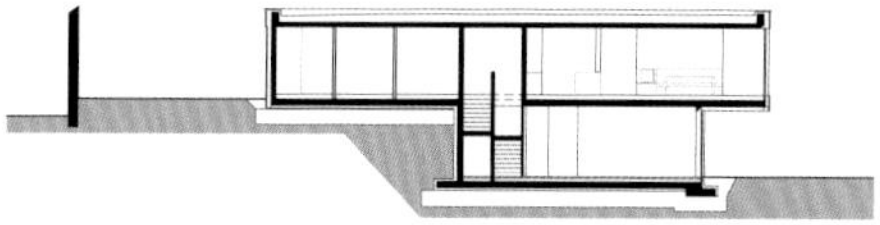

Schnitt B-B

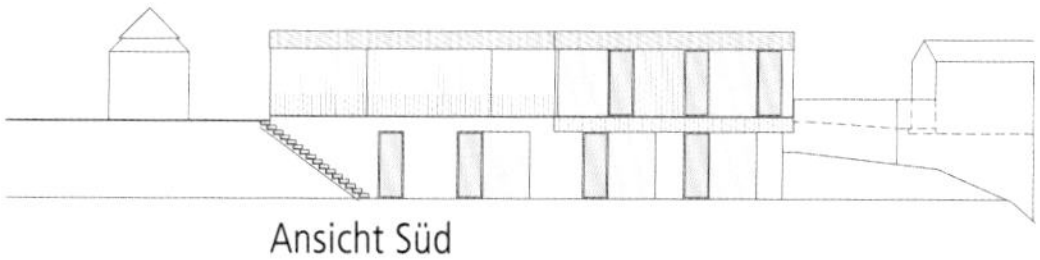

Ansicht Süd

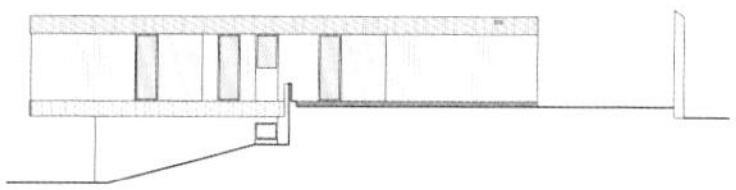

Ansicht West

Objektbeschreibung

Allgemeine Objektinformationen

Der Entwurf des Neubaus ist geprägt von der topographischen Hanglage. Die Zweigeschossigkeit tritt nur talseitig zum Vorschein, hangseitig ist das Gebäude lediglich eingeschossig. Die Grundidee war, das Geschoss, das im Erdreich steckt, massiv wirken zu lassen. Aus konstruktiven Gründen wurde deshalb hier eine Fassade aus Glattputz gewählt. Das darüberliegende Geschoss sollte sich durch Farbe und Material bewusst vom Untergeschoss abheben. Deshalb wurde die hinterlüftete Holzfassade aus sibirischer Lärche graphitfarben beschichtet. Zusätzlich wird dieses Bestreben durch die Auskragung des Obergeschosses unterstrichen.

Nutzung

1 Untergeschoss
Wohnraum, Schlafraum, Büro, WC, Bad, Abstellräume, Technik, Treppe

1 Erdgeschoss
Eingang, Schlafräume, Ankleidezimmer, WC, Bad, Wohnraum, Essen/Küche, Speisekammer, Flur, Treppe, Terrasse, Carport, Abstellraum

Nutzeinheiten

Bürofläche: 49 m^2
Wohneinheiten: 1
Wohnfläche: 200 m^2

Grundstück

Bauraum: Freier Bauraum
Neigung: Hanglage
Bodenklasse: BK 3 bis BK 5

Markt

Hauptvergabezeit: 3. Quartal 2020
Baubeginn: 2. Quartal 2021
Bauende: 3. Quartal 2022
Konjunkturelle Gesamtlage: Durchschnitt
Regionaler Baumarkt: unter Durchschnitt

Baukonstruktion

Bei dem gesamten Objekt handelt es sich um eine reine Ortbetonkonstruktion. Gegründet ist der Baukörper auf Streifenfundamenten und einer Stb-Bodenplatte. Alle tragenden Wänden bestehen ausschließlich aus Sichtbeton, teilweise gestockt, nichttragende Wände, in denen Installationen geführt sind, aus Trockenbau. Sämtliche Decken wurden ebenfalls in Sichtbeton ausgeführt. Lediglich die Faltwerktreppe innen ist aus einem Fertigteil hergestellt. Das Flachdach ist extensiv begrünt. Die raumhohen Fensterelemente bestehen aus Eichenholz-Alufenstern, sind dreifachverglast und mit einem innenliegenden Sonnenschutz ausgestattet. Im Gegensatz zum Untergeschoss, dessen Fassade mit einem Wärmedämmverbundsystem bekleidet ist, wurde das Erdgeschoss mit einer vorgehängten Fassade aus sibirischer Lärche bestückt. Die Böden sind mit Sichtbetonestrich belegt. In den Wohnräumen ist Parkettboden verlegt, in den Bädern kamen großformatige Fliesen zum Einsatz.

Technische Anlagen

Das Gebäude ist an das örtliche Biomasse-Nahwärmenetz angeschlossen. Die Verteilung der Heizwärme erfolgt über eine Fußbodenheizung. Auf technisierte Be- und Entlüftung wurde bewusst verzichtet.

Sonstiges

Das Gebäude wurde als KfW-Effizienzhaus 55 nach EnEV 2016 realisiert.

Energetische Kennwerte

Spez. Transmissionswärmeverlust: 0,27 W/(m^2·K)
Spez. Jahresprimärenergiebedarf: 20,00 kWh/(m^2·a)
Spez. Jahresendenergiebedarf: 78,00 kWh/(m^2·a)
CO_2-Emissionen: 5,50 kg/(m^2·a)

Planungskennwerte für Flächen und Rauminhalte nach DIN 277

Flächen des Grundstücks		Menge Einheit	% an GF
BF	Bebaute Fläche	317,41 m2	13,1
UF	Unbebaute Fläche	2.098,59 m2	86,9
GF	Grundstücksfläche	2.416,00 m2	100,0

Grundflächen des Bauwerks		Menge Einheit	% an NUF	% an BGF
NUF	Nutzungsfläche	349,55 m2	100,0	75,2
TF	Technikfläche	12,30 m2	3,5	2,6
VF	Verkehrsfläche	19,60 m2	5,6	4,2
NRF	Netto-Raumfläche	381,45 m2	109,1	82,0
KGF	Konstruktions-Grundfläche	83,64 m2	23,9	18,0
BGF	Brutto-Grundfläche	465,09 m2	133,1	100,0

Brutto-Rauminhalt des Bauwerks		Menge Einheit	BRI/NUF (m)	BRI/BGF (m)
BRI	Brutto-Rauminhalt	1.584,99 m3	4,53	3,41

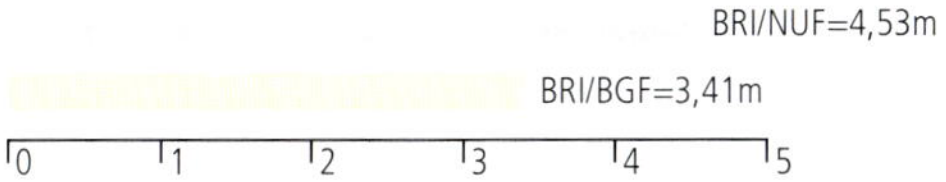

6100-1729
Mehrfamilienhaus
(29 WE)

Kostenkennwerte für die Kosten des Bauwerks (Kostengruppen 300+400 nach DIN 276)

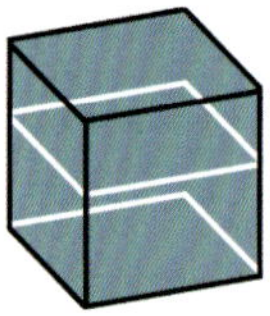

BRI 544 €/m^3

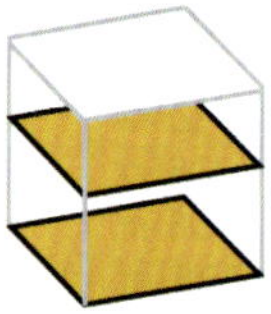

BGF 1.638 €/m^2

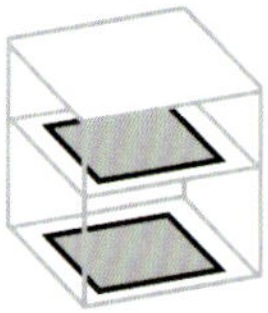

NUF 2.654 €/m^2

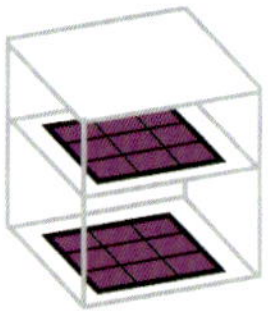

NE 2.896 €/NE

NE: Wohnfläche

Objekt:
Kennwerte: 1.Ebene DIN 276
BRI: 9.329 m^3
BGF: 3.096 m^2
NUF: 1.910 m^2
Bauzeit: 83 Wochen
Bauende: 2022
Standard: mittel
Bundesland: Schleswig-Holstein
Kreis: Pinneberg

Architekt*in:
Butzlaff Tewes
Architekten + Ingenieure
Barmstedter Straße 12
25364 Brande-Hörnerkirchen

Bauherr*in:
Gemeinnützige Bau-
und Siedlungsgenossenschaft
Pinnau eG
Am Markt 24
25436 Uetersen

Ansicht Nord-Ost

Ansicht Süd-Ost

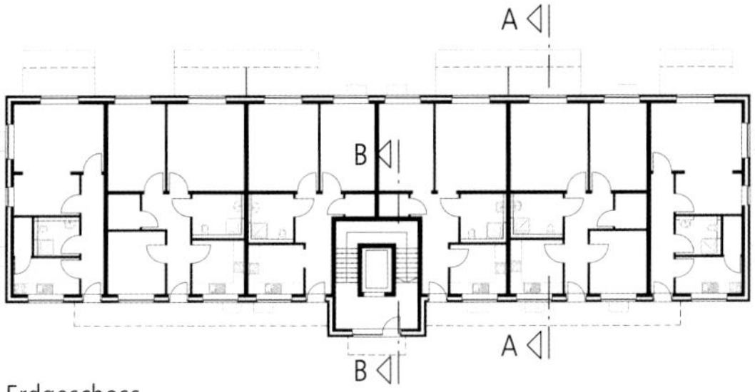

Erdgeschoss

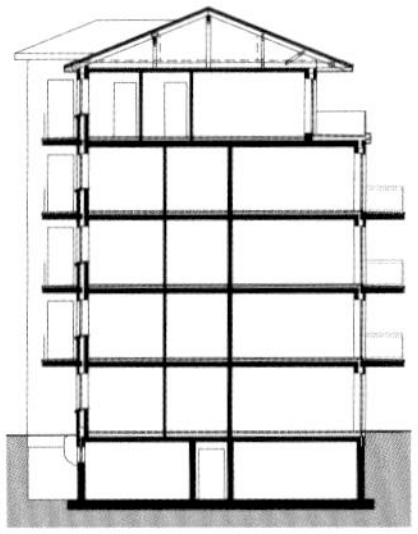

Schnitt A-A

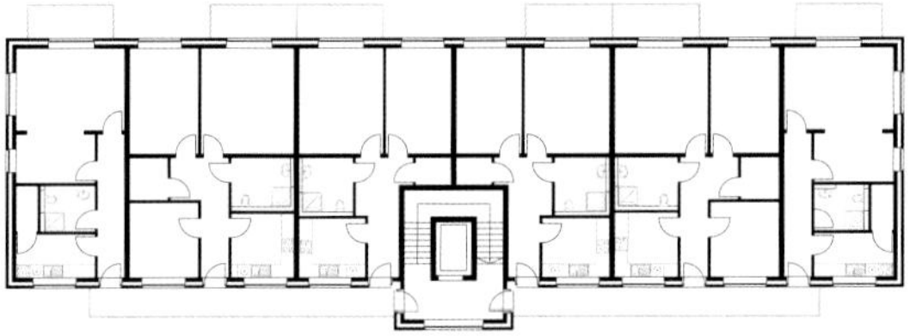

1-3. Obergeschoss

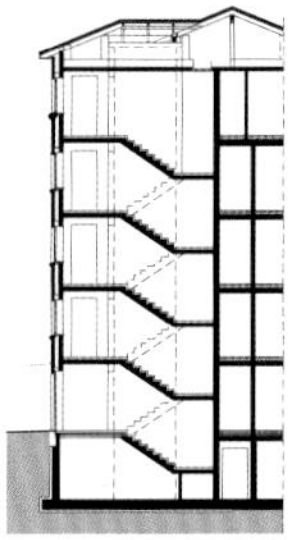

Schnitt B-B

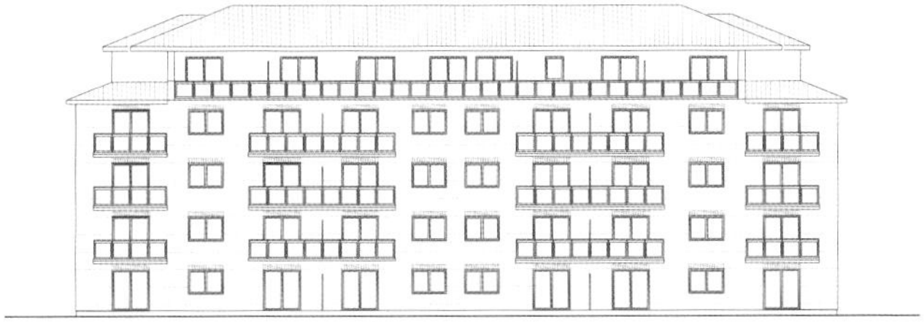

Ansicht Süd-West

Ansicht Nord-West

Objektbeschreibung

Allgemeine Objektinformationen

Der viergeschossige Neubau mit zusätzlichem Staffelgeschoss umfasst 29 Wohnungen. Diese weisen unterschiedliche Größen auf, um ein generationsübergreifendes und barrierearmes Wohnen zu ermöglichen. Die Erschließung der Wohnungen erfolgt über ein gemeinsames Treppenhaus mit Laubengängen vom 1.OG bis zum Staffelgeschoss.

Nutzung

1 Untergeschoss
Abstellräume, Heizungsraum, Trockenraum, Hausmeisterraum, Hausanschlussraum

1 Erdgeschoss
Wohnräume, Küchen, Schlafräume, Kinderzimmer, Bäder, Abstellräume, Treppenhaus, Aufzug, Terrassen

3 Obergeschosse
Wohnräume, Küchen, Schlafräume, Kinderzimmer, Bäder, Abstellräume, Treppenhaus, Aufzug, Balkone

1 Dachgeschoss
Wohnräume, Küchen, Schlafräume, Bäder, Abstellräume, Treppenhaus, Aufzug, Dachterrassen

Nutzeinheiten

Wohneinheiten: 29
Wohnfläche: 1.751 m²

Grundstück

Bauraum: Freier Bauraum
Neigung: Ebenes Gelände
Bodenklasse: BK 1 bis BK 3

Markt

Hauptvergabezeit: 1.Quartal 2021
Baubeginn: 2.Quartal 2021
Bauende: 4.Quartal 2022
Konjunkturelle Gesamtlage: über Durchschnitt
Regionaler Baumarkt: Durchschnitt

Baukonstruktion

Das vollunterkellerte Gebäude gründet auf einer Stahlbetonfundamentplatte. Sowohl die Kelleraußenwände als auch die Geschossdecken sind massiv in Stahlbeton ausgeführt. Die Balkone und Laubengänge wurden in Stahlbeton errichtet und thermisch getrennt vorgehängt. Die oberirdisch liegenden Außenwände sind gemauert und mit einer gedämmten Klinkerfassade bekleidet. Die Kunststofffenster sind mit einer Dreifachverglasung ausgestattet. Die Innenwände wurden in Massivbauweise ausgeführt. Je nach statischen Erfordernissen sind sie teils aus beton, teils aus Kalksandsteinmauerwerk errichtet. Das Satteldach besteht aus einer Sparrenkonstruktion und ist als Hartdach mit Betondachpfannen belegt. Die Böden sind mit PVC oder Naturstein, bzw. Fliesen belegt.

Technische Anlagen

Die Wärmeversorgung erfolgt über das BHKW des Quartiersnahwärmenetzes. Die Wärme wird mittels Heizkörpern im Gebäude verteilt. Die Lüftung der Wohnungen erfolgt über eine dezentrale Abluftanlage zur feuchtegeführten Grundlüftung. Ein Personenaufzug verbindet die Geschosse miteinander.

Sonstiges

Sowohl das Erdgeschoss als auch alle weiteren Geschosse sind barrierefrei hergestellt und mit dem Rollstuhl zugänglich.

Energetische Kennwerte

Gesetzliche Grundlage: GEG 2020
Gebäudenutzfläche: 2.323,50 m²
Gebäudevolumen: 7.260,90 m³
A/V_e-Verhältnis (Kompaktheit): 0,37 m^{-1}
Hüllfläche des beheizten Volumens: 2.669,56 m²
Spez. Transmissionswärmeverlust: 0,34 W/(m²·K)
Spez. Jahresprimärenergiebedarf: 21,82 kWh/(m²·a)
Anlagenaufwandszahl: 0,50
Differenzdruck-Messverfahren: 0,52 h^{-1}

Planungskennwerte für Flächen und Rauminhalte nach DIN 277

Flächen des Grundstücks		Menge Einheit	% an GF
BF	Bebaute Fläche	5.511,10 m²	46,1
UF	Unbebaute Fläche	6.451,90 m²	53,9
GF	Grundstücksfläche	11.963,00 m²	100,0

Grundflächen des Bauwerks		Menge Einheit	% an NUF	% an BGF
NUF	Nutzungsfläche	1.910,49 m²	100,0	61,7
TF	Technikfläche	27,92 m²	1,5	0,9
VF	Verkehrsfläche	484,17 m²	25,3	15,6
NRF	Netto-Raumfläche	2.422,58 m²	126,8	78,3
KGF	Konstruktions-Grundfläche	673,36 m²	35,2	21,7
BGF	Brutto-Grundfläche	3.095,94 m²	162,0	100,0

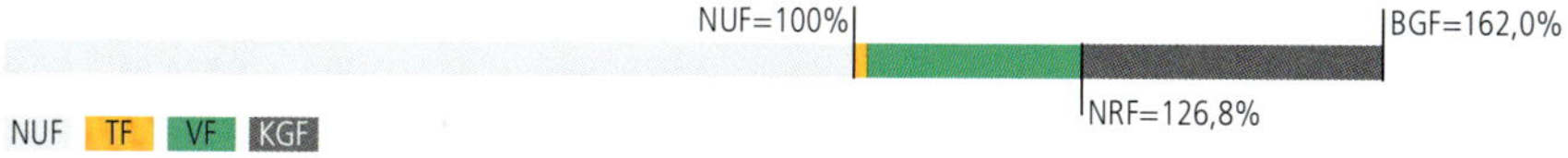

Brutto-Rauminhalt des Bauwerks		Menge Einheit	BRI/NUF (m)	BRI/BGF (m)
BRI	Brutto-Rauminhalt	9.329,17 m³	4,88	3,01

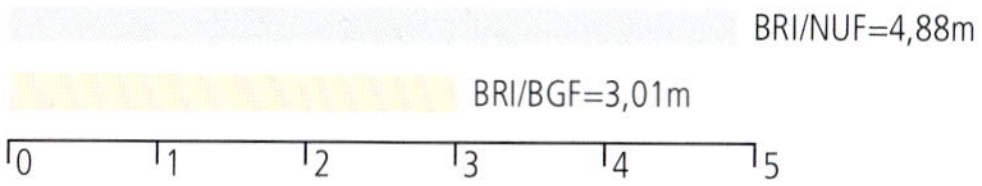

Kostenkennwerte für die Kostengruppen der 1. Ebene DIN 276

KG	Kostengruppen (1. Ebene)	Einheit	Kosten €	€/Einheit	€/m² BGF	€/m³ BRI	% 300+400
100	Grundstück	m² GF	–	–	–	–	–
200	Vorbereitende Maßnahmen	m² GF	–	–	–	–	–
300	Bauwerk – Baukonstruktionen	m² BGF	4.100.901	1.324,61	1.324,61	439,58	80,9
400	Bauwerk – Technische Anlagen	m² BGF	970.422	313,45	313,45	104,02	19,1
	Bauwerk 300+400	**m² BGF**	**5.071.323**	**1.638,06**	**1.638,06**	**543,60**	**100,0**
500	Außenanlagen und Freiflächen	m² AF	–	–	–	–	–
600	Ausstattung und Kunstwerke	m² BGF	–	–	–	–	–
700	Baunebenkosten	m² BGF	–	–	–	–	–
800	Finanzierung	m² BGF	–	–	–	–	–

KG	Kostengruppe	Menge Einheit	Kosten €	€/Einheit	%
3+4	**Bauwerk**				**100,0**
300	**Bauwerk – Baukonstruktionen**	3.095,94 m² BGF	4.100.901	**1.324,61**	80,9

Baugrubenaushub; Stb-Fundamentplatte, WU, Dämmung, Estrich, Betonwerkstein, teilw. Perimeterdämmung; Stb-Wände, WU, KS-Mauerwerk, Kunststofffenster, Wärmedämmung, Ziegelfassade; KS-Innenmauerwerk, Holztüren, Stahltüren, GK-Vorsatzschalen, Wandfliesen, Beschichtung; Stb-Decken, Stb-Balkone, Stb-Laubengänge, Stb-Treppen, Dämmung, Estrich, PVC, Betonwerkstein, Bodenfliesen, Stahlgeländer, Treppengeländer; Holz-Sparrendach, Dämmung, Dachziegel, außenliegende Dachentwässerung; Einbauküchen

KG	Kostengruppe	Menge Einheit	Kosten €	€/Einheit	%
400	**Bauwerk – Technische Anlagen**	3.095,94 m² BGF	970.422	**313,45**	19,1

Gebäudeentwässerung, Kalt- und Warmwasserleitungen, Sanitärobjekte; BHKW, Plattenheizkörper; Abluftanlagen; Elektroinstallation, Beleuchtung, Blitzschutzanlage; Fernseh- und Antennenanlagen, Rauchmelder; Personenaufzug

6100-1735 Wohnanlage (104 WE) Kindertagesstätte (5 Gruppen) TG (92 STP)

Kostenkennwerte für die Kosten des Bauwerks (Kostengruppen 300+400 nach DIN 276)

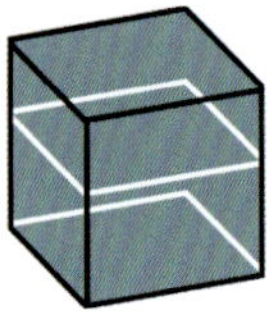

BRI **819 €/m³**

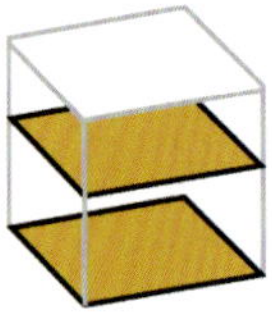

BGF **2.633 €/m²**

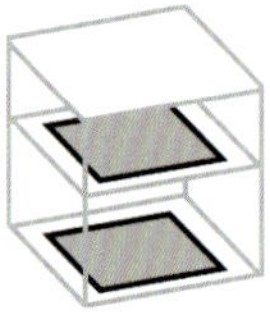

NUF **4.090 €/m²**

Objekt:
Kennwerte: 1.Ebene DIN 276
BRI: 60.548 m³
BGF: 18.826 m²
NUF: 12.121 m²
Bauzeit: 109 Wochen
Bauende: 2023
Standard: mittel
Bundesland: Niedersachsen
Kreis: Hannover, Region

Architekt*in:
HÜBOTTER + STÜRKEN
+ DIMITROVA
Architektur & Stadtplanung
BDA Partnerschafts-
gesellschaft MBB
Tessenowweg 11
30559 Hannover

Bauherr*in:
hanova WOHNEN GmbH
Otto-Brenner-Str. 4
30159 Hannover

© Jürgen Voss

© C HÜBOTTER+STÜRKEN+DIMITROVA

© C hanova

© C hanova

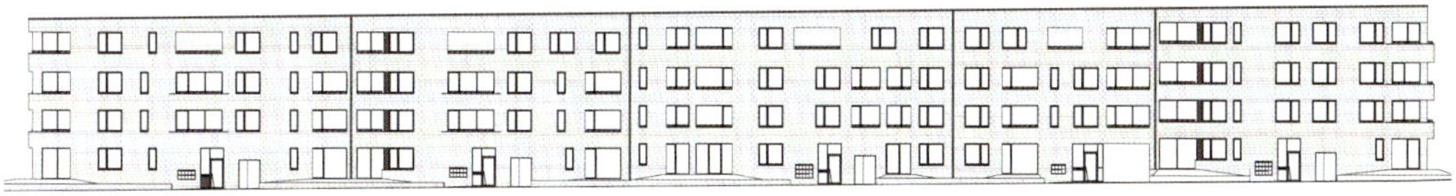

Ansicht Süd Stadtpark

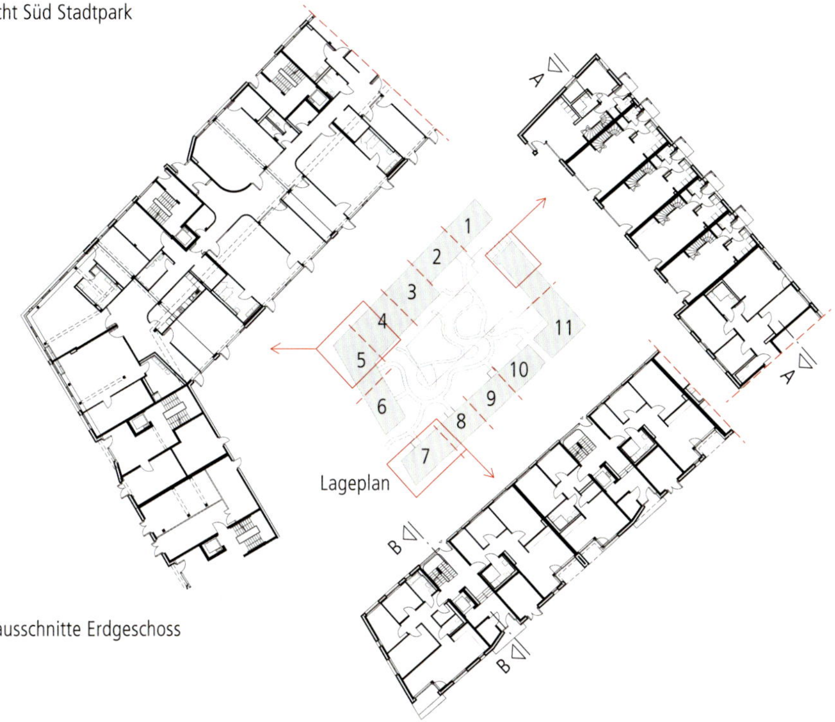

Lageplan

Planausschnitte Erdgeschoss

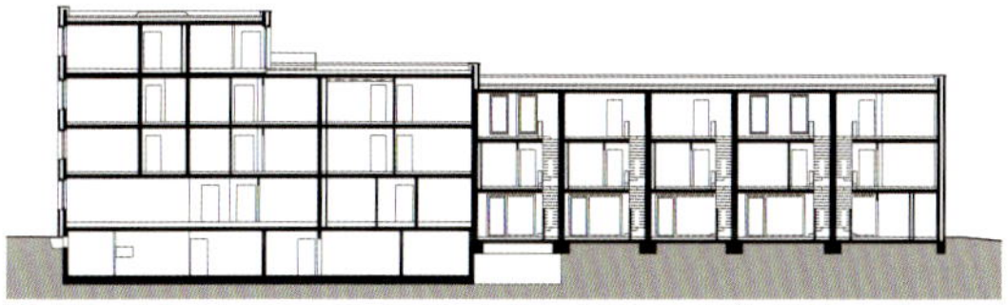

Schnitt A-A

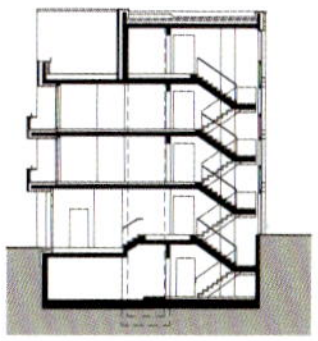

Schnitt B-B

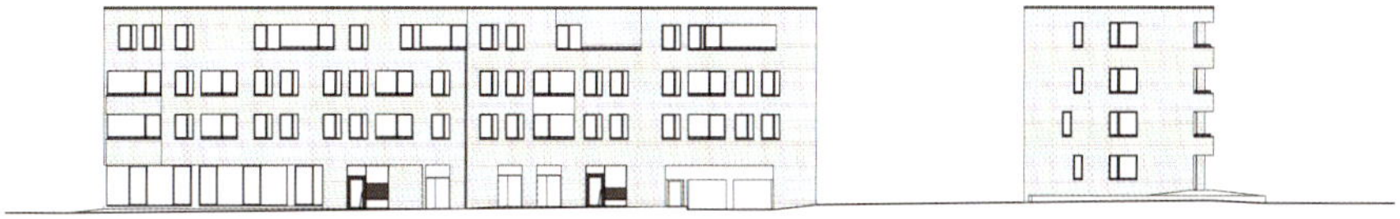

Ansicht West

6100-1735
Wohnanlage
(104 WE)
Kindertagesstätte
(5 Gruppen)
TG (92 STP)

Objektbeschreibung

Allgemeine Objektinformationen

Bei dem Projekt handelt es sich um einen Geschosswohnungsbau mit weiteren Nutzungen wie drei Gewerbeeinheiten und einer Kindertagesstätte im Erdgeschoss. Die zwei L-förmigen Mehrfamilienhäuser sind mit je vier Vollgeschossen auf einer gemeinsamen Tiefgarage errichtet. Die Häuser sind als Zwei-, Drei- und Vierspänner erschlossen und begrenzen ein Quartier. Der begrünte Innenhof bietet viele Spiel- und Freizeitangebote sowie den Außenbereich der Kindertagesstätte.

Nutzung

1 Untergeschoss
Tiefgarage, Abstellräume, Kinderwagenräume, Fahrradabstellräume, Heizungsräume, Hausanschlussräume, Technikräume

1 Erdgeschoss
Wohn-Essräume mit Küchen, Wohn-Essräume, Küchen, Schlafräume, Kinderzimmer, Bäder, WCs, Abstellräume, Kinderwagenräume, Müllräume, Traforäume, Terrassen
Kita: Gruppenräume, Krippenräume, Nebenräume, Ruheräume, Bewegungsraum, Materialraum, Küche, Speiseraum, Isolierraum, Büro, Personal, Pausenraum, Garderoben, Sanitärräume, WCs, Abstellraum, Außenabstellraum
Gewerbe: Elterntreff, Gewerbeeinheit, WCs

1 Obergeschoss
Wohn-Essräume mit Küchen, Wohn-Essräume, Küchen, Schlafräume, Kinderzimmer, Bäder, Abstellräume, Kinderwagenräume, Loggien, Balkone, Dachterrassen

Nutzeinheiten

Fahrzeugstellplätze: 92
Gruppen: 5
Wohneinheiten: 104
Wohnfläche: 7.870 m^2

Grundstück

Bauraum: Freier Bauraum
Neigung: Geneigtes Gelände
Bodenklasse: BK 1 bis BK 7

Besonderer Kosteneinfluss Grundstück
Die Gründung erfolgte teilweise in Mergelgestein.

Markt

Hauptvergabezeit: 4. Quartal 2020
Baubeginn: 3. Quartal 2021
Bauende: 4. Quartal 2023
Konjunkturelle Gesamtlage: über Durchschnitt
Regionaler Baumarkt: über Durchschnitt

Baukonstruktion

Die Gebäude gründen auf Stahlbetonbodenplatten und Fundamenten. Die Kellerwände sind in WU-Beton erstellt. Die massiven Außenwände wurden an den Straßenseiten mit Klinker verblendet, in Richtung des Innenhofs kam ein Wärmedämmverbundsystem zum Einsatz. Die Kunststofffenster sind mit Dreifachverglasungen ausgestattet. In den Treppenhäusern wurden Alu-Pfosten-Riegelfassaden verbaut. Die Innenwände sind in Trockenbau oder Kalksandsteinmauerwerk errichtet. Das Stahlbeton-Flachdach ist extensiv begrünt. Die Fußböden sind mit Vinyl, Linoleum, Parkett und Betonwerkstein belegt. In den Bädern wurden Wand- und Bodenfliesen ausgeführt.

Technische Anlagen

Es wurde ein Niedrigenergiestandard mit Fernwärmeanschluss ausgeführt. Die Heizwärme wird über Fußbodenheizungen verteilt. Die Elektroinstallationen sind für die Nachrüstung einer Photovoltaikanlage vorgesehen. In der Kita ist eine Ausgabeküche und eine Brandmeldeanlage realisiert. Insgesamt sind elf Aufzüge eingebaut.

Sonstiges

Für die energetischen Werte wurden die Angaben des Hauses 1 zugrunde gelegt.

Energetische Kennwerte

Gesetzliche Grundlage: GEG 2020
Gebäudenutzfläche: 4.243,00 m^2
Spez. Transmissionswärmeverlust: 0,31 W/(m^2·K)
Spez. Jahresprimärenergiebedarf: 25,00 kWh/(m^2·a)
Spez. Jahresendenergiebedarf: 57,00 kWh/(m^2·a)
CO_2-Emissionen: 10,76 kg/(m^2·a)

Planungskennwerte für Flächen und Rauminhalte nach DIN 277

Flächen des Grundstücks		Menge Einheit	% an GF
BF	Bebaute Fläche	3.875,00 m²	45,0
UF	Unbebaute Fläche	4.740,00 m²	55,0
GF	Grundstücksfläche	8.615,00 m²	100,0

Grundflächen des Bauwerks		Menge Einheit	% an NUF	% an BGF
NUF	Nutzungsfläche	12.121,19 m²	100,0	64,4
TF	Technikfläche	754,24 m²	6,2	4,0
VF	Verkehrsfläche	3.230,40 m²	26,7	17,2
NRF	Netto-Raumfläche	16.105,83 m²	132,9	85,6
KGF	Konstruktions-Grundfläche	2.720,04 m²	22,4	14,4
BGF	Brutto-Grundfläche	18.825,87 m²	155,3	100,0

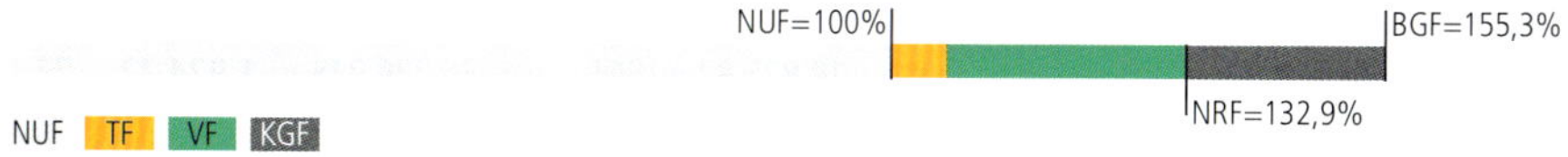

Brutto-Rauminhalt des Bauwerks		Menge Einheit	BRI/NUF (m)	BRI/BGF (m)
BRI	Brutto-Rauminhalt	60.548,00 m³	5,00	3,22

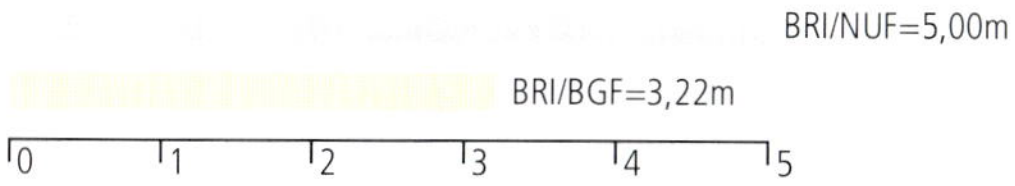

6100-1736
Mehrfamilienhaus
(10 WE)
TG (9 STP)

Kostenkennwerte für die Kosten des Bauwerks (Kostengruppen 300+400 nach DIN 276)

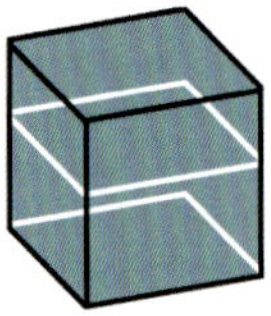
BRI 739 €/m³

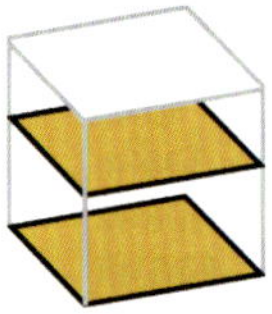
BGF 2.063 €/m²

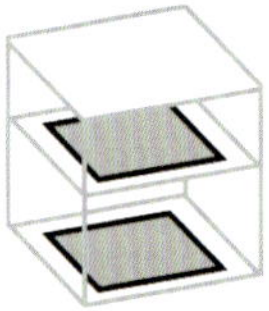
NUF 3.659 €/m²

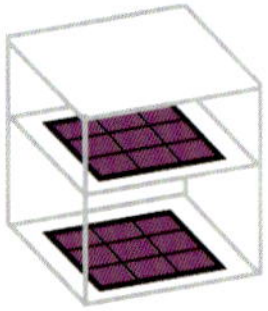
NE 5.212 €/NE

NE: Wohnfläche

Objekt:
Kennwerte: 1. Ebene DIN 276
BRI: 6.245 m³
BGF: 2.237 m²
NUF: 1.261 m²
Bauzeit: 87 Wochen
Bauende: 2023
Standard: mittel
Bundesland: Nordrhein-Westfalen
Kreis: Essen, Stadt

Architekt*in:
Böll Architekten GmbH
Max-Fiedler-Straße 6
45128 Essen

Zeichnungen

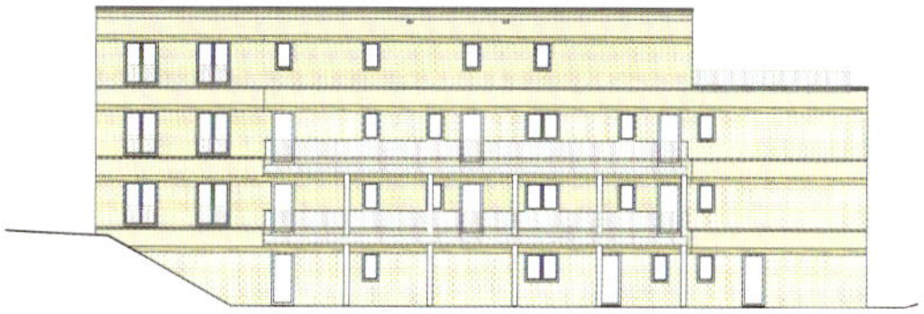
Ansicht Nord

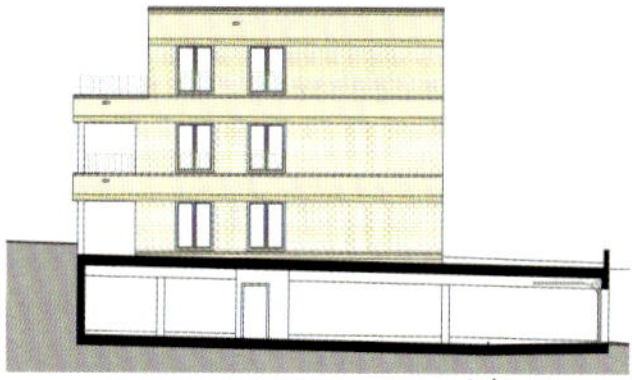
Ansicht Ost

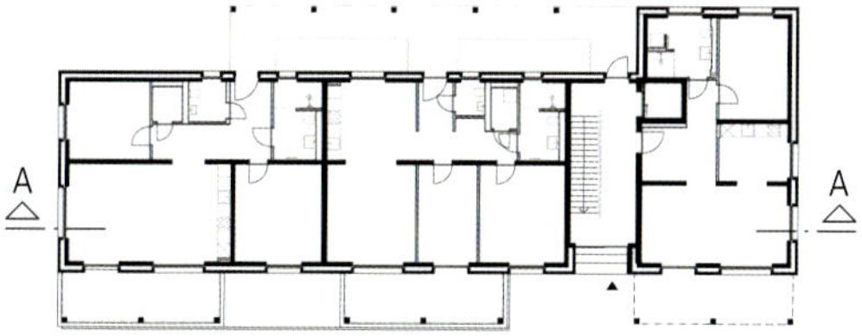

Erdgeschoss

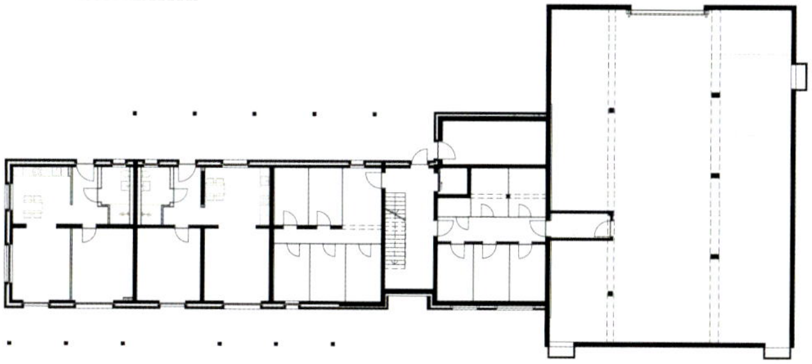
Untergeschoss

Schnitt A-A

Ansicht Süd

Ansicht West

Objektbeschreibung

Allgemeine Objektinformationen

Das Mehrfamilienhaus mit zehn 2-4 Zimmerwohnungen ist vollunterkellert. Durch die Hanglage sind Teile des Untergeschosses ebenerdig als Wohnungen mit Terrassen ausgebaut. In der Tiefgarage befinden sich Fahrradabstellplätze und neun Pkw-Stellplätze. Die Decke über der Tiefgarage wurde als Parkdeck gestaltet und ergibt weitere elf Stellplätze. Alle Wohnungen sind mit dem Aufzug barrierefrei erreichbar. Großzügige, vorgebaute Balkone und teilweise Erschließung über Laubengänge zeichnen den Bau aus.

Nutzung

1 Untergeschoss
Tiefgarage (9 STP), Fahrradabstellraum, Schleuse, Abstellräume, Technik, Wohn- Essküchen, Schlafräume, Bäder, Flure, Terrassen, Treppenhaus, Aufzug

1 Erdgeschoss
Parkdeck (11 STP), Wohn-/Essküchen, Schlafräume, Kinderzimmer, Bäder, WCs, Flure, Balkone, Treppenhaus, Aufzug, Laubengang

2 Obergeschosse
Wohn- Essküchen, Schlafräume, Kinderzimmer, Bäder, WCs, Flure, Balkone, Treppenhaus, Aufzug, Laubengang

Nutzeinheiten

Stellplätze: 20
Wohnfläche: 886 m^2

Grundstück

Bauraum: Beengter Bauraum
Neigung: Hanglage
Bodenklasse: BK 3 bis BK 5

Markt

Hauptvergabezeit: 3. Quartal 2021
Baubeginn: 4. Quartal 2021
Bauende: 2. Quartal 2023
Konjunkturelle Gesamtlage: Durchschnitt
Regionaler Baumarkt: Durchschnitt

Baukonstruktion

Der viergeschossige Baukörper gründet auf einer Stb-Fundamentplatte. Die Außenwände sind in Stahlbeton und Kalksandsteinmauerwerk erstellt und mit Mineralwolldämmung und Klinkerverblender bekleidet. Die Kunststofffenster sind mit einer Dreifachverglasung ausgestattet. Die Fenster in den Wohnräumen sind bodentief ausgeführt. Die Innenwände wurden je nach statischen Erfordernissen in Stahlbeton, Kalksandstein oder in Trockenbau errichtet. Die Decken und das Flachdach sind aus Stahlbeton. Das Dach ist extensiv begrünt. Die Böden sind mit Parkett und Bodenfliesen belegt, auf den Balkonen und Laubengängen kamen Betonplatten zum Einsatz.

Technische Anlagen

Beheizt werden die Wohnungen mit einer Luft-Wärmepumpe, die von einer Gas-Brennwertanlage unterstützt wird. Eine Fußbodenheizung verteilt die Wärme in den Räumen. Die Warmwasserversorgung wird über die zentrale Heizungsanlage und einen Pufferspeicher bereit gestellt. In den innenliegenden Bädern wird die Abluft dezentral mit Zuluft über Rollladenkastenlüfter geregelt.

Energetische Kennwerte

Gesetzliche Grundlage: EnEV 2013
Gebäudenutzfläche: 1.131,00 m^2
Spez. Transmissionswärmeverlust: 0,33 W/(m^2·K)
Spez. Jahresprimärenergiebedarf: 46,00 kWh/(m^2·a)
Spez. Jahresendenergiebedarf: 34,00 kWh/(m^2·a)
CO_2-Emissionen: 12,00 kg/(m^2·a)

Planungskennwerte für Flächen und Rauminhalte nach DIN 277

Flächen des Grundstücks		Menge Einheit	% an GF
BF	Bebaute Fläche	738,50 m²	45,0
UF	Unbebaute Fläche	902,50 m²	55,0
GF	Grundstücksfläche	1.641,00 m²	100,0

Grundflächen des Bauwerks		Menge Einheit	% an NUF	% an BGF
NUF	Nutzungsfläche	1.261,38 m²	100,0	56,4
TF	Technikfläche	17,37 m²	1,4	0,8
VF	Verkehrsfläche	585,92 m²	46,5	26,2
NRF	Netto-Raumfläche	1.864,67 m²	147,8	83,4
KGF	Konstruktions-Grundfläche	372,15 m²	29,5	16,6
BGF	Brutto-Grundfläche	2.236,82 m²	177,3	100,0

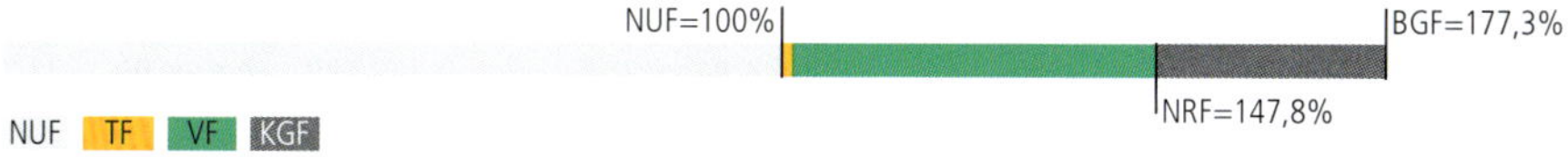

Brutto-Rauminhalt des Bauwerks		Menge Einheit	BRI/NUF (m)	BRI/BGF (m)
BRI	Brutto-Rauminhalt	6.245,00 m³	4,95	2,79

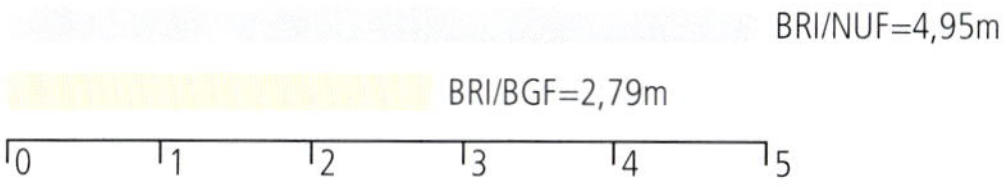

6100-1736
Mehrfamilienhaus
(10 WE)
TG (9 STP)

Kostenkennwerte für die Kostengruppen der 1. Ebene DIN 276

KG	Kostengruppen (1. Ebene)	Einheit	Kosten €	€/Einheit	€/m² BGF	€/m³ BRI	% 300+400
100	Grundstück	m² GF	–	–	–	–	–
200	Vorbereitende Maßnahmen	m² GF	–	–	–	–	–
300	Bauwerk – Baukonstruktionen	m² BGF	3.795.788	1.696,96	1.696,96	607,81	82,2
400	Bauwerk – Technische Anlagen	m² BGF	819.836	366,52	366,52	131,28	17,8
	Bauwerk 300+400	**m² BGF**	**4.615.624**	**2.063,48**	**2.063,48**	**739,09**	**100,0**
500	Außenanlagen und Freiflächen	m² AF	519.391	–	232,20	83,17	11,3
600	Ausstattung und Kunstwerke	m² BGF	–	–	–	–	–
700	Baunebenkosten	m² BGF	–	–	–	–	–
800	Finanzierung	m² BGF	–	–	–	–	–

KG	Kostengruppe	Menge Einheit	Kosten €	€/Einheit	%
3+4	**Bauwerk**				**100,0**
300	**Bauwerk – Baukonstruktionen**	2.236,82 m² BGF	3.795.788	**1.696,96**	82,2

Baugrubenaushub; Stb-Fundamentplatte, WU, weiße Wanne, Glattstrich, Bodenbeschichtung, Dämmung, Heizestrich, Parkett, Bodenfliesen, Sauberkeitsschicht; Stb-Wände, KS-Mauerwerk, Stb-Stützen, Kunststofffenster, Dreifachverglasung, Haustüren, Mineralwolldämmung, Klinkerverblender, Innenputz, Beschichtung, Wandfliesen; Stb-Wände, KS-Mauerwerk, GK-Wände, Holztüren, Alu-Rohrrahmentüren, Putz, Beschichtung, Wandfliesen, Kellertrennwände; Stb-Decken, Stb-Treppen, Stb-Laubengänge, Stb-Balkone, Dämmung, Heizestrich, Parkett, Bodenfliesen, Betonplatten, Balkongeländer, Treppengeländer; Stb-Flachdach, Dämmung, Abdichtung, extensive Dachbegrünung, Dachentwässerung

KG	Kostengruppe	Menge Einheit	Kosten €	€/Einheit	%
400	**Bauwerk – Technische Anlagen**	2.236,82 m² BGF	819.836	**366,52**	17,8

Gebäudeentwässerung, Kalt- und Warmwasserleitungen, Sanitärobjekte; Luft-Wärmepumpe, Gas-Brennwertanlage, Fußbodenheizung, Badheizkörper, Warmwasserversorgung, Pufferspeicher; dezentrale Lüftung über Rollladenkastenlüfter; Elektroinstallation, Beleuchtung; Personenaufzug

KG	Kostengruppe	Menge Einheit	Kosten €	€/Einheit	%
500	**Außenanlagen und Freiflächen**	–	519.391	–	11,3

Bodenbeläge Parkdeck; Winkelstützwände

6100-1737
Mehrfamilienhäuser
(3 Gebäude, 14 WE)
TG (17 STP)

Kostenkennwerte für die Kosten des Bauwerks (Kostengruppen 300+400 nach DIN 276)

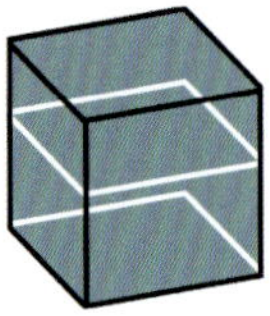

BRI 733 €/m³

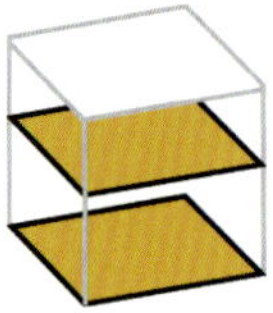

BGF 2.379 €/m²

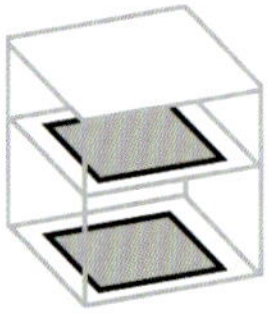

NUF 4.112 €/m²

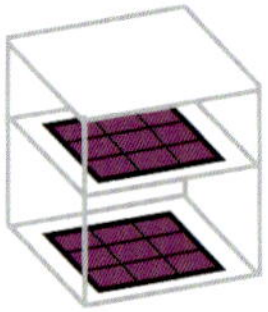

NE 5.434 €/NE

NE: Wohnfläche

Objekt:
Kennwerte: 1.Ebene DIN 276
BRI: 7.868 m³
BGF: 2.424 m²
NUF: 1.402 m²
Bauzeit: 113 Wochen
Bauende: 2022
Standard: mittel
Bundesland: Bayern
Kreis: Starnberg

Architekt*in:
raumstation
Architekten GmbH
Maximilianstraße 16
82319 Starnberg

Haus 1

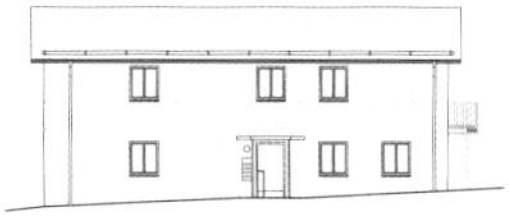

Ansicht Nord

Ansicht Ost

Ansicht Süd

Ansicht West

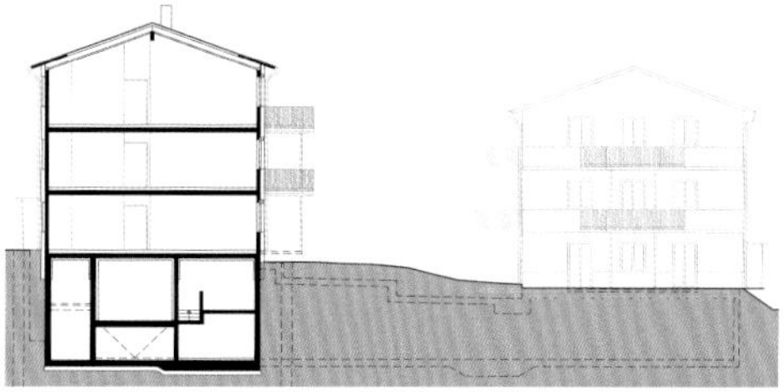

Schnitt A-A

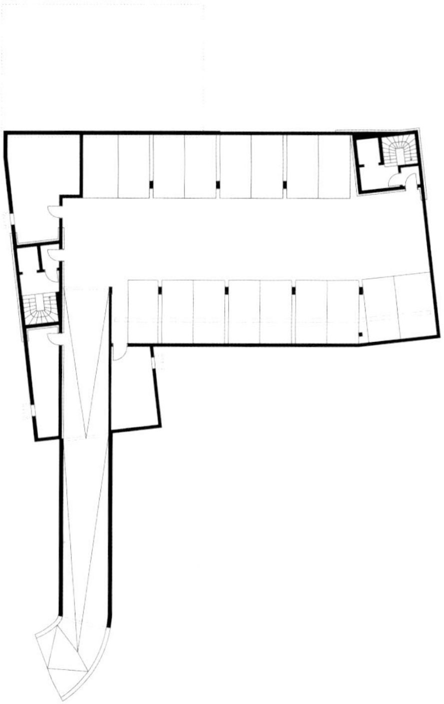

2. Untergeschoss

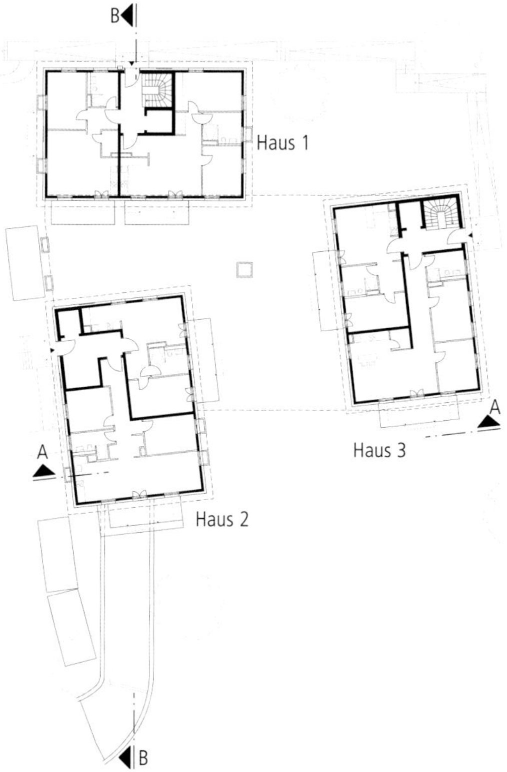

Erdgeschoss

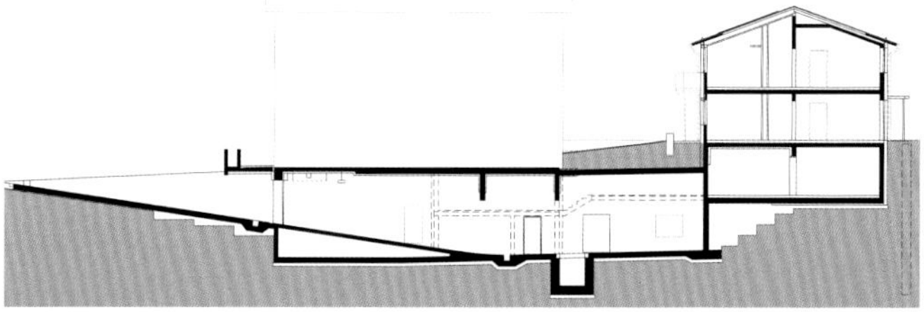

Schnitt B-B

Objektbeschreibung

Allgemeine Objektinformationen

Die Wohngebäude mit zwei bzw. drei Vollgeschossen gruppieren sich locker um einen gemeinsamen Freibereich in flacher Hanglage. Alle drei Neubauten sind im Untergeschoss mit einer gemeinsamen Tiefgarage verbunden.

Nutzung

1 Untergeschoss
Tiefgarage, Haustechnik, Abstellräume, Waschküche, Treppenhäuser

1 Erdgeschoss
Wohn-/Essküchen, Bäder, Schlafzimmer, Kinderzimmer, Treppenhäuser

2 Obergeschosse
Wohn-/Essküchen, Bäder, Schlafzimmer, Kinderzimmer, Treppenhäuser

1 Dachgeschoss
Wohn-/Essküchen, Bäder, Schlafzimmer, Kinderzimmer, Treppenhäuser

Nutzeinheiten

Gebäude: 3
Stellplätze: 17
Wohneinheiten: 14
Wohnfläche: 1.061 m^2

Grundstück

Bauraum: Beengter Bauraum
Neigung: Hanglage
Bodenklasse: BK 3 bis BK 4

Besonderer Kosteneinfluss Grundstück
Verbaumaßnahmen waren notwendig

Markt

Hauptvergabezeit: 3. Quartal 2020
Baubeginn: 4. Quartal 2020
Bauende: 4. Quartal 2022
Konjunkturelle Gesamtlage: über Durchschnitt
Regionaler Baumarkt: Durchschnitt

Baukonstruktion

Die drei Einzelhäuser sind auf einer gemeinsamen Tiefgarage in Stahlbetonbauweise errichtet. Die Außenwände darüber wurden mit Ziegelsteinen gemauert. Die Innenwände sind betoniert oder in Trockenbauweise errichtet. Die Geschossdecken und Treppen wurden ebenfalls massiv aus Stahlbeton gegossen. Die flach geneigten Sparrendächer sind in zimmermannsmäßiger Holzkonstruktion errichtet und bis zum First offen gelassen. Bei der Dachdeckung fiel die Wahl auf Blech. Die Holzfenster mit Dreifachverglasung können mit Senkrechtmarkisen verschattet werden. Die Böden sind mit Feinsteinzeug und Parkett belegt. Die Balkone wurden aus Stahl vor die mit Wärmedämmverbundsystem bekleideten Fassaden gestellt.

Technische Anlagen

Die Grundlast der Gebäudeheizung wird durch eine Luft-Wasser-Wärmepumpe abgedeckt. Ein Gas-Spitzenlastkessel stellt die Wärmeversorgung bei besonders bei hohem Wärmebedarf sicher. Die Energieversorgung wird durch eine Photovoltaikanlage unterstützt, wodurch der Eigenstromanteil erhöht und die Betriebskosten gesenkt werden. Für ein angenehmes Raumklima wird die verbrauchte Luft über Abluftsysteme in Küchen und Bädern effizient abgeführt, die Frischluft strömt über Fensterfalzlüfter in den Wohnräumen ein.

Sonstiges

Mit den großzügigen Freisitzen, den stark gegliederte Putzfassaden mit eigenständiger Farbgebung und den flach geneigte Satteldächern werden die Eigenarten und Qualitäten der Wohnhäuser in der Umgebung aus der vorletzten Jahrhundertwende zeitgenössisch umgesetzt.

Energetische Kennwerte

Gesetzliche Grundlage: EnEV 2013
Gebäudenutzfläche: 546,00 m^2
Spez. Transmissionswärmeverlust: 0,32 W/(m^2·K)
Spez. Jahresprimärenergiebedarf: 35,00 kWh/(m^2·a)
Spez. Jahresendenergiebedarf: 23,00 kWh/(m^2·a)

Planungskennwerte für Flächen und Rauminhalte nach DIN 277

Flächen des Grundstücks		Menge Einheit	% an GF
BF	Bebaute Fläche	912,64 m²	48,6
UF	Unbebaute Fläche	966,09 m²	51,4
GF	Grundstücksfläche	1.878,73 m²	100,0

Grundflächen des Bauwerks		Menge Einheit	% an NUF	% an BGF
NUF	Nutzungsfläche	1.402,17 m²	100,0	57,9
TF	Technikfläche	46,24 m²	3,3	1,9
VF	Verkehrsfläche	538,45 m²	38,4	22,2
NRF	Netto-Raumfläche	1.986,86 m²	141,7	82,0
KGF	Konstruktions-Grundfläche	436,81 m²	31,2	18,0
BGF	Brutto-Grundfläche	2.423,67 m²	172,9	100,0

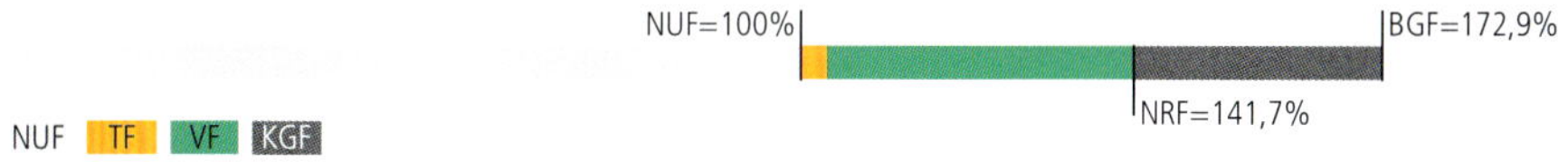

Brutto-Rauminhalt des Bauwerks		Menge Einheit	BRI/NUF (m)	BRI/BGF (m)
BRI	Brutto-Rauminhalt	7.868,07 m³	5,61	3,25

6100-1738
Wohn-,
Geschäftshaus
(87 WE, 55 AP)
Kindertagesstätte
(3 Gruppen, 45 Kinder)

Kostenkennwerte für die Kosten des Bauwerks (Kostengruppen 300+400 nach DIN 276)

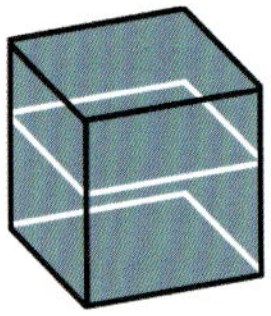

BRI 734 €/m³

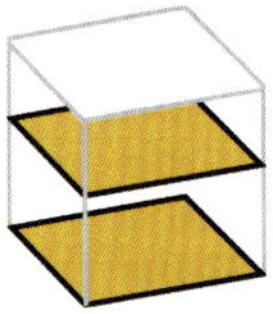

BGF 2.343 €/m²

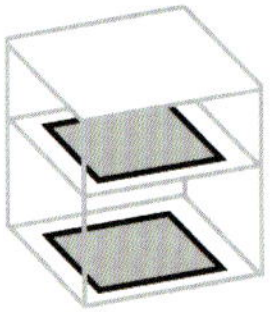

NUF 3.638 €/m²

Objekt:
Kennwerte: 1.Ebene DIN 276
BRI: 31.023 m³
BGF: 9.725 m²
NUF: 6.261 m²
Bauzeit: 143 Wochen
Bauende: 2023
Standard: einfach
Bundesland: Berlin
Kreis: Berlin, Stadt

Architekt*in:
roedig . schop architekten
+ partner mbB
Obentrautstraße 72
10963 Berlin-Kreuzberg

Bauherr*in:
Schwulenberatung
Berlin gGmbH
Niebuhrstraße 59/60
10629 Berlin

© Stefan Müller

© Stefan Müller

Ansicht Nord-Ost

Ansicht Nord-West

Erdgeschoss

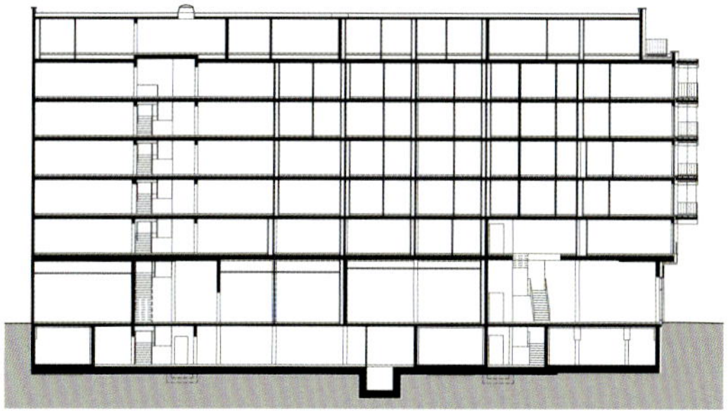

Schnitt A-A

Ansicht Süd-Ost

Ansicht Süd-West

6100-1738
Wohn-,
Geschäftshaus
(87 WE, 55 AP)
Kindertagesstätte
(3 Gruppen, 45 Kinder)

Objektbeschreibung

Allgemeine Objektinformationen

Der Neubau vereint soziale Beratungsangebote und modernes Wohnen. Im EG befinden sich ein Kiezraum, Café, Kita (45 Plätze), Beschäftigungstagesstätte und Empfang. Das 1.OG bietet Büro- und Beratungsräume. In den fünf oberen Geschossen entstanden 87 barrierefreie Wohnungen, teils gefördert, teils frei finanziert, teils in Wohngemeinschaften. Zwei Treppenhäuser mit Mittelfluren gewährleisten die barrierefreie Erschließung. Ein Gemeinschaftsraum, eine Gemeinschaftsdachterrasse und der Außenbereich stehen allen offen.

Nutzung

1 Untergeschoss
Küche, Bistro, Abstellräume, Fahrradraum, Lager, Technik

1 Erdgeschoss
Foyer, Kita, Bistro, Beschäftigungstagesstätte, Hof

5 Obergeschosse
1.OG: Verwaltung, Büros, Beratung
2.-5.OG: Wohnungen

1 Dachgeschoss
Wohnungen

Nutzeinheiten

Arbeitsplätze: 55
Gruppen: 3
Kinder: 45
Wohneinheiten: 87
Wohnfläche: 4.049 m^2

Grundstück

Bauraum: Beengter Bauraum
Neigung: Ebenes Gelände
Bodenklasse: BK 1 bis BK 2

Markt

Hauptvergabezeit: 1.Quartal 2019
Baubeginn: 1.Quartal 2021
Bauende: 4.Quartal 2023
Konjunkturelle Gesamtlage: über Durchschnitt
Regionaler Baumarkt: über Durchschnitt

Besonderer Kosteneinfluss Markt
Kostensteigerungen aufgrund Corona/Ukrainekrieg.

Baukonstruktion

Der Neubau in Stahlbetonbauweise gründet auf einer Stahlbetonfundamentplatte. Die Fassade im Erdgeschoss besteht aus einer Pfosten-Riegel-Konstruktion sowie Stahlbeton-Fertigteilen. In den oberen Geschossen wurde ein Wärmedämmverbundsystem eingesetzt, ergänzt durch eine vorgehängte, hinterlüftete Fassade. Die Fenster sind aus Kunststoff gefertigt und mit Sonnenschutz ausgestattet, teils außen, teils innen. Aufgrund hoher Lärmbelastung wurden straßenseitig die Balkone mit öffenbaren Glaselementen versehen. Der Innenausbau umfasst Innenputz sowie Trockenbauwände. Als Bodenbeläge kamen Linoleum und Fliesen zum Einsatz. Drehtürantriebe gewährleisten die Barrierefreiheit in den Wohnungen sowie der Zugänge zu den Mittelfluren, dem Keller, den Hauseingängen und dem Garten.

Technische Anlagen

Die Wärmeversorgung erfolgt über ein Nahwärmenetz mit BHKW, die Beheizung über Fußbodenheizung. Eine Lüftungsanlage mit Wärmerückgewinnung und adiabater Kühlung sorgt für effiziente Belüftung im EG und 1.OG, die Gastroküche erhält eine separate Lüftung mit Fettabscheider. Drei Aufzüge gewährleisten Barrierefreiheit: Zwei verbinden das Kellergeschoss mit den Wohnungen, einer das KG mit den Büros und Beratungsräumen. Ein Speisenaufzug führt von der Gastroküche ins EG. Eine Waschküche steht der Hausgemeinschaft zur Verfügung.

Sonstiges

Das Gebäude erhielt das Qualitätssiegel "Nachhaltiger Wohnungsbau".Der Innenhof des Blocks wird von allen Nachbar*innen gemeinsam genutzt.

Energetische Kennwerte

Gesetzliche Grundlage: EnEV 2013
Gebäudenutzfläche: 4.673,00 m^2
Spez. Transmissionswärmeverlust: 0,36 W/(m^2·K)
Spez. Jahresprimärenergiebedarf: 22,60 kWh/(m^2·a)
Spez. Jahresendenergiebedarf: 44,30 kWh/(m^2·a)
CO_2-Emissionen: 9,00 kg/(m^2·a)

Planungskennwerte für Flächen und Rauminhalte nach DIN 277

Flächen des Grundstücks		Menge Einheit	% an GF
BF	Bebaute Fläche	1.112,00 m²	61,0
UF	Unbebaute Fläche	712,00 m²	39,0
GF	Grundstücksfläche	1.824,00 m²	100,0

Grundflächen des Bauwerks		Menge Einheit	% an NUF	% an BGF
NUF	Nutzungsfläche	6.261,24 m²	100,0	64,4
TF	Technikfläche	163,61 m²	2,6	1,7
VF	Verkehrsfläche	1.518,64 m²	24,3	15,6
NRF	Netto-Raumfläche	7.943,49 m²	126,9	81,7
KGF	Konstruktions-Grundfläche	1.781,20 m²	28,4	18,3
BGF	Brutto-Grundfläche	9.724,69 m²	155,3	100,0

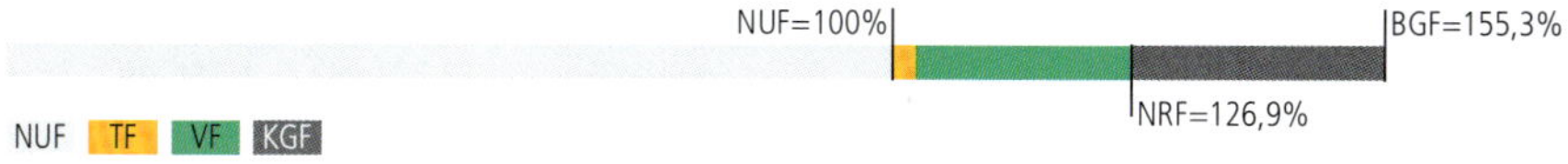

Brutto-Rauminhalt des Bauwerks		Menge Einheit	BRI/NUF (m)	BRI/BGF (m)
BRI	Brutto-Rauminhalt	31.022,88 m³	4,96	3,19

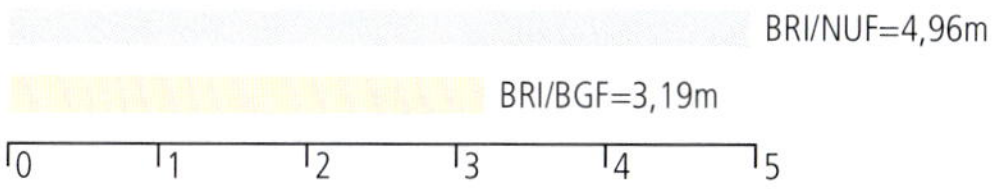

Kostenkennwerte für die Kostengruppen der 1. Ebene DIN 276

KG	Kostengruppen (1. Ebene)	Einheit	Kosten €	€/Einheit	€/m² BGF	€/m³ BRI	% 300+400
100	Grundstück	m² GF	–	–	–	–	–
200	Vorbereitende Maßnahmen	m² GF	–	–	–	–	–
300	Bauwerk – Baukonstruktionen	m² BGF	17.373.082	1.786,49	1.786,49	560,01	76,3
400	Bauwerk – Technische Anlagen	m² BGF	5.407.640	556,07	556,07	174,31	23,7
	Bauwerk 300+400	**m² BGF**	**22.780.721**	**2.342,57**	**2.342,57**	**734,32**	**100,0**
500	Außenanlagen und Freiflächen	m² AF	577.554	811,17	59,39	18,62	2,5
600	Ausstattung und Kunstwerke	m² BGF	96.019	9,87	9,87	3,10	0,4
700	Baunebenkosten	m² BGF	–	–	–	–	–
800	Finanzierung	m² BGF	–	–	–	–	–

KG	Kostengruppe	Menge Einheit	Kosten €	€/Einheit	%
3+4	**Bauwerk**				**100,0**
300	**Bauwerk – Baukonstruktionen**	9.724,69 m² BGF	17.373.082	**1.786,49**	76,3

Bodenarbeiten; Stb-Fundamentplatte, Dämmung, Glattstrich, Bodenfliesen, Linoleum, Bodenbeschichtung, Perimeterdämmung, Sauberkeitsschicht; Stb-Wände, WU, Stb-Fertigteilwände, KS-Mauerwerk, Kunststofffenster, Dreifachverglasung, Alu-Glastüren, barrierefreie Zugänge mit Drehtürantrieben, Dämmung, WDVS, vorgehängte hinterlüftete Fassade, Innenputz, Beschichtung, Wandfliesen, Pfosten-Riegelfassade, Sonnenschutz, Notraffung an Fluchtwegen; Stb-Wände, KS-Wände, GK-Wände, Stb-Stützen, Holz-, Stahl-, Drehtüren, Putz, Beschichtung, Wandfliesen, Kellertrennwände; Stb-Decken, Stb-Treppen, Stb-Balkone, Dämmung, Heizestrich, Linoleum, Parkett, Bodenfliesen, Terrassenplatten, abgehängte Akustikdecken, Treppen-, Balkongeländer, Schallschutzverglasung um Balkone; Stb-Flachdach, Oberlichter, Gefälledämmung, Abdichtung, Terrassenplatten, extensive Dachbegrünung, Dachentwässerung, abgehängte Akustikdecken

KG	Kostengruppe	Menge Einheit	Kosten €	€/Einheit	%
400	**Bauwerk – Technische Anlagen**	9.724,69 m² BGF	5.407.640	**556,07**	23,7

Gebäudeentwässerung, Kalt- und Warmwasserleitungen, Sanitärobjekte, Fettabscheider; Fernwärme aus Blockheizkraftwerk, Fußbodenheizung; zentrale Lüftungsanlagen mit Wärmerückgewinnung, adiabate Kühlfunktion, Lüftungsanlage Küche; Elektroinstallation; Rauchmelder; drei Personenaufzüge, Speisenaufzug

KG	Kostengruppe	Menge Einheit	Kosten €	€/Einheit	%
500	**Außenanlagen und Freiflächen**	712,00 m² AF	577.554	**811,17**	2,5

Außenbereich der Kindertagesstätte, Hausgarten

KG	Kostengruppe	Menge Einheit	Kosten €	€/Einheit	%
600	**Ausstattung und Kunstwerke**	9.724,69 m² BGF	96.019	**9,87**	0,4

Kunst am Bau in den Wohnfluren

Kostenkennwerte für die Kosten des Bauwerks (Kostengruppen 300+400 nach DIN 276)

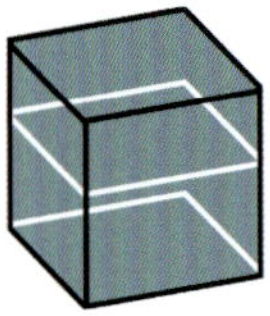

BRI 653€/m³

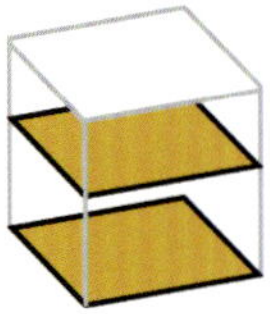

BGF 1.839€/m²

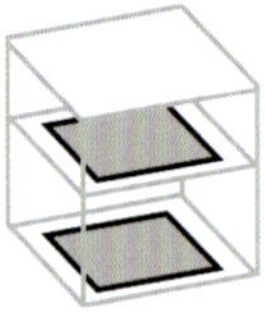

NUF 2.768€/m²

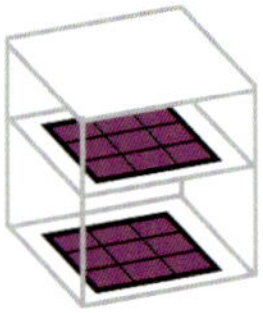

NE 3.151€/NE
NE: Wohnfläche

Objekt:
Kennwerte: 1.Ebene DIN 276
BRI: 857m³
BGF: 305m²
NUF: 202m²
Bauzeit: 52 Wochen
Bauende: 2022
Standard: hoch
Bundesland: Bayern
Kreis: München, Stadt

Architekt*in:
MuG Architekten
Florian-Geyer-Straße 1
81377 München

Bauherr*in:
MuG
Bauprojekte GmbH
Florian-Geyer-Straße 1
81377 München

© Markus Traub Fotografie

© Markus Traub Fotografie

© Markus Traub Fotografie

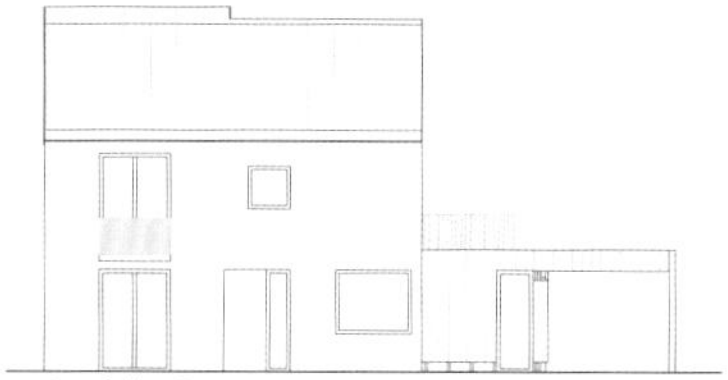

Ansicht Ost

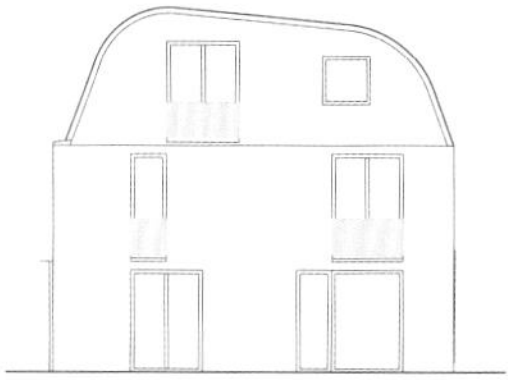

Ansicht Süd

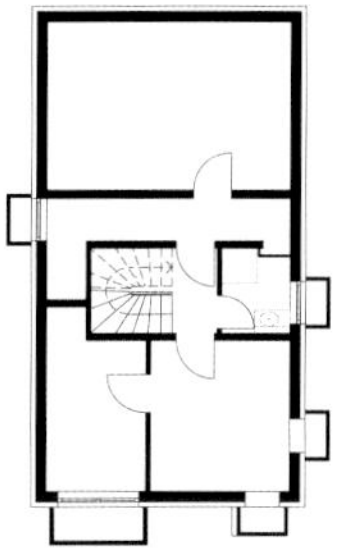

Untergeschoss

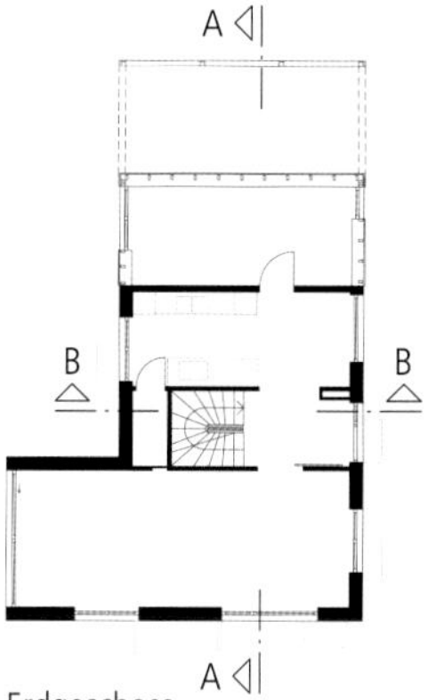

Erdgeschoss

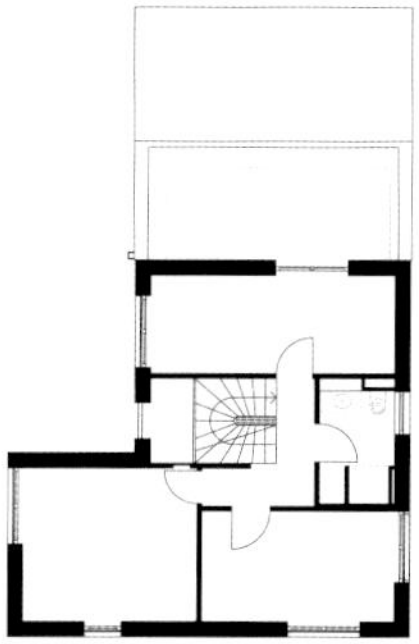

Obergeschoss

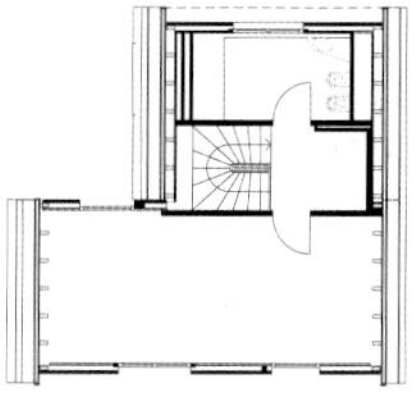

Dachgeschoss

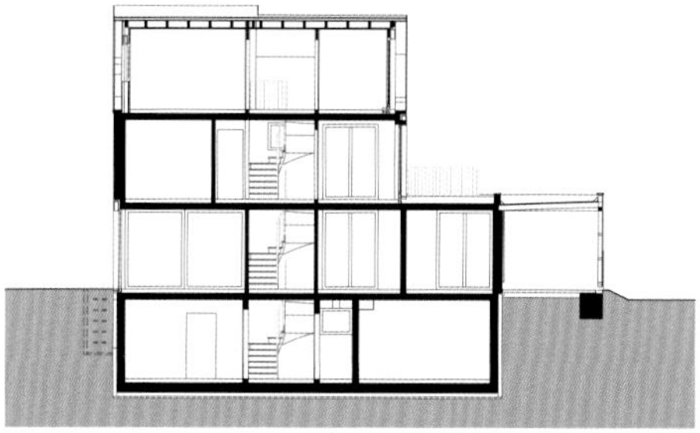

Schnitt A-A

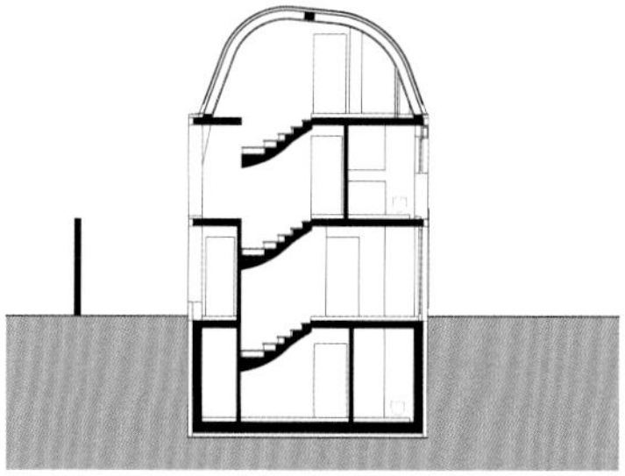

Schnitt B-B

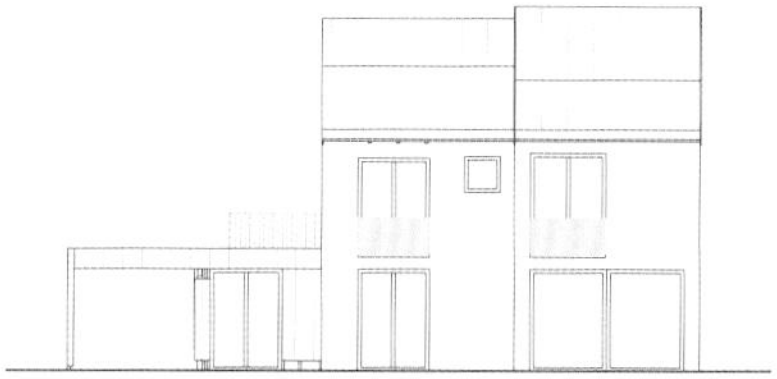

Ansicht West

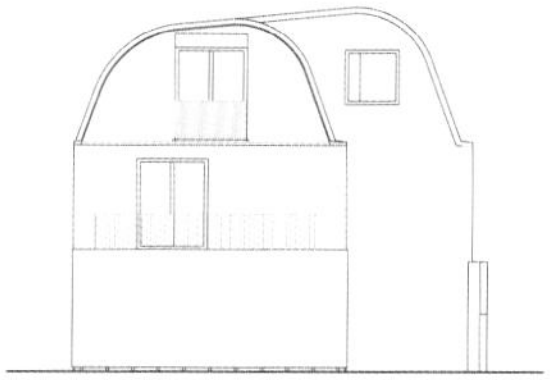

Ansicht Nord

Objektbeschreibung

Allgemeine Objektinformationen

Das Grundstück befindet sich in zweiter Reihe zur Straße. Aufgrund des Grundstückszuschnitts ist das Gebäude nur teilunterkellert.

Nutzung

1 Untergeschoss
Hobbyräume, Abstellraum, Technik, Bad, Flur, Treppe

1 Erdgeschoss
Küche/Essen, Wohnzimmer, Arbeitszimmer, Abstellraum, Treppe, Terrasse

1 Obergeschoss
Schlafzimmer (3St), Bad, Flur, Treppe, Dachterrasse

1 Dachgeschoss
Schlafzimmer, Bad, Flur, Treppe

Besonderer Kosteneinfluss Nutzung
Die Fenster sind mit Schallschutzklasse 5 ausgestattet.

Nutzeinheiten

Wohneinheiten: 1
Wohnfläche: 178 m^2

Grundstück

Bauraum: Freier Bauraum
Neigung: Ebenes Gelände
Bodenklasse: BK 4

Markt

Hauptvergabezeit: 4. Quartal 2020
Baubeginn: 2. Quartal 2021
Bauende: 2. Quartal 2022
Konjunkturelle Gesamtlage: über Durchschnitt
Regionaler Baumarkt: über Durchschnitt

Baukonstruktion

Das Untergeschoss ist in Stahlbeton erstellt und gründet auf einer gedämmten Fundamentplatte. Die Decken und tragenden Innenwände im Erd- und Obergeschoss sind in Stahlbeton und druckfestem Ziegelmauerwerk gefertigt. Die monolithischen Außenwände bestehen aus wärmedämmenden Hochlochziegeln und wurden beidseitig verputzt. Die Innenwände sind ebenfalls gemauert oder als Trockenbauwände ausgeführt. Die Holz-Alufenster sind mit einer Dreifachverglasung ausgestattet und können mit Raffstores verschattet werden. Im UG fiel die Wahl auf Kunststofffenster. Das Dachgeschoss ist in Holzrahmenbauweise ausgebildet. Die Dachkonstruktion besteht aus gebogenen Sparren aus Brettschichtholz mit Zwischensparrendämmung aus Holzfasern. Das Dach ist mit einer hinterlüfteten Stehfalzdeckung aus Kupfer ausgeführt. Die Böden sind mit Parkett und Fliesen belegt.

Technische Anlagen

Die Versorgung des Gebäudes erfolgt über eine Luft-Wasser-Wärmepumpe mit integrierter Warmwasserbereitung. Die Wärmeübertragung erfolgt über eine Fußbodenheizung. Die Bäder und die Küche sind mit Abluftventilatoren ausgestattet, die Zuluft erfolgt über Nachström-Klappenelementen in den Fenstern. Der Hobbyraum im UG ist mit einer Klimaanlage ausgestattet.

Planungskennwerte für Flächen und Rauminhalte nach DIN 277

Flächen des Grundstücks		Menge Einheit	% an GF
BF	Bebaute Fläche	90,90 m²	26,7
UF	Unbebaute Fläche	250,10 m²	73,3
GF	Grundstücksfläche	341,00 m²	100,0

Grundflächen des Bauwerks		Menge Einheit	% an NUF	% an BGF
NUF	Nutzungsfläche	202,28 m²	100,0	66,4
TF	Technikfläche	11,90 m²	5,9	3,9
VF	Verkehrsfläche	28,53 m²	14,1	9,4
NRF	Netto-Raumfläche	242,71 m²	120,0	79,7
KGF	Konstruktions-Grundfläche	61,80 m²	30,6	20,3
BGF	Brutto-Grundfläche	304,51 m²	150,5	100,0

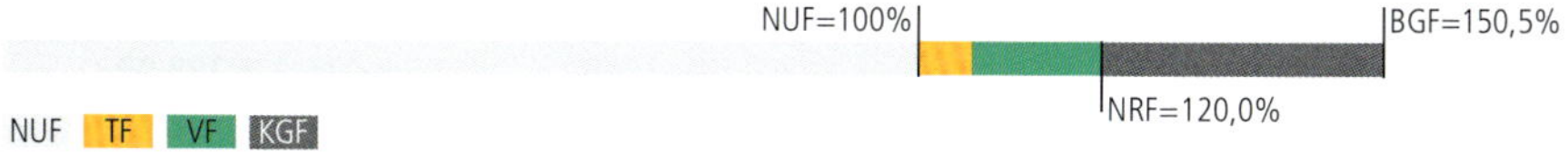

Brutto-Rauminhalt des Bauwerks		Menge Einheit	BRI/NUF (m)	BRI/BGF (m)
BRI	Brutto-Rauminhalt	857,40 m³	4,24	2,82

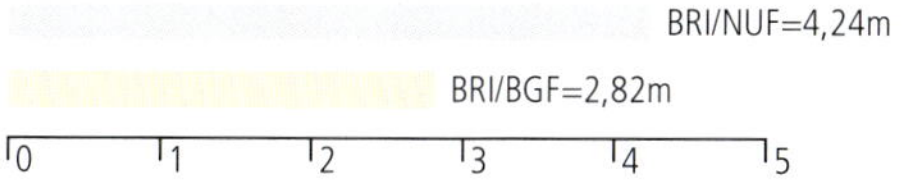

Kostenkennwerte für die Kostengruppen der 1. Ebene DIN 276

KG	Kostengruppen (1. Ebene)	Einheit	Kosten €	€/Einheit	€/m² BGF	€/m³ BRI	% 300+400
100	Grundstück	m² GF	–	–	–	–	–
200	Vorbereitende Maßnahmen	m² GF	–	–	–	–	–
300	Bauwerk – Baukonstruktionen	m² BGF	426.006	1.398,99	1.398,99	496,86	76,1
400	Bauwerk – Technische Anlagen	m² BGF	133.949	439,88	439,88	156,23	23,9
	Bauwerk 300+400	**m² BGF**	**559.954**	**1.838,87**	**1.838,87**	**653,08**	**100,0**
500	Außenanlagen und Freiflächen	m² AF	–	–	–	–	–
600	Ausstattung und Kunstwerke	m² BGF	–	–	–	–	–
700	Baunebenkosten	m² BGF	–	–	–	–	–
800	Finanzierung	m² BGF	–	–	–	–	–

KG	Kostengruppe	Menge Einheit	Kosten €	€/Einheit	%
3+4	**Bauwerk**				**100,0**
300	**Bauwerk – Baukonstruktionen**	304,51 m² BGF	426.006	**1.398,99**	76,1

Erdarbeiten; Stb-Fundamentplatte, Dämmung, Heizestrich, Linoleum, Parkett, Bodenfliesen, Perimeterdämmung, Sauberkeitsschicht; St-Wände, Ziegelmauerwerk, Holzrahmenwände, Holz-Alufenster, Kunststofffenster, Dreifachverglasung, WDVS, Perimeterdämmung, Holzfaserdämmung, Lärchensichtschalung, Innenputz, Beschichtung, Wandfliesen, Raffstores; Stb-Wände, KS-Mauerwerk, GK-Wände, Holztüren, Beschichtung, Wandfliesen; Stb-Decken, Stb-Treppen, Dämmung, Heizestrich, Parkett, Bodenfliesen, Decken gespachtelt, Beschichtung, Treppengeländer, Balkongeländer; Stb-Flachdach, Brettschichtholzträger gebogen, Holzfaser-Zwischensparrendämmung, Holzfaser-Aufdachdämmung, Schalung, Stehfalzdeckung Kupfer, hinterlüftet, Abdichtung, Terrassenplatten, GK-Bekleidung, Dachentwässerung

KG	Kostengruppe	Menge Einheit	Kosten €	€/Einheit	%
400	**Bauwerk – Technische Anlagen**	304,51 m² BGF	133.949	**439,88**	23,9

Gebäudeentwässerung, Fäkalienhebeanlage, Metallabscheider für Regenwasserversickerung, Kalt- und Warmwasserleitungen, Sanitärobjekte; Luft-Wasser-Wärmepumpe, Pufferspeicher, Fußbodenheizung; mechanische Abluftanlagen, Nachströmelemente, Klimaanlage im UG; Elektroinstallation, Beleuchtung, Einbaustrahler, Telekommunikationsanlage, Türsprechanlage, LAN-Verkabelung

6100-1743
Mehrfamilienhaus
(16 WE)
TG (17 STP)

Kostenkennwerte für die Kosten des Bauwerks (Kostengruppen 300+400 nach DIN 276)

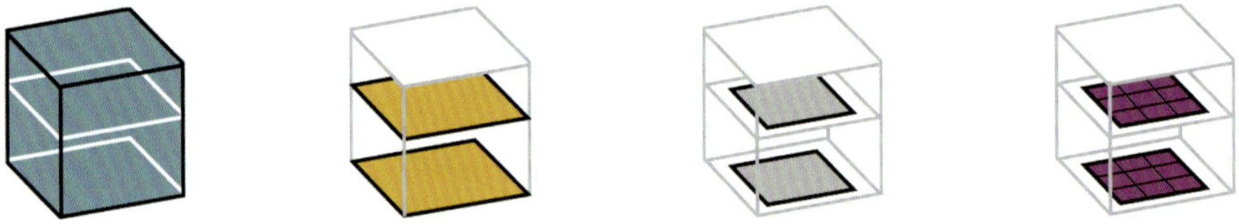

BRI 716 €/m³ **BGF** 2.011 €/m² **NUF** 3.208 €/m² **NE** 3.848 €/NE

NE: Wohnfläche

Objekt:
Kennwerte: 1.Ebene DIN 276
BRI: 9.286 m³
BGF: 3.307 m²
NUF: 2.074 m²
Bauzeit: 96 Wochen
Bauende: 2023
Standard: hoch
Bundesland: Hamburg
Kreis: Hamburg, Stadt

Architekt*in:
LRW Architektur und
Stadtplanung PartG mbB
Klopstockplatz 9
22765 Hamburg

Bauherr*in:
Urban Space Immobilien
Projektentwicklung
GmbH & Co. KG
Holzdamm 14
20099 Hamburg

© LRW Architektur

© LRW Architektur

© LRW Architektur

Ansicht Ost

Ansicht Süd

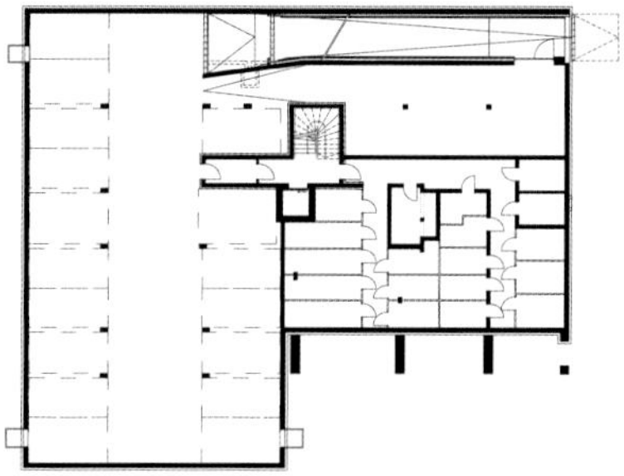

Untergeschoss

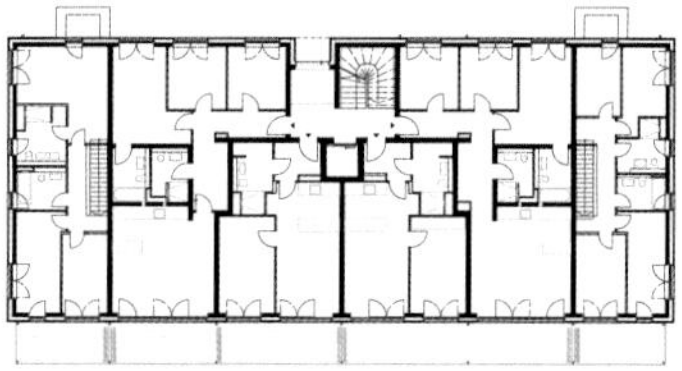

1. Obergeschoss

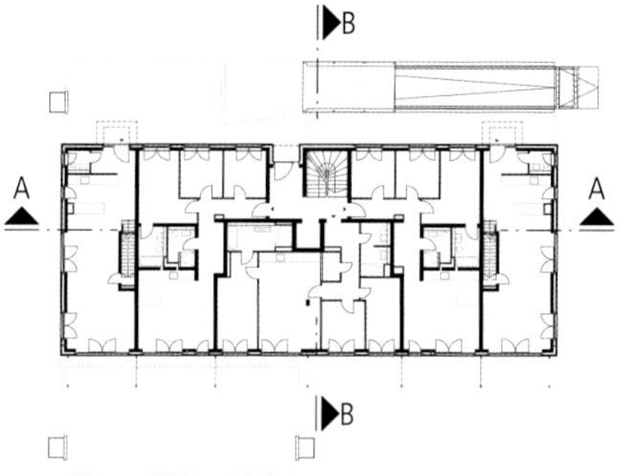

Erdgeschoss

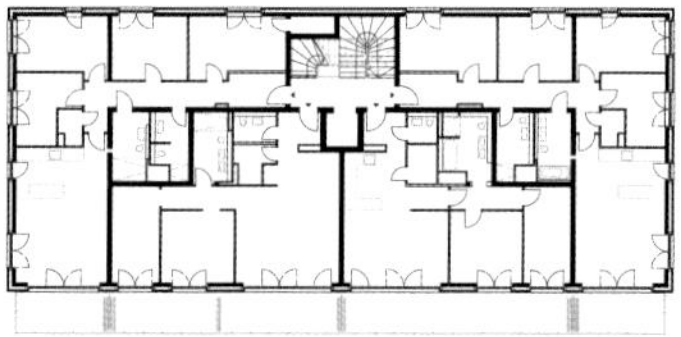

2. Obergeschoss

3. Obergeschoss

Schnitt A-A

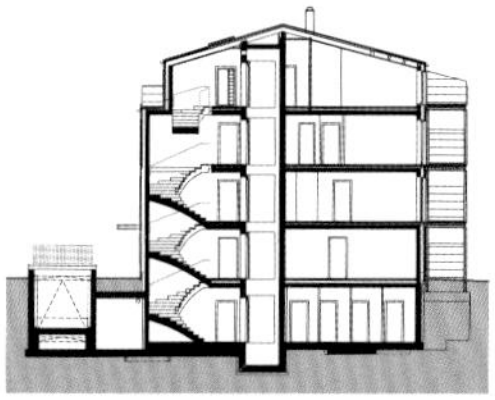

Schnitt B-B

6100-1743
Mehrfamilienhaus
(16 WE)
TG (17 STP)

Objektbeschreibung

Allgemeine Objektinformationen

Dieses außergewöhnliche Wohngebäude fügt sich elegant in eine Zwischenstadtstruktur mit verschiedenen Bautypologien ein. Durch intelligente Nachverdichtung entstanden 16 lichtdurchflutete Wohneinheiten mit maximaler Wohnfläche, die sich auf drei Geschosse und ein Staffelgeschoss verteilen.

Nutzung

1 Untergeschoss
Tiefgarage, Rampe, Abstellräume, Fahrrad-, Kinderwagenkeller, Hausanschlussräume, Heizungsraum, Flur, Treppenhaus, Aufzug

1 Erdgeschoss
Wohn-Essräume mit Küchen, Schlafräume, Bäder, WCs, Abstellräume, Flur, Treppenhaus, Aufzug, Terrassen

2 Obergeschosse
Wohn-Essräume mit Küchen, Schlafräume, Bäder, Abstellräume, Flur, Treppenhaus, Aufzug, Balkone

1 Dachgeschoss
Wohn-Essräume mit Küchen, Schlafräume, Bäder, Abstellräume, Flur, Treppenhaus, Aufzug, Dachterrassen

Nutzeinheiten

Stellplätze: 17
Wohneinheiten: 16
Wohnfläche: 1.729m²

Grundstück

Bauraum: Freier Bauraum
Neigung: Ebenes Gelände
Bodenklasse: BK 1 bis BK 4

Markt

Hauptvergabezeit: 4.Quartal 2020
Baubeginn: 1.Quartal 2021
Bauende: 1.Quartal 2023
Konjunkturelle Gesamtlage: Durchschnitt
Regionaler Baumarkt: über Durchschnitt

Baukonstruktion

Der Neubau gründet auf einer Fundamentplatte aus WU-Beton. Die Außenwände und Geschossdecken sind ebenfalls betoniert, Außenwände teilweise auch gemauert. Das innovative, ressourcenschonende Fassadenkonzept und die vorgestellten Balkone erlauben eine vollständige Rückbaubarkeit der Fassade, die als Stecksystem konzipiert ist. Das hat den Vorteil, dass deutlich weniger Werkstoffe verklebt oder verschraubt werden müssen. Die hochwertigen Tonschindeln bestehen aus 50 Prozent recycelten Klinkersteinen und verleihen dem Objekt ein einzigartiges Mosaik. Die Alufenster sind mit Dreifachverglasungen und teilweise Sonnenschutzverglasung ausgestattet und können mit Rollläden verschattet werden. Die Innenwände sind gemauert oder als Trockenbauwände erstellt. Als Bodenbelag kamen Parkett und Fliesen zum Einsatz. Das Dach wurde als Holzbalkendach mit Zinkdeckung ausgeführt. Die TG-Zufahrt erhielt ein Gründach.

Technische Anlagen

Die Wärmeversorgung läuft über eine Luft-Wasser-Wärmepumpe mit 83% Anteil mit Pufferspeicher, zusätzlich übernimmt eine Gas-Brennwerttherme in Spitzenzeiten die Heizleistung. Eine Fußbodenheizung verteilt die Wärme in den Wohnungen. Ein Personenaufzug erschließt die Geschosse barrierefrei.

Planungskennwerte für Flächen und Rauminhalte nach DIN 277

Flächen des Grundstücks		Menge Einheit	% an GF
BF	Bebaute Fläche	964,00 m²	60,5
UF	Unbebaute Fläche	630,30 m²	39,5
GF	Grundstücksfläche	1.594,30 m²	100,0

Grundflächen des Bauwerks		Menge Einheit	% an NUF	% an BGF
NUF	Nutzungsfläche	2.073,61 m²	100,0	62,7
TF	Technikfläche	32,07 m²	1,5	1,0
VF	Verkehrsfläche	578,98 m²	27,9	17,5
NRF	Netto-Raumfläche	2.684,66 m²	129,5	81,2
KGF	Konstruktions-Grundfläche	622,34 m²	30,0	18,8
BGF	Brutto-Grundfläche	3.307,00 m²	159,5	100,0

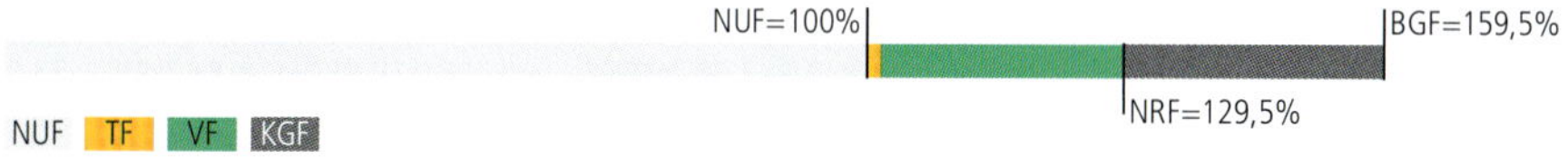

Brutto-Rauminhalt des Bauwerks		Menge Einheit	BRI/NUF (m)	BRI/BGF (m)
BRI	Brutto-Rauminhalt	9.286,20 m³	4,48	2,81

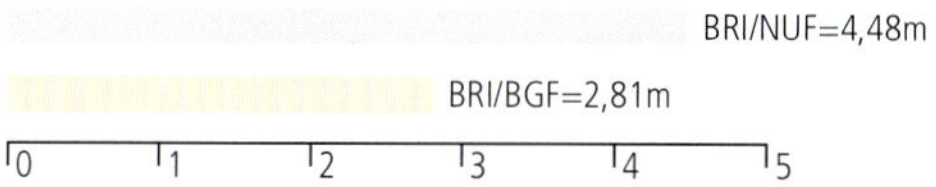

Kostenkennwerte für die Kostengruppen der 1. Ebene DIN 276

KG	Kostengruppen (1. Ebene)	Einheit	Kosten €	€/Einheit	€/m² BGF	€/m³ BRI	% 300+400
100	Grundstück	m² GF	–	–	–	–	–
200	Vorbereitende Maßnahmen	m² GF	–	–	–	–	–
300	Bauwerk – Baukonstruktionen	m² BGF	5.118.853	1.547,88	1.547,88	551,23	77,0
400	Bauwerk – Technische Anlagen	m² BGF	1.533.141	463,60	463,60	165,10	23,0
	Bauwerk 300+400	**m² BGF**	**6.651.995**	**2.011,49**	**2.011,49**	**716,33**	**100,0**
500	Außenanlagen und Freiflächen	m² AF	10.225	–	3,09	1,10	0,2
600	Ausstattung und Kunstwerke	m² BGF	–	–	–	–	–
700	Baunebenkosten	m² BGF	–	–	–	–	–
800	Finanzierung	m² BGF	–	–	–	–	–

KG	Kostengruppe	Menge Einheit	Kosten €	€/Einheit	%
3+4	**Bauwerk**				**100,0**
300	**Bauwerk – Baukonstruktionen**	3.307,00 m² BGF	5.118.853	**1.547,88**	77,0

Baugrubenaushub; Stb-Fundamentplatte, WU, Estrich, Beschichtung, Betonwerkstein, Abdichtung, Perimeterdämmung, Dränage; Stb-Wände, WU, Mauerwerkswände, Alufenster, Kunststofffenster, Sonnenschutzverglasung, Garagentor, Alu-Haustür, Wärmedämmung, Vorhangfassade, Tonschindeln aus recycelten Klinkersteinen, Putz, Beschichtung, Wandfliesen, Rollläden, Sonnenschutz; Innenmauerwerk, Stb-Wände, GK-Wände, Holztüren, Wandfliesen, Beschichtung, elementierte Kellertrennwände; Stb-Decken, Stb-Treppen, vorgestellte Stahlbalkone, Heizestrich, Parkett, Bodenfliesen, Stahlgeländer, Holzhandläufe, Treppengeländer; Holzbalkendach, Oberlichter, Dämmung, Abdichtung, Zinkdeckung, extensive Dachbegrünung (über TG-Zufahrt), Dachentwässerung, abgehängte GK-Decken

KG	Kostengruppe	Menge Einheit	Kosten €	€/Einheit	%
400	**Bauwerk – Technische Anlagen**	3.307,00 m² BGF	1.533.141	**463,60**	23,0

Gebäudeentwässerung, Hebeanlage, Kalt- und Warmwasserleitungen, Sanitärobjekte; Gas-Brennwerttherme 17%, Luft-Wasser-Wärmepumpe 83%, Fußbodenheizung; Abluftanlage, RWA-Anlage; Elektroinstallation, Blitzschutzanlage; Datenübertragungsanlage, Fernseh- und Antennenanlagen, Rauchmelder; Personenaufzug

KG	Kostengruppe	Menge Einheit	Kosten €	€/Einheit	%
500	**Außenanlagen und Freiflächen**	–	10.225	–	0,2

Technik in Außenanlagen

6100-1745
Einfamilienhaus
Garage

Kostenkennwerte für die Kosten des Bauwerks (Kostengruppen 300+400 nach DIN 276)

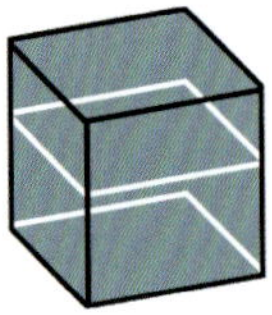

BRI 812 €/m³

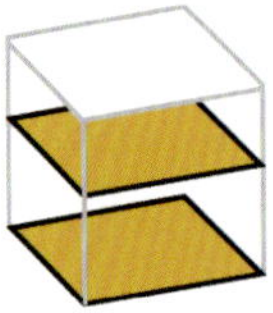

BGF 2.916 €/m²

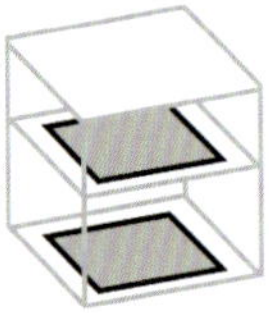

NUF 4.039 €/m²

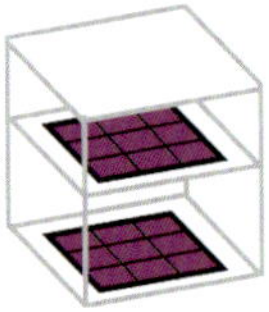

NE 4.208 €/NE

NE: Wohnfläche

Objekt:
Kennwerte: 1.Ebene DIN 276
BRI: 853 m³
BGF: 238 m²
NUF: 172 m²
Bauzeit: 52 Wochen
Bauende: 2021
Standard: mittel
Bundesland: Nordrhein-Westfalen
Kreis: Leverkusen, Stadt

Architekt*in:
Gütig Architektur
Aegidiusstraße 11
53332 Bornheim-Hersel

Bauherr*in:
Alexander Baumgartl
In der Hartmannwiese 2
51371 Leverkusen

© Peter Lippsmeier

© Peter Lippsmeier

© Peter Lippsmeier

Kostenstand: 2. Quartal 2025, Bundesdurchschnitt, **inkl. 19% MwSt.**

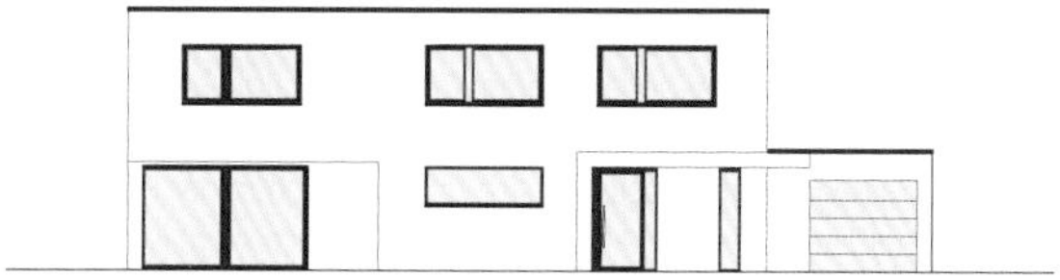
Ansicht Süd

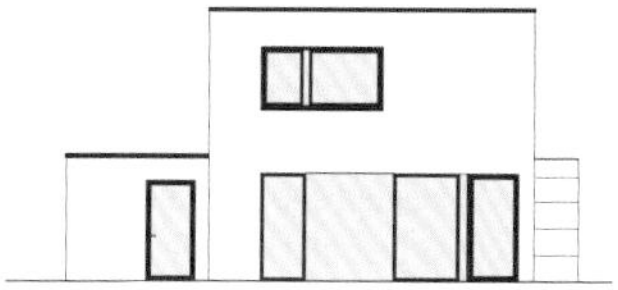
Ansicht West

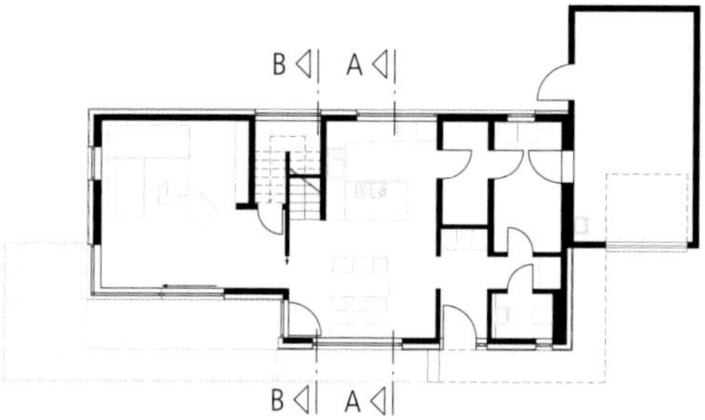

Erdgeschoss

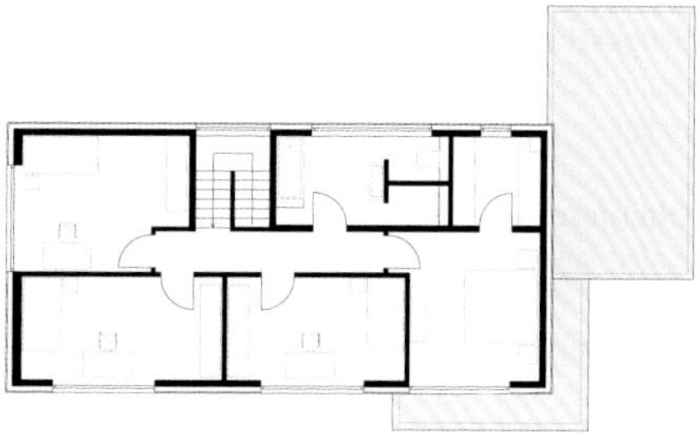
Obergeschoss

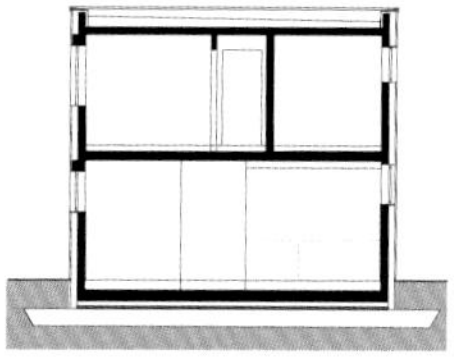
Schnitt A-A

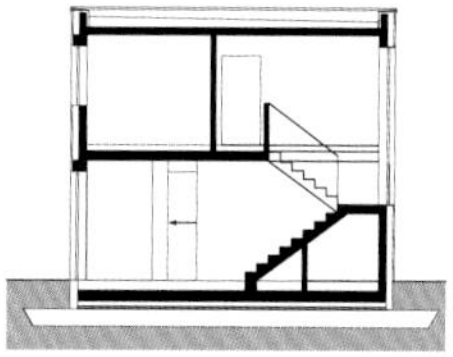
Schnitt B-B

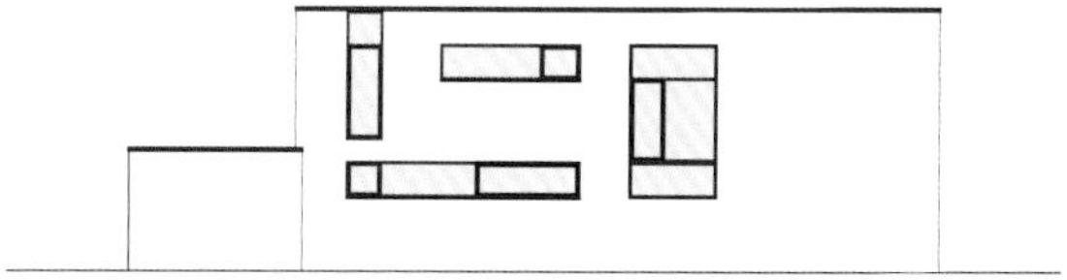
Ansicht Nord

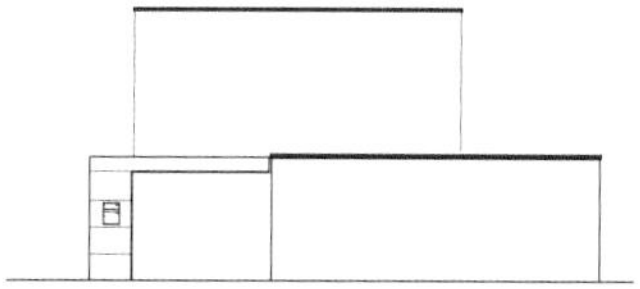
Ansicht Ost

Objektbeschreibung

Allgemeine Objektinformationen

Bei dem Einfamilienhaus handelt es sich um ein nicht unterkellertes, zweigeschossiges Gebäude mit Garage. Die Schwierigkeit bestand darin, dass gewünschte Raumprogramm auf dem recht kleinen und schmalen Grundstück zu realisieren. Im Erdgeschoss befindet sich der Wohnbereich nebst Küche, Abstell- und Technikräumen und einer überdachten Terrasse. Die Treppe ist in den Wohnraum integriert und erschließt im ersten Obergeschoss zwei Kinderzimmer, ein Arbeitszimmer sowie Ankleide und Badezimmer.

Nutzung

1 Erdgeschoss
Eingang, WC, HWR, Kochen, Essen, Wohnen, Terrasse, Garage

1 Obergeschoss
Schlafen, Ankleide, Kind (2St), Gästezimmer, Bad, Flur

Nutzeinheiten

Wohnfläche: 165 m²

Grundstück

Bauraum: Freier Bauraum
Neigung: Ebenes Gelände
Bodenklasse: BK 3 bis BK 5

Markt

Hauptvergabezeit: 2. Quartal 2020
Baubeginn: 2. Quartal 2020
Bauende: 2. Quartal 2021
Konjunkturelle Gesamtlage: Durchschnitt
Regionaler Baumarkt: über Durchschnitt

Baukonstruktion

Die Bodenplatte sowie die Decken bestehen aus Stahlbeton. Für die Außenwände wurden Kalksandsteinmauerwerk und eine vorgehängte Alufassade gewählt. Die Aufteilung der Fassadenplatten spiegelt sich ringsum auch in der Position der Fenster wider. Alle Fenster sind dreifach verglast und mit Rollläden ausgestattet. Fenster, Rollläden und auch die Dachentwässerung sind Ton in Ton mit der Farbe der Fassadenplatten. Das Flachdach mit Gefälledämmung und Kunststoffdichtbahn ist für eine PV-Anlage vorbereitet. Die Attikaabdeckung ist Teil der Fassade und unterstützt so das puristische Bild des Gebäudes. Sämtliche Innenwände sind mit Gipsputz beschichtet oder mit Gipskarton beplankt und beschichtet. Als Bodenbelag im Erdgeschoss sind großformatige dunkelgraue Fliesen verbaut. Auch der Wohn-Essbereich mit Küche ist klar strukturiert. Die Schlafräume im OG sind mit Vinylboden in Eiche-Optik ausgestattet. Kontrast zum mineralischen Putz der Garage und der anthrazitfarbenen Fassadenplatten steht die helle Lärchenholz-Rombusschalung im überdachtem Eingangsbereich. Auch für die Bekleidung des Vordachs mit Wandscheibe wurden Alu-Verbundplatten gewählt, die ebenfalls auf das Fugenbild der Hauptfassade abgestimmt sind.

Technische Anlagen

Die Beheizung des Gebäudes erfolgt über eine Luft-Wasser-Wärmepumpe und eine Fußbodenheizung. Zudem wurde eine Wohnraumlüftungsanlage mit Wärmerückgewinnung eingebaut.

Energetische Kennwerte

Gesetzliche Grundlage: EnEV 2013
Gebäudenutzfläche: 208,60 m²
Gebäudevolumen: 652,00 m³
A/V_e-Verhältnis (Kompaktheit): 0,77 m⁻¹
Hüllfläche des beheizten Volumens: 500,00 m²
Spez. Transmissionswärmeverlust: 0,31 W/(m²·K)
Spez. Jahresprimärenergiebedarf: 38,14 kWh/(m²·a)
Anlagenaufwandszahl: 0,69

Planungskennwerte für Flächen und Rauminhalte nach DIN 277

Flächen des Grundstücks		Menge Einheit	% an GF
BF	Bebaute Fläche	–	–
UF	Unbebaute Fläche	–	–
GF	Grundstücksfläche	–	–

Grundflächen des Bauwerks		Menge Einheit	% an NUF	% an BGF
NUF	Nutzungsfläche	171,57 m²	100,0	72,2
TF	Technikfläche	2,70 m²	1,6	1,1
VF	Verkehrsfläche	18,22 m²	10,6	7,7
NRF	Netto-Raumfläche	192,49 m²	112,2	81,0
KGF	Konstruktions-Grundfläche	45,15 m²	26,3	19,0
BGF	Brutto-Grundfläche	237,64 m²	138,5	100,0

Brutto-Rauminhalt des Bauwerks		Menge Einheit	BRI/NUF (m)	BRI/BGF (m)
BRI	Brutto-Rauminhalt	853,17 m³	4,97	3,59

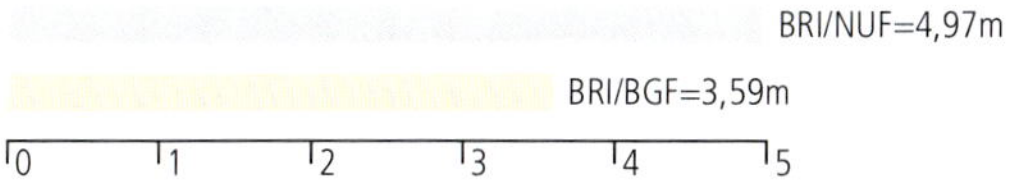

Kostenkennwerte für die Kostengruppen der 1. Ebene DIN 276

KG	Kostengruppen (1. Ebene)	Einheit	Kosten €	€/Einheit	€/m² BGF	€/m³ BRI	% 300+400
100	Grundstück	m² GF	–	–	–	–	–
200	Vorbereitende Maßnahmen	m² GF	–	–	–	–	–
300	Bauwerk – Baukonstruktionen	m² BGF	543.878	2.288,66	2.288,66	637,48	78,5
400	Bauwerk – Technische Anlagen	m² BGF	149.177	627,74	627,74	174,85	21,5
	Bauwerk 300+400	**m² BGF**	**693.054**	**2.916,40**	**2.916,40**	**812,33**	**100,0**
500	Außenanlagen und Freiflächen	m² AF	–	–	–	–	–
600	Ausstattung und Kunstwerke	m² BGF	–	–	–	–	–
700	Baunebenkosten	m² BGF	–	–	–	–	–
800	Finanzierung	m² BGF	–	–	–	–	–

KG	Kostengruppe	Menge Einheit	Kosten €	€/Einheit	%
3+4	**Bauwerk**				**100,0**
300	**Bauwerk – Baukonstruktionen**	237,64 m² BGF	543.878	**2.288,66**	78,5

Bodenaushub; Stb-Bodenplatte, Abdichtung, Dämmung Heizestrich, Bodenfliesen, Perimeterdämmung, Sauberkeitsschicht; Stb-Wände, KS-Mauerwerk, Stb-Stützen, Kunststofffenster, Dreifachverglasung, Alu-Haustür, Dämmung, hinterlüftete Alu-Verbundplatten-Fassade, Lärchenholz-Rombusschalung, Sockeldämmung, Innenputz, Wandfliesen, Beschichtung, Rollläden; KS-Mauerwerk, GK-Wände, Holztüren, Schiebetür, Putz, Wandfliesen, Beschichtung; Stb-Decke, Stb-Treppe, Stb-Vordach, Dämmung, Heizestrich, Bodenfliesen, Vinylboden; Stb-Flachdach, Gefälledämmung, Kunststoffabdichtung, Dachentwässerung, Attikaabdeckung; Garage: Stb-Bodenplatte; Mauerwerk, Alutor, Alutür, Putz, Beschichtung; Stb-Flachdach, Kunststoffabdichtung, Gründach

KG	Kostengruppe	Menge Einheit	Kosten €	€/Einheit	%
400	**Bauwerk – Technische Anlagen**	237,64 m² BGF	149.177	**627,74**	21,5

Gebäudeentwässerung, Kalt- und Warmwasserleitungen, Sanitärobjekte; Luft-Wasser-Wärmepumpe, Fußbodenheizung; zentrale Lüftungsanlage mit Wärmerückgewinnung; Vorbereitung für PV-Anlage, Elektroinstallation, Beleuchtung, Blitzschutz; Datenkabel

6100-1749
Mehrfamilienhäuser
(6 Gebäude, 131 WE)
Kindertagesstätte
(5 Gruppen, 88 Kinder)
TG (132 STP)

Kostenkennwerte für die Kosten des Bauwerks (Kostengruppen 300+400 nach DIN 276)

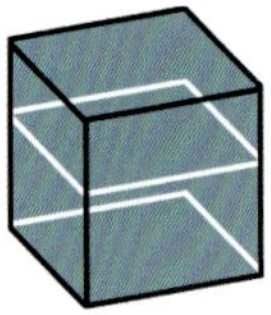
BRI 618 €/m³

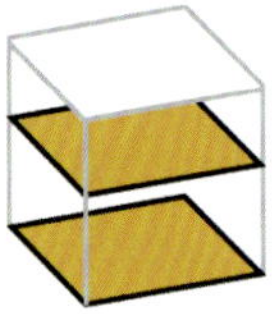
BGF 2.006 €/m²

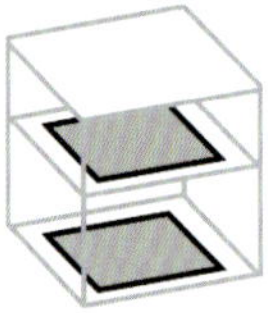
NUF 2.990 €/m²

Objekt:
Kennwerte: 1.Ebene DIN 276
BRI: 80.198 m³
BGF: 24.699 m²
NUF: 16.571 m²
Bauzeit: 135 Wochen
Bauende: 2023
Standard: hoch
Bundesland: Hessen
Kreis: Darmstadt, Stadt

Architekt*in:
planungsgruppe
DREI Part GmbB
Architekten+Ingenieure
Ober-Ramstädter Straße 96e
64367 Mühltal

Bauherr*in:
bvd Immobilien GmbH
& Co. Postsiedlung KG
Siemensstraße 20
64289 Darmstadt

Zeichnungen

6100-1749
Mehrfamilienhäuser
(6 Gebäude, 131 WE)
Kindertagesstätte
(5 Gruppen, 88 Kinder)
TG (132 STP)

Ansicht Süd Gebäude A, B, C

Erdgeschoss
Grundriss 1.-3. OG Gebäude A

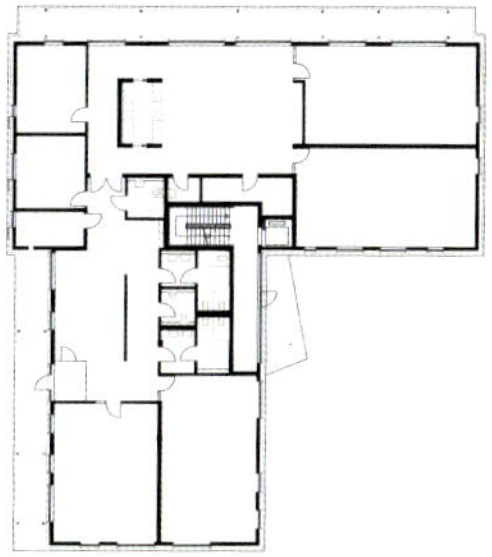

Erdgeschoss Gebäude B

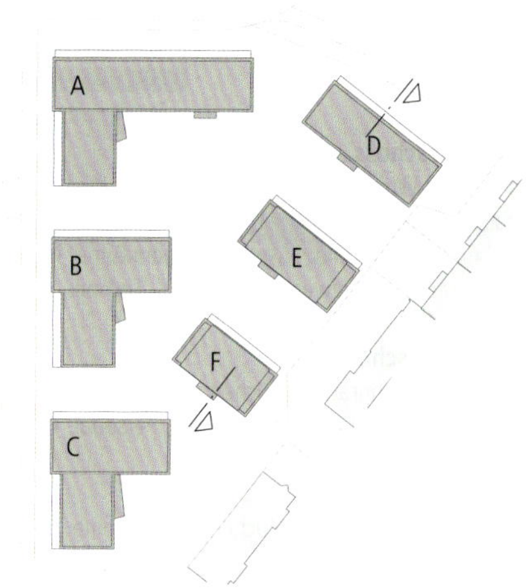

Lageplan

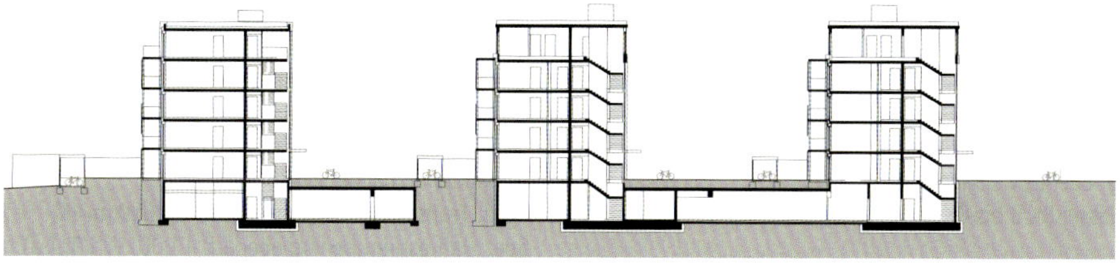

Schnitt A-A

Ansicht Nord Gebäude D, E, F

6100-1749
Mehrfamilienhäuser
(6 Gebäude, 131 WE)
Kindertagesstätte
(5 Gruppen, 88 Kinder)
TG (132 STP)

Kostenkennwerte für die Kostengruppen der 1. Ebene DIN 276

KG	Kostengruppen (1. Ebene)	Einheit	Kosten €	€/Einheit	€/m² BGF	€/m³ BRI	% 300+400
100	Grundstück	m² GF	–	–	–	–	–
200	Vorbereitende Maßnahmen	m² GF	2.171.781	207,75	87,93	27,08	4,4
300	Bauwerk – Baukonstruktionen	m² BGF	39.035.274	1.580,43	1.580,43	486,74	78,8
400	Bauwerk – Technische Anlagen	m² BGF	10.504.037	425,28	425,28	130,98	21,2
	Bauwerk 300+400	**m² BGF**	**49.539.312**	**2.005,71**	**2.005,71**	**617,71**	**100,0**
500	Außenanlagen und Freiflächen	m² AF	4.306.655	–	174,36	53,70	8,7
600	Ausstattung und Kunstwerke	m² BGF	–	–	–	–	–
700	Baunebenkosten	m² BGF	–	–	–	–	–
800	Finanzierung	m² BGF	–	–	–	–	–

KG	Kostengruppe	Menge Einheit	Kosten €	€/Einheit	%
200	**Vorbereitende Maßnahmen**	10.454,00 m² GF	2.171.781	**207,75**	4,4
	Abbruch des Bestands, Stromanschluss mit Trafo				
3+4	**Bauwerk**				**100,0**
300	**Bauwerk – Baukonstruktionen**	24.699,20 m² BGF	39.035.274	**1.580,43**	78,8
	Baugrubenaushub; Stb-Fundamentplatten, Stb-Fundamente, Stb-Zerrbalken, Stb-Bodenplatten, flügelgeglättet, Sauberkeitsschicht, TG: Pflasterbelag in Splittbett; Stb-Wände, Mauerwerkswände, Holzbauwände in Staffelgeschossen, Alu-Eingangstüren, Kunststofffenster, Aluminiumfenster, Dreifachverglasung, Sonnenschutzverglasung, Garagentor, WDVS mit Phenolharzdämmung, Fassaden-Photovoltaik, Wärmedämmung, hinterlüftete Vorhangfassade an Staffelgeschossen, Innenputz, Beschichtung, Wandfliesen; Innenmauerwerk, Stb-Wände, GK-Wände, Holztüren, Wohnungseingangstüren, Putz, Beschichtung, Wandfliesen, elementierte Kellertrennwände; Stb-Decken, Stb-Treppen, Heizestrich, Eicheparkett, Bodenfliesen, Linoleum, Stahlgeländer, Treppengeländer, vorgestellte Balkone als Tragkonstruktion für Fassadenbegrünung, Fassaden-Photovoltaik; Stb-Flachdächer, Dämmung, Abdichtung, Terrassenplatten, Attika, innenliegende Dachentwässerung; Holzbaugartenhäuser, Kitamöblierungen, Hortmöblierungen, Einbauküchen				
400	**Bauwerk – Technische Anlagen**	24.699,20 m² BGF	10.504.037	**425,28**	21,2
	Gebäudeentwässerung, Kalt- und Warmwasserleitungen, Sanitärobjekte; Contracting für Energiezentrale und Nahwärmenetz (Geothermie, nicht in Kosten enthalten), Fußbodenheizung und -temperierung (Sommer), Warmwasserbereitung über Wohnungsstationen mit Elektro-Booster, Dusch-Wärmerückgewinnung; zentrale Lüftungsanlagen mit Wärmerückgewinnung, RWA-Anlagen; PV-Anlagen auf allen Dächern, Elektroinstallation, Vorrichtung für Wallboxen in TG; Datenübertragungsanlage, Rauchmelder; Personenaufzüge, Fahrradaufzug in TG				
500	**Außenanlagen und Freiflächen**	–	4.306.655	–	8,7
	Oberbodenarbeiten, Bodenarbeiten; Wege, Plätze, Terrassen, Spielplatzflächen; Zäune, Tore, Winkelstützmauern; Bewässerungsanlagen, Fassadenbegrünung, Außenbeleuchtungsanlagen; Sitzbänke, Fahrradständer, Unterflur-Müllcontainer, Spielgeräte; Oberbodenauftrag, Bepflanzung Fassaden, Gehölze, Stauden, Bäume, Rasen				

6100-1751 Mehrfamilienhäuser (6 Gebäude, 98 WE)

Kostenkennwerte für die Kosten des Bauwerks (Kostengruppen 300+400 nach DIN 276)

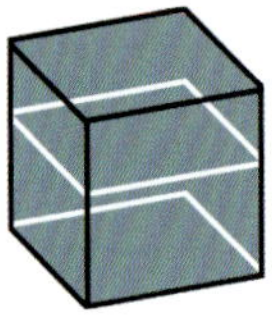

BRI 522 €/m³

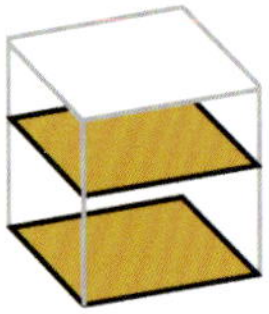

BGF 1.706 €/m²

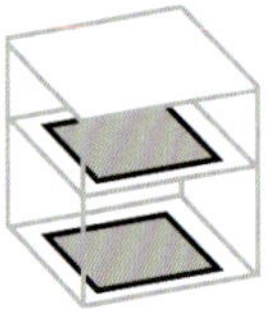

NUF 2.545 €/m²

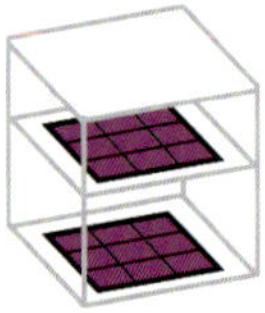

NE 3.100 €/NE

NE: Wohnfläche

Objekt:
Kennwerte: 1.Ebene DIN 276
BRI: 47.353 m³
BGF: 14.490 m²
NUF: 9.713 m²
Bauzeit: 117 Wochen
Bauende: 2022
Standard: mittel
Bundesland: Nordrhein-Westfalen
Kreis: Duisburg, Stadt

Architekt*in:
HGMB Architekten GmbH /
Henning-Shin Architekten
Pinienstraße 2
40233 Düsseldorf

Bauherr*in:
GEBAG Duisburger
Baugesellschaft mbH
Tiergartenstraße 24-26
47053 Duisburg

Zeichnungen

Ansicht Nord

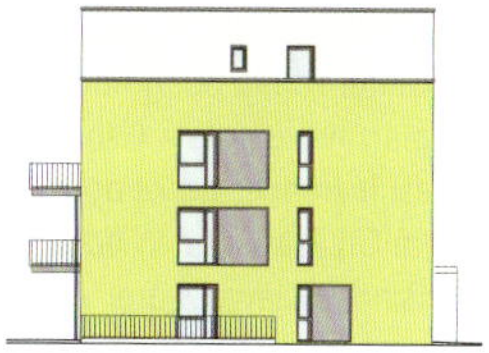
Ansicht Ost

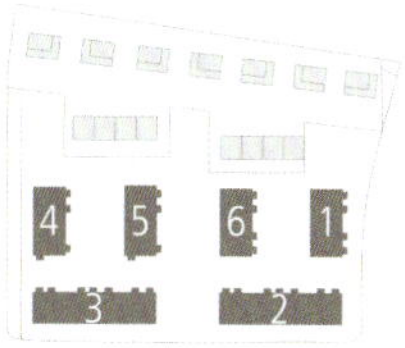

Lageplan

Erdgeschoss Haus 3

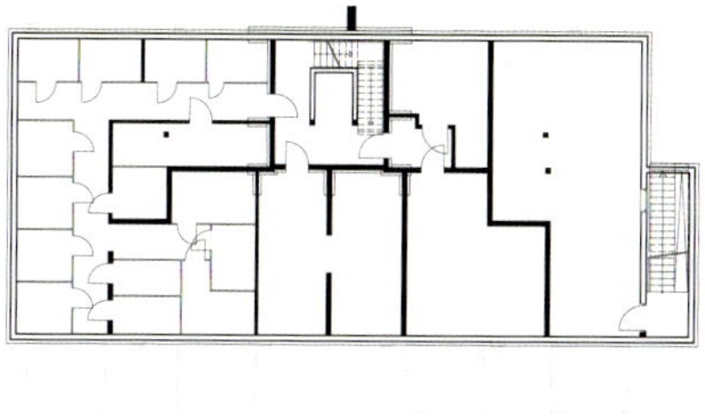
Untergeschoss Haus 1

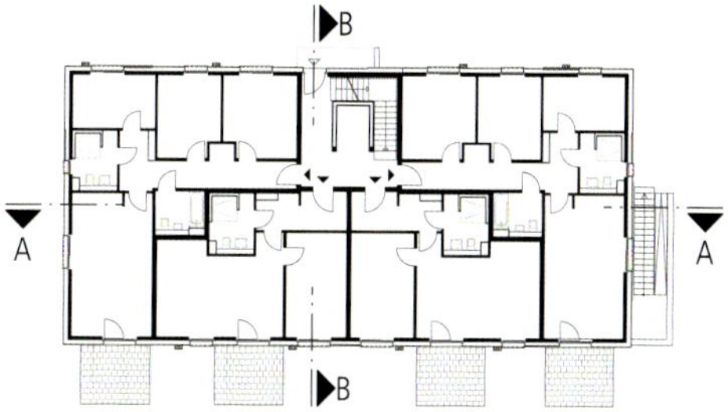

Erdgeschoss Haus 1

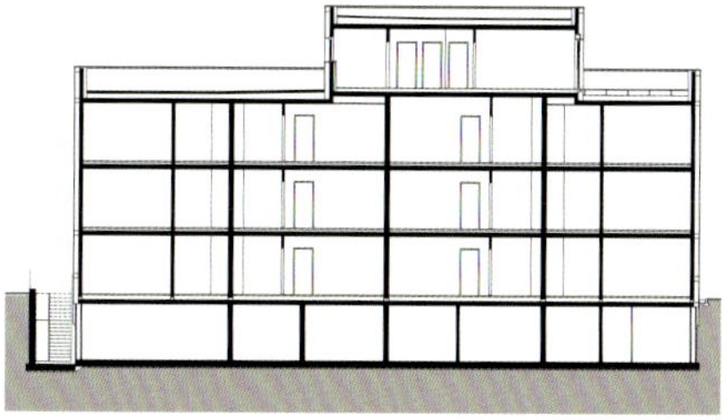
Schnitt A-A

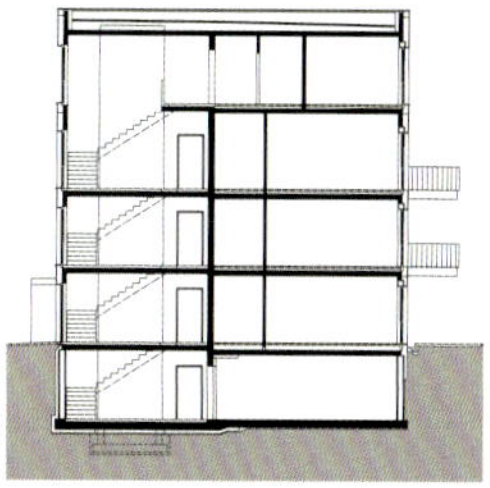
Schnitt B-B

Ansicht Süd

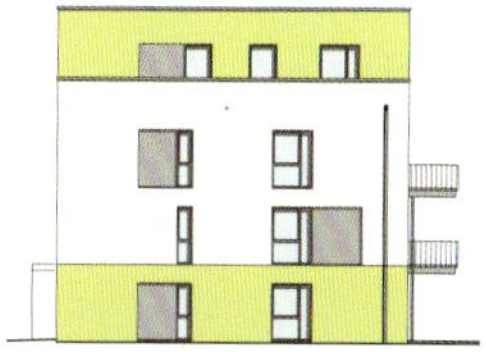
Ansicht West

Objektbeschreibung

Allgemeine Objektinformationen

Die Mehrfamilienhäuser mit markanter Farbgebung sind in einer offenen Blockrandbauweise platziert, um dem Gebiet Kontur zu verleihen. Die daraus resultierende, starke optische Präsenz des Quartiers verleiht dem Ort Profil und Wiedererkennungswert. Die sechs Häuser sind mit jeweils drei Vollgeschossen, einem Staffelgeschoss und einem Keller errichtet.

Nutzung

1 Untergeschoss
Abstellräume, Trockenräume, Technikräume, Kinderwagenraum, Fahrradabstellraum, Treppenhaus, Flure, Aufzug

1 Erdgeschoss
Wohn-/Essküchen, Schlafräume, Bäder, Flure, Treppenhäuser, Aufzüge, Terrassen

2 Obergeschosse
Wohn-/Essküchen, Schlafräume, Bäder, Flure, Treppenhäuser, Aufzüge, Balkone

1 Dachgeschoss
Wohn-/Essküchen, Schlafräume, Bäder, Flure, Treppenhäuser, Aufzüge, Dachterrassen

Nutzeinheiten

Gebäude: 6
Wohneinheiten: 98
Wohnfläche: 7.975 m^2

Grundstück

Bauraum: Freier Bauraum
Neigung: Ebenes Gelände
Bodenklasse: BK 3 bis BK 5

Markt

Hauptvergabezeit: 1. Quartal 2019
Baubeginn: 1. Quartal 2020
Bauende: 2. Quartal 2022
Konjunkturelle Gesamtlage: Durchschnitt
Regionaler Baumarkt: Durchschnitt

Baukonstruktion

Die Gründung erfolgt auf Fundamentplatten. Sämtliche Untergeschosse wurden in Stahlbeton errichtet. Die darüberliegenden Geschosse sind in KS-Mauerwerk gemauert und mit einem Wärmedämmverbundsystem bekleidet. Die Kunststofffenster sind mit Dreifachverglasung ausgeführt. Die Geschossdecken und das Flachdach wurden als Elementdecken in Stahlbeton hergestellt. Die Dächer sind extensiv begrünt. für die Böden kamen Vinyl und Bodenfliesen zur Ausführung.

Technische Anlagen

Die Gebäude wurden im 3-Liter-Haus-Standard errichtet. Die Mieterinnen und Mieter der Siedlung können auf Mieterstrom zurückgreifen, der aus Photovoltaik gewonnen wird. Das Quartier verfügt über einen Fernwärmeanschluss und Fußbodenheizung in allen Wohnungen. Durch Personenaufzüge in allen Häusern können die Wohnungen barrierefrei erschlossen werden.

Sonstiges

Von den insgesamt 98 Wohnungen sind 54 öffentlich gefördert. Der ausgewogene Wohnungsmix und die vollständige Barrierefreiheit des Quartiers bieten optimale Voraussetzungen für ein gutes Zusammenleben der verschiedenen Bewohnergruppen. Durch konsequentes Durchmischen von geförderten und preisgedämpften Wohnungen verfügen alle Gebäude über eine ausgewogene Sozialstruktur.

Energetische Kennwerte

Gesetzliche Grundlage: EnEV 2013
Spez. Jahresheizwärmebedarf: 35,00 kWh/(m^2·a)
CO_2-Emissionen: 8,64 kg/(m^2·a)
Differenzdruck-Messverfahren: 1,00 h^{-1}

Planungskennwerte für Flächen und Rauminhalte nach DIN 277

Flächen des Grundstücks		Menge Einheit	% an GF
BF	Bebaute Fläche	3.203,26 m²	–
UF	Unbebaute Fläche	–	–
GF	Grundstücksfläche	–	–

Grundflächen des Bauwerks		Menge Einheit	% an NUF	% an BGF
NUF	Nutzungsfläche	9.713,05 m²	100,0	67,0
TF	Technikfläche	246,68 m²	2,5	1,7
VF	Verkehrsfläche	2.427,23 m²	25,0	16,8
NRF	Netto-Raumfläche	12.386,96 m²	127,5	85,5
KGF	Konstruktions-Grundfläche	2.103,34 m²	21,7	14,5
BGF	Brutto-Grundfläche	14.490,30 m²	149,2	100,0

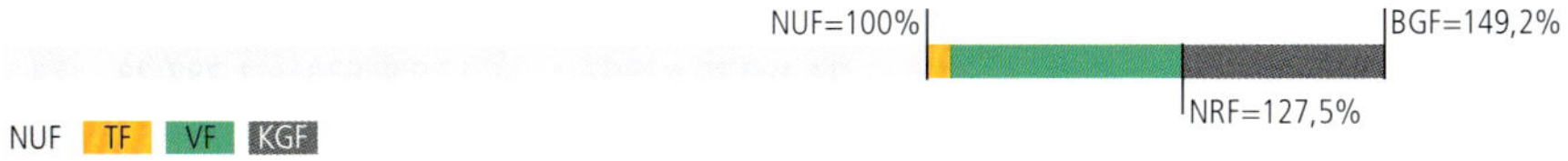

Brutto-Rauminhalt des Bauwerks		Menge Einheit	BRI/NUF (m)	BRI/BGF (m)
BRI	Brutto-Rauminhalt	47.353,11 m³	4,88	3,27

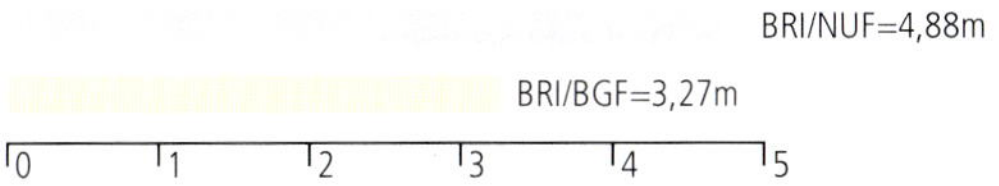

6100-1755
Mehrfamilienhaus
(12 WE)

Kostenkennwerte für die Kosten des Bauwerks (Kostengruppen 300+400 nach DIN 276)

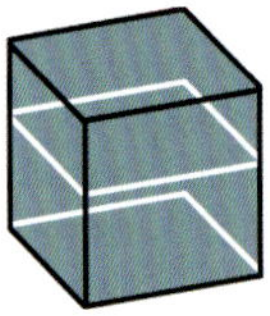

BRI 672 €/m^3

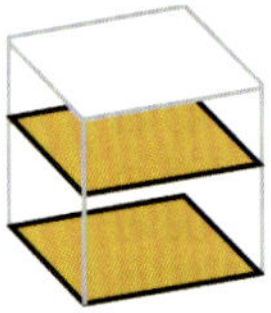

BGF 2.277 €/m^2

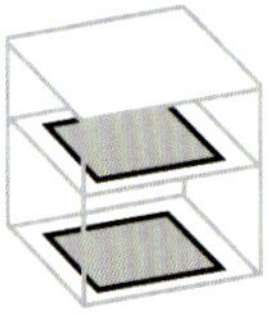

NUF 3.996 €/m^2

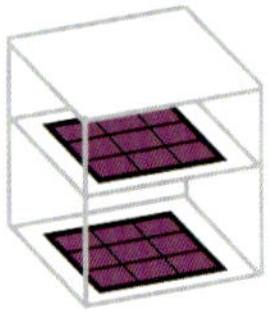

NE 4.026 €/NE

NE: Wohnfläche

Objekt:
Kennwerte: 1. Ebene DIN 276
BRI: 3.871 m^3
BGF: 1.142 m^2
NUF: 651 m^2
Bauzeit: 74 Wochen
Bauende: 2023
Standard: mittel
Bundesland: Hessen
Kreis: Main-Kinzig-Kreis

Architekt*in:
heitzenröderarchitekten
GmbH
Moselstraße 2A
63452 Hanau

Zeichnungen

Ansicht Nord-Ost

Ansicht Nord-West

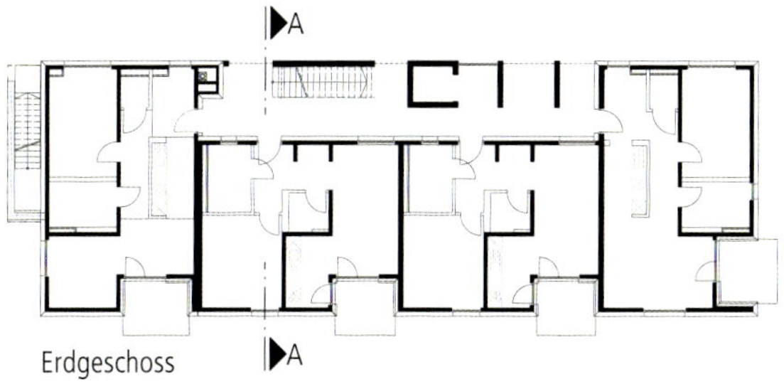

Erdgeschoss

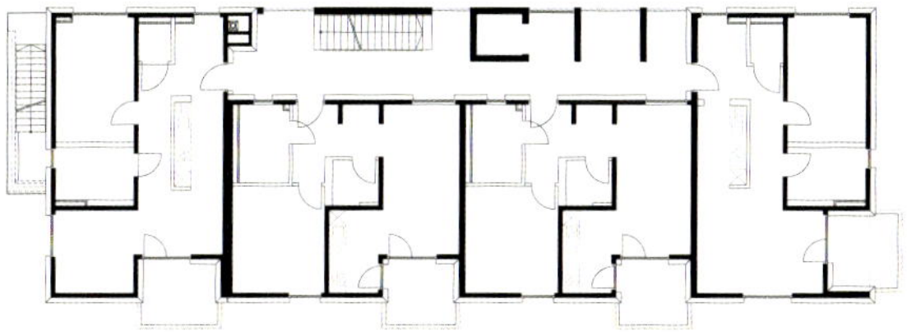

Obergeschoss

Schnitt A-A

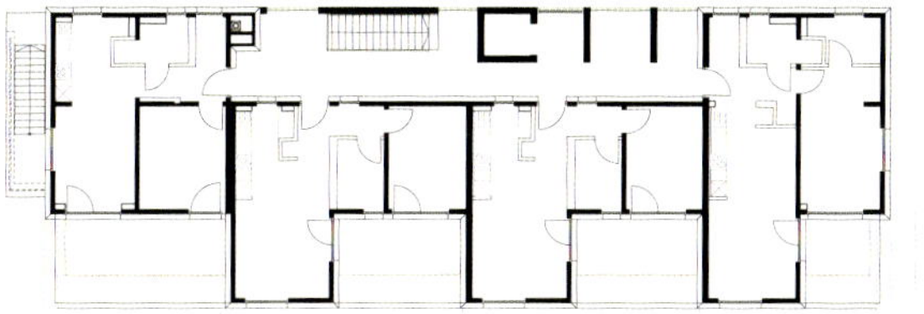

Dachgeschoss

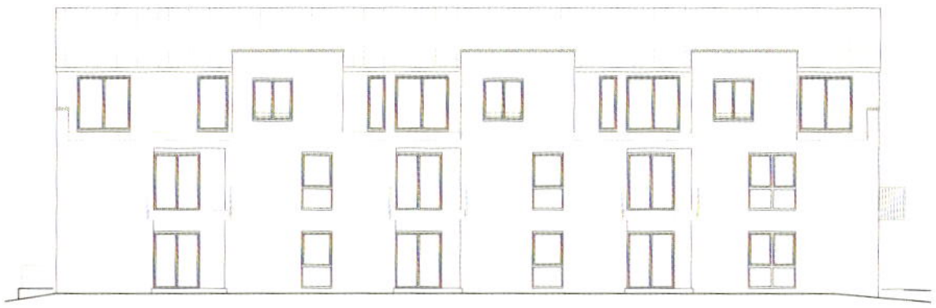

Ansicht Süd-West

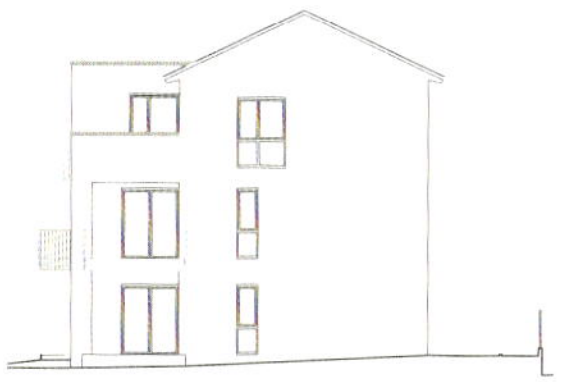

Ansicht Süd-Ost

Kostenkennwerte für die Kostengruppen der 1. Ebene DIN 276

KG	Kostengruppen (1. Ebene)	Einheit	Kosten €	€/Einheit	€/m² BGF	€/m³ BRI	% 300+400
100	Grundstück	m² GF	–	–	–	–	–
200	Vorbereitende Maßnahmen	m² GF	–	–	–	–	–
300	Bauwerk – Baukonstruktionen	m² BGF	1.937.708	1.696,66	1.696,66	500,57	74,5
400	Bauwerk – Technische Anlagen	m² BGF	662.883	580,42	580,42	171,24	25,5
	Bauwerk 300+400	**m² BGF**	**2.600.591**	**2.277,09**	**2.277,09**	**671,81**	**100,0**
500	Außenanlagen und Freiflächen	m² AF	–	–	–	–	–
600	Ausstattung und Kunstwerke	m² BGF	–	–	–	–	–
700	Baunebenkosten	m² BGF	–	–	–	–	–
800	Finanzierung	m² BGF	–	–	–	–	–

KG	Kostengruppe	Menge Einheit	Kosten €	€/Einheit	%
3+4	**Bauwerk**				**100,0**
300	**Bauwerk – Baukonstruktionen**	1.142,07 m² BGF	1.937.708	**1.696,66**	74,5

Baugrubenaushub, Wasserhaltung; Stb-Fundamentplatte, WU-Beton, Heizestrich, Anstrich, PVC-Belag, Bodenfliesen, Abdichtung, Kiesfilterschicht, Perimeterdämmung, Dränage; Stb-Wände, teilw. Sichtbeton, Mauerwerkswände, Kunststofffenster, Dreifachverglasung, teilw. Schallschutzverglasung, WDVS, Rollläden; Innenmauerwerk, Stb-Wände, GK-Wände, Wandfliesen; Stb-Decken, teilw. Sichtbeton, Stb-Fertigteilbalkone, Stb-Treppen, Sichtbeton, Heizestrich, PVC-Belag, Bodenfliesen, Stahlgeländer, Treppengeländer; Stb-Dach, Holzbalkendach, Dämmung, Dachziegel, Abdichtung, Attika, außen- und innenliegende Dachentwässerung

KG	Kostengruppe	Menge Einheit	Kosten €	€/Einheit	%
400	**Bauwerk – Technische Anlagen**	1.142,07 m² BGF	662.883	**580,42**	25,5

Gebäudeentwässerung, Hebeanlage, Kalt- und Warmwasserleitungen, Sanitärobjekte; Gas-Brennwerttherme, Luft-Wasser-Wärmepumpe, Fußbodenheizung, Schornstein; kontrollierte Be- und Entlüftung mit Wärmerückgewinnung; Elektroinstallation, Beleuchtung; Fernseh- und Antennenanlagen, Rauchmelder; Personenaufzug

Objektbeschreibung

Allgemeine Objektinformationen

Infolge eines ersten Preises eines Einladungswettbewerbs entstand auf einer innerstädtischen Baulücke das energetisch optimierte Mehrfamilienhaus "GreenOne" mit barrierefreien Wohnungen. Das Vorhaben wurde vom Land Thüringen mit dem Programm zur Innenstadtstabilisierung gefördert. Der Entwurf nimmt vorhandene Raumkanten auf und schließt den Blockrand.

Nutzung

1 Untergeschoss
Tiefgarage, Abstellräume, Heizungsraum, Hausanschlussraum

1 Erdgeschoss
Wohn-/Essküchen, Schlafräume, Kinderzimmer, Bäder, Abstellräume, Loggien

3 Obergeschosse
Wohn-/Essküchen, Schlafräume, Kinderzimmer, Bäder, WCs, Abstellräume, Loggien

1 Dachgeschoss
Wohn-/Essküchen, Schlafräume, Kinderzimmer, Bäder, Abstellräume, Loggien, Dachterrasse

Nutzeinheiten

Stellplätze: 14
Wohneinheiten: 14
Wohnfläche: 1.212m²

Grundstück

Bauraum: Baulücke
Neigung: Geneigtes Gelände
Bodenklasse: BK 3 bis BK 4

Markt

Hauptvergabezeit: 4.Quartal 2019
Baubeginn: 1.Quartal 2020
Bauende: 3.Quartal 2021
Konjunkturelle Gesamtlage: über Durchschnitt
Regionaler Baumarkt: Durchschnitt

Baukonstruktion

Die Umsetzung erfolgte im Wesentlichen in Stahlbetonbauweise. 107 Bohrpfähle von bis zu 12m Tiefe gründen das Haus auf schwierigem Gelände. Die Mikropfähle wurden zur zusätzlichen Sicherung der Nachbargebäude vorgesehen. Die Fassaden an der Süd- und Westseite sind mit einem Wärmedämmverbundsystem ausgeführt. Die Kunststofffenster bzw. die Alu-Pfosten-Riegelfassaden können teilweise mit einem textilen Sonnenschutz verschattet werden. An wechselseitig zurückspringenden Geschossflächen ergänzt die intensive Begrünung die zurückspringenden Fassadenflächen, die durch eine hinterlüftete Grünfassade ebenso begrünt sind wie das Stb-Flachdach über dem Staffelgeschoss. Bodentiefe Fenster sorgen für eine gute Belichtung der Wohnungen. Die Böden sind mit Fliesen und Vinyl belegt, die Decken der Bäder mit Gipskarton abgehängt und beschichtet.

Technische Anlagen

Das Mehrfamilienhaus wird mit einer Luft-Wasser-Wärmepumpe beheizt. Eine Gas-Brennwerttherme unterstützt diese im Bedarfsfall. Eine Fußbodenheizung verteilt die Wärme in den Räumen. Die Brauchwassererwärmung wird durch eine Solarthermieanlage auf der begrünten Dachfläche unterstützt. Ein Innenaufzug verbindet am zentralen Treppenhaus alle Ebenen vom Keller mit der TG bis zum Staffelgeschoss miteinander.

Sonstiges

Im Gebäude wurden insgesamt 14 barrierearme Wohnungen realisiert. Davon sind drei mit Barrierefreiheit und eine als Maisonette ausgeführt. Bis auf die letztgenannte besitzen alle Loggien. In der Garage befinden sich 14 Stellplätze, zwei davon sind Verschiebeparker.

Planungskennwerte für Flächen und Rauminhalte nach DIN 277

Flächen des Grundstücks		Menge Einheit	% an GF
BF	Bebaute Fläche	643,79 m²	–
UF	Unbebaute Fläche	–	–
GF	Grundstücksfläche	–	–

Grundflächen des Bauwerks		Menge Einheit	% an NUF	% an BGF
NUF	Nutzungsfläche	1.698,99 m²	100,0	66,7
TF	Technikfläche	51,36 m²	3,0	2,0
VF	Verkehrsfläche	326,33 m²	19,2	12,8
NRF	Netto-Raumfläche	2.076,68 m²	122,2	81,5
KGF	Konstruktions-Grundfläche	470,98 m²	27,7	18,5
BGF	Brutto-Grundfläche	2.547,66 m²	150,0	100,0

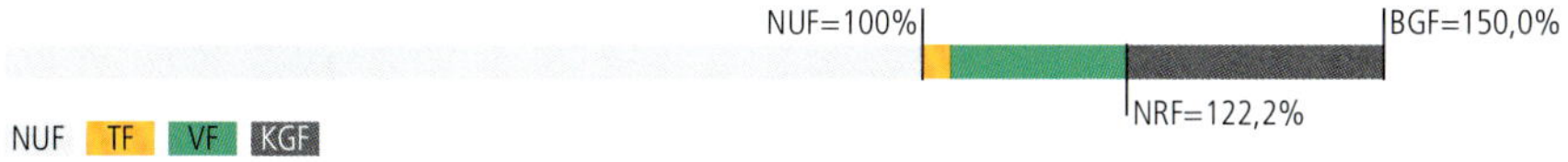

Brutto-Rauminhalt des Bauwerks		Menge Einheit	BRI/NUF (m)	BRI/BGF (m)
BRI	Brutto-Rauminhalt	7.929,31 m³	4,67	3,11

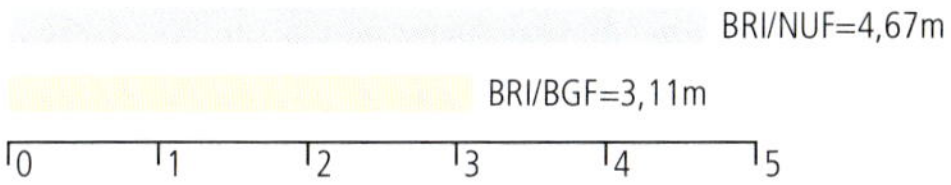

Kostenkennwerte für die Kostengruppen der 1. Ebene DIN 276

KG	Kostengruppen (1. Ebene)	Einheit	Kosten €	€/Einheit	€/m² BGF	€/m³ BRI	% 300+400
100	Grundstück	m² GF	–	–	–	–	–
200	Vorbereitende Maßnahmen	m² GF	222.521	–	87,34	28,06	3,1
300	Bauwerk – Baukonstruktionen	m² BGF	6.183.549	2.427,15	2.427,15	779,83	85,3
400	Bauwerk – Technische Anlagen	m² BGF	1.067.594	419,05	419,05	134,64	14,7
	Bauwerk 300+400	**m² BGF**	**7.251.143**	**2.846,20**	**2.846,20**	**914,47**	**100,0**
500	Außenanlagen und Freiflächen	m² AF	393.600	–	154,49	49,64	5,4
600	Ausstattung und Kunstwerke	m² BGF	–	–	–	–	–
700	Baunebenkosten	m² BGF	–	–	–	–	–
800	Finanzierung	m² BGF	–	–	–	–	–

KG	Kostengruppe	Menge Einheit	Kosten €	€/Einheit	%
200	**Vorbereitende Maßnahmen**	–	222.521	–	3,1
	Baugrundverbesserung, Munitionsbergung				
3+4	**Bauwerk**				**100,0**
300	**Bauwerk – Baukonstruktionen**	2.547,66 m² BGF	6.183.549	**2.427,15**	85,3
	Baugrubenaushub, Baugrubenverbau; Bodenaustausch, Baugrundverbesserung, Stb-Fundamentplatte, Mikropfahlgründung, WU-Beton, Dämmung, Estrich, Bodenbeschichtung, Bodenfliesen, Abdichtung; Stb-Wände, teilw. Sichtbeton, KS-Mauerwerk, Stb-Stützen, Alufenster, Kunststofffenster, Garagentor, WDVS, hinterlüftete Grünfassade, textiler Sonnenschutz; KS-Mauerwerk, Stb-Wände, GK-Wände, Holztüren, Wohnungseingangstüren, Wandfliesen, Beschichtung, elementierte Kellertrennwände; Stb-Decken, Stb-Treppen, Sichtbeton, Stb-Loggien, Dämmung, Heizestrich, Vinylbelag, Bodenfliesen, Stahl-Glasgeländer, Edelstahlhandlauf; Stb-Flachdach, Stb-Attika, Lichtkuppeln, Dämmung, Abdichtung, extensive Dachbegrünung, Entwässerung				
400	**Bauwerk – Technische Anlagen**	2.547,66 m² BGF	1.067.594	**419,05**	14,7
	Gebäudeentwässerung, Hebeanlage, Kalt- und Warmwasserleitungen, Sanitärobjekte; Gas-Brennwerttherme, Luft-Wasser-Wärmepumpe, Fußbodenheizung; kontrollierte Be- und Entlüftung, RWA-Anlage; Photovoltaikanlage, Elektroinstallation, Beleuchtung, Sicherheitsleuchten; Rauchmelder; Personenaufzug, Verschiebeparker (2St); Feuerlöscher				
500	**Außenanlagen und Freiflächen**	–	393.600	–	5,4
	Beläge Weg in Innenhof; Begrünung der Tiefgarage				

Kostenkennwerte für die Kosten des Bauwerks (Kostengruppen 300+400 nach DIN 276)

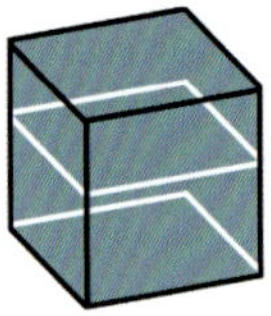

BRI 988 €/m³

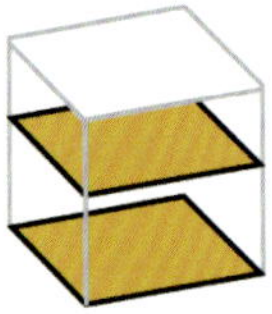

BGF 2.958 €/m²

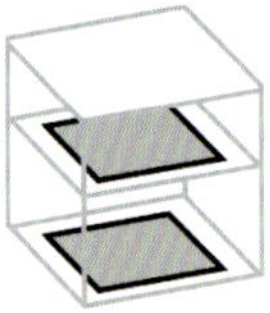

NUF 4.479 €/m²

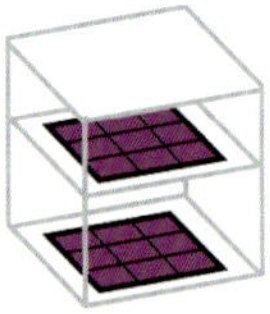

NE 3.298 €/NE
NE: Wohnfläche

Objekt:
Kennwerte: 3.Ebene DIN 276
BRI: 630 m³
BGF: 210 m²
NUF: 139 m²
Bauzeit: 57 Wochen
Bauende: 2023
Standard: mittel
Bundesland: Schleswig-Holstein
Kreis: Dithmarschen

Architekt*in:
JEBENS SCHOOF
ARCHITEKTEN BDA
Speichergasse 6
25746 Heide

© Alexander Zachen

© Alexander Zachen

© Alexander Zachen

© Alexander Zachen

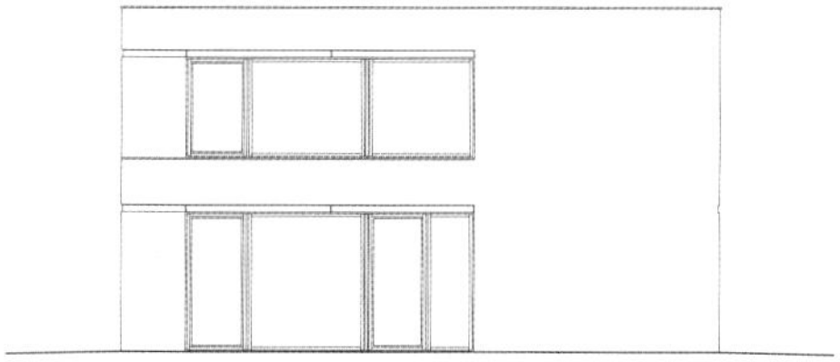

Ansicht Nord

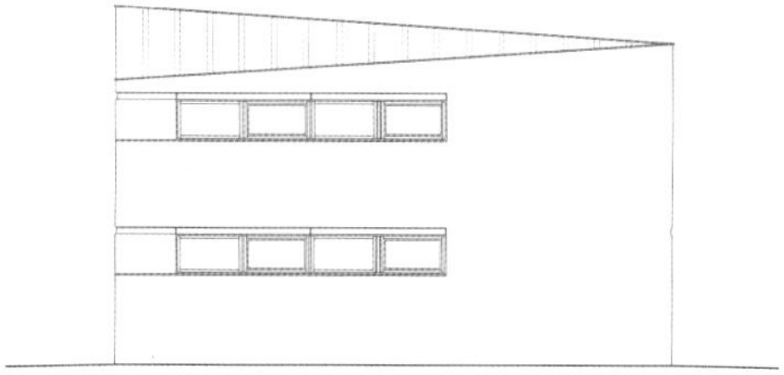

Ansicht Ost

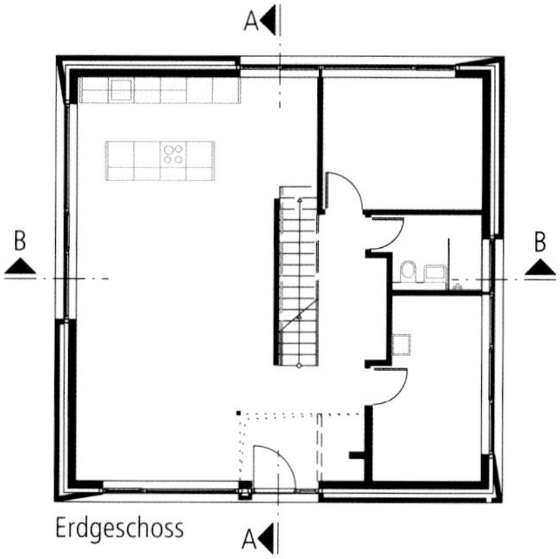

Erdgeschoss

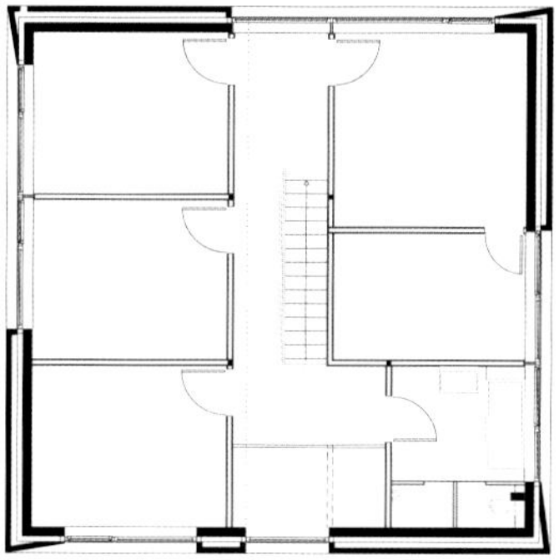

Dachgeschoss

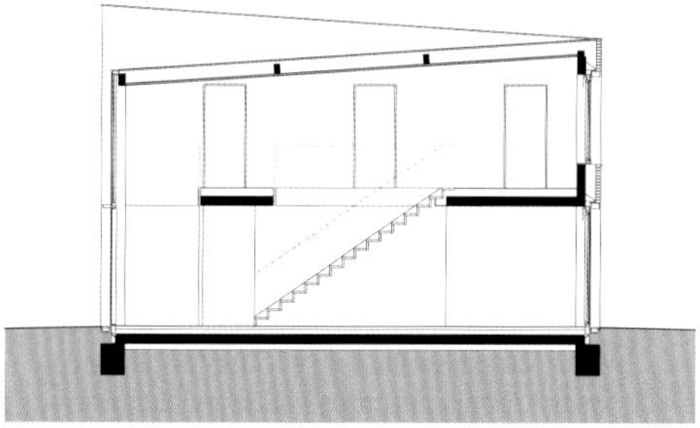

Schnitt A-A

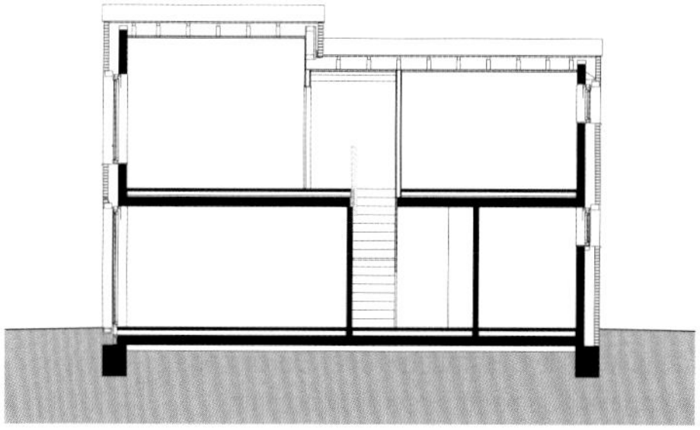

Schnitt B-B

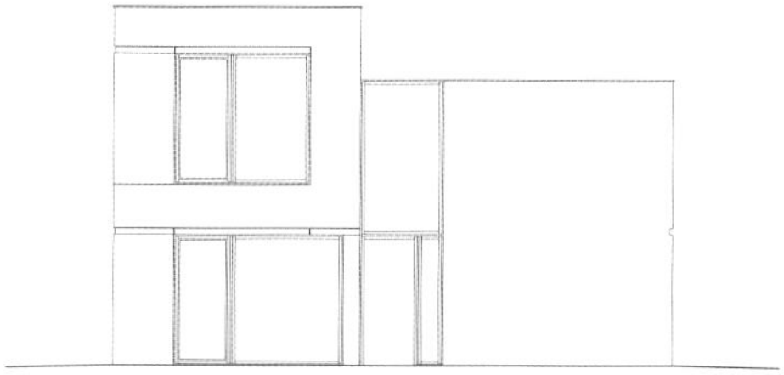

Ansicht Süd

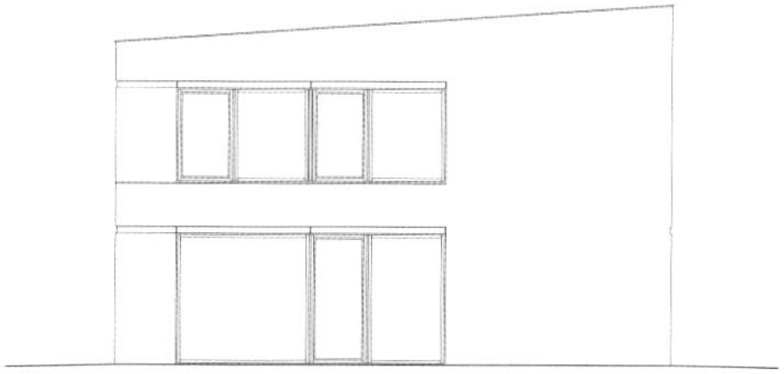

Ansicht West

Kostenkennwerte für die Kostengruppen der 1. Ebene DIN 276

KG	Kostengruppen (1. Ebene)	Einheit	Kosten €	€/Einheit	€/m² BGF	€/m³ BRI	% 300+400
100	Grundstück	m² GF	–	–	–	–	–
200	Vorbereitende Maßnahmen	m² GF	–	–	–	–	–
300	Bauwerk – Baukonstruktionen	m² BGF	509.031	2.420,85	2.420,85	808,46	81,8
400	Bauwerk – Technische Anlagen	m² BGF	112.912	536,99	536,99	179,33	18,2
	Bauwerk 300+400	**m² BGF**	**621.943**	**2.957,83**	**2.957,83**	**987,79**	**100,0**
500	Außenanlagen und Freiflächen	m² AF	32.944	–	156,67	52,32	5,3
600	Ausstattung und Kunstwerke	m² BGF	–	–	–	–	–
700	Baunebenkosten	m² BGF	–	–	–	–	–
800	Finanzierung	m² BGF	–	–	–	–	–

KG	Kostengruppe	Menge Einheit	Kosten €	€/Einheit	%
3+4	**Bauwerk**				**100,0**
300	**Bauwerk – Baukonstruktionen**	210,27 m² BGF	509.031	**2.420,85**	81,8

Fundamente, Bodenplatte, Estrich; KS-Mauerwerk, Stb-Wände, KVH-Wände, Stb-Stütze, Stb-Wandpfeiler, Holz-Alufenster, Dämmung, Klinker-Verblendmauerwerk; KS-Mauerwerk, Installationswände, GK-Wände, Stahlstützen, Holztüren, Putz, Beschichtung, Wandfliesen; Stb-Decke, Holztreppe, Estrich, Kautschukbelag, Bodenfliesen, Beschichtung; Holz-Pultdächer, Dämmung, Doppelstehfalzdeckung, Dachentwässerung, GK-Bekleidung, Beschichtung

KG	Kostengruppe	Menge Einheit	Kosten €	€/Einheit	%
400	**Bauwerk – Technische Anlagen**	210,27 m² BGF	112.912	**536,99**	18,2

Gebäudeentwässerung, Duschrinnen, Kalt- und Warmwasserleitungen, Sanitärobjekte; Wärmepumpe, Warmwasserspeicher, Heizung-Enthärtungsarmatur, Zirkulationspumpe, Ausdehnungsgefäß; Lüftungskompaktgerät zum Lüften, Heizen, Kühlen, Warmwasserbereitung; Elektroinstallation, Blitzschutz; Klingelanlage mit Videokamera, Fernsehanschluss, Rauchwarnmelder, Netzwerkanschluss

KG	Kostengruppe	Menge Einheit	Kosten €	€/Einheit	%
500	**Außenanlagen und Freiflächen**	–	32.944	**–**	5,3

Terrassen, Weg aus Betonplatten, Stellplätze aus Rasengittersteinen

Kostenkennwerte für die Kostengruppen 300 der 2. und 3.Ebene DIN 276 (Übersicht)

KG	Kostengruppe	Menge Einheit	Kosten €	€/Einheit	% an 3+4
300	**Bauwerk – Baukonstruktionen**	**210,27 m² BGF**	**509.031,18**	**2.420,85**	**81,8**
310	**Baugrube / Erdbau**	**–**	**2.096,44**	**–**	**0,3**
311	Herstellung	–	–	–	–
312	Umschließung	–	–	–	–
313	Wasserhaltung	–	2.096,44	–	0,3
314	Vortrieb	–	–	–	–
319	Sonstiges zur KG 310	–	–	–	–
320	**Gründung, Unterbau**	**94,77 m² GRF**	**51.181,64**	**540,06**	**8,2**
321	Baugrundverbesserung	–	–	–	–
322	Flachgründungen und Bodenplatten	94,77 m²	24.691,55	260,54	4,0
323	Tiefgründungen	–	–	–	–
324	Gründungsbeläge	89,63 m²	21.584,66	240,82	3,5
325	Abdichtungen und Bekleidungen	87,70 m²	4.905,45	55,93	0,8
326	Dränagen	–	–	–	–
329	Sonstiges zur KG 320	–	–	–	–
330	**Außenwände/Vert. Baukonstrukt., außen**	**204,64 m² AWF**	**236.061,33**	**1.153,54**	**38,0**
331	Tragende Außenwände	133,37 m²	34.658,69	259,87	5,6
332	Nichttragende Außenwände	–	–	–	–
333	Außenstützen	3,55 m	1.340,84	377,70	0,2
334	Außenwandöffnungen	71,27 m²	62.111,84	871,50	10,0
335	Außenwandbekleidungen, außen	181,11 m²	128.880,07	711,61	20,7
336	Außenwandbekleidungen, innen	119,80 m²	9.069,87	75,71	1,5
337	Element. Außenwandkonstruktionen	–	–	–	–
338	Lichtschutz zur KG 330	–	–	–	–
339	Sonstiges zur KG 330	–	–	–	–
340	**Innenwände/Vert. Baukonstrukt., innen**	**175,34 m² IWF**	**35.724,85**	**203,75**	**5,7**
341	Tragende Innenwände	7,52 m²	1.219,79	162,21	0,2
342	Nichttragende Innenwände	151,62 m²	14.525,34	95,80	2,3
343	Innenstützen	14,23 m	3.312,45	232,78	0,5
344	Innenwandöffnungen	16,20 m²	7.905,86	488,02	1,3
345	Innenwandbekleidungen	310,20 m²	8.761,42	28,24	1,4
346	Elementierte Innenwandkonstruktionen	–	–	–	–
347	Lichtschutz zur KG 340	–	–	–	–
349	Sonstiges zur KG 340	–	–	–	–
350	**Decken/Horizontale Baukonstruktionen**	**90,18 m² DEF**	**53.885,81**	**597,54**	**8,7**
351	Deckenkonstruktionen	90,18 m²	38.523,23	427,18	6,2
352	Deckenöffnungen	–	–	–	–
353	Deckenbeläge	81,82 m²	13.921,27	170,15	2,2
354	Deckenbekleidungen	75,00 m²	1.441,30	19,22	0,2
355	Elementierte Deckenkonstruktionen	–	–	–	–
359	Sonstiges zur KG 350	–	–	–	–
360	**Dächer**	**89,96 m² DAF**	**86.056,98**	**956,61**	**13,8**
361	Dachkonstruktionen	89,96 m²	21.278,14	236,53	3,4
362	Dachöffnungen	–	–	–	–
363	Dachbeläge	112,04 m²	55.745,80	497,55	9,0
364	Dachbekleidungen	87,50 m²	9.033,04	103,23	1,5
365	Elementierte Dachkonstruktionen	–	–	–	–
366	Lichtschutz zur KG 360	–	–	–	–
369	Sonstiges zur KG 360	–	–	–	–
370	**Infrastrukturanlagen**	**–**	**–**	**–**	**–**
380	**Baukonstruktive Einbauten**	**–**	**–**	**–**	**–**
390	**Sonst. Maßnahmen für Baukonstrukt.**	**210,27 m² BGF**	**44.024,13**	**209,37**	**7,1**

Kostenstand: 2. Quartal 2025, Bundesdurchschnitt, **inkl. 19% MwSt.**

6100-1759
Reihenhäuser
(3 WE)

Kostenkennwerte für die Kosten des Bauwerks (Kostengruppen 300+400 nach DIN 276)

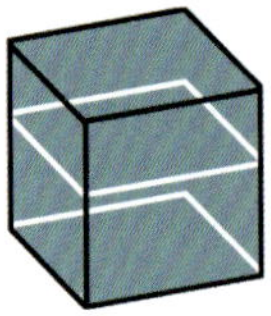

BRI 787 €/m³

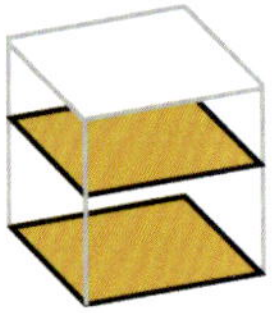

BGF 2.357 €/m²

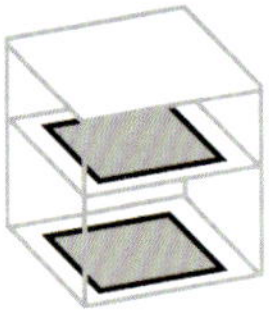

NUF 3.695 €/m²

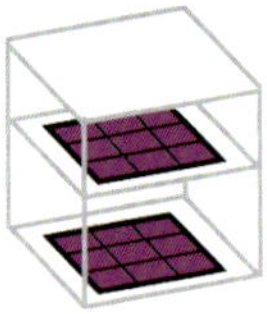

NE 3.799 €/NE

NE: Wohnfläche

Objekt:
Kennwerte: 1. Ebene DIN 276
BRI: 2.680 m³
BGF: 895 m²
NUF: 571 m²
Bauzeit: 96 Wochen
Bauende: 2024
Standard: hoch
Bundesland: Brandenburg
Kreis: Potsdam-Mittelmark

Architekt*in:
Werkgruppe Kleinmachnow
Architekten PartGmbB
Karl-Marx-Straße 102
14532 Kleinmachnow

Ansicht Nord

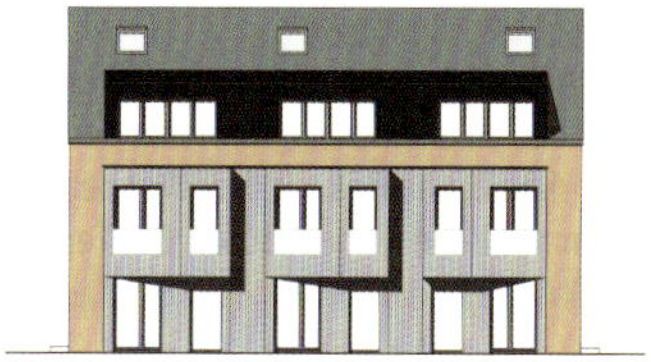
Ansicht Ost

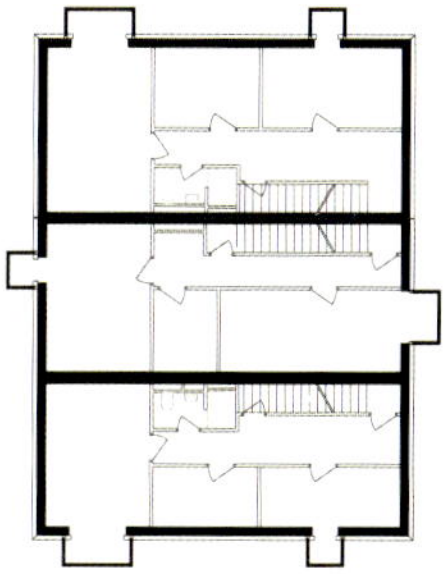
Untergeschoss

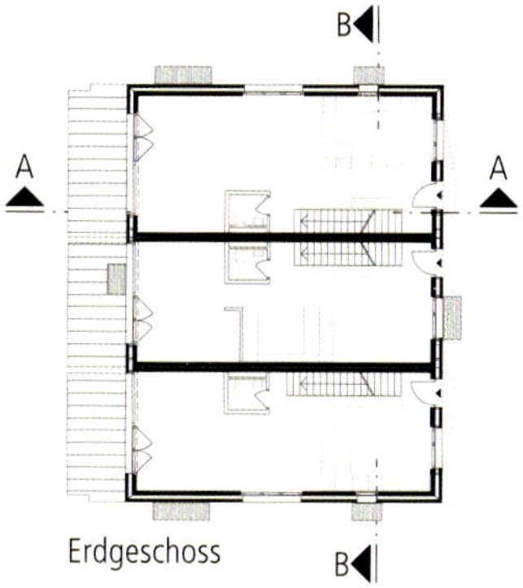

Erdgeschoss

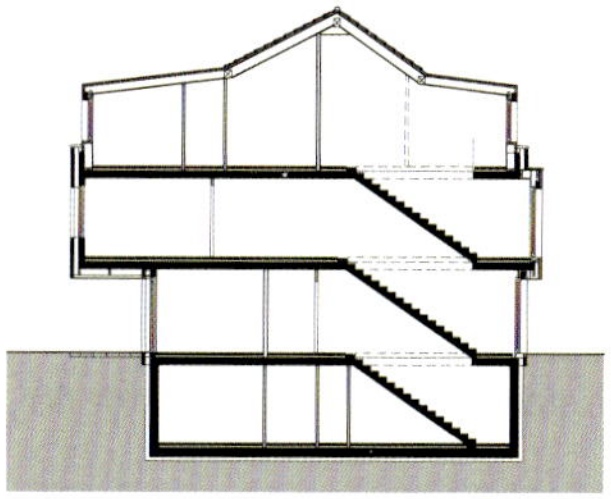
Schnitt A-A

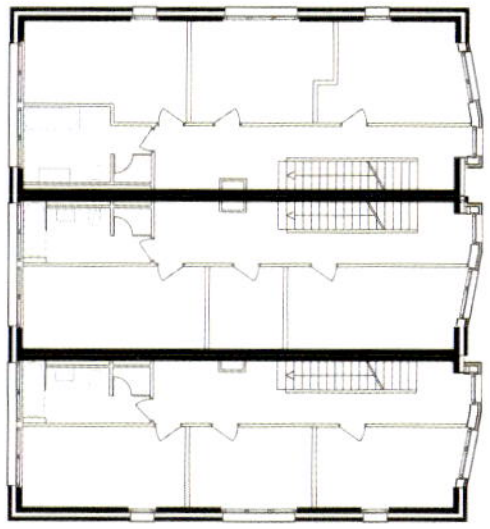
Obergeschoss

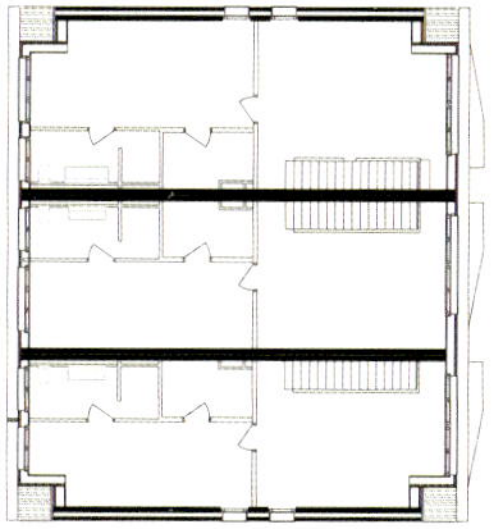
Dachgeschoss

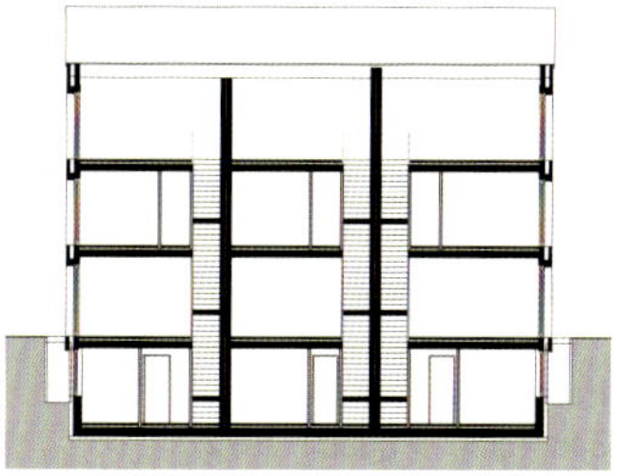
Schnitt B-B

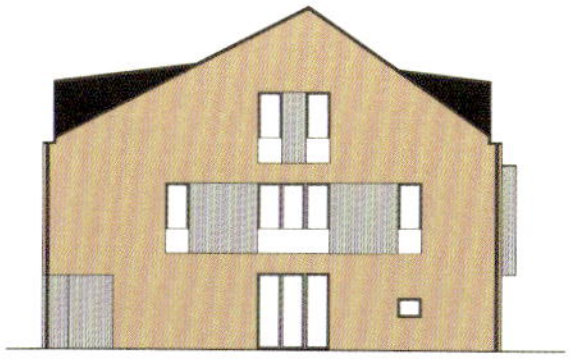
Ansicht Süd

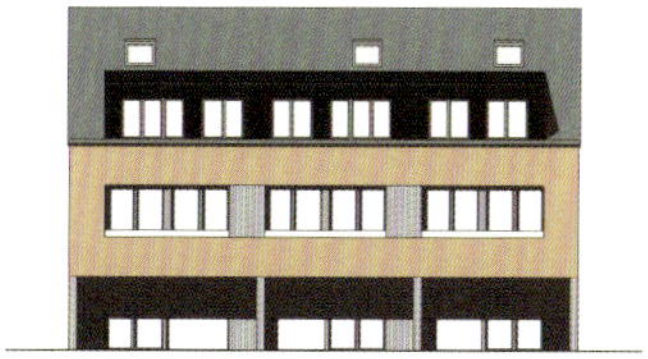
Ansicht West

Kostenkennwerte für die Kostengruppen der 1. Ebene DIN 276

KG	Kostengruppen (1. Ebene)	Einheit	Kosten €	€/Einheit	€/m² BGF	€/m³ BRI	% 300+400
100	Grundstück	m² GF	–	–	–	–	–
200	Vorbereitende Maßnahmen	m² GF	68.985	52,62	77,08	25,74	3,3
300	Bauwerk – Baukonstruktionen	m² BGF	1.673.325	1.869,64	1.869,64	624,38	79,3
400	Bauwerk – Technische Anlagen	m² BGF	436.340	487,53	487,53	162,81	20,7
	Bauwerk 300+400	**m² BGF**	**2.109.665**	**2.357,17**	**2.357,17**	**787,19**	**100,0**
500	Außenanlagen und Freiflächen	m² AF	187.588	577,19	209,60	70,00	8,9
600	Ausstattung und Kunstwerke	m² BGF	–	–	–	–	–
700	Baunebenkosten	m² BGF	–	–	–	–	–
800	Finanzierung	m² BGF	–	–	–	–	–

KG	Kostengruppe	Menge Einheit	Kosten €	€/Einheit	%
200	**Vorbereitende Maßnahmen**	1.311,00 m² GF	68.985	**52,62**	3,3
	Abbruch Bestandsgebäude; Medienerschließung				
3+4	**Bauwerk**				**100,0**
300	**Bauwerk – Baukonstruktionen**	895,00 m² BGF	1.673.325	**1.869,64**	79,3
	Baugrubenaushub; Stb-Fundamentplatten, WU, Dämmung, Zementestrich, Bodenfliesen, Parkett, Holzterrassen; Stb-Wände, WU, KS-Mauerwerk, Holzrahmenwände, Holzfenster, Dreifachverglasung, Eingangstüren, Dämmung, Holzbekleidung, Klinkervorsatzschalen, Stehfalzbekleidung, Putz, Beschichtung, Wandfliesen, Raffstores; KS-Mauerwerk, Trockenbauwände, Holztüren, Stahlzargen, Spachtelung, Beschichtung, Wandfliesen; Stb-Decken, Stb-Treppen, Dämmung, Heizestrich, Parkett, Bodenfliesen, Deckenputz, Bekleidung; Sparrendach, Holzrahmen-Dachgauben, Mineralwolldämmung, Lattung, Abdichtung, Dachziegel, Zinkblechdeckung, GK-Bekleidung, Beschichtung; Einbauküchen, Einbauschränke				
400	**Bauwerk – Technische Anlagen**	895,00 m² BGF	436.340	**487,53**	20,7
	Gebäudeentwässerung, Kalt- und Warmwasserleitungen, Sanitärobjekte; Luft-Wasser-Wärmepumpen, Fußbodenheizung; Abluftanlage Fensterfalzlüfter; Elektroinstallation; Rauchmelder				
500	**Außenanlagen und Freiflächen**	325,00 m² AF	187.588	**577,19**	8,9
	Oberbodenarbeiten; Beläge Wege; Holzlattenzaun, Treppen; Außenbeleuchtung; Pflanzflächen, Rollrasen				

Objektbeschreibung

Allgemeine Objektinformationen

Die beiden Neubauten schließen eine Baulücke und vervollständigen die geschlossene Bauweise mit dem Vorderhaus straßenseitig. Das sogenannte Gartenhaus in zweiter Reihe wurde ebenfalls an die Nachbarbebauung angebaut. Die Erschließung der Hofbebauung erfolgt, wie in Berlin üblich, durch einen Durchgangs-Hausflur im Vorderhaus.

Nutzung

1 Untergeschoss
Haustechnik, Hausanschlussraum, Abstellräume, Fahrradabstellplätze, Treppenhaus, Flur, Aufzug

1 Erdgeschoss
Wohnungen (4St): Wohnräume, Schlafzimmer, Küchen, Bäder, WCs, Flure, Treppenhäuser, Aufzug, Terrassen

3 Obergeschosse
Wohnungen (10St): Wohnräume, Schlafzimmer, Küchen, Bäder, WCs, Flure, Treppenhäuser, Aufzug, Balkone/Terrassen

1 Dachgeschoss
Wohnungen (2St): Wohnräume, Schlafzimmer, Küchen, Bäder, WCs, Flure, Treppenhäuser, Aufzug, Terrassen

Nutzeinheiten

Gebäude: 2
Wohneinheiten: 16
Wohnfläche: 1.253 m²

Grundstück

Bauraum: Baulücke
Neigung: Geneigtes Gelände
Bodenklasse: BK 3 bis BK 5

Markt

Hauptvergabezeit: 3. Quartal 2021
Baubeginn: 1. Quartal 2022
Bauende: 3. Quartal 2024
Konjunkturelle Gesamtlage: Durchschnitt
Regionaler Baumarkt: über Durchschnitt

Baukonstruktion

Die Gründung der Gebäude erfolgte auf Stb-Fundamentplatten. Die Außenwände sind mit gedämmte Mauerziegeln errichtet und verputzt um eine schlichte überirdische Außenwandkonstruktion zu erhalten. Zusätzliche tragende Bauteile sowie die Decken und die Flachdächer wurden in Beton ausgeführt. Nur das Vorderhaus ist unterkellert, der Keller wurde als weiße Wanne ausgeführt. Die Nachbargebäude mussten unterfangen werden. Es wurden Holzfenster mit Betonfensterbänken verbaut. Die Balkone sind als Betonkragplatten mit Streckmetall-Geländern errichtet. Die Treppen wurden platzsparend als Wendeltreppen gefertigt. Nichttragende Innenwände sind in Trockenbau ausgeführt. Als Bodenbeläge kamen Industrieparkett und Bodenfliesen zur Ausführung.

Technische Anlagen

Das Haus verfügt über einen Pelletheizkessel in Verbindung mit einer Fußbodenheizung. Alle Ebenen des Vorderhauses werden von einem Fahrstuhl angefahren. Es gibt eine Abluftanlage mit Lüftern, in den zumeist innenliegenden Bädern. Jede Wohnung ist mit einer Wohnungsstation zur Warmwasserbereitung ausgestattet.

Sonstiges

Der Energiestandard entspricht dem KfW 55 Effizienzhaus-Standard nach GEG 2023.

Energetische Kennwerte

Gesetzliche Grundlage: GEG 2020
Gebäudenutzfläche: 882,00 m²
Spez. Transmissionswärmeverlust: 0,32 W/(m²·K)
Spez. Jahresprimärenergiebedarf: 16,00 kWh/(m²·a)
Spez. Jahresendenergiebedarf: 68,00 kWh/(m²·a)
CO_2-Emissionen: 2,21 kg/(m²·a)

Planungskennwerte für Flächen und Rauminhalte nach DIN 277

Flächen des Grundstücks		Menge Einheit	% an GF
BF	Bebaute Fläche	412,00 m²	49,5
UF	Unbebaute Fläche	421,00 m²	50,5
GF	Grundstücksfläche	833,00 m²	100,0

Grundflächen des Bauwerks		Menge Einheit	% an NUF	% an BGF
NUF	Nutzungsfläche	1.365,15 m²	100,0	68,8
TF	Technikfläche	25,01 m²	1,8	1,3
VF	Verkehrsfläche	267,04 m²	19,6	13,5
NRF	Netto-Raumfläche	1.657,20 m²	121,4	83,6
KGF	Konstruktions-Grundfläche	325,80 m²	23,9	16,4
BGF	Brutto-Grundfläche	1.983,00 m²	145,3	100,0

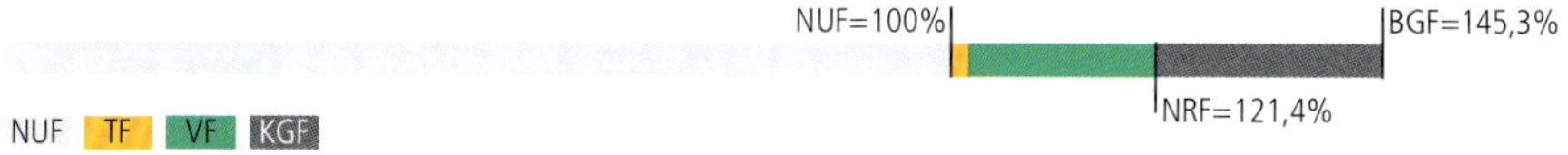

Brutto-Rauminhalt des Bauwerks		Menge Einheit	BRI/NUF (m)	BRI/BGF (m)
BRI	Brutto-Rauminhalt	5.961,00 m³	4,37	3,01

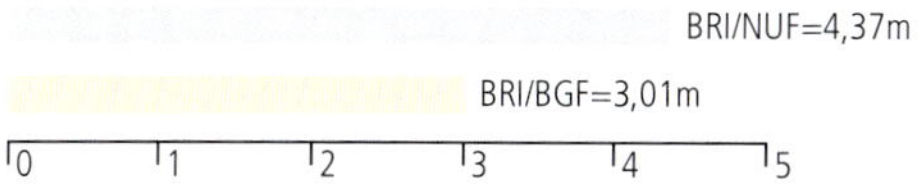

6100-1762
Mehrfamilienhaus
(2 Gebäude, 16 WE)

Kostenkennwerte für die Kostengruppen der 1. Ebene DIN 276

KG	Kostengruppen (1. Ebene)	Einheit	Kosten €	€/Einheit	€/m² BGF	€/m³ BRI	% 300+400
100	Grundstück	m² GF	–	–	–	–	–
200	Vorbereitende Maßnahmen	m² GF	–	–	–	–	–
300	Bauwerk – Baukonstruktionen	m² BGF	4.157.132	2.096,39	2.096,39	697,39	76,6
400	Bauwerk – Technische Anlagen	m² BGF	1.272.018	641,46	641,46	213,39	23,4
	Bauwerk 300+400	**m² BGF**	**5.429.150**	**2.737,85**	**2.737,85**	**910,78**	**100,0**
500	Außenanlagen und Freiflächen	m² AF	409.089	971,71	206,30	68,63	7,5
600	Ausstattung und Kunstwerke	m² BGF	–	–	–	–	–
700	Baunebenkosten	m² BGF	–	–	–	–	–
800	Finanzierung	m² BGF	–	–	–	–	–

KG	Kostengruppe	Menge Einheit	Kosten €	€/Einheit	%
3+4	**Bauwerk**				**100,0**
300	**Bauwerk – Baukonstruktionen**	1.983,00 m² BGF	4.157.132	**2.096,39**	76,6

Baugrubenaushub, Unterfangung Nachbargebäude; Stb-Fundamente, Stb-Fundamentplatten, WU, Dämmung, Heizestrich, Zementestrich, Bodenbeschichtung, Industrieparkett, Bodenfliesen; Stb-Wände, Sichtbeton, WU, Ziegelmauerwerk, Holzfenster, Dreifachverglasung, Eingangstüren, Kieselkratzputz, Beschichtung, Innenputz, Wandfliesen; Stb-Wände, Sichtbeton, Ziegelmauerwerk, GK-Wände, Röhrenspantüren, Wohnungseingangstüren, Putz, Beschichtung, Wandfliesen; Stb-Elementdecken, Sichtbeton, Stb-Fertigteiltreppen, Stb-Balkone, schwimmender Heizestrich, Bodenfliesen, Industrieparkett, Terrassenplatten auf Stelzlagern, Stahl-Treppengeländer, Streckmetall-Balkongeländer; Stb-Elementdächer, Sichtbeton, Oberlichter, Gefälledämmung, Abdichtung, Terrassenplatten auf Stelzlagern, Dachentwässerung, extensive Dachbegrünung

KG	Kostengruppe	Menge Einheit	Kosten €	€/Einheit	%
400	**Bauwerk – Technische Anlagen**	1.983,00 m² BGF	1.272.018	**641,46**	23,4

Gebäudeentwässerung, Kalt- und Warmwasserleitungen, Wohnungsstationen pro WE, Brunnen für Gartenwasser, Sanitärobjekte; Holzpelletkesselanlage, Brennwerttechnologie, Fußbodenheizung; Einraumlüfter in innenliegenden Bädern; Elektroinstallation, Beleuchtung, Blitzschutz; Videosprechanlage; Personenaufzug im Vorderhaus

KG	Kostengruppe	Menge Einheit	Kosten €	€/Einheit	%
500	**Außenanlagen und Freiflächen**	421,00 m² AF	409.089	**971,71**	7,5

Bodenarbeiten; Wegbeläge, Müllplatz aus Betonpflaster; Fahrradbügel, Briefkastenanlage; Bepflanzung

6100-1765
Mehrfamilienhaus
(45 WE)

Kostenkennwerte für die Kosten des Bauwerks (Kostengruppen 300+400 nach DIN 276)

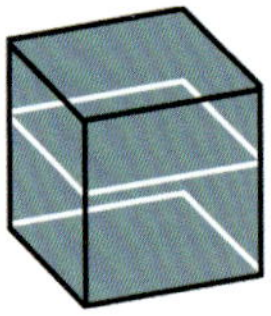

BRI 767 €/m³

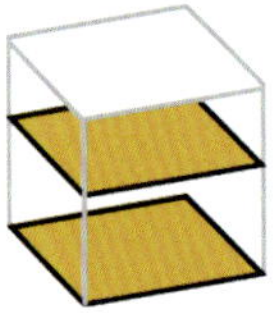

BGF 2.236 €/m²

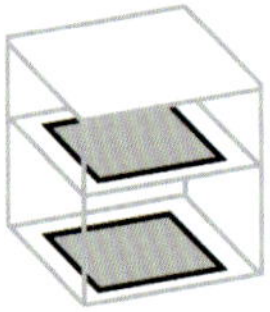

NUF 2.955 €/m²

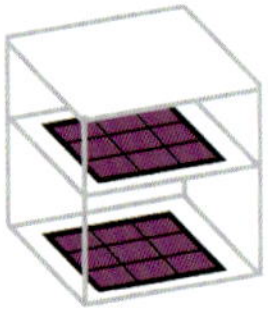

NE 3.906 €/NE

NE: Wohnfläche

Objekt:
Kennwerte: 1.Ebene DIN 276
BRI: 17.308 m³
BGF: 5.935 m²
NUF: 4.490 m²
Bauzeit: 113 Wochen
Bauende: 2023
Standard: mittel
Bundesland: Schleswig-Holstein
Kreis: Flensburg, Stadt

Architekt*in:
Meyer Steffens Architekten
und Stadtplaner BDA
Weberstraße 1F
23552 Lübeck

Bauherr*in:
Wohnprojekt Freiland
Flensburg GbR
Freiland 10
24941 Flensburg

Ansicht Nord

Ansicht Ost

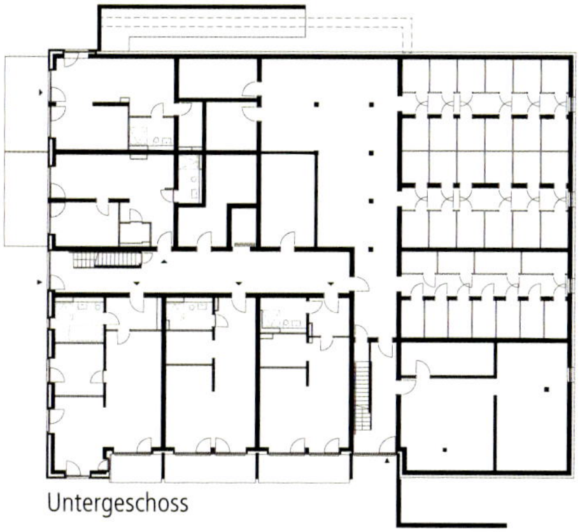

Untergeschoss

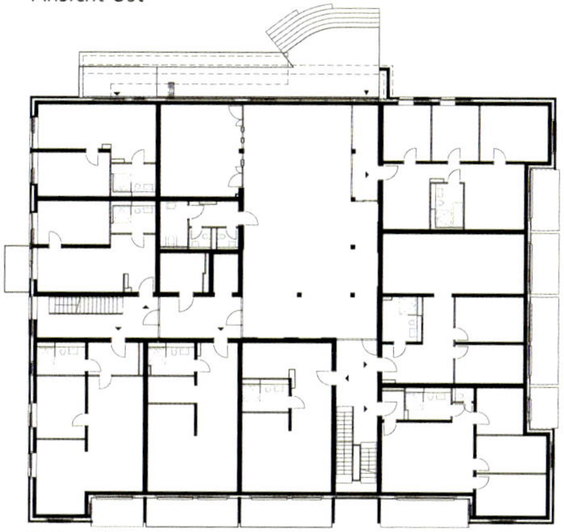

Erdgeschoss

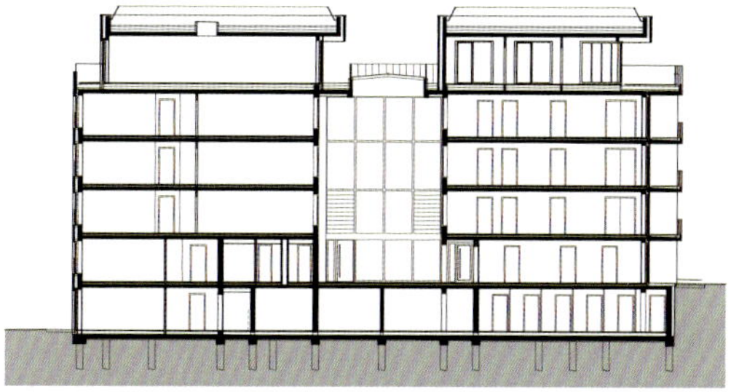

Schnitt A-A

Ansicht Süd

Ansicht West

Objektbeschreibung

Allgemeine Objektinformationen

Das Wohnprojekt ist auf einer reizvollen Fläche zwischen Bahnhof und Universität entstanden. Eine Baugemeinschaft hat hier 45 individuell geplante Wohnungen für Singles, Paare, Familien und Wohngemeinschaften gebaut. Mittelpunkt des Atriumhauses ist ein viergeschossiger Wintergarten. Im EG wird das Atrium ergänzt durch einen Gemeinschaftsraum mit Küche für kleinere Veranstaltungen. Im Staffelgeschoss gibt es eine große Dachterrasse mit Küche und Bad für die Gemeinschaft sowie eine Gästewohnung.

Nutzung

1 Untergeschoss
fünf Wohnungen mit Terrassen, Abstellräume, Fahrradräume, Gemeinschaftswerkstatt, Waschküche und Trockenraum, Hausanschlussraum, Heizungsraum

1 Erdgeschoss
acht Wohnungen mit Terrassen, Loggien oder Balkonen, Gemeinschaftsküche, Seminarraum, Veranstaltungshalle, Abstellraum, WCs

3 Obergeschosse
26 Wohnungen unterschiedlicher Größe mit Balkonen oder Loggien

1 Dachgeschoss
sechs Wohnungen mit Dachterrassen, Gästewohnung, große Gemeinschaftsterrasse, Küche, Bad

Nutzeinheiten

Wohneinheiten: 45
Wohnfläche: 3.397 m^2

Grundstück

Bauraum: Freier Bauraum
Neigung: Geneigtes Gelände
Bodenklasse: BK 3 bis BK 5

Markt

Hauptvergabezeit: 3.Quartal 2021
Baubeginn: 2.Quartal 2021
Bauende: 3.Quartal 2023
Konjunkturelle Gesamtlage: Durchschnitt
Regionaler Baumarkt: Durchschnitt

Baukonstruktion

Das Wohnhaus ist als Massivbau mit tragendem KS-Mauerwerk sowie Stb-Wänden und -decken auf einer Pfahlgründung ausgeführt. Es handelt sich um einen freistehenden Baukörper, der umlaufend mit Ziegelverblendmauerwerk versehen ist. Die Wohneinheiten sind U-förmig um ein Atrium angeordnet, welches an der Ostfassade durch eine gebäudehohe Alu-Pfosten-Riegelfassade schließt. Im Süden und Westen wird die Fassade großflächig durch Loggienbänder gegliedert; hier und im Staffelgeschoss wurden Verkleidungen mit HPL-Fassadenplatten als Akzent eingesetzt. Sie finden sich auch an den Kunststofffenstern der Fassade und den Balkonbrüstungen wieder. Brüstungsgeländer an Loggien, Balkonen und Dachterrasse sind aus Flachstahl feuerverzinkt hergestellt. Der Innenausbau ist in einem üblichen Standard ausgeführt: massive, verputzte Wände, Trockenbauwände, gespachtelte Elementdecken und Parkett als Bodenbelag. In den Fluren und Treppenhäusern wurde Feinsteinzeug verlegt. Die Staffelgeschosswohnungen öffnen sich zu den großzügigen Dachterrassen mit Aluminium-Glas-Faltwänden.

Technische Anlagen

Das Gebäude wird über das Fernwärmenetz der Stadtwerke versorgt und flächendeckend mit einer Fußbodenheizung erwärmt. Die Bäder, Küchen und innenliegenden Abstellräume werden mit Wärmerückgewinnung über das Dach entlüftet. Ein Aufzug dient der barrierefreien Erschließung.

Sonstiges

Das ganze Wohnquartier ist mit den Außenanlagen barrierearm und inklusiv gestaltet. Das Mobilitätskonzept sieht ein Car- und E-Bike-Sharing mit Lastenrädern vor.

Planungskennwerte für Flächen und Rauminhalte nach DIN 277

Flächen des Grundstücks		Menge Einheit	% an GF
BF	Bebaute Fläche	1.056,33 m²	44,6
UF	Unbebaute Fläche	1.309,67 m²	55,4
GF	Grundstücksfläche	2.366,00 m²	100,0

Grundflächen des Bauwerks		Menge Einheit	% an NUF	% an BGF
NUF	Nutzungsfläche	4.490,34 m²	100,0	75,7
TF	Technikfläche	24,88 m²	0,6	0,4
VF	Verkehrsfläche	594,18 m²	13,2	10,0
NRF	Netto-Raumfläche	5.109,40 m²	113,8	86,1
KGF	Konstruktions-Grundfläche	826,03 m²	18,4	13,9
BGF	Brutto-Grundfläche	5.935,43 m²	132,2	100,0

Brutto-Rauminhalt des Bauwerks		Menge Einheit	BRI/NUF (m)	BRI/BGF (m)
BRI	Brutto-Rauminhalt	17.308,38 m³	3,86	2,92

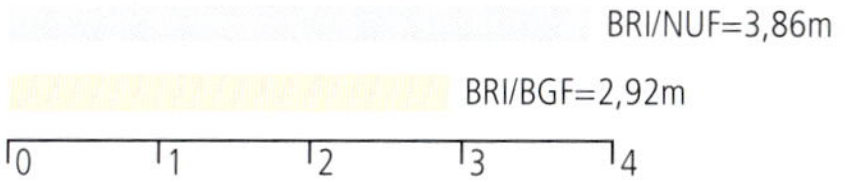

Kostenkennwerte für die Kostengruppen der 1. Ebene DIN 276

KG	Kostengruppen (1. Ebene)	Einheit	Kosten €	€/Einheit	€/m² BGF	€/m³ BRI	% 300+400
100	Grundstück	m² GF	–	–	–	–	–
200	Vorbereitende Maßnahmen	m² GF	–	–	–	–	–
300	Bauwerk – Baukonstruktionen	m² BGF	9.160.292	1.543,32	1.543,32	529,24	69,0
400	Bauwerk – Technische Anlagen	m² BGF	4.110.290	692,50	692,50	237,47	31,0
	Bauwerk 300+400	**m² BGF**	**13.270.582**	**2.235,82**	**2.235,82**	**766,71**	**100,0**
500	Außenanlagen und Freiflächen	m² AF	–	–	–	–	–
600	Ausstattung und Kunstwerke	m² BGF	–	–	–	–	–
700	Baunebenkosten	m² BGF	–	–	–	–	–
800	Finanzierung	m² BGF	–	–	–	–	–

KG	Kostengruppe	Menge Einheit	Kosten €	€/Einheit	%
3+4	**Bauwerk**				**100,0**
300	**Bauwerk – Baukonstruktionen**	5.935,43 m² BGF	9.160.292	**1.543,32**	69,0

Baugrubenaushub; Stb-Fundamente, Pfahlgründung, Stb-Bodenplatte, WU, Dämmung, Estrich, Heizestrich, Beschichtung, Parkett, Teppichboden, Bodenfliesen, Abdichtung, Dämmung, Sauberkeitsschicht, Gasdränage; Stb-Wände, teilw. WU, KS-Mauerwerk, Alu-Pfosten-Riegelfassade, Kunststofffenster, Dreifachverglasung, Wärmedämmung, Ziegelverblendfassade, HPL-Fassade; KS-Mauerwerk, Stb-Wände, GK-Wände, Stb-Stützen, Holz-Innenfenster, teilw. Brandschutzfenster, WE-Türen, Holztüren, Wandfliesen, Beschichtung, elementierte Kellertrennwände; Stb-Elementdecken, Stb-Fertigteilbalkone/-loggien, Stb-Treppen, Heizestrich, Vinylbeläge, Parkett, Teppichböden, Bodenfliesen, Terrassenplatten, Stahlgeländer, Glas-Stahlgeländer (Atrium), Treppengeländer; Stb-Dach, Oberlicht (4,50x5,00m), Dämmung, Abdichtung, Attika, extensive Dachbegrünung, innenliegende Entwässerung; Rauchschutzvorhänge

KG	Kostengruppe	Menge Einheit	Kosten €	€/Einheit	%
400	**Bauwerk – Technische Anlagen**	5.935,43 m² BGF	4.110.290	**692,50**	31,0

Gebäudeentwässerung, Kalt- und Warmwasserleitungen, Sanitärobjekte; Fernwärmeversorgung, Fußbodenheizung; kontrollierte Be- und Entlüftung mit Wärmerückgewinnung, RWA-Anlagen; Elektroinstallation; Fernseh- und Antennenanlagen, Rauchmelder; Personenaufzug

6100-1771
Mehrfamilienhaus
(10 Gebäude, 83 WE)
TG (89 STP)

Kostenkennwerte für die Kosten des Bauwerks (Kostengruppen 300+400 nach DIN 276)

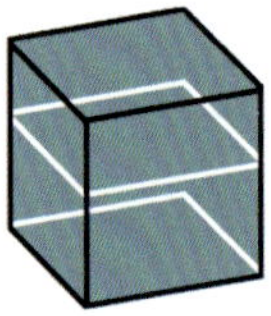

BRI 594 €/m^3

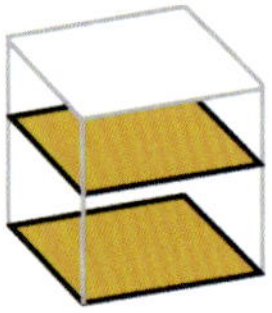

BGF 1.929 €/m^2

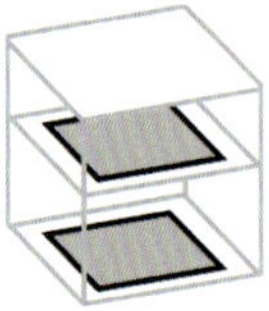

NUF 2.981 €/m^2

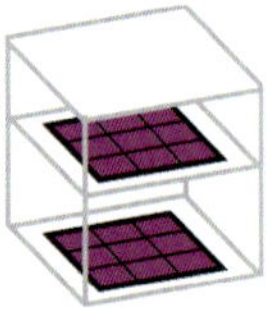

NE 3.985 €/NE

NE: Wohnfläche

Objekt:
Kennwerte: 1.Ebene DIN 276
BRI: 39.145 m^3
BGF: 12.057 m^2
NUF: 7.800 m^2
Bauzeit: 70 Wochen
Bauende: 2023
Standard: mittel
Bundesland: Rheinland-Pfalz
Kreis: Mainz-Bingen

Architekt*in:
Kramm & Strigl Architekten und Stadtplanergesellschaft mbH
Arheilger Straße 46
64289 Darmstadt

Bauherr*in:
Wohnungsbaugesellschaft Ingelheim am Rhein GmbH
Binger Straße 51
55218 Ingelheim

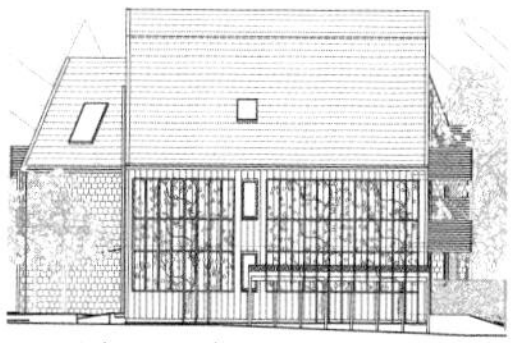

Ansicht Nord - Haus G

Ansicht West - Haus G

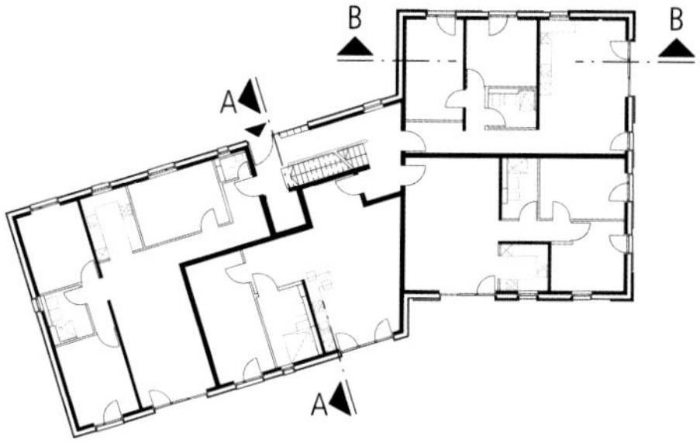

Erdgeschoss - Haus G

Lageplan

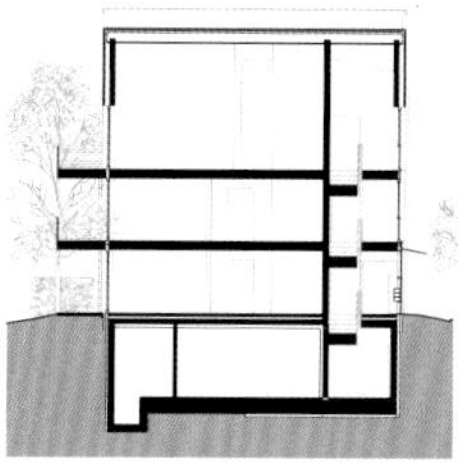

Schnitt A-A

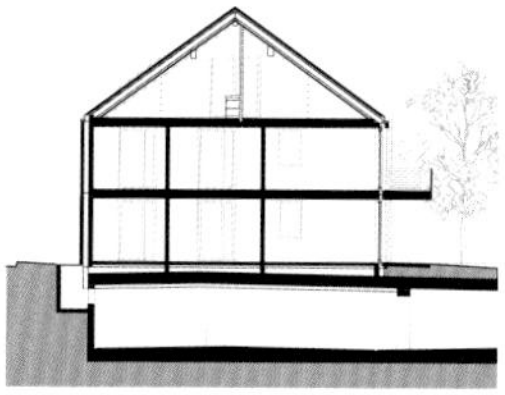

Schnitt B-B

Ansicht Süd - Haus G

Ansicht Ost - Haus G

Objektbeschreibung

Allgemeine Objektinformationen

Auf dem 6.900m² großen Bauplatz wurden 83 Mietwohnungen und 89 Tiefgaragen-Stellplätze geschaffen. Die Bebauung besteht aus Einzel- und Winkelhäusern mit maximal zwei Geschossen plus Dachgeschoss. Die Wohnungen haben eine Größe von 45 bis 110m². Es gibt private Gärten, einen Spielplatz und Aufenthaltsplätze sowie Photovoltaikanlagen auf allen Süddächern.

Nutzung

1 Untergeschoss
Tiefgarage, Abstellräume, Fahrradräume, Hackschnitzeldepot, Hausanschlussräume, Heizungsraum, Technikräume

1 Erdgeschoss
Wohn-Essräume mit Küchen, Wohn-Essräume, Küchen, Schlafräume, Kinderzimmer, Bäder, Loggien, Terrassen

2 Obergeschosse
Wohn-Essräume mit Küchen, Wohn-Essräume, Küchen, Schlafräume, Kinderzimmer, Bäder, Loggien, Balkone, Terrassen

1 Dachgeschoss
Wohn-Essräume mit Küchen, Wohn-Essräume, Küchen, Schlafräume, Kinderzimmer, Bäder, Balkone

Nutzeinheiten

Gebäude: 10
Stellplätze: 89
Wohneinheiten: 83
Wohnfläche: 5.835m²

Grundstück

Bauraum: Freier Bauraum
Neigung: Ebenes Gelände
Bodenklasse: BK 3 bis BK 5

Markt

Hauptvergabezeit: 4.Quartal 2021
Baubeginn: 3.Quartal 2022
Bauende: 4.Quartal 2023
Konjunkturelle Gesamtlage: über Durchschnitt
Regionaler Baumarkt: Durchschnitt

Baukonstruktion

Das Projekt umfasst zehn massive Häuser aus Kalksandstein-Mauerwerk mit einer kombinierten Fassadengestaltung aus Holz und vorgemauerten Elementen, um eine ausgewogene Materialästhetik zu erreichen. Die Dächer sind als Holzkonstruktionen ausgeführt. Zur Bauzeitverkürzung wurden Filigrandecken eingesetzt. Das Untergeschoss aller Gebäude wurde aus wasserundurchlässigem Beton hergestellt, um einen sicheren Schutz gegen Hochwasser zu gewährleisten.

Technische Anlagen

Die Gebäude wurden mit einer Hackschnitzel-Heizung und Photovoltaik-Anlagen auf allen Dachflächen mit Südorientierung ausgestattet. Ein Photovoltaik-Mieterstrommodell ist Bestandteil der Stromversorgung.

Sonstiges

Es wurden 40% geförderter sowie 60% frei vermieteter Wohnraum geschaffen.

Planungskennwerte für Flächen und Rauminhalte nach DIN 277

Flächen des Grundstücks		Menge Einheit	% an GF
BF	Bebaute Fläche	4.771,22 m²	66,3
UF	Unbebaute Fläche	2.429,78 m²	33,7
GF	Grundstücksfläche	7.201,00 m²	100,0

Grundflächen des Bauwerks		Menge Einheit	% an NUF	% an BGF
NUF	Nutzungsfläche	7.799,51 m²	100,0	64,7
TF	Technikfläche	202,92 m²	2,6	1,7
VF	Verkehrsfläche	1.982,64 m²	25,4	16,4
NRF	Netto-Raumfläche	9.985,07 m²	128,0	82,8
KGF	Konstruktions-Grundfläche	2.071,45 m²	26,6	17,2
BGF	Brutto-Grundfläche	12.056,52 m²	154,6	100,0

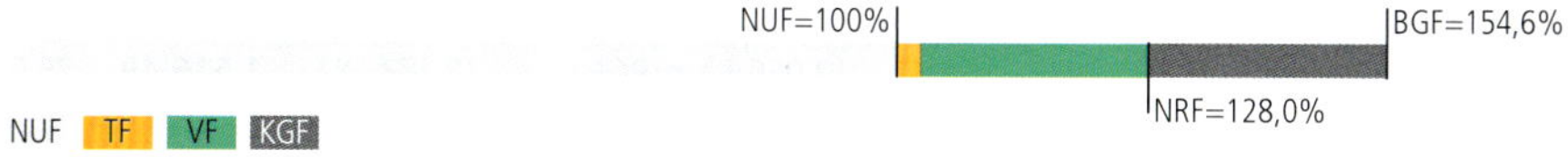

Brutto-Rauminhalt des Bauwerks		Menge Einheit	BRI/NUF (m)	BRI/BGF (m)
BRI	Brutto-Rauminhalt	39.144,61 m³	5,02	3,25

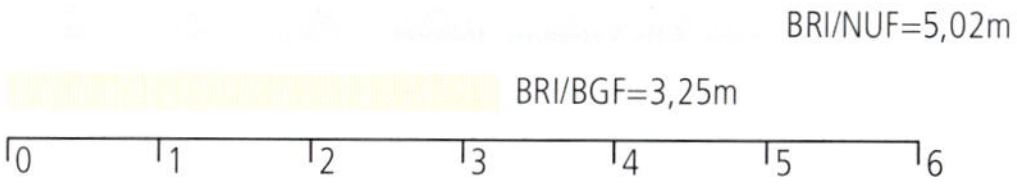

6200-0102
Tagespflege
(26 Pflegeplätze, 1 WE)

Kostenkennwerte für die Kosten des Bauwerks (Kostengruppen 300+400 nach DIN 276)

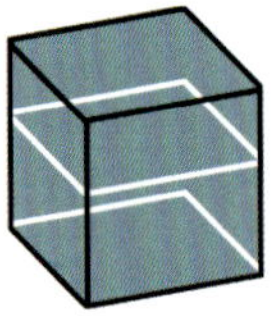

BRI 586 €/m³

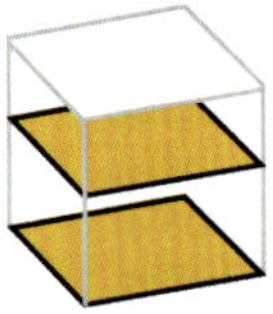

BGF 2.381 €/m²

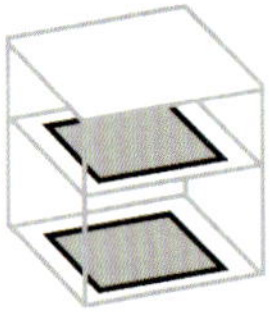

NUF 3.055 €/m²

Objekt:
Kennwerte: 3. Ebene DIN 276
BRI: 3.288 m³
BGF: 809 m²
NUF: 631 m²
Bauzeit: 70 Wochen
Bauende: 2019
Standard: einfach
Bundesland: Thüringen
Kreis: Altenburger Land

Architekt*in:
Euen, Wolf & Winter GmbH
Architektur- und
Ingenieurbüro
Untermhäuser Straße 14
07548 Gera

Bauherr*in:
AWG Wohnungs-
genossenschaft eG
Altenburg
Heinrich-Heine-Straße 56
04600 Altenburg

© Christoph Beer

© Christoph Beer

Kostenstand: 2. Quartal 2025, Bundesdurchschnitt, **inkl. 19% MwSt.**

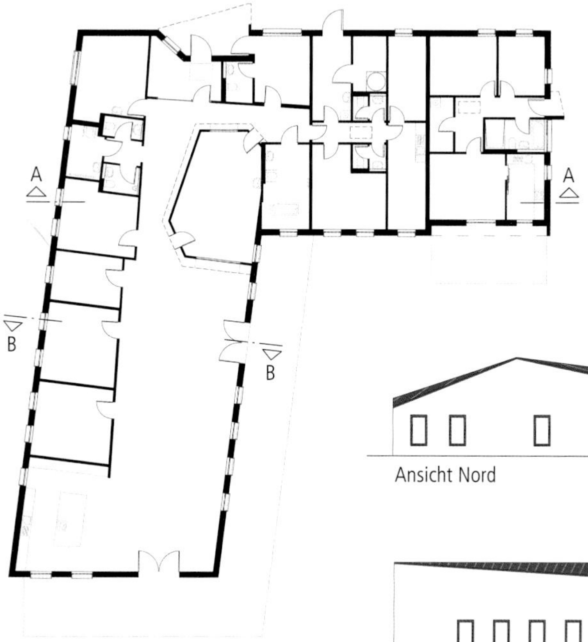

Erdgeschoss

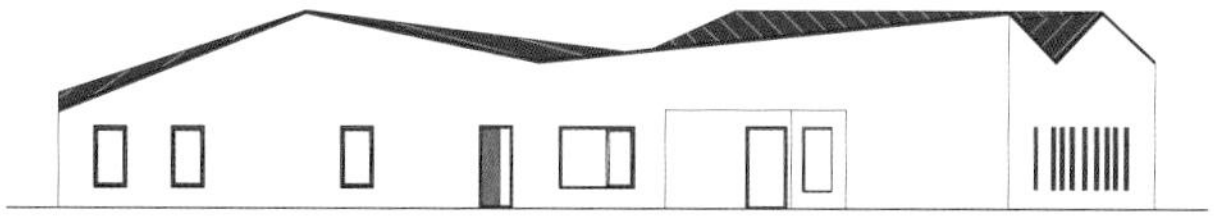

Ansicht Nord

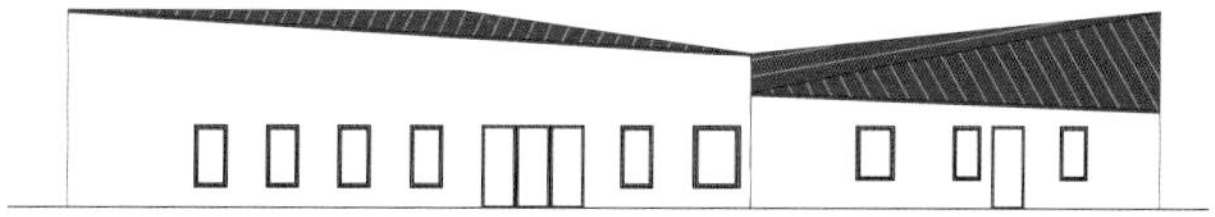

Ansicht Ost

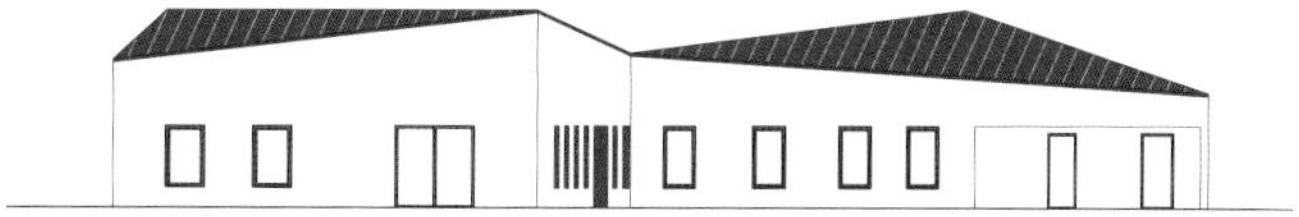

Ansicht Süd

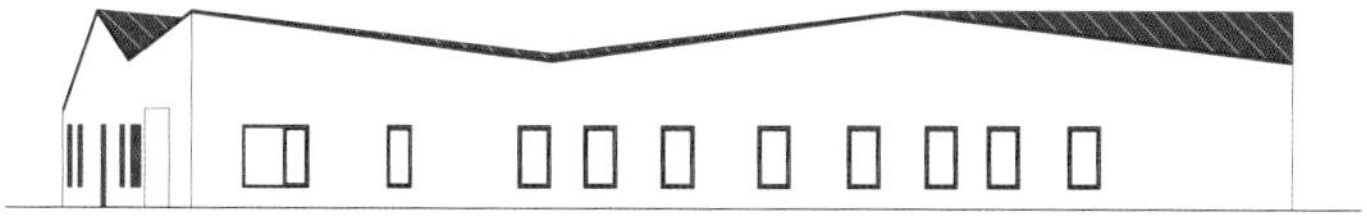

Ansicht West

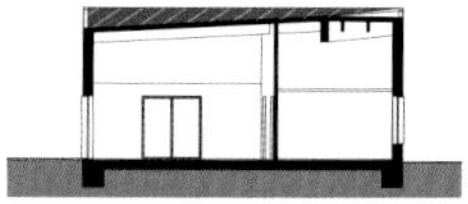

Schnitt B-B

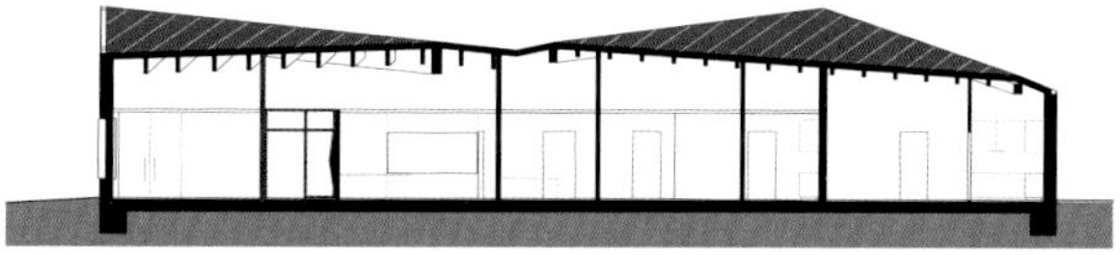

Schnitt A-A

Objektbeschreibung

Allgemeine Objektinformationen

Der Neubau umfasst eine Tagespflegeeinrichtung mit separater Wohneinheit. Der Zugang erfolgt durch einen rückversetzten Eingangsbereich an der Nordseite. Die unterschiedlichen Dachneigungen resultieren aus der Nutzung des Gebäudes und sind auch in der Fassade erlebbar. Große Fassadenflächen erfahren durch unterschiedliche Dachneigungen eine Unterteilung und Kleinteiligkeit. Gleichzeitig versucht das Gebäude auf die unterschiedlichen Gebäudehöhen der Umgebung zu reagieren. Im Gebäude, durch eine massive Wand getrennt und mit einem separaten Zugang auf der Ostseite, befindet sich eine Dreizimmerwohnung.

Nutzung

1 Erdgeschoss
Tagespflege: Schwesternzimmer, Wohnbereiche, Themenräume, Ruheräume, Kochen, Werkstatt, Pflegebad, WCs, Büros, Umkleide, Pausenraum, Flur/Windfang
1 WE: Wohnen, Küche/Essen, Schlafen, Gäste, Bad, Abstellraum, Terrasse

1 Dachgeschoss
Lagerflächen, zugänglich über Bodentreppen

Nutzeinheiten

Pflegeplätze: 26
Wohneinheiten: 1
Wohnfläche: 80 m²

Grundstück

Bauraum: Freier Bauraum
Neigung: Ebenes Gelände
Bodenklasse: BK 1 bis BK 4

Markt

Hauptvergabezeit: 2. Quartal 2018
Baubeginn: 2. Quartal 2018
Bauende: 4. Quartal 2019
Konjunkturelle Gesamtlage: Durchschnitt
Regionaler Baumarkt: Durchschnitt

Baukonstruktion

Der Neubau ist in monolithischer Bauweise errichtet und gründet auf einer Stahlbetonbodenplatte und Streifenfundamenten. Die Fußböden sind mit Linoleum, Teppich, PVC-Planken und Fliesen belegt. Die Außenwände aus Porenbetonmauerwerk werden zur Lastabtragung durch Stahlbeton-Ringanker und Stahlbetonstützen ergänzt. Die Fenster sind in Kunststoff ausgeführt, die Eingangstüren in Alu. Ein Besenstrich-Außenputz mit Beschichtung sowie stellenweise eine Bekleidung mit HPL-Platten gestalten die Fassade. Zur Verschattung sind Rollläden montiert. Im Inneren kamen sowohl Leichtbauwände als auch Porenbetonwände zum Einsatz, die Oberflächen sind verputzt, mit Vlies versehen, beschichtet oder mit Fliesen belegt. Das Schwesternzimmer ist als selbsttragendes Raum-in-Raumsystem ausgeführt. Die Innentüren bestehenden aus mit CPL-beschichtetem Holz. Als Lagerfläche dient eine Stb-Elementdecke, zugänglich über zwei Bodentreppen. Das aus mehreren Holz-Pultdächer gebildete Dach, erhielt eine Aufdachdämmung und eine Dachabdichtung. Die Realisierung eines weitreichenden, stützenfreien Innenraums wird über Holzbinder sichergestellt. Diese sind teilweise sichtbar oder von abgehängten GK-Decken verdeckt. Die Vordächer bestehen aus einer mit HPL-bekleideten Stahlkonstruktion.

Technische Anlagen

Die Wärmeerzeugung erfolgt über eine Luft-Wasser-Wärmepumpe. Die Raumbeheizung erfolgt über eine Fußbodenheizung, kombiniert mit Heizkörpern im Verhältnis 3:1. Über Einzelabluftventilatoren werden die Sanitärbereiche entlüftet.

Energetische Kennwerte

Gesetzliche Grundlage: EnEV 2013
Gebäudenutzfläche: 466,50 m²
Gebäudevolumen: 2.251,80 m³
A/V_e-Verhältnis (Kompaktheit): 0,72 m^{-1}
Hüllfläche des beheizten Volumens: 1.601,70 m²
Mittlerer U-Wert (opake Bauteile): 0,19 W/(m²·K)
Mittlerer U-Wert (transparente Bauteile): 1,10 W/(m²·K)
Spez. Jahresprimärenergiebedarf: 141,70 kWh/(m²·a)
CO_2-Emissionen: 47,00 kg/(m²·a)

Planungskennwerte für Flächen und Rauminhalte nach DIN 277

Flächen des Grundstücks		Menge Einheit	% an GF
BF	Bebaute Fläche	623,00 m²	31,8
UF	Unbebaute Fläche	1.334,00 m²	68,2
GF	Grundstücksfläche	1.957,00 m²	100,0

Grundflächen des Bauwerks		Menge Einheit	% an NUF	% an BGF
NUF	Nutzungsfläche	630,68 m²	100,0	77,9
TF	Technikfläche	6,80 m²	1,1	0,8
VF	Verkehrsfläche	58,09 m²	9,2	7,2
NRF	Netto-Raumfläche	695,57 m²	110,3	85,9
KGF	Konstruktions-Grundfläche	113,72 m²	18,0	14,1
BGF	Brutto-Grundfläche	809,29 m²	128,3	100,0

Brutto-Rauminhalt des Bauwerks		Menge Einheit	BRI/NUF (m)	BRI/BGF (m)
BRI	Brutto-Rauminhalt	3.288,00 m³	5,21	4,06

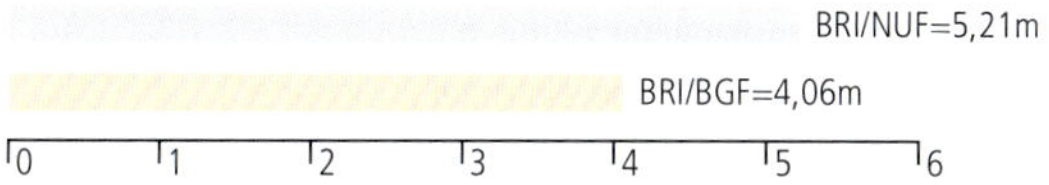

Lufttechnisch behandelte Flächen	Menge Einheit	% an NUF	% an BGF
Entlüftete Fläche	–	–	–
Be- und entlüftete Fläche	–	–	–
Teilklimatisierte Fläche	–	–	–
Klimatisierte Fläche	–	–	–

KG	Kostengruppen (2. Ebene)	Menge Einheit	Menge/NUF	Menge/BGF
310	Baugrube / Erdbau	752,43 m³ BGI	1,19	0,93
320	Gründung, Unterbau	612,39 m² GRF	0,97	0,76
330	Außenwände/Vertikale Baukonstruktionen, außen	495,20 m² AWF	0,79	0,61
340	Innenwände/Vertikale Baukonstruktionen, innen	689,82 m² IWF	1,09	0,85
350	Decken/Horizontale Baukonstruktionen	186,29 m² DEF	0,30	0,23
360	Dächer	626,60 m² DAF	0,99	0,77

Kostenkennwerte für die Kostengruppen der 1. Ebene DIN 276

KG	Kostengruppen (1. Ebene)	Einheit	Kosten €	€/Einheit	€/m² BGF	€/m³ BRI	% 300+400
100	Grundstück	m² GF	–	–	–	–	–
200	Vorbereitende Maßnahmen	m² GF	38.187	19,51	47,19	11,61	2,0
300	Bauwerk – Baukonstruktionen	m² BGF	1.534.895	1.896,60	1.896,60	466,82	79,7
400	Bauwerk – Technische Anlagen	m² BGF	391.972	484,34	484,34	119,21	20,3
	Bauwerk 300+400	**m² BGF**	**1.926.868**	**2.380,94**	**2.380,94**	**586,03**	**100,0**
500	Außenanlagen und Freiflächen	m² AF	24.041	18,02	29,71	7,31	1,2
600	Ausstattung und Kunstwerke	m² BGF	4.260	5,26	5,26	1,30	0,2
700	Baunebenkosten	m² BGF	–	–	–	–	–
800	Finanzierung	m² BGF	–	–	–	–	–

KG	Kostengruppe	Menge Einheit	Kosten €	€/Einheit	%
200	**Vorbereitende Maßnahmen**	1.957,00 m² GF	38.187	**19,51**	2,0
	Wurzelschutz, Abbruch von Gebäude; Entsorgung, Deponiegebühren, Oberbodenabtrag, Roden von Hecken, Bäumen, Wildwuchs, Kletterpflanzen				
3+4	**Bauwerk**				**100,0**
300	**Bauwerk – Baukonstruktionen**	809,29 m² BGF	1.534.895	**1.896,60**	79,7
	Baugrundverbesserung, Stb-Bodenplatte, Heizestrich, Linoleum, Teppich, PVC-Belag, Bodenfliesen, Bodenbeschichtung; Porenbeton-Mauerwerk, Ringanker, Stb-Stützen, Kunststofffenster-/türen, Alu-Eingangstüren, Außenputz, Beschichtung, HPL-Bekleidung, Rollläden; GK-Wände, Holztüren, Innenfenster, Innenputz, Vlies, Beschichtung, Wandfliesen; Stb-Elementdecke, Bodentreppen; Pultdächer, Vordächer, Dachabdichtung, Dachentwässerung, GK-Decken, Vlies, Beschichtung, GK-Bekleidung, HPL-Bekleidung; selbsttragendes Raum-in-Raumsystem				
400	**Bauwerk – Technische Anlagen**	809,29 m² BGF	391.972	**484,34**	20,3
	Gebäudeentwässerung, Kalt- und Warmwasserleitungen, Sanitärobjekte; Luft-Wasser-Wärmepumpe, Frischwasserstation, Pufferspeicher, Heizungsrohre, Fußbodenheizung, Heizkörper; Einzelraumlüfter; Elektroinstallation, Beleuchtung, Erdung; Kommunikationsverkabelung, Klingel, Notrufsets, Antennenanlage, Netzwerkverkabelung				
500	**Außenanlagen und Freiflächen**	1.334,00 m² AF	24.041	**18,02**	1,2
	Revisionsschächte, Außenbeleuchtung; Werbepylon				
600	**Ausstattung und Kunstwerke**	809,29 m² BGF	4.260	**5,26**	0,2
	Sanitärausstattung				

Kostenkennwerte für die Kostengruppen 300 der 2. und 3. Ebene DIN 276 (Übersicht)

KG	Kostengruppe	Menge Einheit	Kosten €	€/Einheit	% an 3+4
300	**Bauwerk – Baukonstruktionen**	**809,29 m² BGF**	**1.534.895,50**	**1.896,60**	**79,7**
310	**Baugrube / Erdbau**	**752,43 m³ BGI**	**55.818,60**	**74,18**	**2,9**
311	Herstellung	752,43 m³ BGI	55.818,60	74,18	2,9
312	Umschließung	–	–	–	–
313	Wasserhaltung	–	–	–	–
314	Vortrieb	–	–	–	–
319	Sonstiges zur KG 310	–	–	–	–
320	**Gründung, Unterbau**	**612,39 m² GRF**	**239.730,54**	**391,47**	**12,4**
321	Baugrundverbesserung	637,56 m²	9.235,33	14,49	0,5
322	Flachgründungen und Bodenplatten	612,39 m²	99.085,55	161,80	5,1
323	Tiefgründungen	–	–	–	–
324	Gründungsbeläge	530,15 m²	88.161,74	166,30	4,6
325	Abdichtungen und Bekleidungen	695,04 m²	43.247,92	62,22	2,2
326	Dränagen	–	–	–	–
329	Sonstiges zur KG 320	–	–	–	–
330	**Außenwände/Vert. Baukonstrukt., außen**	**495,20 m² AWF**	**457.337,57**	**923,54**	**23,7**
331	Tragende Außenwände	403,60 m²	138.065,65	342,09	7,2
332	Nichttragende Außenwände	–	–	–	–
333	Außenstützen	65,75 m	16.126,88	245,28	0,8
334	Außenwandöffnungen	91,60 m²	118.287,55	1.291,35	6,1
335	Außenwandbekleidungen, außen	540,13 m²	140.034,10	259,26	7,3
336	Außenwandbekleidungen, innen	433,60 m²	26.996,71	62,26	1,4
337	Element. Außenwandkonstruktionen	–	–	–	–
338	Lichtschutz zur KG 330	81,63 m²	17.826,67	218,38	0,9
339	Sonstiges zur KG 330	–	–	–	–
340	**Innenwände/Vert. Baukonstrukt., innen**	**689,82 m² IWF**	**174.596,86**	**253,10**	**9,1**
341	Tragende Innenwände	69,43 m²	11.366,67	163,71	0,6
342	Nichttragende Innenwände	548,21 m²	64.168,90	117,05	3,3
343	Innenstützen	6,38 m	1.087,43	170,44	< 0,1
344	Innenwandöffnungen	72,18 m²	42.881,71	594,09	2,2
345	Innenwandbekleidungen	1.121,88 m²	52.135,64	46,47	2,7
346	Elementierte Innenwandkonstruktionen	–	–	–	–
347	Lichtschutz zur KG 340	–	–	–	–
349	Sonstiges zur KG 340	689,82 m² IWF	2.956,51	4,29	0,2
350	**Decken/Horizontale Baukonstruktionen**	**186,29 m² DEF**	**45.983,09**	**246,84**	**2,4**
351	Deckenkonstruktionen	186,29 m²	39.869,82	214,02	2,1
352	Deckenöffnungen	1,82 m²	2.555,40	1.404,07	0,1
353	Deckenbeläge	16,80 m²	595,51	35,45	< 0,1
354	Deckenbekleidungen	154,43 m²	2.962,33	19,18	0,2
355	Elementierte Deckenkonstruktionen	–	–	–	–
359	Sonstiges zur KG 350	–	–	–	–
360	**Dächer**	**626,60 m² DAF**	**388.920,71**	**620,68**	**20,2**
361	Dachkonstruktionen	530,38 m²	177.748,17	335,13	9,2
362	Dachöffnungen	–	–	–	–
363	Dachbeläge	626,60 m²	177.309,66	282,97	9,2
364	Dachbekleidungen	168,49 m²	33.862,86	200,98	1,8
365	Elementierte Dachkonstruktionen	–	–	–	–
366	Lichtschutz zur KG 360	–	–	–	–
369	Sonstiges zur KG 360	–	–	–	–
370	**Infrastrukturanlagen**	**–**	**–**	**–**	**–**
380	**Baukonstruktive Einbauten**	**809,29 m² BGF**	**6.020,57**	**7,44**	**0,3**
390	**Sonst. Maßnahmen für Baukonstrukt.**	**809,29 m² BGF**	**166.487,58**	**205,72**	**8,6**

6200-0128
Seniorenwohnanlage
(2 Gebäude, 36 WE)

Kostenkennwerte für die Kosten des Bauwerks (Kostengruppen 300+400 nach DIN 276)

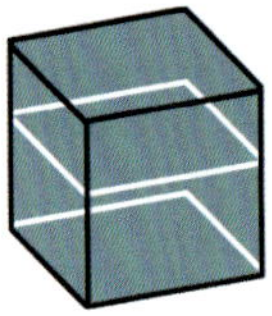

BRI 703 €/m³

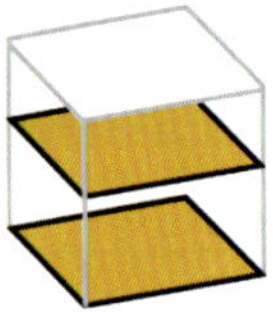

BGF 2.167 €/m²

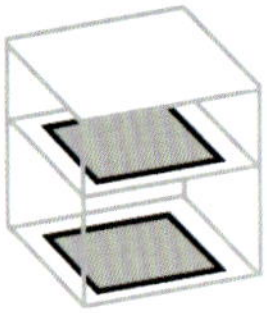

NUF 3.307 €/m²

Objekt:
Kennwerte: 1.Ebene DIN 276
BRI: 8.805 m³
BGF: 2.858 m²
NUF: 1.873 m²
Bauzeit: 65 Wochen
Bauende: 2022
Standard: mittel
Bundesland: Brandenburg
Kreis: Barnim

Architekt*in:
Fountis Jeschonnek
Gesellschaft von
Architekten mbH
Goerzallee 299
14167 Berlin

Bauherr*in:
Hoffnungstaler Stiftung
Lobetal
Bodelschwinghstraße 27
16321 Bernau OT Lobetal

Ansicht Ost

Ansicht Süd

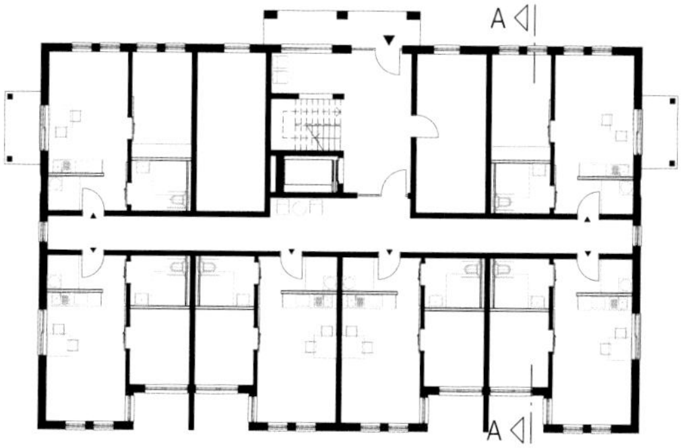

Erdgeschoss Haus A

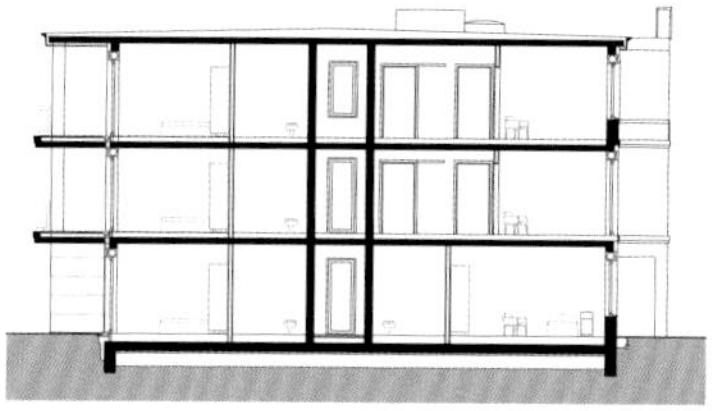

Schnitt A-A

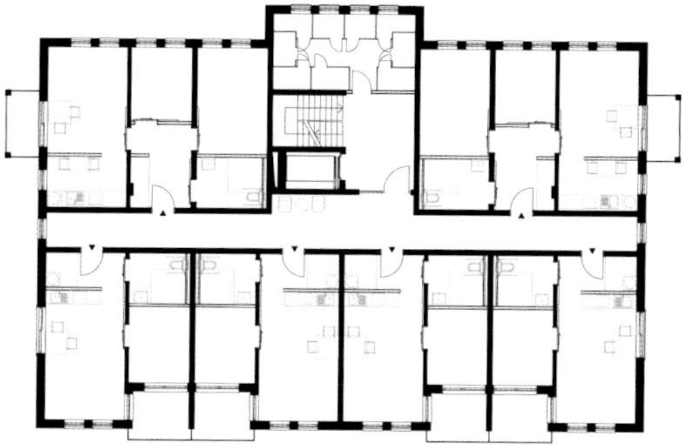

1. Obergeschoss Haus B

Ansicht West

Ansicht Nord

Objektbeschreibung

Allgemeine Objektinformationen

In zwei Gebäuden wurden 36 barrierefreie Appartements für Senioren erstellt. Die Einheiten haben zwischen 40 und 63m^2 Wohnfläche und verteilen sich auf drei Etagen.

Nutzung

1 Erdgeschoss
je Gebäude: Eingangsbereich, Flure, Treppe, Abstellraum, Aufzug, sechs Wohnungen

2 Obergeschosse
je Gebäude: Flure, Treppe, Wäscheraum, Aufzug, sechs Wohnungen

Nutzeinheiten

Gebäude: 2
Wohneinheiten: 36
Wohnfläche: 1.873m^2

Grundstück

Bauraum: Freier Bauraum
Neigung: Ebenes Gelände
Bodenklasse: BK 1 bis BK 3

Markt

Hauptvergabezeit: 1.Quartal 2021
Baubeginn: 2.Quartal 2021
Bauende: 3.Quartal 2022
Konjunkturelle Gesamtlage: Durchschnitt
Regionaler Baumarkt: Durchschnitt

Baukonstruktion

Die Gründung erfolgt auf Streifenfundamenten und einer Stb-Bodenplatte. Die Außenwände wurden in monolithischem Porenbetonmauerwerk erstellt und verputzt. Die Kunststofffenster sind mit einer dreifachen Wärmeschutzverglasung ausgestattet und können mit Rollläden verschattet werden. Das flachgeneigte Dach wurde bituminös abgedichtet. Die Böden der Wohnungen sind mit Fliesen und Vinyl belegt.

Technische Anlagen

Die beiden Häuser werden mit Luft-Wasser-Wärmepumpen beheizt. Die Verteilung der Wärme erfolgt über eine Fußbodenheizung, in den Bädern sind zusätzlich Handtuchheizkörper installiert.

Sonstiges

Die nach historischen Vorbild gegliederte Fassade nimmt typische Bebauungsmerkmale der Umgebung auf.

Energetische Kennwerte

Gesetzliche Grundlage: EnEV 2013
Gebäudenutzfläche: 1.260,00m^2
Gebäudevolumen: 3.938,00m^3
Hüllfläche des beheizten Volumens: 1.746,00m^2
Spez. Transmissionswärmeverlust: 0,36W/(m^2·K)
Spez. Jahresprimärenergiebedarf: 44,33kWh/(m^2·a)
Spez. Jahresendenergiebedarf: 37,65kWh/(m^2·a)

Planungskennwerte für Flächen und Rauminhalte nach DIN 277

Flächen des Grundstücks		Menge Einheit	% an GF
BF	Bebaute Fläche	960,00 m²	32,2
UF	Unbebaute Fläche	2.021,00 m²	67,8
GF	Grundstücksfläche	2.981,00 m²	100,0

Grundflächen des Bauwerks		Menge Einheit	% an NUF	% an BGF
NUF	Nutzungsfläche	1.872,68 m²	100,0	65,5
TF	Technikfläche	42,98 m²	2,3	1,5
VF	Verkehrsfläche	474,04 m²	25,3	16,6
NRF	Netto-Raumfläche	2.389,70 m²	127,6	83,6
KGF	Konstruktions-Grundfläche	467,90 m²	25,0	16,4
BGF	Brutto-Grundfläche	2.857,60 m²	152,6	100,0

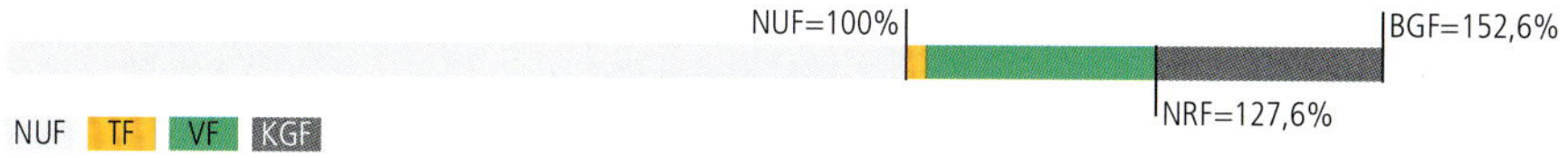

Brutto-Rauminhalt des Bauwerks		Menge Einheit	BRI/NUF (m)	BRI/BGF (m)
BRI	Brutto-Rauminhalt	8.805,12 m³	4,70	3,08

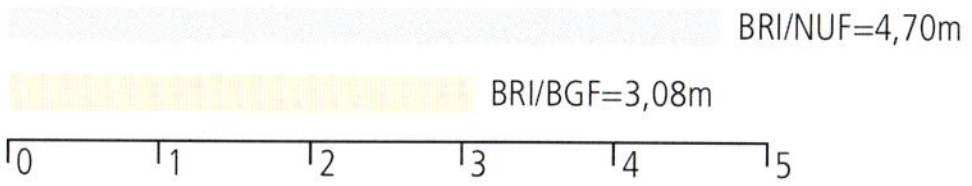

Kostenkennwerte für die Kostengruppen der 1. Ebene DIN 276

KG	Kostengruppen (1. Ebene)	Einheit	Kosten €	€/Einheit	€/m² BGF	€/m³ BRI	% 300+400
100	Grundstück	m² GF	–	–	–	–	–
200	Vorbereitende Maßnahmen	m² GF	–	–	–	–	–
300	Bauwerk – Baukonstruktionen	m² BGF	4.702.126	1.645,48	1.645,48	534,02	75,9
400	Bauwerk – Technische Anlagen	m² BGF	1.491.529	521,95	521,95	169,39	24,1
	Bauwerk 300+400	**m² BGF**	**6.193.655**	**2.167,43**	**2.167,43**	**703,42**	**100,0**
500	Außenanlagen und Freiflächen	m² AF	–	–	–	–	–
600	Ausstattung und Kunstwerke	m² BGF	–	–	–	–	–
700	Baunebenkosten	m² BGF	–	–	–	–	–
800	Finanzierung	m² BGF	–	–	–	–	–

KG	Kostengruppe	Menge Einheit	Kosten €	€/Einheit	%
3+4	**Bauwerk**				**100,0**
300	**Bauwerk – Baukonstruktionen**	2.857,60 m² BGF	4.702.126	**1.645,48**	75,9

Baugrubenaushub; Streifenfundamente, Stb-Bodenplatte, Abdichtung, Wärmedämmung, Zementestrich, Vinyl, Bodenfliesen, Perimeterdämmung; Stb-Wände, Porenbetonmauerwerk, Stb-Stützen, Kunststofffenster mit Dreifachverglasung, Außenputz, Innenputz, GK-Beplankung, Beschichtung, Wandfliesen, Rollläden; KS-Mauerwerk, GK-Wände, Holztüren, Schiebetüren, Putz, Wandfliesen, Beschichtung, Stahlgeländer an bodentiefen Fenstern; Stb-Decken, Stb-Treppen, Heizestrich, Bodenfliesen, Parkett, Linoleum, Treppen-, Balkongeländer; Stb-Flachdach, leicht geneigt, Gefälledämmung, Abdichtung, Dachentwässerung, abgehängte GK-Decken, Putz, Beschichtung

KG	Kostengruppe	Menge Einheit	Kosten €	€/Einheit	%
400	**Bauwerk – Technische Anlagen**	2.857,60 m² BGF	1.491.529	**521,95**	24,1

Gebäudeentwässerung, Kalt- und Warmwasserleitungen, Sanitärobjekte; Luft-Wasser-Wärmepumpe, Fußbodenheizung, Handtuchheizkörper; Elektroinstallation, Einbauleuchten; Tür-Sprechanlage, Sat-Anlage, Telekommunikationsanlage, EDV-Verkabelung; Personenaufzüge

6200-0130
Betreutes Wohnen
(31 WE)
Tagespflege (17 Plätze)

Objektbeschreibung

Allgemeine Objektinformationen

Das L-förmige Wohngebäude ist auf einer bestehenden zweigeschossigen Tiefgarage errichtet worden. Der Fokus des Betreibers lag auf einem an die individuellen Bedürfnisse der Bewohner angepasstem Serviceangebot. Im Haus befindet sich ein Empfang mit Service-Point sowie ein Quartierstreff mit Büro, eine Sozialstation mit Pflegestützpunkt des ambulanten Pflegedienstes und Räume für die Tagespflege.

Nutzung

2 Untergeschosse
Tiefgarage (Bestand)

1 Erdgeschoss
Empfang, Tagespflege, Quartierstreff, Quartiersbüros, Büros Sozialstation, WCs, Bäder, Gemeinschaftsräume, Küche, Therapie- und Ruheräume, Abstellräume, Technik, Treppenhäuser, Flure, Aufzüge

4 Obergeschosse
Zwei- bis Drei-Zimmer Wohnungen, Treppenhäuser, Flure, Aufzüge

Nutzeinheiten

Pflegeplätze: 17
Wohneinheiten: 31
Wohnfläche: 2.589 m^2

Grundstück

Bauraum: Baulücke
Neigung: Ebenes Gelände
Bodenklasse: BK 3 bis BK 5

Markt

Hauptvergabezeit: 4. Quartal 2020
Baubeginn: 4. Quartal 2020
Bauende: 3. Quartal 2022
Konjunkturelle Gesamtlage: Durchschnitt
Regionaler Baumarkt: Durchschnitt

Baukonstruktion

Für das Gebäude wurde eine Massivbauweise gewählt. Durch eine Lastverteilungsplatte gründet der Neubau auf den bestehenden Stützen der Tiefgarage, welche für die zusätzlichen Lasten bemessen wurden. Die Decken und das Flachdach über dem 3.Obergeschoss sind in Stahlbeton ausgeführt. Lediglich das Flachdach über dem 4.Obergeschoss ist eine Holzbalkendecke mit leichtem Aufbau. Die gemauerten Außenwände sind mit einem Wärmedämmverbundsystem mit Kratzputz und Schlussbeschichtung sowie Teilbereiche im Sockelbereich mit Klinkerriemchen versehen. Die eingebauten Kunststoff- und Alufenster haben eine Dreifachverglasung und können mit Kunststoffrollläden verschattet werden. Sämtliche Böden sind mit PVC oder Bodenfliesen belegt.

Technische Anlagen

Für die Beheizung des Gebäudes gibt es eine Nahwärmeübergabestation, welche über die Tiefgarage an die Kesselzentrale des benachbarten Objekts anschließt. Die Heizverteilung in den Wohnungen erfolgt über eine Fußbodenheizung sowie Badheizkörper. Die restlichen Bereiche des Gebäudes sind mit Ventilhygieneheizkörpern für die erhöhten hygienischen Anforderungen ausgestattet. Die Warmwasserbereitung erfolgt dezentral über Wohnungsübergabestationen. Weiterhin wurde eine Hygienespülstation für Trinkwasser eingebaut. Eine zentrale Zu- und Abluftanlage mit Wärmerückgewinnung gewährleistet den benötigten Luftwechsel.

Sonstiges

Die 31 barrierefreien Wohneinheiten sind zwischen 50 und 93 m^2 groß und erstrecken sich auf zwei bis dreieinhalb Zimmer. Davon wurden drei Wohnungen rollstuhlgerecht ausgestattet. Drei Treppenhäuser und drei rollstuhlgerechte Aufzüge dienen der Erschließung aller Wohnungen. Das Gebäude entspricht dem KfW-Effizienzhaus 55-Standard. Die energetischen Kennwerte beziehen sich auf den Wohngebäudeteil.

Energetische Kennwerte

Gesetzliche Grundlage: EnEV 2013
Gebäudenutzfläche: 3.220,00 m^2
Spez. Transmissionswärmeverlust: 0,34 W/(m^2·K)
Spez. Jahresprimärenergiebedarf: 28,00 kWh/(m^2·a)
Spez. Jahresendenergiebedarf: 54,00 kWh/(m^2·a)
CO_2-Emissionen: 13,00 kg/(m^2·a)

Planungskennwerte für Flächen und Rauminhalte nach DIN 277

Flächen des Grundstücks		Menge Einheit	% an GF
BF	Bebaute Fläche	1.216,00 m2	42,6
UF	Unbebaute Fläche	1.640,00 m2	57,4
GF	Grundstücksfläche	2.856,00 m2	100,0

Grundflächen des Bauwerks		Menge Einheit	% an NUF	% an BGF
NUF	Nutzungsfläche	2.957,67 m2	100,0	59,0
TF	Technikfläche	72,99 m2	2,5	1,5
VF	Verkehrsfläche	1.114,64 m2	37,7	22,2
NRF	Netto-Raumfläche	4.145,30 m2	140,2	82,7
KGF	Konstruktions-Grundfläche	866,08 m2	29,3	17,3
BGF	Brutto-Grundfläche	5.011,38 m2	169,4	100,0

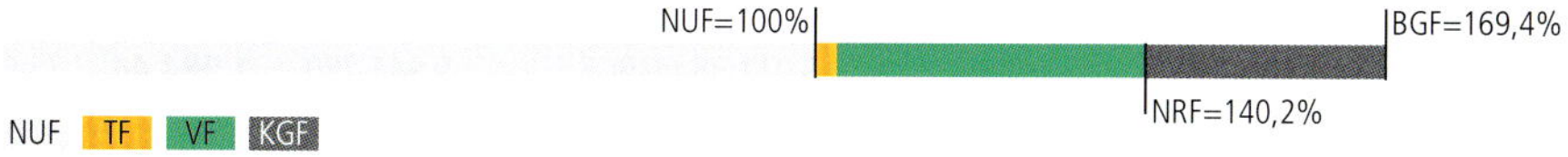

Brutto-Rauminhalt des Bauwerks		Menge Einheit	BRI/NUF (m)	BRI/BGF (m)
BRI	Brutto-Rauminhalt	15.778,65 m3	5,34	3,15

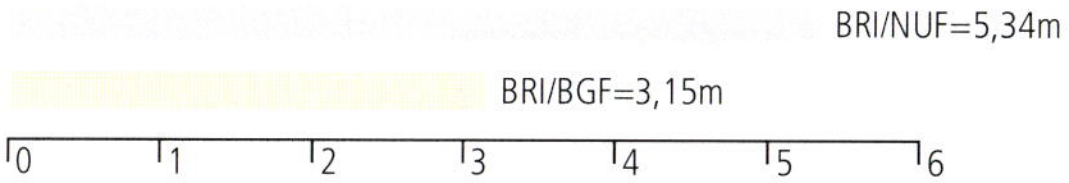

6200-0132
Pflegeheim (83 Betten)
Cafeteria

Kostenkennwerte für die Kosten des Bauwerks (Kostengruppen 300+400 nach DIN 276)

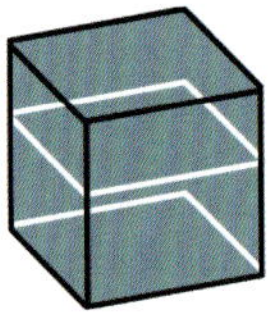

BRI 881 €/m³

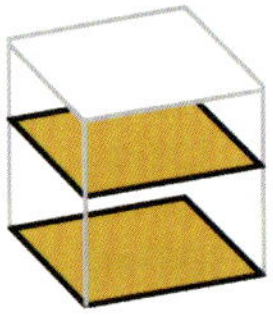

BGF 3.473 €/m²

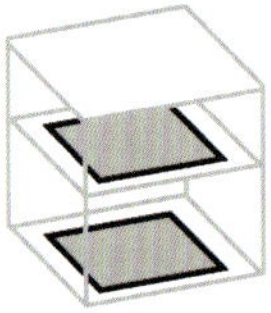

NUF 5.390 €/m²

Objekt:
Kennwerte: 1.Ebene DIN 276
BRI: 22.257 m³
BGF: 5.644 m²
NUF: 3.637 m²
Bauzeit: 156 Wochen
Bauende: 2023
Standard: mittel
Bundesland: Baden-Württemberg
Kreis: Konstanz

Architekt*in:
DIETRICH I UNTERTRIFALLER
ARCHITEKTEN ZT GmbH
BREGENZ
mit
werkgruppe drei I
Staiger Weltin I Freie
Architekten PartGmbB
Fasanenweg 7a
78464 Konstanz

Bauherr*in:
CARITAS ALTENHILFE
f. d. R. KN gGmbH
Uhlandstraße 15
78464 Konstanz

Ansicht Nord

Ansicht Ost

Erdgeschoss

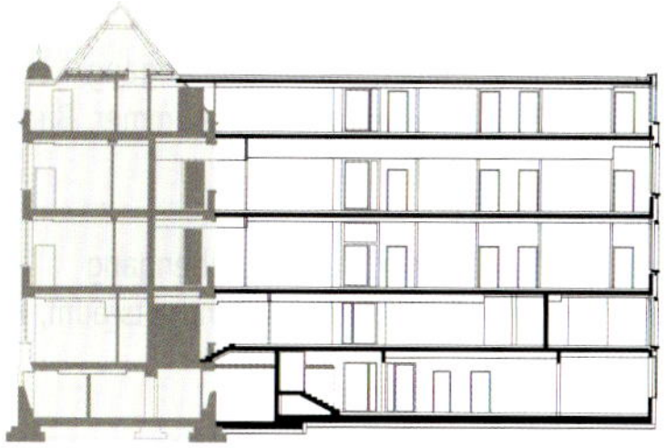

Schnitt A-A

Ansicht Süd

Ansicht West

Kostenkennwerte für die Kostengruppen der 1. Ebene DIN 276

KG	Kostengruppen (1. Ebene)	Einheit	Kosten €	€/Einheit	€/m² BGF	€/m³ BRI	% 300+400
100	Grundstück	m² GF	–	–	–	–	–
200	Vorbereitende Maßnahmen	m² GF	–	–	–	–	–
300	Bauwerk – Baukonstruktionen	m² BGF	14.178.113	2.512,09	2.512,09	637,01	72,3
400	Bauwerk – Technische Anlagen	m² BGF	5.422.535	960,77	960,77	243,63	27,7
	Bauwerk 300+400	**m² BGF**	**19.600.649**	**3.472,87**	**3.472,87**	**880,64**	**100,0**
500	Außenanlagen und Freiflächen	m² AF	–	–	–	–	–
600	Ausstattung und Kunstwerke	m² BGF	–	–	–	–	–
700	Baunebenkosten	m² BGF	–	–	–	–	–
800	Finanzierung	m² BGF	–	–	–	–	–

KG	Kostengruppe	Menge Einheit	Kosten €	€/Einheit	%
3+4	**Bauwerk**				**100,0**
300	**Bauwerk – Baukonstruktionen**	5.643,94 m² BGF	14.178.113	**2.512,09**	72,3

Baugrubenaushub, Wasserhaltung; Baugrundverbesserung, Gründung auf bestehender Stb-Fundamentplatte, Stb-Fundamente, Stb-Bodenplatte, WU, Gussrammpfähle, Abdichtung, Dämmung, Estrich, Bodenfliesen, Vinyl; Stb-Wände, Stb-Stützen, Holz-Alufenster, Dreifachverglasung, WDVS, Gipsputz, Beschichtung, Wandfliesen, Holz-Alu-Pfosten-Riegelfassade, Textilscreens; Stb-Wände, Stb-Stützen, KS-Mauerwerk, GK-Wände, Holztüren, Gipsputz, Wandfliesen, Beschichtung; Stb-Elementdecken, Stb-Treppen, Stb-Balkone, Stb-Laubengang, Dämmung, Heizestrich, Linoleum, Teppich, Bodenfliesen, Terrassenplatten, abgehängte Akustikdecken, Treppengeländer, Balkongeländer; Stb-Flachdach, Sparrendach, Dachgauben, Dämmung, Abdichtung, extensive Dachbegrünung, Trapezblech, Dachentwässerung, abgehängte Akustikdecken

KG	Kostengruppe	Menge Einheit	Kosten €	€/Einheit	%
400	**Bauwerk – Technische Anlagen**	5.643,94 m² BGF	5.422.535	**960,77**	27,7

Gebäudeentwässerung, Kalt- und Warmwasserleitungen, Sanitärobjekte; zwei gasbetriebene Blockheizkraftwerke, Gas-Spitzenlastkessel im Contracting-Verfahren, Fußbodenheizung, Heizkörper; zentrale Lüftungsanlagen mit Wärmerückgewinnung, Kühlfunktion; Elektroinstallation, Beleuchtung, Sicherheitsbeleuchtung; Rauchmelder; Personenaufzüge

6200-0137
Hospiz (12 Betten)

Kostenkennwerte für die Kosten des Bauwerks (Kostengruppen 300+400 nach DIN 276)

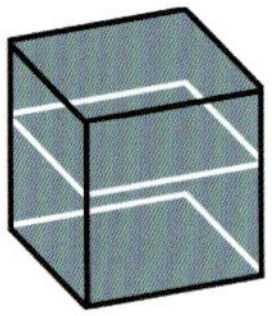
BRI 791 €/m³

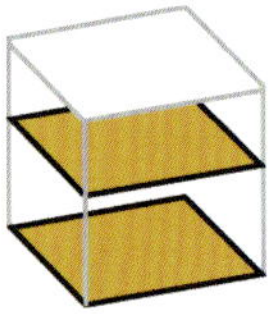
BGF 3.528 €/m²

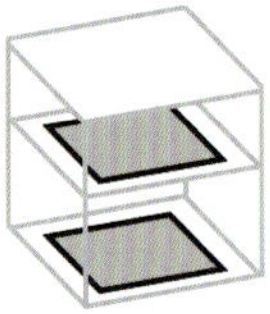
NUF 6.164 €/m²

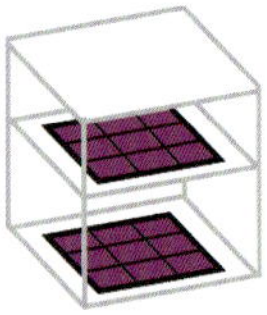
NE 392.376 €/NE
NE: Betten

Objekt:
Kennwerte: 1.Ebene DIN 276
BRI: 5.950 m³
BGF: 1.334 m²
NUF: 764 m²
Bauzeit: 83 Wochen
Bauende: 2024
Standard: hoch
Bundesland: Rheinland-Pfalz
Kreis: Bernkastel-Wittlich

Architekt*in:
Architekten BENDER HETZEL
Planungsgesellschaft mbH
Kapuzinerplatz 135
56077 Koblenz

Bauherr*in:
St. Raphael Caritas
Alten- und Behindertenhilfe
GmbH
Ludwig-Erhard-Straße 17
56727 Mayen

© Architekten BHP.

© Architekten BHP.

© Architekten BHP.

© Architekten BHP.

© Architekten BHP.

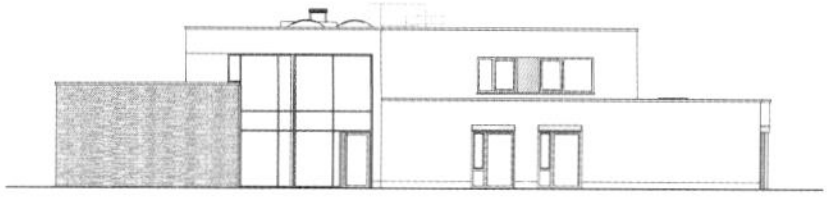

Ansicht Nord-West

Ansicht Nord-Ost

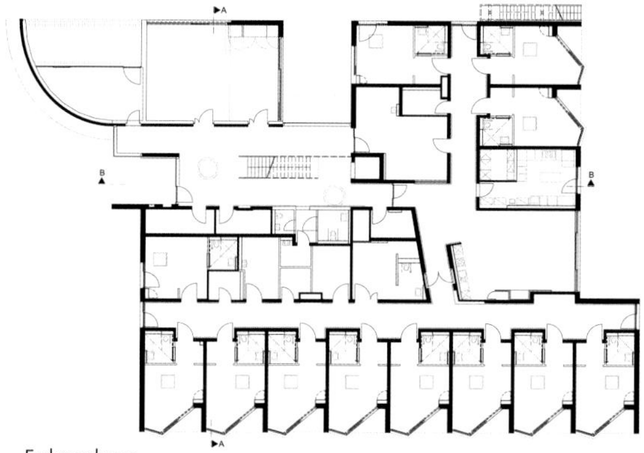

Erdgeschoss

Schnitt A-A

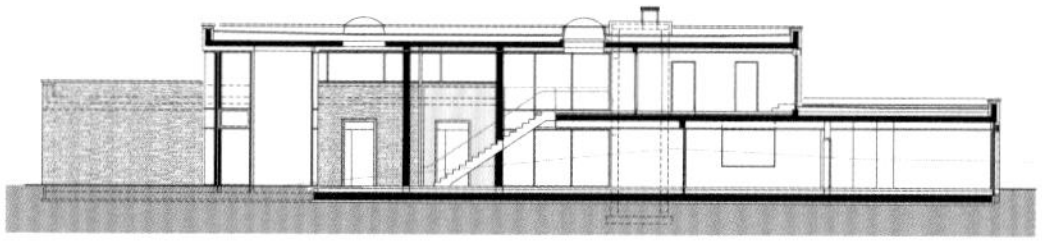

Schnitt B-B

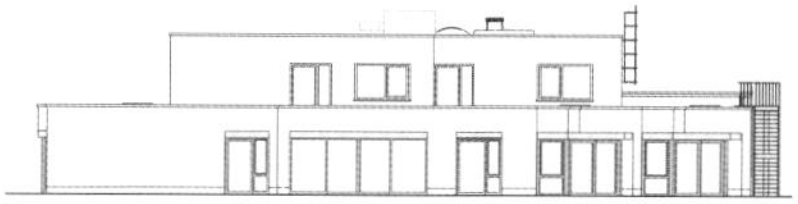

Ansicht Süd-Ost

Ansicht Süd-West

Objektbeschreibung

Allgemeine Objektinformationen

Der Neubau ist zweigeschossig erstellt und schafft stationären Wohnraum für zwölf Hospizgäste sowie Räumlichkeiten für das ambulante Hospiz. Die Baumasse des zweigeschossigen Gebäudes reduziert sich in der zweiten Ebene. Dadurch löst sich der Baukörper auf und die Einrichtung stellt sich als Wohnhaus ohne institutionellen Charakter dar. Im Inneren führt ein freundliches und helles Foyer zum Empfang, zur Treppe und zum Aufzug. Der Wohnbereich der Gäste und die Gemeinschaftsräume werden von hier erschlossen. Schlaf- und Wohnräume öffnen sich nach Südosten zu den Auwiesen und dem Flusstal der Lieser. Das Hospizhaus stellt durch seine durchdachte Anordnung und Gestaltung von Gemeinschaftsräumen ein würdevolles Leben in der Gemeinschaft und gleichzeitig die erforderliche Privatsphäre sicher.

Nutzung

1 Erdgeschoss
zwölf Gästezimmer, Raum der Stille, Dienstzimmer, Funktionsräume, Foyer, Mehrzweckraum, Wohn-/Essbereich

1 Obergeschoss
Büroräume für das ambulante und für das stationäre Hospiz, Personalräume

Nutzeinheiten

Betten: 12

Grundstück

Bauraum: Beengter Bauraum
Neigung: Ebenes Gelände
Bodenklasse: BK 3 bis BK 7

Besonderer Kosteneinfluss Grundstück
Felssicherungsmaßnahmen, Bodenverbesserung mit Rüttelstopfverdichtung

Markt

Hauptvergabezeit: 3.Quartal 2022
Baubeginn: 4.Quartal 2022
Bauende: 3.Quartal 2024
Konjunkturelle Gesamtlage: über Durchschnitt
Regionaler Baumarkt: Durchschnitt

Baukonstruktion

Das Gebäude wurde auf einem verbesserten Baugrund errichtet, der durch Rüttelstopfverdichtung stabilisiert wurde. Auf der tragenden Bodenplatte erhebt sich das Gebäude mit Wänden überwiegend aus Bimsmauerwerk in monolithischer Bauweise sowie freistehenden Stützen, Unter- oder Überzügen. Die Bodenflächen sind oberhalb der Bodenplatte gegen aufsteigende Feuchtigkeit isoliert, während die Wandflächen außen durch eine Erdreichabdichtung geschützt sind. Die Geschossdecken bestehen aus Filigrandecken mit Aufbeton, der innenliegende Treppenlauf ist in Stahlbeton konstruiert. Die Standardfenster sind in Kunststoff mit Dreifachverglasung ausgeführt, die Außenfensterbänke bestehen aus Aluminium. Die massive Stahlbeton-Dachdecke (Warmdach) ist mit einer gefällebildenden Wärmedämmung aus Polystyrol und einer oberen Abdichtung aus beschieferten Bitumen-Schweißbahnen hergestellt. Während die Erdgeschossdecke extensiv begrünt ist, finden sich auf dem Obergeschoss Photovoltaik- und Lüftungselemente.

Technische Anlagen

Das Gebäude ist als Effizienzhaus 55 nach KFW-Kriterien errichtet. Dazu tragen Luftwärmepumpen (Spitzenlasten über Gas-Brennwert), Photovoltaikanlage sowie eine Lüftungsanlage mit Wärmerückgewinnung für Teilbereiche des Gebäudes bei.

Planungskennwerte für Flächen und Rauminhalte nach DIN 277

Flächen des Grundstücks		Menge Einheit	% an GF
BF	Bebaute Fläche	969,02 m²	7,5
UF	Unbebaute Fläche	12.027,42 m²	92,5
GF	Grundstücksfläche	12.996,44 m²	100,0

Grundflächen des Bauwerks		Menge Einheit	% an NUF	% an BGF
NUF	Nutzungsfläche	763,90 m²	100,0	57,2
TF	Technikfläche	36,40 m²	4,8	2,7
VF	Verkehrsfläche	320,47 m²	42,0	24,0
NRF	Netto-Raumfläche	1.120,77 m²	146,7	84,0
KGF	Konstruktions-Grundfläche	213,67 m²	28,0	16,0
BGF	Brutto-Grundfläche	1.334,44 m²	174,7	100,0

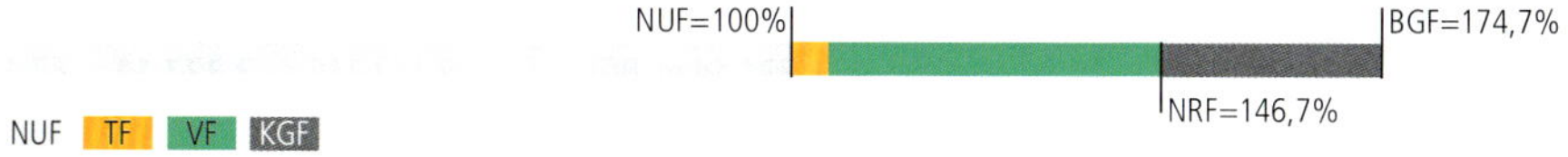

Brutto-Rauminhalt des Bauwerks		Menge Einheit	BRI/NUF (m)	BRI/BGF (m)
BRI	Brutto-Rauminhalt	5.949,57 m³	7,79	4,46

6400-0127
Gemeindezentrum
Mehrzwecksaal
(100 Sitzplätze)

Kostenkennwerte für die Kosten des Bauwerks (Kostengruppen 300+400 nach DIN 276)

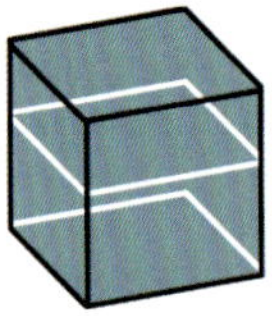

BRI 830 €/m³

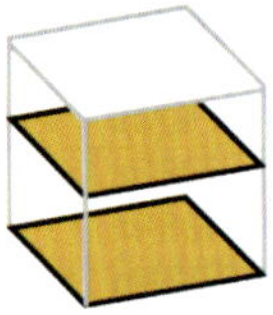

BGF 3.470 €/m²

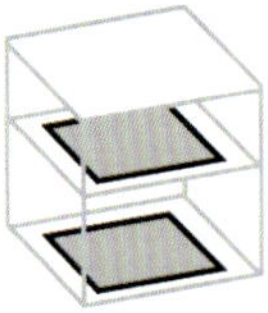

NUF 6.358 €/m²

Objekt:
Kennwerte: 1. Ebene DIN 276
BRI: 2.853 m³
BGF: 682 m²
NUF: 372 m²
Bauzeit: 74 Wochen
Bauende: 2023
Standard: mittel
Bundesland: Schleswig-Holstein
Kreis: Herzogtum Lauenburg

Architekt*in:
Architekt Reichwald GmbH
Palmaille 54
22767 Hamburg

Bauherr*in:
Ev.-Luth. Kirchengemeinde Büchen-Pötrau
Lindenweg 17
21514 Büchen

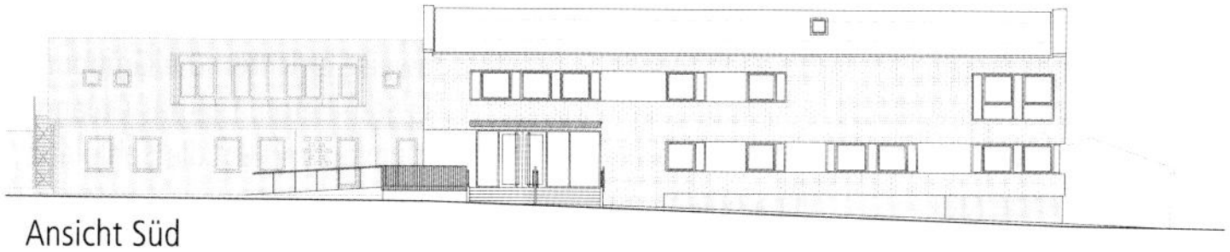

Ansicht Süd

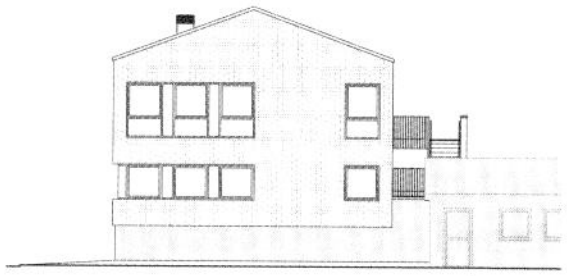

Ansicht Ost

Erdgeschoss

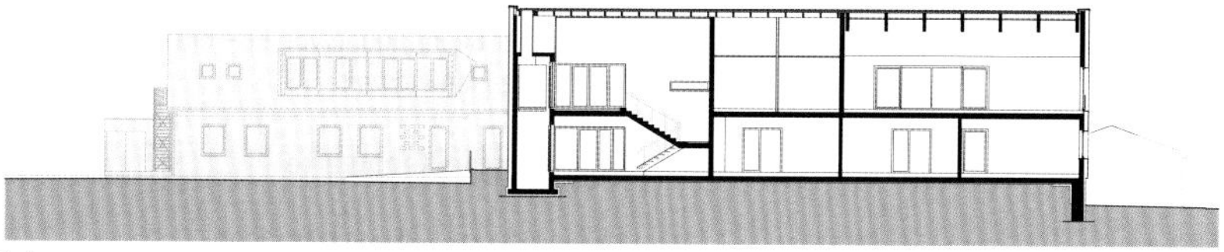

Schnitt A-A

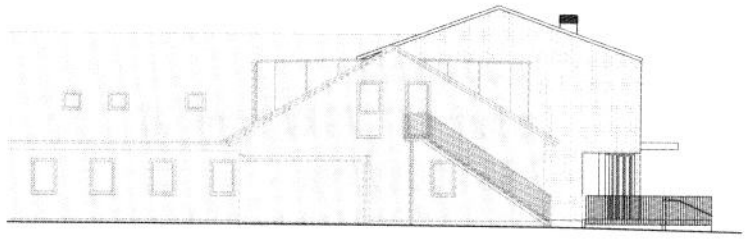

Ansicht West

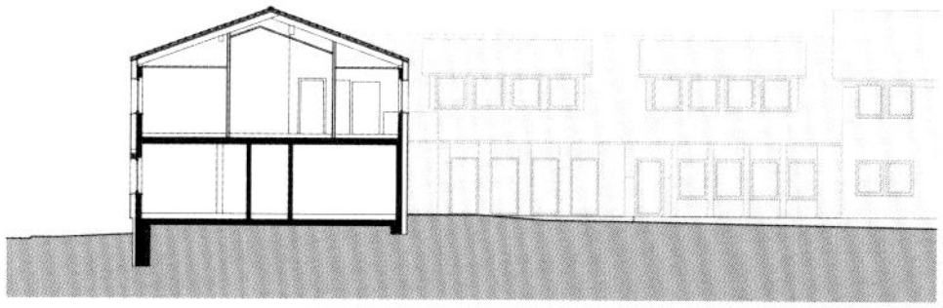

Schnitt B-B

Kostenkennwerte für die Kostengruppen der 1. Ebene DIN 276

KG	Kostengruppen (1. Ebene)	Einheit	Kosten €	€/Einheit	€/m² BGF	€/m³ BRI	% 300+400
100	Grundstück	m² GF	–	–	–	–	–
200	Vorbereitende Maßnahmen	m² GF	131.759	45,31	193,20	46,19	5,6
300	Bauwerk – Baukonstruktionen	m² BGF	1.677.453	2.459,61	2.459,61	588,06	70,9
400	Bauwerk – Technische Anlagen	m² BGF	689.250	1.010,63	1.010,63	241,63	29,1
	Bauwerk 300+400	**m² BGF**	**2.366.703**	**3.470,24**	**3.470,24**	**829,69**	**100,0**
500	Außenanlagen und Freiflächen	m² AF	176.802	527,77	259,24	61,98	7,5
600	Ausstattung und Kunstwerke	m² BGF	14.759	21,64	21,64	5,17	0,6
700	Baunebenkosten	m² BGF	–	–	–	–	–
800	Finanzierung	m² BGF	–	–	–	–	–

KG	Kostengruppe	Menge Einheit	Kosten €	€/Einheit	%
200	**Vorbereitende Maßnahmen**	2.908,00 m² GF	131.759	**45,31**	5,6
	Abbruch von Bestandsgebäude; Entsorgung, Deponiegebühren				
3+4	**Bauwerk**				**100,0**
300	**Bauwerk – Baukonstruktionen**	682,00 m² BGF	1.677.453	**2.459,61**	70,9
	Baugrubenaushub; Stb-Fundamente, Stb-Bodenplatte, Estrich, Linoleum, Bodenfliesen, Abdichtung, Sauberkeitsschicht, Magerbetonabtreppung, Perimeterdämmung; Stb-Wände, KS-Mauerwerk, Stahlstützen, Kunststofffenster, Dreifachverglasung, Eingangstüren, WDVS mit Klinkerriemchen, Innenputz, Beschichtung, Sonnenschutzanlagen; Innenmauerwerk, GK-Wände, Holztüren, Innenfenster, Wandfliesen, Beschichtung, Glassystemwände, WC-Trennwände; Stb-Decken, Stb-Fertigteilbalkon, Stb-Vordach, Stb-Treppen, Dämmung, Estrich, Linoleum, Parkett (Saal), Bodenfliesen, Schallschutzdecken, Beschichtung, Stahlgeländer, Treppengeländer, Fluchttreppe; Brettschichtholzbinder, Holzbalkendach, Schalung, Dämmung, Flachstein-Dachziegel, Dachentwässerung, Schallschutzdecken; Teeküche, Einbauküche				
400	**Bauwerk – Technische Anlagen**	682,00 m² BGF	689.250	**1.010,63**	29,1
	Gebäudeentwässerung, Kalt- und Warmwasserleitungen, Sanitärobjekte; Gas-Brennwerttherme (für Alt- und Neubau ausgelegt, im Bestandsgebäude untergebracht), Plattenheizkörper; Abluftanlage, RWA-Anlage; Vorrüstung für eine PV-Anlage, Elektroinstallation, Beleuchtung; Datenübertragungsanlage, Brandmeldeanlage; Personenaufzug				
500	**Außenanlagen und Freiflächen**	335,00 m² AF	176.802	**527,77**	7,5
	Bodenarbeiten; Pflasterarbeiten; Eingangstreppe, Eingangsrampe; Regenversickerung; Bepflanzung, Rasenansaat				
600	**Ausstattung und Kunstwerke**	682,00 m² BGF	14.759	**21,64**	0,6
	Sicht- und Blendschutz, Innenraumbeschilderung				

6400-0128
Gemeindehaus Gruppenpfarramt (6 AP)

Kostenkennwerte für die Kosten des Bauwerks (Kostengruppen 300+400 nach DIN 276)

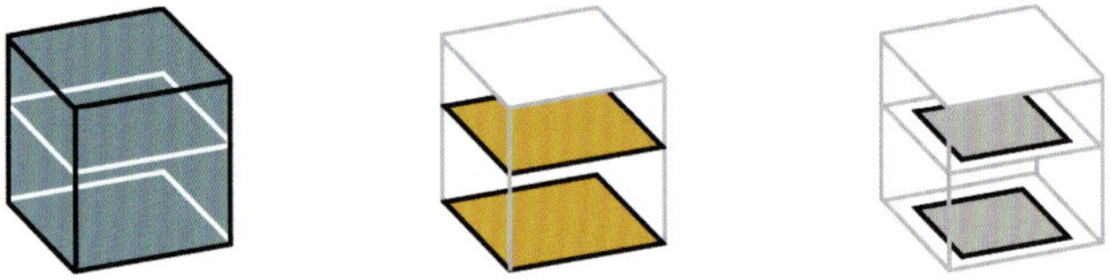

BRI 968 €/m³ | BGF 3.697 €/m² | NUF 6.612 €/m²

Objekt:
Kennwerte: 1. Ebene DIN 276
BRI: 3.131 m³
BGF: 820 m²
NUF: 458 m²
Bauzeit: 82 Wochen
Bauende: 2022
Standard: hoch
Bundesland: Baden-Württemberg
Kreis: Rastatt

Architekt*in:
MoRe Architekten
PartGmbB
Kartäuserstraße 153
79117 Freiburg

Bauherr*in:
Ev. Kirchengemeinde
Gaggenau
Amalienbergstraße 11
76571 Gaggenau

© MoRe Architekten

© MoRe Architekten

© MoRe Architekten

© MoRe Architekten

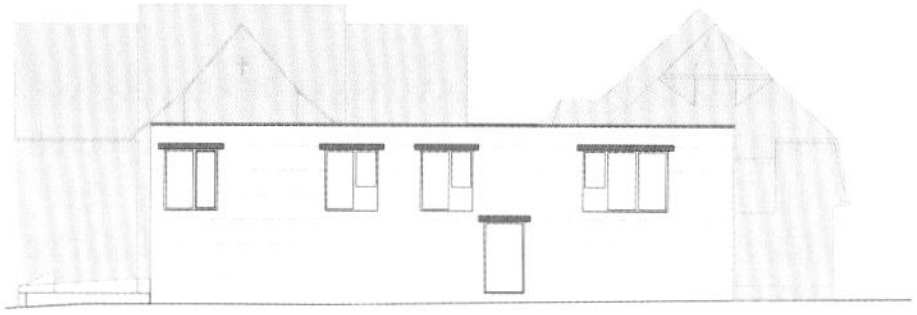

Ansicht Süd-West

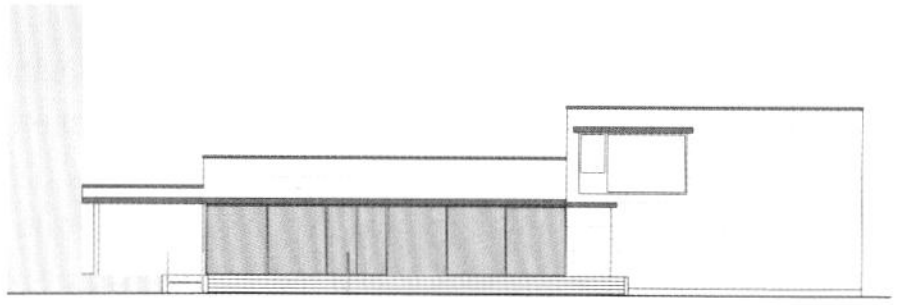

Ansicht Nord-West

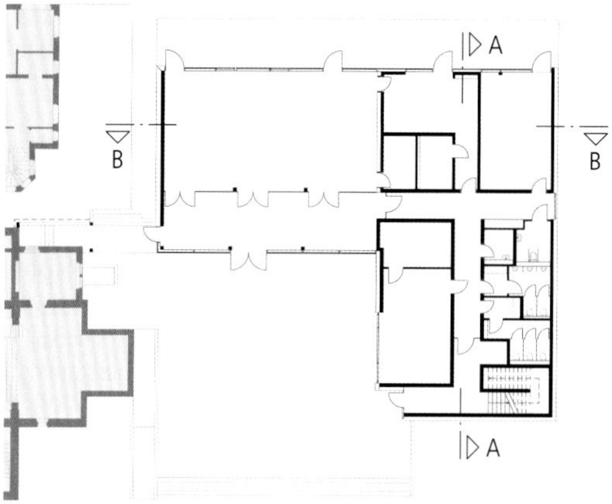

Erdgeschoss

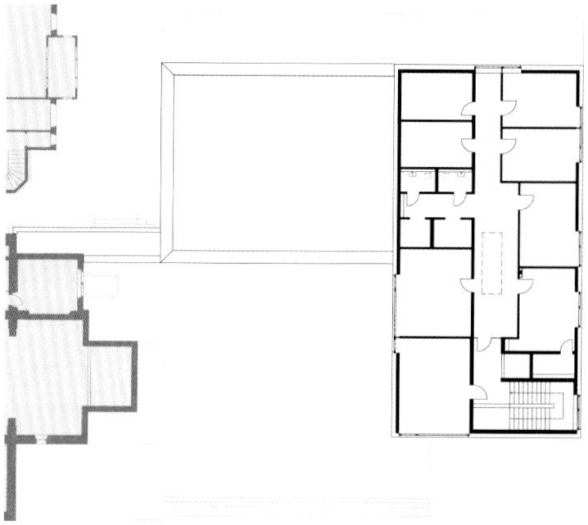

Obergeschoss

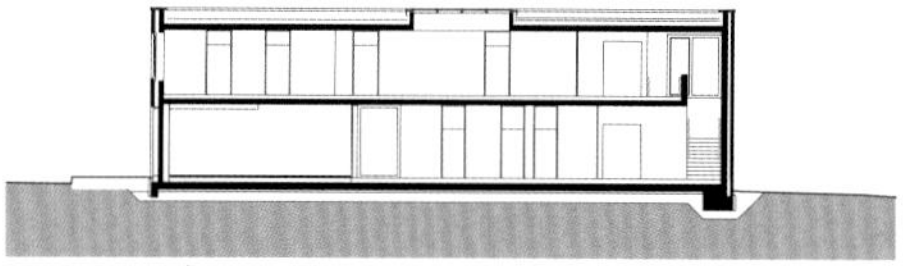

Schnitt A-A

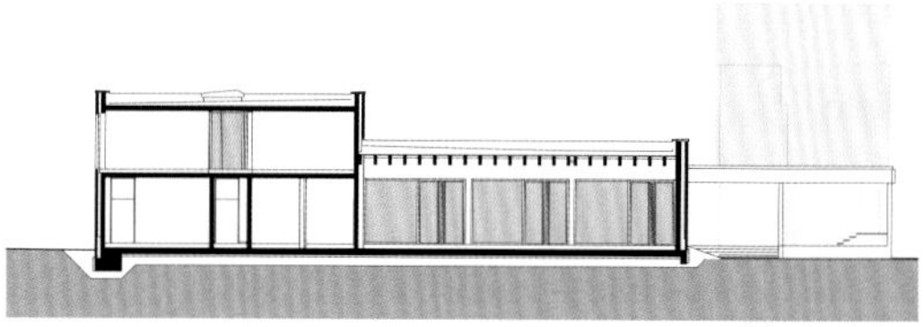

Schnitt B-B

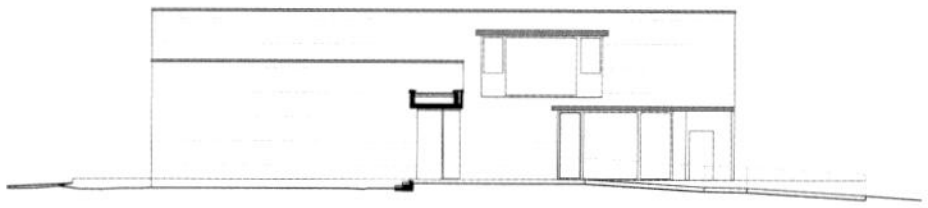

Ansicht Nord-Ost

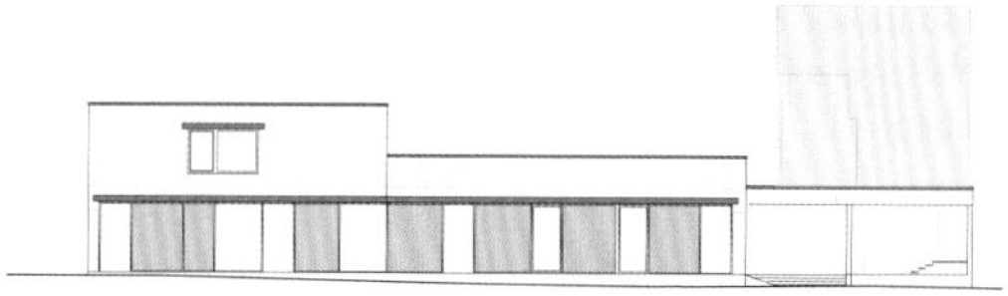

Ansicht Süd-Ost

Objektbeschreibung

Allgemeine Objektinformationen

Drei bisher autark arbeitende evangelischen Pfarrgemeinden wurden an einem neuen Standort konsolidiert. Hierzu erhielten sie ein deutlich erkennbares Zentrum in der Mitte der Stadt. Die winkelförmige flach gedeckte Anlage stößt im Norden an die Kirche und umschließt mit dieser an drei Seiten einen rechteckigen Hof. Dieser Hof liegt aus Hochwasserschutzgründen 80cm über dem Straßenniveau, ist über eine Freitreppe zugänglich und grenzt das Ensemble zum heterogenen städtebaulichen Umfeld ab. Im eingeschossigen Bauteil befinden sich das Foyer und der Saal. Im zweigeschossigen Bauteil sind Neben- und Gruppenräume angeordnet, im Obergeschoss das Pfarramt.

Nutzung

1 Erdgeschoss
Gemeindesaal, Foyer, Küche, Gruppenraum Musik, Jugendraum, WCs, Lagerräume

1 Obergeschoss
Sitzungszimmer, Pfarrbüro, Büroräume, Amtszimmer, Teeküche, WCs, Archiv, Abstellräume, Technikräume

Nutzeinheiten

Arbeitsplätze: 6
Sitzplätze: 110

Grundstück

Bauraum: Freier Bauraum
Neigung: Ebenes Gelände
Bodenklasse: BK 1 bis BK 4

Markt

Hauptvergabezeit: 3.Quartal 2020
Baubeginn: 3.Quartal 2020
Bauende: 2.Quartal 2022
Konjunkturelle Gesamtlage: über Durchschnitt
Regionaler Baumarkt: Durchschnitt

Besonderer Kosteneinfluss Markt
Lieferschwierigkeiten, Kostenexplosion bei Holz/Trockenbauplatten.

Baukonstruktion

Das Gebäude wurde in Massivbauweise im Inneren überwiegend aus Sichtbeton ausgeführt. Die Holzbalkendecke im Saal besteht aus Weißtanne aus dem Schwarzwald und ist ebenfalls sichtbar und in den Zwischenräumen mit Akustikplatten versehen. Das Verblendmauerwerk ist aus Klinkern im Dünnformat erstellt. Großzügige Verglasungen öffnen die Räume zum Hof und in den Gartenbereich. Die transparenten Flächen bestehen aus Pfosten-Riegelfassaden bzw. Fenstern in Weißtanne-Aluminium. Das Stahlbetonflachdach und das Holzdach über dem Gemeindesaal sind begrünt. Die Böden wurden im EG und OG mit Parkett ausgeführt, in Saal, Foyer und Flurzone EG mit einem fugenlosen Zementbodenbelag, Nassräume und Küche mit Fliesenbelägen. Eine Sichtbetontreppe verbindet die zwei Geschosse.

Technische Anlagen

Für die Beheizung des Gebäudes wird eine Luft-Wasser-Wärmepumpe eingesetzt. Die Verteilung der Wärme erfolgt über Fußbodenheizung. Die Lüftung erfolgt über Öffnungsflügel; lediglich in den Sanitärräumen und der Küche wurden dezentrale Abluftanlagen installiert. Ergänzt wird das Gesamtkonzept durch eine Photovoltaikanlage. Die Medienausstattung des Saals ist nicht in den Kosten enthalten.

Sonstiges

Das Gemeindehaus erhielt die Hugo-Häring-Auszeichnung des BDA.

Energetische Kennwerte

Gesetzliche Grundlage: EnEV 2013
Gebäudenutzfläche: 990,00m²
Gebäudevolumen: 3.093,00m³
A/V_e-Verhältnis (Kompaktheit): 0,56m^{-1}
Hüllfläche des beheizten Volumens: 1.733,00m²
Spez. Transmissionswärmeverlust: 0,31W/(m²·K)
Mittlerer U-Wert (opake Bauteile): 0,16W/(m²·K)
Mittlerer U-Wert (transparente Bauteile): 0,86W/(m²·K)
Spez. Jahresprimärenergiebedarf: 94,59kWh/(m²·a)
CO_2-Emissionen: 33,30kg/(m²·a)

Planungskennwerte für Flächen und Rauminhalte nach DIN 277

Flächen des Grundstücks		Menge Einheit	% an GF
BF	Bebaute Fläche	1.076,96 m²	35,4
UF	Unbebaute Fläche	1.969,04 m²	64,6
GF	Grundstücksfläche	3.046,00 m²	100,0

Grundflächen des Bauwerks		Menge Einheit	% an NUF	% an BGF
NUF	Nutzungsfläche	458,21 m²	100,0	55,9
TF	Technikfläche	19,04 m²	4,2	2,3
VF	Verkehrsfläche	216,47 m²	47,2	26,4
NRF	Netto-Raumfläche	693,72 m²	151,4	84,6
KGF	Konstruktions-Grundfläche	125,84 m²	27,5	15,4
BGF	Brutto-Grundfläche	819,56 m²	178,9	100,0

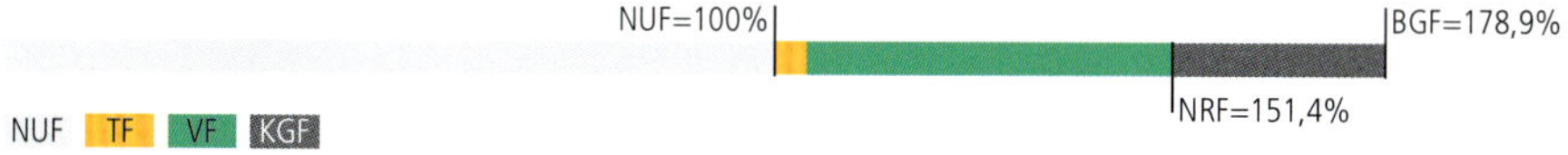

Brutto-Rauminhalt des Bauwerks		Menge Einheit	BRI/NUF (m)	BRI/BGF (m)
BRI	Brutto-Rauminhalt	3.131,10 m³	6,83	3,82

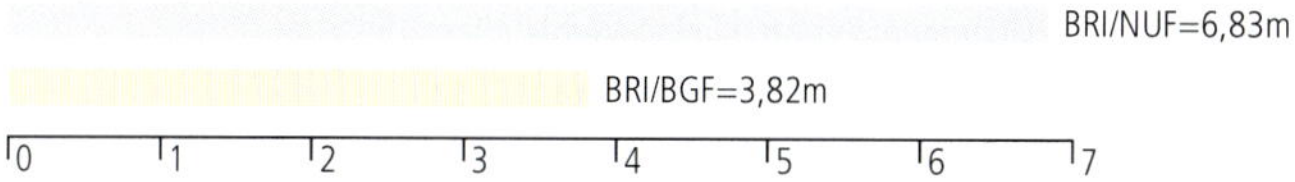

Kostenkennwerte für die Kostengruppen der 1. Ebene DIN 276

KG	Kostengruppen (1. Ebene)	Einheit	Kosten €	€/Einheit	€/m² BGF	€/m³ BRI	% 300+400
100	Grundstück	m² GF	–	–	–	–	–
200	Vorbereitende Maßnahmen	m² GF	23.930	7,86	29,20	7,64	0,8
300	Bauwerk – Baukonstruktionen	m² BGF	2.411.996	2.943,04	2.943,04	770,34	79,6
400	Bauwerk – Technische Anlagen	m² BGF	617.873	753,91	753,91	197,33	20,4
	Bauwerk 300+400	**m² BGF**	**3.029.869**	**3.696,95**	**3.696,95**	**967,67**	**100,0**
500	Außenanlagen und Freiflächen	m² AF	345.286	326,36	421,31	110,28	11,4
600	Ausstattung und Kunstwerke	m² BGF	–	–	–	–	–
700	Baunebenkosten	m² BGF	–	–	–	–	–
800	Finanzierung	m² BGF	–	–	–	–	–

KG	Kostengruppe	Menge Einheit	Kosten €	€/Einheit	%
200	**Vorbereitende Maßnahmen**	3.046,00 m² GF	23.930	**7,86**	0,8
	Herrichten; öffentliche Erschließung von Wasser, Abwasser, Strom und Telefon				
3+4	**Bauwerk**				**100,0**
300	**Bauwerk – Baukonstruktionen**	819,56 m² BGF	2.411.996	**2.943,04**	79,6
	Baugrubenaushub; Baugrundverbesserung, Stb-Fundamente, Stb-Bodenplatte, Heizestrich, Bodenbeschichtung, Parkett, Bodenfliesen, Abdichtung, Kiesfilterschicht, Dämmung; Stb-Wände, Sichtbeton, Holz-Alu-Pfosten-Riegelfassade, Holz-Alufenster, Wärmedämmung, Klinker-Verblendfassade; Stb-Wände, Sichtbeton, GK-Wände, Foyerverglasung, Holztürelemente, Innentüren, Wandfliesen, WC-Trennwände, Vorhänge; Stb-Decken, Sichtbeton, Stb-Treppen, Sichtbeton, Heizestrich, Parkett, Bodenfliesen, Handlauf; Stb-Flachdach, Sichtbeton, Holzbalkendach, Sichtqualität (Saal), Oberlicht, Dämmung, Abdichtung, Attika, extensive Dachbegrünung, Kies, Dachentwässerung, Schallschutzdecken, Überdachung; Einbaumöbel				
400	**Bauwerk – Technische Anlagen**	819,56 m² BGF	617.873	**753,91**	20,4
	Gebäudeentwässerung, Kalt- und Warmwasserleitungen, Sanitärobjekte; Luft-Wasser-Wärmepumpe, Fußbodenheizung; Abluftanlagen, RWA-Anlage; Elektroinstallation, PV-Anlage, Beleuchtung, Deckeneinbauleuchten; Datenübertragungsanlage, Rauchmelder; Personenaufzug				
500	**Außenanlagen und Freiflächen**	1.058,00 m² AF	345.286	**326,36**	11,4
	Oberbodenarbeiten, Bodenarbeiten; wassergebundener Vorplatz, Pflasterflächen, Terrassen, Stellplätze; Winkelstützmauern, Betonstein-Freitreppe, Rampen, Geländer; Außenbeleuchtungsanlagen; Sitzbänke, Hinweisschild, Abfallbehälter; Oberbodenauftrag, Gehölze, Rasen				

6400-0131
Jugendhaus

Kostenkennwerte für die Kosten des Bauwerks (Kostengruppen 300+400 nach DIN 276)

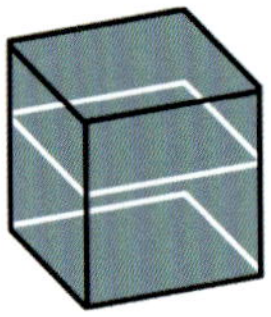
BRI 942 €/m³

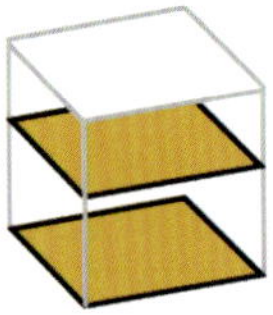
BGF 3.591 €/m²

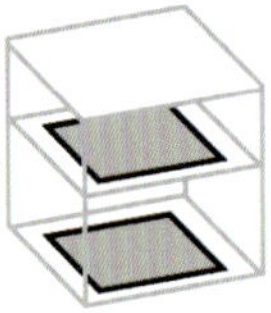
NUF 6.413 €/m²

Objekt:
Kennwerte: 1.Ebene DIN 276
BRI: 5.597 m³
BGF: 1.468 m²
NUF: 822 m²
Bauzeit: 130 Wochen
Bauende: 2022
Standard: hoch
Bundesland: Berlin
Kreis: Berlin, Stadt

Architekt*in:
BOLWIN I WULF Architekten
Partnerschaft mbB
Wikingerufer 7
10555 Berlin

Bauherr*in:
Bezirksamt Spandau
von Berlin
Carl-Schurz-Straße 2/6
13597 Berlin

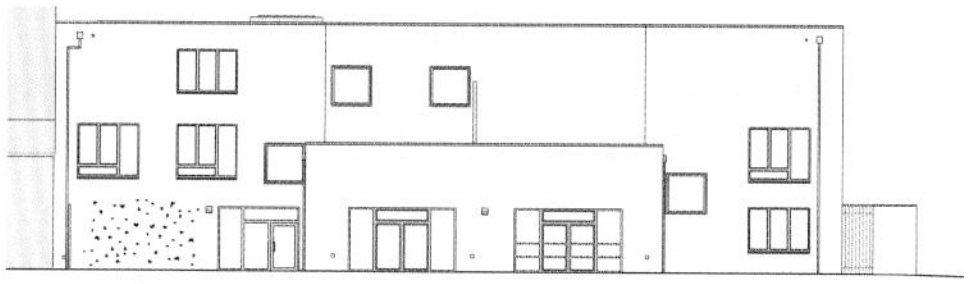

Ansicht Nord

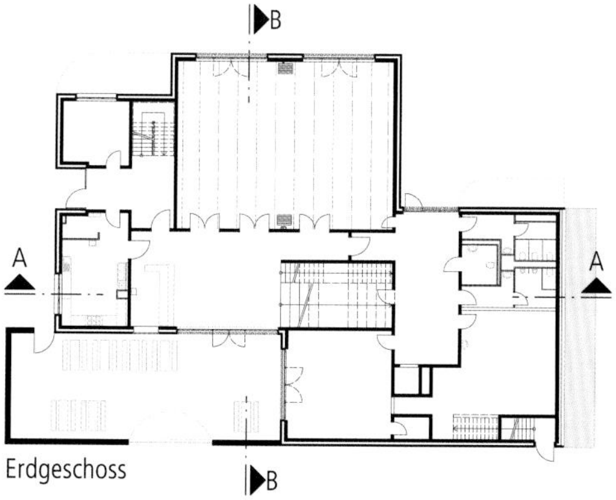

Erdgeschoss

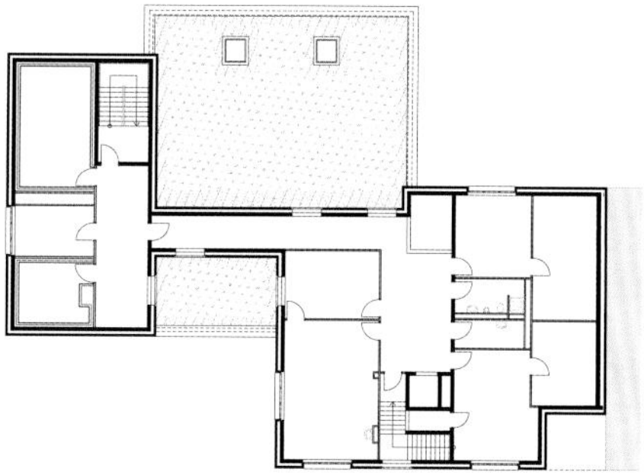

2. Obergeschoss

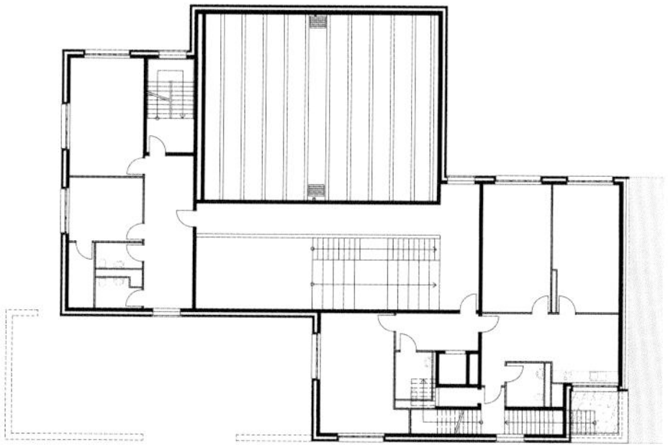

1. Obergeschoss

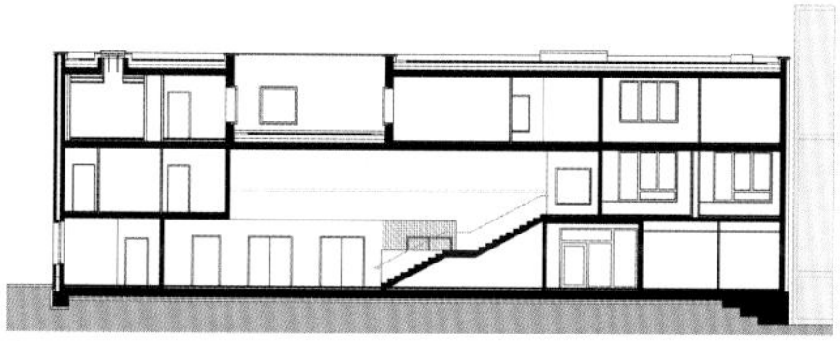

Schnitt A-A

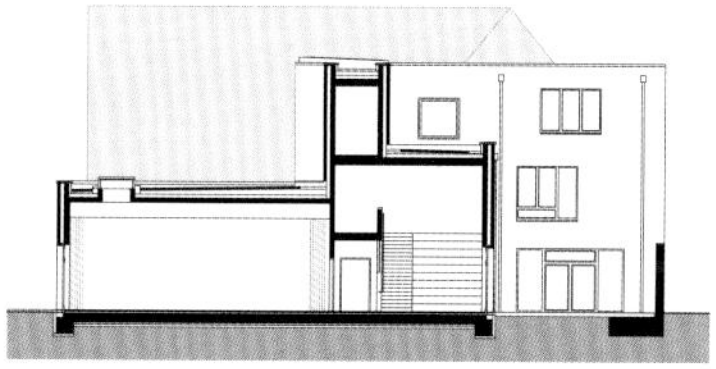

Schnitt B-B

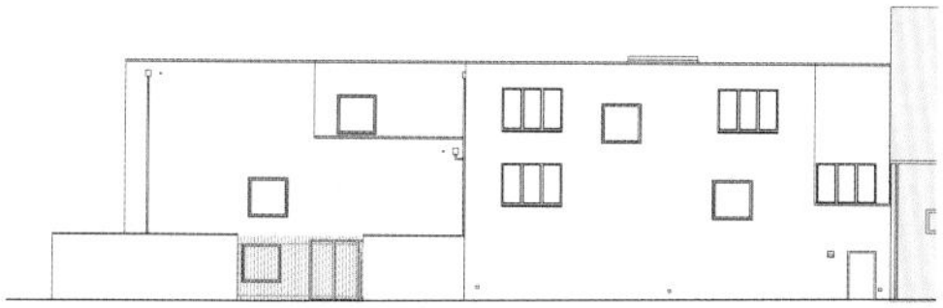

Ansicht Süd

Ansicht West

Objektbeschreibung

Allgemeine Objektinformationen

Das Gebäude soll als Ort der Integration für Jugendsozialarbeit und Familienförderung ein Angebot für Jugendliche und Kinder bieten. Im Inneren dreht sich räumlich und funktional alles um den zentralen „Treff“ als zweigeschossige Halle mit großzügiger Sitztreppe. Die diversen Funktions- und Sonderräume sind auf drei Geschossen um dieses Zentrum gruppiert und geben dem nicht unterkellerten Gebäude seine sehr eigenständige Volumetrie. Der Wechsel von Ruhezonen und Treffpunkten und die abwechslungsreiche, `leicht labyrinthische´ Erschließung, die als Endlosschleife aber immer wieder im Zentralraum endet, geht auch auf die Ideensammlung der Jugendlichen im Vorfeld der Planungen zurück.

Nutzung

1 Erdgeschoss
"Treff", Küche, Veranstaltungssaal, PC-Werkstatt, Büro, WCs, Technik, Abstellräume, Treppenhaus

2 Obergeschosse
Gruppenräume, Übungsräume, Backstage, Ruheräume, Werkstatt, Küche, WCs, Abstellräume, Sitztreppe, Treppenhaus

Besonderer Kosteneinfluss Nutzung
Ambitioniertes TGA-Konzept mit Eisspeicher, Wärmepumpe und Betonkernaktivierung. Vorgabe Denkmalpflege: Klinkerfassade

Grundstück

Bauraum: Beengter Bauraum
Neigung: Ebenes Gelände
Bodenklasse: BK 1 bis BK 3

Markt

Hauptvergabezeit: 2. Quartal 2020
Baubeginn: 2. Quartal 2020
Bauende: 4. Quartal 2022
Konjunkturelle Gesamtlage: Durchschnitt
Regionaler Baumarkt: über Durchschnitt

Baukonstruktion

Das Gebäude gründet auf einer Stahlbetonbodenplatte und Streifenfundamenten. Die Außenwände sind massiv betoniert. Decken und das Flachdach sind in Stahlbeton, teilweise in Sichtqualität ausgeführt. Als Fassade dient ein Verblendmauerwerk aus Klinkern. Die Alufenster sind mit einer Dreifachverglasung ausgestattet. Die Übungsräume für die Jugendbands sind mit erhöhten Schallschutzanforderungen versehen. Für eine bessere Raumakustik sind die Wände und Decken teilweise mit Holzdämmplatten bekleidet. Die Böden wurden mit Parkettschwingböden, Linoleum oder Bodenfliesen belegt. Eine mobile Trennwand ermöglicht eine Teilung des großen Veranstaltungsraums.

Technische Anlagen

Die Wärmeerzeugung erfolgt bivalent und besteht aus einer Sole-Wasser-Wärmepumpe (30kW) mit Pufferspeicher und einem Spitzenlast-Gasbrennwertkessel (60kW). Es wurde ein ambitioniertes Konzept aus Betonkernaktivierung und Sole/Wasserwärmepumpe mit Eisspeicher (Latentwärmespeicher) gewählt. Die Gastherme deckt Spitzenlasten ab und begrenzt die Größe des Eisspeichers auf ein konstruktiv und ökonomisch überschaubares Maß. Es werden zwei verschiedene Heizkreise vorgesehen, einer für die Betonkernaktivierung und einer für Heizkörper, Umluftheizgeräte und Heizregister in Lüftungsgeräten.

Sonstiges

Das äußere Erscheinungsbild strahlt durch die in zwei horizontalen Schichten verlegten Klinker sowohl ruhige Gelassenheit als auch spannende Individualität aus.

Energetische Kennwerte

Gesetzliche Grundlage: EnEV 2013
Gebäudenutzfläche: 1.652,27 m^2
Gebäudevolumen: 5.163,40 m^3
A/V_e-Verhältnis (Kompaktheit): 0,50 m^{-1}
Hüllfläche des beheizten Volumens: 2.577,59 m^2
Spez. Transmissionswärmeverlust: 0,28 $W/(m^2 \cdot K)$
Mittlerer U-Wert (opake Bauteile): 0,16 $W/(m^2 \cdot K)$
Mittlerer U-Wert (transparente Bauteile): 1,20 $W/(m^2 \cdot K)$
Mittlerer U-Wert (Glasdächer, etc.): 1,80 $W/(m^2 \cdot K)$
Spez. Jahresprimärenergiebedarf: 95,20 $kWh/(m^2 \cdot a)$

Planungskennwerte für Flächen und Rauminhalte nach DIN 277

Flächen des Grundstücks		Menge Einheit	% an GF
BF	Bebaute Fläche	638,00 m²	31,9
UF	Unbebaute Fläche	1.359,00 m²	68,1
GF	Grundstücksfläche	1.997,00 m²	100,0

Grundflächen des Bauwerks		Menge Einheit	% an NUF	% an BGF
NUF	Nutzungsfläche	821,85 m²	100,0	56,0
TF	Technikfläche	76,91 m²	9,4	5,2
VF	Verkehrsfläche	311,26 m²	37,9	21,2
NRF	Netto-Raumfläche	1.210,02 m²	147,2	82,4
KGF	Konstruktions-Grundfläche	257,86 m²	31,4	17,6
BGF	Brutto-Grundfläche	1.467,88 m²	178,6	100,0

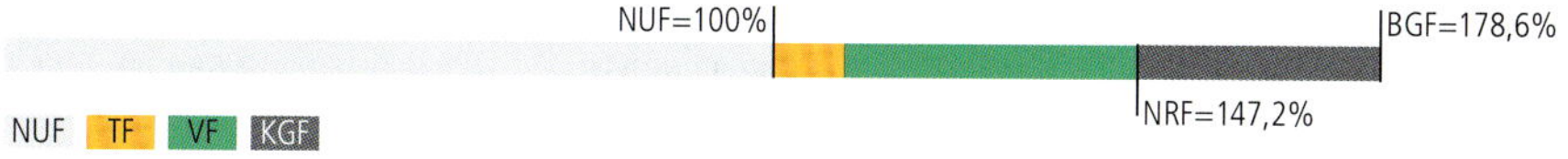

Brutto-Rauminhalt des Bauwerks		Menge Einheit	BRI/NUF (m)	BRI/BGF (m)
BRI	Brutto-Rauminhalt	5.597,00 m³	6,81	3,81

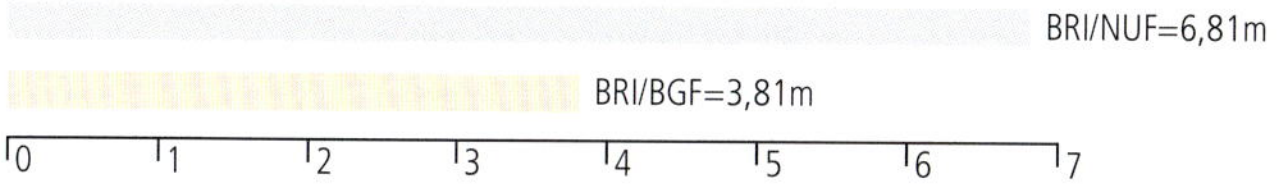

Kostenkennwerte für die Kostengruppen der 1. Ebene DIN 276

KG	Kostengruppen (1. Ebene)	Einheit	Kosten €	€/Einheit	€/m² BGF	€/m³ BRI	% 300+400
100	Grundstück	m² GF	–	–	–	–	–
200	Vorbereitende Maßnahmen	m² GF	–	–	–	–	–
300	Bauwerk – Baukonstruktionen	m² BGF	3.910.564	2.664,09	2.664,09	698,69	74,2
400	Bauwerk – Technische Anlagen	m² BGF	1.360.051	926,54	926,54	243,00	25,8
	Bauwerk 300+400	**m² BGF**	**5.270.614**	**3.590,63**	**3.590,63**	**941,69**	**100,0**
500	Außenanlagen und Freiflächen	m² AF	–	–	–	–	–
600	Ausstattung und Kunstwerke	m² BGF	–	–	–	–	–
700	Baunebenkosten	m² BGF	–	–	–	–	–
800	Finanzierung	m² BGF	–	–	–	–	–

KG	Kostengruppe	Menge Einheit	Kosten €	€/Einheit	%
3+4	**Bauwerk**				**100,0**
300	**Bauwerk – Baukonstruktionen**	1.467,88 m² BGF	3.910.564	**2.664,09**	74,2

Baugrubenaushub; Stb-Streifenfundamente, Stb-Bodenplatte, Abdichtung, Dämmung, Heizestrich, Linoleum, Bodenfliesen, Parkettschwingboden, Sauberkeitsschicht; Stb-Wände, Sichtbeton innen, Alufenster, Dreifachverglasung, Alutüren, Dämmung, Verblendmauerwerk, Klinkerfassade; Stb-Innenwände, Stb-Brüstungen, GK-Wände, Holzinnentüren, Wandfliesen, Silikatbeschichtung, Betonlasur, Schallschutzbekleidung (Übungsräume Bands), Sanitärtrennwände, mobile Trennwand; Stb-Decken, Sichtbeton, Stb-Fertigteiltreppen, Stb-Sitzstufen, Heizestrich, Linoleum, Bodenfliesen, Holz-Treppenbeläge, Parkettschwingboden, Epoxidharzbeschichtung, abgehängte Akustikdecken, Treppengeländer, Seilnetzgeländer; Stb-Flachdach, Sichtbeton, Oberlichter, RWA-Anlagen, Gefälledämmung, Abdichtung, Dachentwässerung, Dachbegrünung, abgehängte Akustikdecken; mobile Bühne, Teeküche

KG	Kostengruppe	Menge Einheit	Kosten €	€/Einheit	%
400	**Bauwerk – Technische Anlagen**	1.467,88 m² BGF	1.360.051	**926,54**	25,8

Gebäudeentwässerung, Kalt- und Warmwasserleitungen, Sanitärobjekte; Sole-Wasser-Wärmepumpe, Solarthermie, Spitzenlastgaskessel, Eisspeicher, Fußbodenheizung, Betonkerntemperierung; dezentrale Be- und Entlüftung, Klimasplittgeräte (2St); Elektroinstallation, Beleuchtung, Blitzschutzanlage; Rauchmelder; rollstuhlgerechter Personenaufzug

6400-0132
Dorfgemeinschaftshaus
(120 Sitzplätze)

Kostenkennwerte für die Kosten des Bauwerks (Kostengruppen 300+400 nach DIN 276)

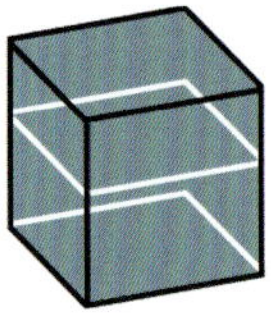
BRI 599 €/m³

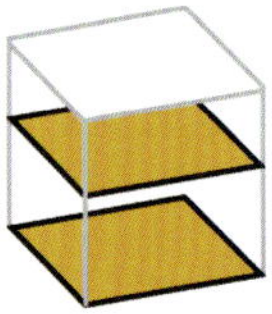
BGF 2.456 €/m²

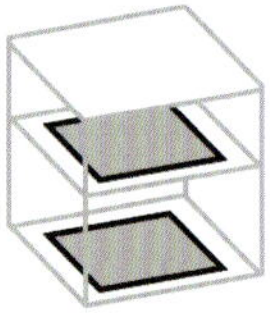
NUF 3.998 €/m²

Objekt:
Kennwerte: 1. Ebene DIN 276
BRI: 2.503 m³
BGF: 611 m²
NUF: 375 m²
Bauzeit: 121 Wochen
Bauende: 2023
Standard: mittel
Bundesland: Bayern
Kreis: Neustadt a.d. Aisch

Architekt*in:
Haas + Haas Architekt I
Stadtplaner I Beratender
Ingenieur PartGmbB
Hauptstraße 37
97246 Eibelstadt

Bauherr*in:
Bauherrengemeinschaft Stadt
Uffenheim/
Sportschützenverein
Welbhausen 1952 e.V.
Marktplatz 16
97215 Uffenheim

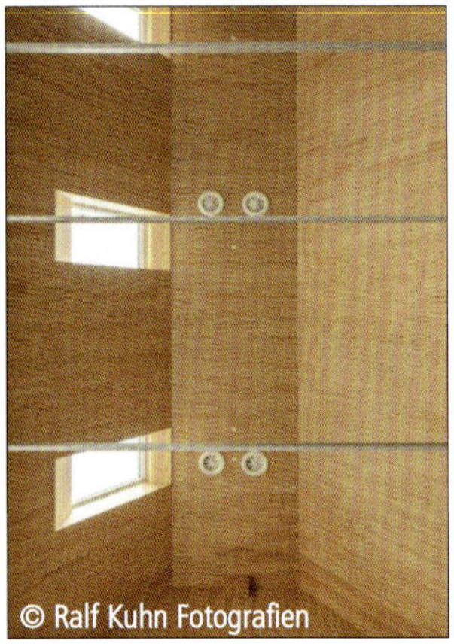

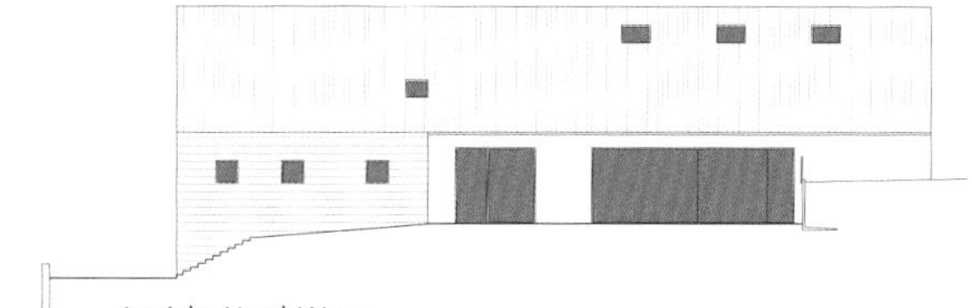

Ansicht Nord-West

Ansicht Nord-Ost

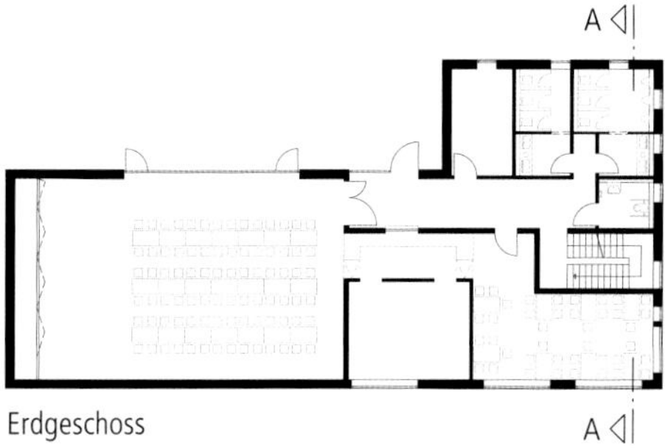

Erdgeschoss

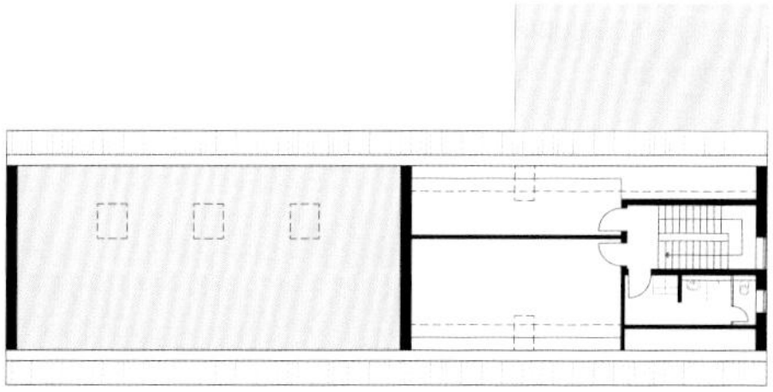

Dachgeschoss

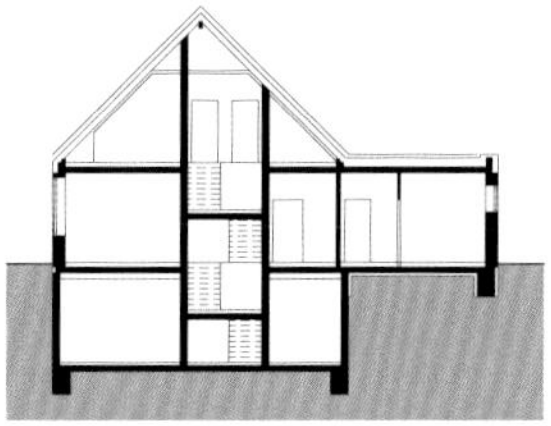

Schnitt A-A

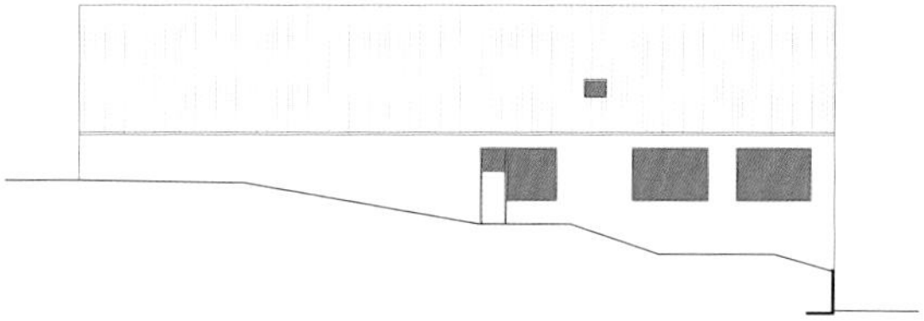

Ansicht Süd-Ost

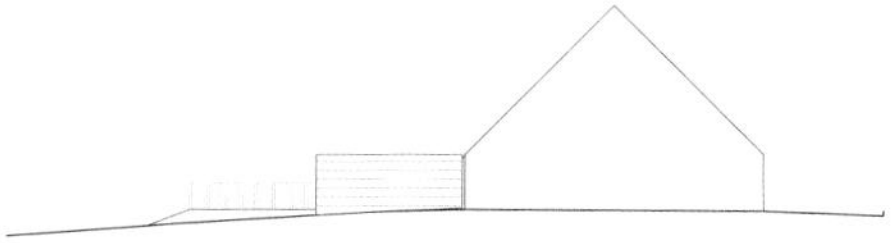

Ansicht Süd-West

Objektbeschreibung

Allgemeine Objektinformationen

Der Neubau anstelle eines ehemaligen Gasthauses, das abgerissen werden musste, umfasst einen Saal für die Dorfgemeinschaft mit 120 Sitzplätzen und einen Nebenraum für den ortsansässigen Schützenverein. Das im Erdgeschoss barrierefrei errichtete Gebäude ist teilunterkellert. Die Dachbodenräume sind in Hybridbauweise errichtet und dem Personal vorbehalten oder werden als Abstellräume genutzt. Das Gebäude mit ortstypischem, steilem Satteldach fasst mittels eines Anbaus einen neuen Platz, der als Dorfplatz und Treffpunkt dient. Durch das Öffnen der Fassade zum neuen Platz hin wird die Nutzung von Außen- und Innenflächen bei Dorffesten möglich.

Nutzung

1 Untergeschoss
Lager, Technik, Treppenhaus

1 Erdgeschoss
Saal, Küche, Thekenbereich, Vereinszimmer, Stuhllager, WCs, Treppenhaus

1 Dachgeschoss
Dachboden, Personalumkleide, WC, Abstellraum, Luftraum Saal, Treppenhaus

Nutzeinheiten

Sitzplätze: 120

Grundstück

Bauraum: Freier Bauraum
Neigung: Geneigtes Gelände
Bodenklasse: BK 3 bis BK 5

Markt

Hauptvergabezeit: 1.Quartal 2020
Baubeginn: 1.Quartal 2021
Bauende: 2.Quartal 2023
Konjunkturelle Gesamtlage: über Durchschnitt
Regionaler Baumarkt: unter Durchschnitt

Baukonstruktion

Der Keller und die Gründung wurden in Stahlbeton ausgeführt. Die Wände sind in Ziegelmauerwerk errichtet. Das Dach als zimmermannsmäßiger Dachstuhl ist mit Ziegeln gedeckt. Die Fassaden sind verputzt, die Holz-Alufenster mit einer Dreifachverglasung ausgestattet. Im Saal ist der Dachstuhl mit einer Holzakustikdecke bekleidet. Die Böden sind mit einem Vinylboden und Bodenfliesen belegt. Das Flachdach des WC-Anbaus ist begrünt, die Fassade des Anbaus mit einer horizontalen, unbehandelten Lärchenverschalung bekleidet.

Technische Anlagen

Beheizt wird das Gebäude mit einer Luft-Wasser-Wärmepumpe und Fußbodenheizung. Eine zentrale, kontrollierte Be- und Entlüftungsanlage ist im Bereich des Saals eingebaut. Die Nebenräume und die Küche werden dezentral belüftet.

Energetische Kennwerte

Gesetzliche Grundlage: EnEV 2013
Gebäudenutzfläche: 544,40 m^2
Gebäudevolumen: 2.434,00 m^3
Hüllfläche des beheizten Volumens: 1.368,00 m^2
Mittlerer U-Wert (opake Bauteile): 0,17 $W/(m^2 \cdot K)$
Mittlerer U-Wert (transparente Bauteile): 0,97 $W/(m^2 \cdot K)$
Spez. Jahresprimärenergiebedarf: 110,93 $kWh/(m^2 \cdot a)$
CO_2-Emissionen: 19,80 $kg/(m^2 \cdot a)$

Planungskennwerte für Flächen und Rauminhalte nach DIN 277

Flächen des Grundstücks		Menge Einheit	% an GF
BF	Bebaute Fläche	299,00 m²	32,7
UF	Unbebaute Fläche	616,00 m²	67,3
GF	Grundstücksfläche	915,00 m²	100,0

Grundflächen des Bauwerks		Menge Einheit	% an NUF	% an BGF
NUF	Nutzungsfläche	375,25 m²	100,0	61,4
TF	Technikfläche	15,62 m²	4,2	2,6
VF	Verkehrsfläche	61,68 m²	16,4	10,1
NRF	Netto-Raumfläche	452,55 m²	120,6	74,1
KGF	Konstruktions-Grundfläche	158,20 m²	42,2	25,9
BGF	Brutto-Grundfläche	610,75 m²	162,8	100,0

Brutto-Rauminhalt des Bauwerks		Menge Einheit	BRI/NUF (m)	BRI/BGF (m)
BRI	Brutto-Rauminhalt	2.502,87 m³	6,67	4,10

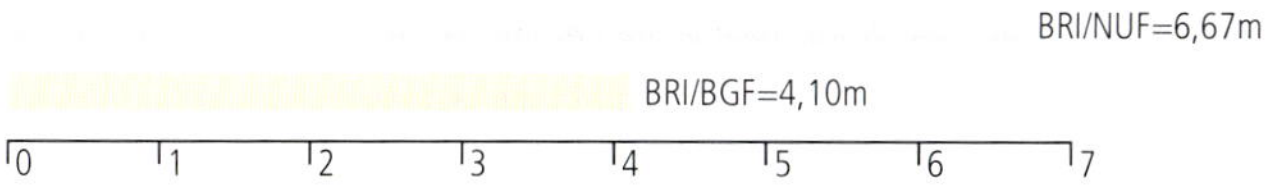

6500-0062
Multifunktionsgebäude
Mensa (199 Sitzplätze)

Kostenkennwerte für die Kosten des Bauwerks (Kostengruppen 300+400 nach DIN 276)

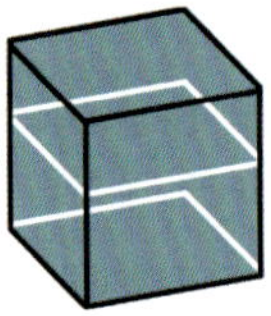

BRI 863 €/m³

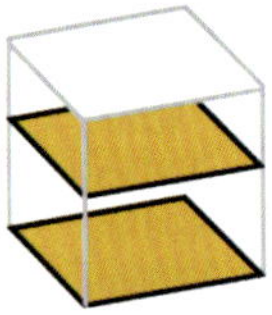

BGF 2.909 €/m²

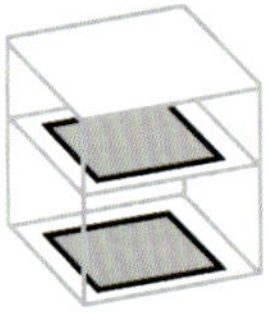

NUF 5.611 €/m²

Objekt:
Kennwerte: 1.Ebene DIN 276
BRI: 6.617 m³
BGF: 1.963 m²
NUF: 1.018 m²
Bauzeit: 96 Wochen
Bauende: 2023
Standard: mittel
Bundesland: Niedersachsen
Kreis: Lüneburg

Architekt*in:
Paskopulos Architekten
Walter-Bötcher-Straße 13
21337 Lüneburg

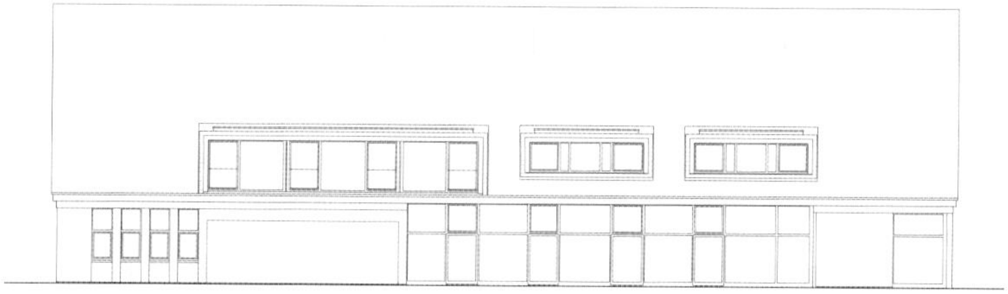

Ansicht West

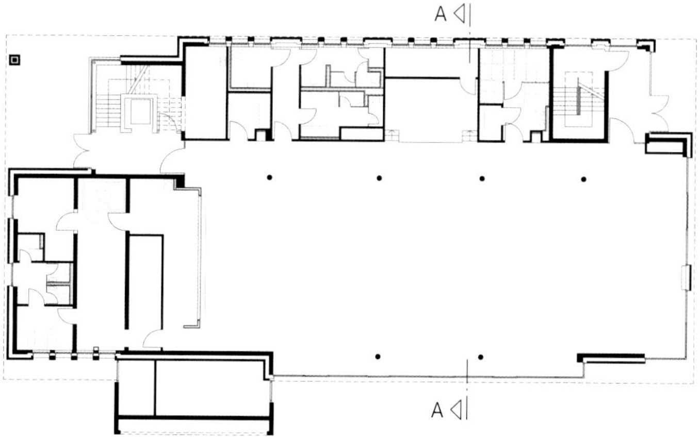

Erdgeschoss

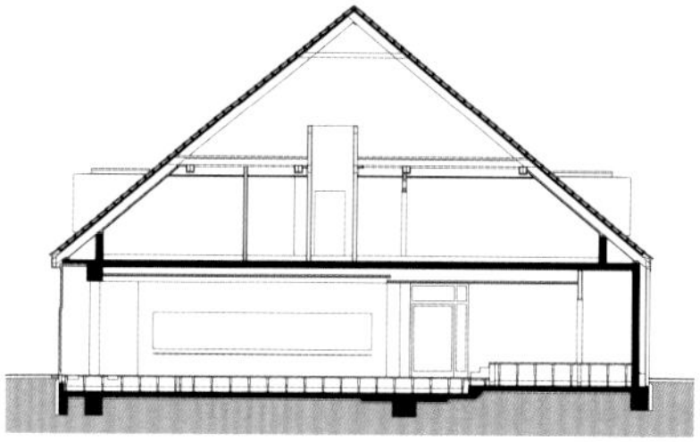

Schnitt A-A

Ansicht Süd

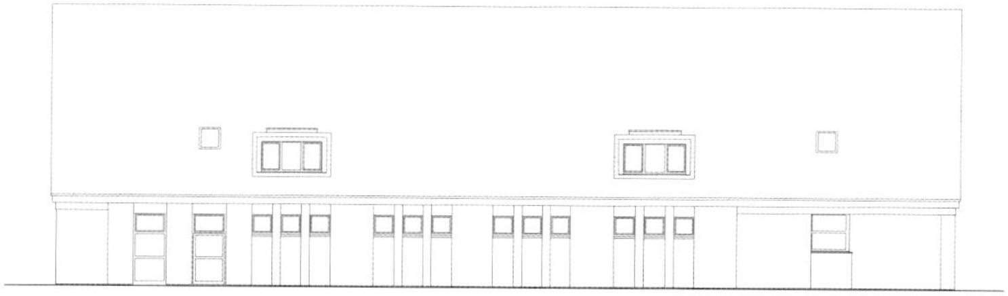

Ansicht Ost

Objektbeschreibung

Allgemeine Objektinformationen

In der Nähe zu den bauherreneigenen Werkstatt- und Wohneinrichtungen ist der zweigeschossige Neubau des Betriebsrestaurant- und Verwaltungsgebäudes entstanden. Im Erdgeschoss sind neben dem Speisesaal auch Lagerräume, Haustechnik sowie der Küchentrakt untergebracht. Im Obergeschoss befinden sich die Büros und Konferenzräume der Geschäftsstelle. Es wurde als Staffelgeschoss ausgeführt. Mit dem Neubau hat der Bauherr die Arbeitsbedingungen der behinderten Mitarbeiter und Fachkräfte nachhaltig verbessert und die Gegebenheiten für die Umsetzung einer inklusiven Gesellschaft geschaffen.

Nutzung

1 Erdgeschoss
Eingang, Foyer, Treppenhaus, Flur, WC-Anlagen, Speisesaal, Ausgabebereich, Großküche, Kühlräume, Technik, Spülküche, Schleuse, Abstellräume, Personalumkleide,-Sanitärräume, Aufenthaltsraum, WCs

1 Obergeschoss
Galerie, Treppenhaus, Flur, Büroräume, Besprechungsraum, WCs, Teeküche, Dachterrassen

Nutzeinheiten

Arbeitsplätze: 20
Sitzplätze: 140

Grundstück

Bauraum: Freier Bauraum
Neigung: Geneigtes Gelände
Bodenklasse: BK 3 bis BK 5

Markt

Hauptvergabezeit: 4.Quartal 2019
Baubeginn: 4.Quartal 2019
Bauende: 4.Quartal 2021
Konjunkturelle Gesamtlage: Durchschnitt
Regionaler Baumarkt: Durchschnitt

Baukonstruktion

Alle tragenden Außen- und Innenwände bestehen aus KS-Mauerwerk. Im Erdgeschoss sind diese mit einer Kerndämmung und Verblendmauerwerk versehen. Die Fassade des Obergeschosses ist durch ein mineralisches WDVS bekleidet und durch Besenstrichputz gegliedert. Der Haupteingangsbereich hat eine geschossübergreifende Alu-Pfosten-Riegelfassade erhalten. Im Küchenbereich wurden Kunststofffenster ausgeführt. Die Büros im OG erhielten Holzfenster. Für den außenliegenden Sonnenschutz sind Raffstoreanlagen installiert. Die Geschossdecke und das Flachdach sind als Stahlbetondecken ausgeführt. Das Dach über EG ist extensiv begrünt, ein Teil wird als Dachterrasse genutzt. Über dem OG ist Rollkies aufgebracht. Die Böden sind mit Fliesen und Textilbelägen belegt.

Technische Anlagen

Für die Gebäudebeheizung und Warmwasserbereitung ist eine bivalente Anlage mit Gas-Brennwertgerät (80kW) und Luftwärmepumpe (14kW) installiert. Die Wärmeverteilung erfolgt im EG über eine Fußbodenheizung im OG über eine Heiz-Klimadecke. Zur Sicherstellung des notwendigen Luftwechsels wurde eine kontrollierte Zu- und Abluftanlage mit Wärmerückgewinnung eingebaut. Die Großküche und der Gastraum werden durch separate RLT-Geräte versorgt. Es ist eine Einbruchmeldeanlage mit differenzierten Schließkreisen installiert. Die Komponenten der Haus- und Gebäudesystematik sind über ein KNX-System vernetzt. Die barrierefreie Erschließung wird durch einen Personenaufzug ermöglicht.

Energetische Kennwerte

Gesetzliche Grundlage: EnEV 2013
Gebäudenutzfläche: 1.156,45 m^2
Gebäudevolumen: 5.308,00 m^3
A/V_e-Verhältnis (Kompaktheit): 0,55 m^{-1}
Hüllfläche des beheizten Volumens: 2.934,55 m^2
Spez. Transmissionswärmeverlust: 0,32 $W/(m^2 \cdot K)$
Mittlerer U-Wert (opake Bauteile): 0,16 $W/(m^2 \cdot K)$
Mittlerer U-Wert (transparente Bauteile): 0,83 $W/(m^2 \cdot K)$
Jahresprimärenergie: 310.920,10 kWh/a
Spez. Jahresprimärenergiebedarf: 268,86 $kWh/(m^2 \cdot a)$
Jahresendenergiebedarf: 263.592,30 kWh/a
Spez. Jahresendenergiebedarf: 227,93 $kWh/(m^2 \cdot a)$
CO_2-Emissionen: 76,28 $kg/(m^2 \cdot a)$

Planungskennwerte für Flächen und Rauminhalte nach DIN 277

Flächen des Grundstücks		Menge Einheit	% an GF
BF	Bebaute Fläche	985,60 m²	37,3
UF	Unbebaute Fläche	1.653,40 m²	62,7
GF	Grundstücksfläche	2.639,00 m²	100,0

Grundflächen des Bauwerks		Menge Einheit	% an NUF	% an BGF
NUF	Nutzungsfläche	1.055,18 m²	100,0	70,4
TF	Technikfläche	60,55 m²	5,7	4,0
VF	Verkehrsfläche	175,60 m²	16,6	11,7
NRF	Netto-Raumfläche	1.291,33 m²	122,4	86,2
KGF	Konstruktions-Grundfläche	206,81 m²	19,6	13,8
BGF	Brutto-Grundfläche	1.498,14 m²	142,0	100,0

Brutto-Rauminhalt des Bauwerks		Menge Einheit	BRI/NUF (m)	BRI/BGF (m)
BRI	Brutto-Rauminhalt	6.806,14 m³	6,45	4,54

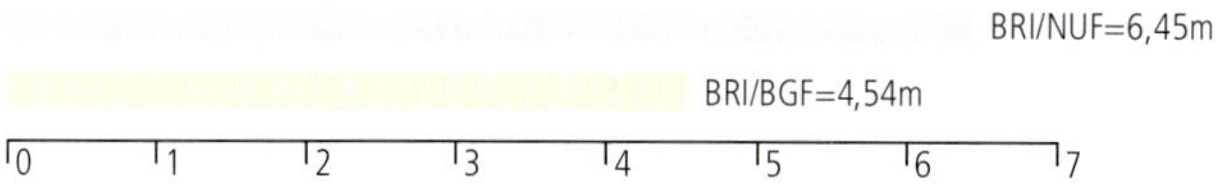

Kostenkennwerte für die Kostengruppen der 1. Ebene DIN 276

KG	Kostengruppen (1. Ebene)	Einheit	Kosten €	€/Einheit	€/m² BGF	€/m³ BRI	% 300+400
100	Grundstück	m² GF	–	–	–	–	–
200	Vorbereitende Maßnahmen	m² GF	57.867	21,93	38,63	8,50	0,9
300	Bauwerk – Baukonstruktionen	m² BGF	4.324.454	2.886,55	2.886,55	635,38	69,5
400	Bauwerk – Technische Anlagen	m² BGF	1.895.218	1.265,05	1.265,05	278,46	30,5
	Bauwerk 300+400	**m² BGF**	**6.219.672**	**4.151,60**	**4.151,60**	**913,83**	**100,0**
500	Außenanlagen und Freiflächen	m² AF	468.760	357,20	312,89	68,87	7,5
600	Ausstattung und Kunstwerke	m² BGF	–	–	–	–	–
700	Baunebenkosten	m² BGF	–	–	–	–	–
800	Finanzierung	m² BGF	–	–	–	–	–

KG	Kostengruppe	Menge Einheit	Kosten €	€/Einheit	%
200	**Vorbereitende Maßnahmen**	2.639,00 m² GF	57.867	**21,93**	0,9

Abbruch von Betonhindernissen, Frostschutzschichten, Recyclingmaterial, Pflasterflächen, Bordsteinen, Abräumen des Geländes von Pflanzenresten, Wurzelstöcke roden; Entsorgung, Deponiegebühren; Anschlüsse Versorgungsmedien, Anschlussgebühren

KG	Kostengruppe	Menge Einheit	Kosten €	€/Einheit	%
3+4	**Bauwerk**				**100,0**
300	**Bauwerk – Baukonstruktionen**	1.498,14 m² BGF	4.324.454	**2.886,55**	69,5

Baugrubenaushub, Stb-Streifenfundamente, Stb.-Bodenplatte, Abdichtung, Dämmung, Heizestrich, Steinzeugfliesen, Sauberkeitsschicht; KS-Mauerwerk, Holz-Aluminiumfenster, Kunststofffenster, Holzfenster, WDVS, Dämmung, Verblendmauerwerk, Kalkzementputz, Beschichtung, Wandfliesen, Alu-Pfosten-Riegelfassade, Raffstores; KS-Innenwände, GK-Wände, Holz-Innentüren, Stahlzargen, Kalkzementputz, Beschichtung, Wandfliesen, Horizontalschiebewand; Stb-Decke, Stb-Treppen, Heizestrich, Steinzeugfliesen, textiler Bodenbelag; Stb-Flachdach, RWA-Anlagen, Gefälledämmung, Abdichtung, extensive Dachbegrünung, Dachentwässerung, Kiesschutzschicht, Terrassenplatten, abgehängte Akustikdecken, abgehängte GK-Decken; Einbaumöbel

KG	Kostengruppe	Menge Einheit	Kosten €	€/Einheit	%
400	**Bauwerk – Technische Anlagen**	1.498,14 m² BGF	1.895.218	**1.265,05**	30,5

Gebäudeentwässerung, Fettabscheider, Kalt- und Warmwasserleitungen, Sanitärobjekte; bivalente Heizungsanlage mit Luft-Wärmepumpe, Gasbrennwerttherme, Fußbodenheizung, Heiz-Klimadecken; zentrale Be- und Entlüftungsanlage mit Wärmerückgewinnung; Elektroinstallation, Beleuchtung, Blitzschutz; Kommunikationsanlage, Telefonanlage, Einbruchmeldeanlage, Rauchmelder, Hausalarmierung; Personenaufzug; küchentechnische Einrichtungen (Großküche); Gebäudeautomation, KNX-Steuerung

KG	Kostengruppe	Menge Einheit	Kosten €	€/Einheit	%
500	**Außenanlagen und Freiflächen**	1.312,32 m² AF	468.760	**357,20**	7,5

Grasnarben lösen, Pflasterflächen auskoffern; Frostschutz-/Tragschichten, Betonplatten, Betonpflaster, Betonterrassenplatten, Traufstreifen; Beton-Winkelstützelemente; Oberflächenentwässerung, Außenbeleuchtung; Planum, Oberbodenarbeiten, Rasenflächen

6600-0040
Hotel- und
Tagungsgebäude
(30 Betten)

Kostenkennwerte für die Kosten des Bauwerks (Kostengruppen 300+400 nach DIN 276)

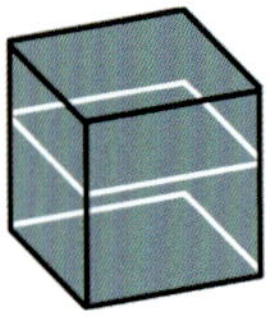

BRI 1.000 €/m^3

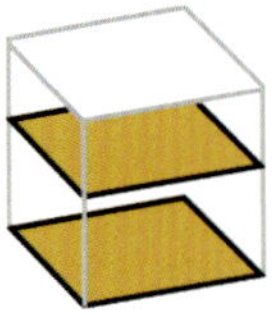

BGF 3.401 €/m^2

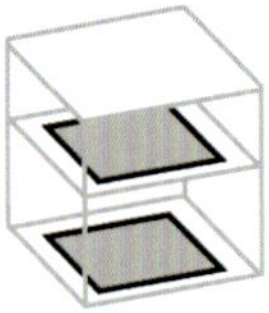

NUF 5.029 €/m^2

Objekt:
Kennwerte: 1.Ebene DIN 276
BRI: 4.733 m^3
BGF: 1.391 m^2
NUF: 941 m^2
Bauzeit: 74 Wochen
Bauende: 2023
Standard: mittel
Bundesland: Nordrhein-Westfalen
Kreis: Hamm, Stadt

Architekt*in:
Architekturbüro Filbert GmbH
Ostenallee 91
59071 Hamm

Ansicht Nord-West

Ansicht Nord-Ost

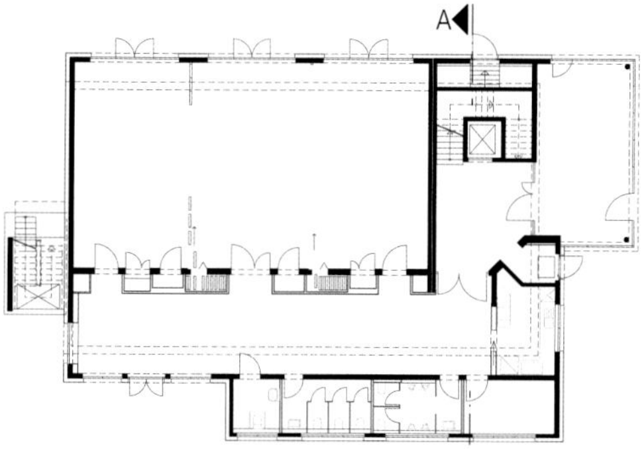

Erdgeschoss

A

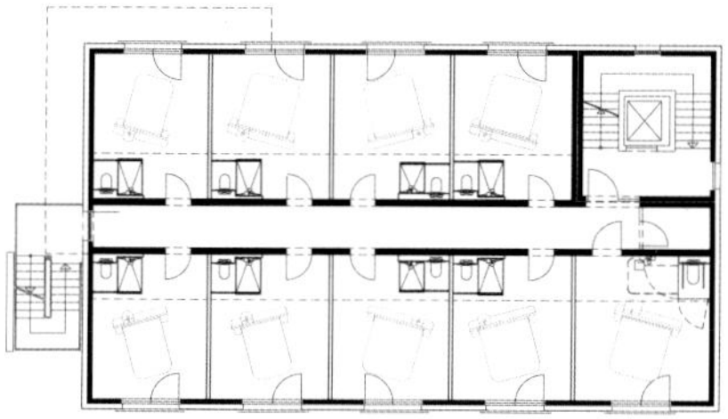

1. / 2. Obergeschoss

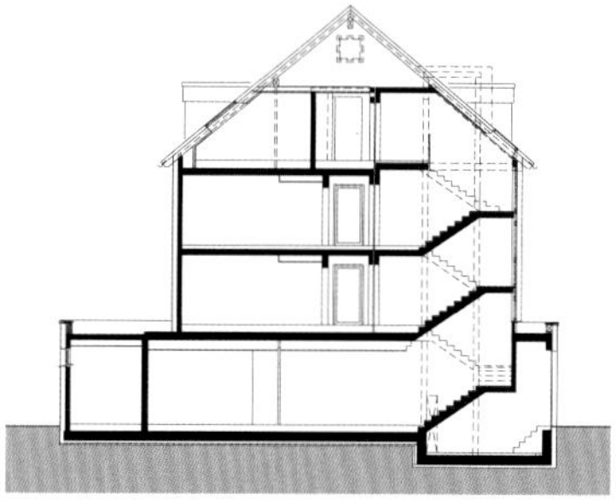

Schnitt A-A

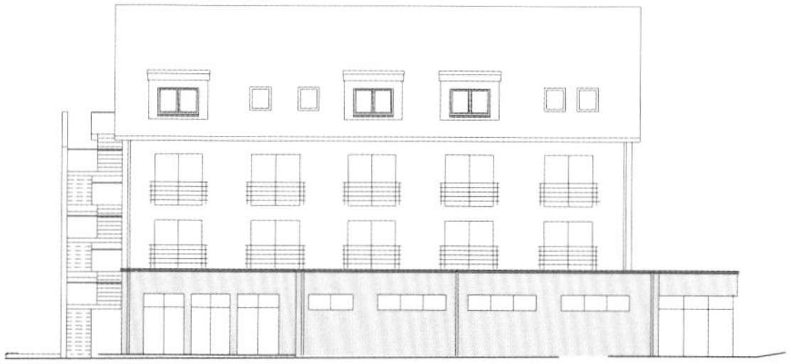

Ansicht Süd-Ost

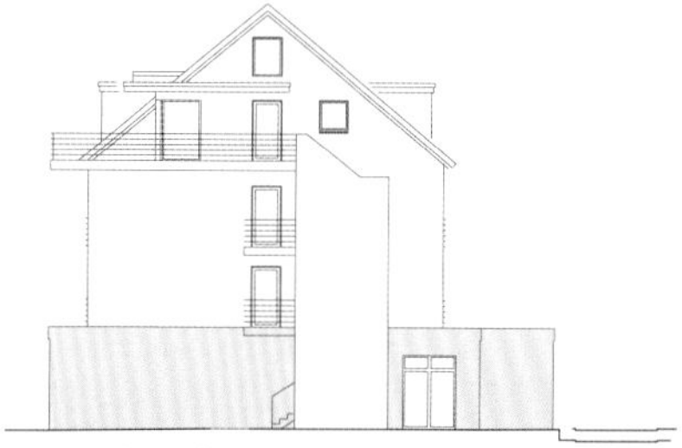

Ansicht Süd-West

Objektbeschreibung

Allgemeine Objektinformationen

Das freistehende Hotel- und Tagungsgebäude umfasst variable Tagungsräume im Erdgeschoss, die durch verschiebbare Trennwände flexibel gestaltet werden können und Platz für bis zu 110 Personen bieten. Im 1. und 2.Obergeschoss befinden sich 18 Hotelzimmer, darunter zwei barrierefreie Zimmer für Rollstuhlfahrer. Das Dachgeschoss beherbergt eine Wohnung. Das Gebäude ist nicht unterkellert, verfügt jedoch über einen tiefergelegten Technikraum mit separatem Außenzugang.

Nutzung

1 Erdgeschoss
Tagungsräume, Foyer, Teeküche, WC Anlagen, tiefergelegter Technikraum mit separatem Zugang

2 Obergeschosse
je neun Hotelzimmer pro Obergeschoss

1 Dachgeschoss
Wohnen

Nutzeinheiten

Betten: 30
Sitzplätze: 110
Wohnfläche: 220 m²

Grundstück

Bauraum: Freier Bauraum
Neigung: Geneigtes Gelände
Bodenklasse: BK 3 bis BK 5

Markt

Hauptvergabezeit: 3.Quartal 2021
Baubeginn: 4.Quartal 2021
Bauende: 1.Quartal 2023
Konjunkturelle Gesamtlage: über Durchschnitt
Regionaler Baumarkt: Durchschnitt

Baukonstruktion

Das Gebäude wurde in Massivbauweise errichtet und auf einer Stahlbetonplatte gegründet. Die Außenwände aus Kalksandstein-Mauerwerk sind mit einem Wärmedämmverbundsystem bekleidet, die Decken sind aus Stahlbeton. Die Kunststoff- und Aluminiumfenster mit Dreifachverglasung strukturieren die Fassade. Sämtliche nicht tragenden Innenwände wurden als Trockenbauwände ausgeführt. Das Satteldach wurde mit Betondachstein gedeckt, das Flachdach mit extensiver Dachbegrünung versehen und die Gauben mit Zinkblech gedeckt. Die auskragende Terrasse im Dachgeschoss ist mit Feinsteinzeugplatten belegt. Eine außenliegende Stahl-Fluchttreppe sichert zusätzliche Fluchtwege.

Technische Anlagen

Die Beheizung des Gebäudes erfolgt über eine Fußbodenheizung, die durch eine Luft-Wärmepumpe gespeist wird. Ein Gas-Brennwertgerät übernimmt die temporäre Spitzenlastabdeckung. Ein Schachtpumpwerk ist integriert. Die Hotelzimmer sind teilklimatisiert, während die Tagungsräume über eine Lüftungsanlage und modernste Vortragstechnik verfügen. Die barrierefreie Erschließung erfolgt über einen Personenaufzug.

Sonstiges

Der Gebäudezugang ist barrierefrei ausgeführt. Zwei Hotelzimmer sind rollstuhlgerecht gestaltet.

Energetische Kennwerte

Gesetzliche Grundlage: GEG 2020
Gebäudenutzfläche: 930,80 m²
Spez. Jahresprimärenergiebedarf: 102,50 kWh/(m²·a)
CO_2-Emissionen: 31,90 kg/(m²·a)

Planungskennwerte für Flächen und Rauminhalte nach DIN 277

Flächen des Grundstücks		Menge Einheit	% an GF
BF	Bebaute Fläche	452,42 m²	5,9
UF	Unbebaute Fläche	7.194,58 m²	94,1
GF	Grundstücksfläche	7.647,00 m²	100,0

Grundflächen des Bauwerks		Menge Einheit	% an NUF	% an BGF
NUF	Nutzungsfläche	940,94 m²	100,0	67,6
TF	Technikfläche	18,85 m²	2,0	1,4
VF	Verkehrsfläche	203,01 m²	21,6	14,6
NRF	Netto-Raumfläche	1.162,80 m²	123,6	83,6
KGF	Konstruktions-Grundfläche	228,54 m²	24,3	16,4
BGF	Brutto-Grundfläche	1.391,34 m²	147,9	100,0

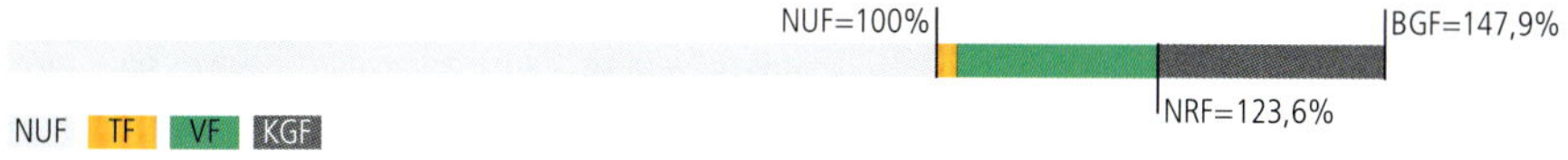

Brutto-Rauminhalt des Bauwerks		Menge Einheit	BRI/NUF (m)	BRI/BGF (m)
BRI	Brutto-Rauminhalt	4.732,89 m³	5,03	3,40

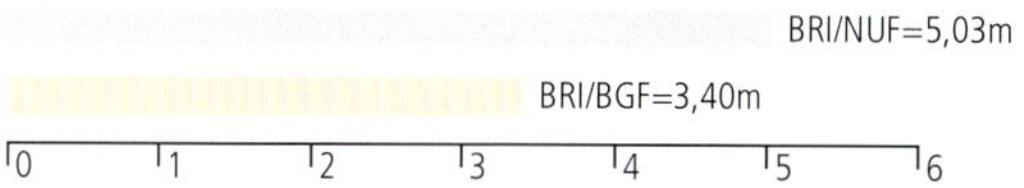

6600-0040
Hotel- und
Tagungsgebäude
(30 Betten)

Kostenkennwerte für die Kostengruppen der 1. Ebene DIN 276

KG	Kostengruppen (1. Ebene)	Einheit	Kosten €	€/Einheit	€/m² BGF	€/m³ BRI	% 300+400
100	Grundstück	m² GF	–	–	–	–	–
200	Vorbereitende Maßnahmen	m² GF	–	–	–	–	–
300	Bauwerk – Baukonstruktionen	m² BGF	3.230.666	2.321,98	2.321,98	682,60	68,3
400	Bauwerk – Technische Anlagen	m² BGF	1.501.701	1.079,32	1.079,32	317,29	31,7
	Bauwerk 300+400	**m² BGF**	**4.732.367**	**3.401,30**	**3.401,30**	**999,89**	**100,0**
500	Außenanlagen und Freiflächen	m² AF	–	–	–	–	–
600	Ausstattung und Kunstwerke	m² BGF	–	–	–	–	–
700	Baunebenkosten	m² BGF	–	–	–	–	–
800	Finanzierung	m² BGF	–	–	–	–	–

KG	Kostengruppe	Menge Einheit	Kosten €	€/Einheit	%
3+4	**Bauwerk**				**100,0**
300	**Bauwerk – Baukonstruktionen**	1.391,34 m² BGF	3.230.666	**2.321,98**	68,3

Baugrubenaushub; Stb-Bodenplatte, Heizestrich, Natursteinbelag, Teppichboden, Dämmung, Abdichtung, Sauberkeitsschicht; WU-Beton (Technikkeller), KS-Mauerwerk, Kunststoff-Alufenster mit Dreifachverglasung, Putz, WDVS, Raffstores; Innenmauerwerk, Trockenbauwände, Innentüren, Beschichtung, Innenputz, verschiebbare Trennwände; Stb-Decken, Stb-Treppe, Stahlaußentreppe, Heizestrich, Abdichtung, Bodenfliesen, Teppichboden, Handlauf, Stahlgeländer; Holz-Satteldach, Stb-Flachdach, Gauben mit Zinkblechdeckung, Dämmung, Betondachsteine, Abdichtung, extensive Dachbegrünung, Dachentwässerung; Schließanlage

KG	Kostengruppe	Menge Einheit	Kosten €	€/Einheit	%
400	**Bauwerk – Technische Anlagen**	1.391,34 m² BGF	1.501.701	**1.079,32**	31,7

Gebäudeentwässerung, Kalt- und Warmwasserleitungen, Sanitärobjekte; Gas-Brennwertgerät; Luft-Wärmepumpe, Fußbodenheizung; Lüftung, Klimageräte; Elektroinstallation, Beleuchtung, Blitzschutz; modernste Vortragstechnik, Schließ- und Zugangstechnik; Personenaufzug

Gewerbegebäude

7

- 7100 Industrielle Produktionsstätten und Labors
- 7200 Geschäftshäuser, Läden
- 7300 Betriebs- und Werkstätten
- 7400 Landwirtschaftliche Betriebsgebäude

7500 Bank- und Postfilialen, gewerbliche Rechenzentren

- 7600 Gebäude öffentlicher Bereitschaftsdienste
- 7700 Lager- und Versandgebäude
- 7800 Hoch- und Tiefgaragen, gewerbl. Fahrzeughallen

7100-0074
Produktionshalle
(22 AP)

Kostenkennwerte für die Kosten des Bauwerks (Kostengruppen 300+400 nach DIN 276)

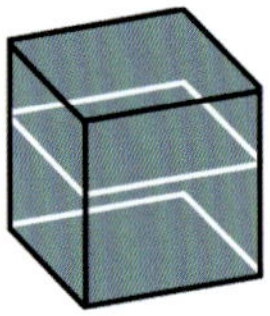

BRI 759 €/m3

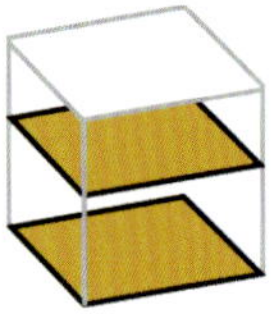

BGF 3.590 €/m2

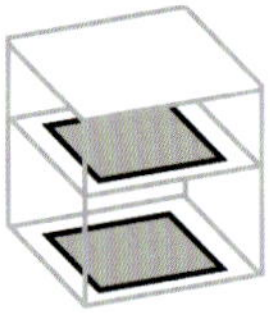

NUF 4.407 €/m2

Objekt:
Kennwerte: 1.Ebene DIN 276
BRI: 8.141 m3
BGF: 1.720 m2
NUF: 1.402 m2
Bauzeit: 126 Wochen
Bauende: 2022
Standard: hoch
Bundesland: Niedersachsen
Kreis: Hildesheim

Architekt*in:
K + H Architekten
PartG mbB
Daimlerring 12
31135 Hildesheim

© Florian Holzherr

© Florian Holzherr

© K + H Architekten

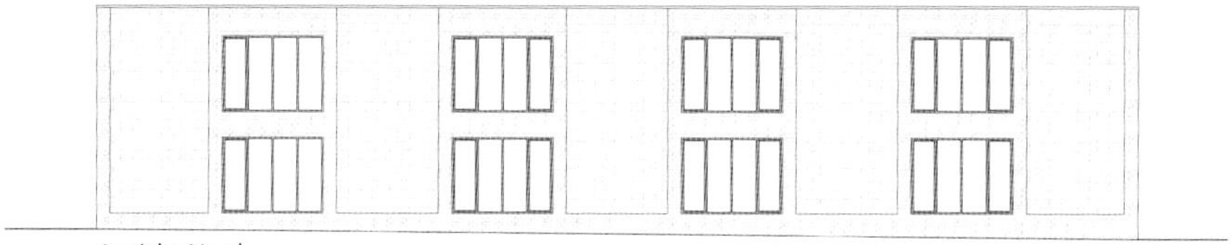

Ansicht Nord

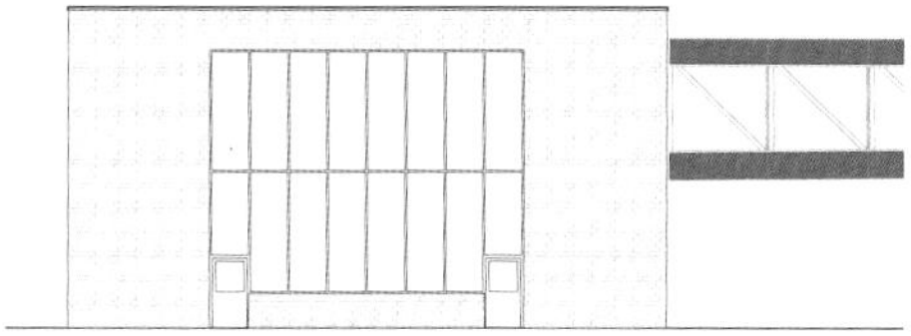

Ansicht West

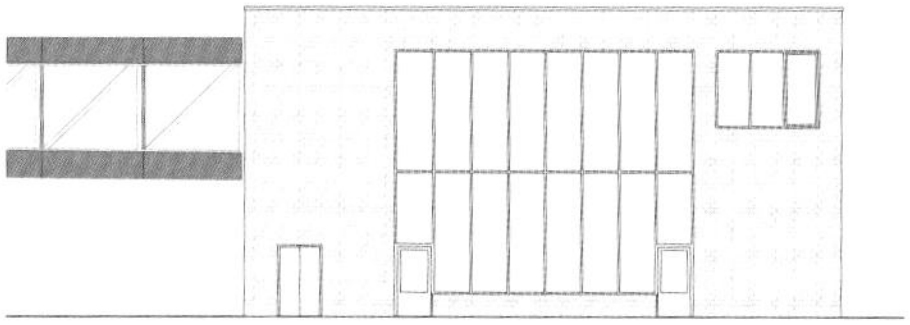

Ansicht Ost

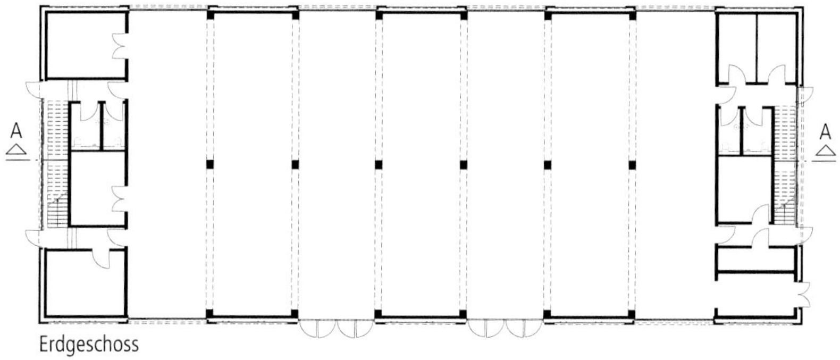

Erdgeschoss

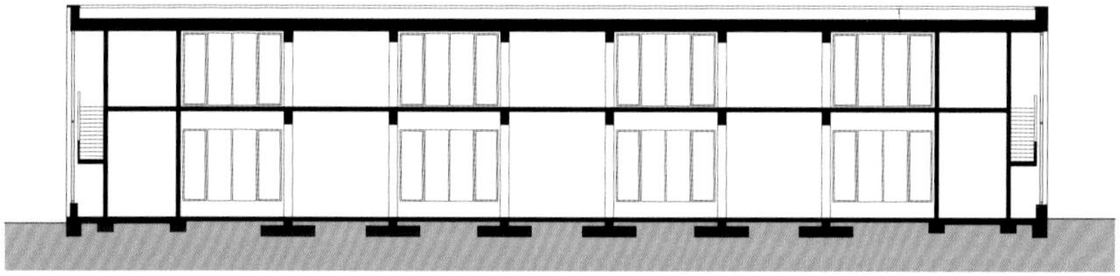

Schnitt A-A

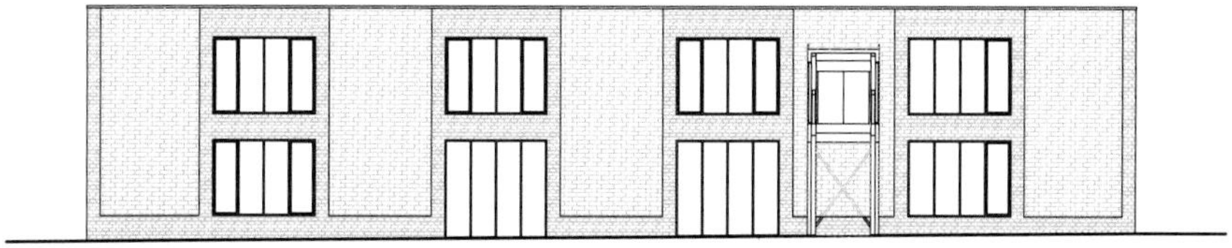

Ansicht Süd

Objektbeschreibung

Allgemeine Objektinformationen

Die zweigeschossige Erweiterung der Produktionshalle für Urnen ergänzt die bestehenden Industriegebäude selbstbewusst durch ihre Kubatur, Farbigkeit und Materialität. Der Grundriss ist klar gegliedert. Zwischen den Raumschienen an den Giebelseiten mit den Treppenhäusern, einem Aufzug und den Sanitärräumen entstand eine beinahe stützenfreie Halle.

Nutzung

1 Erdgeschoss
Produktionshalle Urnenproduktion, Lagerräume, WCs, Umkleiden, Haustechnikräume, Treppen

1 Obergeschoss
Produktionshalle Urnenveredelung, Lagerräume, Pausenraum mit Teeküche, WCs, Technikräume

Nutzeinheiten

Arbeitsplätze: 22

Grundstück

Bauraum: Freier Bauraum
Neigung: Ebenes Gelände
Bodenklasse: BK 3 bis BK 5

Markt

Hauptvergabezeit: 1. Quartal 2020
Baubeginn: 3. Quartal 2020
Bauende: 4. Quartal 2022
Konjunkturelle Gesamtlage: Durchschnitt
Regionaler Baumarkt: Durchschnitt

Baukonstruktion

Der Industriebau wurde in Stahlbeton-Skelettbauweise ausgeführt. Er gründet auf einer Stahlbeton-Bodenplatte auf Streifenfundamenten. Die Fassade orientiert sich an den massiven Stahlbeton-Rippen und gliedert sich in Bereiche aus Ziegelmauerwerk und Ziegelschindeln. Darüber hinaus wird die Halle durch bodentiefe, öffenbare Aluverglasungen ausreichend natürlich belichtet.

Technische Anlagen

Das Gebäude wird bauseitig mit Nahwärme aus den bestehenden Produktionshallen beheizt. Die Wärmeverteilung erfolgt zum Großteil über Deckenstrahlplatten. Lediglich die WCs, Umkleiden, Treppenhäuser und der Pausenraum funktionieren über herkömmliche Heizkörper.

Sonstiges

Der Verbindungsgang zum Bestand wurde als separater Bauabschnitt realisiert und ist daher nicht in dieser Dokumentation enthalten.

Energetische Kennwerte

Gesetzliche Grundlage: EnEV 2013
Gebäudenutzfläche: 1.523,90 m^2
Gebäudevolumen: 6.095,40 m^3
Hüllfläche des beheizten Volumens: 2.475,00 m^2
Spez. Transmissionswärmeverlust: 0,50 $W/(m^2 \cdot K)$
Mittlerer U-Wert (opake Bauteile): 0,21 $W/(m^2 \cdot K)$
Mittlerer U-Wert (transparente Bauteile): 1,30 $W/(m^2 \cdot K)$
Mittlerer U-Wert (Glasdächer, etc.): 2,50 $W/(m^2 \cdot K)$
Spez. Jahresprimärenergiebedarf: 53,78 $kWh/(m^2 \cdot a)$

Planungskennwerte für Flächen und Rauminhalte nach DIN 277

Flächen des Grundstücks		Menge Einheit	% an GF
BF	Bebaute Fläche	860,20 m²	41,1
UF	Unbebaute Fläche	1.234,20 m²	58,9
GF	Grundstücksfläche	2.094,40 m²	100,0

Grundflächen des Bauwerks		Menge Einheit	% an NUF	% an BGF
NUF	Nutzungsfläche	1.401,63 m²	100,0	81,5
TF	Technikfläche	61,37 m²	4,4	3,6
VF	Verkehrsfläche	59,48 m²	4,2	3,5
NRF	Netto-Raumfläche	1.522,48 m²	108,6	88,5
KGF	Konstruktions-Grundfläche	197,92 m²	14,1	11,5
BGF	Brutto-Grundfläche	1.720,40 m²	122,7	100,0

Brutto-Rauminhalt des Bauwerks		Menge Einheit	BRI/NUF (m)	BRI/BGF (m)
BRI	Brutto-Rauminhalt	8.141,20 m³	5,81	4,73

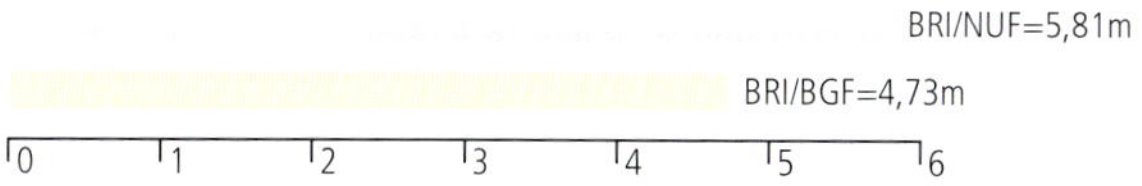

7200-0105
Gründerzentrum
(17 AP)
Gastronomie
(46 Sitzplätze)

Kostenkennwerte für die Kosten des Bauwerks (Kostengruppen 300+400 nach DIN 276)

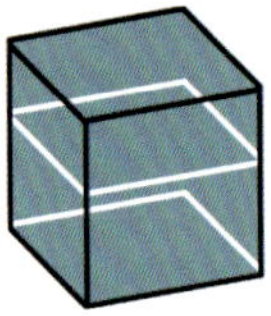
BRI 19 €/m^3

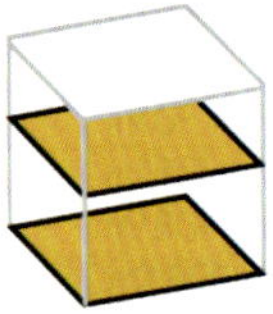
BGF 73 €/m^2

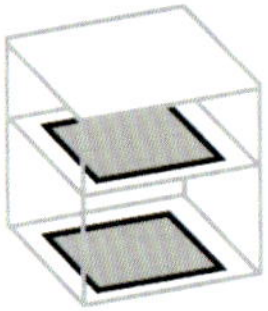
NUF 113 €/m^2

Objekt:
Kennwerte: 3.Ebene DIN 276
BRI: 11.863 m^3
BGF: 3.112 m^2
NUF: 2.016 m^2
Bauzeit: 43 Wochen
Bauende: 2023
Standard: hoch
Bundesland: Bayern
Kreis: Bamberg, Stadt

Innenarchitekt*in:
Göhring Innenarchitektur GmbH
Adolf-Kolping-Straße 19A
96215 Lichtenfels

Bauherr*in:
IGZ Bamberg GmbH
Kronacher Straße 41
96052 Bamberg

© Gerhard Hagen

Erdgeschoss

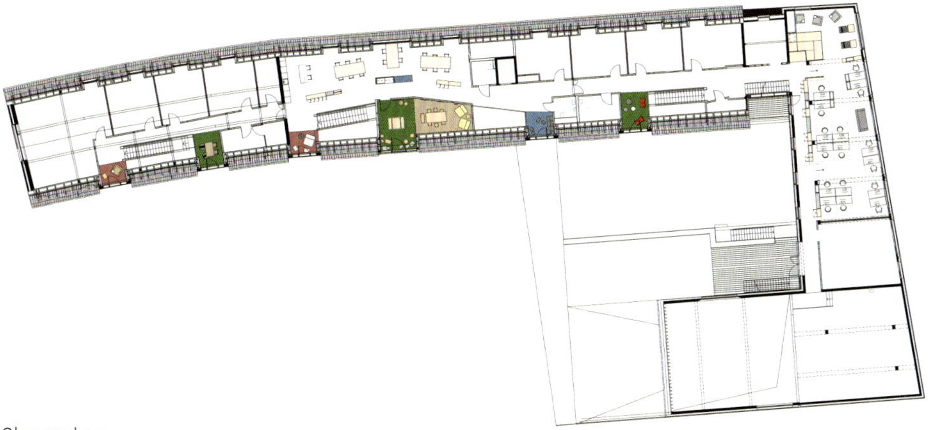

Obergeschoss

7200-0105
Gründerzentrum
(17 AP)
Gastronomie
(46 Sitzplätze)

Kostenkennwerte für die Kostengruppen der 1. Ebene DIN 276

KG	Kostengruppen (1. Ebene)	Einheit	Kosten €	€/Einheit	€/m² BGF	€/m³ BRI	% 300+400
100	Grundstück	m² GF	–	–	–	–	–
200	Vorbereitende Maßnahmen	m² GF	–	–	–	–	–
300	Bauwerk – Baukonstruktionen	m² BGF	192.349	61,81	61,81	16,21	84,7
400	Bauwerk – Technische Anlagen	m² BGF	34.757	11,17	11,17	2,93	15,3
	Bauwerk 300+400	**m² BGF**	**227.106**	**72,98**	**72,98**	**19,14**	**100,0**
500	Außenanlagen und Freiflächen	m² AF	–	–	–	–	–
600	Ausstattung und Kunstwerke	m² BGF	255.243	82,02	82,02	21,52	112,4
700	Baunebenkosten	m² BGF	–	–	–	–	–
800	Finanzierung	m² BGF	–	–	–	–	–

KG	Kostengruppe	Menge Einheit	Kosten €	€/Einheit	%
3+4	**Bauwerk**				**100,0**
300	**Bauwerk – Baukonstruktionen**	3.112,10 m² BGF	192.349	**61,81**	84,7

Bodenmarkierungen; Dreischichtparkett als Wandbekleidung; Teppichboden, Teppichfliesen, Dreischichtparkett; Dreischichtparkett als Dachbekleidung; Einbauschränke, Liegekoje, Küchenzeilen, Elektro-Küchengeräte, Kücheninseln mit Thekenaufsatz, Schrankkoje, Empfangstheke, Sitzbank, Spind-Regalelemente, Tribünenmodule, Sitzflächen, Laufbänder, Schreibtischfahrräder, Sprungkästen, LED-Logo, Beschilderungen

KG	Kostengruppe	Menge Einheit	Kosten €	€/Einheit	%
400	**Bauwerk – Technische Anlagen**	3.112,10 m² BGF	34.757	**11,17**	15,3

Beleuchtung, Stehleuchte in Form einer Pferdenachbildung, Einbauwandleuchten in Form eines Vogels

KG	Kostengruppe	Menge Einheit	Kosten €	€/Einheit	%
600	**Ausstattung und Kunstwerke**	3.112,10 m² BGF	255.243	**82,02**	112,4

Büro-Möblierungen, Hochlehner-Polsterbank, Sitzsäcke, Sitzgelegenheiten, Akustikwände, Mikroarbeitsplätze, Wellenvorhänge, Teppich, mobiler Basketballkorb

Kostenkennwerte für die Kostengruppen 300 der 2. und 3. Ebene DIN 276 (Übersicht)

KG	Kostengruppe	Menge Einheit	Kosten €	€/Einheit	% an 3+4
300	**Bauwerk – Baukonstruktionen**	**3.112,10 m² BGF**	**192.349,24**	**61,81**	**84,7**
310	**Baugrube / Erdbau**	**–**	**–**	**–**	**–**
311	Herstellung	–	–	–	–
312	Umschließung	–	–	–	–
313	Wasserhaltung	–	–	–	–
314	Vortrieb	–	–	–	–
319	Sonstiges zur KG 310	–	–	–	–
320	**Gründung, Unterbau**	**–**	**1.148,14**	**–**	**0,5**
321	Baugrundverbesserung	–	–	–	–
322	Flachgründungen und Bodenplatten	–	–	–	–
323	Tiefgründungen	–	–	–	–
324	Gründungsbeläge	–	1.148,14	–	0,5
325	Abdichtungen und Bekleidungen	–	–	–	–
326	Dränagen	–	–	–	–
329	Sonstiges zur KG 320	–	–	–	–
330	**Außenwände/Vert. Baukonstrukt., außen**	**–**	**–**	**–**	**–**
331	Tragende Außenwände	–	–	–	–
332	Nichttragende Außenwände	–	–	–	–
333	Außenstützen	–	–	–	–
334	Außenwandöffnungen	–	–	–	–
335	Außenwandbekleidungen, außen	–	–	–	–
336	Außenwandbekleidungen, innen	–	–	–	–
337	Element. Außenwandkonstruktionen	–	–	–	–
338	Lichtschutz zur KG 330	–	–	–	–
339	Sonstiges zur KG 330	–	–	–	–
340	**Innenwände/Vert. Baukonstrukt., innen**	**30,00 m² IWF**	**4.295,19**	**143,17**	**1,9**
341	Tragende Innenwände	–	–	–	–
342	Nichttragende Innenwände	–	–	–	–
343	Innenstützen	–	–	–	–
344	Innenwandöffnungen	–	–	–	–
345	Innenwandbekleidungen	30,00 m²	4.295,19	143,17	1,9
346	Elementierte Innenwandkonstruktionen	–	–	–	–
347	Lichtschutz zur KG 340	–	–	–	–
349	Sonstiges zur KG 340	–	–	–	–
350	**Decken/Horizontale Baukonstruktionen**	**81,98 m² DEF**	**8.844,69**	**107,89**	**3,9**
351	Deckenkonstruktionen	–	–	–	–
352	Deckenöffnungen	–	–	–	–
353	Deckenbeläge	81,98 m²	8.844,69	107,89	3,9
354	Deckenbekleidungen	–	–	–	–
355	Elementierte Deckenkonstruktionen	–	–	–	–
359	Sonstiges zur KG 350	–	–	–	–
360	**Dächer**	**30,00 m² DAF**	**4.295,19**	**143,17**	**1,9**
361	Dachkonstruktionen	–	–	–	–
362	Dachöffnungen	–	–	–	–
363	Dachbeläge	–	–	–	–
364	Dachbekleidungen	30,00 m²	4.295,19	143,17	1,9
365	Elementierte Dachkonstruktionen	–	–	–	–
366	Lichtschutz zur KG 360	–	–	–	–
369	Sonstiges zur KG 360	–	–	–	–
370	**Infrastrukturanlagen**	**–**	**–**	**–**	**–**
380	**Baukonstruktive Einbauten**	**3.112,10 m² BGF**	**173.766,03**	**55,84**	**76,5**
390	**Sonst. Maßnahmen für Baukonstrukt.**	**–**	**–**	**–**	**–**

7300-0102
Zwischenlager (2 AP)

Kostenkennwerte für die Kosten des Bauwerks (Kostengruppen 300+400 nach DIN 276)

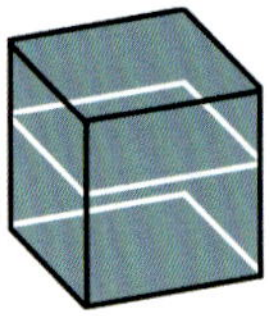

BRI 332 €/m³

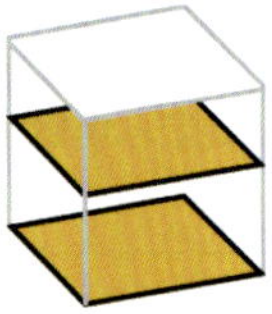

BGF 1.952 €/m²

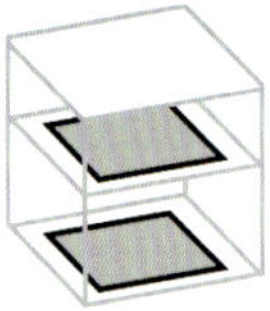

NUF 2.366 €/m²

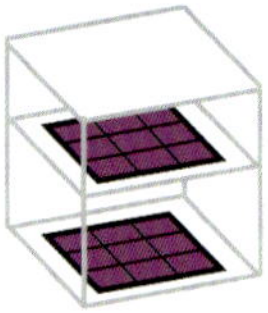

NE 10.593 €/NE

NE: Lagerfläche

Objekt:
Kennwerte: 3. Ebene DIN 276
BRI: 4.354 m³
BGF: 741 m²
NUF: 612 m²
Bauzeit: 44 Wochen
Bauende: 2019
Standard: einfach
Bundesland: Niedersachsen
Kreis: Göttingen

Architekt*in:
planerzirkel consulting
architects GmbH
Ottostraße 33
31137 Hildesheim

Bauherr*in:
MPM Environment
Intelligence GMBH
Bahnhofstraße 3a
37539 Bad Grund

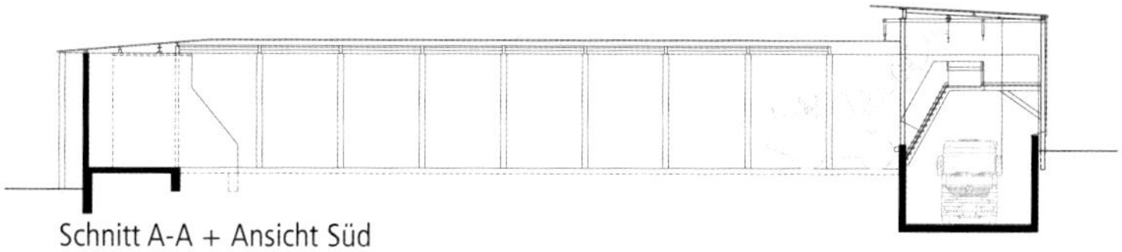

Schnitt A-A + Ansicht Süd

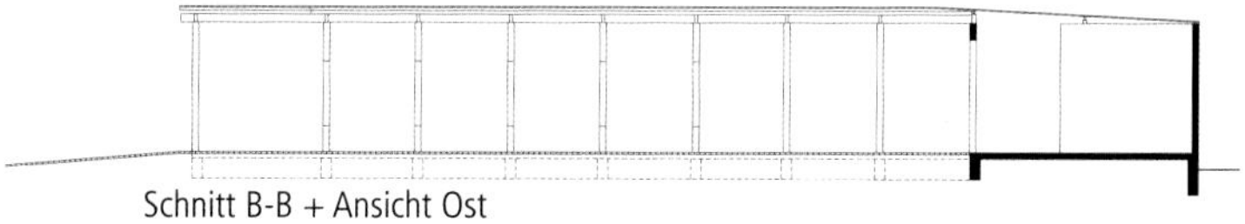

Schnitt B-B + Ansicht Ost

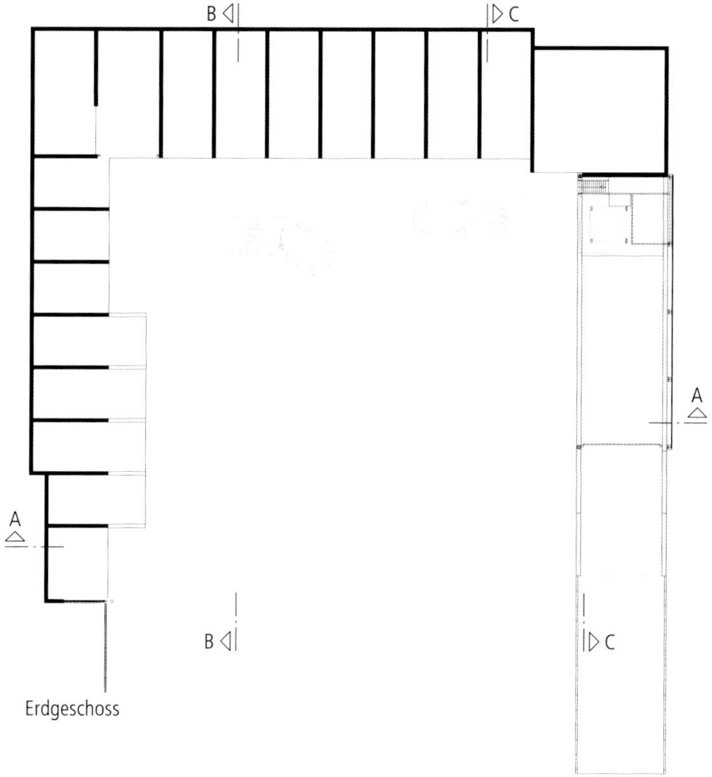

Erdgeschoss

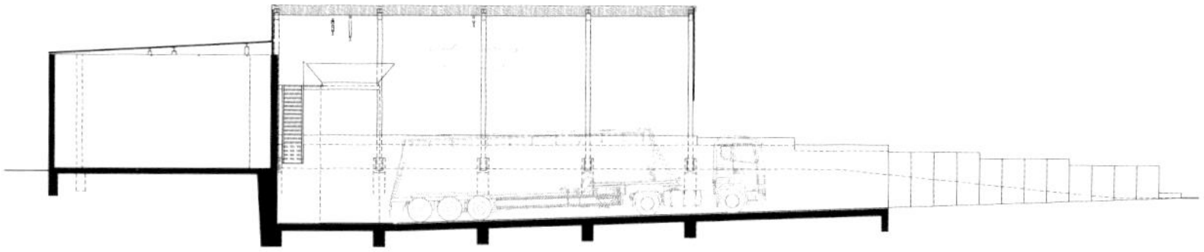

Schnitt C-C + Ansicht West

Kostenkennwerte für die Kostengruppen der 1. Ebene DIN 276

KG	Kostengruppen (1. Ebene)	Einheit	Kosten €	€/Einheit	€/m² BGF	€/m³ BRI	% 300+400
100	Grundstück	m² GF	–	–	–	–	–
200	Vorbereitende Maßnahmen	m² GF	26.937	1,18	36,35	6,19	1,9
300	Bauwerk – Baukonstruktionen	m² BGF	1.289.111	1.739,69	1.739,69	296,06	89,1
400	Bauwerk – Technische Anlagen	m² BGF	157.457	212,49	212,49	36,16	10,9
	Bauwerk 300+400	**m² BGF**	**1.446.568**	**1.952,18**	**1.952,18**	**332,22**	**100,0**
500	Außenanlagen und Freiflächen	m² AF	353.999	169,31	477,73	81,30	24,5
600	Ausstattung und Kunstwerke	m² BGF	11.648	15,72	15,72	2,67	0,8
700	Baunebenkosten	m² BGF	–	–	–	–	–
800	Finanzierung	m² BGF	–	–	–	–	–

KG	Kostengruppe	Menge Einheit	Kosten €	€/Einheit	%
200	**Vorbereitende Maßnahmen**	22.764,00 m² GF	26.937	**1,18**	1,9
	Suchschachtung, Betonpflaster aufnehmen, lagern, Abbruch von Asphaltschichten, Tragschichten; Entsorgung, Deponiegebühren, Bäume fällen, Roden von Wurzelstöcken, kleinen Bäumen, Hecken				
3+4	**Bauwerk**				**100,0**
300	**Bauwerk – Baukonstruktionen**	741,00 m² BGF	1.289.111	**1.739,69**	89,1
	Baugrubenaushub; Stb-Bodenplatten, Stb-Frostschürzen, Streifenfundamente, Gussasphalt, Stahlplatten liefern, Sauberkeitsschicht, Sande; Stb-Wände, Sandwichelemente beidseitig Metalldeckschicht, Holzbohlen zwischen U-Profilen, Stahlstützen, Abdichtung, Drän-/Anfüllschutzbahnen, Geländer; Stahl-Treppe mit Laufsteg, Bühne und Geländer; Pultdach, Stahlkonstruktion, Stahl-Trapezprofildeckung, Dachentwässerung				
400	**Bauwerk – Technische Anlagen**	741,00 m² BGF	157.457	**212,49**	10,9
	Elektroinstallation, Beleuchtung, Erdung; Videoüberwachung; Kran: drei Laufkatzen, Kranbahnen; Sprühanlage als Staubschutz				
500	**Außenanlagen und Freiflächen**	2.090,89 m² AF	353.999	**169,31**	24,5
	Böschung modellieren, Grabenaushub; Fundamente, Tragschicht, Dränage; Asphaltbeton, Unterbau, Pflasterinnen, Betonpflaster; Stabgitterzaun, Geländer, Winkelstützwände; Entwässerung, Wasserleitungen, Sprenglereinrichtung, Elektroleitung umverlegen; Poller; Pflanz- und Saatflächen				
600	**Ausstattung und Kunstwerke**	741,00 m² BGF	11.648	**15,72**	0,8
	Farbplatten				

Kostenkennwerte für die Kostengruppen 300 der 2. und 3.Ebene DIN 276 (Übersicht)

KG	Kostengruppe	Menge Einheit	Kosten €	€/Einheit	% an 3+4
300	**Bauwerk – Baukonstruktionen**	**741,00 m² BGF**	**1.289.110,83**	**1.739,69**	**89,1**
310	**Baugrube / Erdbau**	**3.441,18 m³ BGI**	**128.673,83**	**37,39**	**8,9**
311	Herstellung	3.441,18 m³ BGI	128.673,83	37,39	8,9
312	Umschließung	–	–	–	–
313	Wasserhaltung	–	–	–	–
314	Vortrieb	–	–	–	–
319	Sonstiges zur KG 310	–	–	–	–
320	**Gründung, Unterbau**	**720,75 m² GRF**	**301.487,81**	**418,30**	**20,8**
321	Baugrundverbesserung	–	–	–	–
322	Flachgründungen und Bodenplatten	720,75 m²	210.009,23	291,38	14,5
323	Tiefgründungen	–	–	–	–
324	Gründungsbeläge	148,48 m²	37.224,38	250,70	2,6
325	Abdichtungen und Bekleidungen	720,75 m²	54.254,20	75,27	3,8
326	Dränagen	–	–	–	–
329	Sonstiges zur KG 320	–	–	–	–
330	**Außenwände/Vert. Baukonstrukt., außen**	**812,56 m² AWF**	**308.035,83**	**379,09**	**21,3**
331	Tragende Außenwände	652,04 m²	226.440,44	347,28	15,7
332	Nichttragende Außenwände	160,52 m²	39.768,34	247,75	2,7
333	Außenstützen	78,33 m	17.521,44	223,69	1,2
334	Außenwandöffnungen	–	–	–	–
335	Außenwandbekleidungen, außen	61,26 m²	14.351,69	234,28	1,0
336	Außenwandbekleidungen, innen	–	–	–	–
337	Element. Außenwandkonstruktionen	–	–	–	–
338	Lichtschutz zur KG 330	–	–	–	–
339	Sonstiges zur KG 330	812,56 m² AWF	9.953,91	12,25	0,7
340	**Innenwände/Vert. Baukonstrukt., innen**	**647,65 m² IWF**	**222.876,10**	**344,13**	**15,4**
341	Tragende Innenwände	647,65 m²	222.876,10	344,13	15,4
342	Nichttragende Innenwände	–	–	–	–
343	Innenstützen	–	–	–	–
344	Innenwandöffnungen	–	–	–	–
345	Innenwandbekleidungen	–	–	–	–
346	Elementierte Innenwandkonstruktionen	–	–	–	–
347	Lichtschutz zur KG 340	–	–	–	–
349	Sonstiges zur KG 340	–	–	–	–
350	**Decken/Horizontale Baukonstruktionen**	**15,20 m² DEF**	**43.391,06**	**2.854,67**	**3,0**
351	Deckenkonstruktionen	–	–	–	–
352	Deckenöffnungen	–	–	–	–
353	Deckenbeläge	–	–	–	–
354	Deckenbekleidungen	–	–	–	–
355	Elementierte Deckenkonstruktionen	15,20 m²	43.391,06	2.854,67	3,0
359	Sonstiges zur KG 350	–	–	–	–
360	**Dächer**	**748,60 m² DAF**	**208.511,00**	**278,53**	**14,4**
361	Dachkonstruktionen	689,08 m²	128.074,26	185,86	8,9
362	Dachöffnungen	–	–	–	–
363	Dachbeläge	748,60 m²	80.436,74	107,45	5,6
364	Dachbekleidungen	–	–	–	–
365	Elementierte Dachkonstruktionen	–	–	–	–
366	Lichtschutz zur KG 360	–	–	–	–
369	Sonstiges zur KG 360	–	–	–	–
370	**Infrastrukturanlagen**	**–**	**–**	**–**	**–**
380	**Baukonstruktive Einbauten**	**–**	**–**	**–**	**–**
390	**Sonst. Maßnahmen für Baukonstrukt.**	**741,00 m² BGF**	**76.135,19**	**102,75**	**5,3**

Kostenkennwerte für die Kostengruppen 400 der 2. und 3.Ebene DIN 276 (Übersicht)

KG	Kostengruppe	Menge Einheit	Kosten €	€/Einheit	% an 3+4
400	**Bauwerk – Technische Anlagen**	**741,00 m²BGF**	**157.457,08**	**212,49**	**10,9**
410	**Abwasser-, Wasser-, Gasanlagen**	**–**	**–**	**–**	**–**
411	Abwasseranlagen	–	–	–	–
412	Wasseranlagen	–	–	–	–
413	Gasanlagen	–	–	–	–
419	Sonstiges zur KG 410	–	–	–	–
420	**Wärmeversorgungsanlagen**	**–**	**–**	**–**	**–**
421	Wärmeerzeugungsanlagen	–	–	–	–
422	Wärmeverteilnetze	–	–	–	–
423	Raumheizflächen	–	–	–	–
424	Verkehrsheizflächen	–	–	–	–
429	Sonstiges zur KG 420	–	–	–	–
430	**Raumlufttechnische Anlagen**	**–**	**–**	**–**	**–**
431	Lüftungsanlagen	–	–	–	–
432	Teilklimaanlagen	–	–	–	–
433	Klimaanlagen	–	–	–	–
434	Kälteanlagen	–	–	–	–
439	Sonstiges zur KG 430	–	–	–	–
440	**Elektrische Anlagen**	**741,00 m²BGF**	**55.505,44**	**74,91**	**3,8**
441	Hoch- und Mittelspannungsanlagen	–	–	–	–
442	Eigenstromversorgungsanlagen	–	–	–	–
443	Niederspannungsschaltanlagen	–	–	–	–
444	Niederspannungsinstallationsanlagen	741,00 m²BGF	23.057,99	31,12	1,6
445	Beleuchtungsanlagen	741,00 m²BGF	18.484,58	24,95	1,3
446	Blitzschutz- und Erdungsanlagen	741,00 m²BGF	13.962,87	18,84	1,0
447	Fahrleitungssysteme	–	–	–	–
449	Sonstiges zur KG 440	–	–	–	–
450	**Kommunikationstechnische Anlagen**	**741,00 m²BGF**	**1.193,25**	**1,61**	**< 0,1**
451	Telekommunikationsanlagen	–	–	–	–
452	Such- und Signalanlagen	–	–	–	–
453	Zeitdienstanlagen	–	–	–	–
454	Elektroakustische Anlagen	–	–	–	–
455	Audiovisuelle Medien- u. Antennenanl.	–	–	–	–
456	Gefahrenmelde- und Alarmanlagen	741,00 m²BGF	1.193,25	1,61	< 0,1
457	Datenübertragungsnetze	–	–	–	–
458	Verkehrsbeeinflussungsanlagen	–	–	–	–
459	Sonstiges zur KG 450	–	–	–	–
460	**Förderanlagen**	**741,00 m²BGF**	**57.367,31**	**77,42**	**4,0**
461	Aufzugsanlagen	–	–	–	–
462	Fahrtreppen, Fahrsteige	–	–	–	–
463	Befahranlagen	–	–	–	–
464	Transportanlagen	–	–	–	–
465	Krananlagen	741,00 m²BGF	57.367,31	77,42	4,0
466	Hydraulikanlagen	–	–	–	–
469	Sonstiges zur KG 460	–	–	–	–
470	**Nutzungsspez. u. verfahrenstechn. Anl.**	**741,00 m²BGF**	**43.391,06**	**58,56**	**3,0**
480	**Gebäude- und Anlagenautomation**	**–**	**–**	**–**	**–**
490	**Sonst. Maßnahmen für techn. Anlagen**	**–**	**–**	**–**	**–**

Kostenkennwerte für Leistungsbereiche nach STLB (Kosten des Bauwerks nach DIN 276)

LB	Leistungsbereiche	Kosten €	€/m² BGF	€/m³ BRI	% an 3+4
000	Baustellen-, Verkehrssich.- u. Sicherh.einr. inkl. 001	66.470	89,70	15,30	4,6
002	Erdarbeiten	132.040	178,20	30,30	9,1
006	Spezialtiefbauarbeiten inkl. 005	–	–	–	–
009	Entwässerungskanalarbeiten inkl. 011	–	–	–	–
010	Drän- und Versickerarbeiten	–	–	–	–
012	Mauerarbeiten	–	–	–	–
013	Betonarbeiten	709.765	957,80	163,00	49,1
014	Natur-, Betonwerksteinarbeiten	–	–	–	–
016	Zimmer- und Holzbauarbeiten	–	–	–	–
017	Stahlbauarbeiten	200.452	270,50	46,00	13,9
018	Abdichtungsarbeiten	12.197	16,50	2,80	0,8
019	Kampfmittelräumarbeiten	–	–	–	–
020	Dachdeckungsarbeiten	–	–	–	–
021	Dachabdichtungsarbeiten	–	–	–	–
022	Klempnerarbeiten	68.971	93,10	15,80	4,8
	Rohbau	**1.189.895**	**1.605,80**	**273,30**	**82,3**
023	Putz- und Stuckarbeiten, Wärmedämmsysteme	–	–	–	–
024	Fliesen- und Plattenarbeiten	–	–	–	–
025	Estricharbeiten	–	–	–	–
026	Fenster, Außentüren inkl. 029, 032	–	–	–	–
027	Tischlerarbeiten	–	–	–	–
028	Parkett-, Holzpflasterarbeiten	–	–	–	–
030	Rollladenarbeiten	–	–	–	–
031	Metallbauarbeiten inkl. 035	104.030	140,40	23,90	7,2
034	Maler- und Lackiererarb. – Beschicht. inkl. 037	–	–	–	–
036	Bodenbelagarbeiten	–	–	–	–
038	Vorgehängte hinterlüftete Fassaden	–	–	–	–
039	Trockenbauarbeiten	–	–	–	–
	Ausbau	**104.030**	**140,40**	**23,90**	**7,2**
040	Wärmeversorgungsanl. – Betriebseinr. inkl. 041	–	–	–	–
042	Gas- u. Wasseranl. – Leitung., Armat. inkl. 043	–	–	–	–
044	Abwasseranl. – Leitungen, Abläufe, Armaturen	–	–	–	–
045	Gas, Wasser, Entwässerung – Ausstattung inkl. 046	–	–	–	–
047	Dämm- und Brandschutzarb. an techn. Anlagen	–	–	–	–
049	Feuerlöschanlagen, Feuerlöschgeräte	–	–	–	–
050	Blitzschutz-/Erdungsanlagen, Überspannungssch.	13.963	18,80	3,20	1,0
053	Niederspannungsanl. – Kabel inkl. 052, 054	23.058	31,10	5,30	1,6
055	Sicherheits- u. Ersatzstromversorgungsanl.	–	–	–	–
057	Gebäudesystemtechnik	–	–	–	–
058	Leuchten und Lampen inkl. 059	18.485	24,90	4,20	1,3
060	Such, Signal, Zeit, Anten., akust. Anl. inkl. 064	–	–	–	–
061	Kommunikations- u. Übertragungsnetze inkl. 063	1.193	1,60	0,27	< 0,1
069	Aufzüge	–	–	–	–
070	Gebäudeautomation	–	–	–	–
075	Raumlufttechnische Anlagen inkl. 078	–	–	–	–
	Gebäudetechnik	**56.699**	**76,50**	**13,00**	**3,9**
084	Abbruch, Rückbau, Schadstoffsanierung	–	–	–	–
	Abbrucharbeiten	**–**	**–**	**–**	**–**
	Sonstige Leistungsbereiche	**95.943**	**129,50**	**22,00**	**6,6**

7300-0113
Gewerbehalle
Showroom

Kostenkennwerte für die Kosten des Bauwerks (Kostengruppen 300+400 nach DIN 276)

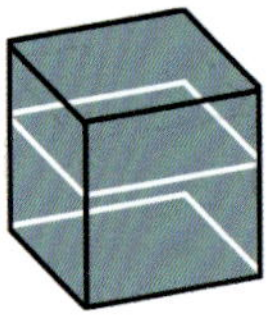

BRI 382 €/m³

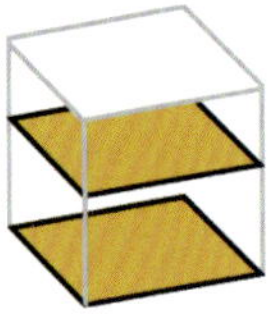

BGF 2.043 €/m²

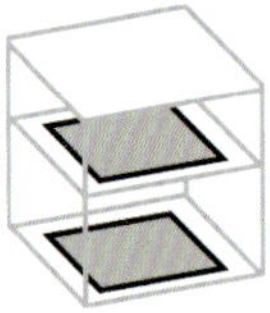

NUF 2.481 €/m²

Objekt:
Kennwerte: 1.Ebene DIN 276
BRI: 2.365 m³
BGF: 443 m²
NUF: 365 m²
Bauzeit: 52 Wochen
Bauende: 2022
Standard: mittel
Bundesland: Nordrhein-Westfalen
Kreis: Hochsauerlandkreis

Architekt*in:
Schmidt Thüner
Architekten PartG mbB
Arpe 42
57392 Schmallenberg

Bauherr*in:
SVL Sports GmbH
Hauptstraße 51
59889 Eslohe

© SVS Sports GmbH

© SVS Sports GmbH

© SVS Sports GmbH

© SVS Sports GmbH

Kostenstand: 2. Quartal 2025, Bundesdurchschnitt, **inkl. 19% MwSt.**

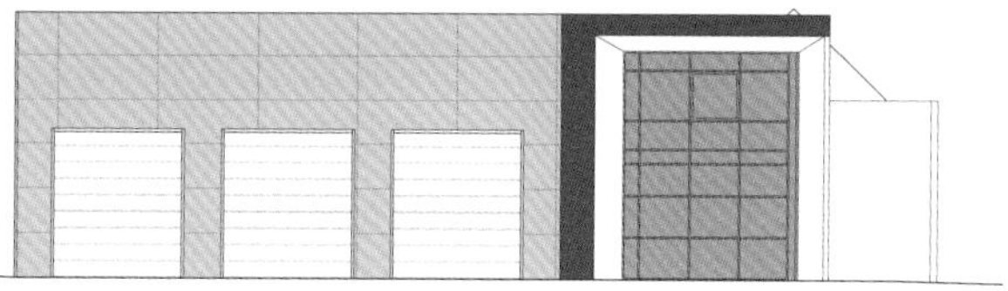

Ansicht Nord-Ost

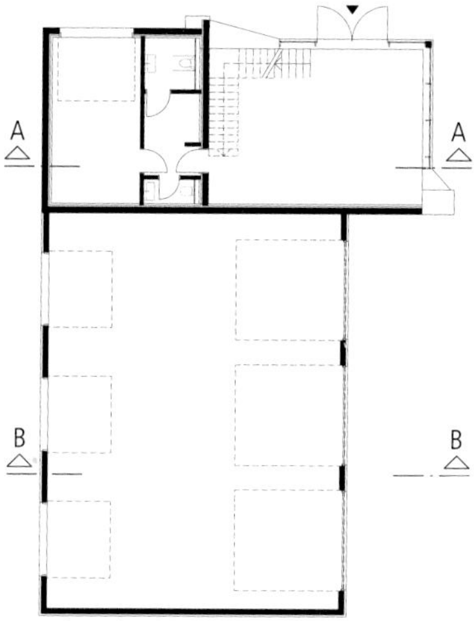

Erdgeschoss

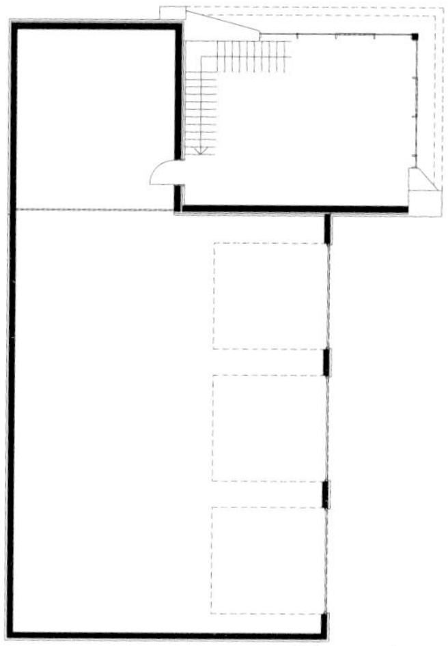

Obergeschoss

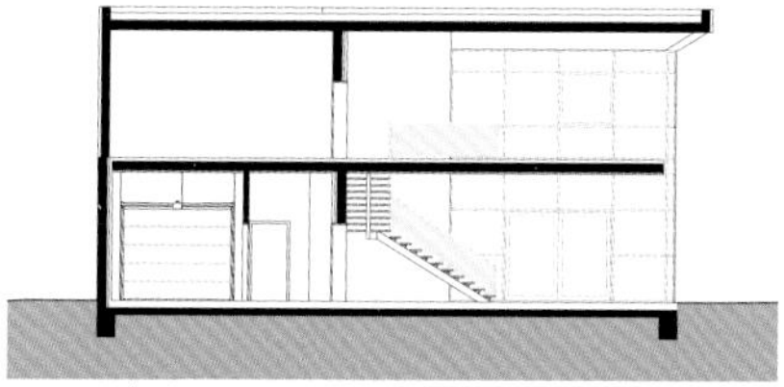

Schnitt A-A

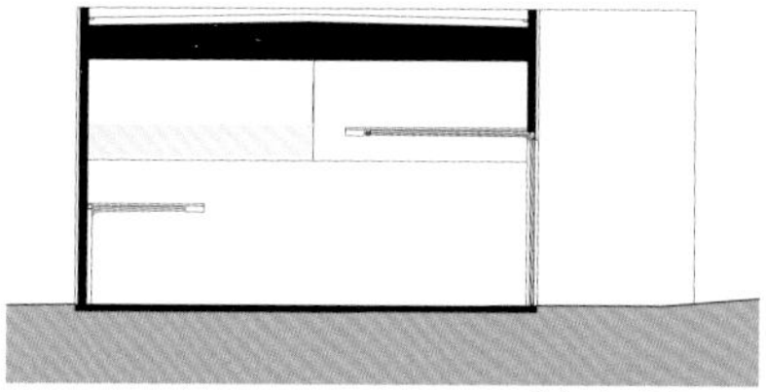

Schnitt B-B

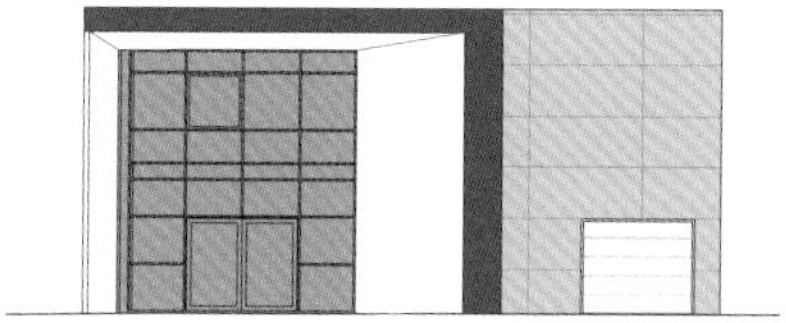

Ansicht Nord-West

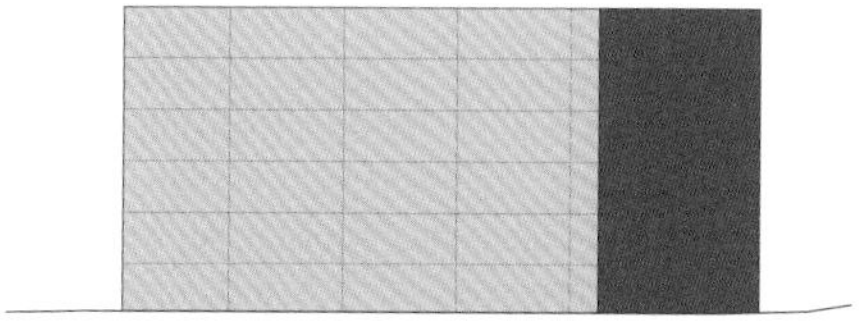

Ansicht Süd-Ost

Objektbeschreibung

Allgemeine Objektinformationen

Der Neubau dient hauptsächlich der Unterbringung des Fuhrparks für ein Radsportteam. Außer einer Lagerhalle wurde ein zweigeschossiger Showroom und Nebenräume sowie eine Garage erstellt.

Nutzung

1 Erdgeschoss
Lagerhalle, Showroom, Garage, WCs, Treppe

1 Obergeschoss
Showroom, Abstellraum, Luftraum Lagerhalle

Nutzeinheiten

Ausstellungsfläche: 102 m^2
Lagerfläche: 192 m^2

Grundstück

Bauraum: Freier Bauraum
Neigung: Ebenes Gelände
Bodenklasse: BK 3 bis BK 5

Markt

Hauptvergabezeit: 1. Quartal 2021
Baubeginn: 2. Quartal 2021
Bauende: 2. Quartal 2022
Konjunkturelle Gesamtlage: Durchschnitt
Regionaler Baumarkt: Durchschnitt

Baukonstruktion

Das teilweise zweigeschossige Gebäude gründet auf einer Stahlbetonbodenplatte aus wasserdichtem Beton und Streifenfundamenten. Die tragenden Bauteile des Gebäudeteils, die den Showroom beherbergen, sind in Stahlbeton errichtet. Eine vorgehängte Alu-Pfosten-Riegelfassade verdeckt die im Innenbereich in Sichtbeton ausgeführten Elemente. Eine Stahltreppe mit Holzstufen verbindet die repräsentativen Ausstellungsflächen. Glasgeländer bilden leicht wirkende Absturzsicherungen. Die eingeschossige Lagerhalle ist in Leichtbauweise mit Stahlrahmen und Isoblechen als Fassadenplatten sowie einem Flachdach aus Trapezblechen und Aufdach-Gefälledämmung erstellt. Insgesamt sechs Sektionaltore in der Halle ermöglichen eine große Flexibilität. Als Bodenbeläge wurde ein geschliffener, versiegelter Estrich ausgeführt.

Technische Anlagen

In der Garage im Erdgeschoss wurde eine kleine Gasheizung eingebaut. Die Räume werden lediglich zur Frostsicherung beheizt, da das Gebäude hauptsächlich zu Lager- und Präsentationszwecken errichtet wurde. Deshalb wurde die Technik auf dem einfachsten Standard gehalten.

Sonstiges

Durch Eigenleistung konnten bei der Montage der Fassade 25.000€ netto eingespart werden. Da es sich hauptsächlich um ein Lagergebäude handelt, durfte auf den Wärmeschutznachweises nach GEG (1.11.2020) verzichtet werden.

Planungskennwerte für Flächen und Rauminhalte nach DIN 277

Flächen des Grundstücks		Menge Einheit	% an GF
BF	Bebaute Fläche	324,34 m²	40,6
UF	Unbebaute Fläche	473,66 m²	59,4
GF	Grundstücksfläche	798,00 m²	100,0

Grundflächen des Bauwerks		Menge Einheit	% an NUF	% an BGF
NUF	Nutzungsfläche	364,67 m²	100,0	82,3
TF	Technikfläche	–	–	–
VF	Verkehrsfläche	7,42 m²	2,0	1,7
NRF	Netto-Raumfläche	372,09 m²	102,0	84,0
KGF	Konstruktions-Grundfläche	70,74 m²	19,4	16,0
BGF	Brutto-Grundfläche	442,83 m²	121,4	100,0

Brutto-Rauminhalt des Bauwerks		Menge Einheit	BRI/NUF (m)	BRI/BGF (m)
BRI	Brutto-Rauminhalt	2.365,00 m³	6,49	5,34

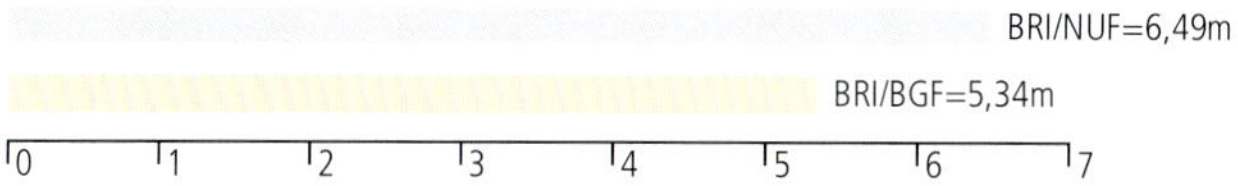

Kostenkennwerte für die Kostengruppen der 1. Ebene DIN 276

KG	Kostengruppen (1. Ebene)	Einheit	Kosten €	€/Einheit	€/m² BGF	€/m³ BRI	% 300+400
100	Grundstück	m² GF	–	–	–	–	–
200	Vorbereitende Maßnahmen	m² GF	–	–	–	–	–
300	Bauwerk – Baukonstruktionen	m² BGF	725.954	1.639,35	1.639,35	306,96	80,3
400	Bauwerk – Technische Anlagen	m² BGF	178.627	403,38	403,38	75,53	19,7
	Bauwerk 300+400	**m² BGF**	**904.581**	**2.042,73**	**2.042,73**	**382,49**	**100,0**
500	Außenanlagen und Freiflächen	m² AF	75.167	–	169,74	31,78	8,3
600	Ausstattung und Kunstwerke	m² BGF	–	–	–	–	–
700	Baunebenkosten	m² BGF	–	–	–	–	–
800	Finanzierung	m² BGF	–	–	–	–	–

KG	Kostengruppe	Menge Einheit	Kosten €	€/Einheit	%
3+4	**Bauwerk**				**100,0**
300	**Bauwerk – Baukonstruktionen**	442,83 m² BGF	725.954	**1.639,35**	80,3

Oberbodenarbeiten, Stb-Streifenfundamente, Stb-Bodenplatte, WU, Dämmung, Estrich, geschliffen; Stb-Wände, Sichtbeton, Stb-Stützen, Stahl-Leichtbauweise, Sektionaltore, Iso-Wandplatten, vorgehängte Alufassade, Alu-Pfosten-Riegelfassade; Stb-Wände, Sichtbeton, GK-Wände, Stahlstützen, Stahltüren; Stb-Decke, Stahltreppe, Holzstufen, Estrich geschliffen, Glas-Treppengeländer, Glasbrüstungen; Stb-Flachdach, Stahl-Flachdach, Trapezblech, Gefälledämmung, Abdichtung, Dachentwässerung

KG	Kostengruppe	Menge Einheit	Kosten €	€/Einheit	%
400	**Bauwerk – Technische Anlagen**	442,83 m² BGF	178.627	**403,38**	19,7

Gebäudeentwässerung, Kalt- und Warmwasserleitungen, Sanitärobjekte; Gasheizung; Elektroinstallation, Beleuchtung

KG	Kostengruppe	Menge Einheit	Kosten €	€/Einheit	%
500	**Außenanlagen und Freiflächen**	–	75.167	**–**	8,3

Pflasterflächen; Zaun, Toranlagen

Kostenkennwerte für die Kosten des Bauwerks (Kostengruppen 300+400 nach DIN 276)

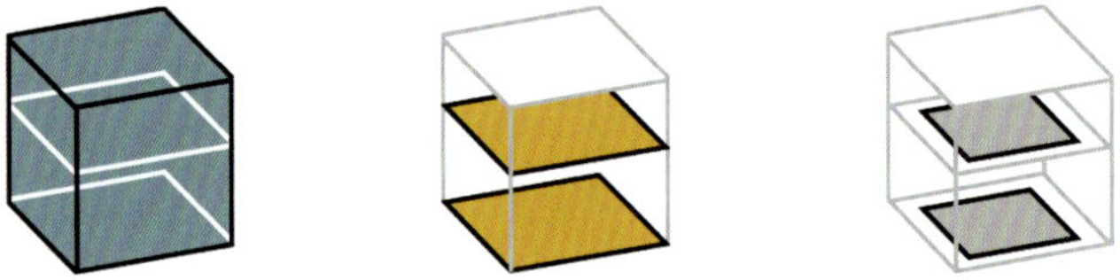

BRI 431 €/m³   BGF 2.543 €/m²   NUF 3.109 €/m²

Objekt:
Kennwerte: 1.Ebene DIN 276
BRI: 20.323 m³
BGF: 3.444 m²
NUF: 2.817 m²
Bauzeit: 91 Wochen
Bauende: 2023
Standard: mittel
Bundesland: Bayern
Kreis: Passau

Architekt*in:
Arc Architekten
Partnerschaft mbB
Alfons-Hundsrucker-Straße 11
84364 Bad Birnbach

Bauherr*in:
Caritasverband für die
Diözese Passau e.V.
Steinweg 8
94032 Passau

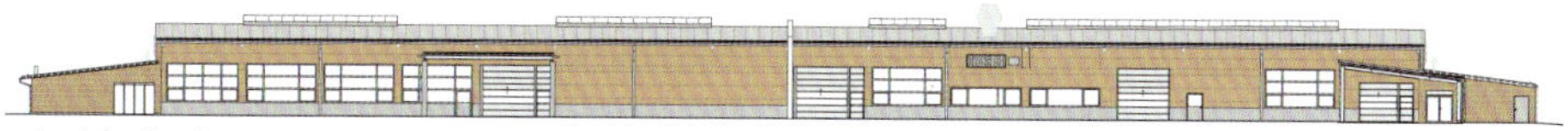

Ansicht Nord

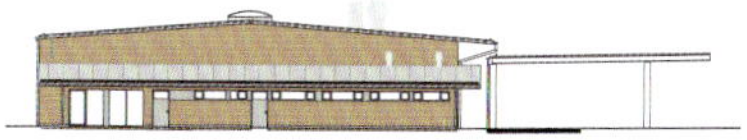

Ansicht Ost

Ansicht West

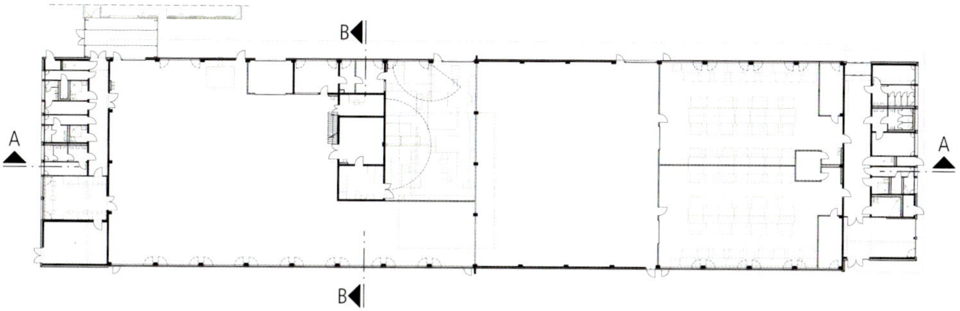

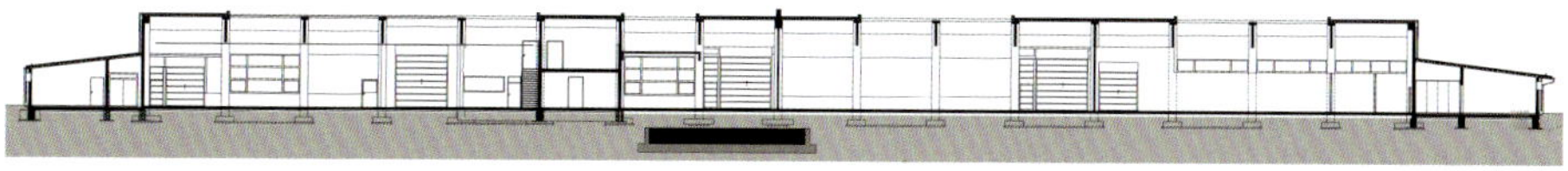

Schnitt A-A

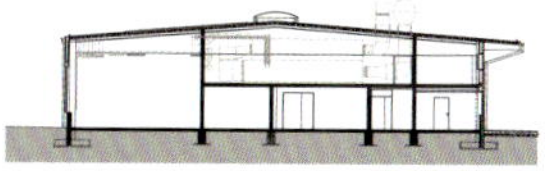

Schnitt B-B

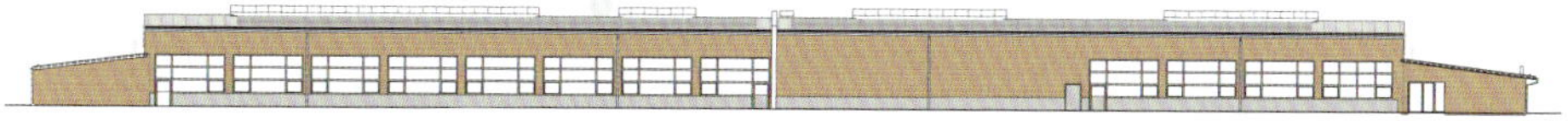

Ansicht Süd

Objektbeschreibung

Allgemeine Objektinformationen

Der bestehende Campus verbindet Wohnen und Arbeiten von Menschen mit Behinderung in einem integrativen Konzept. Das bestehende Werkstattgebäude musste um eine große Produktions- und Montagehalle erweitert werden. Der erdgeschossige Baukörper schafft die gewünschte Abschirmung zu Schule und Wohnbebauung. Die Farbgebung ist dem Nutzer entsprechend reizarm und zurückhaltend.

Nutzung

1 Erdgeschoss
Werkstätten für Fertigung, Montage und Verpackung, Lager, Schweißkabine, Schmutzraum, Messraum, Büros, PC-Raum, Personalräume, Aufenthaltsraum

1 Obergeschoss
Lüftungszentrale, Technikräume Elektro, Druckluftzentrale

Nutzeinheiten

Arbeitsplätze: 110
Produktionsfläche: 2.672 m^2

Grundstück

Bauraum: Beengter Bauraum
Neigung: Ebenes Gelände
Bodenklasse: BK 1 bis BK 4

Markt

Hauptvergabezeit: 1.Quartal 2022
Baubeginn: 1.Quartal 2022
Bauende: 4.Quartal 2023
Konjunkturelle Gesamtlage: über Durchschnitt
Regionaler Baumarkt: Durchschnitt

Baukonstruktion

Die Gründung des Gebäudes erfolgt auf Stahlbetonfundamenten mit einer Stahlbetonbodenplatte und umlaufenden, gedämmten Frostschürzen. Die Tragstruktur der Halle besteht aus Stahlbeton-Fertigteilen, die eine robuste und wirtschaftliche Konstruktion gewährleisten. Das Dach wurde in nachhaltiger Holz-Hybridbauweise mit vorgefertigten Brettsperrholzplatten (BSP) errichtet und mit langlebigen Blechdächern gedeckt. Der hohe Vorfertigungsgrad der Stahlbeton-Fertigteile sorgt für eine effiziente Bauweise. Die Außenwände der Anbauten sind mit einer naturbelassenen, hinterlüfteten Holzfassade bekleidet. Die Fenster und Außentüren wurden mit Aluprofilen und Dreifachverglasung ausgestattet. Die Außenwände der an den Schmalseiten angebauten niederen Gebäudeteile sind in einfacher Massivbauweise ausgeführt. Sie beherbergen die Sozialräume und ergänzen die Hauptstruktur funktional und gestalterisch.

Technische Anlagen

Die Beheizung erfolgt über das Nahwärmenetz der Bestandsbauten mit Heizkörpern in Büro- und Nebenräumen sowie Deckenstrahlplatten in den Hallen. Die Lüftung übernimmt ein Zu- und Abluftgerät mit Wärmerückgewinnung, während innenliegende Sanitärräume über dezentrale Kompaktlüftungsanlagen versorgt werden. Die Warmwasserbereitung erfolgt dezentral über Durchlauferhitzer, die Druckluftversorgung über eine zentrale Anlage mit Ringleitungsverteilung. Alle technischen Anlagen werden über eine frei programmierbare Gebäudeleittechnik gesteuert und überwacht.

Sonstiges

Auf die Verwendung nachwachsender Rohstoffe und heimischer Hölzer wurde besonders Wert gelegt, um eine wertige Arbeitsumgebung für die Mitarbeiter zu schaffen und sich von Industriestandards üblicher Gewerbebauten abzuheben.

Energetische Kennwerte

Gesetzliche Grundlage: GEG 2020
Gebäudenutzfläche: 2.910,00 m^2
Gebäudevolumen: 20.883,00 m^3
A/V_e-Verhältnis (Kompaktheit): 0,35 m^{-1}
Hüllfläche des beheizten Volumens: 7.379,00 m^2
Mittlerer U-Wert (opake Bauteile): 0,28 $W/(m^2 \cdot K)$
Mittlerer U-Wert (transparente Bauteile): 0,90 $W/(m^2 \cdot K)$
Spez. Jahresprimärenergiebedarf: 28,50 $kWh/(m^2 \cdot a)$
CO_2-Emissionen: 5,02 $kg/(m^2 \cdot a)$

Planungskennwerte für Flächen und Rauminhalte nach DIN 277

Flächen des Grundstücks		Menge Einheit	% an GF
BF	Bebaute Fläche	3.234,00 m²	53,3
UF	Unbebaute Fläche	2.838,00 m²	46,7
GF	Grundstücksfläche	6.072,00 m²	100,0

Grundflächen des Bauwerks		Menge Einheit	% an NUF	% an BGF
NUF	Nutzungsfläche	2.817,17 m²	100,0	81,8
TF	Technikfläche	136,88 m²	4,9	4,0
VF	Verkehrsfläche	179,51 m²	6,4	5,2
NRF	Netto-Raumfläche	3.133,56 m²	111,2	91,0
KGF	Konstruktions-Grundfläche	310,86 m²	11,0	9,0
BGF	Brutto-Grundfläche	3.444,42 m²	122,3	100,0

Brutto-Rauminhalt des Bauwerks		Menge Einheit	BRI/NUF (m)	BRI/BGF (m)
BRI	Brutto-Rauminhalt	20.323,00 m³	7,21	5,90

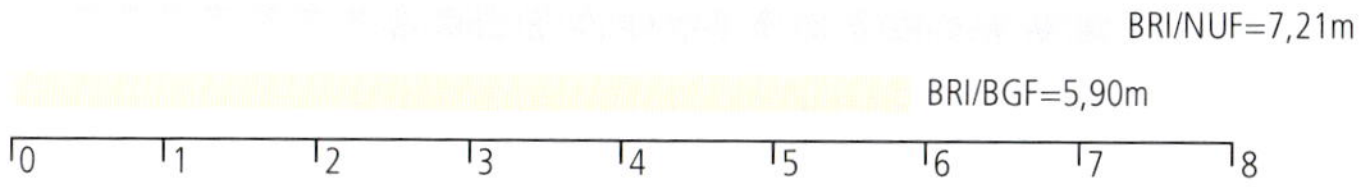

Kostenkennwerte für die Kostengruppen der 1. Ebene DIN 276

KG	Kostengruppen (1. Ebene)	Einheit	Kosten €	€/Einheit	€/m² BGF	€/m³ BRI	% 300+400
100	Grundstück	m² GF	–	–	–	–	–
200	Vorbereitende Maßnahmen	m² GF	11.376	2,22	56,88	7,90	3,2
300	Bauwerk – Baukonstruktionen	m² BGF	348.629	1.743,14	1.743,14	242,10	98,2
400	Bauwerk – Technische Anlagen	m² BGF	6.547	32,73	32,73	4,55	1,8
	Bauwerk 300+400	**m² BGF**	**355.176**	**1.775,88**	**1.775,88**	**246,65**	**100,0**
500	Außenanlagen und Freiflächen	m² AF	21.496	–	107,48	14,93	6,1
600	Ausstattung und Kunstwerke	m² BGF	–	–	–	–	–
700	Baunebenkosten	m² BGF	–	–	–	–	–
800	Finanzierung	m² BGF	–	–	–	–	–

KG	Kostengruppe	Menge Einheit	Kosten €	€/Einheit	%
200	**Vorbereitende Maßnahmen**	5.132,00 m² GF	11.376	**2,22**	3,2
	Asphalt abbrechen, entsorgen, Oberboden abfahren				
3+4	**Bauwerk**				**100,0**
300	**Bauwerk – Baukonstruktionen**	200,00 m² BGF	348.629	**1.743,14**	98,2
	Baugrubenaushub; Stb-Bodenplatte, Stb-Fundamente, Epoxidharzbeschichtung; Stb-Elementwände in Sichtqualität, Stb-FT-Stützen, BSH-Stützen, Sektionaltore, Profilglas-Elemente, Stahltür, Außenwandabdichtung, Leistenschalung; Holzsatteldach, Trapezblecheindeckung, Dachentwässerung				
400	**Bauwerk – Technische Anlagen**	200,00 m² BGF	6.547	**32,73**	1,8
	Elektroinstallation, Beleuchtung, Erdung				
500	**Außenanlagen und Freiflächen**	–	21.496	**–**	6,1
	Bodenarbeiten; Betonpflaster; Entwässerung, Hausanschluss Elektro				

Kostenkennwerte für die Kostengruppen 300 der 2. und 3.Ebene DIN 276 (Übersicht)

KG	Kostengruppe	Menge Einheit	Kosten €	€/Einheit	% an 3+4
300	**Bauwerk – Baukonstruktionen**	**200,00 m² BGF**	**348.629,00**	**1.743,14**	**98,2**
310	**Baugrube / Erdbau**	**1.002,57 m³ BGI**	**20.118,93**	**20,07**	**5,7**
311	Herstellung	1.002,57 m³ BGI	20.118,93	20,07	5,7
312	Umschließung	–	–	–	–
313	Wasserhaltung	–	–	–	–
314	Vortrieb	–	–	–	–
319	Sonstiges zur KG 310	–	–	–	–
320	**Gründung, Unterbau**	**200,00 m² GRF**	**68.844,12**	**344,22**	**19,4**
321	Baugrundverbesserung	–	–	–	–
322	Flachgründungen und Bodenplatten	200,00 m²	53.447,80	267,24	15,0
323	Tiefgründungen	–	–	–	–
324	Gründungsbeläge	186,14 m²	13.708,29	73,65	3,9
325	Abdichtungen und Bekleidungen	200,00 m²	1.688,03	8,44	0,5
326	Dränagen	–	–	–	–
329	Sonstiges zur KG 320	–	–	–	–
330	**Außenwände/Vert. Baukonstrukt., außen**	**377,72 m² AWF**	**158.445,46**	**419,48**	**44,6**
331	Tragende Außenwände	230,92 m²	85.677,24	371,03	24,1
332	Nichttragende Außenwände	–	–	–	–
333	Außenstützen	10,60 m	2.992,45	282,31	0,8
334	Außenwandöffnungen	107,76 m²	44.742,17	415,20	12,6
335	Außenwandbekleidungen, außen	194,13 m²	25.033,59	128,95	7,0
336	Außenwandbekleidungen, innen	–	–	–	–
337	Element. Außenwandkonstruktionen	–	–	–	–
338	Lichtschutz zur KG 330	–	–	–	–
339	Sonstiges zur KG 330	–	–	–	–
340	**Innenwände/Vert. Baukonstrukt., innen**	**–**	**–**	**–**	**–**
341	Tragende Innenwände	–	–	–	–
342	Nichttragende Innenwände	–	–	–	–
343	Innenstützen	–	–	–	–
344	Innenwandöffnungen	–	–	–	–
345	Innenwandbekleidungen	–	–	–	–
346	Elementierte Innenwandkonstruktionen	–	–	–	–
347	Lichtschutz zur KG 340	–	–	–	–
349	Sonstiges zur KG 340	–	–	–	–
350	**Decken/Horizontale Baukonstruktionen**	**–**	**–**	**–**	**–**
351	Deckenkonstruktionen	–	–	–	–
352	Deckenöffnungen	–	–	–	–
353	Deckenbeläge	–	–	–	–
354	Deckenbekleidungen	–	–	–	–
355	Elementierte Deckenkonstruktionen	–	–	–	–
359	Sonstiges zur KG 350	–	–	–	–
360	**Dächer**	**329,08 m² DAF**	**68.658,89**	**208,64**	**19,3**
361	Dachkonstruktionen	329,08 m²	41.417,61	125,86	11,7
362	Dachöffnungen	–	–	–	–
363	Dachbeläge	329,08 m²	27.241,28	82,78	7,7
364	Dachbekleidungen	–	–	–	–
365	Elementierte Dachkonstruktionen	–	–	–	–
366	Lichtschutz zur KG 360	–	–	–	–
369	Sonstiges zur KG 360	–	–	–	–
370	**Infrastrukturanlagen**	**–**	**–**	**–**	**–**
380	**Baukonstruktive Einbauten**	**–**	**–**	**–**	**–**
390	**Sonst. Maßnahmen für Baukonstrukt.**	**200,00 m² BGF**	**32.561,61**	**162,81**	**9,2**

7600-0085
Feuerwehrhaus
(3 Fahrzeuge)

Kostenkennwerte für die Kosten des Bauwerks (Kostengruppen 300+400 nach DIN 276)

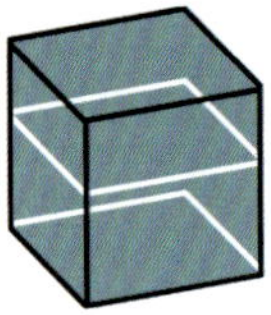

BRI 487 €/m^3

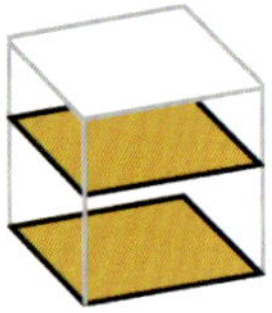

BGF 2.162 €/m^2

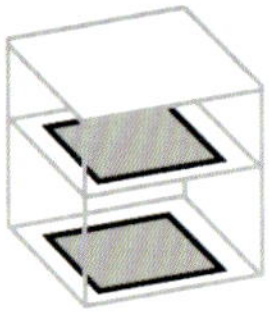

NUF 2.744 €/m^2

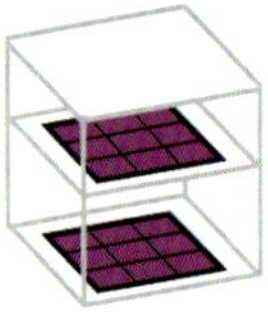

NE 378.615 €/NE
NE: Fahrzeugstellplätze

Objekt:
Kennwerte: 3.Ebene DIN 276
BRI: 2.333 m^3
BGF: 525 m^2
NUF: 414 m^2
Bauzeit: 48 Wochen
Bauende: 2018
Standard: mittel
Bundesland: Niedersachsen
Kreis: Harburg

Architekt*in:
jup.arc
weinert juraschek
architekten partmbb
Bahnhofstraße 37
21423 Winsen (Luhe)

Bauherr*in:
Samtgemeinde Hollenstedt
Der Bürgermeister
Hauptstraße 15
21279 Hollenstedt

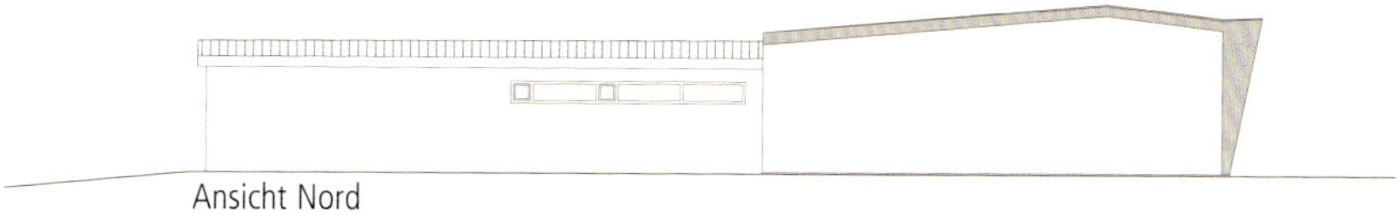

Ansicht Nord

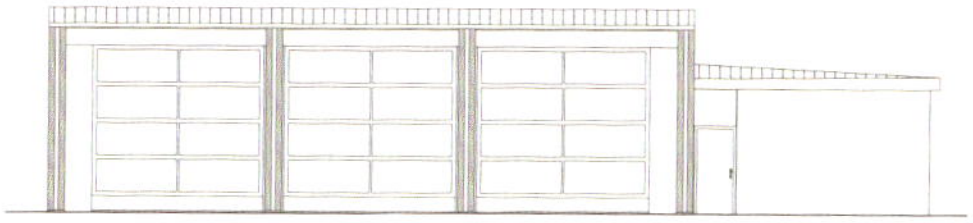

Ansicht West

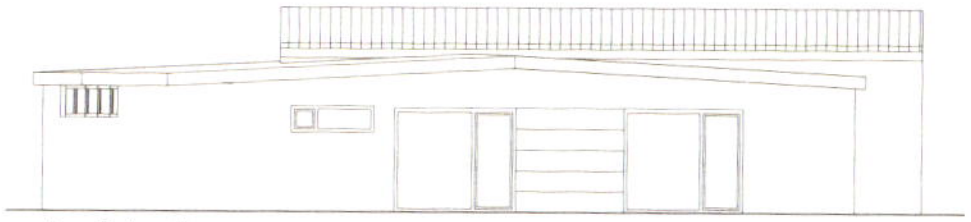

Ansicht Ost

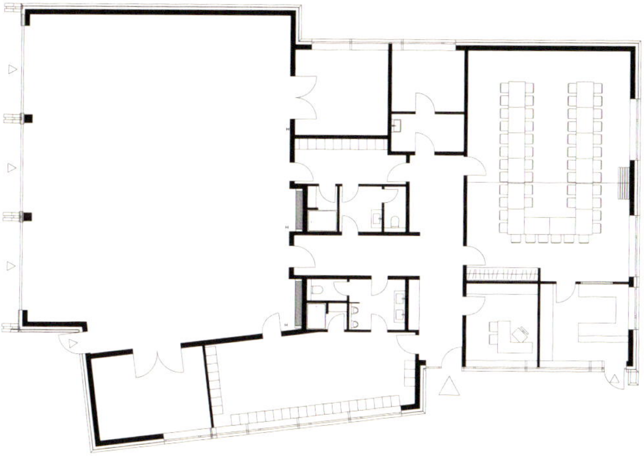

Erdgeschoss

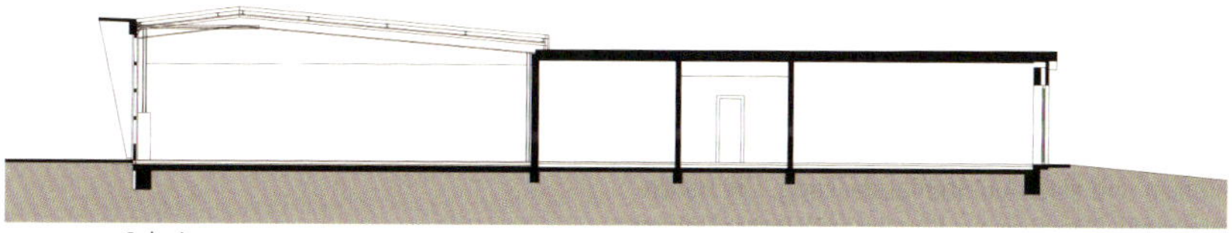

Schnitt

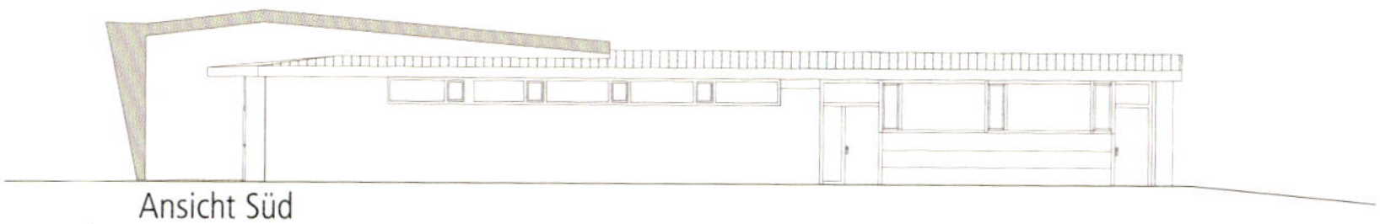

Ansicht Süd

Kostenkennwerte für die Kostengruppen der 1. Ebene DIN 276

KG	Kostengruppen (1. Ebene)	Einheit	Kosten €	€/Einheit	€/m² BGF	€/m³ BRI	% 300+400
100	Grundstück	m² GF	–	–	–	–	–
200	Vorbereitende Maßnahmen	m² GF	9.883	2,33	18,81	4,24	0,9
300	Bauwerk – Baukonstruktionen	m² BGF	923.636	1.758,23	1.758,23	395,87	81,3
400	Bauwerk – Technische Anlagen	m² BGF	212.209	403,96	403,96	90,95	18,7
	Bauwerk 300+400	**m² BGF**	**1.135.845**	**2.162,20**	**2.162,20**	**486,83**	**100,0**
500	Außenanlagen und Freiflächen	m² AF	12.731	–	24,23	5,46	1,1
600	Ausstattung und Kunstwerke	m² BGF	2.332	4,44	4,44	1,00	0,2
700	Baunebenkosten	m² BGF	–	–	–	–	–
800	Finanzierung	m² BGF	–	–	–	–	–

KG	Kostengruppe	Menge Einheit	Kosten €	€/Einheit	%
200	**Vorbereitende Maßnahmen**	4.236,00 m² GF	9.883	**2,33**	0,9
	Grasnarben, Oberboden abtragen				
3+4	**Bauwerk**				**100,0**
300	**Bauwerk – Baukonstruktionen**	525,32 m² BGF	923.636	**1.758,23**	81,3
	Stb-Streifenfundamente, Stb-Sohlplatte, Bodenklinkerplatten, Heizestrich, Bodenfliesen, Linoleum; KS-Mauerwerk, Holzrahmenwand, Kunststofffenster, Sektionaltore, Verblendmauerwerk, HPL-Fassadenbekleidung; KS-Mauerwerk, Stb-Stützen, Holztüren, Stahltüren, Gipsputz, Beschichtung, Wandfliesen, mobile Trennwand; Stb-Flachdach, BSH-Pfetten, KVH-Sparren, Stahl-Trapezprofilblech, Mineralwolldämmung, Lichtkuppeln, Alu-Falzprofildeckung, Dachentwässerung, Alu-Rasterdecken, Akustikdecken				
400	**Bauwerk – Technische Anlagen**	525,32 m² BGF	212.209	**403,96**	18,7
	Gebäudeentwässerung, Kalt- und Warmwasserleitungen, Sanitärobjekte, Hauswasserstation, Durchlauferhitzer; Luft-Wasser-Wärmepumpe, Fußbodenheizung; Lüftungsboxen, Wickelfalzrohre; Elektroinstallation, Beleuchtung, Erdung; Hausklingelanlage, Datenverkabelung; Absaugentrauchungsanlage				
500	**Außenanlagen und Freiflächen**	–	12.731	**–**	1,1
	Kabelgräben; Außenbeleuchtung				
600	**Ausstattung und Kunstwerke**	525,32 m² BGF	2.332	**4,44**	0,2
	Sanitärausstattung				

Kostenkennwerte für die Kostengruppen 300 der 2. und 3. Ebene DIN 276 (Übersicht)

KG	Kostengruppe	Menge Einheit	Kosten €	€/Einheit	% an 3+4
300	**Bauwerk – Baukonstruktionen**	**525,32 m² BGF**	**923.635,99**	**1.758,23**	**81,3**
310	**Baugrube / Erdbau**	**17,50 m³ BGI**	**5.557,65**	**317,58**	**0,5**
311	Herstellung	17,50 m³ BGI	651,83	37,25	< 0,1
312	Umschließung	–	–	–	–
313	Wasserhaltung	–	4.905,82	–	0,4
314	Vortrieb	–	–	–	–
319	Sonstiges zur KG 310	–	–	–	–
320	**Gründung, Unterbau**	**510,71 m² GRF**	**153.168,94**	**299,91**	**13,5**
321	Baugrundverbesserung	–	–	–	–
322	Flachgründungen und Bodenplatten	510,71 m²	49.758,97	97,43	4,4
323	Tiefgründungen	–	–	–	–
324	Gründungsbeläge	465,52 m²	64.979,21	139,58	5,7
325	Abdichtungen und Bekleidungen	542,38 m²	38.430,75	70,86	3,4
326	Dränagen	–	–	–	–
329	Sonstiges zur KG 320	–	–	–	–
330	**Außenwände/Vert. Baukonstrukt., außen**	**416,45 m² AWF**	**281.211,96**	**675,26**	**24,8**
331	Tragende Außenwände	320,61 m²	44.714,21	139,47	3,9
332	Nichttragende Außenwände	–	–	–	–
333	Außenstützen	–	–	–	–
334	Außenwandöffnungen	95,84 m²	61.475,37	641,44	5,4
335	Außenwandbekleidungen, außen	418,46 m²	151.032,48	360,92	13,3
336	Außenwandbekleidungen, innen	358,87 m²	23.989,88	66,85	2,1
337	Element. Außenwandkonstruktionen	–	–	–	–
338	Lichtschutz zur KG 330	–	–	–	–
339	Sonstiges zur KG 330	–	–	–	–
340	**Innenwände/Vert. Baukonstrukt., innen**	**295,54 m² IWF**	**123.336,03**	**417,32**	**10,9**
341	Tragende Innenwände	187,84 m²	22.083,47	117,57	1,9
342	Nichttragende Innenwände	65,09 m²	7.498,77	115,21	0,7
343	Innenstützen	76,83 m	20.347,01	264,83	1,8
344	Innenwandöffnungen	42,61 m²	32.289,69	757,80	2,8
345	Innenwandbekleidungen	481,20 m²	26.924,76	55,95	2,4
346	Elementierte Innenwandkonstruktionen	22,92 m²	13.117,77	572,33	1,2
347	Lichtschutz zur KG 340	1,99 m²	1.074,55	539,97	< 0,1
349	Sonstiges zur KG 340	–	–	–	–
350	**Decken/Horizontale Baukonstruktionen**	**–**	**–**	**–**	**–**
351	Deckenkonstruktionen	–	–	–	–
352	Deckenöffnungen	–	–	–	–
353	Deckenbeläge	–	–	–	–
354	Deckenbekleidungen	–	–	–	–
355	Elementierte Deckenkonstruktionen	–	–	–	–
359	Sonstiges zur KG 350	–	–	–	–
360	**Dächer**	**597,60 m² DAF**	**280.169,01**	**468,82**	**24,7**
361	Dachkonstruktionen	545,44 m²	126.838,89	232,54	11,2
362	Dachöffnungen	2,88 m²	5.876,08	2.040,31	0,5
363	Dachbeläge	597,60 m²	126.721,52	212,05	11,2
364	Dachbekleidungen	222,44 m²	20.732,54	93,21	1,8
365	Elementierte Dachkonstruktionen	–	–	–	–
366	Lichtschutz zur KG 360	–	–	–	–
369	Sonstiges zur KG 360	–	–	–	–
370	**Infrastrukturanlagen**	**–**	**–**	**–**	**–**
380	**Baukonstruktive Einbauten**	**525,32 m² BGF**	**115,89**	**0,22**	**< 0,1**
390	**Sonst. Maßnahmen für Baukonstrukt.**	**525,32 m² BGF**	**80.076,52**	**152,43**	**7,0**

Kostenkennwerte für die Kostengruppen 400 der 2. und 3. Ebene DIN 276 (Übersicht)

KG	Kostengruppe	Menge Einheit	Kosten €	€/Einheit	% an 3+4
400	**Bauwerk – Technische Anlagen**	**525,32 m² BGF**	**212.209,00**	**403,96**	**18,7**
410	**Abwasser-, Wasser-, Gasanlagen**	**525,32 m² BGF**	**44.334,15**	**84,39**	**3,9**
411	Abwasseranlagen	525,32 m² BGF	14.089,20	26,82	1,2
412	Wasseranlagen	525,32 m² BGF	25.916,96	49,34	2,3
413	Gasanlagen	–	–	–	–
419	Sonstiges zur KG 410	525,32 m² BGF	4.327,99	8,24	0,4
420	**Wärmeversorgungsanlagen**	**525,32 m² BGF**	**43.175,21**	**82,19**	**3,8**
421	Wärmeerzeugungsanlagen	525,32 m² BGF	26.930,38	51,26	2,4
422	Wärmeverteilnetze	525,32 m² BGF	8.428,44	16,04	0,7
423	Raumheizflächen	525,32 m² BGF	7.816,39	14,88	0,7
424	Verkehrsheizflächen	–	–	–	–
429	Sonstiges zur KG 420	–	–	–	–
430	**Raumlufttechnische Anlagen**	**525,32 m² BGF**	**9.261,85**	**17,63**	**0,8**
431	Lüftungsanlagen	525,32 m² BGF	9.261,85	17,63	0,8
432	Teilklimaanlagen	–	–	–	–
433	Klimaanlagen	–	–	–	–
434	Kälteanlagen	–	–	–	–
439	Sonstiges zur KG 430	–	–	–	–
440	**Elektrische Anlagen**	**525,32 m² BGF**	**90.629,67**	**172,52**	**8,0**
441	Hoch- und Mittelspannungsanlagen	–	–	–	–
442	Eigenstromversorgungsanlagen	–	–	–	–
443	Niederspannungsschaltanlagen	–	–	–	–
444	Niederspannungsinstallationsanlagen	525,32 m² BGF	46.312,78	88,16	4,1
445	Beleuchtungsanlagen	525,32 m² BGF	26.171,37	49,82	2,3
446	Blitzschutz- und Erdungsanlagen	525,32 m² BGF	18.145,53	34,54	1,6
447	Fahrleitungssysteme	–	–	–	–
449	Sonstiges zur KG 440	–	–	–	–
450	**Kommunikationstechnische Anlagen**	**525,32 m² BGF**	**3.954,63**	**7,53**	**0,3**
451	Telekommunikationsanlagen	–	–	–	–
452	Such- und Signalanlagen	525,32 m² BGF	781,97	1,49	< 0,1
453	Zeitdienstanlagen	–	–	–	–
454	Elektroakustische Anlagen	–	–	–	–
455	Audiovisuelle Medien- u. Antennenanl.	–	–	–	–
456	Gefahrenmelde- und Alarmanlagen	–	–	–	–
457	Datenübertragungsnetze	525,32 m² BGF	3.172,66	6,04	0,3
458	Verkehrsbeeinflussungsanlagen	–	–	–	–
459	Sonstiges zur KG 450	–	–	–	–
460	**Förderanlagen**	**–**	**–**	**–**	**–**
461	Aufzugsanlagen	–	–	–	–
462	Fahrtreppen, Fahrsteige	–	–	–	–
463	Befahranlagen	–	–	–	–
464	Transportanlagen	–	–	–	–
465	Krananlagen	–	–	–	–
466	Hydraulikanlagen	–	–	–	–
469	Sonstiges zur KG 460	–	–	–	–
470	**Nutzungsspez. u. verfahrenstechn. Anl.**	**525,32 m² BGF**	**20.853,49**	**39,70**	**1,8**
480	**Gebäude- und Anlagenautomation**	**–**	**–**	**–**	**–**
490	**Sonst. Maßnahmen für techn. Anlagen**	**–**	**–**	**–**	**–**

Kostenkennwerte für Leistungsbereiche nach STLB (Kosten des Bauwerks nach DIN 276)

LB	Leistungsbereiche	Kosten €	€/m² BGF	€/m³ BRI	% an 3+4
000	Baustellen-, Verkehrssich.- u. Sicherh.einr. inkl. 001	75.706	144,10	32,40	6,7
002	Erdarbeiten	31.334	59,60	13,40	2,8
006	Spezialtiefbauarbeiten inkl. 005	–	–	–	–
009	Entwässerungskanalarbeiten inkl. 011	5.037	9,60	2,20	0,4
010	Drän- und Versickerarbeiten	–	–	–	–
012	Mauerarbeiten	160.576	305,70	68,80	14,1
013	Betonarbeiten	150.347	286,20	64,40	13,2
014	Natur-, Betonwerksteinarbeiten	–	–	–	–
016	Zimmer- und Holzbauarbeiten	99.251	188,90	42,50	8,7
017	Stahlbauarbeiten	26.427	50,30	11,30	2,3
018	Abdichtungsarbeiten	–	–	–	–
019	Kampfmittelräumarbeiten	–	–	–	–
020	Dachdeckungsarbeiten	–	–	–	–
021	Dachabdichtungsarbeiten	–	–	–	–
022	Klempnerarbeiten	105.349	200,50	45,20	9,3
	Rohbau	**654.028**	**1.245,00**	**280,30**	**57,6**
023	Putz- und Stuckarbeiten, Wärmedämmsysteme	15.653	29,80	6,70	1,4
024	Fliesen- und Plattenarbeiten	91.315	173,80	39,10	8,0
025	Estricharbeiten	11.164	21,30	4,80	1,0
026	Fenster, Außentüren inkl. 029, 032	37.644	71,70	16,10	3,3
027	Tischlerarbeiten	38.456	73,20	16,50	3,4
028	Parkett-, Holzpflasterarbeiten	–	–	–	–
030	Rollladenarbeiten	700	1,30	0,30	< 0,1
031	Metallbauarbeiten inkl. 035	–	–	–	–
034	Maler- und Lackiererarb. – Beschicht. inkl. 037	11.751	22,40	5,00	1,0
036	Bodenbelagarbeiten	37.724	71,80	16,20	3,3
038	Vorgehängte hinterlüftete Fassaden	–	–	–	–
039	Trockenbauarbeiten	22.109	42,10	9,50	1,9
	Ausbau	**266.517**	**507,30**	**114,20**	**23,5**
040	Wärmeversorgungsanl. – Betriebseinr. inkl. 041	41.155	78,30	17,60	3,6
042	Gas- u. Wasseranl. – Leitung., Armat. inkl. 043	21.267	40,50	9,10	1,9
044	Abwasseranl. – Leitungen, Abläufe, Armaturen	9.052	17,20	3,90	0,8
045	Gas, Wasser, Entwässerung – Ausstattung inkl. 046	6.859	13,10	2,90	0,6
047	Dämm- und Brandschutzarb. an techn. Anlagen	4.255	8,10	1,80	0,4
049	Feuerlöschanlagen, Feuerlöschgeräte	–	–	–	–
050	Blitzschutz-/Erdungsanlagen, Überspannungssch.	18.145	34,50	7,80	1,6
053	Niederspannungsanl. – Kabel inkl. 052, 054	46.423	88,40	19,90	4,1
055	Sicherheits- u. Ersatzstromversorgungsanl.	–	–	–	–
057	Gebäudesystemtechnik	–	–	–	–
058	Leuchten und Lampen inkl. 059	26.061	49,60	11,20	2,3
060	Such, Signal, Zeit, Anten., akust. Anl. inkl. 064	782	1,50	0,34	< 0,1
061	Kommunikations- u. Übertragungsnetze inkl. 063	3.173	6,00	1,40	0,3
069	Aufzüge	–	–	–	–
070	Gebäudeautomation	–	–	–	–
075	Raumlufttechnische Anlagen inkl. 078	30.115	57,30	12,90	2,7
	Gebäudetechnik	**207.288**	**394,60**	**88,80**	**18,2**
084	Abbruch, Rückbau, Schadstoffsanierung	–	–	–	–
	Abbrucharbeiten	**–**	**–**	**–**	**–**
	Sonstige Leistungsbereiche	**8.012**	**15,30**	**3,40**	**0,7**

7600-0103
Feuerwehrgerätehaus
(3 Fahrzeuge)

Kostenkennwerte für die Kosten des Bauwerks (Kostengruppen 300+400 nach DIN 276)

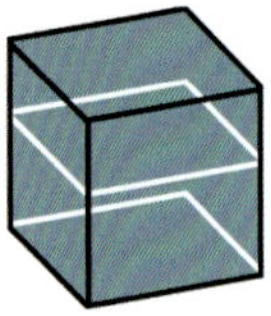

BRI 819 €/m³

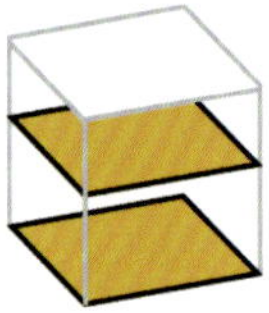

BGF 3.719 €/m²

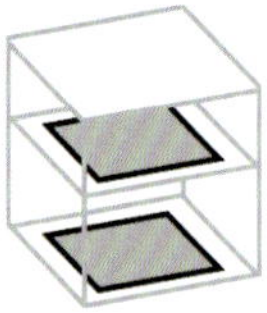

NUF 5.100 €/m²

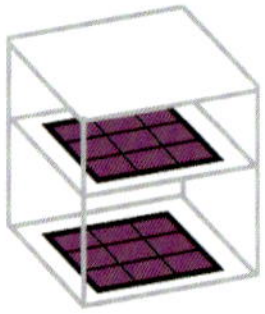

NE 1.168.737 €/NE

NE: Fahrzeugstellplätze

Objekt:
Kennwerte: 1.Ebene DIN 276
BRI: 4.283 m³
BGF: 943 m²
NUF: 688 m²
Bauzeit: 126 Wochen
Bauende: 2023
Standard: hoch
Bundesland: Saarland
Kreis: Saarpfalz-Kreis

Architekt*in:
Architekturbüro
Michaeli & Jung
Eckstraße 76
66386 St. Ingbert Rohrbach

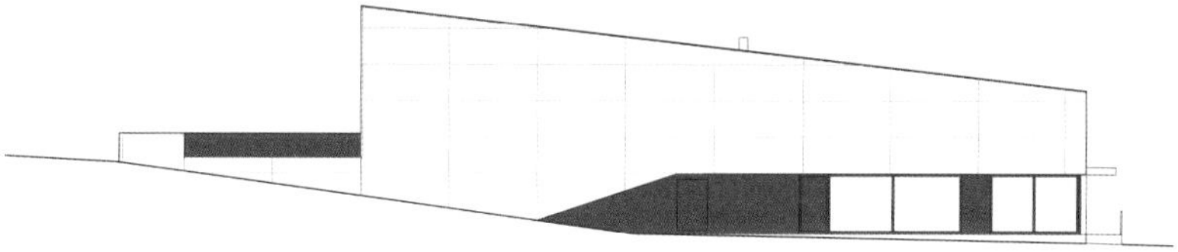

Ansicht Ost

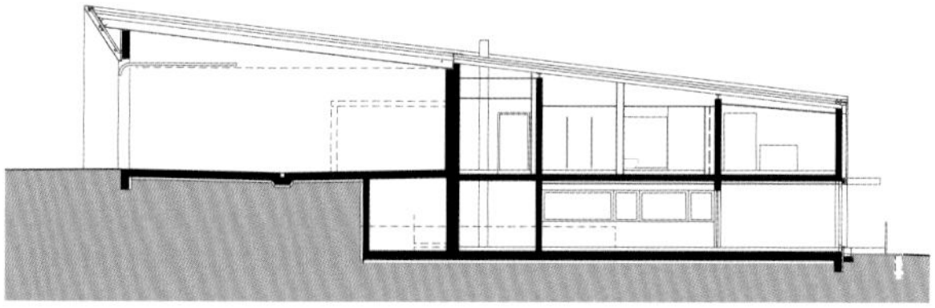

Schnitt A-A

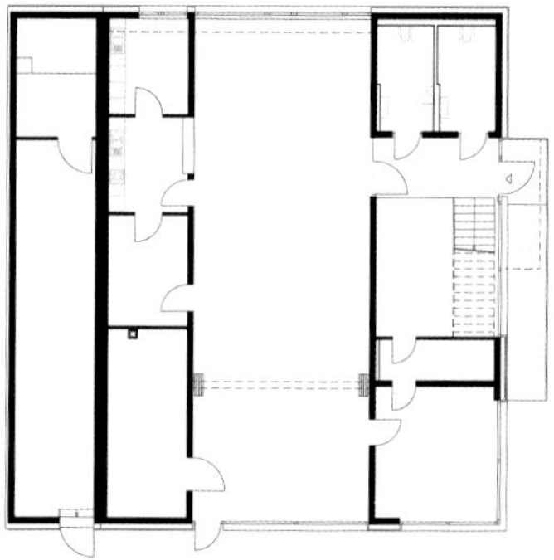

Untergeschoss

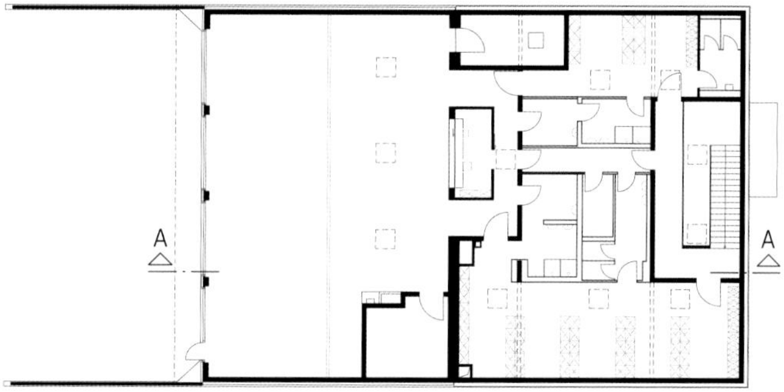

Erdgeschoss

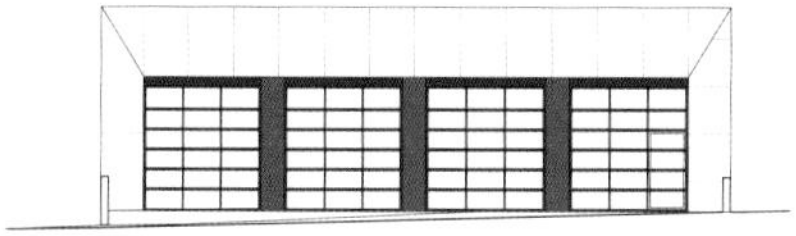

Ansicht Süd

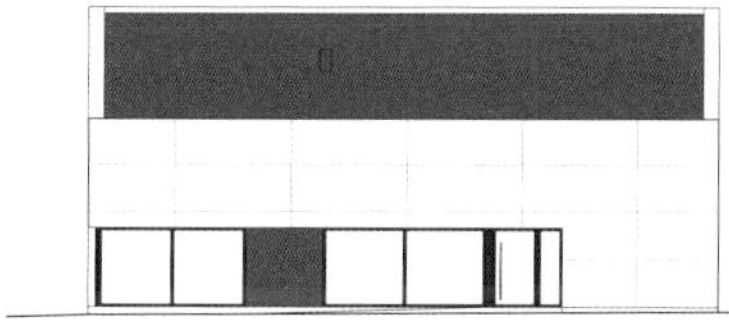

Ansicht Nord

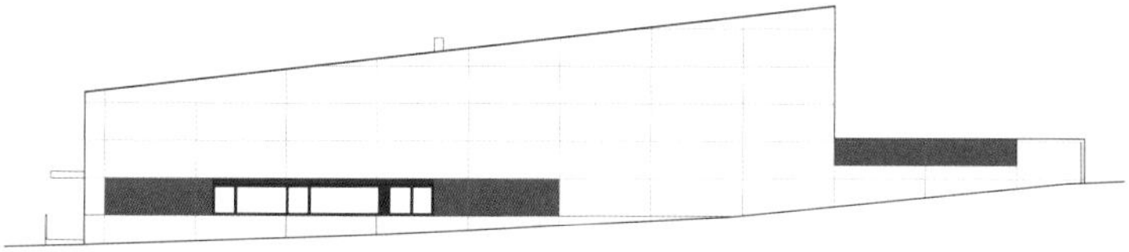

Ansicht West

Objektbeschreibung

Allgemeine Objektinformationen

Das Feuerwehrgerätehauses dient der Unterbringung von zwei Löschfahrzeugen und eines Mannschaftstransportfahrzeuges für neun Personen. In die Halle befindet sich auch der Werkstattbereich. Die eingeschossige Halle ist mit vier Toren ausgestattet. Davor befinden sich die der Fahrzeugaufstellplatz. Bei der Planung wurde die Hanglage des Grundstücks so zum Vorteil des Gebäudes genutzt, dass die Fahrzeughalle auf der Südseite im oberen Geschoss ebenerdig angefahren werden kann. Die Funktions- und Sozialräume orientieren sich nach Norden und werden im unteren Geschoss ebenfalls ebenerdig erschlossen.

Nutzung

1 Untergeschoss
Empfang, Büro, Schulungsraum, Jugendraum, Küche, Theke, Vorrat, Lehrmittel, Lager, Außenlager, Garderobe, WCs, Technikraum, Hausanschlussraum

1 Erdgeschoss
Fahrzeughalle, Werkstatt, Lager, Dekontamination, Umkleiden, Duschen, WCs, Funkraum, Materiallager

Nutzeinheiten

Fahrzeugstellplätze: 3

Grundstück

Bauraum: Beengter Bauraum
Neigung: Geneigtes Gelände
Bodenklasse: BK 3 bis BK 6

Markt

Hauptvergabezeit: 3. Quartal 2020
Baubeginn: 3. Quartal 2020
Bauende: 1. Quartal 2023
Konjunkturelle Gesamtlage: Durchschnitt
Regionaler Baumarkt: Durchschnitt

Baukonstruktion

Die eingeschossige Fahrzeughalle ist als Stahl- und Stahlbetonhalle ausgeführt; der dahinter liegende Sozialtrakt ist unterkellert und in Massivbauweise in Stahlbeton und Mauerwerk errichtet. Die Fassade ist mit großformatigen, vorgehängtem Alu-Verbundplatten bekleidet. Die Alufenster sind mit einer Dreifachverglasung ausgestattet. Auf der Südseite sich drei Sektionaltore mit Sichtfenster eingebaut. Im Untergeschoss des Sozialtrakts befindet sich ein großer Schulungsraum, der durch eine mobile Trennwand geteilt und dadurch vielfältig genutzt werden kann. Die Decke des Untergeschosses ist in Stahlbeton errichtet, wo hingegen das Pultdach über dem Erdgeschoss aus einer Stahlträger- und Trapezblech-Konstruktion besteht. Es wurden Lichtkuppeln zur Belichtung und als RWA-Anlagen eingebaut.

Technische Anlagen

Das Gebäude wird mit einer Luft-Wärmepumpe sowie einer Gaszentralheizung beheizt. Im Sozialbereich wird die Wärme über eine Fußbodenheizung verteilt. Das Gebäude ist mit einer kombinierten Zu- und Abluftanlage ausgestattet.

Energetische Kennwerte

Gesetzliche Grundlage: EnEV 2013
Gebäudenutzfläche: 799,00 m^2
Gebäudevolumen: 4.049,00 m^3
A/V_e-Verhältnis (Kompaktheit): 0,46 m^{-1}
Hüllfläche des beheizten Volumens: 1.870,00 m^2
Spez. Transmissionswärmeverlust: 0,46 W/(m^2·K)
Mittlerer U-Wert (opake Bauteile): 0,17 W/(m^2·K)
Mittlerer U-Wert (transparente Bauteile): 1,30 W/(m^2·K)
Mittlerer U-Wert (Glasdächer, etc.): 1,30 W/(m^2·K)
Spez. Jahresprimärenergiebedarf: 95,10 kWh/(m^2·a)
Spez. Jahresendenergiebedarf: 57,00 kWh/(m^2·a)

Planungskennwerte für Flächen und Rauminhalte nach DIN 277

Flächen des Grundstücks		Menge Einheit	% an GF
BF	Bebaute Fläche	600,46 m²	24,4
UF	Unbebaute Fläche	1.864,54 m²	75,6
GF	Grundstücksfläche	2.465,00 m²	100,0

Grundflächen des Bauwerks		Menge Einheit	% an NUF	% an BGF
NUF	Nutzungsfläche	687,52 m²	100,0	72,9
TF	Technikfläche	28,54 m²	4,2	3,0
VF	Verkehrsfläche	82,70 m²	12,0	8,8
NRF	Netto-Raumfläche	798,76 m²	116,2	84,7
KGF	Konstruktions-Grundfläche	143,96 m²	20,9	15,3
BGF	Brutto-Grundfläche	942,72 m²	137,1	100,0

Brutto-Rauminhalt des Bauwerks		Menge Einheit	BRI/NUF (m)	BRI/BGF (m)
BRI	Brutto-Rauminhalt	4.282,61 m³	6,23	4,54

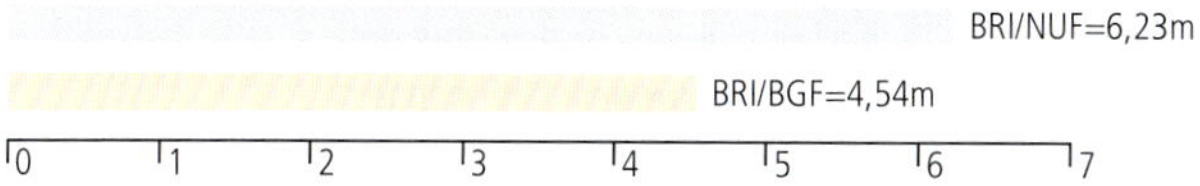

Kostenkennwerte für die Kostengruppen der 1. Ebene DIN 276

KG	Kostengruppen (1. Ebene)	Einheit	Kosten €	€/Einheit	€/m² BGF	€/m³ BRI	% 300+400
100	Grundstück	m² GF	–	–	–	–	–
200	Vorbereitende Maßnahmen	m² GF	764.395	310,10	810,84	178,49	21,8
300	Bauwerk – Baukonstruktionen	m² BGF	2.596.456	2.754,22	2.754,22	606,28	74,1
400	Bauwerk – Technische Anlagen	m² BGF	909.755	965,03	965,03	212,43	25,9
	Bauwerk 300+400	**m² BGF**	**3.506.210**	**3.719,25**	**3.719,25**	**818,71**	**100,0**
500	Außenanlagen und Freiflächen	m² AF	485.284	361,87	514,77	113,31	13,8
600	Ausstattung und Kunstwerke	m² BGF	–	–	–	–	–
700	Baunebenkosten	m² BGF	–	–	–	–	–
800	Finanzierung	m² BGF	–	–	–	–	–

KG	Kostengruppe	Menge Einheit	Kosten €	€/Einheit	%
200	**Vorbereitende Maßnahmen**	2.465,00 m² GF	764.395	**310,10**	21,8

Bodenaustausch mit Naturschotter

KG	Kostengruppe	Menge Einheit	Kosten €	€/Einheit	%
3+4	**Bauwerk**				**100,0**
300	**Bauwerk – Baukonstruktionen**	942,72 m² BGF	2.596.456	**2.754,22**	74,1

Baugrubenaushub; UG: Stb-Fundamentplatte, EG: Stb-Fundamente, Stb-Bodenplatte, Estrich, Heizestrich, Beschichtung, Bodenfliesen, Abdichtung, Dämmung, Schaumglas, Sauberkeitsschicht; Stb-Wände, Mauerwerkswände, Stb-Stützen, Alu-Stahlfenster, Dreifachverglasung, Sektionaltore mit Sichtfenster, Wärmedämmung, Alu-Verbundfassade, Außenjalousien; Innenmauerwerk, Stb-Wände, GK-Wände, Ganzglastüren, Brandschutztüren, Holztüren, Wandfliesen, WC-Trennwände, mobile Trennwand; Stb-Elementdecken, Stb-Fertigteiltreppe, Heizestrich, Bodenfliesen, abgehängte GK-Decken, Schallschutzdecke, Glas-Stahlgeländer, Treppengeländer; Profilstahlbinderdach, Lichtkuppeln, Trapezblech, Dämmung, Abdichtung, Dachentwässerung, abgehängte GK-Decken, Sekuranten

KG	Kostengruppe	Menge Einheit	Kosten €	€/Einheit	%
400	**Bauwerk – Technische Anlagen**	942,72 m² BGF	909.755	**965,03**	25,9

Gebäudeentwässerung, Kalt- und Warmwasserleitungen, Sanitärobjekte; Gas-Brennwerttherme, Luft-Wasser-Wärmepumpe, Fußbodenheizung; Lüftungsanlage, RWA-Anlagen; Elektroinstallation, Beleuchtung; Datenübertragungsanlage, Funkanlage, elektroakustische Anlage

KG	Kostengruppe	Menge Einheit	Kosten €	€/Einheit	%
500	**Außenanlagen und Freiflächen**	1.341,03 m² AF	485.284	**361,87**	13,8

Bodenarbeiten; Frostschutzschichten, Pflaster auf Wegen, Asphaltbeläge auf Stellplätzen, Vorplatz, Rinnenplatten; Winkelstützmauern, Stb-Treppen; Oberflächenentwässerung, Entwässerungsrinnen; Fahrradanlehnbügel, Abfallbehälter

Objektbeschreibung

Allgemeine Objektinformationen

Der Neubau des Feuerwehrhauses umfasst neben den Umkleidebereichen, den Alarmgarderoben und der Fahrzeughalle auch einen Schulungsraum mit Küche und ein Büro. Ein Nebeneingang auf der Ostseite des Gebäudes ermöglicht die Nutzung des Versammlungsraumes auch für externe Veranstaltungen.

Nutzung

1 Erdgeschoss
Fahrzeughalle, Waschhalle, Alarmzentrale, Atemschutzlager, Werkstätten, Mehrzweckraum, Küche, Abstellraum, Lager, Umkleiden, Duschen, WCs

1 Dachgeschoss
Büro- und Besprechungsraum, Jugendfeuerwehrraum, Kleiderkammer, Kompressorraum, Abstellräume, Technik, Galerie

Nutzeinheiten

Fahrzeugstellplätze: 3

Grundstück

Bauraum: Freier Bauraum
Neigung: Ebenes Gelände
Bodenklasse: BK 1 bis BK 3

Markt

Hauptvergabezeit: 4. Quartal 2020
Baubeginn: 1. Quartal 2021
Bauende: 1. Quartal 2022
Konjunkturelle Gesamtlage: Durchschnitt
Regionaler Baumarkt: unter Durchschnitt

Baukonstruktion

Das Gebäude gründet auf einer Stahlbetonbodenplatte und Streifenfundamenten. Es gliedert sich in zwei Trakte: einen Büro- und Sozialtrakt sowie einen Fahrzeug- und Werkstatttrakt. Die Fahrzeughalle mit Werkstatt ist als Stahlrahmenkonstruktion mit einer Bekleidung aus Sandwichpaneelen errichtet, während der Büro- und Sozialtrakt massiv gemauert und mit Verblendmauerwerk bekleidet ist. Eine Pfosten-Riegelfassade an der Nordseite wurde über beide Geschosse hinweg errichtet. Das Sparrendach aus Holzkonstruktion ist gedämmt und mit Trapezblechen gedeckt.

Technische Anlagen

Die hybride Wärmeerzeugung erfolgt über eine Luft-Wasser-Wärmepumpe sowie einen Gasbrennwertkessel. Eine Flächenheizung erwärmt den Sozialbereich, mit Heizkörper wird der Fahrzeugbereich beheizt. Im Sozialbereich ist eine zentrale Be- und Entlüftungsanlage mit Wärmerückgewinnung verbaut. Über den Einsatzfahrzeugen in der Halle ist eine Kfz-Abgasabsauganlage installiert. Das Warmwasser wird dezentral mit elektrischen Hygienespülungen erzeugt. Die Elektroinstallationen beinhalten eine Alarmsteuerung für die Feuerwehrautomatismen, LED-Beleuchtungskörper sowie eine Netzwerk-Digitalisierung.

Energetische Kennwerte

Gesetzliche Grundlage: EnEV 2013
Gebäudenutzfläche: 1.547,00 m^2
Gebäudevolumen: 4.835,20 m^3
A/V_e-Verhältnis (Kompaktheit): 0,46 m^{-1}
Hüllfläche des beheizten Volumens: 2.221,74 m^2
Spez. Transmissionswärmeverlust: 0,32 $W/(m^2 \cdot K)$
Mittlerer U-Wert (opake Bauteile): 0,16 $W/(m^2 \cdot K)$
Mittlerer U-Wert (transparente Bauteile): 1,30 $W/(m^2 \cdot K)$
Spez. Jahresprimärenergiebedarf: 63,34 $kWh/(m^2 \cdot a)$

Planungskennwerte für Flächen und Rauminhalte nach DIN 277

Flächen des Grundstücks		Menge Einheit	% an GF
BF	Bebaute Fläche	716,00 m²	49,3
UF	Unbebaute Fläche	736,00 m²	50,7
GF	Grundstücksfläche	1.452,00 m²	100,0

Grundflächen des Bauwerks		Menge Einheit	% an NUF	% an BGF
NUF	Nutzungsfläche	786,58 m²	100,0	72,2
TF	Technikfläche	33,93 m²	4,3	3,1
VF	Verkehrsfläche	157,38 m²	20,0	14,4
NRF	Netto-Raumfläche	977,89 m²	124,3	89,7
KGF	Konstruktions-Grundfläche	112,11 m²	14,3	10,3
BGF	Brutto-Grundfläche	1.090,00 m²	138,6	100,0

Brutto-Rauminhalt des Bauwerks		Menge Einheit	BRI/NUF (m)	BRI/BGF (m)
BRI	Brutto-Rauminhalt	4.524,85 m³	5,75	4,15

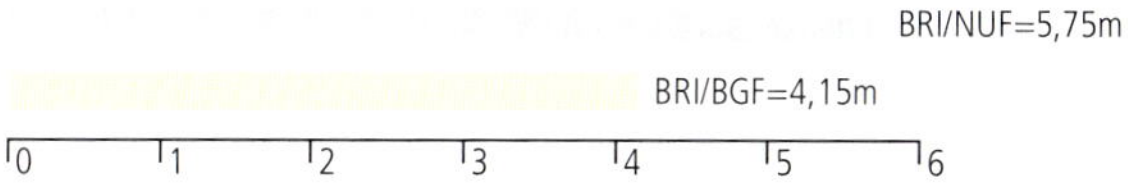

7600-0105
Feuerwehrzentrum
Rettungswache
Kreisleitstelle
(36 AP, 10 Fahrzeuge)

Kostenkennwerte für die Kosten des Bauwerks (Kostengruppen 300+400 nach DIN 276)

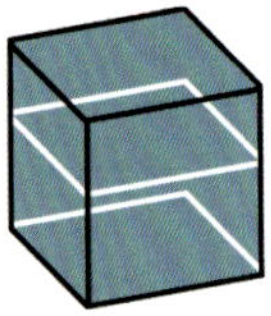

BRI 1.699€/m³

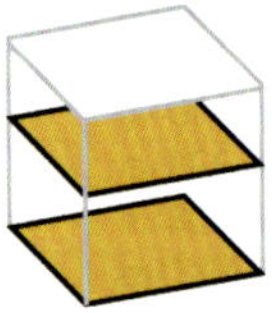

BGF 7.415€/m²

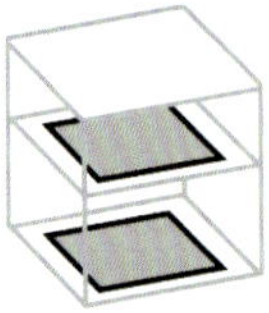

NUF 11.827€/m²

Objekt:
Kennwerte: 1.Ebene DIN 276
BRI: 24.555m³
BGF: 5.625m²
NUF: 3.527m²
Bauzeit: 148 Wochen
Bauende: 2023
Standard: mittel
Bundesland: Nordrhein-Westfalen
Kreis: Minden-Lübbecke

Architekt*in:
Architektengemeinschaft:
eggersmende architekten
PartG mbB
Kohlmarkt 4
38100 Braunschweig
mit
Trapez Architektur GmbH
Stadtdeich 7
20097 Hamburg

Bauherr*in:
Kreis Minden-Lübbecke
Portastraße 13
32423 Minden

© Meike Hansen, Archimage

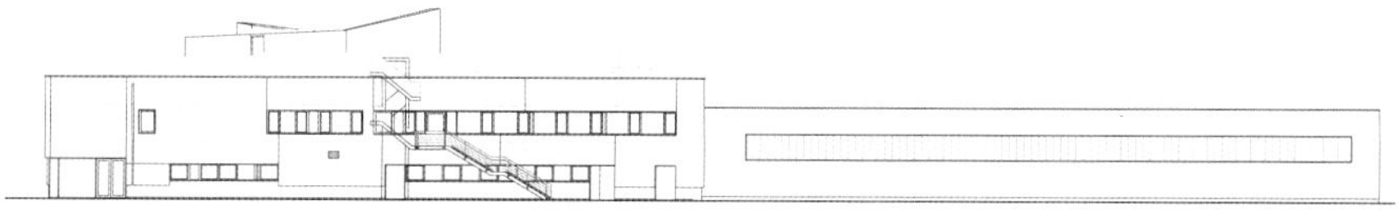
Ansicht Ost

Erdgeschoss

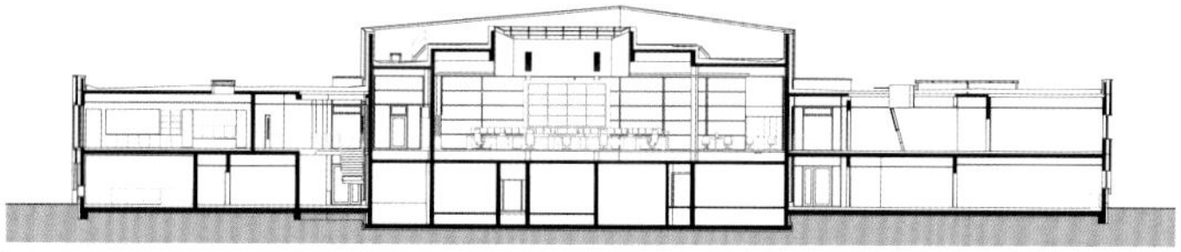
Schnitt A-A

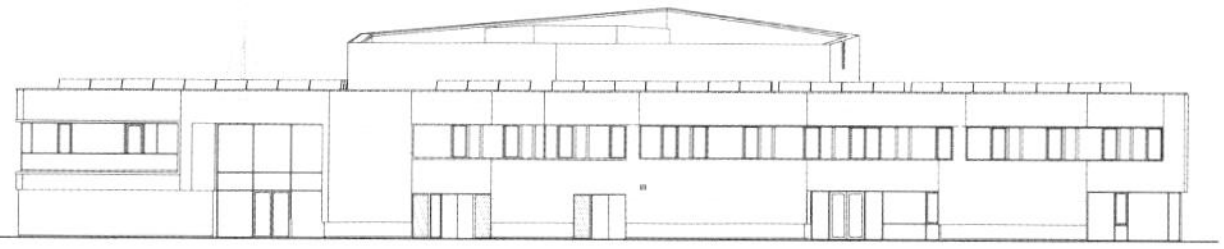
Ansicht Süd

7600-0105
Feuerwehrzentrum
Rettungswache
Kreisleitstelle
(36 AP, 10 Fahrzeuge)

Kostenkennwerte für die Kostengruppen der 1. Ebene DIN 276

KG	Kostengruppen (1. Ebene)	Einheit	Kosten €	€/Einheit	€/m² BGF	€/m³ BRI	% 300+400
100	Grundstück	m² GF	–	–	–	–	–
200	Vorbereitende Maßnahmen	m² GF	–	–	–	–	–
300	Bauwerk – Baukonstruktionen	m² BGF	16.525.159	2.937,64	2.937,64	672,98	39,6
400	Bauwerk – Technische Anlagen	m² BGF	25.184.623	4.477,02	4.477,02	1.025,63	60,4
	Bauwerk 300+400	**m² BGF**	**41.709.781**	**7.414,66**	**7.414,66**	**1.698,61**	**100,0**
500	Außenanlagen und Freiflächen	m² AF	3.163.394	940,37	562,35	128,83	7,6
600	Ausstattung und Kunstwerke	m² BGF	–	–	–	–	–
700	Baunebenkosten	m² BGF	–	–	–	–	–
800	Finanzierung	m² BGF	–	–	–	–	–

KG	Kostengruppe	Menge Einheit	Kosten €	€/Einheit	%
3+4	**Bauwerk**				**100,0**
300	**Bauwerk – Baukonstruktionen**	5.625,31 m² BGF	16.525.159	**2.937,64**	39,6

Erdarbeiten; Stb-Frostschürzen, Streifenfundamente, Stb-Sohlplatten, Abdichtung, Dämmung, Estrich, Doppelböden, Kautschuk, Bodenfliesen, Teppich, Bodenfliesen im Rüttelverfahren; Stb-Fertigteilwände, Sichtbeton, Alufenster, Dreifach-Sonnenschutzverglasung, Alutüren, Dämmung, Verblendklinker, Stahl-Trapezfassaden, hinterlüftete Metallfassaden, Alu-Pfosten-Riegelfassaden, Raffstore; Stb-Wände, KS-Mauerwerk, GK-Wände, RS-Stahlblechtüren, Glasrahmentüren, Holztüren, HPL, Beschichtung, Wandfliesen, Stahl-Glaswände, Sanitärtrennwände; Stb-Decken, Stb-Treppen, Dämmung, Estrich, Kautschuk, Bodenfliesen, Teppich, Treppengeländer, abgehängte Akustikdecken, GK-Decken, Stahl-Fluchttreppen; Spannbeton-Hohlkammerdächer, Stahl-Trapezblechdach, Dämmung, Abdichtung, Terrassenplatten, Dachentwässerungen, Rasterdecken, GK-Decken

KG	Kostengruppe	Menge Einheit	Kosten €	€/Einheit	%
400	**Bauwerk – Technische Anlagen**	5.625,31 m² BGF	25.184.623	**4.477,02**	60,4

Gebäudeentwässerung, Kalt- und Warmwasserleitungen, Sanitärobjekte; Gas-Blockheizkraftwerk, Gas-Brennwertkessel, Fußbodenheizung, Heiz-Klimadecken, Heizkörper, Umlufterhitzer; zentrale Be- und Entlüftungsanlagen mit Wärmerückgewinnung, Klimaanlagen, Kälteanlage, Lüftungsleitungen; PV-Anlage, Notstrom-Versorgungsanlage, Elektroinstallation, Beleuchtung, Blitzschutz; Telekommunikationsanlage, Video-Sprechanlage, Zeitdienstanlage, elektrisches Notfallsystem, Fernseh- und Antennenanlage, Einbruchmeldeanlage, Rauchmelder, Datenübertragungsnetze; Personenaufzug; Abgas-Absauganlage; Gebäudeautomation

KG	Kostengruppe	Menge Einheit	Kosten €	€/Einheit	%
500	**Außenanlagen und Freiflächen**	3.364,00 m² AF	3.163.394	**940,37**	7,6

Oberbodenarbeiten; Pflasterbeläge, Zufahrten, Wege, Hofbefestigungen, Stellplätze; Stabgitterzaun, Tore, Schiebetore, Schranken, Müllumhausungen; Oberflächenentwässerung; Außenmöblierungen, Fahrradständer; Vegetationsflächen, Bepflanzungen, Rasenansaat

Objektbeschreibung

Allgemeine Objektinformationen

Der Neubau ist als Feuerwehrhaus mit zwei Stellplätzen, Umkleiden, Nebenräumen für die feuerwehrtechnische Nutzung und einem Schulungsraum realisiert. Der Schulungsraum steht dabei auch der Dorfgemeinschaft für Veranstaltungen zur Verfügung.

Nutzung

1 Erdgeschoss
Fahrzeughalle, Umkleideräume, Büro, Aufenthalts- und Schulungsraum

1 Obergeschoss
Lagerfläche

Nutzeinheiten

Fahrzeugstellplätze: 2

Grundstück

Bauraum: Freier Bauraum
Neigung: Ebenes Gelände
Bodenklasse: BK 3 bis BK 4

Markt

Hauptvergabezeit: 3.Quartal 2021
Baubeginn: 3.Quartal 2021
Bauende: 2.Quartal 2023
Konjunkturelle Gesamtlage: über Durchschnitt
Regionaler Baumarkt: Durchschnitt

Baukonstruktion

Das Gebäude ist in konventioneller Massivbauweise aus Wärmedämmziegeln errichtet und nicht unterkellert. Die vertikale Lastabtragung erfolgt über ein zimmermannsmäßig abgebundenes Sparrendach und BSH-Bindern im Hallenbereich. Über Wände aus tragendem Ziegelmauerwerk werden die Lasten in die statisch tragende Bodenplatte aus Stahlbeton eingeleitet. Auf allen tragenden Wandteilen verlaufen auf der Mauerkrone Ringanker zur Aussteifung. Das Dach besteht aus zwei parallel gestellten Satteldächern, dazwischen ein Verbindungsstück mit Flachdach. Die beiden Dächer mit einer Neigung von ca. 17,5° sind mit Ziegeldeckung ausgeführt.

Technische Anlagen

Das Gerätehaus wird mit einer Pelletheizung beheizt. Die Wärme wird im Verwaltungsbereich über eine Fußbodenheizung übertragen, im Hallenbereich über Lufterhitzer. Die Dachflächen sind mit einer PV-Anlage belegt. In der Fahrzeughalle ist eine Abgasabsaugung für die Feuerwehrfahrzeuge vorhanden.

Energetische Kennwerte

Gesetzliche Grundlage: GEG 2020
Mittlerer U-Wert (opake Bauteile): 0,25 W/(m²·K)
Mittlerer U-Wert (transparente Bauteile): 0,90 W/(m²·K)
Spez. Jahresprimärenergiebedarf: 103,24 kWh/(m²·a)

Planungskennwerte für Flächen und Rauminhalte nach DIN 277

Flächen des Grundstücks		Menge Einheit	% an GF
BF	Bebaute Fläche	523,32 m²	13,4
UF	Unbebaute Fläche	3.386,68 m²	86,6
GF	Grundstücksfläche	3.910,00 m²	100,0

Grundflächen des Bauwerks		Menge Einheit	% an NUF	% an BGF
NUF	Nutzungsfläche	389,38 m²	100,0	73,1
TF	Technikfläche	18,10 m²	4,6	3,4
VF	Verkehrsfläche	49,03 m²	12,6	9,2
NRF	Netto-Raumfläche	456,51 m²	117,2	85,7
KGF	Konstruktions-Grundfläche	76,10 m²	19,5	14,3
BGF	Brutto-Grundfläche	532,61 m²	136,8	100,0

Brutto-Rauminhalt des Bauwerks		Menge Einheit	BRI/NUF (m)	BRI/BGF (m)
BRI	Brutto-Rauminhalt	2.739,60 m³	7,04	5,14

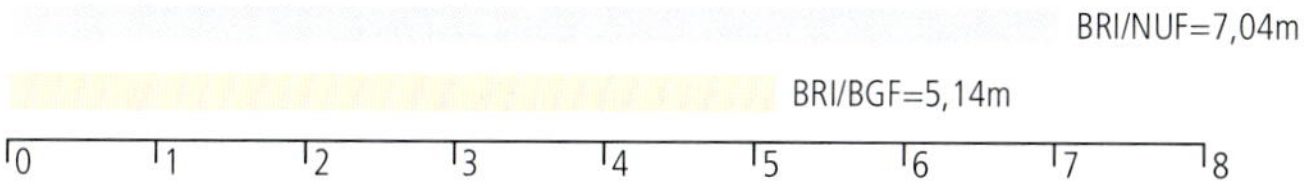

Kostenkennwerte für die Kostengruppen der 1. Ebene DIN 276

KG	Kostengruppen (1. Ebene)	Einheit	Kosten €	€/Einheit	€/m² BGF	€/m³ BRI	% 300+400
100	Grundstück	m² GF	–	–	–	–	–
200	Vorbereitende Maßnahmen	m² GF	–	–	–	–	–
300	Bauwerk – Baukonstruktionen	m² BGF	1.417.768	2.661,92	2.661,92	517,51	65,4
400	Bauwerk – Technische Anlagen	m² BGF	748.549	1.405,44	1.405,44	273,23	34,6
	Bauwerk 300+400	**m² BGF**	**2.166.317**	**4.067,36**	**4.067,36**	**790,74**	**100,0**
500	Außenanlagen und Freiflächen	m² AF	–	–	–	–	–
600	Ausstattung und Kunstwerke	m² BGF	–	–	–	–	–
700	Baunebenkosten	m² BGF	–	–	–	–	–
800	Finanzierung	m² BGF	–	–	–	–	–

KG	Kostengruppe	Menge Einheit	Kosten €	€/Einheit	%
3+4	**Bauwerk**				**100,0**
300	**Bauwerk – Baukonstruktionen**	532,61 m² BGF	1.417.768	**2.661,92**	65,4

Stahlbeton-Fundamentplatte auf Frostschürzen, Wärme-/Trittschalldämmung bzw. geschliffene Bodenplatte mit Beschichtung, Heizzementestrich, Linoleum, Bodenfliesen, Perimeterdämmung; Wärmedämm-Ziegelmauerwerk, Alu-Kunststofffenster, Holz-Alufenster und Alufenster mit Dreifachverglasung, Außenputz, teilweise Mineralwolldämmung mit hinterlüfteter Lärchenholzfassade, Kalkinnenputz, Dispersionsbeschichtung, Wandfliesen; Ziegelmauerwerk, GK-Metallständerwände, Kalkinnenputz, Dispersionsbeschichtung, Wandfliesen, Holzvertäfelungen mit integriertem Fahnenschrank (Weißtanne) an Innenwänden zum Foyer; Schalung; Satteldachkonstruktion als Pfettendachstuhl, Zwischensparrendämmung, Dampfbremse, Ziegeleindeckung, GK-Akustikdecken, GK-Deckenbekleidungen, Mineralfaser-Rasterdecken, waagrecht bzw. entsprechend des Dachschrägenverlaufs abgehängt, Dachentwässerung

KG	Kostengruppe	Menge Einheit	Kosten €	€/Einheit	%
400	**Bauwerk – Technische Anlagen**	532,61 m² BGF	748.549	**1.405,44**	34,6

Gebäudeentwässerung, Kalt- und Warmwasserleitungen, Sanitärobjekte; Pelletheizung, Fußbodenheizung; Lufterhitzer in Halle; Photovoltaikanlage, Elektroinstallation, Beleuchtung, Einbaustrahler; Telekommunikationsanlage, Rauchmeldeanlage; Abgasabsaugung für die Feuerwehrfahrzeuge

Kostenkennwerte für die Kosten des Bauwerks (Kostengruppen 300+400 nach DIN 276)

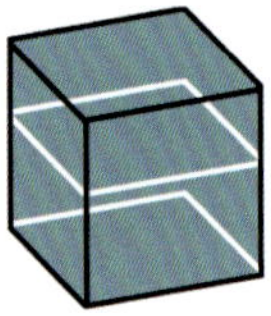

BRI 926 €/m³

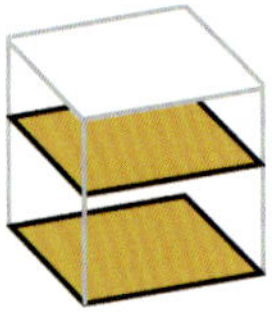

BGF 4.092 €/m²

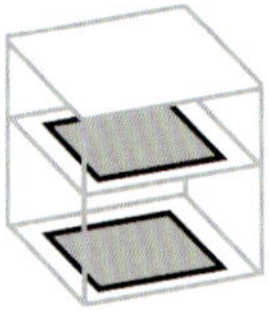

NUF 5.853 €/m²

Objekt:
Kennwerte: 1.Ebene DIN 276
BRI: 1.700 m³
BGF: 385 m²
NUF: 269 m²
Bauzeit: 74 Wochen
Bauende: 2022
Standard: mittel
Bundesland: Baden-Württemberg
Kreis: Neckar-Odenwald-Kreis

Architekt*in:
Link Architekten
Ringstraße 7
74731 Walldürn

Bauherr*in:
Stadt Walldürn
Burgstraße 3
74731 Walldürn

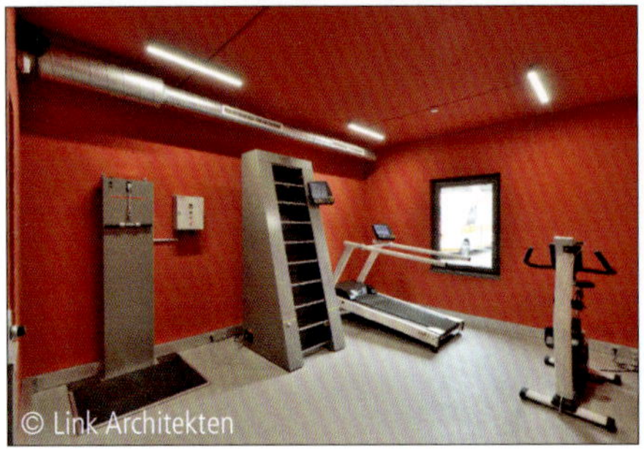

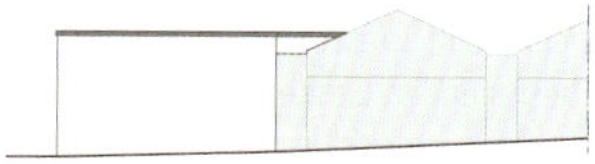
Ansicht Nord

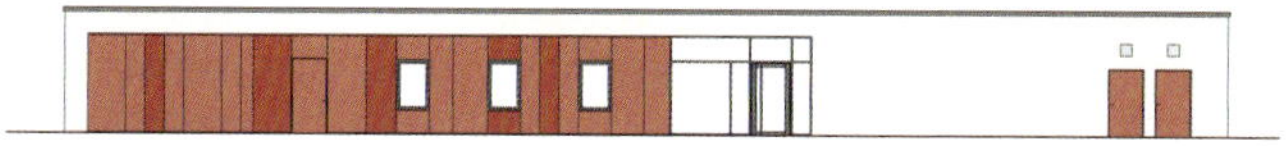
Ansicht Ost

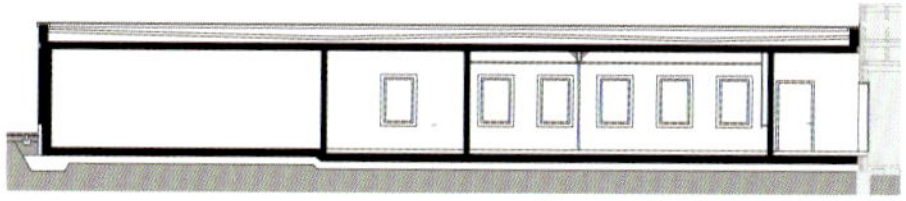
Schnitt B-B

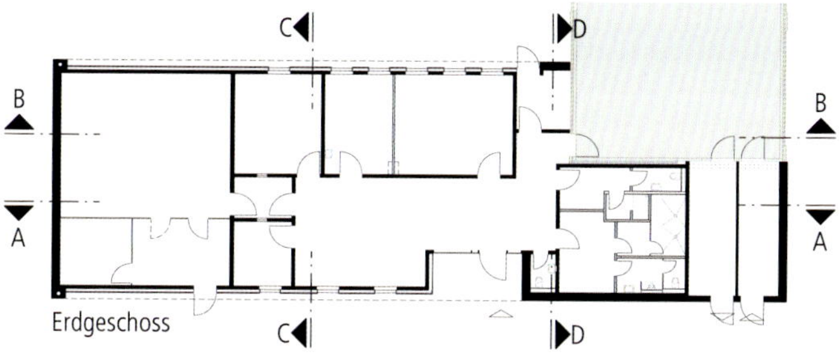

Erdgeschoss

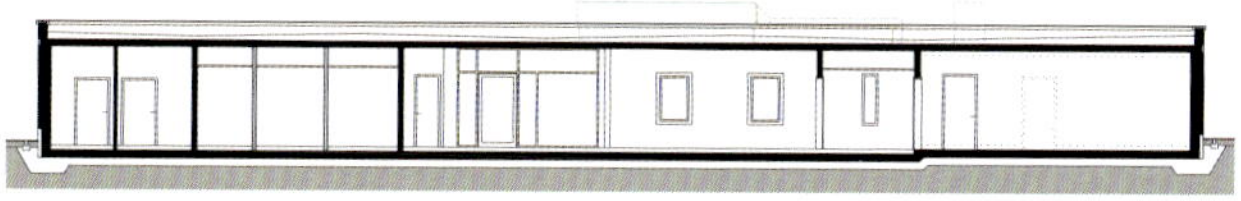
Schnitt A-A

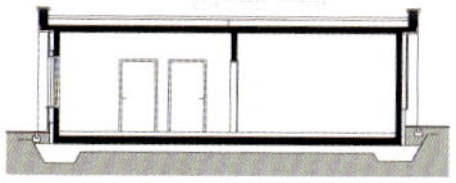
Schnitt C-C

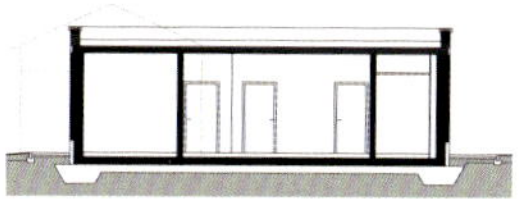
Schnitt D-D

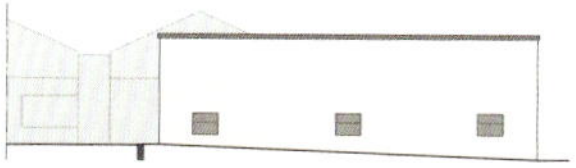
Ansicht Süd

Ansicht West

Objektbeschreibung

Allgemeine Objektinformationen

Das eingeschossige Gebäude wurde an das bestehende Feuerwehrhaus angebaut und beherbergt die Atemschutzübungsanlage sowie Umkleideräume und einen Aufenthaltsraum, der als Schulungsraum genutzt werden kann.

Nutzung

1 Erdgeschoss
Foyer, Garderobe, Übungsraum, Zielraum, Umkleideräume, Duschen, WCs, Schulungsraum, Leitstand, Schleuse, Anlieferung, Technik, Erste-Hilfe-Raum

Nutzeinheiten

Arbeitsplätze: 16

Grundstück

Bauraum: Freier Bauraum
Neigung: Ebenes Gelände
Bodenklasse: BK 3 bis BK 5

Markt

Hauptvergabezeit: 4. Quartal 2020
Baubeginn: 4. Quartal 2020
Bauende: 2. Quartal 2022
Konjunkturelle Gesamtlage: über Durchschnitt
Regionaler Baumarkt: unter Durchschnitt

Baukonstruktion

Das Gebäudes gründet auf einer Stahlbeton-Fundamentplatte auf Glasschaumschotter. Die Außenwände sind in Mauerwerksbauweise ausgeführt und mit einem Wärmedämmverbundsystem sowie einer hinterlüfteten Vorhangfassade versehen. Die Fenster verfügen über eine Dreifachverglasung, während der Haupteingang in eine moderne Pfosten-Riegelfassade integriert ist. Die Fenster können mit Raffstores verschattet werden. Das Flachdach besteht aus Stahlbeton und ist extensiv begrünt. Im Innenbereich sind die tragenden Wände als Sichtmauerwerk aus Kalksandstein ausgeführt. In einzelnen Räumen wurden abgehängte Decken oder Akustikbaffeln ausgeführt. Installationswände sind in Trockenbauweise errichtet. Die Böden wurden beschichtet oder mit Fliesen belegt.

Technische Anlagen

Das Gebäude wird mit einer Luft-Wasser-Wärmepumpe in Kombination mit dem bestehenden Gaskessel der Feuerwache beheizt. Die Wärmeverteilung erfolgt über eine Fußbodenheizung. Eine Be- und Entlüftungsanlage mit einem RLT-Gerät auf dem Dach sowie Einzelraumlüfter sorgen für Frischluft. Der Übungsraum ist mit einer Not-Entlüftung ausgestattet. Die Gebäudeautomation erfolgt über ein EIB-Bus-System. Die Sanitäreinrichtungen entsprechen dem Standard. Die technische Ausrüstung für die Atemschutzübungsanlage ist in den Kosten enthalten.

Energetische Kennwerte

Gesetzliche Grundlage: EnEV 2013
Gebäudenutzfläche: 220,00 m^2
Spez. Jahresprimärenergiebedarf: 338,00 kWh/(m^2·a)

Planungskennwerte für Flächen und Rauminhalte nach DIN 277

Flächen des Grundstücks		Menge Einheit	% an GF
BF	Bebaute Fläche	4.641,00 m²	64,8
UF	Unbebaute Fläche	2.516,00 m²	35,2
GF	Grundstücksfläche	7.157,00 m²	100,0

Grundflächen des Bauwerks		Menge Einheit	% an NUF	% an BGF
NUF	Nutzungsfläche	269,09 m²	100,0	69,9
TF	Technikfläche	–	–	–
VF	Verkehrsfläche	43,27 m²	16,1	11,2
NRF	Netto-Raumfläche	312,36 m²	116,1	81,2
KGF	Konstruktions-Grundfläche	72,48 m²	26,9	18,8
BGF	Brutto-Grundfläche	384,84 m²	143,0	100,0

Brutto-Rauminhalt des Bauwerks		Menge Einheit	BRI/NUF (m)	BRI/BGF (m)
BRI	Brutto-Rauminhalt	1.700,00 m³	6,32	4,42

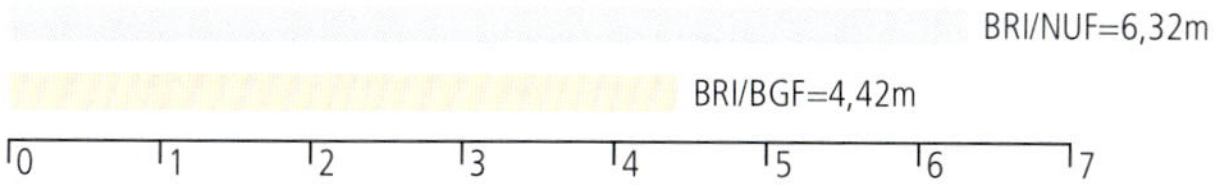

Kostenkennwerte für die Kostengruppen der 1. Ebene DIN 276

KG	Kostengruppen (1. Ebene)	Einheit	Kosten €	€/Einheit	€/m² BGF	€/m³ BRI	% 300+400
100	Grundstück	m² GF	–	–	–	–	–
200	Vorbereitende Maßnahmen	m² GF	–	–	–	–	–
300	Bauwerk – Baukonstruktionen	m² BGF	1.066.635	2.771,63	2.771,63	627,43	67,7
400	Bauwerk – Technische Anlagen	m² BGF	508.222	1.320,61	1.320,61	298,95	32,3
	Bauwerk 300+400	**m² BGF**	**1.574.857**	**4.092,24**	**4.092,24**	**926,39**	**100,0**
500	Außenanlagen und Freiflächen	m² AF	–	–	–	–	–
600	Ausstattung und Kunstwerke	m² BGF	–	–	–	–	–
700	Baunebenkosten	m² BGF	–	–	–	–	–
800	Finanzierung	m² BGF	–	–	–	–	–

KG	Kostengruppe	Menge Einheit	Kosten €	€/Einheit	%
3+4	**Bauwerk**				**100,0**
300	**Bauwerk – Baukonstruktionen**	384,84 m² BGF	1.066.635	**2.771,63**	67,7

Baugrubenaushub; Bodenaustausch, Stb-Fundamentplatte, Abdichtung, Dämmung, Heizestrich, Bodenbeschichtung, Glasschaumschotter, Vlies; KS-Mauerwerk, Kunststofffenster, Dreifachverglasung, WDVS, vorgehängte hinterlüftete Fassade, Beschichtung, Pfosten-Riegel-Fassade; Sichtmauerwerk, GK-Wände, Holztüren mit Stahlzargen, Beschichtung, Wandfliesen; Stb-Flachdach, Gefälledämmung, Abdichtung, extensive Dachbegrünung, Trittplatten, Dachentwässerung

KG	Kostengruppe	Menge Einheit	Kosten €	€/Einheit	%
400	**Bauwerk – Technische Anlagen**	384,84 m² BGF	508.222	**1.320,61**	32,3

Gebäudeentwässerung, Kalt- und Warmwasserleitungen, Sanitärobjekte; Luft-Wasser-Wärmepumpe in Ergänzung zum vorhandenen Gaskessel, Fußbodenheizung; Be- und Entlüftungsanlage, Einzelraumlüfter; Elektroinstallation, Beleuchtung, Blitzschutzanlage

Objektbeschreibung

Allgemeine Objektinformationen

Die Feuer- und Rettungswache wurde in zwei Bauabschnitten konzipiert. Diese Dokumentation umfasst die Kostenerfassung des ersten Abschnitts – der Rettungswache. Der zweite Bauabschnitt, eine deutlich größere Feuerwache, wird in direktem Anschluss zu einem späteren Zeitpunkt realisiert. Von besonderer Relevanz ist, dass die bauliche Umsetzung in wesentlichen Teilen über den tatsächlichen Bedarf einer Rettungswache für drei Einsatzfahrzeuge hinausgehen. Bereits im Zuge der ersten Ausbaustufe sind zahlreiche zusätzliche Funktionsräume – einschließlich entsprechender Verkehrs- und Technikflächen – als Vorgriff auf die künftige Erweiterung errichtet. Auch die technische Infrastruktur ist gezielt so vorbereitet, dass sie eine spätere Anbindung und Mitversorgung der angrenzenden Feuerwache ermöglicht. Darüber hinaus weist das Gebäude mit seiner dreigeschossigen Organisation sowie der Integration einer Rutschanlage eine Ausprägung auf, die in dieser Form nur bedingt mit klassischen, monofunktionalen Rettungswachen vergleichbar ist. Die hier dokumentierten Kennwerte – insbesondere in Bezug auf NUF und NE – spiegeln somit nicht ausschließlich die Anforderungen des aktuellen Betriebs, sondern auch planerische Weitsicht und strukturelle Vorleistungen wider, weshalb sie für direkte Kostenvergleiche nur eingeschränkt herangezogen werden können.

Nutzung

1 Erdgeschoss
Fahrzeughalle, Waschhalle, Dokumentationsräume, Desinfektionsarbeitsraum, Kleiderlager, Waschräume, Sauerstofflager, Lager, Duschen, Rutschschachtanlagen, Heizungsraum, Hausanschlussraum

1 Obergeschoss
Schulungsraum, Büro, Raum der Informations- und Kommunikationseinheit, Umkleiden, Duschen, WCs, Rutschschachtanlagen, Elektroraum, Pumi-Raum

1 Dachgeschoss
Aufenthaltsräume, Besprechungsraum, Ruheräume, Küche, Lager, WCs, Rutschschachtanlagen, Dachterrasse

Nutzeinheiten

Fahrzeugstellplätze: 3

Grundstück

Bauraum: Freier Bauraum
Neigung: Ebenes Gelände
Bodenklasse: BK 1 bis BK 3

Markt

Hauptvergabezeit: 4. Quartal 2022
Baubeginn: 4. Quartal 2022
Bauende: 4. Quartal 2023
Konjunkturelle Gesamtlage: über Durchschnitt
Regionaler Baumarkt: über Durchschnitt

Baukonstruktion

Die Gründung mit Bodenplatte auf Streifenfundamenten, die Decken, die Flachdächer sowie die Treppenläufe wurden in Stahlbeton ausgeführt. Tragende Wände des Gebäudes sind entweder ebenfalls in Stahlbeton oder in KS-Mauerwerk, nicht tragende Innenwände in Trockenbauweise hergestellt. Die Fassade wurde mit einem Verblendstein versehen. An der Westseite wurde eine Fassadenbegrünung ausgeführt. Das obere Dach erhielt eine extensive Begrünung. Im Treppenhaus ist eine zwei-zügige Rutschschachtanlage angeordnet, die die Geschosse im Einsatzfall auf schnellstem Weg verbindet.

Technische Anlagen

Das Gebäude wird mit einer Luft-Wasser-Wärmepumpe mit Fußbodenheizung erwärmt. Die Wasch- und Fahrzeughalle erhielten eine Industrieflächenheizung. Klima- u. Lüftungsgeräte wurden auf dem Dach aufgestellt. Außerdem erhielt die Fahrzeughalle eine Absauganlage. Auf dem Dach des Staffelgeschosses sind Anschlüsse für eine Solaranlage vorbereitet.

Planungskennwerte für Flächen und Rauminhalte nach DIN 277

Flächen des Grundstücks		Menge Einheit	% an GF
BF	Bebaute Fläche	600,00 m²	6,3
UF	Unbebaute Fläche	8.970,00 m²	93,7
GF	Grundstücksfläche	9.570,00 m²	100,0

Grundflächen des Bauwerks		Menge Einheit	% an NUF	% an BGF
NUF	Nutzungsfläche	837,37 m²	100,0	62,1
TF	Technikfläche	86,12 m²	10,3	6,4
VF	Verkehrsfläche	199,86 m²	23,9	14,8
NRF	Netto-Raumfläche	1.123,35 m²	134,2	83,3
KGF	Konstruktions-Grundfläche	225,42 m²	26,9	16,7
BGF	Brutto-Grundfläche	1.348,77 m²	161,1	100,0

Brutto-Rauminhalt des Bauwerks		Menge Einheit	BRI/NUF (m)	BRI/BGF (m)
BRI	Brutto-Rauminhalt	6.304,00 m³	7,53	4,67

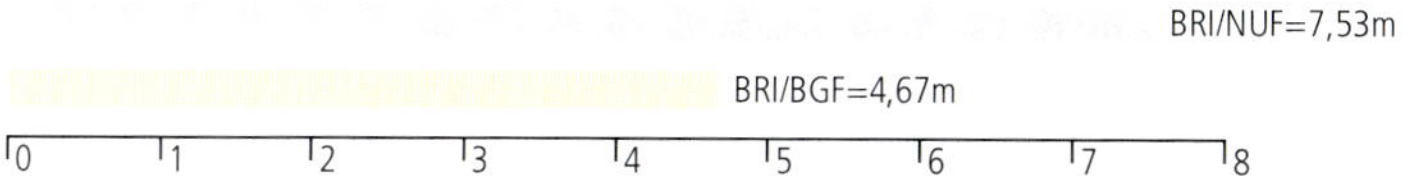

7600-0110
Feuerwehrhaus
(5 Fahrzeuge)
Übungsturm

Kostenkennwerte für die Kosten des Bauwerks (Kostengruppen 300+400 nach DIN 276)

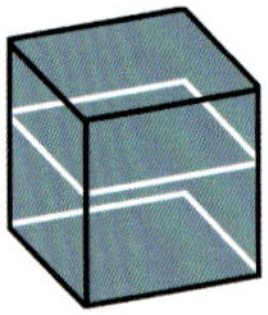

BRI 729 €/m³

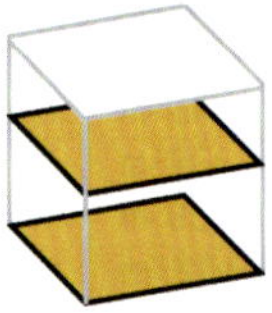

BGF 3.560 €/m²

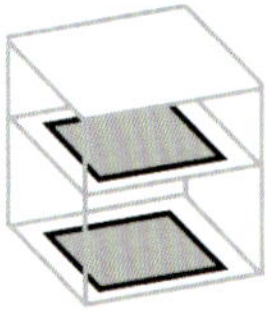

NUF 4.894 €/m²

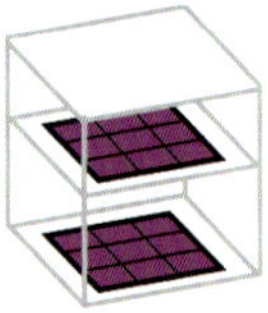

NE 1.506.084 €/NE

NE: Fahrzeugstellplätze

Objekt:
Kennwerte: 1.Ebene DIN 276
BRI: 10.326 m³
BGF: 2.115 m²
NUF: 1.539 m²
Bauzeit: 187 Wochen
Bauende: 2024
Standard: mittel
Bundesland: Saarland
Kreis: Saarlouis

Architekt*in:
Architekturbüro Steffen
Dipl.-Ing. Architekt R. Steffen
Dipl.-Ing. X. Alve
Im Sand 3
66802 Überherrn

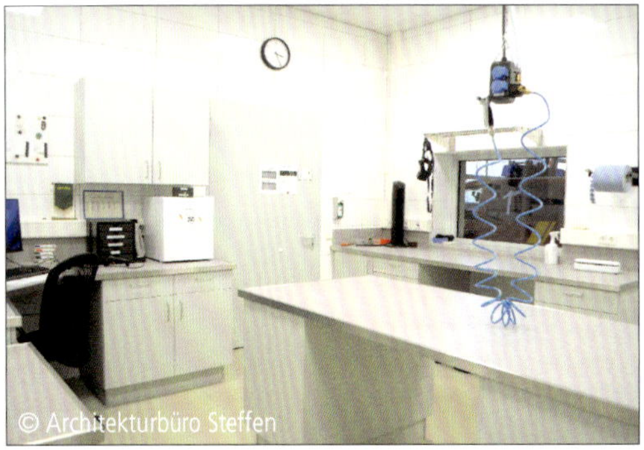

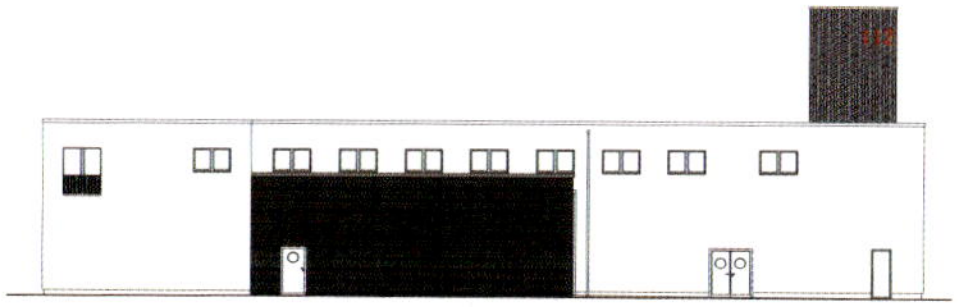

Ansicht Nord

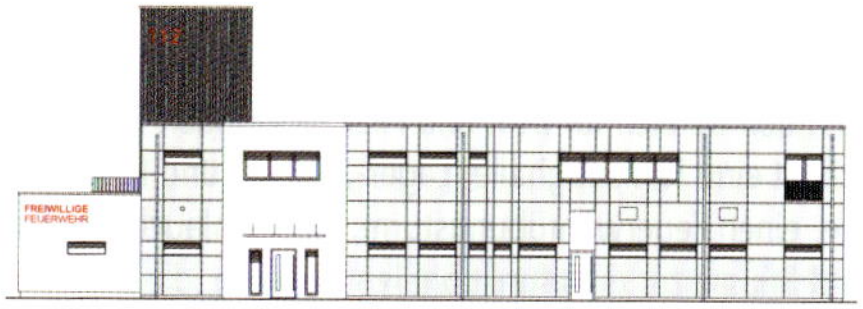

Ansicht Ost

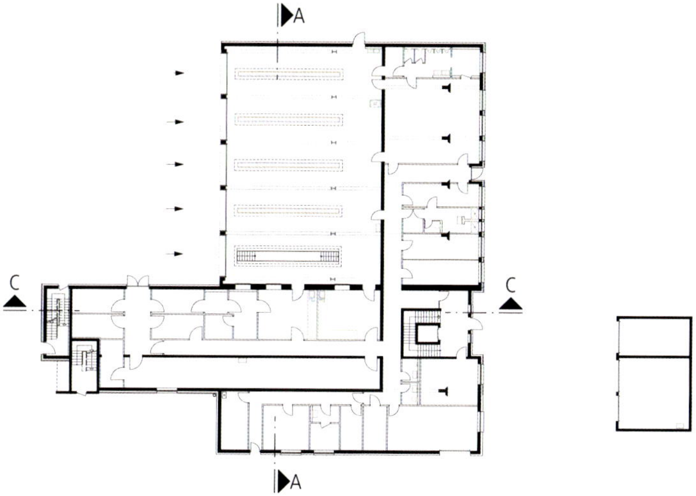

Erdgeschoss

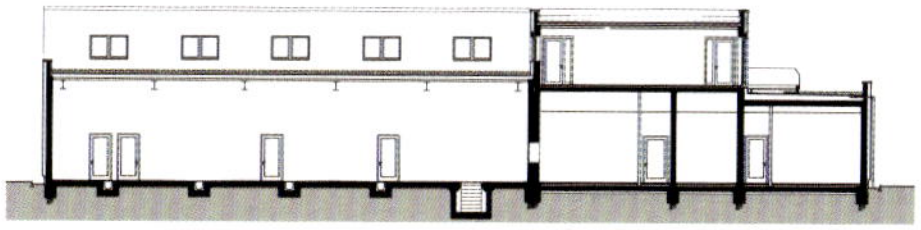

Schnitt A-A

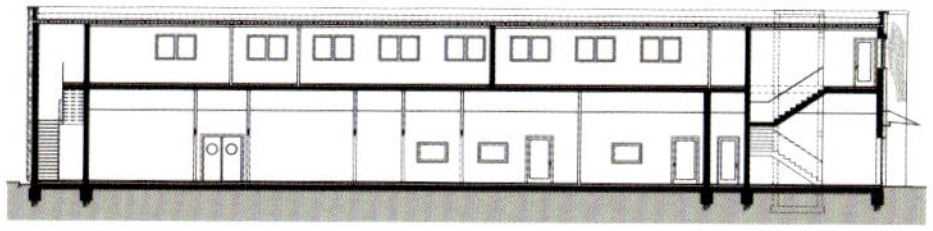

Schnitt C-C

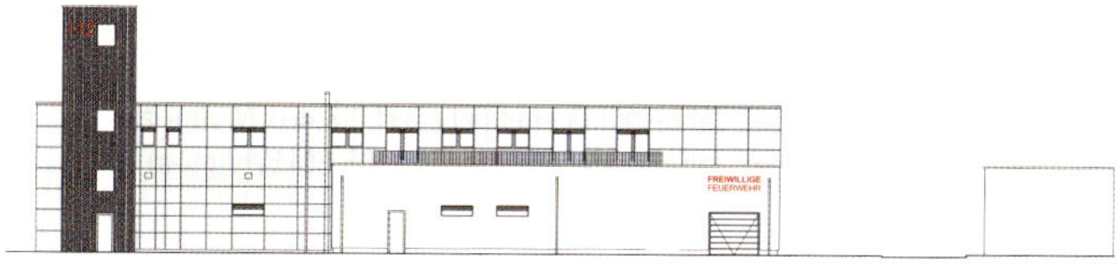

Ansicht Süd

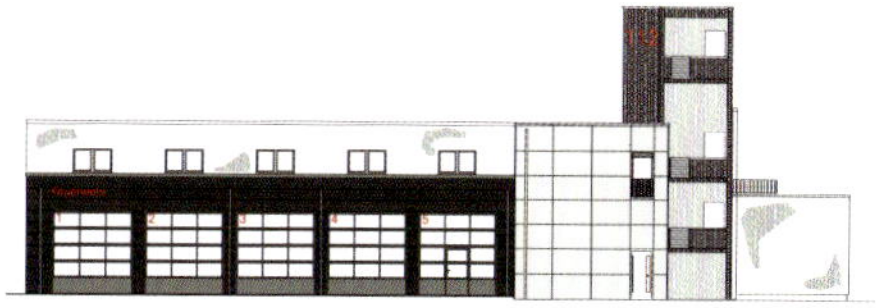

Ansicht West

Kostenkennwerte für die Kostengruppen der 1. Ebene DIN 276

KG	Kostengruppen (1. Ebene)	Einheit	Kosten €	€/Einheit	€/m² BGF	€/m³ BRI	% 300+400
100	Grundstück	m² GF	–	–	–	–	–
200	Vorbereitende Maßnahmen	m² GF	–	–	–	–	–
300	Bauwerk – Baukonstruktionen	m² BGF	5.732.563	2.710,23	2.710,23	555,15	76,1
400	Bauwerk – Technische Anlagen	m² BGF	1.797.857	849,99	849,99	174,11	23,9
	Bauwerk 300+400	**m² BGF**	**7.530.420**	**3.560,21**	**3.560,21**	**729,25**	**100,0**
500	Außenanlagen und Freiflächen	m² AF	–	–	–	–	–
600	Ausstattung und Kunstwerke	m² BGF	–	–	–	–	–
700	Baunebenkosten	m² BGF	–	–	–	–	–
800	Finanzierung	m² BGF	–	–	–	–	–

KG	Kostengruppe	Menge Einheit	Kosten €	€/Einheit	%
3+4	**Bauwerk**				**100,0**
300	**Bauwerk – Baukonstruktionen**	2.115,16 m² BGF	5.732.563	**2.710,23**	76,1

Baugrubenaushub; Bodenaustausch, Baugrundverbesserung, Stb-Fundamentbalken auf Pfahlgründung, Stb-Bodenplatte, Estrich, Epoxidharzbeschichtung (Fahrzeughalle), Bodenfliesen, Abdichtung, Kiesfilterschicht, Perimeterdämmung; Mauerwerkswände, Stb-Stützen, Kunststofffenster, Dreifachverglasung, Sektionaltore, WDVS, HPL-Fassade, Metallfassade, Außenjalousien; Innenmauerwerk, Stb-Wände, Türen mit Glasausschnitt, Türen mit Glasseitenteil, Wandfliesen, WC-Trennwände; Stb-Decken, Stb-Treppen, Estrich, Linoleum, Bodenfliesen, abgehängte Mineralfaserdecken, Schallschutzdecken, Stahlgeländer, Treppengeländer; Spannbetonhohldielen-Dach, Stahldach mit Trapezblech (Halle), Dämmung, Abdichtung, Attika, teilw. extensive Dachbegrünung, Kies, innenliegende Entwässerung, abgehängte Mineralfaserdecken, Schallschutzdecke

KG	Kostengruppe	Menge Einheit	Kosten €	€/Einheit	%
400	**Bauwerk – Technische Anlagen**	2.115,16 m² BGF	1.797.857	**849,99**	23,9

Gebäudeentwässerung, Kalt- und Warmwasserleitungen, Sanitärobjekte; Gas-Brennwerttherme, Plattenheizkörper; RWA-Anlage; Elektroinstallation, PV-Anlage (77m²), Beleuchtung, Sicherheitsleuchten; Satellitenanlage, Behindertenruf (nur intern), Brandwarnanlage mit Hausalarm, Einbruchmeldeanlage; Personenaufzug; Abgasabsauganlage, Druckluftanlage, Feuerlöscher

Kostenkennwerte für die Kosten des Bauwerks (Kostengruppen 300+400 nach DIN 276)

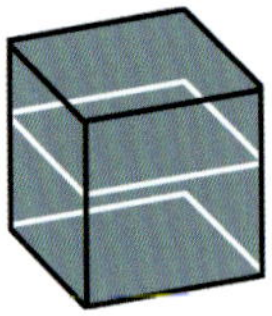

BRI 103 €/m³

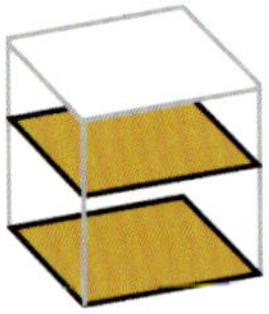

BGF 1.015 €/m²

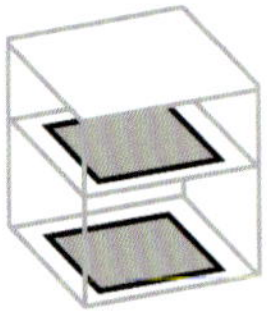

NUF 1.033 €/m²

Objekt:
Kennwerte: 1.Ebene DIN 276
BRI: 17.549 m³
BGF: 1.778 m²
NUF: 1.747 m²
Bauzeit: 30 Wochen
Bauende: 2019
Standard: mittel
Bundesland: Baden-Württemberg
Kreis: Zollernalbkreis

Architekt*in:
RAINER GRAF
architekten GmbH
Paulinenstraße 22
72131 Ofterdingen

Bauherr*in:
Atelier Türke
Verwaltungs GmbH
Rote Länder 9
72336 Balingen

© Rainer Graf

© Rainer Graf

© Rainer Graf

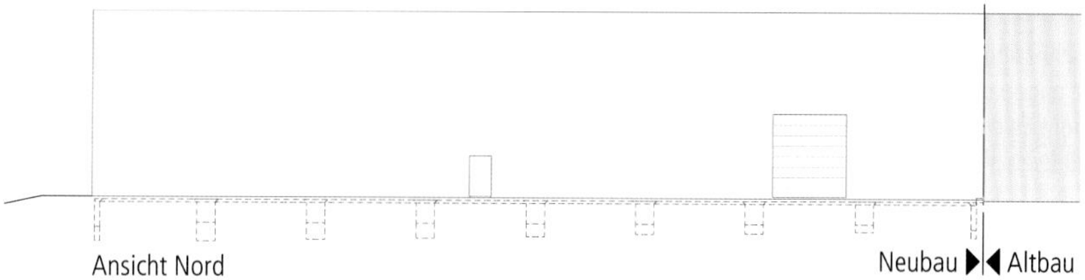

Ansicht Nord

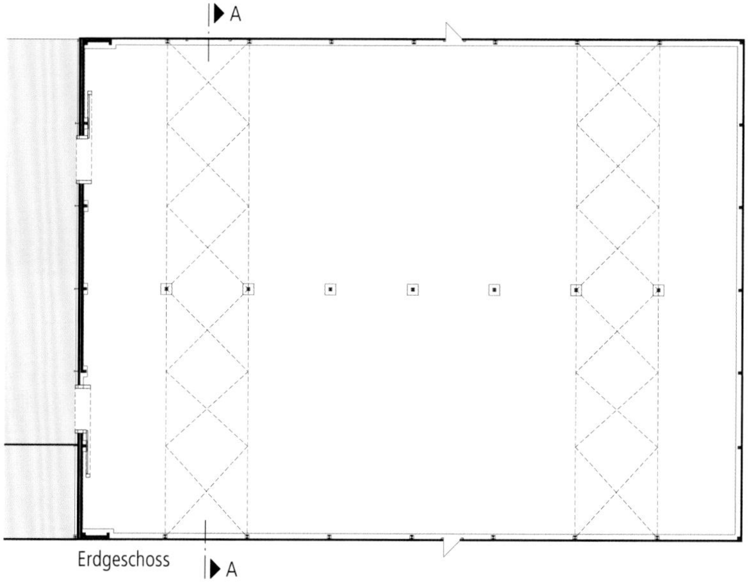

Erdgeschoss

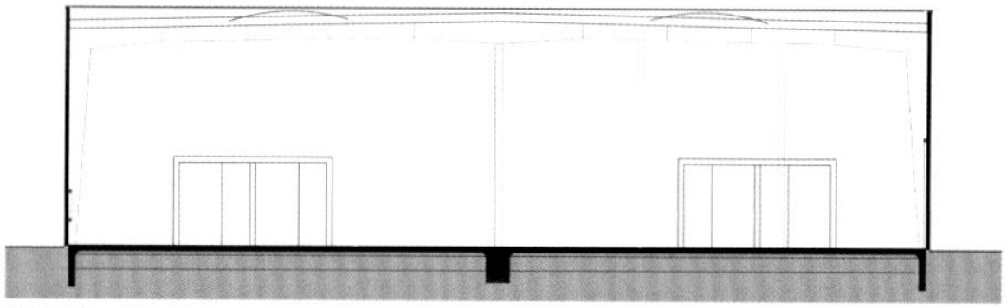

Schnitt A-A

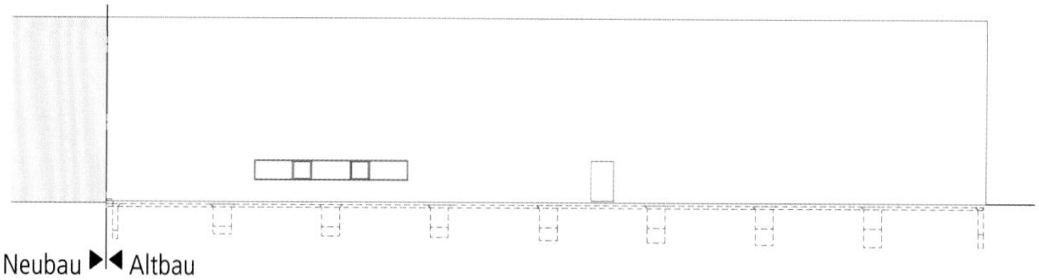

Ansicht Süd

Objektbeschreibung

Allgemeine Objektinformationen

Die eingeschossige Lagerhalle wurde an die bestehende Lagerhalle angebaut und sollte das äußere Erscheinungsbild weiterführen. Es entstand ein schwarzer prägnanter Kubus. Das Gebäude ist als reine Lagerfläche konzipiert.

Nutzung

1 Erdgeschoss
Lagerhalle

Nutzeinheiten

Lagerfläche: 1.747 m²

Grundstück

Bauraum: Freier Bauraum
Neigung: Ebenes Gelände
Bodenklasse: BK 1 bis BK 7

Besonderer Kosteneinfluss Grundstück
besondere geologische Verhältnisse, vorhandener Posidonienschiefer, zusätzliche notwendige Bewässerungsschicht für Baugrund

Markt

Hauptvergabezeit: 2. Quartal 2018
Baubeginn: 3. Quartal 2018
Bauende: 1. Quartal 2019
Konjunkturelle Gesamtlage: über Durchschnitt
Regionaler Baumarkt: Durchschnitt

Baukonstruktion

Die Lagerhalle wurde als Stahlkonstruktion mit einer Fassade aus Sandwichelementen errichtet. Die Dachkonstruktion ist mit Trapezblech und Aufdachdämmung versehen, für die nötige Belichtung sorgen zwei große Oberlichtstreifen. Die Fassade ist fensterlos. An der Schnittstelle zur bestehenden Lagerhalle wurden zwei F90-Porenbetonwände als Brandwände errichtet. Zwei Brandschutztore ermöglichen den Zugang zum Bestand. Das Dach ist zu 30% begrünt.

Technische Anlagen

Die Lagerhalle ist unbeheizt. Es wurde keine Sanitärausstattung eingebaut. Die Halle erhielt eine Elektroverteilung und Beleuchtung.

Sonstiges

Das Bürogebäude zum Objekt wurde unter der BKI-Objektnummer 1300-0259 dokumentiert, die Freianlage unter der BKI-Objektnummer 7700-0088.

Planungskennwerte für Flächen und Rauminhalte nach DIN 277

Flächen des Grundstücks		Menge Einheit	% an GF
BF	Bebaute Fläche	4.588,00 m²	27,5
UF	Unbebaute Fläche	12.109,00 m²	72,5
GF	Grundstücksfläche	16.697,00 m²	100,0

Grundflächen des Bauwerks		Menge Einheit	% an NUF	% an BGF
NUF	Nutzungsfläche	1.747,36 m²	100,0	98,3
TF	Technikfläche	–	–	–
VF	Verkehrsfläche	–	–	–
NRF	Netto-Raumfläche	1.747,36 m²	100,0	98,3
KGF	Konstruktions-Grundfläche	30,68 m²	1,8	1,7
BGF	Brutto-Grundfläche	1.778,04 m²	101,8	100,0

Brutto-Rauminhalt des Bauwerks		Menge Einheit	BRI/NUF (m)	BRI/BGF (m)
BRI	Brutto-Rauminhalt	17.549,25 m³	10,04	9,87

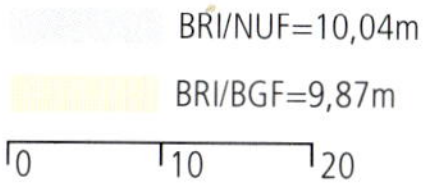

Kostenkennwerte für die Kostengruppen der 1. Ebene DIN 276

KG	Kostengruppen (1. Ebene)	Einheit	Kosten €	€/Einheit	€/m² BGF	€/m³ BRI	% 300+400
100	Grundstück	m² GF	–	–	–	–	–
200	Vorbereitende Maßnahmen	m² GF	–	–	–	–	–
300	Bauwerk – Baukonstruktionen	m² BGF	1.784.745	1.003,77	1.003,77	101,70	98,9
400	Bauwerk – Technische Anlagen	m² BGF	20.046	11,27	11,27	1,14	1,1
	Bauwerk 300+400	**m² BGF**	**1.804.791**	**1.015,05**	**1.015,05**	**102,84**	**100,0**
500	Außenanlagen und Freiflächen	m² AF	–	–	–	–	–
600	Ausstattung und Kunstwerke	m² BGF	–	–	–	–	–
700	Baunebenkosten	m² BGF	–	–	–	–	–
800	Finanzierung	m² BGF	–	–	–	–	–

KG	Kostengruppe	Menge Einheit	Kosten €	€/Einheit	%
3+4	**Bauwerk**				**100,0**
300	**Bauwerk – Baukonstruktionen**	1.778,04 m² BGF	1.784.745	**1.003,77**	98,9

Oberbodenarbeiten; Stb-Streifenfundamente, Stb-Bodenplatte, Hartstoffestrich, Schottertragschicht, Perimeterdämmung; Stahltragkonstruktion, Stahlstützen, Brandwand: Porenbeton-Wandplatten 2x17,5cm, AW: Sandwichwandelemente, Stahlblech, PUR-Hartschaumdämmung, d=120mm, Sektionaltore, Schiebetore, Stahltüren; Dach-Stahlträger, Trapezbleche, Oberlichtbänder, Aufdachdämmung, Abdichtung, Dachentwässerung, extensive Dachbegrünung

KG	Kostengruppe	Menge Einheit	Kosten €	€/Einheit	%
400	**Bauwerk – Technische Anlagen**	1.778,04 m² BGF	20.046	**11,27**	1,1

Gebäudeentwässerung; Elektroinstallation, Beleuchtung, Blitzschutz

Kostenkennwerte für die Kosten des Bauwerks (Kostengruppen 300+400 nach DIN 276)

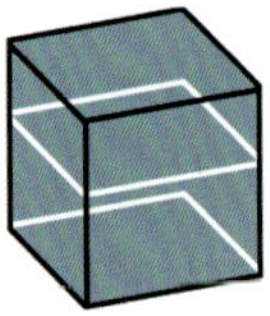

BRI 122 €/m³

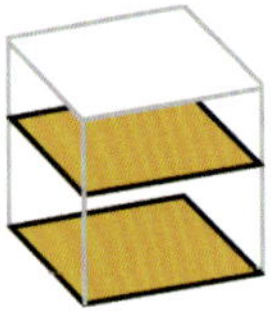

BGF 757 €/m²

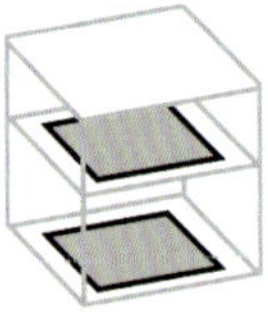

NUF 885 €/m²

Objekt:
Kennwerte: 1. Ebene DIN 276
BRI: 9.950 m³
BGF: 1.602 m²
NUF: 1.370 m²
Bauzeit: 61 Wochen
Bauende: 2023
Standard: einfach
Bundesland: Sachsen-Anhalt
Kreis: Stendal

Architekt*in:
Hallmann Architekten
Kirchplatz 4
39539 Havelberg

Bauherr*in:
Lehmbaustoffe
Schleusner
Elbchaussee 1
39524 Hohengöhren

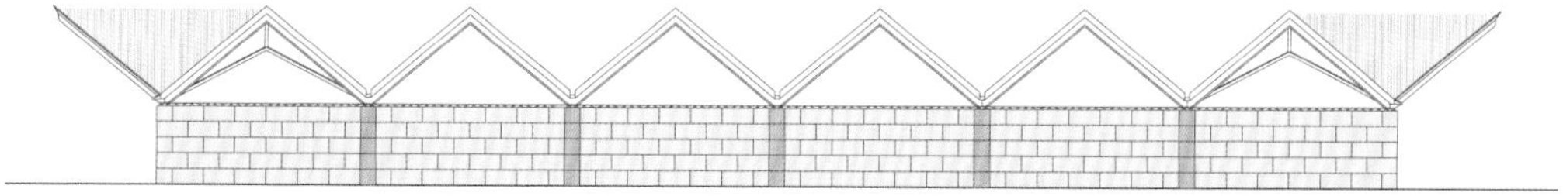

Ansicht Nord

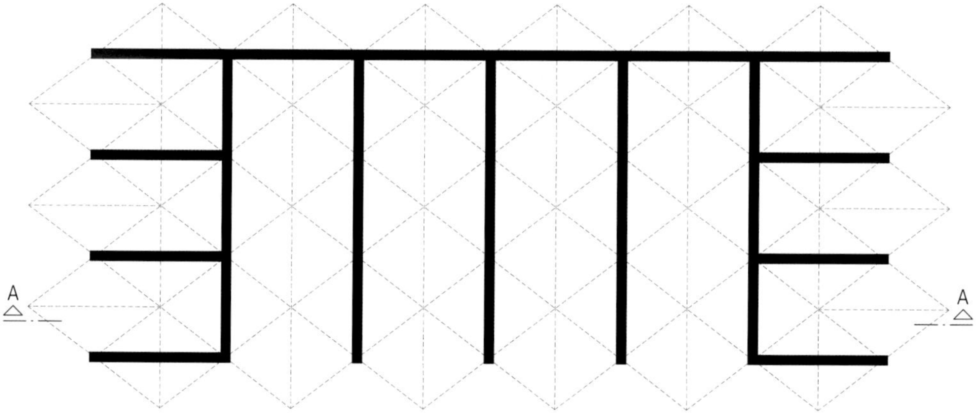

Erdgeschoss

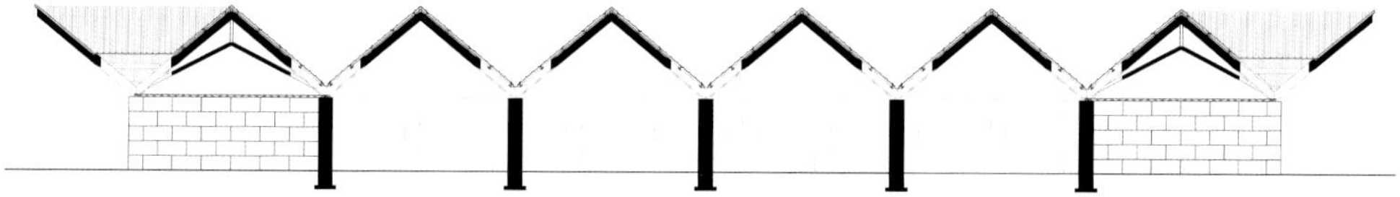

Schnitt A-A

Objektbeschreibung

Allgemeine Objektinformationen

Für die Lagerung von Schüttgütern wie getrockneter Lehm, Sand und Hanfschäben wurde ein befahrbares, witterungsgeschütztes Außenlager errichtet. Die verschiedenen Abteilungen werden durch eigene Überdachungen ablesbar. Insgesamt entstanden zehn Abteilungen für unterschiedliches Schüttgut.

Nutzung

1 Erdgeschoss
offenes Lager

Nutzeinheiten

Lagerfläche: 1.370 m²

Grundstück

Bauraum: Freier Bauraum
Neigung: Ebenes Gelände
Bodenklasse: BK 3 bis BK 5

Markt

Hauptvergabezeit: 2. Quartal 2022
Baubeginn: 3. Quartal 2022
Bauende: 4. Quartal 2023
Konjunkturelle Gesamtlage: Durchschnitt
Regionaler Baumarkt: unter Durchschnitt

Baukonstruktion

Auf minimalen Streifenfundamenten gegründet, wurden flexible Schwergewichtswände aus Betonstapelsteinen errichtet. Diese Wände tragen eine Dachkonstruktion aus Holz, welche allseitig auskragt und so einen effektiven Schutz vor Schlagregen bildet. Als Material für die Dachdeckung wurde Trapezblech gewählt.

Technische Anlagen

Es waren keine technischen Anlagen notwendig.

Sonstiges

Die Trennwände aus Betonstapelwänden ermöglichen eine problemlose Wiederverwendbarkeit. Dieses "re-use" war dem Bauherrn sehr wichtig. Das Thema Nachhaltigkeit spielte bei diesem Bauvorhaben eine entscheidende Rolle.

Planungskennwerte für Flächen und Rauminhalte nach DIN 277

Flächen des Grundstücks		Menge Einheit	% an GF
BF	Bebaute Fläche	–	–
UF	Unbebaute Fläche	–	–
GF	Grundstücksfläche	–	–

Grundflächen des Bauwerks		Menge Einheit	% an NUF	% an BGF
NUF	Nutzungsfläche	1.370,00 m²	100,0	85,5
TF	Technikfläche	–	–	–
VF	Verkehrsfläche	–	–	–
NRF	Netto-Raumfläche	1.370,00 m²	100,0	85,5
KGF	Konstruktions-Grundfläche	232,00 m²	16,9	14,5
BGF	Brutto-Grundfläche	1.602,00 m²	116,9	100,0

Brutto-Rauminhalt des Bauwerks		Menge Einheit	BRI/NUF (m)	BRI/BGF (m)
BRI	Brutto-Rauminhalt	9.950,00 m³	7,26	6,21

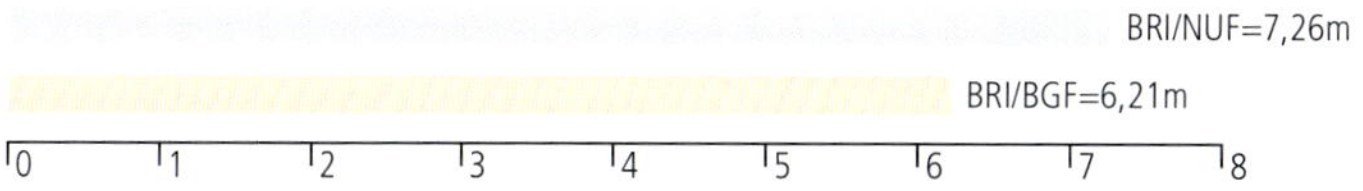

Kostenkennwerte für die Kostengruppen der 1. Ebene DIN 276

KG	Kostengruppen (1. Ebene)	Einheit	Kosten €	€/Einheit	€/m² BGF	€/m³ BRI	% 300+400
100	Grundstück	m² GF	–	–	–	–	–
200	Vorbereitende Maßnahmen	m² GF	–	–	–	–	–
300	Bauwerk – Baukonstruktionen	m² BGF	1.211.921	756,50	756,50	121,80	100,0
400	Bauwerk – Technische Anlagen	m² BGF	–	–	–	–	–
	Bauwerk 300+400	**m² BGF**	**1.211.921**	**756,50**	**756,50**	**121,80**	**100,0**
500	Außenanlagen und Freiflächen	m² AF	–	–	–	–	–
600	Ausstattung und Kunstwerke	m² BGF	–	–	–	–	–
700	Baunebenkosten	m² BGF	–	–	–	–	–
800	Finanzierung	m² BGF	–	–	–	–	–

KG	Kostengruppe	Menge Einheit	Kosten €	€/Einheit	%
3+4	**Bauwerk**				**100,0**
300	**Bauwerk – Baukonstruktionen**	1.602,00 m² BGF	1.211.921	**756,50**	100,0

Bodenarbeiten; Beton-Streifenfundamente; Betonstapelsteine; Holz-Dachkonstruktion, Trapezblech, Dachentwässerung

Objektbeschreibung

Allgemeine Objektinformationen

Der Neubau besteht aus zwei Gebäudeteilen, zum einen eine große Lagerhalle als Profilstahlhalle mit Trapezblech bekleidet und einem massiven Gebäude das zweigeschossig die Werkstätten und Nebenräume beherbergt. Das Werkstattgebäude fungiert als Eingangsbereich mit Durchgang zur Halle. Die Halle wird nördlich über drei Sektionaltore beliefert.

Nutzung

1 Erdgeschoss
Eingang, WCs, Werkstatträume, Flur, Treppe, Schleusen, Lagerhalle

1 Obergeschoss
Serviceräume, Büro, Flure, Treppenhaus

Nutzeinheiten

Arbeitsplätze: 16
Lagerfläche: 1.028 m^2

Grundstück

Bauraum: Freier Bauraum
Neigung: Ebenes Gelände
Bodenklasse: BK 3

Markt

Hauptvergabezeit: 2.Quartal 2019
Baubeginn: 2.Quartal 2019
Bauende: 1.Quartal 2020
Konjunkturelle Gesamtlage: Durchschnitt
Regionaler Baumarkt: Durchschnitt

Baukonstruktion

Das massive Werkstattgebäude gründet auf Stb-Streifenfundamenten und einer Stb-Bodenplatte. Die Außenwände aus monolithischem Ziegelmauerwerk sind verputzt, es sind Kunststofffenster mit Raffstores eingebaut. Die Decke und das Flachdach sind aus Stahlbeton erstellt. Das Dach ist begrünt. Die unbeheizte Lagerhalle gründet auf Einzelfundamenten und umlaufenden Frostschürzen. Der Boden ist aus einer stahlfaserarmierten Industriebodenplatte hergestellt. Die Tragkonstruktion ist aus Profilstahl hergestellt. Die Fassaden und das flach geneigte Satteldach sind mit Trapezblechen bekleidet. Es wurden die notwendige Anzahl an RWA Anlagen auf dem Dach eingebaut. An der Giebelseite befinden sich drei Sektionaltore, darüber ein sieben Meter tiefes Vordach, welches die Anlieferzone bildet.

Technische Anlagen

Das Werkstattgebäude wird mit einer Luft-Wasser-Wärmepumpe beheizt. Über eine zentrale Lüftungsanlage gelangt im Winter die Wärme- und im Sommer Kühle in die Räume. Die Verlegung der Elektroinstallation als EIB-System erfolgt über Brüstungskanäle und Bodentanks, diese sind auch mit Datenleitungen bestückt. Es ist eine Brandmeldeanlage und eine Einbruchmeldeanlage eingebaut.

Energetische Kennwerte

Gesetzliche Grundlage: EnEV 2013
Gebäudenutzfläche: 329,10 m^2
Gebäudevolumen: 1.045,70 m^3
Hüllfläche des beheizten Volumens: 975,10 m^2
Spez. Transmissionswärmeverlust: 0,32 W/(m^2·K)
Mittlerer U-Wert (opake Bauteile): 0,20 W/(m^2·K)
Mittlerer U-Wert (transparente Bauteile): 1,30 W/(m^2·K)
Spez. Jahresprimärenergiebedarf: 91,80 kWh/(m^2·a)

Planungskennwerte für Flächen und Rauminhalte nach DIN 277

Flächen des Grundstücks		Menge Einheit	% an GF
BF	Bebaute Fläche	–	–
UF	Unbebaute Fläche	–	–
GF	Grundstücksfläche	–	–

Grundflächen des Bauwerks		Menge Einheit	% an NUF	% an BGF
NUF	Nutzungsfläche	1.232,38 m²	100,0	86,0
TF	Technikfläche	7,88 m²	0,6	0,5
VF	Verkehrsfläche	100,29 m²	8,1	7,0
NRF	Netto-Raumfläche	1.340,55 m²	108,8	93,5
KGF	Konstruktions-Grundfläche	92,77 m²	7,5	6,5
BGF	Brutto-Grundfläche	1.433,32 m²	116,3	100,0

Brutto-Rauminhalt des Bauwerks		Menge Einheit	BRI/NUF (m)	BRI/BGF (m)
BRI	Brutto-Rauminhalt	11.279,71 m³	9,15	7,87

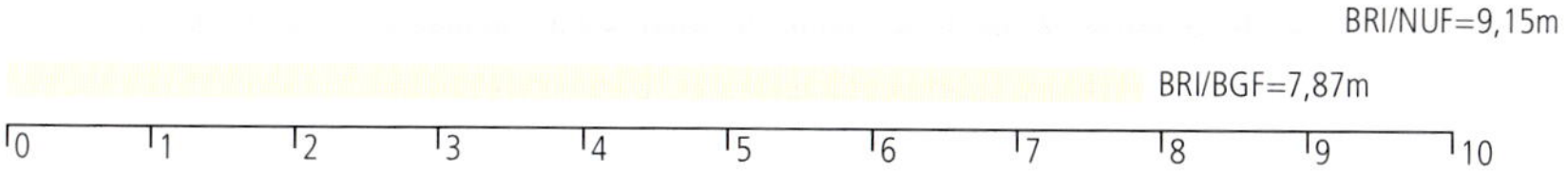

7700-0098
Konfektionierungs-,
Lagerhalle, Büros
(81 AP)

Kostenkennwerte für die Kosten des Bauwerks (Kostengruppen 300+400 nach DIN 276)

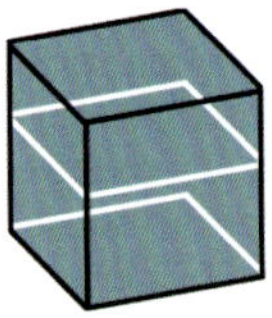

BRI 291 €/m³

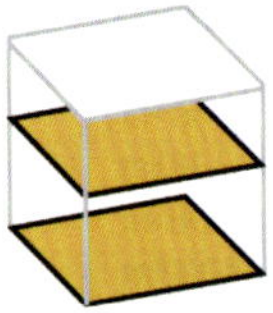

BGF 2.141 €/m²

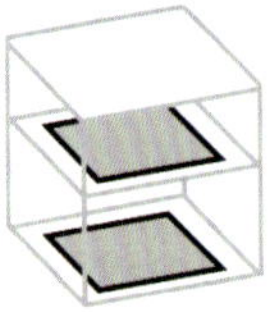

NUF 2.490 €/m²

Objekt:
Kennwerte: 1.Ebene DIN 276
BRI: 20.622 m³
BGF: 2.806 m²
NUF: 2.413 m²
Bauzeit: 65 Wochen
Bauende: 2021
Standard: mittel
Bundesland: Niedersachsen
Kreis: Hannover, Region

Architekt*in:
KISSERARCHITEKTUR
Dipl.Ing. Architekt
Gordon Kisser
Trennenmoor 1
30916 Isernhagen

© KISSERARCHITEKTUR

© KISSERARCHITEKTUR

© KISSERARCHITEKTUR

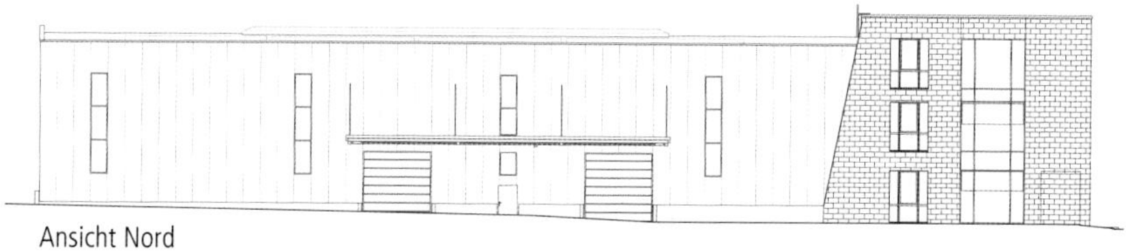

Ansicht Nord

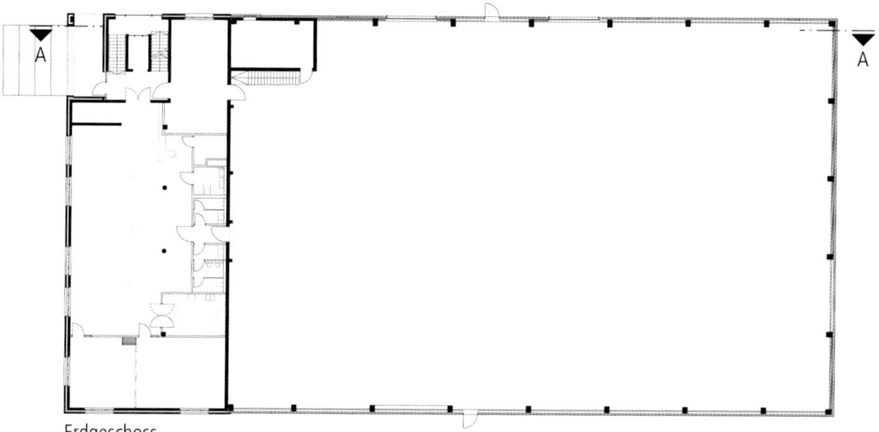

Erdgeschoss

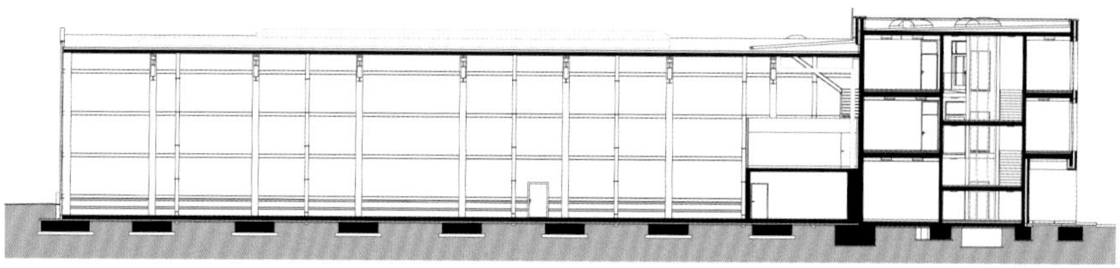

Schnitt A-A

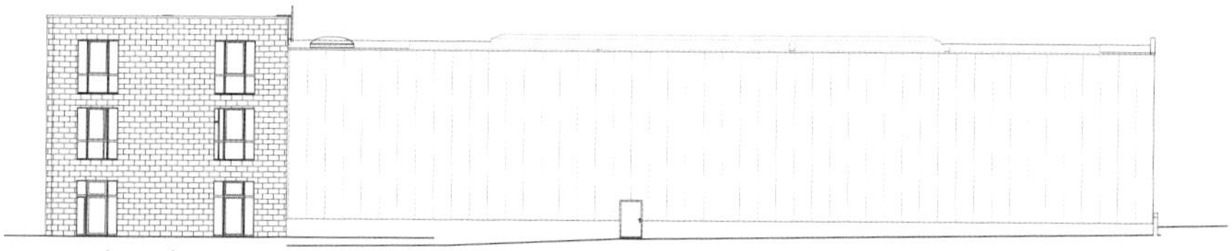

Ansicht Süd

Objektbeschreibung

Allgemeine Objektinformationen

Auf einem ehemaligen Messegelände wurde eine Logistikhalle mit vorgelagertem dreigeschossigen Bürokomplex errichtet. Der Bauherr legte Wert auf die Verarbeitung von hochwertigen Materialien und aufwendigen Detaillösungen für sein innovatives Nutzungskonzept, da er selbst in der Kunstlagerung und Veredelung tätig ist. Es entstand ein Bürogebäude mit anthrazitfarbener Klinkerfassade als Kopfgebäude. In dieses schiebt sich eine silbergraue Halle. Dieser Effekt wird durch den schrägen Abschluss des Bürokörpers verstärkt. Die Büros erhielten großzügige bodentiefe Fensterflächen, die die Fassade regelmäßig gliedern. Die Halle wird durch vertikale Lichtbänder und ein Oberlicht erhellt.

Nutzung

1 Erdgeschoss
Halle, Showroom, Besprechungsräume, Serverraum, Küche, WCs, Lagerraum, Archiv, Treppenhaus, Aufzug, Terrasse

2 Obergeschosse
Büros, Großraumbüro, Serverraum, Teeküche, Pantry, Kopierräume, WCs, Technikraum, Treppenhaus, Aufzug

Nutzeinheiten

Arbeitsplätze: 81
Fahrzeugstellplätze: 2
Lagerfläche: 1.501 m²

Grundstück

Bauraum: Freier Bauraum
Neigung: Geneigtes Gelände
Bodenklasse: BK 1 bis BK 3

Markt

Hauptvergabezeit: 3.Quartal 2019
Baubeginn: 1.Quartal 2020
Bauende: 2.Quartal 2021
Konjunkturelle Gesamtlage: über Durchschnitt
Regionaler Baumarkt: Durchschnitt

Baukonstruktion

Das Bürogebäude wurde in Massivbauweise ausgeführt und gründet auf Stb-Streifenfundamenten und Stb-Bodenplatte. Die Außenwände bestehen hauptsächlich aus KS-Plansteinen mit Wärmedämmung und anthrazitfarbener Klinkerfassade. Das Treppenhaus mit innenliegendem Aufzug wurde in Sichtbeton gefertigt. Es wurden Elementdecken, ein Stb-Flachdach und eine Flachdachabdichtung aus Folie eingesetzt. Die Alufenster sind dreifach verglast. Die Halle wurde mit Stb-Stützen und Stahltragwerk erstellt. Die Außenwände bestehen aus Sandwichpaneelen auf einem Sichtbetonsockel. Für den Boden wurde ein Industrie-Betonboden verbaut. Das flach geneigte Hallendach besteht aus Stahlfachwerkträgern, Trapezblech, Dämmung und einer Folienabdichtung.

Technische Anlagen

Beheizt wird das Gebäude mit zwei Luft-Wasser Wärmepumpen und einem Gas Brennwertkessel für die Spitzenlasten. Im Büro und in der Halle ist eine Fußbodenheizung verbaut. Auf dem Hallendach befindet sich eine 100m² große Photovoltaik-Anlage.

Sonstiges

Das Gebäude wurde im KfW 70 Standard errichtet.

Energetische Kennwerte

Gesetzliche Grundlage: GEG 2020
Gebäudenutzfläche: 2.405,00 m²
Spez. Jahresprimärenergiebedarf: 59,36 kWh/(m²·a)
CO_2-Emissionen: 18,21 kg/(m²·a)

Planungskennwerte für Flächen und Rauminhalte nach DIN 277

Flächen des Grundstücks		Menge Einheit	% an GF
BF	Bebaute Fläche	1.929,43 m²	54,5
UF	Unbebaute Fläche	1.609,44 m²	45,5
GF	Grundstücksfläche	3.538,87 m²	100,0

Grundflächen des Bauwerks		Menge Einheit	% an NUF	% an BGF
NUF	Nutzungsfläche	2.412,60 m²	100,0	86,0
TF	Technikfläche	34,02 m²	1,4	1,2
VF	Verkehrsfläche	142,49 m²	5,9	5,1
NRF	Netto-Raumfläche	2.589,11 m²	107,3	92,3
KGF	Konstruktions-Grundfläche	216,72 m²	9,0	7,7
BGF	Brutto-Grundfläche	2.805,83 m²	116,3	100,0

Brutto-Rauminhalt des Bauwerks		Menge Einheit	BRI/NUF (m)	BRI/BGF (m)
BRI	Brutto-Rauminhalt	20.621,75 m³	8,55	7,35

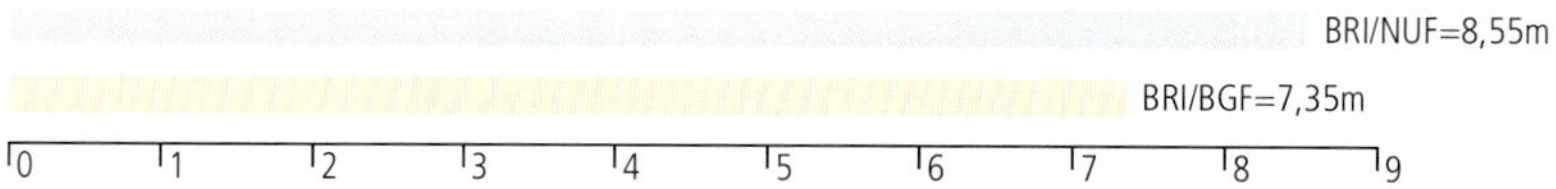

Kostenkennwerte für die Kostengruppen der 1. Ebene DIN 276

KG	Kostengruppen (1. Ebene)	Einheit	Kosten €	€/Einheit	€/m² BGF	€/m³ BRI	% 300+400
100	Grundstück	m² GF	–	–	–	–	–
200	Vorbereitende Maßnahmen	m² GF	–	–	–	–	–
300	Bauwerk – Baukonstruktionen	m² BGF	4.352.934	1.551,39	1.551,39	211,08	72,5
400	Bauwerk – Technische Anlagen	m² BGF	1.653.267	589,23	589,23	80,17	27,5
	Bauwerk 300+400	**m² BGF**	**6.006.201**	**2.140,61**	**2.140,61**	**291,26**	**100,0**
500	Außenanlagen und Freiflächen	m² AF	384.095	238,65	136,89	18,63	6,4
600	Ausstattung und Kunstwerke	m² BGF	25.479	9,08	9,08	1,24	0,4
700	Baunebenkosten	m² BGF	–	–	–	–	–
800	Finanzierung	m² BGF	–	–	–	–	–

KG	Kostengruppe	Menge Einheit	Kosten €	€/Einheit	%
3+4	**Bauwerk**				**100,0**
300	**Bauwerk – Baukonstruktionen**	2.805,83 m² BGF	4.352.934	**1.551,39**	72,5

Baugrubenaushub; Stb-Fundamente, Stb-Bodenplatte, Heizestrich, Sichtestrich, Industriefußboden, Teppichboden, Bodenfliesen, Abdichtung, Sauberkeitsschicht, Perimeterdämmung; Stb-Wände, teilw. Sichtbeton, KS-Mauerwerkswände, Stb-Stützen, Stb-Sockel, Stahltragwerk, Alu-Pfosten-Riegelfassade, Alufenster, Dreifachverglasung, Sektionaltore, Wärmedämmung, Verblendfassade, Sandwichpaneele, Alu-Sonnenschutzlamellen; Stb-Wände, teilw. Sichtbeton, KS-Mauerwerkswände, GK-Wände, Türen mit Glasseitenteilen, Innenfenster, Wandfliesen, WC-Trennwände, mobile Trennwand; Stb-Elementdecken, Stb-Treppen in Sichtbeton, Heizestrich, Sichtestrich, Teppichboden, Bodenfliesen, abgehängte GK-Decken, Schallschutzdecken, Handläufe; Stb-Flachdach, Halle: Stahlfachwerkträger, Flachdachkuppeln, Oberlichtband, Trapezblech, Dämmung, Abdichtung, Attika, innenliegende Dachentwässerung, abgehängte GK-Decke, Schallschutzdecke, Vordach (Halle); Schließanlage

KG	Kostengruppe	Menge Einheit	Kosten €	€/Einheit	%
400	**Bauwerk – Technische Anlagen**	2.805,83 m² BGF	1.653.267	**589,23**	27,5

Gebäudeentwässerung, Kalt- und Warmwasserleitungen, Sanitärobjekte; Luft-Wasser-Wärmepumpe, Gas-Brennwerttherme zur Spitzenlastabdeckung, Fußbodenheizung; Einzelraumlüfter, teilw. Klimaanlage, RWA-Anlage; Photovoltaikanlage, Elektroinstallation, LED-Beleuchtung; Datenübertragungsanlage, Rauchmelder; Personenaufzug; elektronische Zugangskontrolle

KG	Kostengruppe	Menge Einheit	Kosten €	€/Einheit	%
500	**Außenanlagen und Freiflächen**	1.609,44 m² AF	384.095	**238,65**	6,4

Oberbodenarbeiten, Bodenarbeiten; Beläge auf Wegen, Stellplätzen; Kettenschranke; Regenrückhaltezisterne; Fahrradständer; Oberbodenauftrag, Bepflanzung

KG	Kostengruppe	Menge Einheit	Kosten €	€/Einheit	%
600	**Ausstattung und Kunstwerke**	2.805,83 m² BGF	25.479	**9,08**	0,4

Garderoben, Spiegel

Objektbeschreibung

Allgemeine Objektinformationen

Die Besonderheit des Neubaus bestand darin, eine vorhandene städtebauliche Brache unter der Hochbrücke am Hauptbahnhof gewinnbringend als Fahrradparkhaus umzunutzen. Der Neubau nutzt die bestehende Baukonstruktion der Hochbrücke als Überdachung, ohne an diese anzuschließen. Zwecks turnusmäßiger Brückenwartung wurde oberhalb der Abstellflächen eine Wartungsebene vorgesehen, welche eine uneingeschränkte Nutzung der Parkflächen im Wartungsfall gewährleistet. Stirnseitig an die Parkfläche schließt eine Servicestation an, von welcher der Betrieb der Parkfläche verwaltet wird. Von außen präsentiert sich das Fahrradparkhaus als kompakter Baukörper mit großzügigen Eingangs- und Bewegungsflächen. Durch akzentuierte Beleuchtung und eine freundliche Farbgestaltung können sich Nutzer*innen optimal auf der großen Parkfläche orientieren.

Nutzung

1 Erdgeschoss
Fahrradabstellfläche, Servicebereich für Betrieb- und Büronutzung, Fundbüro für Fahrräder

1 Obergeschoss
Wartungsebene für Brückenbauwerk über Parkfläche

Besonderer Kosteneinfluss Nutzung
Baubeginn mit der Coronapandemie, Lieferverzögerungen, Personalausfälle, Baupreissteigerung, Lieferengpässe

Nutzeinheiten

Stellplätze: 1.032

Grundstück

Bauraum: Baulücke
Neigung: Geneigtes Gelände
Bodenklasse: BK 3 bis BK 4

Markt

Hauptvergabezeit: 3. Quartal 2019
Baubeginn: 2. Quartal 2019
Bauende: 1. Quartal 2021
Konjunkturelle Gesamtlage: über Durchschnitt
Regionaler Baumarkt: Durchschnitt

Baukonstruktion

Der Parkbereich ist eine offene Konstruktion aus verzinkten Stahlstützen unter der Hochbrücke, welche mit Streckmetall bekleidet ist. Der obere Abschluss ist als Gitterrostkonstruktion aus verzinktem Stahl hergestellt. Ergänzt wird der offene Parkbereich durch ein stirnseitig angeordnetes Funktionsgebäude (Servicestation) mit Büronutzung, welches als Mauerwerksbau mit Putzfassade und vorgehängter Streckmetallfassade ausgeführt wurde.

Technische Anlagen

Die Servicestation wird mittels Luft-Wasser-Wärmepumpe mit Wärme versorgt. Über eine Fußbodenheizung wird diese im Gebäude verteilt. Die Lüftung erfolgt über Fenster bzw. in der Nasszelle über eine elektrische Lüftung.

Sonstiges

Der Bestandsfluchtweg aus dem Hauptbahnhofgebäude wurde in den Neubau integriert, entsprechend sind Fluchtwege so dimensioniert, dass sie im Brandfall für Flüchtende aus dem Bahnhofsgebäude sowie aus dem Parkhaus ausgelegt sind. Um auf Lüftungs- und Sprinkleranlagen verzichten zu können, ist das Fahrradparkhaus, mit Ausnahme der Servicestation, als vollständig offene Konstruktion ausgebildet.

Energetische Kennwerte

Gesetzliche Grundlage: EnEV 2013
Mittlerer U-Wert (opake Bauteile): 0,21 W/(m²·K)
Mittlerer U-Wert (transparente Bauteile): 1,30 W/(m²·K)
Spez. Jahresprimärenergiebedarf: 263,80 kWh/(m²·a)
CO_2-Emissionen: 90,40 kg/(m²·a)

Planungskennwerte für Flächen und Rauminhalte nach DIN 277

Flächen des Grundstücks		Menge Einheit	% an GF
BF	Bebaute Fläche	2.226,10 m²	94,7
UF	Unbebaute Fläche	125,15 m²	5,3
GF	Grundstücksfläche	2.351,25 m²	100,0

Grundflächen des Bauwerks		Menge Einheit	% an NUF	% an BGF
NUF	Nutzungsfläche	1.590,34 m²	100,0	54,0
TF	Technikfläche	3,31 m²	0,2	0,1
VF	Verkehrsfläche	973,06 m²	61,2	33,0
NRF	Netto-Raumfläche	2.566,71 m²	161,4	87,2
KGF	Konstruktions-Grundfläche	377,78 m²	23,8	12,8
BGF	Brutto-Grundfläche	2.944,49 m²	185,1	100,0

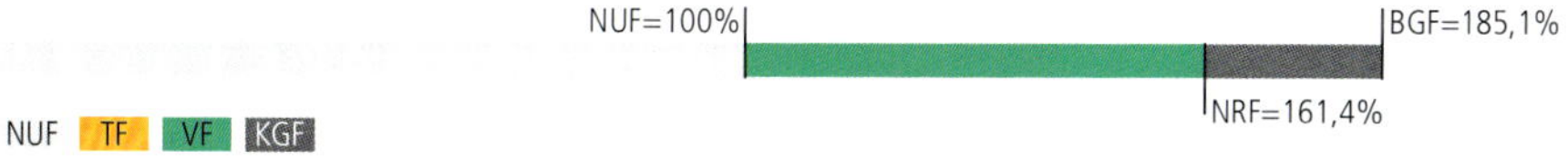

Brutto-Rauminhalt des Bauwerks		Menge Einheit	BRI/NUF (m)	BRI/BGF (m)
BRI	Brutto-Rauminhalt	9.175,00 m³	5,77	3,12

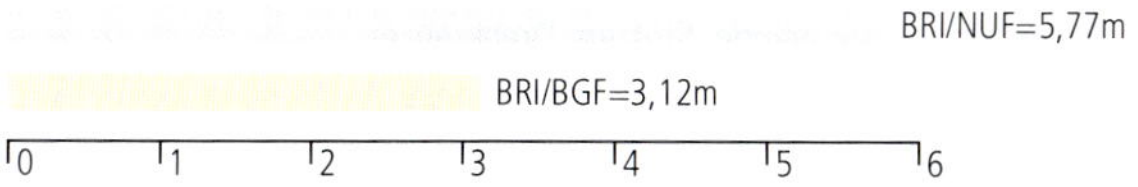

Lufttechnisch behandelte Flächen	Menge Einheit	% an NUF	% an BGF
Entlüftete Fläche	–	–	–
Be- und entlüftete Fläche	–	–	–
Teilklimatisierte Fläche	–	–	–
Klimatisierte Fläche	–	–	–

KG	Kostengruppen (2. Ebene)	Menge Einheit	Menge/NUF	Menge/BGF
310	Baugrube / Erdbau	69,79 m³ BGI	0,04	0,02
320	Gründung, Unterbau	1.680,06 m² GRF	1,06	0,57
330	Außenwände/Vertikale Baukonstruktionen, außen	727,41 m² AWF	0,46	0,25
340	Innenwände/Vertikale Baukonstruktionen, innen	123,58 m² IWF	0,08	0,04
350	Decken/Horizontale Baukonstruktionen	–	–	–
360	Dächer	689,20 m² DAF	0,43	0,23

Kostenkennwerte für die Kostengruppen 400 der 2. und 3. Ebene DIN 276 (Übersicht)

KG	Kostengruppe	Menge Einheit	Kosten €	€/Einheit	% an 3+4
400	**Bauwerk – Technische Anlagen**	**2.944,49 m² BGF**	**171.548,99**	**58,26**	**7,8**
410	**Abwasser-, Wasser-, Gasanlagen**	**2.944,49 m² BGF**	**25.995,62**	**8,83**	**1,2**
411	Abwasseranlagen	2.944,49 m² BGF	10.078,05	3,42	0,5
412	Wasseranlagen	2.944,49 m² BGF	14.898,49	5,06	0,7
413	Gasanlagen	–	–	–	–
419	Sonstiges zur KG 410	2.944,49 m² BGF	1.019,08	0,35	< 0,1
420	**Wärmeversorgungsanlagen**	**2.944,49 m² BGF**	**27.955,28**	**9,49**	**1,3**
421	Wärmeerzeugungsanlagen	2.944,49 m² BGF	21.754,71	7,39	1,0
422	Wärmeverteilnetze	2.944,49 m² BGF	1.822,67	0,62	< 0,1
423	Raumheizflächen	2.944,49 m² BGF	4.377,90	1,49	0,2
424	Verkehrsheizflächen	–	–	–	–
429	Sonstiges zur KG 420	–	–	–	–
430	**Raumlufttechnische Anlagen**	**2.944,49 m² BGF**	**542,56**	**0,18**	**< 0,1**
431	Lüftungsanlagen	2.944,49 m² BGF	542,56	0,18	< 0,1
432	Teilklimaanlagen	–	–	–	–
433	Klimaanlagen	–	–	–	–
434	Kälteanlagen	–	–	–	–
439	Sonstiges zur KG 430	–	–	–	–
440	**Elektrische Anlagen**	**2.944,49 m² BGF**	**98.310,02**	**33,39**	**4,5**
441	Hoch- und Mittelspannungsanlagen	–	–	–	–
442	Eigenstromversorgungsanlagen	–	–	–	–
443	Niederspannungsschaltanlagen	–	–	–	–
444	Niederspannungsinstallationsanlagen	2.944,49 m² BGF	54.744,15	18,59	2,5
445	Beleuchtungsanlagen	2.944,49 m² BGF	40.888,25	13,89	1,9
446	Blitzschutz- und Erdungsanlagen	2.944,49 m² BGF	2.677,61	0,91	0,1
447	Fahrleitungssysteme	–	–	–	–
449	Sonstiges zur KG 440	–	–	–	–
450	**Kommunikationstechnische Anlagen**	**2.944,49 m² BGF**	**15.323,53**	**5,20**	**0,7**
451	Telekommunikationsanlagen	–	–	–	–
452	Such- und Signalanlagen	–	–	–	–
453	Zeitdienstanlagen	–	–	–	–
454	Elektroakustische Anlagen	–	–	–	–
455	Audiovisuelle Medien- u. Antennenanl.	–	–	–	–
456	Gefahrenmelde- und Alarmanlagen	2.944,49 m² BGF	10.755,28	3,65	0,5
457	Datenübertragungsnetze	2.944,49 m² BGF	4.568,25	1,55	0,2
458	Verkehrsbeeinflussungsanlagen	–	–	–	–
459	Sonstiges zur KG 450	–	–	–	–
460	**Förderanlagen**	**–**	**–**	**–**	**–**
461	Aufzugsanlagen	–	–	–	–
462	Fahrtreppen, Fahrsteige	–	–	–	–
463	Befahranlagen	–	–	–	–
464	Transportanlagen	–	–	–	–
465	Krananlagen	–	–	–	–
466	Hydraulikanlagen	–	–	–	–
469	Sonstiges zur KG 460	–	–	–	–
470	**Nutzungsspez. u. verfahrenstechn. Anl.**	**–**	**–**	**–**	**–**
480	**Gebäude- und Anlagenautomation**	**–**	**–**	**–**	**–**
490	**Sonst. Maßnahmen für techn. Anlagen**	**2.944,49 m² BGF**	**3.421,99**	**1,16**	**0,2**

Kostenkennwerte für Leistungsbereiche nach STLB (Kosten des Bauwerks nach DIN 276)

LB	Leistungsbereiche	Kosten €	€/m² BGF	€/m³ BRI	% an 3+4
000	Baustellen-, Verkehrssich.- u. Sicherh.einr. inkl. 001	100.460	34,10	10,90	4,6
002	Erdarbeiten	90.427	30,70	9,90	4,1
006	Spezialtiefbauarbeiten inkl. 005	–	–	–	–
009	Entwässerungskanalarbeiten inkl. 011	683	0,23	0,07	< 0,1
010	Drän- und Versickerarbeiten	–	–	–	–
012	Mauerarbeiten	11.008	3,70	1,20	0,5
013	Betonarbeiten	152.311	51,70	16,60	6,9
014	Natur-, Betonwerksteinarbeiten	–	–	–	–
016	Zimmer- und Holzbauarbeiten	–	–	–	–
017	Stahlbauarbeiten	889.783	302,20	97,00	40,4
018	Abdichtungsarbeiten	12.333	4,20	1,30	0,6
019	Kampfmittelräumarbeiten	–	–	–	–
020	Dachdeckungsarbeiten	–	–	–	–
021	Dachabdichtungsarbeiten	28.566	9,70	3,10	1,3
022	Klempnerarbeiten	5.303	1,80	0,58	0,2
	Rohbau	**1.290.873**	**438,40**	**140,70**	**58,6**
023	Putz- und Stuckarbeiten, Wärmedämmsysteme	24.194	8,20	2,60	1,1
024	Fliesen- und Plattenarbeiten	3.986	1,40	0,43	0,2
025	Estricharbeiten	7.735	2,60	0,84	0,4
026	Fenster, Außentüren inkl. 029, 032	7.152	2,40	0,78	0,3
027	Tischlerarbeiten	5.514	1,90	0,60	0,3
028	Parkett-, Holzpflasterarbeiten	–	–	–	–
030	Rollladenarbeiten	–	–	–	–
031	Metallbauarbeiten inkl. 035	433.873	147,40	47,30	19,7
034	Maler- und Lackiererarb. – Beschicht. inkl. 037	179.142	60,80	19,50	8,1
036	Bodenbelagarbeiten	–	–	–	–
038	Vorgehängte hinterlüftete Fassaden	–	–	–	–
039	Trockenbauarbeiten	5.401	1,80	0,59	0,2
	Ausbau	**666.997**	**226,50**	**72,70**	**30,3**
040	Wärmeversorgungsanl. – Betriebseinr. inkl. 041	27.438	9,30	3,00	1,2
042	Gas- u. Wasseranl. – Leitung., Armat. inkl. 043	10.353	3,50	1,10	0,5
044	Abwasseranl. – Leitungen, Abläufe, Armaturen	6.108	2,10	0,67	0,3
045	Gas, Wasser, Entwässerung – Ausstattung inkl. 046	3.269	1,10	0,36	0,1
047	Dämm- und Brandschutzarb. an techn. Anlagen	2.813	0,96	0,31	0,1
049	Feuerlöschanlagen, Feuerlöschgeräte	–	–	–	–
050	Blitzschutz-/Erdungsanlagen, Überspannungssch.	2.678	0,91	0,29	0,1
053	Niederspannungsanl. – Kabel inkl. 052, 054	54.744	18,60	6,00	2,5
055	Sicherheits- u. Ersatzstromversorgungsanl.	–	–	–	–
057	Gebäudesystemtechnik	–	–	–	–
058	Leuchten und Lampen inkl. 059	40.888	13,90	4,50	1,9
060	Such, Signal, Zeit, Anten., akust. Anl. inkl. 064	–	–	–	–
061	Kommunikations- u. Übertragungsnetze inkl. 063	15.324	5,20	1,70	0,7
069	Aufzüge	–	–	–	–
070	Gebäudeautomation	–	–	–	–
075	Raumlufttechnische Anlagen inkl. 078	543	0,18	0,06	< 0,1
	Gebäudetechnik	**164.157**	**55,80**	**17,90**	**7,5**
084	Abbruch, Rückbau, Schadstoffsanierung	–	–	–	–
	Abbrucharbeiten	**–**	**–**	**–**	**–**
	Sonstige Leistungsbereiche	**79.890**	**27,10**	**8,70**	**3,6**

7800-0036
Fahrradabstellbox
(11 STP)

Kostenkennwerte für die Kosten des Bauwerks (Kostengruppen 300+400 nach DIN 276)

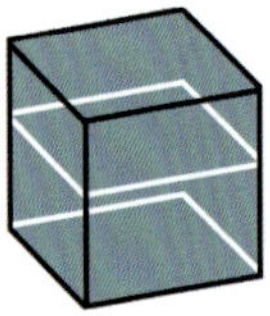

BRI 1.047 €/m³

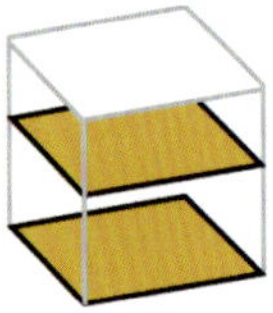

BGF 3.171 €/m²

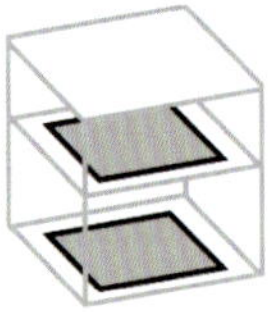

NUF 3.488 €/m²

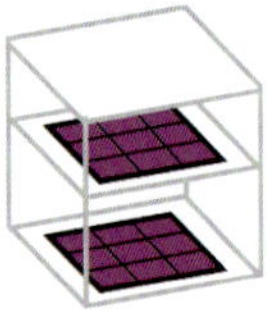

NE 2.854 €/NE

NE: Stellplätze

Objekt:
Kennwerte: 1.Ebene DIN 276
BRI: 30 m³
BGF: 10 m²
NUF: 9 m²
Bauzeit: 4 Wochen
Bauende: 2019
Standard: einfach
Bundesland: Saarland
Kreis: Saarbrücken, Regionalverband

Architekt*in:
baubar
urbanlaboratorium
Diez und Torres GbR
Uhlandstraße 18
66121 Saarbrücken

Bauherr*in:
ADFC Landesverband
Saarland
Evangelisch-Kirch-Straße 8
66111 Saarbrücken

© baubar urbanlaboratorium

© baubar urbanlaboratorium

© baubar urbanlaboratorium

© baubar urbanlaboratorium

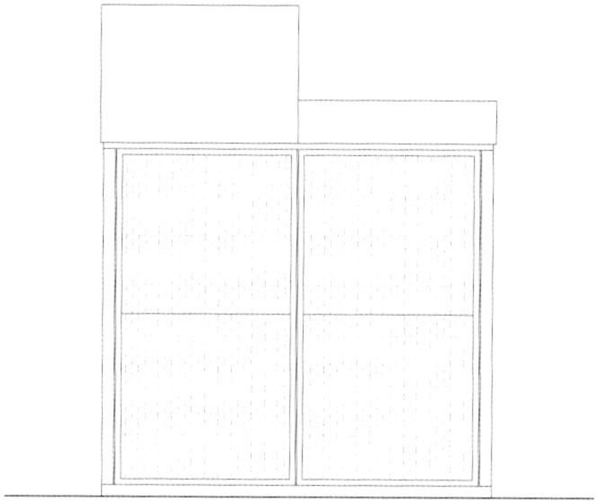
Front Ansicht

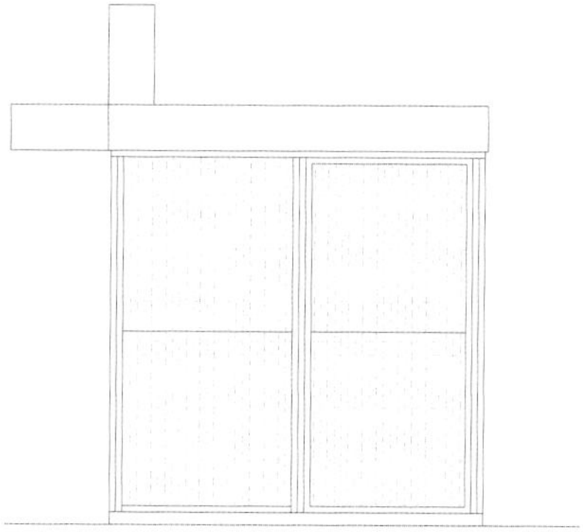
Seiten Ansicht

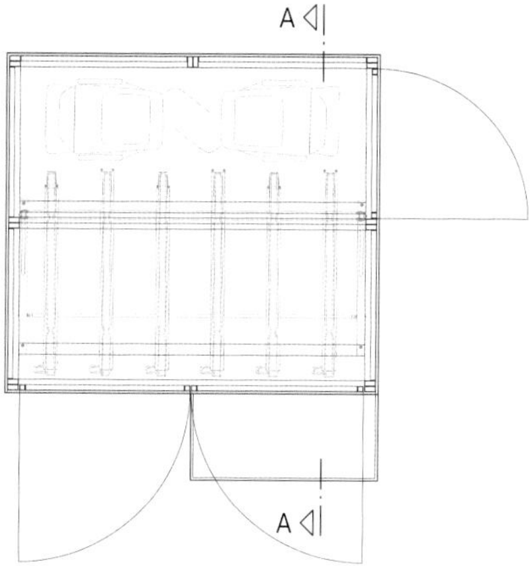

Grundriss

Schnitt A-A

Hinten Ansicht

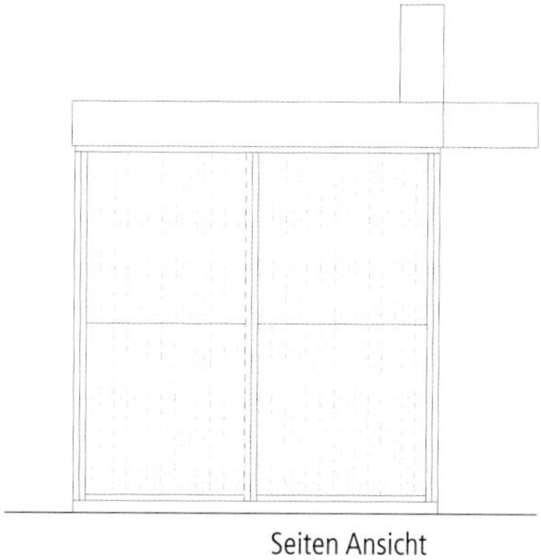
Seiten Ansicht

7800-0036
Fahrradabstellbox
(11 STP)

Objektbeschreibung

Allgemeine Objektinformationen

Diese Fahrradabstellbox entwickelte sich aus der Initiative einiger Anwohner, die keinen Platz in den Wohnhäusern hatten, ihr Fahrrad unterzustellen. Eine abschließbare Fahrradabstellanlage für zehn Fahrräder und ein Lastenrad wurde geplant und realisiert. Weitere Standorte in anderen Städten sind vorgesehen.

Nutzung

1 Erdgeschoss
Fahrradabstellraum

Nutzeinheiten

Stellplätze: 11

Grundstück

Bauraum: Freier Bauraum
Neigung: Ebenes Gelände
Bodenklasse: BK 3 bis BK 5

Markt

Hauptvergabezeit: 1. Quartal 2019
Baubeginn: 2. Quartal 2019
Bauende: 2. Quartal 2019
Konjunkturelle Gesamtlage: Durchschnitt
Regionaler Baumarkt: über Durchschnitt

Baukonstruktion

Die Tragkonstruktion besteht aus feuerverzinkten Stahlrechteckprofilen, als Wandverkleidung wurden Fassadenbleche aus Streckmetall verarbeitet. Das Dach besteht aus verzinkten Stahlblechen und lackiertem Trapezblech. Eine zweiflüglige Metallrahmentür ermöglicht den Zugang zu den Doppelstock-Radparkern.

Technische Anlagen

Die Beleuchtung wird über ein Solarpaneel versorgt und ist mit einem Bewegungsmelder ausgestattet.

Sonstiges

Diese Basisvariante ist 3,00 x 3,00m groß. Grundsätzlich kann die Größe der Box und damit die Stellplatzkapazität beliebig angepasst werden.

Planungskennwerte für Flächen und Rauminhalte nach DIN 277

Flächen des Grundstücks		Menge Einheit	% an GF
BF	Bebaute Fläche	9,90 m²	–
UF	Unbebaute Fläche	–	–
GF	Grundstücksfläche	–	–

Grundflächen des Bauwerks		Menge Einheit	% an NUF	% an BGF
NUF	Nutzungsfläche	9,00 m²	100,0	90,9
TF	Technikfläche	–	–	–
VF	Verkehrsfläche	–	–	–
NRF	Netto-Raumfläche	9,00 m²	100,0	90,9
KGF	Konstruktions-Grundfläche	0,90 m²	10,0	9,1
BGF	Brutto-Grundfläche	9,90 m²	110,0	100,0

Brutto-Rauminhalt des Bauwerks		Menge Einheit	BRI/NUF (m)	BRI/BGF (m)
BRI	Brutto-Rauminhalt	29,97 m³	3,33	3,03

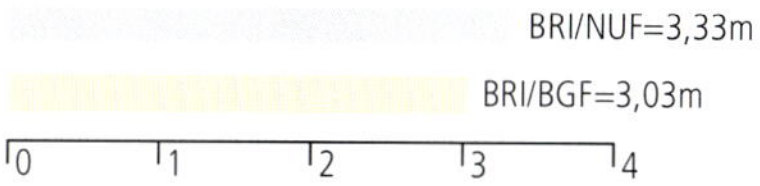

Kostenkennwerte für die Kostengruppen der 1. Ebene DIN 276

KG	Kostengruppen (1. Ebene)	Einheit	Kosten €	€/Einheit	€/m² BGF	€/m³ BRI	% 300+400
100	Grundstück	m² GF	–	–	–	–	–
200	Vorbereitende Maßnahmen	m² GF	–	–	–	–	–
300	Bauwerk – Baukonstruktionen	m² BGF	30.997	3.130,99	3.130,99	1.034,26	98,7
400	Bauwerk – Technische Anlagen	m² BGF	393	39,69	39,69	13,11	1,3
	Bauwerk 300+400	**m² BGF**	**31.390**	**3.170,68**	**3.170,68**	**1.047,37**	**100,0**
500	Außenanlagen und Freiflächen	m² AF	–	–	–	–	–
600	Ausstattung und Kunstwerke	m² BGF	–	–	–	–	–
700	Baunebenkosten	m² BGF	–	–	–	–	–
800	Finanzierung	m² BGF	–	–	–	–	–

KG	Kostengruppe	Menge Einheit	Kosten €	€/Einheit	%
3+4	**Bauwerk**				**100,0**
300	**Bauwerk – Baukonstruktionen**	9,90 m² BGF	30.997	**3.130,99**	98,7

Stahlprofilrahmen; Stahlrechteckstützen, feuerverzinkt, zweiflüglige Metallrahmentür, Streckmetallfassade; Stahlrechteck-Dachträger, Alu-Zink-Trapezblech, Stahlblechblenden, Dachentwässerung; Doppelparker-Stahlkonstruktion

KG	Kostengruppe	Menge Einheit	Kosten €	€/Einheit	%
400	**Bauwerk – Technische Anlagen**	9,90 m² BGF	393	**39,69**	1,3

Solargespeiste Beleuchtung mit Bewegungsmelder

7800-0039
Tiefgarage (68 STP)
für Bürogebäude

Kostenkennwerte für die Kosten des Bauwerks (Kostengruppen 300+400 nach DIN 276)

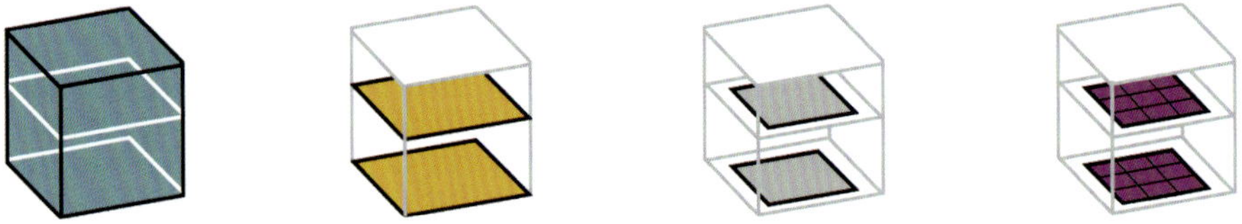

BRI 479 €/m³ | **BGF** 1.535 €/m² | **NUF** 3.517 €/m² | **NE** 51.080 €/NE

NE: Stellplätze

Objekt:
Kennwerte: 3. Ebene DIN 276
BRI: 7.247 m³
BGF: 2.263 m²
NUF: 988 m²
Bauzeit: 26 Wochen
Bauende: 2018
Standard: mittel
Bundesland: Niedersachsen
Kreis: Osnabrück, Stadt

Architekt*in:
Plan. Concept
Architekten GmbH
Blumenmorgen 2
49090 Osnabrück

Bauherr*in:
Modularity AG
Arndtstraße 34
49078 Osnabrück

Untergeschoss

Kostenstand: 2. Quartal 2025, Bundesdurchschnitt, **inkl. 19% MwSt.**

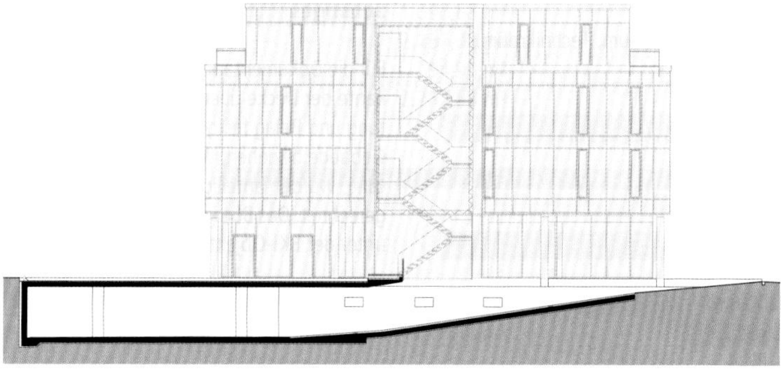

Schnitt A-A

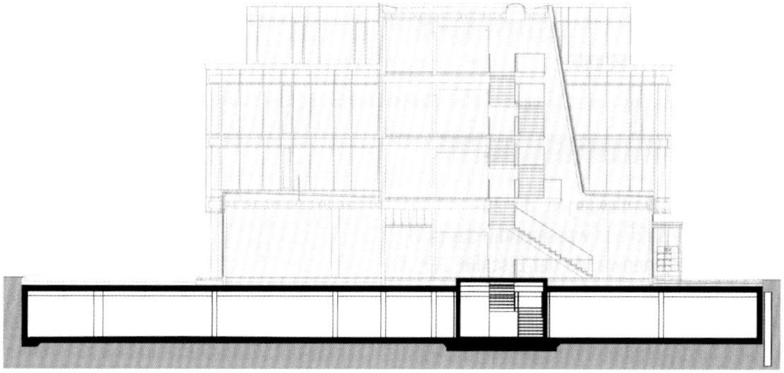

Schnitt B-B

Kostenkennwerte für die Kostengruppen der 1. Ebene DIN 276

KG	Kostengruppen (1. Ebene)	Einheit	Kosten €	€/Einheit	€/m² BGF	€/m³ BRI	% 300+400
100	Grundstück	m² GF	–	–	–	–	–
200	Vorbereitende Maßnahmen	m² GF	68.443	23,57	30,25	9,44	2,0
300	Bauwerk – Baukonstruktionen	m² BGF	3.248.964	1.435,89	1.435,89	448,30	93,5
400	Bauwerk – Technische Anlagen	m² BGF	224.477	99,21	99,21	30,97	6,5
	Bauwerk 300+400	**m² BGF**	**3.473.442**	**1.535,10**	**1.535,10**	**479,27**	**100,0**
500	Außenanlagen und Freiflächen	m² AF	19.729	11,48	8,72	2,72	0,6
600	Ausstattung und Kunstwerke	m² BGF	–	–	–	–	–
700	Baunebenkosten	m² BGF	–	–	–	–	–
800	Finanzierung	m² BGF	–	–	–	–	–

KG	Kostengruppe	Menge Einheit	Kosten €	€/Einheit	%
200	**Vorbereitende Maßnahmen**	2.904,00 m² GF	68.443	**23,57**	2,0

Abbruch von Fundamentresten, Schächten, Abwasserleitungen, Schutzrohren, Kabelresten, Oberbodenabtrag, Roden von Bäumen, Sträuchern

KG	Kostengruppe	Menge Einheit	Kosten €	€/Einheit	%
3+4	**Bauwerk**				**100,0**
300	**Bauwerk – Baukonstruktionen**	2.262,68 m² BGF	3.248.964	**1.435,89**	93,5

Trägerbohlwand, Spundwand, Wasserhaltung; Stb-Flachgründung, WU, Stb-Rampe, Gussasphalt-/ Edelsplitt-Rampenbelag, Zementestrich, Bodenfliesen, OSB-Beschichtung Ablaufrinnen, Stellplatzmarkierungen; Stb-Wände, WU, Garagentor; GK-Wände, Stb-Stützen, Stahltüren, WDVS, Gipsputz, Beschichtung; Spannbetonhohldielendecken, Stb-Decken, Stb-Treppen, Geländer; Spannbetonhohldielen-Flachdach, Stb-Flachdach, EPS-Gefälledämmung, Kunststoffabdichtung; Fahrradständer

KG	Kostengruppe	Menge Einheit	Kosten €	€/Einheit	%
400	**Bauwerk – Technische Anlagen**	2.262,68 m² BGF	224.477	**99,21**	6,5

TG-Entwässerung, Schmutzwasserpumpen; Rampenheizung, Rinnenheizung; Abluftanlage; Elektroinstallation, Beleuchtung, Erdung; Wandleser; Feuerlöscher

KG	Kostengruppe	Menge Einheit	Kosten €	€/Einheit	%
500	**Außenanlagen und Freiflächen**	1.718,70 m² AF	19.729	**11,48**	0,6

Grabenaushub; KG-Rohre, Sprechanlage TG-Einfahrt

Kostenkennwerte für die Kostengruppen 300 der 2. und 3.Ebene DIN 276 (Übersicht)

KG	Kostengruppe	Menge Einheit	Kosten €	€/Einheit	% an 3+4
300	**Bauwerk – Baukonstruktionen**	**2.262,68 m² BGF**	**3.248.964,20**	**1.435,89**	**93,5**
310	**Baugrube / Erdbau**	**7.228,35 m³ BGI**	**770.857,56**	**106,64**	**22,2**
311	Herstellung	7.228,35 m³ BGI	370.928,59	51,32	10,7
312	Umschließung	254,10 m²	223.756,44	880,58	6,4
313	Wasserhaltung	7.228,35 m³	176.172,54	24,37	5,1
314	Vortrieb	–	–	–	–
319	Sonstiges zur KG 310	–	–	–	–
320	**Gründung, Unterbau**	**2.238,87 m² GRF**	**873.024,17**	**389,94**	**25,1**
321	Baugrundverbesserung	–	–	–	–
322	Flachgründungen und Bodenplatten	2.238,87 m²	715.220,24	319,46	20,6
323	Tiefgründungen	–	–	–	–
324	Gründungsbeläge	2.149,42 m²	111.587,72	51,92	3,2
325	Abdichtungen und Bekleidungen	2.268,93 m²	46.216,21	20,37	1,3
326	Dränagen	–	–	–	–
329	Sonstiges zur KG 320	–	–	–	–
330	**Außenwände/Vert. Baukonstrukt., außen**	**456,09 m² AWF**	**290.492,68**	**636,92**	**8,4**
331	Tragende Außenwände	442,64 m²	220.431,23	497,99	6,3
332	Nichttragende Außenwände	–	–	–	–
333	Außenstützen	–	–	–	–
334	Außenwandöffnungen	13,45 m²	27.936,13	2.077,04	0,8
335	Außenwandbekleidungen, außen	59,05 m²	4.979,51	84,33	0,1
336	Außenwandbekleidungen, innen	431,28 m²	5.119,47	11,87	0,1
337	Element. Außenwandkonstruktionen	–	–	–	–
338	Lichtschutz zur KG 330	–	–	–	–
339	Sonstiges zur KG 330	456,09 m² AWF	32.026,31	70,22	0,9
340	**Innenwände/Vert. Baukonstrukt., innen**	**434,75 m² IWF**	**273.048,91**	**628,06**	**7,9**
341	Tragende Innenwände	380,96 m²	123.099,71	323,13	3,5
342	Nichttragende Innenwände	30,14 m²	4.040,35	134,05	0,1
343	Innenstützen	58,80 m	25.474,41	433,24	0,7
344	Innenwandöffnungen	23,65 m²	71.670,71	3.030,47	2,1
345	Innenwandbekleidungen	745,46 m²	45.841,31	61,49	1,3
346	Elementierte Innenwandkonstruktionen	–	–	–	–
347	Lichtschutz zur KG 340	–	–	–	–
349	Sonstiges zur KG 340	434,75 m² IWF	2.922,45	6,72	< 0,1
350	**Decken/Horizontale Baukonstruktionen**	**1.185,24 m² DEF**	**471.890,95**	**398,14**	**13,6**
351	Deckenkonstruktionen	1.185,24 m²	418.278,19	352,91	12,0
352	Deckenöffnungen	–	–	–	–
353	Deckenbeläge	19,64 m²	10.377,74	528,40	0,3
354	Deckenbekleidungen	24,04 m²	1.029,78	42,84	< 0,1
355	Elementierte Deckenkonstruktionen	–	–	–	–
359	Sonstiges zur KG 350	1.185,24 m² DEF	42.205,24	35,61	1,2
360	**Dächer**	**989,35 m² DAF**	**478.538,86**	**483,69**	**13,8**
361	Dachkonstruktionen	938,12 m²	259.150,57	276,24	7,5
362	Dachöffnungen	–	–	–	–
363	Dachbeläge	989,35 m²	213.939,03	216,24	6,2
364	Dachbekleidungen	–	–	–	–
365	Elementierte Dachkonstruktionen	–	–	–	–
366	Lichtschutz zur KG 360	–	–	–	–
369	Sonstiges zur KG 360	989,35 m² DAF	5.449,26	5,51	0,2
370	**Infrastrukturanlagen**	**–**	**–**	**–**	**–**
380	**Baukonstruktive Einbauten**	**2.262,68 m² BGF**	**2.515,38**	**1,11**	**< 0,1**
390	**Sonst. Maßnahmen für Baukonstrukt.**	**2.262,68 m² BGF**	**88.595,69**	**39,16**	**2,6**

7800-0040
Tiefgarage (53 STP)
für Wohnanlage

Kostenkennwerte für die Kosten des Bauwerks (Kostengruppen 300+400 nach DIN 276)

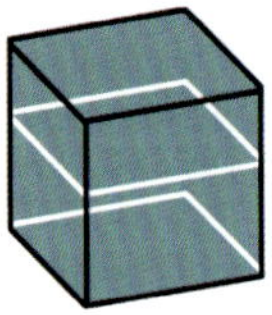

BRI 404 €/m³

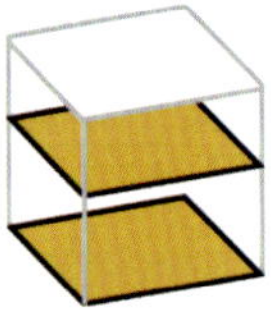

BGF 1.386 €/m²

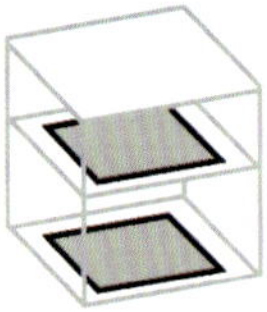

NUF 3.104 €/m²

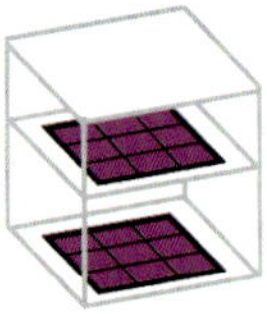

NE 71.232 €/NE

NE: Stellplätze

Objekt:
Kennwerte: 3.Ebene DIN 276
BRI: 9.356 m³
BGF: 2.724 m²
NUF: 1.216 m²
Bauzeit: 13 Wochen
Bauende: 2012
Standard: hoch
Bundesland: Schleswig-Holstein
Kreis: Pinneberg

Architekt*in:
BIWERMAU Architekten BDA
St. Annenufer 5
20457 Hamburg

Bauherr*in:
SOKA-BAU
Zusatzversorgungskasse des Baugewerbes AG
Wettinerstraße 7
65189 Wiesbaden

© SOKA-BAU, Urlaubs- und Lohnausgleichskasse der Bauwirtschaft

© SOKA-BAU, Urlaubs- und Lohnausgleichskasse der Bauwirtschaft

Lageplan

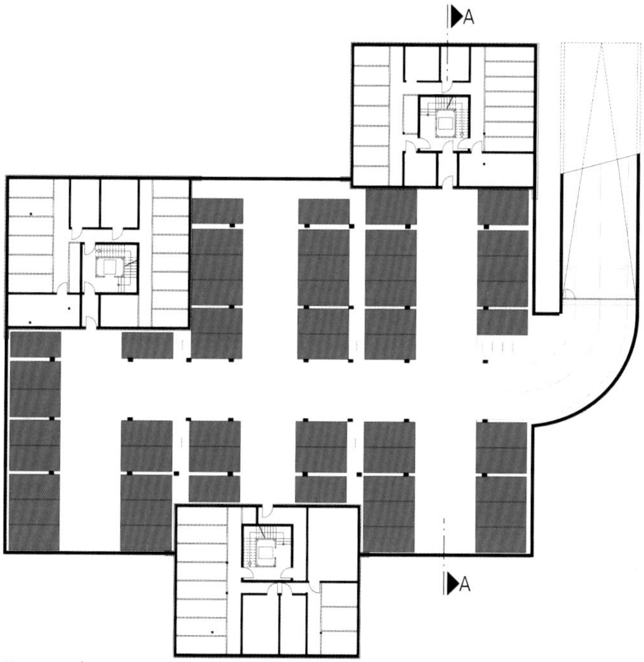

Untergeschoss

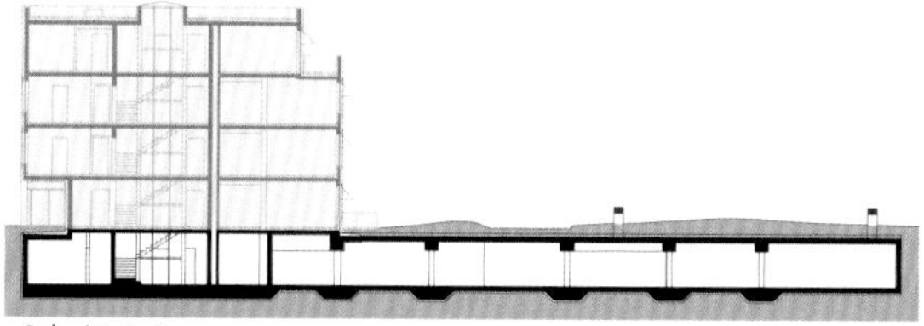

Schnitt A-A

Kostenkennwerte für die Kostengruppen der 1. Ebene DIN 276

KG	Kostengruppen (1. Ebene)	Einheit	Kosten €	€/Einheit	€/m² BGF	€/m³ BRI	% 300+400
100	Grundstück	m² GF	–	–	–	–	–
200	Vorbereitende Maßnahmen	m² GF	219.833	18,14	80,69	23,50	5,8
300	Bauwerk – Baukonstruktionen	m² BGF	3.592.797	1.318,78	1.318,78	384,00	95,2
400	Bauwerk – Technische Anlagen	m² BGF	182.478	66,98	66,98	19,50	4,8
	Bauwerk 300+400	**m² BGF**	**3.775.275**	**1.385,76**	**1.385,76**	**403,50**	**100,0**
500	Außenanlagen und Freiflächen	m² AF	–	–	–	–	–
600	Ausstattung und Kunstwerke	m² BGF	–	–	–	–	–
700	Baunebenkosten	m² BGF	–	–	–	–	–
800	Finanzierung	m² BGF	–	–	–	–	–

KG	Kostengruppe	Menge Einheit	Kosten €	€/Einheit	%
200	**Vorbereitende Maßnahmen**	12.120,00 m² GF	219.833	**18,14**	5,8

Baumschutz, Abbruch von Ladenzeile, Fertiggaragen, Trafostation, Betonpflaster/-platten, Asphalt, Schotterbelag, Pflanzeinfassungen, Fundamenten, asbesthaltigem Bodenbelag, Abtragen von Pflanzendecke, Oberboden, Roden von Baumstümpfen, Sträuchern; Entsorgung, Deponiegebühren

KG	Kostengruppe	Menge Einheit	Kosten €	€/Einheit	%
3+4	**Bauwerk**				**100,0**
300	**Bauwerk – Baukonstruktionen**	2.724,34 m² BGF	3.592.797	**1.318,78**	95,2

Verbau, Wasserhaltung; Stb-Flachgründung, WU, Stb-Rampe, OS8-Beschichtung, Stellplatzmarkierungen, Schrammborde, Zementverbundestrich, Bodenbeschichtung, Terrazzobelag, Gussasphaltestrich auf Rampe, Gehweg, Fahrbahnmarkierungen; Stb-Wände, WU, Rollgittertor, Perimeterdämmung; Stb-Innenwände, Stb-Stützen, Stahltüren, Dämmung, Beschichtung, Kellertrennwände; Stb-Elementdecken, Stb-Treppen; Stb-Flachdach, Bitumenabdichtung; Fahrradanlehnbügel, Poller

KG	Kostengruppe	Menge Einheit	Kosten €	€/Einheit	%
400	**Bauwerk – Technische Anlagen**	2.724,34 m² BGF	182.478	**66,98**	4,8

Tiefgaragenentwässerung, Hebeanlagen; Rampenheizung; Abluftanlagen; Elektroinstallation, Beleuchtung, Erdungsanlage; GSM-Wählgerät zur Störungsmeldung

Kostenkennwerte für die Kostengruppen 300 der 2. und 3. Ebene DIN 276 (Übersicht)

KG	Kostengruppe	Menge Einheit	Kosten €	€/Einheit	% an 3+4
300	**Bauwerk – Baukonstruktionen**	**2.724,34 m² BGF**	**3.592.797,10**	**1.318,78**	**95,2**
310	**Baugrube / Erdbau**	**7.975,05 m³ BGI**	**515.148,83**	**64,60**	**13,6**
311	Herstellung	7.975,05 m³ BGI	344.458,09	43,19	9,1
312	Umschließung	258,00 m²	149.225,22	578,39	4,0
313	Wasserhaltung	7.975,05 m³	21.465,52	2,69	0,6
314	Vortrieb	–	–	–	–
319	Sonstiges zur KG 310	–	–	–	–
320	**Gründung, Unterbau**	**2.677,36 m² GRF**	**1.160.488,61**	**433,45**	**30,7**
321	Baugrundverbesserung	462,03 m²	9.043,78	19,57	0,2
322	Flachgründungen und Bodenplatten	2.677,36 m²	844.282,21	315,34	22,4
323	Tiefgründungen	–	–	–	–
324	Gründungsbeläge	2.528,56 m²	247.445,35	97,86	6,6
325	Abdichtungen und Bekleidungen	2.769,01 m²	58.526,64	21,14	1,6
326	Dränagen	–	–	–	–
329	Sonstiges zur KG 320	2.677,36 m² GRF	1.190,63	0,44	< 0,1
330	**Außenwände/Vert. Baukonstrukt., außen**	**860,64 m² AWF**	**420.242,28**	**488,29**	**11,1**
331	Tragende Außenwände	845,52 m²	346.400,85	409,69	9,2
332	Nichttragende Außenwände	–	–	–	–
333	Außenstützen	–	–	–	–
334	Außenwandöffnungen	15,12 m²	35.916,09	2.375,40	1,0
335	Außenwandbekleidungen, außen	418,41 m²	27.338,49	65,34	0,7
336	Außenwandbekleidungen, innen	642,24 m²	4.704,07	7,32	0,1
337	Element. Außenwandkonstruktionen	–	–	–	–
338	Lichtschutz zur KG 330	–	–	–	–
339	Sonstiges zur KG 330	860,64 m² AWF	5.882,79	6,84	0,2
340	**Innenwände/Vert. Baukonstrukt., innen**	**1.304,49 m² IWF**	**366.342,10**	**280,83**	**9,7**
341	Tragende Innenwände	855,06 m²	221.499,59	259,05	5,9
342	Nichttragende Innenwände	–	–	–	–
343	Innenstützen	120,75 m	31.388,45	259,95	0,8
344	Innenwandöffnungen	39,95 m²	54.026,52	1.352,35	1,4
345	Innenwandbekleidungen	1.094,30 m²	29.861,27	27,29	0,8
346	Elementierte Innenwandkonstruktionen	409,48 m²	23.890,87	58,34	0,6
347	Lichtschutz zur KG 340	–	–	–	–
349	Sonstiges zur KG 340	1.304,49 m² IWF	5.675,39	4,35	0,2
350	**Decken/Horizontale Baukonstruktionen**	**1.022,22 m² DEF**	**226.376,48**	**221,46**	**6,0**
351	Deckenkonstruktionen	1.022,22 m²	175.350,88	171,54	4,6
352	Deckenöffnungen	–	–	–	–
353	Deckenbeläge	28,55 m²	13.911,45	487,27	0,4
354	Deckenbekleidungen	456,85 m²	37.114,16	81,24	1,0
355	Elementierte Deckenkonstruktionen	–	–	–	–
359	Sonstiges zur KG 350	–	–	–	–
360	**Dächer**	**1.549,57 m² DAF**	**605.236,15**	**390,58**	**16,0**
361	Dachkonstruktionen	1.536,31 m²	484.396,25	315,30	12,8
362	Dachöffnungen	–	–	–	–
363	Dachbeläge	1.549,57 m²	111.535,31	71,98	3,0
364	Dachbekleidungen	95,81 m²	9.304,61	97,12	0,2
365	Elementierte Dachkonstruktionen	–	–	–	–
366	Lichtschutz zur KG 360	–	–	–	–
369	Sonstiges zur KG 360	–	–	–	–
370	**Infrastrukturanlagen**	**–**	**–**	**–**	**–**
380	**Baukonstruktive Einbauten**	**2.724,34 m² BGF**	**8.474,75**	**3,11**	**0,2**
390	**Sonst. Maßnahmen für Baukonstrukt.**	**2.724,34 m² BGF**	**290.487,89**	**106,63**	**7,7**

7800-0041
Tiefgarage (55 STP)
für Wohnanlage

Kostenkennwerte für die Kosten des Bauwerks (Kostengruppen 300+400 nach DIN 276)

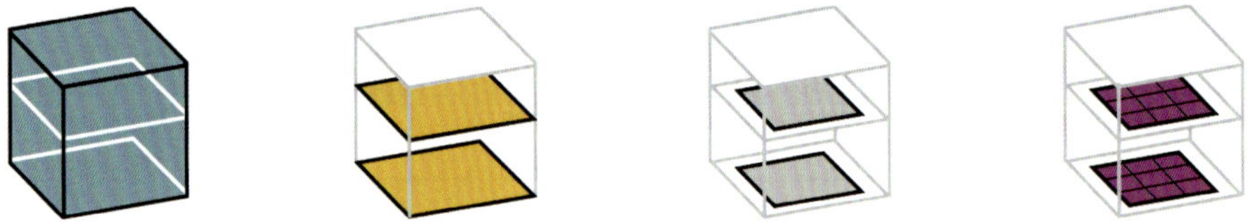

BRI 418 €/m³

BGF 1.433 €/m²

NUF 3.071 €/m²

NE 70.483 €/NE
NE: Stellplätze

Objekt:
Kennwerte: 3.Ebene DIN 276
BRI: 9.268 m³
BGF: 2.705 m²
NUF: 1.262 m²
Bauzeit: 13 Wochen
Bauende: 2012
Standard: hoch
Bundesland: Schleswig-Holstein
Kreis: Pinneberg

Architekt*in:
BIWERMAU Architekten BDA
St. Annenufer 5
20457 Hamburg

Bauherr*in:
SOKA-BAU
Zusatzversorgungskasse des Baugewerbes AG
Wettinerstraße 7
65189 Wiesbaden

© SOKA-BAU, Urlaubs- und Lohnausgleichskasse der Bauwirtschaft

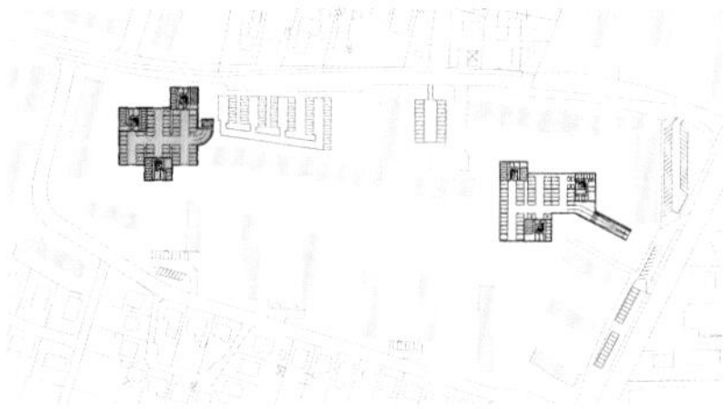
Lageplan

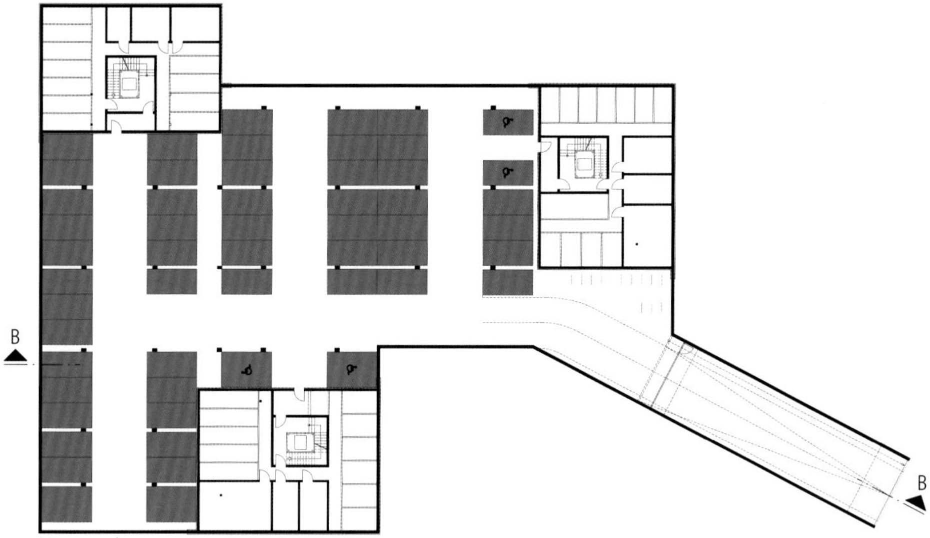

Untergeschoss

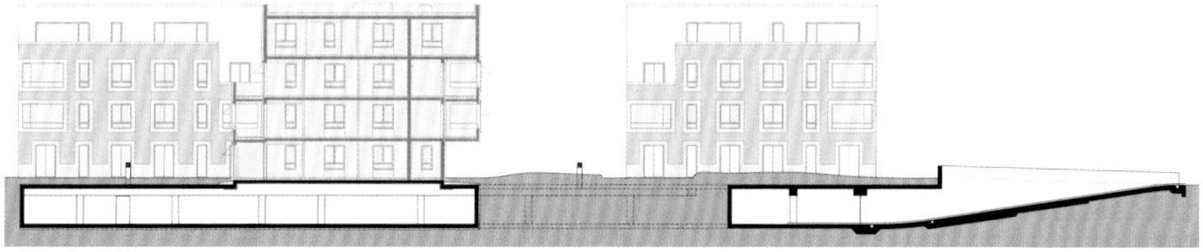
Schnitt B-B

Objektbeschreibung

Allgemeine Objektinformationen

Die Tiefgarage wurde im Zuge der Errichtung einer Wohnanlage gebaut. Sie bietet 55 Pkw-Stellplätze sowie Fahrradabstellplätze für drei Punkthäuser mit insgesamt 33 Wohneinheiten auf Baufeld B. Um die Treppenhäuser sind jeweils Mieterkeller, Technik- und Trockenräume angeordnet.

Nutzung

1 Untergeschoss
Tiefgarage, Mieterkeller, Haustechnik

Nutzeinheiten

Stellplätze: 55

Grundstück

Bauraum: Freier Bauraum
Neigung: Ebenes Gelände
Bodenklasse: BK 1 bis BK 5

Besonderer Kosteneinfluss Grundstück
Nachverdichtung des bestehenden Wohnbauensembles aus Zeilen und Reihenhäusern durch sechs Punkthäuser.

Markt

Hauptvergabezeit: 4. Quartal 2011
Baubeginn: 1. Quartal 2012
Bauende: 2. Quartal 2012
Konjunkturelle Gesamtlage: über Durchschnitt
Regionaler Baumarkt: Durchschnitt

Baukonstruktion

Die Flachgründung, die Zufahrtsrampe und die Außenwände sind aus wasserundurchlässigem Stahlbeton als weiße Wanne ausgebildet. Entlang der Einfahrt sind die Wände in Sichtbeton ausgeführt. Innen dienen die Innenwände der drei Erschließungskerne und Stahlbetonstützen zusammen mit Unterzügen der Lastabtragung. Das Flachdach ist in Ortbeton erstellt, die Geschossdecken sind Elementdecken. In den Erschließungskernen wurde der Boden mit Zementestrich und Terrazzo belegt, die Mietkeller erhielten eine Bodenbeschichtung. In der Tiefgarage wurde eine OS8-Beschichtung aufgebracht und die Stellplätze wurden markiert. Die Rampe ist mit Gussasphalt belegt. Die Wände wurden zum Teil gestrichen, die Erschließungskerne sind mit Holzwolleleichtbauplatten gedämmt. Das Flachdach ist mit Bitumenbahnen abgedichtet.

Technische Anlagen

In den Rampenbelag der Tiefgarageneinfahrt wurden Heizmatten integriert, die Entwässerungsrinnen sind ebenfalls beheizt. Pumpen beseitigen das anfallende Schmutzwasser. Für die Trockenräume sind Abluftanlagen installiert. Die Beleuchtung der Tiefgarage wird über Bewegungsmelder gesteuert.

Sonstiges

Für die Dokumentation wurde als Erfassungsgrenze die Oberkante der Decke über der Tiefgarage einschließlich Abdichtung und Belag festgelegt. Kosten, die sich auf das gesamte Gebäude beziehen, wie beispielsweise die Baustelleneinrichtung, wurden anteilig (BGF) eingerechnet. Die Wohnanlage einschließlich der Tiefgarage ist unter der BKI-Objektnummer 6100-1173 dokumentiert, die Tiefgarage auf Baufeld A hat die BKI-Objektnummer 7800-0040.

Planungskennwerte für Flächen und Rauminhalte nach DIN 277

Flächen des Grundstücks		Menge Einheit	% an GF
BF	Bebaute Fläche	5.351,90 m²	44,2
UF	Unbebaute Fläche	6.768,10 m²	55,8
GF	Grundstücksfläche	12.120,00 m²	100,0

Grundflächen des Bauwerks		Menge Einheit	% an NUF	% an BGF
NUF	Nutzungsfläche	1.262,44 m²	100,0	46,7
TF	Technikfläche	75,00 m²	5,9	2,8
VF	Verkehrsfläche	1.169,54 m²	92,6	43,2
NRF	Netto-Raumfläche	2.506,98 m²	198,6	92,7
KGF	Konstruktions-Grundfläche	198,41 m²	15,7	7,3
BGF	Brutto-Grundfläche	2.705,39 m²	214,3	100,0

Brutto-Rauminhalt des Bauwerks		Menge Einheit	BRI/NUF (m)	BRI/BGF (m)
BRI	Brutto-Rauminhalt	9.268,34 m³	7,34	3,43

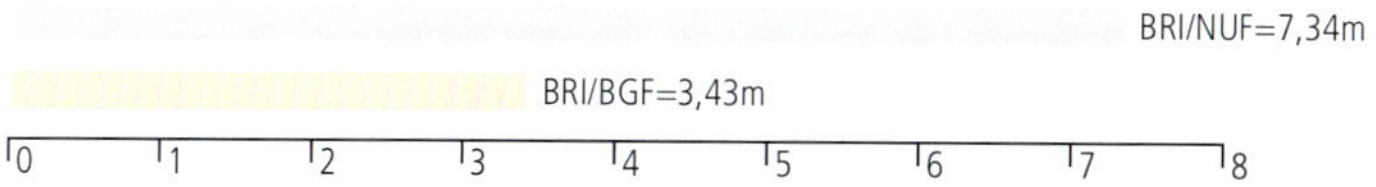

Lufttechnisch behandelte Flächen	Menge Einheit	% an NUF	% an BGF
Entlüftete Fläche	–	–	–
Be- und entlüftete Fläche	–	–	–
Teilklimatisierte Fläche	–	–	–
Klimatisierte Fläche	–	–	–

KG	Kostengruppen (2. Ebene)	Menge Einheit	Menge/NUF	Menge/BGF
310	Baugrube / Erdbau	7.817,69 m³ BGI	6,19	2,89
320	Gründung, Unterbau	2.659,89 m² GRF	2,11	0,98
330	Außenwände/Vertikale Baukonstruktionen, außen	808,33 m² AWF	0,64	0,30
340	Innenwände/Vertikale Baukonstruktionen, innen	1.287,63 m² IWF	1,02	0,48
350	Decken/Horizontale Baukonstruktionen	1.021,79 m² DEF	0,81	0,38
360	Dächer	1.470,99 m² DAF	1,17	0,54

Kostenkennwerte für die Kostengruppen der 1. Ebene DIN 276

KG	Kostengruppen (1. Ebene)	Einheit	Kosten €	€/Einheit	€/m² BGF	€/m³ BRI	% 300+400
100	Grundstück	m² GF	–	–	–	–	–
200	Vorbereitende Maßnahmen	m² GF	70.517	5,82	26,07	7,61	1,8
300	Bauwerk – Baukonstruktionen	m² BGF	3.701.540	1.368,21	1.368,21	399,37	95,5
400	Bauwerk – Technische Anlagen	m² BGF	175.005	64,69	64,69	18,88	4,5
	Bauwerk 300+400	**m² BGF**	**3.876.545**	**1.432,90**	**1.432,90**	**418,26**	**100,0**
500	Außenanlagen und Freiflächen	m² AF	–	–	–	–	–
600	Ausstattung und Kunstwerke	m² BGF	–	–	–	–	–
700	Baunebenkosten	m² BGF	–	–	–	–	–
800	Finanzierung	m² BGF	–	–	–	–	–

KG	Kostengruppe	Menge Einheit	Kosten €	€/Einheit	%
200	**Vorbereitende Maßnahmen**	12.120,00 m² GF	70.517	**5,82**	1,8
	Baumschutz, Abbruch Fertiggaragen, Asphalt, Sportplatzbelag, Betonpflaster/-platten, Fundamenten, Zaunanlage, Basketballkorb, Abtragen von Pflanzendecke, Oberboden, Roden von Baumstümpfen, Sträuchern; Entsorgung, Deponiegebühren				
3+4	**Bauwerk**				**100,0**
300	**Bauwerk – Baukonstruktionen**	2.705,39 m² BGF	3.701.540	**1.368,21**	95,5
	Verbau, Wasserhaltung; Stb-Flachgründung, WU, Stb-Rampe, OS8-Beschichtung, Stellplatzmarkierungen, Zementverbundestrich, Bodenbeschichtung, Terrazzobelag, Gussasphaltestrich auf Rampe, Gehweg, Schrammborde, Fahrbahnmarkierungen; Stb-Wände, WU, Rollgittertor, Perimeterdämmung; Stb-Innenwände, Stb-Stützen, Stahltüren, Beschichtung, Dämmung, Kellertrennwände; Stb-Elementdecken, Stb-Treppen; Stb-Flachdach, Bitumenabdichtung; Fahrradanlehnbügel, Poller				
400	**Bauwerk – Technische Anlagen**	2.705,39 m² BGF	175.005	**64,69**	4,5
	Tiefgaragenentwässerung, Hebeanlagen; Rampenheizung; Abluftanlagen; Elektroinstallation, Beleuchtung, Erdungsanlage; GSM-Wählgerät zur Störungsmeldung				

Kostenkennwerte für die Kostengruppen 300 der 2. und 3. Ebene DIN 276 (Übersicht)

KG	Kostengruppe	Menge Einheit	Kosten €	€/Einheit	% an 3+4
300	**Bauwerk – Baukonstruktionen**	**2.705,39 m² BGF**	**3.701.540,04**	**1.368,21**	**95,5**
310	**Baugrube / Erdbau**	**7.817,69 m³ BGI**	**677.433,47**	**86,65**	**17,5**
311	Herstellung	7.817,69 m³ BGI	472.078,28	60,39	12,2
312	Umschließung	208,93 m²	120.954,83	578,93	3,1
313	Wasserhaltung	7.817,69 m³	84.400,37	10,80	2,2
314	Vortrieb	–	–	–	–
319	Sonstiges zur KG 310	–	–	–	–
320	**Gründung, Unterbau**	**2.659,89 m² GRF**	**1.102.475,26**	**414,48**	**28,4**
321	Baugrundverbesserung	428,23 m²	8.567,95	20,01	0,2
322	Flachgründungen und Bodenplatten	2.659,89 m²	806.492,11	303,21	20,8
323	Tiefgründungen	–	–	–	–
324	Gründungsbeläge	2.492,34 m²	225.656,93	90,54	5,8
325	Abdichtungen und Bekleidungen	2.741,14 m²	60.567,66	22,10	1,6
326	Dränagen	–	–	–	–
329	Sonstiges zur KG 320	2.659,89 m² GRF	1.190,63	0,45	< 0,1
330	**Außenwände/Vert. Baukonstrukt., außen**	**808,33 m² AWF**	**407.584,16**	**504,23**	**10,5**
331	Tragende Außenwände	793,18 m²	335.687,66	423,22	8,7
332	Nichttragende Außenwände	–	–	–	–
333	Außenstützen	–	–	–	–
334	Außenwandöffnungen	15,15 m²	35.908,24	2.370,18	0,9
335	Außenwandbekleidungen, außen	388,29 m²	25.401,39	65,42	0,7
336	Außenwandbekleidungen, innen	642,24 m²	4.704,07	7,32	0,1
337	Element. Außenwandkonstruktionen	–	–	–	–
338	Lichtschutz zur KG 330	–	–	–	–
339	Sonstiges zur KG 330	808,33 m² AWF	5.882,79	7,28	0,2
340	**Innenwände/Vert. Baukonstrukt., innen**	**1.287,63 m² IWF**	**369.275,07**	**286,79**	**9,5**
341	Tragende Innenwände	837,35 m²	226.618,70	270,64	5,8
342	Nichttragende Innenwände	–	–	–	–
343	Innenstützen	97,95 m	26.184,15	267,32	0,7
344	Innenwandöffnungen	40,80 m²	55.401,76	1.357,89	1,4
345	Innenwandbekleidungen	1.111,48 m²	31.661,17	28,49	0,8
346	Elementierte Innenwandkonstruktionen	409,48 m²	23.733,91	57,96	0,6
347	Lichtschutz zur KG 340	–	–	–	–
349	Sonstiges zur KG 340	1.287,63 m² IWF	5.675,39	4,41	0,1
350	**Decken/Horizontale Baukonstruktionen**	**1.021,79 m² DEF**	**244.157,70**	**238,95**	**6,3**
351	Deckenkonstruktionen	1.021,79 m²	184.552,50	180,62	4,8
352	Deckenöffnungen	–	–	–	–
353	Deckenbeläge	28,55 m²	13.911,45	487,27	0,4
354	Deckenbekleidungen	541,44 m²	45.693,75	84,39	1,2
355	Elementierte Deckenkonstruktionen	–	–	–	–
359	Sonstiges zur KG 350	–	–	–	–
360	**Dächer**	**1.470,99 m² DAF**	**608.252,82**	**413,50**	**15,7**
361	Dachkonstruktionen	1.470,99 m²	480.446,93	326,61	12,4
362	Dachöffnungen	–	–	–	–
363	Dachbeläge	1.549,64 m²	117.867,34	76,06	3,0
364	Dachbekleidungen	102,34 m²	9.938,53	97,11	0,3
365	Elementierte Dachkonstruktionen	–	–	–	–
366	Lichtschutz zur KG 360	–	–	–	–
369	Sonstiges zur KG 360	–	–	–	–
370	**Infrastrukturanlagen**	**–**	**–**	**–**	**–**
380	**Baukonstruktive Einbauten**	**2.705,39 m² BGF**	**8.474,75**	**3,13**	**0,2**
390	**Sonst. Maßnahmen für Baukonstrukt.**	**2.705,39 m² BGF**	**283.886,79**	**104,93**	**7,3**

7800-0042
Tiefgarage (31 STP)
für Wohnanlage

Kostenkennwerte für die Kosten des Bauwerks (Kostengruppen 300+400 nach DIN 276)

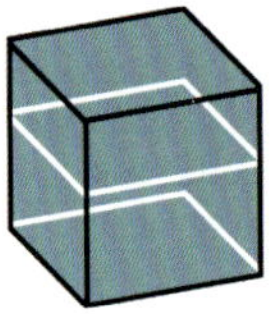

BRI 557 €/m^3

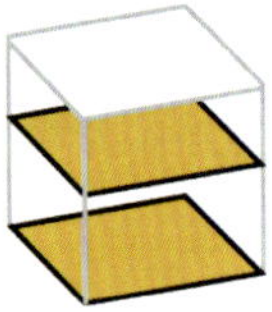

BGF 1.631 €/m^2

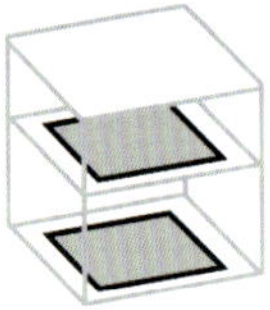

NUF 3.421 €/m^2

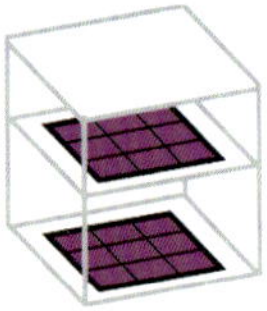

NE 49.517 €/NE

NE: Stellplätze

Objekt:
Kennwerte: 3.Ebene DIN 276
BRI: 2.757 m^3
BGF: 941 m^2
NUF: 449 m^2
Bauzeit: 17 Wochen
Bauende: 2014
Standard: einfach
Bundesland: Bayern
Kreis: Landshut

Architekt*in:
NEUMEISTER & PARINGER
ARCHITEKTEN BDA

Bauherr*in:
Kath. Siedlungswerk EG
Schöffmannplatz 6
84032 Landshut

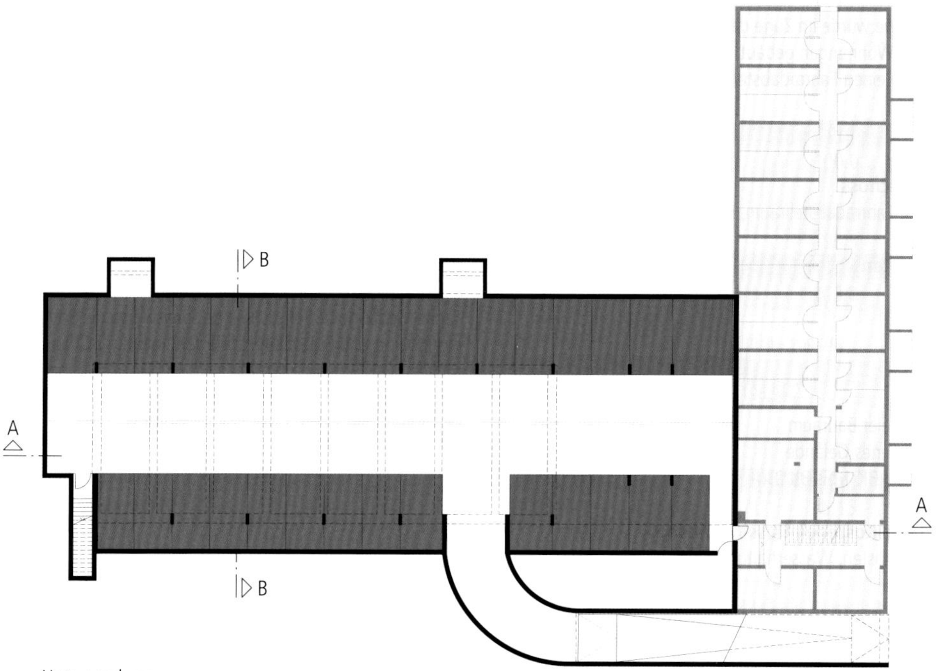

Untergeschoss

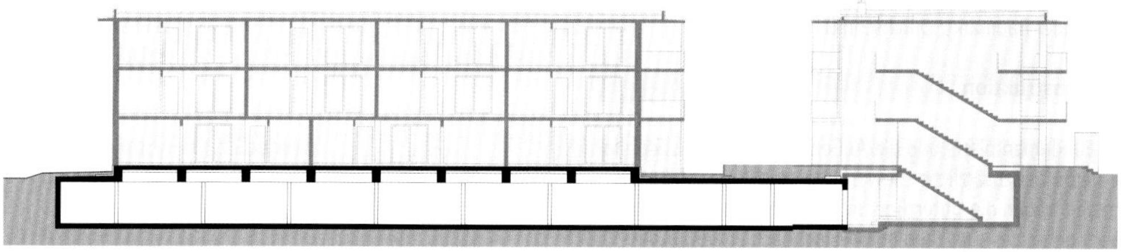

Schnitt A-A

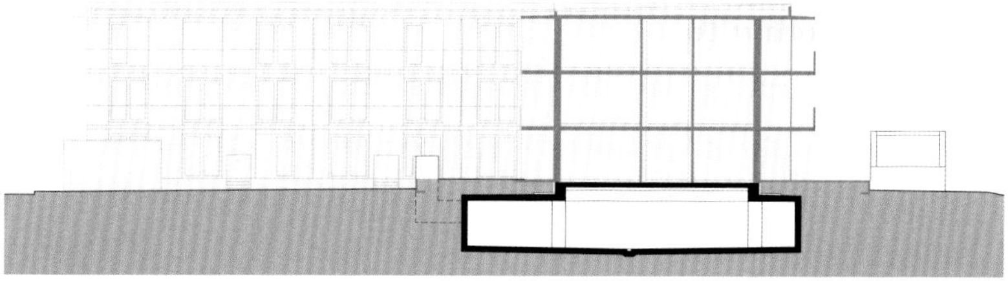

Schnitt B-B

Kostenkennwerte für die Kostengruppen der 1. Ebene DIN 276

KG	Kostengruppen (1. Ebene)	Einheit	Kosten €	€/Einheit	€/m² BGF	€/m³ BRI	% 300+400
100	Grundstück	m² GF	–	–	–	–	–
200	Vorbereitende Maßnahmen	m² GF	13.632	4,58	14,49	4,94	0,9
300	Bauwerk – Baukonstruktionen	m² BGF	1.482.120	1.575,10	1.575,10	537,57	96,6
400	Bauwerk – Technische Anlagen	m² BGF	52.912	56,23	56,23	19,19	3,4
	Bauwerk 300+400	**m² BGF**	**1.535.032**	**1.631,33**	**1.631,33**	**556,76**	**100,0**
500	Außenanlagen und Freiflächen	m² AF	17.684	11,08	18,79	6,41	1,2
600	Ausstattung und Kunstwerke	m² BGF	–	–	–	–	–
700	Baunebenkosten	m² BGF	–	–	–	–	–
800	Finanzierung	m² BGF	–	–	–	–	–

KG	Kostengruppe	Menge Einheit	Kosten €	€/Einheit	%
200	**Vorbereitende Maßnahmen**	2.974,00 m² GF	13.632	**4,58**	0,9
	Baumschutz, Abbruch von Hindernissen im Boden, Zaun, Oberboden abtragen				
3+4	**Bauwerk**				**100,0**
300	**Bauwerk – Baukonstruktionen**	940,97 m² BGF	1.482.120	**1.575,10**	96,6
	Erdarbeiten, Spundwandverbau, Wasserhaltung; Faserbeton-Fundamentplatte, Stb-Rampe, Stb-Treppe, Epoxidharzbeschichtung; Stahlfaserbetonwände, Stb-Wände, Kipptoranlage, Gittertür, Beschichtung, Stellplatznummerierungen, Stb-Lüftungsschächte; Stb-Innenwände, Stb-Stützen, Brandschutztüren, Beschichtung auf Stützen; Stb-Decke, Stb-Unterzüge, Deckendämmung; Stb-Flachdächer, Abdichtung, extensive Begrünung, Dachentwässerung				
400	**Bauwerk – Technische Anlagen**	940,97 m² BGF	52.912	**56,23**	3,4
	Gebäudeentwässerung; Elektroinstallation, Beleuchtung, Erdung				
500	**Außenanlagen und Freiflächen**	1.595,76 m² AF	17.684	**11,08**	1,2
	Rigolenaushub; Rigolenversickerungsanlage				

Kostenkennwerte für die Kostengruppen 300 der 2. und 3. Ebene DIN 276 (Übersicht)

KG	Kostengruppe	Menge Einheit	Kosten €	€/Einheit	% an 3+4
300	**Bauwerk – Baukonstruktionen**	**940,97 m² BGF**	**1.482.120,13**	**1.575,10**	**96,6**
310	**Baugrube / Erdbau**	**3.479,56 m³ BGI**	**272.179,15**	**78,22**	**17,7**
311	Herstellung	3.479,56 m³ BGI	73.015,46	20,98	4,8
312	Umschließung	1.135,68 m²	164.281,93	144,66	10,7
313	Wasserhaltung	3.479,56 m³	34.881,76	10,02	2,3
314	Vortrieb	–	–	–	–
319	Sonstiges zur KG 310	–	–	–	–
320	**Gründung, Unterbau**	**938,26 m² GRF**	**467.859,06**	**498,65**	**30,5**
321	Baugrundverbesserung	–	–	–	–
322	Flachgründungen und Bodenplatten	938,26 m²	296.514,31	316,03	19,3
323	Tiefgründungen	–	–	–	–
324	Gründungsbeläge	887,13 m²	134.708,58	151,85	8,8
325	Abdichtungen und Bekleidungen	968,99 m²	36.636,19	37,81	2,4
326	Dränagen	–	–	–	–
329	Sonstiges zur KG 320	–	–	–	–
330	**Außenwände/Vert. Baukonstrukt., außen**	**418,06 m² AWF**	**145.076,46**	**347,02**	**9,5**
331	Tragende Außenwände	403,80 m²	107.522,50	266,28	7,0
332	Nichttragende Außenwände	–	–	–	–
333	Außenstützen	–	–	–	–
334	Außenwandöffnungen	14,26 m²	12.438,00	872,23	0,8
335	Außenwandbekleidungen, außen	240,36 m²	965,31	4,02	< 0,1
336	Außenwandbekleidungen, innen	–	2.922,98	–	0,2
337	Element. Außenwandkonstruktionen	–	–	–	–
338	Lichtschutz zur KG 330	–	–	–	–
339	Sonstiges zur KG 330	418,06 m² AWF	21.227,66	50,78	1,4
340	**Innenwände/Vert. Baukonstrukt., innen**	**115,74 m² IWF**	**53.590,55**	**463,03**	**3,5**
341	Tragende Innenwände	111,16 m²	30.756,12	276,68	2,0
342	Nichttragende Innenwände	–	–	–	–
343	Innenstützen	38,40 m	15.214,76	396,22	1,0
344	Innenwandöffnungen	4,58 m²	3.995,19	872,31	0,3
345	Innenwandbekleidungen	72,00 m²	3.624,47	50,34	0,2
346	Elementierte Innenwandkonstruktionen	–	–	–	–
347	Lichtschutz zur KG 340	–	–	–	–
349	Sonstiges zur KG 340	–	–	–	–
350	**Decken/Horizontale Baukonstruktionen**	**305,70 m² DEF**	**157.469,68**	**515,11**	**10,3**
351	Deckenkonstruktionen	305,70 m²	131.003,24	428,54	8,5
352	Deckenöffnungen	–	–	–	–
353	Deckenbeläge	–	–	–	–
354	Deckenbekleidungen	238,32 m²	26.466,44	111,05	1,7
355	Elementierte Deckenkonstruktionen	–	–	–	–
359	Sonstiges zur KG 350	–	–	–	–
360	**Dächer**	**665,45 m² DAF**	**339.211,37**	**509,75**	**22,1**
361	Dachkonstruktionen	665,45 m²	213.508,79	320,85	13,9
362	Dachöffnungen	–	–	–	–
363	Dachbeläge	679,25 m²	119.590,02	176,06	7,8
364	Dachbekleidungen	71,18 m²	6.112,56	85,87	0,4
365	Elementierte Dachkonstruktionen	–	–	–	–
366	Lichtschutz zur KG 360	–	–	–	–
369	Sonstiges zur KG 360	–	–	–	–
370	**Infrastrukturanlagen**	**–**	**–**	**–**	**–**
380	**Baukonstruktive Einbauten**	**–**	**–**	**–**	**–**
390	**Sonst. Maßnahmen für Baukonstrukt.**	**940,97 m² BGF**	**46.733,86**	**49,67**	**3,0**

Kostenkennwerte für die Kostengruppen 400 der 2. und 3.Ebene DIN 276 (Übersicht)

KG	Kostengruppe	Menge Einheit	Kosten €	€/Einheit	% an 3+4
400	**Bauwerk – Technische Anlagen**	**940,97 m²BGF**	**52.912,09**	**56,23**	**3,4**
410	**Abwasser-, Wasser-, Gasanlagen**	**940,97 m²BGF**	**26.097,02**	**27,73**	**1,7**
411	Abwasseranlagen	940,97 m²BGF	26.097,02	27,73	1,7
412	Wasseranlagen	–	–	–	–
413	Gasanlagen	–	–	–	–
419	Sonstiges zur KG 410	–	–	–	–
420	**Wärmeversorgungsanlagen**	**–**	**–**	**–**	**–**
421	Wärmeerzeugungsanlagen	–	–	–	–
422	Wärmeverteilnetze	–	–	–	–
423	Raumheizflächen	–	–	–	–
424	Verkehrsheizflächen	–	–	–	–
429	Sonstiges zur KG 420	–	–	–	–
430	**Raumlufttechnische Anlagen**	**–**	**–**	**–**	**–**
431	Lüftungsanlagen	–	–	–	–
432	Teilklimaanlagen	–	–	–	–
433	Klimaanlagen	–	–	–	–
434	Kälteanlagen	–	–	–	–
439	Sonstiges zur KG 430	–	–	–	–
440	**Elektrische Anlagen**	**940,97 m²BGF**	**26.815,07**	**28,50**	**1,7**
441	Hoch- und Mittelspannungsanlagen	–	–	–	–
442	Eigenstromversorgungsanlagen	–	–	–	–
443	Niederspannungsschaltanlagen	–	–	–	–
444	Niederspannungsinstallationsanlagen	940,97 m²BGF	10.771,46	11,45	0,7
445	Beleuchtungsanlagen	940,97 m²BGF	7.974,11	8,47	0,5
446	Blitzschutz- und Erdungsanlagen	940,97 m²BGF	8.069,51	8,58	0,5
447	Fahrleitungssysteme	–	–	–	–
449	Sonstiges zur KG 440	–	–	–	–
450	**Kommunikationstechnische Anlagen**	**–**	**–**	**–**	**–**
451	Telekommunikationsanlagen	–	–	–	–
452	Such- und Signalanlagen	–	–	–	–
453	Zeitdienstanlagen	–	–	–	–
454	Elektroakustische Anlagen	–	–	–	–
455	Audiovisuelle Medien- u. Antennenanl.	–	–	–	–
456	Gefahrenmelde- und Alarmanlagen	–	–	–	–
457	Datenübertragungsnetze	–	–	–	–
458	Verkehrsbeeinflussungsanlagen	–	–	–	–
459	Sonstiges zur KG 450	–	–	–	–
460	**Förderanlagen**	**–**	**–**	**–**	**–**
461	Aufzugsanlagen	–	–	–	–
462	Fahrtreppen, Fahrsteige	–	–	–	–
463	Befahranlagen	–	–	–	–
464	Transportanlagen	–	–	–	–
465	Krananlagen	–	–	–	–
466	Hydraulikanlagen	–	–	–	–
469	Sonstiges zur KG 460	–	–	–	–
470	**Nutzungsspez. u. verfahrenstechn. Anl.**	**–**	**–**	**–**	**–**
480	**Gebäude- und Anlagenautomation**	**–**	**–**	**–**	**–**
490	**Sonst. Maßnahmen für techn. Anlagen**	**–**	**–**	**–**	**–**

Kostenkennwerte für Leistungsbereiche nach STLB (Kosten des Bauwerks nach DIN 276)

LB	Leistungsbereiche	Kosten €	€/m² BGF	€/m³ BRI	% an 3+4
000	Baustellen-, Verkehrssich.- u. Sicherh.einr. inkl. 001	40.304	42,80	14,60	2,6
002	Erdarbeiten	86.451	91,90	31,40	5,6
006	Spezialtiefbauarbeiten inkl. 005	162.182	172,40	58,80	10,6
009	Entwässerungskanalarbeiten inkl. 011	7.912	8,40	2,90	0,5
010	Drän- und Versickerarbeiten	–	–	–	–
012	Mauerarbeiten	–	–	–	–
013	Betonarbeiten	865.807	920,10	314,00	56,4
014	Natur-, Betonwerksteinarbeiten	–	–	–	–
016	Zimmer- und Holzbauarbeiten	–	–	–	–
017	Stahlbauarbeiten	–	–	–	–
018	Abdichtungsarbeiten	–	–	–	–
019	Kampfmittelräumarbeiten	–	–	–	–
020	Dachdeckungsarbeiten	–	–	–	–
021	Dachabdichtungsarbeiten	111.489	118,50	40,40	7,3
022	Klempnerarbeiten	3.937	4,20	1,40	0,3
	Rohbau	**1.278.082**	**1.358,30**	**463,60**	**83,3**
023	Putz- und Stuckarbeiten, Wärmedämmsysteme	–	–	–	–
024	Fliesen- und Plattenarbeiten	–	–	–	–
025	Estricharbeiten	4.164	4,40	1,50	0,3
026	Fenster, Außentüren inkl. 029, 032	3.565	3,80	1,30	0,2
027	Tischlerarbeiten	–	–	–	–
028	Parkett-, Holzpflasterarbeiten	–	–	–	–
030	Rollladenarbeiten	–	–	–	–
031	Metallbauarbeiten inkl. 035	19.350	20,60	7,00	1,3
034	Maler- und Lackiererarb. – Beschicht. inkl. 037	7.943	8,40	2,90	0,5
036	Bodenbelagarbeiten	136.670	145,20	49,60	8,9
038	Vorgehängte hinterlüftete Fassaden	–	–	–	–
039	Trockenbauarbeiten	–	–	–	–
	Ausbau	**171.692**	**182,50**	**62,30**	**11,2**
040	Wärmeversorgungsanl. – Betriebseinr. inkl. 041	–	–	–	–
042	Gas- u. Wasseranl. – Leitung., Armat. inkl. 043	–	–	–	–
044	Abwasseranl. – Leitungen, Abläufe, Armaturen	14.068	15,00	5,10	0,9
045	Gas, Wasser, Entwässerung – Ausstattung inkl. 046	4.116	4,40	1,50	0,3
047	Dämm- und Brandschutzarb. an techn. Anlagen	–	–	–	–
049	Feuerlöschanlagen, Feuerlöschgeräte	–	–	–	–
050	Blitzschutz-/Erdungsanlagen, Überspannungssch.	8.069	8,60	2,90	0,5
053	Niederspannungsanl. – Kabel inkl. 052, 054	11.680	12,40	4,20	0,8
055	Sicherheits- u. Ersatzstromversorgungsanl.	–	–	–	–
057	Gebäudesystemtechnik	–	–	–	–
058	Leuchten und Lampen inkl. 059	7.974	8,50	2,90	0,5
060	Such, Signal, Zeit, Anten., akust. Anl. inkl. 064	–	–	–	–
061	Kommunikations- u. Übertragungsnetze inkl. 063	–	–	–	–
069	Aufzüge	–	–	–	–
070	Gebäudeautomation	–	–	–	–
075	Raumlufttechnische Anlagen inkl. 078	–	–	–	–
	Gebäudetechnik	**45.908**	**48,80**	**16,70**	**3,0**
084	Abbruch, Rückbau, Schadstoffsanierung	–	–	–	–
	Abbrucharbeiten	**–**	**–**	**–**	**–**
	Sonstige Leistungsbereiche	**39.350**	**41,80**	**14,30**	**2,6**

7800-0043
Tiefgarage (13 STP)
für Mehrfamilienhaus

Kostenkennwerte für die Kosten des Bauwerks (Kostengruppen 300+400 nach DIN 276)

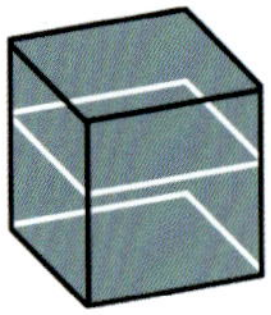
BRI 390 €/m³

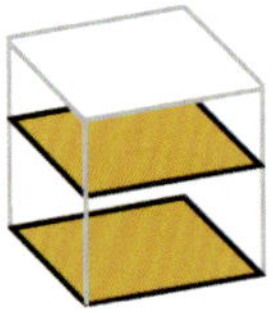
BGF 1.330 €/m²

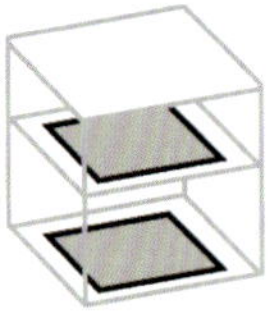
NUF 4.237 €/m²

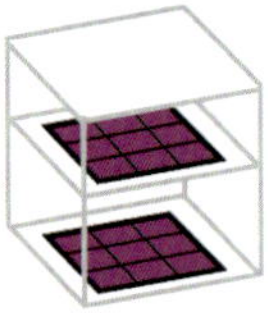
NE 101.263 €/NE
NE: Stellplätze

Objekt:
Kennwerte: 3. Ebene DIN 276
BRI: 3.374 m³
BGF: 990 m²
NUF: 311 m²
Bauzeit: 78 Wochen
Bauende: 2018
Standard: mittel
Bundesland: Berlin
Kreis: Berlin, Stadt

Architekt*in:
Sommer + Sommer
Architekten BDA
Uhlandstraße 158
10719 Berlin

Bauherr*in:
Grundstücksgesellschaft
Lindenstraße 2-4
Uhlandstraße 158
10719 Berlin

Untergeschoss

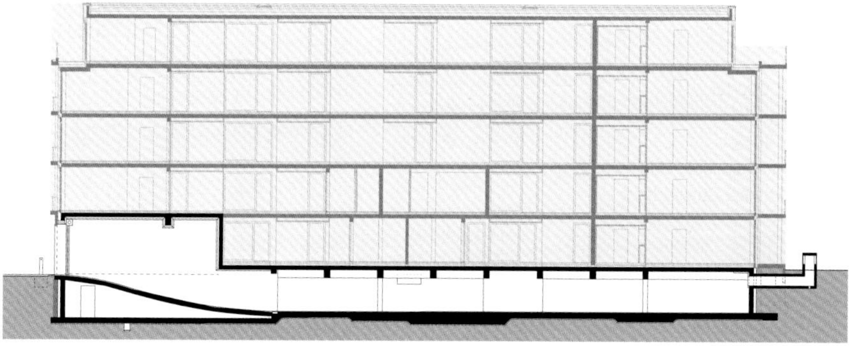

Schnitt A-A

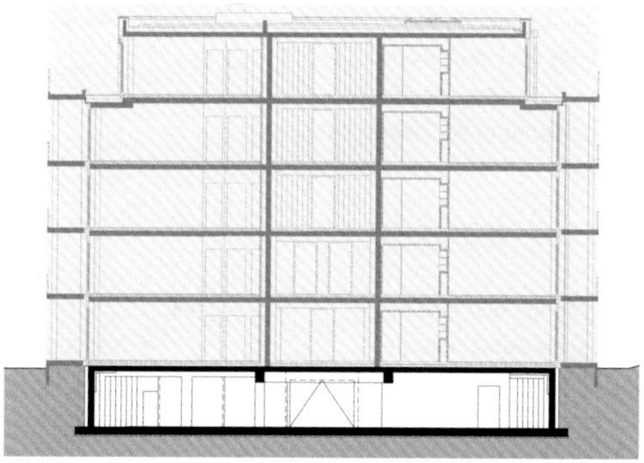

Schnitt B-B

Objektbeschreibung

Allgemeine Objektinformationen

Die Tiefgarage wurde im Zuge der Errichtung eines Mehrfamilienhauses mit 53 Wohnungen gebaut. Sie umfasst 13 Pkw-Stellplätze, ein Parksystem für 80 Fahrräder und Technikräume.

Nutzung

1 Untergeschoss
Tiefgarage, Abstellräume, Haustechnikräume

Nutzeinheiten

Stellplätze: 13

Grundstück

Bauraum: Beengter Bauraum
Neigung: Ebenes Gelände
Bodenklasse: BK 2 bis BK 3

Markt

Hauptvergabezeit: 1.Quartal 2017
Baubeginn: 1.Quartal 2017
Bauende: 3.Quartal 2018
Konjunkturelle Gesamtlage: über Durchschnitt
Regionaler Baumarkt: über Durchschnitt

Baukonstruktion

Die Fundamentplatte und die Außenwände sind aus wasserundurchlässigem Stahlbeton errichtet. Stahlbetonstützen und -wände sowie Kalksandsteinwände tragen die Unterzüge und die Stahlbetondecke des Wohngebäudes. Die Stahlbetonrampe im Gebäude erhielt einen Gussasphaltbelag, eine Rollgittertoranlage riegelt die Tiefgarage ab. Zur Vermeidung von Wärmebrücken sind Teilbereiche der Decke und der Wände mit Holzwolle-Verbundplatten gedämmt. Doppelstockparker für 80 Fahrräder wurden eingebaut. Die Belüftung der Tiefgarage erfolgt über drei Kanäle aus Ortbeton.

Technische Anlagen

In der Tiefgarage wurden Verdunstungsrinnen und eine Schmutzwasserhebeanlage eingebaut. Die Beleuchtung der Tiefgarage wird über Bewegungsmelder gesteuert.

Sonstiges

Für die Dokumentation wurde als Erfassungsgrenze die Oberkante der Decke über der Tiefgarage festgelegt. Kosten, die sich auf das gesamte Gebäude beziehen, wie beispielsweise die Baustelleneinrichtung, wurden anteilig (BGF) eingerechnet. Das Mehrfamilienhaus einschließlich der Tiefgarage ist unter der BKI-Objektnummer 6100-1494 dokumentiert.

Planungskennwerte für Flächen und Rauminhalte nach DIN 277

Flächen des Grundstücks		Menge Einheit	% an GF
BF	Bebaute Fläche	1.189,00 m²	32,0
UF	Unbebaute Fläche	2.529,00 m²	68,0
GF	Grundstücksfläche	3.718,00 m²	100,0

Grundflächen des Bauwerks		Menge Einheit	% an NUF	% an BGF
NUF	Nutzungsfläche	310,70 m²	100,0	31,4
TF	Technikfläche	76,89 m²	24,7	7,8
VF	Verkehrsfläche	496,76 m²	159,9	50,2
NRF	Netto-Raumfläche	884,35 m²	284,6	89,4
KGF	Konstruktions-Grundfläche	105,28 m²	33,9	10,6
BGF	Brutto-Grundfläche	989,63 m²	318,5	100,0

Brutto-Rauminhalt des Bauwerks		Menge Einheit	BRI/NUF (m)	BRI/BGF (m)
BRI	Brutto-Rauminhalt	3.374,41 m³	10,86	3,41

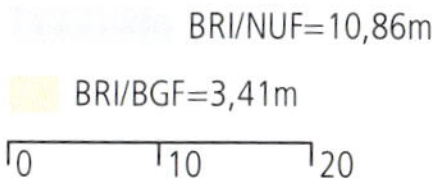

Lufttechnisch behandelte Flächen	Menge Einheit	% an NUF	% an BGF
Entlüftete Fläche	–	–	–
Be- und entlüftete Fläche	–	–	–
Teilklimatisierte Fläche	–	–	–
Klimatisierte Fläche	–	–	–

KG	Kostengruppen (2. Ebene)	Menge Einheit	Menge/NUF	Menge/BGF
310	Baugrube / Erdbau	4.343,64 m³ BGI	13,98	4,39
320	Gründung, Unterbau	996,63 m² GRF	3,21	1,01
330	Außenwände/Vertikale Baukonstruktionen, außen	344,69 m² AWF	1,11	0,35
340	Innenwände/Vertikale Baukonstruktionen, innen	573,30 m² IWF	1,85	0,58
350	Decken/Horizontale Baukonstruktionen	936,85 m² DEF	3,02	0,95
360	Dächer	–	–	–

Kostenkennwerte für die Kostengruppen der 1. Ebene DIN 276

KG	Kostengruppen (1. Ebene)	Einheit	Kosten €	€/Einheit	€/m² BGF	€/m³ BRI	% 300+400
100	Grundstück	m² GF	–	–	–	–	–
200	Vorbereitende Maßnahmen	m² GF	82.836	22,28	83,70	24,55	6,3
300	Bauwerk – Baukonstruktionen	m² BGF	1.255.572	1.268,73	1.268,73	372,09	95,4
400	Bauwerk – Technische Anlagen	m² BGF	60.844	61,48	61,48	18,03	4,6
	Bauwerk 300+400	**m² BGF**	**1.316.416**	**1.330,21**	**1.330,21**	**390,12**	**100,0**
500	Außenanlagen und Freiflächen	m² AF	17.136	6,78	17,32	5,08	1,3
600	Ausstattung und Kunstwerke	m² BGF	–	–	–	–	–
700	Baunebenkosten	m² BGF	–	–	–	–	–
800	Finanzierung	m² BGF	–	–	–	–	–

KG	Kostengruppe	Menge Einheit	Kosten €	€/Einheit	%
200	**Vorbereitende Maßnahmen**	3.718,00 m² GF	82.836	**22,28**	6,3
	Wurzelschutz, Kronenpflege, Abbruch von Zaunpfählen, Gartenmauer, Ziegeltreppen, Gehwegplatten, Tischtennisplatte, Bäume fällen; Erschließungsarbeiten; Gehwegfläche umbauen				
3+4	**Bauwerk**				**100,0**
300	**Bauwerk – Baukonstruktionen**	989,63 m² BGF	1.255.572	**1.268,73**	95,4
	Stb-Fundamentplatten, WU; Stb-Wände WU, Rollgittertor, Lüftungsgittereinsätze; Stb-Innenwände, KS-Wände, Stb-Stützen, Stahltüren, Holzwolledämmung, Kalkzementputz, Kellertrennwände; Stb-Decken, Stb-Rampe, Stb-Treppen, Abdichtung, Gussasphalt-Rampenbelag; Fahrrad-Doppelstockparker; Ortbeton-Lüftungskanäle				
400	**Bauwerk – Technische Anlagen**	989,63 m² BGF	60.844	**61,48**	4,6
	TG-Entwässerung, Schmutzwasserhebeanlage; Elektroinstallation, Beleuchtung, Erdung				
500	**Außenanlagen und Freiflächen**	2.529,00 m² AF	17.136	**6,78**	1,3
	Abwasserrohre, Kabelschutzrohre				

Kostenkennwerte für die Kostengruppen 300 der 2. und 3. Ebene DIN 276 (Übersicht)

KG	Kostengruppe	Menge Einheit	Kosten €	€/Einheit	% an 3+4
300	**Bauwerk – Baukonstruktionen**	**989,63 m²BGF**	**1.255.571,96**	**1.268,73**	**95,4**
310	**Baugrube / Erdbau**	**4.343,64 m³BGI**	**187.457,78**	**43,16**	**14,2**
311	Herstellung	4.343,64 m³BGI	182.842,35	42,09	13,9
312	Umschließung	160,38 m²	4.615,43	28,78	0,4
313	Wasserhaltung	–	–	–	–
314	Vortrieb	–	–	–	–
319	Sonstiges zur KG 310	–	–	–	–
320	**Gründung, Unterbau**	**996,63 m²GRF**	**266.803,28**	**267,71**	**20,3**
321	Baugrundverbesserung	–	–	–	–
322	Flachgründungen und Bodenplatten	996,63 m²	240.509,76	241,32	18,3
323	Tiefgründungen	–	–	–	–
324	Gründungsbeläge	–	–	–	–
325	Abdichtungen und Bekleidungen	996,63 m²	15.072,62	15,12	1,1
326	Dränagen	–	–	–	–
329	Sonstiges zur KG 320	996,63 m²GRF	11.220,90	11,26	0,9
330	**Außenwände/Vert. Baukonstrukt., außen**	**344,69 m²AWF**	**172.827,81**	**501,40**	**13,1**
331	Tragende Außenwände	329,45 m²	103.548,17	314,31	7,9
332	Nichttragende Außenwände	–	–	–	–
333	Außenstützen	–	–	–	–
334	Außenwandöffnungen	15,24 m²	16.151,80	1.059,83	1,2
335	Außenwandbekleidungen, außen	333,54 m²	29.030,00	87,04	2,2
336	Außenwandbekleidungen, innen	130,00 m²	15.756,61	121,20	1,2
337	Element. Außenwandkonstruktionen	–	–	–	–
338	Lichtschutz zur KG 330	–	–	–	–
339	Sonstiges zur KG 330	344,69 m²AWF	8.341,24	24,20	0,6
340	**Innenwände/Vert. Baukonstrukt., innen**	**573,30 m²IWF**	**126.620,42**	**220,86**	**9,6**
341	Tragende Innenwände	395,81 m²	41.729,89	105,43	3,2
342	Nichttragende Innenwände	19,08 m²	1.977,97	103,67	0,2
343	Innenstützen	22,50 m	5.023,62	223,27	0,4
344	Innenwandöffnungen	26,41 m²	20.646,16	781,76	1,6
345	Innenwandbekleidungen	489,65 m²	48.435,85	98,92	3,7
346	Elementierte Innenwandkonstruktionen	132,00 m²	7.105,34	53,83	0,5
347	Lichtschutz zur KG 340	–	–	–	–
349	Sonstiges zur KG 340	573,30 m²IWF	1.701,60	2,97	0,1
350	**Decken/Horizontale Baukonstruktionen**	**936,85 m²DEF**	**271.196,42**	**289,48**	**20,6**
351	Deckenkonstruktionen	936,85 m²	215.296,45	229,81	16,4
352	Deckenöffnungen	–	–	–	–
353	Deckenbeläge	48,20 m²	17.501,07	363,09	1,3
354	Deckenbekleidungen	300,00 m²	38.398,89	128,00	2,9
355	Elementierte Deckenkonstruktionen	–	–	–	–
359	Sonstiges zur KG 350	–	–	–	–
360	**Dächer**	**–**	**–**	**–**	**–**
361	Dachkonstruktionen	–	–	–	–
362	Dachöffnungen	–	–	–	–
363	Dachbeläge	–	–	–	–
364	Dachbekleidungen	–	–	–	–
365	Elementierte Dachkonstruktionen	–	–	–	–
366	Lichtschutz zur KG 360	–	–	–	–
369	Sonstiges zur KG 360	–	–	–	–
370	**Infrastrukturanlagen**	**–**	**–**	**–**	**–**
380	**Baukonstruktive Einbauten**	**989,63 m²BGF**	**44.045,33**	**44,51**	**3,3**
390	**Sonst. Maßnahmen für Baukonstrukt.**	**989,63 m²BGF**	**186.620,92**	**188,58**	**14,2**

Kostenkennwerte für die Kostengruppen 400 der 2. und 3. Ebene DIN 276 (Übersicht)

KG	Kostengruppe	Menge Einheit	Kosten €	€/Einheit	% an 3+4
400	**Bauwerk – Technische Anlagen**	**989,63 m² BGF**	**60.843,85**	**61,48**	**4,6**
410	**Abwasser-, Wasser-, Gasanlagen**	**989,63 m² BGF**	**14.096,86**	**14,24**	**1,1**
411	Abwasseranlagen	989,63 m² BGF	14.096,86	14,24	1,1
412	Wasseranlagen	–	–	–	–
413	Gasanlagen	–	–	–	–
419	Sonstiges zur KG 410	–	–	–	–
420	**Wärmeversorgungsanlagen**	**–**	**–**	**–**	**–**
421	Wärmeerzeugungsanlagen	–	–	–	–
422	Wärmeverteilnetze	–	–	–	–
423	Raumheizflächen	–	–	–	–
424	Verkehrsheizflächen	–	–	–	–
429	Sonstiges zur KG 420	–	–	–	–
430	**Raumlufttechnische Anlagen**	**–**	**–**	**–**	**–**
431	Lüftungsanlagen	–	–	–	–
432	Teilklimaanlagen	–	–	–	–
433	Klimaanlagen	–	–	–	–
434	Kälteanlagen	–	–	–	–
439	Sonstiges zur KG 430	–	–	–	–
440	**Elektrische Anlagen**	**989,63 m² BGF**	**46.746,98**	**47,24**	**3,6**
441	Hoch- und Mittelspannungsanlagen	–	–	–	–
442	Eigenstromversorgungsanlagen	–	–	–	–
443	Niederspannungsschaltanlagen	–	–	–	–
444	Niederspannungsinstallationsanlagen	989,63 m² BGF	22.902,16	23,14	1,7
445	Beleuchtungsanlagen	989,63 m² BGF	13.329,53	13,47	1,0
446	Blitzschutz- und Erdungsanlagen	989,63 m² BGF	10.515,30	10,63	0,8
447	Fahrleitungssysteme	–	–	–	–
449	Sonstiges zur KG 440	–	–	–	–
450	**Kommunikationstechnische Anlagen**	**–**	**–**	**–**	**–**
451	Telekommunikationsanlagen	–	–	–	–
452	Such- und Signalanlagen	–	–	–	–
453	Zeitdienstanlagen	–	–	–	–
454	Elektroakustische Anlagen	–	–	–	–
455	Audiovisuelle Medien- u. Antennenanl.	–	–	–	–
456	Gefahrenmelde- und Alarmanlagen	–	–	–	–
457	Datenübertragungsnetze	–	–	–	–
458	Verkehrsbeeinflussungsanlagen	–	–	–	–
459	Sonstiges zur KG 450	–	–	–	–
460	**Förderanlagen**	**–**	**–**	**–**	**–**
461	Aufzugsanlagen	–	–	–	–
462	Fahrtreppen, Fahrsteige	–	–	–	–
463	Befahranlagen	–	–	–	–
464	Transportanlagen	–	–	–	–
465	Krananlagen	–	–	–	–
466	Hydraulikanlagen	–	–	–	–
469	Sonstiges zur KG 460	–	–	–	–
470	**Nutzungsspez. u. verfahrenstechn. Anl.**	**–**	**–**	**–**	**–**
480	**Gebäude- und Anlagenautomation**	**–**	**–**	**–**	**–**
490	**Sonst. Maßnahmen für techn. Anlagen**	**–**	**–**	**–**	**–**

Kostenkennwerte für Leistungsbereiche nach STLB (Kosten des Bauwerks nach DIN 276)

LB	Leistungsbereiche	Kosten €	€/m² BGF	€/m³ BRI	% an 3+4
000	Baustellen-, Verkehrssich.- u. Sicherh.einr. inkl. 001	166.343	168,10	49,30	12,6
002	Erdarbeiten	192.095	194,10	56,90	14,6
006	Spezialtiefbauarbeiten inkl. 005	–	–	–	–
009	Entwässerungskanalarbeiten inkl. 011	5.555	5,60	1,60	0,4
010	Drän- und Versickerarbeiten	–	–	–	–
012	Mauerarbeiten	14.793	14,90	4,40	1,1
013	Betonarbeiten	744.065	751,90	220,50	56,5
014	Natur-, Betonwerksteinarbeiten	–	–	–	–
016	Zimmer- und Holzbauarbeiten	–	–	–	–
017	Stahlbauarbeiten	–	–	–	–
018	Abdichtungsarbeiten	5.530	5,60	1,60	0,4
019	Kampfmittelräumarbeiten	–	–	–	–
020	Dachdeckungsarbeiten	–	–	–	–
021	Dachabdichtungsarbeiten	–	–	–	–
022	Klempnerarbeiten	–	–	–	–
	Rohbau	**1.128.380**	**1.140,20**	**334,40**	**85,7**
023	Putz- und Stuckarbeiten, Wärmedämmsysteme	12.705	12,80	3,80	1,0
024	Fliesen- und Plattenarbeiten	–	–	–	–
025	Estricharbeiten	16.642	16,80	4,90	1,3
026	Fenster, Außentüren inkl. 029, 032	4.062	4,10	1,20	0,3
027	Tischlerarbeiten	–	–	–	–
028	Parkett-, Holzpflasterarbeiten	–	–	–	–
030	Rollladenarbeiten	–	–	–	–
031	Metallbauarbeiten inkl. 035	54.667	55,20	16,20	4,2
034	Maler- und Lackiererarb. – Beschicht. inkl. 037	–	–	–	–
036	Bodenbelagarbeiten	–	–	–	–
038	Vorgehängte hinterlüftete Fassaden	–	–	–	–
039	Trockenbauarbeiten	–	–	–	–
	Ausbau	**88.076**	**89,00**	**26,10**	**6,7**
040	Wärmeversorgungsanl. – Betriebseinr. inkl. 041	6.942	7,00	2,10	0,5
042	Gas- u. Wasseranl. – Leitung., Armat. inkl. 043	–	–	–	–
044	Abwasseranl. – Leitungen, Abläufe, Armaturen	3.030	3,10	0,90	0,2
045	Gas, Wasser, Entwässerung – Ausstattung inkl. 046	8.542	8,60	2,50	0,6
047	Dämm- und Brandschutzarb. an techn. Anlagen	–	–	–	–
049	Feuerlöschanlagen, Feuerlöschgeräte	–	–	–	–
050	Blitzschutz-/Erdungsanlagen, Überspannungssch.	3.573	3,60	1,10	0,3
053	Niederspannungsanl. – Kabel inkl. 052, 054	19.872	20,10	5,90	1,5
055	Sicherheits- u. Ersatzstromversorgungsanl.	–	–	–	–
057	Gebäudesystemtechnik	–	–	–	–
058	Leuchten und Lampen inkl. 059	13.330	13,50	4,00	1,0
060	Such, Signal, Zeit, Anten., akust. Anl. inkl. 064	–	–	–	–
061	Kommunikations- u. Übertragungsnetze inkl. 063	–	–	–	–
069	Aufzüge	–	–	–	–
070	Gebäudeautomation	–	–	–	–
075	Raumlufttechnische Anlagen inkl. 078	–	–	–	–
	Gebäudetechnik	**55.288**	**55,90**	**16,40**	**4,2**
084	Abbruch, Rückbau, Schadstoffsanierung	–	–	–	–
	Abbrucharbeiten	**–**	**–**	**–**	**–**
	Sonstige Leistungsbereiche	**44.672**	**45,10**	**13,20**	**3,4**

7800-0044
Tiefgarage (19 STP)
für Landratsamt

Kostenkennwerte für die Kosten des Bauwerks (Kostengruppen 300+400 nach DIN 276)

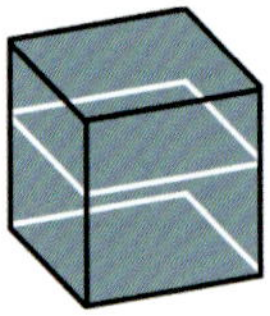
BRI 643 €/m³

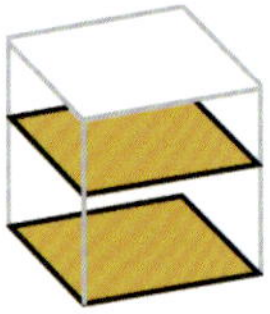
BGF 2.173 €/m²

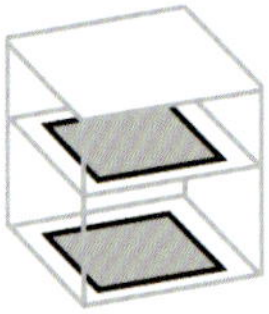
NUF 5.141 €/m²

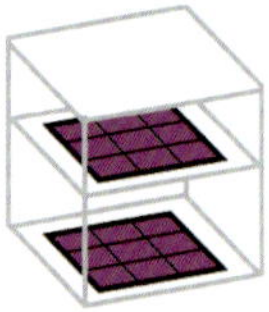
NE 105.001 €/NE
NE: Stellplätze

Objekt:
Kennwerte: 3.Ebene DIN 276
BRI: 3.104 m³
BGF: 918 m²
NUF: 388 m²
Bauzeit: 22 Wochen
Bauende: 2019
Standard: hoch
Bundesland: Baden-Württemberg
Kreis: Biberach

Architekt*in:
ArGe:
Gurland+Seher+Rapp
Architekten
Bleicherstraße 1
88400 Biberach a. d. Riss
Magirus-Deutz-Straße 14
89077 Ulm

Bauherr*in:
Landratsamt Biberach
Amt für Liegenschaften und
Gebäude
Rollinstraße 1
88400 Biberach a. d. Riss

© Gurland + Seher Architekten BDA

© Gurland + Seher Architekten BDA

Kostenstand: 2. Quartal 2025, Bundesdurchschnitt, **inkl. 19% MwSt.**

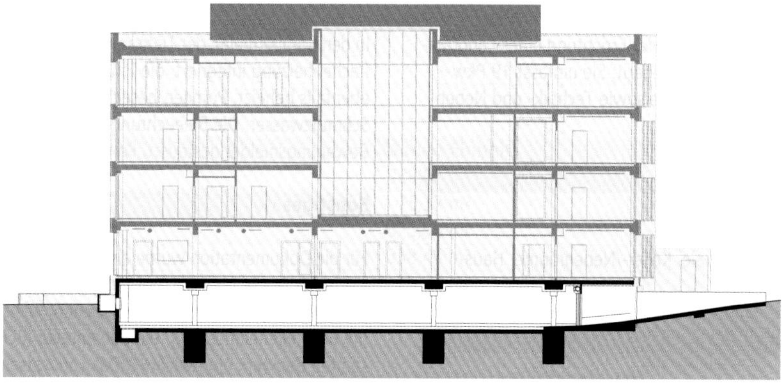

Schnitt A-A

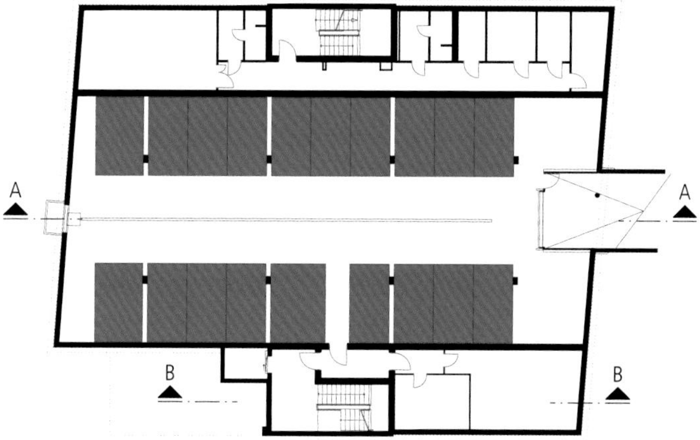

Untergeschoss

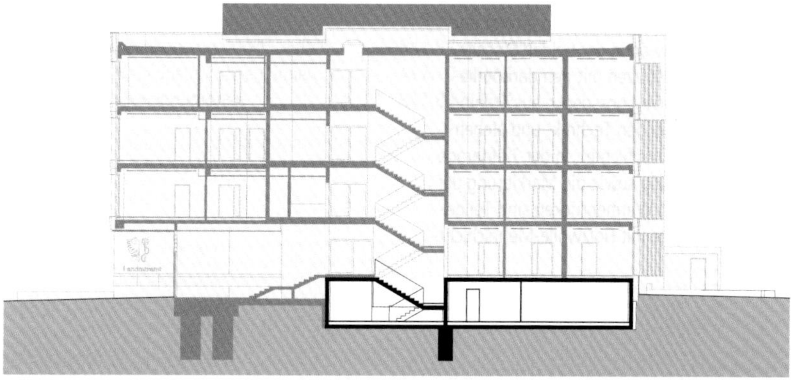

Schnitt B-B

Kostenkennwerte für die Kostengruppen der 1. Ebene DIN 276

KG	Kostengruppen (1. Ebene)	Einheit	Kosten €	€/Einheit	€/m² BGF	€/m³ BRI	% 300+400
100	Grundstück	m² GF	–	–	–	–	–
200	Vorbereitende Maßnahmen	m² GF	259.043	–	282,10	83,46	13,0
300	Bauwerk – Baukonstruktionen	m² BGF	1.863.795	2.029,68	2.029,68	600,46	93,4
400	Bauwerk – Technische Anlagen	m² BGF	131.220	142,90	142,90	42,27	6,6
	Bauwerk 300+400	**m² BGF**	**1.995.015**	**2.172,58**	**2.172,58**	**642,73**	**100,0**
500	Außenanlagen und Freiflächen	m² AF	111.320	–	121,23	35,86	5,6
600	Ausstattung und Kunstwerke	m² BGF	–	–	–	–	–
700	Baunebenkosten	m² BGF	–	–	–	–	–
800	Finanzierung	m² BGF	–	–	–	–	–

KG	Kostengruppe	Menge Einheit	Kosten €	€/Einheit	%
200	**Vorbereitende Maßnahmen**	–	259.043	–	13,0
	Suchgräben; Abbruch von Hauptgebäude, massiv, unterkellert, Nebengebäuden, Garagenzeile, Carports, Asphaltbelägen, Pflaster, Schächten, Hofabläufen, Leichtstoffabscheider, Gartentoren, Pollern, Schildern; Bäume fällen, Sträucher roden; Entsorgung, Deponiegebühren				
3+4	**Bauwerk**				**100,0**
300	**Bauwerk – Baukonstruktionen**	918,27 m² BGF	1.863.795	**2.029,68**	93,4
	Baugrundverbesserung, Stb-Bodenplatten, WU, Stb-Rampe, teilw. Hartstoffeinstreuung, Brunnengründung, TG-Beschichtung, Dämmung, Estrich, Epoxidharzbeschichtung, Frischbetonverbundabdichtung; Stb-Wände, Alu-Lamellenwände, Stb-Rundstütze, Garagentor, Stahltür, Lüftungsschacht; GK-Wände, Stb-Stützen, Holztüren, Glas-Alurahmentüren, Kalkputz, Betonlasur, Kellertrennwände; Stb-Decken, Stb-Treppen, Betonwerkstein, Holzwolle-Mehrschichtbekleidung; Fahrradständer				
400	**Bauwerk – Technische Anlagen**	918,27 m² BGF	131.220	**142,90**	6,6
	TG-Entwässerung; Rampenheizung; Bleibatterie, Elektroinstallation, Beleuchtung, Erdung; Feuerlöscher				
500	**Außenanlagen und Freiflächen**	–	111.320	–	5,6
	Bodenarbeiten; Gebäudeentwässerung, Schluck- und Saugbrunnen, Elektroleerrohre				

Kostenkennwerte für die Kostengruppen 300 der 2. und 3. Ebene DIN 276 (Übersicht)

KG	Kostengruppe	Menge Einheit	Kosten €	€/Einheit	% an 3+4
300	**Bauwerk – Baukonstruktionen**	**918,27 m² BGF**	**1.863.794,51**	**2.029,68**	**93,4**
310	**Baugrube / Erdbau**	**2.009,37 m³ BGI**	**165.437,32**	**82,33**	**8,3**
311	Herstellung	2.009,37 m³ BGI	155.301,14	77,29	7,8
312	Umschließung	–	–	–	–
313	Wasserhaltung	2.009,37 m³	10.136,18	5,04	0,5
314	Vortrieb	–	–	–	–
319	Sonstiges zur KG 310	–	–	–	–
320	**Gründung, Unterbau**	**979,91 m² GRF**	**609.036,13**	**621,52**	**30,5**
321	Baugrundverbesserung	–	11.550,64	–	0,6
322	Flachgründungen und Bodenplatten	979,91 m²	252.843,75	258,03	12,7
323	Tiefgründungen	962,11 m²	161.753,59	168,12	8,1
324	Gründungsbeläge	813,69 m²	102.290,84	125,71	5,1
325	Abdichtungen und Bekleidungen	1.031,09 m²	80.597,31	78,17	4,0
326	Dränagen	–	–	–	–
329	Sonstiges zur KG 320	–	–	–	–
330	**Außenwände/Vert. Baukonstrukt., außen**	**541,92 m² AWF**	**319.447,54**	**589,47**	**16,0**
331	Tragende Außenwände	516,16 m²	196.194,36	380,10	9,8
332	Nichttragende Außenwände	16,00 m²	10.178,31	636,14	0,5
333	Außenstützen	2,87 m	1.572,28	547,83	< 0,1
334	Außenwandöffnungen	9,76 m²	18.707,59	1.916,76	0,9
335	Außenwandbekleidungen, außen	213,53 m²	28.326,97	132,66	1,4
336	Außenwandbekleidungen, innen	270,55 m²	49.778,31	183,99	2,5
337	Element. Außenwandkonstruktionen	–	–	–	–
338	Lichtschutz zur KG 330	–	–	–	–
339	Sonstiges zur KG 330	541,92 m² AWF	14.689,75	27,11	0,7
340	**Innenwände/Vert. Baukonstrukt., innen**	**417,10 m² IWF**	**240.306,04**	**576,14**	**12,0**
341	Tragende Innenwände	250,36 m²	86.206,56	344,33	4,3
342	Nichttragende Innenwände	112,07 m²	10.040,23	89,59	0,5
343	Innenstützen	19,76 m	5.834,79	295,28	0,3
344	Innenwandöffnungen	28,57 m²	64.695,81	2.264,47	3,2
345	Innenwandbekleidungen	582,62 m²	66.472,45	114,09	3,3
346	Elementierte Innenwandkonstruktionen	26,10 m²	5.436,65	208,30	0,3
347	Lichtschutz zur KG 340	–	–	–	–
349	Sonstiges zur KG 340	417,10 m² IWF	1.619,55	3,88	< 0,1
350	**Decken/Horizontale Baukonstruktionen**	**847,83 m² DEF**	**412.524,64**	**486,57**	**20,7**
351	Deckenkonstruktionen	847,83 m²	265.730,48	313,42	13,3
352	Deckenöffnungen	–	–	–	–
353	Deckenbeläge	22,16 m²	10.486,72	473,23	0,5
354	Deckenbekleidungen	607,98 m²	118.034,37	194,14	5,9
355	Elementierte Deckenkonstruktionen	–	–	–	–
359	Sonstiges zur KG 350	847,83 m² DEF	18.273,07	21,55	0,9
360	**Dächer**	**–**	**–**	**–**	**–**
361	Dachkonstruktionen	–	–	–	–
362	Dachöffnungen	–	–	–	–
363	Dachbeläge	–	–	–	–
364	Dachbekleidungen	–	–	–	–
365	Elementierte Dachkonstruktionen	–	–	–	–
366	Lichtschutz zur KG 360	–	–	–	–
369	Sonstiges zur KG 360	–	–	–	–
370	**Infrastrukturanlagen**	**–**	**–**	**–**	**–**
380	**Baukonstruktive Einbauten**	**918,27 m² BGF**	**6.012,23**	**6,55**	**0,3**
390	**Sonst. Maßnahmen für Baukonstrukt.**	**918,27 m² BGF**	**111.030,60**	**120,91**	**5,6**

Kostenstand: 2. Quartal 2025, Bundesdurchschnitt, **inkl. 19% MwSt.**

7800-0044
Tiefgarage (19 STP)
für Landratsamt

Kostenkennwerte für die Kostengruppen 400 der 2. und 3.Ebene DIN 276 (Übersicht)

KG	Kostengruppe	Menge Einheit	Kosten €	€/Einheit	% an 3+4
400	**Bauwerk – Technische Anlagen**	**918,27 m²BGF**	**131.220,25**	**142,90**	**6,6**
410	**Abwasser-, Wasser-, Gasanlagen**	**918,27 m²BGF**	**30.346,92**	**33,05**	**1,5**
411	Abwasseranlagen	918,27 m²BGF	30.346,92	33,05	1,5
412	Wasseranlagen	–	–	–	–
413	Gasanlagen	–	–	–	–
419	Sonstiges zur KG 410	–	–	–	–
420	**Wärmeversorgungsanlagen**	**918,27 m²BGF**	**15.164,12**	**16,51**	**0,8**
421	Wärmeerzeugungsanlagen	–	–	–	–
422	Wärmeverteilnetze	–	–	–	–
423	Raumheizflächen	–	–	–	–
424	Verkehrsheizflächen	918,27 m²BGF	15.164,12	16,51	0,8
429	Sonstiges zur KG 420	–	–	–	–
430	**Raumlufttechnische Anlagen**	**–**	**–**	**–**	**–**
431	Lüftungsanlagen	–	–	–	–
432	Teilklimaanlagen	–	–	–	–
433	Klimaanlagen	–	–	–	–
434	Kälteanlagen	–	–	–	–
439	Sonstiges zur KG 430	–	–	–	–
440	**Elektrische Anlagen**	**918,27 m²BGF**	**84.869,18**	**92,42**	**4,3**
441	Hoch- und Mittelspannungsanlagen	–	–	–	–
442	Eigenstromversorgungsanlagen	918,27 m²BGF	3.383,88	3,69	0,2
443	Niederspannungsschaltanlagen	–	–	–	–
444	Niederspannungsinstallationsanlagen	918,27 m²BGF	54.783,39	59,66	2,7
445	Beleuchtungsanlagen	918,27 m²BGF	14.965,58	16,30	0,8
446	Blitzschutz- und Erdungsanlagen	918,27 m²BGF	11.736,35	12,78	0,6
447	Fahrleitungssysteme	–	–	–	–
449	Sonstiges zur KG 440	–	–	–	–
450	**Kommunikationstechnische Anlagen**	**–**	**–**	**–**	**–**
451	Telekommunikationsanlagen	–	–	–	–
452	Such- und Signalanlagen	–	–	–	–
453	Zeitdienstanlagen	–	–	–	–
454	Elektroakustische Anlagen	–	–	–	–
455	Audiovisuelle Medien- u. Antennenanl.	–	–	–	–
456	Gefahrenmelde- und Alarmanlagen	–	–	–	–
457	Datenübertragungsnetze	–	–	–	–
458	Verkehrsbeeinflussungsanlagen	–	–	–	–
459	Sonstiges zur KG 450	–	–	–	–
460	**Förderanlagen**	**–**	**–**	**–**	**–**
461	Aufzugsanlagen	–	–	–	–
462	Fahrtreppen, Fahrsteige	–	–	–	–
463	Befahranlagen	–	–	–	–
464	Transportanlagen	–	–	–	–
465	Krananlagen	–	–	–	–
466	Hydraulikanlagen	–	–	–	–
469	Sonstiges zur KG 460	–	–	–	–
470	**Nutzungsspez. u. verfahrenstechn. Anl.**	**918,27 m²BGF**	**840,04**	**0,91**	**< 0,1**
480	**Gebäude- und Anlagenautomation**	**–**	**–**	**–**	**–**
490	**Sonst. Maßnahmen für techn. Anlagen**	**–**	**–**	**–**	**–**

Kostenkennwerte für Leistungsbereiche nach STLB (Kosten des Bauwerks nach DIN 276)

LB	Leistungsbereiche	Kosten €	€/m² BGF	€/m³ BRI	% an 3+4
000	Baustellen-, Verkehrssich.- u. Sicherh.einr. inkl. 001	105.795	115,20	34,10	5,3
002	Erdarbeiten	239.943	261,30	77,30	12,0
006	Spezialtiefbauarbeiten inkl. 005	106.051	115,50	34,20	5,3
009	Entwässerungskanalarbeiten inkl. 011	17.657	19,20	5,70	0,9
010	Drän- und Versickerarbeiten	–	–	–	–
012	Mauerarbeiten	451	0,49	0,15	< 0,1
013	Betonarbeiten	906.008	986,60	291,90	45,4
014	Natur-, Betonwerksteinarbeiten	10.664	11,60	3,40	0,5
016	Zimmer- und Holzbauarbeiten	–	–	–	–
017	Stahlbauarbeiten	–	–	–	–
018	Abdichtungsarbeiten	19.642	21,40	6,30	1,0
019	Kampfmittelräumarbeiten	–	–	–	–
020	Dachdeckungsarbeiten	–	–	–	–
021	Dachabdichtungsarbeiten	–	–	–	–
022	Klempnerarbeiten	909	0,99	0,29	< 0,1
	Rohbau	**1.407.120**	**1.532,40**	**453,30**	**70,5**
023	Putz- und Stuckarbeiten, Wärmedämmsysteme	232.043	252,70	74,80	11,6
024	Fliesen- und Plattenarbeiten	5.324	5,80	1,70	0,3
025	Estricharbeiten	16.533	18,00	5,30	0,8
026	Fenster, Außentüren inkl. 029, 032	27.237	29,70	8,80	1,4
027	Tischlerarbeiten	23.508	25,60	7,60	1,2
028	Parkett-, Holzpflasterarbeiten	–	–	–	–
030	Rollladenarbeiten	–	–	–	–
031	Metallbauarbeiten inkl. 035	86.633	94,30	27,90	4,3
034	Maler- und Lackiererarb. – Beschicht. inkl. 037	65.601	71,40	21,10	3,3
036	Bodenbelagarbeiten	–	–	–	–
038	Vorgehängte hinterlüftete Fassaden	–	–	–	–
039	Trockenbauarbeiten	11.977	13,00	3,90	0,6
	Ausbau	**468.856**	**510,60**	**151,10**	**23,5**
040	Wärmeversorgungsanl. – Betriebseinr. inkl. 041	–	–	–	–
042	Gas- u. Wasseranl. – Leitung., Armat. inkl. 043	–	–	–	–
044	Abwasseranl. – Leitungen, Abläufe, Armaturen	4.374	4,80	1,40	0,2
045	Gas, Wasser, Entwässerung – Ausstattung inkl. 046	8.316	9,10	2,70	0,4
047	Dämm- und Brandschutzarb. an techn. Anlagen	641	0,70	0,21	< 0,1
049	Feuerlöschanlagen, Feuerlöschgeräte	840	0,91	0,27	< 0,1
050	Blitzschutz-/Erdungsanlagen, Überspannungssch.	817	0,89	0,26	< 0,1
053	Niederspannungsanl. – Kabel inkl. 052, 054	70.957	77,30	22,90	3,6
055	Sicherheits- u. Ersatzstromversorgungsanl.	–	–	–	–
057	Gebäudesystemtechnik	–	–	–	–
058	Leuchten und Lampen inkl. 059	18.349	20,00	5,90	0,9
060	Such, Signal, Zeit, Anten., akust. Anl. inkl. 064	–	–	–	–
061	Kommunikations- u. Übertragungsnetze inkl. 063	–	–	–	–
069	Aufzüge	–	–	–	–
070	Gebäudeautomation	–	–	–	–
075	Raumlufttechnische Anlagen inkl. 078	–	–	–	–
	Gebäudetechnik	**104.294**	**113,60**	**33,60**	**5,2**
084	Abbruch, Rückbau, Schadstoffsanierung	–	–	–	–
	Abbrucharbeiten	**–**	**–**	**–**	**–**
	Sonstige Leistungsbereiche	**14.746**	**16,10**	**4,80**	**0,7**

7800-0045
Parkscheune (21 STP)

Kostenkennwerte für die Kosten des Bauwerks (Kostengruppen 300+400 nach DIN 276)

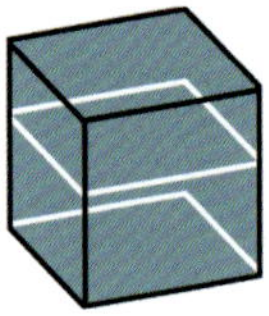

BRI 362 €/m³

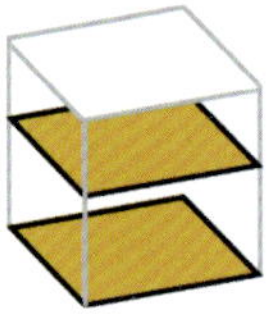

BGF 1.632 €/m²

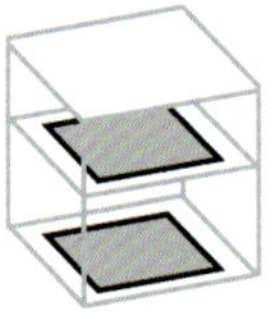

NUF 2.891 €/m²

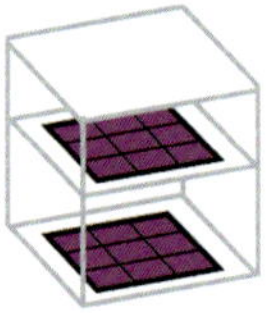

NE 79.980 €/NE
NE: Stellplätze

Objekt:
Kennwerte: 1.Ebene DIN 276
BRI: 4.635 m³
BGF: 1.029 m²
NUF: 581 m²
Bauzeit: 78 Wochen
Bauende: 2022
Standard: mittel
Bundesland: Bayern
Kreis: Kronach

Architekt*in:
Müller Architekten GmbH
Klosterstraße 7
96317 Kronach

Bauherr*in:
Stadt Ludwigsstadt
Lauensteiner Straße 1
96337 Ludwigsstadt

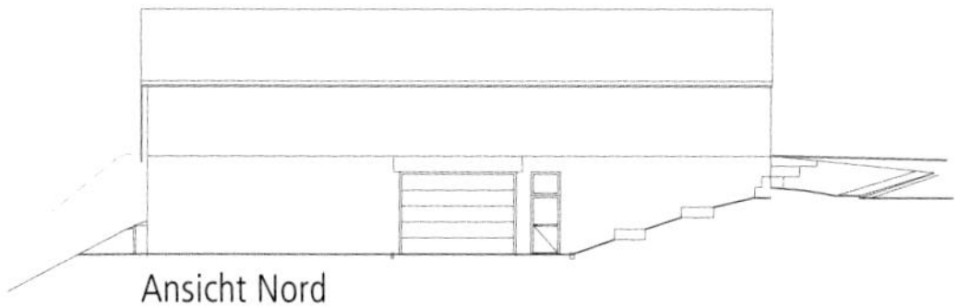

Ansicht Nord

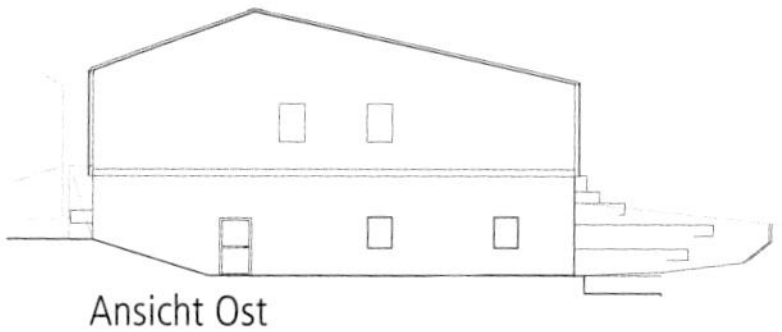

Ansicht Ost

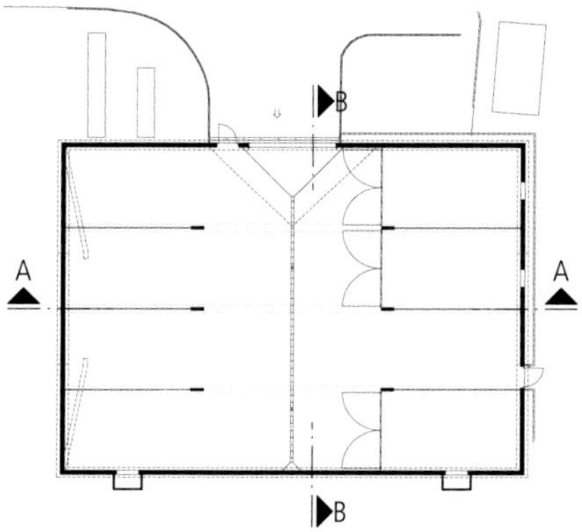

Untergeschoss

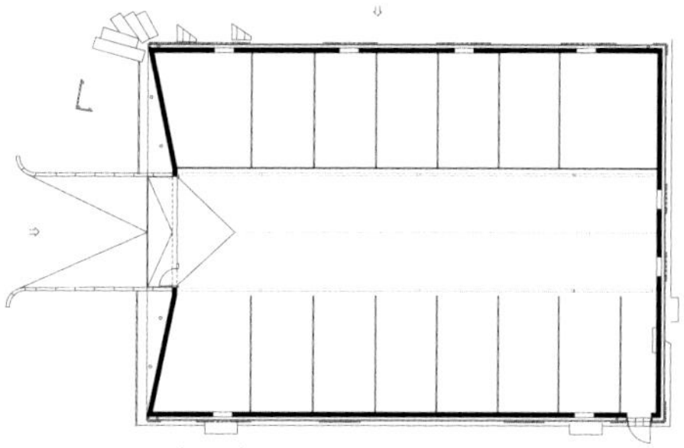

Erdgeschoss

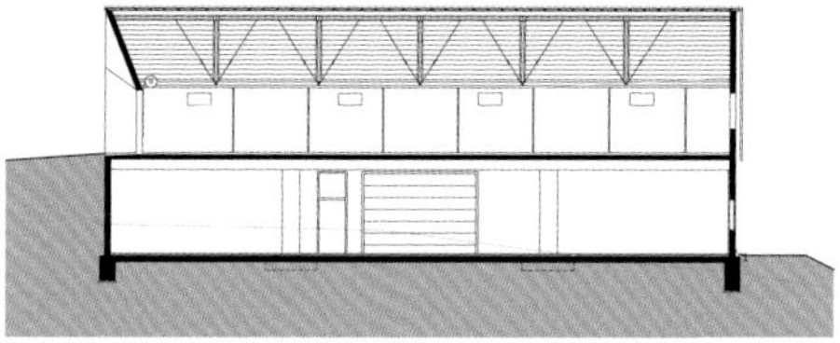

Schnitt A-A

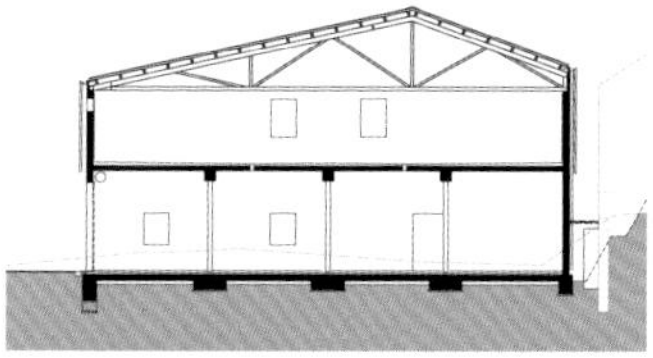

Schnitt B-B

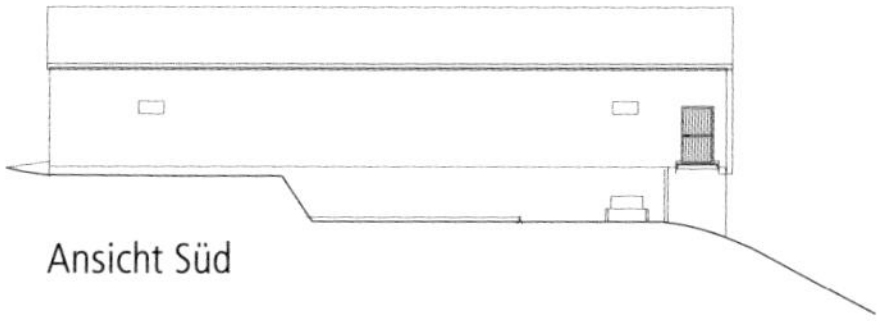

Ansicht Süd

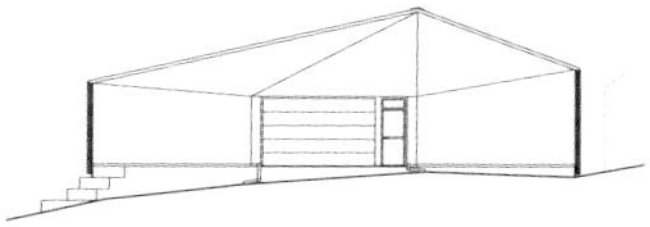

Ansicht West

Objektbeschreibung

Allgemeine Objektinformationen

Im Rahmen der Städtebauplanung wurde deutlich, dass eine beachtliche Zahl an Stellplätzen für die Bewohner des Ortes erforderlich ist. Um eine Aneinanderreihung von Fertigteilgaragen zu vermeiden und ein ansprechendes städtebauliches Gesamtbild zu erreichen, wurde der Bau einer "Parkscheune" umgesetzt, die anstelle einer alten Scheune im unteren Ortszentrum Platz fand.

Nutzung

1 Untergeschoss
7 Stellplätze für Wohnmobile/größere Fahrzeuge

1 Erdgeschoss
14 Stellplätze für Pkw

Nutzeinheiten

Stellplätze: 21

Grundstück

Bauraum: Freier Bauraum
Neigung: Hanglage
Bodenklasse: BK 3 bis BK 6

Markt

Hauptvergabezeit: 2.Quartal 2020
Baubeginn: 3.Quartal 2020
Bauende: 1.Quartal 2022
Konjunkturelle Gesamtlage: Durchschnitt
Regionaler Baumarkt: unter Durchschnitt

Baukonstruktion

Die Parkscheune ist ein Massivbau mit einer Stahlbetonbodenplatte, -wänden und -decken. In der unteren Ebene liegen die Unterzüge auf Stahlbetonstützen auf. Das Dachtragwerk besteht aus Stahlfachwerkträgern. Das Satteldach ist ohne Wärmedämmung mit einer harten Bedachung aus Schiefer ausgeführt. Es sind keine Fenster eingebaut, sondern nur Öffnungen zur Belichtung und zum Luftaustausch vorhanden. Diese sind mit Metallgittern versehen, um den Innenraum vor Verschmutzungen zu schützen. Die Westfassade mit der Einfahrt zur oberen Ebene ist in Sichtbeton ausgeführt und nach innen gezogen - gleich einem abgekanteten Trichter. Sie gibt dem Gebäude seine unverwechselbare Erscheinung und dient unter anderem zur besseren Einsehbarkeit beim Herausfahren. Das obere Geschoss hat eine vorgehängte Fassade aus Lärchenholz. Beide Ebenen sind durch je ein Rolltor mit angegliederten Leichtmetalltüren erschlossen.

Technische Anlagen

Das Gebäude kommt ohne Raumlufttechnik und Heizung aus und funktioniert nur mit natürlicher Be- und Entlüftung. Jeder Stellplatz hat eine eigene Stromversorgung.

Sonstiges

Der kompakte zweigeschossige Baukörper fügt sich unaufgeregt in das Gelände ein und bildet einen räumlichen Abschluss im Norden des zentralen Platzes im Ort. Die Holzfassade stellt einerseits eine Referenz an die zuvor da gewesene Scheune dar, andererseits war die Verwendung regionaler Baustoffe maßgeblich - so auch die Dacheindeckung aus Schiefer.

Planungskennwerte für Flächen und Rauminhalte nach DIN 277

Flächen des Grundstücks		Menge Einheit	% an GF
BF	Bebaute Fläche	509,97 m²	24,6
UF	Unbebaute Fläche	1.566,03 m²	75,4
GF	Grundstücksfläche	2.076,00 m²	100,0

Grundflächen des Bauwerks		Menge Einheit	% an NUF	% an BGF
NUF	Nutzungsfläche	581,06 m²	100,0	56,5
TF	Technikfläche	–	–	–
VF	Verkehrsfläche	365,10 m²	62,8	35,5
NRF	Netto-Raumfläche	946,16 m²	162,8	91,9
KGF	Konstruktions-Grundfläche	82,98 m²	14,3	8,1
BGF	Brutto-Grundfläche	1.029,14 m²	177,1	100,0

Brutto-Rauminhalt des Bauwerks		Menge Einheit	BRI/NUF (m)	BRI/BGF (m)
BRI	Brutto-Rauminhalt	4.635,00 m³	7,98	4,50

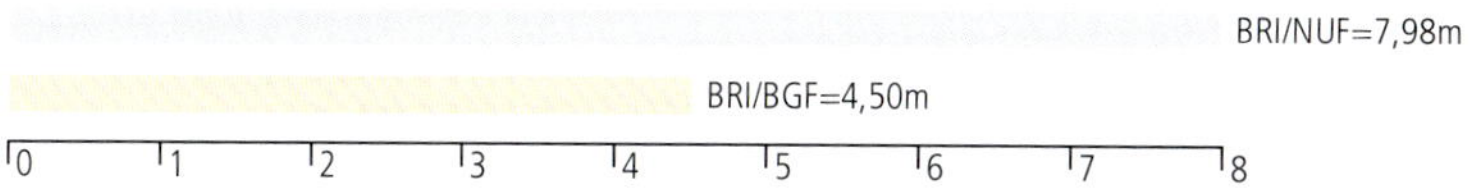

Kostenkennwerte für die Kostengruppen der 1. Ebene DIN 276

KG	Kostengruppen (1. Ebene)	Einheit	Kosten €	€/Einheit	€/m² BGF	€/m³ BRI	% 300+400
100	Grundstück	m² GF	–	–	–	–	–
200	Vorbereitende Maßnahmen	m² GF	–	–	–	–	–
300	Bauwerk – Baukonstruktionen	m² BGF	1.631.520	1.585,32	1.585,32	352,00	97,1
400	Bauwerk – Technische Anlagen	m² BGF	48.051	46,69	46,69	10,37	2,9
	Bauwerk 300+400	**m² BGF**	**1.679.571**	**1.632,01**	**1.632,01**	**362,37**	**100,0**
500	Außenanlagen und Freiflächen	m² AF	190.997	–	185,59	41,21	11,4
600	Ausstattung und Kunstwerke	m² BGF	–	–	–	–	–
700	Baunebenkosten	m² BGF	–	–	–	–	–
800	Finanzierung	m² BGF	–	–	–	–	–

KG	Kostengruppe	Menge Einheit	Kosten €	€/Einheit	%
3+4	**Bauwerk**				**100,0**
300	**Bauwerk – Baukonstruktionen**	1.029,14 m² BGF	1.631.520	**1.585,32**	97,1

Erdarbeiten; Stb-Fundamente, Stb-Bodenplatte, Abdichtung, Gussasphaltestrich, Sauberkeitsschicht, Dränage; Stb-Wände, Sichtbeton, Rolltore, Türen, Belüftungsöffnungen, senkrechte Lärchenholzbekleidung, Rankhilfen; Stb-Stützen, Sichtbeton, Stahlgitterabtrennungen, Anfahrschutz; Stb-Elementdecke, Stb-Unterzüge, Abdichtung, Gussasphaltestrich; Stahlfachwerkträger, Holzpfetten, Sichtschalung, Abdichtung, Schieferdeckung, Kastenrinnen, Begleitheizung, Regenfallrohre, Sekuranten, Schneefang; Unterfangung Buswartehaus

KG	Kostengruppe	Menge Einheit	Kosten €	€/Einheit	%
400	**Bauwerk – Technische Anlagen**	1.029,14 m² BGF	48.051	**46,69**	2,9

Gebäudeentwässerung, Entwässerungsrinnen; Elektroinstallation, Stromversorgung für Stellplätze, Beleuchtung, Blitzschutz

KG	Kostengruppe	Menge Einheit	Kosten €	€/Einheit	%
500	**Außenanlagen und Freiflächen**	–	190.997	**–**	11,4

Erdarbeiten, Geländemodellierung; Pflasterflächen, Asphaltbelag, Ein-/Ausfahrten; Naturstein Abtreppung, Gabionen; Oberbodenarbeiten, Bepflanzung, Ansaat

Kulturgebäude

9

- 9100 Gebäude für kulturelle und musische Zwecke
- 9200 Empfangsgebäude bei Verkehrsanlagen
- 9300 Gebäude für Tierhaltung
- 9400 Gebäude für Pflanzenhaltung
- 9500 Schutzbauwerke, Schutzbauten
- 9600 Justizvollzugsanstalten
- 9700 Friedhofsanlagen
- 9900 Gebäude sonstiger Art

9100-0182
Geoinformations-
zentrum

Kostenkennwerte für die Kosten des Bauwerks (Kostengruppen 300+400 nach DIN 276)

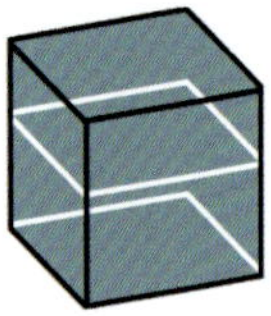

BRI 1.028€/m³

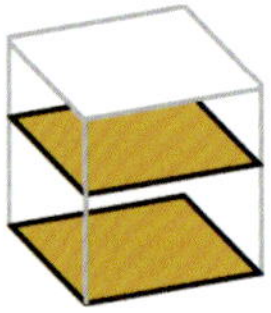

BGF 4.526€/m²

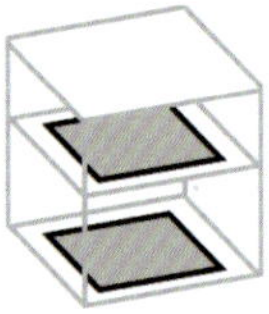

NUF 5.692€/m²

Objekt:
Kennwerte: 3.Ebene DIN 276
BRI: 2.227m³
BGF: 506m²
NUF: 402m²
Bauzeit: 161 Wochen
Bauende: 2019
Standard: hoch
Bundesland: Thüringen
Kreis: Kyffhäuserkreis

Architekt*in:
petermann.thiele.kochanek
architekten und ingenieure
Frauenstraße 5
06567 Bad Frankenhausen

Bauherr*in:
Gemeinde Kyffhäuserland
Neuendorfstraße 3
99707 Kyffhäuserland

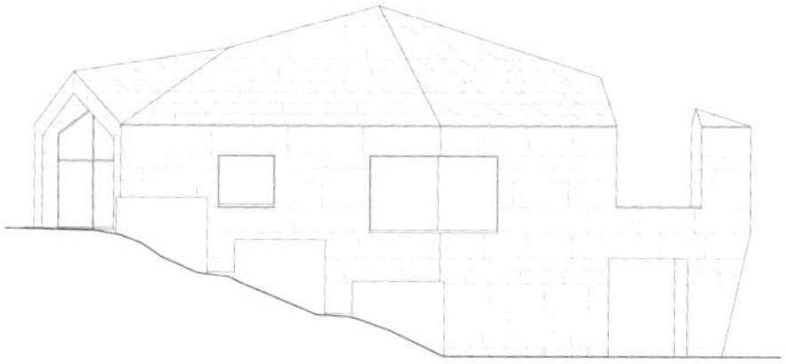
Ansicht Nord-West

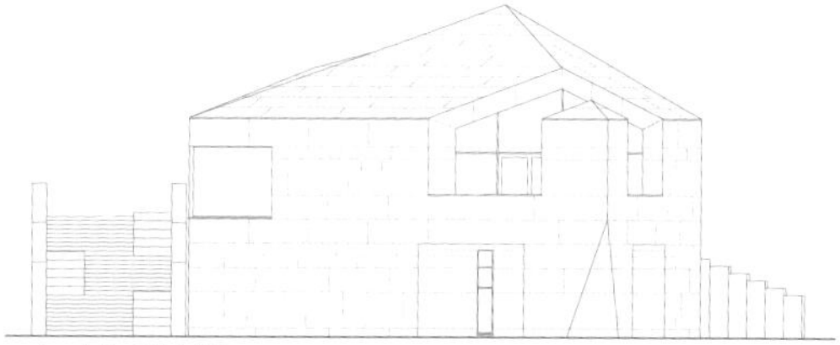
Ansicht Süd-West

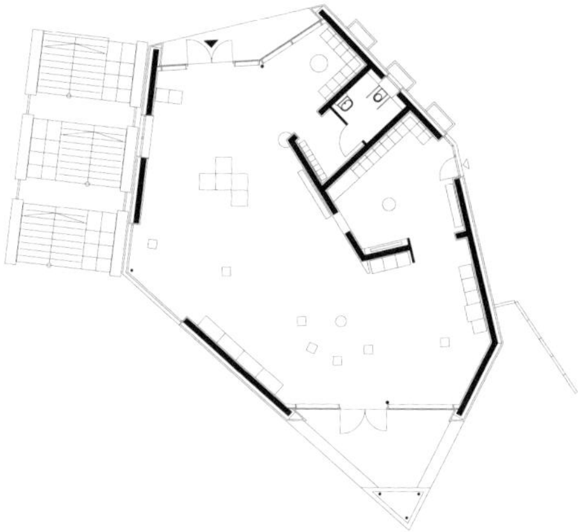
Erdgeschoss

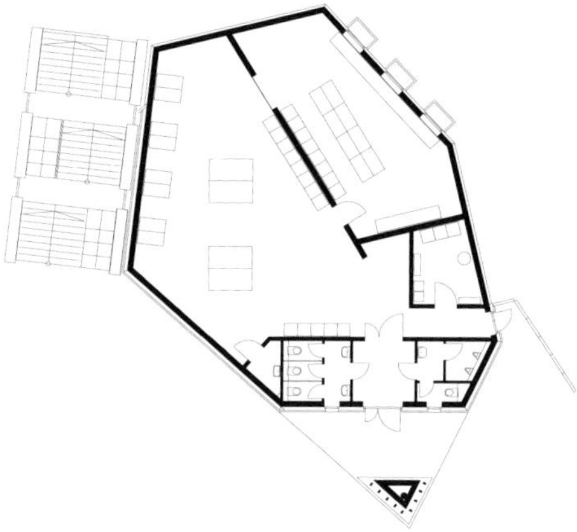
Untergeschoss

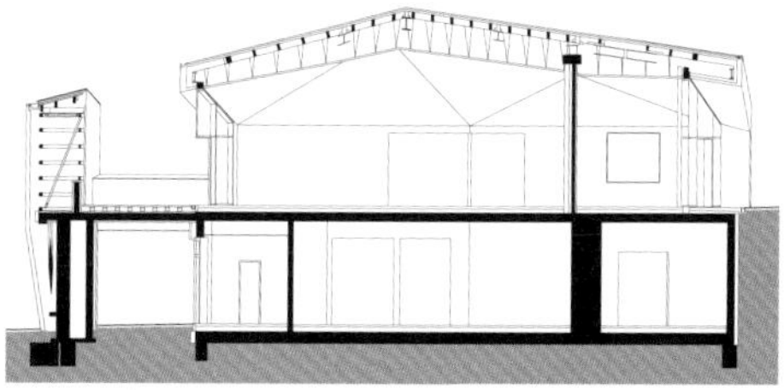
Längsschnitt

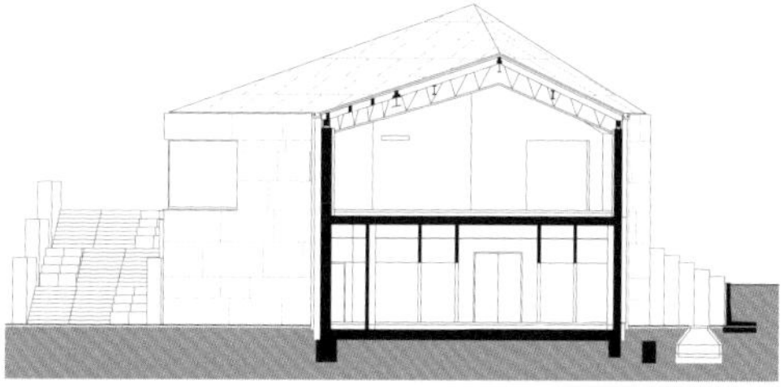
Querschnitt 1

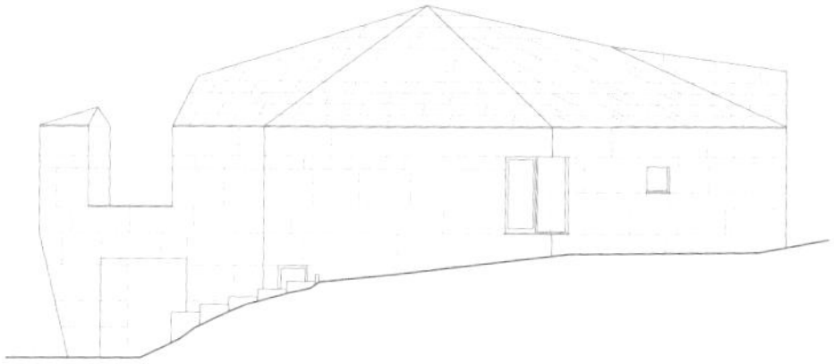
Ansicht Ost

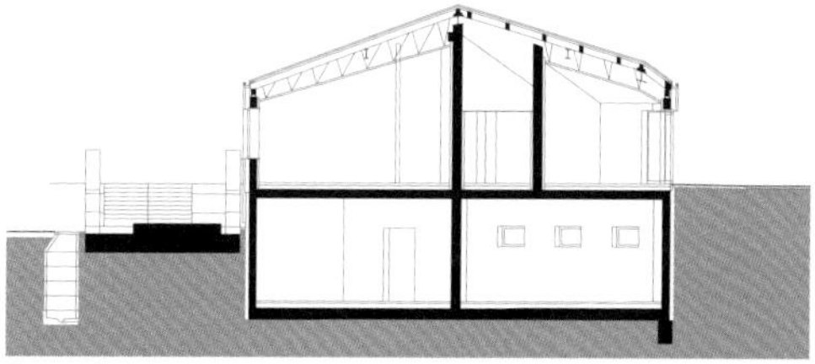
Querschnitt 1

Objektbeschreibung

Allgemeine Objektinformationen

Die Errichtung eines neuen Informationszentrums zum angrenzenden Geopark ergänzt die bereits vorhandene Infrastruktur um einen modernen Bildungs- und Erlebnisbereich. Der Grundriss des Besucherzentrums stilisiert einen Faustkeil und nimmt somit unmittelbar Bezug auf die geschichtsträchtige Landschaft des Parks. Die Nutzung vorhandener Terrassierungen bestimmt die Gebäudeentwicklung. Erreicht wird die Ausstellung vom oberen Niveau des Höhlenvorplatzes aus. Das Untergeschoss dient der Bewirtschaftung und nimmt die Besuchertoiletten auf.

Nutzung

1 Untergeschoss
Sanitärbereich, Lagerräume, Technik, Flur

1 Erdgeschoss
Ausstellungsfläche, barrierefreies WC, Freiterrasse mit Aussichtspunkt

Besonderer Kosteneinfluss Nutzung
Lage in verschiedenen, hochsensiblen naturschutzrechtlichen Schutzgebietszonen (NSG, LSG, beauftragt wurde zusätzlich: ökologische Bauüberwachung), Aufrechterhaltung des Betriebs der Barbarossahöhle/Sicherung der Besucherführung, statisch-konstruktive Erdfallvorsorge

Nutzeinheiten

Ausstellungsfläche: 188 m²

Grundstück

Bauraum: Freier Bauraum
Neigung: Hanglage
Bodenklasse: BK 4 bis BK 5

Markt

Hauptvergabezeit: 2. Quartal 2016
Baubeginn: 3. Quartal 2016
Bauende: 3. Quartal 2019
Konjunkturelle Gesamtlage: über Durchschnitt
Regionaler Baumarkt: unter Durchschnitt

Baukonstruktion

Das Geoinformationszentrum ist in Massivbauweise aus Stahlbeton hergestellt und gründet auf Streifenfundamenten in Form von Fundamentbalken. Die Stahlbetonbodenplatte und die Außenwände des Untergeschosses sind als weiße Wanne ausgebildet. Als Außenwandbekleidung wurde eine Faserzement-Vorhangfassade gewählt. Die Alu-Fenster sowie die Pfosten-Riegelfassaden sind dreifachverglast und erhielten auf der Südseite eine Sonnenschutzverglasung. Das Kuppeldach mit einem Grundgerüst aus Stahlprofilträgern ist analog zu den Fassaden mit großformatigen Faserzementtafeln gedeckt. Seine Entwässerung erfolgt über verdeckt aufsitzende Rinnen. Innen wurden die Dachschrägen als Akustikdecken erstellt. Als Bodenbeläge kam Heizestrich zum Einbau, der im Erdgeschoss zusätzlich mit einer Verschleißschicht als Industrieestrich ausgebildet wurde.

Technische Anlagen

Die Wärmeerzeugung erfolgt über eine Luft-Wasser-Wärmepumpe. Die Wärme wird über Fußbodenheizung im Gebäude verteilt. In den Ausstellungsräumen wurde eine dezentrale Lüftungsanlage mit Wärmerückgewinnung und zusätzlichem Kühlmodul installiert.

Sonstiges

Durch die gegebene Erdfallgefahr wurde die Bodenplatte mittels Erdfallbalken elastisch gebettet. Die Freianlage zum Objekt wurde unter der BKI-Objektnummer 9100-0176 dokumentiert. Die Freitreppe im Westen wurde zeitgleich mit dem Gebäude errichtet und deshalb in dieser Dokumentation in der KG 500 dokumentiert.

Energetische Kennwerte

Gesetzliche Grundlage: EnEV 2013
Gebäudevolumen: 2.128,00 m³
A/V_e-Verhältnis (Kompaktheit): 0,44 m^{-1}
Hüllfläche des beheizten Volumens: 939,50 m²
Mittlerer U-Wert (opake Bauteile): 0,16 W/(m²·K)
Mittlerer U-Wert (transparente Bauteile): 0,98 W/(m²·K)
Spez. Jahresprimärenergiebedarf: 148,30 kWh/(m²·a)
CO_2-Emissionen: 33,50 kg/(m²·a)

Planungskennwerte für Flächen und Rauminhalte nach DIN 277

Flächen des Grundstücks		Menge Einheit	% an GF
BF	Bebaute Fläche	250,00 m^2	4,3
UF	Unbebaute Fläche	5.535,00 m^2	95,7
GF	Grundstücksfläche	5.785,00 m^2	100,0

Grundflächen des Bauwerks		Menge Einheit	% an NUF	% an BGF
NUF	Nutzungsfläche	402,00 m^2	100,0	79,5
TF	Technikfläche	17,61 m^2	4,4	3,5
VF	Verkehrsfläche	8,00 m^2	2,0	1,6
NRF	Netto-Raumfläche	427,61 m^2	106,4	84,6
KGF	Konstruktions-Grundfläche	77,97 m^2	19,4	15,4
BGF	Brutto-Grundfläche	505,58 m^2	125,8	100,0

Brutto-Rauminhalt des Bauwerks		Menge Einheit	BRI/NUF (m)	BRI/BGF (m)
BRI	Brutto-Rauminhalt	2.226,50 m^3	5,54	4,40

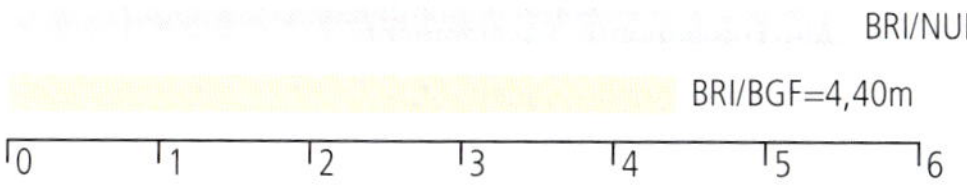

Lufttechnisch behandelte Flächen	Menge Einheit	% an NUF	% an BGF
Entlüftete Fläche	–	–	–
Be- und entlüftete Fläche	–	–	–
Teilklimatisierte Fläche	–	–	–
Klimatisierte Fläche	–	–	–

KG	Kostengruppen (2. Ebene)	Menge Einheit	Menge/NUF	Menge/BGF
310	Baugrube / Erdbau	2.563,46 m^3 BGI	6,38	5,07
320	Gründung, Unterbau	259,60 m^2 GRF	0,65	0,51
330	Außenwände/Vertikale Baukonstruktionen, außen	427,89 m^2 AWF	1,06	0,85
340	Innenwände/Vertikale Baukonstruktionen, innen	328,35 m^2 IWF	0,82	0,65
350	Decken/Horizontale Baukonstruktionen	251,61 m^2 DEF	0,63	0,50
360	Dächer	299,14 m^2 DAF	0,74	0,59

Kostenkennwerte für die Kostengruppen 400 der 2. und 3. Ebene DIN 276 (Übersicht)

KG	Kostengruppe	Menge Einheit	Kosten €	€/Einheit	% an 3+4
400	**Bauwerk – Technische Anlagen**	**505,58 m² BGF**	**544.303,40**	**1.076,59**	**23,8**
410	**Abwasser-, Wasser-, Gasanlagen**	**505,58 m² BGF**	**164.875,16**	**326,11**	**7,2**
411	Abwasseranlagen	505,58 m² BGF	119.739,81	236,84	5,2
412	Wasseranlagen	505,58 m² BGF	33.655,87	66,57	1,5
413	Gasanlagen	–	–	–	–
419	Sonstiges zur KG 410	505,58 m² BGF	11.479,48	22,71	0,5
420	**Wärmeversorgungsanlagen**	**505,58 m² BGF**	**104.808,34**	**207,30**	**4,6**
421	Wärmeerzeugungsanlagen	505,58 m² BGF	40.626,77	80,36	1,8
422	Wärmeverteilnetze	505,58 m² BGF	26.616,32	52,65	1,2
423	Raumheizflächen	505,58 m² BGF	37.565,26	74,30	1,6
424	Verkehrsheizflächen	–	–	–	–
429	Sonstiges zur KG 420	–	–	–	–
430	**Raumlufttechnische Anlagen**	**505,58 m² BGF**	**64.475,97**	**127,53**	**2,8**
431	Lüftungsanlagen	505,58 m² BGF	64.475,97	127,53	2,8
432	Teilklimaanlagen	–	–	–	–
433	Klimaanlagen	–	–	–	–
434	Kälteanlagen	–	–	–	–
439	Sonstiges zur KG 430	–	–	–	–
440	**Elektrische Anlagen**	**505,58 m² BGF**	**175.701,27**	**347,52**	**7,7**
441	Hoch- und Mittelspannungsanlagen	–	–	–	–
442	Eigenstromversorgungsanlagen	–	–	–	–
443	Niederspannungsschaltanlagen	–	–	–	–
444	Niederspannungsinstallationsanlagen	505,58 m² BGF	115.694,57	228,84	5,1
445	Beleuchtungsanlagen	505,58 m² BGF	40.243,71	79,60	1,8
446	Blitzschutz- und Erdungsanlagen	505,58 m² BGF	19.762,99	39,09	0,9
447	Fahrleitungssysteme	–	–	–	–
449	Sonstiges zur KG 440	–	–	–	–
450	**Kommunikationstechnische Anlagen**	**505,58 m² BGF**	**31.929,10**	**63,15**	**1,4**
451	Telekommunikationsanlagen	–	–	–	–
452	Such- und Signalanlagen	–	–	–	–
453	Zeitdienstanlagen	–	–	–	–
454	Elektroakustische Anlagen	–	–	–	–
455	Audiovisuelle Medien- u. Antennenanl.	–	–	–	–
456	Gefahrenmelde- und Alarmanlagen	505,58 m² BGF	19.340,73	38,25	0,8
457	Datenübertragungsnetze	505,58 m² BGF	12.588,36	24,90	0,6
458	Verkehrsbeeinflussungsanlagen	–	–	–	–
459	Sonstiges zur KG 450	–	–	–	–
460	**Förderanlagen**	**–**	**–**	**–**	**–**
461	Aufzugsanlagen	–	–	–	–
462	Fahrtreppen, Fahrsteige	–	–	–	–
463	Befahranlagen	–	–	–	–
464	Transportanlagen	–	–	–	–
465	Krananlagen	–	–	–	–
466	Hydraulikanlagen	–	–	–	–
469	Sonstiges zur KG 460	–	–	–	–
470	**Nutzungsspez. u. verfahrenstechn. Anl.**	**505,58 m² BGF**	**1.861,56**	**3,68**	**< 0,1**
480	**Gebäude- und Anlagenautomation**	**–**	**–**	**–**	**–**
490	**Sonst. Maßnahmen für techn. Anlagen**	**505,58 m² BGF**	**652,00**	**1,29**	**< 0,1**

Kostenkennwerte für Leistungsbereiche nach STLB (Kosten des Bauwerks nach DIN 276)

LB	Leistungsbereiche	Kosten €	€/m² BGF	€/m³ BRI	% an 3+4
000	Baustellen-, Verkehrssich.- u. Sicherh.einr. inkl. 001	130.385	257,90	58,60	5,7
002	Erdarbeiten	176.923	349,90	79,50	7,7
006	Spezialtiefbauarbeiten inkl. 005	–	–	–	–
009	Entwässerungskanalarbeiten inkl. 011	67.535	133,60	30,30	3,0
010	Drän- und Versickerarbeiten	2.620	5,20	1,20	0,1
012	Mauerarbeiten	20.616	40,80	9,30	0,9
013	Betonarbeiten	398.128	787,50	178,80	17,4
014	Natur-, Betonwerksteinarbeiten	–	–	–	–
016	Zimmer- und Holzbauarbeiten	98.642	195,10	44,30	4,3
017	Stahlbauarbeiten	88.114	174,30	39,60	3,9
018	Abdichtungsarbeiten	14.615	28,90	6,60	0,6
019	Kampfmittelräumarbeiten	–	–	–	–
020	Dachdeckungsarbeiten	122.193	241,70	54,90	5,3
021	Dachabdichtungsarbeiten	14.028	27,70	6,30	0,6
022	Klempnerarbeiten	29.593	58,50	13,30	1,3
	Rohbau	**1.163.392**	**2.301,10**	**522,50**	**50,8**
023	Putz- und Stuckarbeiten, Wärmedämmsysteme	11.057	21,90	5,00	0,5
024	Fliesen- und Plattenarbeiten	26.707	52,80	12,00	1,2
025	Estricharbeiten	95.116	188,10	42,70	4,2
026	Fenster, Außentüren inkl. 029, 032	150.790	298,30	67,70	6,6
027	Tischlerarbeiten	26.666	52,70	12,00	1,2
028	Parkett-, Holzpflasterarbeiten	–	–	–	–
030	Rollladenarbeiten	–	–	–	–
031	Metallbauarbeiten inkl. 035	–	–	–	–
034	Maler- und Lackiererarb. – Beschicht. inkl. 037	65.745	130,00	29,50	2,9
036	Bodenbelagarbeiten	–	–	–	–
038	Vorgehängte hinterlüftete Fassaden	189.507	374,80	85,10	8,3
039	Trockenbauarbeiten	39.975	79,10	18,00	1,7
	Ausbau	**605.561**	**1.197,80**	**272,00**	**26,5**
040	Wärmeversorgungsanl. – Betriebseinr. inkl. 041	111.140	219,80	49,90	4,9
042	Gas- u. Wasseranl. – Leitung., Armat. inkl. 043	49.057	97,00	22,00	2,1
044	Abwasseranl. – Leitungen, Abläufe, Armaturen	11.975	23,70	5,40	0,5
045	Gas, Wasser, Entwässerung – Ausstattung inkl. 046	30.644	60,60	13,80	1,3
047	Dämm- und Brandschutzarb. an techn. Anlagen	6.991	13,80	3,10	0,3
049	Feuerlöschanlagen, Feuerlöschgeräte	1.862	3,70	0,84	< 0,1
050	Blitzschutz-/Erdungsanlagen, Überspannungssch.	19.763	39,10	8,90	0,9
053	Niederspannungsanl. – Kabel inkl. 052, 054	103.983	205,70	46,70	4,5
055	Sicherheits- u. Ersatzstromversorgungsanl.	–	–	–	–
057	Gebäudesystemtechnik	11.648	23,00	5,20	0,5
058	Leuchten und Lampen inkl. 059	40.244	79,60	18,10	1,8
060	Such, Signal, Zeit, Anten., akust. Anl. inkl. 064	–	–	–	–
061	Kommunikations- u. Übertragungsnetze inkl. 063	31.929	63,20	14,30	1,4
069	Aufzüge	–	–	–	–
070	Gebäudeautomation	–	–	–	–
075	Raumlufttechnische Anlagen inkl. 078	64.476	127,50	29,00	2,8
	Gebäudetechnik	**483.711**	**956,70**	**217,30**	**21,1**
084	Abbruch, Rückbau, Schadstoffsanierung	25.308	50,10	11,40	1,1
	Abbrucharbeiten	**25.308**	**50,10**	**11,40**	**1,1**
	Sonstige Leistungsbereiche	**10.406**	**20,60**	**4,70**	**0,5**

9100-0199
Kirchenzentrum
(199 Sitzplätze)

Kostenkennwerte für die Kosten des Bauwerks (Kostengruppen 300+400 nach DIN 276)

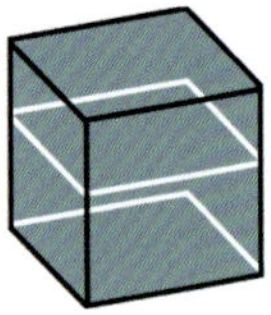

BRI 1.087 €/m³

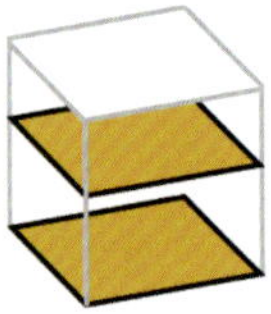

BGF 5.188 €/m²

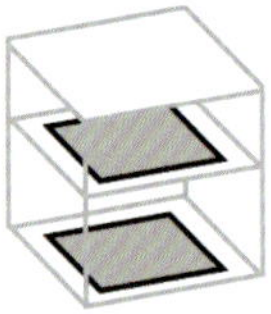

NUF 8.048 €/m²

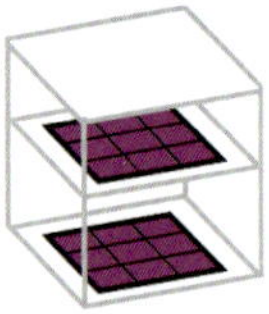

NE 12.935 €/NE

NE: Sitzplätze

Objekt:
Kennwerte: 3. Ebene DIN 276
BRI: 2.368 m³
BGF: 496 m²
NUF: 320 m²
Bauzeit: 70 Wochen
Bauende: 2019
Standard: mittel
Bundesland: Niedersachsen
Kreis: Hannover, Region

Architekt*in:
ksw architekten +
stadtplaner gmbh
Borkumer Straße 22
30163 Hannover

Bauherr*in:
Ev.-Luth. Kirchengemeinde
St. Nathanael
30659 Hannover

© ksw architekten + stadtplaner

© ksw architekten + stadtplaner

© ksw architekten + stadtplaner

Ansicht Nord

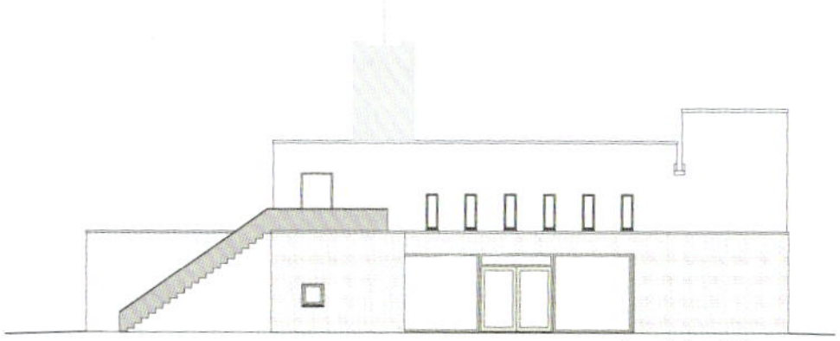

Ansicht West

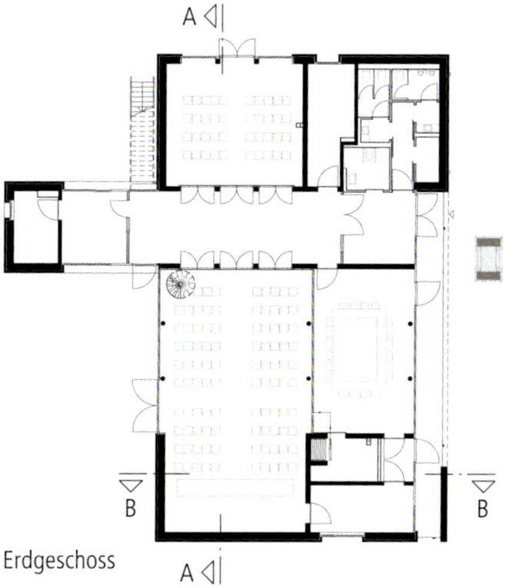

Erdgeschoss

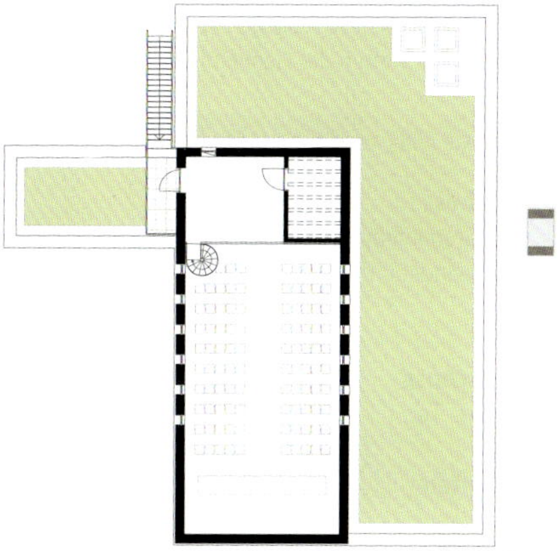

Obergeschoss

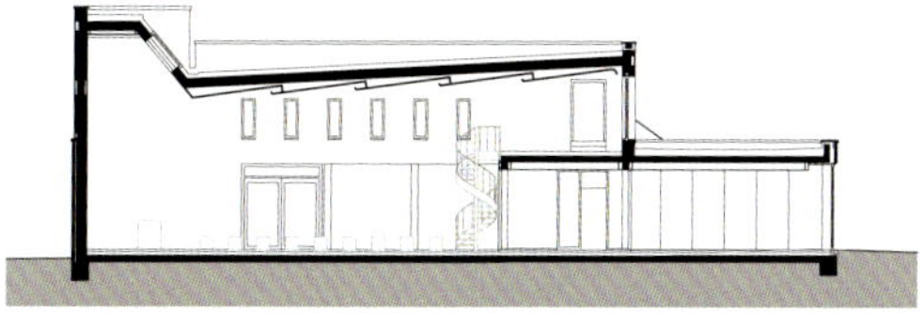

Schnitt A-A

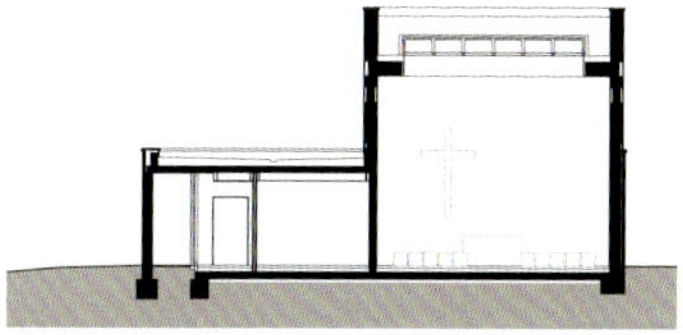

Schnitt B-B

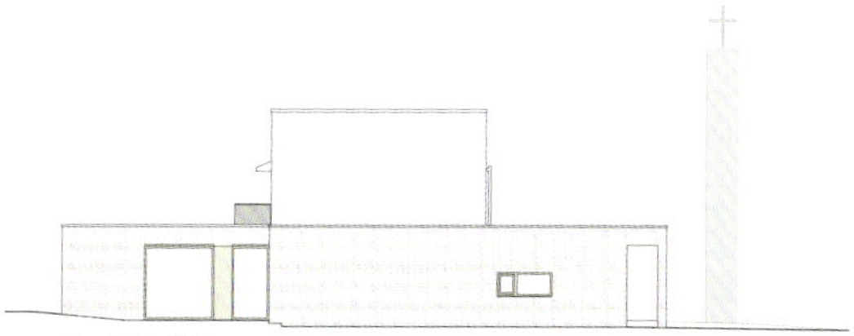

Ansicht Süd

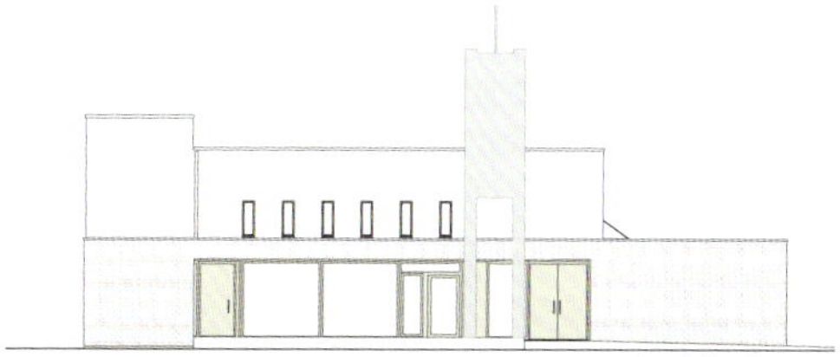

Ansicht Ost

Objektbeschreibung

Allgemeine Objektinformationen

Das neue Kirchenzentrum wurde als Reaktion auf eine sich verkleinerte Gemeindemitgliederzahl errichtet. Es ersetzt ein zu großes, in die Jahre gekommenes Zentrum, welches nach dem Neubau abgebrochen wird. Im Saal des neuen Gebäudes sollen neben den Gottesdiensten auch andere Veranstaltungen der Gemeinde stattfinden können. Um eine flexible Nutzung zu gewährleisten, lässt sich die Fläche des Saals über eine mobile Trennwand zum großen Gruppenraum hin erweitern. Außerdem können über doppelflüglige Türen sowohl das Foyer als auch die beiden Gruppenräume im Norden des Gebäudes dem Saal angeschlossen werden. Alle Gruppenräume stehen jedoch im geschlossenen Zustand auch einzeln für verschiedene Aktivitäten der Gemeinde zur Verfügung.

Nutzung

1 Erdgeschoss
Saal, zwei Gruppenräume, Sakristei/Büro, Foyer, WC-Räume, Küche, Gemeindebüro, Archiv, Abstellraum, Hausanschlussraum

1 Obergeschoss
Orgelempore, Technikraum

Nutzeinheiten

Sitzplätze: 199

Grundstück

Bauraum: Freier Bauraum
Neigung: Ebenes Gelände
Bodenklasse: BK 3

Besonderer Kosteneinfluss Grundstück
Sondierung durch Kampfmittelbeseitigungsdienst

Markt

Hauptvergabezeit: 2.Quartal 2018
Baubeginn: 2.Quartal 2018
Bauende: 4.Quartal 2019
Konjunkturelle Gesamtlage: über Durchschnitt
Regionaler Baumarkt: über Durchschnitt

Baukonstruktion

Das Gebäude gründet auf einer Stb-Bodenplatte mit Perimeterdämmung. Der Heizestrich erhält eine versiegelte Sichtestrichlage. Die Außenwände aus Planziegel-Mauerwerk, gefüllt mit Mineralwolle, sind im Erdgeschoss zusätzlich mit hinterlüftetem Verblendmauerwerk bekleidet, im Bereich darüber mit einem Wärmedämmputz. Für zahlreiche Aus- und Einblicke wird die Klinkerfassade in mehreren Bereichen von raumhohen Verglasungen durchbrochen, mit teilweise geschlossenen Holzelementen. Die Innenwände aus verputztem Mauerwerk und Gipskarton-Ständerwänden sind beschichtet und in den Sanitärräumen teilweise gefliest. Eine Stb-Decke mit Estrich und Linoleum, zugänglich über eine Stahl-Spindeltreppe, bildet die Empore. Das Dach des zweigeschossigen Baukörpers wird als geneigte Flachziegeldecke hinter einer waagrechten Attika erstellt. Die Erhöhung dient der Aufnahme eines schrägen Oberlichtbands. Der eingeschossige Bereich erhält ein Stb-Flachdach. Die Dächer werden nach Dämmung und Abdichtung begrünt. Decke und Dächer erhalten abgehängte GK-Decken.

Technische Anlagen

Die Warmwasserversorgung erfolgt dezentral über elektrisch betriebene Durchlauferhitzer. Das Kirchenzentrum ist mit einer Luft-Wasser-Wärmepumpe mit Pufferspeicher zur Versorgung der Fußbodenheizung ausgerüstet. Zwei Lüftungsanlagen mit Wärmerückgewinnung sorgen für den Luftaustausch. Das Regenwasser des begrünten Dachs sowie die Entwässerung der Hofflächen versickert über eine Rigole. Eine Gebäudeautomation ist eingebaut.

Sonstiges

Der bestehende Glockenturm bleibt erhalten.

Energetische Kennwerte

Gesetzliche Grundlage: EnEV 2013
Gebäudenutzfläche: 599,00 m^2
Gebäudevolumen: 1.872,00 m^3
A/V_e-Verhältnis (Kompaktheit): 0,77 m^{-1}
Hüllfläche des beheizten Volumens: 1.451,00 m^2
Mittlerer U-Wert (opake Bauteile): 0,18 $W/(m^2 \cdot K)$
Mittlerer U-Wert (transparente Bauteile): 0,87 $W/(m^2 \cdot K)$
Spez. Jahresprimärenergiebedarf: 179,96 $kWh/(m^2 \cdot a)$
CO_2-Emissionen: 47,50 $kg/(m^2 \cdot a)$

Planungskennwerte für Flächen und Rauminhalte nach DIN 277

Flächen des Grundstücks		Menge Einheit	% an GF
BF	Bebaute Fläche	469,98 m²	27,3
UF	Unbebaute Fläche	1.249,93 m²	72,7
GF	Grundstücksfläche	1.719,91 m²	100,0

Grundflächen des Bauwerks		Menge Einheit	% an NUF	% an BGF
NUF	Nutzungsfläche	319,87 m²	100,0	64,5
TF	Technikfläche	13,87 m²	4,3	2,8
VF	Verkehrsfläche	87,71 m²	27,4	17,7
NRF	Netto-Raumfläche	421,45 m²	131,8	84,9
KGF	Konstruktions-Grundfläche	74,68 m²	23,3	15,1
BGF	Brutto-Grundfläche	496,13 m²	155,1	100,0

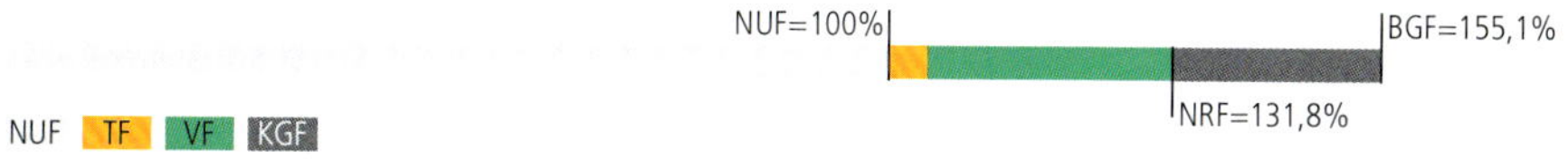

Brutto-Rauminhalt des Bauwerks		Menge Einheit	BRI/NUF (m)	BRI/BGF (m)
BRI	Brutto-Rauminhalt	2.368,28 m³	7,40	4,77

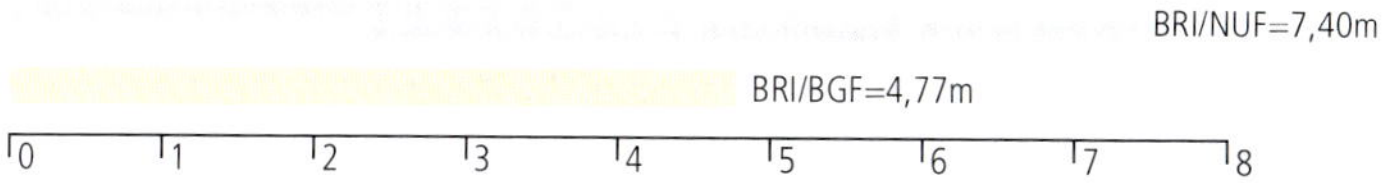

Lufttechnisch behandelte Flächen	Menge Einheit	% an NUF	% an BGF
Entlüftete Fläche	–	–	–
Be- und entlüftete Fläche	–	–	–
Teilklimatisierte Fläche	–	–	–
Klimatisierte Fläche	–	–	–

KG	Kostengruppen (2. Ebene)	Menge Einheit	Menge/NUF	Menge/BGF
310	Baugrube / Erdbau	539,79 m³ BGI	1,69	1,09
320	Gründung, Unterbau	437,60 m² GRF	1,37	0,88
330	Außenwände/Vertikale Baukonstruktionen, außen	611,05 m² AWF	1,91	1,23
340	Innenwände/Vertikale Baukonstruktionen, innen	374,01 m² IWF	1,17	0,75
350	Decken/Horizontale Baukonstruktionen	52,35 m² DEF	0,16	0,11
360	Dächer	483,83 m² DAF	1,51	0,98

Kostenkennwerte für die Kostengruppen 400 der 2. und 3.Ebene DIN 276 (Übersicht)

KG	Kostengruppe	Menge Einheit	Kosten €	€/Einheit	% an 3+4
400	**Bauwerk – Technische Anlagen**	**496,13 m²BGF**	**502.145,30**	**1.012,12**	**19,5**
410	**Abwasser-, Wasser-, Gasanlagen**	**496,13 m²BGF**	**77.070,24**	**155,34**	**3,0**
411	Abwasseranlagen	496,13 m²BGF	36.108,14	72,78	1,4
412	Wasseranlagen	496,13 m²BGF	33.983,59	68,50	1,3
413	Gasanlagen	–	–	–	–
419	Sonstiges zur KG 410	496,13 m²BGF	6.978,51	14,07	0,3
420	**Wärmeversorgungsanlagen**	**496,13 m²BGF**	**98.302,67**	**198,14**	**3,8**
421	Wärmeerzeugungsanlagen	496,13 m²BGF	47.737,81	96,22	1,9
422	Wärmeverteilnetze	496,13 m²BGF	23.444,67	47,26	0,9
423	Raumheizflächen	496,13 m²BGF	27.120,19	54,66	1,1
424	Verkehrsheizflächen	–	–	–	–
429	Sonstiges zur KG 420	–	–	–	–
430	**Raumlufttechnische Anlagen**	**496,13 m²BGF**	**66.781,19**	**134,60**	**2,6**
431	Lüftungsanlagen	496,13 m²BGF	66.781,19	134,60	2,6
432	Teilklimaanlagen	–	–	–	–
433	Klimaanlagen	–	–	–	–
434	Kälteanlagen	–	–	–	–
439	Sonstiges zur KG 430	–	–	–	–
440	**Elektrische Anlagen**	**496,13 m²BGF**	**170.459,51**	**343,58**	**6,6**
441	Hoch- und Mittelspannungsanlagen	–	–	–	–
442	Eigenstromversorgungsanlagen	–	–	–	–
443	Niederspannungsschaltanlagen	–	–	–	–
444	Niederspannungsinstallationsanlagen	496,13 m²BGF	65.412,85	131,85	2,5
445	Beleuchtungsanlagen	496,13 m²BGF	96.527,66	194,56	3,7
446	Blitzschutz- und Erdungsanlagen	496,13 m²BGF	8.518,99	17,17	0,3
447	Fahrleitungssysteme	–	–	–	–
449	Sonstiges zur KG 440	–	–	–	–
450	**Kommunikationstechnische Anlagen**	**496,13 m²BGF**	**16.457,03**	**33,17**	**0,6**
451	Telekommunikationsanlagen	496,13 m²BGF	483,32	0,97	< 0,1
452	Such- und Signalanlagen	496,13 m²BGF	9.974,59	20,10	0,4
453	Zeitdienstanlagen	–	–	–	–
454	Elektroakustische Anlagen	496,13 m²BGF	1.917,48	3,86	< 0,1
455	Audiovisuelle Medien- u. Antennenanl.	–	–	–	–
456	Gefahrenmelde- und Alarmanlagen	–	–	–	–
457	Datenübertragungsnetze	496,13 m²BGF	4.081,65	8,23	0,2
458	Verkehrsbeeinflussungsanlagen	–	–	–	–
459	Sonstiges zur KG 450	–	–	–	–
460	**Förderanlagen**	**–**	**–**	**–**	**–**
461	Aufzugsanlagen	–	–	–	–
462	Fahrtreppen, Fahrsteige	–	–	–	–
463	Befahranlagen	–	–	–	–
464	Transportanlagen	–	–	–	–
465	Krananlagen	–	–	–	–
466	Hydraulikanlagen	–	–	–	–
469	Sonstiges zur KG 460	–	–	–	–
470	**Nutzungsspez. u. verfahrenstechn. Anl.**	**–**	**–**	**–**	**–**
480	**Gebäude- und Anlagenautomation**	**496,13 m²BGF**	**69.908,07**	**140,91**	**2,7**
490	**Sonst. Maßnahmen für techn. Anlagen**	**496,13 m²BGF**	**3.166,58**	**6,38**	**0,1**

Kostenkennwerte für Leistungsbereiche nach STLB (Kosten des Bauwerks nach DIN 276)

LB	Leistungsbereiche	Kosten €	€/m² BGF	€/m³ BRI	% an 3+4
000	Baustellen-, Verkehrssich.- u. Sicherh.einr. inkl. 001	133.647	269,40	56,40	5,2
002	Erdarbeiten	84.766	170,90	35,80	3,3
006	Spezialtiefbauarbeiten inkl. 005	–	–	–	–
009	Entwässerungskanalarbeiten inkl. 011	19.863	40,00	8,40	0,8
010	Drän- und Versickerarbeiten	–	–	–	–
012	Mauerarbeiten	345.932	697,30	146,10	13,4
013	Betonarbeiten	412.649	831,70	174,20	16,0
014	Natur-, Betonwerksteinarbeiten	–	–	–	–
016	Zimmer- und Holzbauarbeiten	–	–	–	–
017	Stahlbauarbeiten	–	–	–	–
018	Abdichtungsarbeiten	30.481	61,40	12,90	1,2
019	Kampfmittelräumarbeiten	–	–	–	–
020	Dachdeckungsarbeiten	–	–	–	–
021	Dachabdichtungsarbeiten	175.020	352,80	73,90	6,8
022	Klempnerarbeiten	28.499	57,40	12,00	1,1
	Rohbau	**1.230.855**	**2.480,90**	**519,70**	**47,8**
023	Putz- und Stuckarbeiten, Wärmedämmsysteme	62.606	126,20	26,40	2,4
024	Fliesen- und Plattenarbeiten	9.309	18,80	3,90	0,4
025	Estricharbeiten	132.322	266,70	55,90	5,1
026	Fenster, Außentüren inkl. 029, 032	197.260	397,60	83,30	7,7
027	Tischlerarbeiten	213.123	429,60	90,00	8,3
028	Parkett-, Holzpflasterarbeiten	–	–	–	–
030	Rollladenarbeiten	11.198	22,60	4,70	0,4
031	Metallbauarbeiten inkl. 035	75.554	152,30	31,90	2,9
034	Maler- und Lackiererarb. – Beschicht. inkl. 037	36.238	73,00	15,30	1,4
036	Bodenbelagarbeiten	12.462	25,10	5,30	0,5
038	Vorgehängte hinterlüftete Fassaden	–	–	–	–
039	Trockenbauarbeiten	96.530	194,60	40,80	3,7
	Ausbau	**846.603**	**1.706,40**	**357,50**	**32,9**
040	Wärmeversorgungsanl. – Betriebseinr. inkl. 041	100.456	202,50	42,40	3,9
042	Gas- u. Wasseranl. – Leitung., Armat. inkl. 043	13.368	26,90	5,60	0,5
044	Abwasseranl. – Leitungen, Abläufe, Armaturen	13.836	27,90	5,80	0,5
045	Gas, Wasser, Entwässerung – Ausstattung inkl. 046	25.475	51,30	10,80	1,0
047	Dämm- und Brandschutzarb. an techn. Anlagen	11.069	22,30	4,70	0,4
049	Feuerlöschanlagen, Feuerlöschgeräte	–	–	–	–
050	Blitzschutz-/Erdungsanlagen, Überspannungssch.	8.519	17,20	3,60	0,3
053	Niederspannungsanl. – Kabel inkl. 052, 054	65.290	131,60	27,60	2,5
055	Sicherheits- u. Ersatzstromversorgungsanl.	–	–	–	–
057	Gebäudesystemtechnik	–	–	–	–
058	Leuchten und Lampen inkl. 059	96.528	194,60	40,80	3,7
060	Such, Signal, Zeit, Anten., akust. Anl. inkl. 064	11.892	24,00	5,00	0,5
061	Kommunikations- u. Übertragungsnetze inkl. 063	4.565	9,20	1,90	0,2
069	Aufzüge	–	–	–	–
070	Gebäudeautomation	69.908	140,90	29,50	2,7
075	Raumlufttechnische Anlagen inkl. 078	64.150	129,30	27,10	2,5
	Gebäudetechnik	**485.056**	**977,70**	**204,80**	**18,8**
084	Abbruch, Rückbau, Schadstoffsanierung	3.282	6,60	1,40	0,1
	Abbrucharbeiten	**3.282**	**6,60**	**1,40**	**0,1**
	Sonstige Leistungsbereiche	**8.366**	**16,90**	**3,50**	**0,3**

Kostenkennwerte für die Kosten des Bauwerks (Kostengruppen 300+400 nach DIN 276)

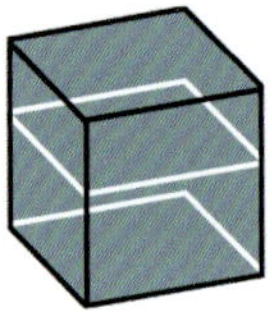

BRI 1.044 €/m³

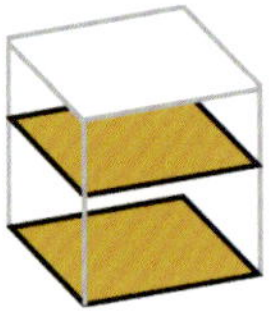

BGF 4.647 €/m²

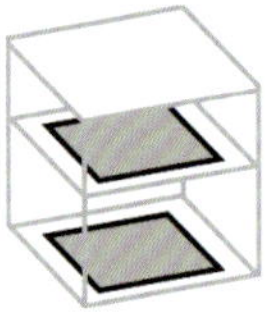

NUF 7.735 €/m²

Objekt:
Kennwerte: 1.Ebene DIN 276
BRI: 9.570 m³
BGF: 2.149 m²
NUF: 1.291 m²
Bauzeit: 152 Wochen
Bauende: 2020
Standard: mittel
Bundesland: Mecklenburg-Vorpommern
Kreis: Vorpommern-Greifswald

Architekt*in:
CODE UNIQUE
Architekten GmbH
Katharinenstraße 5
01099 Dresden

Bauherr*in:
Universitäts- und Hansestadt Greifswald
Der Oberbürgermeister
17461 Greifswald

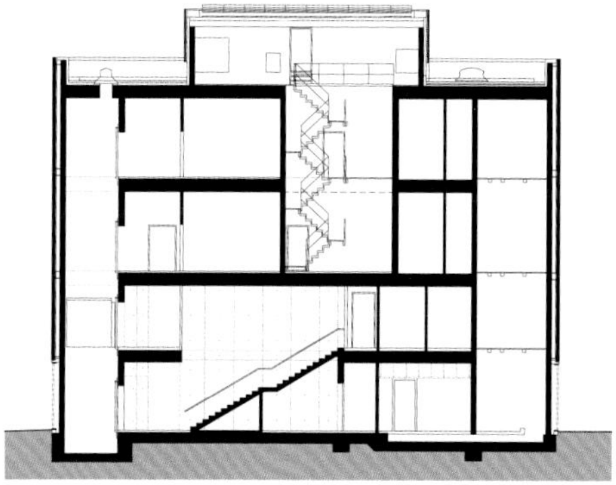

Schnitt A-A

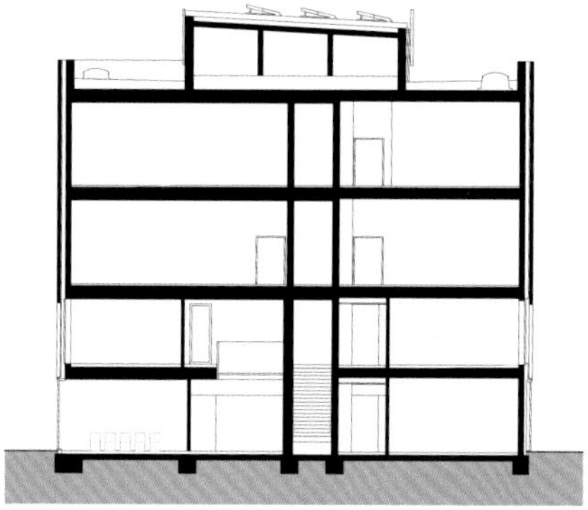

Schnitt B-B

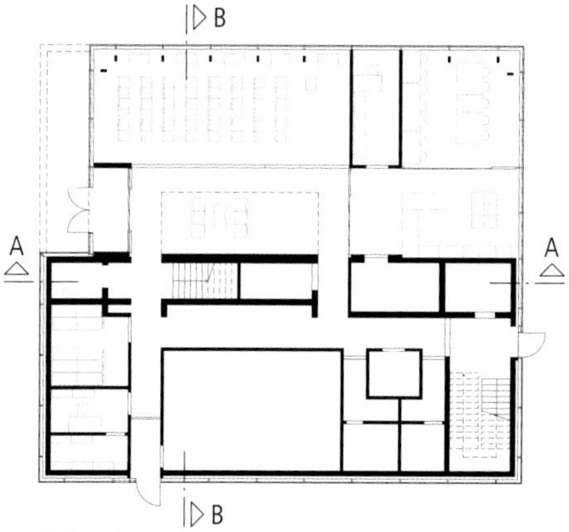

Erdgeschoss

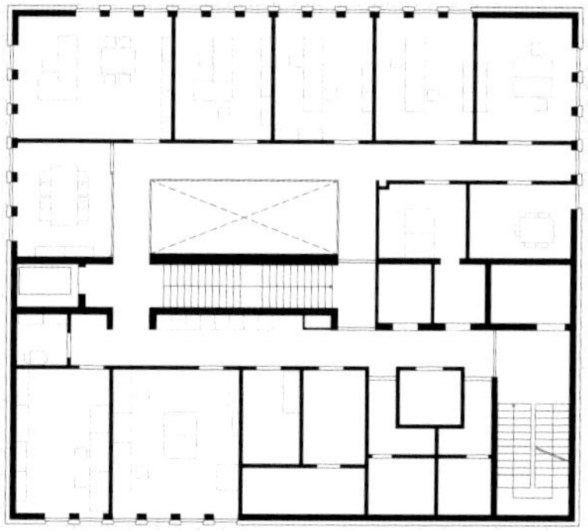

1. Obergeschoss

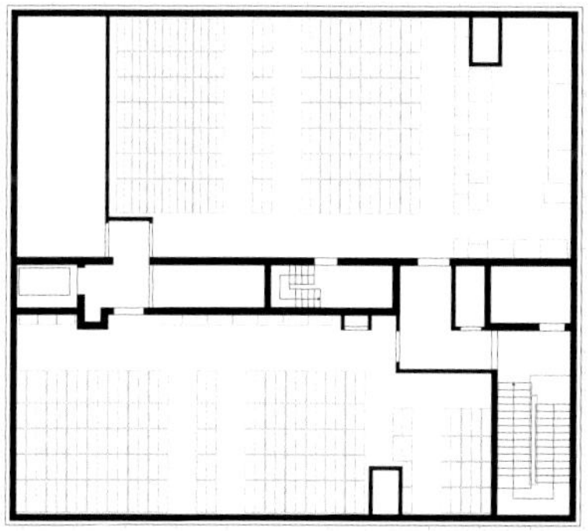

2. Obergeschoss

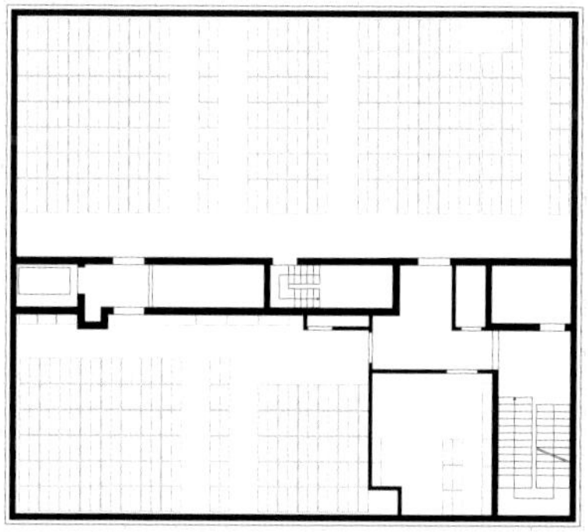

3. Obergeschoss

Objektbeschreibung

Allgemeine Objektinformationen

Der viergeschossige Baukörper bildet eine besondere Landmarke und ergänzt die Stadtsilhouette von Greifswald. Als Pendant zu den typisch norddeutschen Speichergebäuden wird das neue Stadtarchiv als eine Art „Wissensspeicher" interpretiert.

Nutzung

1 Erdgeschoss
Empfang, Anmeldung, Archiv, Büros, Vortragsraum, WCs, Büros, Treppen, Aufzug

3 Obergeschosse
Büros, Archive, Technik, WCs, Treppen, Aufzug

Nutzeinheiten

Arbeitsplätze: 7

Grundstück

Bauraum: Freier Bauraum
Neigung: Ebenes Gelände
Bodenklasse: BK 3

Markt

Hauptvergabezeit: 1.Quartal 2018
Baubeginn: 4.Quartal 2017
Bauende: 3.Quartal 2020
Konjunkturelle Gesamtlage: Durchschnitt
Regionaler Baumarkt: Durchschnitt

Baukonstruktion

Der Baukörper wurde als Stahlbetonbau mit Stahlbetondecken und aussteifenden Stahlbetonwänden errichtet. Die Gründung erfolgt über 80m tiefe Rüttelpfostensäulen. Die Erdgeschossfassade zeigt sich als umlaufende Pfosten-Riegel-Fassade, die über teilweise geschlossene Flächen läuft. Ab dem 1.OG wurde die Fassade als vorgehängte und hinterlüftete Fassade ausgebildet. Großformatige Betonfertigteilelemente bilden die äußere sichtbare Schale. Holzeinbauten und Holzböden im Erdgeschoss vermitteln Behaglichkeit und stehen in spannungsvollem Kontrast zum Beton.

Technische Anlagen

Zur Beheizung des Gebäudes dient eine Sole-Wärmepumpe, welche als Wärmequelle das Erdreich mithilfe Erdwärmesonden nutzt. Die Wärmeverteilung erfolgt über Heizkörper und Fußbodenheizung. Mit insgesamt vier Lüftungsanlagen werden die unterschiedlichen Bereiche der Archive und Büros versorgt, wobei die Archive ausschließlich über die Belüftung beheizt werden, da aus Sicherheitsaspekten keinerlei wasserführende Leitungen in diesen Bereichen verlegt werden durften. Auf dem Dach wurde eine PV-Anlage mit einer Leistung von insgesamt 9 kWp installiert. Es wurden eine Brandmeldeanlage, eine Einbruchmeldeanlage sowie ein Gaslöschsystem und ein Brandvorhang ausgeführt. Alle technischen Einbauten werden über Gebäudeautomation gesteuert.

Sonstiges

Der städtebauliche Leitgedanke des Entwurfs ist die Wahrnehmung des neuen Stadtarchivs vom Seeweg kommend in Richtung Hafen. Der rote Solitär fügt sich in die vorhandene Umgebung ein und knüpft regionale Bezüge.

Energetische Kennwerte

Gebäudenutzfläche: 2.737,00 m^2
Gebäudevolumen: 8.553,00 m^3
Hüllfläche des beheizten Volumens: 2.401,00 m^2
Mittlerer U-Wert (opake Bauteile): 0,16 $W/(m^2 \cdot K)$
Mittlerer U-Wert (transparente Bauteile): 0,90 $W/(m^2 \cdot K)$
Spez. Jahresprimärenergiebedarf: 31,53 $kWh/(m^2 \cdot a)$

Planungskennwerte für Flächen und Rauminhalte nach DIN 277

Flächen des Grundstücks		Menge Einheit	% an GF
BF	Bebaute Fläche	520,00 m²	20,6
UF	Unbebaute Fläche	2.000,00 m²	79,4
GF	Grundstücksfläche	2.520,00 m²	100,0

Grundflächen des Bauwerks		Menge Einheit	% an NUF	% an BGF
NUF	Nutzungsfläche	1.291,00 m²	100,0	60,1
TF	Technikfläche	154,00 m²	11,9	7,2
VF	Verkehrsfläche	348,00 m²	27,0	16,2
NRF	Netto-Raumfläche	1.793,00 m²	138,9	83,4
KGF	Konstruktions-Grundfläche	356,00 m²	27,6	16,6
BGF	Brutto-Grundfläche	2.149,00 m²	166,5	100,0

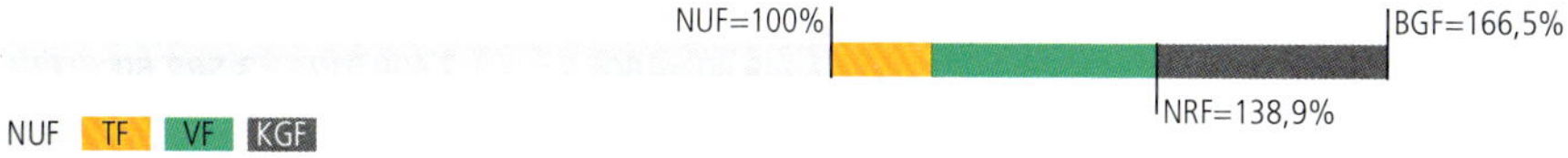

Brutto-Rauminhalt des Bauwerks		Menge Einheit	BRI/NUF (m)	BRI/BGF (m)
BRI	Brutto-Rauminhalt	9.570,00 m³	7,41	4,45

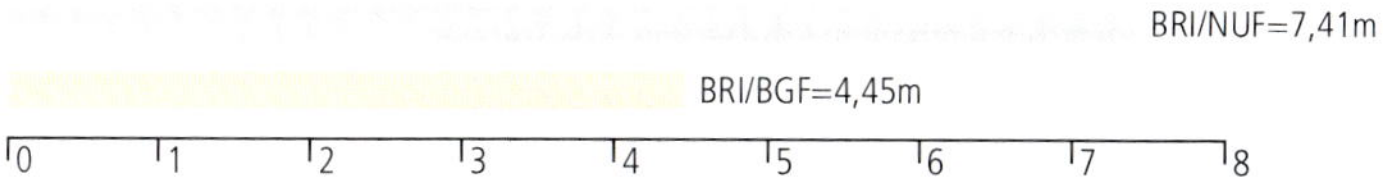

9100-0223
Stadtteilzentrum
Veranstaltungsraum
(120 Sitzplätze)

Kostenkennwerte für die Kosten des Bauwerks (Kostengruppen 300+400 nach DIN 276)

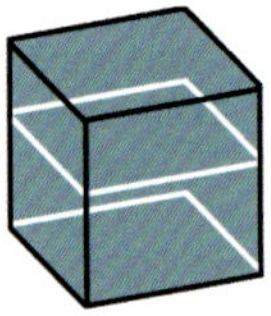

BRI 762 €/m³

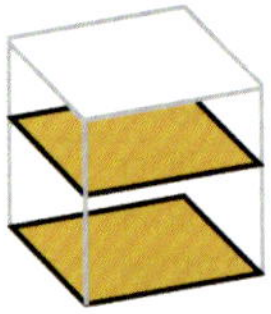

BGF 3.308 €/m²

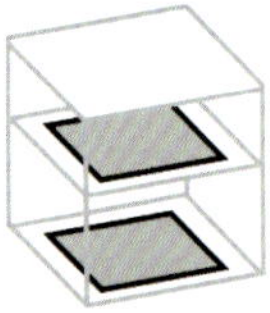

NUF 5.602 €/m²

Objekt:
Kennwerte: 1.Ebene DIN 276
BRI: 6.470 m³
BGF: 1.491 m²
NUF: 880 m²
Bauzeit: 126 Wochen
Bauende: 2023
Standard: mittel
Bundesland: Hessen
Kreis: Main-Kinzig-Kreis

Architekt*in:
pätzold kremer architekten
PartG mbB
Christian-Pleß-Straße 11-13
63069 Offenbach am Main

Bauherr*in:
Hanau Immobilien-
und Baumanagement
Eigenbetrieb der Stadt Hanau
Hessen-Homburg-Platz 5
63452 Hanau

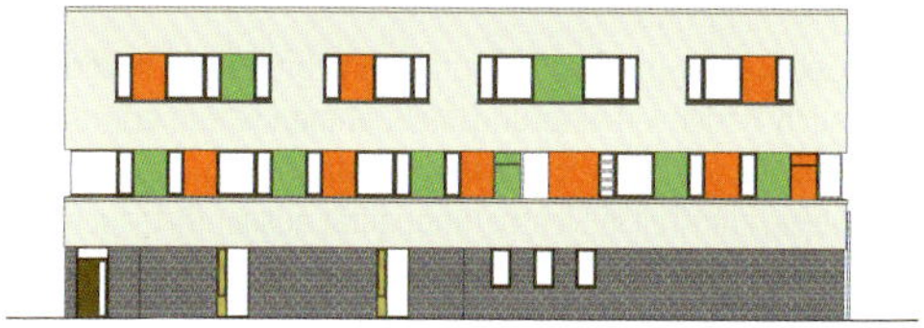
Ansicht Süd-West

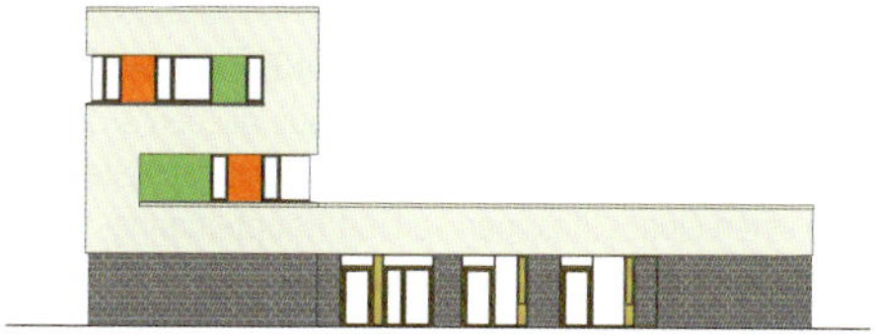
Ansicht Nord-West

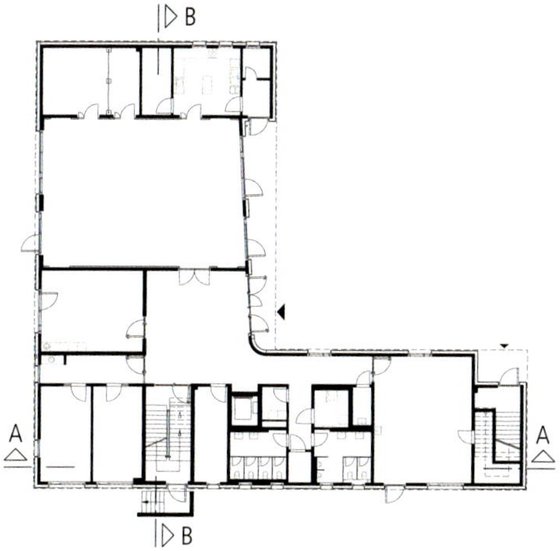

Erdgeschoss

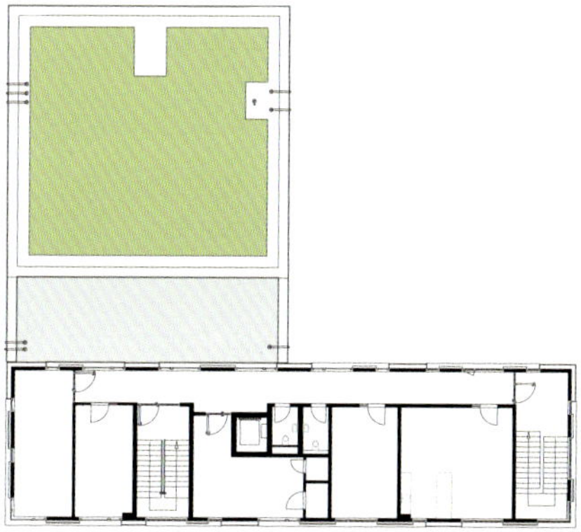
1. Obergeschoss

Schnitt A-A

Schnitt B-B

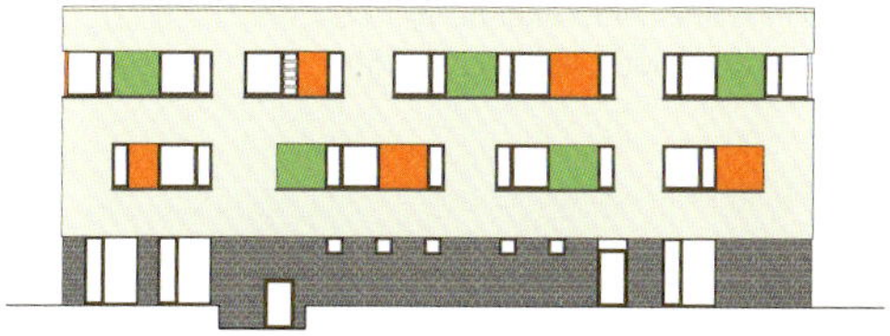
Ansicht Nord-Ost

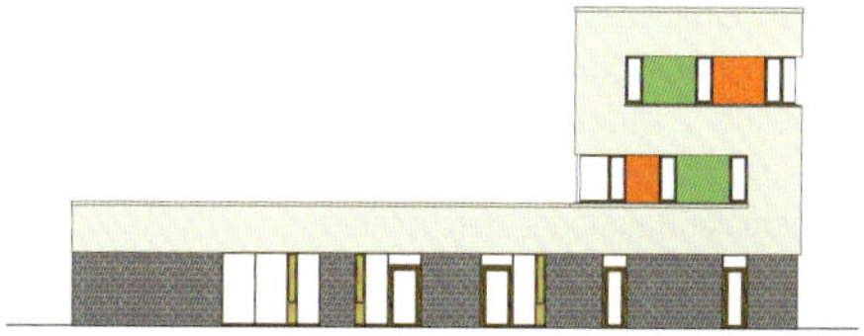
Ansicht Süd-Ost

9100-0223
Stadtteilzentrum
Veranstaltungsraum
(120 Sitzplätze)

Objektbeschreibung

Allgemeine Objektinformationen

Das Stadtteilzentrum ist ein wichtiger Bestandteil für die Bewohner des Quartiers. Das Gebäude gliedert sich in das dreigeschossige Stadtteilzentrum mit Teilunterkellerung sowie einen eingeschossigen Teil mit Haupteingang, Foyer und Begegnungsstätte. Im Erdgeschoss sorgt das Foyer mit Sanitärräumen und Garderobe für Synergieeffekte beider Nutzungen. Der Bürgersaal für ca. 120 Personen verfügt über einen eigenen Catering- und Lagerbereich. Eine Kreativwerkstatt, verschiedene Gruppenräume sowie Büros für die Verwaltung und Beratung bieten Raum zur Realisierung der Grundidee des "miteinander leben - voneinander lernen".

Nutzung

1 Untergeschoss
IT-Raum, Lagerräume, Hausanschlussraum

1 Erdgeschoss
Saal, Foyer, Anlieferküche, Kühlung, Gruppenraum, Kreativwerkstatt, Teeküche, Büros, Garderoben, WCs, Waschraum, Lagerräume, Abstellräume, Technik

1 Obergeschoss
Gruppenräume, Küche mit Essbereich, Büro, WCs, Abstellraum, Technik, Dachterrasse

1 Dachgeschoss
Gruppenräume, Lager, Büro, WCs, Hausanschlussraum

Nutzeinheiten

Sitzplätze: 120

Grundstück

Bauraum: Beengter Bauraum
Neigung: Geneigtes Gelände
Bodenklasse: BK 1 bis BK 5

Markt

Hauptvergabezeit: 4.Quartal 2020
Baubeginn: 4.Quartal 2020
Bauende: 2.Quartal 2023
Konjunkturelle Gesamtlage: Durchschnitt
Regionaler Baumarkt: Durchschnitt

Baukonstruktion

Das Gebäude wurde auf Bohrpfählen gegründet. Ein Verbau und auch Bodenverbesserungsmaßnahmen waren erforderlich. Die Wände sind als massive Konstruktion in Stahlbetonbauweise, zum Teil in Sichtbetonqualität ausgeführt, auch die Decken und das Flachdach des Gebäudes sind in Stahlbeton hergestellt. Die Fassade ist mit einem Wärmedämmverbundsystem bekleidet, im Erdgeschoss strukturieren Klinkerriemchen im Sockelbereich die Wandfassade. Die Alufenster sind mit einer Dreifachverglasung ausgestattet, zum Teil als Alu-Pfosten-Riegelfassade. Alle Fenster können mit Alu-Lamellen verschattet werden. Die Böden sind mit Linoleum, Parkett und Feinsteinzeug belegt.

Technische Anlagen

Das Gebäude wird mit Fernwärme und Plattenheizkörpern beheizt. Der große Saal erhielt eine Be- und Entlüftungsanlage. Es wurde eine Datenübertragungsanlage, eine elektroakustische Anlage, eine Brandmeldeanlage mit funkvernetzten Rauchmeldern sowie eine Lichtrufanlage realisiert.

Sonstiges

Der Neubau ist Teil des Förderprogramms „Soziale Stadt“ und soll wesentlich zur Identifikation beitragen und den sozialen Zusammenhalt der vor Ort lebenden Menschen stärken. Die Gestaltung des Vorplatzes mit der Dorflinde, seiner Sichtbarkeit im Straßenraum, der öffentliche Spielplatz im hinteren Bereich des Grundstücks sowie die Gründächer beider Gebäudeteile sind von besonderer städtebaulicher Bedeutung.

Energetische Kennwerte

Gesetzliche Grundlage: EnEV 2013
Gebäudenutzfläche: 1.650,00 m^2
Gebäudevolumen: 5.155,00 m^3
A/V_e-Verhältnis (Kompaktheit): 0,52 m^{-1}
Hüllfläche des beheizten Volumens: 2.691,00 m^2
Mittlerer U-Wert (opake Bauteile): 0,15 $W/(m^2 \cdot K)$
Mittlerer U-Wert (transparente Bauteile): 1,00 $W/(m^2 \cdot K)$
Spez. Jahresprimärenergiebedarf: 64,98 $kWh/(m^2 \cdot a)$
CO_2-Emissionen: 43,70 $kg/(m^2 \cdot a)$
Differenzdruck-Messverfahren: 1,96 h^{-1}

Planungskennwerte für Flächen und Rauminhalte nach DIN 277

Flächen des Grundstücks		Menge Einheit	% an GF
BF	Bebaute Fläche	656,00 m²	22,2
UF	Unbebaute Fläche	2.296,00 m²	77,8
GF	Grundstücksfläche	2.952,00 m²	100,0

Grundflächen des Bauwerks		Menge Einheit	% an NUF	% an BGF
NUF	Nutzungsfläche	880,10 m²	100,0	59,0
TF	Technikfläche	44,40 m²	5,0	3,0
VF	Verkehrsfläche	273,15 m²	31,0	18,3
NRF	Netto-Raumfläche	1.197,65 m²	136,1	80,4
KGF	Konstruktions-Grundfläche	292,86 m²	33,3	19,6
BGF	Brutto-Grundfläche	1.490,51 m²	169,4	100,0

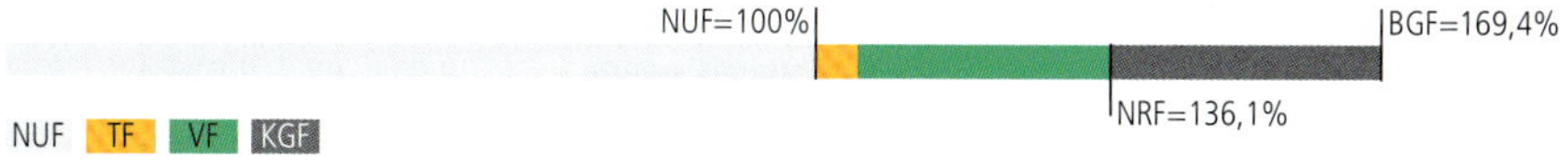

Brutto-Rauminhalt des Bauwerks		Menge Einheit	BRI/NUF (m)	BRI/BGF (m)
BRI	Brutto-Rauminhalt	6.470,07 m³	7,35	4,34

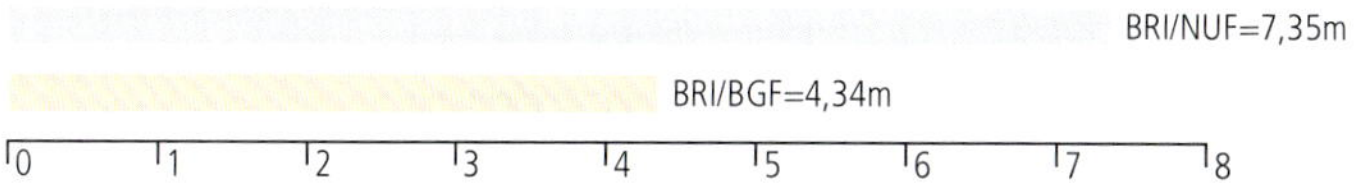

Kostenkennwerte für die Kostengruppen der 1. Ebene DIN 276

KG	Kostengruppen (1. Ebene)	Einheit	Kosten €	€/Einheit	€/m² BGF	€/m³ BRI	% 300+400
100	Grundstück	m² GF	–	–	–	–	–
200	Vorbereitende Maßnahmen	m² GF	–	–	–	–	–
300	Bauwerk – Baukonstruktionen	m² BGF	3.934.185	2.639,49	2.639,49	608,06	79,8
400	Bauwerk – Technische Anlagen	m² BGF	996.528	668,58	668,58	154,02	20,2
	Bauwerk 300+400	**m² BGF**	**4.930.713**	**3.308,07**	**3.308,07**	**762,08**	**100,0**
500	Außenanlagen und Freiflächen	m² AF	798.325	347,70	535,61	123,39	16,2
600	Ausstattung und Kunstwerke	m² BGF	–	–	–	–	–
700	Baunebenkosten	m² BGF	–	–	–	–	–
800	Finanzierung	m² BGF	–	–	–	–	–

KG	Kostengruppe	Menge Einheit	Kosten €	€/Einheit	%
3+4	**Bauwerk**				**100,0**
300	**Bauwerk – Baukonstruktionen**	1.490,51 m² BGF	3.934.185	**2.639,49**	79,8

Baugrubenaushub, Baugrubenverbau mit Spundwänden; Baugrundverbesserung, Stb-Fundamente, Stb-Bodenplatte, WU, Pfahlgründungen, Estrich, Bodenbeschichtung, Kautschuk, Parkett, Bodenfliesen, Abdichtung, Sauberkeitsschicht, Perimeterdämmung; Stb-Wände, Sichtbeton, WU, Alu-Pfosten-Riegelfassade, Alufenster, Dreifachverglasung, WDVS, Klinkerriemchen, Alu-Sonnenschutzlamellen; Innenmauerwerk, Stb-Wände, Sichtbeton, GK-Wände, Wandfliesen, Beschichtung, WC-Trennwände; Stb-Decken, Stb-Treppen, Dämmung, Estrich, Linoleum, Parkett, Bodenfliesen, abgehängte GK-Akustikdecken, Treppengeländer; Stb-Flachdach, Oberlichter, Dämmung, Abdichtung, Attika, extensive Dachbegrünung, Entwässerung, abgehängte GK-Akustikdecken

KG	Kostengruppe	Menge Einheit	Kosten €	€/Einheit	%
400	**Bauwerk – Technische Anlagen**	1.490,51 m² BGF	996.528	**668,58**	20,2

Gebäudeentwässerung, Kalt- und Warmwasserleitungen, Sanitärobjekte; Fernwärmeversorgung, Plattenheizkörper; Einzelraumlüfter, kontrollierte Be- und Entlüftung mit Wärmerückgewinnung, Abluftanlage, RWA-Anlage; Elektroinstallation, Beleuchtung, Sicherheitsleuchten, Blitzschutzanlage; Lichtrufanlage, elektroakustische Anlagen, Brandmeldeanlage, funkvernetzte Rauchmelder, Datenübertragungsnetz; Personenaufzug; Gebäudeautomation, Überwachungseinrichtungen

KG	Kostengruppe	Menge Einheit	Kosten €	€/Einheit	%
500	**Außenanlagen und Freiflächen**	2.296,00 m² AF	798.325	**347,70**	16,2

Oberbodenarbeiten; Pflasterbeläge für Wege, Terrassen, Stellplätze; Zäune, Tore, Winkelstützmauern; Außenbeleuchtung; Sitzbänke, Fahrradständer, Pflanzbehälter, Abfallbehälter, Absperrpoller, Müllplatzeinhausung; Oberbodenauftrag, Bodenverbesserung, Gehölze, Stauden, Bäume, Rasen, Fertigstellungspflege

Objektbeschreibung

Allgemeine Objektinformationen

Im Zuge der Neugestaltung des Tierparks wurde das Empfangsgebäude neu errichtet. Es stellt den Hauptzugang zum Tierpark dar und schafft parallel für den Besucher einen neuen kulturellen Anlaufpunkt. Das organisch geformte Gebäude besteht aus zwei kreisrunden Gebäudekörpern, welche miteinander verbunden sind. Der Baukörper setzt somit einen markanten Punkt in die natürliche Umgebung. Mit einem Selbstverständnis nimmt er mit Form und Fassadenmaterial Rücksicht auf den Wald und deren vielfältigen Artenbestand. Der Entwurf spiegelt Makro- sowie Mikrostrukturen der vorhandenen Vegetation wider.

Nutzung

1 Erdgeschoss
Empfang/Kasse, Laden/Erlebnisbereich, Kino-/Schulungssaal, Kletterwelt, WCs, Personalraum/Teeküche, Lager, Technik

Nutzeinheiten

Sitzplätze: 37

Grundstück

Bauraum: Freier Bauraum
Neigung: Ebenes Gelände
Bodenklasse: BK 3 bis BK 5

Markt

Hauptvergabezeit: 1.Quartal 2022
Baubeginn: 2.Quartal 2022
Bauende: 4.Quartal 2023
Konjunkturelle Gesamtlage: unter Durchschnitt
Regionaler Baumarkt: Durchschnitt

Baukonstruktion

Der Neubau gründet mit einer Stahlbetonbodenplatte auf Streifenfundamenten. Die Außenwände sind in Mauerwerksbauweise mit Planziegeln errichtet. Das Flachdach aus Stahlbeton ist extensiv begrünt. Die Vorhangfassade in Holzlamellenoptik fügt sich harmonisch in das umgebende Waldgebiet ein. Die zentralen Zugänge sind durch eine Pfosten-Riegelfassade akzentuiert. Die Fenster wurden als moderne Aluminium-Rahmen-Elemente in wiederkehrenden Formaten ausgeführt. Die Böden sind mit Bodenfliesen und PVC belegt.

Technische Anlagen

Die Wärmeversorgung erfolgt über eine Luft-Wärmepumpe auf dem Dach, die Wärme wird in einen Pufferspeicher eingespeist. Bei Ausfall übernimmt ein elektrischer Heizstab im Pufferspeicher. Eine Fußbodenheizung gibt die Wärme ab. Die Warmwasserbereitung erfolgt dezentral über Kleindurchlauferhitzer. Die Trinkwasserleitungen aus Edelstahl sind gedämmt und mit Legionellenschutz ausgestattet. Des Hörsaals wird über ein kombiniertes Gerät mit Regelung be- und entlüftet. Zusätzlich sind ein Hausalarm und eine Einbruchmeldeanlage installiert.

Energetische Kennwerte

Gesetzliche Grundlage: EnEV 2013
Gebäudenutzfläche: 299,30 m²
Hüllfläche des beheizten Volumens: 1.091,40 m²
Spez. Transmissionswärmeverlust: 0,33 W/(m²·K)
Mittlerer U-Wert (opake Bauteile): 0,19 W/(m²·K)
Mittlerer U-Wert (transparente Bauteile): 1,20 W/(m²·K)
Mittlerer U-Wert (Glasdächer, etc.): 1,30 W/(m²·K)
Spez. Jahresprimärenergiebedarf: 136,90 kWh/(m²·a)

Planungskennwerte für Flächen und Rauminhalte nach DIN 277

Flächen des Grundstücks		Menge Einheit	% an GF
BF	Bebaute Fläche	1.240,00 m²	72,1
UF	Unbebaute Fläche	480,00 m²	27,9
GF	Grundstücksfläche	1.720,00 m²	100,0

Grundflächen des Bauwerks		Menge Einheit	% an NUF	% an BGF
NUF	Nutzungsfläche	260,07 m²	100,0	56,2
TF	Technikfläche	53,26 m²	20,5	11,5
VF	Verkehrsfläche	71,11 m²	27,3	15,4
NRF	Netto-Raumfläche	384,44 m²	147,8	83,1
KGF	Konstruktions-Grundfläche	78,45 m²	30,2	16,9
BGF	Brutto-Grundfläche	462,89 m²	178,0	100,0

Brutto-Rauminhalt des Bauwerks		Menge Einheit	BRI/NUF (m)	BRI/BGF (m)
BRI	Brutto-Rauminhalt	2.599,59 m³	10,00	5,62

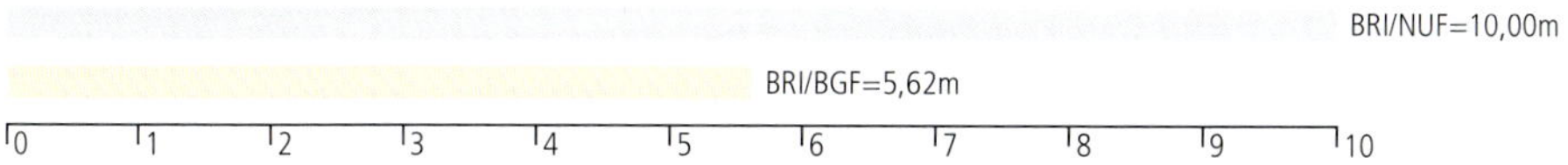

Kostenkennwerte für die Kostengruppen der 1. Ebene DIN 276

KG	Kostengruppen (1. Ebene)	Einheit	Kosten €	€/Einheit	€/m² BGF	€/m³ BRI	% 300+400
100	Grundstück	m² GF	–	–	–	–	–
200	Vorbereitende Maßnahmen	m² GF	–	–	–	–	–
300	Bauwerk – Baukonstruktionen	m² BGF	2.000.980	4.322,80	4.322,80	769,73	78,2
400	Bauwerk – Technische Anlagen	m² BGF	556.546	1.202,33	1.202,33	214,09	21,8
	Bauwerk 300+400	**m² BGF**	**2.557.527**	**5.525,13**	**5.525,13**	**983,82**	**100,0**
500	Außenanlagen und Freiflächen	m² AF	–	–	–	–	–
600	Ausstattung und Kunstwerke	m² BGF	–	–	–	–	–
700	Baunebenkosten	m² BGF	–	–	–	–	–
800	Finanzierung	m² BGF	–	–	–	–	–

KG	Kostengruppe	Menge Einheit	Kosten €	€/Einheit	%
3+4	**Bauwerk**				**100,0**
300	**Bauwerk – Baukonstruktionen**	462,89 m² BGF	2.000.980	**4.322,80**	78,2

Wasserhaltung; Bodenaustausch, Stb-Streifenfundamente, Stb-Bodenplatte, Dämmung, Heizestrich, Bodenfliesen, PVC-Beläge, Sauberlaufmatten; Ziegelmauerwerk, Stahlumhausung Technik, Stb-Attika, Alufenster, Dreifachverglasung, hinterlüftete Holzlamellenfassade, Innenputz, Beschichtung, Wandfliesen, Holzbekleidung, Alu-Pfosten-Riegelfassade; KS-Mauerwerk, Holztüren, Alu-Glastüren, Putz, Beschichtung, Wandfliesen; Stb-Flachdach, Oberlichter, Gefälledämmung, Abdichtung, Dachbegrünung, Dachentwässerung, abgehängte Akustikdecken

KG	Kostengruppe	Menge Einheit	Kosten €	€/Einheit	%
400	**Bauwerk – Technische Anlagen**	462,89 m² BGF	556.546	**1.202,33**	21,8

Gebäudeentwässerung, Kaltwasserleitungen, Kleindurchlauferhitzer, Sanitärobjekte, Legionellenschutz; Luft-Wärmepumpe, Fußbodenheizung; dezentrale Be- und Entlüftung, Dachventilatoren; Elektroinstallation, Beleuchtung; Rauchmelder, Einbruchmeldeanlage; Teeküchen

9100-0226
Konzertsaal
(1.956 Sitzplätze)

Kostenkennwerte für die Kosten des Bauwerks (Kostengruppen 300+400 nach DIN 276)

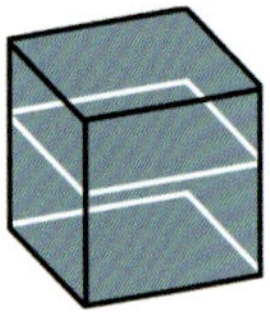
BRI 702 €/m³

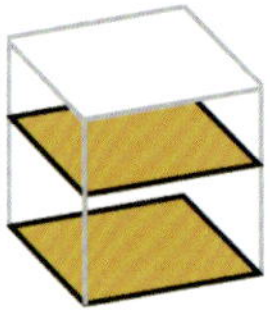
BGF 5.188 €/m²

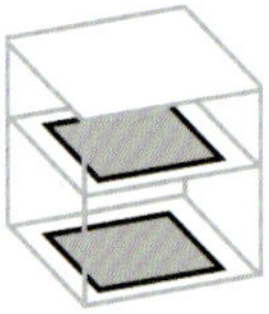
NUF 16.081 €/m²

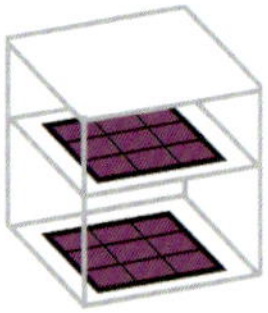
NE 19.693 €/NE
NE: Sitzplätze

Objekt:
Kennwerte: 1. Ebene DIN 276
BRI: 54.890 m³
BGF: 7.425 m²
NUF: 2.395 m²
Bauzeit: 78 Wochen
Bauende: 2021
Standard: hoch
Bundesland: Bayern
Kreis: München, Stadt

Architekt*in:
gmp International GmbH
Hardenbergstraße 4-5
10623 Berlin

Bauherr*in:
Gasteig München GmbH
Rosenheimer Straße 5
81667 München

Bauleitung:
CL MAP GmbH

© gmp International GmbH

© gmp International GmbH

Kostenstand: 2. Quartal 2025, Bundesdurchschnitt, **inkl. 19% MwSt.**

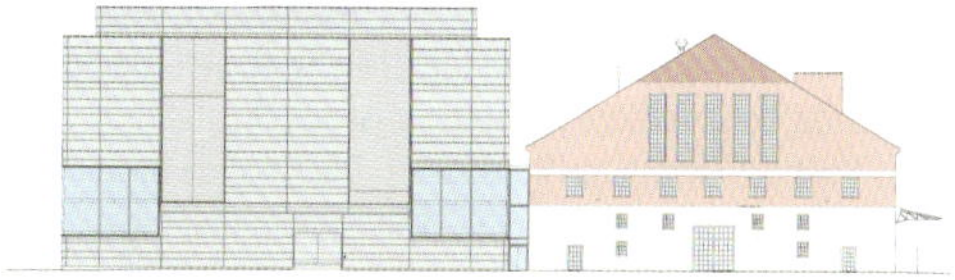
Ansicht Ost

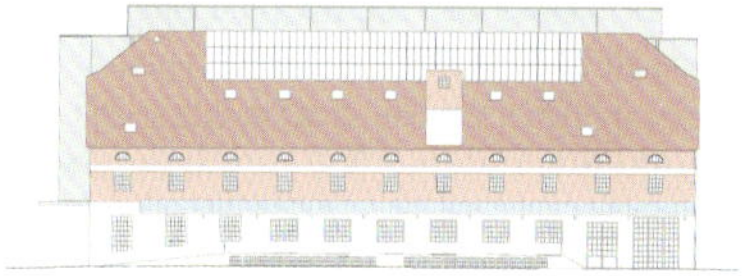
Ansicht Nord

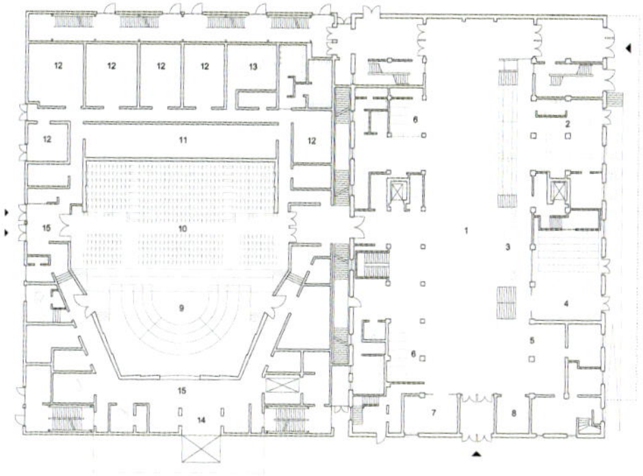
Erdgeschoss

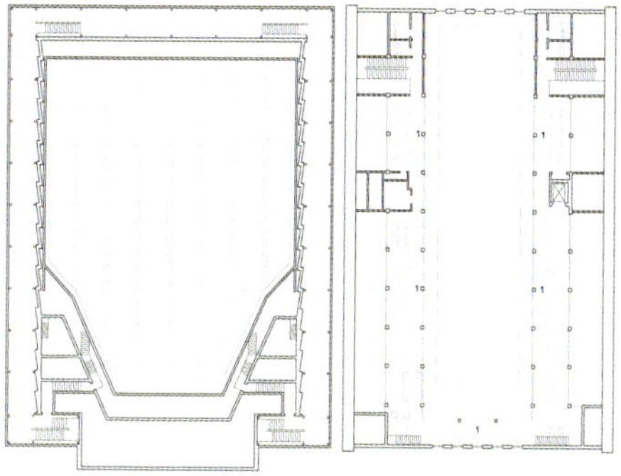
3. Obergeschoss

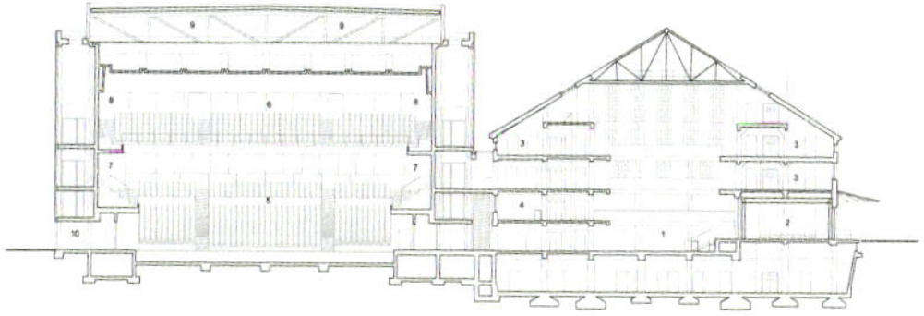
Längsschnitt

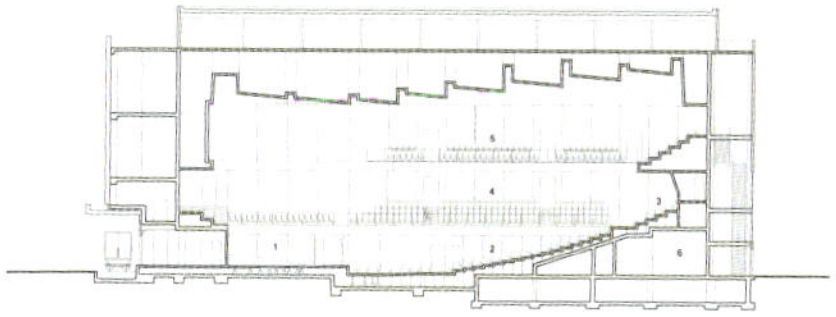
Querschnitt

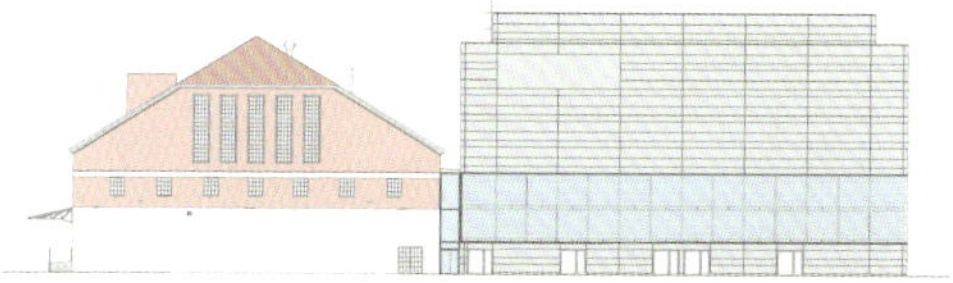
Ansicht West

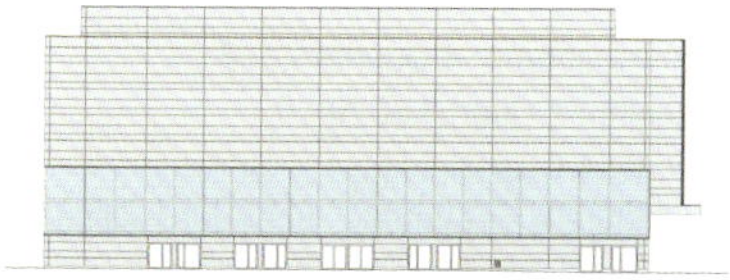
Ansicht Süd

Objektbeschreibung

Allgemeine Objektinformationen

Der Münchner Gasteig zog während einer mehrjährigen Sanierung an einen temporären Standort um. Als Spielstätte der Münchner Philharmoniker dient in dieser Zeit die modulare Konzerthalle mit knapp 2.000 Sitzplätzen. Das Gebäude verbindet dabei eine effektive, nachhaltige Modulbauweise mit den Anforderungen eines akustisch anspruchsvollen Konzertsaals. Der Neubau schließt an die zum Foyer umgebaute, denkmalgeschützte Trafohalle an. Sie bildet das Forum des Geländes, vor dem sich ein zentraler Platz zum Wasser hin öffnet.

Nutzung

1 Untergeschoss
Anlieferung, Maschinenraum, Technikräume

1 Erdgeschoss
Foyers, Bühne, Inspizientenraum, Flügeleinspielraum, Dirigentenraum, Stimmzimmer, Tonstudio, Pförtner, Büros, Sozialräume, Anlieferung, WCs, Umkleiden, Lagerräume, Haustechnikräume

3 Obergeschosse
Foyers, Saal mit Parkett, Seitenbalkonen, Rängen und Seitenemporen, Chorbalkone, Regieräume, Projektionsraum, Audio- und Videoraum, Sprecherraum, Haustechnikräume, Sprinkler-MSR-Raum, Lüftungszentralen

1 Dachgeschoss
Bühnentechnik, Haustechnikräume

Nutzeinheiten

Sitzplätze: 1.956

Grundstück

Bauraum: Beengter Bauraum
Neigung: Ebenes Gelände
Bodenklasse: BK 1 bis BK 3

Markt

Hauptvergabezeit: 4. Quartal 2019
Baubeginn: 2. Quartal 2020
Bauende: 4. Quartal 2021
Konjunkturelle Gesamtlage: über Durchschnitt
Regionaler Baumarkt: über Durchschnitt

Baukonstruktion

Das Stahltragwerk und die Fassade der äußeren, rechtwinkligen Hülle bestehen aus marktüblichen Systemen. Der innenliegende, vorgefertigte Konzertsaal ist aus einem Stecksystem aus Vollholz-Elementen konstruiert. Die Fassade besteht aus einem modularen Fertigmetall-Wandsystem und einer doppelschaligen Industrieglas-Fassade aus Profilglas-Elementen. Die Gründung erfolgte mittels Pfahlgründung, auf die eine Stb-Bodenplatte aufgebracht wurde. Die Decken wurden als Filigrandecken mit Estrich hergestellt.

Technische Anlagen

Ziel war es, die Komplexität in der Haustechnik möglichst gering zu halten. Die Versorgung mit Wärme erfolgt dabei über das Fernwärmenetz der Stadt. Weite außenliegende Bereiche werden natürlich belüftet. Sie werden mittels Flächentemperierung in Sommer und Winter konditioniert. Alle innenliegenden Funktionsräume erhalten eine mechanische Be- und Entlüftung. Der Konzertsaal wird mittels notwendigem hygienischem Luftwechsel konditioniert. Die beiden RLT-Geräte zur Luftversorgung des Konzertsaals sind innerhalb des Gebäudes in Fassadennähe übereinander angeordnet.

Sonstiges

Die wirtschaftliche Konstruktion des Saals ermöglichte eine kurze Bauzeit sowie einen einfachen Rück- und Wiederaufbau. Für das Projekt fand eine Generalunternehmervergabe statt.

Energetische Kennwerte

Gesetzliche Grundlage: EnEV 2013
Gebäudenutzfläche: 7.884,80 m^2
Hüllfläche des beheizten Volumens: 9.447,00 m^2
Spez. Transmissionswärmeverlust: 0,48 W/(m^2·K)
Mittlerer U-Wert (opake Bauteile): 0,18 W/(m^2·K)
Mittlerer U-Wert (transparente Bauteile): 1,50 W/(m^2·K)
Mittlerer U-Wert (Vorhangfassade): 1,40 W/(m^2·K)
Spez. Jahresprimärenergiebedarf: 30,99 kWh/(m^2·a)

Planungskennwerte für Flächen und Rauminhalte nach DIN 277

Flächen des Grundstücks		Menge Einheit	% an GF
BF	Bebaute Fläche	1.911,30 m²	42,0
UF	Unbebaute Fläche	2.639,41 m²	58,0
GF	Grundstücksfläche	4.550,71 m²	100,0

Grundflächen des Bauwerks		Menge Einheit	% an NUF	% an BGF
NUF	Nutzungsfläche	2.395,34 m²	100,0	32,3
TF	Technikfläche	1.194,23 m²	49,9	16,1
VF	Verkehrsfläche	3.149,53 m²	131,5	42,4
NRF	Netto-Raumfläche	6.739,10 m²	281,3	90,8
KGF	Konstruktions-Grundfläche	685,76 m²	28,6	9,2
BGF	Brutto-Grundfläche	7.424,86 m²	310,0	100,0

Brutto-Rauminhalt des Bauwerks		Menge Einheit	BRI/NUF (m)	BRI/BGF (m)
BRI	Brutto-Rauminhalt	54.890,28 m³	22,92	7,39

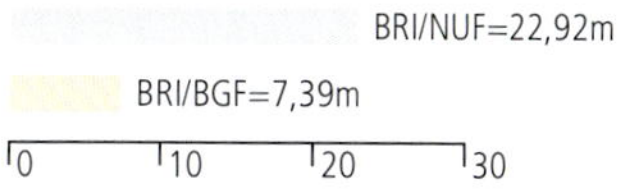

Kostenkennwerte für die Kostengruppen der 1. Ebene DIN 276

KG	Kostengruppen (1. Ebene)	Einheit	Kosten €	€/Einheit	€/m² BGF	€/m³ BRI	% 300+400
100	Grundstück	m² GF	–	–	–	–	–
200	Vorbereitende Maßnahmen	m² GF	–	–	–	–	–
300	Bauwerk – Baukonstruktionen	m² BGF	27.626.077	3.720,75	3.720,75	503,30	71,7
400	Bauwerk – Technische Anlagen	m² BGF	10.892.945	1.467,09	1.467,09	198,45	28,3
	Bauwerk 300+400	**m² BGF**	**38.519.022**	**5.187,84**	**5.187,84**	**701,75**	**100,0**
500	Außenanlagen und Freiflächen	m² AF	–	–	–	–	–
600	Ausstattung und Kunstwerke	m² BGF	–	–	–	–	–
700	Baunebenkosten	m² BGF	–	–	–	–	–
800	Finanzierung	m² BGF	–	–	–	–	–

KG	Kostengruppe	Menge Einheit	Kosten €	€/Einheit	%
3+4	**Bauwerk**				**100,0**
300	**Bauwerk – Baukonstruktionen**	7.424,86 m² BGF	27.626.077	**3.720,75**	71,7

Baugrubenaushub; Bodenaustausch, Gitterrost-Stb-Fundamente, Pfahlgründung, Stb-Bodenplatte, teilw. oberflächenfertig geglättet, Abdichtung, Dämmung; Stahltragwerk feuerhemmend, modulares Fertigmetall-Wandsystem, doppelschalige Industrieglas-Fassade aus Profilglas-Elementen, Aluminium-Fenster, teilw. Kunststofffenster, Wärmedämmung, Trockenbau-Bekleidung, teilw. Sonnenschutz-elemente als Pressgitterroste; Innenmauerwerk, Stb-Wände, unbekleidete Brettschichtholz-Modulwände mit Stahl-Verbindungselementen, GK-Wände, Stb-Stützen, Stahl-Verbundstützen, Regieräume mit Schallschutzverglasung, Wandfliesen, WC-Trennwände; Stb-Filigrandecken, teilw. als Sichtbeton, Sichtbeton-Fertigteiltreppen, Estrich, Beschichtung, Kautschuk-Belag, Bodenfliesen, Brettschichtholz-Deckenbekleidung, teilw. Schallschutzdecken, teilw. Schallschutz-Deckensegel, Stahlgeländer, Treppengeländer; Stahldachkonstruktion, Oberlichter, Stahl-Trapezblech mit Sickenfüllung, Dämmung, Abdichtung, Attika, extensive Dachbegrünung, Entwässerung; Teeküchen, Einbaumöbel, Tresen, Garderoben, Leit- und Orientierungssystem

KG	Kostengruppe	Menge Einheit	Kosten €	€/Einheit	%
400	**Bauwerk – Technische Anlagen**	7.424,86 m² BGF	10.892.945	**1.467,09**	28,3

Gebäudeentwässerung, Kalt- und Warmwasserleitungen, Sanitärobjekte; Fernwärmeversorgung, Plattenheizkörper, Fußbodenheizung; kontrollierte Be- und Entlüftung mit Wärmerückgewinnung, Klimaanlagen, Kälteanlagen, RWA-Anlagen; Elektroinstallation, Beleuchtung, Sicherheitsleuchten, Notstromversorgung; Datenübertragungsanlage, elektroakustische Anlagen, Brandmeldeanlage; Bühnenaufzug 1,80x4,20m, Hebebühne Anlieferung 3,80x5,50m; Sprinkleranlage

9100-0227
Aussichtsturm

Kostenkennwerte für die Kosten des Bauwerks (Kostengruppen 300+400 nach DIN 276)

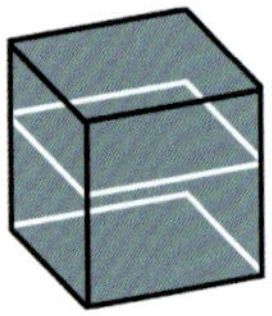

BRI 11.857 €/m³

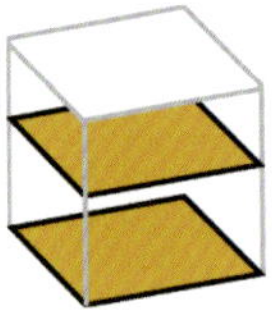

BGF 10.523 €/m²

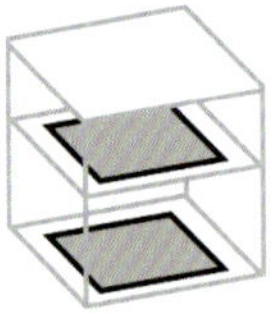

NUF 85.232 €/m²

Objekt:
Kennwerte: 1.Ebene DIN 276
BRI: 147 m³
BGF: 165 m²
NUF: 20 m²
Bauzeit: 52 Wochen
Bauende: 2022
Standard: hoch
Bundesland: Hessen
Kreis: Bergstraße

Architekt*in:
Pahl + Weber-Pahl
Planungsgesellschaft
mbH & Co.KG
Spreestraße 3
64295 Darmstadt

seit 2024:
pwpMAS Architekten
PartG mbB
Spreestraße 3
64295 Darmstadt

Bauherr*in:
Gemeinde Rimbach
(Odenwald)
Rathausstraße 1
64668 Rimbach (Odenwald)

© Thomas Ott, www.o2t.de

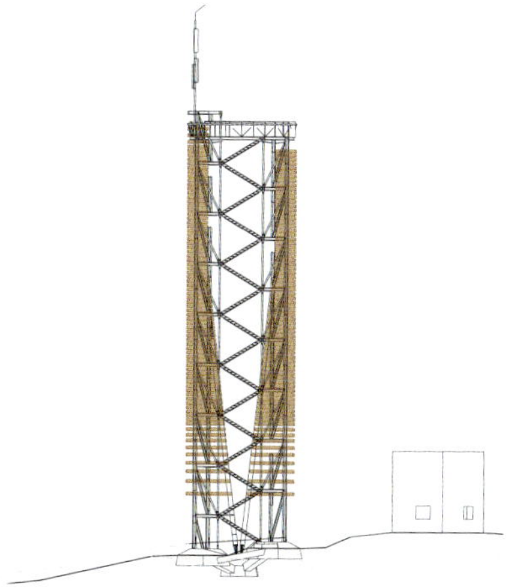

Ansicht Nord

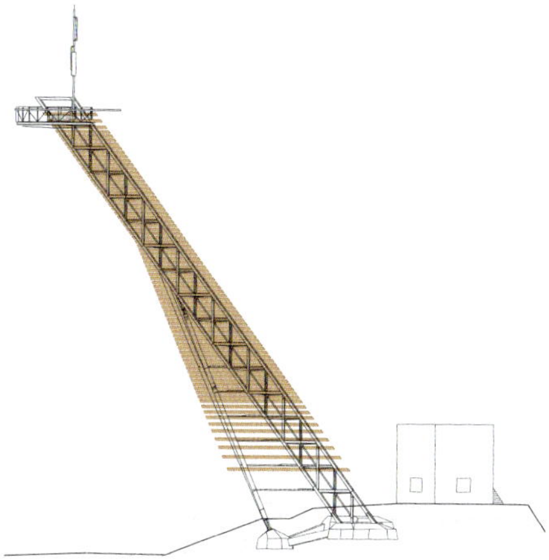

Ansicht Ost

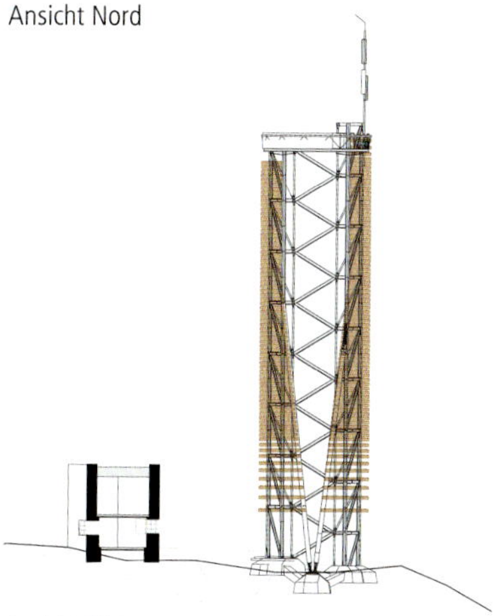

Ansicht Süd

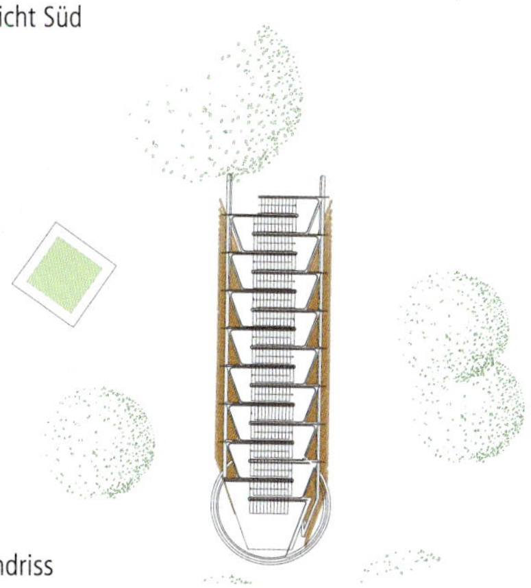

Grundriss

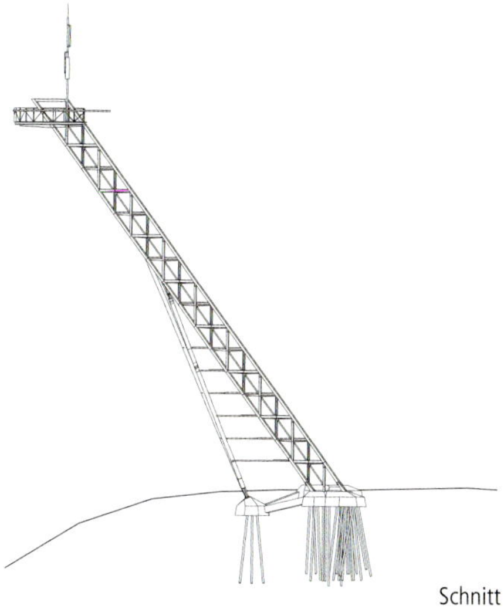

Schnitt

Objektbeschreibung

Allgemeine Objektinformationen

Schon der Standort des neuen Turmbaus selbst bildet mit seinen 576,80 Meter über NN eine weithin sichtbare Landmarke im hessischen Odenwald. Der Neubau an Stelle des maroden Vorgängers erfolgte direkt neben dem alten Turmsockel.

Nutzung

1 Erdgeschoss
Treppenläufe, Antennentechnikraum

15 Podeste
Treppenläufe mit Aussichtsplattform auf 35m Höhe

Grundstück

Bauraum: Freier Bauraum
Neigung: Ebenes Gelände
Bodenklasse: BK 3 bis BK 7

Markt

Hauptvergabezeit: 1.Quartal 2021
Baubeginn: 3.Quartal 2021
Bauende: 3.Quartal 2022
Konjunkturelle Gesamtlage: über Durchschnitt
Regionaler Baumarkt: unter Durchschnitt

Baukonstruktion

Der Turm wurde mit einem dreidimensionalen Stahlfachwerk umgesetzt. Diese im oberen Drittel frei auskragende räumliche Stahlkonstruktion ist ca. 40t schwer. Erst zusammen mit den in der Tiefe gestaffelten Treppenläufen wird das räumliche Stahlfachwerk gebildet. 192 Stufen führen die Besucher in Kaskaden über 16 Treppenläufe hinauf auf die kreisförmige Turmplattform in einer Höhe von 34,80m über dem Waldboden. Am Fußpunkt sind die Fundamente durch 10m lange Stahlanker im Granitgestein verankert. Die Form und Anordnung entsprechen der für den Odenwald typischen Felsformationen. Seitlich bekleidet den Turm eine nichttragende lamellenartige Holzkonstruktion. Das Sockelbauwerk des maroden Vorgängerturms wurde im Zuge des Neubaus saniert, die Zwischendecke instandgesetzt und ein Flachdach betoniert, abgedichtet und begrünt. Es beherbergt die Technik für die auf dem neuen Turm errichtete Funkantenne.

Technische Anlagen

Der Turm erhielt eine extrem aufwändige Blitzschutz-Erdungsanlage. Die Kosten für die Antenne sind in dieser Auswertung nicht enthalten.

Sonstiges

Der neue Turm ist aus allen Richtungen der zuführenden Waldwege sichtbar. Entwickelt aus den zwei einfachen Aspekten eines Turms – Aufstieg und Umblick – führt er den gestaltprägenden Leitgedanken einer „Himmels-Leiter" fort, die in dem 54° (über der Horizontalen) geneigten räumlichen Stahlfachwerk umgesetzt wurde. Mit dem Erhalt des Mauerwerksockels des ehemaligen Turms wurde der Gedanke eines Ensembles zur Markierung des Ortes erhalten.

Planungskennwerte für Flächen und Rauminhalte nach DIN 277

Flächen des Grundstücks		Menge Einheit	% an GF
BF	Bebaute Fläche	–	–
UF	Unbebaute Fläche	–	–
GF	Grundstücksfläche	–	–

Grundflächen des Bauwerks		Menge Einheit	% an NUF	% an BGF
NUF	Nutzungsfläche	20,43 m²	100,0	12,3
TF	Technikfläche	–	–	–
VF	Verkehrsfläche	121,76 m²	596,0	73,6
NRF	Netto-Raumfläche	142,19 m²	696,0	85,9
KGF	Konstruktions-Grundfläche	23,29 m²	114,0	14,1
BGF	Brutto-Grundfläche	165,48 m²	810,0	100,0

Brutto-Rauminhalt des Bauwerks		Menge Einheit	BRI/NUF (m)	BRI/BGF (m)
BRI	Brutto-Rauminhalt	146,86 m³	7,19	0,89

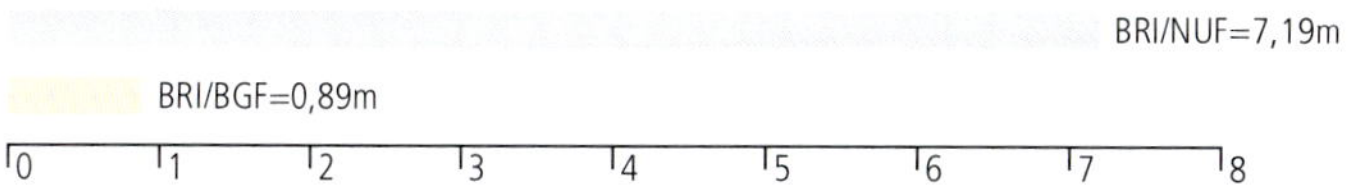

Kostenkennwerte für die Kostengruppen der 1. Ebene DIN 276

KG	Kostengruppen (1. Ebene)	Einheit	Kosten €	€/Einheit	€/m² BGF	€/m³ BRI	% 300+400
100	Grundstück	m² GF	–	–	–	–	–
200	Vorbereitende Maßnahmen	m² GF	–	–	–	–	–
300	Bauwerk – Baukonstruktionen	m² BGF	1.479.896	8.943,05	8.943,05	10.076,91	85,0
400	Bauwerk – Technische Anlagen	m² BGF	261.402	1.579,66	1.579,66	1.779,94	15,0
	Bauwerk 300+400	**m² BGF**	**1.741.298**	**10.522,71**	**10.522,71**	**11.856,86**	**100,0**
500	Außenanlagen und Freiflächen	m² AF	–	–	–	–	–
600	Ausstattung und Kunstwerke	m² BGF	–	–	–	–	–
700	Baunebenkosten	m² BGF	–	–	–	–	–
800	Finanzierung	m² BGF	–	–	–	–	–

KG	Kostengruppe	Menge Einheit	Kosten €	€/Einheit	%
3+4	**Bauwerk**				**100,0**
300	**Bauwerk – Baukonstruktionen**	165,48 m² BGF	1.479.896	**8.943,05**	85,0

Baugrubenaushub, Wasserhaltung; Stb-Fundamentblöcke, Stb-Zerrbalken, Kleinbohrverpresspfähle; Stahlfachwerk, Lärchenholz-Lamellenverkleidung; Stahlpodeste, Stahl-Treppenläufe, Stahl-Gitterrostbeläge, Stahl-Treppengeländer mit Maschenfüllungen, Stahlgeländer, Lärchenholz-Bekleidung; Sanierung des alten Sockels: Abbruch des Notdachs, Wiederherstellen: F30-Zwischendecke ertüchtigt; Herstellen: Aluminium-Lamellen-Außentür, Stahl-Außentreppe mit Geländer, Dachaufstiegsleiter, Stahlgeländer, Stb-Dach, Abdichtung, Dachbegrünung

KG	Kostengruppe	Menge Einheit	Kosten €	€/Einheit	%
400	**Bauwerk – Technische Anlagen**	165,48 m² BGF	261.402	**1.579,66**	15,0

Blitzschutzanlage mit Gitterstabnetzwerk und mehreren Ringerdern bis ca. 3,50m Tiefe in Granitstein

9100-0231
Kultur- und
Bildungszentrum

Kostenkennwerte für die Kosten des Bauwerks (Kostengruppen 300+400 nach DIN 276)

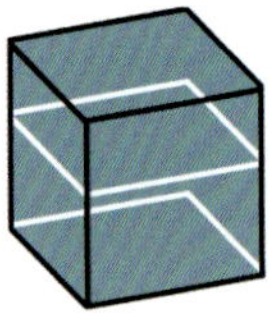

BRI 942 €/m³

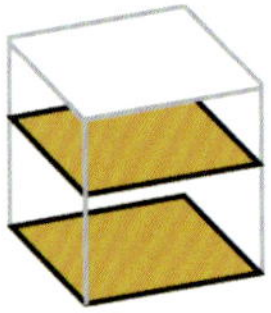

BGF 3.625 €/m²

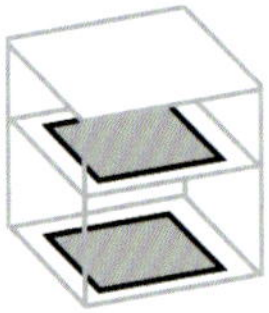

NUF 4.790 €/m²

Objekt:
Kennwerte: 1.Ebene DIN 276
BRI: 7.816 m³
BGF: 2.031 m²
NUF: 1.537 m²
Bauzeit: 96 Wochen
Bauende: 2022
Standard: hoch
Bundesland: Niedersachsen
Kreis: Diepholz

Architekt*in:
HÜBOTTER + STÜRKEN
+ DIMITROVA
Architektur & Stadtplanung
BDA Partnerschafts-
gesellschaft MBB
Tessenowweg 11
30559 Hannover

Bauherr*in:
Gemeinde Weyhe
Rathausplatz 1
28844 Weyhe

Ansicht Nord

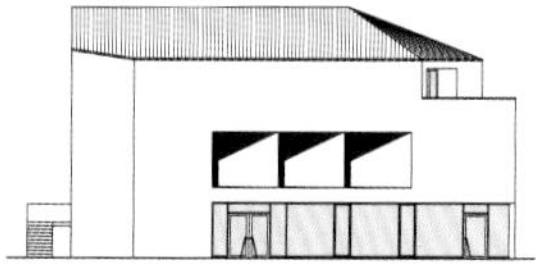

Ansicht Ost

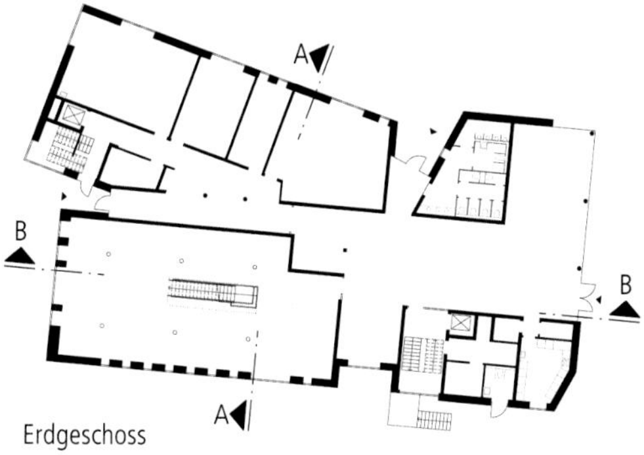

Erdgeschoss

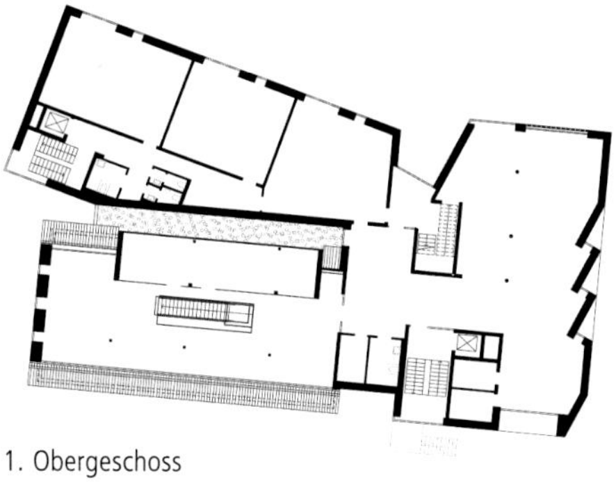

1. Obergeschoss

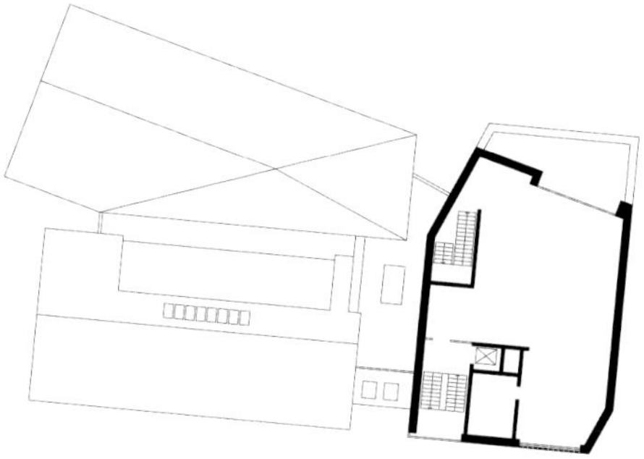

2. Obergeschoss

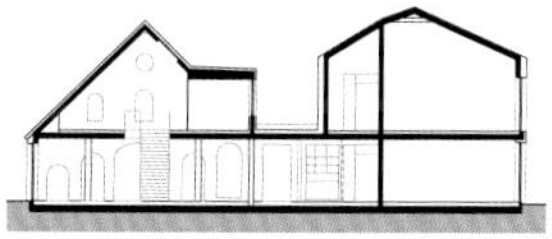

Schnitt A-A

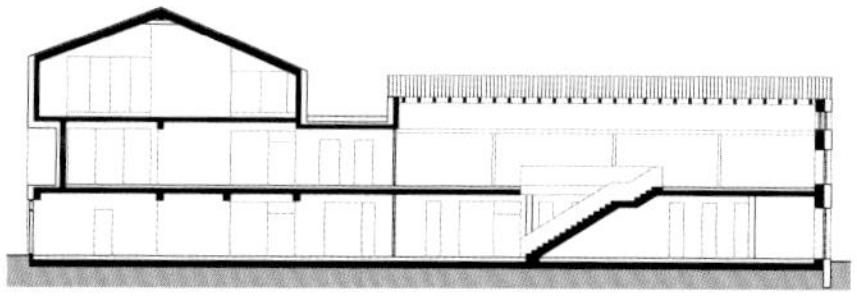

Schnitt B-B

Ansicht West

Objektbeschreibung

Allgemeine Objektinformationen

In dem neuen Kultur- und Bildungszentrum ist neben einer Bibliothek auch eine Volkshochschule untergebracht. Die Bibliothek umfasst eine Kinderbibliothek sowie ein Lesecafé. Als Besonderheit des Projekts wurde der alte Giebel eines ehemaligen Bauernhauses in den Neubau integriert. Das Bauernhaus wurde als Neubau in seiner Kubatur wieder hergestellt.

Nutzung

1 Erdgeschoss
Foyer Volkshochschule, Seminarräume, Büros, Gesundheitsraum, Teeküche, Lager, Foyer Bibliothek, Medienraum, Café, WCs, Hausanschlussraum, Technikräume

1 Obergeschoss
Seminarräume, Computerraum, Medienräume, WCs, Abstellräume, Technikraum, Dachterrasse

1 Dachgeschoss
Lesesaal, Lager, Dachterrasse

Grundstück

Bauraum: Freier Bauraum
Neigung: Ebenes Gelände
Bodenklasse: BK 1 bis BK 3

Markt

Hauptvergabezeit: 3.Quartal 2020
Baubeginn: 4.Quartal 2020
Bauende: 4.Quartal 2022
Konjunkturelle Gesamtlage: über Durchschnitt
Regionaler Baumarkt: unter Durchschnitt

Baukonstruktion

Das Gebäude wurde in Massivbauweise in Stahlbeton und Mauerwerk ausgeführt. Alle Bauteile sind mit Ziegeln (Vollsteinen) verblendet. Die Dächer sind mit Stehfalzblechen und zum Teil mit Hohlfalzziegeln gedeckt. Die passivhaustauglichen Holz-Alufenster mit Dreifachverglasung sind hoch schalldämmend. Im Inneren wurde die Bibliothek durch einen Bibliotheksarchitekten unter Verwendung von viel Holz gestaltet.

Technische Anlagen

Das Haus wird über eine Fußbodenheizung erwärmt, welche durch eine Luft-Wasser-Wärmepumpe niedrig temperiert ist. Die Anlage wird durch eine Gas-Brennwerttherme ergänzt. Die Lüftung des Gebäudes erfolgt weitgehend natürlich. Nur die Sanitärbereiche erhalten mechanische Lüftungen. Das Gebäude verfügt über einen Computerraum mit Intranet und einen Aufzug zur barrierefreien Erschließung der Geschosse.

Sonstiges

Das Kultur- und Bildungszentrum ging als Sieger aus einem Wettbewerb hervor.

Planungskennwerte für Flächen und Rauminhalte nach DIN 277

Flächen des Grundstücks		Menge Einheit	% an GF
BF	Bebaute Fläche	918,00 m²	32,7
UF	Unbebaute Fläche	1.891,00 m²	67,3
GF	Grundstücksfläche	2.809,00 m²	100,0

Grundflächen des Bauwerks		Menge Einheit	% an NUF	% an BGF
NUF	Nutzungsfläche	1.537,00 m²	100,0	75,7
TF	Technikfläche	24,00 m²	1,6	1,2
VF	Verkehrsfläche	121,00 m²	7,9	6,0
NRF	Netto-Raumfläche	1.682,00 m²	109,4	82,8
KGF	Konstruktions-Grundfläche	348,88 m²	22,7	17,2
BGF	Brutto-Grundfläche	2.030,88 m²	132,1	100,0

Brutto-Rauminhalt des Bauwerks		Menge Einheit	BRI/NUF (m)	BRI/BGF (m)
BRI	Brutto-Rauminhalt	7.816,00 m³	5,09	3,85

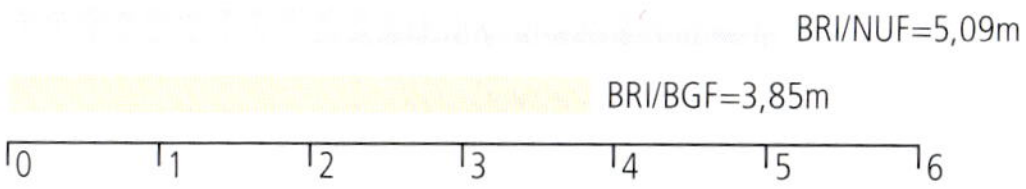

9700-0037
Trauerzentrum
(40 Sitzplätze)

Kostenkennwerte für die Kosten des Bauwerks (Kostengruppen 300+400 nach DIN 276)

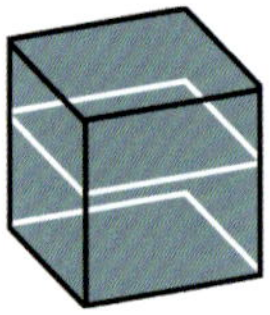

BRI 1.374 €/m³

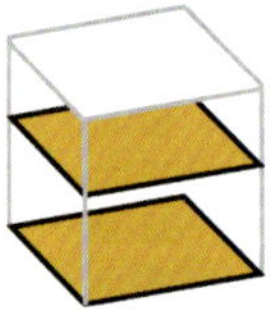

BGF 6.627 €/m²

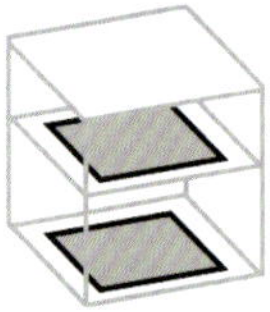

NUF 10.745 €/m²

Objekt:
Kennwerte: 1. Ebene DIN 276
BRI: 1.431 m³
BGF: 297 m²
NUF: 183 m²
Bauzeit: 74 Wochen
Bauende: 2024
Standard: hoch
Bundesland: Niedersachsen
Kreis: Leer

Architekt*in:
Kontur Planungsgesellschaft/
Leinau6 GbR
Elisabethstraße 4
26135 Oldenburg

Bauherr*in:
Evangelisch-reformierte
Kirchengemeinde Bunde
Bahnhofstraße 3
26831 Bunde

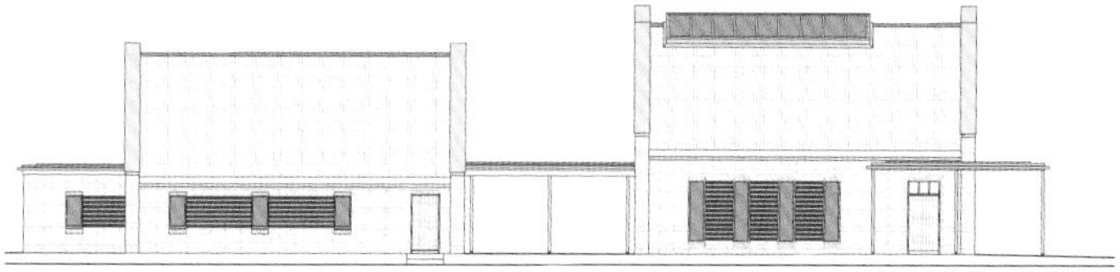

Ansicht Nord-West

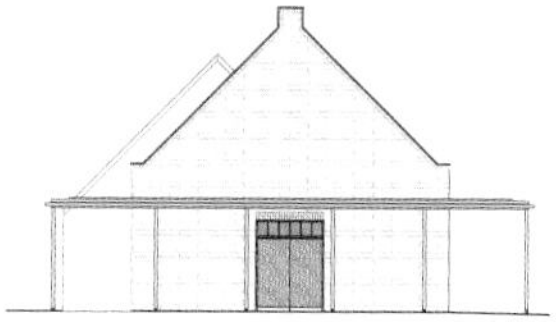

Ansicht Süd-West

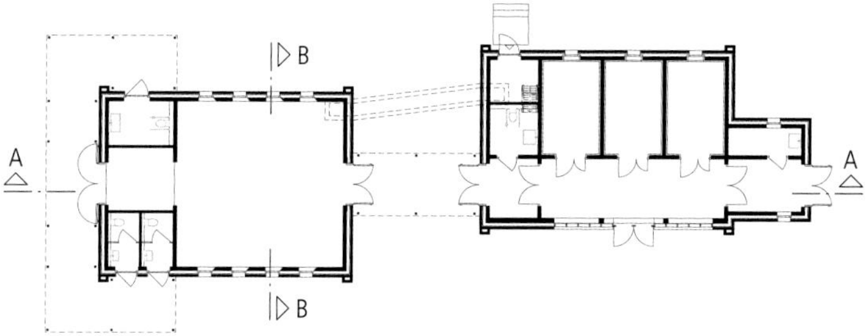

Erdgeschoss

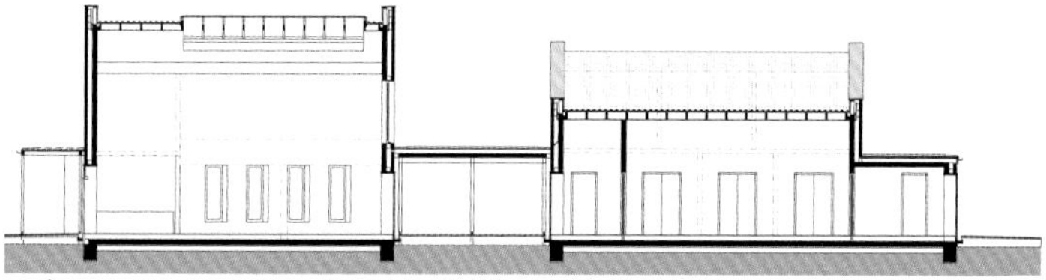

Schnitt A-A

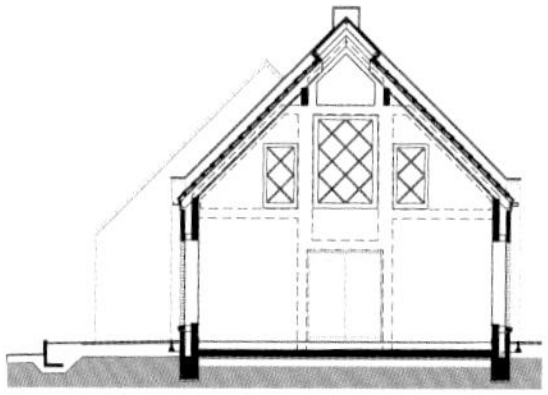

Schnitt B-B

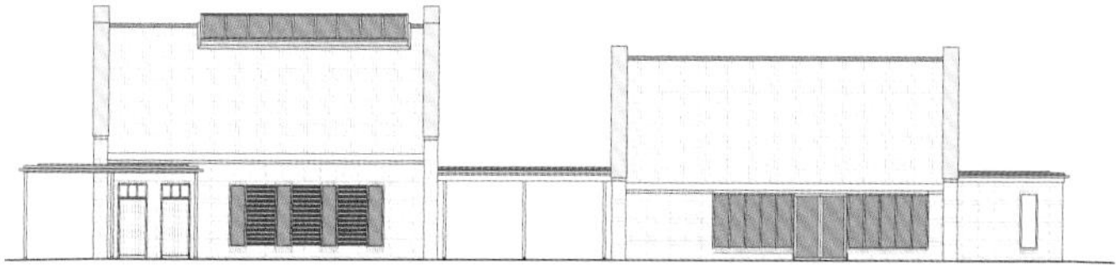

Ansicht Süd-Ost

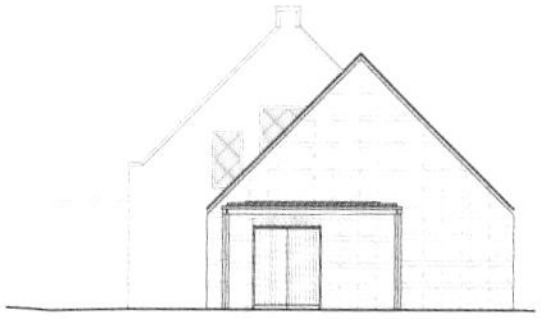

Ansicht Nord-Ost

Objektbeschreibung

Allgemeine Objektinformationen

Das neue Trauerzentrum stellt einen bedeutsamen Ort für Trauer, Trost und Gemeinschaft dar. Die beiden Gebäudekörper aus Ostfrieslands typischem Backstein treten als Ensemble auf. Mit den Schildgiebeln und den feinsprossigen Giebelfenstern nehmen sie den Bezug zur Region und zur historischen Kirche im Ortskern auf. Der Innenraum wird durch hochwertige Materialien und sorgfältig angeordnete Öffnungen in der Fassade definiert: Schlanke vertikale Fenster gliedern die Wände, während ein Dachreiter Belichtung von oben ermöglicht.

Nutzung

1 Erdgeschoss
Versammlungsraum, Abschiedsraum, Aufbahrungsräume, WCs, Putzmittelraum, Technikraum

Nutzeinheiten

Gebäude: 2
Sitzplätze: 40

Grundstück

Bauraum: Freier Bauraum
Neigung: Ebenes Gelände
Bodenklasse: BK 1 bis BK 4

Markt

Hauptvergabezeit: 1.Quartal 2023
Baubeginn: 1.Quartal 2023
Bauende: 2.Quartal 2024
Konjunkturelle Gesamtlage: Durchschnitt
Regionaler Baumarkt: unter Durchschnitt

Baukonstruktion

Das Gebäude ist in klassischer Massivbauweise mit einem mehrschaligen Wandaufbau errichtet. Für die Fassadengestaltung ist ortstypisch roter Klinker verwendet worden. Die markanten Schildgiebel erstrecken sich über den Dachortgang hinaus und werden durch Stahlkonsolen unterstützt. Ein kurzer Dachüberstand, ebenfalls charakteristisch für die Region, verleiht dem Bau eine regionale Anmutung. Die Aufbahrungsräume sind mit einer zusätzlichen Innendämmung ausgestattet, um optimale thermische Bedingungen zu gewährleisten. Der offene Dachstuhl aus Holz ermöglicht durch einen Firstreiter eine natürliche Belichtung des Hauptraums.

Technische Anlagen

Die Wärmeversorgung des Gebäudes erfolgt über eine Luft-Wasser-Wärmepumpe, die die Fußbodenheizung speist und so eine gleichmäßige Wärmeverteilung in den Innenräumen gewährleistet. Für die Aufbahrungsräume wurde eine zusätzliche Klimatisierung installiert, um eine konstante Jahresdurchschnittstemperatur von maximal 12°C sicherzustellen. Dies ermöglicht eine gezielte und kontrollierte Temperaturregelung in den sensiblen Bereichen des Gebäudes.

Planungskennwerte für Flächen und Rauminhalte nach DIN 277

Flächen des Grundstücks		Menge Einheit	% an GF
BF	Bebaute Fläche	212,84 m²	18,3
UF	Unbebaute Fläche	947,16 m²	81,7
GF	Grundstücksfläche	1.160,00 m²	100,0

Grundflächen des Bauwerks		Menge Einheit	% an NUF	% an BGF
NUF	Nutzungsfläche	182,98 m²	100,0	61,7
TF	Technikfläche	4,48 m²	2,4	1,5
VF	Verkehrsfläche	41,88 m²	22,9	14,1
NRF	Netto-Raumfläche	229,34 m²	125,3	77,3
KGF	Konstruktions-Grundfläche	67,36 m²	36,8	22,7
BGF	Brutto-Grundfläche	296,70 m²	162,1	100,0

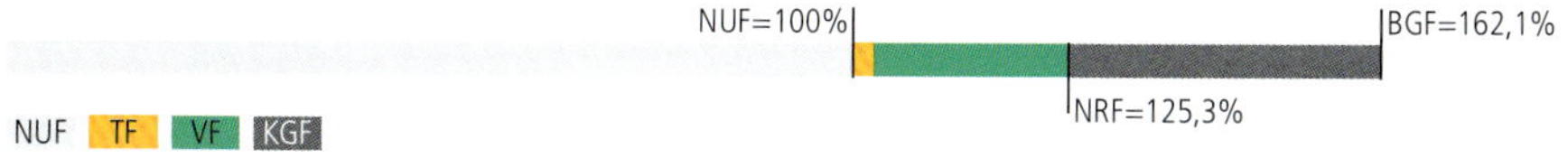

Brutto-Rauminhalt des Bauwerks		Menge Einheit	BRI/NUF (m)	BRI/BGF (m)
BRI	Brutto-Rauminhalt	1.431,19 m³	7,82	4,82

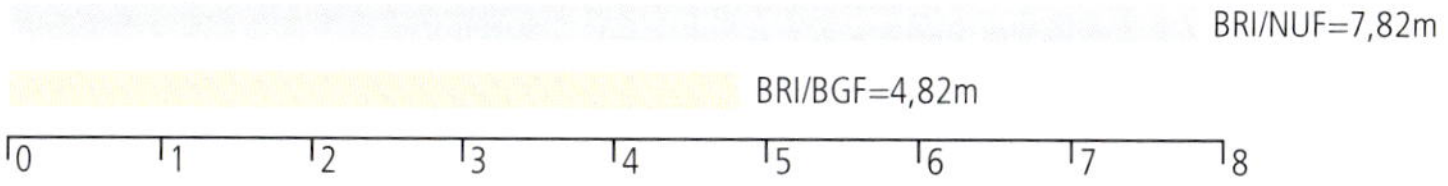

Kostenkennwerte für die Kostengruppen der 1. Ebene DIN 276

KG	Kostengruppen (1. Ebene)	Einheit	Kosten €	€/Einheit	€/m² BGF	€/m³ BRI	% 300+400
100	Grundstück	m² GF	–	–	–	–	–
200	Vorbereitende Maßnahmen	m² GF	20.010	17,25	67,44	13,98	1,0
300	Bauwerk – Baukonstruktionen	m² BGF	1.477.068	4.978,32	4.978,32	1.032,06	75,1
400	Bauwerk – Technische Anlagen	m² BGF	489.131	1.648,57	1.648,57	341,77	24,9
	Bauwerk 300+400	**m² BGF**	**1.966.199**	**6.626,89**	**6.626,89**	**1.373,82**	**100,0**
500	Außenanlagen und Freiflächen	m² AF	–	–	–	–	–
600	Ausstattung und Kunstwerke	m² BGF	46.010	155,07	155,07	32,15	2,3
700	Baunebenkosten	m² BGF	–	–	–	–	–
800	Finanzierung	m² BGF	–	–	–	–	–

KG	Kostengruppe	Menge Einheit	Kosten €	€/Einheit	%
200	**Vorbereitende Maßnahmen**	1.160,00 m² GF	20.010	**17,25**	1,0

Baumdienst, Wasserversorgungsverband, Energieversorger

KG	Kostengruppe	Menge Einheit	Kosten €	€/Einheit	%
3+4	**Bauwerk**				**100,0**
300	**Bauwerk – Baukonstruktionen**	296,70 m² BGF	1.477.068	**4.978,32**	75,1

Baugrubenaushub; Bodenaustausch, Stb-Fundamente, Stb-Bodenplatte, Bodenfliesen, Abdichtung, Sauberkeitsschicht, Perimeterdämmung, Dränage; Mauerwerkswände, Stb-Stützen, Stahlstützen, Stahlkonsolen (Schildgiebel), Eingangselemente, zweiflüglig, Alufenster mit Sprossen, Sichtschutzfolierung, Dreifachverglasung, Zink-Fensterlaibungen, Wärmedämmung, Ziegelfassade mit Ziermauerwerk, teilw. Faserzementfassade, Zusatz-Innendämmung (Aufbahrungsräume), Innenputz, Beschichtung, Alu-Pfosten-Riegelfassade; Innenmauerwerk, Holztüren, Putz, Wandfliesen, Beschichtung, WC-Trennwände; Stb-Decken, abgehängte GK-Decken, Schallschutzdecken, Innendämmung (Aufbahrungsräume); Holzbalkendach, Überdachung als Holzbalken-Flachdach, Oberlichter, Dachfenster, Dämmung, Dachziegel, Zinkdeckung, Abdichtung, Attika, Dachbegrünung, außenliegende Dachentwässerung, abgehängte GK-Decke, Holz-Schallschutzdecke, Vordach; Einbauschränke, Garderoben, Einbauregale

KG	Kostengruppe	Menge Einheit	Kosten €	€/Einheit	%
400	**Bauwerk – Technische Anlagen**	296,70 m² BGF	489.131	**1.648,57**	24,9

Gebäudeentwässerung, Kalt- und Warmwasserleitungen, Sanitärobjekte; Luft-Wasser-Wärmepumpe, Fußbodenheizung; kontrollierte Be- und Entlüftung mit Wärmerückgewinnung, Klimaanlage; PV-Anlage (40m²), Elektroinstallation, Beleuchtung, Sicherheitsleuchten, Blitzschutzanlage; elektroakustische Anlage, Fernsehanlage, Rauchmelder; Feuerlöscher

KG	Kostengruppe	Menge Einheit	Kosten €	€/Einheit	%
600	**Ausstattung und Kunstwerke**	296,70 m² BGF	46.010	**155,07**	2,3

Medienausstattung, Möblierung

9900-0007
Toilettenanlage

Kostenkennwerte für die Kosten des Bauwerks (Kostengruppen 300+400 nach DIN 276)

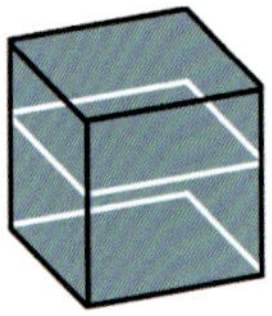

BRI 1.548 €/m³

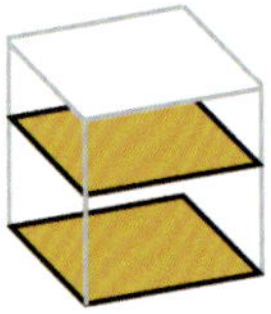

BGF 9.276 €/m²

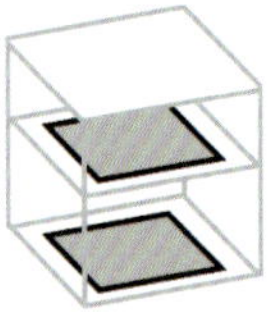

NUF 17.501 €/m²

Objekt:
Kennwerte: 1. Ebene DIN 276
BRI: 282 m³
BGF: 47 m²
NUF: 25 m²
Bauzeit: 30 Wochen
Bauende: 2020
Standard: mittel
Bundesland: Nordrhein-Westfalen
Kreis: Rhein-Erft-Kreis

Architekt*in:
Gütig Architektur
Aegidiusstraße 11
53332 Bornheim-Hersel

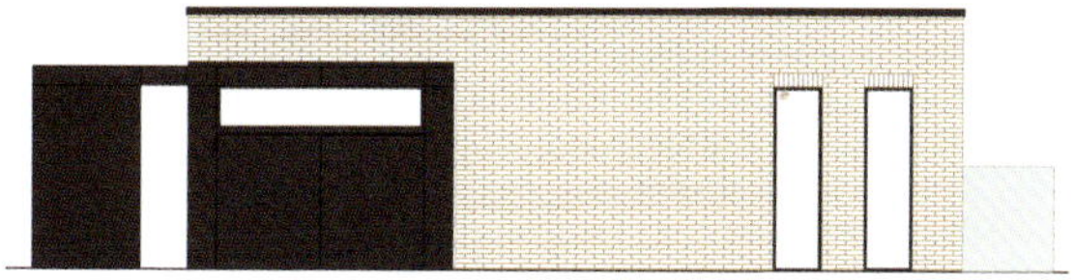

Ansicht Nord-Ost

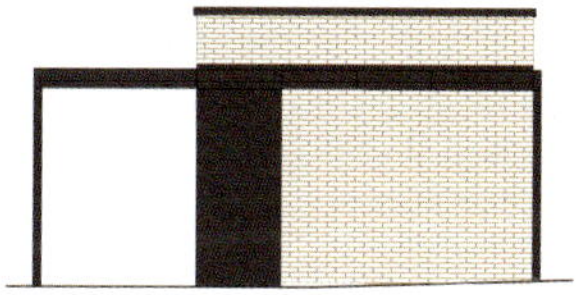

Ansicht Süd-Ost

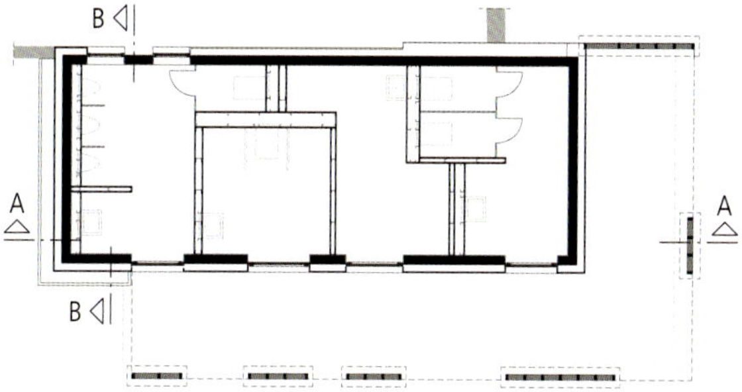

Erdgeschoss

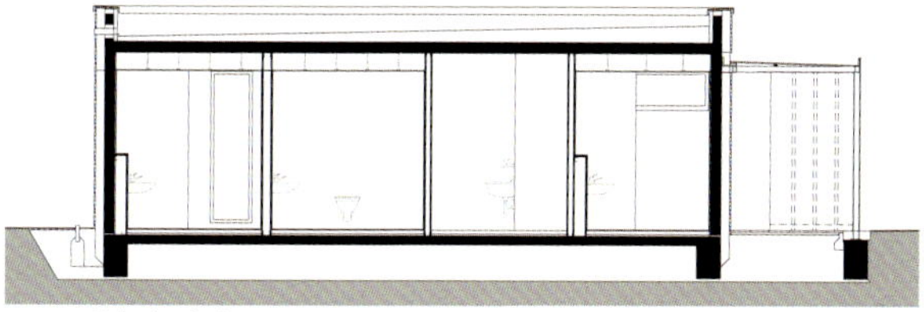

Schnitt A-A

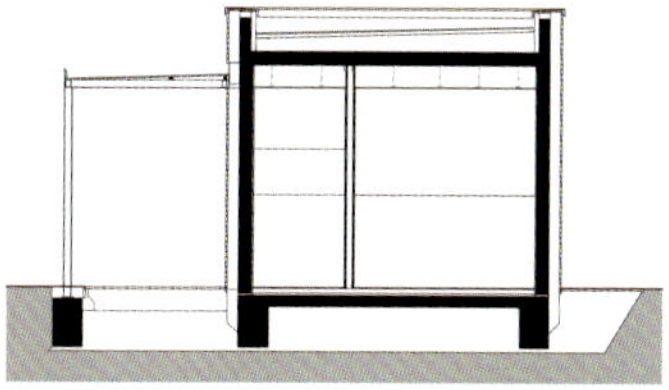

Schnitt B-B

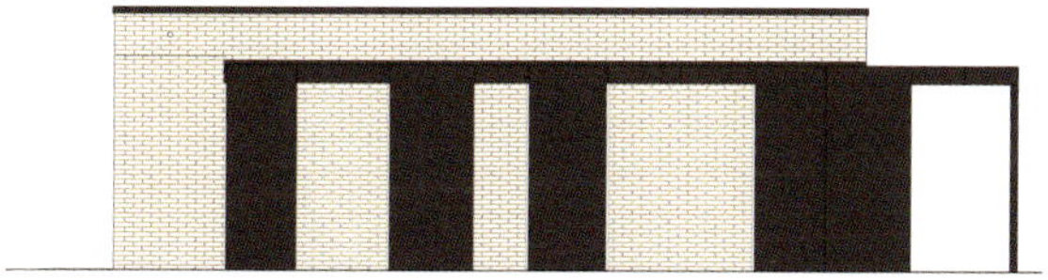

Ansicht Süd-West

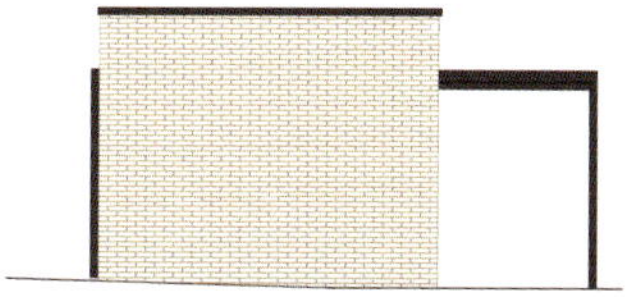

Ansicht Nord-West

Objektbeschreibung

Allgemeine Objektinformationen

Die Sanierung der Toiletten stellte sich als unwirtschaftlich heraus, so wurde ein Neubau an gleicher Stelle zwischen zwei bestehenden Mauern erstellt. Zwischen den WCs befindet sich ein Technikraum.

Nutzung

1 Erdgeschoss
WC-Damen, WC-Herren, barrierefreies WC, Technik

Grundstück

Bauraum: Baulücke
Neigung: Ebenes Gelände
Bodenklasse: BK 3 bis BK 5

Markt

Hauptvergabezeit: 4. Quartal 2019
Baubeginn: 4. Quartal 2019
Bauende: 2. Quartal 2020
Konjunkturelle Gesamtlage: Durchschnitt
Regionaler Baumarkt: über Durchschnitt

Baukonstruktion

Die Gründung des Neubaus erfolgt auf Stb-Bodenplatte und Streifenfundamenten. Die Außenwände sind mit Bimsmauerwerk errichtet und mit gedämmten Klinkerriemchen bekleidet. Das Flachdach und die Attika sind ebenfalls in Stahlbeton erstellt. Die Stahl-Vordachkonstruktion mit wandscheibenartiger Verkleidung der Stahlstützen ist mit Alu-Verbundplatten bekleidet und bieten nicht nur Schutz vor Regen und Sonne, sondern soll auch durch den Laubengangcharakter zum Verweilen einladen. Die Innenwände sind in Trockenbau erstellt und raumhoch gefliest. Die Alufenster, farblich an die Vordachkonstruktion angepasst sind bodentief eingebaut. Eine abgehängte Decke ist als Rasterdecke konzipiert. Der Boden ist mit Fliesen belegt.

Technische Anlagen

Die Räume werden über elektrische Heizkörper beheizt. Einzelraumlüfter sorgen mit Nachströmöffnungen in den Türen für den nötigen Luftwechsel.

Sonstiges

Da das abgerissene Nebengebäude deutlich größer war konnte zusätzlich eine Unterstellmöglichkeit bei schlechter Witterung errichtet werden. Mit dem Vordach konnte eine großzügige Überdachung geschaffen werden, die durch die Verwendung von Sitzmöbeln einen attraktiven Eingangsbereich zum Friedhof ergibt. Durch die Höhenanpassung des Geländes kann der Zugang jetzt barrierefrei erfolgen.

Planungskennwerte für Flächen und Rauminhalte nach DIN 277

Flächen des Grundstücks		Menge Einheit	% an GF
BF	Bebaute Fläche	–	–
UF	Unbebaute Fläche	–	–
GF	Grundstücksfläche	–	–

Grundflächen des Bauwerks		Menge Einheit	% an NUF	% an BGF
NUF	Nutzungsfläche	24,98 m²	100,0	53,0
TF	Technikfläche	7,80 m²	31,2	16,5
VF	Verkehrsfläche	–	–	–
NRF	Netto-Raumfläche	32,78 m²	131,2	69,6
KGF	Konstruktions-Grundfläche	14,35 m²	57,4	30,4
BGF	Brutto-Grundfläche	47,13 m²	188,7	100,0

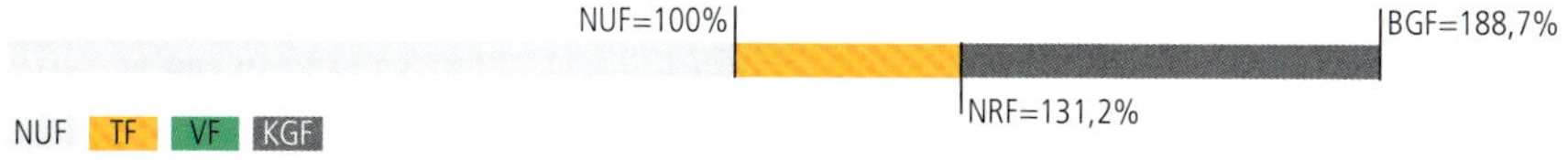

Brutto-Rauminhalt des Bauwerks		Menge Einheit	BRI/NUF (m)	BRI/BGF (m)
BRI	Brutto-Rauminhalt	282,37 m³	11,30	5,99

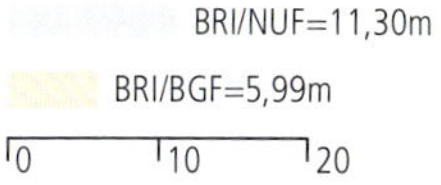

Kostenkennwerte für die Kostengruppen der 1. Ebene DIN 276

KG	Kostengruppen (1. Ebene)	Einheit	Kosten €	€/Einheit	€/m² BGF	€/m³ BRI	% 300+400
100	Grundstück	m² GF	–	–	–	–	–
200	Vorbereitende Maßnahmen	m² GF	–	–	–	–	–
300	Bauwerk – Baukonstruktionen	m² BGF	382.212	8.109,75	8.109,75	1.353,59	87,4
400	Bauwerk – Technische Anlagen	m² BGF	54.964	1.166,22	1.166,22	194,65	12,6
	Bauwerk 300+400	**m² BGF**	**437.176**	**9.275,97**	**9.275,97**	**1.548,24**	**100,0**
500	Außenanlagen und Freiflächen	m² AF	–	–	–	–	–
600	Ausstattung und Kunstwerke	m² BGF	–	–	–	–	–
700	Baunebenkosten	m² BGF	–	–	–	–	–
800	Finanzierung	m² BGF	–	–	–	–	–

KG	Kostengruppe	Menge Einheit	Kosten €	€/Einheit	%
3+4	**Bauwerk**				**100,0**
300	**Bauwerk – Baukonstruktionen**	47,13 m² BGF	382.212	**8.109,75**	87,4

Erdarbeiten; Stb-Streifenfundamente, Stb-Bodenplatte, Abdichtung, Estrich, Bodenfliesen, Perimeterdämmung; Bimsmauerwerk, Stahlstützen, Alufenster, Glas-Alutüren, Dämmung, Klinkerriemchen, Putz, Wandfliesen; GK-Innenwände, Wandfliesen, Sanitärtrennwände; Stb-Flachdach, Gefälledämmung, Kunststoffabdichtung, Kies, Dachentwässerung, abgehängte Rasterdecke, Stahl-Vordachkonstruktion, Alu-Verbundplattenbekleidung

KG	Kostengruppe	Menge Einheit	Kosten €	€/Einheit	%
400	**Bauwerk – Technische Anlagen**	47,13 m² BGF	54.964	**1.166,22**	12,6

Gebäudeentwässerung, Kalt- und Warmwasserleitungen, Sanitärobjekte; Elektroheizkörper als Frostwächter; Einzeltraumlüfter; Elektroinstallation, Beleuchtung

Anhang

Verzeichnis der Architektur- und Planungsbüros

Verzeichnis der Architektur- und Planungsbüros	Obj.-Nr.
+studio moeve Planungsbüro bda GmbH & Co. KG; Darmstadt	6100-1708, 6100-1709, 6100-1711
4a Architekten GmbH; Stuttgart	5200-0019
A | CB Architektur; Ratzeburg	1300-0332
a hoch i netzwerk, Lisa Groß; Dillingen	6100-1695
Acconci Architekten GmbH; Soest	7700-0097
AG5 Architekten + Stadtplaner PartGmbB; Darmstadt	4100-0252
ams architekten gbr; Hamburg	5300-0024
Arc Architekten Partnerschaft mbB; Bad Birnbach	7300-0115
Architekt Reichwald GmbH; Hamburg	6100-1463, 6400-0127
architektei mey gmbh; Frankfurt am Main	4400-0422
Architekten BDA Naujack.Rind.Hof GmbH (LPH 1-4); Koblenz mit brüchner-hüttemann pasch bhp Architekten + Generalplaner GmbH (LPH 5-9); Bielefeld	4200-0043
Architekten BENDER HETZEL Planungsgesellschaft mbH; Koblenz	6200-0137
Architekten PETER + PASCHEN GmbH; Hamburg	6100-1706
Architektur & Planung Plum & Schlemmer; Mainz	1300-0317
Architekturbüro Christoph Habbig; Neuss	1300-0321
Architekturbüro Filbert GmbH; Hamm	6600-0040
Architekturbüro Griebel; Lensahn	6100-1726
Architekturbüro Jens Rupprecht; Waren (Müritz)	6100-1712
Architekturbüro Michaeli & Jung; St. Ingbert Rohrbach	7600-0103
Architekturbüro pk nord Blencke und Knoll BDA; Hannover	6100-1684
Architekturbüro Silke Zanter (LPH 1-4); Heide mit FB-Architekten (LPH 5-9); Gettorf	4400-0415
Architekturbüro Steffen; Überherrn	7600-0110
Architekturbüro Ullrich Runge; Delmenhorst	6100-1723
Arge: Gurland+Seher+Rapp Architekten; Biberach a.d. Riss	7800-0044
Arge: eggersmende architekten PartG mbB; Braunschweig mit Trapez Architektur GmbH; Hamburg	7600-0105
Arge: Heidacker Architekten PartG mbB ; Bischofsheim mit Sinopoli Architekten; Alzey	4100-0251
as2architektur schomers.schürmann; Bremen	6100-1722
atelier05 Architektur + Innenarchitektur; Jürgenshagen	6500-0063
baubar urbanlaboratorium Diez und Torres GbR; Saarbrücken	7800-0036
BAUCONZEPT® PLANUNGSGESELLSCHAFT MBH; Lichtenstein	5200-0022
BERGHAUS ARCHITEKTEN; Hamm	6100-1692
Birkholz Stubenrauch Architektur und Ingenieurgesellschaft mbH; Stoltenberg	2200-0056
BIWERMAU Architekten BDA; Hamburg	7800-0040, 7800-0041
Björnsen Beratende Ingenieure GmbH; Koblenz	1300-0314
Böll Architekten GmbH; Essen	4400-0414, 6100-1736
BOLWIN I WULF Architekten Partnerschaft mbB; Berlin	6400-0131
Butzlaff Tewes Architekten + Ingenieure; Brande-Hörnerkirchen	6100-1729, 7600-0104
CODE UNIQUE Architekten GmbH; Dresden	9100-0217
DIETRICH I UNTERTRIFALLER ARCHITEKTEN ZT GmbH; Bregenz mit werkgruppe drei Staiger Weltin; Konstanz	6200-0132
Dr. Flagmeyer Architekten (LPH 1-5); Nordhausen mit Architektur Contor Wienrich GmbH (LPH 6-8); Nordhausen	6100-1756
Eichenseher Architektur + Stadtplanung; Niederviehbach	6100-1728
Euen, Wolf & Winter GmbH Architektur- und Ingenieurbüro; Gera	6200-0102
feldhaus architekten partnerschaft mbb; Ibbenbüren	3100-0038
Fountis Jeschonnek Gesellschaft von Architekten mbH; Berlin	6100-1687, 6200-0128
Formwaende GmbH & Co. KG; Lüneburg	6100-1697
Georg Scheel Wetzel Architekten GmbH (LPH 2-8); Berlin mit Seitz Architektur (LPH 6-9); Aschaffenburg	4300-0027

gmp International GmbH; Berlin	9100-0226
Göhring Innenarchitektur GmbH; Lichtenfels	7200-0105
grabowski.spork GmbH; Wiesbaden	6100-1538
gruppeomp Architektengesellschaft mbH; Rastede	4400-0420
Gütig Architektur; Bornheim-Hersel	6100-1745, 9900-0007
Haas + Haas Architekt I Stadtplaner I Beratender Ingenieur PartGmbB; Eibelstadt	4400-0416, 6400-0132
Hallmann Architekten; Havelberg	7700-0095
happarchitecture JJh Architektengesellschaft mbH; Frankfurt a.M.	6100-1707
Hartmann + Helm Planungsgesellschaft mbH; Weimar	5100-0143
hehnpohl architektur bda; Münster	1300-0338
heitzenröderarchitekten GmbH; Hanau	6100-1755
HGMB Architekten GmbH / Henning-Shin Architekten; Düsseldorf	6100-1751
Hinrichs und Bracker Architekten GmbH; Tönning	6100-1511
HÜBOTTER + STÜRKEN + DIMITROVA Architektur & Stadtplanung; Hannover	6100-1735, 9100-0231
Hüdepohl . Ferner Architektur- und Ingenieurgesellschaft mbH; Osnabrück	4400-0413
HY Architekten Birli Fritsch Part GmbB; Griesheim	4400-0400
JANIAK + LIPPERT Architekten und Ingenieure GmbH; Fockbeck	4400-0412
JEBENS SCHOOF ARCHITEKTEN BDA; Heide	6100-1757
JSP ARCHITEKTEN Gesellschaft für Gesamtplanung mbH; Dresden	1300-0313
jup.arc weinert jegenhorst juraschek architekten partmbb; Winsen (Luhe)	4100-0245, 7600-0085
K + H Architekten PartG mbB; Hildesheim	7100-0074
k+a architekten partg mbb bda; Hannover	6100-1724
KISSERARCHITEKTUR; Isernhagen	7700-0098
Kleine + Potthoff Architekten; Korbach	4100-0239
kleyer.koblitz.letzel.freivogel ges. v. architekten mbh; Berlin	4100-0255
kmg Architekten und Ingenieure Kablitz-Meinel-Guderian PartG mbB; Wittenberg	6100-1689
Kontur Planungsgesellschaft/ Leinau6 GbR; Oldenburg	9700-0037
Kramm & Strigl Architekten und Stadtplanergesellschaft mbH; Darmstadt	6100-1771
KRAMPITZ Architekten GbR; Soltau	4500-0022
ksw architekten + stadtplaner gmbh; Hannover	9100-0199
Link Architekten; Walldürn	7600-0108
LRW Architektur und Stadtplanung PartG mbB; Hamburg	6100-1743
lucas architekten GmbH; Hainburg	4400-0397
luenzmann architektur; Hamburg	7400-0009
mayerwittig Architektur und Stadtplanung; Cottbus	6100-1668
Meyer Steffens Architekten und Stadtplaner BDA; Lübeck	6100-1765
MICHAEL KOPPETSCH ARCHITEKT; Burscheid	4400-0402
MoRe Architekten PartGmbB; Freiburg	6400-0128
MPP GmbH Architekten + Ingenieure; Rostock	9100-0225
MuG Architekten; München	6100-1719, 6100-1741
Müller Architekten GmbH; Kronach	7800-0045
MZ Architektur Meier + Zeug; Rostock	6100-1688
nentwig.notbohm ARCHITEKTEN; Hamburg	6100-1699
NEUMEISTER & PARINGER ARCHITEKTEN BDA; Landshut	7800-0042
NEXT Bielefeld GmbH; Bielefeld	1300-0325
NPC Naumann Petersen Conrad Joesten Architekten und beratende Ingenieure mbB; Bremen	4100-0241
Numrich Albrecht Klumpp Gesellschaft von Architekten mbH; Berlin	4100-0253
P4_ARCHITEKTEN BDA; Frankenthal	6100-1701
Paskopulos Architekten; Lüneburg	6500-0062
pätzold kremer architekten PartG mbB; Offenbach a.M.	9100-0223
petermann.thiele.kochanek architekten und ingenieure; Bad Frankenhausen	9100-0182
Pflügelbauer & Scheffczyk PartG mbB; Hamburg	7600-0109

Philipp Architekten GmbH (LPH 1-4); Frankfurt a.M. mit heitzenröderarchitekten GmbH (LPH 5-9); Hanau	2200-0069
Plan. Concept Architekten GmbH; Osnabrück	3400-0026, 4400-0385, 6100-1681, 7800-0039
planerzirkel consulting architects GmbH; Hildesheim	7300-0102
planungsgruppe DREI Part GmbB; Mühltal	6100-1749
Planungsring Mumm + Partner GbR; Treia	1300-0262, 1300-0319, 4400-0394
Praeger Richter Architekten BDA; Berlin	6100-1691
pwpMAS Architekten PartG mbB; Darmstadt	2200-0070, 9100-0227
RAINER GRAF architekten GmbH; Ofterdingen	7700-0087
raumstation Architekten GmbH; Starnberg	6100-1737
raum-z architekten gmbh; Frankfurt a.M.	4400-0399
roedig . schop architekten + partner mbB; Berlin	6100-1738
RSE+ Architekten Ingenieure GmbH; Kassel	1300-0316
ruby³ architekten BDA; Darmstadt	1300-0327
Schmidt Thüner Architekten PartG mbB; Schnallenberg	1300-0326, 7300-0113
Schmitt Vogels Architekten GmbH; Bamberg	4400-0393
Schnabel und Partner Architekten GmbH; Bad Krötzting	3100-0037, 4400-0411, 7600-0106
SCHOYERER ARCHITEKTEN_SYRA; Mainz	7800-0035
schüch & cassau architekten bda + beratender Ingenieur PartGmbB; Stadt	6100-1725
Schweikert Schilling Architektur und Gestaltung PartGmbB; Karlsruhe	6100-1717
sieglundalbert Gesellschaft von Architekten; Berlin	6100-1762
sittig-architekten; Jena	4400-0410
soleo* GmbH; Düsseldorf	6200-0130
Sommer + Sommer Architekten BDA; Berlin	7800-0043
springmeier architekten gbr; Braunschweig	2200-0066
SSP AG; Bochum	1300-0333
Studio Hofmann Architektur und Umgebung; Passau	6100-1714
STUDIO SOZIA Calavetta Häberle Architekten BDA PartGmbB; Karlsruhe	1300-0315
sw I a sternberg werner architekten PartG mbB; Ahrensburg	6100-1683
tsj-architekten gmbh; Lübeck	3300-0020
vorndran design Andrè Vorndran; Hollstadt	6100-1703
weicken architekten partmbB; Unna	4100-0242
wening.architekten; Groß Glienicke	6100-1690
Werkgruppe Kleinmachnow Architekten PartGmbB; Kleinmachnow	6100-1759
Wohnbau Mainz GmbH; Mainz	6100-1705

Der Herausgeber dankt den genannten Büros für die zur Verfügung gestellten Objektdaten.

Nutzen Sie die Vorteile Ihrer Projekt-Veröffentlichung in den BKI-Produkten:
- Dokumentierte Kosten Ihres Projektes nach DIN 276
- Ausbau und Erweiterung Ihrer bürointernen Baukostendaten für Folgeprojekte
- Dokumentationsunterlagen als Referenz für Ihre Projekt-Akquise
- Aufwandsentschädigung von bis zu 700,- €
- Aufnahme Ihrer Bürodaten in die Liste der BKI Architekt*innen und Planer*innen
- Kostenloses Fachbuch

Weitere Informationen unter www.bki.de/bki-verguetung.html

Anhang

Regionalfaktoren

Regionalfaktoren Deutschland

Diese Faktoren geben Aufschluss darüber, inwieweit die Baukosten in einer bestimmten Region Deutschlands teurer oder günstiger liegen als im Bundesdurchschnitt. Sie können dazu verwendet werden, die BKI Baukosten an das besondere Baupreisniveau einer Region anzupassen.
Hinweis: Alle Angaben wurden durch Untersuchungen des BKI weitgehend verifiziert. Dennoch können Abweichungen zu den angegebenen Werten entstehen. In Grenznähe zu einem Land-/Stadtkreis mit anderen Baupreisfaktoren sollte dessen Baupreisniveau mit berücksichtigt werden, da die Übergänge zwischen den Land-/Stadtkreisen fließend sind. Die Besonderheiten des Einzelfalls können ebenfalls zu Abweichungen führen.
Für die größeren Inseln Deutschlands wurden separate Regionalfaktoren ermittelt. Dazu wurde der zugehörige Landkreis in Festland und Inseln unterteilt. Alle Inseln eines Landkreises erhalten durch dieses Verfahren den gleichen Regionalfaktor. Der Regionalfaktor des Festlandes erhält keine Inseln mehr und ist daher gegenüber früheren Ausgaben verringert.

Land- / Stadtkreis / Insel	Bundeskorrekturfaktor
Aachen, Städteregion	0,935
Ahrweiler	0,985
Aichach-Friedberg	1,085
Alb-Donau-Kreis	1,040
Altenburger Land	0,881
Altenkirchen (Westerwald)	1,009
Altmarkkreis Salzwedel	0,855
Altötting	1,009
Alzey-Worms	0,942
Amberg, Stadt	1,075
Amberg-Sulzbach	1,023
Ammerland	0,823
Amrum, Insel	1,278
Anhalt-Bitterfeld	0,833
Ansbach	1,080
Ansbach, Stadt	1,108
Aschaffenburg	1,103
Aschaffenburg, Stadt	1,047
Augsburg	1,049
Augsburg, Stadt	1,239
Aurich, Festlandanteil	0,732
Aurich, Inselanteil	1,201
Bad Dürkheim	1,005
Bad Kissingen	1,064
Bad Kreuznach	0,972
Bad Tölz-Wolfratshausen	1,225
Baden-Baden, Stadtkreis	1,039
Baltrum, Insel	1,201
Bamberg	1,078
Bamberg, Stadt	1,170
Barnim	0,859
Bautzen	0,889
Bayreuth	1,080
Bayreuth, Stadt	1,011
Berchtesgadener Land	1,100
Bergstraße	1,002
Berlin, Stadt	1,128
Bernkastel-Wittlich	1,070
Biberach	1,052
Bielefeld, Stadt	0,836
Birkenfeld	1,053
Bochum, Stadt	0,894
Bodenseekreis	0,969
Bonn, Stadt	0,918
Borken	0,918
Borkum, Insel	1,099
Bottrop, Stadt	0,826
Brandenburg an der Havel, Stadt	1,022
Braunschweig, Stadt	0,697
Breisgau-Hochschwarzwald	1,088
Bremen, Stadt	0,937
Bremerhaven, Stadt	0,914
Burgenlandkreis	0,894
Böblingen	1,127
Börde	0,867
Calw	1,030
Celle	0,876
Cham	0,872
Chemnitz, Stadt	0,850
Cloppenburg	0,759
Coburg	1,027
Coburg, Stadt	1,098
Cochem-Zell	1,035
Coesfeld	0,921
Cottbus, Stadt	0,971
Cuxhaven	0,773
Dachau	1,227
Dahme-Spreewald	0,930
Darmstadt, Stadt	1,025
Darmstadt-Dieburg	0,979
Deggendorf	1,004

Delmenhorst, Stadt	0,797
Dessau-Roßlau, Stadt	0,854
Diepholz	0,798
Dillingen a.d.Donau	1,058
Dingolfing-Landau	0,972
Dithmarschen	1,063
Donau-Ries	1,031
Donnersbergkreis	0,957
Dortmund, Stadt	0,770
Dresden, Stadt	0,940
Duisburg, Stadt	0,953
Düren	0,955
Düsseldorf, Stadt	0,940
Ebersberg	1,309
Eichsfeld	0,931
Eichstätt	1,056
Eifelkreis Bitburg-Prüm	1,002
Elbe-Elster	0,899
Emden, Stadt	0,670
Emmendingen	1,117
Emsland	0,819
Ennepe-Ruhr-Kreis	0,884
Enzkreis	1,044
Erding	1,132
Erfurt, Stadt	0,902
Erlangen, Stadt	1,137
Erlangen-Höchstadt	1,022
Erzgebirgskreis	0,912
Essen, Stadt	0,871
Esslingen	0,989
Euskirchen	0,889
Fehmarn, Insel	1,171
Flensburg, Stadt	0,797
Forchheim	1,124
Frankenthal (Pfalz), Stadt	0,881
Frankfurt (Oder), Stadt	0,907
Frankfurt am Main, Stadt	0,981
Freiburg im Breisgau, Stadtkreis	1,166
Freising	1,054
Freudenstadt	1,017
Freyung-Grafenau	1,018
Friesland, Festlandanteil	0,810
Friesland, Inselanteil	1,408
Fulda	1,017
Föhr, Insel	1,278
Fürstenfeldbruck	1,218
Fürth	1,045
Fürth, Stadt	1,053
Garmisch-Partenkirchen	1,212
Gelsenkirchen, Stadt	0,854
Gera, Stadt	0,938
Germersheim	1,021
Gießen	0,964
Gifhorn	0,834
Goslar	0,796
Gotha	0,880
Grafschaft Bentheim	0,817
Greiz	0,922
Groß-Gerau	1,015
Göppingen	1,009
Görlitz	0,893
Göttingen	0,902
Günzburg	1,042
Gütersloh	0,905
Hagen, Stadt	0,864
Halle (Saale), Stadt	0,729
Hamburg, Freie und Hansestadt	1,112
Hameln-Pyrmont	0,819
Hamm, Stadt	0,893
Hannover, Region	0,900
Harburg	0,951
Harz	0,816
Havelland	1,006
Haßberge	1,095
Heidekreis	0,881
Heidelberg, Stadtkreis	1,092
Heidenheim	1,001
Heilbronn	0,990
Heilbronn, Stadtkreis	0,990
Heinsberg	0,953
Helgoland, Insel	1,409
Helmstedt	0,854
Herford	0,863
Herne, Stadt	0,951
Hersfeld-Rotenburg	1,001
Herzogtum Lauenburg	0,952
Hiddensee, Insel	1,121
Hildburghausen	0,863
Hildesheim	0,820
Hochsauerlandkreis	0,922
Hochtaunuskreis	1,025
Hof	1,074
Hof, Stadt	1,101
Hohenlohekreis	1,030
Holzminden	0,782
Höxter	0,902
Ilm-Kreis	0,893
Ingolstadt, Stadt	1,109
Jena, Stadt	1,046
Jerichower Land	0,862
Juist, Insel	1,201

Kaiserslautern	0,933
Kaiserslautern, Stadt	0,973
Karlsruhe	0,961
Karlsruhe, Stadtkreis	1,102
Kassel	1,033
Kassel, Stadt	0,946
Kaufbeuren	1,114
Kelheim	1,019
Kempten (Allgäu)	1,112
Kiel, Stadt	1,161
Kitzingen	1,027
Kleve	0,914
Koblenz, Stadt	0,875
Konstanz	1,052
Krefeld, Stadt	0,841
Kronach	1,146
Kulmbach	1,096
Kusel	0,933
Kyffhäuserkreis	0,860
Köln, Stadt	0,917
Lahn-Dill-Kreis	1,023
Landau in der Pfalz, Stadt	0,984
Landsberg am Lech	1,108
Landshut	0,995
Landshut, Stadt	1,075
Langeoog, Insel	1,073
Leer, Festlandanteil	0,744
Leer, Inselanteil	1,099
Leipzig	0,978
Leipzig, Stadt	0,820
Leverkusen, Stadt	0,848
Lichtenfels	1,053
Limburg-Weilburg	0,961
Lindau (Bodensee)	1,090
Lippe	0,886
Ludwigsburg	1,088
Ludwigshafen am Rhein, Stadt	1,053
Ludwigslust-Parchim	0,925
Lörrach	1,022
Lübeck, Hansestadt	0,934
Lüchow-Dannenberg	0,867
Lüneburg	0,893
Magdeburg, Stadt	0,884
Main-Kinzig-Kreis	0,996
Main-Spessart	1,074
Main-Tauber-Kreis	1,015
Main-Taunus-Kreis	0,984
Mainz, Stadt	0,986
Mainz-Bingen	1,006
Mannheim, Stadtkreis	1,073
Mansfeld-Südharz	0,898
Marburg-Biedenkopf	0,985
Mayen-Koblenz	0,989
Mecklenburgische Seenplatte	0,915
Meißen	0,913
Memmingen	1,044
Merzig-Wadern	0,943
Mettmann	0,902
Miesbach	1,271
Miltenberg	1,128
Minden-Lübbecke	0,826
Mittelsachsen	0,925
Märkisch-Oderland	0,908
Märkischer Kreis	0,906
Mönchengladbach, Stadt	0,913
Mühldorf a.Inn	1,025
Mülheim an der Ruhr, Stadt	0,879
München	1,347
München, Stadt	1,502
Münster, Stadt	0,896
Neckar-Odenwald-Kreis	1,039
Neu-Ulm	1,083
Neuburg-Schrobenhausen	1,052
Neumarkt i.d.OPf.	0,961
Neumünster, Stadt	0,877
Neunkirchen	0,950
Neustadt a.d.Aisch-Bad Windsheim	1,088
Neustadt a.d.Waldnaab	1,026
Neustadt an der Weinstraße, Stadt	0,967
Neuwied	0,917
Nienburg (Weser)	0,777
Norderney, Insel	1,201
Nordfriesland, Festlandanteil	1,105
Nordfriesland, Inselanteil	1,278
Nordhausen	0,851
Nordsachsen	0,902
Nordwest-Mecklenburg, Inselanteil	1,219
Nordwestmecklenburg, Festlandanteil	0,964
Northeim	0,887
Nürnberg, Stadt	1,066
Nürnberger Land	1,120
Oberallgäu	1,070
Oberbergischer Kreis	0,869
Oberhausen, Stadt	0,871
Oberhavel	0,992
Oberspreewald-Lausitz	0,932
Odenwaldkreis	0,973
Oder-Spree	0,942
Offenbach	0,972
Offenbach am Main, Stadt	0,962
Oldenburg	0,849
Oldenburg (Oldb), Stadt	0,823
Olpe	0,986
Ortenaukreis	0,987

Osnabrück 0,855
Osnabrück, Stadt 0,799
Ostalbkreis 1,049
Ostallgäu 1,059
Osterholz 0,870
Ostholstein, Festlandanteil 0,919
Ostholstein, Inselanteil 1,171
Ostprignitz-Ruppin 0,917

Paderborn 0,910
Passau 0,948
Passau, Stadt 1,051
Peine 0,806
Pellworm, Insel 1,278
Pfaffenhofen a.d.Ilm 1,054
Pforzheim, Stadtkreis 1,008
Pinneberg, Festlandanteil 0,975
Pinneberg, Inselanteil 1,409
Pirmasens, Stadt 0,993
Plön 0,966
Poel, Insel 1,219
Potsdam, Stadt 1,063
Potsdam-Mittelmark 0,948
Prignitz 0,818

Rastatt 0,998
Ravensburg 1,004
Recklinghausen 0,854
Regen 0,937
Regensburg 1,005
Regensburg, Stadt 1,094
Rems-Murr-Kreis 1,048
Remscheid, Stadt 0,885
Rendsburg-Eckernförde 0,966
Reutlingen 1,018
Rhein-Erft-Kreis 0,905
Rhein-Hunsrück-Kreis 1,018
Rhein-Kreis Neuss 0,885
Rhein-Lahn-Kreis 1,048
Rhein-Neckar-Kreis 1,041
Rhein-Pfalz-Kreis 0,996
Rhein-Sieg-Kreis 0,970
Rheingau-Taunus-Kreis 1,050
Rheinisch-Bergischer Kreis 0,920
Rhön-Grabfeld 1,107
Rosenheim 1,229
Rosenheim, Stadt 1,199
Rostock 0,946
Rostock, Stadt 0,964
Rotenburg (Wümme) 0,763
Roth 1,116
Rottal-Inn 0,990
Rottweil 0,962
Rügen, Insel 1,121

Saale-Holzland-Kreis 0,872
Saale-Orla-Kreis 0,840
Saalekreis 0,866
Saalfeld-Rudolstadt 0,945
Saarbrücken, Regionalverband 0,951
Saarlouis 0,963
Saarpfalz-Kreis 0,976
Salzgitter, Stadt 0,809
Salzlandkreis 0,806
Schaumburg 0,781
Schleswig-Flensburg 0,882
Schmalkalden-Meiningen 0,983
Schwabach, Stadt 1,075
Schwalm-Eder-Kreis 0,984
Schwandorf 0,979
Schwarzwald-Baar-Kreis 0,936
Schweinfurt 1,119
Schweinfurt, Stadt 1,041
Schwerin, Stadt 1,100
Schwäbisch Hall 0,958
Segeberg 0,935
Siegen-Wittgenstein 0,932
Sigmaringen 1,012
Soest 0,873
Solingen, Stadt 0,889
Sonneberg 0,888
Speyer, Stadt 1,078
Spiekeroog, Insel 1,073
Spree-Neiße 0,735
St. Wendel 0,984
Stade 0,827
Starnberg 1,302
Steinburg 0,959
Steinfurt 0,879
Stendal 0,698
Stormarn 0,952
Straubing, Stadt 1,272
Straubing-Bogen 1,015
Stuttgart, Stadtkreis 1,108
Suhl, Stadt 0,826
Sylt, Insel 1,278
Sächsische Schweiz-Osterzgebirge 0,992
Sömmerda 0,912
Südliche Weinstraße 1,002
Südwestpfalz 0,999

Teltow-Fläming 0,936
Tirschenreuth 1,081
Traunstein 1,126
Trier, Stadt 1,101
Trier-Saarburg 1,106
Tuttlingen 1,018
Tübingen 1,064

Uckermark	0,922
Uelzen	0,844
Ulm, Stadtkreis	1,086
Unna	0,901
Unstrut-Hainich-Kreis	0,833
Unterallgäu	1,022
Usedom, Insel	1,061
Vechta	0,850
Verden	0,809
Viersen	0,930
Vogelsbergkreis	0,982
Vogtlandkreis	0,906
Vorpommern-Greifswald, Festlandanteil	0,999
Vorpommern-Greifswald, Inselanteil	1,061
Vorpommern-Rügen, Festlandanteil	0,932
Vorpommern-Rügen, Inselanteil	1,121
Vulkaneifel	0,974
Waldeck-Frankenberg	0,980
Waldshut	1,035
Wangerooge, Insel	1,408
Warendorf	0,898
Wartburgkreis	0,888
Weiden i.d.OPf., Stadt	1,052
Weilheim-Schongau	1,144
Weimar, Stadt	1,182
Weimarer Land	0,904
Weißenburg-Gunzenhausen	1,060
Werra-Meißner-Kreis	0,997
Wesel	0,938
Wesermarsch	0,830
Westerwaldkreis	1,010
Wetteraukreis	0,989
Wiesbaden, Stadt	0,968
Wilhelmshaven, Stadt	0,843
Wittenberg	0,773
Wittmund, Festlandanteil	0,763
Wittmund, Inselanteil	1,073
Wolfenbüttel	0,864
Wolfsburg, Stadt	0,851
Worms, Stadt	0,992
Wunsiedel i.Fichtelgebirge	1,077
Wuppertal, Stadt	0,847
Würzburg	1,127
Würzburg, Stadt	1,172
Zingst, Insel	1,121
Zollernalbkreis	1,013
Zweibrücken, Stadt	0,994
Zwickau	0,936

Regionalfaktoren Österreich

Bundesland	Korrekturfaktor
Burgenland	1,115
Kärnten	1,103
Niederösterreich	1,028
Oberösterreich	1,104
Salzburg	1,104
Steiermark	1,097
Tirol	1,019
Vorarlberg	1,069
Wien	1,095

Regionalfaktoren für den Europa-Raum

Land	Korrekturfaktor
Albanien	0,324
Belgien	0,640
Bosnien und Herzegowina	0,303
Bulgarien	0,415
Dänemark	0,848
Deutschland	1,000
Estland	0,511
Finnland	0,884
Frankreich	0,754
Griechenland	0,473
Irland	0,687
Island	0,833
Italien	0,571
Kroatien	0,341
Lettland	0,528
Litauen	0,476
Luxemburg	0,836
Malta	0,563
Mazedonien	0,336
Montenegro	0,370
Niederlande	0,810
Norwegen	0,889
Österreich	1,101
Polen	0,448
Portugal	0,458
Rumänien	0,367
Schweden	0,988
Schweiz	1,078
Serbien	0,383
Slowakei	0,497
Slowenien	0,452
Spanien	0,526
Tschechien	0,508
Türkei	0,320
Ungarn	0,442
Zypern	0,480